U0898003

天津市高校“十五”规划教材

机械制图及 CAD 基础

主　编　陈东祥
副主编　王金敏　刘　黎
参　编　谢有才　王　多　刘福华
　　　　林孟霞
主　审　董国耀

机械工业出版社

本书由投影基础、投影制图和机械工程图三篇组成。内容包括：画法几何（其内容的研究采用的是“形”与“数”相结合的方法）、机械制图基本标准、机件的表达方法、标准件、常用件、零件图和装配图，融入了计算机绘图（AutoCAD 2002）和计算机辅助设计（Pro/ENGINEER 2001）的内容。书后编有附录，供查阅有关标准和数据使用。

同时出版的《机械制图及 CAD 基础习题集》与本书配套使用。

本书适用于大专院校机械类和近机械类各专业（90～120 学时）使用，也可作为电大、职大及其他高等职业教育用书或供有关工程技术人员参考。

图书在版编目(CIP)数据

机械制图及CAD基础/陈东祥主编. -北京：机械工业出版社,2004.7(2015.8 重印)

天津市高校“十五”规划教材

ISBN 978-7-111-14705-3

Ⅰ.机… Ⅱ.陈… Ⅲ.机械制图：计算机制图-应用软件，AutoCAD Ⅳ.TH126

中国版本图书馆CIP数据核字（2004）第057489号

机械工业出版社（北京市百万庄大街22号 邮政编码100037）

策划编辑：刘小慧 王世刚

责任编辑：刘小慧 版式设计：冉晓华 责任校对：刘志文

封面设计：张 静 责任印制：乔 宇

保定市中画美凯印刷有限公司印刷

2015 年 8 月第 1 版·第 7 次印刷

184mm×260mm · 32.5 印张·803 千字

标准书号：ISBN 978-7-111-14705-3

定价：45.00 元

凡购本书，如有缺页、倒页、脱页，由本社发行部调换

电话服务 网络服务

社服务中心：(010)88361066

销售一部：(010)68326294 门户网：http://www.cmpbook.com

销售二部：(010)88379649 教材网：http://www.cmpedu.com

读者购书热线：(010)88379203 封面无防伪标均为盗版

前　言

本教材是根据原国家教委制定的“画法几何及机械制图课程教学基本要求”的精神，按照当前宽基础、强能力人才培养模式的需要，结合多年教学经验和近几年教学改革成果编写而成的。本教材的编写是以加强投影理论为根本，以设计思想为主线，以培养在工程设计中计算机应用的能力为目标。将机械制图由过去的一种技能教学转变为思维方式的引导和设计意识、创新意识的培养。以便使“机械制图”作为机械基础课程，为“课程设计”、“毕业设计”等相关的后继课程在形象思维、创新意识和CAD能力方面打下基础。

全书分为投影基础篇、投影制图篇和机械工程图篇三大部分，由画法几何、机械制图和CAD基础的内容组成。教材在立足于加强投影理论的基础上，引入了设计概念，在方法体系上，改变了以往以尺规作图为研究图学的理论基础，将计算机图形处理技术应用于机械制图，特别是将三维计算机辅助设计的内容有机地融入，使本教材成为由画法几何、机械制图、计算机绘图，现代设计思想和观念融为一体的改革创新教材。其主要特点有：

1. 加强了画法几何的基本原理，以保证表现设计思想的投影基础，压缩了借助于计算机很容易解决的图解法。特别是对画法几何的描述采用了“形”与“数”相结合的先进方法，为建立图形变换、投影变换以及各种构形和空间几何问题的数学模型提供了方法。

2. 不仅把“AutoCAD 2002”作为计算机绘图工具应用于机械制图，还将功能强大的三维CAD软件“Pro/ ENGINEER 2001”的内容融入了机械制图，采用先进的“特征造型”技术，提高利用计算机进行辅助绘图及设计的应用水平，特别是由此在机械制图中引入由三维到二维的工程设计思想。

本教材由陈东祥任主编、王金敏、刘黎任副主编。参加编写工作的有陈东祥（第13章）、王金敏（第9章和第12章）、刘黎（第1章、第2章）、谢有才（绪论、第5章、第7章和第11章）、王多（第6章、第8章、第10章和附录）、刘福华（第3章、第4章）。林孟霞参加了教材中插图的计算机造型和计算机绘图的部分工作。全书由陈东祥定稿。本教材的编写和出版得到天津市高等学校“十五”规划教材项目的资助。

衷心感谢董国耀教授对本教材进行了审阅，提出了许多宝贵意见。在教材的编写和出版过程中得到许多同志的支持和帮助，在此表示诚挚的谢意。

由于水平有限，书中的缺点错误在所难免，欢迎读者批评指正。

编　者

目　录

第3篇 机械工程图

绪　论

1. 本课程的性质、研究对象和任务

“机械制图及 CAD 基础”是一门研究图示、图解空间几何问题、绘制与阅读机械工程图样及 CAD 技术的课程。

工程上为了表示机器、设备的形状、大小、规格和材料等内容，通常需要将物体按一定的投影方法和技术标准表示在图纸上，这称之为图样。设计人员通过它表达自己的设计思想，制造人员根据它进行产品的加工制造，使用人员利用它进行合理使用。因此，图样被喻为“工程界的语言”。它是设计、制造、使用机器过程中的一项主要技术资料，是进行技术交流的有力工具。所以，必须熟练地掌握这门学科所介绍的基本理论、基本知识和基本技能。

目前，随着计算机技术的迅速发展，CAD 技术在各工程领域中得到广泛的应用，成为技术人员进行绘图、设计、指导生产等工作的有力工具。本课程将为掌握 CAD 技术打下一个重要基础。

本课程的研究对象是：

(1) 在平面上表示空间形体的图示法

将物体进行投影，并把它的形状、大小表达在图纸上的方法称为图示法。图示法为绘制和阅读机械图提供了理论基础。

(2) 空间几何问题的图解法

在图纸上，按投影规律通过几何作图来解决空间几何问题（如定位、度量、轨迹）的方法称为图解法。

(3) 绘制和阅读机械图样的方法

(4) 计算机绘制工程图及三维实体造型技术

学习本门课程的主要目的就是培养学生具有绘图、读图和图解空间几何问题的能力；培养学生的空间想象能力以及分析问题与解决问题的能力；培养学生计算机绘图能力。

2. 本课程的学习方法

为了帮助学生学好本课程，根据课程特点，提出下列学习方法，供学习中参考。

1) 本课程是一门实践性很强的技术基础课。在学习中除了掌握理论知识外，还必须密切联系实际；在具体作图时，更应注意如何运用这些理论。只有通过一定数量的画图、读图练习，反复实践，才能掌握本课程的基本原理和基本方法。

2) 在学习中必须经常注意空间几何关系的分析以及空间形体与其投影之间的相互联系。只有“从空间到平面，再从平面到空间”进行反复研究和思考，才能不断提高和发展空间想象能力。

3) 认真听课，及时复习，独立地完成习题和作业，在弄懂和掌握基本理论和方法的同时，注意正确使用绘图仪器以及运用恰当的绘图方法进行画图，正确处理手工绘图和计算机绘图的关系，不断提高绘图技能和绘图速度。

4）画图时要确立对生产负责的观点，严格遵守机械制图国家标准的有关规定，认真细致，一丝不苟。

3. 工程图学发展简史

工程图学是研究工程技术领域中有关图的理论及其应用的科学。它主要包括理论图学、应用图学、计算机图学、制图技术等内容。

（1）图形技术的形成与发展

图形技术的形成与人类社会生产力的发展是紧密地联系在一起的。远古时期，人类的祖先在漫长的共同生活、劳动中，逐渐形成和发展了语言，同时也利用一些简单的图形来表达自己的意图和情感，其中也有一些简单的几何图形。这些图形一方面发展了原始的美术艺术，另一方面用来为实际的应用服务。

当人类社会进入奴隶社会以后，生产力较过去有了较大的发展，图形技术逐渐向科学化迈进。伟大的科学家、哲学家亚里士多德创立了一整套归纳—演绎的科学方法体系；数学家欧几里德写出了一本有着科学理论结构的教科书——《几何原理》，以后制图及画法几何都以它们为基础。

随着社会的进步与科技的发展，图的应用范围也在逐渐扩大，天文、地理、建筑等领域的制图有了较大的进展，托勒密在其《地理学》中已讲述了绘制地图的方法。另外，建筑学的理论体系也发展得很快，工程制图取得了很大进步。在公元前一世纪罗马建筑学家维特鲁威所著的《建筑》一书就应用了建筑的平面、立体、剖视等画法。

到了14、15世纪，资本主义制度的日益兴盛，资产阶级的新思想、新文化也同时创立。当时很多艺术家、科学家研究如何把三维的现实世界绘制到二维平面的图画上。为了解决这个问题，他们用数学工具，提出了许多透视规则，其中最出色的是德国艺术家亚尔倍·丢勒。在他的著作里有一个新颖的几何思想，就是考虑曲线和人形在两个或三个相互垂直的平面的正投影。

到了17世纪，法国数学家笛沙格引进投射和截景等新的方法，研究了几种不同类型的圆锥曲线，提出了一种新的理论——射影几何理论。笛卡尔为了解决几何作图问题，提出了平面的坐标系统，即直角坐标系。随后又与其他人一起创立了解析几何，并且指出他的方法可以运用到三维空间中去。他的设想是，从曲线的每一点处作线段垂直于两个相互垂直的平面，这些线段的端点分别在这两个平面上描出两条曲线。这实际上已提出了平行投影的概念。

中国是一个具有五千年文明史的国家，历史上创造了大量的灿烂文化，在图形技术方面也有很多成就。早在两千多年前，春秋时代一部最古老的技术经典《周礼考工记》中，就有关于画图仪器“规”、“矩”、“绳墨”、“悬”和“水”的内容。据《尚书》记载，早在西周我国便开始使用图样。考古发现我国在两千年前就已经有了画图仪器和正投影理论。秦、汉以后，历代建筑宫室都有了图样。公元1100年前后，北宋李诫撰写了经典著作《营造式法》。该书总结了我国两千多年中的建筑技术和成就，书中所附的图样，大量采用了平面图、轴测图、透视图和正投影图。所有这些表明，我国古代在制图技术上不仅具有卓越的技术水平，并且有较高的理论水平。

（2）工程图学的形成

图形技术作为实用理论和工艺知识，在生产实践中不断完善，不断发展。18世纪末，法国著名科学家加斯帕·蒙日（Gaspand Monge 1946～1818）在研究和发展空间解析几何、微分几何的过程中，整理、简化、加深、补充和扩大了已有的知识，形成了一整套画法几何方法，并用这种方法解决工程实际问题。于18世纪1795年出版了他的著作《画法几何学》，这标志着图形技术由经验上升为科学。

蒙日画法几何学的主要内容是二投影面正投影法，即把三维空间里的几何元素投射在两个正交的二维投影平面上，并将它们展开成一平面，得到有两个二维投影组成的正投影综合图来表达这些几何元素。蒙日在他的《画法几何学》中写道，这门学科有两个重要的目的：第一是在只有两个尺度的图纸上，准确地表达了具有三个尺度才能严格确定的物体；第二是根据准确的图形，推导出物体的形状和物体各个组成部分的相对位置。书中系统而简明地介绍了二投影面正投影法的原理和图解空间几何问题的创见，并在阴影、透视原理部分，介绍了斜投影和中心投影。

从蒙日创立画法几何学至今已有200多年的历史。对于许多技术部门和艺术部门来说，画法几何是一门不可缺少的基础知识。应用画法几何可以画出建筑物、机器和其他工程设备的图样，这些图样既直观又可测量，随时可以从图样上获得实物的尺寸，当然也可以绘制新构思的建筑物和机器的设计图样，按照这些图样可以进行施工或制造，所以工程图样被称为“工程师的语言”。以蒙日投影原理为基础的工程制图，对各国工程技术的发展起到了很大的推动作用，直到现在，仍然是一门十分有用的技术基础课程。

科学研究和工程实践促进了画法几何学科内容的扩展和丰富。蒙日书中萌芽状态的课题，有的发展为专篇、专著，有的公认为几何定理，有的形成新分支。由于学科间的相互渗透，画法几何学科的理论和方法被其他学科利用，扩大了它的领域；而其他学科提出的新课题，也促成了本门学科的深入研究与开拓，逐渐形成了一门理论基础深厚、应用范围广泛、内容丰富的学科——工程图学。

(3) 现代工程图学

20世纪40年代中期第一台电子计算机问世，计算机的发展和完善不断推动着许多学科的发展和新学科的建立。工程图学也进入一个崭新阶段，从图学理论、绘图方法等方面都产生了巨大的变化。计算机技术、信息技术、网络技术、设计和制造技术飞速发展。这一切为工程图学注入新的活力，工程图学早已突破了传统的框架，发展成为一门具有浓郁现代气息的学科。现代工程图学所包含的内容愈加广泛，不少专家对工程图学内涵进行过重要的论述，如丁宇明教授提出的工程图学学科模块结构是：工程图学的理论基础是几何理论（含画法几何、射影几何、微分几何等七种）和计算机理论；工程图学又可分为两部分：一是工程设计制图（专业制图及标准），二是研究领域（含图学理论与方法，工业设计，科学计算可视化，计算机仿真、模拟，虚拟现实，图形、图像识别等16个方面）。应道宁、王尔健教授提出了“现代工程图学”，它是传统工程图学、设计学和计算机图形学三种学科的交叉。“现代工程图学”的学科模型含图学理论与方法（理论图学、投影理论、真实感投影理论），产品信息建模（特征建模、参数化设计、图形输入识别），工程信息可视化（工程数据可视化、生产流程的图形仿真）。

随着人类科学技术的不断发展，工程图学仍将不断完善并广泛地应用到科学研究、工程设计、生产实践的各个领域。

第1篇　投影基础

第1章　投影法及其应用

1.1　投影法及其分类

1.1.1　投影的建立

如图1-1所示，S是空间一点，作为投射中心；P是不经过S的一个平面，作为投影平面。投射中心和投影平面一起称为投影条件。A为空间物体上的一点，连接S、A的直线称为投射线，该投射线与P的交点a就是A的投影。

本书规定：空间物体及其上的点都用大写字母表示，它们的投影用相应的小写字母表示。

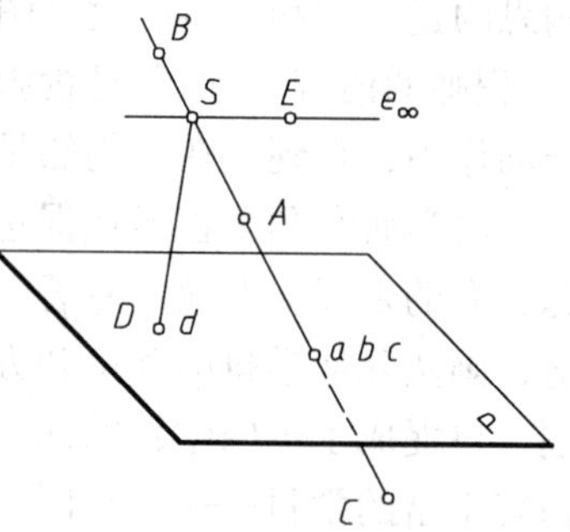

图1-1　投影条件及空间点的投影

应该注意到，投影的概念比物体在光线照射下产生影子的概念更加广泛。例如图1-1中，若将S看成光源，B、C两点都不在光源S与投影面P之间，因此在光源S的照射下这两点都不会在P面上产生影子。但是，因为它们的投射线都与P相交，所以这两点都有投影。SB、SC与SA重合，它们的投影b、c也与a重合。按照上述的投影作法，投影平面P上的D点，其投影d与D点本身重合。在平面P的平行线SE上的E点，其投射线SE与平面P在无穷远处相交，其投影是SE上的无穷远点e_{∞}。另外，规定投射中心没有投影。

由此可以看到，由于每条投射线与投影平面的交点只有一个，所以在投影条件确定的前提下，除了投射中心以外，空间点的投影是唯一的，即每个空间点都有一个确定的投影。然而，因为一条投射线上除了投射中心之外的所有点的投影都重合为一点，如图1-1中的a、b、c，所以，由点的投影不能确定该点的空间位置，即空间点与其投影之间不能一一对应。

1.1.2　投影法及其分类

1. 投影法

投射线通过物体向选定的面投射，并在该面上得到图形的方法，称为投影法。所得图形称为物体的投影。

2. 投影法分类

按投射线是汇交还是平行将投影法分为中心投影法和平行投影法。

(1) 中心投影法

投射线汇交于一点的投影法，称为中心投影法，用中心投影法得到的投影称为中心投影。如图 1-2 所示，A、B、C 三点的投射线 SA、SB、SC 交汇于投射中心 S，并且分别与投影面 P 交于点 a、b、c。a、b、c 就是空间点 A、B、C 在投影面 P 上的中心投影。

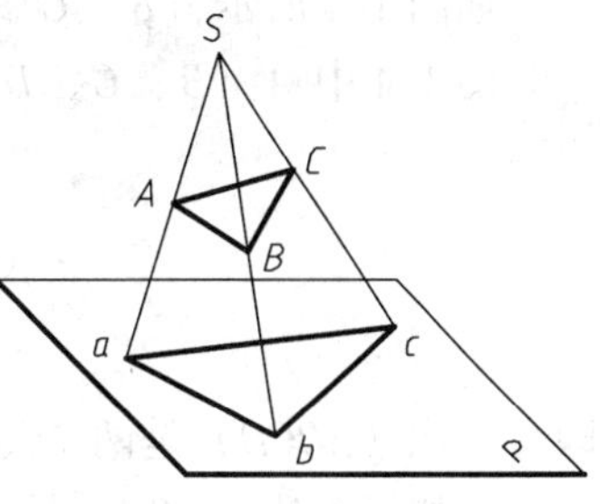

图 1-2　中心投影法

(2) 平行投影法

投射线相互平行的投影法称为平行投影法，用平行投影法得到的投影称为平行投影。平行投影是中心投影的特例，当投影中心移到无穷远时，所有投射线互相平行，中心投影成为平行投影。在平行投影法中，投射线的方向称为投射方向，仍用 S 表示，平行投影的投影条件是投射方向和投影平面。投射方向与投影平面不平行。如图 1-3 所示。

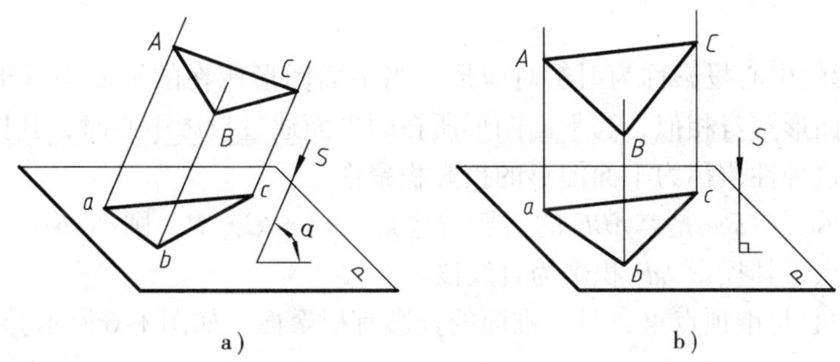

图 1-3　平行投影法

a) 斜投影法　b) 正投影法

按投影面与投射线的相对位置不同，平行投影法又分为斜投影法和正投影法。

斜投影法——投射线（投射方向 S）倾斜于投影面的平行投影法，如图 1-3a 所示。在本书中应用于斜轴测投影。

正投影法——投射线（投射方向 S）垂直于投影面的平行投影法，如图 1-3b 所示。在本书中应用于多面正投影、正轴测投影。

机械工程图样的表达通常用正投影方法，如果不特别说明，本教材中所称的“投影”均指正投影。

1.2　中心投影的投影规律

中心投影有如下几点投影规律。

1）除了投射中心外，空间点的投影都是点，每个点有唯一的投影。

2）一般位置直线的投影仍然是直线；当直线通过投射中心时，其投影积聚成一点，投影的这种性质称为直线的投影积聚性。

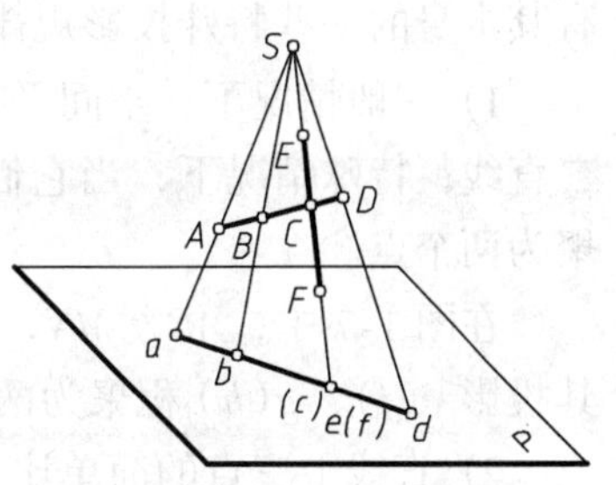

图 1-4　直线的中心投影

如图 1-4 所示，直线 AD 的投影仍然是直线 ad。直线 EF 通过投射中心 S，其投影 $e(f)$ 积聚为一点。

3）直线上的点，其投影在直线的投影上；直线上四点的交叉比是中心投影的不变量。

如图 1-4 所示，B、C 属于直线 AD，其投影 b、c 属于直线的投影 ad。

图 1-4 中 A、B、C、D 是直线上的四个点，其交叉比的定义为

$$(ABCD)=\frac{(ABC)}{(ABD)}=\frac{\frac{AC}{BC}}{\frac{AD}{BD}}=\frac{AC\cdot BD}{AD\cdot BC}$$

即交叉比（$ABCD$）是两个简单比（ABC）和（ABD）的比。而简单比是两个有向线段的长度比，如简单比（ABC）是 AC 与 BC 的长度比。a、b、c、d 的交叉比为（$abcd$），中心投影的交叉比不变，即

$$(ABCD)=(abcd)$$

证明从略。

4）平面图形的中心投影称为射影对应形；当平面图形所在的平面平行于投影面时，其中心投影与平面图形本身相似；当平面图形所在的平面通过投影中心时，其投影积聚成一条直线段，投影的这种性质称为平面图形的投影积聚性。

如图 1-5 所示，$\triangle abe$ 是$\triangle ABE$ 的射影对应形。$\triangle ABC /\!/ P$，则$\triangle abc \backsim \triangle ABC$。$\triangle BDE$ 所在平面通过 S 点，其投影 bde 积聚为直线段。

5）当投射中心与锥顶点重合时，锥面的投影有积聚性。如图 1-6 所示。

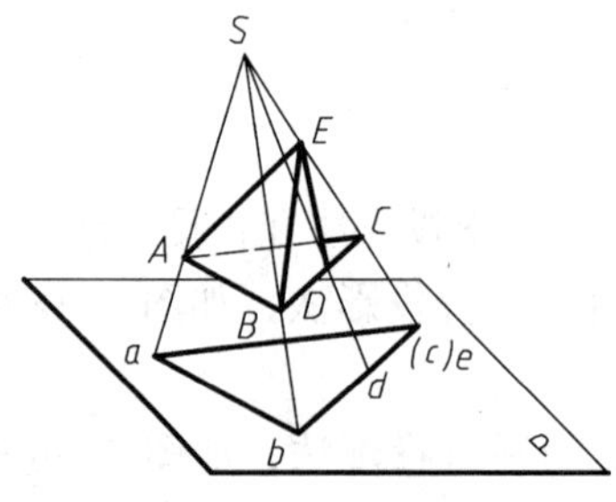

图 1-5 平面图形的中心投影

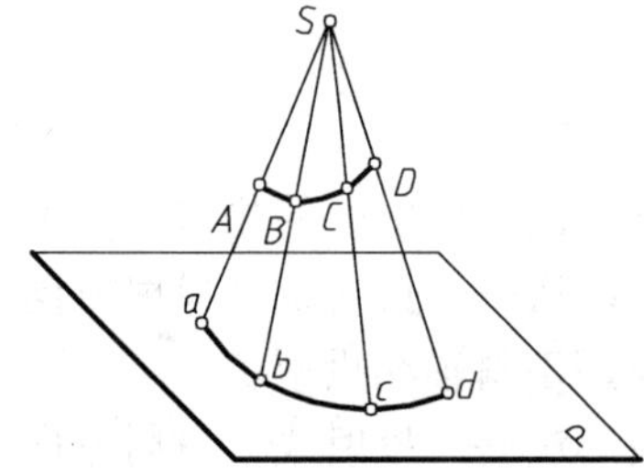

图 1-6 锥面的中心投影

1.3 平行投影的特殊投影规律

因为平行投影是中心投影的特例，所以平行投影除了具有中心投影的投影规律之外，还有其本身的一些特殊投影规律，列举如下。

1）一般情况下，空间平行的二直线的投影仍然是平行的二直线；特殊情况下，当它们平行于投射方向时，其投影积聚为两个点。

在图 1-7 中，$AC /\!/ MN$，其投影 $ac /\!/ mn$；$EF /\!/ GH /\!/ S$，其投影 $e(f)$、$g(h)$ 积聚为两个点。

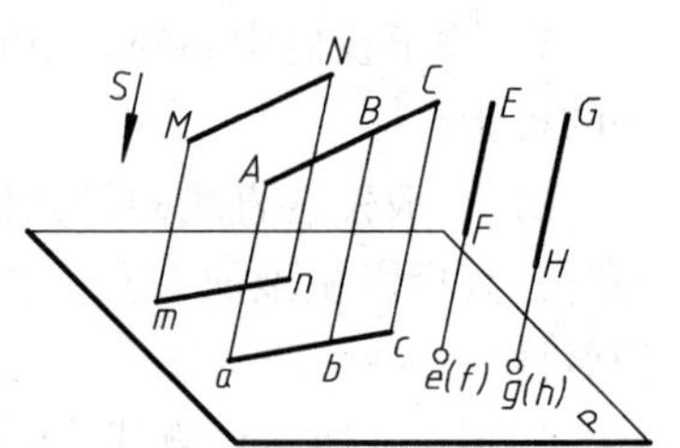

图 1-7 直线的平行投影

2）直线上三点的简单比是平行投影的不变量。

如图 1-7 所示，A、B、C 是直线上的三个点，其简单比

(ABC) 是 AC 与 BC 的长度比。其投影 a、b、c 仍在一条直线上，简单比为 (abc)，平行投影的简单比不变，即

$$(ABC)=(abc)$$

证明　由于是平行投影，所以投射线 Aa、Bb、Cc 是共面的平行直线。共面的三条平行直线被两条直线所截，所得的线段成比例，即

$$\frac{AC}{BC}=\frac{ac}{bc}$$

可以写成 $(ABC)=(abc)$。证毕。

这条投影规律还可以更通俗地叙述为：点分直线段的长度比在其平行投影上不变，即图1-7中 $AB:BC=ab:bc$。

3）平面图形的平行投影称为仿射对应形；当平面图形所在的平面平行于投影面时，其平行投影与平面图形本身全等；当平面图形所在的平面平行于投射方向时，其投影积聚成一条直线段。

如图1-8所示，$\triangle bcd$ 是 $\triangle BCD$ 的仿射对应形。$\triangle ABC /\!/ P$，则 $\triangle abc \cong \triangle ABC$。$\triangle BDE$ 所在平面平行于投射方向 S，其投影 bde 积聚为直线段。

4）当投射方向平行于柱体表面素线时，柱面的投影有积聚性。如图1-9所示。

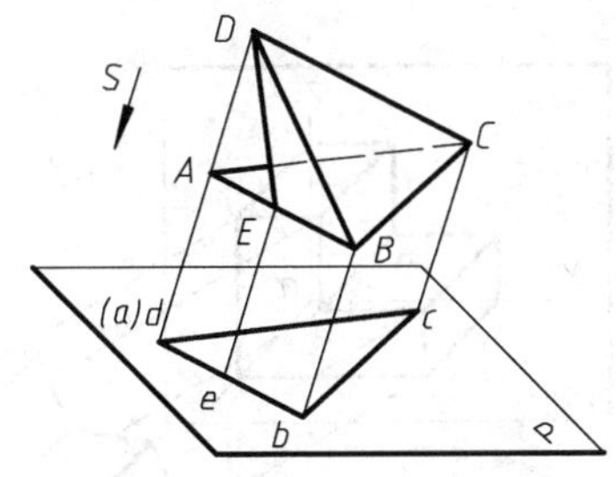

图1-8　平行图形的平行投影

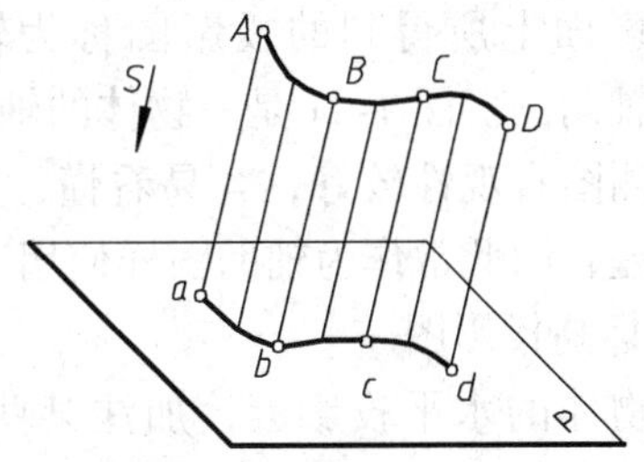

图1-9　柱面的平行投影

1.4　工程上常用的投影图

1.4.1　投影与投影图

投影是物体在投影面上得到的投射图形；而投影图是指物体的投影经过比例变换在大小合适的图纸上绘出的图形。投影与投影图之间存在一个一定系数的比例变换。

1.4.2　常用的投影图

1. 多面正投影图

物体在互相垂直的两个或两个以上投影面上投射得到的正投影图称为多面正投影图。将这些投影面旋转展开到同一个图面上，使该物体的各正投影图有规则地配置，相互之间形成对应关系。图1-10是一物体在三个互相垂直的投影面上投射而得的三面正投影图。

多面正投影能够多侧面地反映物体各个方向的实际形状和大小，其投影图度量性好，作图简便，因此应用广泛。多面正投影图的缺点是直观性差，必须通过学习才可以掌握其读图方法。

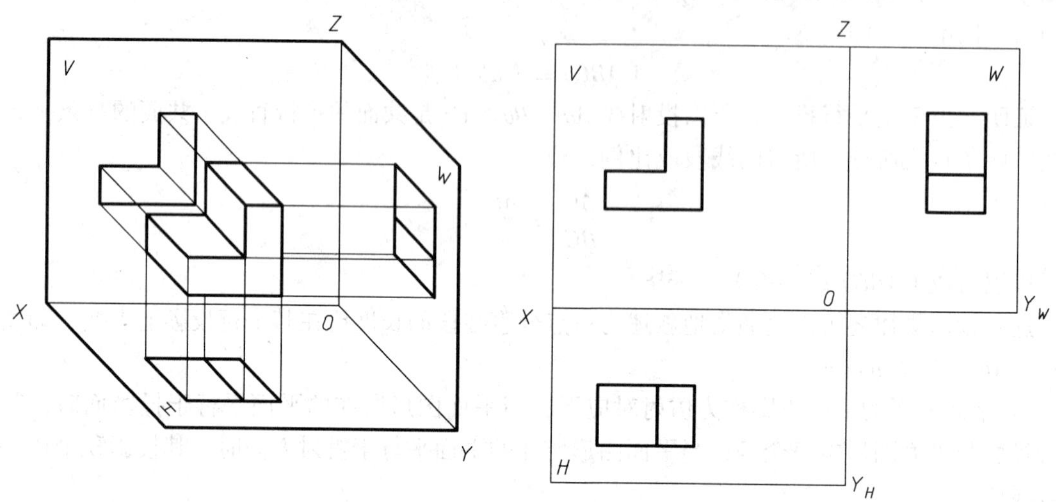

图 1-10 物体的三面正投影图

2. 轴测图

将物体连同其直角坐标系，沿不平行于任一坐标平面的方向，用平行投影法将其投射在单一投影面上所得到的投影图称为轴测投影图，又称为轴测图。图 1-11 是一物体的轴测图。

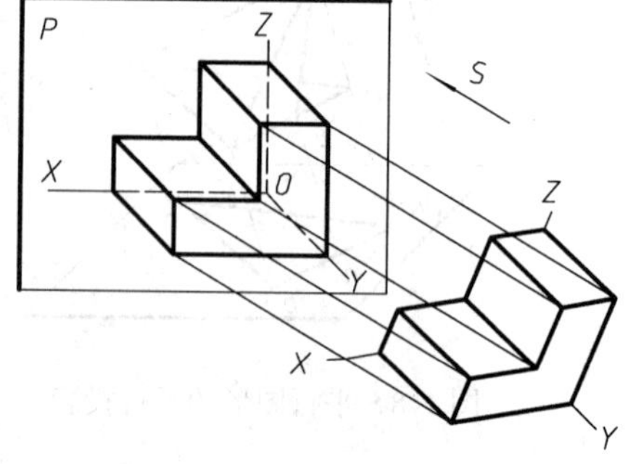

图 1-11 物体的轴测图

轴测图直观性较好，容易看懂，但画图较繁，度量性差，因此常作为辅助图样使用。

3. 标高投影图

在物体的水平投影上，加注某些特征面、线以及控制点的高度数值和比例的单面正投影图称为标高投影图。

图 1-12a 中，物体被平面 H_1、H_2、H_3 所截，其交线（等高线）的投影图表示在图 1-12b 中，各曲线旁附加的 h_1、h_2、h_3 表示同一曲线上各点到投影面的高度值。

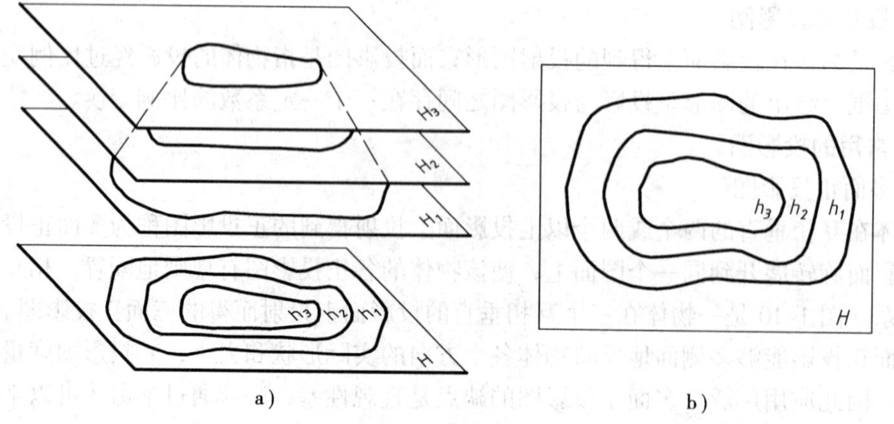

图 1-12 标高投影

标高投影图常用来表示不规则曲面，如船体、飞行器、汽车曲面及地形等。

4. 透视图

用中心投影法将物体投射在单一投影面上所得到的投影称为透视投影，又称为透视图。图 1-13 是一物体的透视图。

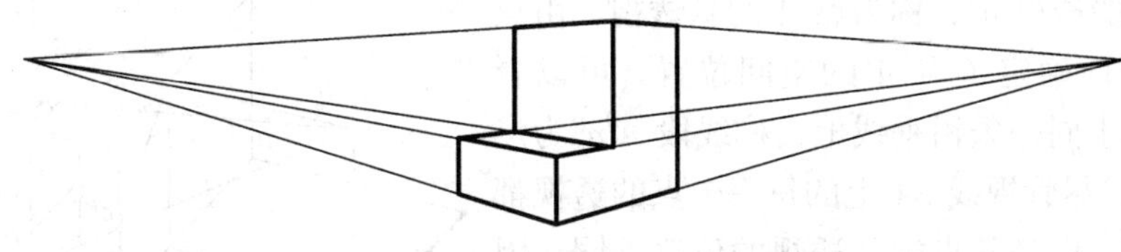

图 1-13　物体的透视图

从图 1-13 看到，在该透视图中，物体上前后方向及左右方向互相平行的边变得不再平行，而是分别交于两点；原本相等的边不再相等，而是近大远小。透视图与照相机成像原理近似，接近于视觉映象，因此透视图的直观性强。但是，由于透视图的度量性差，且作图复杂，所以一般用于绘画和建筑设计。

1.5　透视图简介

1.5.1　透视投影体系及常用的名词术语

1. 透视投影体系

透视投影体系如图 1-14 所示。

2. 常用的名词术语

基面 G：放置被透视物的平面，即水平投影面，相当于地面。一般以水平投影面 H 作为基面。

画面 P：透视投影所在的平面。画面一般垂直于基面。

基线：基面与画面 P 的交线。在画面上用 g-g 表示，在基面上用 p-p 表示。

视点 S：相当于人眼所在位置，也即投射中心。

站点 s：视点 S 在基面上的正投影，相当于观看者的站立点。

主点 s'：视点 S 在画面 P 上的正投影。

视线：视点 S 与所画物体各点的连线。

主视线：过视点 S 且与画面 P 垂直相交的视线。

视高：视点 S 到站点的距离，相当于人眼高度。

视距：视点 S 到画面 P 的距离。

视平面：过视点 S 所作的水平面。

视平线 h-h：视平面与画面 P 的交线。画面为铅垂面时，主点 s' 在视平线上。

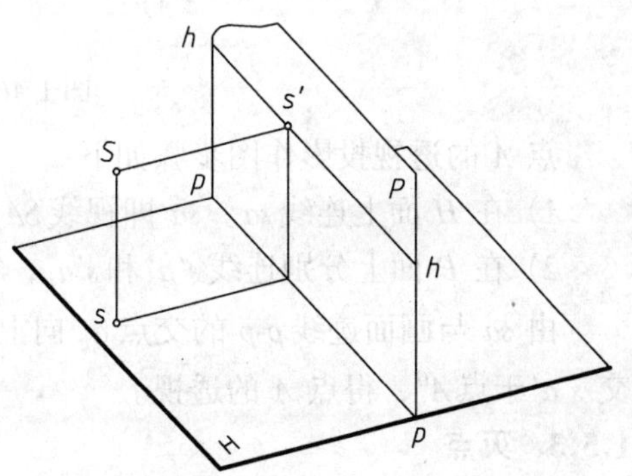

图 1-14　透视投影体系

1.5.2 点的透视投影

1. 点的透视投影

点的透视是过该点的视线与画面的交点。如图 1-15 所示，空间点 A 在画面 P 上的透视，是自视点 S 向 A 引的视线 SA 与画面的交点 A^0。为使画面上的点 A^0的对应有唯一性，将空间点 A 向基面正投射得点 a，称 a 为点 A 的**基点**，基点 a 在画面上的透视 a^0，称为点 A 的**基透视**，由点 A^0和 a^0就唯一地确定了点 A 的空间位置。可以看出，A^0和 a^0位于同一条铅垂线上，称线段 A^0a^0为点 A 的**透视高度**。尽管视线 SA 上的每一个点的透视都是同一个点 A^0，但是各点的基透视的位置不同，因而各点的透视高度也就不同。在画面后方，点离画面越近，其透视高度就越大；当点 A 在画面上时，透视就是其本身，透视高度等于点 A 的实际高度。

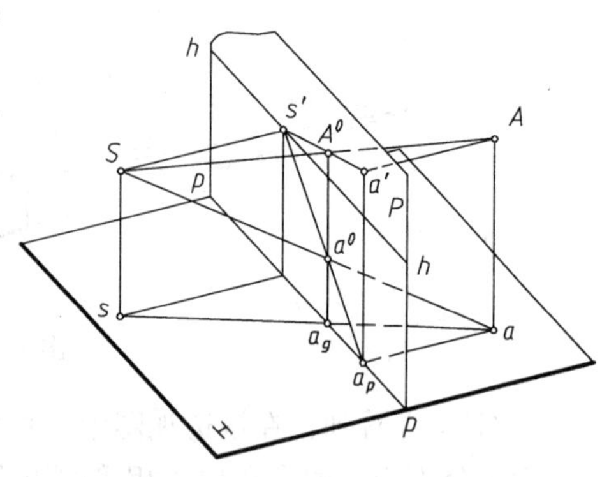

图 1-15 点的透视投影

2. 点的透视投影画法

在图 1-15 中，点 A 在画面 P 上的正投影为 a'，点 a 在画面 P 上的正投影为 a_p。将图 1-15 中的基面 H 和画面 P 拆开摊平在一张图纸上，如图 1-16a 所示。为方便作图，将两个平面上下对齐放置，并去掉边框，如图 1-16b 所示。此时，画面 P 用视平线 h-h 和基线 g-g 表示，h-h 和 g-g 互相平行。基面 H 用基线 p-p 和站点 s 表示。

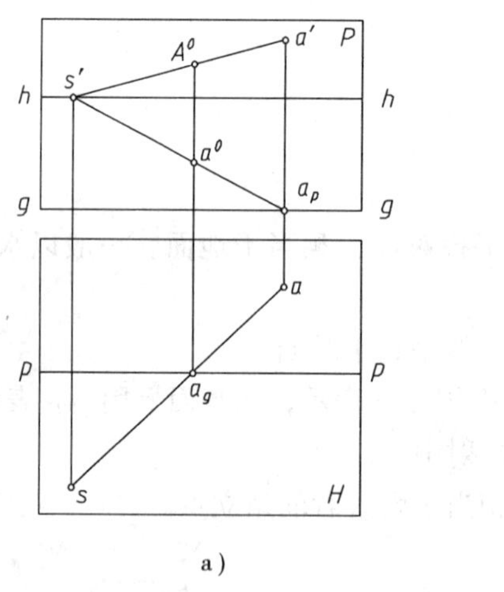

a)

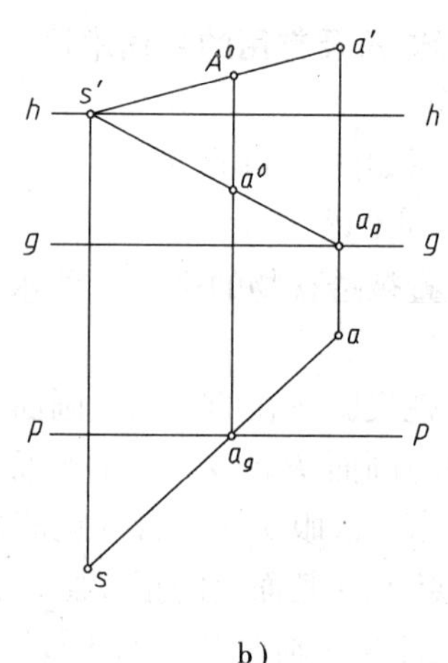

b)

图 1-16 点的透视投影画法

点 A 的透视投影作图步骤如下：

1）在 H 面上连线 sa。sa 即视线 SA 的水平投影；

2）在 P 面上分别连线 $s'a'$ 和 $s'a_p$，它们分别是视线 SA 和 Sa 的正面投影；

由 sa 与画面迹线 p-p 的交点 a_g 向上引基线的垂线，交 $s'a_p$ 于点 a^0，得点 A 的基透视；交 $s'a'$ 于点 A^0，得点 A 的透视。

1.5.3 灭点

直线无穷远端点的透视投影称为灭点。图 1-17a 中，自视点 S 向直线 AB 上离画面无穷远

的点 F_∞ 引视线，即过视点 S 作直线 AB 的平行线，该平行线与画面交于 F，点 F 即为直线的灭点。直线 AB 与画面相交于 N，点 N 称为直线 AB 的画面迹点，迹点在画面上，它的透视投影就是其本身。连接迹点和灭点所得线段 NF，称为直线 AB 的**全透视或透视方向**。

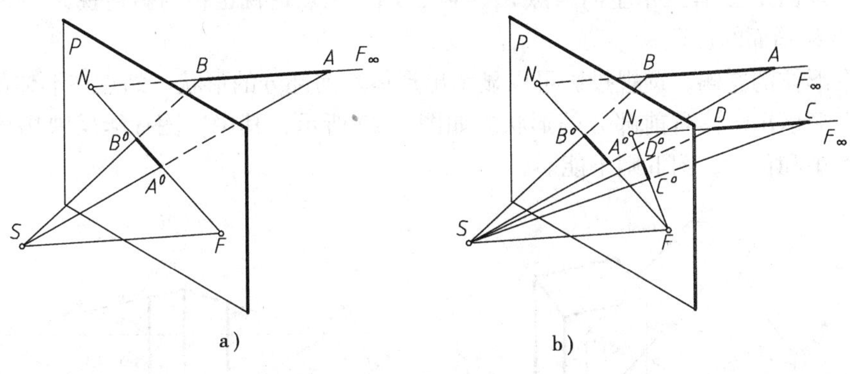

图 1-17　灭点

与画面相交的两条平行线有一个共同的灭点。如图 1-17b 所示，AB、CD 为互相平行的两条与画面相交的直线。由于过视点 S 引平行于 AB 及 CD 的视线只有一条，因此该视线与画面的交点 F，是两直线的共同的灭点。

如果与画面相交的直线是水平线，其灭点必在视平线上。如图 1-18 所示，直线 AB 为与画面相交的水平线，其延长线与画面的交点 N 是 AB 的画面迹点。过视点 S 作平行于直线 AB 的视线，它与画面的交点 F 落在视平线 h-h 上。

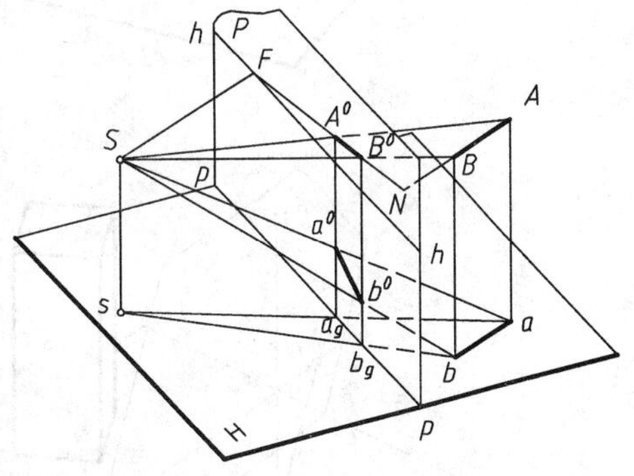

图 1-18　水平线的灭点

1.5.4　影响透视的因素

1. 物体的主方向与画面的夹角

物体的长、宽、高三个主方向与画面可能平行，也可能不平行。一个方向与画面不平行，该物体的透视投影就会产生一个主向灭点，两个方向与画面不平行，该物体的透视投影就会产生两个主向灭点，三个方向与画面不平行，该物体的透视投影就会产生三个主向灭点。按照主向灭点数量的不同，透视投影分为：一点透视、两点透视、三点透视。

图 1-19 表示一点透视的情况，其中，形体的长度方向和高度方向都平行于画面 P，形体的宽度方向垂直于画面 P，在画面 P 上有一个主向灭点，此时，灭点 F 与主点 s' 重合。一点透视也称为平行透视。

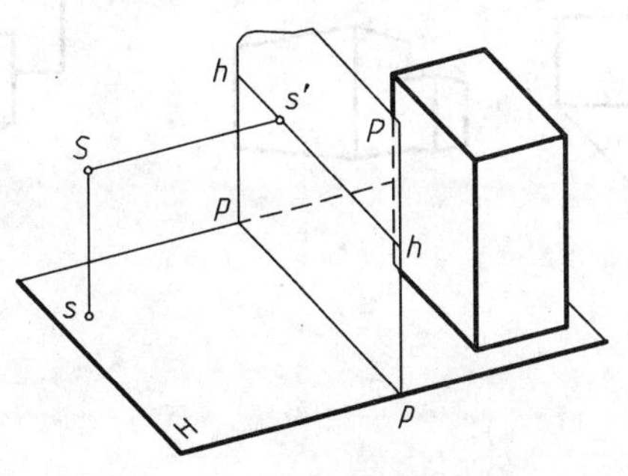

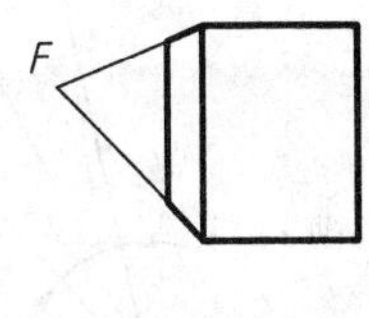

图 1-19　一点透视

图 1-20 表示两点透视的情况，其中，形体的高度方向平行

于画面 P，形体的长度方向和宽度方向都倾斜于画面 P，在画面 P 上有两个主向灭点 F_1、F_2。两点透视也称为成角透视。

图 1-21 表示三点透视的情况，其中，形体的长度方向、宽度方向和高度方向都倾斜于画面 P，在画面 P 上有三个主向灭点 F_1、F_2、F_3。三点透视也称为斜透视。

2. 站点和画面的位置

站点在形体的左侧，透视投影可以显示出形体左前部分的形状；站点在形体的右侧，透视投影可以显示出形体右前部分的形状。如图 1-22 所示，其中，图 a 能反映出该形体两部分的相对大小和位置，图 b 则不能。

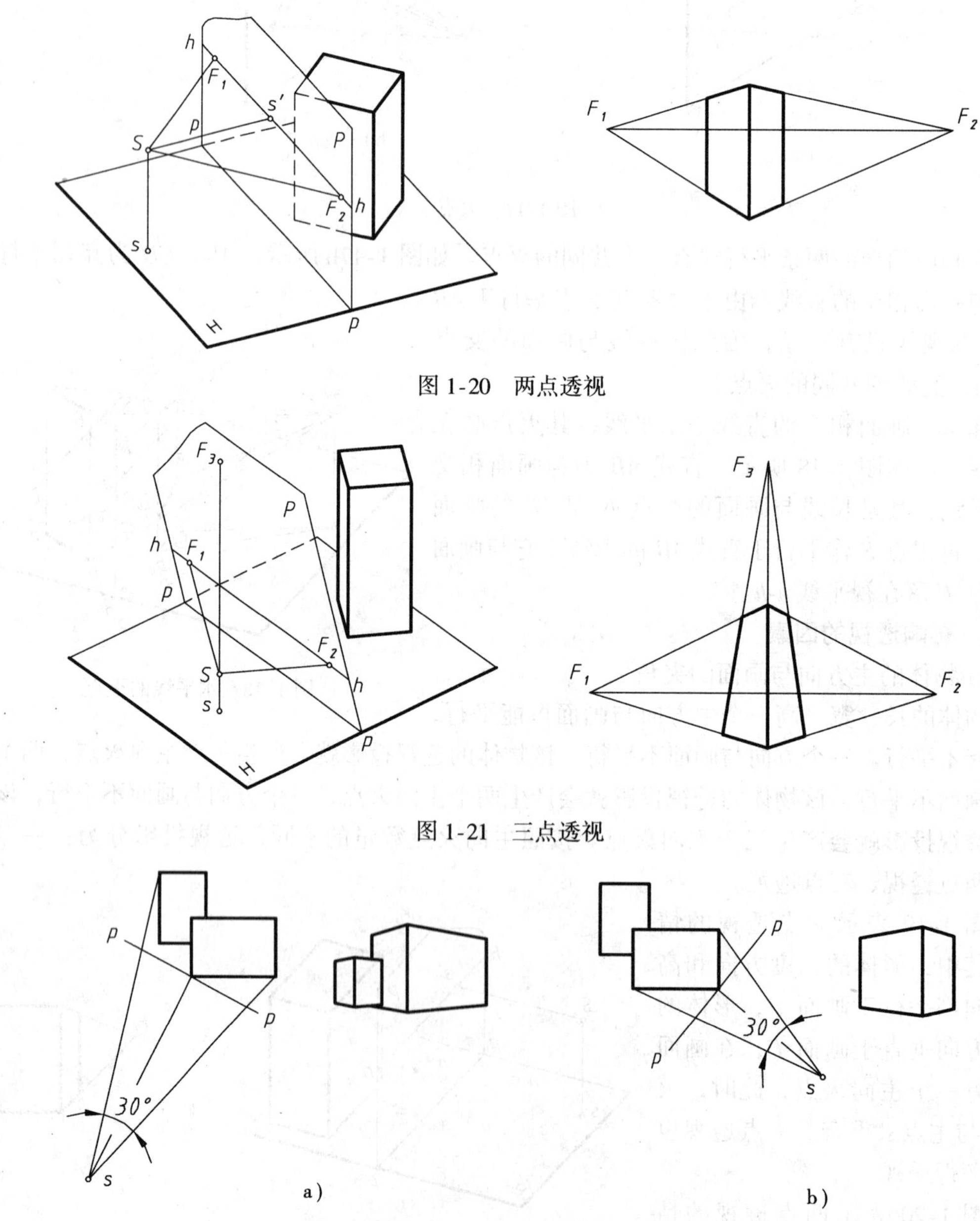

图 1-20　两点透视

图 1-21　三点透视

图 1-22　站点和画面的位置

图 1-22 中，p-p 为画面的迹线。画面距离形体的远近会影响透视投影的大小，画面离形体越近，透视投影越大，反之越小。但是，画面的远近不影响透视投影的形状。

如图 1-22 所示，在水平投影图上选择站点时，一般应使由站点引出的与建筑物接触的两边缘视线的夹角约为 30°，并能使画出的透视投影反映形体的特征。站点确定后，作两边缘视线夹角的分角线，并尽量过形体水平投影的一个角点作分角线的垂线 p-p，即为画面的迹线。

3. 视点的高度

视点高过形体的顶部时，透视投影会反映出形体顶面的形状；反之，视点低于形体的底部时，透视投影会反映出形体底面的形状。

1.5.5 透视图的基本画法

基本方法就是用点的透视投影画法求出形体上各顶点的透视投影后，再依次连接即可。

1. 一点透视

如图 1-23a 所示，已知一形体的水平投影和正面投影，以及视点、视平线及画面位置，求该形体的一点透视投影。

如图 1-23b 所示，因画面取在形体正面 Ⅰ Ⅱ Ⅲ Ⅳ，所以其透视投影就是它本身，只要求后面的点 Ⅴ、Ⅵ、Ⅶ、Ⅷ 即可。由于 Ⅰ Ⅴ、Ⅲ Ⅶ、Ⅳ Ⅷ 等线均垂直于画面，故它们的透视投影都应通过灭点（主点）s'。连接 $1^0s'$、$3^0s'$、$4^0s'$，再从水平投影中连 $s7$（8）与 p-p 相交于一点，由此交点向上画线与 $3^0s'$、$4^0s'$ 相交即得 7^0、8^0 点，其余作图可自行分析。

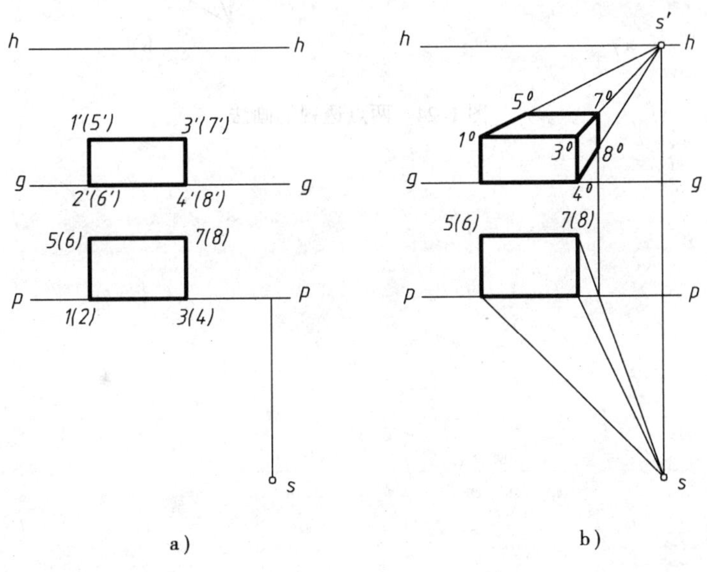

图 1-23 一点透视的画法

2. 两点透视

如图 1-24a 所示，已知一形体的水平投影和正面投影，以及视点、视平线及画面位置，求该形体的两点透视投影。

如图 1-24b 所示，首先确定灭点 F_1、F_2。在水平投影中过点 s 引 15 和 13 的平行线 sf_1、sf_2，交 p-p 于 f_1、f_2 两点。因 Ⅰ Ⅴ、Ⅰ Ⅲ 均为水平线，故灭点必在视平线 h-h 上。过 f_1、f_2

两点引 p-p 的垂线与 h-h 相交得两个灭点 F_1、F_2。因画面经过棱边ⅠⅡ，所以该棱边的透视投影就是它本身，只要求后面其余的六个点即可。ⅠⅤ、ⅡⅥ的透视投影都应通过灭点 F_1，连接 1^0F_1、2^0F_1，再从水平投影中连 $s5$（6）与 P-P 相交于一点，由此交点向上画线与 1^0F_1、2^0F_1 相交即得 5^0、6^0点。同样地，ⅠⅢ、ⅡⅣ的透视投影都应通过灭点 F_2，连接 1^0F_2、2^0F_2，再从水平投影中连 $s3$（4）与 p-p 相交于一点，由此交点向上画线与 1^0F_2、2^0F_2 相交即得 3^0、4^0点。另外，ⅢⅦ的透视投影通过 F_1 点，ⅤⅦ的透视投影通过 F_2 点，连接 3^0F_1、5^0F_2，两线相交求出 7^0点。最后按可见性连线。

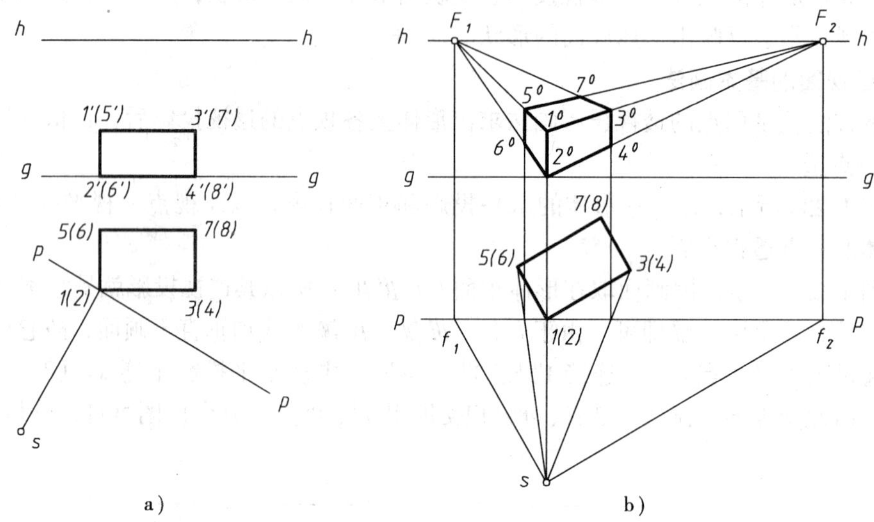

图 1-24　两点透视的画法

第 2 章　点、直线、平面、基本立体的投影

2.1　点

2.1.1　三投影面体系的建立

由 1.1.1 中有关投影概念的论述可知，点的一个投影不能唯一确定点的空间位置。为了用点的投影表示点的空间位置，在此使用三个投影平面。

设立空间三个互相垂直的投影面构成三投影面体系，如图 2-1 所示。一个水平放置，称为水平投影面（简称水平面），用 H 表示；一个正对观察者铅垂放置，称为正立投影面（简称正面），用 V 表示；第三个与 H、V 都垂直，称为侧立投影面（简称侧面），用 W 表示。H、V 和 W 三个投影面两两相交，得到三条交线，称为投影轴。其中 H 面与 V 面的交线是 X 轴；H 面与 W 面的交线是 Y 轴；V 面与 W 面的交线是 Z 轴。由于 H、V 和 W 面互相垂直，所以 X、Y 和 Z 轴也互相垂直，且交于一点 O，称为原点。以 O 点为界，X 轴左方为正，右方为负；Y 轴前方为正，后方为负；Z 轴上方为正，下方为负。

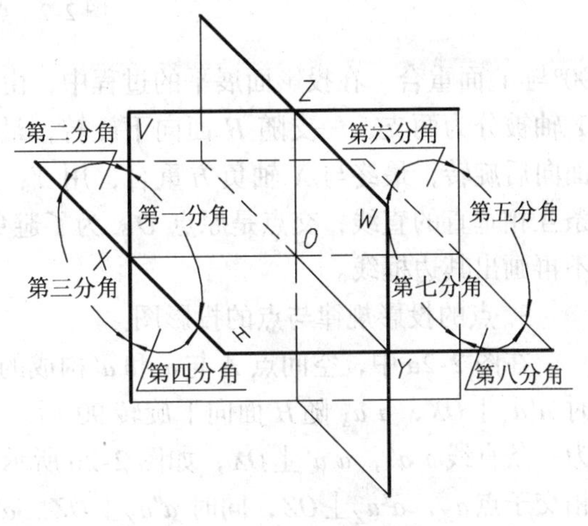

图 2-1　三投影面体系

H、V 和 W 三个投影面将整个空间分成八个部分，称为八个分角。W 面左侧为第一、第二、第三、第四分角，其中 H 面之上、V 面之前的部分为第一分角，其余按面向 W 面左侧逆时针排列，分别为第二、第三、第四分角；W 面右侧为第五、第六、第七、第八分角，分别与第一、第二、第三、第四分角对应。我国的技术标准规定主要使用第一分角进行投影制图，因此，以下着重论述在第一分角内的投影问题，即第一角投影。

2.1.2　点的投影

1. 点的三面投影

如图 2-2a 所示，取出第一分角，空间点 A 处于第一分角内。过点 A 分别向三个投影面作垂线，得到三个垂足，即为点 A 的三个正投影。点 A 在 H 面上的投影称为水平投影，用 a 表示；在 V 面上的投影称为正面投影，用 a' 表示；在 W 面上的投影称为侧面投影，用 a'' 表示。

2. 投影面的展平

为了绘图方便，将点的三面投影表示在同一平面上，需要将投影面展平。如图 2-2b 所示，展平方法为：V 面不动，H 面绕 X 轴向下旋转 90°与 V 面重合；W 面绕 Z 轴向右旋转

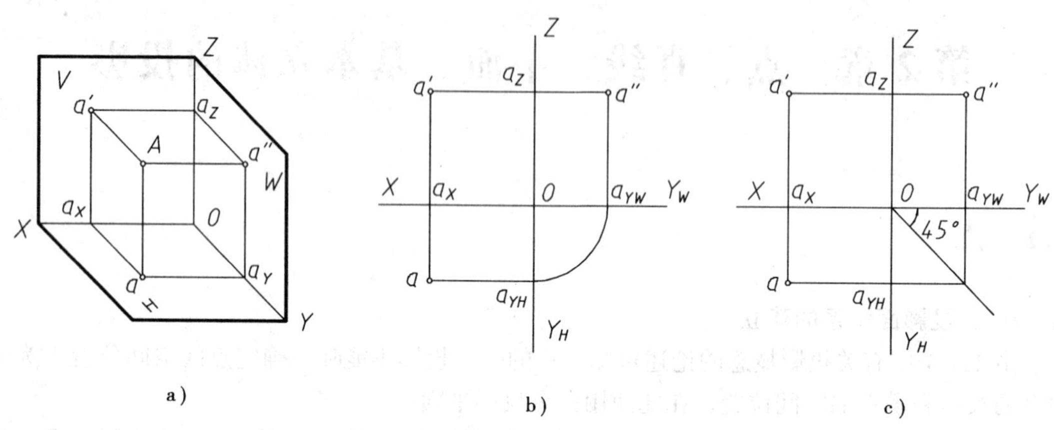

a) b) c)

图 2-2 点的三面投影

90°与 V 面重合。在投影面展平的过程中，由于 V 面不动，所以 X 轴和 Z 轴的位置不变。而 Y 轴被分为两支，一支随 H 面向下旋转，最终与 Z 轴负方重合，用 Y_H 表示；另一支随 W 面向后旋转，最终与 X 轴负方重合，用 Y_W 表示。X、Y_H、Y_W、Z 四条轴线构成平面上两条互相垂直的直线，交点是原点 O。为了避免重复，只给出各投影轴的正向。三个投影面，不再画出其边框线。

3. 点的投影规律与点的投影图

在图 2-2a 中，空间点 A 与 a 和 a' 构成的平面与 X 轴垂直且相交于点 a_X，$a\,a_X \perp OX$，同时 $a'a_X \perp OX$，$a\,a_X$ 随 H 面向下旋转 90°后，垂直关系仍保持不变，此时，$a\,a_X$ 与 $a'a_X$ 重合为一条直线 $a\,a'$，$a\,a' \perp OX$，如图 2-2b 所示。同样，A 与 a' 和 a'' 构成的平面与 Z 轴垂直且相交于点 a_Z，$a'a_Z \perp OZ$，同时 $a''a_Z \perp OZ$。$a''\,a_Z$ 随 W 面向右旋转 90°后，垂直关系仍保持不变，此时，$a'a_Z$ 与 $a''a_Z$ 重合为一条直线 $a'a''$，$a'a'' \perp OZ$。另外，A 与 a 和 a'' 构成的平面与 Y 轴垂直且相交于点 a_Y，随着 Y 轴被分为两支，a_Y 也被分为 a_{YH}、a_{YW} 两点，分别处于 Y_H 和 Y_W 上，$a\,a_X = Oa_{YH} = Oa_{YW} = a''a_Z$，即 $a\,a_X = a''a_Z$，如图 2-2b 所示。

综上所述，得到如下点的投影规律。

1）点的正面投影与水平投影的连线垂直于 X 轴，即 $a\,a' \perp OX$；

2）点的正面投影与侧面投影的连线垂直于 Z 轴，即 $a'a'' \perp OZ$；

3）点的水平投影到 X 轴的距离等于该点的侧面投影到 Z 轴的距离，都等于该点到 V 面的距离，即 $a\,a_X = a''a_Z = A\,a'$。

点 A 的投影图如图 2-2b、图 2-2c 所示。作点的投影图时，必须遵从上述投影规律，应使 $a\,a' \perp OX$、$a'a'' \perp OZ$，$a\,a_X = a''a_Z$。为了保证 $a\,a_X = a''a_Z$，可以使用以 O 点为圆心，$a\,a_X$ 或 $a''a_Z$ 为半径的圆弧作为辅助线；或使用过 O 点并与水平成 45°的直线作为辅助线两种作图方法。

2.1.3 点的三面投影的坐标表示

1. 三投影面体系与空间直角坐标系

如图 2-2a 所示，三投影面体系中相互垂直的三个投影轴 X、Y、Z 构成了一个空间直角坐标系，坐标轴的正向与投影轴的正向一致，投影体系的原点 O 是坐标原点，三个投影面 H、V 和 W 相当于三个坐标面。

2. 空间点的坐标与点投影的坐标

点 A 到三个投影面的距离与各坐标轴上单位长度的比值为该点的 x、y、z 坐标。若单位长度为 1mm，则有：

点 A 到 W 面的距离（单位：mm）反映该点的 x 坐标，$Aa'' = aa_Y = a'a_Z = a_XO = x_A$

点 A 到 V 面的距离（单位：mm）反映该点的 y 坐标，$Aa' = aa_X = a''a_Z = a_YO = y_A$

点 A 到 H 面的距离（单位：mm）反映该点的 z 坐标，$Aa = a'a_X = a''a_Y = a_ZO = z_A$

点 A 的位置可由其坐标（x_A、y_A、z_A）唯一地确定。其投影的坐标分别为：

水平投影 a（x_A，y_A，0）；正面投影 a'（x_A，0，z_A）；侧面投影 a''（0，y_A，z_A）。

3. 点的投影作图

根据点的坐标，可以在投影图上确定该点的三个投影；反之，由点的投影同样可以得到该点的三个坐标。由于点的每个投影都包含该点的两个坐标，所以点的两个投影必然包含该点的三个坐标，即由点的两个投影就可以确定该点的空间位置。从作图角度来讲，已知点的任意两个投影，通过作图必可得到该点的第三个投影，这就是投影作图中已知两个投影求第三投影的问题，简称为二求三作图。

【例 2-1】 已知空间点 A（12，8，16），作出该点的三面投影图。

分析 由点 A 的坐标可以得到其三个投影的坐标分别为 a（12，8，0）、a'（12，0，16）和 a''（0，8，16）。由投影的坐标可以画出点的投影图，如图 2-3 所示。

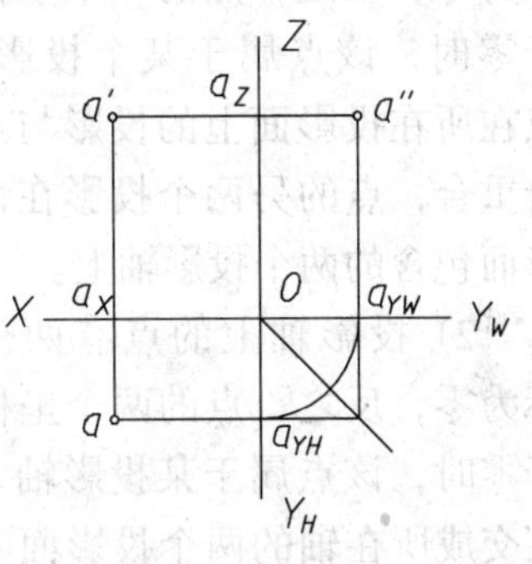

图 2-3 由点的坐标作点的三面投影图

作图

1）画出投影轴，标明各轴的名称和原点。

2）以 1mm 为单位长度量取坐标，画出点的两个投影。在 OX 轴上自 O 向左量 12mm，确定 a_X，过 a_X 作 OX 轴的垂线；在该垂线上沿着 Y_H 轴方向自 a_X 向下量取 8mm 得 a，再沿 OZ 轴方向自 a_X 向上量取 16mm 得 a'。

3）用二求三的作图方法画出点的第三个投影。过 a' 作 OZ 轴的垂线，与 OZ 轴交于 a_Z；过 a 作 OY_H 轴的垂线，与 OY_H 轴交于 a_{YH}，再利用 45°辅助线或圆弧在 OY_W 轴上交出 a_{YW}，自 a_{YW} 向上作 OY_W 的垂线，与 $a'a_Z$ 的延长线交于 a''。

【例 2-2】 如图 2-4a 所示，已知空间点 A 的正面投影 a' 和侧面投影 a''，作出该点的水平投影。

分析 正面投影 a' 包含点 A 的 x 坐标和 z 坐标，侧面投影 a'' 包含点 A 的 y 坐标和 z 坐标，这两个投影中包含了水平投影 a 需要的 x 坐标和 y 坐标，所以，可以通过二求三作图作出点 A 的水平投影 a。

作图（图 2-4b）

1）使 a 得到 a' 的 x 坐标。为此，过 a' 向下作 OX 轴的垂线 $a'a_X$。

2）使 a 得到 a'' 的 y 坐标。为此，过 a'' 向下作 OY_W 轴的垂线 $a''a_{YW}$，再通过利用 45°辅助线或圆弧在 OY_H 轴交出 a_{YH}，自 a_{YH} 向左作 OY_H 的垂线，与 $a'a_X$ 的延长线交于 a。

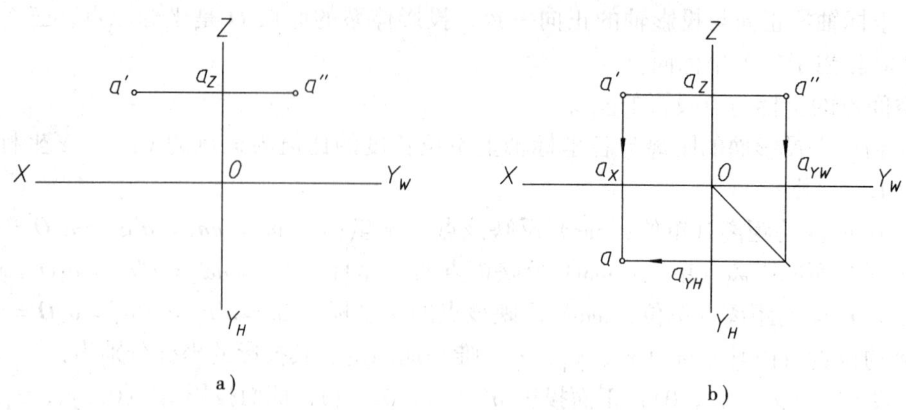

图 2-4　由点的两个投影求作点的第三投影

4. 投影面和投影轴上的点

如图 2-5a 所示，点 B 处在 H 面上、点 C 处在 OZ 轴上。从图中可以看出，投影面和投影轴上的点的坐标及投影具有下列特性。

1）投影面上的点有一个坐标为零，反之，点的一个坐标等于零时，该点属于某个投影面。点在所在投影面上的投影与点自身重合，点的另两个投影在该投影面包含的两个投影轴上。

2）投影轴上的点有两个坐标为零，反之，点的两个坐标等于零时，该点属于某投影轴，点在交成所在轴的两个投影面上的两个投影与点自身重合，第三投影在原点上。

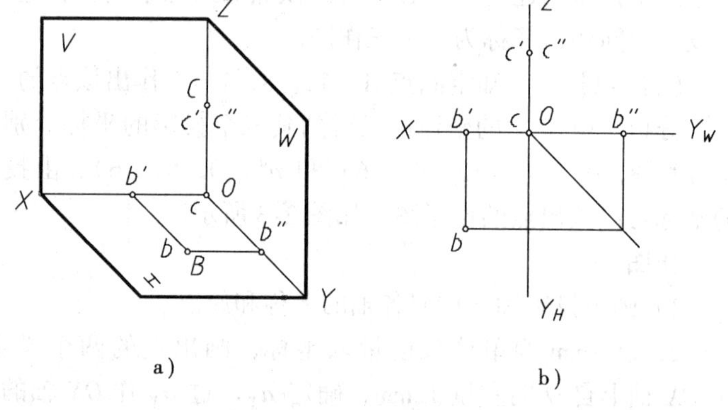

图 2-5　投影面上的点和投影轴上的点

【例 2-3】　已知点 B（8，12，0）、点 C（0，0，10），作出这两点的投影图。

分析　如图 2-5a 所示，点 B 的 Z 坐标为 0，B 在 H 面上，其水平投影 b 与点 B 重合，正面投影 b' 和侧面投影 b'' 在 X 轴和 Y 轴上。点 C 的 X 坐标和 Y 坐标为 0，C 在 Z 轴上，其正面投影 c' 和侧面投影 c'' 与点 C 重合，水平投影 c 在原点上。

作图（图 2-5b）

1）画出投影轴，标明各轴的名称和原点。

2）以 1mm 为单位长度量取坐标，画出点 B 的投影。在 OX 轴上自 O 向左量 8mm，确定点 B 的正面投影 b'。过 b' 作 OX 轴的垂线，在垂线上沿着 Y_H 轴方向自 b' 向下量取 12mm 得水平投影 b。侧面投影 b'' 在 OY_W 轴上，利用 45°辅助线或 90°圆弧画出。画图时应注意，H 面上的点其侧面投影必须画在 W 面的 OY_W 轴上，不能画在 H 面的 OY_H 轴上。

3）以 1mm 为单位长度量取坐标，画出点 C 的投影。在 OZ 轴上自 O 向上量 10mm，确定正面投影 c' 和侧面投影 c''，水平投影 c 与原点 O 重合。

2.1.4 两点的相对位置及重影点

1. 两点的相对位置

两点的相对位置是指以两点中的一点为基准，另一点相对该点的左右、前后和上下的位置。点的位置由点的坐标确定，两点的相对位置则由两个点的坐标差确定。

如图 2-6a 所示，空间有两个点 A（X_A，Y_A，Z_A）、B（X_B，Y_B，Z_B）。若以 B 点为基准，则两点的坐标差为 $\Delta X_{AB}=X_A-X_B$、$\Delta Y_{AB}=Y_A-Y_B$、$\Delta Z_{AB}=Z_A-Z_B$。X 坐标差确定两点的左右位置，Y 坐标差确定两点的前后位置，Z 坐标差确定两点的上下位置。三个坐标差均为正值时，点 A 在点 B 的左方、前方、上方。从图 2-6b 看出，三个坐标差可以准确地反映在两点的投影图中。

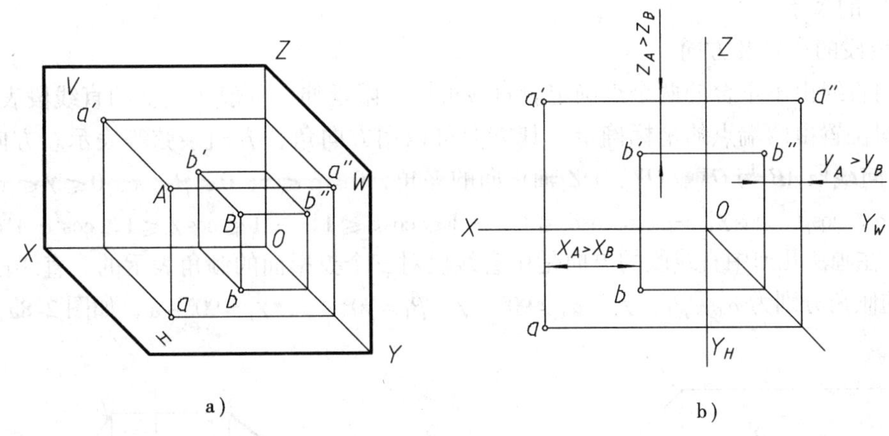

图 2-6 两点间的相对位置

2. 重影点及其可见性

当两点位于某一投影面的同一条投射线上时，这两点在该投影面上的投影重合，称这两点为对该投影面的重影点。重影点有两对坐标分别相等。

图 2-7a 中，A、B 两点位于 V 面的同一条投射线上，它们的正面投影 a'、b' 重合，称 A、B 两点为对 V 面的重影点，这两点的 X 坐标、Z 坐标分别相等，Y 坐标不等。同理，C、D 两点位于 H 面的同一条投射线上，它们的水平投影 c、d 重合，称 C、D 两点为对 H 面的重影点，它们的 X 坐标、Y 坐标分别相等，Z 坐标不等。

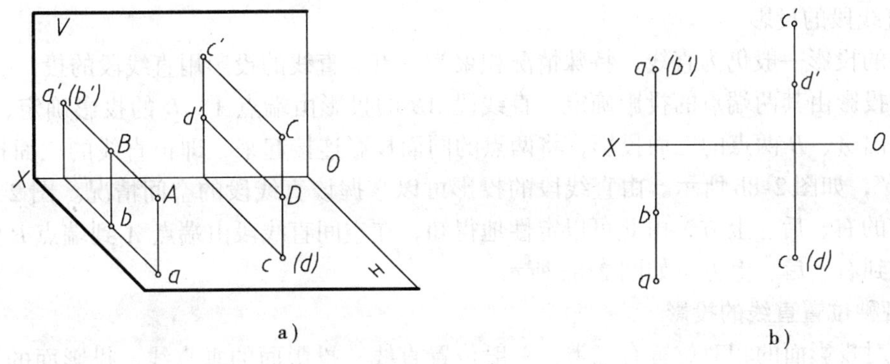

图 2-7 重影点及其可见性

由于重影点有一对坐标不相等，所以，在重影的投影中，坐标值大的点的投影会遮住坐标值小的点的投影，即坐标值大的点的投影可见，坐标值小的点的投影不可见。在投影图中，对于重影的投影，必须在不可见点投影的字母两侧画上圆括号。例如，图 2-7b 中，A、B 两点为对 V 面的重影点，它们的正面投影重合，$Y_A > Y_B$，点 A 在点 B 的前方，a' 可见，表示为 a'；b' 不可见，表示为（b'）。C、D 两点为对 H 面的重影点，它们的水平投影重合，$Z_C > Z_D$，点 C 在点 D 的上方，c 可见，表示为 c；d 不可见，表示为（d）。

2.2 直线

2.2.1 直线的表示

1. 直线段的位置及方向

在空间直线由不重合的两个点确定。直线可以无限延伸，一般用其上的直线段表示。直线段的空间位置由两端点的坐标确定，其方向可以用方向角、方向余弦等表示。方向角 α、β、γ 是有向线段 AB 与 OX、OY、OZ 轴正向的夹角，$0 \leqslant \alpha \leqslant \pi$、$0 \leqslant \beta \leqslant \pi$、$0 \leqslant \gamma \leqslant \pi$；方向余弦是 $\cos\alpha$、$\cos\beta$、$\cos\gamma$，$-1 \leqslant \cos\alpha \leqslant 1$、$-1 \leqslant \cos\beta \leqslant 1$、$-1 \leqslant \cos\gamma \leqslant 1$，$\cos^2\alpha + \cos^2\beta + \cos^2\gamma = 1$。在画法几何中直线段的方向是用直线段对三个投影面的倾角表示的。直线段对 H、V、W 面的倾角分别为 α_1、β_1、γ_1，$\alpha_1 = 90° - \gamma$、$\beta_1 = 90° - \beta$、$\gamma_1 = 90° - \alpha$，如图 2-8a 所示。

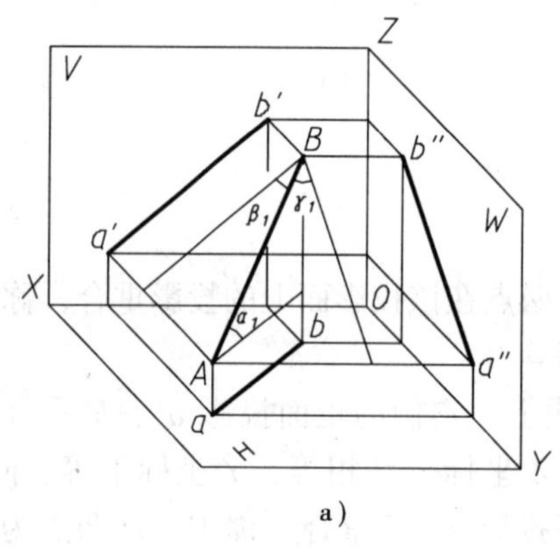

a）

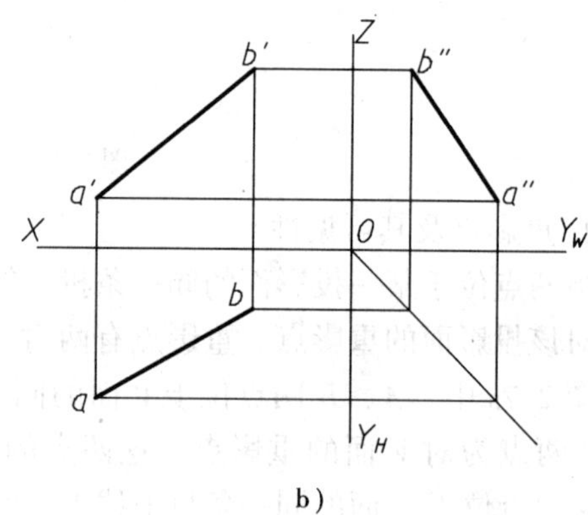

b）

图 2-8　一般位置直线

2. 直线段的投影

直线的投影一般仍为直线，特殊情况积聚为一点。直线的投影用直线段的投影表示，而直线段的投影由其两端点的投影确定。直线段 AB 的投影由端点 A、B 的投影确定，在投影图中，给出 A、B 两点的三面投影，将两点的同面投影连接起来，即得直线的三面投影 ab、$a'b'$、$a''b''$，如图 2-8b 所示。由直线段的投影可以掌握该直线段的空间情况。图 2-8b 中点 B 在点 A 的右、后、上方，由此可以定性地得知，在空间直线段由端点 A 到端点 B 是从左、前、下方到右、后、上方，如图 2-8a 所示。

2.2.2 各种位置直线的投影

直线对投影面的相对位置有三类：一般位置直线、投影面的垂直线、投影面的平行线，其中后两类直线统称为特殊位置直线。

1. 一般位置直线

一般位置直线是指对三个投影面既不垂直又不平行的直线。

如图 2-8 所示，直线段 AB 对 H、V 和 W 面均处于既不垂直又不平行的位置，AB 为一般位置直线。直线段 AB 的三个投影长与其实长的关系如下：

$$ab = AB\cos\alpha_1;\ a'b' = AB\cos\beta_1;\ a''b'' = AB\cos\gamma_1$$

由于一般位置直线对三个投影面的倾角 α_1、β_1、γ_1 既不等于 0°，也不等于 90°，所以，其 $\cos\alpha_1$、$\cos\beta_1$ 和 $\cos\gamma_1$ 均大于 0 且小于 1，因此，AB 的各投影长都小于该直线段的实长。

一般位置直线的投影特性为：三个投影都倾斜于投影轴，既不反映直线段的实长，又不反映对投影面的倾角。

2. 投影面的垂直线

投影面的垂直线是指垂直于某一个投影面的直线。在三投影面体系中有三个投影面，因此这类直线有三种：铅垂线——垂直于 H 面的直线、正垂线——垂直于 V 面的直线、侧垂线——垂直于 W 面的直线。

在三投影面体系中，投影面的垂直线垂直于某个投影面，它必然同时平行于其他两投影面，所以这类直线的投影具有反映线段实长和积聚的特点。

以表 2-1 中的铅垂线 AB 为例，AB 垂直于 H 面，同时，AB 平行于 V、W 面，其投影特性如下。

1）水平投影 ab 积聚为一点；

2）正面投影 $a'b'$ 垂直于 OX 轴；侧面投影 $a''b''$ 垂直于 OY_W 轴；

3）正面投影 $a'b'$ 和侧面投影 $a''b''$ 均反映实长，即 $a'b' = a''b'' = AB$；

同样，正垂线和侧垂线也有类似的投影特性，见表 2-1。

表 2-1　投影面的垂直线

名称	轴　测　图	投　影　图	投　影　特　性
铅垂线	V, Z, a′, A, b′, a″, W, X, B, O, b″, H, a (b), Y	Z, a′, a″, b′, O, b″, X, Y_W, a (b), Y_H	① ab 积聚为一点 ② $a'b' \perp OX$，$a''b'' \perp OY_W$ ③ $a'b' = a''b'' = AB$
正垂线	Z, V, c′ (d′), D, d″, W, C, X, O, c″, d, H, c, Y	Z, c′ (d′), d″, c″, O, X, Y_W, d, c, Y_H	① $c'd'$ 积聚为一点 ② $cd \perp OX$，$c''d'' \perp OZ$ ③ $cd = c''d'' = CD$

（续）

名称	轴 测 图	投 影 图	投 影 特 性
侧垂线	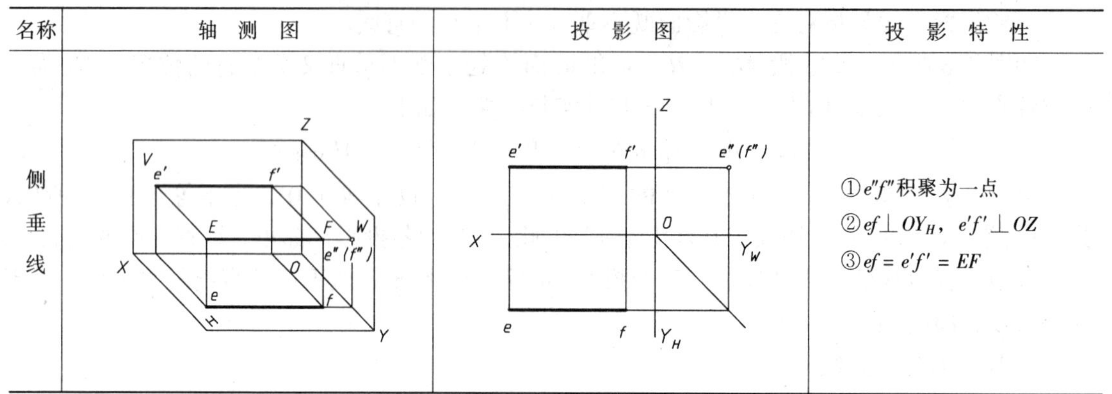		①$e''f''$积聚为一点 ②$ef \perp OY_H$，$e'f' \perp OZ$ ③$ef = e'f' = EF$

总之，投影面垂直线的投影特性为：

1）投影面垂直线在其垂直的投影面上的投影积聚为一点；

2）投影面垂直线的另外两个投影分别垂直于该直线垂直的投影面所包含的两个投影轴，且均反映此直线段的实长。

3. 投影面的平行线

投影面的平行线是指只平行于某一个投影面的直线。因为在三投影面体系中有三个投影面，所以这类直线有三种：水平线——只平行于 H 面的直线，正平线——只平行于 V 面的直线，侧平线——只平行于 W 面的直线。

在三投影面体系中，投影面的平行线只平行于某一个投影面，与另外两个投影面倾斜。这类直线的投影具有反映线段实长和其对投影面倾角的特点，没有积聚性。

以表 2-2 中的水平线 AB 为例，AB 平行于 H 面，同时，AB 倾斜于 V、W 面，其投影特性如下。

1）水平投影 ab 反映直线段 AB 的实长，即 $ab = AB$；

2）水平投影 ab 与 OX 轴的夹角为直线段 AB 对 V 面的倾角 β_1，ab 与 OY_H 轴的夹角为直线 AB 对 W 面的倾角 γ_1；

3）正面投影 $a'b'$ 平行于 OX 轴，侧面投影 $a''b''$ 平行于 OY_W 轴；

同样，正平线和侧平线也有类似的投影特性，见表 2-2。

表 2-2 投影面的平行线

名称	轴 测 图	投 影 图	投 影 特 性
水平线			①$ab = AB$ ②$a'b' // OX$，$a''b'' // OY_W$ ③ab 与 OX、OY_H 的夹角反映β_1、γ_1

（续）

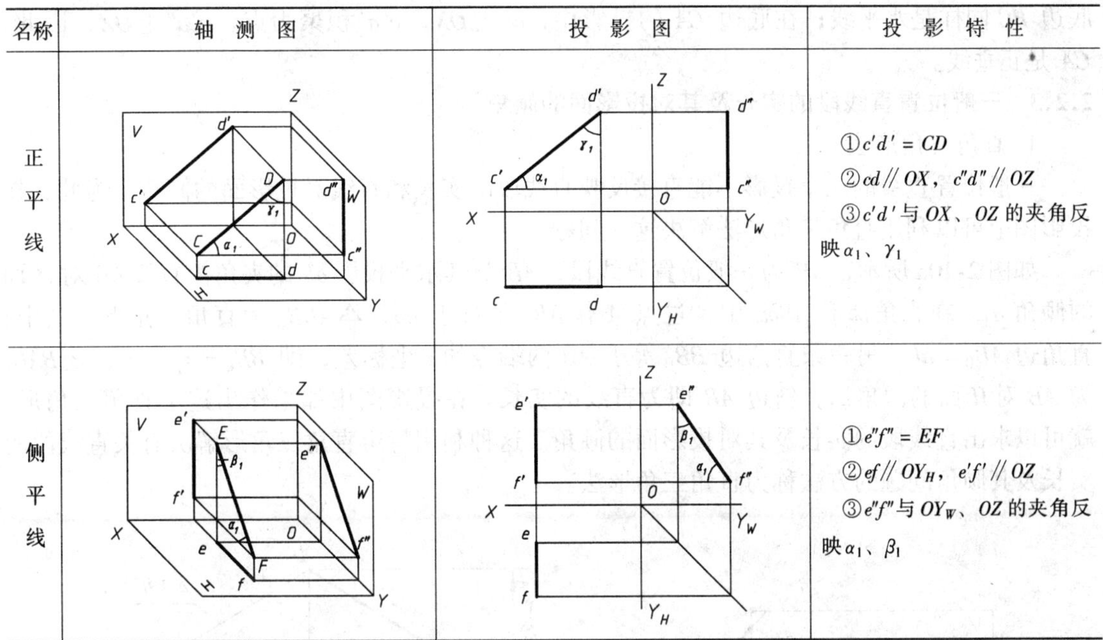

名称	轴 测 图	投 影 图	投 影 特 性
正平线			①$c'd'=CD$ ②$cd // OX$，$c''d'' // OZ$ ③$c'd'$ 与 OX、OZ 的夹角反映 α_1、γ_1
侧平线			①$e''f''=EF$ ②$ef // OY_H$，$e'f' // OZ$ ③$e''f''$ 与 OY_W、OZ 的夹角反映 α_1、β_1

总之，投影面平行线的投影特性为：

1）投影面平行线在其平行的投影面上的投影反映直线段的实长，此投影与该投影面包含的投影轴的夹角反映直线段对其他两个投影面的倾角；

2）投影面平行线的另外两个投影分别平行于该直线平行的投影面所包含的两个投影轴。

【例 2-4】 如图 2-9 所示，根据三棱锥的投影图，判别棱线 SA、SB、SC 及底边 AB、BC、CA 是什么位置的直线。

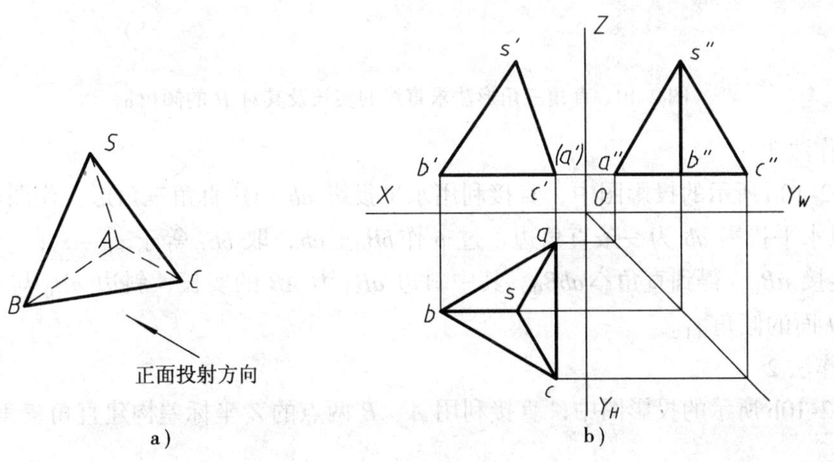

图 2-9 三棱锥及其投影图

分析 棱线 SA 的投影 sa、$s'a'$、$s''a''$ 都倾斜于投影轴，是一般位置直线；棱线 SC 同样也是一般位置直线；在棱线 SB 的投影中，$sb // OX$，$s'b'$ 倾斜于投影轴，$s''b'' // OZ$，因此，SB 是正平线。

在底边 AB 的投影中，ab 倾斜于投影轴，$a'b' // OX$，$a''b'' // OY_W$，因此，AB 是水平线；底边 BC 同样是水平线；在底边 CA 的投影中，$ca \perp OX$，$c'a'$ 积聚为点，$c''a'' \perp OZ$，因此，CA 是正垂线。

2.2.3　一般位置直线段的实长及其对投影面的倾角

1. 直角三角形法

一般位置直线的三个投影不能直接反映直线段的实长和直线对投影面的倾角。为此，在投影图上可以利用直角三角形法解决这一问题。

如图 2-10a 所示，AB 为一般位置直线段，AB 与其水平投影 ab 的夹角为直线 AB 对 H 面的倾角 α_1。在直角梯形 $ABba$ 中，过点 A 作 AB_0 平行于 ab，$\triangle ABB_0$ 为直角三角形。其中，直角边 $AB_0 = ab$，另一条直角边 BB_0 等于 AB 两端点的 z 坐标差，即 $BB_0 = z_B - z_A$，$\angle BAB_0$ 为 AB 对 H 面的倾角 α_1，斜边 AB 即为直线的实长。在投影图中如果作出这个直角三角形，就可以求出直线段的实长及其对投影面的倾角。这种利用特定直角三角形解决有关直线段的实长及其倾角问题的方法称为直角三角形法。

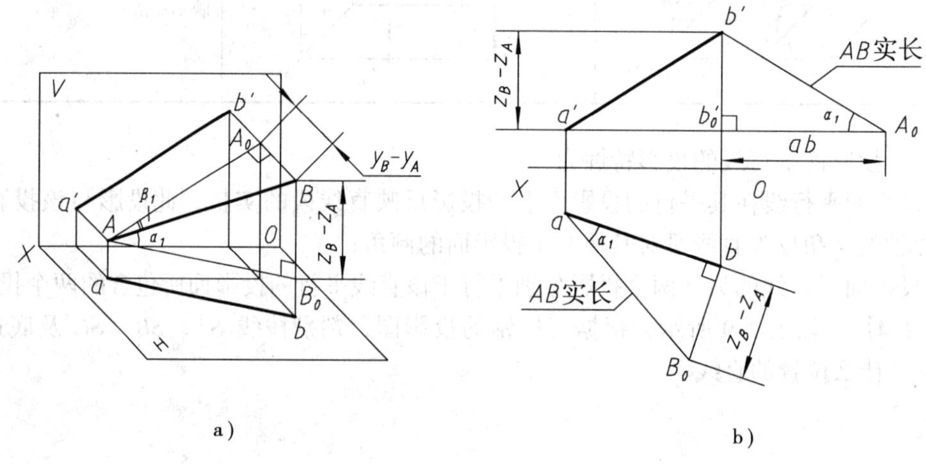

图 2-10　直角三角形法求直线的实长及其对 H 的倾角 α_1

(1) 作法 1

在图 2-10b 所示的投影图中，直接利用水平投影 ab 构建直角三角形，作图步骤如下：

1）以水平投影 ab 为一条直角边，过 b 作 $bB_0 \perp ab$，取 bB_0 等于 $z_B - z_A$；

2）连接 aB_0，得到直角$\triangle abB_0$。其中斜边 aB_0 为 AB 的实长，斜边 aB_0 与 ab 的夹角即为 AB 对 H 面的倾角 α_1。

(2) 作法 2

在图 2-10b 所示的投影图中，直接利用 A、B 两点的 Z 坐标差构建直角三角形，作图步骤如下：

1）在 V 面投影中，过 a' 作 OX 轴的平行线，与 bb' 交于 b_0'，延长 $a'b_0'$，使 $b_0'A_0 = ab$；

2）连接 $b'A_0$，得到直角$\triangle b'b_0'A_0$。其中，斜边 $b'A_0$ 为 AB 的实长，z 坐标差 $b'b_0'$ 所对的锐角即为 AB 对 H 面的倾角 α_1。

以上的作法是利用直线段的水平投影和 z 坐标差作为两条直角边求直线实长及对 H 面

的倾角 α_1。同样的作法，利用直线段的正面投影和 y 坐标差作为两条直角边也可以求出直线实长及对 V 面的倾角 β_1，如图 2-11 所示；利用直线段的侧面投影和 x 坐标差作为两条直角边也可以求出直线实长及对 W 面的倾角 γ_1，请自行分析。

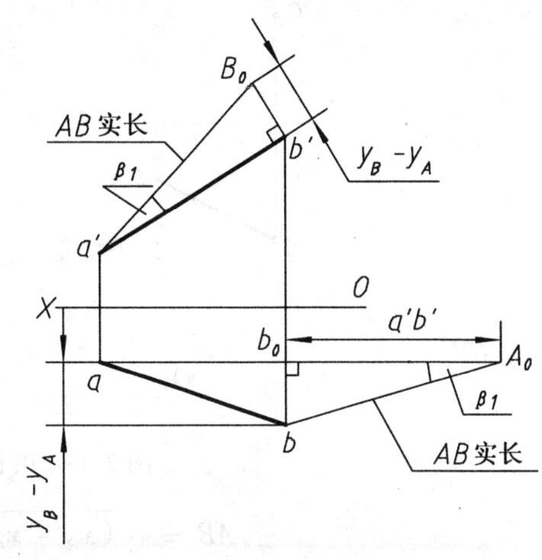

图 2-11　直角三角形法求直线的实长及其对 V 面的倾角 β_1

【例 2-5】　如图 2-12a 所示，已知直线 AB 的正面投影 $a'b'$ 及 A 点的水平投影 a，$AB=L$，求 AB 的水平投影。

分析　在 V 面内，以直线 AB 的正面投影为直角边，直线的实长为斜边构造一个直角三角形，该直角三角形的另一条直角边即为 AB 的 y 坐标差，进而求出 ab。

作图（图 2-12b）

1）过 b' 作 $a'b'$ 的垂线 $b'B_0$，以 a' 为圆心，L 为半径在 $a'b'$ 的垂线上截取 B_0 点，$b'B_0=|y_A-y_B|$；

2）过 a 作 OX 轴的平行线 ab_0，过 b' 作 OX 轴的垂线，与 OX 轴的平行线 ab_0 交于 b_0 点；

3）在 $b'b_0$ 上截取 $b_0b_1=b_0b_2=b'B_0$，得到 b_1、b_2 两点；

4）连接 ab_1、ab_2，即为 AB 的水平投影，本题有两解。

【例 2-6】　如图 2-13a 所示，已知直线 AB 对 H 面的倾角 $\alpha=30°$，AB 的水平投影 ab 及点 A 的正面投影 a'，求 AB 的正面投影和实长。

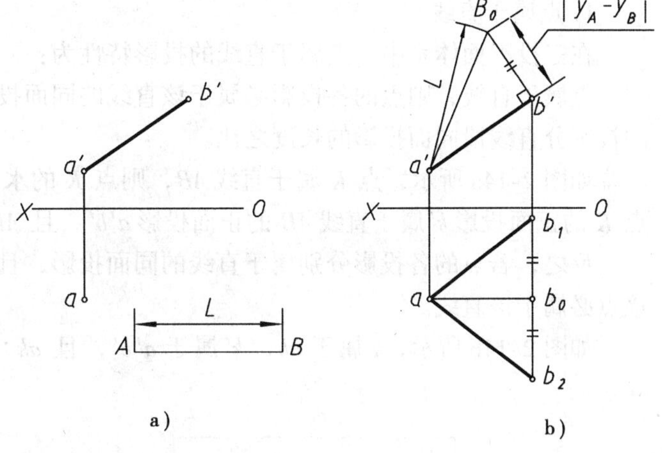

图 2-12　由直线的实长求其投影

分析　在 H 面内，以直线 AB 的水平投影为直角边，以 α 为该直角边的邻角构造一个直角三角形，该直角三角形的另一条直角边即为 AB 的 z 坐标差，进而求出 $a'b'$ 和实长 AB。

作图（图 2-13b）

1）过 b 作 ab 的垂线 bB_0，过 a 作 $\angle baB_0=30°$，在 ab 的垂线上交于 B_0 点，$bB_0=|z_B-z_A|$，$aB_0=AB$ 实长；

2）过 a' 作 OX 轴的平行线 $a'b_0'$，过 b 作 OX 轴的垂线，与 OX 轴的平行线 $a'b_0'$ 交于 b_0' 点；

3）在 bb_0' 上截取 $b_0'b_1'=b_0'b_2'=bB_0$，得到 b_1'、b_2' 两点；

4）连接 $a'b_1'$、$a'b_2'$，即为 AB 的正面投影，本题有两解。

2. 计算法

已知点 A 的坐标为（x_A，y_A，z_A），点 B 的坐标为（x_B，y_B，z_B），直线段 AB 的实长为

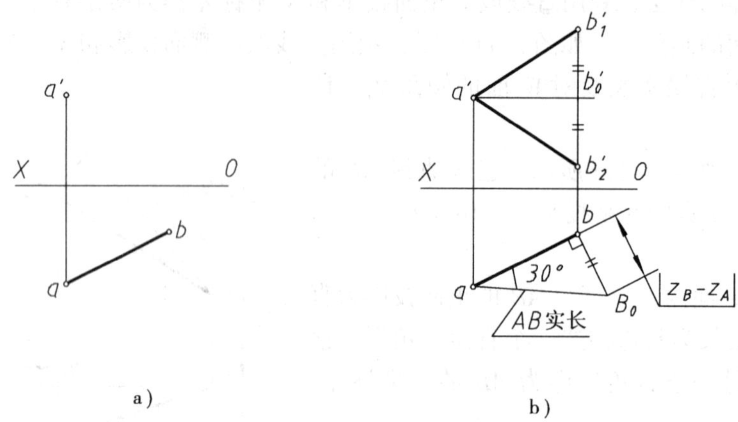

图 2-13　由直线的倾角求其投影和实长

$$AB = \sqrt{(x_B - x_A)^2 + (y_B - y_A)^2 + (z_B - z_A)^2} \tag{2-1}$$

直线段 AB 的方向余弦为

$$\cos\alpha = \frac{x_B - x_A}{AB}, \quad \cos\beta = \frac{y_B - y_A}{AB}, \quad \cos\gamma = \frac{z_B - z_A}{AB} \tag{2-2}$$

2.2.4　点与直线的相对位置及直线的方程

1. 点属于直线

在三投影面体系中，点属于直线的投影特性为：

点属于直线，则点的各投影必属于该直线的同面投影，且点分直线段的长度之比等于点的投影分直线段同面投影的长度之比。

如图 2-14a 所示，点 K 属于直线 AB，则点 K 的水平投影 k 属于直线 AB 的水平投影 ab，点 K 的正面投影 k' 属于直线 AB 的正面投影 $a'b'$，且 $AK:KB = ak:kb = a'k':k'b'$。

反之，若点的各投影分别属于直线的同面投影，且分割线段的各投影长度之比相等，则该点必属于该直线。

如图 2-14b 所示，k 属于 ab，k' 属于 $a'b'$，且 $ak:kb = a'k':k'b'$，则点 K 必属于直线 AB。

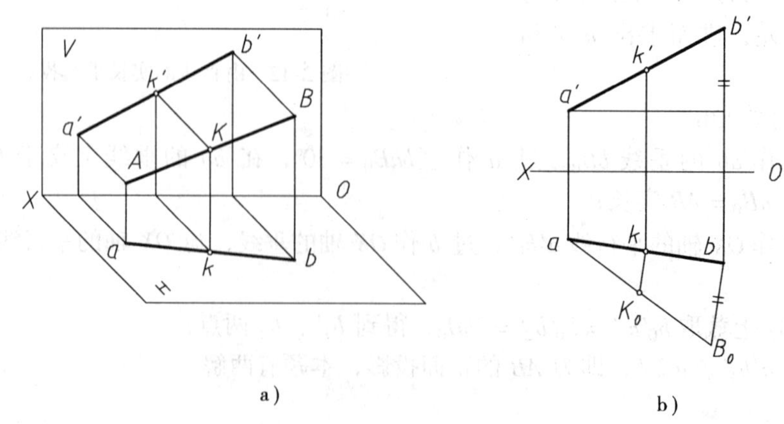

图 2-14　点属于直线

【例 2-7】 已知直线 AB 的两面投影 ab 和 $a'b'$，如图 2-15 所示，在该线上求点 K，使 $AK:KB=1:2$。

分析 点 K 在直线 AB 上，则有 $AK:KB=a'k':k'b'=ak:kb=1:2$。可以用平面几何的作图方法将 AB 的任一已知投影三等分后确定点 K 的同面投影，进而求出点 K 其他的投影。

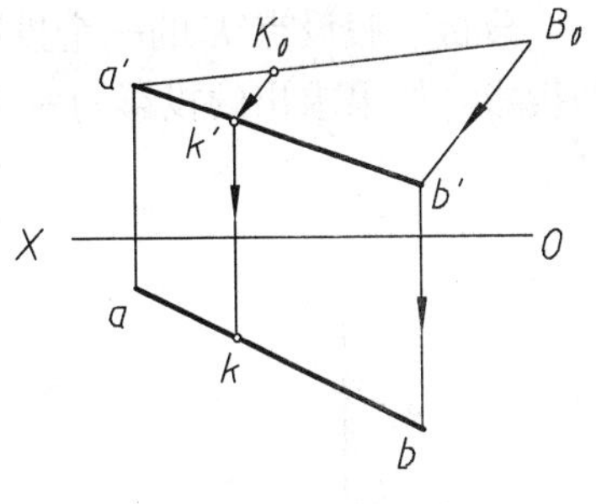

图 2-15 求点 K 的投影

作图

1）过 a' 作任意一条斜线 $a'B_0$。以任意长度为单位长度，在该线上截取三等分，确定 K_0，使 $a'K_0:K_0B_0=1:2$。连线段 $b'B_0$。再过 K_0 作 $K_0k'/\!/B_0b'$，交 $a'b'$ 于 k'。

2）过 k' 作 OX 轴的垂线交 ab 于 k。

点 K（k，k'）即为所求。

【例 2-8】 如图 2-16a 所示，已知侧平线 AB 的水平投影和正面投影，以及属于 AB 的点 K 的正面投影 k'，求点 K 的水平投影 k。

分析 由于侧平线的水平投影和正面投影都垂直于 OX 轴，属于侧平线的点的水平投影和正面投影的连线不能与侧平线的水平投影或正面投影相交，所以，属于侧平线 AB 的点 K 的水平投影 k 不能直接求出。可以利用 k' 分 $a'b'$ 的长度比，在水平投影中作出 $ak:kb=a'k':k'b'$，进而求出 k。

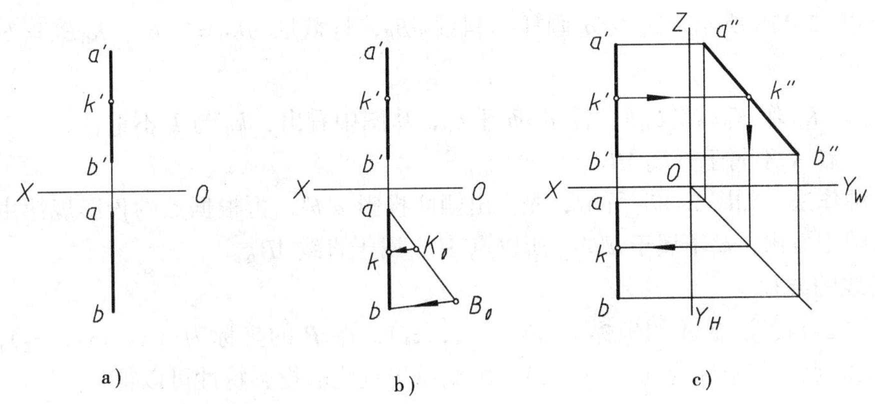

图 2-16 求侧平线上点 K 的投影

作图

1）如图 2-16b 所示，过点 a 画任意一条斜线 aB_0，截取 $aK_0=a'k'$、$K_0B_0=k'b'$；

2）连接 B_0b，过点 K_0 作 $K_0k/\!/B_0b$，交 ab 于 k。

k 即为所求。

另一种作法 如图 2-16c 所示，先作出侧面投影 $a''b''$，再根据点属于直线的投影规律在 $a''b''$ 上由 k' 求得 k''，最后在 ab 上由 k'' 求出 k。

2. 点不属于直线

若点不属于直线，则点的投影不符合点在直线上的投影特性。反之，点的投影不符合点在直线上的投影特性，则点不属于直线。

【例 2-9】 如图 2-17a 所示，已知侧平线 AB 及点 K 的水平投影 k 和正面投影 k'，判断点 K 是否属于直线 AB。

分析 假设点 K 的一个投影已知，另一个投影未知。可以用【例 2-8】的作法求出未知的投影。如果求出的投影与所给的投影重合，则点 K 属于直线 AB，反之，点 K 不属于直线 AB。

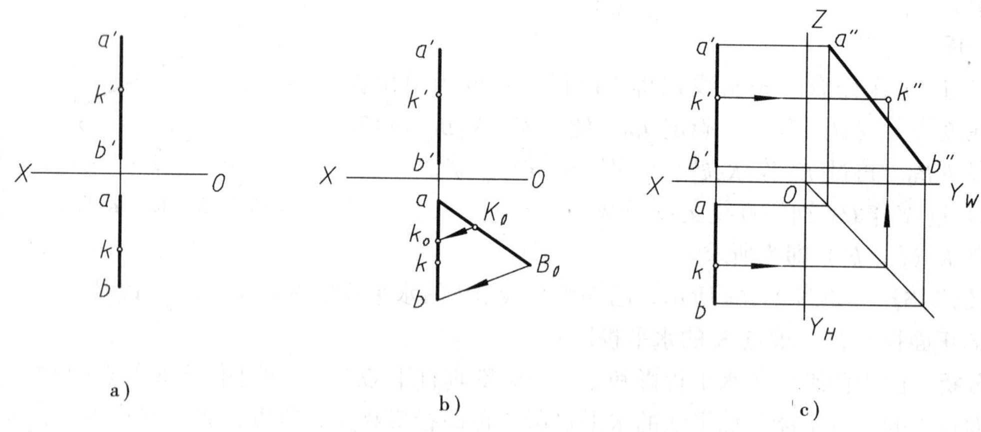

图 2-17 判断 K 点是否属于直线 AB

作图

1）如图 2-17b 所示，过点 a 画任一斜线 aB_0，且截取 $aK_0 = a'k'$、$K_0B_0 = k'b'$，连接 B_0b；

2）过点 K_0 作 $K_0k_0 /\!/ B_0b$，且交 ab 于 k_0，从图中看出，k_0 与 k 不重合。

结论：点 K 不属于直线 AB。

另一种作法 如图 2-17c 所示，先作出侧面投影 $a''b''$，再根据点的投影规律由 k、k' 求出 k''。从图中看出，k'' 不属于 $a''b''$，所以点 K 不属于直线 AB。

3. 直线的方程

参考图 2-14，设点 A 的坐标为（x_1，y_1，z_1），点 B 的坐标为（x_2，y_2，z_2），点 K 为直线 AB 上的点，其坐标为（x，y，z）。由点属于直线的投影特性可以得到

$$\frac{AK}{AB} = \frac{ak}{ab} = \frac{a'k'}{a'b'} = t \tag{2-3}$$

进一步得到直线的两点式方程

$$\frac{x - x_1}{x_2 - x_1} = \frac{y - y_1}{y_2 - y_1} = \frac{z - z_1}{z_2 - z_1} = t \tag{2-4}$$

式（2-4）中的 $x_2 - x_1$、$y_2 - y_1$、$z_2 - z_1$ 是直线 AB 的一组方向数。若用 l、m、n 表示直线 AB 的方向数，则由式（2-4）可写出直线的对称式方程

$$\frac{x - x_1}{l} = \frac{y - y_1}{m} = \frac{z - z_1}{n} = t \tag{2-5}$$

直线的两点式方程和对称式方程仅适用于一般位置直线，对于特殊位置直线不适用。为了适用于空间的任何情况，可以将以上方程化为直线的参数式方程

$$\begin{cases} x - x_1 = t(x_2 - x_1) \\ y - y_1 = t(y_2 - y_1) \\ z - z_1 = t(z_2 - z_1) \end{cases} \tag{2-6}$$

或

$$\begin{cases} x = x_1 + lt \\ y = y_1 + mt \\ z = z_1 + nt \end{cases} \tag{2-7}$$

4. 直线的方程与投影

式（2-6）是以 t 为参数的三元一次方程组，其中 x、y、z 是直线上动点的坐标。若从该方程组的任意两式中消去 t，则可以得到一个二元一次方程，即直线在某一投影面上投影的方程。例如，从方程组中的第一、二式消去 t，得到一个表示 x 与 y 关系的二元一次方程，这是直线上动点的 x 与 y 坐标的关系，是直线的水平投影作为一直线在平面坐标系 $O\text{-}XY$ 中的方程。同样，从方程组中的第一、三式消去 t，得到直线正面投影的方程；从方程组中的第二、三式消去 t，得到直线侧面投影的方程。

对于投影面的平行线，如水平线，其方向数中的 $n=0$，式（2-6）的第三式成为 $z=z_1$，这就是水平线的正面投影和侧面投影的方程；其水平投影的方程还需由第一、二式消去 t 得到。正平线方向数中的 $m=0$，侧平线方向数中的 $l=0$，它们各投影方程的求法与水平线类似。

对于投影面的垂直线，如铅垂线，其方向数中的 $l=m=0$，式（2-7）的第一式成为 $x=x_1$，这是铅垂线正面投影的方程；第二式成为 $y=y_1$，这是铅垂线侧面投影的方程；$\begin{cases} x=x_1 \\ y=y_1 \end{cases}$是铅垂线水平投影的方程，第三式中的 z 可以为任意值。正垂线方向数中的 $l=n=0$，侧垂线方向数中的 $m=n=0$，它们各投影方程的求法与铅垂线类似。

从以上分析可以看出，直线参数方程消参数 t 从几何意义上讲就是求直线的投影。

5. 直线的迹点

直线与投影面的交点称为直线的迹点。直线与 H 面的交点称为水平迹点，用 M 表示；与 V 面的交点称为正面迹点，用 N 表示；与 W 面的交点称为侧面迹点，用 S 表示。

一般位置直线与三个投影面都相交，有三个迹点；投影面平行线与两个投影面相交，有两个迹点；投影面垂直线与一个投影面相交，只有一个迹点，该迹点与直线积聚的投影重合。

由于迹点是直线与投影面的交点，所以，迹点既属于直线，又属于投影面。迹点的投影特性既具有属于直线的点的投影特性，同时又具有投影面上的点的投影特性。

在图 2-18a 中，直线 AB 的水平迹点 M 属于直线 AB，故 M 的水平投影 m 和正面投影 m' 一定分别属于 ab 和 $a'b'$。水平迹点 M 同时又属于 H 面，因此其水平投影 m 与 M 重合，正面投影 m' 在 X 轴上。同样，直线 AB 的正面迹点 N 的正面投影 n' 属于 $a'b'$，并与 N 重合，水平迹点 n 属于 ab，并在 X 轴上。

直线 AB 的水平迹点 M 和正面迹点 N 的投影作图步骤如下（图 2-18b）。

1）延长 $a'b'$ 与 X 轴相交，交点即为水平迹点 M 的正面投影 m'；

2）过 m' 作 X 轴的垂线，与 ab 的延长线相交，交点即为水平迹点 M 的水平投影 m。由于 m 与 M 重合，在投影图上用（M）表示点 M。

3）延长 ab 与 X 轴相交，交点即为正面迹点 N 的水平投影 n；

4）过 n 作 OX 轴的垂线，与 $a'b'$ 的延长线相交，交点即为正面迹点 N 的正面投影 n'。n' 与（N）重合。

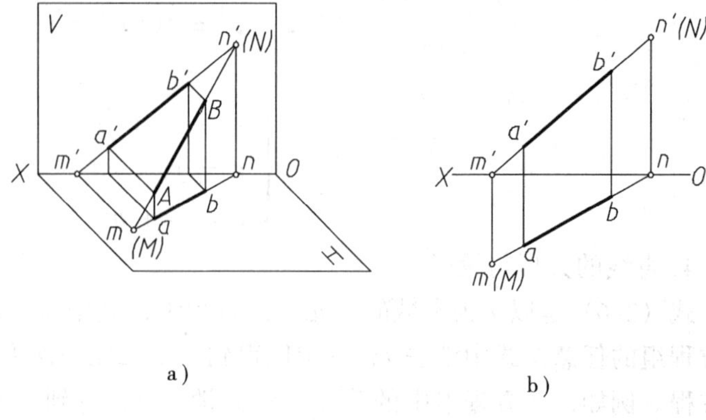

图 2-18　直线的迹点

若已知直线的方程用计算方法求该直线迹点的坐标，求水平迹点 M 时，令方程中 $z=0$，求出 x、y；求正面迹点 N 时，令方程中 $y=0$，求出 x、z；求侧面迹点 S 时，令方程中 $x=0$，求出 y、z。

2.3　两直线的相对位置

除了重合以外，空间两直线的相对位置有三种情况：平行、相交和交叉。其中平行和相交两直线均在同一平面上，交叉两直线不在同一平面上，因此，又称为异面直线。

2.3.1　平行

若空间两直线相互平行，则两直线的各同面投影也相互平行，且两线段各投影长度之比相等，线段端点的字母顺序相同；反之，两直线的各同面投影相互平行，则空间两直线相互平行。

如图 2-19a 所示，因为 $AB /\!/ CD$，则 $ab /\!/ cd$、$a'b' /\!/ c'd'$，且 $ab : cd = a'b' : c'd'$。

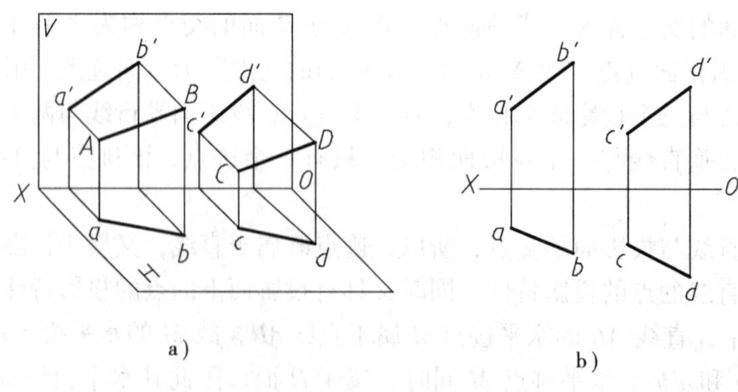

图 2-19　两直线平行

如果从投影图上判定两条直线在空间是否平行，对于一般位置的直线和投影面垂直线，只要看它们任意的两个同面投影是否平行即可。图 2-19b 中，因为 $ab /\!/ cd$、$a'b' /\!/ c'd'$，则

$AB /\!/ CD$。对于投影面平行线，如果已知的两个同面投影互相平行，则可以利用以下两种方法判断。

方法一：求出两直线平行的投影面上的投影判断是否平行，若平行则两直线平行。

方法二：判断两线段两个投影的长度之比是否相等，端点的字母顺序是否相同，若相等同时相同则两直线平行。

例如图 2-20 中，AB、CD 是两条侧平线，它们的正面投影及水平投影均相互平行，即 $a'b' /\!/ c'd'$、$ab /\!/ cd$，但从它们的侧面投影可以看出 $a''b''$ 与 $c''d''$ 不平行，因此便可以判定，AB、CD 两直线在空间不平行。如果仅从这两条侧平线的正面投影及水平投影考虑，便可以从投影的长度之比的不等 $a'b' : c'd' \neq ab : cd$，或字母顺序 a'、b'、c'、d' 与 b、a、c、d 的不同，同样得出 AB 与 CD 不平行的结论。显然，与方法一求第三投影相比，方法二更加简便。

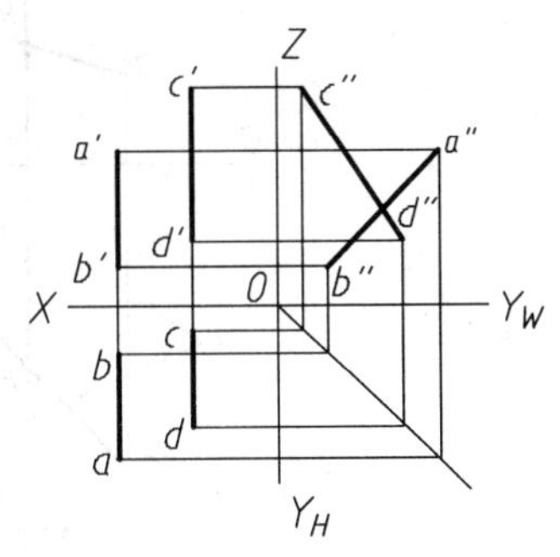

图 2-20　两直线不平行

若两直线的方向数分别为 l_1、m_1、n_1，l_2、m_2、n_2，则两直线平行的条件为：

$$l_1 : m_1 : n_1 = l_2 : m_2 : n_2$$

2.3.2　相交

若空间两直线相交，则它们的各个同面投影亦分别相交，且交点的投影符合点的投影规律；反之，若两直线的各个同面投影分别相交，且交点的投影符合点的投影规律，则两直线在空间必相交。

如图 2-21a 所示，两直线 AB、CD 交于点 K，其水平投影 ab 与 cd 交于 k，正面投影 $a'b'$ 与 $c'd'$ 交于 k'，kk' 垂直于 OX 轴。

如果从投影图上判定两条直线是否相交，对于一般位置的直线和投影面垂直线，只要看它们的任意两个同面投影是否相交且交点的投影是否符合点的投影规律即可。例如图 2-21b 中，因为 ab 与 cd 交于 k，$a'b'$ 与 $c'd'$ 交于 k'，且 $kk' \perp OX$，则 AB 与 CD 相交。当两直线中有一条为投影面平行线，且已知该直线不平行的两个投影面上的投影时，则可以利用定比关系或求第三投影的方法判断。如图 2-22a 所示，点 K 在直线 AB 上，但是，由于 $ck : kd \neq c'k' : k'd'$，点 K 不在直线 CD 上，所以，点 K 不是两直线 AB 与 CD 的共有点，即 AB 与 CD 不相交。图 2-22b 中求出了侧面投影，从图中可以看出，虽然两直线 AB 与 CD 的三个投影都分别相交，但是，三个投影的交点不符合一点的投影规律，因此直线 AB 与 CD 在空间不相交。

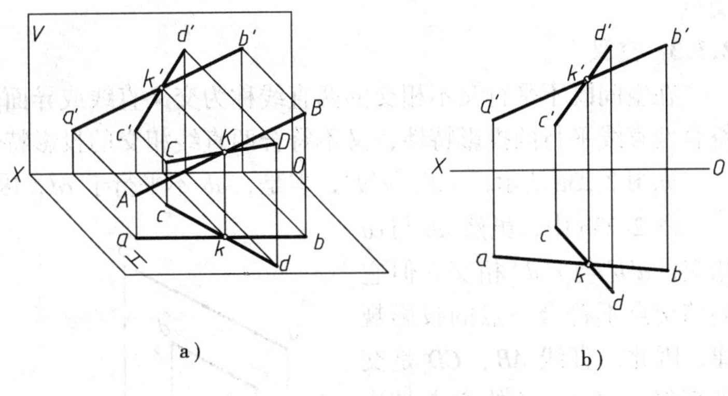

图 2-21　两直线相交

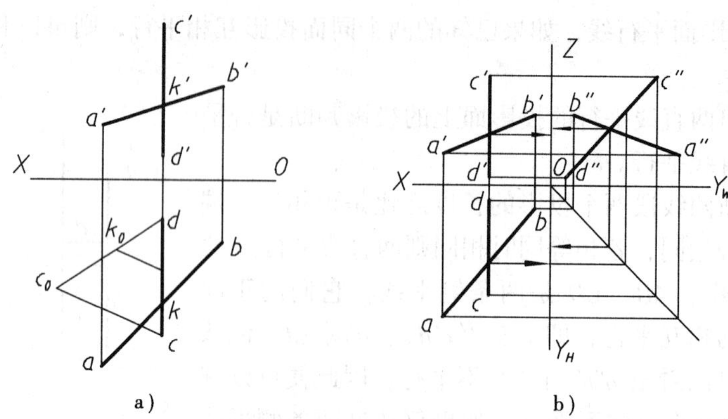

图 2-22　两直线不相交

若直线 AB 的参数方程为 $\begin{cases} x = x_1 + l_1 t \\ y = y_1 + m_1 t \\ z = z_1 + n_1 t \end{cases}$，直线 CD 的参数方程为 $\begin{cases} x = x_2 + l_2 t \\ y = y_2 + m_2 t \\ z = z_2 + n_2 t \end{cases}$，则两直线相交的条件为

$$\begin{vmatrix} x_2 - x_1 & l_1 & l_2 \\ y_2 - y_1 & m_1 & m_2 \\ z_2 - z_1 & n_1 & n_2 \end{vmatrix} = 0$$

用以下方法可以由两直线的方程得到两直线的交点。由直线 AB 的前两个方程消去参数 t 得到 x 和 y 的关系；由直线 CD 的前两个方程消去参数 t 得到另一个 x 和 y 的关系，两式联立得到一个 x 和 y 的二元一次方程组，解此方程组可以得到两直线交点的 x 和 y 坐标。这实际上是求两直线水平投影的交点。用同样的方法，还可以求出两直线正面投影、侧面投影的交点。

2.3.3　交叉

在空间既不平行又不相交的两直线称为交叉直线或异面直线。因此，在投影图上，既不符合两直线平行的投影特性，又不符合两直线相交的投影特性的两直线即为交叉直线。

如图 2-23a 所示，$a'b' /\!/ c'd'$，但是，ab 不平行于 cd，因此，直线 AB、CD 是交叉直线。

图 2-23b 中，虽然 ab 与 cd 相交，$a'b'$ 与 $c'd'$ 相交，但它们的交点不符合一点的投影规律，因此，直线 AB、CD 是交叉直线。ab 与 cd 的交点是直线 AB 和 CD 上的点Ⅰ和Ⅱ对 H 面的重影点，$a'b'$ 与 $c'd'$ 的交点是直线 AB 和 CD 上的点Ⅲ和Ⅳ对 V 面的重影点。

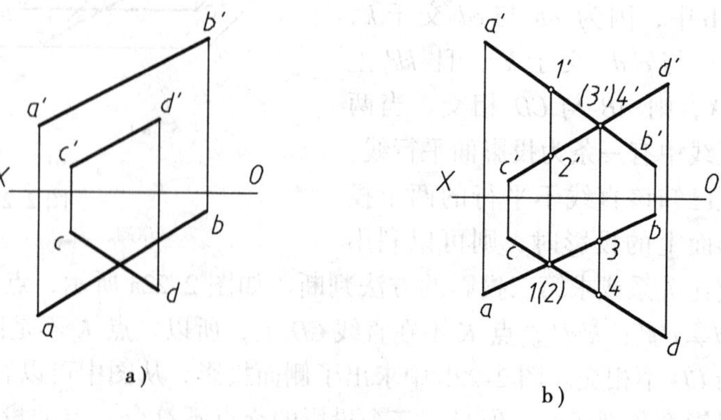

图 2-23　交叉两直线的投影

交叉两直线可能有一对或两对同面投影互相平行，但绝

不会三对同面投影都平行，如图 2-20 所示。交叉两直线可能有一对、两对甚至三对同面投影相交，但是同面投影的交点绝不符合一点的投影规律，如图 2-22 所示。

若直线 AB 的参数方程为$\begin{cases} x = x_1 + l_1 t \\ y = y_1 + m_1 t \\ z = z_1 + n_1 t \end{cases}$，直线 CD 的参数方程为$\begin{cases} x = x_2 + l_2 t \\ y = y_2 + m_2 t \\ z = z_2 + n_2 t \end{cases}$，则两直线交叉的条件为

$$\begin{vmatrix} x_2 - x_1 & l_1 & l_2 \\ y_2 - y_1 & m_1 & m_2 \\ z_2 - z_1 & n_1 & n_2 \end{vmatrix} \neq 0$$

【例 2-10】 如图 2-24a 所示，作直线 KL 与已知直线 AB、CD 相交，与 EF 平行。

分析 由图 2-24a 可知，直线 CD 是铅垂线，其水平投影积聚为点 c（d）。所求直线 KL 与 CD 相交，交点 L 的水平投影 l 与点 c（d）重合。又因为 KL 与已知直线 EF 平行，所以，$kl /\!/ ef$，且与 ab 交于 k 点。再由点线从属关系和平行直线的投影特性，可以求出 $k'l'$。

作图（图 2-24b）

1）在点 c（d）处标出（l），过此点作 $kl /\!/ ef$，且与 ab 交于 k 点，kl 为所求直线的水平投影；

2）过 k 作 $kk' \perp OX$，与 $a'b'$ 交于 k'；

3）过 k' 作 $k'l' /\!/ e'f'$，与 $c'd'$ 交于 l'，$k'l'$ 为所求直线的正面投影。

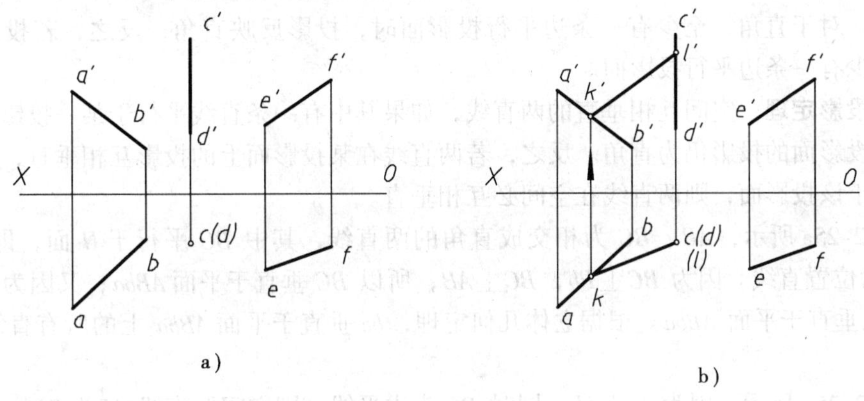

图 2-24 作直线与两直线相交且平行另一直线

2.3.4 两直线夹角及其投影

1. 两直线夹角

若直线 AB 的参数方程为$\begin{cases} x = x_1 + l_1 t \\ y = y_1 + m_1 t \\ z = z_1 + n_1 t \end{cases}$，直线 CD 的参数方程为$\begin{cases} x = x_2 + l_2 t \\ y = y_2 + m_2 t \\ z = z_2 + n_2 t \end{cases}$，则两直线的夹角 θ 公式为

$$\cos\theta = \frac{l_1 l_2 + m_1 m_2 + n_1 n_2}{\sqrt{l_1^2 + m_1^2 + n_1^2}\sqrt{l_2^2 + m_2^2 + n_2^2}}$$

两直线的夹角既包括两相交直线的夹角，又包括两交叉直线的夹角。

2. 两直线夹角的投影

直线 AB 的水平投影为 ab，直线 CD 的水平投影为 cd。ab 的方向数为 l_1、m_1、0，cd 的方向数为 l_2、m_2、0，故 ab 与 cd 的夹角 θ_H 为

$$\cos\theta_H = \frac{l_1 l_2 + m_1 m_2}{\sqrt{l_1^2 + m_1^2}\sqrt{l_2^2 + m_2^2}}$$

θ_H 即为 θ 的水平投影。

（1）当 $\theta = 90°$时，$\theta_H = \theta$ 的条件为

$$\cos\theta_H = \cos\theta = 0$$

由 θ 和 θ_H 的公式可以得到

$$\begin{cases} l_1 l_2 + m_1 m_2 + n_1 n_2 = 0 \\ l_1 l_2 + m_1 m_2 = 0 \end{cases}$$

所以有 $n_1 n_2 = 0$，即 n_1 和 n_2 中至少有一个为 0。

1）当 $n_1 = n_2 = 0$ 时，说明 AB、CD 都是水平线，θ 角的两边同时平行 H 面，其水平投影必然反映实形。

2）当 $n_1 = 0$ 或 $n_2 = 0$ 时，说明 AB 是水平线或 CD 是水平线。

对于两直线 AB、CD 夹角 θ 的正面投影和侧面投影也有相似的结果。

结论 对于直角，至少有一条边平行投影面时，投影反映直角；反之，若投影反映直角，则至少有一条边平行投影面。

直角投影定理：空间互相垂直的两直线，如果其中有一条直线平行于某一投影面，则两直线在该投影面的投影仍为直角。反之，若两直线在某投影面上的投影互相垂直，且其中一直线平行于该投影面，则两直线在空间必互相垂直。

如图 2-25a 所示，AB、BC 为相交成直角的两直线，其中 BC 平行于 H 面，即水平线，AB 为一般位置直线。因为 $BC \perp Bb$，$BC \perp AB$，所以 BC 垂直于平面 $ABba$；又因为 $BC /\!/ bc$，所以 bc 也垂直于平面 $ABba$。根据立体几何定理，bc 垂直于平面 $ABba$ 上的所有直线，故 $bc \perp ab$。

如图 2-25b 所示，因为 $bc \perp ab$，同时 BC 为水平线，则空间两直线 $AB \perp BC$。

直角投影定理不仅适用于相交两直线，同样也适用于交叉两直线。

交叉两直线的夹角可以用相交两直线的夹角度量。图 2-26 中，AB、CD 为交叉两直线，过 B 点作 $BE /\!/ CD$，$\angle ABE$ 就是交叉两直线 AB、CD 的夹角。

如图 2-27a 所示，交叉两

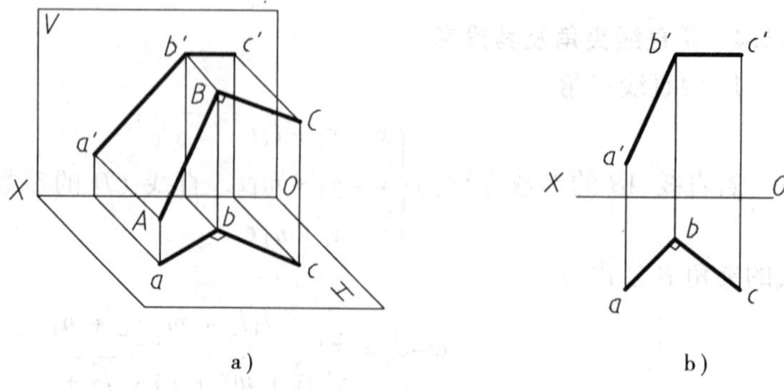

图 2-25 垂直相交两直线

直线 AB、CD 互相垂直，其中 AB 平行于 H 面，即水平线，CD 为一般位置直线。过 AB 的端点 B 作 $BE /\!/ CD$，则$\angle abe = 90°$，又因为 $cd /\!/ be$，故 $cd \perp ab$。

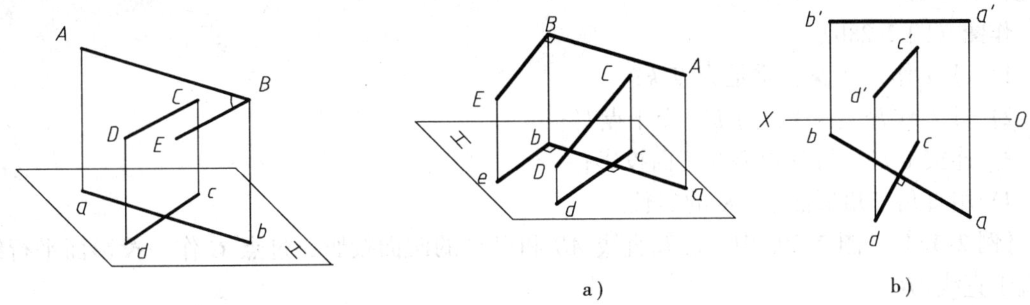

a)　　b)

图 2-26　交叉两直线的夹角　　图 2-27　垂直交叉两直线

如图 2-27b 所示，因为 $cd \perp ab$，同时 AB 为水平线，则空间两直线 $AB \perp CD$。

(2) 当 θ 为非直角时，$\theta_H = \theta$ 的条件为

$$\cos\theta_H = \cos\theta$$

即

$$\frac{l_1 l_2 + m_1 m_2 + n_1 n_2}{\sqrt{l_1^2 + m_1^2 + n_1^2}\sqrt{l_2^2 + m_2^2 + n_2^2}} = \frac{l_1 l_2 + m_1 m_2}{\sqrt{l_1^2 + m_1^2}\sqrt{l_2^2 + m_2^2}}$$

1) 如果 AB 为水平线，则 $n_1 = 0$。代入上式解得 $n_2 = 0$。说明若非直角的投影反映实形，其夹角的一个边平行投影面时，另一边必然也平行于投影面。

2) 如果 AB 不平行于 H 面，是一般位置直线，设 $n_1 = t$。代入上式得到一个 n_2 的一元二次方程，n_2 有两解，即当 AB 不平行 H 面时，CD 可以有两个位置，都不平行于投影面。

对于两直线 AB、CD 夹角 θ 的正面投影和侧面投影也有相似的结果。

结论　对于非直角，若投影反映真角，只能两条边同时平行于投影面，或同时不平行于投影面。只有一条边平行投影面时，一定不反映真角。

【例 2-11】　在图 2-28a 中，已知点 A 及水平线 BC 的水平投影和正面投影，求点 A 到水平线 BC 的距离。

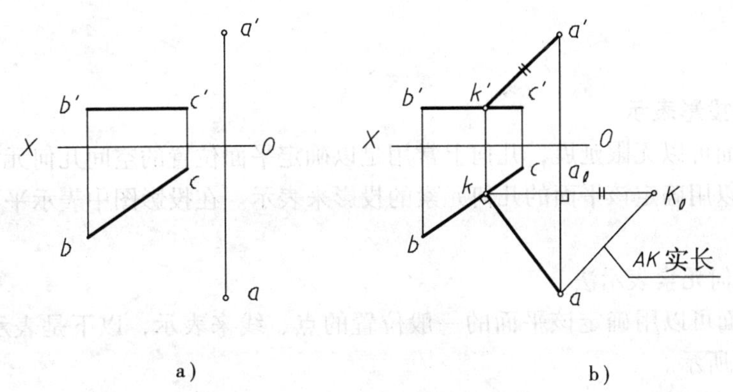

a)　　b)

图 2-28　求点到直线的距离

分析　由直线外一点向该直线作垂线，点到垂足直线段的长度即为点到直线的距离。此题应作出距离的投影和实长。设点 A 到 BC 的距离为 AK。由于 BC 为水平线，根据直角投影定理，$ak \perp bc$。

作图（图 2-28b）

1）过 a 作 $ak \perp bc$，垂足为点 k；

2）过 k 作 $kk' \perp OX$，与 $b'c'$ 交于点 k'；

3）连接 $a'k'$，得到距离的正面投影；

4）用直角三角形法求 AK 的实长。

【例 2-12】　图 2-29a 中，已知直线 AB 和点 C 的两面投影，过点 C 作一投影面平行线垂直于直线 AB。

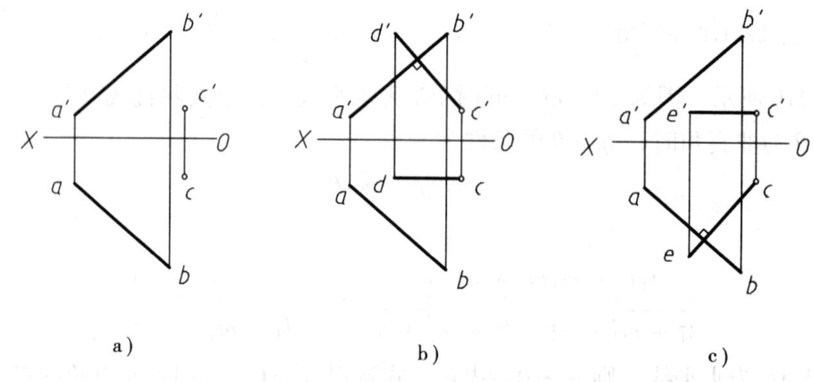

图 2-29　过点作投影面平行线垂直于已知直线

分析　AB 为一般位置直线，根据直角投影定理，与 AB 垂直的投影面平行线在其所平行的投影面上的投影一定与 AB 的同面投影垂直。

作图

1）图 2-29b 为过点 C 作正平线 CD 与 AB 垂直。即过 c 作 $cd // OX$ 轴，过 c' 作 $c'd' \perp a'b'$，cd、$c'd'$ 就是所求直线的投影。

2）图 2-29c 为过点 C 作水平线 CE 与 AB 垂直。

2.4　平面

2.4.1　平面的投影表示

在空间平面可以无限延展，几何上常用足以确定平面位置的空间几何元素表示平面，平面的投影也可以用确定该平面的几何元素的投影来表示。在投影图中表示平面有以下两种方法。

1. 一般几何元素表示法

空间一平面可以用确定该平面的一般位置的点、线来表示，以下是表示平面的五种形式，如图 2-30 所示。

1）不在同一直线上的三个点，如图 2-30a 所示；

2）一直线与该直线外的一点，如图 2-30b 所示；

3）相交两直线，如图 2-30c 所示；

4）平行两直线，如图 2-30d 所示；

5）一有限的平面图形（如三角形、圆等），如图 2-30e 所示。

图 2-30 所示的表示平面的五种形式都是从第一种演变而来，它们之间可以互相转换。

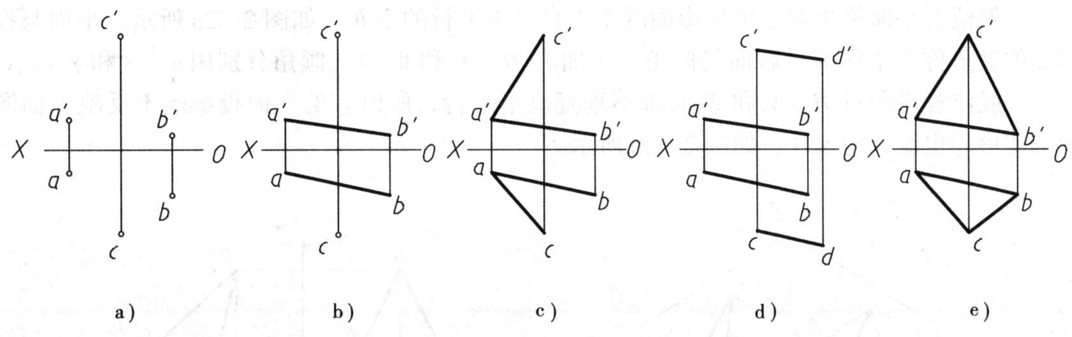

图 2-30　用几何元素的投影表示平面的投影

2. 迹线表示法

平面与投影面的交线称为平面的迹线。迹线是属于平面的一切直线迹点的集合。在图 2-31a 中，平面 P 与 H 面的交线称为水平迹线，用 P_H 表示；平面 P 与 V 面的交线称为正面迹线，用 P_V 表示；平面 P 与 W 面的交线称为侧面迹线，用 P_W 表示。P_H、P_V、P_W 之间的交点 P_X、P_Y、P_Z 称为迹线集合点，分别位于 OX、OY、OZ 轴上。

迹线是平面上的直线，完全可以用两条或三条迹线表示平面，如图 2-31a 所示。

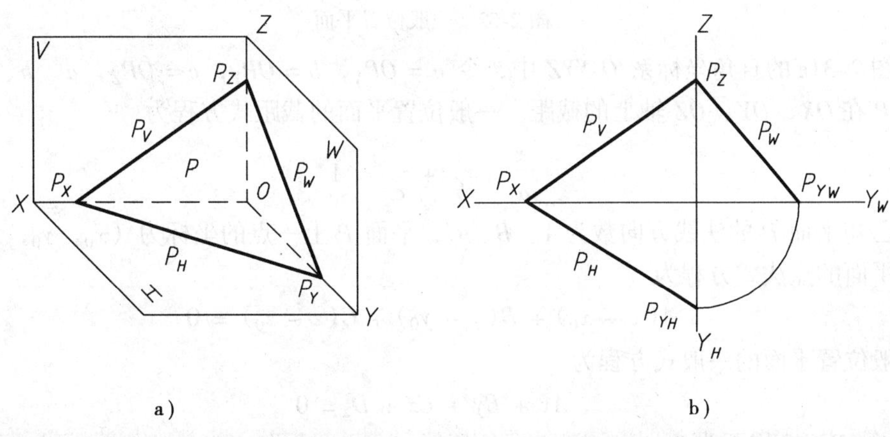

图 2-31　用平面的迹线表示平面

平面的迹线既属于平面，又属于投影面，因此，迹线的一个投影必然与迹线本身重合，另外两个投影分别与投影轴重合。在投影图中，一般只画与迹线本身重合的投影用来表示平面，不画与投影轴重合的投影。如图 2-31b 所示，用 P_H、P_V、P_W 表示平面 P。

应该指出，平面的迹线只有唯一的一组，而确定平面的一般位置的点、直线却有无数组。一个平面可以用一般位置的点、直线表示，也可以用迹线表示，这两种表示形式之间同样可以互相转化。

2.4.2 各种位置的平面

空间平面对投影面的相对位置有三类：一般位置平面、投影面的垂直面、投影面的平行面，其中后两类统称为特殊位置平面。

1. 一般位置平面

一般位置平面是指对三个投影面既不垂直又不平行的平面，如图 2-32a 所示。平面与投影面的夹角称为平面对投影面的倾角，平面对 H、V 和 W 面的倾角分别用 α、β 和 γ 表示。由于一般位置平面对 H、V 和 W 面既不垂直也不平行，所以它的三面投影既不反映平面图形的实形，也没有积聚性，如图 2-32b 所示。

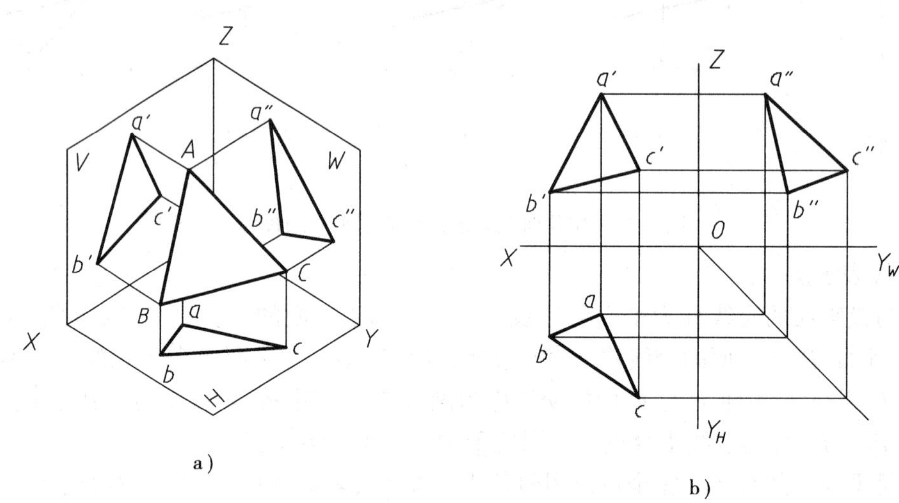

图 2-32 一般位置平面

在图 2-31a 的直角坐标系 $O\text{-}XYZ$ 中，令 $a = OP_X$，$b = OP_Y$，$c = OP_Z$，a、b、c 分别称为平面 P 在 OX、OY、OZ 轴上的截距。一般位置平面的截距式方程为

$$\frac{x}{a} + \frac{y}{b} + \frac{z}{c} = 1$$

若已知平面 P 的法线方向数为 A、B、C，平面 P 上一点的坐标为（x_0，y_0，z_0），则一般位置平面的点法式方程为

$$A(x - x_0) + B(y - y_0) + C(z - z_0) = 0$$

一般位置平面的一般式方程为

$$Ax + By + Cz + D = 0$$

式中 A、B、C 均不为 0。

2. 投影面的垂直面

投影面的垂直面是指只垂直于某一投影面的平面。在三投影面体系中有三个投影面，所以投影面的垂直面有三种：铅垂面——只垂直于 H 面的平面，正垂面——只垂直于 V 面的平面，侧垂面——只垂直于 W 面的平面。

在三投影面体系中，投影面的垂直面只垂直于某一个投影面，与另外两个投影面倾斜。

这类平面的投影具有积聚的特点，能反映对投影面的倾角，但不反映平面图形的实形。

以表 2-3 中的铅垂面为例，平面 P（△ABC）垂直于 H 面，同时倾斜于 V、W 面，其投影特性如下。

(1) 用平面图形△ABC 表示的铅垂面的投影特性

1) 水平投影 abc 积聚为一条直线段，该直线段与 OX 轴、OY_H 轴的夹角分别反映平面与 V 面、W 面的倾角 β、γ；

2) 正面投影和侧面投影均为△ABC 的仿射形。

(2) 用迹线表示的铅垂面的投影特性

1) 水平迹线 P_H 为铅垂面的积聚性投影，P_H 与 OX 轴、OY_H 轴的夹角分别反映平面与 V 面、W 面的倾角 β、γ；

2) 正面迹线 $P_V \perp OX$ 轴，侧面迹线 $P_W \perp OY_W$ 轴。

同样，正垂面和侧垂面也有类似的投影特性，见表 2-3。

表 2-3　投影面的垂直面

名称	轴测图	投影图及投影特性	
		用平面图形表示	用迹线表示
铅垂面（$\perp H$ 面）	$Ax + By + D = 0$	水平投影积聚，反映 β、γ	P_H 为积聚性投影，反映 β、γ；$P_V \perp OX$ 轴，$P_W \perp OY_W$ 轴
正垂面（$\perp V$ 面）	$Ax + Cz + D = 0$	正面投影积聚，反映 α、γ	P_V 为积聚性投影，反映 α、γ；$P_H \perp OX$ 轴，$P_W \perp OZ$ 轴
侧垂面（$\perp W$ 面）	$By + Cz + D = 0$	侧面投影积聚，反映 α、β	P_W 为积聚性投影，反映 α、β；$P_H \perp OY_H$ 轴，$P_V \perp OZ$ 轴

总之，用平面图形表示的平面垂直于某一投影面时，它在该投影面上的投影积聚为一条直线，该直线与投影轴的夹角反映平面对另两个投影面的倾角；另外两个投影为仿射形，不反映该平面实形。

3. 投影面的平行面

投影面的平行面是指平行于某一个投影面的平面。在三投影面体系中有三个投影面，所以投影面的平行面有三种：水平面——平行于 H 面的平面，正平面——平行于 V 面的平面，侧平面——平行于 W 面的平面。

在三投影面体系中，投影面的平行面平行于某一个投影面，与另外两个投影面垂直。这类平面的投影具有反映平面图形实形的特点，另外两个投影积聚。

以表 2-4 中的水平面为例，平面 P（$\triangle ABC$）平行于 H 面，同时垂直于 V、W 面，其投影特性如下。

表 2-4　投影面的平行面

名称	轴测图	投影图及投影特性	
		用平面图形表示	用迹线表示
水平面（// H 面）	$Cz+D=0$	H 投影反映实形；V 投影积聚且 // OX，W 投影积聚且 // OY_W	P_V、P_W 均为积聚性投影。P_V // OX、P_W // OY_W；无水平迹线
正平面（// V 面）	$By+D=0$	V 投影反映实形；H 投影积聚且 // OX，W 投影积聚且 // OZ	P_H、P_W 均为积聚性投影。P_H // OX、P_W // OZ；无正面迹线
侧平面（// W 面）	$Ax+D=0$	W 投影反映实形；H 投影积聚且 // OY_H，V 投影积聚且 // OZ	P_H、P_V 均为积聚性投影。P_H // OY_H、P_V // OZ；无侧面迹线

（1）用平面图形△ABC 表示的水平面的投影特性

1）水平投影△abc 反映平面图形的实形；

2）正面投影和侧面投影均积聚为直线，分别平行于 OX 轴和 OY_W 轴。

（2）用迹线表示的水平面的投影特性

1）正面迹线 P_V 和侧面迹线 P_W 均为该水平面的积聚性投影。且分别平行于 OX 轴和 OY_W 轴；

2）没有水平迹线 P_H。

同样，正平面和侧平面也有类似的投影特性，见表 2-4。

总之，用平面图形表示的平面平行于某一投影面时，它在该投影面的投影反映实形；其余两个投影均积聚为直线，且分别平行于该投影面所包含的两个投影轴。

2.4.3 属于平面的点及直线

1. 属于平面的点的投影特性

由立体几何可知：若点属于平面，则该点必属于该平面内的一条直线；反之，若点属于平面内的一条直线，则该点必属于该平面。如图 2-33a 所示，平面 P 由相交两直线 AB、BC 确定，M、N 两点分别属于直线 AB、BC，故点 M、N 属于平面 P。

在投影图上，若点属于平面，则该点的各个投影必属于该平面内的一条直线的同面投影；反之，若点的各个投影属于平面内一条直线的同面投影，则该点必属于该平面。如图 2-33b 所示，在直线 AB、BC 的投影上分别作 m、m'、n、n'，则空间点 M、N 必属于由相交两直线 AB、BC 确定的平面。

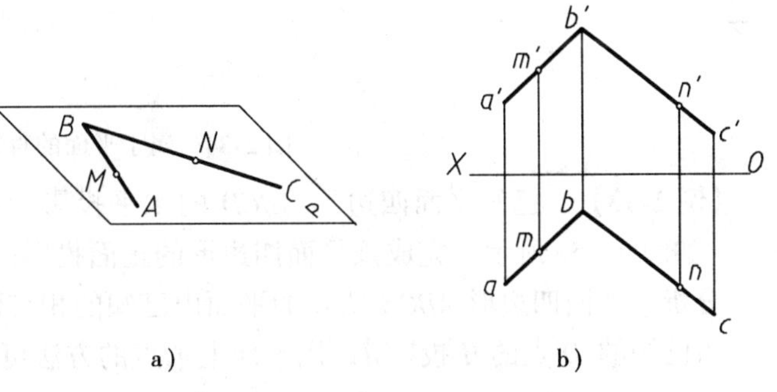

图 2-33 平面上的点

2. 属于平面的直线的投影特性

由立体几何可知：若直线属于平面，则该直线必通过该平面内的两个点，或该直线通过该平面内的一个点，且平行于该平面内的另一已知直线；反之，若直线通过平面内的两个点，或该直线通过该平面内的一个点，且平行于该平面内的另一已知直线，则该直线必属于该平面。如图 2-34a 所示，平面 P 由相交两直线 AB、BC 确定，M、N 两点属于平面 P，故直线 MN 属于平面 P。在图 2-34b 中，L 点属于平面 P，且 $KL /\!/ BC$，因此，直线 KL 属于平面 P。

在投影图上，若直线属于平面，则该直线的各个投影必通过该平面内两个点的同面投影，或通过该平面内一个点的同面投影，且平行于该平面内另一已知直线的同面投影；反之，若直线的各个投影通过平面内两个点的同面投影，或通过该平面内一个点的同面投影，且平行于该平面内另一已知直线的同面投影，则该直线必属于该平面。如图 2-34c 所示，通过直线 AB、BC 上的点 M、N 的投影分别作直线 mn、$m'n'$，则直线 MN 必属于由相交两直线 AB、BC 确定的平面。如图 2-34d 所示，通过直线 AB 上的点 L 的投影分别作直线 $kl /\!/ bc$、$k'l' /\!/ b'c'$，则直线 KL 必属于由相交两直线 AB、BC 确定的平面。

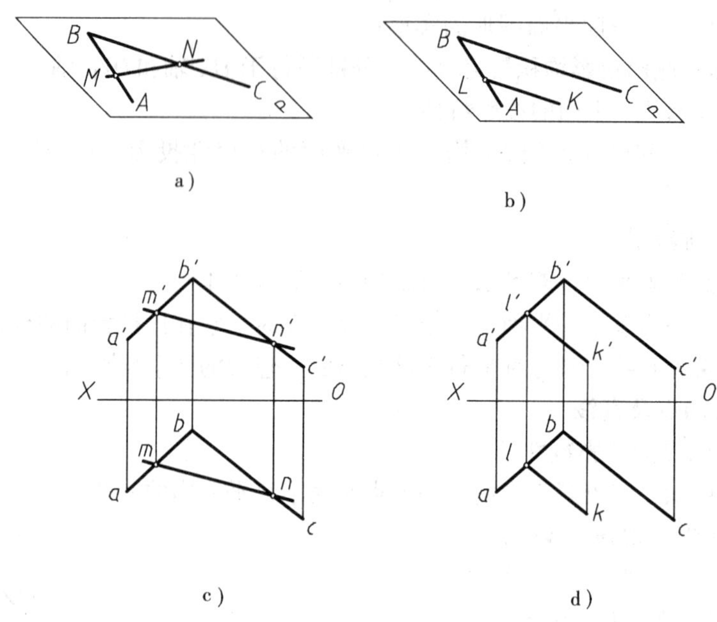

图 2-34 属于平面的直线

【例 2-13】 已知平面四边形 *ABCD* 的水平投影 *abcd* 和 *AB*、*BC* 两边的正面投影 *a′b′*、*b′c′*，如图 2-35a 所示，完成该平面四边形的正面投影。

分析 平面四边形 *ABCD* 所在的平面由已知的相交两边 *AB*、*BC* 确定，*D* 点必在该平面上。由已知的 *D* 点的 *H* 投影 *d*，用平面上求点的方法可以求出 *d′*，再依次连线即成。

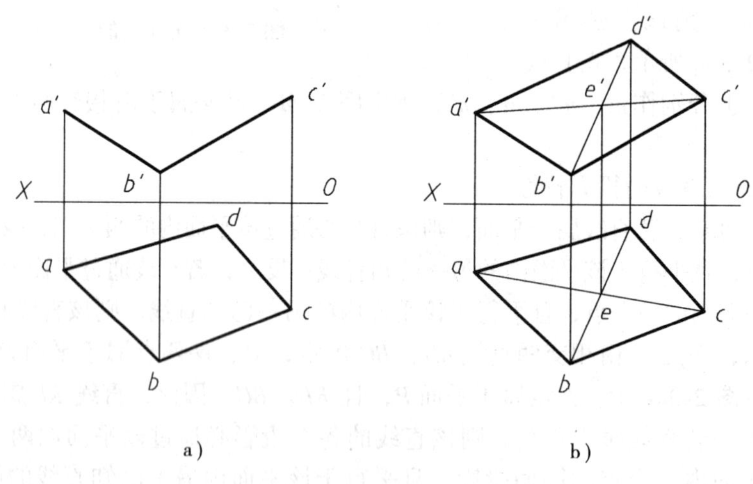

图 2-35 完成平面四边形 *ABCD* 的正面投影

作图（图 2-35b）

1）连接 *AC* 的同面投影 *a′c′*、*ac* 及 *BD* 的 *H* 投影 *bd*，*bd* 交 *ac* 于 *e*，*E* 点为平面四边形两对角线 *AC*、*BD* 的交点；

2）过 *e* 作 *OX* 轴的垂线与 *a′c′* 交于点 *E* 的正面投影 *e′*；

3）过 d 作 OX 轴的垂线与 $b'e'$ 的延长线交于 d'；

4）连接 $a'd'$、$c'd'$，四边形 $a'b'c'd'$ 即为所求。

【例 2-14】 判断点 M 和 N 是否属于△ABC 确定的平面，如图 2-36a 所示。

分析 若点属于平面，则点必定属于平面内的一条直线。由图 2-36a 可知，点 M 和 N 的投影均不属于△ABC 三条边的同面投影，即点 M 和 N 均不属于△ABC 的三条边，只能过 M 的一个投影和 N 的一个投影作属于平面的直线来判断。

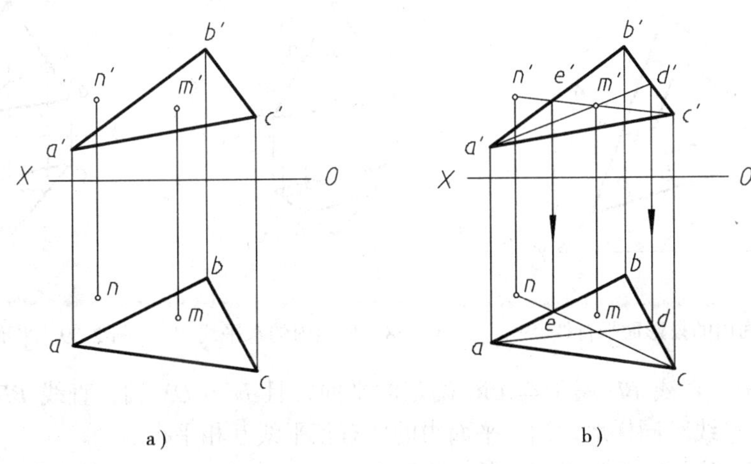

图 2-36 判断点是否属于平面

作图（图 2-36b）

1）过点 M 的一个投影作属于△ABC 确定的平面内的直线 AD，连接 $a'm'$ 并延长与 $b'c'$ 交于 d'；

2）点 D 在 BC 上，由 d' 作 OX 轴的垂线交 bc 于 d，连接 ad，直线 AD 属于平面；

3）由图 2-36b 可见，m 不属于 ad，则点 M 不在 AD 上，故点 M 不属于△ABC 确定的平面。

同理，过点 N 的一个投影作属于△ABC 确定的平面内的直线 CE，由图 2-36b 可见，n 属于 ce 的延长线，n' 属于 $c'e'$ 的延长线，则点 N 属于 CE，故点 N 属于△ABC 确定的平面。

3. 属于平面的投影面平行线

属于平面且同时平行于某一投影面的直线称为平面内的投影面平行线。平面内的投影面平行线既具有平面内直线的投影特性，又具有投影面平行线的投影特性。

平面内的投影面平行线有三种，如图 2-37 所示，平面内平行于 H 面的直线称为平面内的水平线，如直线 AB；平面内平行于 V 面的直线称为平面内的正平线，如直线 CD；平面内平行于 W 面的直线称为平面内的侧平线，如直线 EF。平面内的投影面平行线与平面的同面迹线平行，图 2-37 中，$AB /\!/ P_H$，$CD /\!/ P_V$，$EF /\!/ P_W$。

如图 2-38 所示，直线 AD 属于△ABC 确定的平面，且 $a'd' /\!/ OX$ 轴，直线 AD 是△ABC 确定的平面内的水平线。同样，直线 MN 也是△ABC 确定的平面内的水平线。由图可知，$mn /\!/ ad$，$m'n' /\!/ a'd'$，因此，$MN /\!/ AD$。即在平面的不同高度上，存在着若干条平面内的水平线，同一平面内的所有水平线互相平行。

平面内的水平线可以看作平面与某一高度的水平面（$z = z_0$）的交线，故其方程可以写为

$$\begin{cases} Ax + By + Cz + D = 0 \\ z = z_0 \end{cases}$$

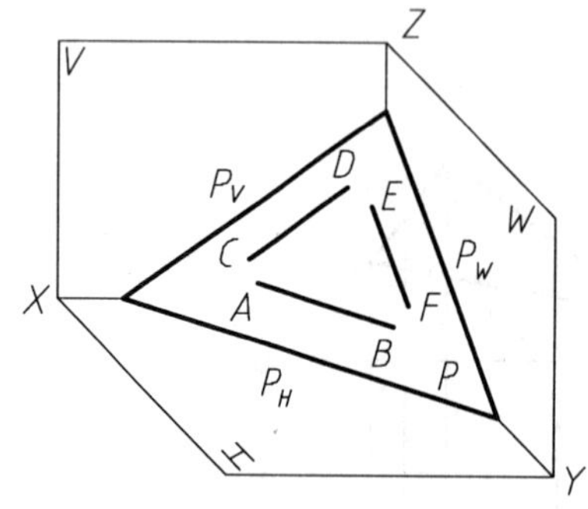

图 2-37　平面内的投影面平行线

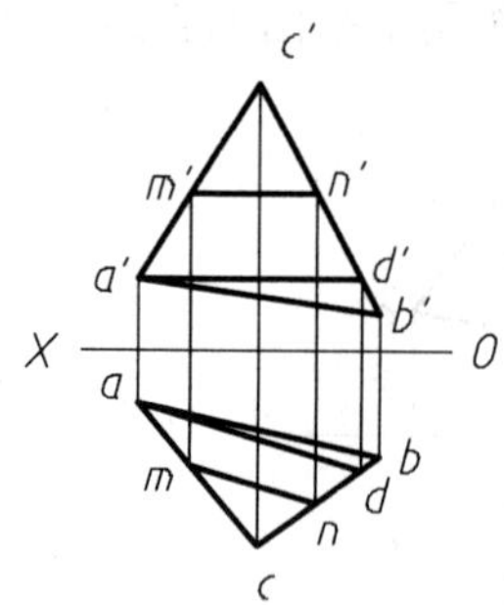

图 2-38　平面内的水平线

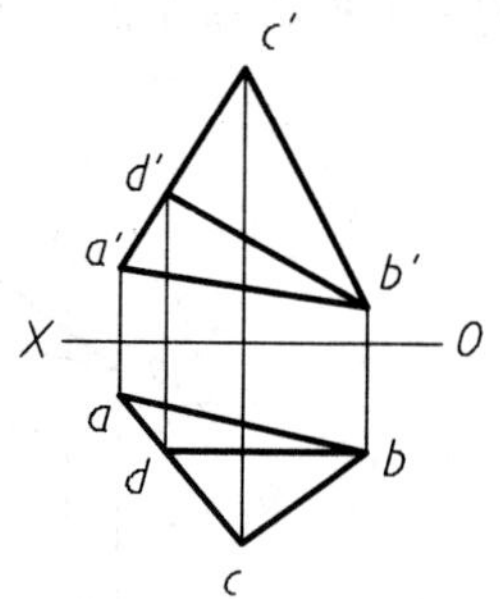

图 2-39　平面内的正平线

在图 2-39 中，直线 *BD* 属于△*ABC* 确定的平面，且 *bd* // *OX* 轴，直线 *BD* 是△*ABC* 确定的平面内的正平线。同样地，同一平面内的所有正平线互相平行。

平面内的正平线可以看作平面与某一正平面（$y = y_0$）的交线，故其方程可以写为

$$\begin{cases} Ax + By + Cz + D = 0 \\ y = y_0 \end{cases}$$

平面内的侧平线也有相同的特性。

4. 过已知点、直线作平面

(1) 过已知点作平面

过已知点可作无数个一般位置平面。图 2-40b 表示过已知点 *K*（*k*，*k′*）所作的相交两直线 *AB*、*CD* 确定的一个平面。

过已知点可作无数个投影面的垂直面。图 2-40c 表示过已知点 *K*（*k*，*k′*）所作的铅垂面 *P*（用迹线表示）。

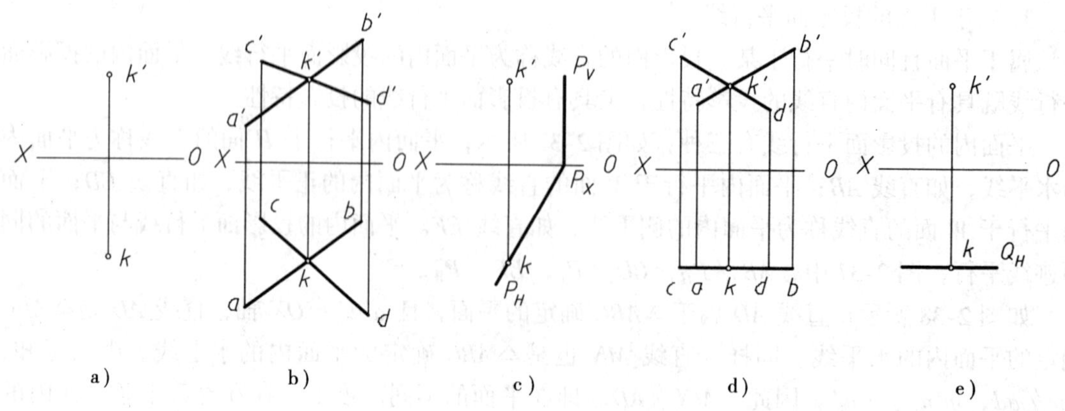

图 2-40　过已知点作平面

过已知点只能作一个水平面、一个正平面或一个侧平面。图 2-40d、e 分别表示过已知点 *K*（*k*，*k'*）所作的正平面，其中图 2-40d 为过 *K* 点的相交两直线 *AB*、*CD* 确定的正平面，图 2-40e 为用迹线表示的正平面 *Q*。

（2）过已知直线作平面

过一般位置直线可以作无数个一般位置平面。如图 2-41b 所示，直线 *AB* 与线外任意一点 *C* 构成的△*ABC* 即为无数个一般位置平面中的一个。

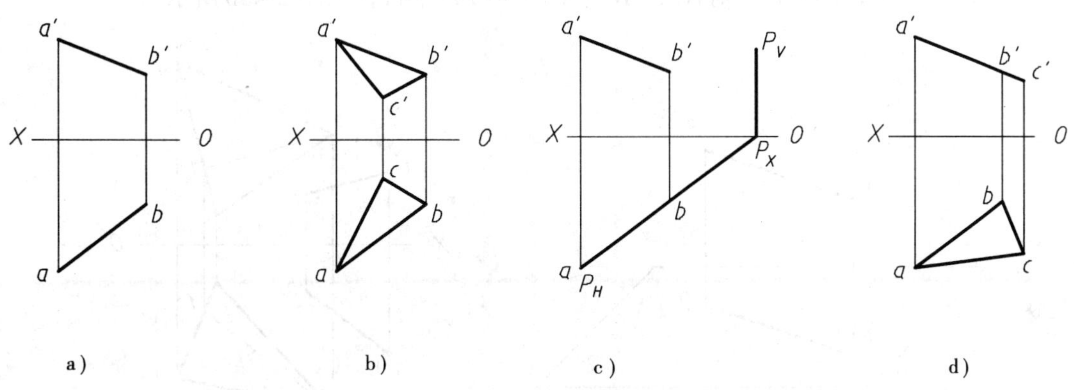

图 2-41　过一般位置直线作平面

过一般位置直线只能作一个铅垂面、一个正垂面、一个侧垂面。图 2-41c 表示过直线 *AB* 作的铅垂面 *P*（用迹线表示）。图 2-41d 表示过直线 *AB* 作的正垂面（用△*ABC* 表示）。

过一般位置直线不能作投影面的平行面，只有过特殊位置直线才能作投影面的平行面。图 2-42a 表示过已知水平线 *CD* 作的水平面 *R*（用迹线表示），图 2-42b 表示过已知正平线 *EF* 作正平面 *Q*（用迹线表示）。

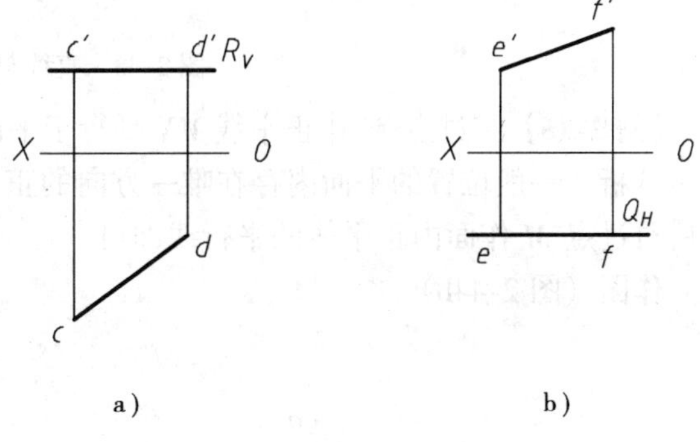

图 2-42　过投影面平行线作投影面平行面

2.5　直线与平面及两平面的相对位置

除了从属、重合以外，空间直线与平面及两平面的相对位置有两种情况：平行和相交，相交中垂直是特例。

2.5.1　平行

1. 直线与平面平行

直线：$\dfrac{x-x_1}{l}=\dfrac{y-y_1}{m}=\dfrac{z-z_1}{n}$

平面：$Ax+By+Cz+D=0$

直线与平面平行的条件：$lA + mB + nC = 0$

(1) 一般情况

如果空间一条直线平行于平面内的一条直线，那么此直线与该平面平行。如图 2-43a 所示，直线 AB 平行于平面 P 内的直线 CD，那么直线 AB 与平面 P 平行；反之，如果直线 AB 与平面 P 平行，则在平面 P 内必可以找到与直线 AB 平行的直线。

在投影图上，若直线 AB 的投影 $a'b'$ 和 ab 与平面△CDE 内任一直线 EF 的同面投影平行，即 $a'b' /\!/ e'f'$，$ab /\!/ ef$，则直线 AB 与平面△CDE 平行，如图 2-43b 所示。

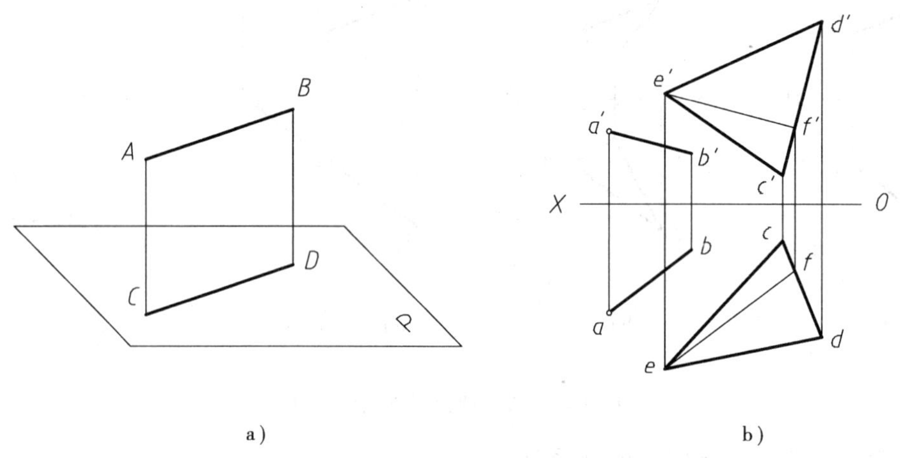

图 2-43　直线与平面平行

【例 2-15】　过点 M 作正平线 MN 平行于平面△ABC（图 2-44a）。

分析　一般位置的平面内存在唯一方向的正平线，可以先在△ABC 中作出其中的一条，然后再过点 M 作面内正平线的平行线即可。

作图（图 2-44b）

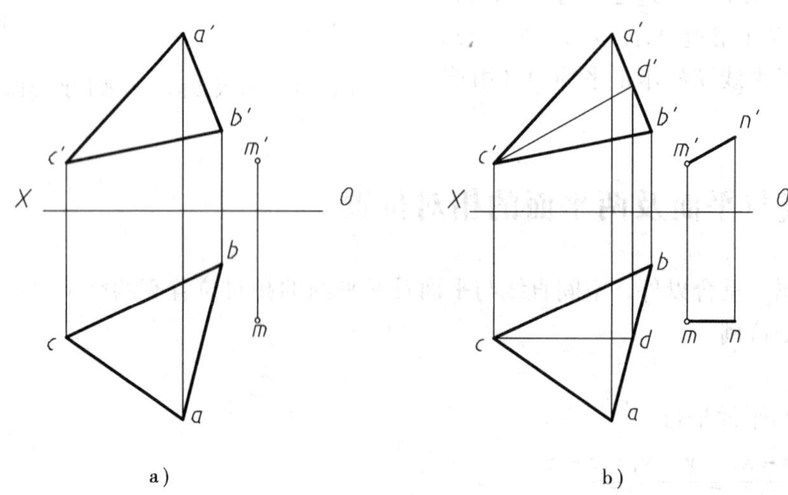

图 2-44　过点作正平线平行平面

1）在△*ABC* 中作一条正平线 *CD*（*cd*，*c*′*d*′）；

2）过 *m* 作 *mn*∥*cd*，过 *m*′作 *m*′*n*′∥*c*′*d*′，直线 *MN* 即为所求。

【例 2-16】 判断直线 *KL* 与平面△*ABC* 是否平行（图 2-45a）。

分析 若能在△*ABC* 中作出一条平行于 *KL* 的直线，那么直线 *KL* 就平行于平面，否则就不平行。

作图（图 2-45b）

1）在△*a*′*b*′*c*′中过 *c*′作 *c*′*d*′∥*k*′*l*′，然后在△*abc* 中作出 *CD* 的水平投影 *cd*；

2）判别 *cd* 是否平行于 *kl*，图中 *cd* 不平行于 *kl*，那么 *CD* 不平行于 *KL*。

结论 平面△*ABC* 中不包含直线 *KL* 的平行线，所以直线 *KL* 不平行于平面△*ABC*。

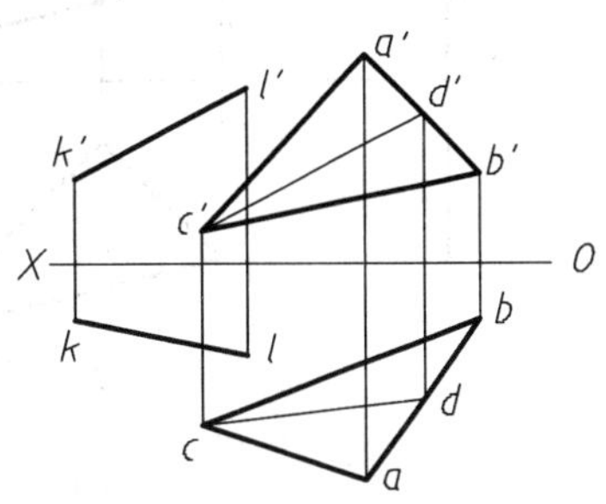

图 2-45 判断直线与平面是否平行

（2）特殊情况

直线与投影面垂直面平行，则直线的投影平行于平面的积聚的同面投影；反之亦然。

如图 2-46 所示，△*ABC* 为铅垂面，其水平投影 *abc* 积聚成一直线。由于直线 *DE*∥△*ABC*，故 *de*∥*abc*。

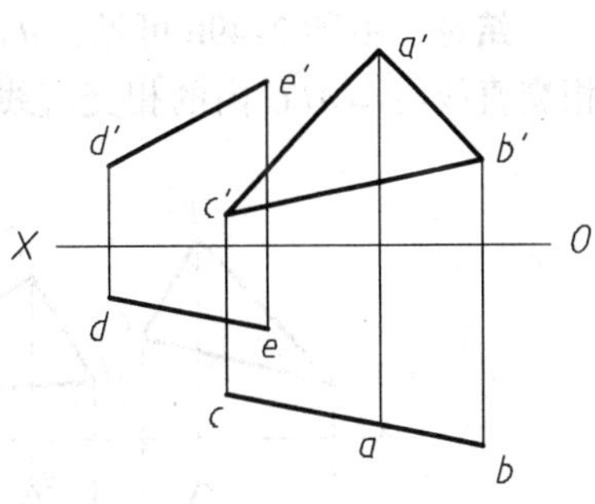

图 2-46 直线与投影面垂直面平行

2. 两平面平行

平面 P_1：$A_1x + B_1y + C_1z + D_1 = 0$

平面 P_2：$A_2x + B_2y + C_2z + D_2 = 0$

两平面平行的条件为：$A_1 : B_1 : C_1 = A_2 : B_2 : C_2$

（1）一般情况

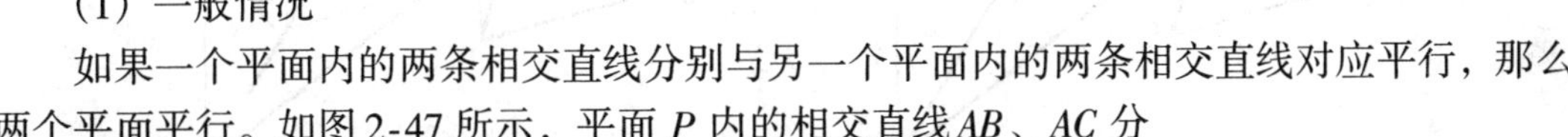

如果一个平面内的两条相交直线分别与另一个平面内的两条相交直线对应平行，那么这两个平面平行。如图 2-47 所示，平面 *P* 内的相交直线 *AB*、*AC* 分别平行于平面 *Q* 内的相交直线 *DE* 和 *DF*，即 *AB*∥*DE*，*AC*∥*DF*，那么平面 *P* 与 *Q* 平行。

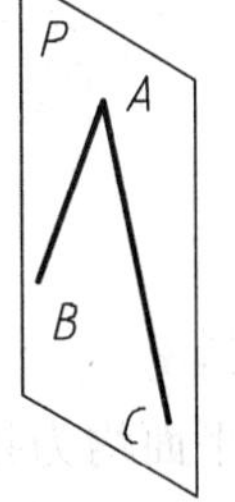

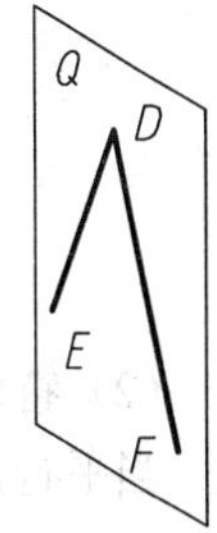

图 2-47 两平面平行

【例 2-17】 过点 *D* 作一平面平行于△*ABC*（图 2-48a）。

分析 只需过点 *D* 作两条直线分别平行于△*ABC* 中的两条边，则这两条相交直线构成的平面即为所求。

作图（图 2-48b）

1）过 *d*′作 *d*′*e*′∥*a*′*b*′，*d*′*f*′∥*a*′*c*′；

2）过 *d* 作 *de*∥*ab*，*df*∥*ac*，则两相交直线 *DE*、*DF* 构成的平面与平面△*ABC* 平行。

【例 2-18】 判断△*ABC* 与△*DEF* 是否平行（图 2-49a）。

分析 判断两平面是否平行，实质上就是能否在其中的一个平面上作出与另一个平面内的一对相交直线对应平行的相交两直线。

作图（图 2-49b）

1）过 *d*′作 *d*′1′∥*a*′*b*′，*d*′2′∥*a*′*c*′；

2）将 *D*Ⅰ、*D*Ⅱ作为△*DEF* 内的直线，求出其水平投影 *d*1、*d*2；

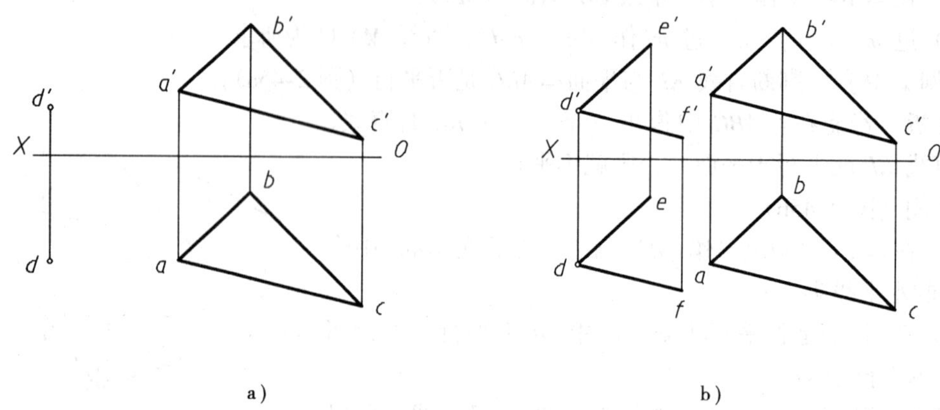

图 2-48 过点 D 作平面平行于△ABC

结论 由图 2-49b 可见，$d1$ 与 ab 平行，$d2$ 与 ac 平行，即平面△DEF 内可以作出两条相交直线与△ABC 内的相交直线对应平行，因此，△ABC 与△DEF 平行。

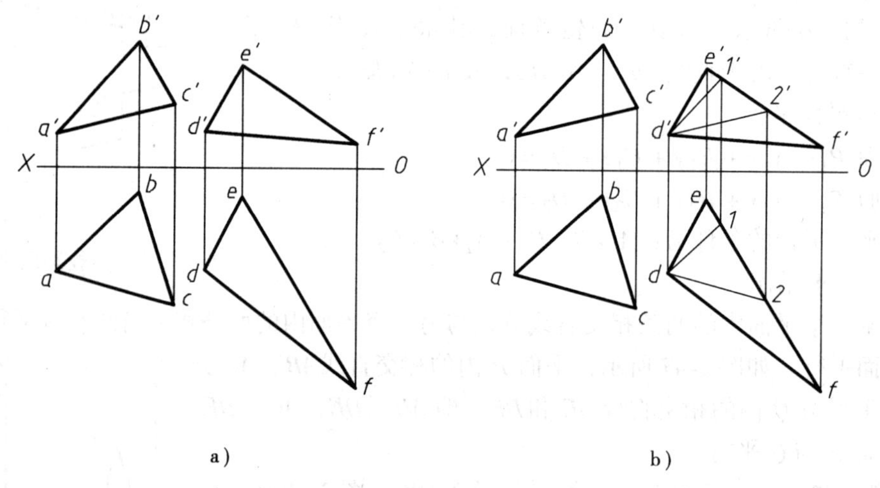

图 2-49 判断两平面是否平行

(2) 特殊情况

当平行两平面均为投影面垂直面时，它们有积聚性的同面投影必平行；反之亦然。如图 2-50 所示，平面△ABC 和平面△DEF 都是铅垂面，且互相平行，则 $abc \parallel def$。

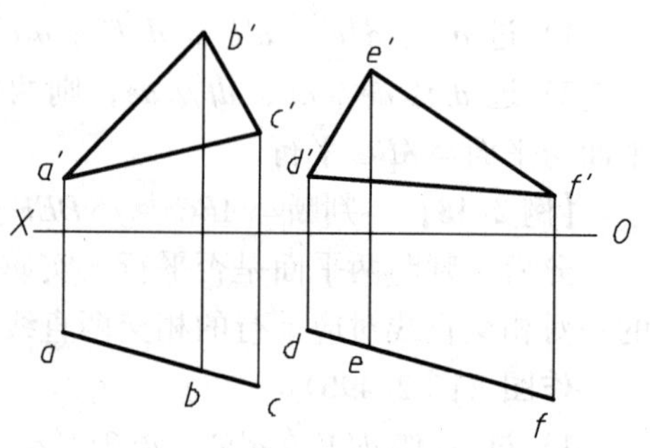

图 2-50 两铅垂面互相平行

2.5.2 相交

在空间，若直线与平面、平面与平面不平行，则必然相交。

直线：$\dfrac{x-x_1}{l}=\dfrac{y-y_1}{m}=\dfrac{z-z_1}{n}$

平面：$Ax+By+Cz+D=0$

直线与平面的交点为：$\begin{cases} \dfrac{x-x_1}{l}=\dfrac{y-y_1}{m}=\dfrac{z-z_1}{n} \\ Ax+By+Cz+D=0 \end{cases}$，其中 $lA+mB+nC\neq 0$

平面 P_1：$A_1x+B_1y+C_1z+D_1=0$

平面 P_2：$A_2x+B_2y+C_2z+D_2=0$

两面交线为：$\begin{cases} A_1x+B_1y+C_1z+D_1=0 \\ A_2x+B_2y+C_2z+D_2=0 \end{cases}$，其中 $A_1:B_1:C_1\neq A_2:B_2:C_2$

直线与平面相交于一点，该交点是直线和平面的共有点，它既属于直线，又属于平面。

平面与平面相交于一条直线，该交线为两平面的共有线，同时属于这两个平面。

根据直线、平面在投影体系中的位置，直线与平面的交点及两平面的交线的求法有利用积聚性法和辅助平面法两种。

1. 利用积聚性求交点和交线

当直线或平面与某一投影面垂直时，可利用其投影的积聚性，在积聚的投影上直接求得交点和交线的一个投影。

(1) 投影面垂直线与一般位置平面相交

【例 2-19】 求铅垂线 AB 与平面△CDE 的交点（图 2-51a）。

分析 设平面△CDE 与铅垂线 AB 的交点为 K。K 点属于铅垂线 AB，则 K 点的水平投影 k 与 AB 积聚的水平投影 ab 重合；K 点同时属于平面△CDE，利用平面上求点的方法，在△CDE 上作辅助直线 C Ⅰ 求出 K 点的正面投影 k'。

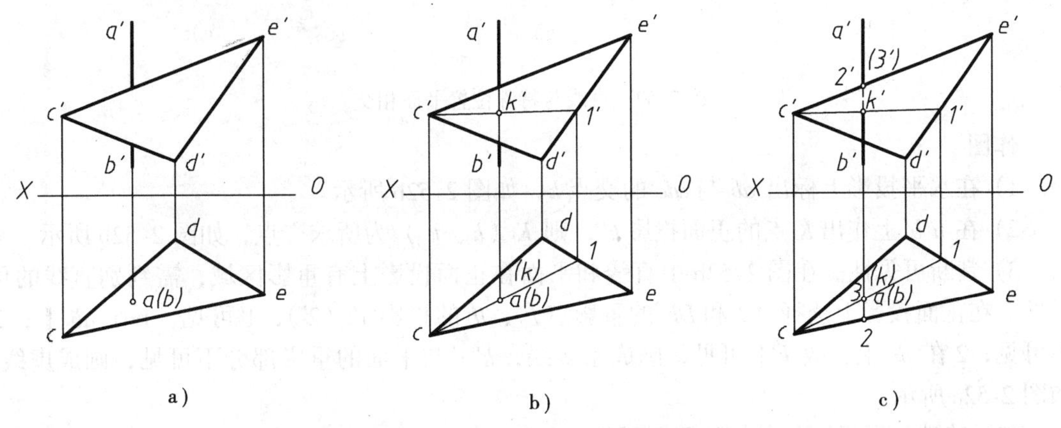

图 2-51 平面和投影面垂直线相交

作图（图 2-51b）

1) 在 ab 上标出 (k)；

2) 过 (k) 点作直线 $c1$，C Ⅰ 属于△CDE，据此再作出 $c'1'$；

3) $c'1'$ 与 $a'b'$ 的交点，即为所求交点 K 的正面投影 k'。

K (k，k') 为所求交点。

为了增加投影图的直观性，在几何元素的重影区域要区分可见部分和不可见部分，即判别可见性，将其中可见部分画成粗实线，不可见部分画成虚线。

在图 2-51b 中，直线与平面的正面投影有重影区域，在△$c'd'e'$ 的范围内，以交点 K 为界，直线 AB 一侧可见，另一侧不可见。直线 AB 的可见性可以利用该直线与△CDE 的一条边对 V 面的重影点来判断。在正面投影上选择 AB 和 CE 的重影点Ⅱ、Ⅲ的投影 2′（3′），2′可见，2 在 ce 上；3′不可见，3 在 ab 上，故 k'3′不可见，画成虚线，$a'b'$ 的其余部分可见，画成粗实线，如图 2-51c 所示。

（2）特殊位置平面与一般位置直线相交

【例 2-20】 求直线 AB 与铅垂面△CDE 的交点（图 2-52a）。

分析 设直线 AB 与铅垂面△CDE 的交点为 K。铅垂面△CDE 的水平投影积聚为直线 ce，交点 K 的水平投影 k 必在 ce 上；因为交点是直线与平面的共有点，所以 ce 和 ab 的交点一定是交点 K 的水平投影 k，再根据点 K 与直线 AB 的从属关系便可以求出交点 K 的正面投影 k'。

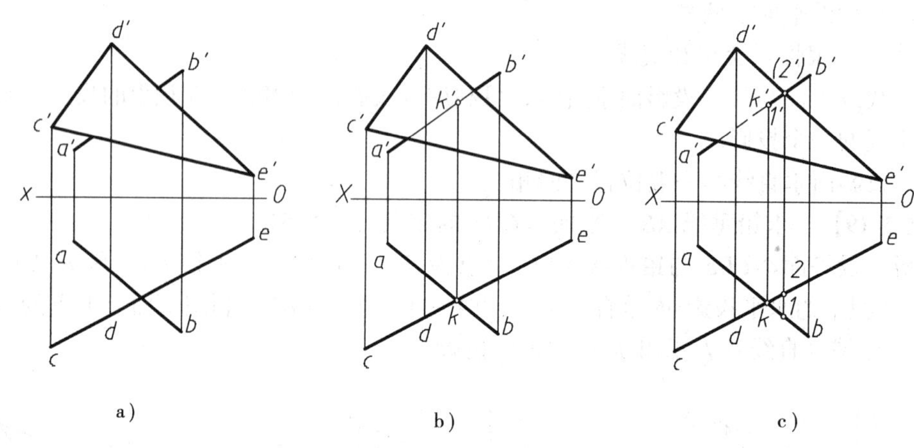

图 2-52 直线与特殊位置平面相交

作图

1）在水平投影上标出 ab 与 cde 的交点 k，如图 2-52b 所示。

2）在 $a'b'$ 上作出 K 点的正面投影 k'，则 K（k、k'）为所求交点，如图 2-52b 所示。

3）判断可见性。在图 2-52b 中直线和平面在正面投影上有重影区域，需判别直线的可见性。在正面投影上选择 AB 和 DE 的重影点Ⅰ、Ⅱ的投影 1′（2′），1′可见，1 在 ab 上；2′不可见，2 在 de 上，故 k'1′可见，画成粗实线，$k'a'$ 与平面的重影部分不可见，画成虚线，如图 2-52c 所示。

（3）特殊位置平面与一般位置平面相交

【例 2-21】 求铅垂面 $ABCD$ 与平面△EFG 的交线 KL（图 2-53a）。

分析 铅垂面 $ABCD$ 的水平投影 $abcd$ 积聚为一条直线。要求这两个面的交线，实际上只需求出△EFG 的两条边 EG、FG 与铅垂面的交点 K、L，连接 KL，KL 即为所求交线。

作图

1）如图 2-53b 所示，按照特殊位置平面与一般位置直线相交求交点的方法求出 EG 与铅垂面 $ABCD$ 的交点 K（k、k'），及 FG 与铅垂面 $ABCD$ 的交点 L（l、l'）；

2）连接 kl、$k'l'$，得到交线 KL；

3）判别可见性。在图 2-53b 中，两平面在正面投影上有重影区域，以交线 KL 为界，两平面均有可见部分和不可见部分，其可见性正好相反。在正面投影上选择 AB 和 EG 的重影

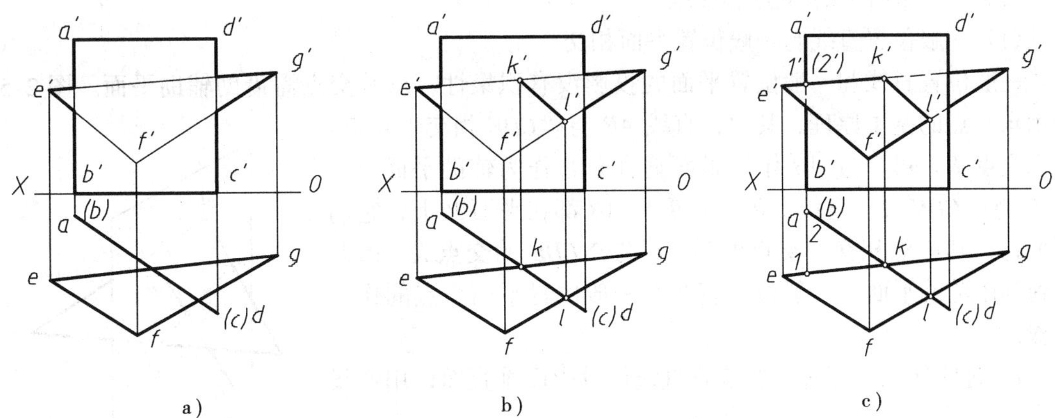

图 2-53　铅垂面与一般位置平面相交

点Ⅰ、Ⅱ的投影 1′（2′），1 在 *eg* 上，1′可见；2 在 *ab* 上，2′不可见，故 *a′b′* 在重影范围内的部分不可见，画成虚线；*a′b′c′d′* 的其余部分都可见，画成粗实线。△*e′f′g′* 的可见性正好相反，如图 2-53c 所示。

(4) 两个同一投影面的垂直面相交

【例 2-22】　求两个正垂面△*ABC* 和平行四边形 *DEFG* 的交线 *KL*（图 2-54a）。

分析　两个正垂面的交线是一条正垂线，其正面投影积聚为点，水平投影垂直于 *OX* 轴。两个正垂面的正面投影积聚为两条直线，这两条直线的交点即是两个正垂面交线的正面投影，交线的水平投影由两平面水平投影的公共范围确定。

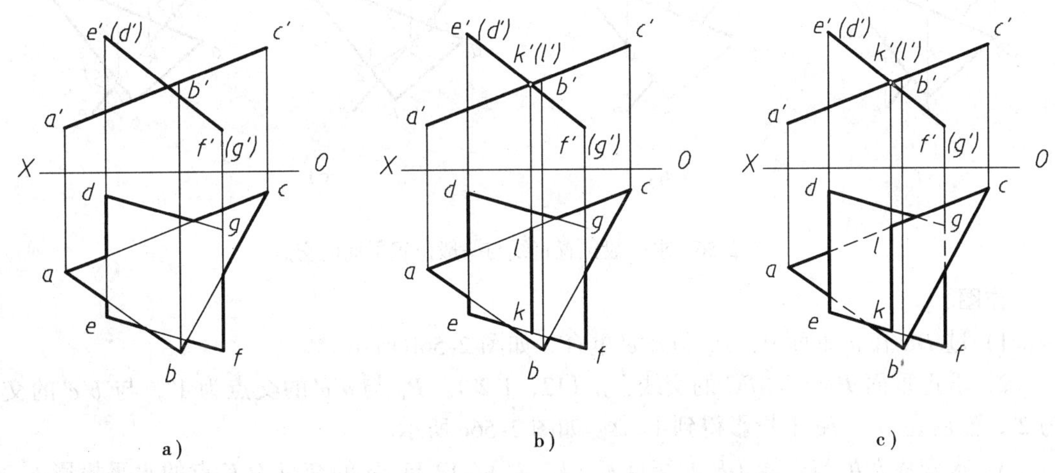

图 2-54　两个正垂面相交

作图

1) 参考图 2-54b，在正面投影中标出 *k′*（*l′*），在水平投影中确定 *kl*；

2) 判别可见性。两平面在水平投影上有重影区域，需要判断可见性。从正面投影可以看出，在交线的左侧三角形在平行四边形的下方，因此，在水平投影上以交线为界，三角形的左侧不可见，右侧可见，而平行四边形的可见性正好相反，如图 2-54c 所示。

2. 利用辅助平面求交点和交线

(1) 一般位置直线与一般位置平面相交

一般位置直线和一般位置平面的投影没有积聚性，求其交点需借助辅助平面。图 2-55 表示求交点的基本原理，其中，直线 *AB* 与△*CDE* 相交于 *K* 点。要求交点 *K*，可以过 *AB* 作投影面垂直面 *P* 作为辅助平面，平面 *P* 与△*CDE* 交于直线Ⅰ Ⅱ 。Ⅰ Ⅱ 与 *AB* 都在平面 *P* 上，它们不平行，则必然相交，交点即为 *AB* 与△*CDE* 的交点 *K*。由此得到利用辅助平面求一般位置直线与一般位置平面交点的作图步骤：

1) 过线作面，即过一般位置直线作投影面垂直面，用迹线表示；

2) 面面交线，求投影面垂直面与一般位置平面的交线；

3) 线线交点，求上述交线与一般位置直线的交点。

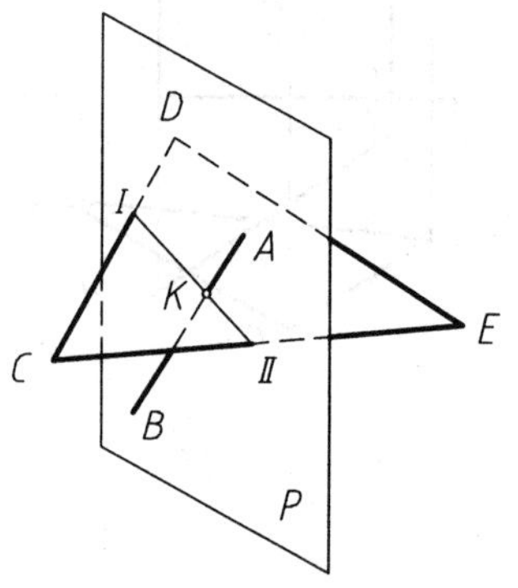

图 2-55 利用辅助平面求交点

【例 2-23】 求直线 *DE* 与△*ABC* 的交点 *K*（图 2-56a）。

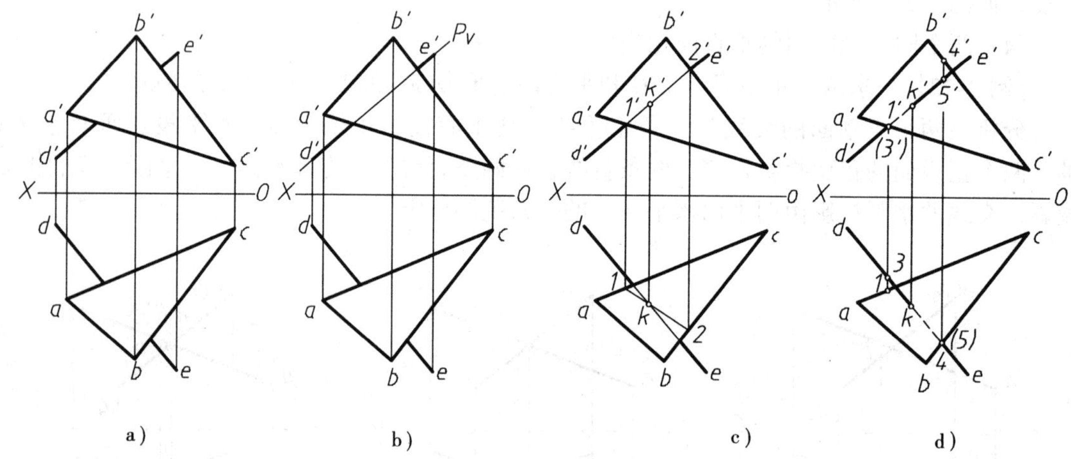

图 2-56 求一般位置直线与一般位置平面的交点

作图

1) 过 *DE* 作正垂面 *P*，P_V 与 $d'e'$ 重合，如图 2-56b 所示。

2) 求正垂面 *P* 与△*ABC* 的交线Ⅰ Ⅱ（12，1′2′）。P_V 与 $a'c'$ 的交点为 1′，与 $b'c'$ 的交点为 2′，然后在 *ac*、*bc* 上投影得到 1、2，如图 2-56c 所示。

3) 求交线Ⅰ Ⅱ 与直线 *DE* 的交点 *K*（*k*，*k*′）。12 与 *de* 的交点为 *K* 点的水平投影 *k*，然后在 1′2′ 上投影得到 *k*′，如图 2-56c 所示。

4) 判别可见性。直线和平面在正面投影和水平投影上都有重影区域，需判别直线的可见性。在正面投影上选择 *AC* 和 *DE* 的重影点Ⅰ、Ⅲ 的投影 1′（3′），1 在 *ac* 上，1′ 可见；3 在 *de* 上，3′ 不可见，故 *k*′3′ 不可见，画成虚线，*d*′*e*′ 的其他部分可见，画成粗实线。在水平投影上选择 *BC* 和 *DE* 的重影点Ⅳ、Ⅴ 的投影 4（5），4′ 在 *b*′*c*′ 上，4 可见，5′ 在 *d*′*e*′ 上，5 不可见，故 *k*5 不可见，画成虚线，*de* 的其他部分可见，画成粗实线。如图 2-56d 所示。

(2) 两一般位置平面相交

求两个一般位置平面的交线，只需求出交线上的两点，然后连线即可。

【例 2-24】 求两个一般位置平面△*ABC* 和△*DEF* 的交线 *KL*（图 2-57a）。

分析 可以将△*DEF* 的两个边 *DE*、*DF* 作为两条一般位置的直线分别与△*ABC* 相交，利用辅助平面法分别过直线 *DE*、*DF* 作两个正垂面 *P*、*Q*，然后，求出交点 *K*、*L*，连接 *KL* 即得到两平面交线。

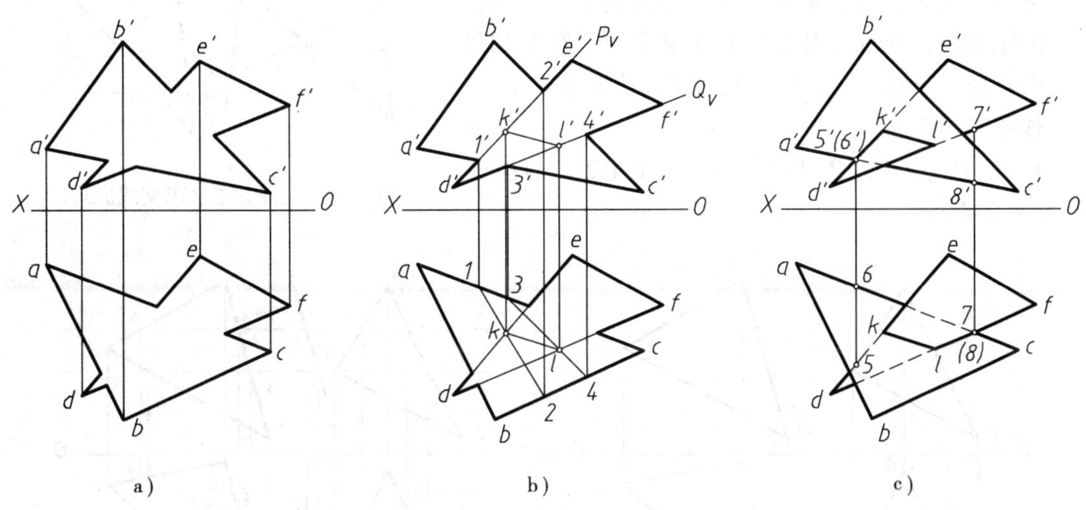

图 2-57 求两个一般位置平面的交线

作图

1）过 $d'e'$ 作 P_V，过 $d'f'$ 作 Q_V，如图 2-57b 所示。

2）P_V 与 $a'c'$ 的交点为 1′，与 $b'c'$ 的交点为 2′，然后在 *ac*、*bc* 上投影得到 1、2，*Ⅰ Ⅱ*（12，1′2′）为 *P* 与△*ABC* 的交线。Q_V 与 $a'c'$ 的交点为 3′，与 $b'c'$ 的交点为 4′，然后在 *ac*、*bc* 上投影得到 3、4，*ⅢⅣ*（34，3′4′）为 *Q* 与△*ABC* 的交线。如图 2-57b 所示。

3）12 与 *de* 的交点为 *K* 点的水平投影 *k*，然后在 1′2′ 上投影得到 *k*′，*K*（*k*，*k*′）为交线 *Ⅰ Ⅱ* 与直线 *DE* 的交点。34 与 *df* 的交点为 *L* 点的水平投影 *l*，然后在 3′4′ 上投影得到 *l*′，*L*（*l*，*l*′）为交线*ⅢⅣ* 与直线 *DF* 的交点。如图 2-57b 所示。

4）判别可见性。两平面在正面投影、水平投影上都有重影区域，需分别判别两者的可见性。在正面投影上选择 *AC* 和 *DE* 的重影点*Ⅴ*、*Ⅵ* 的投影 5′（6′），5 在 *de* 上，5′可见，6 在 *ac* 上，6′不可见，故 *k*′5′可见，即△$d'e'f'$ 在交线 $k'l'$ 的左侧可见，画成粗实线，在交线 $k'l'$ 的右侧重影区域不可见，画成虚线。△$a'b'c'$ 的可见性正好相反。在水平投影上选择 *AC* 和 *DF* 的重影点*Ⅶ*、*Ⅷ* 的投影 7（8），7′在 $d'f'$ 上，7 可见，8′在 $a'c'$ 上，8 不可见，故 *l*7 可见，即△*def* 在交线 *kl* 的右侧可见，画成粗实线，在交线 *kl* 的左侧重影区域不可见，画成虚线。△*abc* 的可见性正好相反。如图 2-57c 所示。

(3) 三面共点法求交线

图 2-58 中两平面△*ABC* 和△*DEF* 在所画的范围内不相交，此时，可以作与两个平面都相交的辅助平面 *P*，求得两条交线*Ⅰ Ⅱ*、*ⅢⅣ*。这两条交线都在平面 *P* 上，它们必相交，

交点为 K。点 K 为三个平面所共有，必定是△ABC 和△DEF 的共有点，即两平面交线上的一点。同样，再作第二个辅助平面 Q，求出两面共有点 L，连线 KL 即为所求的两面交线。为了简便，一般采用投影面平行面作为辅助平面。

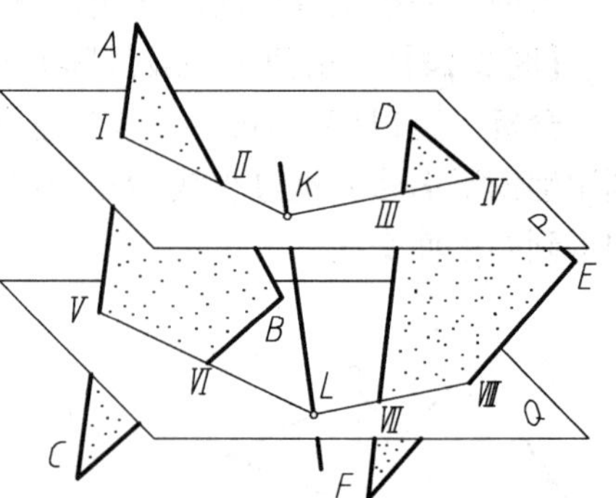

图 2-58　三面共点法求交线原理

【例 2-25】　求两个一般位置平面△ABC 和△DEF 的交线 KL（图 2-59a）。

分析　用两个水平面 P、Q 作为辅助平面，求出 P、Q 与两个平面的两对交线ⅠⅡ和ⅤB、ⅢⅣ和ⅥⅦ，两对交线分别相交，交点的连线即为所求。

作图（图 2-59b）

1）作 $P_V // OX$，P_V 与△$a'b'c'$ 交于 $1'2'$，与△$d'e'f'$ 交于 $3'4'$；

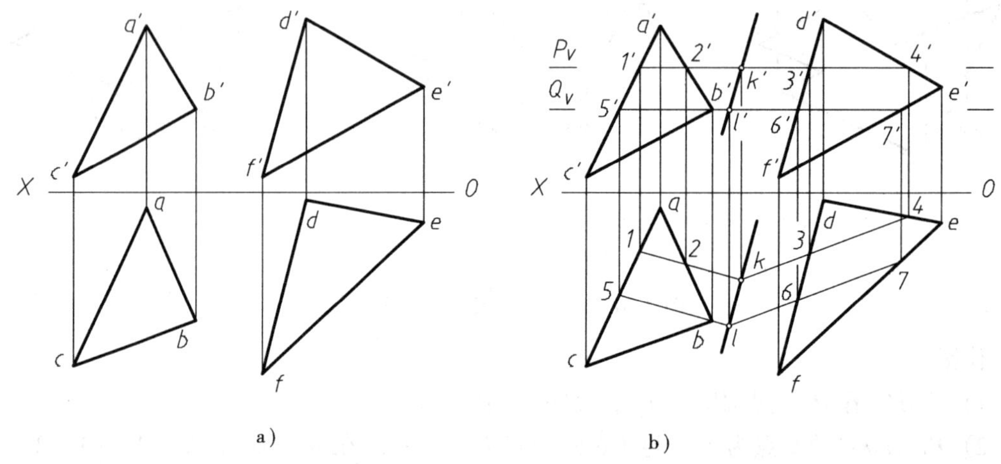

图 2-59　三面共点法求交线

2）在△abc、△def 上投影出 12、34，两线交于 k；

3）在 P_V 上投影得到 k'；

4）用同样的方法作水平面 Q，得到交线Ⅴ B（$5b$，$5'b'$）和ⅥⅦ（67，$6'7'$），两线交于点 L（l，l'）；

5）连接 KL（kl，$k'l'$）即为所求。

由于两平面△ABC 和△DEF 在所画的范围内不相交，所以，此图不必判断可见性。

2.5.3　垂直

1. 直线与平面垂直

直线：$\dfrac{x-x_1}{l}=\dfrac{y-y_1}{m}=\dfrac{z-z_1}{n}$

平面：$Ax+By+Cz+D=0$

直线与平面垂直的条件：$l:m:n=A:B:C$

（1）一般情况

直线垂直于平面，则直线垂直于平面内的任意一条直线。因此，当直线垂直于平面时，直线必定垂直于面内的正平线和水平线。如图 2-60a 所示，*AB* 是 *P* 平面上的水平线，*CD* 是 *P* 平面上的正平线，若直线 *LK* 垂直于平面 *P*，则 *LK*⊥*AB*，*LK*⊥*CD*。根据直角投影定理，这一垂直关系可以直接反映在投影图中，由此得到直线垂直平面的投影特性。

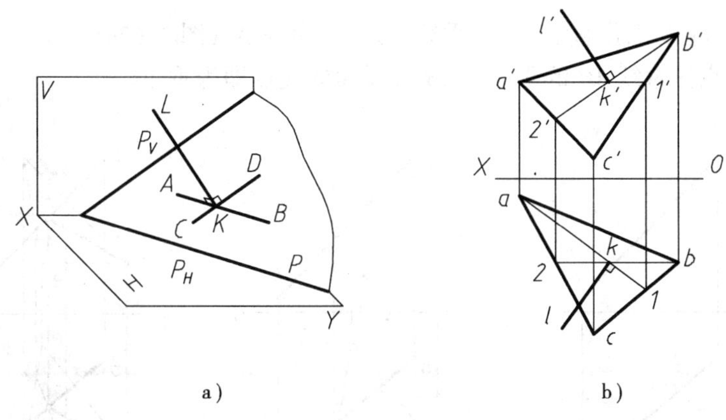

图 2-60　直线垂直于平面

若直线垂直于平面，则直线的正面投影垂直于平面内正平线的正面投影，直线的水平投影垂直于平面内水平线的水平投影；反之亦然。如图 2-60b 所示，*A*Ⅰ（*a*1，*a*′1′）为△*ABC* 平面上的水平线，*B*Ⅱ（*b*2，*b*′2′）为△*ABC* 平面上的正平线，*A*Ⅰ和 *B*Ⅱ相交于 *K*（*k*，*k*′）点。过 *k*′ 作 *k*′*l*′⊥*b*′2′，过 *k* 作 *kl*⊥*a*1，则直线 *KL*（*kl*，*k*′*l*′）垂直于△*ABC* 平面。

【例 2-26】　过 *D* 点作△*ABC* 平面的垂线 *DK*，*K* 为垂足（图 2-61a）。

分析　过 *D* 点作△*ABC* 平面的垂线 *DE*，*DE* 与△*ABC* 平面的交点即为垂足。

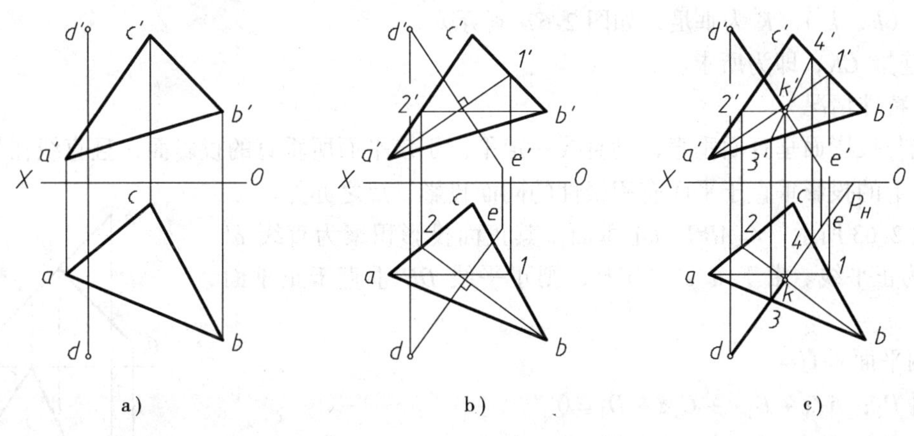

图 2-61　过平面外一点作平面的垂线

作图

1）在△*ABC* 平面上作正平线 *A*Ⅰ（*a*1，*a*′1′），水平线 *B*Ⅱ（*b*2，*b*′2′），如图 2-61b 所示；

2）作垂线 DE。过 d 作 $de \perp b2$，过 d' 作 $d'e' \perp a'1'$，E（e，e'）点为垂线上的任意一点，如图 2-61b 所示；

3）求垂足 K。过 DE 作铅垂面 P，P 与△ABC 的交线为ⅢⅣ（34，3′4′），ⅢⅣ与 DE 的交点为 K（k，k'），K 为垂足，如图 2-61c 所示。

DK 即为所求。

【例 2-27】 过 C 点作直线 AB 的垂线 CK，K 为垂足（图 2-62a）。

分析 过 C 点作直线 AB 的垂面，AB 与垂面的交点即为垂足。

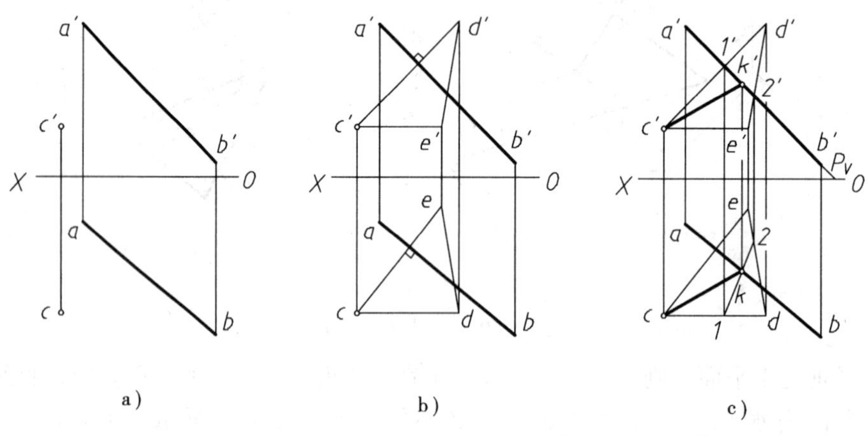

图 2-62 过直线外一点作直线的垂线

作图

1）作垂面△CDE。过 C 点作正平线 CD（cd，$c'd'$）和水平线 CE（ce，$c'e'$），其中 $ce \perp ab$，$c'd' \perp a'b'$，如图 2-62b 所示。

2）求垂足 K。过 AB 作正垂面 P，P 与△CDE 的交线为ⅠⅡ（12，1′2′），ⅠⅡ与 AB 的交点为 K（k，k'），K 为垂足，如图 2-62c 所示。

3）连接 CK，即为所求。

（2）特殊情况

直线与投影面垂直面垂直，则直线一定平行于该平面所垂直的投影面，且直线在其平行的投影面上的投影垂直于平面有积聚性的同面投影，反之亦然。

如图 2-63 所示，△ABC 为正垂面，其正面投影积聚为直线 $a'b'$，DE 为正平线。由于 $d'e' \perp a'b'$，则正平线 DE 垂直于正垂面△ABC。

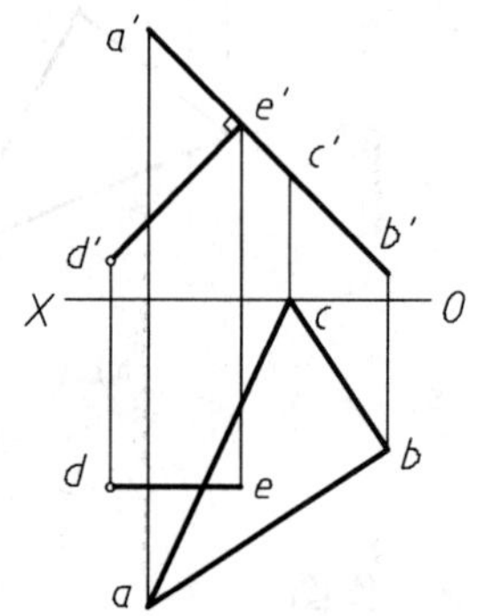

图 2-63 正平线与正垂面垂直

2. 两平面垂直

平面 P_1：$A_1x + B_1y + C_1z + D_1 = 0$

平面 P_2：$A_2x + B_2y + C_2z + D_2 = 0$

两平面垂直的条件：$A_1A_2 + B_1B_2 + C_1C_2 = 0$

（1）一般情况

两平面垂直的一般情况没有直接的投影特性，需要借助立体几何有关垂直的知识解决问题。由立体几何可知：

若两个平面互相垂直，则一个平面必包含或平行另一个平面的垂线，或者，由一个平面上的任意一点所作的另一个平面的垂线必属于该平面；反之亦然。

如图 2-64a 所示，直线 *KL* 为平面 *H* 的垂线，包含 *KL* 的平面 *P* 垂直于平面 *H*，平行 *KL* 的平面 *Q* 同样垂直于平面 *H*，过平面 *Q* 上的一点 *A* 作平面 *H* 的垂线 *AB*，直线 *AB* 属于平面 *Q*。在图 2-64b 中，从平面 *R* 上的 *C* 点作平面 *H* 的垂线 *CD*，*CD* 不属于平面 *R*，因此，平面 *R* 不垂直于平面 *H*。

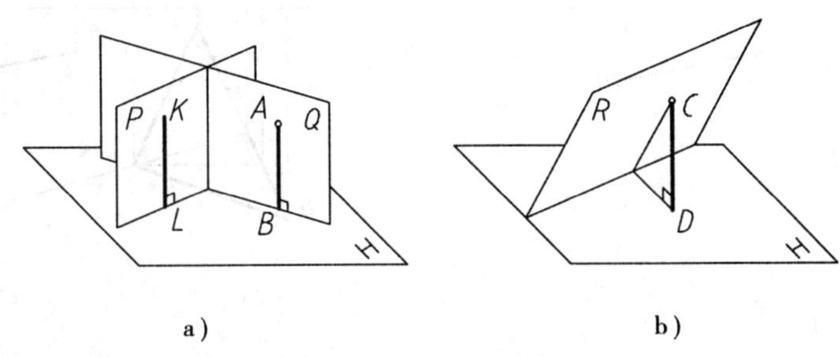

图 2-64　两平面垂直、两平面不垂直

【例 2-28】　判断两平面△*ABC* 与△*DEF* 是否垂直（图 2-65a）。

分析　过△*DEF* 平面上的任意一点作△*ABC* 平面的垂线，若此垂线属于△*DEF* 平面，则两平面垂直，若此垂线不属于△*DEF* 平面，则两平面不垂直。

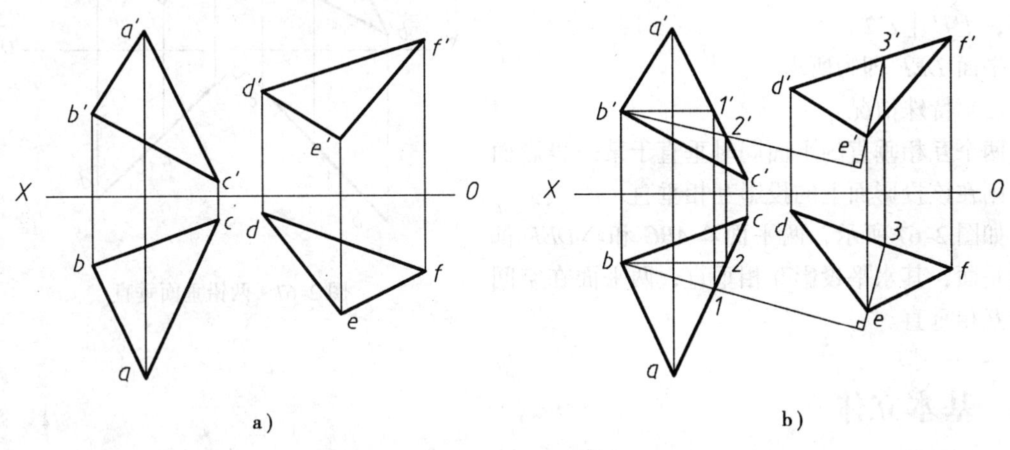

图 2-65　判断两平面是否垂直

作图（图 2-65b）

1）过 *B* 点作△*ABC* 平面内的水平线 *B* Ⅰ（*b*1，*b*′1′）和正平线 *B* Ⅱ（*b*2，*b*′2′）；

2）过 *E* 点作直线 *E* Ⅲ（*e*3，*e*′3′），其中 *e*3⊥*b*1，*e*′3′⊥*b*′2′。

由图可见，Ⅲ点在 *DF* 边上，即直线 *E* Ⅲ 属于△*DEF* 平面，因此，两平面△*ABC* 与△*DEF* 垂直。

【例 2-29】　过直线 *DE* 作一个平面与平面△*ABC* 垂直（图 2-66a）。

分析　所求平面可以由两条相交直线构成，一条为已知直线 *DE*，另一条为平面△*ABC* 的垂线 *DF*。

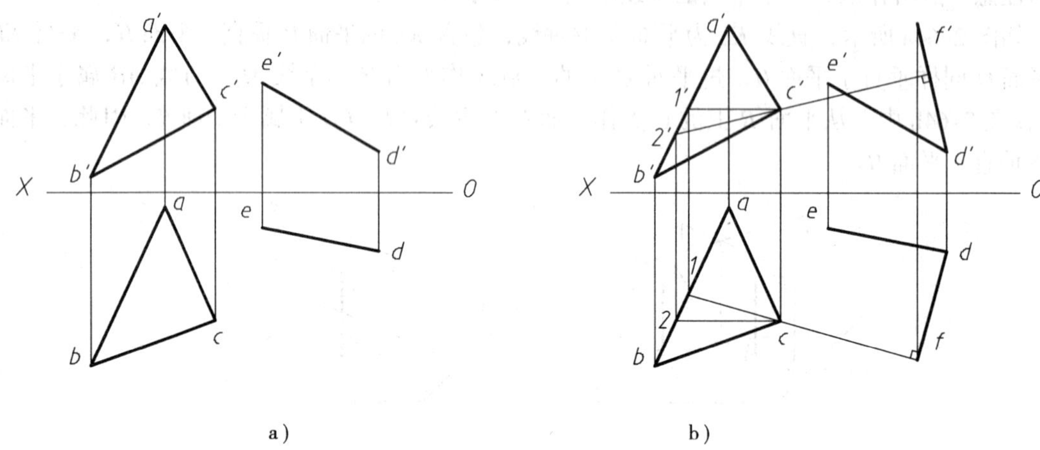

图 2-66　过直线作平面与已知平面垂直

作图（图 2-66b）

1）过 C 点作△ABC 平面内的水平线 $C\,I$（$c1$，$c'1'$）和正平线 $C\,II$（$c2$，$c'2'$）；

2）过 D 点作直线 DF（df，$d'f'$），其中 $df \perp c1$，$d'f' \perp c'2'$。

平面 DEF 即为所求。

（2）特殊情况

两个互相垂直的平面同时垂直于某一投影面时，则在该投影面上的投影互相垂直。

如图 2-67 所示，两平面△ABC 和△DEF 都是铅垂面，其水平投影互相垂直，两平面在空间同样互相垂直。

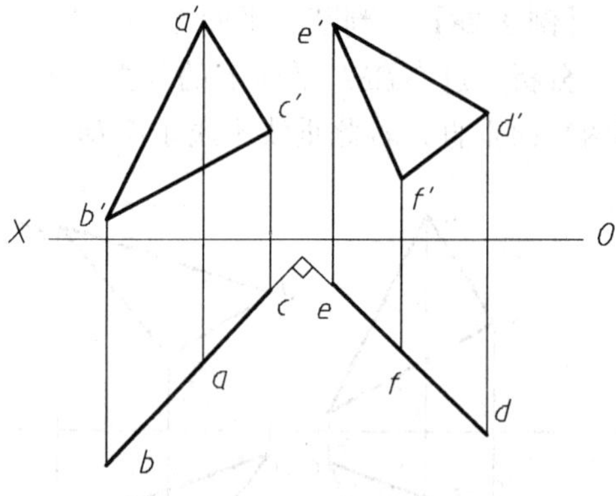

图 2-67　两铅垂面垂直

2.6　基本立体

立体按其表面的几何性质分为平面立体和曲面立体。表面由若干平面构成的立体称为平面立体；表面由曲面或由曲面与平面构成的立体称为曲面立体。表面曲面是回转面的曲面立体称为回转体。

常见的基本立体有棱柱、棱锥等平面立体及圆柱、圆锥、圆球、圆环等回转体。基本立体是构成复杂形体的基本单元。本节研究基本立体的三面投影及立体表面取点、取线等问题。从本节开始，绘制三面投影图时不再画出投影轴。

2.6.1　平面立体

构成平面立体表面的都是平面，相邻平面的交线形成平面立体的棱线或边线，相邻棱线或边线的交点形成平面立体的顶点。平面立体的投影就是立体表面上所有平面、棱线和边线的投影。注意将可见棱线和边线的投影画成粗实线，不可见棱线和边线的投影画成虚线，它们重影时只画可见棱线和边线的投影。

1. 棱柱

(1) 棱柱的表面分析

棱柱表面由若干个棱面和两个端面构成。相邻的棱面相交，形成棱线。棱柱的棱线互相平行。

(2) 棱柱的投影

【例 2-30】 画出图 2-68a 所示的正六棱柱的投影。

分析 正六棱柱有六个矩形棱面、两个正六边形端面。图中正六棱柱的前后两个棱面为正平面，其余四个棱面为铅垂面，两个端面为水平面。

正六棱柱有六条棱线，分别连接两个端面的对应顶点。图中正六棱柱的六条棱线（如 *AB*、*DC*）均为铅垂线。棱面与端面相交形成边线，上、下端面的前后边线（如 *DE*）为侧垂线，其余的边线（如 *AD*、*BC*）均为水平线。

作图

1）按投影规律用点画线、细实线画出棱柱三个方向基准面的投影，确定三个投影的位置。基准面一般选择立体的对称面或端面，图示正六棱柱前后、左右对称，对称面为正平面和侧平面，分别定为前后方向、左右方向的基准面，上下方向的基准面选择在下端面，三个基准面的投影如图 2-68b 所示。

2）画出棱柱端面的投影。此例中端面为水平面，其水平投影反映正六边形实形，故先画出水平投影，上下两个端面重影；两端面的正面投影和侧面投影分别积聚为直线段，注意两个投影中的线段长度不同，如图 2-68c 所示。

3）画出棱线的投影，完成棱柱的投影。此正六棱柱的六条棱线均为铅垂线，它们的水平投影积聚在正六边形的六个顶点上，由水平投影和铅垂线的特性可以画出六条棱线的正面投影和侧面投影，均反映棱线的实长，如图 2-68d 所示。

在正六棱柱的投影中，水平投影六边形表示端面的实形投影，其六条边还表示六个棱面积聚的投影；正面投影正中的矩形反映前后两个棱面的实形，这两个棱面的侧面投影积聚为两个直线段；正面投影两侧的矩形和侧面投影的两个矩形分别为其余四个棱面的投影，但不反映棱面的实形。

(3) 棱柱表面取点

立体表面取点即已知立体表面上点的一个投影，求该点的另外两个投影。平面立体的表面由平面构成，因此，平面立体表面取点的方法与平面上求点的方法相同。

【例 2-31】 在图 2-68d 中，已知正六棱柱表面 *M* 点的正面投影 m' 和 *N* 点的水平投影 *n*，求这两点其余的投影。

分析 此例中构成棱柱表面的平面都有积聚性，可以利用积聚性直接求解。

m' 可见并在左侧矩形 $a'b'c'd'$ 之中，因此，*M* 点一定在左前侧的棱面 *ABCD* 上，如图 2-68a 所示。该棱面水平投影积聚，由 m' 可以直接求出 *M* 点的水平投影，然后再利用点投影二求三的作法求出 *M* 点的侧面投影。

N 点的水平投影 *n* 可见并在正六边形之中，故 *N* 点必处于上端面，端面的正面投影和侧面投影都积聚，可以直接求出 *N* 点的另两个投影。

作图（图 2-68e）

1）在水平投影中，由 m' 在 a（b）c（d）上投影得到 m；在侧面投影中，由 m 和 m' 求出 m''。

2）由 n 在上端面积聚的正面投影和侧面投影上直接求出 n'、n''。

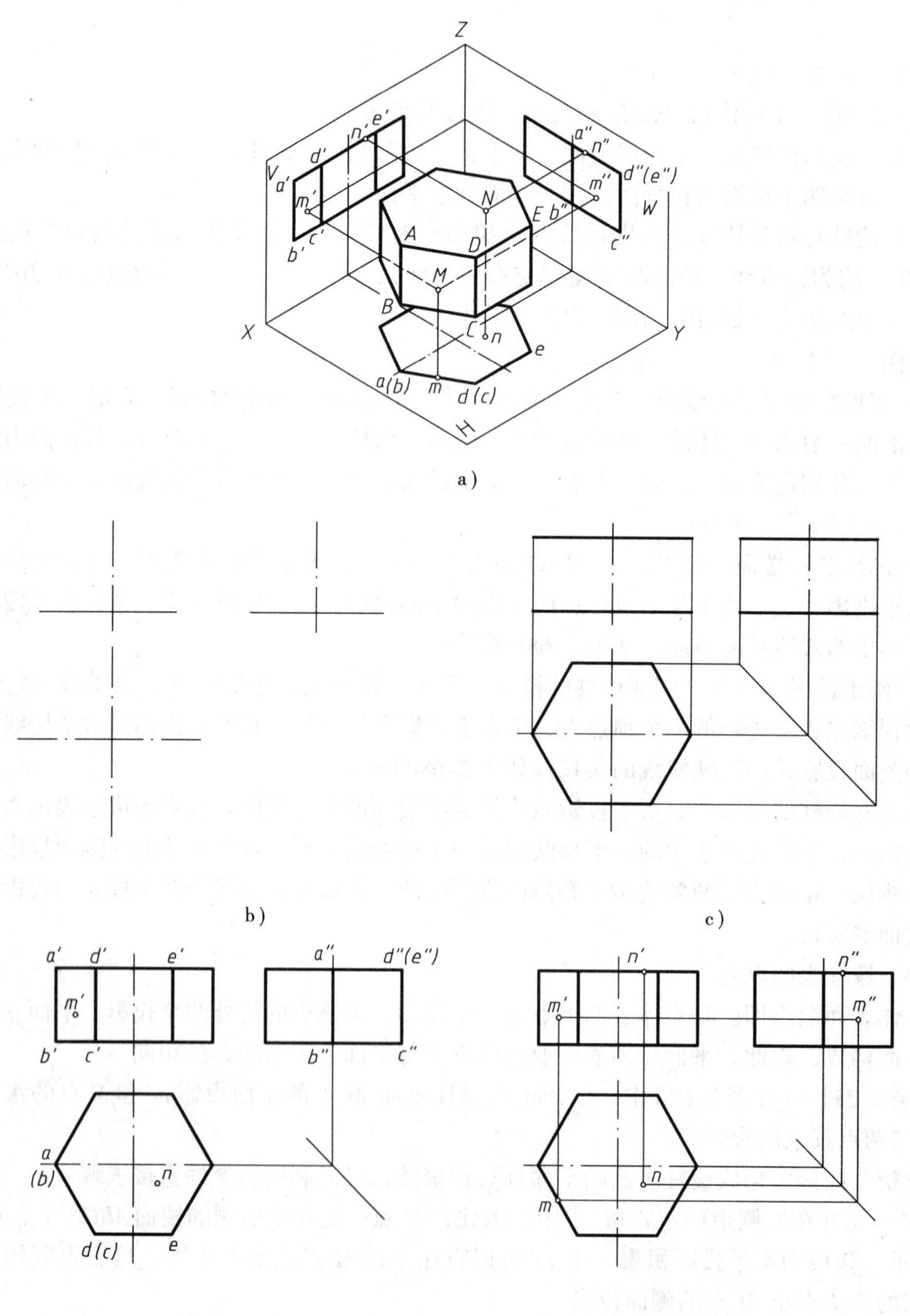

图 2-68　六棱柱的三面投影及表面取点

2．棱锥

（1）棱锥的表面分析

棱锥的表面由若干个棱面和一个底面构成。相邻的棱面相交形成棱线，棱锥的棱线交于一点——锥顶。

（2）棱锥的投影

【例 2-32】 画出图 2-69a 所示的正三棱锥的投影。

分析 三棱锥有三个三角形棱面、一个三角形底面。图中正三棱锥的底面 *ABC* 为水平面，后侧棱面 *SAC* 为侧垂面，其余两个棱面为一般位置平面。

三棱锥有三条棱线，*SA*、*SC* 为一般位置直线，*SB* 为侧平线。棱面与底面相交形成边线，底边 *AB*、*BC* 为水平线，*CA* 为侧垂线。

作图

1）按投影规律用点画线、细实线画出棱锥基准面的投影，确定三个投影的位置。图示三棱锥左右对称，对称面为侧平面，定为左右方向的基准面；该三棱锥上下、前后均不对称，定底面为上下方向的基准面，锥顶所在正平面为前后方向的基准面，如图 2-69b 所示。

2）画出棱锥底面和顶点的投影。此例中底面为水平面，其水平投影反映正三角形实形，故先画出水平投影；底面的正面投影和侧面投影分别积聚为直线段，注意两个投影中的线段长度不同，如图 2-69c 所示。

3）画出棱线的投影，完成棱锥的投影。在三个投影中分别连接锥顶与底面三角形的三个顶点即成，画棱线时注意其可见性，如图 2-69d 所示。

在三棱锥的投影中，水平投影△*abc* 反映底面实形，其三条边 *ab*、*bc*、*ca* 反映底边实长；侧面投影 $s''b''$反映前侧棱线 *SB* 的实长，$s''a''$（c''）为后侧棱面 *SAC* 的积聚性投影，也是后侧两条棱线 *SA*、*SC* 重合的侧面投影，a''（c''）为后侧底边 *AC* 的积聚性投影，三角形 $s''a''$（c''）b''为两侧棱面 *SAB*、*SBC* 重合的侧面投影。

（3）棱锥表面取点

构成棱锥表面的既有特殊位置平面，又有一般位置平面。特殊位置平面上求点可以利用积聚性直接求解，一般位置平面上求点则必须利用辅助线。

从理论上讲，过所求点的已知投影在平面上可以任意作辅助线，但对于棱锥的棱面上取点建议用以下两种方法作辅助线：

1）过锥顶点作辅助线，即过所求点的已知投影与锥顶点的同面投影相连作辅助线。

2）平行于锥底边作辅助线，即过所求点的已知投影平行于所在棱面上的锥底边的同面投影作辅助线。

【例 2-33】 在图 2-69d 中，已知正三棱锥表面 *M* 点的正面投影 m' 和 *N* 点的水平投影 *n*，求这两点其余的投影。

分析 从图判断，m' 可见并在左侧三角形 $s'a'b'$ 之中，因此，*M* 点一定在左前侧的棱面 *SAB* 上，如图 2-69d 所示。此棱面是一般位置平面，需做辅助线求解。图中 *S Ⅰ* 是过锥顶点 *S* 作的辅助线，*ⅡⅢ* 是平行于左前侧的棱面上的底边 *AB* 作的辅助线。利用辅助线先求出水平投影，然后再用点的二求三的方法求出侧面投影。两种方法结果相同。

N 点的水平投影 *n* 可见并在三角形 *sac* 之中，故 *N* 点必处于后侧棱面 *SAC* 上，如图 2-69d 所示。后侧棱面的侧面投影积聚，可以先直接求出 *N* 点的侧面投影，然后再用点的二求

三的方法求出正面投影。

作图（图 2-69e）

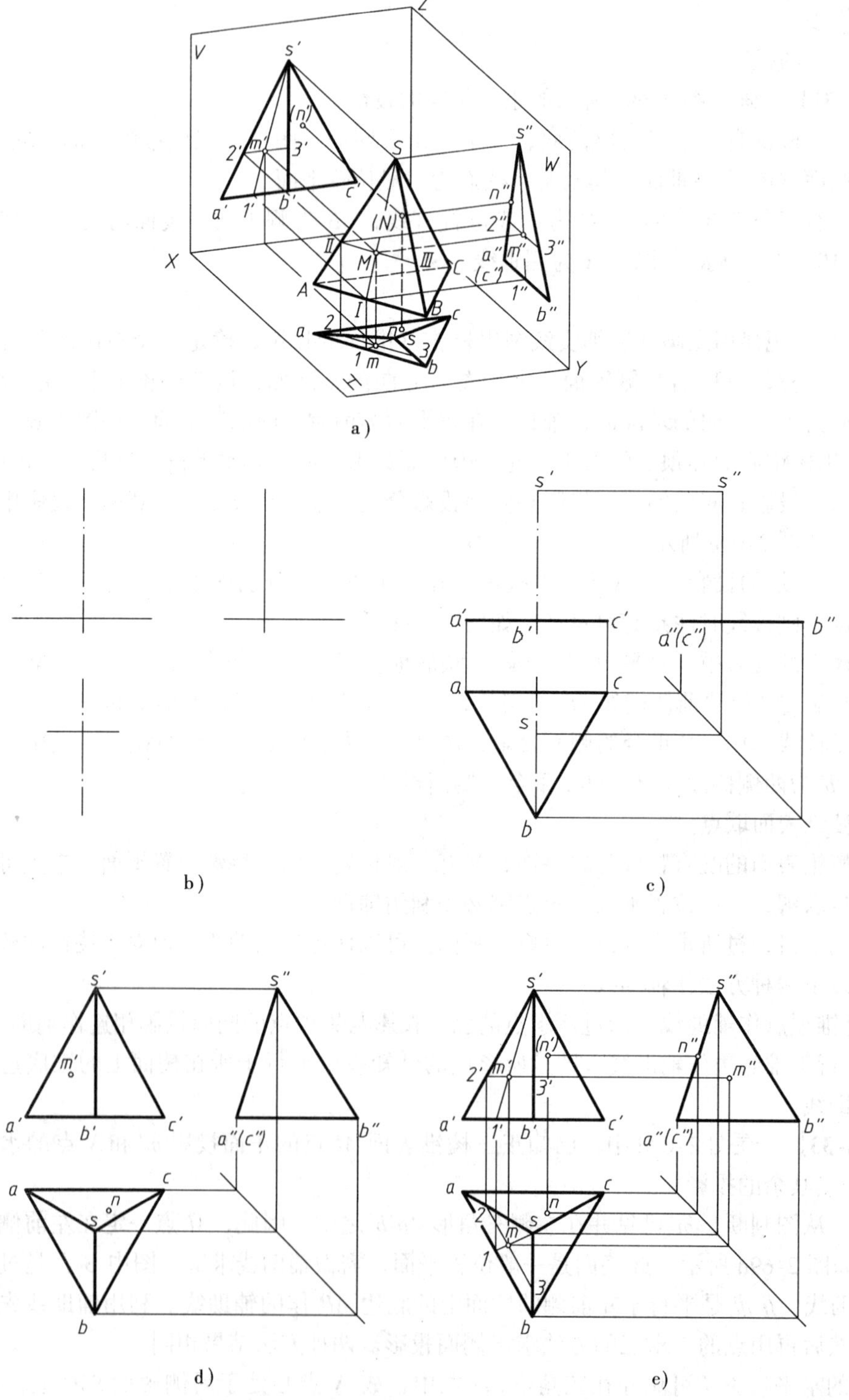

图 2-69　三棱锥的三面投影及表面取点

1）过锥顶点作辅助线求 m。在正面投影中，过 s' 和 m' 作辅助线 $s'1'$；在水平投影中，投影出 $s1$，在 $s1$ 上求出 m。

2）平行于锥底边作辅助线求 m。在正面投影中，过 m' 作辅助线 $2'3' /\!/ a'b'$；在水平投影中，投影出 23，在 23 上求出 m。

3）在侧面投影中，由 m 和 m' 求出 m''。

4）在侧面投影中，由 n 在 $s''a''$（c''）上投影得到 n''；在正面投影中，由 n 和 n'' 求出 n'，n' 不可见。

2.6.2 回转体

一线段绕轴线旋转形成回转面。这条线段称为母线，母线在回转面上的每一个位置称为素线。

回转体的表面由回转面与平面构成（如圆柱、圆锥等）或只由回转面构成（如圆球、圆环等）。回转体的投影就是构成回转体表面的回转面和平面的投影。因为回转面是光滑曲面，其特定方向的投影用该投射方向转向线的投影表示。

某投射方向的转向线是该方向投射线与回转面切点的集合，因此，转向线与投射方向有关，不同的投射方向的转向线是回转面上不同部位的线。某投射方向的转向线是该投射方向回转体表面可见部分与不可见部分的分界线。为了简便，以下将水平投射转向线称为水平转向线，正面投射转向线称为正面转向线，侧面投射转向线称为侧面转向线。

1. 圆柱

(1) 圆柱的表面分析

如图 2-70a 所示，以直线 AB 为母线，绕与母线平行的轴线 OO 回转一周形成的回转面称为圆柱面。

圆柱的表面由圆柱面和两端平面构成。

(2) 圆柱的投影

【例 2-34】 画出图 2-70b 所示的圆柱的投影。

分析 图中圆柱面的轴线为侧垂线，圆柱面垂直于 W 面，圆柱的两个端面为侧平面。

作图

1）按投影规律用点画线、细实线画出圆柱的基准线，确定三个投影的位置，如图 2-70c 所示。

2）画出圆柱端面的投影。端面的侧面投影反映端面圆的实形，故先画出其侧面投影，左右两个端面重影；两端面的正面投影和水平投影分别积聚为直线段，两个投影中的线段长度相同，为端面圆的直径，如图 2-70d 所示。

3）画出圆柱面的投影，完成圆柱的投影。圆柱面的侧面投影积聚为圆周，与端面侧面投影的圆周重合。圆柱面的最上及最下素线 AA、BB 是正面转向线，其正面投影为 $a'a'$、$b'b'$，用粗实线画出，圆柱面的正面投影为 $a'a'$、$b'b'$ 之间的部分；圆柱面最前及最后的素线 CC、DD 是水平转向线，其水平投影为 cc、dd，用粗实线画出，圆柱面的水平投影为 cc、dd 之间的部分，如图 2-70e 所示。

注意，圆柱面的正面转向线 AA、BB 不再是水平转向线，其水平投影 aa、bb 处于轴线投影位置，不画出；圆柱面的水平转向线 CC、DD 也不再是正面转向线，其正面投影 $c'c'$、$d'd'$ 同样处于轴线投影位置，不再画出。

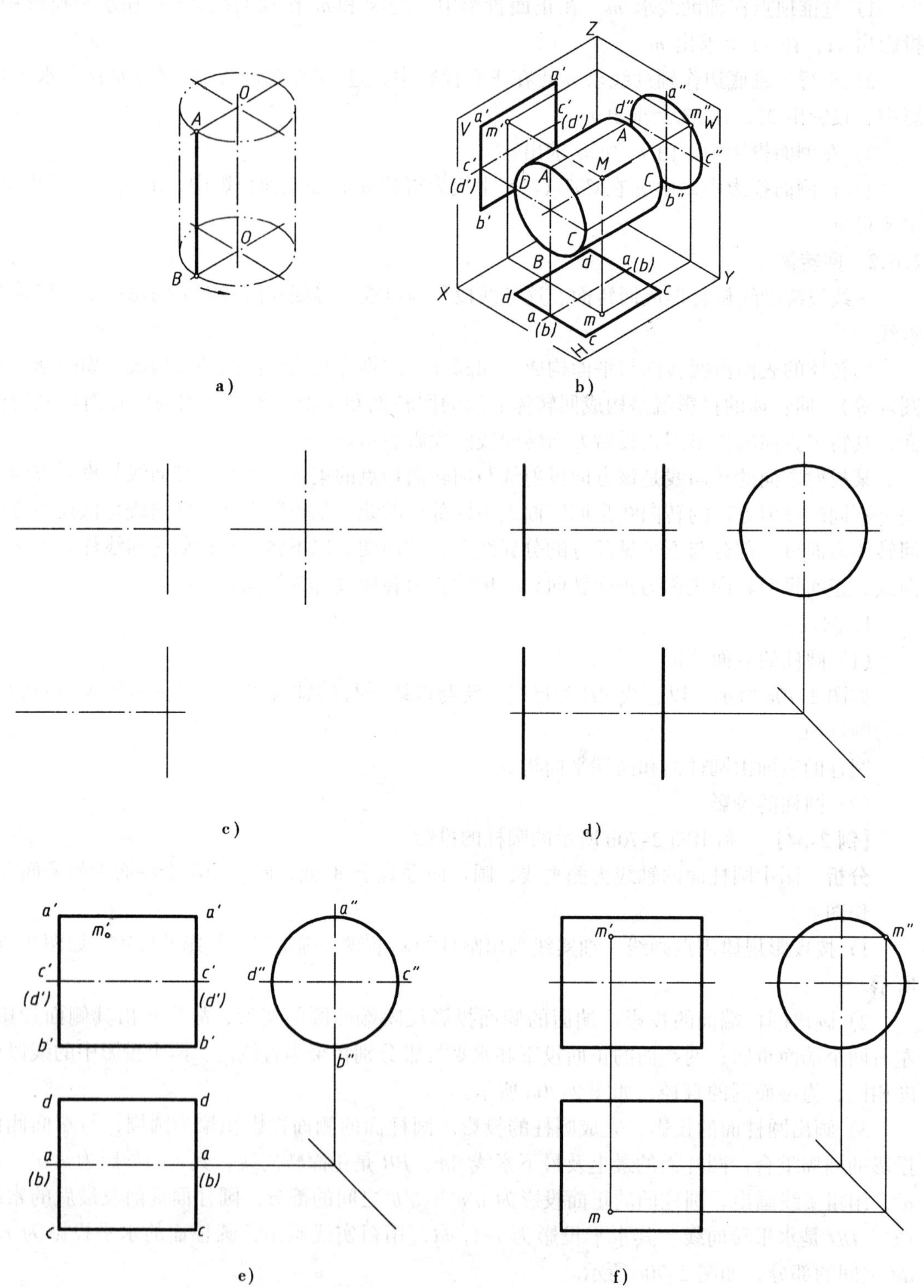

图 2-70　圆柱面的形成、圆柱的三面投影及表面取点

在圆柱的正面投影中，以正面转向线的投影 $a'a'$ 、$b'b'$ 为界，前半个圆柱面可见，后半个圆柱面不可见；在圆柱的水平投影中，以水平转向线的投影 cc、dd 为界，上半个圆柱面可见，下半个圆柱面不可见。

(3) 圆柱表面取点、取线

【例 2-35】 在图 2-70e 中，已知圆柱表面 M 点的正面投影 m'，求该点其余的投影。

分析 图中的圆柱面及端面都有积聚性，可以利用积聚性直接求解。由于圆柱面转向线的投影是已知的，所以转向线上点的投影可以直接求出。

从图判断，m' 可见并在矩形的上半部分中，故 M 点必在圆柱面的上前部分，同时不属于圆柱面转向线的投影，是圆柱面上的一般位置点。圆柱面侧面投影积聚，由 m' 可以直接求出 M 点的侧面投影，然后再利用二求三的作法求出 M 点的水平投影。

作图（图 2-70f）

1）在圆柱面侧面投影的圆周上求出 m''，注意 m'' 在圆周的右侧；

2）由 m' 、m'' 求出 m。

【例 2-36】 在图 2-71a 中，已知圆柱表面上线段 AD 和 DF 的正面投影 $a'd'$ 、$d'f'$，求两线段其余的投影。

分析 由图可知，线段 AD 和 DF 均处于圆柱面上，AD 和 DF 的侧面投影积聚在圆柱面侧面投影的圆周上。为了画出水平投影 ad、df，可以在 $a'd'$ 、$d'f'$ 上的适当位置选取若干个点，依次先求出这些点的的投影，然后连线即可。

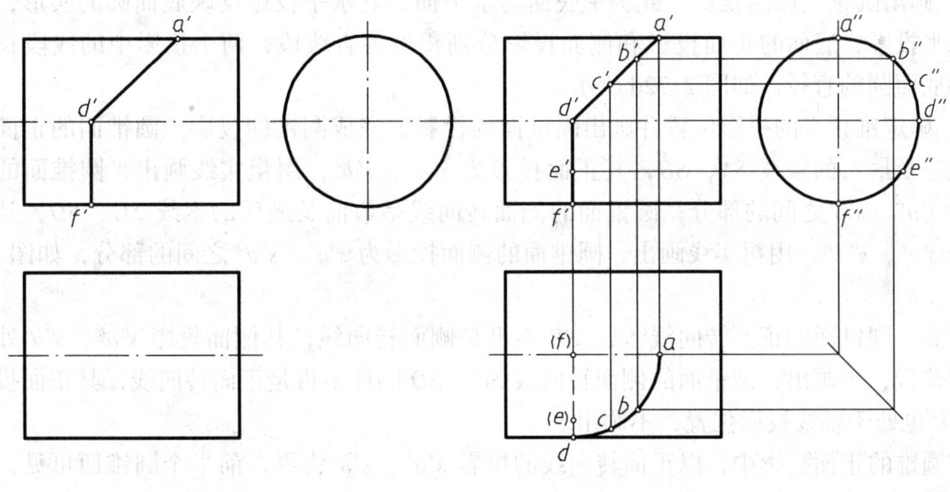

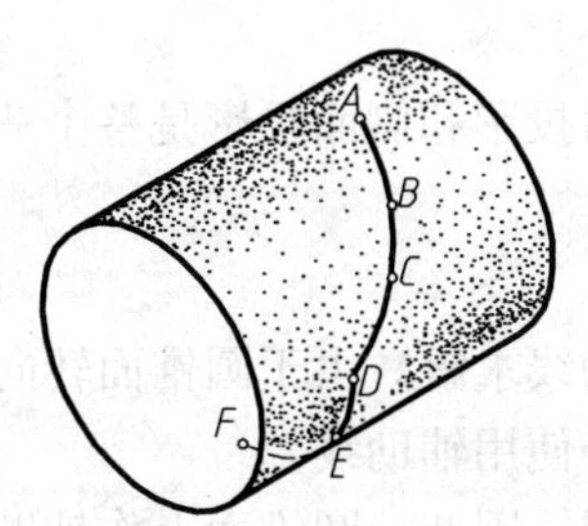

图 2-71 圆柱表面取线

作图（图 2-71b）

1）求点。在 $a'd'$ 上的适当位置选取两点 b'、c'，在 $d'f'$ 上的适当位置选取一点 e'。在圆柱面侧面投影的圆周上投影求出 a''、b''、c''、d''、e''、f''。由这些点的正面投影和侧面投影求出其水平投影 a、b、c、d、(e)、(f)。点 A、F 在正面转向线上，D 在水平转向线上，要特别注意它们的水平投影位置。

2）连线。D 在水平转向线上，以 D 为界，AD 处于圆柱面上部，其水平投影可见，将 a-b-c-d 连成粗实线，DF 处于圆柱面下部，其水平投影不可见，将 d-(e)-(f) 连成虚线。

2. 圆锥

(1) 圆锥的表面分析

如图 2-72a 所示，以直线 AB 为母线，绕与母线相交的轴线 OO 回转一周形成的面称为圆锥面。

圆锥的表面由圆锥面和锥底平面构成。

(2) 圆锥的投影

【例 2-37】 画出图 2-72b 所示的圆锥的投影。

分析 图中圆锥的轴线为铅垂线，圆锥的底面为水平面。

作图

1）按投影规律用点画线、细实线画出圆锥的基准线，确定三个投影的位置，如图 2-72c 所示。

2）画出圆锥底面的投影。此例中底面为水平面，其水平投影反映底面圆的实形，故先画出水平投影，底面的正面投影和侧面投影分别积聚为直线段，两个投影中的线段长度相同，为底面圆的直径，如图 2-72d 所示。

3）确定锥顶点的投影位置并画出圆锥面的投影，完成圆锥的投影。圆锥面的正面转向线是最左及最右的素线 SA、SB，其正面投影为 $s'a'$、$s'b'$，用粗实线画出，圆锥面的正面投影为 $s'a'$、$s'b'$之间的部分；圆锥面的侧面转向线是最前及最后的素线 SC、SD，其侧面投影为 $s''c''$、$s''d''$，用粗实线画出，圆锥面的侧面投影为 $s''c''$、$s''d''$之间的部分，如图 2-72e 所示。

注意，圆锥面的正面转向线 SA、SB 不再是侧面转向线，其侧面投影 $s''a''$、$s''b''$处于轴线投影位置，不画出；圆锥面的侧面转向线 SC、SD 同样不再是正面转向线，其正面投影 $s'c'$、$s'd'$ 也处于轴线投影位置，不画出。

在圆锥的正面投影中，以正面转向线的投影 $s'a'$、$s'b'$ 为界，前半个圆锥面可见，后半个圆锥面不可见；在圆锥的侧面投影中，以侧面转向线的投影 $s''c''$、$s''d''$为界，左半个圆锥面可见，右半个圆锥面不可见。

圆锥面没有积聚性，圆锥面的正面投影和侧面投影是整个三角形平面，圆锥面的水平投影是整个圆形平面。

(3) 圆锥表面取点、取线

圆锥面没有积聚性，必须利用辅助线求解。由于圆锥面转向线的投影是已知的，所以转向线上的点其投影可以直接求出，不必使用辅助线。

辅助线必须是简单易画的直线或圆，因此，圆锥面上作辅助线有以下两种方法：

1）辅助素线法：过锥顶作辅助素线。

2）辅助圆法：平行于锥底圆（或垂直回转轴）作辅助圆。

【例 2-38】 在图 2-72e 中，已知圆锥表面 M 点的正面投影 m'，求该点其余的投影。

分析 从图判断，m'可见并在三角形的左半部分，故 M 点必在左前部分圆锥面上，同

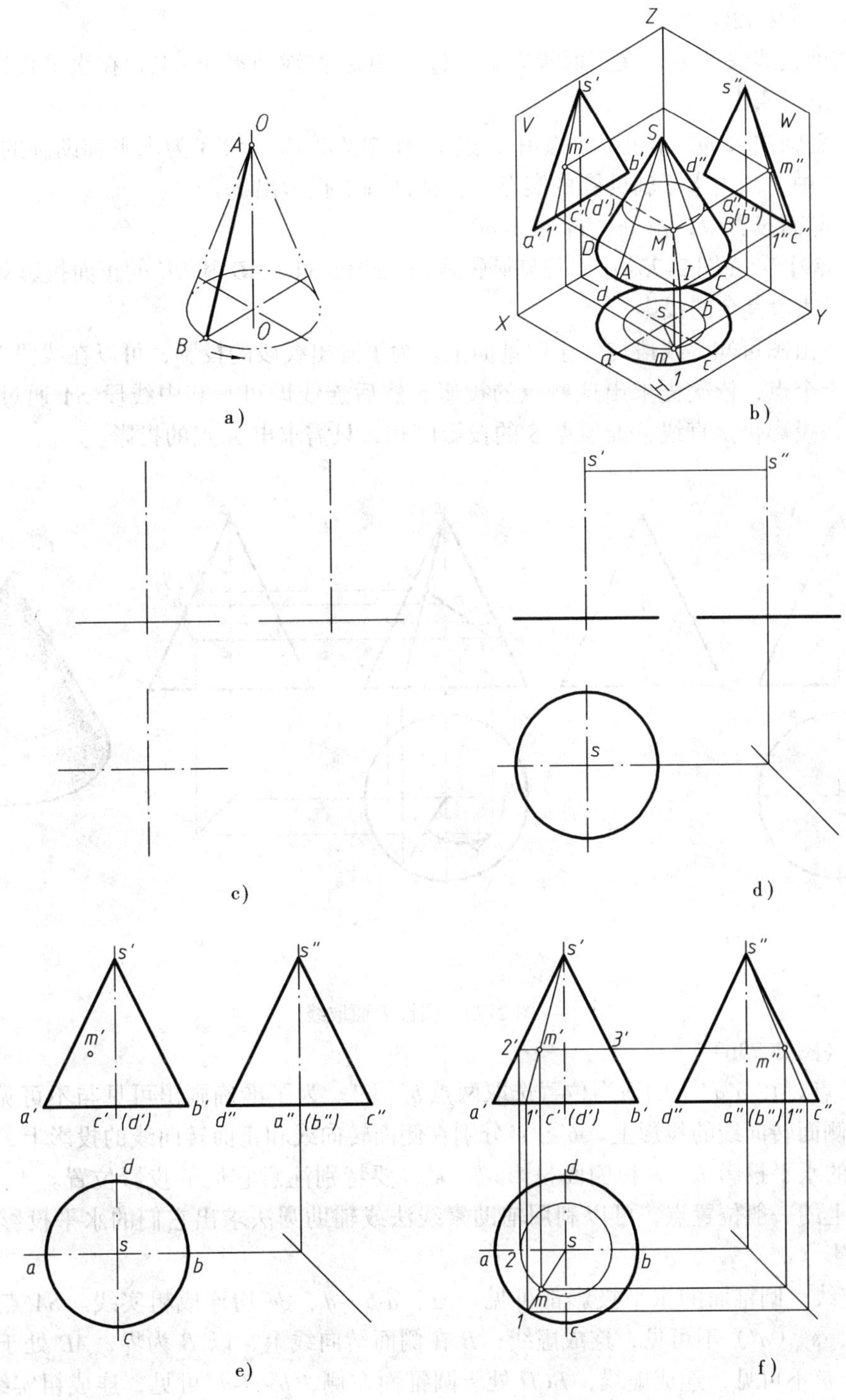

图 2-72 圆锥面的形成、圆锥的三面投影及表面取点

时不属于圆锥转向线的投影，是圆锥面上的一般位置点。过 M 可以作辅助素线 $SⅠ$，也可以作辅助圆（此时为水平圆），要特别注意辅助素线的水平投影位置及辅助圆的水平投影半径。利用辅助线先求出水平投影，然后再用点的二求三的方法求出侧面投影。两种方法结果相同。

作图（图 2-72f）

1）辅助素线法求 m。在正面投影中，过 s' 和 m' 作辅助素线 $s'1'$，在水平投影中，求出 $s1$，在 $s1$ 上投影出 m。

2）辅助圆法求 m。在正面投影中，过 m' 作 $2'3' // a'b'$，$2'3'$ 为水平辅助圆的正面投影，在水平投影中，画出水平辅助圆的实形，在辅助圆上投影出 m。

3）在侧面投影中，由 m、m' 求出 m''。

【例 2-39】 在图 2-73a 中，已知圆锥表面上线段 SA、AD 和 DE 的正面投影 $s'a'$、$a'd'$、$d'e'$，求三线段其余的投影。

分析 由图可知，线段均处于圆锥面上。为了画出线段的投影，可以在线段上的适当位置选取若干个点，依次先求出这些点的投影，然后连线即可。其中线段 SA 通过锥顶点 S，是直线段，投影仍是直线，锥顶点 S 的投影已知，只需求出 A 点的投影。

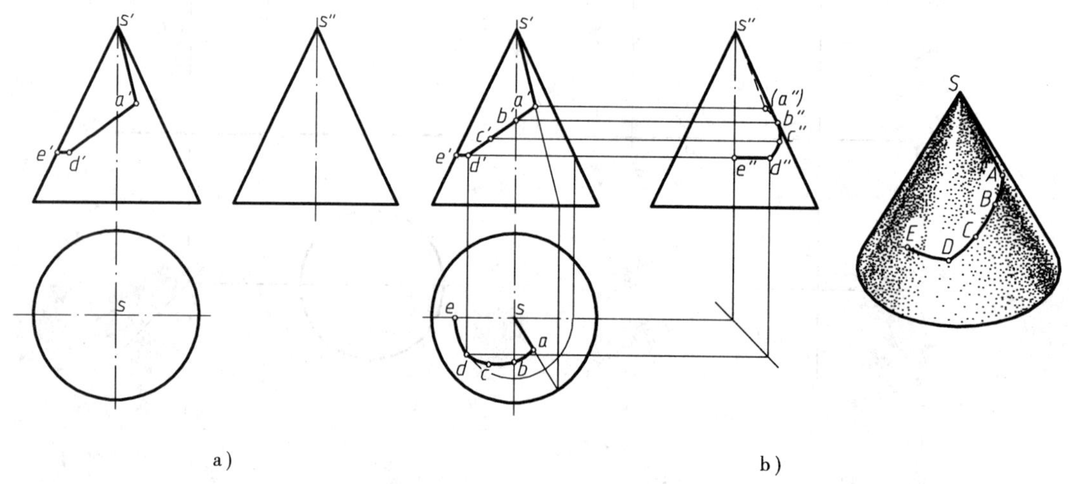

图 2-73 圆锥表面取线

作图（图 2-73b）

1）求点。在 $a'd'$ 上的适当位置选取两点 b'、c'。为了准确画出可见与不可见部分，b' 必须取在侧面转向线的投影上。b'、e' 分别在侧面转向线和正面转向线的投影上，可以直接求出它们的水平投影 b、e 和侧面投影 b''、e''，要特别注意它们的投影位置。A、C、D 均为圆锥面上的一般位置点，可以利用辅助素线法或辅助圆法求出它们的水平投影 a、c、d 和侧面投影（a''）、c''、d''。

2）连线。圆锥面的水平投影都可见，sa、a-b-c-d、de 均连成粗实线。SA 点处于圆锥面的右侧，s''（a''）不可见，连成虚线；B 在侧面转向线上，以 B 为界，AB 处于圆锥面右侧，（a''）b'' 不可见，连成虚线，BCD 处于圆锥面左侧，b''-c''-d'' 可见，连成粗实线；DE 处于圆锥面左侧，$d''e''$ 可见，连成粗实线。

3. 圆球

(1) 圆球的表面分析

如图 2-74a 所示，以半圆 *JKL* 为母线，绕其直径 *JL* 所在轴线 *OO* 回转一周形成的面称为圆球面。

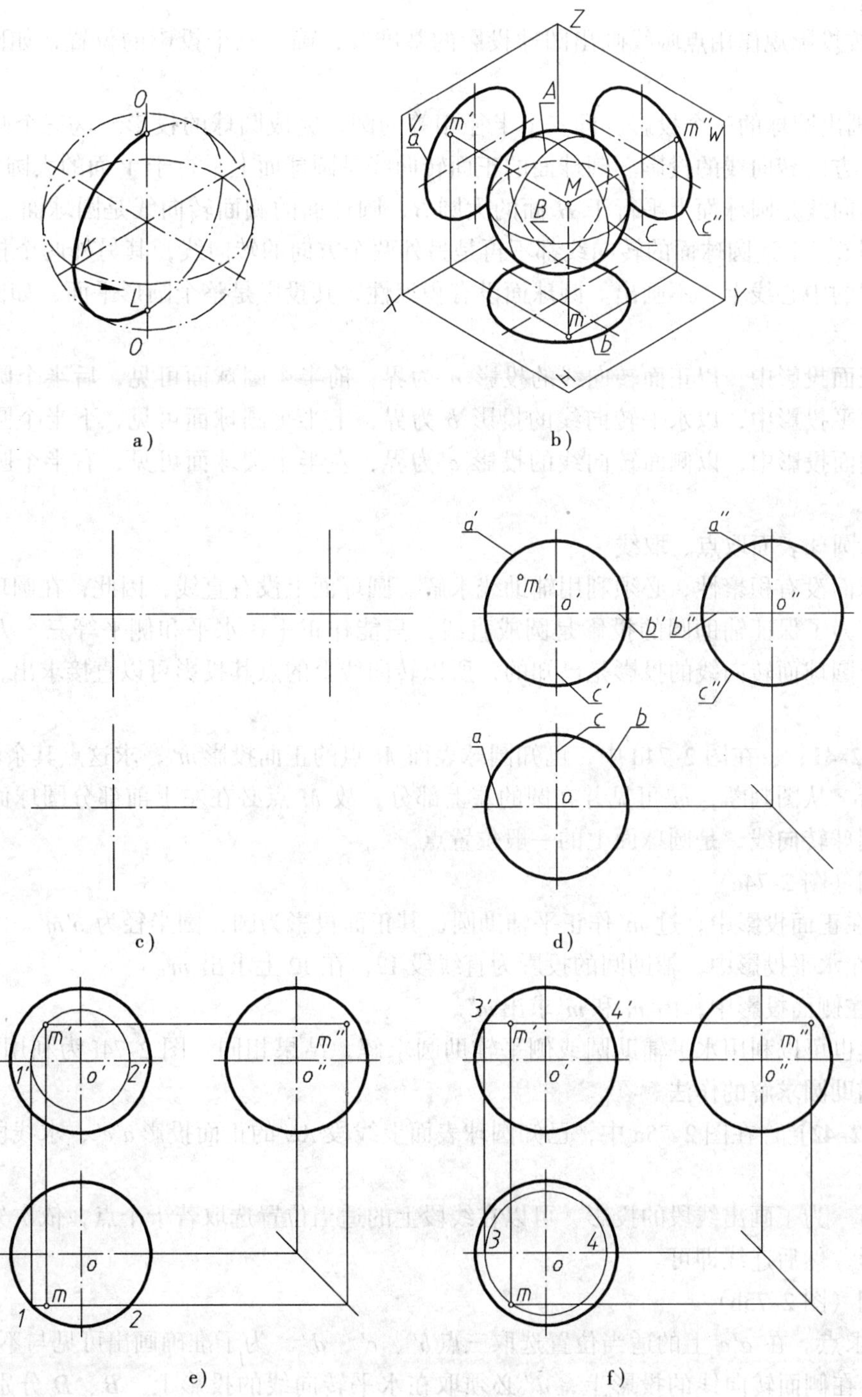

图 2-74　圆球面的形成、圆球的三面投影及表面取点

圆球的表面是圆球面。

(2) 圆球的投影

【例 2-40】 画出图 2-74b 所示的圆球的投影。

分析 圆球任何一个方向的投影都是圆，圆的半径与圆球的半径相同。

作图

1) 按投影规律用点画线画出圆球投影的基准线，确定三个投影的位置，如图 2-74c 所示。

2) 画出圆球的三个投影，即三个半径相等的圆，完成圆球的投影。这三个圆分别是圆球面三个方向转向线的投影。圆球面的正面转向线是圆球面上平行于 V 面的大圆 A，圆球面的水平转向线是圆球面上平行于 H 面的大圆 B，圆球面的侧面转向线是圆球面上平行于 W 面的大圆 C。上述圆球面的转向线都不再是另外两个方向的转向线，其另外两个投影都处于相应的圆的中心线上，不画出。圆球面没有积聚性，其投影是整个圆形平面，如图 2-74d 所示。

在正面投影中，以正面转向线的投影 a' 为界，前半个圆球面可见，后半个圆球面不可见；在水平投影中，以水平转向线的投影 b 为界，上半个圆球面可见，下半个圆球面不可见；在侧面投影中，以侧面转向线的投影 c'' 为界，左半个圆球面可见，右半个圆球面不可见。

(3) 圆球表面取点、取线

圆球面没有积聚性，必须利用辅助线求解。圆球面上没有直线，因此，在圆球面只能作辅助圆。为了保证辅助圆的投影是圆或直线，只能作正平、水平和侧平等三个方向的辅助圆。由于圆球面转向线的投影是已知的，所以转向线上的点其投影可以直接求出，不必借助辅助圆。

【例 2-41】 在图 2-74d 中，已知圆球表面 M 点的正面投影 m'，求这点其余的投影。

分析 从图判断，m' 可见并在圆的左上部分，故 M 点必在左上前部分圆球面上，同时不属于圆球转向线，是圆球面上的一般位置点。

作图（图 2-74e）

1) 在正面投影中，过 m' 作正平辅助圆，其正面投影为圆，圆半径为 $o'm'$。

2) 在水平投影中，辅助圆的投影为直线段 12，在 12 上求出 m。

3) 在侧面投影中，由 m 和 m' 求出 m''。

当然也可以利用水平辅助圆或侧平辅助圆求解，结果相同。图 2-74f 为利用半径为 om 的水平辅助圆求解的作法。

【例 2-42】 在图 2-75a 中，已知圆球表面上线段 AE 的正面投影 $a'e'$，求线段其余的投影。

分析 为了画出线段的投影，可以在线段上的适当位置选取若干个点，依次先求出这些点的投影，然后连线即可。

作图（图 2-75b）

1) 求点。在 $a'e'$ 上的适当位置选取三点 b'、c'、d'。为了准确画出可见与不可见部分，b' 必须取在侧面转向线的投影上，d' 必须取在水平转向线的投影上。B、D 分别在转向线上，可以直接求出它们的水平投影 b、d 和侧面投影 b''、d''，要特别注意它们的投影位置。

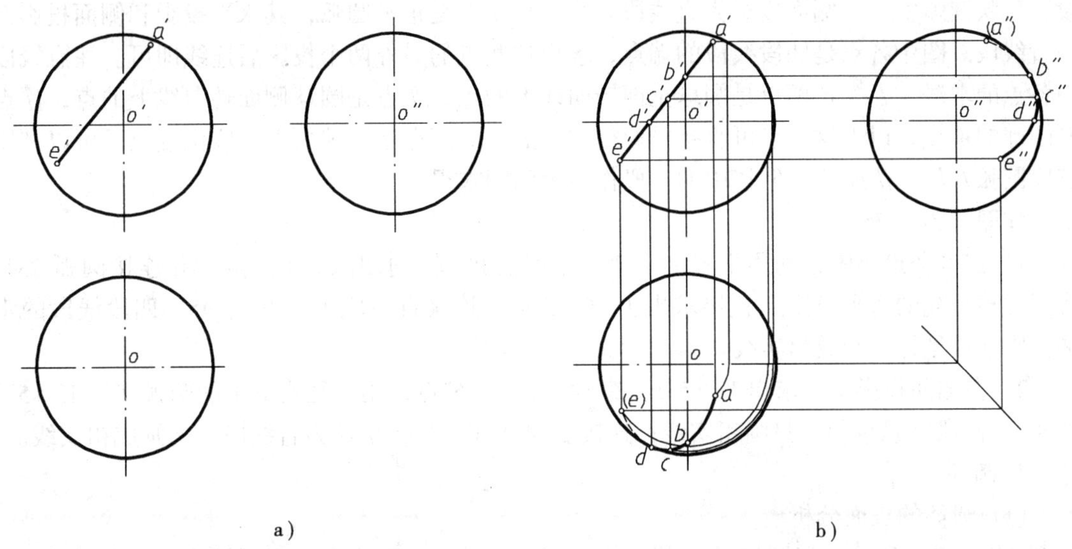

图 2-75　圆球表面取线

A、*C*、*E* 均为圆球面上的一般位置点，可以利用辅助圆法求出它们的水平投影 *a*、*c*、(*e*) 和侧面投影（*a*″）、*c*″、*e*″。

2）连线。*D* 在水平转向线上，以 *D* 为界，*ABCD* 处于圆球面上部，*a-b-c-d* 可见，连成粗实线；*DE* 处于圆球面下部，*d*（*e*）不可见，连成虚线。*B* 在侧面转向线上，以 *B* 为界，*AB* 处于圆球面右侧，（*a*″）*b*″不可见，连成虚线；*BCDE* 处于圆锥面左侧，*b*″-*c*″-*d*″-*e*″可见，连成粗实线。

【例 2-43】　在图 2-76a 中，已知半圆球表面上左右对称线段Ⅰ Ⅱ Ⅲ Ⅳ Ⅴ Ⅵ Ⅰ 的正面投影 1′2′3′4′5′6′，求线段其余的投影。

分析　所求线段分为四段，都在半圆球面上。线段Ⅰ Ⅱ 、Ⅳ Ⅴ 是左右对称的侧平圆弧，

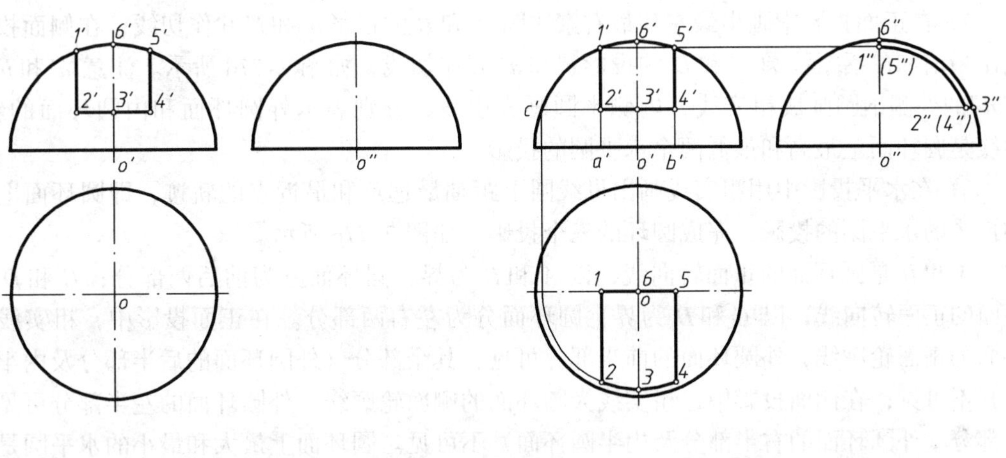

图 2-76　半圆球表面取线

它们的侧面投影反映圆弧实形并重影，水平投影为直线段。线段Ⅱ Ⅲ Ⅳ 是水平圆弧，其水平投影反映圆弧实形，侧面投影为直线段。线段Ⅴ Ⅵ Ⅰ 是正平圆弧，其水平投影和侧面投影都为直线段。图中各点是四段线段的端点，求出这些点的另外两个投影后连线即可。注意线段中各点的求法，Ⅰ 、Ⅴ 两点是圆球正面转向线上的点，Ⅲ 点是圆球侧面转向线上的点，Ⅵ 点是圆球的顶点，以上这些点可直接投影得到；Ⅱ 、Ⅳ 两点是圆球面上一般位置点，可以利用三段圆弧Ⅰ Ⅱ 、Ⅱ Ⅲ Ⅳ 、Ⅳ Ⅴ 中的一段作为辅助圆求得。

作图（图 2-76b）

1）在水平投影中，利用半径为 $c'3'$ 的水平辅助圆，求出 2、4 两点，并连接圆弧 234；在正面转向线的水平投影上直接求出 1、6、5 点，连接直线段 12、165、45。四段线段的水平投影都可见，均画成粗实线。

2）在侧面投影中，求出 1″（5″）、2″（4″）、3″、6″点，用半径为 $a'1'$ 的圆弧连接 1″（5″）2″(4″)，两段圆弧重影，只画粗实线；连接 2″(4″）3″、1″(5″）6″为直线段，均画成粗实线。

4．圆环

（1）圆环的表面分析

如图 2-77a 所示，以圆 A 为母线，绕与该圆在同一平面内但不通过该圆圆心的轴线 OO 回转一周形成的面称为圆环面。圆母线 A 的外半圆回转形成外圆环面，内半圆回转形成内圆环面。

圆环的表面是圆环面。

（2）圆环的投影

【例 2-44】 画出图 2-77b 所示的圆环的投影。

分析 图中圆环的轴线处于铅垂位置。

作图

1）按投影规律用点画线画出圆环投影的基准线，确定三个投影的位置。其中水平投影除圆的对称中心线外，还要画出母线圆心的旋转轨迹；正面投影应画出母线圆最左和最右位置 A 和 B 的中心线，侧面投影应画出母线圆最前和最后位置 C 和 D 的中心线，如图 2-77c 所示。

2）在正面投影中画出最左和最右素线圆 A 和 B 的投影 a' 和 b' 并作切线；在侧面投影中画出最前和最后素线圆 C 和 D 的投影 c'' 和 d'' 并作切线，如图 2-77d 所示。注意 a' 和 b'、c'' 和 d'' 的外侧半圆画成粗实线，内侧半圆画成虚线，分别表示外圆环面和内圆环面的轮廓。切线是圆环面上最高和最低两个水平圆的投影。

3）在水平投影中用粗实线画出母线圆上距轴最远点和最近点的轨迹，即圆环面上最大和最小的水平圆的投影，完成圆环的三个投影，如图 2-77e 所示。

A 和 B 是圆环面的正面转向线，以 A 和 B 为界，圆环面分为前后两部分；C 和 D 是圆环面的正面转向线，以 C 和 D 为界，圆环面分为左右两部分。在正面投影中，粗实线为圆环面的正面轮廓线，外圆环面的前半部分可见，其余部分（外圆环面的后半部分及内半圆环面）不可见；在侧面投影中，粗实线为圆环面的侧面轮廓线，外圆环面的左半部分可见，其余部分（外圆环面的右半部分及内半圆环面）不可见。圆环面上最大和最小的水平圆是圆环面的水平转向线，在水平投影中，以这两个圆的投影为界，圆环面的上半部分可见，下半部分不可见。

(3) 圆环表面取点

圆环面没有积聚性，必须利用辅助线求解。圆环面上没有直线，因此，在圆环面上只能作辅助圆。为了保证辅助圆的投影是圆或直线，只能作与轴线垂直的圆。此图轴线铅垂，故

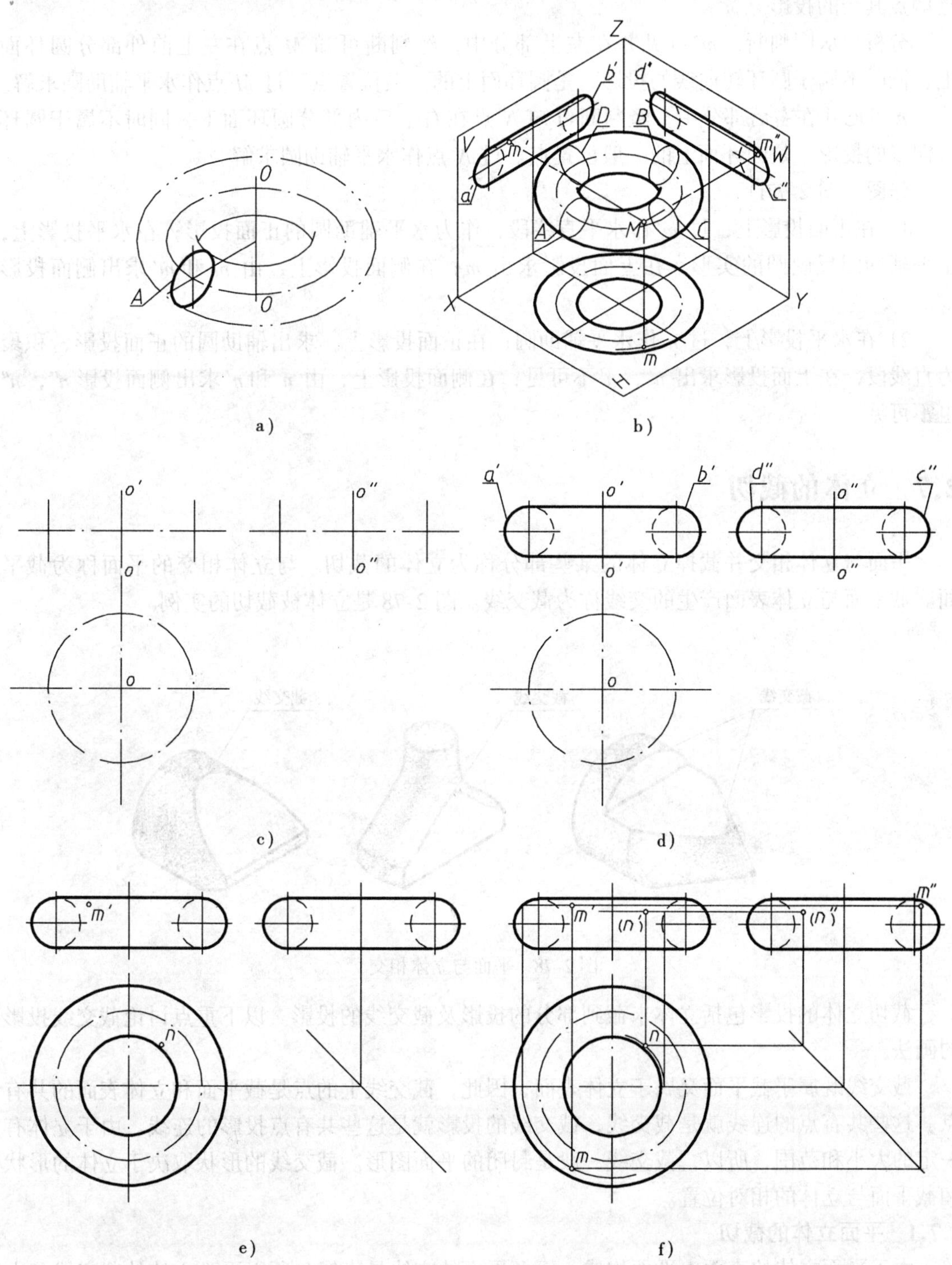

图 2-77 圆环面的形成、圆环的三面投影及表面取点

作水平辅助圆。由于圆环面转向线的投影是已知的，所以转向线上的点其投影可以直接求出，不必使用辅助圆。

【例 2-45】 在图 2-77e 中，已知圆环表面 M、N 两点的正面投影 m'、水平投影 n，求这两点其余的投影。

分析 从图判断，m'可见并在左上部分中，经判断可知 M 点在左上前外部分圆环面上，同时不属于圆环转向线的投影，是圆环面上的一般位置点。过 M 点作水平辅助圆求解。

n 可见并在右后部分中，经判断可知 N 点在右上后内部分圆环面上，同时不属于圆环转向线的投影，是圆环面上的一般位置点。过 N 点作水平辅助圆求解。

作图（图 2-77f）

1）在正面投影上，过 m'作水平直线段，作为水平辅助圆的正面投影；在水平投影上，水平辅助圆反映圆的实形，在上面投影求出 m；在侧面投影上，由 m 和 m'求出侧面投影 m''。

2）在水平投影上，过 n 作水平辅助圆；在正面投影上，求出辅助圆的正面投影，积聚为直线段，在上面投影求出 n'，n'不可见；在侧面投影上，由 n 和 n'求出侧面投影 n''，n''也不可见。

2.7 立体的截切

平面与立体相交并截掉立体的某些部分称为立体的截切。与立体相交的平面称为截平面。截平面与立体表面产生的交线称为截交线。图 2-78 是立体被截切的实例。

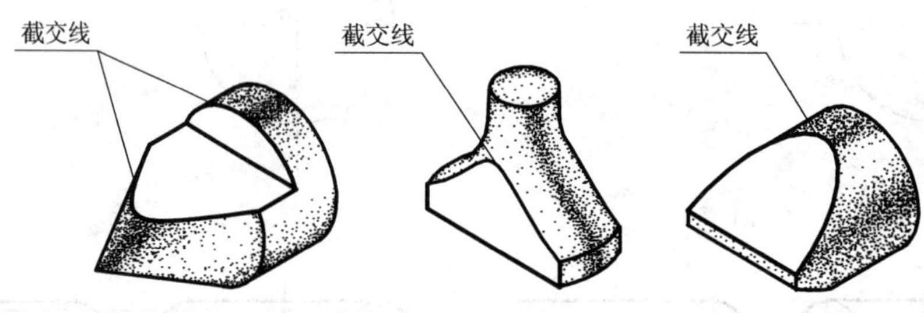

图 2-78 平面与立体相交

截切立体的投影包括立体未截到部分的投影及截交线的投影。以下重点讨论截交线投影的画法。

截交线既属于截平面又属于立体表面，因此，截交线上的点是截平面和立体表面的共有点。这些共有点的连线就是截交线，截交线的投影就是这些共有点投影的连线。由于立体有一定的大小和范围，所以，截交线一般是封闭的平面图形。截交线的形状取决于立体的形状和截平面与立体的相对位置。

2.7.1 平面立体的截切

由于平面立体的表面由平面构成，而两平面的交线是直线，所以平面立体的截交线是由直线段构成的平面多边形。

【例 2-46】 如图 2-79a 所示，求三棱锥 *S-ABC* 被平面 *P* 截切后的投影。

分析 图 2-79a 所示，截平面 *P* 与三棱锥的三个棱面均相交，截交线为三角形，三角形的三个顶点是三棱锥的三条棱线与截平面的交点。

截平面 *P* 的正面投影积聚，*P* 是正垂面，因此，截交线的正面投影也积聚为直线段；截交线的水平投影和侧面投影仍是三角形，只需求出三角形三个顶点的投影后连线即可。

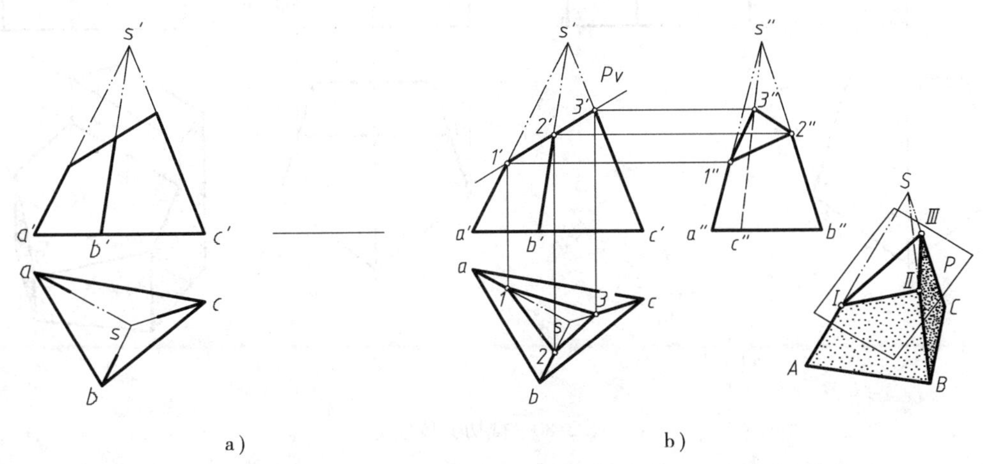

图 2-79 截切三棱锥

作图（图 2-79b）。

1）画出完整三棱锥的侧面投影。

2）确定截交线的已知投影。截交线的正面投影重合在 *P* 的正面投影上，在正面投影中可以直接确定截交线顶点的正面投影，即 *P* 与三棱锥各棱线交点的正面投影 1′、2′、3′。

3）求出截交线的未知投影。利用直线上求点的方法求出三个点的水平投影 1、2、3 和侧面投影 1″、2″、3″。然后依次连接三个点的同面投影，得到截交线的水平投影△123 和侧面投影△1″2″3″。

4）整理截切立体的各个投影。棱线 *S*Ⅰ、*S*Ⅱ、*S*Ⅲ 被截掉，不应画出它们的投影，为便于看图，可用双点画线表示它们的假想投影。棱线Ⅰ*A*、Ⅱ*B*、Ⅲ*C* 按其可见性画成粗实线或虚线。要特别注意分析平面立体被截切后其棱线投影的变化。

【例 2-47】 如图 2-80a 所示，求带切口正五棱柱的正面投影和水平投影。

分析 由图 2-80a 可以分析出，正五棱柱被正平面和侧垂面截切。正平面 *P* 截到五棱柱的上端面和后侧两个棱面，得截交线 *BAFG*；侧垂面 *Q* 截到正五棱柱的前面三条棱线和四个棱面，得截交线 *BCDEG*。这两部分截交线共有七条边，七个顶点。只要分别求出这七个点的投影，然后依次连线即可画出正五棱柱截交线的投影。

作图（图 2-80b）

1）画出完整正五棱柱的正面投影。

2）确定截交线的已知投影。截交线的侧面投影重合在 *P* 和 *Q* 的侧面投影上，在侧面投影中可以直接确定截交线顶点的侧面投影 *a*″（*f*″）、*c*″（*e*″）、*d*″。

3）求出截交线的未知投影。利用正五棱柱表面取点的方法先求出上述七点的水平投影 *a*（*b*）、*c*、*d*、*e*、*f*(*g*)，再由水平投影和侧面投影求出这七点的正面投影 *a*′、*b*′、*c*′、*d*′、

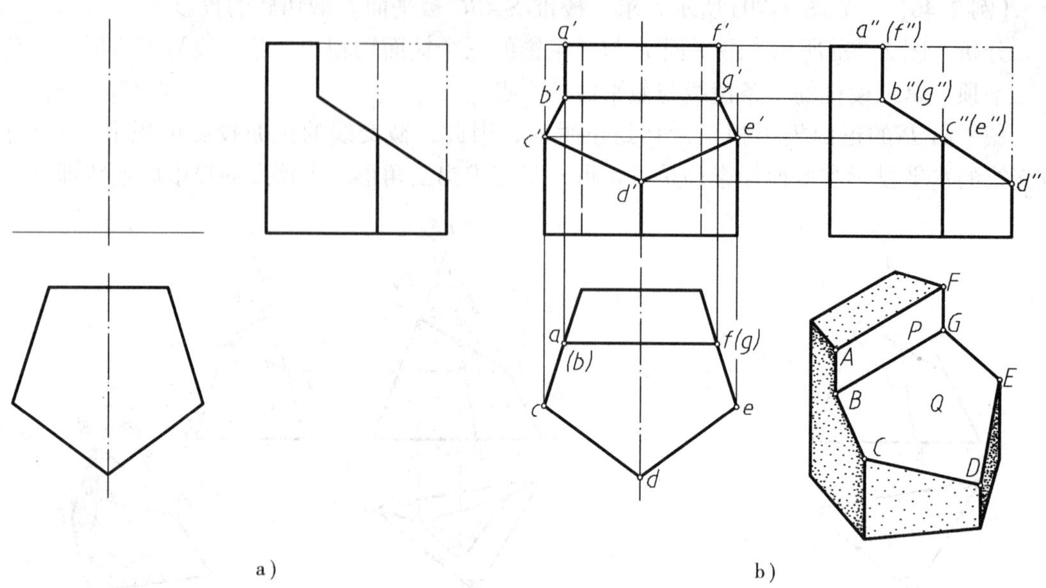

图 2-80 截切五棱柱

e'、f'、g'。由于截交线 *BAFG* 在正平面上，其水平投影积聚为直线段，正面投影反映实形，均画成粗实线；截交线 *BCDEG* 在侧垂面上，同时又属于正五棱柱的四个棱面，其水平投影积聚在正五边形上，正面投影连成粗实线。

4）画出截平面交线的投影。两截平面 *P*、*Q* 的交线是侧垂线 *BG*，侧面投影积聚为点 $b''(g'')$，正面投影 $b'g'$ 为直线，画成粗实线，其水平投影$(b)(g)$也是直线，与线段 *af* 重合。

5）整理截切立体的各个投影。截平面 *Q* 以上的棱线被截掉，在正面投影中 c'、d'、e' 以下的棱线按其可见性画成粗实线。五棱柱上端面的相应部分不应画出。

由以上两例可以看出，平面立体截交线的边是截平面与立体上的平面的交线，截交线的顶点是截平面与立体边线的交点。因此，求平面立体的截交线可以归结为求两平面交线和求直线与平面的交点的问题。

当用一个以上的截平面截切时，应注意画出截平面之间交线的投影。

2.7.2 回转体的截切

平面与平面相交成直线，平面与回转面相交成平面曲线或直线，故回转体的截交线是由平面曲线或由平面曲线与直线构成的平面图形。

当平面与回转面交成的平面曲线投影为非圆曲线时，一般是利用回转体表面取点的作法，求出非圆曲线上全部的特殊点和适量的一般点，然后再根据可见性连成光滑的曲线。非圆曲线上的特殊点包括回转面转向线上的点、曲线的拐点（如椭圆的长短轴端点、双曲线或抛物线的顶点等）、曲线的端点等，有时回转面转向线上的点同时也是曲线的拐点。非圆曲线上的一般点可以根据连线的需要确定。确定求哪些点的投影是能否准确地画出非圆曲线的关键。

1. 圆柱的截切

根据截平面与圆柱面轴线的相对位置，圆柱的截交线有三种基本形式：矩形、圆、椭圆，见表 2-5。

表 2-5 圆柱的截交线的基本形式

截平面位置	平行于圆柱面轴线	垂直于圆柱面轴线	倾斜于圆柱面轴线
立体图			
截交线	矩形	圆	椭圆
投影图			

当截平面平行于圆柱面轴线时，截圆柱面为两条平行于轴线的直素线段，截两个端面为两条平行线段，截交线为矩形。

当截平面垂直于圆柱面轴线时，截圆柱面为垂直于轴线的圆，截交线为圆。

当截平面倾斜于圆柱面轴线并截得所有素线时，截圆柱面为椭圆，截交线为椭圆。

【例 2-48】 求圆柱被正垂面 P 截切后的投影（图 2-81a）。

分析 如图 2-81a 所示，圆柱面轴线铅垂，正垂面 P 倾斜于圆柱面轴线，故截交线为一椭圆，其长轴为Ⅰ Ⅱ，短轴为Ⅲ Ⅳ。截交线是截平面与圆柱表面的共有线，正垂面 P 的正面投影积聚成直线，因此，截交线的正面投影也随之积聚在此直线上，即线段 $1'2'$；又因为圆柱轴线垂直于水平面，圆柱面的水平投影积聚成圆，所以，截交线的水平投影也积聚在该圆周上。椭圆的侧面投影一般还是椭圆，可以用连点成线的方法绘制。Ⅰ、Ⅱ、Ⅲ、Ⅳ四个点既是椭圆长、短轴的端点，同时又是圆柱正面转向线和侧面转向线上的点，是该椭圆上的全部特殊点。为了光滑地将椭圆画出，还需在特殊点之间的合适位置选取一般位置点Ⅴ、Ⅵ、Ⅶ、Ⅷ。利用圆柱表面取点的方法，求出上述八个点的侧面投影后按可见性光滑连线即可求出截交线的侧面投影。

作图（图 2-81b）

1）求截交线上特殊点的投影。在已知的截交线的正面投影上标明特殊点的投影 $1'$、$2'$、$3'$（$4'$），然后确定这些点的水平投影 1、2、3、4，进而求出其侧面投影 $1''$、$2''$、$3''$、$4''$，它们同样也是侧面投影椭圆的长短轴端点。

2）求适量一般位置点的投影。选取的一般位置点的正面投影为 5′（6′）、7′（8′），利用圆柱表面取点的方法可分别求得它们的水平投影 5、6、7、8 和侧面投影 5″、6″、7″、8″。

3）判别可见性，光滑连线。椭圆上所有点的侧面投影均可见，按照水平投影上各点的顺序，用粗实线光滑连接 1″-5″-3″-7″-2″-8″-4″-6″-1″，即为所求截交线的侧面投影。

4）整理截切立体的各个投影。图 2-81 中，圆柱被截平面 *P* 斜截去左上部分，被截去部分的转向线投影不应画出。将侧面投影中点 3″、4″以下的侧面转向线的投影画成粗实线，并在 3″、4″两点处与椭圆弧相切。圆柱的上端面不再画出。

当图 2-81b 中的圆柱被截去右下部分时，成为图 2-81c 所示的情况。此时，截交线的形状没有任何变化，截交线的正面投影和水平投影也没有变化，只是由于圆柱右侧表面在侧面投影上不可见，所以 7″、2″、8″不可见。连线时，3″-（7″）-（2″）-（8″）-4″为虚线，其余部分为粗实线，转向线上的点的投影 3″、4″是虚、实分界点。截切圆柱正面投影中 1′、2′以下的转向线投影和侧面投影中 3″、4″以下部分的转向线投影不应画出。

当截平面与圆柱轴线相交的角度发生变化时，其侧面投影上椭圆的形状也随之变化。当角度为 45°时，椭圆的侧面投影为圆，如图 2-82 所示。

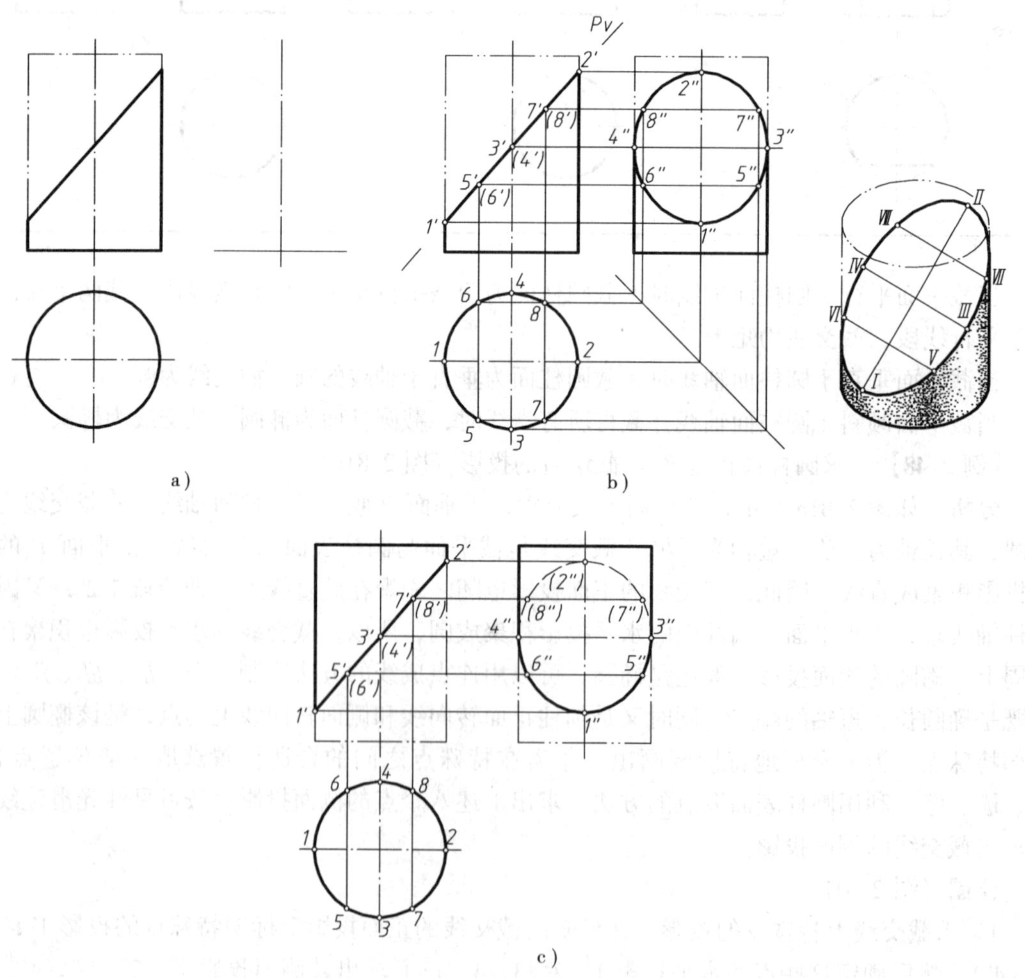

图 2-81　正垂面截切圆柱

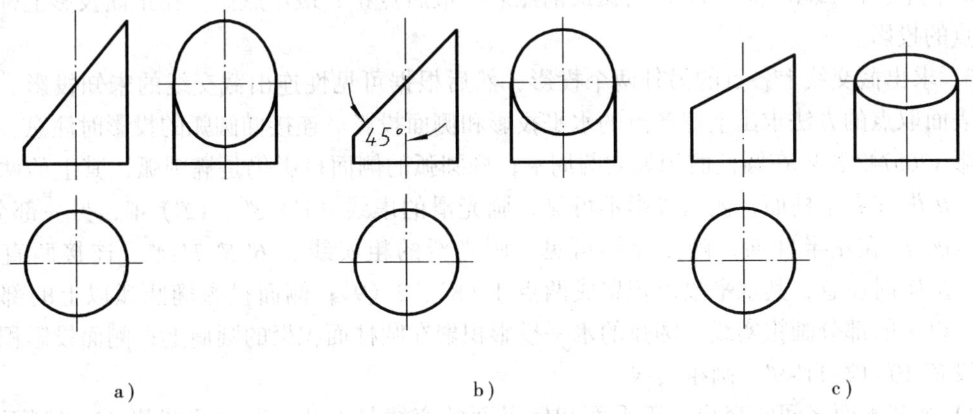

图 2-82　截平面倾斜角度对截交线投影的影响

【例 2-49】　求图 2-83a 带切口圆柱的投影。

分析　如图 2-83a 所示，圆柱面轴线铅垂，圆柱的切口是由三个截平面截切形成的。三个截平面分别是正垂面、侧平面和水平面。正垂面倾斜于圆柱面的回转轴，截圆柱面得到椭圆弧*Ⅰ Ⅲ Ⅴ Ⅳ Ⅱ*；侧平面平行于回转轴，截圆柱面得到两条铅垂的直线段*Ⅰ Ⅷ*、*Ⅱ Ⅸ*；水平面垂直于回转轴，截圆柱面得到多半个圆弧*Ⅷ Ⅻ Ⅸ*。这三部分合起来构成圆柱的截交线。截平面之间的交线是*Ⅰ Ⅱ*、*Ⅷ Ⅸ*。由于截平面的正面投影均有积聚性，所以截交线的正面投影积聚在截平面的正面投影上。

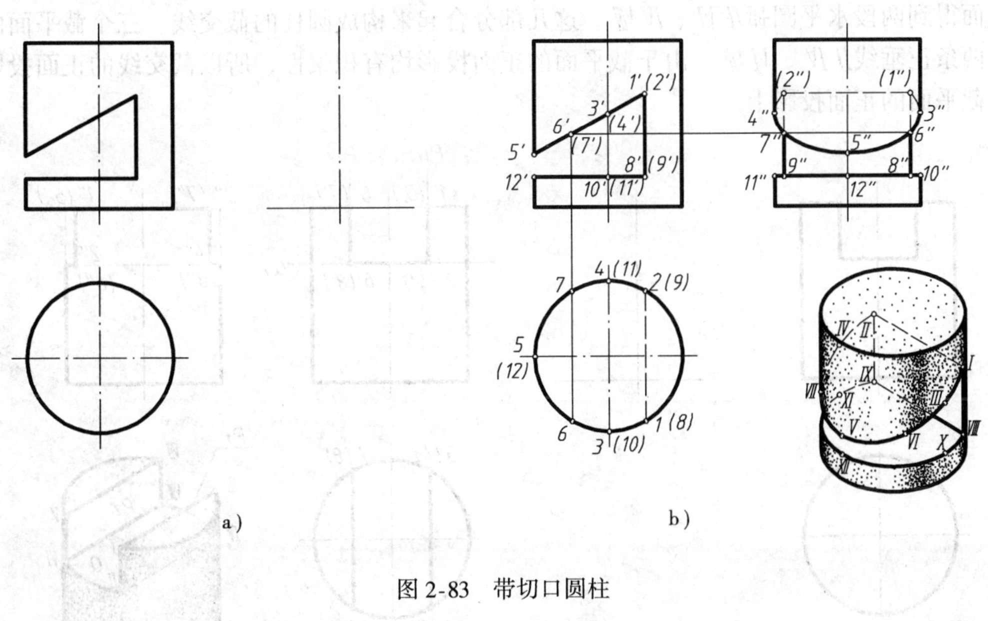

图 2-83　带切口圆柱

作图（图 2-83b）

1）画出完整圆柱的侧面投影。

2）在截切圆柱的已知投影上标出截交线上全部的特殊点和适量的一般点。椭圆弧上特殊点为端点*Ⅰ*、*Ⅱ*，短轴端点*Ⅲ*、*Ⅳ*，长轴左侧端点*Ⅴ*，一般点*Ⅵ*、*Ⅶ*；两直线段端点*Ⅰ*、

Ⅱ、Ⅷ、Ⅸ；圆弧端点Ⅷ、Ⅸ，圆弧最前点Ⅹ、最后点Ⅺ、最左点Ⅻ。在正面投影上标明上述各点的投影。

3）求出截交线上各点的另外两个投影，然后根据可见性连出截交线的未知投影。利用圆柱表面取点的方法求出上述各点的水平投影和侧面投影。连接椭圆弧的投影时注意，其水平投影 1365742 积聚在圆柱面积聚的圆周上；椭圆弧的侧面投影仍是椭圆弧，其上的两部分ⅠⅢ、ⅡⅣ在右半柱面，侧面投影不可见，画光滑的虚线（1″）3″、（2″）4″，另一部分Ⅲ-Ⅵ-Ⅴ-Ⅶ-Ⅳ在左半柱面，侧面投影可见，画光滑的粗实线 3″-6″-5″-7″-4″。连接两直线段ⅠⅧ、ⅡⅨ时注意，其水平投影积聚成两点 1（8）、2（9）；侧面投影椭圆弧以上的部分画虚线，以下的部分画粗实线。圆弧的水平投影积聚在圆柱面积聚的圆周上；侧面投影积聚为直线段 8″-10″-12″-11″-9″，画粗实线。

4）画截平面之间的交线。正垂面和侧平面的交线是ⅠⅡ，其水平投影 12 和侧面投影（1″）（2″）都不可见，画成虚线；侧平面与水平面的交线是ⅧⅨ，其水平投影（8）（9）不可见且与 12 重影，侧面投影 8″9″积聚在水平截平面的侧面投影上。

5）整理截切立体的各个投影。本题主要是侧面投影。圆柱面侧面转向线的投影 3″10″、4″11″段被截掉，不画出，其余部分画成粗实线。注意侧面投影中转向线的投影与椭圆弧相切于 3″、4″两点。

【例 2-50】 求切槽圆柱的投影（图 2-84a）。

分析 如图 2-84a 所示，圆柱面轴线铅垂，圆柱上的槽是由左右对称的两个侧平面 P_1、P_2 和一个水平面 Q 截切而成。P_1、P_2 平行于圆柱轴线，截圆柱面得到两对铅垂线段ⅠⅡ、ⅢⅣ和ⅤⅥ、ⅦⅧ，截圆柱上端面得到两条正垂线ⅠⅢ、ⅤⅦ；Q 垂直于圆柱面轴线，截圆柱面得到两段水平圆弧ⅡⅥ、ⅣⅧ。这几部分合起来构成圆柱的截交线。三个截平面的交线是两条正垂线ⅡⅣ、ⅥⅧ。由于截平面的正面投影均有积聚性，所以截交线的正面投影积聚在截平面的正面投影上。

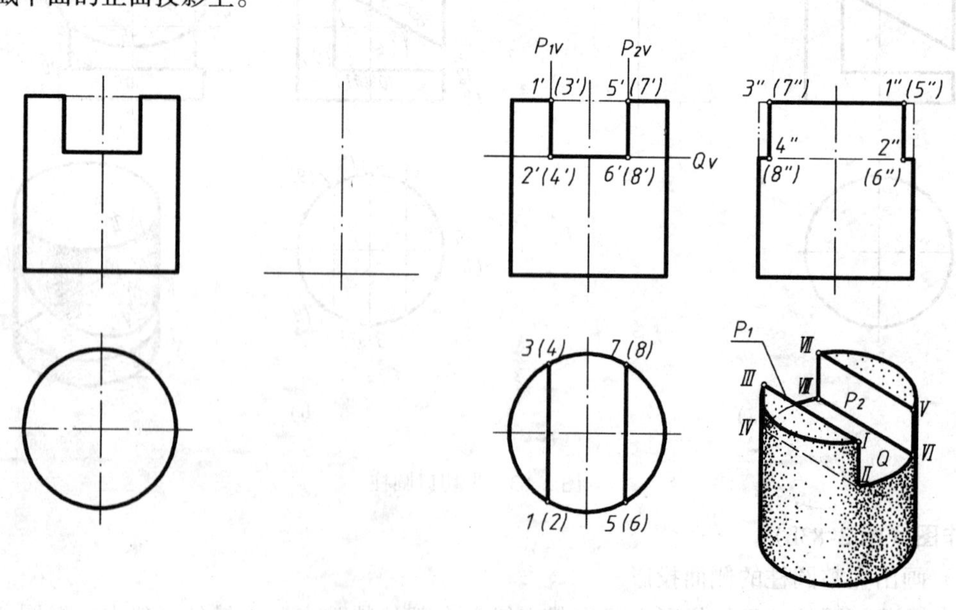

图 2-84 切槽圆柱

作图（图 2-84b）

1）画出完整圆柱的侧面投影。

2）在截切圆柱的已知投影上标出截交线上的全部顶点。顶点共有八个，分别是 1′（3′）、2′（4′）、5′（7′）、6′（8′）。因为三个截平面的正面投影均积聚成直线，所以截交线的正面投影是三条直线。其中 P_1 截得的两条铅垂线段的正面投影重合为 1′（3′）2′（4′），P_2 截得的两条铅垂线段的正面投影重合为 5′（7′）6′（8′）；Q 截得的两段圆弧的正面投影重合为直线段 2′（4′）6′（8′）。

3）求出截交线上各顶点的另外两个投影，然后根据可见性画出截交线的未知投影。利用圆柱表面取点的方法求出上述八个点的水平投影和侧面投影。连线时注意，四条铅垂线的水平投影积聚为四个点 1（2）、3（4）、5（6）、7（8），侧面投影两两重合为直线段 1″（5″）2″（6″）、3″（7″）4″（8″），画成粗实线。两条正垂线的水平投影 13、57 可见，画成粗实线，侧面投影重合为 1″（5″）3″（7″），处于上端面积聚的投影上。两段圆弧的水平投影 26、48 处于圆柱面积聚的圆周上并反映实形，侧面投影为 2″（6″）、4″（8″）两点外侧的两小段直线，可见，画成粗实线。

4）画截平面之间的交线。P_1 与 Q、P_2 与 Q 交线的水平投影 24、68 分别与 13、57 重影，侧面投影 2″4″、（6″）（8″）重影并不可见，画成虚线。

5）整理截切立体的各个投影。本题主要是侧面投影，圆柱在水平截平面 Q 以上、二个侧平面 P_1 和 P_2 之间的部分被截掉，圆柱面侧面转向线的投影在交线圆弧投影以上的部分不画出，以下的部分画成粗实线。圆柱上端面的相应部分不应画出。

图 2-85 是切槽空心圆柱的投影图，与上例切槽圆柱的区别是增加了一个同轴的内圆柱面。内圆柱面的直径小于外圆柱面，内圆柱面的转向线均不可见，画成虚线。三个截平面与外圆柱面相交的同时，还与内圆柱面相交。外圆柱面上的交线的画法与【例 2-50】相同，内圆柱面上产生另一套交线，其画法与外圆柱面上的交线的画法相同，只是交线的位置和可见性有所不同。交线的位置与圆柱面的直径有关，都在外圆柱面上的交线之内侧，水平投影

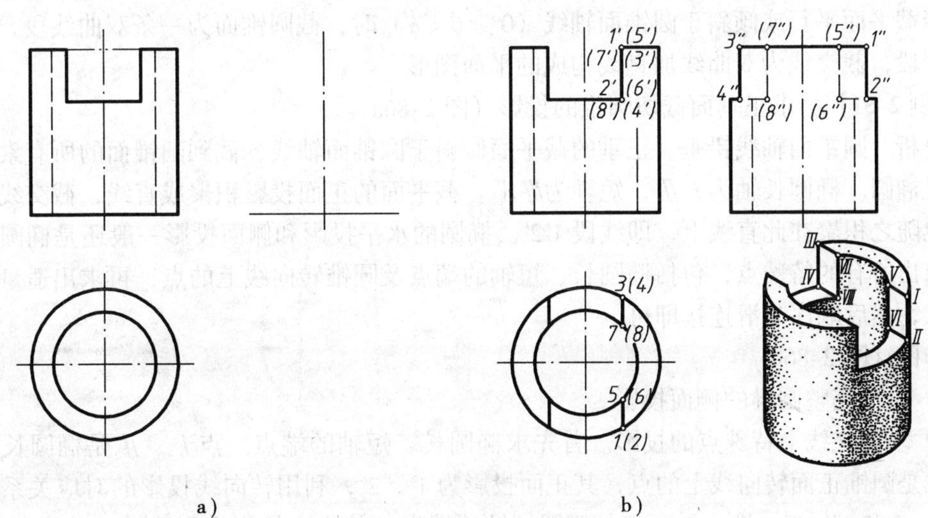

图 2-85　切槽空心圆柱

积聚为点，侧面投影均不可见，画成虚线。另外，截平面之间的交线中空部分中断，水平投影和侧面投影均不应画线。

2. 圆锥的截切

根据截平面与圆锥面轴线的相对位置，圆锥的截交线有五种基本形式（表 2-6）。

表 2-6　圆锥截交线的基本形式

截平面位置	过锥顶	垂直于轴线	与轴线倾斜 $\theta > \alpha$	与轴线倾斜 $\theta = \alpha$	与轴线平行或倾斜 $\theta < \alpha$
立体图					
截交线	等腰三角形	圆	椭圆	抛物线加直线	双曲线加直线
投影图					

当截平面过锥顶时，截圆锥面为两条交于锥顶的直素线段，截底面为直线段，截交线为等腰三角形。

当截平面垂直于圆锥面轴线时，截圆锥面为垂直于轴线的圆，截交线为圆。

当截平面倾斜于圆锥面轴线并截得所有素线（$\theta > \alpha$）时，截圆锥面为椭圆，截交线为椭圆。

当截平面平行于圆锥面的一条素线（$\theta = \alpha$）时，截圆锥面为一条抛物线段，截底面为直线段，截交线为抛物线加直线构成的平面图形。

当截平面平行或倾斜于圆锥面轴线（$0° \leqslant \theta < \alpha$）时，截圆锥面为一条双曲线段，截底面为直线段，截交线为双曲线加直线构成的平面图形。

【例 2-51】　求正垂面截切圆锥的投影（图 2-86a）。

分析　圆锥面轴线铅垂，正垂的截平面倾斜于圆锥面轴线，截到圆锥面的所有素线，截交线是椭圆。椭圆长轴为*Ⅰ Ⅱ*，短轴为*ⅢⅣ*。截平面的正面投影积聚成直线，截交线的正面投影也随之积聚在此直线上，即线段 1′2′。椭圆的水平投影和侧面投影一般还是椭圆，作图时先求出所有的特殊点，包括椭圆长、短轴的端点及圆锥转向线上的点，再求出适量的一般位置点，然后顺序光滑连接即可。

作图（图 2-86b）

1）画出完整圆锥的侧面投影。

2）求截交线上特殊点的投影。首先求椭圆长、短轴的端点。点*Ⅰ*、*Ⅱ*是椭圆长轴的端点，也是圆锥正面转向线上的点，其正面投影为 1′、2′，利用转向线投影的对应关系，直接求出 1、2 和 1″、2″；*Ⅲ*、*Ⅳ*两点是椭圆短轴的端点，其正面投影重影为 3′（4′），在 1′2′的中点处，*Ⅲ*、*Ⅳ*两点是圆锥面上的一般位置点，利用圆锥表面取点的方法求出 3、4 和 3″、

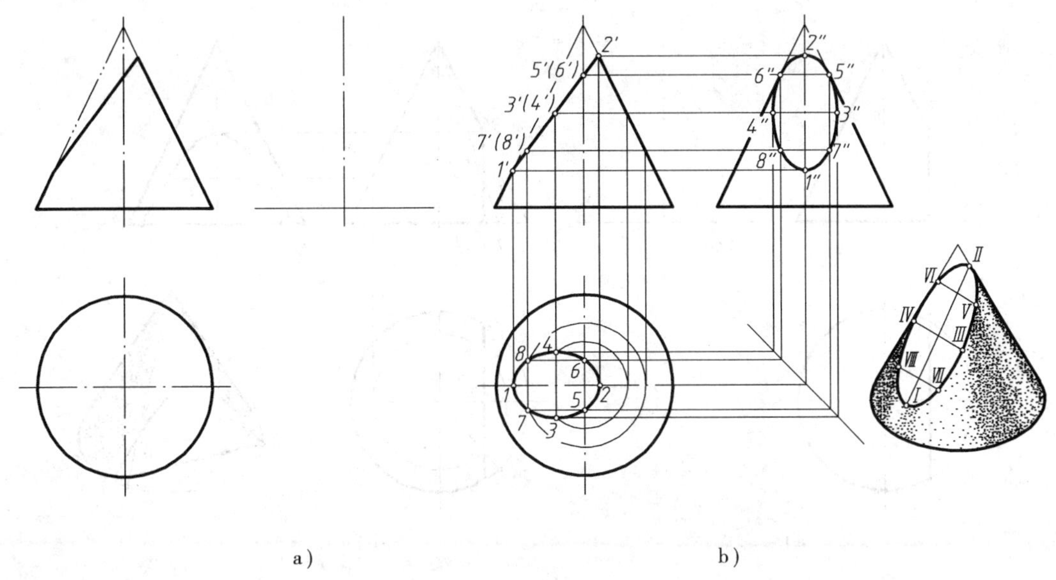

图 2-86　正垂面截切圆锥

4″。再求圆锥轮廓线上的点。点Ⅰ、Ⅱ既是椭圆长轴的端点，同时又是圆锥正面投影轮廓线上的点；点Ⅴ、Ⅵ是圆锥侧面转向线上的点，由正面投影 5′（6′），利用转向线投影的对应关系，同样直接求出 5、6 和 5″、6″。

3）求截交线上一般位置点的投影。利用圆锥表面取点的方法求适当数量的一般位置点，如图中的点Ⅶ、Ⅷ。由正面投影 7′（8′），用辅助圆法求出 7、8 和 7″、8″。

4）判别可见性，光滑连线。椭圆的水平投影和侧面投影均可见，分别按Ⅰ-Ⅶ-Ⅲ-Ⅴ-Ⅱ-Ⅵ-Ⅳ-Ⅷ-Ⅰ 的顺序将其水平投影和侧面投影光滑连接成曲线，并画成粗实线，即为椭圆的水平投影和侧面投影。

5）整理截切立体的各个投影。正垂面以上部分圆锥面的转向线被切去，不应画出它们的投影。侧面投影中 5″、6″以上部分的转向线投影不应画出。5″、6″以下的转向线投影画成粗实线，并画到 5″、6″两点上，且与椭圆相切。

【例 2-52】　求侧平面截切圆锥的投影（图 2-87a）。

分析　圆锥面轴线铅垂，侧平的截平面平行于圆锥轴线，截交线是双曲线加直线。截交线的正面投影和水平投影随着截平面的积聚而积聚成直线段 1′3′和 12。截交线的侧面投影反映实形，其中双曲线可以用连点成线的方法绘制。作图时先求出曲线上所有的特殊点，包括双曲线的顶点和端点，再求出适量的一般位置点，然后顺序光滑连接即可。

作图（图 2-87b）

1）画出完整圆锥的侧面投影。

2）求出截交线上特殊点的投影。首先求双曲线的端点Ⅰ、Ⅱ，这两点在锥底圆上，其正面投影为 1′（2′），锥底圆的投影是已知的，可以直接求出 1、2 和 1″、2″；Ⅲ点既是双曲线的顶点，同时又是圆锥正面转向线上的点，其正面投影 3′，利用转向线投影的对应关系，直接求出 3 和 3″。

3）求出截交线上一般位置点的投影。利用圆锥表面取点的方法求适当数量的一般位置

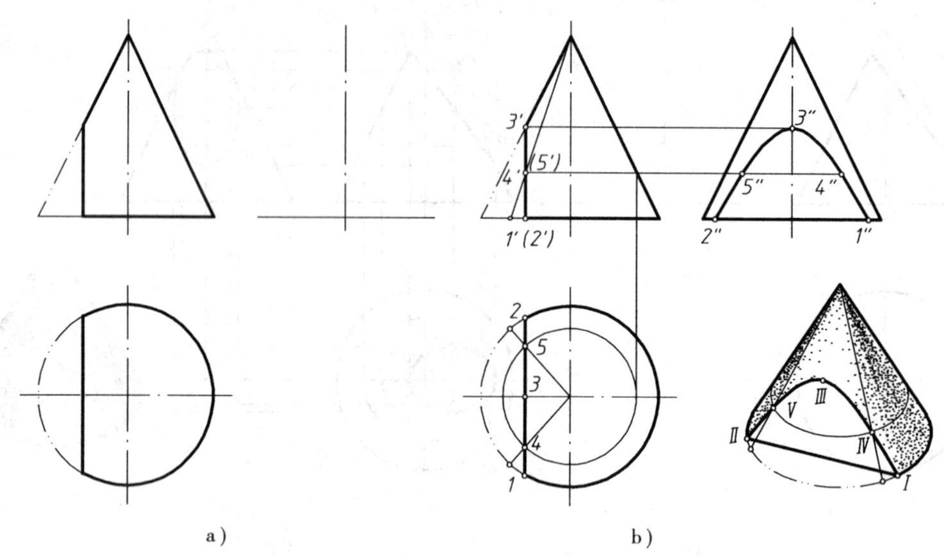

图 2-87　侧平面截切圆锥

点，如图中的点Ⅳ、Ⅴ。由正面投影 4′（5′），用辅助素线法求出 4、5 和 4″、5″。

4）判别可见性，光滑连接曲线。双曲线的水平投影积聚为直线段 12，侧面投影可见，按 1″-4″-3″-5″-2″的顺序用粗实线连接成光滑曲线。

5）画出锥底面的交线。截平面与锥底面相交成正垂线ⅠⅡ，其正面投影积聚为一点 1′（2′），水平投影 12 与双曲线重影，侧面投影 1″2″反映实长且与锥底圆的积聚投影重影。

6）整理截切立体的各个投影。侧平面左侧部分圆锥被截掉，但侧面转向线未被截到，在侧面投影中应完整画出圆锥面侧面转向线的投影。

【例 2-53】　求带切口圆锥的投影（图 2-88a）。

分析　圆锥面轴线铅垂，圆锥的切口是由三个截平面截切形成的。三个截平面分别是上边的水平面、右边和下边的正垂面。水平面垂直于轴线，截圆锥面为圆弧；右边的正垂面过锥顶，截圆锥面为两条素线段；下边的正垂面倾斜于圆锥面的轴线，且可以截到所有素线，截圆锥面为椭圆弧。这三部分合起来构成圆锥的截交线。截平面之间的交线是两条正垂线。由于截平面的正面投影均有积聚性，所以截交线的正面投影积聚在截平面的正面投影上。

作图（图 2-88b）

1）画出未经截切的完整圆锥的侧面投影。

2）在截切圆锥的已知投影上标出截交线上全部的特殊点和适量的一般点。在正面投影上标明：圆弧的最左点 1′，最前最后点即圆锥侧面轮廓线上的点 2′（3′），圆弧端点 4′（5′）；椭圆弧的端点 6′（7′），圆锥侧面轮廓线上的点 8′（9′），椭圆短轴端点 10′（11′），长轴左端点 12′；椭圆上一般点两个，可以选在 10′（11′）与 12′之间，为了清晰起见，图中未画出。其中 4′（5′）、6′（7′）两点也是过锥顶的正垂面截得的两条素线段的端点。

3）求出截交线上各点的另外两个投影，然后根据可见性连出截交线的未知投影。利用圆锥表面取点的方法求出上述各点的水平投影和侧面投影。对于轮廓线上的点直接求出，即 1、2、3、8、9、12 和 1″、2″、3″、8″、9″、12″，注意它们的投影位置。其余各点都是圆锥表

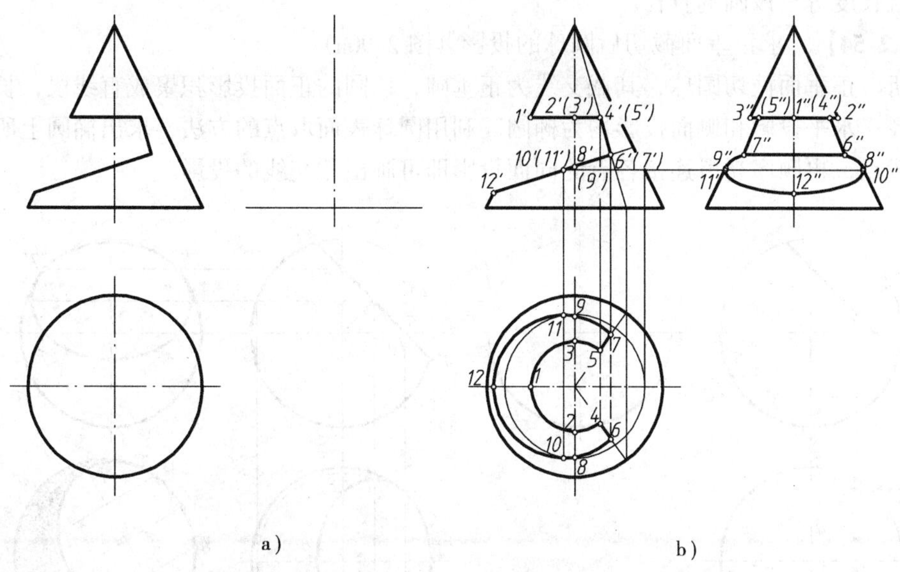

图 2-88　三个平面截切圆锥的投影作图

面的一般位置点，可以利用辅助素线法或辅助圆法求解，注意选择哪种辅助线应视具体情况决定，以能准确方便地解题为原则。例如，4、5、6、7 和 4″、5″、6″、7″利用辅助素线求解最为准确和方便，而 10、11 和 10″、11″及椭圆上一般位置点的投影利用哪一种辅助线求解都可以。

截交线的水平投影和侧面投影都可见，均画成粗实线。圆弧的水平投影 4-2-1-3-5 反映实形，量取半径确定圆心后直接画出；侧面投影 4″-2″-1″-3″-5″积聚为直线段。两素线段的水平投影 45、67 和侧面投影 4″5″、6″7″仍为直线段。椭圆弧的水平投影 6-8-10-12-11-9-7 和侧面投影 6″-8″-10″-12″-11″-9″-7″仍是椭圆弧，连接时注意其拐点。

4）画截平面之间的交线。截平面之间的交线是正垂线，正面投影为 4′（5′）、6′（7′），水平投影 4 5、6 7 都不可见，画成虚线；侧面投影 4″5″与圆弧投影重影，6″7″可见，画成粗实线。

5）整理截切立体的各个投影。本题主要是侧面投影，圆锥面侧面轮廓线的投影上 2″8″、3″9″两段被截掉，不画出，其余部分画成粗实线。注意：侧面投影中侧面轮廓线的投影与椭圆弧相切于 8″、9″两点。

3. 圆球的截切

平面与圆球相交，不论截平面位置如何，其截交线的基本形式都是圆。圆的直径随截平面距球心的距离不同而改变：当截平面通过球心时，截交线圆的直径最大，等于球的直径；截平面距球心越远，截交线圆的直径越小。根据截平面相对于投影面的位置，截交线圆的投影可能是圆、直线或椭圆。

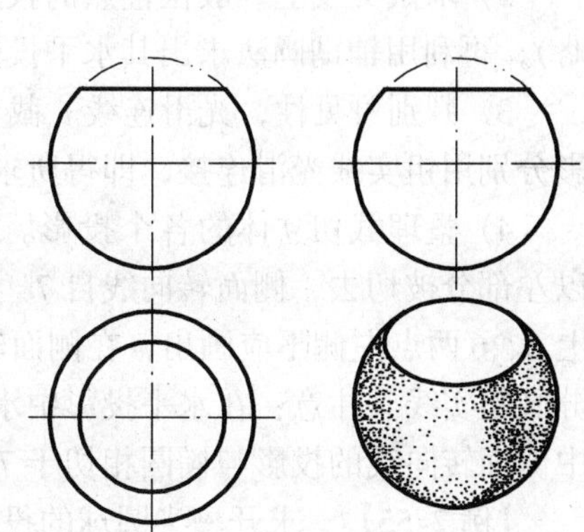

图 2-89　水平面截切圆锥

图 2-89 所示为一水平面截切圆球，截交线的水平投影反映圆的实形，正面投影和侧面投影都积聚为直

线段，且长度等于该圆的直径。

【例 2-54】 求正垂面截切后圆球的投影（图 2-90a）。

分析 正垂面截切圆球，其截交线为正垂圆，该圆的正面投影积聚成直线段，长度等于圆的直径；水平投影和侧面投影均为椭圆。利用圆球表面取点的方法，求出椭圆上所有特殊点和一般点，再顺序光滑连接各点的同面投影即可画出截交线的投影。

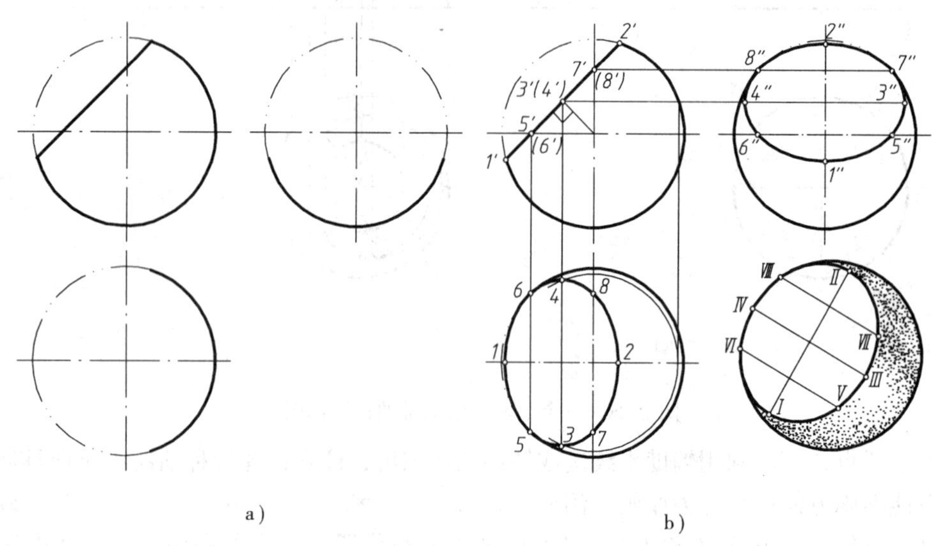

图 2-90 正垂面截切圆锥

作图（图 2-90b）

1）求截交线上特殊点的投影。

首先求圆球转向线上点的投影。在截交线正面投影中，1′和 2′、5′（6′）、7′（8′）分别是圆球面的正面转向线、水平转向线、侧面转向线上点的正面投影，利用转向线投影的对应关系可以直接求出各点的水平投影 1、2、5、6、7、8 和侧面投影 1″、2″、5″、6″、7″、8″。

然后求椭圆长、短轴端点的投影。椭圆短轴的端点 1、2 和 1″、2″已经求出。椭圆长轴端点的正面投影为直线段 1′2′的中点 3′（4′），这两点是球面上一般位置点，利用圆球表面取点的方法（图中作辅助水平圆）可求出 3、4 和 3″、4″。

2）求截交线上一般位置点的投影。根据连线的需要，在 1′2′上取适当数量的点（图中略），再利用辅助圆法求出其水平投影和侧面投影。

3）判别可见性，光滑连线。截交线的各投影均可见，将所求各点的水平投影和侧面投影分别用粗实线光滑连接，即得所求。

4）整理截切立体的各个投影。由图中正面投影可看出，圆球面水平转向线自 5′（6′）以左部分被切去，侧面转向线自 7′（8′）以上部分被切去，因此，在水平转向线的水平投影上 5、6 两点左侧不应画出，在侧面转向线的侧面投影上 7″、8″两点上侧不应画出，其余部分画粗实线。注意：在水平投影中水平转向线的投影与椭圆相切于 5、6 两点，在侧面投影中侧面转向线的投影与椭圆相切于 7″、8″两点。

【例 2-55】 求开槽半圆球的投影（图 2-91a）。

分析 半圆球被两个左右对称的侧平面和一个水平面截切，形成一个正垂的方槽。两个侧平面截圆球面得到两等径的侧平圆弧Ⅰ Ⅱ 、Ⅲ Ⅳ；水平面截圆球面得到两段前后对称的水平圆弧Ⅰ Ⅲ 、Ⅱ Ⅳ 。截交线的正面投影积聚为三段直线。三个截平面的交线为两条正垂线。

本题截交线的投影都是直线或圆弧，只要求出直线的端点或圆弧的端点和半径就可以按照可见性直接画出截交线的投影。

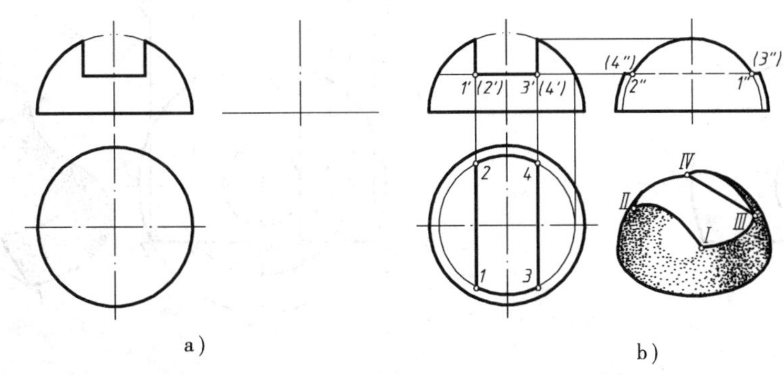

图 2-91　开槽半圆球的截交线

作图（图 2-91b）

1）画出完整半圆球的侧面投影。

2）求截交线上各端点的投影。即正面投影上的 1′（2′）、3′（4′）。利用辅助圆法求出它们的水平投影 1、2、3、4 和侧面投影 1″（3″）、2″（4″）。

3）求截交线的投影。侧平面与半圆球面交成的侧平圆弧的水平投影 1 2 和 3 4 是直线段，均可见，画成粗实线；侧面投影 1″（3″）2″（4″）重影且反映圆弧的实形，圆弧的半径为这些端点所在的侧平半圆的半径，同样画成粗实线。水平面与半圆球面交成的水平圆弧的水平投影 1 3 和 2 4 反映圆弧的实形，圆弧的半径为这些端点所在的水平圆的半径，均可见，画成粗实线；侧面投影是 1″（3″）、2″（4″）两点外侧的直线段，同样画成粗实线。

4）求截平面交线的投影。交线的水平投影 1 2、3 4 与两侧平圆弧的水平投影重影，侧面投影 1″（3″）、2″（4″）不可见，画成虚线。

5）整理截切立体的各个投影。侧面投影中 1″（3″）、2″（4″）以上的侧面转向线投影不应画出，其余部分画成粗实线。

4. 一般回转体的截切

母线为任意曲线的回转面称为一般回转面。一般回转体的表面由一般回转面与端面构成。

【例 2-56】　求图 2-92a 所示回转体被正平面截切后的正面投影。

分析　回转体的截交线是由平面曲线和直线构成的平面图形，其中回转面上的平面曲线可以用辅助圆法求出。由于截平面是正平面，所以截交线的水平投影和侧面投影都积聚成直线段，正面投影反映平面曲线的实形。

作图（图 2-92b）

1）求曲线上全部的特殊点。在已知的侧面投影上标出曲线端点 1″（2″）和顶点 3″，同时在水平投影上找出它们的对应位置 1、2、3，然后求出它们的正面投影 1′、2′、3′。

2）求曲线上适量的一般点。如图在侧面投影中确定一般点 4″（5″）、6″（7″），利用辅助水平圆可以确定它们的水平投影 4、5、6、7，然后求出上述四点的正面投影 4′、5′、6′、7′。

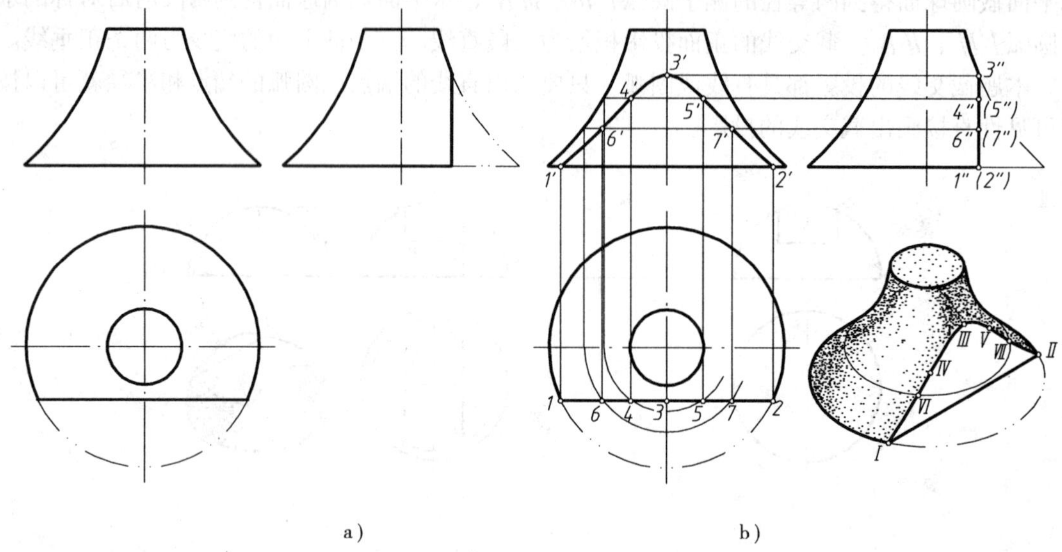

图 2-92 一般回转体的截交线

3）根据可见性连线。平面曲线在回转面的前半部分，可见，按顺序连成光滑的粗实线 1′-6′-4′-3′-5′-7′-2′。

4）画出底面上截交线的直线部分，完成截切回转体的投影。截交线的直线部分为 *ⅠⅡ*，其水平投影 12 和正面投影 1′2′ 反映实长并分别与曲线和底面重影，侧面投影积聚为点 1″(2″)。

5. 组合回转体的截切

组合回转体由几个同轴的基本回转体组成。求组合回转体被截切后的投影，必须首先将该组合回转体分解为若干个基本回转体，根据截平面与各个基本回转体的相对位置判断各段截交线的形状及其连接的形式，然后将各段截交线分别求出，连接起来就是完整截交线的投影。

【例 2-57】 求吊环上截交线的投影（图 2-93a）。

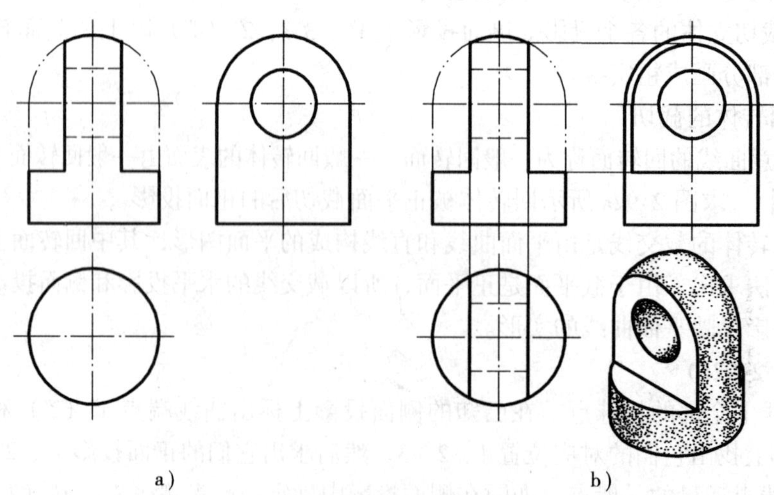

图 2-93 吊环的截交线

分析 吊环是由同轴且等径的半圆球与圆柱光滑连接的组合回转体截切而成。轴线铅垂，两个侧平面和一个水平面将该回转体左右对称地各截去一部分，在半球与圆柱的结合部位有一侧垂的通孔。

侧平面截切半圆球面得到侧平的半圆，截切圆柱面得到平行的直线段，直线段与半圆在连接处相切；水平面截切圆柱面得到左右对称的两段水平圆弧。截交线的正面投影积聚为四段直线。三个截平面的交线是两条正垂线。

作图（图 2-93b）

1）求截交线的水平投影。两侧平面截得的截交线的水平投影积聚为左右对称的两条直线，可以根据截交线的正面投影直接作出；水平面截得的两段圆弧积聚在圆柱的水平投影上。

2）求截交线的侧面投影。两侧平面截得的截交线的侧面投影反映实形，为半圆和与其相切的平行直线段，可以根据截交线的正面投影确定半圆的半径和直线段的长度；水平面截得的两段圆弧的侧面投影积聚为直线。左、右两侧截交线的投影重合。

3）求截平面的交线，画出孔的水平投影。截平面的交成的两条正垂线的水平投影和侧面投影分别与侧平面的和水平面的投影重影。由于孔不可见，故画成虚线。

4）判别可见性，整理图线。截交线的投影均可见，画成粗实线。

【例 2-58】 求连杆头部截交线的投影（图 2-94a）。

分析 连杆头部由同轴的圆球、圆环及圆柱经过截切形成。三个回转体上的回转面在连接处相切，组合回转体轴线侧垂，两个正平面将上述组合回转体前后对称地各截去一部分。在球心处有一正垂的通孔。

正平面截切圆球面得到正平的圆弧，截切圆环面得到平面曲线，两曲线在结合部位点 *Ⅰ*、*Ⅱ* 处相切。圆柱没被截到，不产生截交线。截交线的水平投影和侧面投影都积聚为直线段，本题主要是求正面投影。

作图

1）求圆球面上截得的圆弧的正面投影。正平圆弧的正面投影反映实形，可以根据已知投影确定圆弧的半径和圆心，直接画出该圆弧。

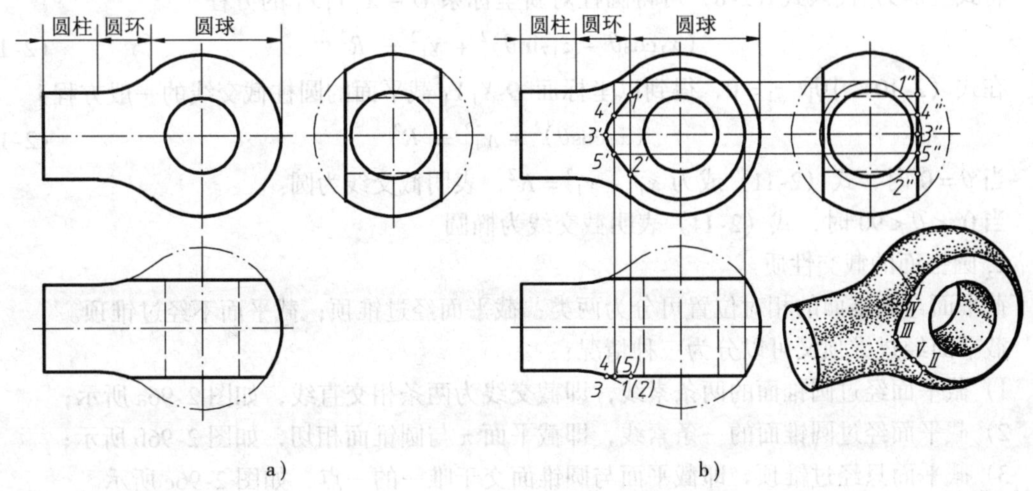

图 2-94　连杆头部的截交线

2）求圆环面上截得的平面曲线的正面投影。作法可参考一般回转体截交线的求法，见图。求出的正面投影为 1′-4′-3′-5′-2′，其中 1′、2′为两段曲线的连接点，3′为平面曲线的最左点，4′、5′为一般位置点。

3）判别可见性，整理图线。截交线的正面投影重影，画成粗实线。

2.7.3 圆柱面和圆锥面截切性质的解析分析

1. 圆柱面的截切性质

如图 2-95 所示，圆柱的半径为 R，其轴线与 OZ 轴重合，圆柱面的方程为

$$x^2 + y^2 = R^2 \tag{2-8}$$

对于圆柱面，截平面有与回转轴平行和与回转轴相交两种情况。

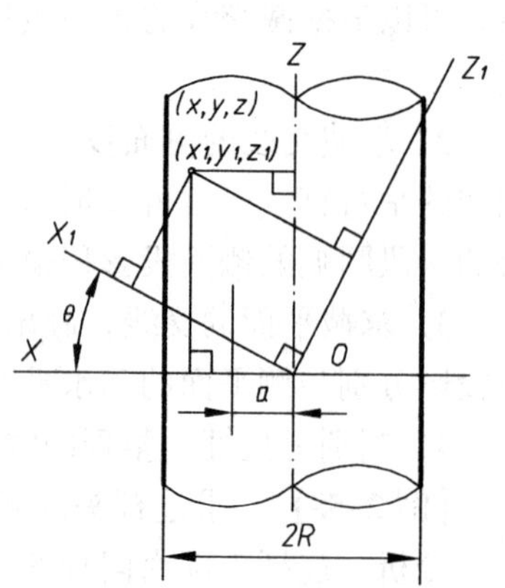

图 2-95　圆柱面截切

（1）截平面平行于回转轴（OZ 轴）

令截平面为侧平面，与 OZ 轴距离为 a，其方程为 $x = a$，代入式（2-8），得

$$y^2 = R^2 - a^2$$

当 $|a| > R$ 时，截平面与圆柱不相交，没有截交线。

当 $|a| = R$ 时，截平面与圆柱相切，切线方程为 $y = 0$。

当 $|a| < R$ 时，$y = \pm\sqrt{R^2 - a^2}$，表明截交线为一对平行线。

（2）截平面与回转轴（OZ 轴）相交

以 O 为原点，设立一个新的直角坐标系 $O\text{-}X_1Y_1Z_1$，其中 OY_1 与 OY 重合。令 OX_1 与 OX 之间的夹角为θ，则空间任意一点在新旧坐标系中的坐标有以下关系

$$\begin{cases} x = x_1\cos\theta - z_1\sin\theta \\ y = y_1 \\ z = x_1\sin\theta + z_1\cos\theta \end{cases} \tag{2-9}$$

将式（2-9）代入式（2-8）可得圆柱对新坐标系 $O - X_1Y_1Z_1$ 的方程

$$(x_1\cos\theta - z_1\sin\theta)^2 + y_1{}^2 = R^2 \tag{2-10}$$

在式（2-10）中取 $z_1 = 0$，得到以坐标面 $O\text{-}X_1Y_1$ 截平面的圆柱截交线的一般方程

$$(x_1\cos\theta)^2 + y_1{}^2 = R^2 \tag{2-11}$$

当 $\theta = 0°$时，式（2-11）成为 $x_1{}^2 + y_1{}^2 = R^2$，表明截交线为圆。

当 $0° < \theta < 90°$时，式（2-11）表明截交线为椭圆。

2. 圆锥面的截交性质

截平面与圆锥面的相对位置可分为两类：截平面经过锥顶；截平面不经过锥顶。

截平面经过锥顶又可以分为三种情况：

1）截平面经过圆锥面的两条素线，即截交线为两条相交直线，如图 2-96a 所示；

2）截平面经过圆锥面的一条素线，即截平面 π 与圆锥面相切，如图 2-96b 所示；

3）截平面只经过锥顶，即截平面与圆锥面交于唯一的一点，如图 2-96c 所示。

截平面不经过锥顶也可以分为三种情况：

1）截平面 π 与圆锥面的所有素线都相交，截交线为椭圆；

2）截平面 π 平行于圆锥面的一条素线，截交线为抛物线；

3）截平面 π 平行于圆锥面的两条素线，截交线为双曲线。

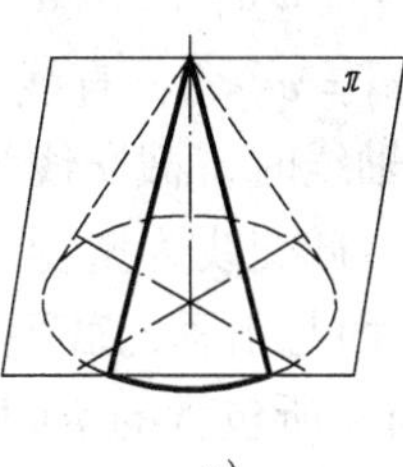

a）

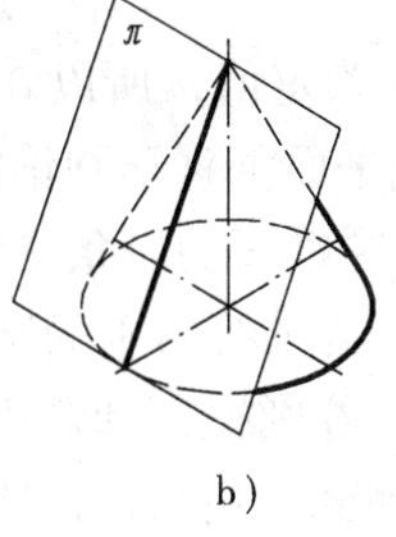

b）

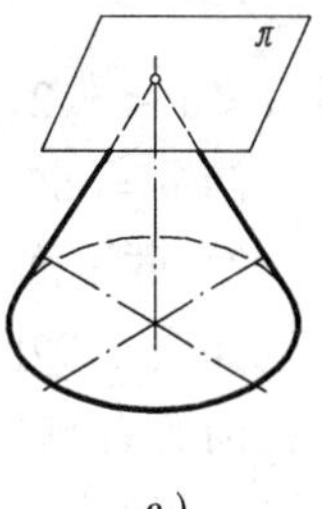

c）

图 2-96　截平面经过锥顶

下面证明截平面不经过锥顶时的截交线性质。

1）截平面与圆锥面的所有素线都相交，截交线为椭圆。

如图 2-97a 所示，为轴线铅垂的圆锥面与正垂的截平面 π 的正面投影。在圆锥面和截平面 π 所包含的空间里，分别作两个球面 R_1、R_2，这两个球面既与圆锥面相切，又与截平面 π 相切，r_1'、r_2'是两个球心的投影。f_1'、f_2'是截平面 π 与两个球面切点的投影，$1'2'$和$3'4'$是圆锥面与两个球面的切线圆的投影。在截交线 MN（投影为 $m'n'$）上任取一点 P（投影为 p'），连接锥顶 S 和点 P，直线 SP 与球 R_1 相切于点 U（投影为 u'），与球 R_2 相切于点 V（投影为 v'）。以圆锥的轴线为旋转轴，将 PU 和 PV 转为正平线，得到实长，$5'2'$ 是 PU 的实长，$5'4'$ 是 PV 的实长。PU 和 PF_1 是从点 P 引出的同一个球面 R_1 的切线，故 PU 和 PF_1 等长，即 $PF_1 = PU = 5'2'$；同理，PV 和 PF_2 是从点 P 引出的同一个球面 R_2 的切线，故 PV 和 PF_2 等长，即 $PF_2 = PV = 5'4'$。由此得到：$PF_1 + PF_2 = 5'2' + 5'4' = 2'4'$，即点 P 至定点 F_1 的距离与点 P 至定点 F_2 的距离之和是一常值 $2'4'$。由于点 P 是任取的，即截交线上的点都满足这个条件，所以，截交线的实形是椭圆，定点 F_1、F_2 是椭圆的焦点。

由图 2-97a 可知，直线 D_1、D_2 分别为 $1'2'$、$3'4'$ 所在水平面与截平面 π 的交线，是正垂线，其正面投影分别积聚为 d_1'、d_2'。

由于
$$\frac{PF_1}{PD_1} = \frac{5'2'}{p'd_1'} = \frac{n'2'}{n'd_1'} = \frac{\cos\omega}{\cos\alpha} = e_1$$

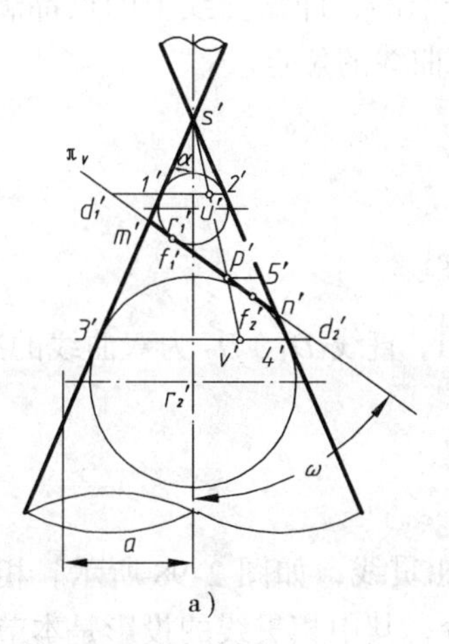

a）

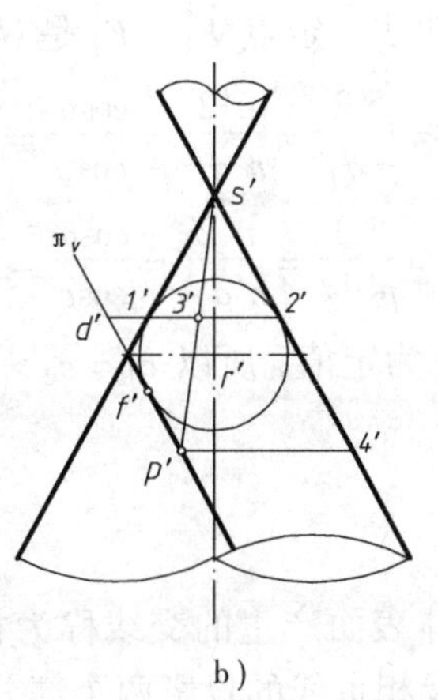

b）

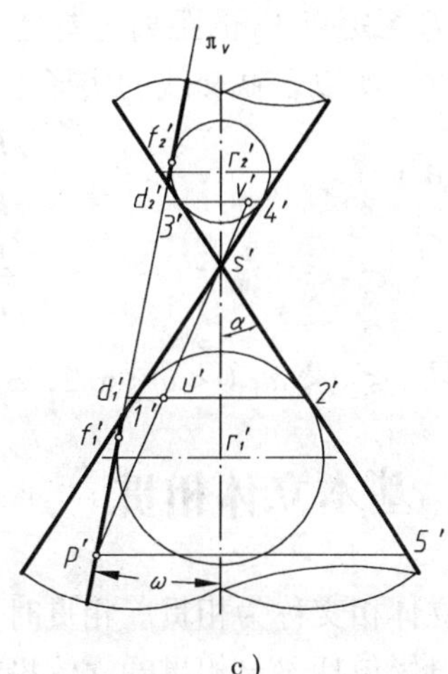

c）

图 2-97　截切面不过锥顶

$$\frac{PF_2}{PD_2}=\frac{5'4'}{p'd_2'}=\frac{n'2'}{n'd_1'}=\frac{\cos\omega}{\cos\alpha}=e_2$$

且 $\alpha<\omega<\pi/2$，α、ω 为定值，所以 $0<e_1=e_2<1$，直线 D_1、D_2 为椭圆的准线。

当 $\omega=\pi/2$，即截平面垂直于圆锥的轴线时，截交线为椭圆的特殊情况——圆。

2）截平面平行于圆锥面的一条素线，截交线为抛物线。

如图 2-97b 所示，为轴线铅垂的圆锥面与正垂的截平面 π 的正面投影，截平面 π 平行于圆锥面的右侧轮廓线。在圆锥面和截平面 π 所包含的空间里，作一个球面 R，这个球面既与圆锥面相切，又与截平面 π 相切，r' 是球心的投影。f' 是截平面 π 与球面切点的投影，$1'2'$ 是圆锥面与球面切线圆的投影。在截交线上任取一点 P（投影为 p'），连接锥顶 S 和点 P，直线 SP 与球 R 相切于点Ⅲ（投影为 $3'$）。以圆锥的轴线为旋转轴，将 PⅢ 转为正平线，得到实长 $2'4'$。PⅢ 和 PF 是从点 P 引出的同一个球面 R 的切线，故 PⅢ 和 PF 等长，即 $PF=P$Ⅲ $=2'4'$。$1'2'$ 所在水平面与截平面 π 交于正垂线 D，其正面投影积聚为 d'。点 P 至直线 D 的距离等于投影中的 $d'p'$，$d'p'$ 和 $2'4'$ 是平行四边形的对边，它们等长，即点 P 至定点 F 的距离与点 P 至定直线 D 的距离相等。由于点 P 是任取的，即截交线上的点都满足这个条件，所以，截交线的实形是抛物线，定点 F 是抛物线的焦点，定直线 D 是抛物线的准线。

3）截平面平行于圆锥面的两条素线，截交线为双曲线。

如图 2-97c 所示，为轴线铅垂的圆锥面与正垂的截平面 π 的正面投影。在圆锥面和截平面 π 所包含的空间里，分别作两个球面 R_1、R_2，这两个球面既与圆锥面相切，又与截平面 π 相切，r_1'、r_2' 是两个球心的投影。f_1'、f_2' 是截平面 π 与两个球面切点的投影，$1'2'$ 和 $3'4'$ 是圆锥面与两个球面的切线圆的投影，直线 D_1、D_2 分别为 $1'2'$、$3'4'$ 所在水平面与截平面 π 的交线，是正垂线，其正面投影分别积聚为 d_1'、d_2'。在截交线上任取一点 P（投影为 p'），连接锥顶 S 和点 P，直线 SP 与球 R_1 相切于点 U（投影为 u'），与球 R_2 相切于点 V（投影为 v'）。以圆锥的轴线为旋转轴，将 PU 和 PV 转为正平线，得到实长，$5'2'$ 是 PU 的实长，$5'3'$ 是 PV 的实长。PU 和 PF_1 是从点 P 引出的同一个球面 R_1 的切线，故 PU 和 PF_1 等长，即 $PF_1=PU=5'2'$；同理，PV 和 PF_2 是从点 P 引出的同一个球面 R_2 的切线，故 PV 和 PF_2 等长，即 $PF_2=PV=5'3'$。由此得到：$PF_2-PF_1=5'3'-5'2'=2'3'$，即点 P 至定点 F_1 的距离与点 P 至定点 F_2 的距离之差是一常值 $2'3'$。由于点 P 是任取的，即截交线上的点都满足这个条件，所以，截交线的实形是双曲线，定点 F_1、F_2 是双曲线的焦点。

由于

$$\frac{PF_1}{PD_1}=\frac{5'2'}{p'd_1'}=\frac{n'2'}{n'd_1'}=\frac{\cos\omega}{\cos\alpha}=e_1$$

$$\frac{PF_2}{PD_2}=\frac{5'3'}{p'd_2'}=\frac{n'2'}{n'd_1'}=\frac{\cos\omega}{\cos\alpha}=e_2$$

且 $0\leqslant\omega<\alpha$，$0<\alpha<\pi/2$，α、ω 为定值，所以 $e_1=e_2>1$，直线 D_1、D_2 为双曲线的准线。

2.8 基本立体相贯

立体相交称为相贯。相贯时立体表面产生的交线称为相贯线，如图 2-98 所示。相贯立体的投影包括参与相贯的立体投影及相贯线的投影两个部分，其中相贯线的投影是本节要叙述的主要问题。

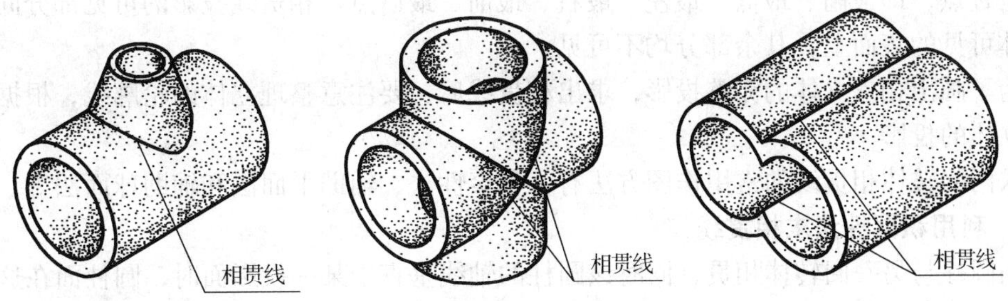

a）相贯线为空间曲线　　b）相贯线为平面曲线　　c）相贯线为直线

图 2-98　立体表面的相贯线

相贯线具有以下性质：

1）相贯线是相交立体表面的公有线，相贯线上的点是相交立体表面的公有点；

2）相贯线是相交立体表面的分界线，只有在立体投影的重叠区域才会有相贯线的投影；

3）由于立体具有一定的大小和范围，所以相贯线一般是封闭的空间曲线，特殊情况下为平面曲线或直线。

两基本立体的相贯有三种情况：平面立体与平面立体相贯、平面立体与回转体相贯、回转体与回转体相贯。

由于平面立体是由若干个平面构成，可将平面立体中参与相交的表面看成截平面，故平面立体与平面立体相贯、平面立体与回转体相贯可以转化为平面立体及回转体的截切，所有截交线连接起来即为相贯线。如图 2-99 所示。

圆柱和方柱相贯及圆柱上开方孔，可用求截交线的方法求出相贯线，如图 2-99 所示。

两回转体的相贯线一般是空间曲线。为了准确地画出相贯线，一般是先求出相贯线上的所有特殊点，再按需要作出适量的一般位置点，然后根据可见性连出相贯线的投影。特殊点是确定相贯线的投影范围和变化趋势的点，包括两回转体转向线上的点和相贯线三个方向的

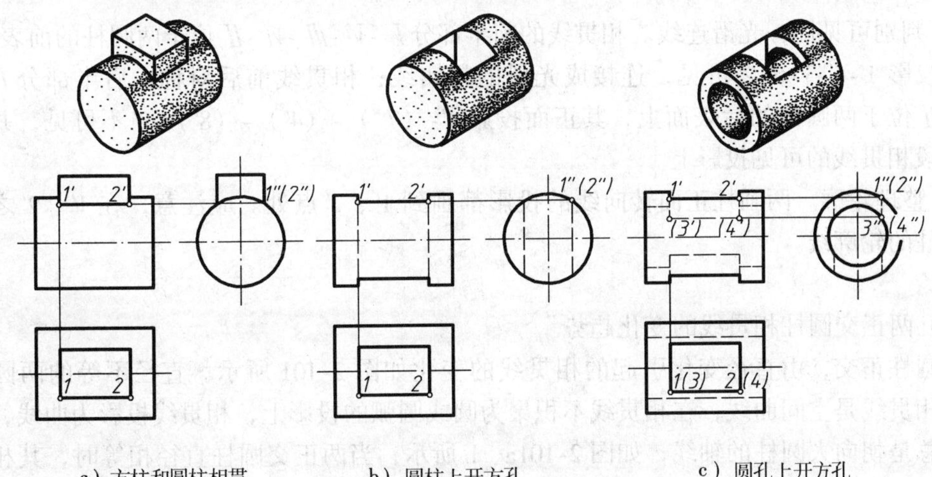

a）方柱和圆柱相贯　　b）圆柱上开方孔　　c）圆孔上开方孔

图 2-99　圆柱与方柱及圆柱上开方孔的相贯线

极限位置点，即最高、最低、最左、最右、最前、最后点。相贯线投影的可见部分同时位于两立体可见的表面上，其余部分均不可见。

为了画出相贯立体的完整投影，求出相贯线后，要注意整理立体的轮廓线，根据可见性补全立体的投影。

求两回转体相贯线的常用作图方法有：积聚性法、辅助平面法和辅助球面法等。

2.8.1 利用积聚性法求相贯线

当圆柱与另一回转体相贯，同时该圆柱的轴线垂直于某一投影面时，圆柱面在这一投影面上的投影积聚，因此，相贯线在该投影面上的投影已知。在这个已知投影上确定若干个特殊点和一般点，按照回转体表面取点的方法，求出这些点的另外两个投影，再顺序连线得到相贯线的投影。通常把这种方法称为求相贯线的积聚性法。

【例 2-59】 求两正交圆柱的投影（图 2-100a）。

分析 两圆柱轴线垂直相交，称为两圆柱正交。图中两圆柱的轴线分别为铅垂线和侧垂线，直径不相等。两圆柱面分别在水平投影和侧面投影积聚为圆，因此，相贯线的水平投影和侧面投影随之积聚在这两个投影的圆周上。考虑到相贯线在两立体的共有范围内，因此，相贯线的水平投影在整个圆周上，侧面投影在两圆柱侧面投影重叠区域内的圆弧上。如图 2-100 所示的立体图。

作图（图 2-100b）

1）求相贯线上特殊点的投影。先在相贯线的不重影的已知投影上标出全部特殊点，如图在相贯线的水平投影上标出转向线上的点*Ⅰ*、*Ⅱ*、*Ⅲ*、*Ⅳ*的投影 1、2、3、4，同时这四个点也是相贯线最左、最右、最前、最后点。然后在侧面投影上相应地作出 1″（2″）、3″、4″。再由 1、2、3、4 和 1″（2″）、3″、4″求出各点的正面投影 1′、2′、3′（4′）。可以看出，*Ⅰ*、*Ⅱ* 和*Ⅲ*、*Ⅳ*又分别是相贯线上的最高点和最低点。

2）求相贯线上一般位置点的投影。根据连线需要，在点*Ⅰ*、*Ⅱ*、*Ⅲ*、*Ⅳ*之间再求四个点。为了作图简便，可以作成前后左右对称的四个点*Ⅴ*、*Ⅵ*、*Ⅶ*、*Ⅷ*。先在相贯线的水平投影和侧面投影上作出 5、6、7、8 和 5″（6″）、7″（8″），根据点的投影规律再求出正面投影 5′（7′）、6′（8′）。

3）判别可见性，光滑连线。相贯线的前半部分*Ⅰ*-*Ⅴ*-*Ⅲ*-*Ⅵ*-*Ⅱ* 位于两圆柱的前表面上，其正面投影 1′-5′-3′-6′-2′ 可见，连接成光滑的粗实线；相贯线前后对称，后半部分*Ⅰ*-*Ⅶ*-*Ⅳ*-*Ⅷ*-*Ⅱ* 位于两圆柱的后表面上，其正面投影 1′-（7′）-（4′）-（8′）-2′ 不可见，并重合在前半段相贯线的可见投影上。

4）整理轮廓。两圆柱正面转向线的投影都画到 1′、2′ 点处。应注意，在 1′、2′ 之间不应画圆柱的轮廓线。

讨论

（1）两正交圆柱相贯线的变化趋势

两圆柱正交，由直径变化引起的相贯线的变化如图 2-101 所示。直径不等的两圆柱正交，其相贯线是空间曲线，在相贯线不积聚为圆或圆弧的投影上，相贯线投影为曲线，其弯曲方向总是朝向大圆柱的轴线，如图 2-101a、b 所示；当两正交圆柱直径相等时，其相贯线成为平面曲线——椭圆，在相贯线不积聚为圆或圆弧的投影上，相贯线的投影积聚为相交的两直线段，如图 2-101c 所示。

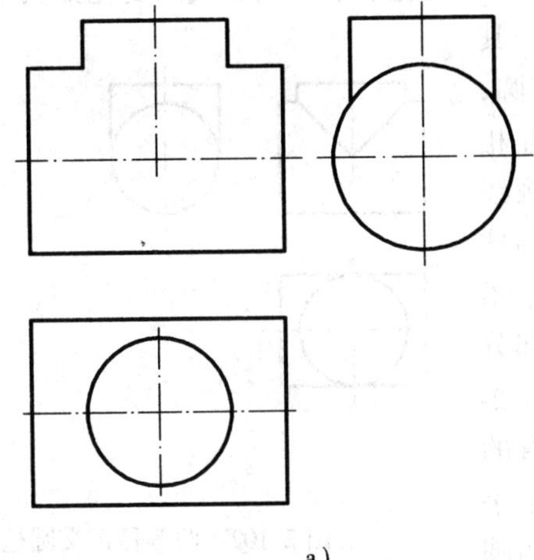

a)

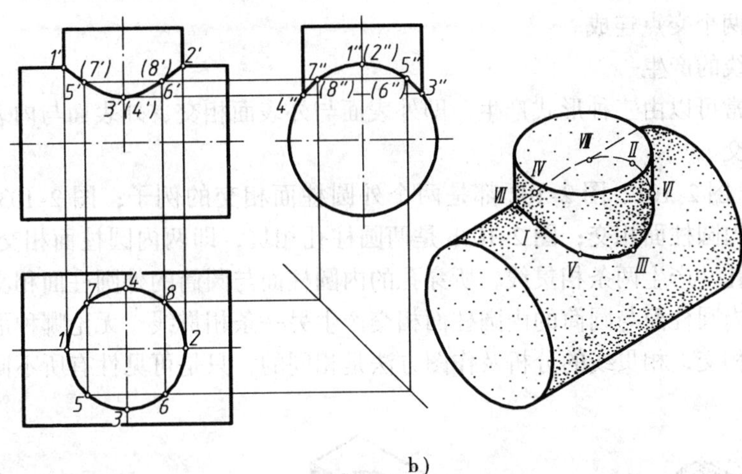

b)

图 2-100　两正交圆柱的相贯线

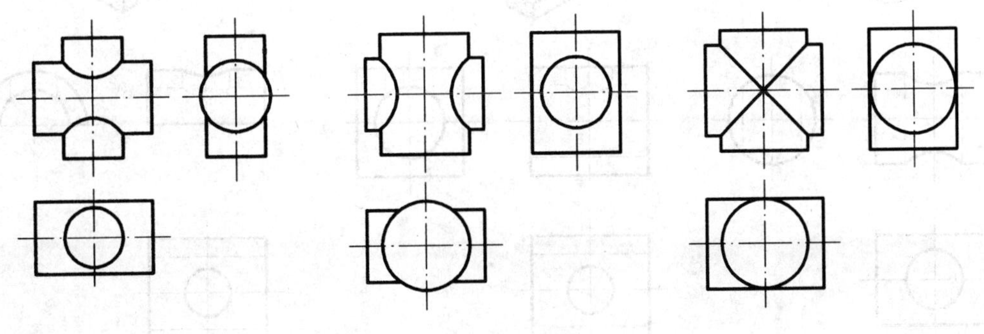

a) 水平圆柱直径大　　b) 直立圆柱直径大　　c) 两圆柱直径相同

图 2-101　两正交圆柱相贯线的变化趋势

两等径圆柱正交，由相交范围变化引起的相贯线的变化如图 2-101c、图 2-102 所示。图 2-101c 表示两圆柱完全相交，其相贯线是两个互相垂直的椭圆，在非圆投影上相贯线是两条互相垂直的十字线，由两圆柱轮廓线的四个交点连成，垂足是两圆柱轴线交点的投影；图 2-102a 中铅垂圆柱只与侧垂圆柱的上半部分相交，所以，相贯线只是图 2-101c 的一半，是两个互相垂直的半椭圆，其非圆投影自然是十字线的上半部分；图 2-102b 中两圆柱沿与轴线成 45°的截平面相交，相贯线是一个椭圆，在非圆投影上积聚为一条直线，由两圆柱轮廓线的两个交点连成。

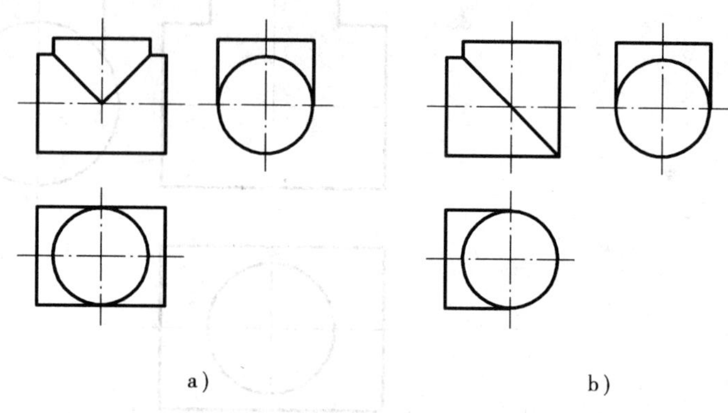

图 2-102　两等径正交圆柱不完全相贯的变化

(2) 相贯线的产生

相贯线通常可以由三种形式产生，即外表面与外表面相交、外表面与内表面相交、内表面与内表面相交。

图 2-100、图 2-101、图 2-102 都是两个外圆柱面相交的例子；图 2-103a 是圆柱穿孔，即外圆柱面与内圆柱面相交；图 2-103b 是两圆柱孔相贯，即两内圆柱面相交；图 2-103c 是在半圆筒上穿孔，产生两条相贯线，所穿孔的内圆柱面与圆筒的外圆柱面相交产生一条相贯线，所穿孔的内圆柱面与圆筒的内圆柱面相交产生另一条相贯线。无论哪种形式，其实质都是两个圆柱面相交，相贯线的分析及作图方法是相同的，只是可见性有所不同。

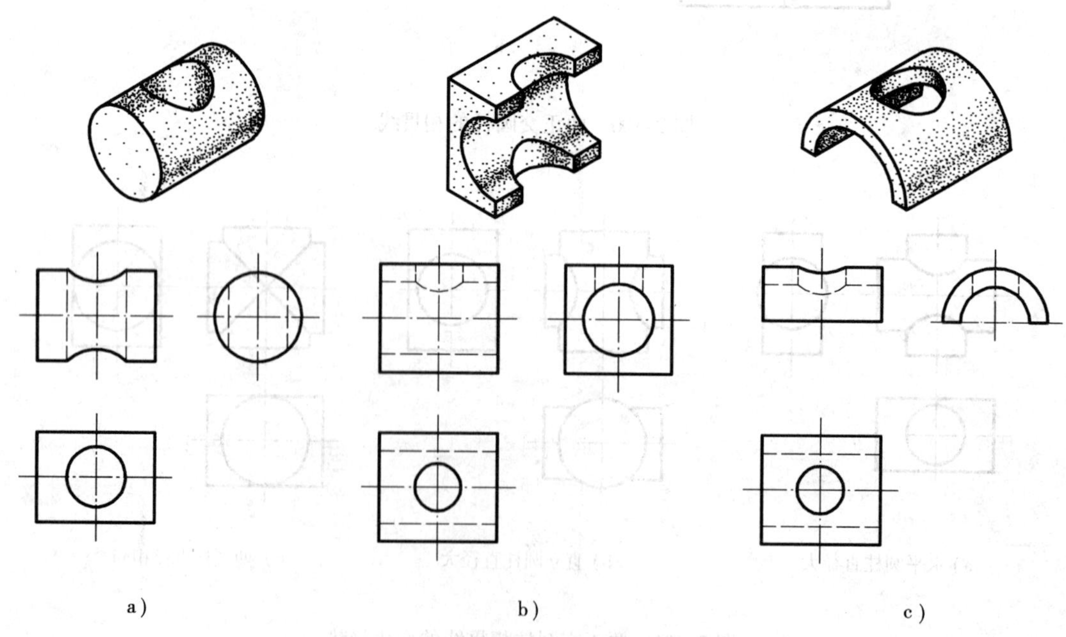

图 2-103　圆柱穿孔及两圆柱孔相贯

【例 2-60】 求两偏交圆柱的投影（图 2-104a）。

分析 两圆柱轴线垂直交叉，称为两圆柱偏交。图中直径小的圆柱轴线铅垂，直径大的半圆柱轴线侧垂。与上例相比，两圆柱的相对位置发生变化，不同之处在于小圆柱的轴线移到大圆柱轴线的前方，相贯线随之变成一条左右对称、但前后不对称的封闭的空间曲线。相贯线的水平投影和侧面投影仍然积聚在这两个投影的圆周上。考虑到相贯线在两立体的共有范围内，因此，相贯线的水平投影在整个圆周上，侧面投影在两圆柱侧面投影重叠区域内的圆弧上。

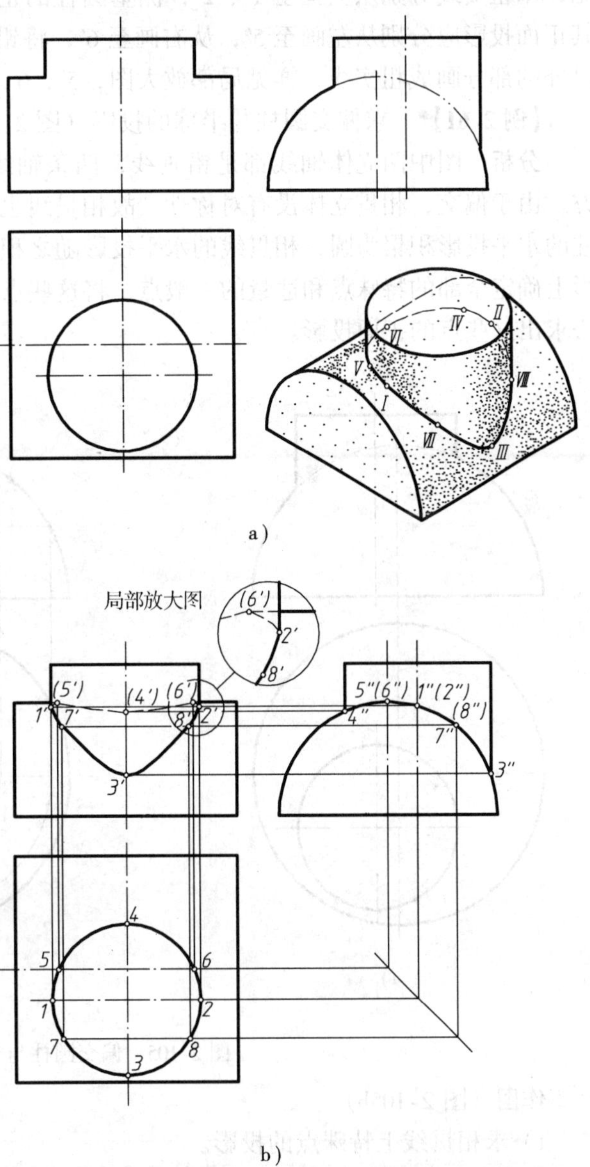

图 2-104 两偏交圆柱的投影

作图（图 2-104b）

1）求相贯线上特殊点的投影。先在相贯线的不重影的已知投影上标出全部特殊点，如图在相贯线的水平投影上分别标出铅垂圆柱转向线上的点Ⅰ、Ⅱ、Ⅲ、Ⅳ的投影 1、2、3、4 和侧垂圆柱转向线上的点Ⅴ、Ⅵ的投影 5、6。然后在侧面投影上相应地作出 1″（2″）、3″、4″、5″（6″）。再用点的二求三法求出这六个点的正面投影 1′、2′、3′、（4′）、（5′）、（6′）。可以看出，Ⅰ、Ⅱ、Ⅲ、Ⅳ分别是相贯线上最左、最右、最前、最后点，同时Ⅲ又是最低点，Ⅴ、Ⅵ是相贯线上的最高点。

2）求相贯线上一般位置点的投影。根据连线需要，在点Ⅰ、Ⅲ、Ⅱ之间再求两个点。为了作图简便，可以作成左右对称的两个点Ⅶ、Ⅷ。先在相贯线的水平投影和侧面投影上作出 7、8 和 7″（8″），再根据点的投影规律求出正面投影 7′、8′。

3）判别可见性，光滑连线。由于铅垂圆柱位于前方，所以在正面投影上铅垂圆柱转向线的投影是可见与不可见的分界线。相贯线的前半部分Ⅰ-Ⅶ-Ⅲ-Ⅷ-Ⅱ位于铅垂圆柱的前表面上，其正面投影 1′-7′-3′-8′-2′可见，连接成光滑的粗实线；相贯线的后半部分Ⅰ-Ⅴ-Ⅳ-Ⅵ-Ⅱ位于铅垂圆柱的后表面上，其正面投影 1′-（5′）-（4′）-（6′）-2′不可见，连接成光滑的虚线。

4）整理轮廓。由于偏交，两圆柱的正面转向线不相交，而是交叉，又由于铅垂圆柱的轴线在侧垂半圆柱轴线的前方，所以，在正面投影中铅垂圆柱的正面转向线会挡住一部分侧垂圆柱的正面转向线。铅垂圆柱的正面转向线与侧垂圆柱面交于Ⅰ、Ⅱ两点，其正面投影可见，用粗实线分别从上画至1′、2′；侧垂圆柱的正面转向线与铅垂圆柱面交于Ⅴ、Ⅵ两点，其正面投影应分别从左画至5′，从右画至6′，将铅垂圆柱正面转向线以内的部分画成虚线，以外的部分画成粗实线，详见局部放大图，5′、6′之间不应画圆柱的轮廓线。

【例2-61】 求偏交圆柱与半球的投影（图2-105a）。

分析 图中两立体轴线都是铅垂线，两条轴线不重合，圆柱的轴线在半球轴线的右前方。由于偏交，相贯立体没有对称性，故相贯线也是一条没有对称性的封闭的空间曲线。圆柱的水平投影积聚为圆，相贯线的水平投影随之积聚在这个圆周上。在相贯线已知的水平投影上确定全部的特殊点和适量的一般点，将这些点看成是球面上的点，利用球面上求点的作法求出这些点的正面投影。

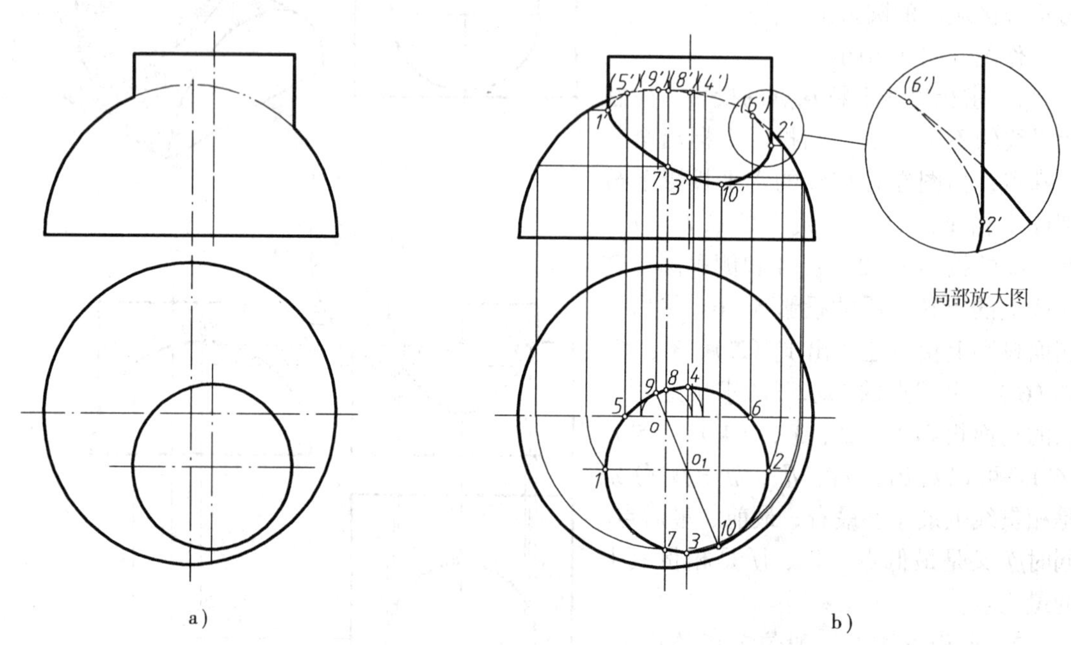

图2-105 偏交圆柱与半球的投影

作图（图2-105b）

1）求相贯线上特殊点的投影。

先求两立体转向线上的点。如图在相贯线的水平投影上分别标出圆柱转向线上的点Ⅰ、Ⅱ、Ⅲ、Ⅳ的投影1、2、3、4和半球转向线上的点Ⅴ、Ⅵ、Ⅶ、Ⅷ的投影5、6、7、8。然后用球面上求点的方法求出这八个点的正面投影1′、2′、3′、(4′)、(5′)、(6′)、7′、(8′)，图中用了水平辅助圆。可以看出，Ⅰ、Ⅱ、Ⅲ、Ⅳ分别是相贯线上最左、最右、最前、最后点。

再求相贯线上的最高点、最低点。在水平投影上连接两个圆心 o、o_1，延长与相贯线积聚的圆周交于9、10两点。9点距半球顶点的水平投影 o 最近，是最高点；10点距半球顶点的水平投影 o 最远，是最低点。利用水平辅助圆求出（9′）、10′。

2）求相贯线上一般位置点的投影。根据连线需要，适当求出一些一般位置点，图中未表示。

3）判别可见性，光滑连线。由于圆柱位于前方，所以圆柱的转向线是正面投影可见与不可见的分界线。相贯线的前半部分Ⅰ-Ⅶ-Ⅲ-Ⅹ-Ⅱ位于圆柱的前表面上，其正面投影1′-7′-3′-10′-2′可见，连接成光滑的粗实线；相贯线的后半部分Ⅰ-Ⅴ-Ⅸ-Ⅷ-Ⅳ-Ⅵ-Ⅱ位于圆柱的后表面上，其正面投影1′-（5′）-（9′）-（8′）-（4′）-（6′）-2′不可见，连接成光滑的虚线。

4）整理轮廓。由于偏交，圆柱与半球的正面转向线不相交，圆柱正面转向线在半球正面转向线的前方，所以，在正面投影中圆柱的正面转向线会挡住一部分半球的正面转向线。圆柱的正面转向线与半球面交于Ⅰ、Ⅱ两点，其正面投影可见，用粗实线分别从上画至1′、2′；半球的正面转向线与圆柱面交于Ⅴ、Ⅵ两点，其正面投影应分别从左画至5′、从右画至6′，将圆柱正面转向线以内的部分画成虚线，以外的部分画成粗实线，详见局部放大图，5′、6′之间不应画圆球正面转向线的投影。

【例 2-62】 求相交圆柱与四分之一圆环的投影（图 2-106a）。

分析 图中圆柱轴线侧垂，圆柱的侧面投影积聚为圆，相贯线的侧面投影随之积聚在这个圆周上。在相贯线已知的侧面投影上确定全部的特殊点和适量的一般点，将这些点看成是圆环面上的点，利用圆环面上求点的作法求出这些点的水平投影和正面投影。

作图（图 2-106b）

1）求相贯线上特殊点的投影。如图在相贯线的侧面投影上分别标出圆柱转向线上的点Ⅰ、Ⅱ、Ⅲ、Ⅳ的投影1″、2″、3″、4″。然后用圆环面上求点的方法求出这四个点的正面投影1′、2′、3′（4′）和水平投影（1）、2、3、4，图中用了正平辅助圆。可以看出，Ⅰ、Ⅱ、Ⅲ、Ⅳ分别是相贯线上最低、最高、最前、最后点，同时，Ⅰ、Ⅱ两点还是相贯线上最左、最右点。

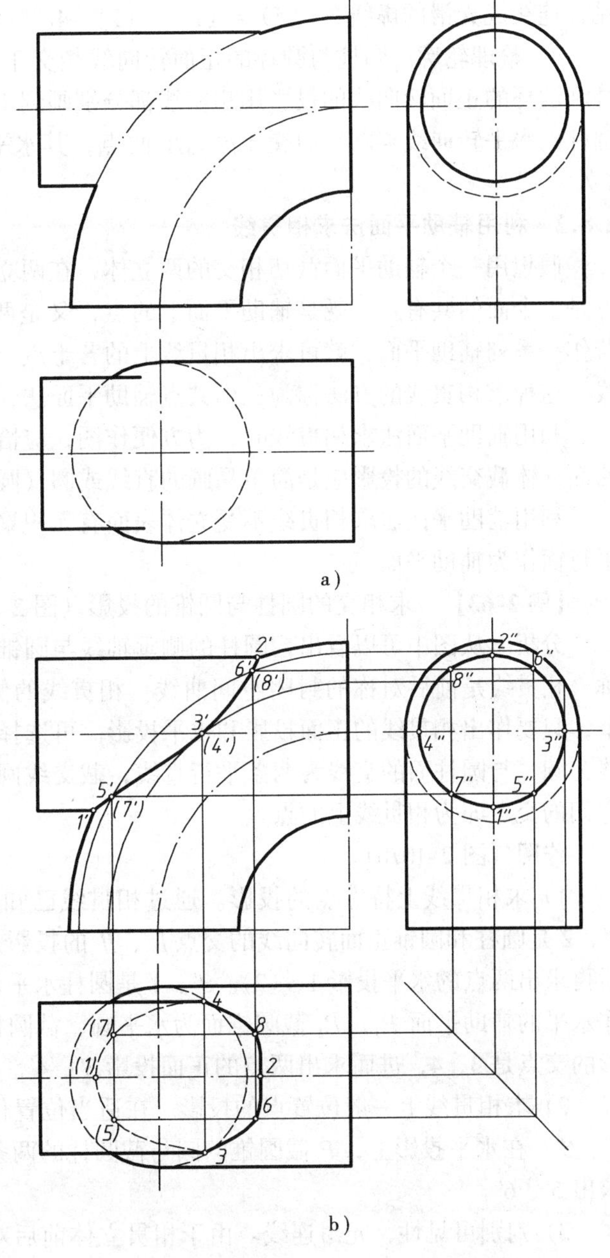

图 2-106 相交圆柱与四分之一圆环的投影

2）求相贯线上一般位置点的投影。根据连线需要，在点Ⅰ、Ⅱ、Ⅲ、Ⅳ之间再求四个点。为了作图简便，可以作成前后对称的四个点Ⅴ、Ⅵ、Ⅶ、Ⅷ。先在相贯线的侧面投影上作出5″、6″、7″、8″，再用圆环面上求点的方法求出这些点的正面投影5′（7′）、6′（8′）和水平投影（5）、6、（7）、8。

3）判别可见性，光滑连线。由于相贯立体前后对称，所以相贯线也是前后对称，其正面投影的可见部分与不可见部分重影，连接成光滑的粗实线1′-5′(7′)-3′(4′)-6′(8′)-2′；相贯线的上半部分Ⅲ-Ⅵ-Ⅱ-Ⅷ-Ⅳ位于圆柱的上表面上，其水平投影可见，连接成光滑的粗实线3-6-2-8-4；相贯线的下半部分Ⅲ-Ⅴ-Ⅰ-Ⅶ-Ⅳ位于圆柱的下表面上，其水平投影不可见，连接成光滑的虚线3-（5）-（1）-（7）-4。

4）整理轮廓。圆柱与圆环的正面转向线相交于Ⅰ、Ⅱ两点，所以，在正面投影中将圆柱和圆环的正面转向线的投影用粗实线都分别画到1′、2′，1′、2′之间不应画圆环的轮廓线。圆柱的水平转向线与圆环面交于Ⅲ、Ⅳ两点，其水平投影可见，用粗实线分别从左画至3、4处。

2.8.2 利用辅助平面法求相贯线

假想用一个辅助平面截切相交的两立体，在两立体的表面分别产生截交线，截交线的交点是三个面的共有点，既是辅助平面上的点，又是两立体表面的共有点，即相贯线上的点。若作一系列辅助平面，就可求出相贯线上的若干点，依次光滑连接成曲线，可得所求的相贯线。这种求相贯线的方法称为三面共点辅助平面法，简称辅助平面法。

利用辅助平面法求相贯线时，为方便作图，应恰当地选择辅助平面。所选辅助平面与两曲面立体截交线的投影应是简单易画的直线或圆（圆弧）。

利用辅助平面法求相贯线不受立体表面有无积聚性的限制，应用广泛。一般选择投影面平行面作为辅助平面。

【例2-63】 求相交的圆柱与圆锥的投影（图2-107a）。

分析 从图中可以看出，圆柱的侧垂轴线与圆锥的铅垂轴线垂直相交，相贯立体前后对称，相贯线是前后对称的封闭空间曲线。相贯线的侧面投影积聚在圆柱面侧面投影的圆周上，只要作出相贯线的正面投影和水平投影。可选择水平面作为辅助平面。它与圆锥面的交线为圆，与圆柱面的交线为两条平行直线，截交线圆和截交线直线的水平投影均反映实形，它们的交点即为相贯线上的点。

作图（图2-107b）

1）求相贯线上特殊点的投影。通过相贯线已知的侧面投影求出两立体转向线上的点。1″、2″是圆柱和圆锥正面转向线的交点Ⅰ、Ⅱ的投影，其正面投影1′、2′可以直接确定，然后再求出两点的水平投影1、（2）。3″、4″是圆柱水平转向线上的点Ⅲ、Ⅳ的投影，过这两点作水平的辅助平面P_1，P_1截圆锥面为水平圆，截圆柱面为两条侧垂线，两组截交线水平投影的交点是3、4，进而求出两点的正面投影3′、4′。

2）求相贯线上一般位置点的投影。在适当位置作水平辅助平面P，在侧面投影上得到5″、6″，在水平投影上，P截圆锥的圆与截圆柱的两条平行直线的交点分别是5、6，由5、6求出5′、6′。

3）判别可见性，光滑连线。由于相贯立体前后对称，所以相贯线也是前后对称的，其正面投影的可见部分与不可见部分重影，连接成光滑的粗实线1′-5′（6′）-3′（4′）-2′；相贯

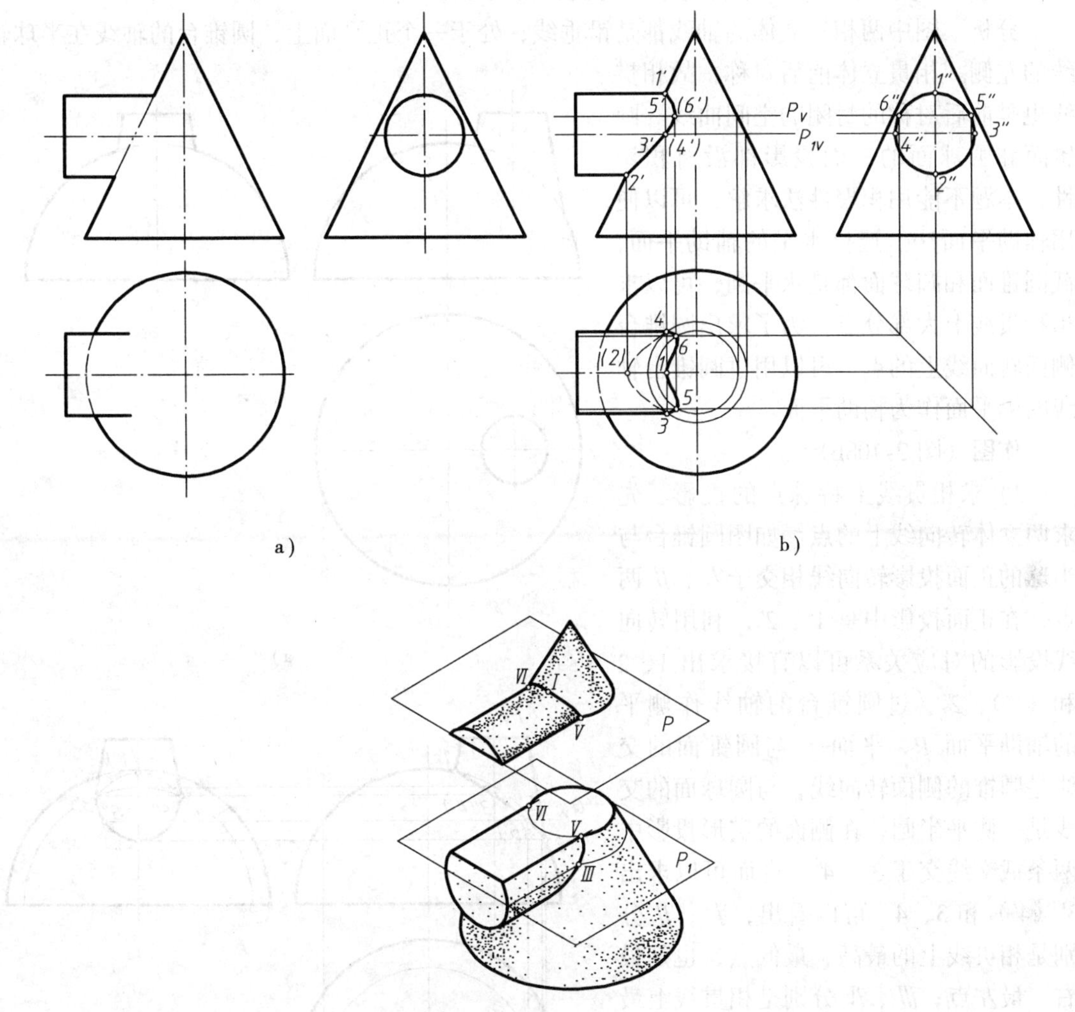

图 2-107　相交圆柱与圆锥的投影

线的上半部分Ⅲ-Ⅴ-Ⅰ-Ⅵ-Ⅳ位于圆柱的上表面上，其水平投影可见，连接成光滑的粗实线 3-5-1-6-4；相贯线的下半部分Ⅲ-Ⅱ-Ⅳ位于圆柱的下表面上，其水平投影不可见，连接成光滑的虚线 3-（2）-4。

4）整理轮廓。圆柱与圆锥的正面转向线相交于Ⅰ、Ⅱ两点，所以，在正面投影中将圆柱和圆锥的正面转向线的投影用粗实线分别画到 1′、2′，1′、2′之间不应画圆锥正面转向线的投影。圆柱的水平转向线与圆锥面交于Ⅲ、Ⅳ两点，其水平投影可见，用粗实线分别从左画至 3、4 处。

讨论

1）由于圆柱的侧面投影积聚，所以此题也可以用积聚性法解决。

2）相贯线上的点Ⅰ、Ⅱ是最上、最下点，Ⅲ、Ⅳ是最前、最后点，Ⅱ还是最左点，注意，Ⅴ、Ⅵ不是相贯线的最右点。相贯线的最右点用积聚性法和辅助平面法都无法确定，可以用 2.8.3 所述的辅助球面法求解。

【例 2-64】 求偏交圆锥台与半球的投影（图 2-108a）。

分析 图中两相贯立体的轴线都是铅垂线，处于一个正平面上，圆锥台的轴线在半球轴线的左侧。相贯立体前后对称，故相贯线也是前后对称的封闭的空间曲线。圆锥面和圆球面的三面投影都没有积聚性，本题不能用积聚性法求解，可以使用辅助平面法。选择水平的辅助平面，截圆锥面和圆球面都是水平圆，可以求出相贯线上大部分点。为了求出圆锥台侧面转向线上的点，可以用过圆锥台轴线的侧平面作为辅助平面。

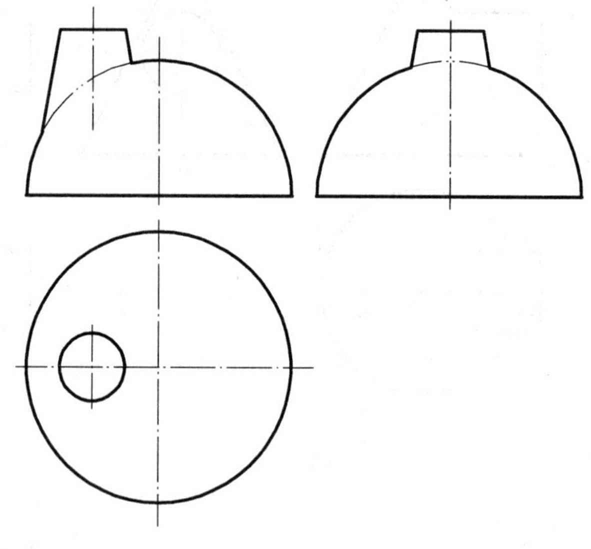

a)

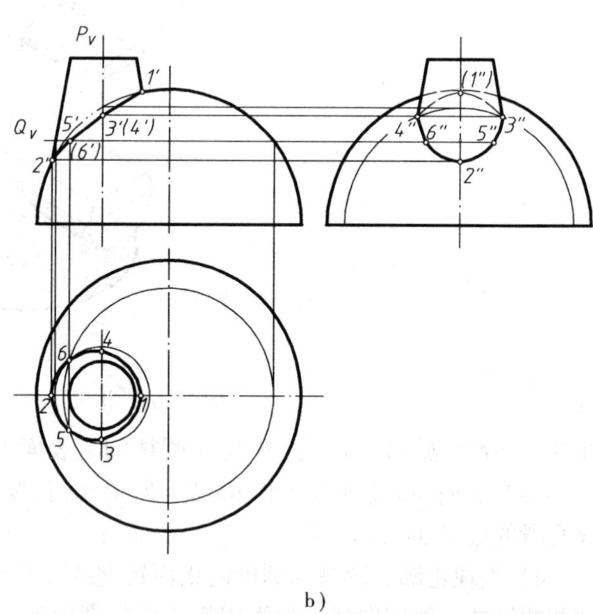

b)

图 2-108 偏交圆锥台与半球的投影

作图（图 2-108b）

1）求相贯线上特殊点的投影。先求两立体转向线上的点。如图圆锥台与半球的正面投影转向线相交于Ⅰ、Ⅱ两点，在正面投影中是 1′、2′，利用转向线投影的对应关系可以直接求出 1、2 和（1″）、2″。过圆锥台的轴线作侧平的辅助平面 *P*，平面 *P* 与圆锥面的交线是圆锥的侧面转向线，与圆球面的交线是一侧平半圆，在侧面的实形投影中两条截交线交于 3″、4″，进而可以求出 3′（4′）和 3、4。可以看出，Ⅰ、Ⅱ分别是相贯线上的最高、最低点，也是最右、最左点；Ⅲ、Ⅳ分别是相贯线上最前、最后点。

2）求相贯线上一般位置点的投影。根据连线需要，在适当位置作水平辅助平面 *Q*，平面 *Q* 截圆锥面和圆球面得到的两个水平圆在水平投影中交于 5、6，进一步可以求出 5′（6′）和 5″、6″。

3）判别可见性，光滑连线。由于相贯立体前后对称，所以相贯线也是前后对称的，其正面投影的可见部分与不可见部分重影，连接成光滑的粗实线 1′-3′（4′）-5′（6′）-2′。相贯线的水平投影可见，连接成光滑的粗实线 1-3-5-2-6-4-1。相贯线的左半部分Ⅲ-Ⅴ-Ⅱ-Ⅵ-Ⅳ位于圆锥台的左侧表面上，其侧面投影可见，连接成光滑的粗实线 3″-5″-2″-6″-4″；相贯线的右半部分Ⅲ-Ⅰ-Ⅳ位于圆柱的右侧表面上，其侧面投影不可见，连接成光滑的虚线 3″-（1″）-4″。

4）整理轮廓。圆锥台与半球的正面转向线相交于Ⅰ、Ⅱ两点，所以，在正面投影中将圆球和圆锥正面转向线的投影用粗实线分别画到 1′、2′，1′、2′之间不应再画圆球正面转向线的投影。由于圆锥台在半球的左侧，所以在侧面投影上圆锥台的侧面转向线是可见部分与不可见部分的分界线。圆锥台的侧面转向线与半球面交于Ⅲ、Ⅳ两点，其侧面投影可见，用粗实线分别从上画至 3、4 处。半球的侧面转向线仍然存在，应完整画出其侧面投影，注意，在圆锥台侧面转向线投影之间的部分应画成虚线。

【例 2-65】 求斜交两圆柱的投影（图 2-109a）。

分析 图中两圆柱的轴线一条铅垂，另一条正平，两条轴线在一个正平面内相交，轴线铅垂圆柱的水平投影积聚为圆，相贯线的水平投影随之积聚在这个圆周上，在两圆柱水平投影共有范围内的圆弧上。在相贯线已知的水平投影上确定全部的特殊点和适量的一般点，特殊点可以直接求出，一般点利用辅助平面来求。由于轴线正平的圆柱其圆柱面与 *H* 面和 *W* 面都倾斜，用水平面和侧平面作为辅助平面都不合适，只能用正平面作辅助平面。

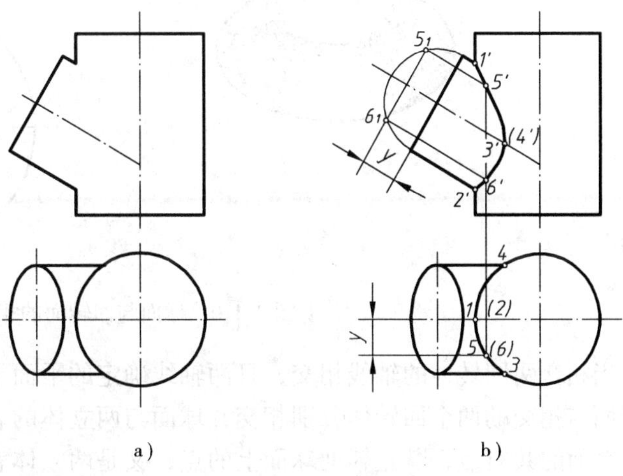

图 2-109 斜交两圆柱的投影

作图（图 2-109b）

1）求相贯线上特殊点的投影。如图在相贯线的水平投影上分别标出圆柱转向线上的点Ⅰ、Ⅱ、Ⅲ、Ⅳ的投影 1（2）、3、4。Ⅰ、Ⅱ是两圆柱正面转向线的交点，直接求出 1′、2′；斜圆柱水平转向线上Ⅲ、Ⅳ点的正面投影 3′（4′）可以利用转向线的对应关系求出。可以看出，Ⅰ、Ⅱ、Ⅲ、Ⅳ分别是相贯线上最高、最低、最前、最后点，同时，还是最左、最右点。

2）求相贯线上一般位置点的投影。根据连线需要，在适当位置作正平的辅助平面。该平面与铅垂圆柱面的交线是铅垂线，在水平投影中积聚为点 5（6），与斜圆柱的交线是两条平行于轴的正平线。作图时，可用换面法将斜圆柱投影成具有积聚性的圆。然后根据水平投影中正平面与斜圆柱轴线间的距离 y，在积聚性圆中求出 5_1、6_1 两点，过这两个点分别作斜圆柱轴线的平行线，与正平辅助面和铅垂圆柱截交线的正面投影交于 5′、6′，这就是一般位置点的正面投影。

3）判别可见性，光滑连线。由于相贯立体前后对称，所以相贯线也是前后对称，其正面投影的可见部分与不可见部分重影，连接成光滑的粗实线 1′-5′-3′（4′）-6′-2′。

4）整理轮廓。两圆柱的正面转向线相交于Ⅰ、Ⅱ两点，所以，在正面投影中将两圆柱的正面转向线的投影用粗实线分别画到 1′、2′，1′、2′之间不应画铅垂圆柱正面转向线的投影。

2.8.3 利用辅助球面法求相贯线

当圆球面与回转面相交，且球心在回转面的轴线上时，两面的交线是垂直于回转面轴线的圆。如果回转面轴线平行于某一投影面，则交线圆在该投影面上的投影是垂直于轴线投影的直线段，如图 2-110 所示。

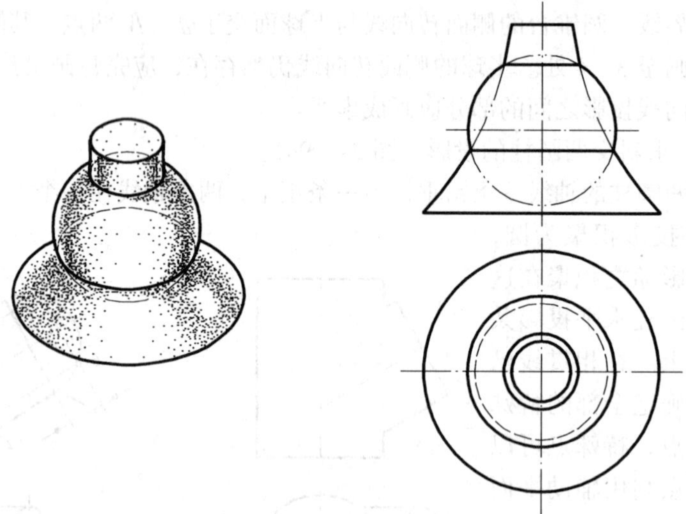

图 2-110　球面与回转面的相贯线

当相交两回转体的轴线相交，且两轴线确定的平面平行于某一投影面时，假想用一个辅助球面与相交的两个回转体分别相交，球面与两立体的表面分别产生交线圆，交线圆的交点是三个面的共有点，既是辅助球面上的点，又是两立体表面的共有点，即相贯线上的点。若作一系列辅助球面，就可求出相贯线上的若干点，依次光滑连接成曲线，可得所求的相贯线。这种求相贯线的方法称为辅助球面法。

利用辅助球面法求相贯线，一般应满足以下条件：

1）两相交立体都是回转体。

2）两回转体的轴线相交。

3）两回转体轴线所确定的平面平行于同一投影面。

【例 2-66】　求相交圆柱与圆锥台的投影，如图 2-111a 所示。

分析　圆柱的轴线正平，圆锥的轴线铅垂，两个回转体的 H、V、W 三个投影都不积聚，不能使用积聚性法。同时也没有适当的辅助平面截圆柱和圆锥，使交线的投影为直线段或圆，故也不能用辅助平面法求解。注意到两回转体的轴线相交确定一个正平面，因此可以用辅助球面法解决这个问题。

以两条回转体轴线的交点为球心作辅助球面。辅助球面应同时与两回转面相交，因此，辅助球的半径大小有一个范围。本题中辅助球半径 R 应满足：$R_2 \leqslant R \leqslant R_1$。如图 2-111 所示，$R_1$ 是最大辅助球半径，其长度是球心到两立体正面投影轮廓线交点中最远点 $1'$ 的距离；R_2 是最小辅助球半径，是由球心向两回转体所作内切球中较大者的半径。$R > R_1$ 或 $R < R_2$ 时，辅助球与两立体的交线不再相交。

作图（图 2-111b）

1）求相贯线上点的投影。

求两立体正面转向线上的点。如图斜圆柱与圆锥台的正面转向线相交于 I 、II 两点，在

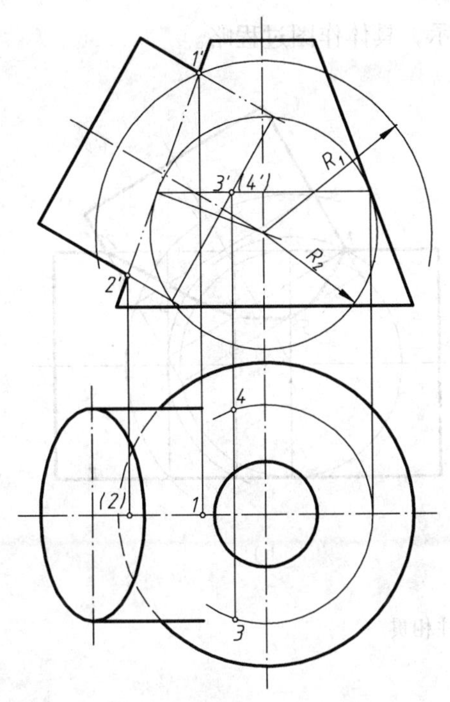

a）确定辅助球面半径范围

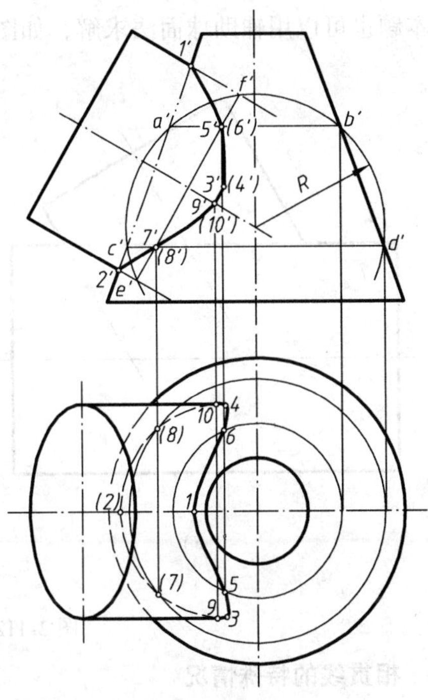

b）求相贯线上点，完成作图

图 2-111 斜圆柱与圆锥相交

正面投影中是 1′、2′，利用转向线投影的对应关系可以直接求出 1、2。可以看出，Ⅰ、Ⅱ分别是相贯线上的最高、最低点。

以 R_2 为半径作最小的辅助球，该球面与圆锥面交于一个水平圆，与圆柱交于正垂圆，这两个交线圆的正面投影积聚为两条直线段，交点为 3′（4′），两点重影；其水平投影 3、4 可以在水平圆的实形投影上直接投影得到。

再以适当的半径 R 作辅助球。在正面投影上，球面与锥面交的两个水平圆和球面与柱面交的正垂圆交于 5′（6′）、7′（8′）四个点，5′和 6′重影，7′和 8′重影，其水平投影 5、6、(7)、(8) 可以在各自所在的水平圆的实形投影上直接投影得到。

2）判别可见性，光滑连线。由于相贯立体前后对称，所以相贯线也是前后对称，其正面投影的可见部分与不可见部分重影，连接成光滑的粗实线 1′-5′（6′）-3′（4′）-7′（8′）-2′。相贯线与圆柱轴线正面投影的交点可以近似看作圆柱的水平转向线与锥面交点的正面投影 9′（10′），求出其水平投影 9、10。相贯线的上半部分位于圆柱的上表面，其水平投影可见，连接成光滑的粗实线 9-3-5-1-6-4-10；相贯线的下半部分位于圆柱的下表面，其水平投影不可见，连接成光滑的虚线 9-（7）-（2）-（8）-10。

3）整理轮廓。两圆柱的正面转向线相交于Ⅰ、Ⅱ两点，所以，在正面投影中将两圆柱正面转向线的投影用粗实线分别画到 1′、2′，1′、2′之间不应再画圆锥正面转向线的投影。圆柱的水平转向线是水平投射可见部分与不可见部分的分界线，其水平投影可见，用粗实线分别从左画至 9、10 处。

【例 2-67】 求两斜交圆柱的相贯线（图 2-112a）。

本题也可以用辅助球面法求解，如图 2-112b 所示，具体作图过程略。

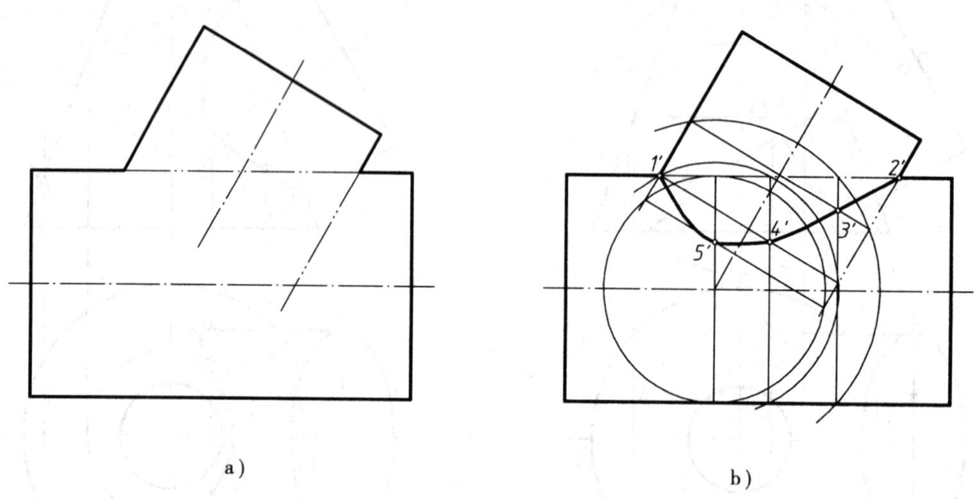

图 2-112 两斜交圆柱相贯

2.8.4 相贯线的特殊情况

两回转体相交时，一般情况下其相贯线是封闭的空间曲线，但在特殊情况下相贯线是平面曲线或直线。

1. 两同轴回转体的相贯线

两同轴回转体相交，其相贯线是垂直于回转体轴线的圆，当轴线平行于某一投影面时，这些圆在该投影面上的投影积聚为直线段，处于两回转体转向线投影的交点之间。如图 2-113 所示，图 2-113a 中的相贯线是由圆柱和圆球、圆柱孔和圆球同轴相交形成的；图 2-113b 中的相贯线是圆柱孔和圆锥孔、圆柱和圆锥台同轴相交形成的；图 2-113c 中的相贯线是圆锥台和圆球同轴相交形成的。

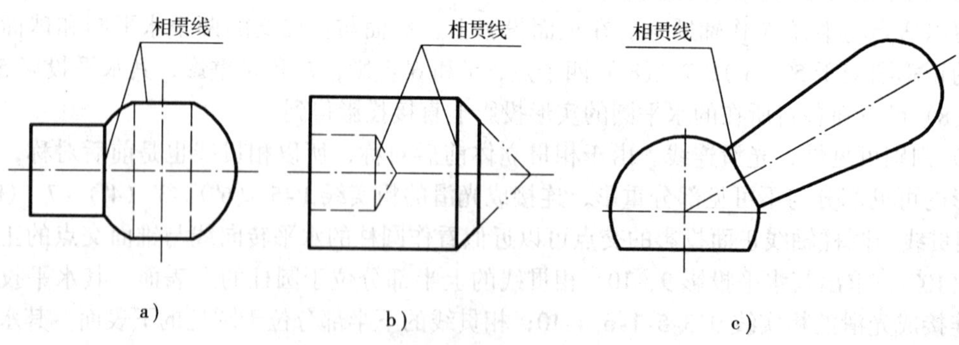

图 2-113 同轴回转体相贯线的投影

2. 两个外切于同一球面的回转体的相贯线

在图 2-114 中，图 2-114a 表示两等径圆柱正交，两圆柱外切于同一个球面，其相贯线是两个相同的椭圆，椭圆的正面投影积聚为两垂直相交的直线段，两线段长度相等，分别连

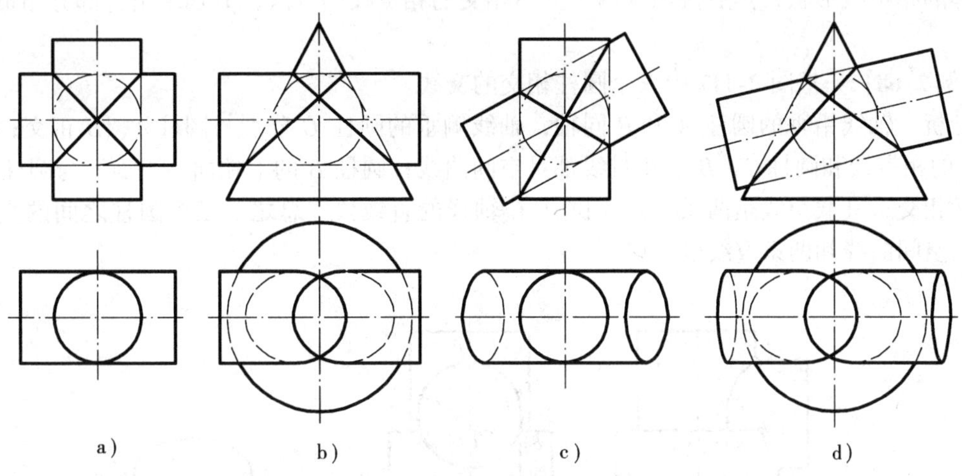

图 2-114　外切于同一球面的回转体的相贯线

接两圆柱正面轮廓线对角的交点；图 2-114b 表示外切于同一个球面的圆柱与圆锥正交，其相贯线也是两个相同的椭圆，椭圆的正面投影积聚为两相交的直线段，两线段长度相等，分别连接圆柱与圆锥正面轮廓线对角的交点。图 2-114c、d 表示圆柱和圆柱、圆柱和圆锥斜交的情况，它们分别外切于同一个球面，其相贯线是两个长轴不相等的椭圆，椭圆的正面投影积聚为两相交的直线段，两线段长度不等，分别连接两立体正面轮廓线对角的交点。

图 2-115 表示工程上用圆锥过渡接头连接两个不同直径圆柱管道结构的投影图。两圆柱分别与过渡接头外切于球面，其相贯线为椭圆，相贯线的投影为直线段。

3. 两轴线平行的圆柱和两共顶的圆锥的相贯线

两轴线平行的圆柱相交时，其相贯线为平行于轴线的直线段，如图 2-116a 所示。两共顶的圆锥相交时，其相贯线为过锥顶的直线段，如图 2-116b 所示。

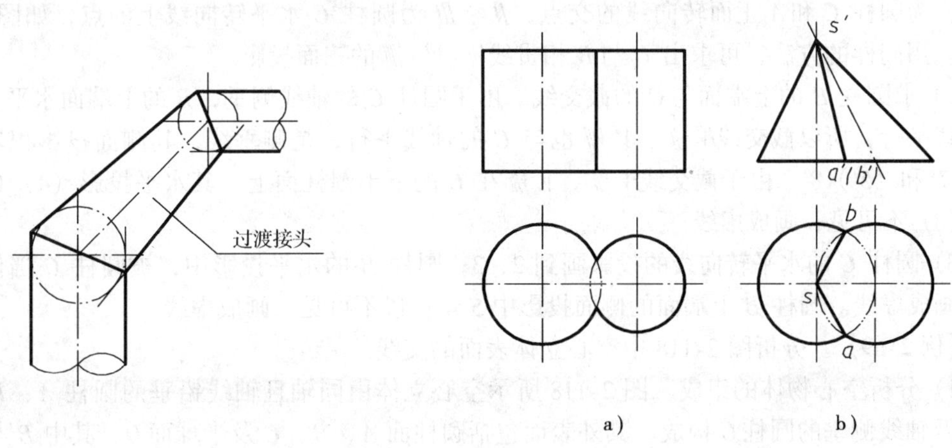

图 2-115　过渡接头连接管道

图 2-116　相贯线为直线

2.8.5　多个基本立体相贯

求多个立体相交的相贯线，首先要分析各相交立体的形状和相对位置，确定其中每对相交立体的相贯线形状，然后按照求两个立体相交的相贯线的方法，分别求出各部分相贯线的投影。

【例 2-68】 求图 2-117 中三个圆柱相交的交线。

分析 轴线铅垂的圆柱 *A* 和 *B* 同轴，轴线侧垂的圆柱 *C* 分别与圆柱 *A*、*B* 正交；圆柱 *C*、*A* 的相贯线和圆柱 *C*、*B* 的相贯线都是空间曲线；圆柱 *B* 的上端面（平面）与圆柱 *C* 的圆柱面相交，其截交线是两条平行于圆柱 *C* 轴线的直线段。总之，三个圆柱之间的交线是由两段空间曲线和两条直线段组成。

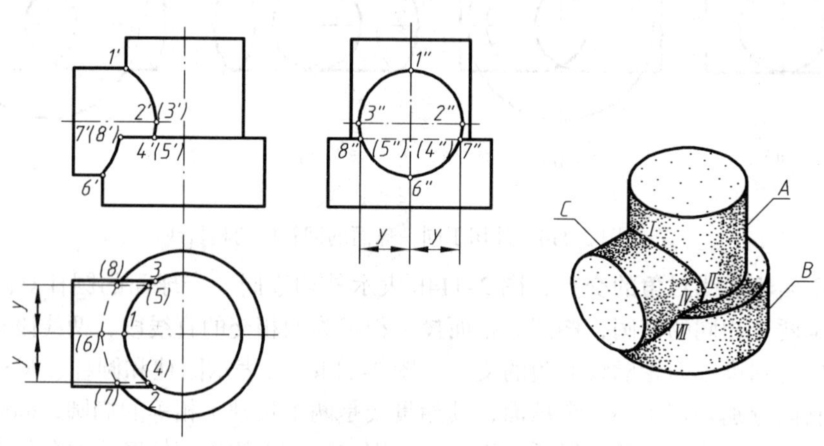

图 2-117 三个圆柱相交

作图

1）求圆柱 *C* 与 *A* 及圆柱 *C* 与 *B* 的相贯线。由于 *C* 上圆柱面的侧面投影和 *A* 上圆柱面的水平投影均有积聚性，所以它们的相贯线Ⅳ-Ⅱ-Ⅰ-Ⅲ-Ⅴ的水平投影和侧面投影都分别在相应的圆弧上，利用相贯线的侧面投影和水平投影可求出其正面投影 1′-2′（3′）-4′（5′），其中Ⅰ为圆柱 *C* 和 *A* 正面转向线的交点，Ⅱ、Ⅲ为圆柱 *C* 水平转向线上的点，如图 2-117 所示。用同样的方法，可求出 *C* 与 *B* 相贯线Ⅶ-Ⅵ-Ⅷ的三面投影。

2）求圆柱 *B* 的上端面与 *C* 的截交线。由于圆柱 *C* 的轴线侧垂，*B* 的上端面水平，与 *C* 的轴线平行，所以截交线ⅣⅦ、ⅤⅧ也与 *C* 的轴线平行，是侧垂线，其侧面投影积聚为点（4″）7″和（5″）8″。由于截交线ⅣⅦ、ⅤⅧ在 *C* 的下半圆柱面上，其水平投影（4）（7）和（5）（8）不可见，画成虚线。

3）圆柱 *C* 的水平转向线的投影画到 2、3；圆柱 *B* 的水平投影中，被圆柱 *C* 挡住的部分应画成虚线。圆柱 *B* 上端面的侧面投影中 5″4″一段不可见，画成虚线。

【例 2-69】 分析图 2-118 中空心立体表面的交线。

1）分析空心物体的组成。图 2-118 所示空心立体由同轴且轴线铅垂的圆柱 *A*、*B* 和半球 *D* 及轴线侧垂的圆柱 *C* 构成。其外表面包括圆柱面 *A*、*B*、*C* 及半球面 *D*，其中 *B* 与 *D* 等径；其内表面是由与圆柱面 *A*、*B*、*C* 及半球面 *D* 分别等距的圆柱面和半球面组成。在空心立体的下部，前半部分开了一个拱形槽，拱形槽由半圆柱孔 *E* 和长方孔 *F* 组成，后半部分开了一个圆柱孔 *G*。

2）分析各部分的交线。空心立体外表面的交线：由图 2-118 可以看出，圆柱面 *C* 的下半

部分与圆柱面 B 正交，其相贯线的正面投影为曲线 1；圆柱面 C 的上半部分与半球面 D 相交，其相贯线是侧平的半圆，半圆的正面投影为直线段 2。圆柱面 B、A 与拱形槽的交线是由半圆孔 E 与圆柱面 B 的相贯线（空间曲线）及长方孔 F 的两个侧面与直立圆柱面 A、B 的交线（直线）组成，它们的侧面投影分别为曲线 5、直线段 3 和 4。圆柱面 B 与圆柱孔 G 的相贯线为空间曲线，其侧面投影为曲线 6。空心立体内表面交线的分析与外表面类似，此处不再赘述。

3）分析各条交线的作图方法和可见性。读者可参考图 2-118 自行分析。

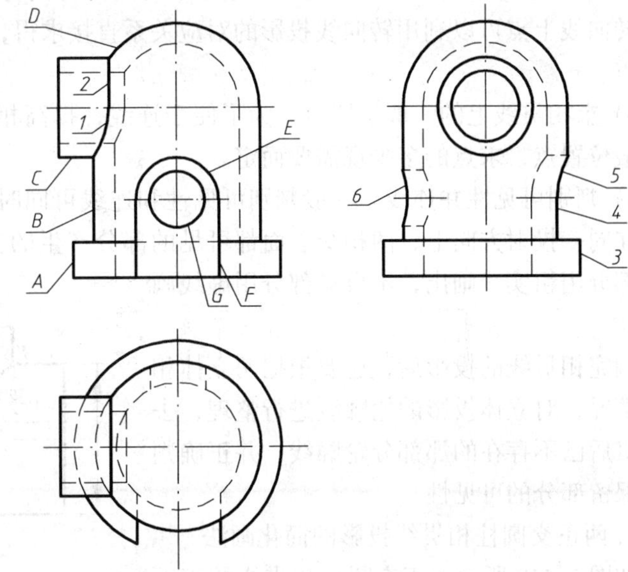

图 2-118　分析空心立体表面的交线

2.8.6　相贯线求法小结

1. 求相贯线的方法

本节介绍了求相贯线的三种方法：利用积聚性、辅助平面法和辅助球面法。

利用积聚性求相贯线是解题的基本方法。使用这种方法，其条件是相交两立体中至少有一个立体表面的投影具有积聚性。这种积聚性提供了相贯线的一个投影，然后利用相贯线的公有性，把求相贯线的问题转化为在另一个立体表面上取点的问题。

利用辅助平面法求相贯线，原理简单、直观，且不受立体表面有无积聚性的限制。利用辅助平面法解题的关键是恰当地选择辅助平面。一般选择投影面平行面作为辅助平面，且辅助平面与两立体表面的截交线的投影简单易画，一般为圆或直线。

利用辅助球面法求相贯线一般要符合三个条件：

1）两相交立体都是回转体。

2）两回转体轴线相交。

3）两回转体轴线决定的平面平行于同一投影面。

有时，为解题方便，同一题目可以综合利用不同方法求解。如图 2-105、图 2-107 所示，圆柱与半球相交、圆柱与圆锥相交时，圆柱的投影有积聚性，可以先利用积聚性确定求哪些点，然后利用辅助平面法去求这些点的投影。对于图 2-107 所示的圆柱与圆锥相交，求相贯线上的最右侧点时，还需要使用辅助球面法。

2. 求相贯线的步骤

求相贯线一般按以下步骤进行。

1）根据已知投影判断相交立体的形状、位置，分析两相贯立体表面的投影特性（有无积聚性）、相对位置等，选择恰当的求解方法。

2）求相贯线上的特殊点。相贯线上的特殊点一般是指转向线上点、极限位置点（如相贯线上最高、最低、最前、最后、最左、最右点）、相贯线本身的特征点（如椭圆的长、短轴端点）等。求出这些点就能确定相贯线投影的大致范围和形状。转向线上的点在很多情况下又是相贯线投影的极限位置点、可见与不可见部分的分界点、转向线的终止点等。作图中，转向线上点可以利用转向线投影的对应关系直接求得，所以一般求解时应先求出转向线上的点。

3）求相贯线上的一般位置点。为了便于连线，提高相贯线投影的准确程度，可以求若干一般位置点，求点的多少视需要而定。

4）判别可见性并连线。一般判别可见性和连线可同时进行，可见性要根据投射方向判别，在同一投射方向上，两相交表面都可见的部分产生的交线才是可见的，否则为不可见。可见部分用粗实线画出，不可见部分用虚线画出。

画完相贯线的投影后，还要根据两立体相贯的情况，对立体投影的轮廓线进行整理，去掉相贯后已不存在的那部分轮廓线，并正确判别应保留部分的可见性。

3. 两正交圆柱相贯线投影的简化画法

如图 2-119 所示，正交圆柱相贯线的正面投影可用简化画法画出。以大圆柱半径为半径，过 1′、2′ 两点作圆弧，与小圆柱轴线相交于一点，以此点作为圆心，仍然以大圆柱半径为半径，在 1′、2′ 之间画出替代圆弧即可。这种方法是以圆弧代替相贯线的投影，在以后的作图中可以采用。

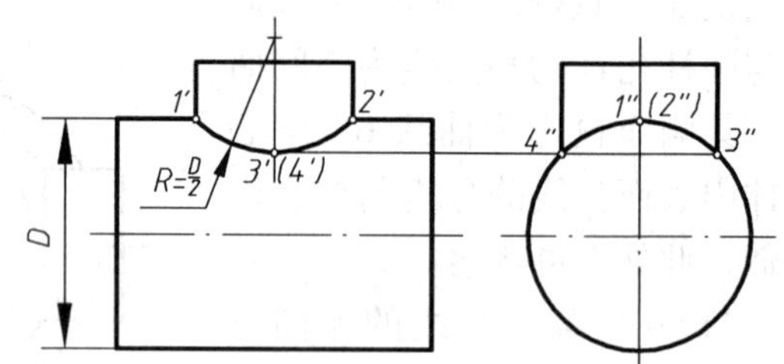

图 2-119　两正交圆柱相贯线的简化画法

2.8.7　回转面相贯问题的解析分析

1. 两轴线平行的相贯

假设两回转面的轴线Ⅰ、Ⅱ均在 O-XZ 平面内，Ⅰ与Ⅱ平行，距离为 k，为了简便，令Ⅰ重于 OZ，如图 2-120 所示。

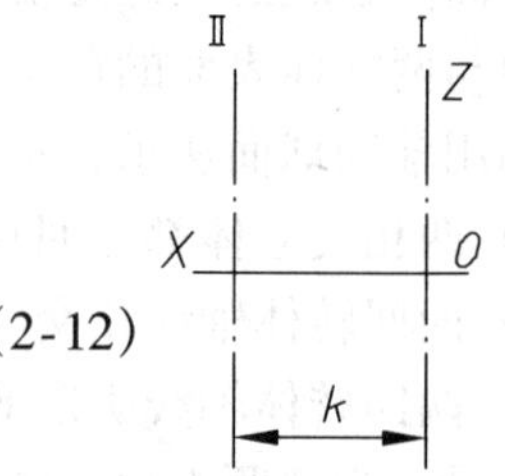

图 2-120　两回转体的平行轴线

根据回转面方程的一般形式

$$x^2+y^2+az^2+bz+c=0$$

回转面Ⅰ的方程为

$$x^2+y^2+a_1z^2+b_1z+c_1=0 \tag{2-12}$$

回转面Ⅱ的方程为

$$(x-k)^2+y^2+a_2z^2+b_2z+c_2=0$$

即

$$x^2+y^2+a_2z^2-2kx+b_2z+(k^2+c_2)=0 \tag{2-13}$$

联立式（2-12）、(2-13）形成的方程组（2-14）即为两轴线平行的回转体的相贯线，

$$\begin{cases} x^2+y^2+a_1z^2+b_1z+c_1=0 \\ x^2+y^2+a_2z^2-2kx+b_2z+(k^2+c_2)=0 \end{cases} \tag{2-14}$$

在方程组（2-14）中消去 y 可以得到相贯线的 V 投影，方程为

$$(a_1-a_2)z^2+(b_1-b_2)z+2kx+(c_1-k^2-c_2)=0 \tag{2-15}$$

分析

1）当 $k=0$ 时，表示两轴线重合，式（2-15）成为

$$(a_1-a_2)z^2+(b_1-b_2)z+(c_1-c_2)=0 \tag{2-16}$$

这是一元二次方程，其根表示两个同轴回转面相贯线 V 投影所在的直线或点，即两个同轴回转面相贯线的 V 投影为直线或点，如图 2-121 所示。

2）当 $k\neq0$ 时，表示两轴线平行。

若两回转面形状相同，即 $a_1=a_2$，高度一致，即 $b_1=b_2$，于是式（2-15）成为

$$2kx+(c_1-k^2-c_2)=0$$

表示相贯线的 V 投影为平行于 OZ 轴的直线，如图 2-122a 所示。

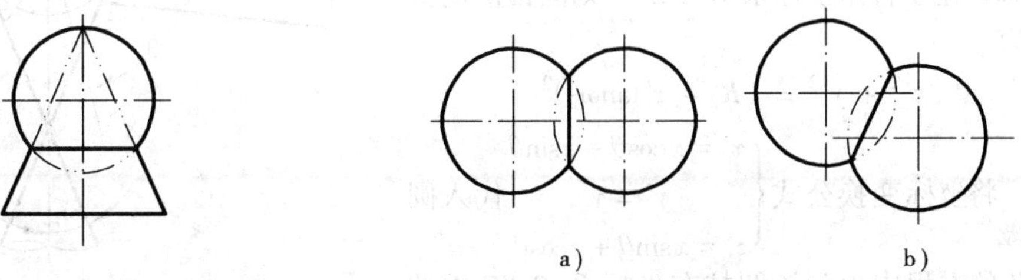

图 2-121　同轴回转面的相贯线投影为点或直线　图 2-122　两轴平行的相同回转面的相贯线投影为直线

若两回转面形状相同，即 $a_1=a_2$，高度不同，于是式（2-15）成为

$$(b_1-b_2)z+2kx+(c_1-k^2-c_2)=0$$

表示相贯线的 V 投影为平行于 $O\text{-}ZX$ 平面内的一般位置直线，如图 2-122b 所示。

若两回转面形状不同，方程（2-15）表示轴平行于 OX 的抛物线，如图 2-123 所示。

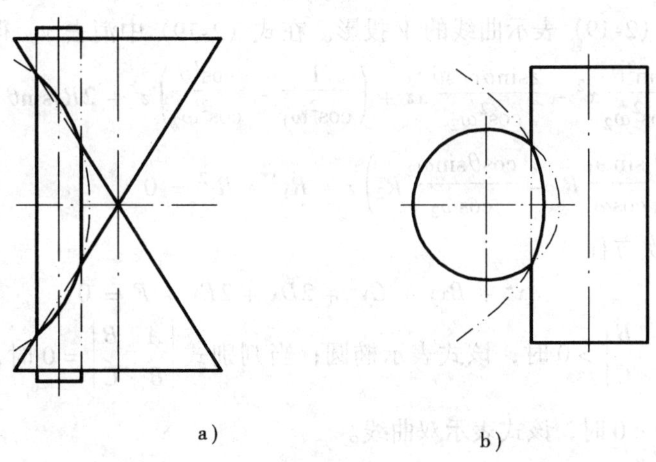

图 2-123　两轴平行的不同回转面的相贯线投影为抛物线

综上所述，两个轴线平行的回转面的相贯线的 V 投影只能是点、直线段或抛物线的一部分。

作为一种特殊的回转面，球可以用其任意的一条直径作为回转轴，球与任何回转面相交，回转轴的相对位置都只能是重合或平行，因此，球与任何回转面的相贯线在球心与另一回转面轴线所在平面上的正投影只能是点、直线段或抛物线的一部分。

2. 两轴线相交的相贯

这里只讨论轴线相交的锥柱相贯问题。

(1) 两圆锥相贯

如图 2-124 所示，两圆锥轴线相交，夹角为 θ，两轴线确定的平面为 V 面。若以两轴线的交点为原点 O，以铅垂轴线为 Z 轴，建立直角坐标系 $O\text{-}XZ$，则圆锥Ⅰ的方程为

$$x^2 + y^2 = (R_1 + z\tan\omega_1)^2 \tag{2-17}$$

若以 O 为原点，以圆锥Ⅱ的正平轴线为 Z' 轴，建立直角坐标系 $O\text{-}X'Z'$，则圆锥Ⅱ的方程为

$$x'^2 + y'^2 = (R_2 + z'\tan\omega_2)^2$$

将坐标变换公式 $\begin{cases} x' = x\cos\theta - z\sin\theta \\ y' = y \\ z' = x\sin\theta + z\cos\theta \end{cases}$ 代入圆锥Ⅱ的方程中得到该圆柱在坐标系 $O\text{-}XZ$ 中的方程

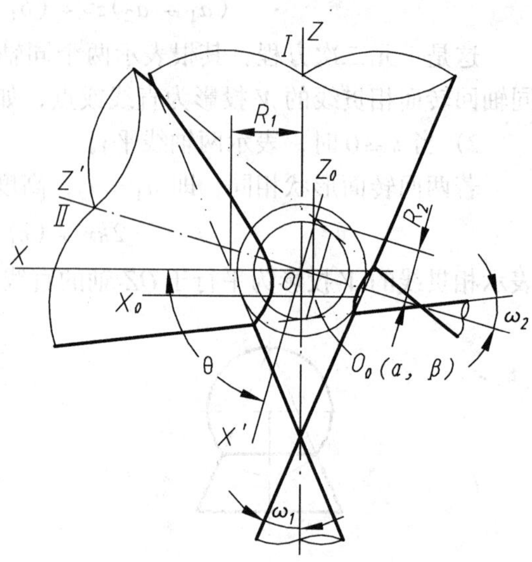

图 2-124　两轴相交的圆锥相贯线投影为双曲线

$$(x\cos\theta - z\sin\theta)^2 + y^2 = [R_2 + (x\sin\theta + z\cos\theta)\tan\omega_2]^2 \tag{2-18}$$

联立式 (2-17)、(2-18) 即可得到两圆锥的相贯线，用式 (2-19) 表示

$$\begin{cases} x^2 + y^2 = (R_1 + z\tan\omega_1)^2 \\ (x\cos\theta - z\sin\theta)^2 + y^2 = [R_2 + (x\sin\theta + z\cos\theta)\tan\omega_2]^2 \end{cases} \tag{2-19}$$

下面分析式 (2-19) 表示曲线的 V 投影。在式 (2-19) 中消去 y，得

$$-\frac{\sin^2\theta}{\cos^2\omega_2}x^2 - \frac{2\sin\theta\cos\theta}{\cos^2\omega_2}xz + \left(\frac{1}{\cos^2\omega_1} - \frac{\cos^2\theta}{\cos^2\omega_2}\right)z^2 - 2R_2\sin\theta\frac{\sin\omega_2}{\cos\omega_2}x + 2\left(\frac{\sin\omega_1}{\cos\omega_1}R_1 - \frac{\cos\theta\sin\omega_2}{\cos\omega_2}R_2\right)z + R_1^2 - R_2^2 = 0 \tag{2-20}$$

对于一般二次方程

$$Ax^2 + Bxy + Cy^2 + 2Dx + 2Ey + F = 0$$

当判别式 $\begin{vmatrix} A & B \\ B & C \end{vmatrix} > 0$ 时，该式表示椭圆；当判别式 $\begin{vmatrix} A & B \\ B & C \end{vmatrix} = 0$ 时，该式表示抛物线；当判别式 $\begin{vmatrix} A & B \\ B & C \end{vmatrix} < 0$ 时，该式表示双曲线。

当 $\theta \neq 0$ 时，式 (2-20) 的判别式为

$$\begin{vmatrix} A & B \\ B & C \end{vmatrix} = \begin{vmatrix} -\dfrac{\sin^2\theta}{\cos^2\omega_2} & \dfrac{\sin\theta\cos\theta}{\cos^2\omega_2} \\ -\dfrac{\sin\theta\cos\theta}{\cos^2\omega_2} & \left(\dfrac{1}{\cos^2\omega_1} - \dfrac{\cos^2\theta}{\cos^2\omega_2}\right) \end{vmatrix} = -\frac{\sin^2\theta}{\cos^2\omega_1\cos^2\omega_2} < 0,$$

所以式 (2-20) 表示双曲线。

设双曲线中心的坐标为 O_0（α，β），则

$$\left\{\begin{aligned}\alpha &= \frac{\begin{vmatrix} B & D \\ C & E \end{vmatrix}}{\begin{vmatrix} A & B \\ B & C \end{vmatrix}} = \frac{1}{\sin\theta}(R_1\sin\omega_1\cos\omega_1\cos\theta - R_2\sin\omega_2\cos\omega_2) \\ \beta &= \frac{\begin{vmatrix} D & A \\ E & B \end{vmatrix}}{\begin{vmatrix} A & B \\ B & C \end{vmatrix}} = -R_1\sin\omega_1\cos\omega_1\end{aligned}\right. \tag{2-21}$$

以 O_0 为原点，平行 O-XZ 建立另一个直角坐标系 O_0-X_0Z_0，将式（2-20）表示的双曲线转换到坐标系 O_0-X_0Z_0 中，即以 $\begin{cases} x = x_0 + \alpha \\ z = z_0 + \beta \end{cases}$ 代入式（2-20），得

$$-\frac{\sin^2\theta}{\cos^2\omega_2}x_0^2 - \frac{2\sin\theta\cos\theta}{\cos^2\omega_2}x_0z_0 + \left(\frac{1}{\cos^2\omega_1} - \frac{\cos^2\theta}{\cos^2\omega_2}\right)z_0^2 + (R_1^2\cos^2\omega_1 - R_2^2\cos^2\omega_2) = 0 \tag{2-22}$$

式（2-22）表示的双曲线的实半轴与常数项（$R_1^2\cos^2\omega_1 - R_2^2\cos^2\omega_2$）的大小有关，其值越大，实半轴越大；其值越小，实半轴越小；当 $R_1^2\cos^2\omega_1 - R_2^2\cos^2\omega_2 = 0$，即 $R_1\cos\omega_1 = R_2\cos\omega_2$ 时，实半轴为零，双曲线蜕化成为直线，即双曲线的渐近线。

（2）圆柱与圆锥相贯

将图 2-125 中圆锥Ⅱ变为圆柱，如图 2-125 所示，此时，式（2-19）中的 ω_2 为零，R_2 为圆柱的半径。将此关系分别代入上述各式，即可得到圆锥和圆柱相贯的分析结果。

代入式（2-21），得

$$\left\{\begin{aligned}\alpha &= \frac{R_1}{\tan\theta}\sin\omega_1\cos\omega \\ \beta &= -R_1\sin\omega_1\cos\omega_1\end{aligned}\right. \tag{2-23}$$

由此可知，双曲线的中心与圆柱的半径无关，当圆锥的 ω_1、R_1 和 θ 固定后，双曲线的中心就固定了。

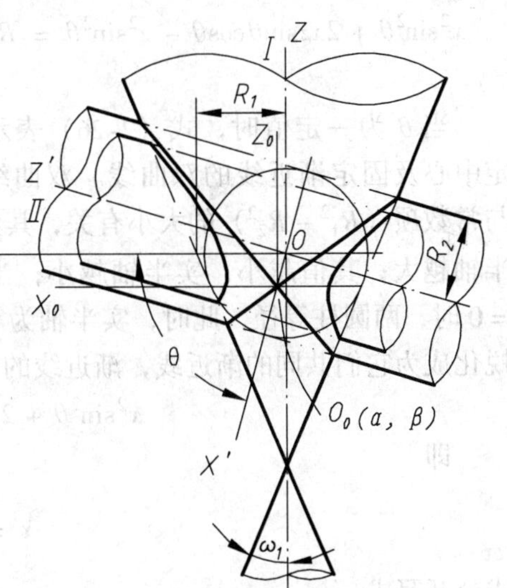

图 2-125　两轴相交的圆锥和圆柱相贯线投影为双曲线

代入式（2-22），得

$$x_0^2\sin^2\theta + 2x_0z_0\sin\theta\cos\theta - \left(\frac{1}{\cos^2\omega_1} - \cos^2\theta\right)z_0^2 = R_1^2\cos^2\omega_1 - R_2^2 \tag{2-24}$$

当 θ 为一定值时，式（2-24）表示一组有固定渐近线的双曲线。当 $R_2 = R_1\cos\omega_1$ 时，式（2-24）蜕化为直线方程，这就是固定的渐近线。将 $R_2 = R_1\cos\omega_1$ 和 $\omega_2 = 0$ 代入式（2-20），得到渐近线的方程为

$$x^2\sin^2\theta + 2xz\sin\theta\cos\theta + z^2\left(\cos^2\theta - \frac{1}{\cos^2\omega_1}\right) - 2zR_1\tan\omega_1 = R_1{}^2 - R_1{}^2\cos^2\omega_1$$

或写成

$$(x\sin\theta + z\cos\theta)^2 = \left(\frac{z}{\cos\omega_1} + R_1\sin\omega_1\right)^2$$

即渐近线的方程为

$$x\sin\theta + z\cos\theta = \pm\left(\frac{z}{\cos\omega_1} + R_1\sin\omega_1\right) \tag{2-25}$$

$R_2 = R_1\cos\omega_1$ 表示在轴线的交点 O 处，圆锥和圆柱有一个共同的内切球，R_2 就是这个内切球的半径。

(3) 两圆柱相贯

将图 2-124 中的两个圆锥变为两个圆柱，如图 2-126 所示，此时，式（2-19）中的 $\omega_1 = \omega_2 = 0$，R_1 为铅垂圆柱的半径，R_2 为正平圆柱的半径。将此关系分别代入式（2-21），得到 $\alpha = \beta = 0$，这说明坐标系 $O_0\text{-}X_0Z_0$ 与坐标系 $O\text{-}XZ$ 重合，此时，式（2-20）和式（2-22）完全一致，成为

$$x^2\sin^2\theta + 2xz\sin\theta\cos\theta - z^2\sin^2\theta = R_1{}^2 - R_2{}^2 \tag{2-26}$$

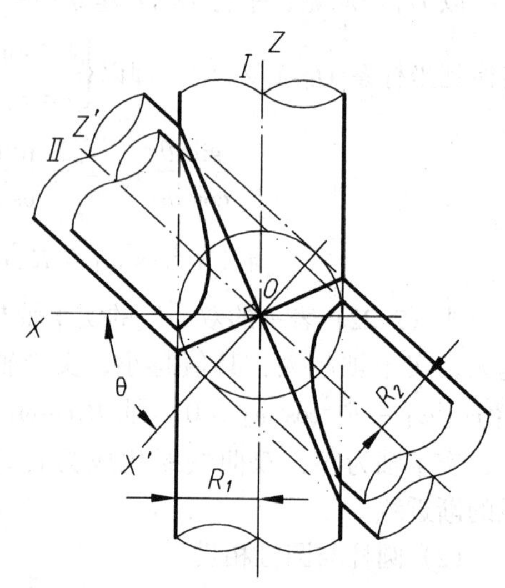

图 2-126　两轴相交的圆柱相贯线投影为双曲线

当 θ 为一定值时，式（2-26）表示一组有固定中心及固定渐近线的双曲线。双曲线的实半轴与常数项（$R_1{}^2 - R_2{}^2$）的大小有关，其值越大，实半轴越大；其值越小，实半轴越小；当 $R_1{}^2 - R_2{}^2 = 0$ 时，两圆柱等径，此时，实半轴为零，双曲线蜕化成为它们共同的渐近线，渐近线的方程为

$$x^2\sin^2\theta + 2xz\sin\theta\cos\theta - z^2\sin^2\theta = 0$$

即

$$x = \left(\frac{-\cos\theta \pm 1}{\sin\theta}\right)z$$

或分开写成

$$\begin{cases} x = z\tan\dfrac{\theta}{2} \\ x = -z\cot\dfrac{\theta}{2} \end{cases} \tag{2-27}$$

式（2-27）同时也是两圆柱等径时相贯线的特殊情况，即两等径圆柱相贯线的 V 投影为一对垂直的直线。正因为如此，以上所述的一组双曲线是一组等角的双曲线。

总之，两圆柱轴线相交时，相贯线在其两轴所在平面上的正投影永远是等角双曲线，其中心是两圆柱轴线交点的投影，其渐近线是两圆柱轴线投影的分角线，如图 2-126 所示。

第3章　轴　测　图

3.1　轴测图的基本知识

3.1.1　概述

采用正投影法绘制的多面正投影图，可以完整清晰地表达出物体的形状和大小，而且作图简便，如图3-1a所示，但其每个投影常常不能同时反映出物体长、宽、高三个方向的尺度，因而缺乏立体感，不易看懂。图3-1b所示为采用轴测图来表达同一物体，它能同时反映物体长、宽、高三个方向的尺度，富有立体感，但物体的一些表面形状有所改变，所以常常用作辅助图样。

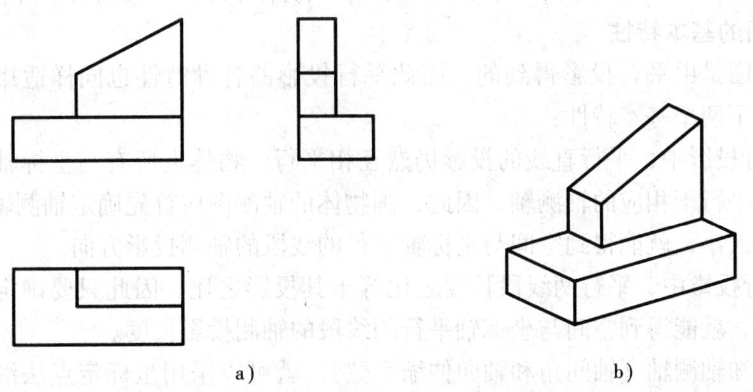

图3-1　多面正投影和轴测投影的比较

3.1.2　轴测图的形成

轴测图是单面平行投影图。如图3-2，投影面 P 称为轴测投影面或画面，将空间物体连同其参考空间直角坐标系 O-XYZ 沿不平行于任一坐标面的投射方向 S 投射到 P 面上，所得到的平行投影图即为轴测投影（又称轴测图）。

空间坐标轴 OX、OY、OZ 的轴测投影 OX、OY、OZ 称为轴测轴（在本章的论证部分，为了区分空间坐标轴和轴测轴，轴测轴标记为 O_1X_1、O_1Y_1、O_1Z_1，其他字母标记亦然。而在其余部分，轴测轴按照国家标准的规定标记为 OX、OY、OZ）。轴测轴由以下两个参数确定：

（1）轴间角

轴测轴之间的夹角称为轴间角。显然，轴间角$\angle X_1O_1Y_1$、$\angle X_1O_1Z_1$和$\angle Y_1O_1Z_1$中的任一个都不允许等于0，且在作图时，为了符合视觉习惯，一般将轴测轴 O_1Z_1 置于铅垂位置。

（2）轴向伸缩系数

空间坐标轴 OX、OY、OZ 上的单位长度 i、j、k 的投影长与其原长之比称为轴向伸缩系

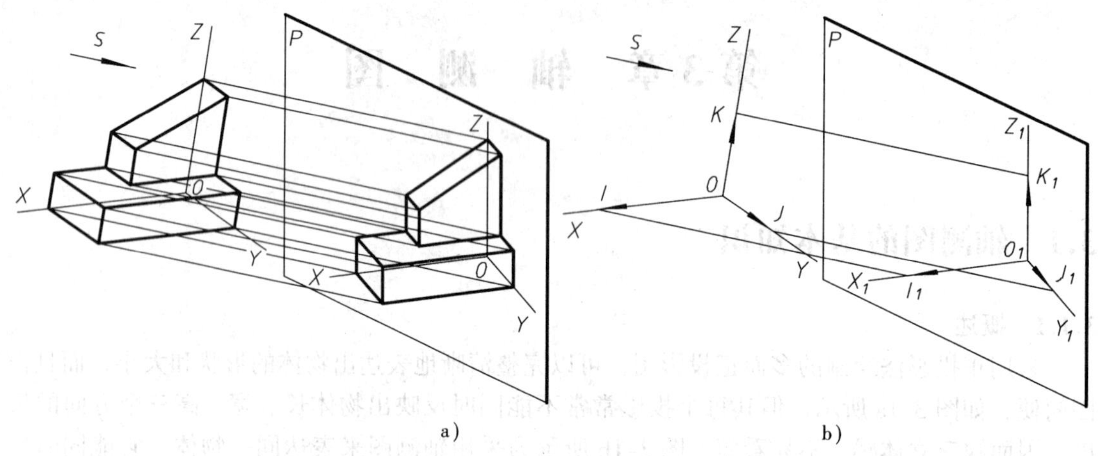

图 3-2 轴测图的形成

数，分别用 p、q、r 表示，即 $p=|i_1|/|i|$；$q=|j_1|/|j|$；$r=|k_1|/|k|$。

3.1.3 轴测图的基本特性

由于轴测图是由平行投影得到的，因此平行投影的各种特性也同样适用于轴测图。显然，它具有以下两个基本特性：

1）在平行投影中，平行直线的投影仍然互相平行。物体上所有与坐标轴平行的线段的轴测投影，均平行于相应的轴测轴。因此，画物体的轴测图应首先确定轴测轴的方向，亦即决定轴间角的大小，就能得到空间与坐标轴平行的线段的轴测投影方向。

2）在平行投影中，平行两线段长度之比等于其投影之比，因此只要确定三个坐标轴的轴向伸缩系数，就能得到空间与坐标轴平行的线段的轴测投影长度。

因此，已知轴测轴（轴间角和轴向伸缩系数），就可以采用坐标定点法沿着轴向度量画出物体上点、线及整个物体的轴测图。

3.1.4 轴测图的分类

由波尔凯（Pohlke）定理（在平面上，由一点所引的任意三条线段，可作为空间三条等长且互相垂直的线段平行投影的相似形）可知，轴测图的形式是多种多样的。

根据投射方向与投影面的相对位置，轴测图可分为正轴测图和斜轴测图两大类。当投射方向 S 垂直于轴测投影面 P 时，称为正轴测图；当投射方向 S 倾斜于轴测投影面时，称为斜轴测图。

根据三个轴向伸缩系数是否相等，轴测图又可分为三种：等测（三个轴向伸缩系数相等）；二测（两个轴向伸缩系数相等）；三测（三个轴向伸缩系数各不相等）。

因此，正轴测图分为三种：三个轴向伸缩系数相等的正轴测图称为正等轴测图；两个轴向伸缩系数相等的正轴测图称为正二轴测图；三个轴向伸缩系数各不相等的正轴测图称为正三轴测图。斜轴测图也分为斜等轴测图、斜二轴测图和斜三轴测图三种。

作物体的轴测图时，首先应选择画哪一种轴测图，从而确定各轴间角和轴向伸缩系数。机械工程中常用的是正等轴测图和斜二轴测图。在轴测图中，为使画出的图形清晰，通常不画虚线。

3.2 正等轴测图

3.2.1 正轴测图

1. 变换矩阵

为了得到物体的一般正轴测图，可将物体先绕某一坐标轴（例如 Z 轴）逆时针旋转 θ 角，再绕另一坐标轴（例如 X 轴）顺时针旋转 φ 角，然后向这二坐标轴所确定的坐标面（ZOX 平面，即 V 面）作正投影，其变换矩阵是：

$$T_{正轴测} = \begin{bmatrix} \cos\theta & \sin\theta & 0 & 0 \\ -\sin\theta & \cos\theta & 0 & 0 \\ 0 & 0 & 1 & 0 \\ 0 & 0 & 0 & 1 \end{bmatrix} \begin{bmatrix} 1 & 0 & 0 & 0 \\ 0 & \cos(-\varphi) & \sin(-\varphi) & 0 \\ 0 & -\sin(-\varphi) & \cos(-\varphi) & 0 \\ 0 & 0 & 0 & 1 \end{bmatrix} \begin{bmatrix} 1 & 0 & 0 & 0 \\ 0 & 0 & 0 & 0 \\ 0 & 0 & 1 & 0 \\ 0 & 0 & 0 & 1 \end{bmatrix}$$

$$= \begin{bmatrix} \cos\theta & 0 & -\sin\theta\cos\varphi & 0 \\ -\sin\theta & 0 & -\cos\theta\sin\varphi & 0 \\ 0 & 0 & \cos\varphi & 0 \\ 0 & 0 & 0 & 1 \end{bmatrix}$$

2. 轴向伸缩系数和轴间角

在空间坐标系中，对 X、Y、Z 轴上分别取三个单位长度 i、j、k 的点用矩阵表示为 [1 0 0 1]、[0 1 0 1]、[0 0 1 1]，经正轴测投影变换后的点为

$$i_1 = i \cdot T_{正轴测} = [\ \cos\theta \quad 0 \quad -\sin\theta\sin\varphi \quad 1]$$

$$j_1 = j \cdot T_{正轴测} = [\ -\sin\theta \quad 0 \quad -\cos\theta\sin\varphi \quad 1]$$

$$k_1 = k \cdot T_{正轴测} = [\ 0 \quad 0 \quad \cos\varphi \quad 1]$$

X 轴向伸缩系数 $$p = |i_1|/|i| = \sqrt{\cos^2\theta + \sin^2\theta\sin^2\varphi} \tag{3-1}$$

Y 轴向伸缩系数 $$q = |j_1|/|j| = \sqrt{\sin^2\theta + \sin^2\varphi\cos^2\theta} \tag{3-2}$$

Z 轴向伸缩系数 $$r = |k_1|/|k| = \cos\varphi \tag{3-3}$$

三个轴测轴的位置用与 V 面上原坐标轴 X、Y、Z 的夹角 λ_x、λ_y、λ_z 确定，如图 3-3 所示：

$$\tan\lambda_x = i_{1_z}/i_{1_x} = \sin\theta\sin\varphi/\cos\theta = \tan\theta\sin\varphi$$

$$\tan\lambda_y = j_{1_z}/j_{1_x} = \cos\theta\sin\varphi/\sin\theta = \cot\theta\sin\varphi$$

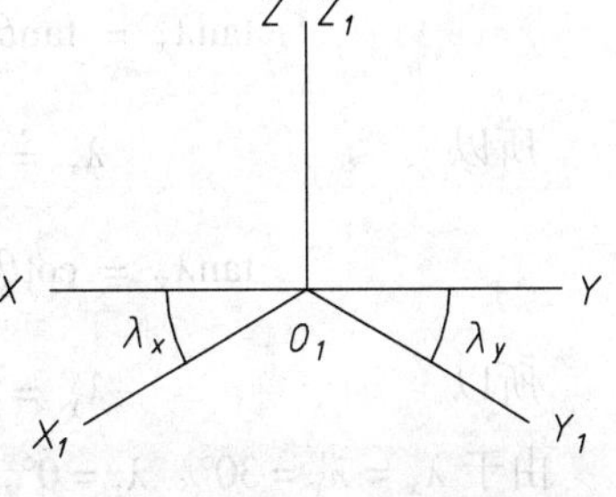

图 3-3 正轴测图的轴测轴位置

由于空间坐标轴 Z 的单位长度 k [0 0 1 1]，其轴测投影为 k_1 [0 0 $\cos\varphi$ 1]，显然，它仅仅缩短了长度，而方向并无任何改变，故轴测轴 Z_1 与 V 面上原坐标轴 Z 的夹角 $\lambda_z = 0°$。

3.2.2 正等轴测图

1. 轴向伸缩系数

正等轴测图的轴向伸缩系数相等，即 $p = q = r$，由式（3-1）、式（3-2）、式（3-3）可得

$$\cos^2\theta + \sin^2\theta\sin^2\varphi = \sin^2\theta + \cos^2\theta\sin^2\varphi = \cos^2\varphi \tag{3-4a}$$

由式（3-4a）取 $p = q$，则得

$$\cos^2\theta + \sin^2\theta\sin^2\varphi = \sin^2\theta + \cos^2\theta\sin^2\varphi$$

即

$$\cos^2\theta(1 - \sin^2\varphi) - \sin^2\theta(1 - \sin^2\varphi) = 0$$

$$(\cos^2\theta - \sin^2\theta)\cos^2\varphi = 0 \tag{3-4b}$$

在轴测图的形成过程中，绕 X 轴旋转的角度一般不等于 90°，所以 $\cos^2\varphi \neq 0$，故式（3-4b）化为

$$\cos^2\theta - \sin^2\theta = 0$$

$$2\sin^2\theta = 1$$

所以

$$\theta = 45°$$

将 $\theta = 45°$ 代入式（3-4a）中，得

$$\cos^2\varphi = \frac{1}{2} + \frac{1}{2}\sin^2\varphi$$

$$1 - \sin^2\varphi = \frac{1 + \sin^2\varphi^2}{2}$$

$$\sin^2\varphi = \frac{1}{3}$$

所以

$$\varphi = 35°16'$$

轴向伸缩系数

$$p = q = r = \cos 35°16' = 0.82$$

即在正等轴测图中，三个轴的轴向伸缩系数均为 0.82。由于轴测图一般用于表示物体的形状，因此，为了便于作图，常采用简化的轴向伸缩系数 $p = q = r = 1$，如图 3-4 所示。采用简化的轴向伸缩系数作图时，沿轴测轴方向可以直接量取物体的真实长度，画出的图形沿各轴向的长度都分别放大 1/0.82≈1.22 倍。

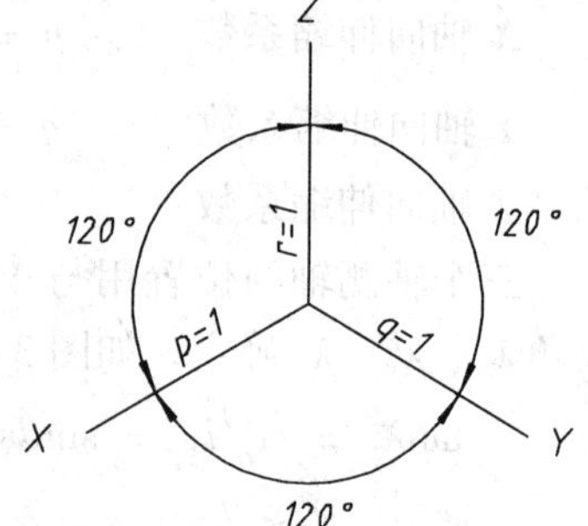

图 3-4　正轴测图的轴间角和轴向伸缩系数

2. 轴间角

$$\tan\lambda_x = \tan\theta\sin\varphi = \frac{1}{\sqrt{3}}$$

所以

$$\lambda_x = 30°$$

$$\tan\lambda_y = \cot\theta\sin\varphi = \frac{1}{\sqrt{3}}$$

所以

$$\lambda_y = 30°$$

由于 $\lambda_x = \lambda_y = 30°$、$\lambda_z = 0°$，所以轴测轴之间的轴间角互为 120°，如图 3-4 所示。

3.2.3　平面立体的正等轴测图画法举例

画平面立体的轴测图，最基本的方法是坐标定点法。

根据物体的形状特征，选择适当的坐标原点，再按物体上各点的坐标关系画出各点的轴测投影，连接各点轴测投影即为物体的轴测图，这样的画图方法称为坐标定点法。

以下举例说明平面立体正等轴测图的画法。

【例 3-1】 画正六棱柱的正等轴测图。

分析 画正六棱柱的正等轴测图时，可用坐标定点法作出正六棱柱上各顶点的正等轴测投影，将相应的顶点连接起来即得到正六棱柱的正等轴测图。

作图

1）在正投影图中选择顶面中心 O 作为坐标原点，并确定坐标轴，如图 3-5a 所示；

2）画轴测轴，并在 OX 轴上取Ⅰ、Ⅳ两点，使 OⅠ $=O$Ⅳ $=s/2$，如图 3-5b 所示；

3）用坐标定点法作出顶面Ⅱ、Ⅲ、Ⅴ、Ⅵ四点，再按 h 作出底面各可见点的轴测投影，如图 3-5c 所示；

4）连接各可见点，擦去多余作图线，加深可见棱线，即得到正六棱柱的正等轴测图，如图 3-5d 所示。

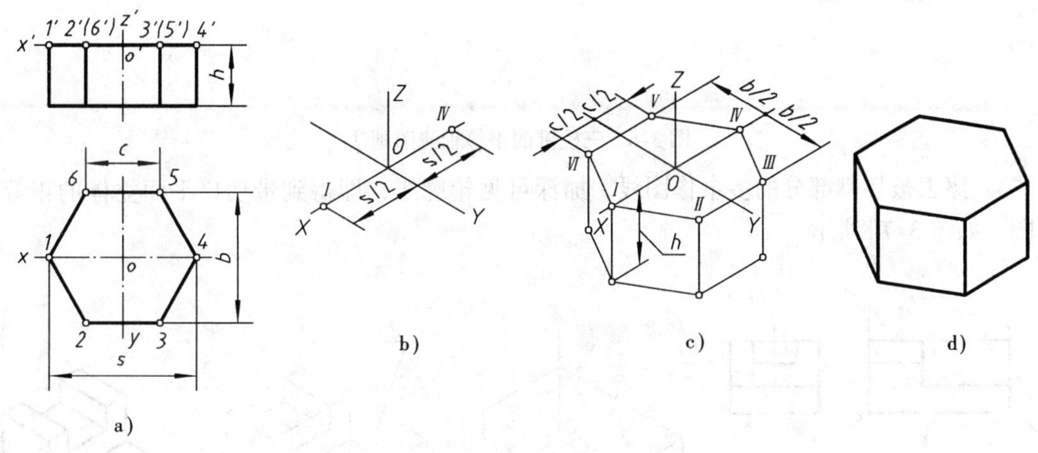

图 3-5 正六棱柱的正等轴测图画法

【例 3-2】 画三棱锥的正等轴测图。

分析 画图时，用坐标定点法作出三棱锥中 S、A、B、C 四个顶点的正等轴测投影，将相应点连接起来即得到三棱锥的正等轴测图。

作图

1）在正投影图中，选择顶点 B 作为坐标原点 O，并确定坐标轴，如图 3-6a 所示；

2）画轴测轴，在 OX 轴上直接取 A、B 两点，使 $OA=ab$，再按 C_x、C_y 确定 C，S_x、S_y、S_z 确定 S，如图 3-6b 所示；

3）连接 S、A、B、C，擦去多余作图线，加深可见棱线，即得到三棱锥的正等轴测图，如图 3-6c 所示。

【例 3-3】 画带切口平面立体的正等轴测图。

分析 图 3-7a 是一带切口平面立体的正投影图，可以把它看作是一完整的长方体被切割掉Ⅰ、Ⅱ两部分。

作图

1）画出完整的长方体，如图 3-7b 所示；

2）画被切去的Ⅰ、Ⅱ两部分，如图 3-7c 所示；

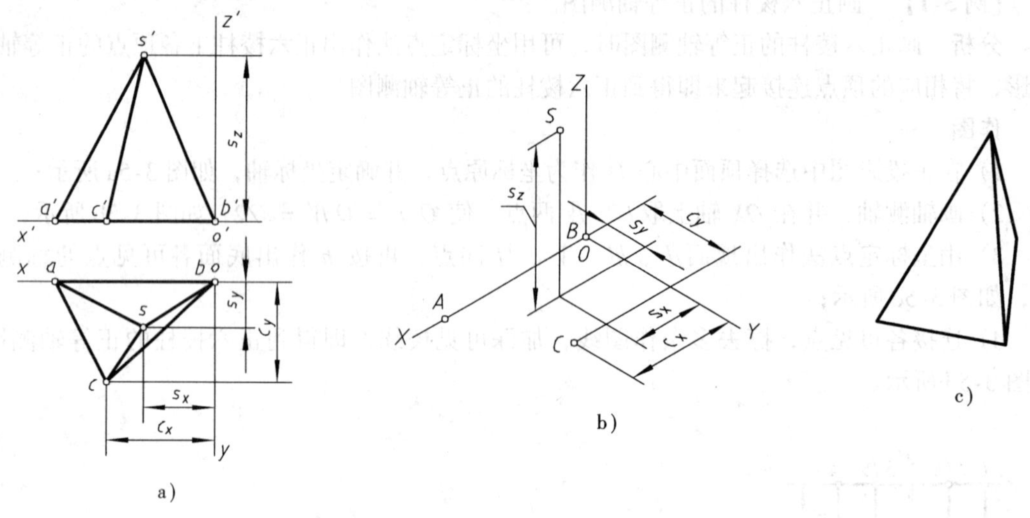

图 3-6　三棱锥的正等轴测图画法

3）擦去被切割部分的多余作图线，加深可见轮廓线，即得到带切口平面立体的正等轴测图，如图 3-7d 所示。

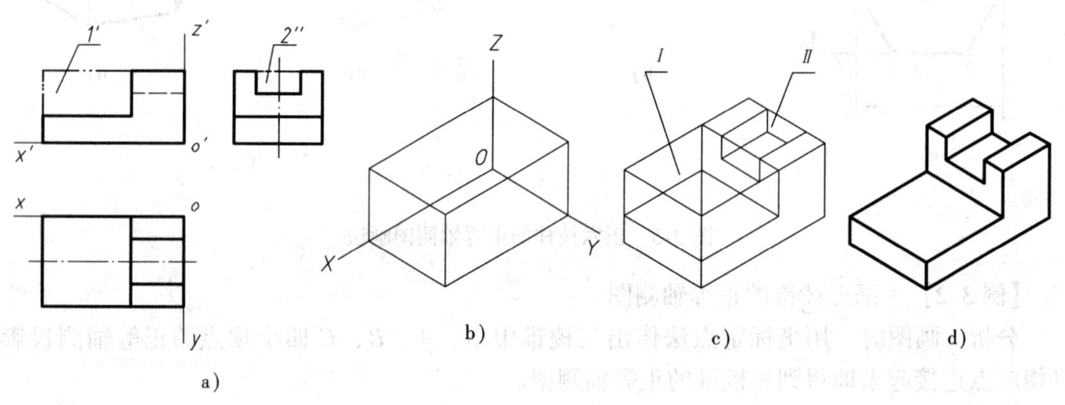

图 3-7 带切口平面立体正等轴测图的画法

3.2.4　回转体的正等轴测图

常见的回转体有圆柱、圆锥、圆球等。在画它们的正等轴测图时，首先要画出回转体中平行于坐标面的圆的正等轴测图，然后再画出整个回转体的正等轴测图。

1. 平行于坐标面的圆的正等轴测图

平行于坐标面的圆，其正等轴测图是椭圆。画图时常用四心近似椭圆画法。

四心近似椭圆画法，是用光滑连接的四段圆弧代替椭圆曲线。作图时需求出这四段圆弧的圆心、切点及半径。

以下介绍图 3-8a 所示水平圆正等轴测图的四心近似椭圆画法。

作图

1）以圆心 O 为坐标原点，OX、OY 为坐标轴，作圆的外切正方形，A、B、C、D 为四个切点，如图 3-8a 所示；

2）画轴测轴，在 OX、OY 轴上，按 $OA = OB = OC = OD = d_1/2$ 得到 A、B、C、D 四点，并作圆外切正方形的正等轴测图——菱形，其长对角线为椭圆长轴方向，短对角线为椭圆短轴方向，如图 3-8b 所示；

3）分别以菱形顶点 1、2 为圆心，$1D$、$2B$ 为半径作大圆弧，并以 O 为圆心作所作大圆弧的内切圆交长轴于 3、4 两点，如图 3-8c 所示；

4）连接 13、23、24、14 分别交两大圆于 H、E、F、G。以 3、4 为圆心，$3E$、$4G$ 为半径作小圆弧$\overset{\frown}{EH}$、$\overset{\frown}{GF}$，即得到近似椭圆，如图 3-8d 所示。

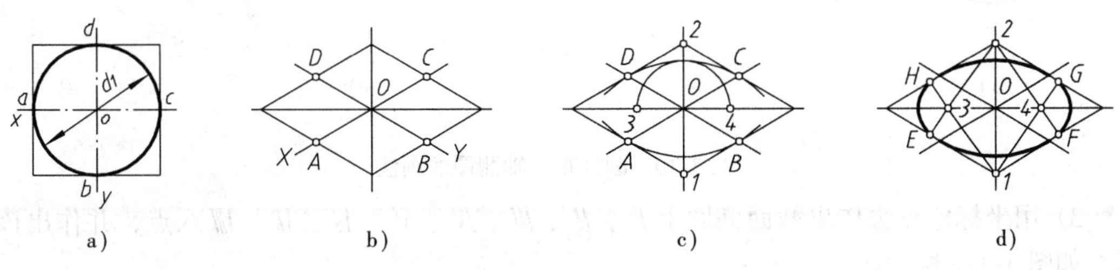

图 3-8　水平圆正等轴测图的四心近似椭圆画法

图 3-9 画出了平行于各坐标面的圆的正等轴测图，它们均可用上述方法画出。

平行于坐标面的圆的正等轴测椭圆的长轴，垂直于与圆平面垂直的坐标轴的轴测投影（轴测轴）；短轴则平行于这个轴测轴。例如平行于坐标面 XOY 的圆的正等轴测圆的长轴垂直于 OZ 轴，而短轴则平行于 OZ 轴。用简化轴向伸缩系数画出的正等轴测圆，长轴约等于 $1.22d$（d 为圆的直径），短轴约等于 $0.7d$。

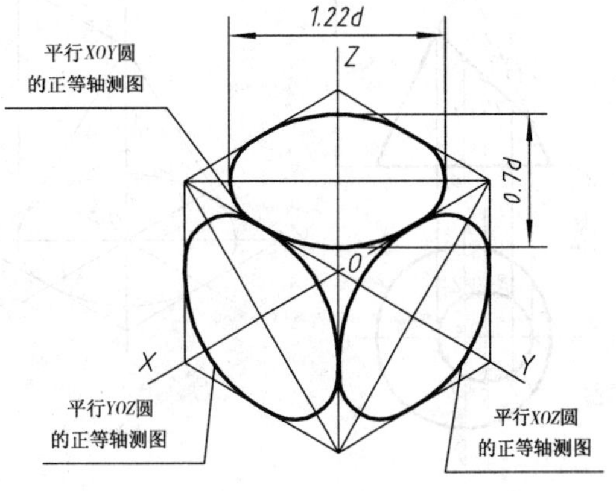

图 3-9　平行于三个坐标面的圆的正等轴测图

2. 回转体的正等轴测图画法举例

【例 3-4】　画圆柱的正等轴测图。

作图

1）在正投影图中选定坐标原点和坐标轴，如图 3-10a 所示；

2）画轴测轴，按 h 确定上、下底中心，并作上下底菱形，如图 3-10b 所示；

3）用四心近似椭圆画法画出上、下底椭圆，如图 3-10c 所示；

4）作上、下底椭圆的公切线，擦去多余作图线，加深可见轮廓线，完成全图，如图 3-10d 所示。

【例 3-5】　画截切圆锥的正等轴测图。

作图

1）在正投影图中选定坐标原点和坐标轴，如图 3-11a 所示；

2）画轴测轴，按 h 确定圆锥顶点，并作底面菱形及底面椭圆，然后过顶点作底面椭圆的公切线，得到完整圆锥的正等轴测图，如图 3-11b 所示；

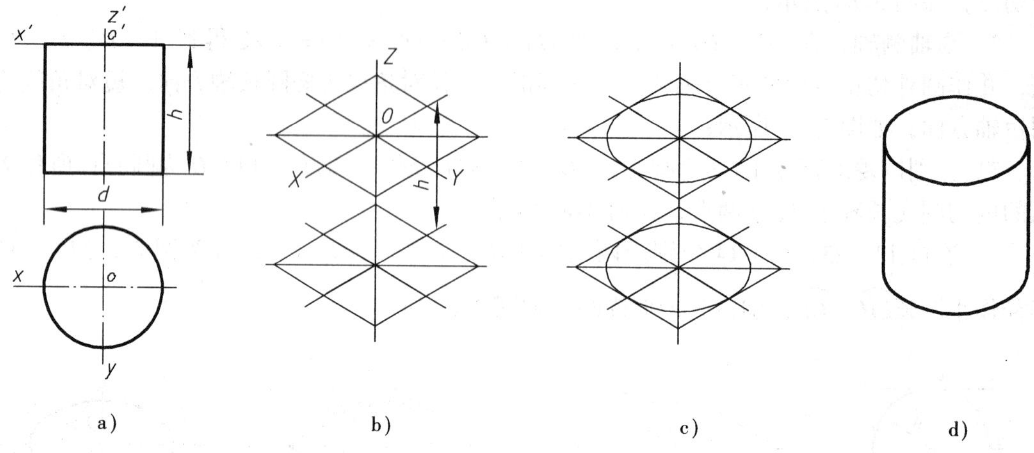

图 3-10　圆柱正等轴测图的画法

3）用坐标定点法作出截面椭圆上Ⅰ、Ⅱ、Ⅲ、Ⅳ、Ⅴ、Ⅵ、Ⅶ、Ⅷ八点，并作出该椭圆，如图 3-11c 所示；

4）擦去多余作图线，加深可见轮廓线，完成全图，如图 3-11d 所示。

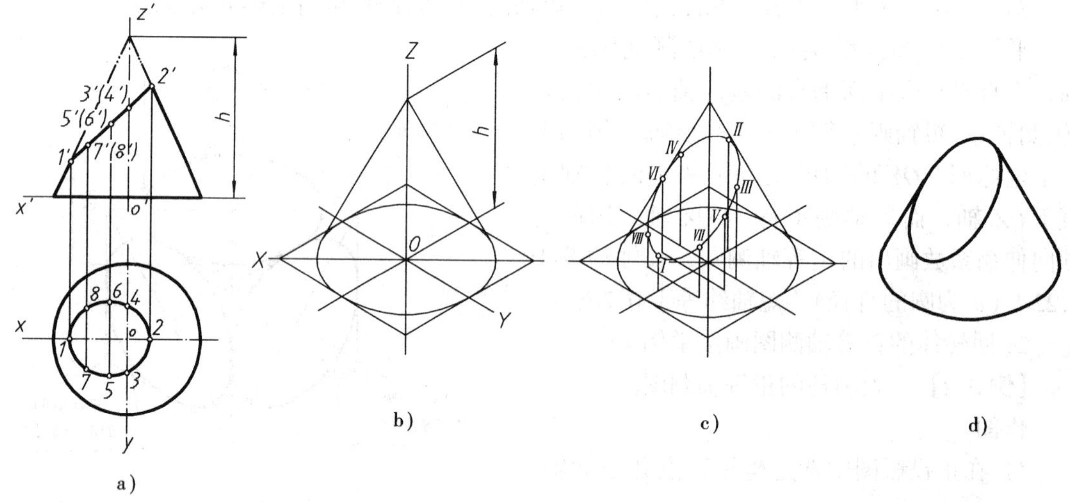

图 3-11　圆锥正等轴测图的画法

【例 3-6】　画带切口圆柱的正等轴测图。

作图

1）画轴测轴，作出完整圆柱的正等轴测图，如图 3-12b 所示；

2）按 s、h 画出截交线（矩形和圆弧）的正等轴测图（平行四边形和椭圆弧），如图 3-12c 所示；

3）擦去多余作图线，加深可见轮廓线，完成全图，如图 3-12d 所示。

3.2.5　组合体的正等轴测图

1. 圆角正等轴测图的近似画法

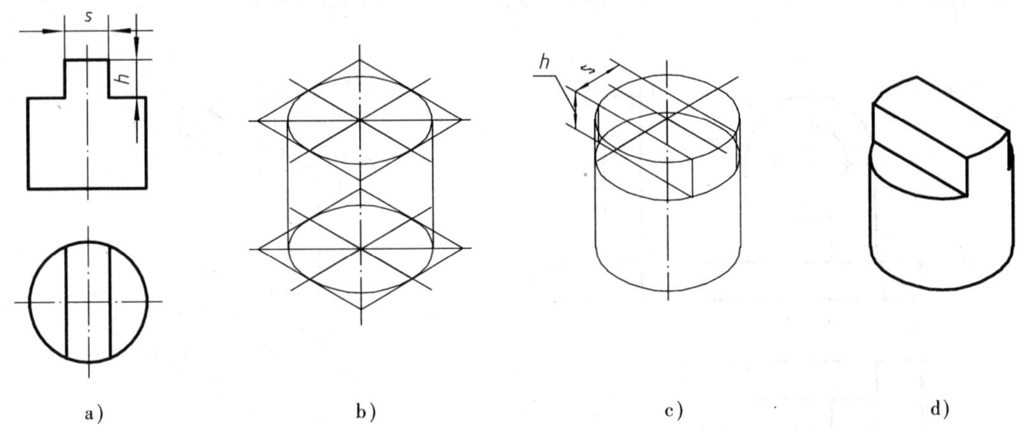

图 3-12　带切口圆柱正等轴测图的画法

图 3-13a 是带两个圆角的长方体，其圆角部分可采用近似画法。

作图

1）画轴测轴和长方体的正等轴测图，对于圆角可采用近似画法。作图时先按 r 确定切点Ⅰ、Ⅱ、Ⅲ、Ⅳ，再由Ⅰ、Ⅱ、Ⅲ、Ⅳ作相应边的垂线，其交点为 O_1、O_2，最后以 O_1、O_2 为圆心，O_1Ⅰ、O_2Ⅲ为半径，作圆弧ⅠⅡ和ⅢⅣ，如图 3-13b 所示。

2）把圆心 O_1、O_2，切点Ⅰ、Ⅱ、Ⅲ、Ⅳ按 h 向下平移，画出底面圆弧的正等轴测图，如图 3-13c 所示。

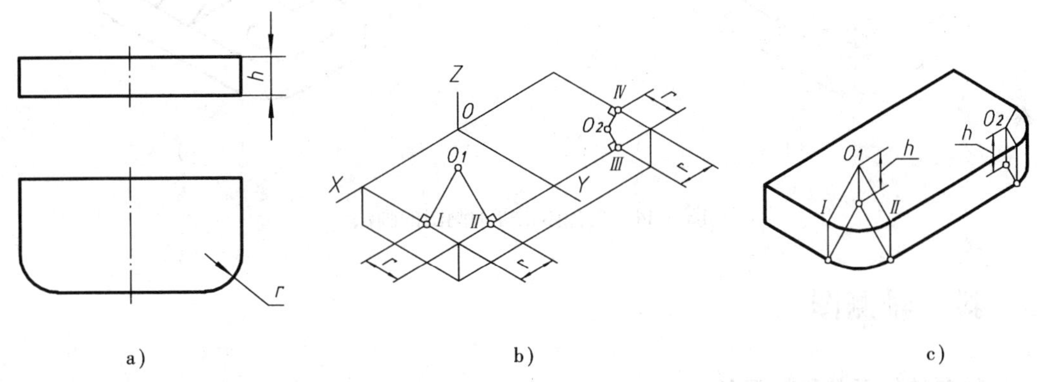

图 3-13　圆角正等轴测图的近似画法

2. 组合体正等轴测图的画法举例

画组合体的正等轴测图，只要分别画出各基本立体的正等轴测图，并注意它们之间的相对位置即可。

【例 3-7】　画出图 3-14a 所示组合体的正等轴测图。

作图

1）画轴测轴，并分别画出底板、立板和肋板的正等轴测图，如图 3-14b 所示；

2）画出底板圆角和两个小圆柱孔、立板半圆柱和圆柱孔的正等轴测图，如图 3-14c 所示。

3）擦去多余作图线，加深可见轮廓线，完成全图，如图 3-14d 所示。

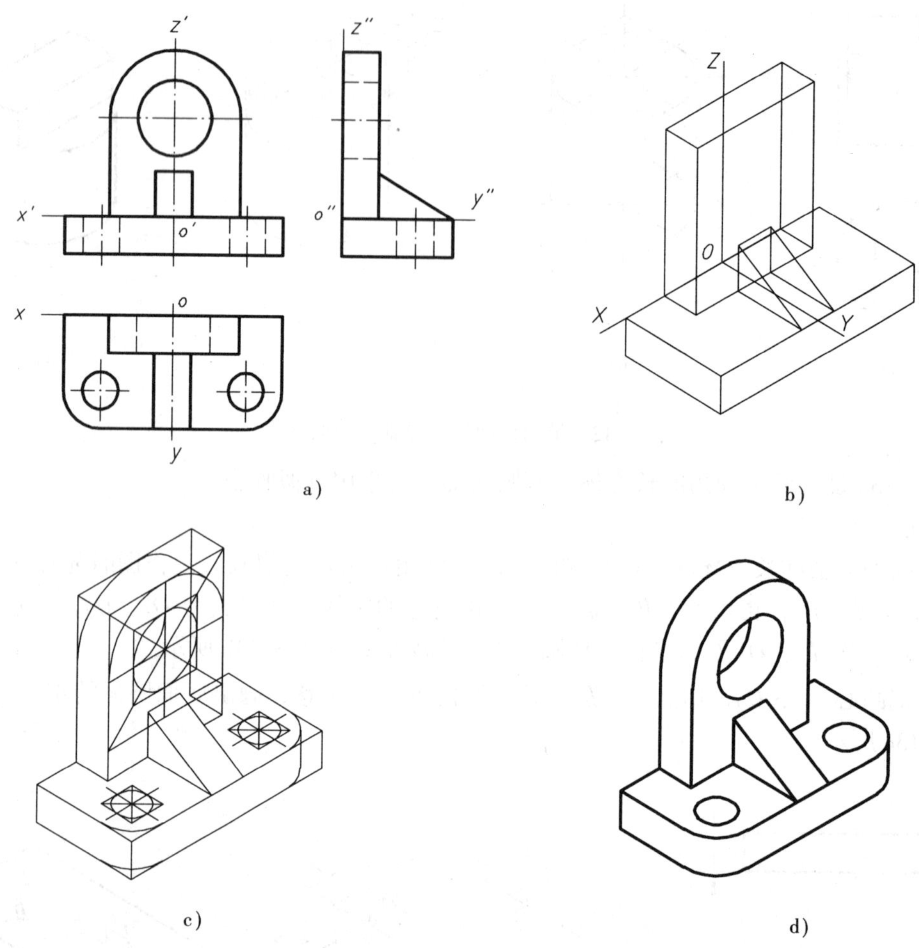

图 3-14　组合体正等轴测图的画法

3.3　斜二轴测图

3.3.1　轴向伸缩系数和轴间角

当物体在一个投射方向上较复杂或有较多的圆和圆弧时，宜采用斜二轴测图。常用的斜二轴测图如图 3-15 所示。

如图 3-15a 所示，将坐标轴 *OZ* 放置成铅垂位置，并使坐标面 *XOZ* 平行于轴测投影面，当投射方向与三个坐标轴都不平行时，则得到斜二轴测图。由于坐标面 *XOZ* 平行于轴测投影面，物体上平行于坐标面 *XOZ* 的直线、曲线和平面图形，在斜二轴测图中都反映实长和实形，所以轴测轴 *OX* 和 *OZ* 仍分别为水平方向和铅垂方向，它们之间的轴间角$\angle XOZ = 90°$（反映实形），轴向线段反映实长，即轴向伸缩系数 $p = r = 1$。而轴测轴 *OY* 的方向和轴向伸缩系数 q，可随着投射方向的改变而变化，为作图简便，常取 $q = 1/2$，*OY* 取与轴测轴 *OX* 和 *OZ* 均成 135°轴间角（即 *OY* 与水平方向成 −45°夹角），如图 3-15b 所示。

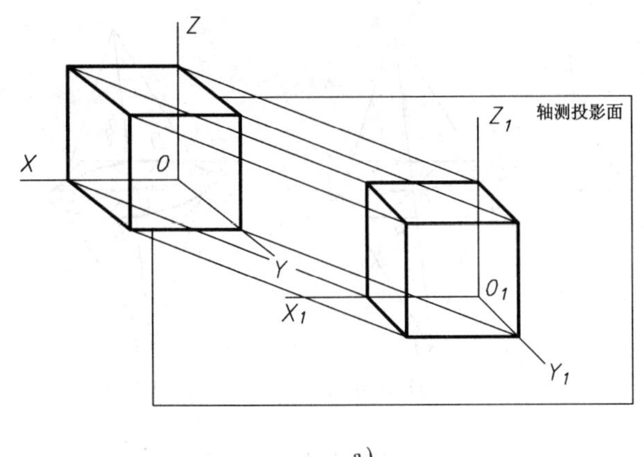

a)

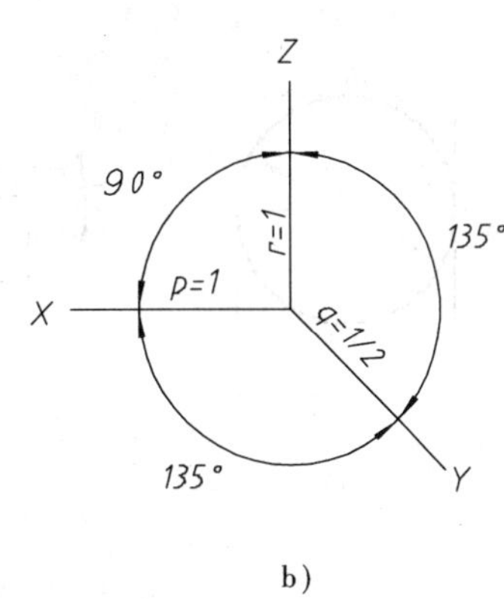

b)

图 3-15　斜二轴测图

3.3.2　平行于坐标面的圆的斜二轴测图

平行于各坐标面的圆的斜二轴测图如图 3-16 所示。其中平行于 *XOZ* 坐标面的圆的斜二轴测图反映实形（圆）；平行于 *XOY* 和 *YOZ* 坐标面的圆的斜二轴测图都是椭圆，它们形状相同，只是长、短轴方向不同。

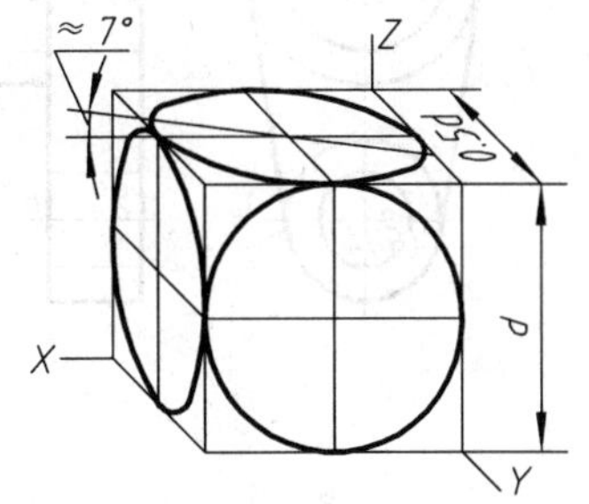

图 3-16　平行于各坐标面的圆的斜二轴测图

图 3-17 是平行于 *XOY* 坐标面的圆的斜二轴测图——椭圆的近似画法。

作图

1）在正投影图中选定坐标原点和坐标轴，如图 3-17a 所示。

2）画轴测轴，在 *OX*、*OY* 轴上分别作 *A*、*C*、*B*、*D*，使 $OA = OC = d_1/2$，$OB = OD = d_1/4$，并作平行四边形。过 *O* 作与 *OX* 成 7°的直线，该直线即为长轴位置，过 *O* 作长轴的垂线即为短轴位置，如图 3-17b 所示。

3）在短轴上取 *O*1、*O*3 等于 d_1，连接 3*A*、1*C* 交长轴于 2、4 两点。分别以 1、3 为圆心，1*C*、3*A* 为半径作圆弧 $\overset{\frown}{CF}$、$\overset{\frown}{AE}$，连接 12、34，分别交两圆弧于 *F*、*E*，如图 3-17c 所示。

4）以 2、4 为圆心，2*A*、4*C* 为半径作小圆弧 $\overset{\frown}{AF}$、$\overset{\frown}{CE}$，即完成椭圆的作图，如图 3-17d 所示。

3.3.3　斜二轴测图的画法举例

斜二轴测图的画法与正等轴测图的画法相似，只是轴间角和轴向伸缩系数不同。

【例 3-8】　画出图 3-18a 所示组合体的斜二轴测图。

作图

1）画轴测轴，作主要轴线，确定各圆心 *Ⅰ*、*Ⅱ*、*Ⅲ*、*Ⅳ*、*Ⅴ* 的轴测投影位置，如图 3-18b 所示；

2）按正投影图上不同半径由前往后分别作各端面的圆或圆弧，如图 3-18c 所示。

3）作各圆或圆弧的公切线，擦去多余作图线，加深可见轮廓线，完成全图，如图 3-18d 所示。

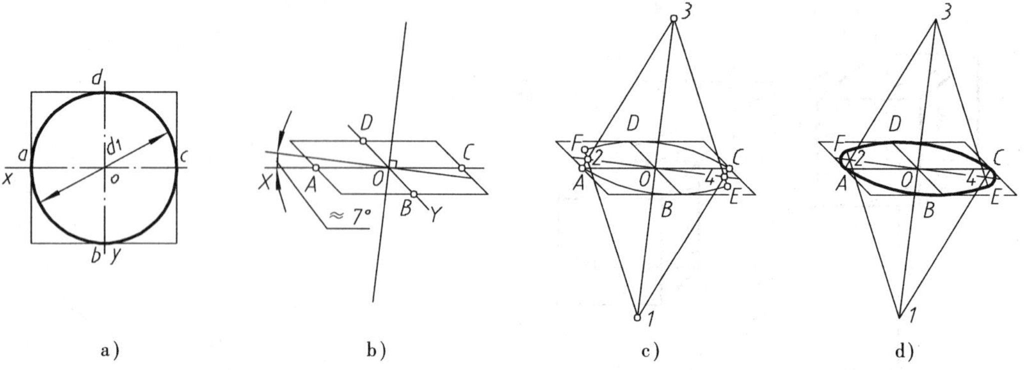

a) b) c) d)

图 3-17 平行于 *XOY* 坐标面的圆的斜二轴测图近似画法

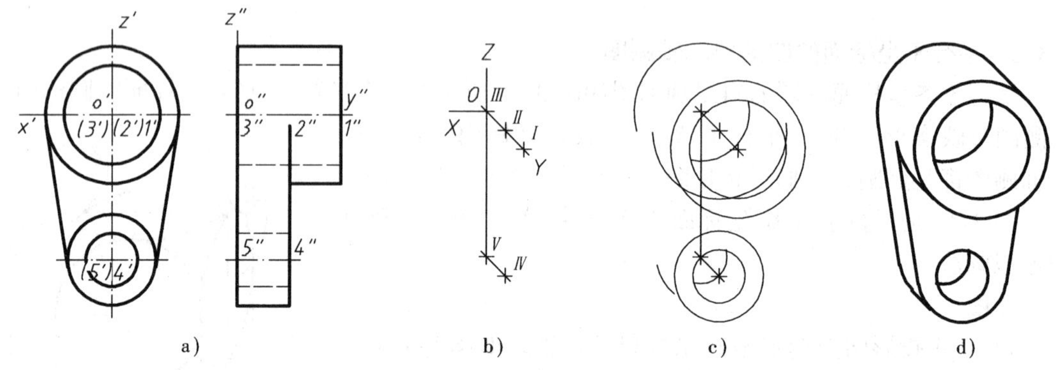

a) b) c) d)

图 3-18 斜二轴测图的画法

3.4 轴测图的剖切画法

在轴测图中为了表示物体的内部形状，可假想用剖切平面将物体的一部分剖去，这种剖切后的轴测图称为剖切轴测图。通常是沿着两个坐标平面将物体剖去四分之一。

3.4.1 轴测剖切画法的一些规定

1）轴测图中剖面线的方向应按图 3-19 绘制。

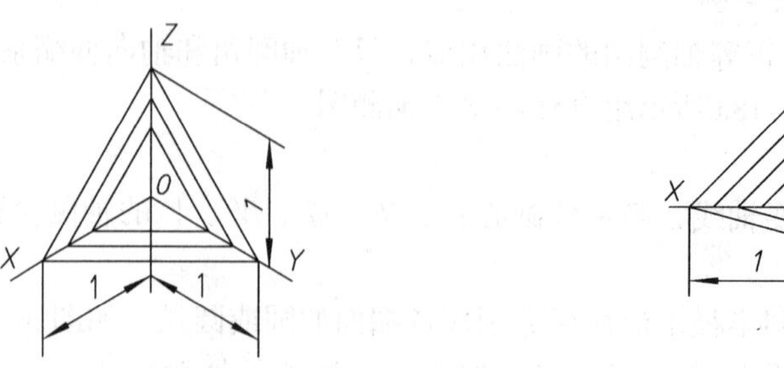

图 3-19 轴测图中的剖面线方向

2）当剖切平面通过物体的肋或薄壁等结构的纵向对称平面时，这些结构都不画剖面线，而用粗实线将它与邻接部分分开，如图 3-20a 所示。若在图中表示不够清晰时，也允许在肋或薄壁部分用细点表示被剖切部分，如图 3-20b 所示。

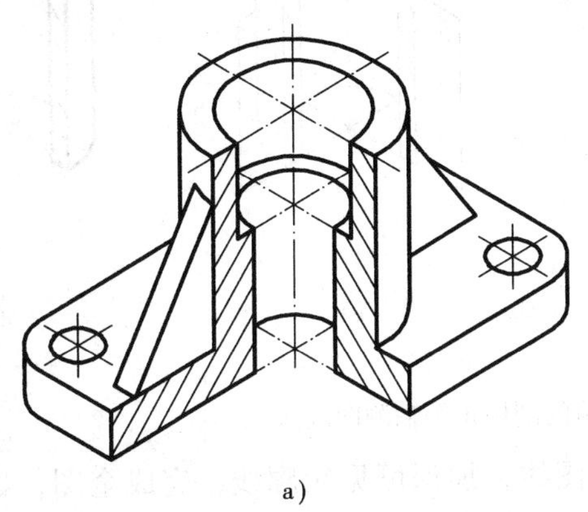

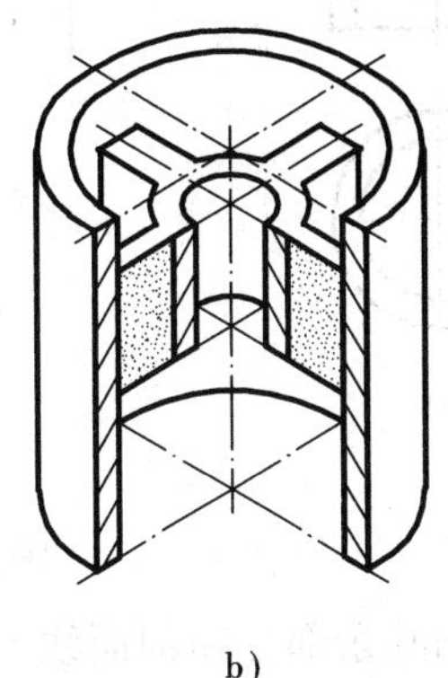

图 3-20 肋板的剖切画法

3）表示物体中间折断或局部断裂时，断裂处的边界应画波浪线，并在可见断裂面内加画细点以代替剖面线，如图 3-21 所示。

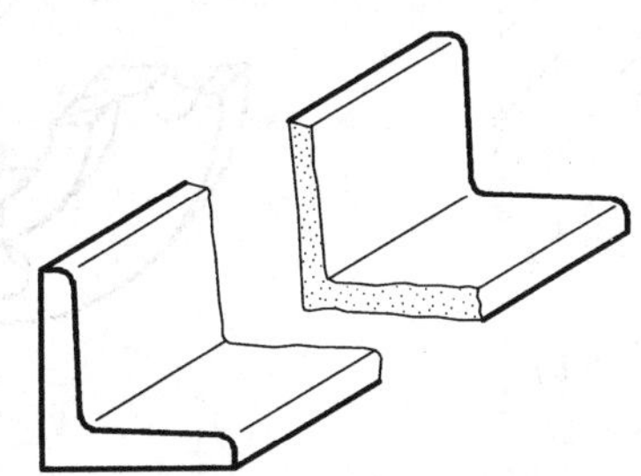

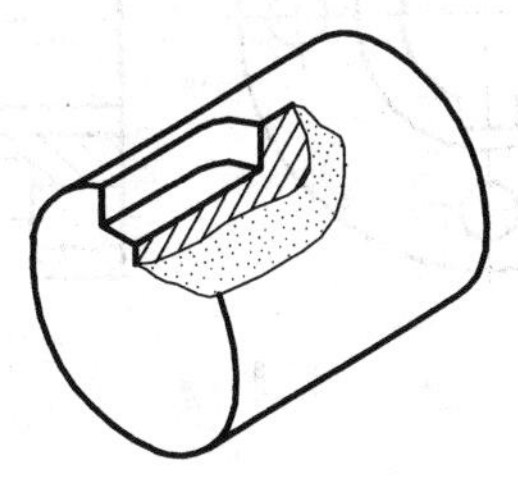

图 3-21 物体断裂面画法

3.4.2 剖切轴测图的画法举例

剖切轴测图有以下两种画法：

(1) 先画物体外形后画剖面区域

【例 3-9】 画出图 3-22a 所示圆柱套筒的剖切正等轴测图。

作图

1）用四心近似椭圆画法画出圆柱套筒的正等轴测图，如图 3-22b 所示；

2）假想用两个剖切平面沿坐标面将套筒剖开，画出剖面区域图形，注意剖切后圆柱孔底圆可见的部分正等轴测图（椭圆弧）应画出，如图 3-22c 所示。

3）画剖面线，擦去多余作图线，加深可见轮廓线，完成全图，如图 3-22d 所示。

(2) 先画物体剖面区域后画物体外形

【例 3-10】 画出图 3-23a 所示组合体的剖切斜二轴测图。

作图

1）画轴测轴及主要中心线，画剖切部分的剖面区域图形，如图 3-23b 所示；

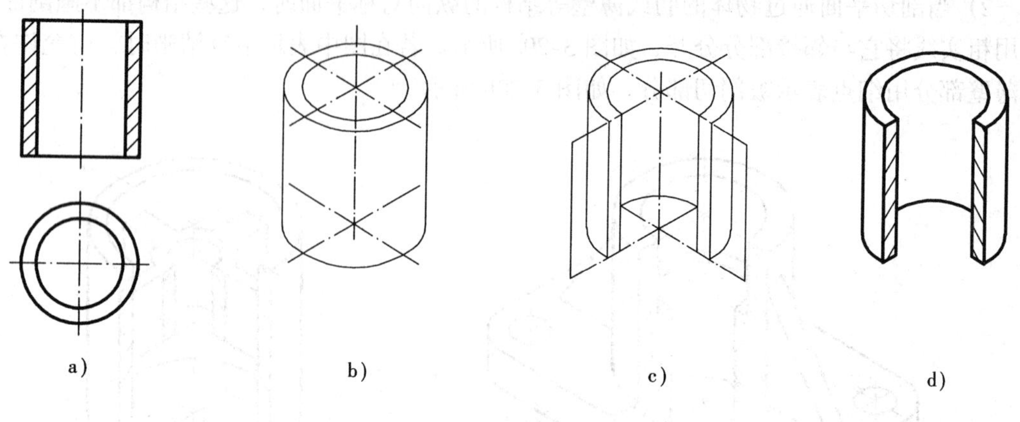

图 3-22 圆柱套筒的剖切正等轴测图画法

2）画其余部分和剖面线，擦去多余作图线，加深可见轮廓线，完成全图，如图 3-23c 所示。

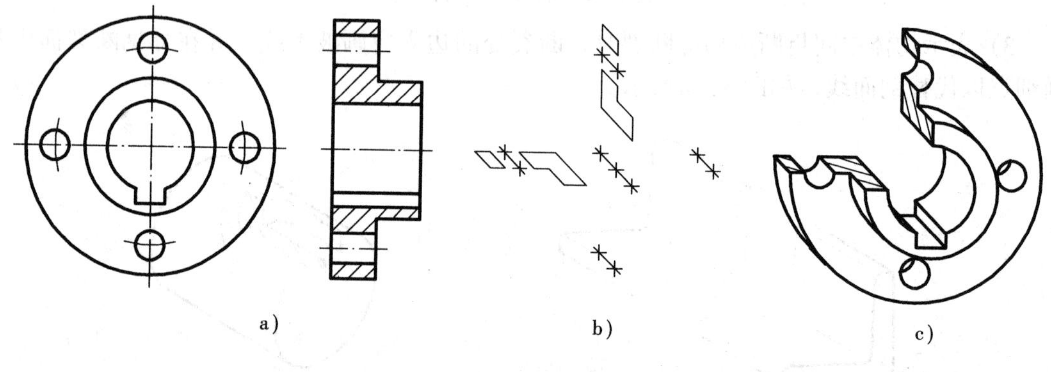

图 3-23 组合体的剖切斜二轴测图画法

第 4 章　投影变换及图形变换

4.1　投影变换

4.1.1　概述

1. 投影变换的意义

当空间几何元素（直线、平面）相对于投影面处于一般位置时，不能在投影图中反映实长（形）、倾角及定位关系和度量关系，如图 4-1 上排各例。

当空间几何元素相对于投影面处于特殊位置时，通常在投影面上能直接反映所需的结果、或只需进行简单的作图即可求解，如图 4-1 下排各例。

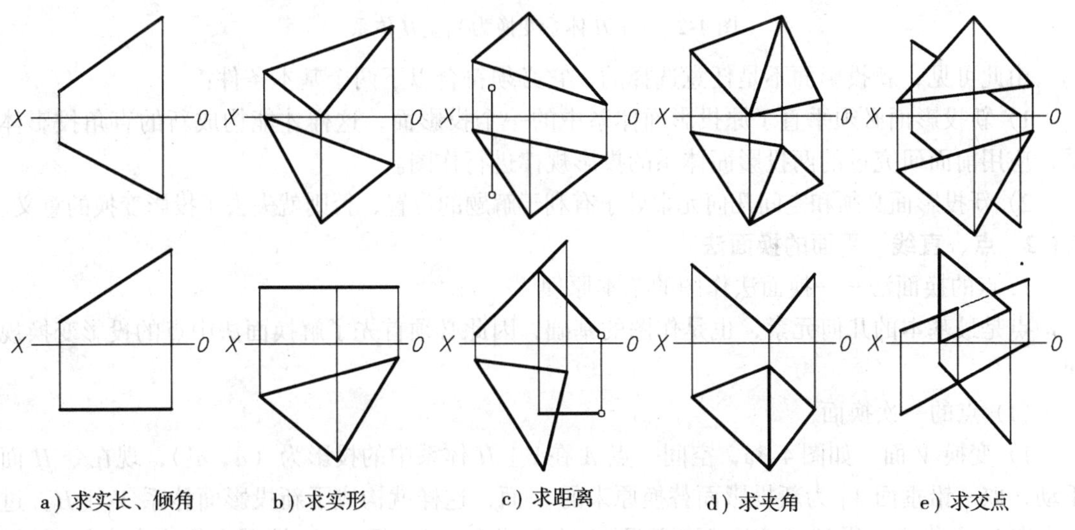

图 4-1　常用图解实例对比

投影变换的目的，就是研究如何改变空间几何元素对投影面的相对位置，使几何元素处于有利于解题的位置，以简化解题。

变换投影面法（简称换面法）是常用的一种投影变换方法。

保持空间几何元素的位置不动，设立新的投影面替换旧的投影面，使空间几何元素对新投影面处于有利于解题的位置，这种方法称为换面法。

2. 换面法的基本概念

图 4-2a 表示一铅垂面△*ABC*，该三角形在 *V* 面和 *H* 面的投影面体系（简称 $V \perp H$ 体系）中的两个投影都不反映实形。如果设立一个平行于△*ABC* 平面且与 *H* 面垂直的新投影面 V_1（V_1 面在旧体系 $V \perp H$ 中处于铅垂面位置，它的水平投影积聚成直线 O_1X_1）来替换旧投影面 *V*，则新投影面 V_1 与未变换的投影面 *H* 构成一个新的两投影面体系 $V_1 \perp H$。在 $V_1 \perp H$ 体

系中，V_1 面和 H 面的交线为投影轴 X_1，△ABC 处于正平面位置、它在 V_1 面上的投影△$a_1'b_1'c_1'$反映△ABC 的实形。然后以 X_1 为轴，按图示箭头方向将 V_1 面旋转到与 H 面重合的位置，就得到 $V_1 \perp H$ 体系的投影图，如图 4-2b 所示。

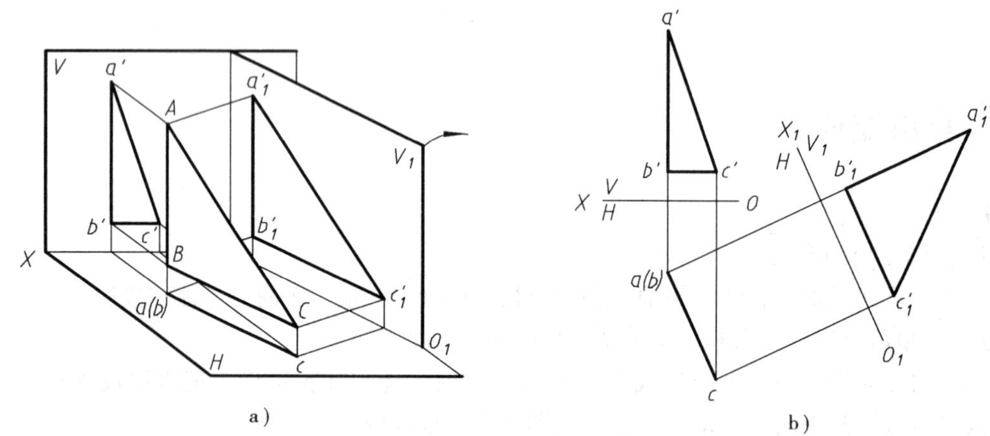

图 4-2　$V \perp H$ 体系变换为 $V_1 \perp H$ 体系

由此可见，新投影面不是任意选择的，它必须符合以下两个基本条件：

1）新投影面必须垂直于原投影面体系中的一个投影面，这样才能构成新的直角投影体系，应用前面研究过的两投影面体系的投影规律进行作图。

2）新投影面必须和空间几何元素处于有利于解题的位置，否则就失去了投影变换的意义。

4.1.2　点、直线、平面的换面法

1. 点的换面法——换面法作图的基本原理

点是最基本的几何元素，也是作图的基础，因此必须首先了解换面法中点的投影变换规律。

（1）点的一次换面

1）变换 V 面。如图 4-3a，空间一点 A 在 $V \perp H$ 体系中的投影为（a，a'），现在令 H 面不动，取一铅垂面 V_1 为新投影面替换原来的 V 面，这样就构成了新投影面体系 $V_1 \perp H$，过 A 点向 V_1 面作垂线得到 A 点在新投影面 V_1 上的投影 a_1'，把 V_1 面按图示箭头方向展开后，得到投影图如图 4-3b 所示，实际作图时，并不画投影面边框，如图 4-3c 所示，其中，X_1 是新投影面体系 $V_1 \perp H$ 的投影轴，同时也是新投影面在旧投影体系中的积聚性投影。

根据点在两投影面体系中的投影规律，可得到点 A 在新、旧体系中的投影 a、a'、a_1' 之间的关系：

对应关系——$aa_1' \perp X_1$ 轴

坐标关系——$Aa = a'a_X = a_1'a_{X_1} = z_A$（$z$ 坐标不变）

由此，得到由 $V \perp H$ 体系中的投影（a，a'）求 $V_1 \perp H$ 体系中的投影（a，a_1'）的作图方法：

首先，合理确定新投影轴 X_1 的位置，使几何元素在 $V_1 \perp H$ 新体系中处于有利于解题的位置。其次，按对应关系作 $aa_1' \perp X_1$ 轴；并按“z 坐标不变”的坐标关系取 $a_1'a_{X_1} = a'a_X$，即得点的新投影 a_1'。

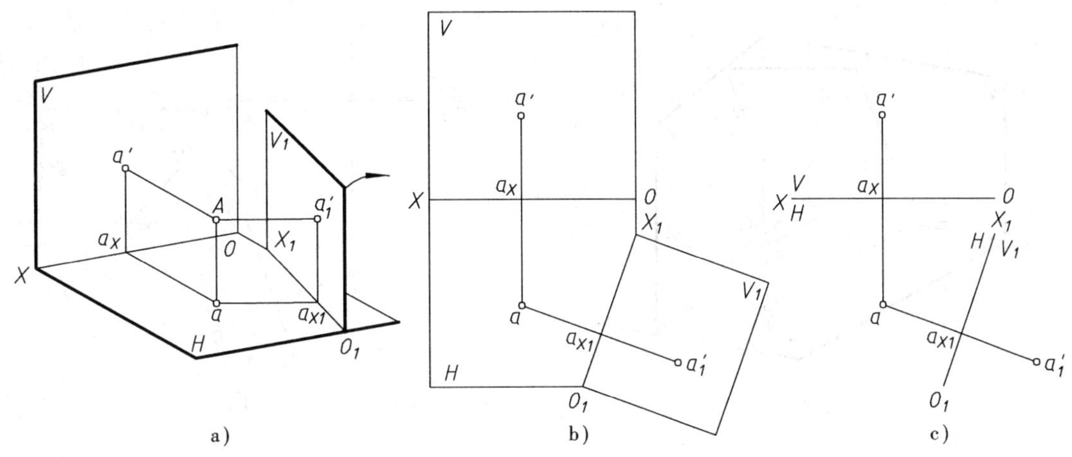

图 4-3　点的一次换面（变换 V 面）

2）变换 H 面。如图 4-4a，空间一点 A 在 $V\perp H$ 体系中的投影为（a，a'），取一正垂面 H_1 为新投影面构成新投影面体系 $V\perp H_1$，投影展开后如图 4-4b 所示，点 A 在新、旧体系中的投影 a、a'、a_1 之间的关系为：$a'a_1\perp X_1$ 轴，$Aa' = a_1a_{X_1} = aa_X = y_A$（$y$ 坐标不变）。

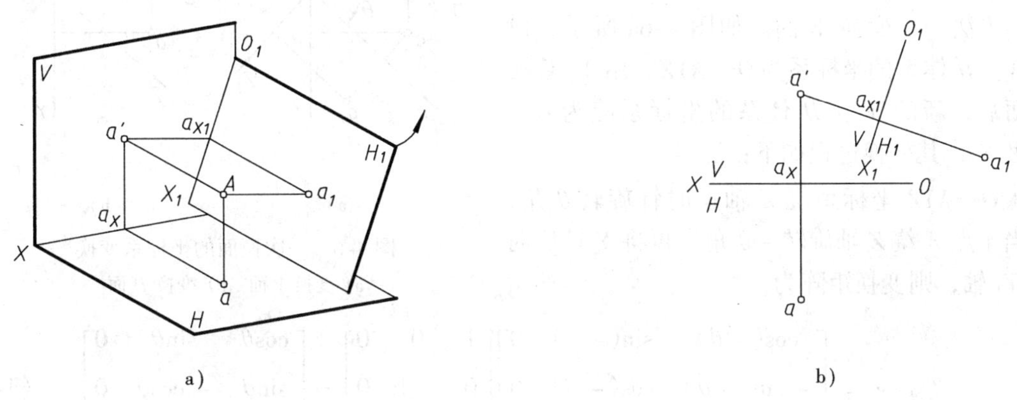

图 4-4　点的一次换面（变换 H 面）

3）换面法中点的投影变换规律。综上所述，换面法中点的投影变换规律可归纳如下：

①点的新投影和不变的旧投影的连线垂直于新投影轴；

②点的新投影到新轴的距离等于被替换的旧投影到旧轴的距离。

上述规律是换面法作图的基础。

（2）点的二次换面

有时变换一次投影面还达不到预期目的，必须依次变换二次或多次。

在二次或多次换面时，由于新投影面必须符合前述的两个条件，因此不能同时变换两个投影面，而必须在变换一个投影面后，在新的投影面体系中再变换另一个还未被替换的投影面，二次换面的原理和方法与一次换面完全相同。

如图 4-5 所示，先由 V_1 面替换 V 面，构成新体系 $V_1\perp H$；再以这个体系为基础，取 H_2

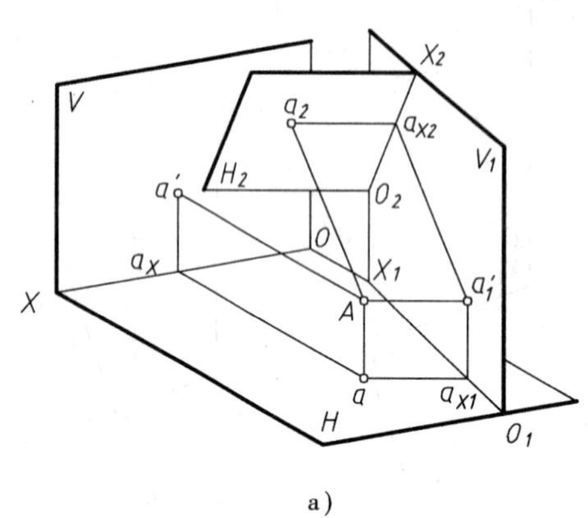

a)

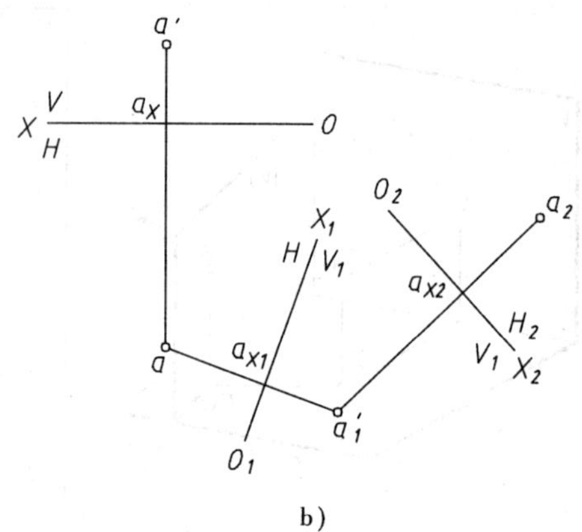

b)

图 4-5 点的两次换面

面替换 H 面，又构成新体系 $V_1 \perp H_2$。

点的二次换面也可先变换 H 面，再变换 V 面。如果需要，可作多于二次的换面。

(3) 点在换面中的变换矩阵

1) 点的一次换面。

方法一：变换 V 面。如图 4-6a 所示，设原 $V \perp H$ 体系的坐标系为 $O—XYZ$，用 V_1 替换 V 面后，新的 $V_1 \perp H$ 体系的坐标系应为 $O—X_1Y_1Z_1$，其变换过程如下：

$O—XYZ$ 坐标系绕 Z 轴逆时针旋转 θ 角，相当于点 A 绕 Z 轴旋转 $-\theta$ 角。再将 Y 轴反向得 Y_1 轴，则变换矩阵为

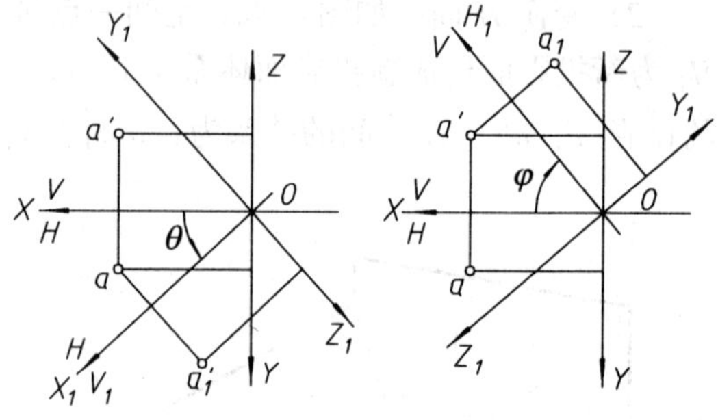

a) b)

图 4-6 一次换面的坐标系变换

a) 变换 V 面 b) 变换 H 面

$$T_{换V面} = \underbrace{\begin{bmatrix} \cos(-\theta) & \sin(-\theta) & 0 \\ -\sin(-\theta) & \cos(-\theta) & 0 \\ 0 & 0 & 1 \end{bmatrix}}_{绕Z轴反转\theta角} \underbrace{\begin{bmatrix} 1 & 0 & 0 \\ 0 & -1 & 0 \\ 0 & 0 & 1 \end{bmatrix}}_{Y轴反向} = \begin{bmatrix} \cos\theta & \sin\theta & 0 \\ \sin\theta & -\cos\theta & 0 \\ 0 & 0 & 1 \end{bmatrix} \tag{4-1}$$

原 $V \perp H$ 体系中的点 A (x, y, z) 在 $V_1 \perp H$ 体系中为 A' (x', y', z')，其坐标变换公式为

$$\begin{aligned} A \cdot T_{换V面} &= [x \quad y \quad z] \cdot T_{换V面} = [x\cos\theta + y\sin\theta \quad x\sin\theta - y\cos\theta \quad z] \\ &= [x' \quad y' \quad z'] = A' \end{aligned} \tag{4-2}$$

方法二：变换 H 面。如图 4-6b 所示，变换矩阵为

$$T_{换H面} = \underbrace{\begin{bmatrix} \cos\varphi & 0 & -\sin\varphi \\ 0 & 1 & 0 \\ \sin\varphi & 0 & \cos\varphi \end{bmatrix}}_{绕Y轴正转\varphi角} \underbrace{\begin{bmatrix} 1 & 0 & 0 \\ 0 & 1 & 0 \\ 0 & 0 & -1 \end{bmatrix}}_{Z轴反向} = \begin{bmatrix} \cos\varphi & 0 & \sin\varphi \\ 0 & 1 & 0 \\ \sin\varphi & 0 & -\cos\varphi \end{bmatrix} \tag{4-3}$$

点的坐标变换为

$$A \cdot T_{换H面} = [x \quad y \quad z] \cdot T_{换H面} = [x\cos\varphi + z\sin\varphi \quad y \quad x\sin\varphi - z\cos\varphi]$$
$$= [x' \quad y' \quad z'] = A' \tag{4-4}$$

2）点的二次换面。点的二次换面也就是交替变换 H 面和 V 面，可利用前面已推导的一次换面变换矩阵，来推导二次换面的变换矩阵。

现先变换 V 面后变换 H 面。如图 4-7a 所示，先用 V_1 面替换 V 面，点 A 从 $V \perp H$ 体系变换到 $V_1 \perp H$ 体系，其变换矩阵为式（4-1）的 $T_{换V面}$；然后再用 H_2 面替换 H 面，如图 4-7b 所示，点 A 从 $V_1 \perp H$ 体系变换到 $V_1 \perp H_2$ 体系，其变换矩阵为式（4-3）的 $T_{换H面}$。则组合变换矩阵为

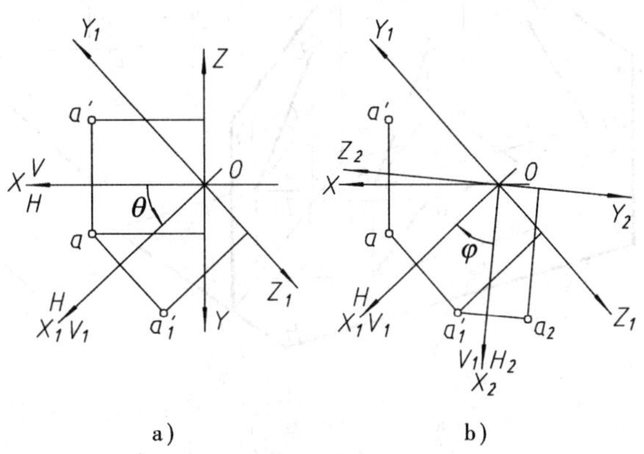

图 4-7　二次换面的坐标系变换

a）先变换 V 面　b）再变换 H 面

$$T_{VH} = \begin{bmatrix} \cos\theta & \sin\theta & 0 \\ \sin\theta & -\cos\theta & 0 \\ 0 & 0 & 1 \end{bmatrix} \begin{bmatrix} \cos\varphi & 0 & \sin\varphi \\ 0 & 1 & 0 \\ \sin\varphi & 0 & -\cos\varphi \end{bmatrix} = \begin{bmatrix} \cos\theta\cos\varphi & \sin\theta & \cos\theta\sin\varphi \\ \sin\theta\cos\varphi & -\cos\theta & \sin\theta\sin\varphi \\ \sin\varphi & 0 & -\cos\varphi \end{bmatrix} \tag{4-5}$$

点的坐标变换为

$$A \cdot T_{VH} = [x \quad y \quad z] \cdot T_{VH} = [x'' \quad y'' \quad z''] = A'' \tag{4-6}$$

其中　$x'' = x\cos\theta\cos\varphi + y\sin\theta\cos\varphi + z\sin\varphi$

$y'' = x\sin\theta - y\cos\theta$

$z'' = x\cos\theta\sin\varphi + y\sin\theta\sin\varphi - z\cos\varphi$

2. 直线的换面法

把直线变换为特殊位置直线，一般是为了求直线的实长及倾角，或解决某种度量和定位问题。

（1）把一般位置直线变换为投影面平行线

如图 4-8a，AB 直线在 $V \perp H$ 体系中处于一般位置，两面投影 ab、$a'b'$ 均不反映实长及对投影面的倾角。要求 AB 的实长及其对 H 面的倾角 α，可用一个平行于 AB 的铅垂面 V_1 来替换 V 面，构成新体系 $V_1 \perp H$。在 $V_1 \perp H$ 体系中，AB 为正平线，它在 V_1 面上的投影 $a_1'b_1'$ 反映 AB 实长及倾角 α。

作图（图 4-8b）

1）作新投影面 $V_1 /\!/ AB$ 直线，即画 V_1 面的积聚性投影 $X_1 /\!/ ab$（距离可任选），X_1 同时也是新投影面体系 $V_1 \perp H$ 的投影轴；

2）根据点的一次换面规律，求出 AB 两端点在 V_1 面上的投影 a_1'、b_1'；

3）连 a_1'、b_1' 即为 AB 在 V_1 面上的投影。$a_1'b_1'$ 反映 AB 的实长，$a_1'b_1'$ 与 X_1 的夹角等于倾角 α。

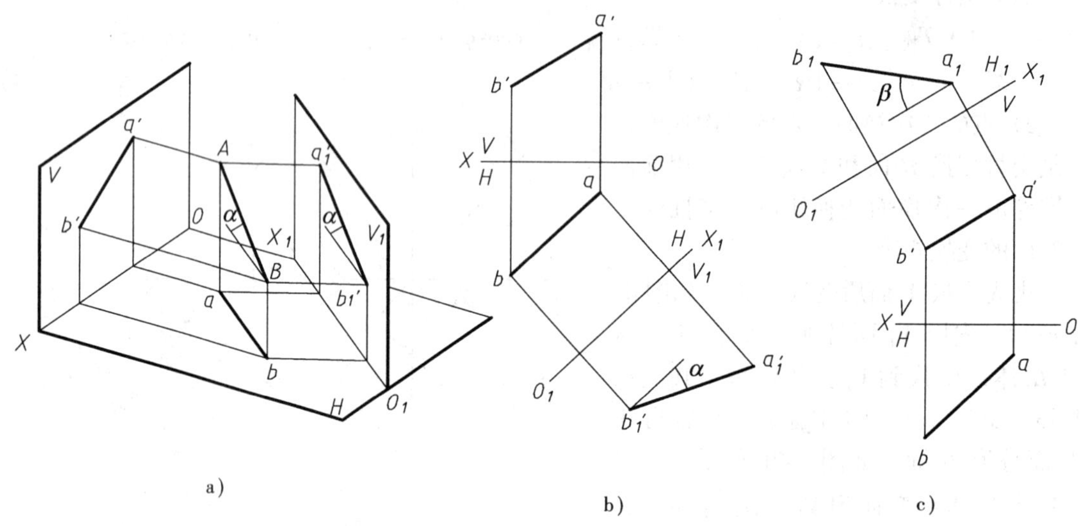

a) b) c)

图 4-8　把一般位置直线变换为投影面平行线

如果要求 AB 对 V 面的倾角 β，则应保持 V 面不动，变换 H 面，将 AB 变换为新投影面 H_1 的平行线，作图过程如图 4-8c 所示。

(2) 把投影面平行线变换为投影面垂直线

如图 4-9a，AB 直线在 $V \perp H$ 体系中为正平线，用一个垂直于 AB 的正垂面 H_1 来替换 H 面，则 AB 在 $V \perp H_1$ 体系中就成为新投影面 H_1 的垂直线，它在 H_1 面上的投影 a_1（b_1）积聚为一点。

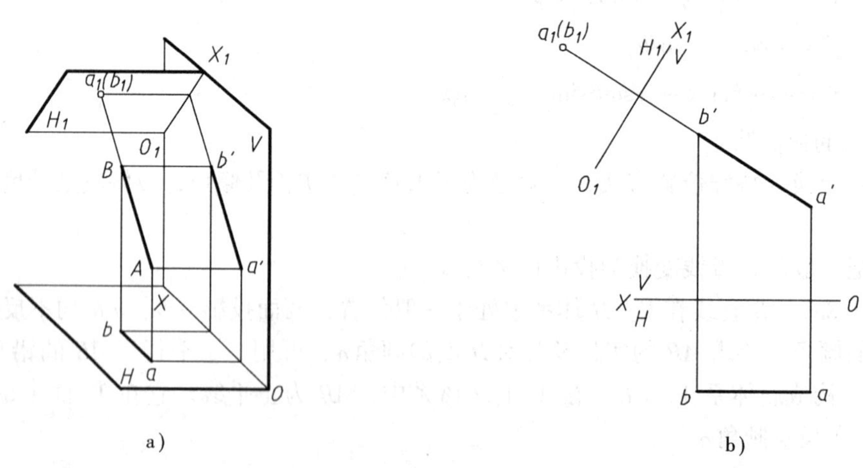

a) b)

图 4-9　把投影面平行线变换为投影面垂直线

作图（图 4-9b）

1）作新投影面 $H_1 \perp AB$ 直线，即画 H_1 面的积聚性投影 X_1（新投影轴）$\perp a'b'$；

2）求出 AB 在 H_1 面上的投影 a_1（b_1），则 a_1（b_1）积聚为一点。

将水平线变换为正垂线的作图方法类似。

(3) 把一般位置直线变换为投影面垂直线

由于垂直于一般位置直线的平面是一般位置平面，它与 $V \perp H$ 体系中的任一投影面都不垂直，不能作为新投影面。因此，更换一次投影面不能把一般位置直线变换为投影面的垂直线，必须经过二次换面。如图 4-10，第一次换面把一般位置直线变换为投影面的平行线，第二次换面再把投影面的平行线变换为投影面的垂直线。

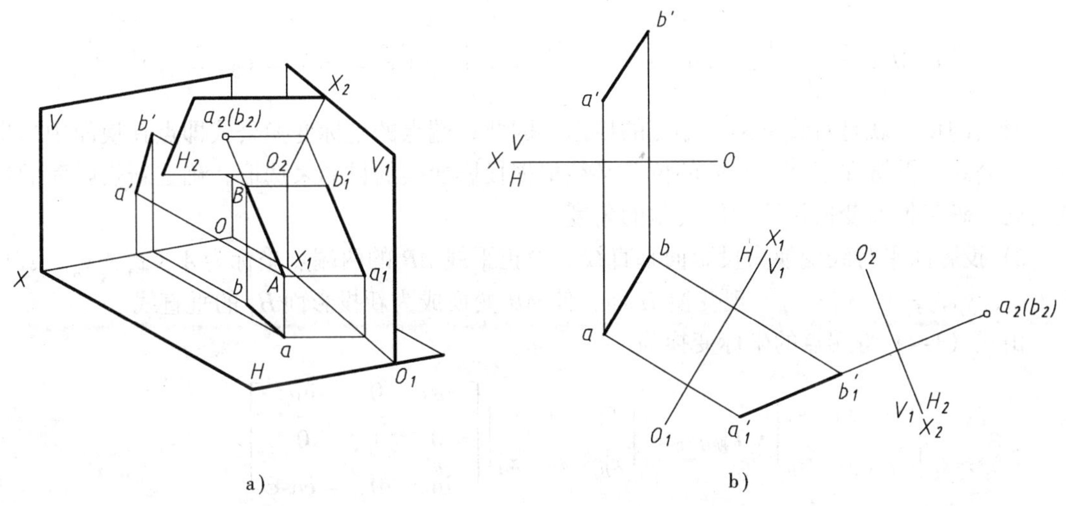

图 4-10　把一般位置直线变换为投影面垂直线

作图（图 4-10b）

1）作第一次换面的新投影面 $V_1 /\!/ AB$ 直线，即画 V_1 面的积聚性投影 X_1（新投影轴）$/\!/ ab$，求出 AB 在 V_1 面上的投影 $a_1'b_1'$；

2）作第二次换面的新投影面 $H_2 \perp AB$ 直线，即画 H_2 面在 $V_1 \perp H$ 体系中的积聚性投影 X_2（新投影轴）$\perp a_1'b_1'$，求出 AB 在 H_2 面上的投影 a_2（b_2），则 a_2（b_2）积聚为一点。

(4) 直线换面变换矩阵

1）一般位置直线变换为投影面平行线。设直线 AB 的两端点坐标为 A（x_A，y_A，z_A）、B（x_B，y_B，z_B）。现变换 V 面，使 AB 变换成为新投影面 V_1 的平行线。

由式（4-2）得端点的坐标变换为

$$\begin{bmatrix} x_A & y_A & z_A \\ x_B & y_B & z_B \end{bmatrix} \cdot T_{换V面} = \begin{bmatrix} x_A & y_A & z_A \\ x_B & y_B & z_B \end{bmatrix} \begin{bmatrix} \cos\theta & \sin\theta & 0 \\ \sin\theta & -\cos\theta & 0 \\ 0 & 0 & 1 \end{bmatrix}$$

$$= \begin{bmatrix} x_A\cos\theta + y_A\sin\theta & x_A\sin\theta - y_A\cos\theta & z_A \\ x_B\cos\theta + y_B\sin\theta & x_B\sin\theta - y_B\cos\theta & z_B \end{bmatrix}$$

$$= \begin{bmatrix} x_A' & y_A' & z_A' \\ x_B' & y_B' & z_B' \end{bmatrix}$$

其中

$$y_A' = x_A\sin\theta - y_A\cos\theta$$

$$y_B' = x_B\sin\theta - y_B\cos\theta$$

将直线 AB 变换为 V_1 面的平行线，应满足 $y_A' = y_B'$

即
$$x_A\sin\theta - y_A\cos\theta = x_B\sin\theta - y_B\cos\theta$$

解得

$$\tan\theta = \frac{y_A - y_B}{x_A - x_B} \quad \text{或}$$

$$\cos\theta = \frac{x_A - x_B}{v}, \quad \sin\theta = \frac{y_A - y_B}{v}, \quad v = \sqrt{(x_A - x_B)^2 + (y_A - y_B)^2}$$

直线的换面就是直线上两个端点的换面，因此，端点的坐标变换公式即点在换面中的坐标变换公式。关键在于新投影面的位置必须根据投影变换的目的来选取，确定新投影面的位置也就是确定换面变换矩阵中旋转角的角度。

2）投影面平行线变换为投影面垂直线。设正平线 AB 的两端点坐标为 A（x_A，y_A，z_A）、B（x_B，y_B，z_B），$y_A = y_B$。现变换 H 面，使 AB 变换成为新投影面 H_1 的垂直线。

由式（4-4）得端点的坐标变换为

$$\begin{bmatrix} x_A & y_A & z_A \\ x_B & y_B & z_B \end{bmatrix} \cdot T_{\text{换}H\text{面}} = \begin{bmatrix} x_A & y_A & z_A \\ x_B & y_B & z_B \end{bmatrix} \begin{bmatrix} \cos\varphi & 0 & \sin\varphi \\ 0 & 1 & 0 \\ \sin\varphi & 0 & -\cos\varphi \end{bmatrix}$$

$$= \begin{bmatrix} x_A\cos\varphi + z_A\sin\varphi & y_A & x_A\sin\varphi - z_A\cos\varphi \\ x_B\cos\varphi + z_B\sin\varphi & y_B & x_B\sin\varphi - z_B\cos\varphi \end{bmatrix}$$

$$= \begin{bmatrix} x_A' & y_A' & z_A' \\ x_B' & y_B' & z_B' \end{bmatrix}$$

其中
$$x_A' = x_A\cos\varphi + z_A\sin\varphi$$
$$y_A' = y_A$$
$$x_B' = x_B\cos\varphi + z_B\sin\varphi$$
$$y_B' = y_B$$

将直线 AB 变换为 H_1 面的垂直线，应满足 $x_A' = x_B'$，$y_A' = y_B'$（$= y_A = y_B$ 已满足）

即
$$x_A\cos\varphi + z_A\sin\varphi = x_B\cos\varphi + z_B\sin\varphi$$

解得

$$\tan\varphi = \frac{x_A - x_B}{z_A - z_B} \quad \text{或}$$

$$\cos\varphi = \frac{z_A - z_B}{\lambda}, \quad \sin\varphi = \frac{x_A - x_B}{\lambda}, \quad \lambda = \sqrt{(x_A - x_B)^2 + (z_A - z_B)^2}$$

3）一般位置直线变换为投影面垂直线。一般位置直线 AB 以两端点 A（x_A，y_A，z_A）、B（x_B，y_B，z_B）来表示，需经二次换面，现先变换 V 面，旋转角度为 θ，再变换 H 面，旋转角度为 φ，使直线 AB 经二次换面后与新投影面 H_2 垂直。

由式（4-6）得端点的坐标变换为

$$\begin{bmatrix} x_A & y_A & z_A \\ x_B & y_B & z_B \end{bmatrix} \cdot T_{VH} = \begin{bmatrix} x_A & y_A & z_A \\ x_B & y_B & z_B \end{bmatrix} \begin{bmatrix} \cos\theta\cos\varphi & \sin\theta & \cos\theta\sin\varphi \\ \sin\theta\cos\varphi & -\cos\theta & \sin\theta\sin\varphi \\ \sin\varphi & 0 & -\cos\varphi \end{bmatrix}$$

$$= \begin{bmatrix} x_A\cos\theta\cos\varphi + y_A\sin\theta\cos\varphi + z_A\sin\varphi & x_A\sin\theta - y_A\cos\theta & x_A\cos\theta\sin\varphi + y_A\sin\theta\sin\varphi - z_A\cos\varphi \\ x_B\cos\theta\cos\varphi + y_B\sin\theta\cos\varphi + z_B\sin\varphi & x_B\sin\theta - y_B\cos\theta & x_B\cos\theta\sin\varphi + y_B\sin\theta\sin\varphi - z_B\cos\varphi \end{bmatrix}$$

$$= \begin{bmatrix} x_A'' & y_A'' & z_A'' \\ x_B'' & y_B'' & z_B'' \end{bmatrix}$$

其中

$$x_A'' = x_A\cos\theta\cos\varphi + y_A\sin\theta\cos\varphi + z_A\sin\varphi$$

$$y_A'' = x_A\sin\theta - y_A\cos\theta$$

$$x_B'' = x_B\cos\theta\cos\varphi + y_B\sin\theta\cos\varphi + z_B\sin\varphi$$

$$y_B'' = x_B\sin\theta - y_B\cos\theta$$

将直线 AB 变换为 H_2 面的平行线，应满足 $x_A''=x_B''$，$y_A''=y_B''$

解得

$$\tan\theta = \frac{y_A - y_B}{x_A - x_B}, \quad \tan\varphi = \frac{v}{z_B - z_A}$$

$$\cos\theta = \frac{x_A - x_B}{v}, \quad \sin\theta = \frac{y_A - y_B}{v}, \quad v = \sqrt{(x_A - x_B)^2 + (y_A - y_B)^2}$$

$$\cos\varphi = \frac{z_B - z_A}{\mu}, \quad \sin\varphi = \frac{v}{\mu}, \quad \mu = \sqrt{(x_A - x_B)^2 + (y_A - y_B)^2 + (z_A - z_B)^2}$$

3. 平面的换面法

把平面变换为特殊位置平面，一般是为了求平面的实形及倾角，或解决某些度量和定位问题。

（1）把一般位置平面变换为投影面垂直面

如图 4-11a，要把一般位置平面△ABC 变换为投影面垂直面，只需把△ABC 平面内某一条直线变换为投影面的垂直线即可。而一般位置平面内有一般位置直线和投影面平行线两种直线，从前面的讨论中得知，把一般位置直线变换为投影面垂直线需经过二次换面，而把投影面的平行线变换为投影面的垂直线只需一次换面即可。因此，为了简化作图，可在平面上任取一条投影面的平行线作为辅助线，把它变换为投影面垂直线，则平面也就同时变换成了新投影面的垂直面。

作图（图 4-11b）

1）在△ABC 平面内任取一条水平线 A Ⅰ（$a1$，$a'1'$）；

2）作新投影面 $V_1 \perp A$ Ⅰ，即画 $X_1 \perp a1$；

3）求出△ABC 在 V_1 面上的投影 $a_1'b_1'c_1'$，它们积聚在一条直线上，该直线与 X_1 的夹角就等于△ABC 平面对 H 面的倾角 α。

如果要求△ABC 平面对 V 面的倾角 β，则应保持 V 面不动，变换 H 面，将△ABC 平面变换为新投影面 H_1 的垂直面，作图过程如图 4-11c 所示。

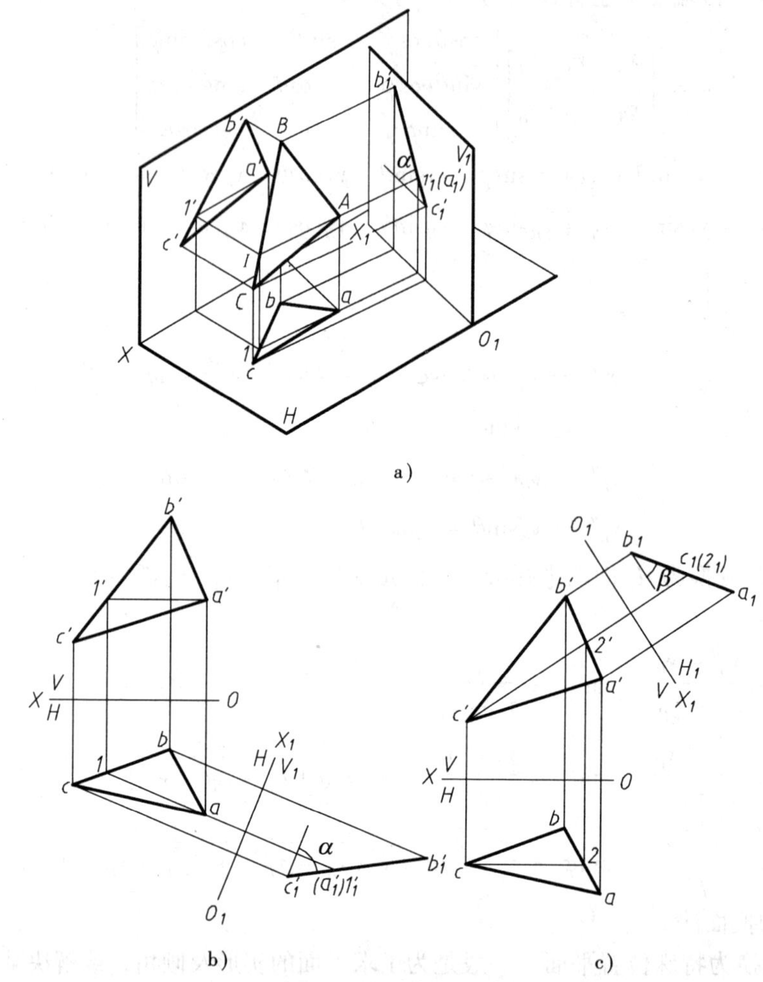

图 4-11　把一般位置平面变换为投影面垂直面

(2) 把投影面垂直面变换为投影面平行面

如图 4-12，由于投影面已经垂直于旧投影体系中的一个投影面，所以只需建立一个与已知平面相平行的新投影面，则可与原体系中平面所垂直的投影面构成新的两投影面体系。

作图

1) 作新投影面 $V_1 // \triangle ABC$，即画 $X_1 // abc$；

2) 根据投影变换规律，求出 $\triangle ABC$ 在 V_1 面上的投影 $\triangle a_1'b_1'c_1'$，则 $\triangle a_1'b_1'c_1'$ 反映 $\triangle ABC$ 的实形。

(3) 把一般位置平面变换为投影面平行面

由于平行于一般位置平面的平面是一般位置平面，它与 $V \perp H$ 体系中的任一投影面都不垂直，不能作为新投影面。因此，更换一次投影面不能把一般位置平面变换为投影面的平行面，必须经过二次换面。如图 4-13，第一次换面把一般位置平面变换为投影面的垂直面，第二次换面再把投影面的垂直面变换为投影面的平行面。

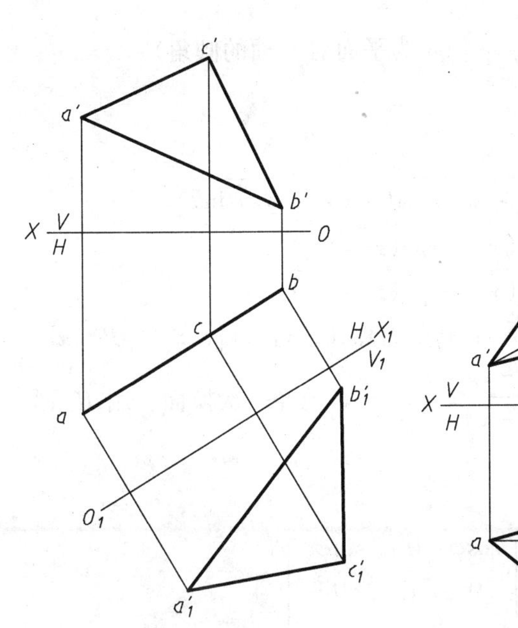

图 4-12 把投影面垂直面变换为投影面平行面

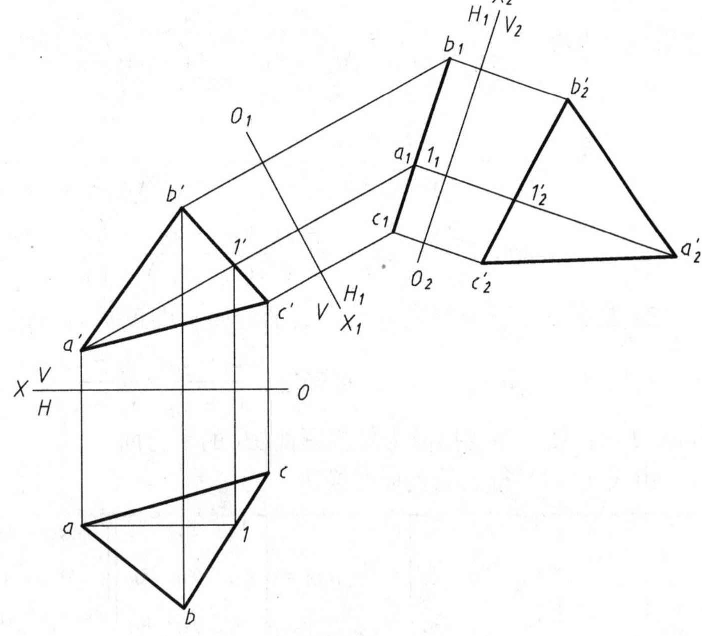

图 4-13 把一般位置平面变换为投影面平行面

作图

1）在△*ABC* 平面内任取一条正平线 *A* Ⅰ（*a*1，*a*'1'）；

2）作第一次换面的新投影面 $H_1 \perp A$ Ⅰ，即画 $X_1 \perp a'1'$；

3）求出△*ABC* 在 H_1 面上的投影△$a_1b_1c_1$（积聚成一直线）；

4）作第二次换面的新投影面 V_2//△*ABC*，即画 X_2// $a_1b_1c_1$；

5）求出△*ABC* 在 V_2 面上的投影△$a_2'b_2'c_2'$，则△$a_2'b_2'c_2'$反映△*ABC* 实形。

（4）平面换面变换矩阵

1）一般位置平面变换为投影面垂直面。设一般位置平面 *ABC* 由点 *A*（x_A，y_A，z_A）、*B*（x_B，y_B，z_B）、*C*（x_C，y_C，z_C）三点确定，现经一次换面，用 V_1 面替换 *V* 面，使平面变换成为新投影面 V_1 的垂直面。

由式（4-2）得点的坐标变换为

$$\begin{bmatrix} x_A & y_A & z_A \\ x_B & y_B & z_B \\ x_C & y_C & z_C \end{bmatrix} \cdot T_{换V面} = \begin{bmatrix} x_A & y_A & z_A \\ x_B & y_B & z_B \\ x_C & y_C & z_C \end{bmatrix} \begin{bmatrix} \cos\theta & \sin\theta & 0 \\ \sin\theta & -\cos\theta & 0 \\ 0 & 0 & 1 \end{bmatrix}$$

$$= \begin{bmatrix} x_A\cos\theta + y_A\sin\theta & x_A\sin\theta - y_A\cos\theta & z_A \\ x_B\cos\theta + y_B\sin\theta & x_B\sin\theta - y_B\cos\theta & z_B \\ x_C\cos\theta + y_C\sin\theta & x_C\sin\theta - y_C\cos\theta & z_C \end{bmatrix}$$

$$= \begin{bmatrix} x_A' & y_A' & z_A' \\ x_B' & y_B' & z_B' \\ x_C' & y_C' & z_C' \end{bmatrix}$$

将平面 ABC 变换为 V_1 面的垂直面，应满足以下几何条件：

$$\tan\alpha = \frac{z_A' - z_B'}{x_A' - x_B'} = \frac{z_B' - z_C'}{x_B' - x_C'} = \frac{z_A' - z_C'}{x_A' - x_C'} \quad (\alpha \text{ 为平面对 } H \text{ 面的倾角})$$

即

$$\frac{z_A - z_B}{(x_A - x_B)\cos\theta + (y_A - y_B)\sin\theta} = \frac{z_A - z_C}{(x_A - x_C)\cos\theta + (y_A - y_C)\sin\theta}$$

$$\tan\theta = \frac{\sin\theta}{\cos\theta} = \frac{(x_A - x_B)(z_A - z_C) - (x_A - x_C)(z_A - z_B)}{(y_A - y_C)(z_A - z_C) - (y_A - y_B)(z_A - z_C)}$$

2）投影面垂直面变换为投影面平行面。设正垂面 ABC 由点 A（x_A，y_A，z_A）、B（x_B，y_B，z_B）、C（x_C，y_C，z_C）三点确定，$\frac{z_A - z_B}{x_A - x_B} = \frac{z_B - z_C}{x_B - x_C} = \frac{z_A - z_C}{x_A - x_C}$。现经一次换面，用 H_1 面替换 H 面，使平面变换成为新投影面 H_1 的平行面。

由式（4-4）得点的坐标变换为

$$\begin{bmatrix} x_A & y_A & z_A \\ x_B & y_B & z_B \\ x_C & y_C & z_C \end{bmatrix} \cdot T_{\text{换}H\text{面}} = \begin{bmatrix} x_A & y_A & z_A \\ x_B & y_B & z_B \\ x_C & y_C & z_C \end{bmatrix} \begin{bmatrix} \cos\varphi & 0 & \sin\varphi \\ 0 & 1 & 0 \\ \sin\varphi & 0 & -\cos\varphi \end{bmatrix}$$

$$= \begin{bmatrix} x_A\cos\varphi + z_A\sin\varphi & y_A & x_A\sin\varphi - z_A\cos\varphi \\ x_B\cos\varphi + z_B\sin\varphi & y_B & x_B\sin\varphi - z_B\cos\varphi \\ x_C\cos\varphi + z_C\sin\varphi & y_C & x_C\sin\varphi - z_C\cos\varphi \end{bmatrix}$$

$$= \begin{bmatrix} x_A' & y_A' & z_A' \\ x_B' & y_B' & z_B' \\ x_C' & y_C' & z_C' \end{bmatrix}$$

将正垂面 ABC 变换为 H_1 面的平行面，应满足以下几何条件：

$$z_A' = z_B' = z_C'$$

解得

$$\tan\varphi = \tan\alpha = \frac{z_A - z_B}{x_A - x_B} = \frac{z_B - z_C}{x_B - x_C} = \frac{z_A - z_C}{x_A - x_C} \quad (\alpha \text{ 为平面对 } H \text{ 面的倾角})$$

3）一般位置平面变换为投影面平行面。设一般位置平面 ABC 由点 A（x_A，y_A，z_A）、B（x_B，y_B，z_B）、C（x_C，y_C，z_C）三点确定。现经二次换面，先变换 V 面，旋转角度为 θ，再变换 H 面，旋转角度为 φ，使平面变换成为新投影面 H_2 的平行面。

由式（4-6）得点的坐标变换为

$$\begin{bmatrix} x_A & y_A & z_A \\ x_B & y_B & z_B \\ x_C & y_C & z_C \end{bmatrix} \cdot T_{VH} = \begin{bmatrix} x_A & y_A & z_A \\ x_B & y_B & z_B \\ x_C & y_C & z_C \end{bmatrix} \begin{bmatrix} \cos\theta\cos\varphi & \sin\theta & \cos\theta\sin\varphi \\ \sin\theta\cos\varphi & -\cos\theta & \sin\theta\sin\varphi \\ \sin\varphi & 0 & -\cos\varphi \end{bmatrix}$$

$$= \begin{bmatrix} x_A'' & y_A'' & z_A'' \\ x_B'' & y_B'' & z_B'' \\ x_C'' & y_C'' & z_C'' \end{bmatrix}$$

将平面 ABC 变换为 H_2 面的平行面，应满足以下几何条件：

$$\tan\theta = \frac{(x_A - x_B)(z_A - z_C) - (x_A - x_C)(z_A - z_B)}{(y_A - y_C)(z_A - z_C) - (y_A - y_B)(z_A - z_C)}$$

$$\tan\varphi = \tan\alpha = \frac{z_A - z_B}{(y_A - y_B)\sin\theta + (x_A - x_B)\cos\theta} \quad (\alpha\ \text{为平面对}\ H\ \text{面的倾角})$$

4.1.3 换面法应用举例

【例 4-1】 求点 A 到△BCD 平面的距离。

分析 如图 4-14 所示，点到平面的距离即为点到平面的垂线实长。当平面处于某一投影面的垂直面位置时，点到平面的垂线为同一投影面的平行线，它在该投影面上的投影反映实长（即距离）。因此，可先把平面变换为投影面的垂直面，再求距离。

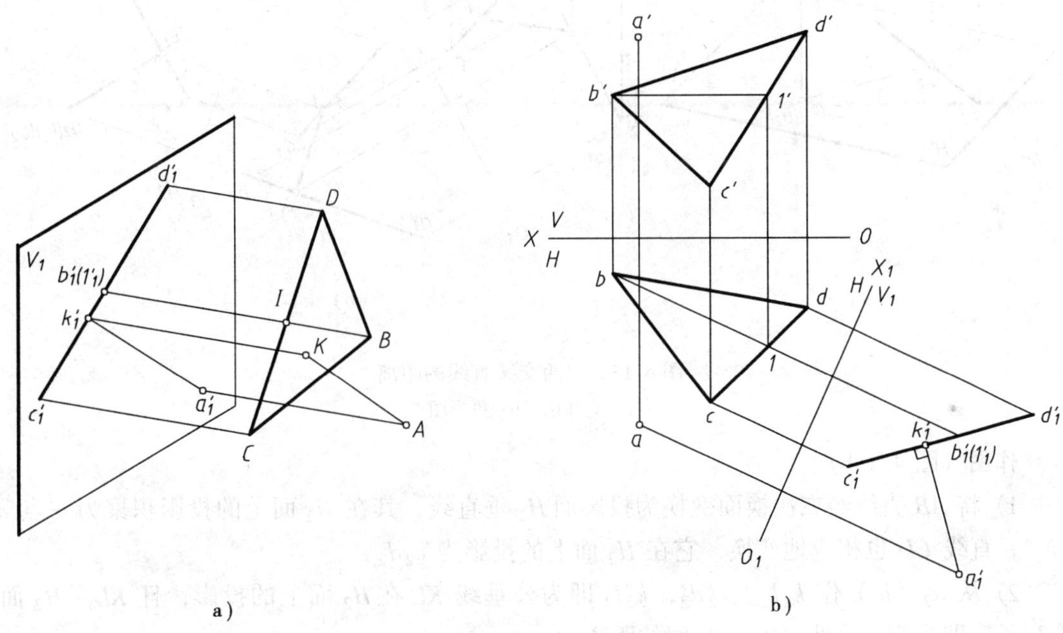

图 4-14 求点到平面的距离

a) 立体图 b) 投影图

作图（图 4-14b）

1) 在△BCD 平面内任取一条水平线 $B\,\mathrm{I}$（$b1$，$b'1'$）；

2) 作新投影面 $V_1 \perp B\,\mathrm{I}$，即画 $X_1 \perp b1$；

3) 求 A 点和△BCD 平面在 V_1 面上的投影 a_1' 和 $b_1'c_1'd_1'$，由于△$BCD \perp V_1$，$b_1'c_1'd_1'$ 积聚成一条直线；

4) 过 a_1' 作 $a_1'k_1' \perp b_1'c_1'd_1'$，则 $a_1'k_1'$ 为 A 点到△BCD 的垂线 AK 在 V_1 面上的投影，K 为垂足，且 $AK /\!/ V_1$ 面，$a_1'k_1'$ 的长度即为 A 点到△BCD 平面的距离。

【例 4-2】 求交叉直线 AB、CD 间的距离。

分析 两交叉直线的距离即为它们的公垂线的实长。当交叉直线之一为某一投影面的垂直线时，它们的公垂线必为同一投影面的平行线，它在该投影面上的投影反映公垂线实长，并且与另一交叉直线在该投影面上的投影相互垂直。因此，可把交叉直线之一（如 AB）经二次换面变换为投影面(如 H_2)的垂直线，在新投影面 H_2 上作公垂线 KL，则 k_2 过 $a_2(b_2)$ 点，$k_2l_2 \perp c_2d_2$，且 k_2l_2 反映 KL 的实长，如图 4-15。

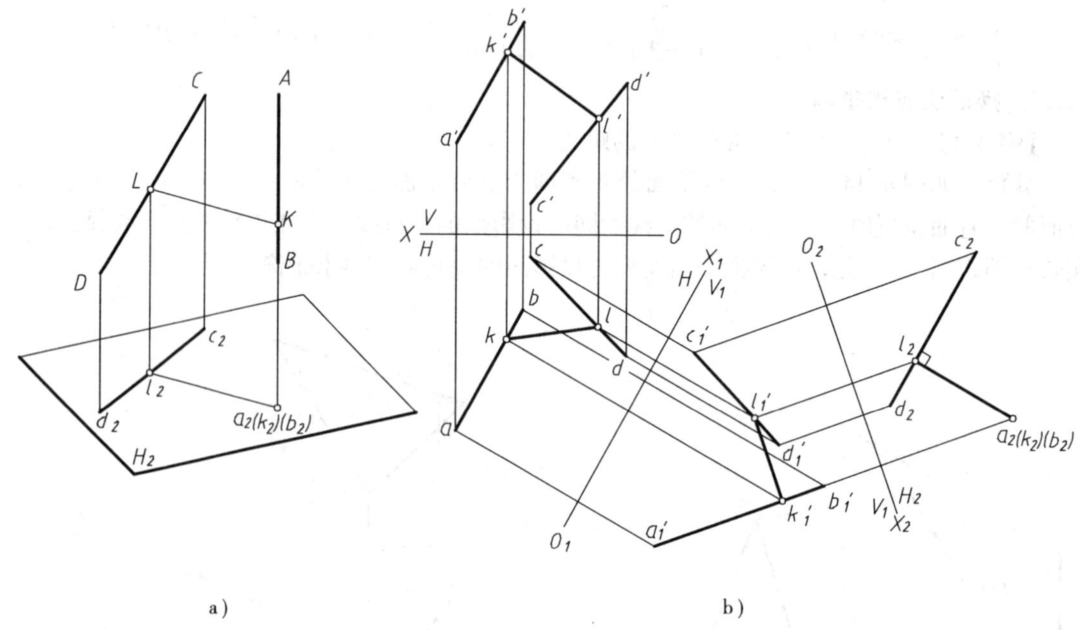

图 4-15 求两交叉直线的距离

a）立体图 b）投影图

作图（图 4-15b）

1）将 AB 直线经二次换面变换为投影面 H_2 垂直线，其在 H_2 面上的投影积聚为一点 a_2（b_2），直线 CD 也相应地变换，它在 H_2 面上的投影为 c_2d_2。

2）从 a_2（b_2）作 $k_2l_2 \perp c_2d_2$，k_2l_2 即为公垂线 KL 在 H_2 面上的投影，且 $KL /\!/ H_2$ 面，k_2l_2 长度即为交叉直线 AB、CD 间的距离。

如果要求 KL 在 $V \perp H$ 体系中的投影 kl、$k'l'$，可根据 k_2l_2、$k_1'l_1'$ 返回作出，返回时要注意 $k_1'l_1' /\!/ X_2$ 轴。

【例 4-3】 如图 4-16a，已知料斗由四个梯形平面组成，求料斗相邻两平面 $ABCD$ 和 $CDEF$ 间的夹角。

分析 两平面间的夹角即它们的二面角。当两平面同时垂直于某一投影面时，它们在该投影面上的投影分别积聚成直线，则两直线间的夹角即为两平面间的夹角。而要把两个平面同时变换为投影面的垂直面，只需把它们的交线变换为投影面的垂直线即可。因此，只需把 $ABCD$ 和 $CDEF$ 两平面的交线 CD 经二次换面变换为投影面的垂直线，就可求得两平面的夹角。

作图（图 4-16b）

1）作第一次换面的新投影面 $V_1 /\!/ CD$，即画 $X_1 /\!/ cd$，求出 $c_1'd_1'$、a_1'、e_1'；

2）作第二次换面的新投影面 $H_2 \perp CD$，即画 $X_2 \perp c_1'd_1'$，求出两平面在 H_2 面上的积聚性投影 $a_2c_2d_2$、$c_2d_2e_2$，这两条直线间的夹角就等于两平面间的夹角 θ。

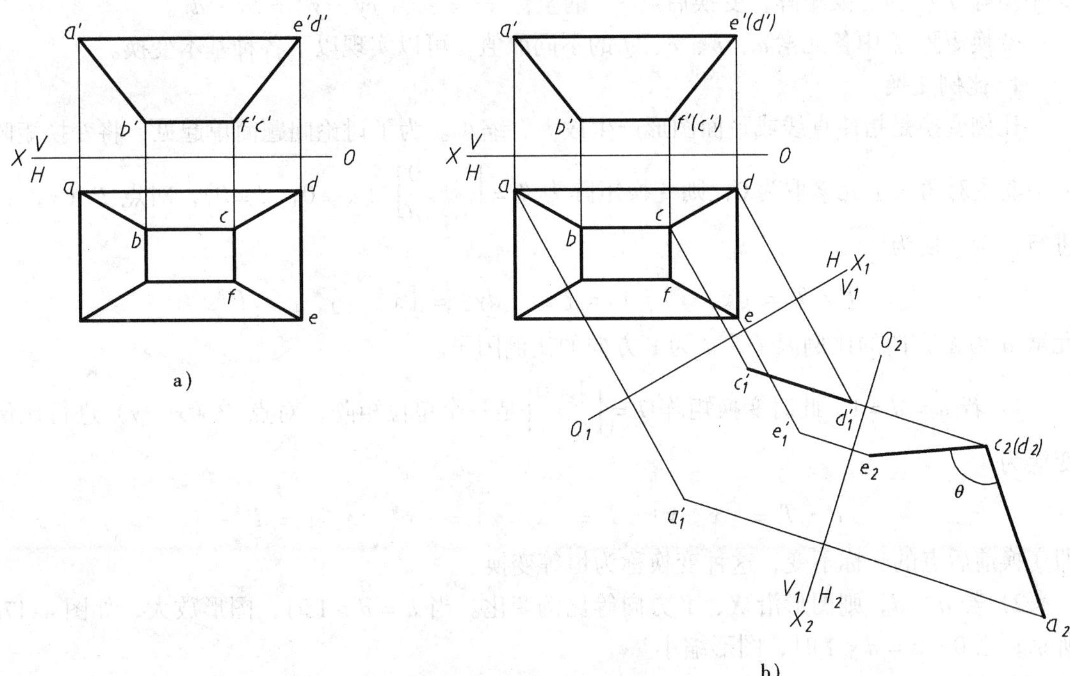

图 4-16 求两平面的夹角

4.2 图形变换

4.2.1 概述

在计算机绘图中，往往要进行比例、平移、旋转、对称或投影等变换。矩阵及其运算是实现图形变换的一种行之有效的方法。

点是构成图形或立体的最基本几何元素，在二维平面上一个点可用坐标（x，y）表示，也可用一行两列矩阵［$x \quad y$］表示；在三维空间中一个点则用坐标（x，y，z）表示，也可用一行三列矩阵［$x \quad y \quad z$］表示。任一平面图形和立体均可用点集来表示，写成矩阵的形式为$\begin{bmatrix} x_1 & y_1 \\ x_2 & y_2 \\ \vdots & \vdots \\ x_n & y_n \end{bmatrix}$和$\begin{bmatrix} x_1 & y_1 & z_1 \\ x_2 & y_2 & z_2 \\ \vdots & \vdots & \vdots \\ x_n & y_n & z_n \end{bmatrix}$。因此，对图形或立体的变换实质上就是对点的变换，可通过矩阵运算来实现。

4.2.2 二维图形变换

点由某一位置 P（x，y）变换到另一位置 $P^{\#}$（$x^{\#}$，$y^{\#}$），可以利用两个矩阵相乘来实现。即点 P 的位置矩阵［$x \quad y$］和 2×2 阶矩阵 $T = \begin{bmatrix} a & b \\ c & d \end{bmatrix}$ 相乘：

$$P \cdot T = [x \quad y]\begin{bmatrix} a & b \\ c & d \end{bmatrix} = [ax + cy \quad bx + dy] = [x^{\#}, y^{\#}] = P^{\#}$$

其中矩阵 T 称为变换矩阵，变换后点 $P^{\#}$ 的坐标 $x^{\#}=ax+cy$，$y^{\#}=bx+dy$。

变换矩阵 T 中各元素 a、b、c、d 的不同取值，可以实现以下各种基本变换。

1. 比例变换

比例变换是指使直线或平面图形产生放大、缩小。为了讨论问题简单起见，将变换矩阵 T 中非主对角线上元素取为0，则变换矩阵为 $T=\begin{bmatrix} a & 0 \\ 0 & d \end{bmatrix}$（$a\neq0$，$d\neq0$），对点 P（x，y）进行比例变换为

$$P\cdot T=[x \quad y]\cdot T=[ax \quad dy]=[x^{\#} \quad y^{\#}]=P^{\#}$$

元素 a 为 X 方向的比例因子，d 为 Y 方向的比例因子。

1）若 $a=d=1$，此时变换矩阵 $T=\begin{bmatrix} 1 & 0 \\ 0 & 1 \end{bmatrix}$ 是一个单位矩阵，对点 P（x，y）进行比例变换为

$$P\cdot T=[x \quad y]\cdot T=[x \quad y]=[x^{\#} \quad y^{\#}]=P^{\#}$$

即变换前后点的坐标不变，这种变换称为恒等变换。

2）若 $a=d$，则图形沿 X、Y 方向等比例变化。当 $a=d>1$ 时，图形放大，如图4-17a所示；当 $0<a=d<1$ 时，图形缩小。

3）若 $a\neq d$，则图形沿 X、Y 方向各按不同比例变化，使图形产生畸变，如图4-17b所示。

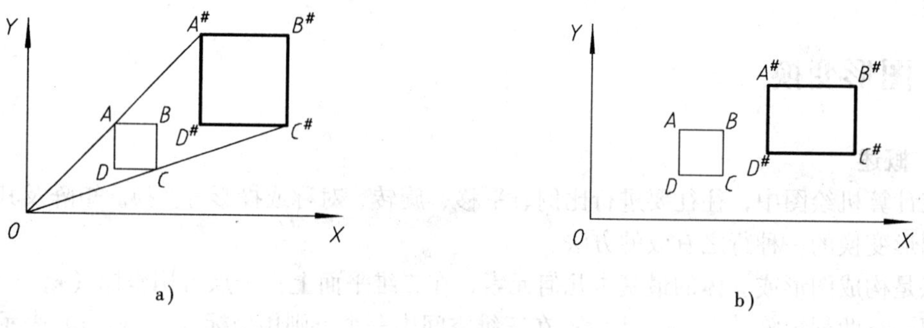

图4-17　比例变换

2. 对称变换

对称变换是指变换前后的点、直线或平面图形对称于指定的点、直线或坐标轴。

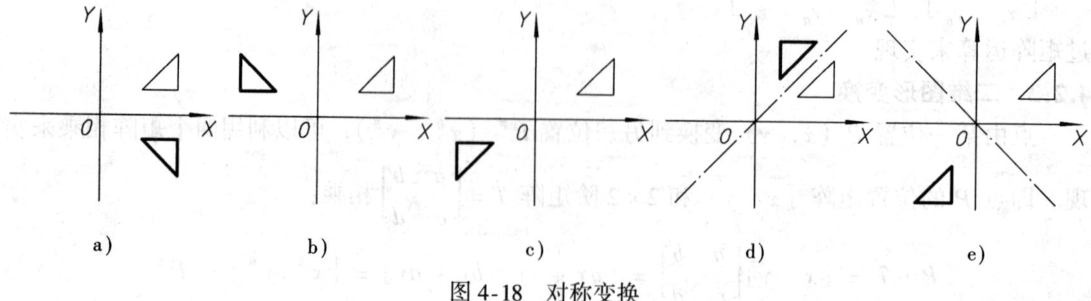

图4-18　对称变换

（1）对 X 轴的对称变换

如图 4-18a 所示，变换矩阵为 $T=\begin{bmatrix}1 & 0\\0 & -1\end{bmatrix}$。对点 P（x，y）进行对称变换为

$$P\cdot T=[x\quad y]\cdot T=[x\quad -y]=[x^{\#}\quad y^{\#}]=P^{\#}$$

（2）对 Y 轴的对称变换

如图 4-18b 所示，变换矩阵为 $T=\begin{bmatrix}1 & 0\\0 & -1\end{bmatrix}$。对点 P（x，y）进行对称变换为

$$P\cdot T=[x\quad y]\cdot T=[-x\quad y]=[x^{\#}\quad y^{\#}]=P^{\#}$$

（3）对坐标原点的对称变换

如图 4-18c 所示，变换矩阵为 $T=\begin{bmatrix}-1 & 0\\0 & -1\end{bmatrix}$。对点 P（x，y）进行对称变换为

$$P\cdot T=[x\quad y]\cdot T=[-x\quad -y]=[x^{\#}\quad y^{\#}]=P^{\#}$$

（4）对 45°线的对称变换

如图 4-18d 所示，变换矩阵为 $T=\begin{bmatrix}0 & 1\\1 & 0\end{bmatrix}$。对点 P（x，y）进行对称变换为

$$P\cdot T=[x\quad y]\cdot T=[x\quad -y]=[x^{\#}\quad y^{\#}]=P^{\#}$$

（5）对 -45°线的对称变换

如图 4-18e 所示，变换矩阵为 $T=\begin{bmatrix}0 & -1\\-1 & 0\end{bmatrix}$。对点 P（x，y）进行对称变换为

$$P\cdot T=[x\quad y]\cdot T=[x\quad -y]=[x^{\#}\quad y^{\#}]=P^{\#}$$

3. 错切变换

变换矩阵为 $T=\begin{bmatrix}1 & b\\c & 1\end{bmatrix}$，其中 b、c 至少有一个不为 0。

（1）沿 X 方向错切

变换矩阵为 $T=\begin{bmatrix}1 & 0\\c & 1\end{bmatrix}$，对点 P（x，y）进行错切变换为

$$P\cdot T=[x\quad y]\cdot T=[x+cy\quad y]=[x^{\#}\quad y^{\#}]=P^{\#}$$

$c>0$，沿 $+X$ 方向错切；$c<0$，沿 $-X$ 方向错切。

【例 4-4】 单位正方形 $ABCD$ 如图 4-19a 所示，若变换矩阵为 $T=\begin{bmatrix}1 & 0\\2 & 1\end{bmatrix}$，求变换后的图形。

$$\begin{matrix}A\\B\\C\\D\end{matrix}\begin{bmatrix}0 & 0\\1 & 0\\1 & 1\\0 & 1\end{bmatrix}\begin{bmatrix}1 & 0\\2 & 1\end{bmatrix}=\begin{bmatrix}0 & 0\\1 & 0\\3 & 1\\2 & 1\end{bmatrix}\begin{matrix}A^{\#}\\B^{\#}\\C^{\#}\\D^{\#}\end{matrix}$$

从图 4-19a 中可以看出：变换后各点的 y 坐标没有变化，x 坐标则依赖初始坐标（x，y）线性地变化，即 $x^{\#}=x+cy$。凡平行于 X 轴的直线变换后仍平行于 X 轴，凡平行于 Y 轴的直线均沿 X 方向错切成与 Y 轴成 θ 角的直线，而 $y=0$ 的点为不动点，$y\neq0$ 的点沿 X 方向错移了 cy 的距离，且 $\tan\theta=\dfrac{cy}{y}=c$。

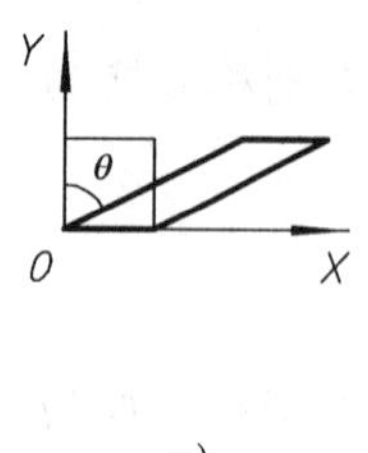

a)

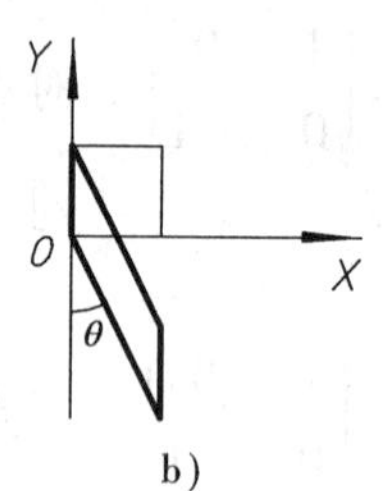

b)

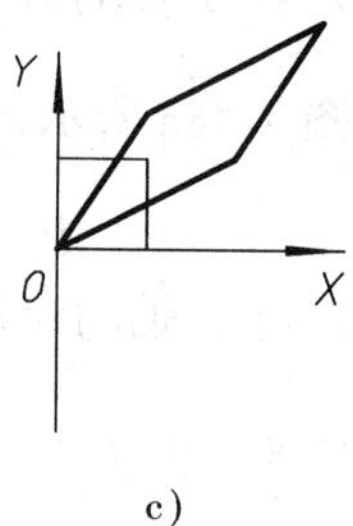

c)

图 4-19　错切变换

(2) 沿 Y 方向错切

如图 4-19b 所示，变换矩阵为 $T=\begin{bmatrix}1 & b\\0 & 1\end{bmatrix}$。对点 $P(x,\ y)$ 进行错切变换为

$$P\cdot T=[x\quad y]\cdot T=[x\quad bx+y]=[x^{\#}\quad y^{\#}]=P^{\#}$$

$b>0$，沿 $+Y$ 方向错切；$b<0$，沿 $-Y$ 方向错切。

变换后各点的 x 坐标没有变化，y 坐标则依赖初始坐标 $(x,\ y)$ 线性地变化。凡平行于 Y 轴的直线变换后仍平行于 Y 轴，凡平行于 X 轴的直线均沿 Y 方向错切成与 X 轴成 θ 角的直线，而 $x=0$ 的点为不动点，$x\neq0$ 的点沿 Y 方向错移了 bx 的距离。

(3) 沿 X、Y 方向错切

如图 4-19c 所示，变换矩阵为 $T=\begin{bmatrix}1 & b\\c & 1\end{bmatrix}$。对点 $P(x,\ y)$ 进行错切变换为

$$P\cdot T=[x\quad y]\cdot T=[x+cy\quad bx+y]=[x^{\#}\quad y^{\#}]=P^{\#}$$

变换后各点的 x、y 坐标都依赖初始坐标 $(x,\ y)$ 线性地变化。原点为不动点。

4. 旋转变换

如图 4-20 所示，变换矩阵为 $T=\begin{bmatrix}\cos\theta & \sin\theta\\-\sin\theta & \cos\theta\end{bmatrix}$，其中 θ 为点、直线或平面图形绕坐标原点旋转的角度（逆时针方向为正，顺时针为负）。对点 $P(x,\ y)$ 进行旋转变换为

$$P\cdot T=[x\quad y]\cdot T=[x\cos\theta-y\sin\theta\quad x\sin\theta+y\cos\theta]$$
$$=[x^{\#}\quad y^{\#}]=P^{\#}$$

图 4-20　旋转变换

5. 平移变换和齐次坐标

前述四种变换都可通过变换矩阵 $T=\begin{bmatrix}a & b\\c & d\end{bmatrix}$ 实现。但对于平移变换，这种 2×2 阶矩阵已无法实现，其原因是无论怎样配置矩阵 $\begin{bmatrix}a & b\\c & d\end{bmatrix}$ 中各元素的值，都不能使图形平移，即 2×2 阶矩阵 $\begin{bmatrix}a & b\\c & d\end{bmatrix}$ 中没有平移参数。为此，将 2×2 矩阵扩充为 3×2 矩阵，即令 $T=\begin{bmatrix}a & b\\c & d\\l & m\end{bmatrix}$。

如前所述，对二维点 P（x，y）进行变换时，只要将其位置矩阵乘以变换矩阵 T 就可以了。为了实现矩阵相乘，用齐次坐标来表示点，即用三维向量来表示二维向量，将二维点 P（x，y）的位置矩阵 $[x \quad y]$ 扩展为 1×3 阶矩阵 $[x \quad y \quad 1]$，则可进行乘法运算：

$$[x \quad y \quad 1]\begin{bmatrix} a & b \\ c & d \\ l & m \end{bmatrix} = [ax + cy + l \quad bx + dy + m]$$

平移变换矩阵为 $T=\begin{bmatrix} 1 & 0 \\ 0 & 1 \\ l & m \end{bmatrix}$，对点 P（x，y，1）进行平移变换为

$$P \cdot T = [x \quad y \quad 1] \cdot T = [x + l \quad y + m] = [x^{\#} \quad y^{\#}] = P^{\#}$$

元素 l、m 分别为 X、Y 方向的平移参数。例如，取 $l=1$，$m=1.5$，则单位正方形的平移变换如图 4-21 所示。

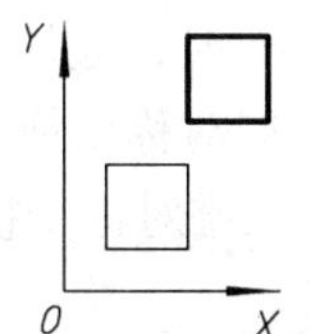

图 4-21　平移变换

为使二维变换矩阵具有更多的功能，可将 3×2 变换矩阵进一步扩充为 3×3 阶矩阵：

$$T = \left[\begin{array}{cc:c} a & b & p \\ c & d & q \\ \hdashline l & m & s \end{array}\right]$$

其中 $\begin{bmatrix} a & b \\ c & d \end{bmatrix}$ 产生局部比例、对称、错切、旋转变换；$[l \quad m]$ 产生平移变换；$\begin{bmatrix} p \\ q \end{bmatrix}$ 产生透视变换；$[s]$ 产生整体比例变换。

4.2.3　三维图形变换

三维图形的变换是二维图形变换的简单扩展，变换的原理还是把齐次坐标点 P（x，y，z，1）通过变换矩阵变换成新的齐次坐标点 $P^{\#}$（$x^{\#}$，$y^{\#}$，$z^{\#}$，1）。即

$$P \cdot T = [x \quad y \quad z \quad 1]T = [x^{\#} \quad y^{\#} \quad z^{\#} \quad 1] = P^{\#}$$

上式中 T 是 4×4 的变换矩阵，用一般形式可以表示为：

$$T = \left[\begin{array}{ccc:c} a & b & c & p \\ d & e & f & q \\ h & i & j & r \\ \hdashline l & m & n & s \end{array}\right]$$

其中 $\begin{bmatrix} a & b & c \\ d & e & f \\ h & i & f \end{bmatrix}$ 产生局部比例、对称、旋转和错切变换。$[l \quad m \quad n]$ 产生平移变换。$\begin{bmatrix} p \\ q \\ r \end{bmatrix}$ 产生透视变换。$[s]$ 产生整体比例变换。

1. 比例变换

(1) 局部比例变换

变换矩阵为 $T=\begin{bmatrix} a & 0 & 0 & 0 \\ 0 & e & 0 & 0 \\ 0 & 0 & j & 0 \\ 0 & 0 & 0 & 1 \end{bmatrix}$，对空间点 P（x，y，z，1）进行比例变换为

$$P \cdot T = [x \quad y \quad z \quad 1] \cdot T = [ax \quad ey \quad jz \quad 1] = [x^{\#} \quad y^{\#} \quad z^{\#} \quad 1] = P^{\#}$$

元素 a、e、j 分别为 X、Y、Z 三个方向的比例因子。

(2) 整体比例变换

变换矩阵为 $T=\begin{bmatrix}1 & 0 & 0 & 0\\0 & 1 & 0 & 0\\0 & 0 & 1 & 0\\0 & 0 & 0 & s\end{bmatrix}$，对空间点 P（x，y，z，1）进行比例变换为

$$P \cdot T = [x \quad y \quad z \quad 1] \cdot T = [x \quad y \quad z \quad s] = [x/s \quad y/s \quad z/s \quad 1]$$
$$= [x^{\#} \quad y^{\#} \quad z^{\#} \quad 1] = P^{\#}$$

元素 s 使整个图形按相同的比例放大或缩小。当 $s>1$ 时，立体各向等比例缩小；当 $0<s>1$ 时，立体各向等比例放大。

2. 对称变换

三维对称变换包括对原点、对坐标轴和对坐标平面的对称，常用的是对坐标平面的对称变换。

(1) 对 XOZ 坐标平面的对称变换

变换矩阵为 $T=\begin{bmatrix}1 & 0 & 0 & 0\\0 & -1 & 0 & 0\\0 & 0 & 1 & 0\\0 & 0 & 0 & 1\end{bmatrix}$，对空间点 P（x，y，z，1）进行对称变换为

$$P \cdot T = [x \quad y \quad z \quad 1] \cdot T = [x \quad -y \quad z \quad 1] = [x^{\#} \quad y^{\#} \quad z^{\#} \quad 1] = P^{\#}$$

(2) 对 XOY 坐标平面的对称变换

$$变换矩阵为\ T=\begin{bmatrix}1 & 0 & 0 & 0\\0 & 1 & 0 & 0\\0 & 0 & -1 & 0\\0 & 0 & 0 & 1\end{bmatrix}$$

(3) 对 YOZ 坐标平面的对称变换

$$变换矩阵为\ T=\begin{bmatrix}-1 & 0 & 0 & 0\\0 & 1 & 0 & 0\\0 & 0 & 1 & 0\\0 & 0 & 0 & 1\end{bmatrix}$$

3. 旋转变换

旋转变换是使立体绕旋转轴转过一个角度，旋转后的立体只改变了空间位置，它的形状没有变化。这里只讨论特殊的旋转变换——绕坐标轴旋转。

旋转方向按右手定则确定，即大拇指指向旋转轴正向，其余四个手指的指向表示旋转方向。符合右手定则，旋转方向为正，反之为负。对于三个坐标轴来说，旋转方向是逆时针为正，顺时针为负。

(1) 绕 X 轴旋转 θ 角

$$
\text{变换矩阵为 } T = \begin{bmatrix} 1 & 0 & 0 & 0 \\ 0 & \cos\theta & \sin\theta & 0 \\ 0 & -\sin\theta & \cos\theta & 0 \\ 0 & 0 & 0 & 1 \end{bmatrix}
$$

(2) 绕 Y 轴旋转 θ 角

$$
\text{变换矩阵为 } T = \begin{bmatrix} \cos\theta & 0 & -\sin\theta & 0 \\ 0 & 1 & 0 & 0 \\ \sin\theta & 0 & \cos\theta & 0 \\ 0 & 0 & 0 & 1 \end{bmatrix}
$$

(3) 绕 Z 轴旋转 θ 角

$$
\text{变换矩阵为 } T = \begin{bmatrix} \cos\theta & \sin\theta & 0 & 0 \\ -\sin\theta & \cos\theta & 0 & 0 \\ 0 & 0 & 1 & 0 \\ 0 & 0 & 0 & 1 \end{bmatrix}
$$

4. 错切变换

变换矩阵为 $T = \begin{bmatrix} 1 & b & c & 0 \\ d & 1 & f & 0 \\ h & i & 1 & 0 \\ 0 & 0 & 0 & 1 \end{bmatrix}$，对空间点 P (x, y, z, 1) 进行错切变换为

$$
\begin{aligned}
P \cdot T &= [x \quad y \quad z \quad 1] \cdot T = [x + dy + hz \quad bx + y + iz \quad cx + fy + z \quad 1] \\
&= [x^{\#} \quad y^{\#} \quad z^{\#} \quad 1] = P^{\#}
\end{aligned}
$$

三维错切变换按错切方向的不同，有六种基本错切变换，如表 4-1 所示。

表 4-1 六种基本错切变换

沿 X 方向错切	$T_1 = \begin{bmatrix} 1 & 0 & 0 & 0 \\ d & 1 & 0 & 0 \\ 0 & 0 & 1 & 0 \\ 0 & 0 & 0 & 1 \end{bmatrix}$ $d>0$，沿 $+X$ 方向错切 $d<0$，沿 $-X$ 方向错切	Z X O Y 错切平面沿 X 方向移动且离开 Y 轴
	$T_2 = \begin{bmatrix} 1 & 0 & 0 & 0 \\ 0 & 1 & 0 & 0 \\ h & 0 & 1 & 0 \\ 0 & 0 & 0 & 1 \end{bmatrix}$ $h>0$，沿 $+X$ 方向错切 $h<0$，沿 $-X$ 方向错切	Z X O Y 错切平面沿 X 方向移动且离开 Z 轴

（续）

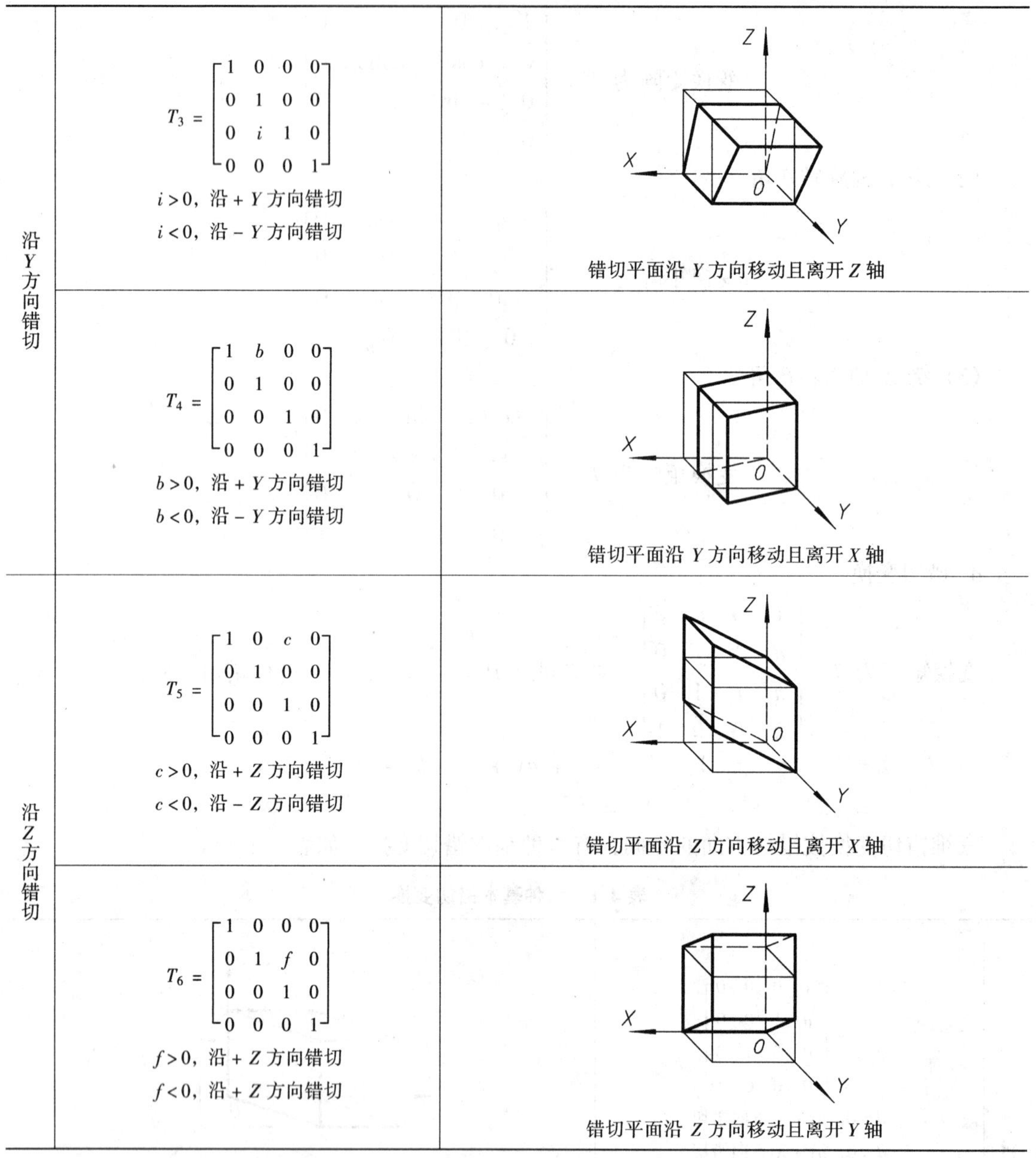

沿Y方向错切	$T_3=\begin{bmatrix}1&0&0&0\\0&1&0&0\\0&i&1&0\\0&0&0&1\end{bmatrix}$ $i>0$，沿 + Y 方向错切 $i<0$，沿 − Y 方向错切	错切平面沿 Y 方向移动且离开 Z 轴
	$T_4=\begin{bmatrix}1&b&0&0\\0&1&0&0\\0&0&1&0\\0&0&0&1\end{bmatrix}$ $b>0$，沿 + Y 方向错切 $b<0$，沿 − Y 方向错切	错切平面沿 Y 方向移动且离开 X 轴
沿Z方向错切	$T_5=\begin{bmatrix}1&0&c&0\\0&1&0&0\\0&0&1&0\\0&0&0&1\end{bmatrix}$ $c>0$，沿 + Z 方向错切 $c<0$，沿 − Z 方向错切	错切平面沿 Z 方向移动且离开 X 轴
	$T_6=\begin{bmatrix}1&0&0&0\\0&1&f&0\\0&0&1&0\\0&0&0&1\end{bmatrix}$ $f>0$，沿 + Z 方向错切 $f<0$，沿 + Z 方向错切	错切平面沿 Z 方向移动且离开 Y 轴

5. 平移变换

变换矩阵为 $T=\begin{bmatrix}1&0&0&0\\0&1&0&0\\0&0&1&0\\l&m&n&1\end{bmatrix}$ 对空间点 P（x，y，z，1）进行平移变换为

$$P\cdot T=[x\quad y\quad z\quad 1]\cdot T=[x+l\quad y+m\quad z+n\quad 1]$$
$$=[x^{\#}\quad y^{\#}\quad z^{\#}\quad 1]=P^{\#}$$

l、m 、n 分别为沿 X、Y、Z 三个方向的平移参数。

4.2.4 正投影变换

1. V 面投影

立体向 V 面作正投影，即令 $y=0$，变换矩阵为：

$$T_V = \begin{bmatrix} 1 & 0 & 0 & 0 \\ 0 & 0 & 0 & 0 \\ 0 & 0 & 1 & 0 \\ 0 & 0 & 0 & 1 \end{bmatrix}$$

空间点 P（x，y，z，1）在 V 面上投影的坐标变换为：

$$P \cdot T = [x \quad y \quad z \quad 1] \cdot T_V = [x \quad 0 \quad z \quad 1] = [x^{\#} \quad y^{\#} \quad z^{\#} \quad 1] = P^{\#}$$

2. H 面投影

立体向 H 面作正投影，首先令 $z=0$，然后将得到的投影图绕 X 轴顺时针旋转 90°，使其与 V 面共面，再沿 $-Z$ 轴方向平移一段距离 n，以使 H 面投影和 V 面投影之间保持一段距离。变换矩阵为三个变换矩阵的连乘：

$$T_H = \begin{bmatrix} 1 & 0 & 0 & 0 \\ 0 & 1 & 0 & 0 \\ 0 & 0 & 0 & 0 \\ 0 & 0 & 0 & 1 \end{bmatrix} \begin{bmatrix} 1 & 0 & 0 & 0 \\ 0 & \cos(-90°) & \sin(-90°) & 0 \\ 0 & -\sin(-90°) & \cos(-90°) & 0 \\ 0 & 0 & 0 & 1 \end{bmatrix} \begin{bmatrix} 1 & 0 & 0 & 0 \\ 0 & 1 & 0 & 0 \\ 0 & 0 & 1 & 0 \\ 0 & 0 & -n & 0 \end{bmatrix}$$

$$= \begin{bmatrix} 1 & 0 & 0 & 0 \\ 0 & 1 & 0 & 0 \\ 0 & 0 & 1 & 0 \\ 0 & 0 & -n & 1 \end{bmatrix}$$

空间点 P（x，y，z，1）在 H 面上投影的坐标变换为：

$$P \cdot T = [x \quad y \quad z \quad 1] \cdot T_H = [x \quad 0 \quad -y-n \quad 1] = [x^{\#} \quad y^{\#} \quad z^{\#} \quad 1] = P^{\#}$$

3. W 面投影

立体向 W 面作正投影，首先令 $x=0$，然后将得到的投影图绕 Z 轴逆时针旋转 90°，使其与 V 面共面，再沿 $-X$ 轴方向平移一段距离 l，以使 W 面投影和 V 面投影之间保持一段距离。变换矩阵为三个变换矩阵的连乘：

$$T_W = \begin{bmatrix} 0 & 0 & 0 & 0 \\ 0 & 1 & 0 & 0 \\ 0 & 0 & 1 & 0 \\ 0 & 0 & 0 & 1 \end{bmatrix} \begin{bmatrix} \cos 90° & \sin 90° & 0 & 0 \\ -\sin 90° & \cos 90° & 0 & 0 \\ 0 & 0 & 1 & 0 \\ 0 & 0 & 0 & 1 \end{bmatrix} \begin{bmatrix} 1 & 0 & 0 & 0 \\ 0 & 1 & 0 & 0 \\ 0 & 0 & 1 & 0 \\ -l & 0 & 0 & 0 \end{bmatrix}$$

$$= \begin{bmatrix} 0 & 0 & 0 & 0 \\ -1 & 0 & 0 & 0 \\ 0 & 0 & 1 & 0 \\ -l & 0 & 0 & 1 \end{bmatrix}$$

空间点 P（x，y，z，1）在 W 面上投影的坐标变换为：

$$[x^{\#} \quad y^{\#} \quad z^{\#} \quad 1] = [x \quad y \quad z \quad 1] \cdot T_W = [-y-l \quad 0 \quad z \quad 1]$$

$$= [x^{\#} \quad y^{\#} \quad z^{\#} \quad 1] = P^{\#}$$

【例 4-5】求如图 4-22a 所示立体 S 的 V、H、W 面投影。

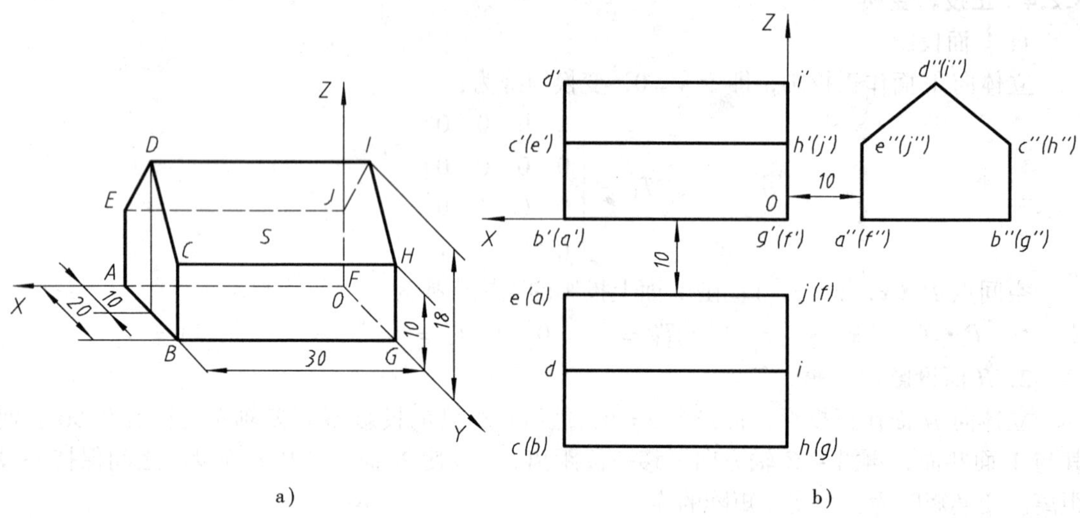

图 4-22　立体的 V、H、W 面投影

将立体的顶点坐标用矩阵形式表示为

$$S=\begin{matrix}A\\B\\C\\D\\E\\F\\G\\H\\I\\J\end{matrix}\begin{bmatrix}30&0&0&1\\30&20&0&1\\30&20&10&1\\30&10&18&1\\30&0&10&1\\0&0&0&1\\0&20&0&1\\0&20&10&1\\0&10&18&1\\0&0&10&1\end{bmatrix}$$

取 $l=10$、$n=10$。

(1) V 面投影

$$S\cdot T_V=S\cdot\begin{bmatrix}1&0&0&0\\0&0&0&0\\0&0&1&0\\0&0&0&1\end{bmatrix}=\begin{bmatrix}30&0&0&1\\30&0&0&1\\30&0&10&1\\30&0&18&1\\30&0&10&1\\0&0&0&1\\0&0&0&1\\0&0&10&1\\0&0&18&1\\0&0&10&1\end{bmatrix}\begin{matrix}a'\\b'\\c'\\d'\\e'\\f'\\g'\\h'\\i'\\j'\end{matrix}$$

(2) H 面投影

$$S \cdot T_H = S \cdot \begin{bmatrix} 1 & 0 & 0 & 0 \\ 0 & 0 & -1 & 0 \\ 0 & 0 & 0 & 0 \\ 0 & 0 & -10 & 1 \end{bmatrix} = \begin{bmatrix} 30 & 0 & -10 & 1 \\ 30 & 0 & -30 & 1 \\ 30 & 0 & -30 & 1 \\ 30 & 0 & -20 & 1 \\ 30 & 0 & -10 & 1 \\ 0 & 0 & -10 & 1 \\ 0 & 0 & -30 & 1 \\ 0 & 0 & -30 & 1 \\ 0 & 0 & -20 & 1 \\ 0 & 0 & -10 & 1 \end{bmatrix} \begin{matrix} a \\ b \\ c \\ d \\ e \\ f \\ g \\ h \\ i \\ j \end{matrix}$$

(3) W 面投影

$$S \cdot T_W = S \cdot \begin{bmatrix} 0 & 0 & 0 & 0 \\ -1 & 0 & 0 & 0 \\ 0 & 0 & 1 & 0 \\ -10 & 0 & 0 & 1 \end{bmatrix} = \begin{bmatrix} -10 & 0 & 0 & 1 \\ -30 & 0 & 0 & 1 \\ -30 & 0 & 10 & 1 \\ -20 & 0 & 18 & 1 \\ -10 & 0 & 10 & 1 \\ -10 & 0 & 0 & 1 \\ -30 & 0 & 0 & 1 \\ -30 & 0 & 10 & 1 \\ -20 & 0 & 18 & 1 \\ -10 & 0 & 10 & 1 \end{bmatrix} \begin{matrix} a'' \\ b'' \\ c'' \\ d'' \\ e'' \\ f'' \\ g'' \\ h'' \\ i'' \\ j'' \end{matrix}$$

立体 S 的 V、H、W 面投影如图 4-22b 所示。

4.2.5 轴测投影变换

1. 正轴测图

(1) 正轴测图的形成及变换矩阵

将立体绕 Z 轴逆时针旋转 θ，再绕 X 轴顺时针旋转 φ，然后向 V 面投影，即可得到立体的一般正轴测投影图，其变换矩阵是：

$$T_{\text{正轴测}} = \begin{bmatrix} \cos\theta & \sin\theta & 0 & 0 \\ -\sin\theta & \cos\theta & 0 & 0 \\ 0 & 0 & 1 & 0 \\ 0 & 0 & 0 & 1 \end{bmatrix} \begin{bmatrix} 1 & 0 & 0 & 0 \\ 0 & \cos(-\varphi) & \sin(-\varphi) & 0 \\ 0 & -\sin(-\varphi) & \cos(-\varphi) & 0 \\ 0 & 0 & 0 & 1 \end{bmatrix} \begin{bmatrix} 1 & 0 & 0 & 0 \\ 0 & 0 & 0 & 0 \\ 0 & 0 & 1 & 0 \\ 0 & 0 & 0 & 1 \end{bmatrix}$$

$$= \begin{bmatrix} \cos\theta & 0 & -\sin\theta\cos\varphi & 0 \\ -\sin\theta & 0 & -\cos\theta\sin\varphi & 0 \\ 0 & 0 & \cos\varphi & 0 \\ 0 & 0 & 0 & 1 \end{bmatrix}$$

只要任意给定一组 θ、φ 代入上述矩阵，就可以得到任意一种正轴测图。

（2）正等轴测图

正等轴测图是三个轴向伸缩系数都相等的正轴测图。立体的旋转角度为：绕 Z 轴逆时针旋转 $\theta=45°$，绕 X 轴顺时针旋转 $\varphi=35°16'$，代入 $T_{正轴测}$得到正等轴测图变换矩阵

$$T_{正等轴测}=\begin{bmatrix} 0.7071 & 0 & -0.4082 & 0 \\ -0.7071 & 0 & -0.4082 & 0 \\ 0 & 0 & 0.8165 & 0 \\ 0 & 0 & 0 & 1 \end{bmatrix}$$

2. 斜轴测图

（1）斜轴测图的形成及变换矩阵

将立体沿两个方向产生错切，然后向 V 面投影，则可得到斜轴测图。如立体先沿 X 方向错切且离开 Y 轴移动，然后沿 Z 方向错切且离开 Y 轴移动，最后向 V 面投影，即可得到常用的斜轴测投影变换矩阵：

$$T_{斜轴测}=\begin{bmatrix} 1 & 0 & 0 & 0 \\ d & 1 & 0 & 0 \\ 0 & 0 & 1 & 0 \\ 0 & 0 & 0 & 1 \end{bmatrix}\begin{bmatrix} 1 & 0 & 0 & 0 \\ 0 & 1 & f & 0 \\ 0 & 0 & 1 & 0 \\ 0 & 0 & 0 & 1 \end{bmatrix}\begin{bmatrix} 1 & 0 & 0 & 0 \\ 0 & 0 & 0 & 0 \\ 0 & 0 & 1 & 0 \\ 0 & 0 & 0 & 1 \end{bmatrix}=\begin{bmatrix} 1 & 0 & 0 & 0 \\ d & 0 & f & 0 \\ 0 & 0 & 1 & 0 \\ 0 & 0 & 0 & 1 \end{bmatrix}$$

只要任意给定一组 d、f 代入上述矩阵，就可以得到任意一种斜轴测图。

（2）斜二轴测图

在斜二轴测图中，通常取 $d=f=0.3535$，则得到常用的斜二轴测图变换矩阵为：

$$T_{斜二等轴测}=\begin{bmatrix} 1 & 0 & 0 & 0 \\ -0.3535 & 0 & -0.3535 & 0 \\ 0 & 0 & 1 & 0 \\ 0 & 0 & 0 & 1 \end{bmatrix}$$

第 5 章　曲线和曲面

5.1　曲线

1. 曲线的形成和分类

曲线可以看作一个点运动的轨迹，如图 5-1a 所示，曲线 K 即为点 A 的运动轨迹。曲线也可以是两曲面的交线或平面与曲面的交线，如图 5-1b 所示，曲线 K_1 即为曲面的交线。曲线分为平面曲线和空间曲线两类。曲线上所有点均在同一平面上的曲线，称为平面曲线，如圆、椭圆、双曲线、抛物线等；曲线上任意四个连续的点不在同一平面上的曲线，称为空间曲线，如螺旋线等。

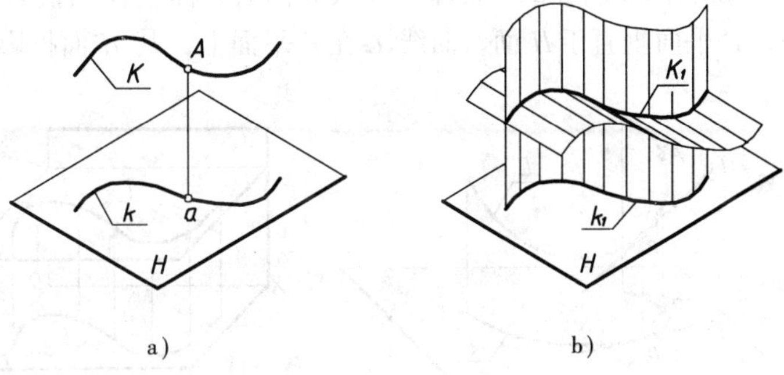

图 5-1　曲线的形成

2. 曲线的表示方法

曲线是点的集合，所以绘制曲线投影的一般方法是画出曲线上一系列点的投影，并将各点的同面投影依次光滑连接，就得到曲线的投影图。若能画出曲线上一些特殊点，如最高点、最低点、最左点、最右点、最前点及最后点等，则可更确切地表示曲线。图 5-2a 表示绘制曲线 L 的投影。在 L 上取 A、B、C、D、E 五个点，作出这些点的 H 和 V 投影，并将 a、b、c、d、e 和 a'、b'、c'、d'、e' 分别依次光滑地连接，得到曲线 L 的水平投影 l 和正面投影 l'。图 5-2b 为投影图，图中 A 点为曲线上的最高、最后点，B 为最左点，C 点为最前点，E 点为最低、最右点。

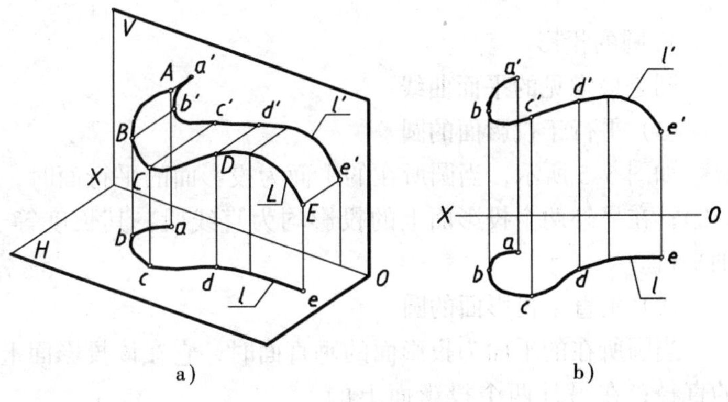

图 5-2　曲线的投影

3. 曲线的投影性质

1）曲线的投影一般仍为曲线。图 5-2a 中，曲线 L 向投影面（H 或 V）进行投射时，形成一个投射柱面，该柱面与投影平面（H 或 V）的交线必为一曲线，因此曲线的投影一般仍为曲线。

2）属于曲线的点，它的投影属于该曲线在同一投影面上的投影。图 5-2 中，点 D 属于曲线 L，则它的投影 d 必属于曲线的投影 l。

3）若一直线与曲线相切，一般情况下，它们的同面投影也都相切，且切点不变。图 5-3 中，直线 BT 与曲线 L 相切于点 B。先把 BA 看作曲线 L 的割线，当点 A 无限趋近于点 B 时，这时割线 BA 变为切线 BT。当点 A 趋近于点 B 时，点 A 的投影 a 也趋近于点 B 的投影 b，因此割线 BA 的投影 ba 必成为曲线投影的切线 bt。切线的投影与曲线的投影仍切于点 B 的投影 b。

4）对于平面曲线，还有下列投影特性。

① 当曲线所在平面平行于投影面时，曲线在该投影面上的投影反映实形。图 5-4a 中，P 平面平行于 H 面，曲线 L 在 P 平面上，其 H 面投影 l 反映曲线 L 的实形。

② 当曲线所在的平面垂直于投影面时，曲线在该投影面上的投影为一直线段。图 5-4b 中，P 平面垂直于 H 面，曲线 L 在 P 平面上，其 H 面投影 l 为一直线段。

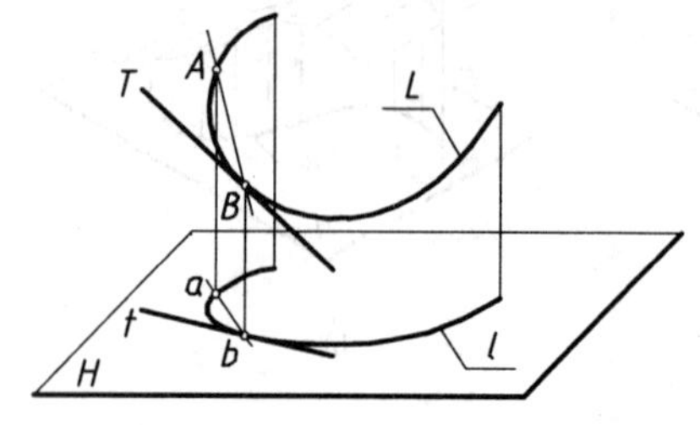

图 5-3　直线与曲线相切的投影

a）

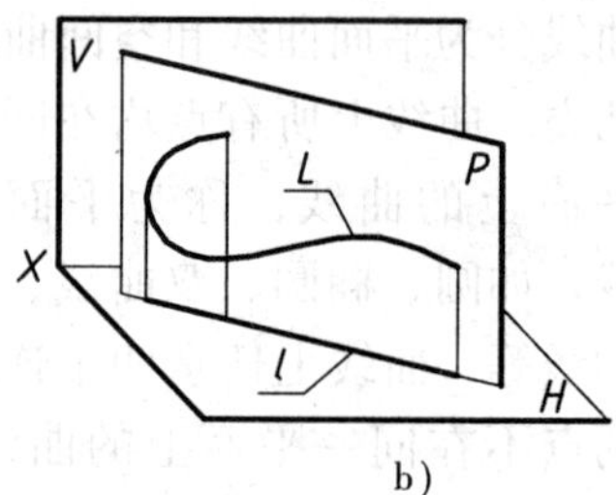

b）

图 5-4　平面曲线的投影特性

4. 圆的投影

圆是最常见的平面曲线。

（1）平行于投影面的圆

如图 5-5 所示，当圆所在的平面为投影面的平行面时，它在该投影面上的投影反映实形（圆）；在另外两个投影面上的投影均为直线段，其长度等于圆的直径 D，并与相应的投影轴平行。

（2）垂直于投影面的圆

当圆所在的平面为投影面的垂直面时，它在该投影面上的投影为直线段，其长度等于圆的直径；在另外两个投影面上的投影均为椭圆。

图 5-6 中，平面 P 为铅垂面，与 V 面的倾角为 β，其上有一圆，直径为 D。圆的 V 面投影为一椭圆，其长轴 $e'f'$ 为圆上的铅垂直径 EF 的投影，$e'f' = EF = D$；短轴 $a'b'$ 为圆的水平直径 AB 的投影，$a'b' = AB\cos\beta = D\cos\beta$。图 5-6b 为投影图。

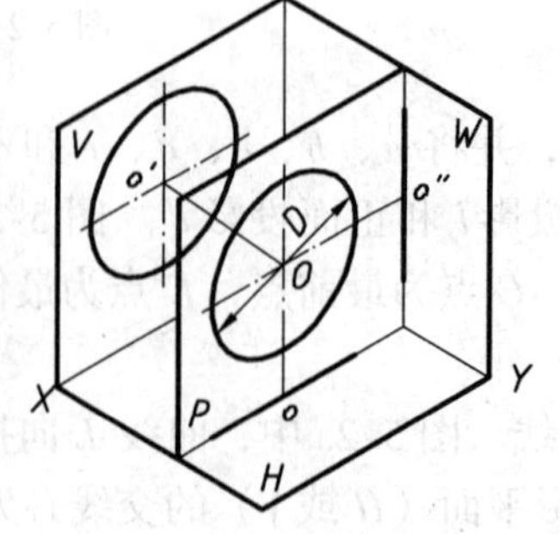

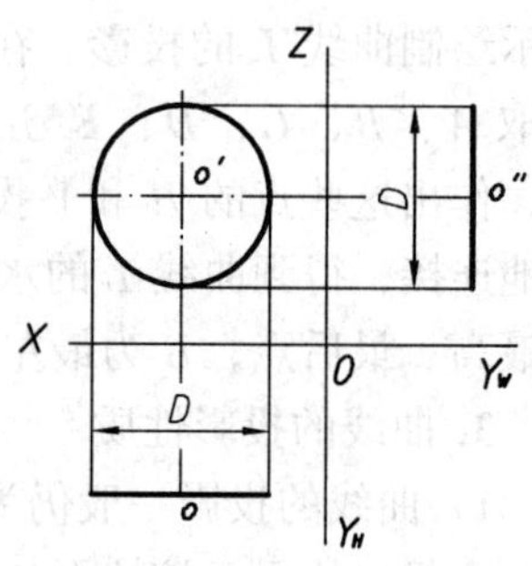

图 5-5　平行于投影面的圆

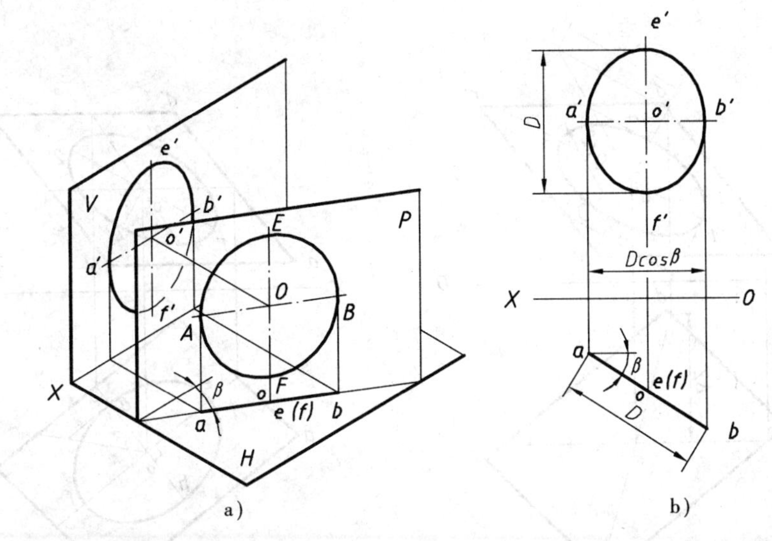

图 5-6　垂直于投影面的圆

(3) 一般位置的圆

当圆所在的平面为一般位置平面时，则圆在各个投影面上的投影均为椭圆。

如图 5-7 所示，圆 O 处于一般位置平面 $ABCD$ 上，直径为 D，它在 V 面和 H 面上的投影均为椭圆。投影面上椭圆的长轴是圆 O 内平行于该投影面的直径的投影，长度等于圆 O 的直径 D；短轴与长轴垂直，它是圆 O 内与平行于该投影面的直径垂直的直径的投影。

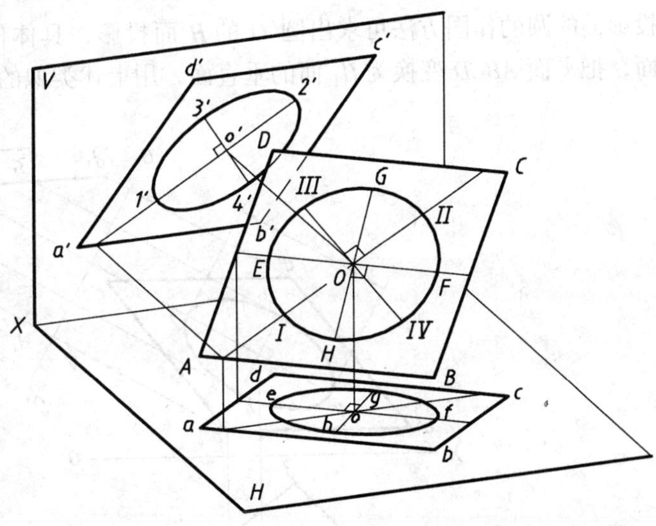

图 5-7　一般位置的圆

画椭圆时，一般要先求出椭圆的长短轴，再由长短轴画椭圆。下面介绍画圆的投影的常用作图方法。

由图 5-7 可知，圆 O 的正面投影椭圆 o' 的长轴位于正平线 Ⅰ Ⅱ 的正面投影 1′ 2′ 上，长度等于圆 O 的直径 D；短轴与长轴垂直，作出短轴所在直线的水平投影，再由直角三角形法作图确定短轴长度。正面投影椭圆 o' 的作图过程如图 5-8a 所示。圆 O 的水平投影椭圆 o 的长轴位于水平线 EF 的水平投影 ef 上，长度也等于圆 O 的直径 D；短轴与长轴垂直，同样可由直角三角形法作图确定其长度。水平投影椭圆 o 的作图过程如图 5-8b 所示。

上述一般位置的圆的投影也可以用换面法求得。在图 5-9 中，以 V_1 面代替 V 面，把平面 $ABCD$ 变换为 V_1 面的垂直面，其 V_1 面投影为线段 $a_1'd_1'$，在 V_1/H 体系中，圆 O 为垂直于 V_1 面的圆，其 V_1 面投影为线段 $h_1'g_1'$，长度等于直径 D，o_1' 为圆心的投影，根据垂直于

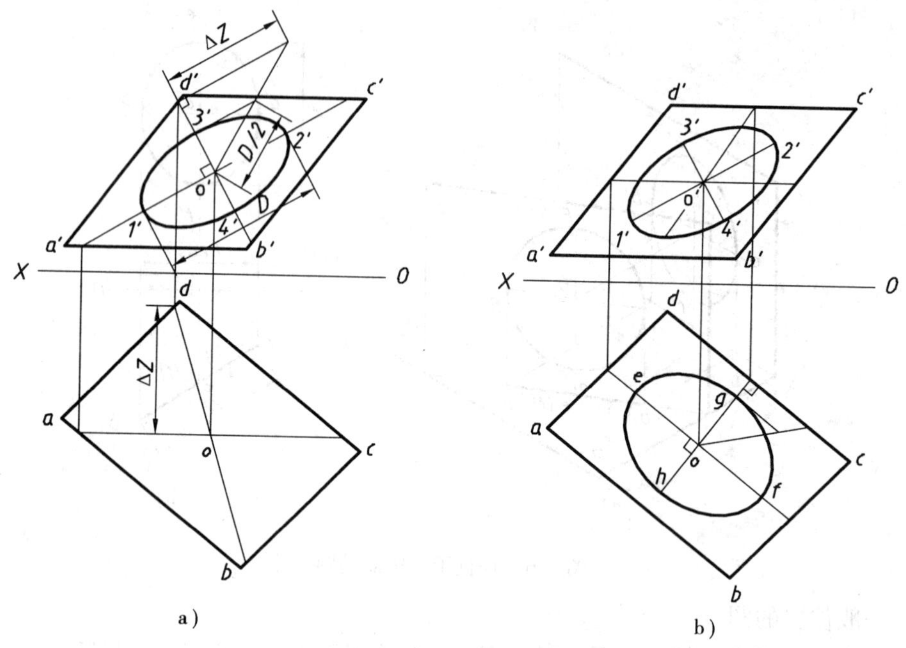

图 5-8 求一般位置的圆的投影

投影面的圆的作图方法可求出圆 O 的 H 面投影，具体作图如图 5-9 所示。以 H_1 面代替 H 面，把平面 $ABCD$ 变换为 H_1 面的垂直面，用上述类似的方法求出圆 O 的 V 面投影。

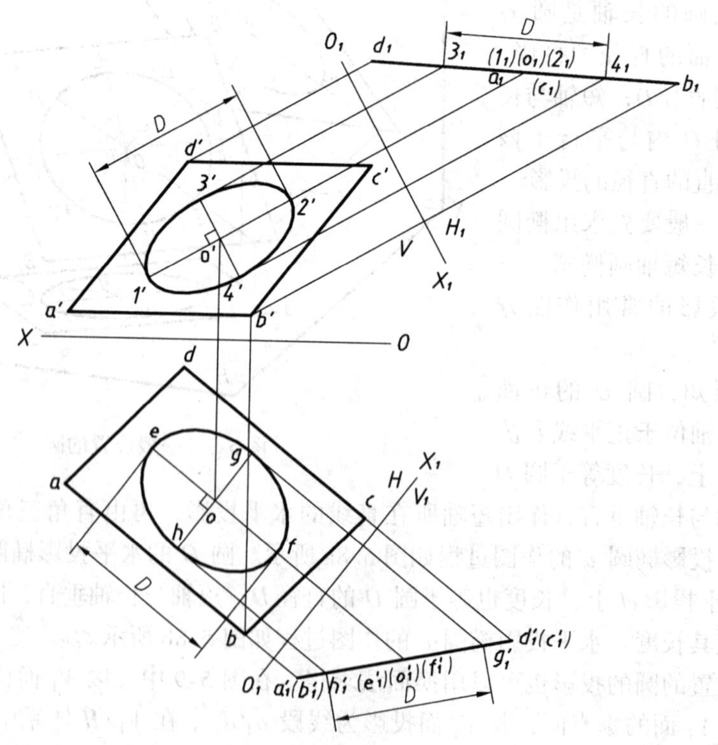

图 5-9 用换面法求一般位置的圆的投影

5. 螺旋线的投影

螺旋线是常见的规则空间曲线。在圆柱表面上形成的螺旋线称为圆柱螺旋线，在圆锥表面上形成的螺旋线称为圆锥螺旋线。

(1) 圆柱螺旋线

1) 形成。如图 5-10a 所示，有一动点 A，在圆柱表面上沿圆柱的轴线方向作等速直线运动，同时绕其轴线作等速回转运动，A 点的运动轨迹称为圆柱螺旋线。

A 点旋转一周沿轴向移动的距离称为导程，以 P_h 表示。螺旋线有左旋和右旋之分，当圆柱的轴线为铅垂线时，A 点沿圆柱的轴线方向上升，并作逆时针回转运动时，形成右旋螺旋线，如图 5-10a 所示，反之形成左旋螺旋线，如图 5-10b 所示。(圆柱面的) 直径、导程、旋向是圆柱螺旋线的三个基本要素。

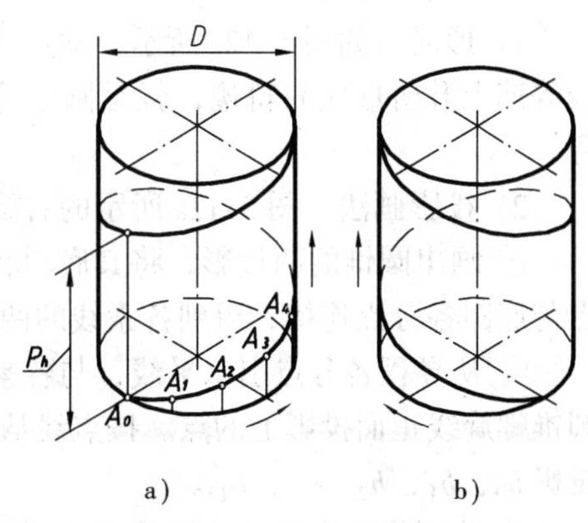

图 5-10 圆柱螺旋线

2) 投影画法。根据螺旋线形成的定义，就能方便地画出它的投影图。图 5-11a 所示为一右旋螺旋线。已知圆柱的直径为 D，导程为 P_h，其投影图作图步骤如下 (图 5-11b)：

① 画出圆柱的两投影。将圆柱的水平投影分为若干等分 (图中为 12 等分)，用 a_0、a_1、a_2、…、a_{12}按逆时针方向依次标注各分点，并将正面投影上的导程 P_h 分为相同的等分。

② 从导程上各分点引水平线；从圆周上各分点引竖直线，其相应的交点 a_0'、a_1'、a_2'、…、a_{12}'均为螺旋线上点的正面投影。

③ 依次光滑地连接这些点，并判别可见性，即得螺旋线的正面投影。

图 5-11b 中螺旋线的正面投影是正弦曲线，水平投影为圆。

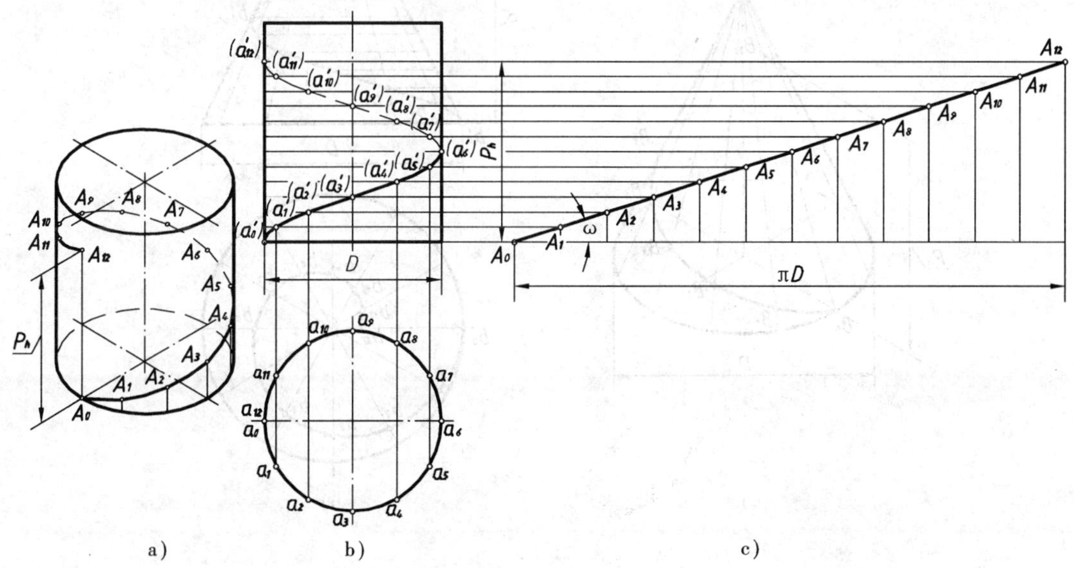

图 5-11 作圆柱螺旋线的投影图

如果将圆柱体表面展开，则圆柱螺旋线展成一直线，如图 5-11c 所示。展开后的螺旋线为直角三角形的斜边，底边为圆柱体表面的周长 πD，高为螺旋线的导程 P_h。显然，一个导程的螺旋线长度为$\sqrt{(\pi D)^2 + P_h^2}$。直角三角形斜边与底边的夹角 $\omega = \arctan \dfrac{P_h}{\pi D}$，$\omega$ 即为螺旋线的升角。

（2）圆锥螺旋线

1）形成。如图 5-12a 所示，动点 B 在正圆锥表面上绕轴线等速旋转，同时沿锥面直素线等速上升所形成的轨迹，就是圆锥螺旋线。动点回转一周沿轴线方向上升的距离称为导程。

2）投影画法。图 5-12a 所示的右旋圆锥螺旋线的作图步骤如下（图 5-16b）：

① 画出圆锥的两投影，将其底圆和导程 P_h 分成若干相同等分（图中为 12 等分）。将顶点与底圆各分点连接，得到各素线的两投影。

② 从导程各分点引水平线，与各素线的正面投影交于 b_0'、b_1'、b_2'、…、b_{12}'，它们是圆锥螺旋线正面投影上的点。按点线从属关系由点 b_0'、b_1'、b_2'、…、b_{12}'求出它们的水平投影 b_0、b_1、b_2、…、b_{12}。

③ 分别依次光滑地连接诸点的同面投影，并判别可见性，得到圆锥螺旋线的正面投影和水平投影。

圆锥螺旋线的正面投影为变幅的正弦曲线，水平投影为阿基米德螺旋线。

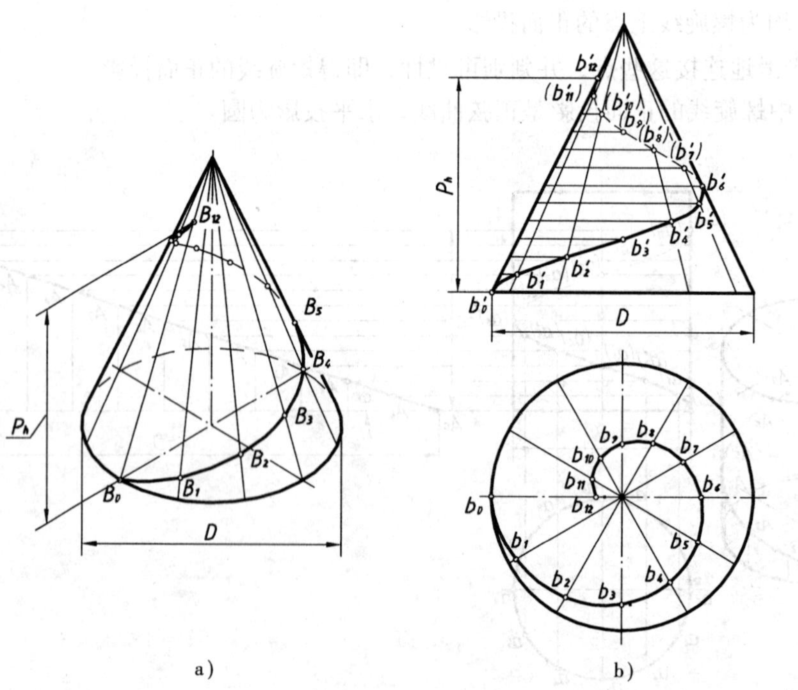

图 5-12 圆锥螺旋线

5.2 曲面

5.2.1 曲面的形成和分类

曲面为一动线在空间连续运动所形成的轨迹。该动线称为母线。母线的每一个位置称为该曲面的素线。控制母线运动的一些不动的几何元素（点、线和面）称为导元素。

图 5-13 所示曲面 S 由动直线 AB 形成，直线 AB 在运动过程中平行于 P 平面，且与直线 L 及曲线 K 相交。直线 AB 即为母线，母线 AB 在运动中的每一个位置 A_1B_1、A_2B_2、…为素线，P 平面为导平面，直线 L 及曲线 K 为导线。

应当注意，同一曲面可以用不同方法形成，如图 5-14 中的圆柱面，可以看作直母线 AB 沿导圆 C 运动的轨迹（图 a），也可以看作圆母线 C 沿导线 OO_1 运动的轨迹（图 b），当遇到具体曲面时，应选取作图最简便的一种形成方法。

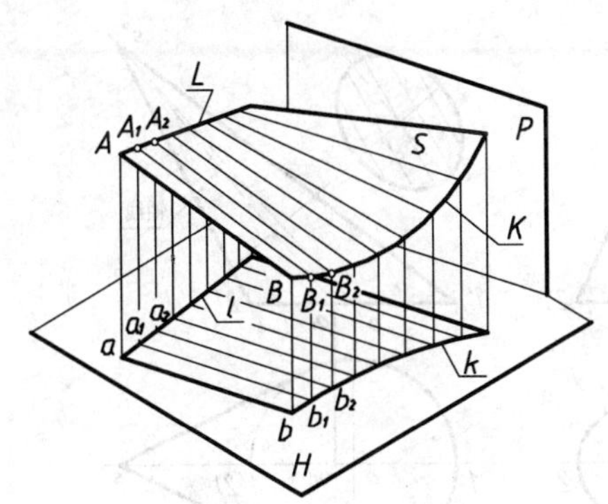

图 5-13 曲面的形成图

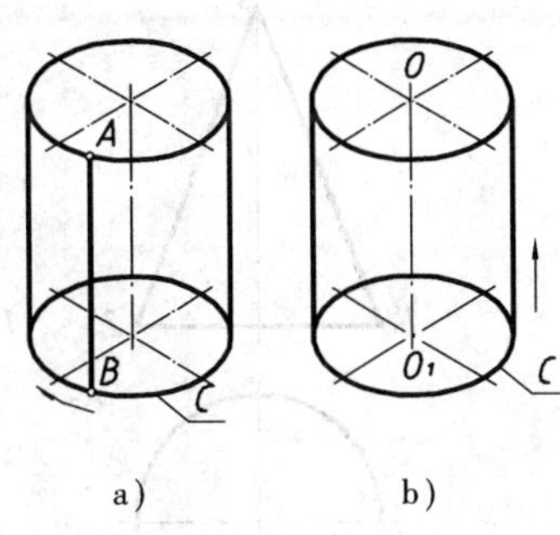

图 5-14 圆柱面的形成

曲面按其形成方式分为规则曲面和不规则曲面。母线沿导元素规则运动而形成的曲面是规则曲面。按母线形状不同，曲面又分为直纹曲面和曲纹曲面。由直母线形成的曲面称为直纹曲面，由曲母线形成的曲面称为曲纹曲面，必须指出：直纹曲面不但可以由直母线形成，也可以由曲母线形成，如图 5-14 中的圆柱面。曲面还可分为可展曲面和不可展曲面，相邻无限接近的两素线平行或相交（即在一个平面内），则该曲面可展开在一个平面内，称为可展曲面。曲面也可分为回转面和非回转面。

5.2.2 曲面的表示法

用投影表示一曲面时，应画出确定该曲面几何性质的几何元素的投影，如母线、导线、导面等。为使曲面表达清晰、明显，还需画出它的轮廓线及显示特征的一些点和线。对于各种具体曲面都有特定的表示法。

5.2.3 锥面

1. 锥面的形成

如图 5-15a 所示，由通过定点 S 的直母线(直线 $S\,\mathrm{I}$)沿曲导线(曲线 Q)运动而形成的曲面称为锥面。由于锥面上相邻两素线必为过锥顶的相交两直线，所以锥面是可展直纹曲面。

2. 锥面的表示方法

在投影图上，一般只画出定点（锥顶 S）、曲导线（曲线 Q）及外形轮廓线的投影。图

5-15a 中，曲导线 Q 为平行于水平面的圆，圆的中心 O 与定点 S 的连线为一正平线。投影图中，作出点 S、圆 Q 的两投影，然后作出其投影轮廓线，如图 5-15b 所示。

3. 锥面命名

常见的锥面有圆锥面和椭圆锥面两种。锥面中两个对称平面的交线称为锥面的轴线。以垂直于轴线的平面截切锥面，切口为圆时，称为圆锥面，切口为椭圆时，称为椭圆锥面。当轴线垂直于底面时为正锥，倾斜于底面时为斜锥。图 5-16 中 a 为正圆锥、b 为正椭圆锥、c 为斜椭圆锥。

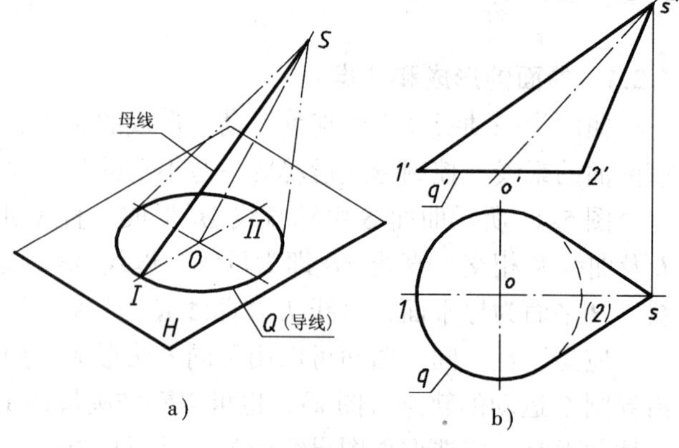

图 5-15　锥面的形成及投影

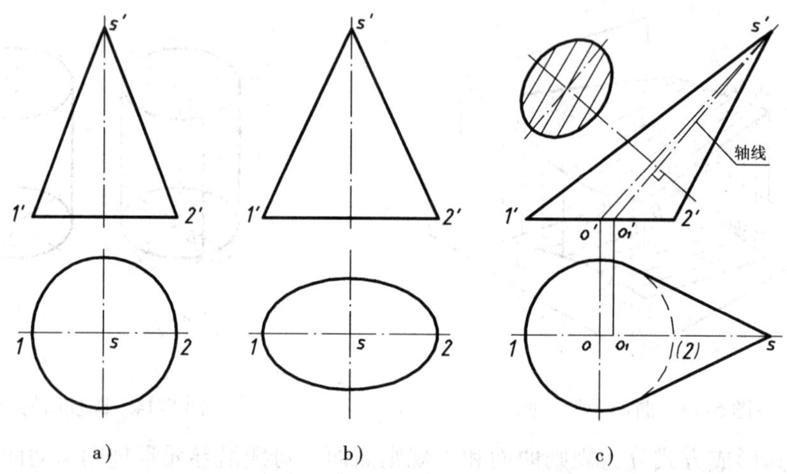

图 5-16　各种锥面

4. 椭圆锥面的圆截面

在椭圆锥面上求圆截面时可按图 5-17 所示进行。在正面投影中，过锥轴上任一点 o' 作辅助球面的投影，使之与椭圆锥面的投影轮廓线相切；辅助球面的侧面投影与锥面侧面投影轮廓线交于点 1″、2″、3″、4″，则过 1″2″或 3″4″的侧垂面与椭圆锥面的交线为圆。

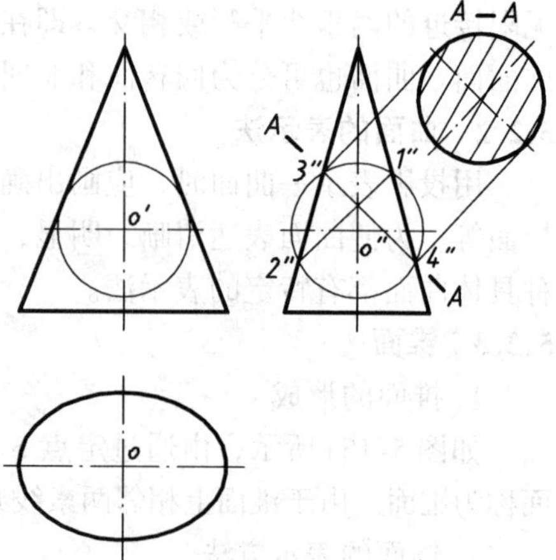

图 5-17　求椭圆锥的圆截面

5.2.4　柱面

1. 柱面的形成

图 5-18a 中，直母线（直线 I II）沿曲导线（曲线 Q）且始终平行于一直导线（直线 AB）运动形成的曲面称为柱面。由于柱面上相邻两素线是平行的直线。所以柱面是可展直纹曲面。

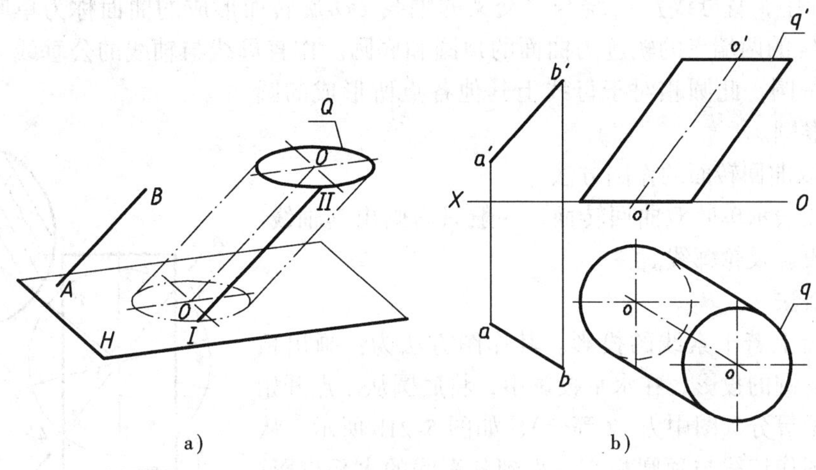

图 5-18　柱面的形成及投影

2. 柱面的表示方法

在投影图中，柱面一般的表示方法是画出直导线 AB、曲导线 Q 以及外形投影轮廓线。图 5-18a 中，曲导线 Q 为平行于水平面的圆，直导线 AB 为一般位置直线。图 5-18b 为其投影图（可不画 ab 和 $a'b'$）。

3. 柱面的命名

柱面的命名与锥面类似。图 5-19 中 a 为正圆柱面，b 为正椭圆柱面。c 为斜椭圆柱面。

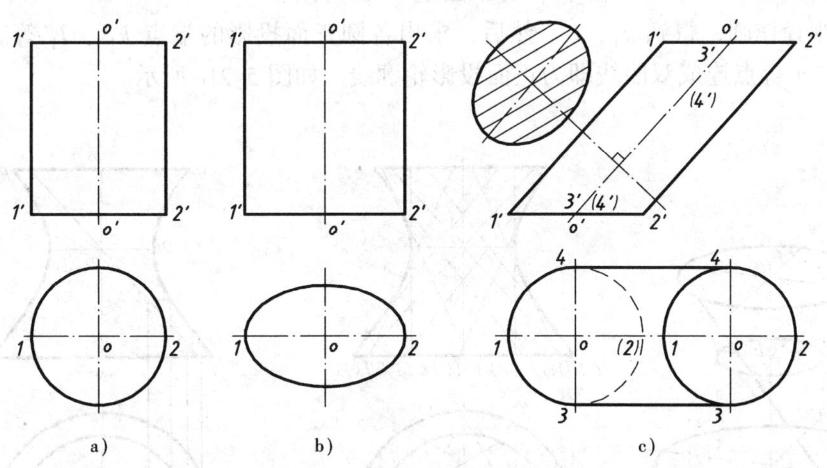

图 5-19　各种柱面

4. 椭圆柱面的圆截面

求椭圆柱面的圆截面的作图如图 5-20 所示。在正面投影中，以椭圆柱轴线投影上任一点为圆心，正截面椭圆的长轴 a 为直径画圆，交椭圆柱正面投影轮廓线于 1′、2′、3′、4′，则包含 1′2′ 或 3′4′ 的正垂面与椭圆柱面的交线为圆。

5.2.5　单叶双曲回转面

1. 单叶双曲回转面的形成

图 5-21a 中，直母线$I\,I_1$绕与之交叉的轴线 OO 旋转而形成的曲面称为单叶双曲回转面。母线$I\,I_1$的两端点的轨迹为曲面的顶圆和底圆。作直母线与轴线的公垂线 O_1A，A 点的轨迹也为一圆，此圆相对于母线上其他各点所形成的圆最小，称为喉圆。

2. 单叶双曲回转面的作图方法

用投影图表示单叶双曲回转面，一般只需画出其轴线、若干素线的投影及轮廓线。

（1）包络法

画出曲面上若干素线的投影。其作图方法为：画出顶圆、底圆和喉圆的投影，在水平投影中，将底圆从 1 点开始均匀分为若干等分（图中为 12 等分），如图 5-21b 所示。从各分点向喉圆作切线与顶圆相交，得到各素线的水平投影；按投影规律求出各素线的正面投影。在正面投影上，画出与各素线正面投影相切的包络线，该线为两条对称的双曲线，是单叶双曲回转面的正面投影轮廓线。

（2）描迹法

主要说明正面投影轮廓线的求法。母线$I\,I_1$上每一点绕轴 OO_1 运动的轨迹为圆。其中，端点I 回转得直径为 MN（mn、$m'n'$）的底圆；端点I_1回转得直径为 PQ（pq、$p'q'$）的顶圆；其他点如 K、L 等，可在水平投影图上以 o 为圆心，ok、ol 为半径作圆，得到 k_1、l_1。然后，求出各圆正面投影的端点 k_1'、l_1'等。将 q'、a_1'、k_1'、l_1'、m'等点连成双曲线即为正面投影轮廓线。如图 5-21c 所示。

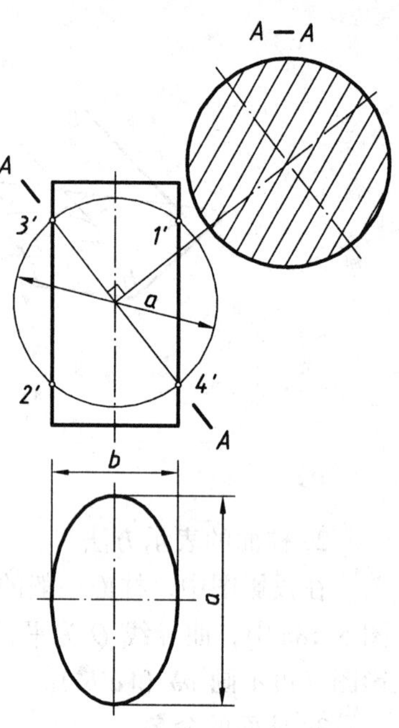

图 5-20　求椭圆柱的圆截面

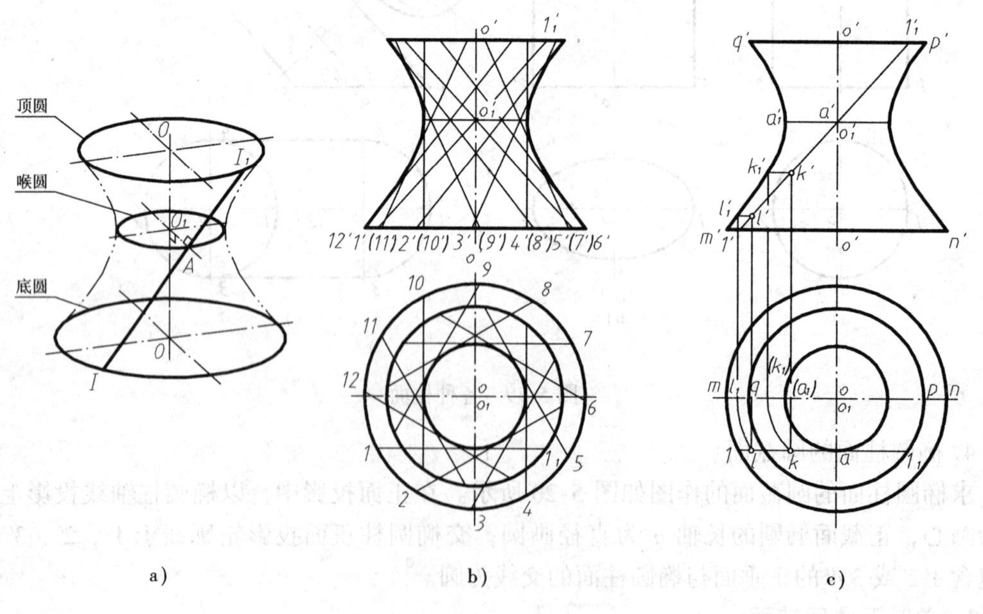

图 5-21　单叶双曲回转面

5.2.6 螺旋面

螺旋面一般是由直母线绕轴线作螺旋运动而形成。常见的螺旋面有正螺旋面、斜螺旋面等。螺旋面在工程上得到广泛的应用。

1. 正螺旋面

(1) 正螺旋面的形成

直母线沿着圆柱螺旋线（曲导线）及圆柱轴线（直导线）运动，且始终垂直于轴线而形成的曲面称为正螺旋面。图 5-22a 所示的螺旋面为正螺旋面，其母线的一端 A 沿着圆柱螺旋线运动，并且母线始终垂直相交于轴线。正螺旋面相邻两素线彼此交叉，因此是一种不可展的直纹曲面。

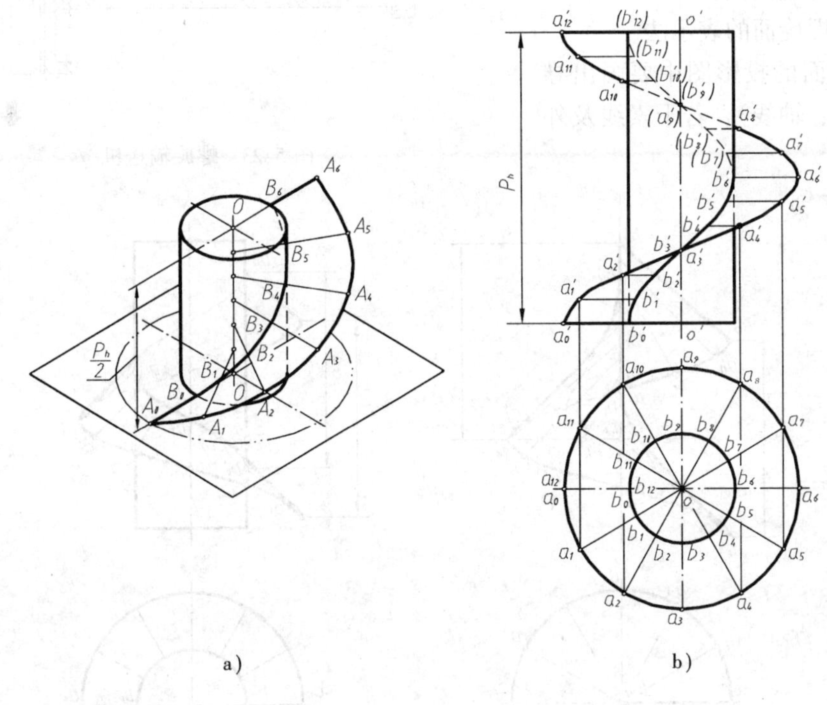

图 5-22　正螺旋面

图 5-22a 中，当 A 点由 A_0 移动到 A_1 时，可以看作整条母线转过同一角度，且上升相同的高度。因此，母线上任一点 B 也一定与 A 点一样转过相同的角度，上升相同的高度，其运动轨迹也是与 A 点有相同导程的螺旋线，因此得出结论：正螺旋面形成过程中，螺旋面直母线上的各点所形成的螺旋线与导线具有相同的导程。

(2) 正螺旋面的表示法

投影图中一般要画出曲导线（螺旋线）、直导线（轴线）及若干素线。如图 5-22b 所示，在水平投影中，b_0、a_0 为 BA 两端点的水平投影，以 o 为圆心，ob_0、oa_0 为半径画圆，把它们分成若干等分（图中为 12 等分），同时在正面投影上把导程 P_h 也分成相同等分，作出 A 和 B 两点所形成的螺旋线 $A_0A_1 \cdots A_{12}$ 和 $B_0B_1 \cdots B_{12}$ 的投影，连接两条螺旋线同面投影的对应点，得到正螺旋面的投影图。

图 5-23 所示为一螺旋输送机，它利用推进器的正螺旋面输送原料。

2. 斜螺旋面

(1) 斜螺旋面的形成

直母线沿着圆柱螺旋线及圆柱轴线运动，运动过程中母线始终与轴线斜交成一定角，形成的曲面称为斜螺旋面。图 5-24a 所示的螺旋面为一斜螺旋面，其直母线的一端 A 沿着圆柱螺旋线运动，另一端 B 沿圆柱轴线 OO 移动，并且母线始终与轴线成 β 角。斜螺旋面相邻两素线彼此交叉，因此是一种不可展的直纹曲面。

(2) 斜螺旋面的表示法

斜螺旋面的投影图中要画出导线（螺旋线、轴线）、若干素线及外形轮廓线。

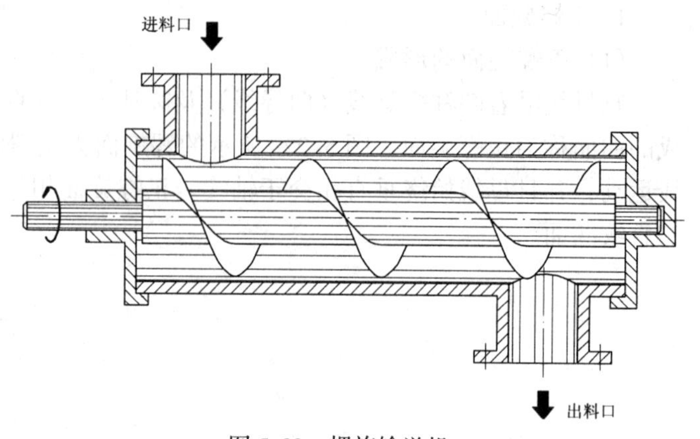

图 5-23　螺旋输送机

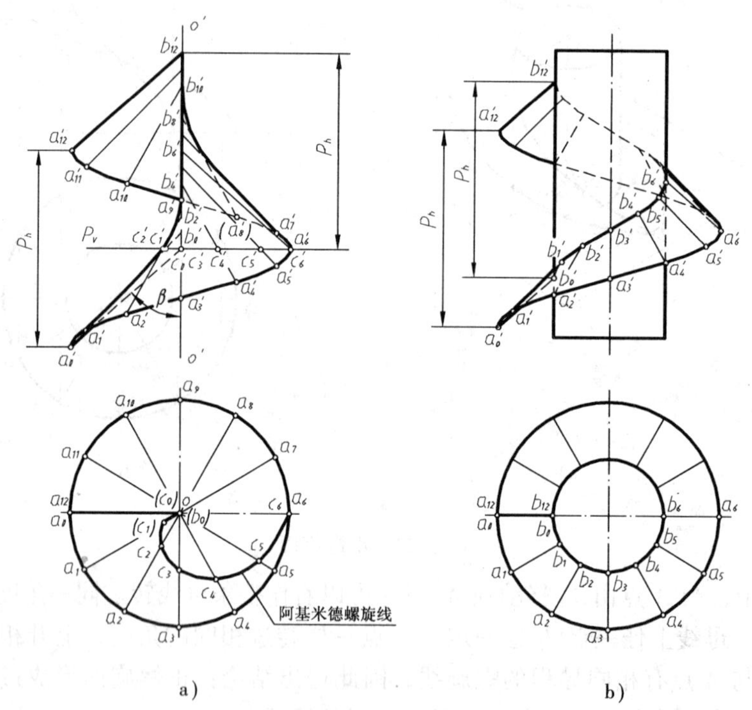

图 5-24　斜螺旋面

作图（图 5-24a）

1）作 $a_0'b_0'$ 与 $o'o'$ 相交成 β 角。

2）取 $a_0'a_{12}'$ 及 $b_0'b_{12}'$ 等于导程 P_h，并分别把它们分为 n 等分（图中 12 等分）。

3）在水平投影上，以轴线的投影 o 为圆心，母线 AB 的投影 a_0b_0 之长为半径画圆，并将其分成 n 等分（图中为 12 等分）；得点 a_0、a_1、a_2、…。各点与圆心的连线为素线的水平投影。

4）作各素线的正面投影 $a_0'b_0'$、$a_1'b_1'$、$a_2'b_2'$、…。

5）在正面投影上画出与各素线相切的外形轮廓线，从而完成斜螺旋面的投影。

用垂直于轴线 OO 的平面 P 截切斜螺旋面，其交线为阿基米德螺旋线。图 5-24a 中，$P_v \perp o'o'$，且与斜螺旋面的各素线相交，其交点的水平投影为 c_0、c_1、…、c_6 点，将它们光滑地连接起来，为阿基米德螺旋线。所以，斜螺旋面又称阿基米德螺旋面。

实际使用中，通常是将螺旋面围绕在圆柱表面上，如图 5-24b 所示。圆柱与斜螺旋面的交线也是一条螺旋线，它的导程与外面的螺旋线的导程相同。作图时，画出母线两端点 A_0、B_0 所形成的内外两条螺旋线，并连接相应端点得一系列素线，再画出与各素线相切的外形轮廓线（可近似地用直线代替），判断它们的虚实，完成作图。

斜螺旋面常用于机械工程中的阿基米德蜗杆、螺纹等零件中。

3. 渐开线螺旋面

（1）渐开线螺旋面的形成

图 5-25a 所示为一渐开线螺旋面，它是母线（直线Ⅲ A_3）沿着导线（圆柱螺旋线）运动，

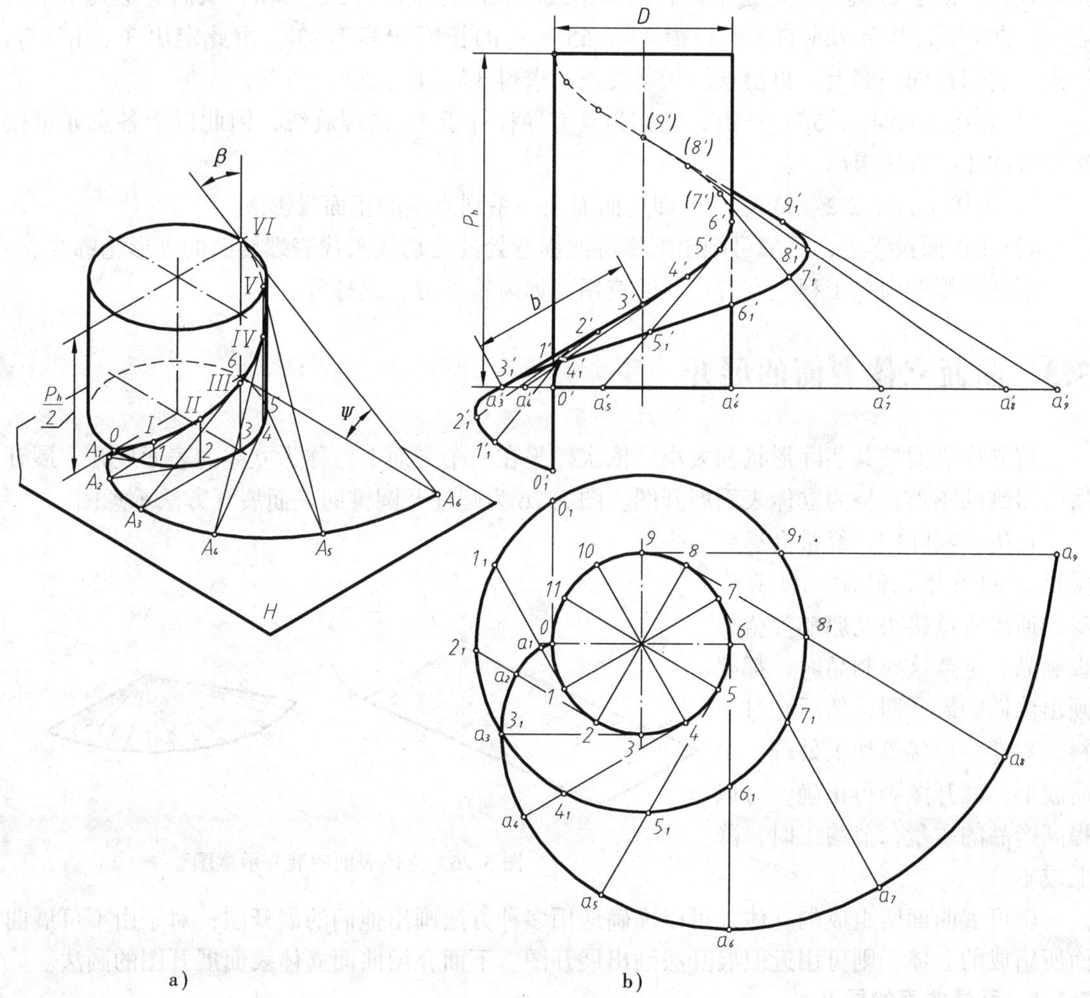

图 5-25　渐开线螺旋面

且始终与之相切而形成的曲面。若在螺旋线上Ⅰ、Ⅱ、Ⅲ、…各点作螺旋线的切线Ⅰ A1、Ⅱ A2、Ⅲ A3、…，它们与 H 面的交点分别为A_1、A_2、A_3、…。Ⅰ A_1、Ⅱ A_2、Ⅲ A_3、…为螺旋线的素线，各素线对 H 面的倾角 Ψ 称为螺旋线的升角；各素线与圆柱面直素线之间的夹角 β，称为螺旋角。各素线的 H 面投影 $1A_1$、$2A_2$、$3A_3$ 等线段与圆柱底圆相切，A_1、A_2、A_3 等点连成的曲线为底圆的渐开线。实际上，若用垂直轴线的任一平面截切该螺旋面，其截交线都是渐开线，渐开线螺旋面也因此而得名。渐开线螺旋面的相邻素线交于螺旋线上一点，因此这种曲面为可展曲面。

(2) 渐开线螺旋面的表示法

在投影图上表示渐开线螺旋面，需画出其导线及若干素线的投影，有时还要画出其外形轮廓线。已知圆柱直径为 D，导程为 P_h，素线长度为 b，其具体作图步骤如下（图 5-25b）：

1）画出圆柱螺旋线（导线）的投影。作图时，在水平投影上，分别从各分点（分成 12 等分）1、2、3、…作圆的切线，并作圆的渐开线 $a_1a_2a_3$…，其正面投影各点 a_1'、a_2'、a_3'、…与螺旋线上相应点 1′、2′、3′、…的连线切于圆柱螺旋线，是曲面上一系列直素线的正面投影。由于切线Ⅲ $Ⅲ_1$ 为正平线，已知素线的长度为 b，则 $3'3_1' = b$，从而确定其水平投影 33_1 的长度，其余切线的水平投影 44_1、55_1、…的长度均等于 33_1，由此定出 3_1、4_1、5_1、…点，它们在同一圆上，再由点线从属关系，求得 $3_1'$、$4_1'$、$5_1'$、…点。

2）连接 $3_1'$、$4_1'$、$5_1'$、…点，它们为具有导程等于 P_h 的螺旋线，因此以上各点亦可按螺旋线的作图方法求出。

3）连接 $1'1_1'$、$2'2_1'$、$3'3_1'$、…即为曲面上一系列素线的正面投影。

4）在正面投影上，一般可画出两螺旋线拐弯处的公切线来代表螺旋面的外形轮廓线。

渐开线螺旋面在工程上有着广泛的应用，如齿轮滚刀、蜗杆等。

5.3 曲面立体表面的展开

将立体表面按其实际形状和大小，依次摊平在一个平面上，称为立体的表面展开，展开后所得到的图形，称为立体表面展开图。图 5-26 为圆柱及圆锥的表面展开方法示意图。

在生产实际中，经常会遇到像机器的外罩、储罐、反应塔身、通风管道接头及船舶等金属板制品。生产这些制品时，都要画出他们的展开图，然后经过下料、弯卷、焊接等加工处理，最后成形。展开图画得正确，可以提高产品的质量，节约工时，降低成本。

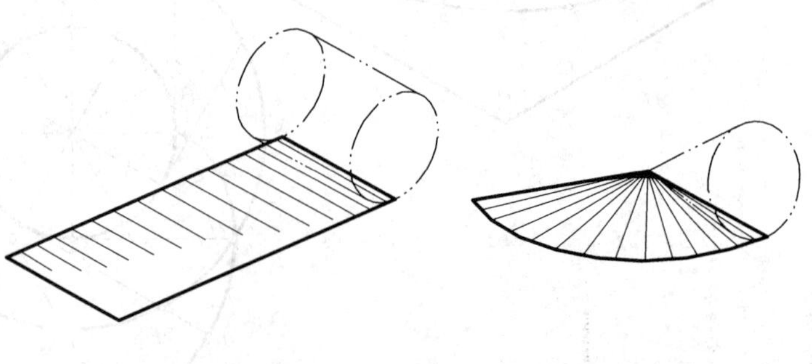

图 5-26　立体表面的展开示意图

由可展曲面所组成的立体，可以准确地用多种方法画出他们的展开图；对于由不可展曲面所组成的立体，则可用近似展开法画出展开图。下面介绍曲面立体表面展开图的画法。

5.3.1　可展曲面的展开

常见的可展曲面有锥面、柱面和切线面。下面主要以锥面和柱面为例介绍可展曲面的展开图画法。

1. 圆锥面的展开

图 5-27a 所示正圆锥表面展开图为一扇形，扇形的半径等于圆锥素线的长度 L，圆心角 $\alpha=\frac{D}{L}180°$，式中 D 为圆锥底面直径。只要算出 α 角，即可画出圆锥的表面展开图。

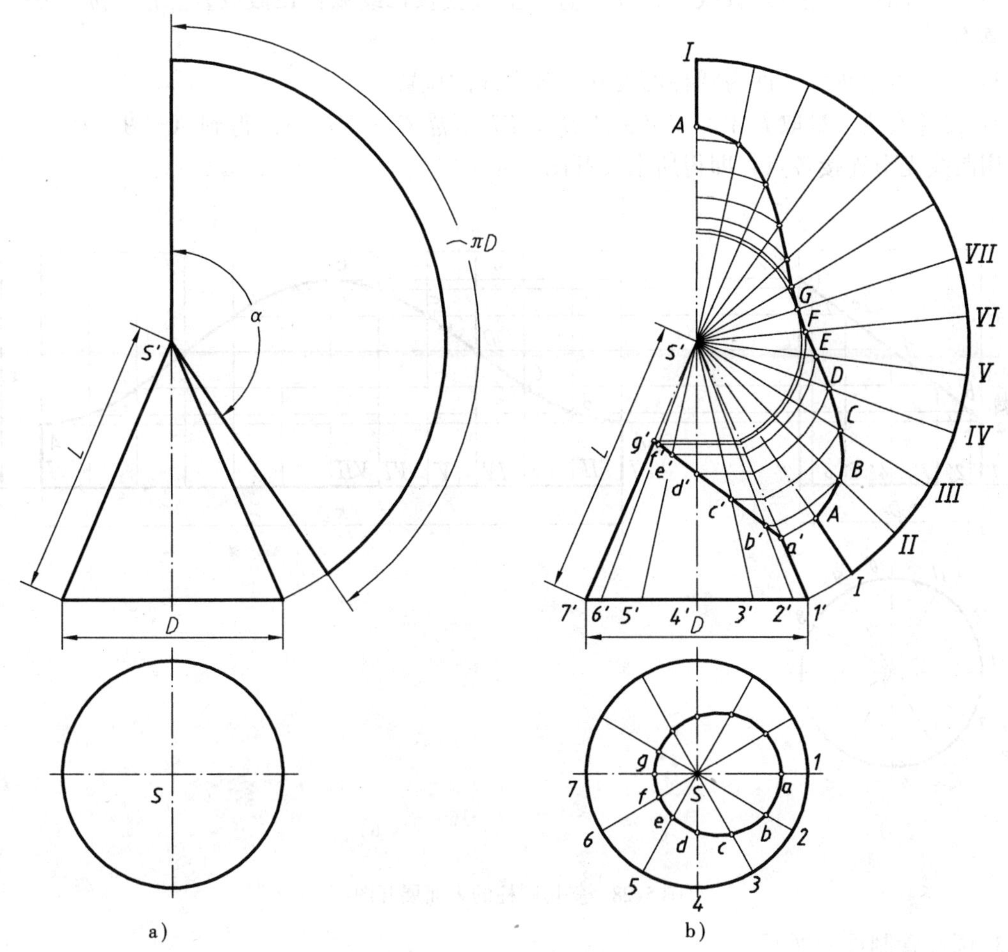

图 5-27　圆锥的表面展开图

也可以不计算 α 角，而用近似作图法，如画图 5-27b 所示斜切圆锥表面展开图时，就是用圆锥的内接多棱锥代替圆锥作展开图。作图时将底圆分为若干等分（图中为 12 等分），各等分点和锥顶组成正十二棱锥，作此正十二棱锥的展开图；以 S' 为圆心，L 为半径画圆弧，按弦长 $\overline{12}$ 在圆弧上依次截取等分点 Ⅰ、Ⅱ、Ⅲ、…、Ⅻ、Ⅰ 点，得扇形 S'—Ⅰ Ⅰ 即为圆锥表面的近似展开图。显然，圆锥底圆的等分点越多，画出的圆锥表面展开图越准确。

为了画出圆锥面上曲线 $ABCDEFG\cdots\cdots A$ 的展开图，可求 SA、SB、SC、…的实长，然后在圆锥表面展开图的对应元素上，按实长截取 A、B、C、…、A 各点，并把它们光滑地连接成曲线，即为所求曲线的展开图，如图 5-27b 所示。

2. 圆柱面的展开

圆柱的表面展开图是一矩形，它的边长分别是圆柱底圆周长 πD 和圆柱高度 H。

图 5-28a 为一斜切圆柱的表面展开图画法。求圆柱表面展开图，可用圆柱内接多棱柱的展开图代替，作图步骤如下：

1）在圆柱的水平投影上，将底圆分成若干等分，例如 12 等分，根据各等分点，在正面投影图上作出圆柱的素线投影。

2）将底圆展开为一条直线，并在该直线上按弦长$\overline{12}$或弧长$\overset{\frown}{12}$截取Ⅰ、Ⅱ、Ⅲ、…、Ⅰ 12 个等分点。

3）自各点引垂线，即为圆柱面展开后各素线的位置。

4）在各素线上量取ⅠA = $1'a'$、ⅡB = $2'b'$、ⅢC = $3'c'$…，得到 A、B、C、…、A 点，用曲线光滑连接各点，即得所求展开图。

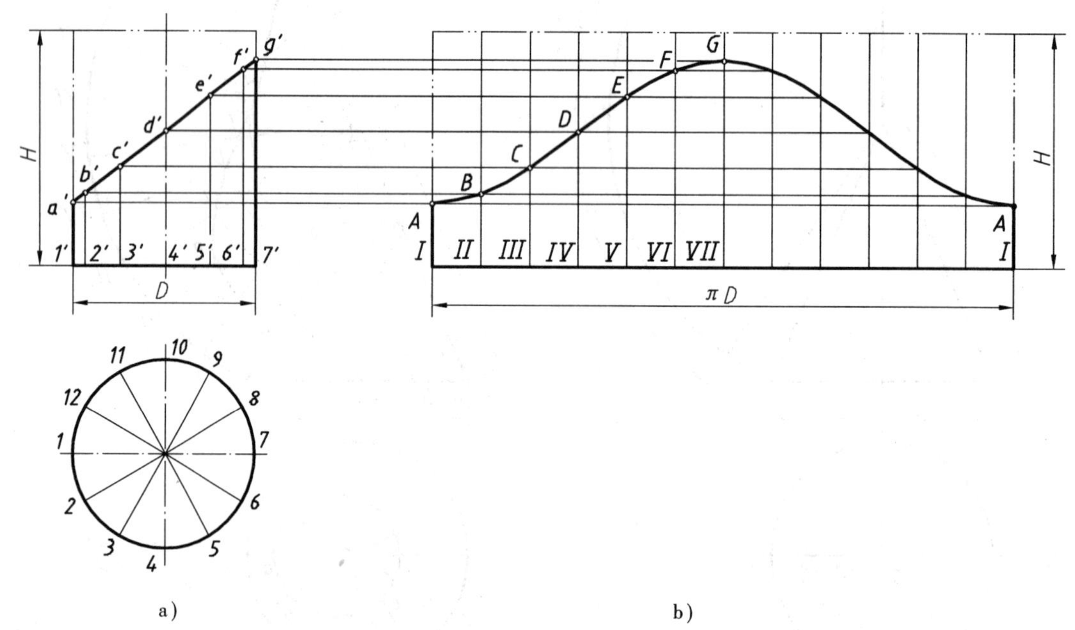

图 5-28 斜切圆柱的表面展开图

3. 圆柱管制件的展开

（1）等径直角弯头的展开

图 5-29a 所示为三节等径直角弯头，它是由三节直径相同的圆管组成。画展开图时，可把三节等径圆管拼成一个完整的圆柱，每两节之间的分界线就是斜切圆柱的截交线。这样就可以按图 5-28 的方法作出展开图，如图 5-29b 所示。

（2）三通管的展开图

图 5-30 所示为一异径三通管，它由两个直径不同的圆管正交而成。画展开图时，首先应精确求出相贯线，然后再分别画出大、小两圆管及相贯线的展开图，作图步骤如下：

1）精确求出相贯线的投影。

2）画小圆管的展开图（图 5-30b）。先画出小圆管端面圆周的展开线，长为 πD_1，并分成若干等分，例如 12 等分；再从各分点作垂线，并在各垂线上量取相应素线的实长，可得相贯线展开图上的点，如Ⅰ、Ⅱ、Ⅲ、Ⅳ、Ⅴ等，光滑连接各点，即得小圆管的展开图。

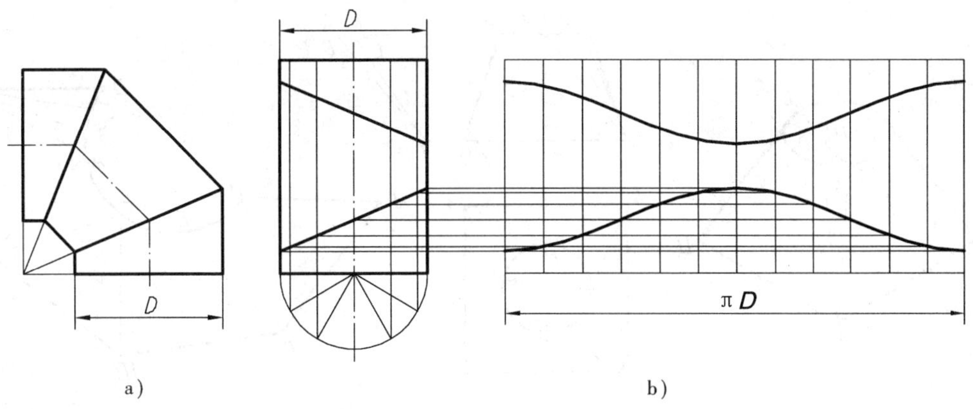

图 5-29　等径直角弯头的展开图

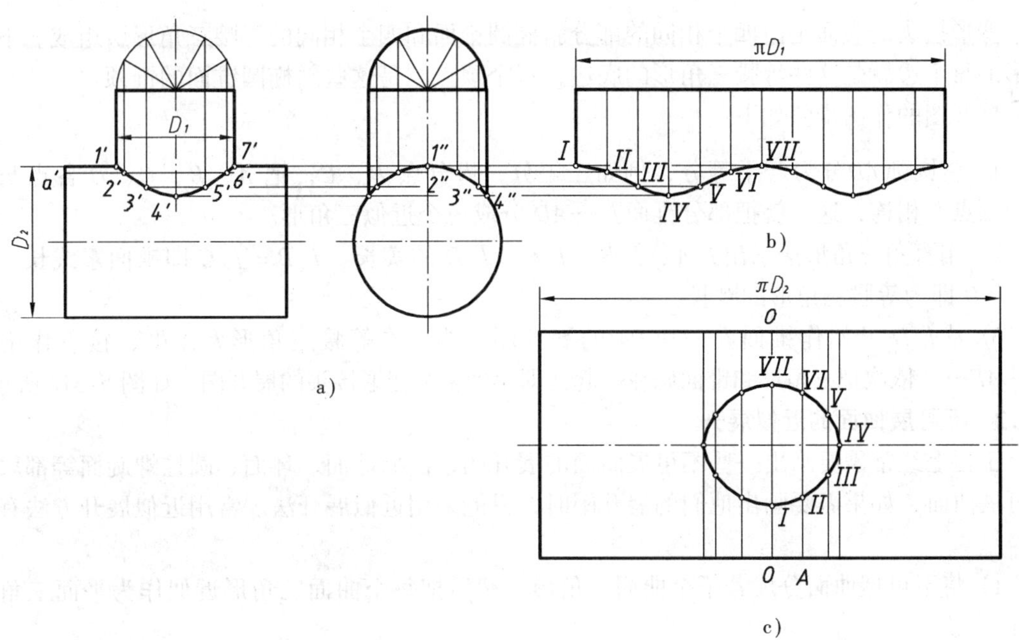

图 5-30　三通管的展开图

3）画带相贯线的大圆管的展开图（图 5-30c）。先画出大圆管的展开图，再画大圆柱表面相贯线的展开图。为了确定相贯线展开图上一系列点的位置，可先确定这些点所在素线的位置，例如求II点，可先在大圆管展开图上作出对称线 $O\ O$，量取 $OA=\overset{\frown}{1''2'}$，过 A 作素线，取相应素线的长即 $A\,II=a'2'$，II 点即为相贯线展开图上的点。用同样的方法求出其他点，光滑连接各点，即得大圆柱表面相贯线的展开图。

4. 变形接头的展开

图 5-31a 所示为一变形接头，上端是圆形，用来连接圆管；下端是方形，用来连接方管。由于两端形状不一样，所以称为变形接头。由于这种变形接头上圆下方，亦称“天圆地方接头”。

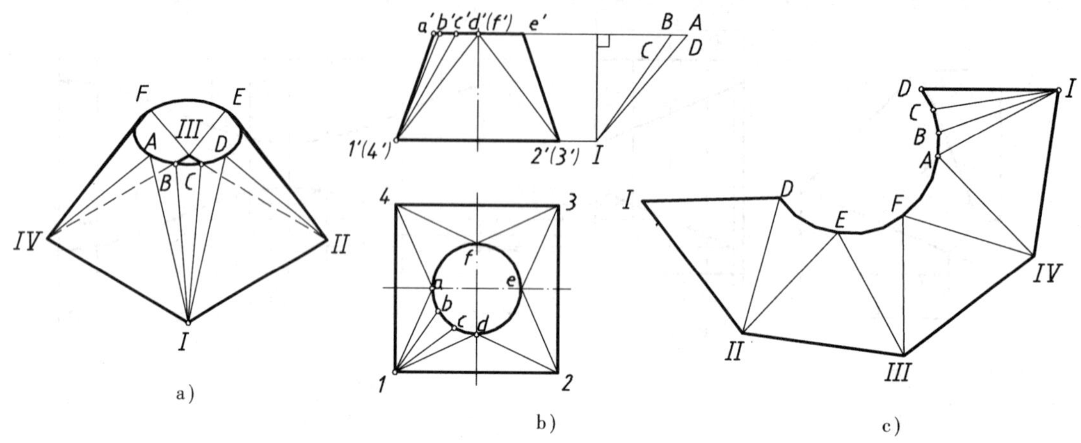

图 5-31　变形接头的展开图

变形接头的表面是由四个相同的部分斜椭圆锥面和四个相同的等腰三角形所组成。下端方形的每个边就是这些等腰三角形的底边，每个顶点则是这些斜椭圆锥面的锥顶。

展开图的作图步骤如下：

1）将圆弧$\overset{\frown}{AD}$分为若干等分，例如三等分，得分点 *B*、*C*，把 *A*、*B*、*C*、*D* 各点与方形的顶点Ⅰ相连，这样就把部分锥面Ⅰ—*AD* 分成三个近似三角形。

2）用直角三角形法求出Ⅰ*A*、Ⅰ*B*、Ⅰ*C*、Ⅰ*D* 的实长。Ⅰ*B* = Ⅰ*C* 即锥面素线长，Ⅰ*A* = Ⅰ*D* 即为等腰三角形的腰长。

3）从Ⅰ*D* 开始作锥面Ⅰ—*DCBA* 的展开图，然后作等腰三角形Ⅰ*A*Ⅳ，接着作锥面Ⅳ—*AF*…，依次把三角形和锥面画在一起，即得到整个变形接头的展开图，如图 5-31c 所示。

5.3.2　不可展曲面的近似展开

工程上经常需要画出一些不可展曲面的展开图，例如球面、环面、圆柱螺旋面等都属于不可展曲面，如果需要画出他们的展开图时，只能采用近似展开法。常用近似展开方法有两种：

1）将不可展曲面分成若干个曲面三角形，然后把每个曲面三角形近似作为平面三角形展开。

2）将不可展曲面分为若干部分，然后将每一部分近似于某种可展曲面来展开。

下面通过几个例子来说明不可展曲面近似展开图的画法。

1. 球面的近似展开

（1）用近似柱面法展开球面

将图 5-32a 所示的球面，过球心作一系列正垂面，均匀地截球面为若干等分（图中为 12 等分），并把每一等分近似看作一段外切正圆柱面，展开这些正圆柱面，也就得到了相应球面的近似展开图，具体作图步骤如下：

1）将球的正面投影分为 12 等分。

2）将球的水平投影分为 12 等分，得等分点 0、1、2、3、…。

3）作过各等分点的正平圆的投影。

4）将$\overset{\frown}{00}$展开成一直线段 *OO*，并在该直线上找出等分点Ⅰ、Ⅱ、Ⅲ、Ⅱ、Ⅰ。

5）过各等分点作 OO 的垂线，这些垂线即为外切正圆柱面上的素线在展开图中的位置。截取 $AA = a'a'$、$BB = b'b'$、$CC = c'c'$，最后用曲线光滑连接 O、A、B、C、…、O 点，即得 1/12 球面的近似展开图，如图 5-32b 所示。按同样的方法画出 12 片，得到整个球面的近似展开图。

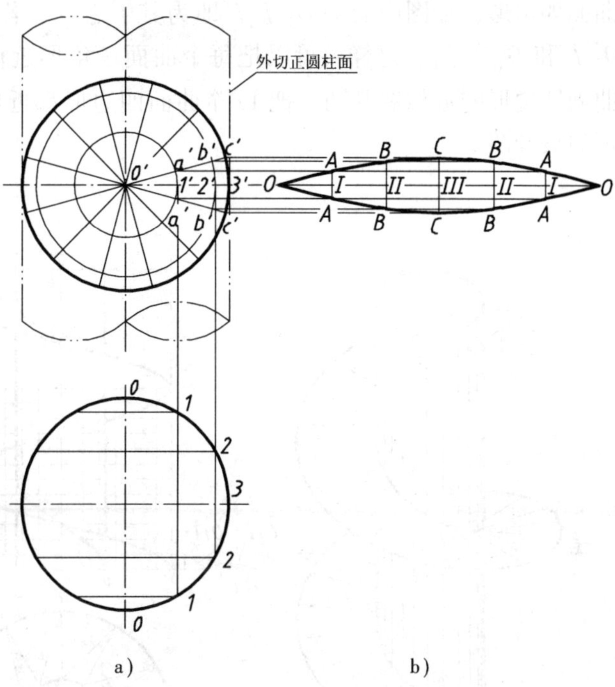

图 5-32　用近似柱面法展开球面

（2）用近似锥面法展开球面

在图 5-33a 所示的半球中，作出若干条纬线，图中为三条纬线，这样就把球面分成四部分，把每部分近似地当作正圆锥面来展开。各锥面的顶点分别为 O_1、O_2、O_3、O_4。图 5-33b 就是用近似锥面法画出的球面近似展开图。

2. 圆柱正螺旋面的近似展开

（1）近似三角形法

图 5-34a 所示为圆柱正螺旋面，一般以其一个导程为一段，画出其展

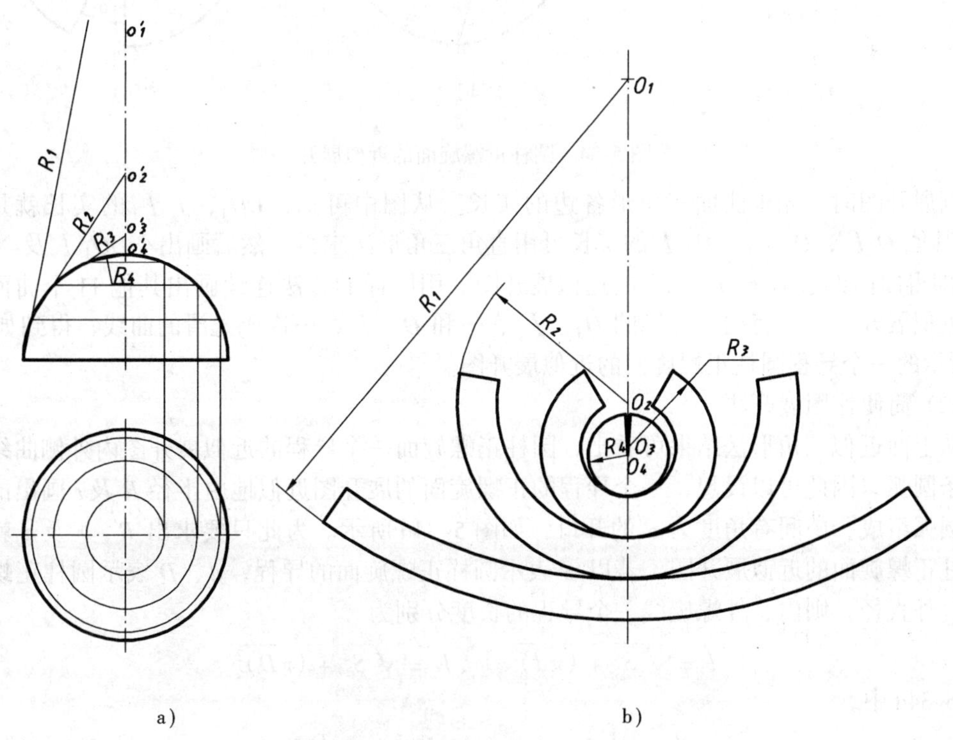

图 5-33　用近似锥面法展开球面

开图。在图 5-34b 中，将一个导程的正螺旋面分为 12 等分，得到 12 个形状大小完全相同的曲面四边形，如图中的 $O\,O_1\,I_1 I$ 即为其中之一。若把 $O_1\,I$ 连起来，则得到曲面三角形 $O\,O_1\,I$ 和 $O_1\,I\,I_1$，这样就可以把每个曲面三角形近似地作为平面三角形来展开，从而得到曲面四边形的近似展开图。把 12 个曲面四边形都近似地展开，就得到一个导程的正螺旋面近似展开图。

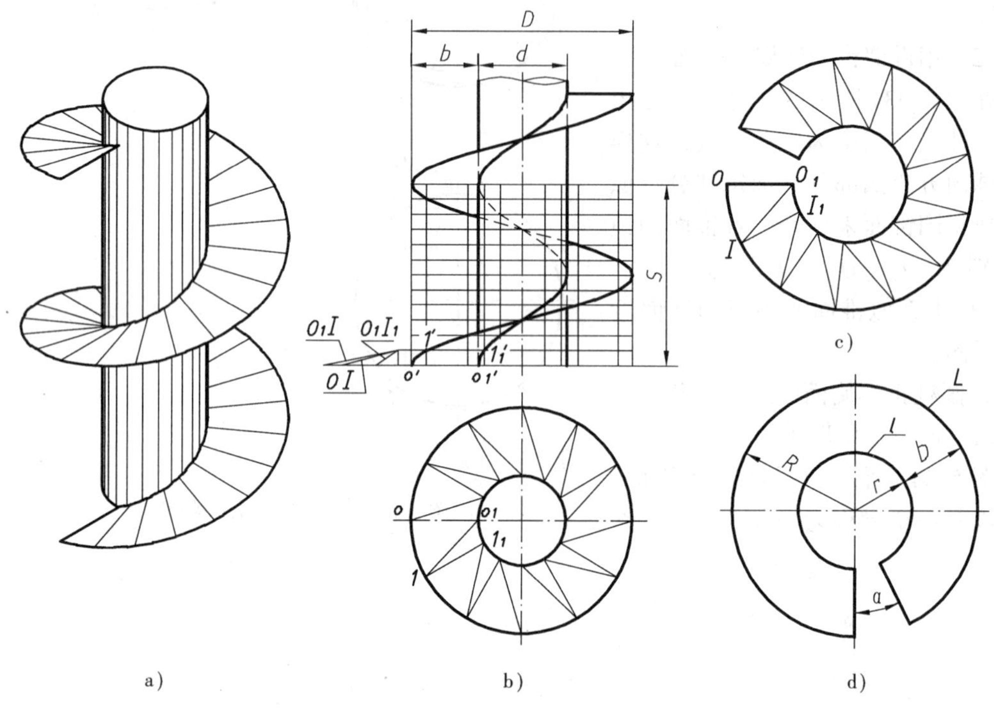

图 5-34 圆柱正螺旋面的近似展开

画展开图时，先求曲面三角形各边的实长。从图中可知，OO_1，$I\,I_1$ 的实长就是 00_1、11_1，其他 $O\,I$、$O_1\,I_1$、$O_1\,I$ 的实长可用直角三角形法求得。然后画出△$OO_1\,I$ 及△$O_1\,I\,I_1$，即得曲面四边形 $O\,O_1\,I_1 I$ 的近似展开图。用同样的方法连续画出其他 11 个曲面四边形的近似展开图，并将内、外侧的 O_1，I_1、…和 O、I、…连成光滑的曲线，得到如图 5-34c 所示的一个导程圆柱正螺旋面的近似展开图。

（2）简便作图展开法

从上面近似三角形法结果可看出，圆柱正螺旋面一个导程的近似展开图内外侧曲线近似于两条圆弧。因此可以设想，一个导程的正螺旋面的展开图近似地由半径 R 及 r 画出的两条同心圆弧组成，中间有角度为 α 的开口，如图 5-34d 所示。为此只要求出 R、r 及 α 就可画出圆柱正螺旋面的近似展开图。若以 S 表示圆柱正螺旋面的导程，d、D 表示圆柱正螺旋面的内、外直径，则内、外螺旋线一个导程的长度分别为

$$l = \sqrt{S^2 + (\pi d)^2} \qquad L = \sqrt{S^2 + (\pi D)^2}$$

在图 5-34d 中，

$$\frac{R}{r} = \frac{L}{l}, \quad R = r + b, \quad b = \frac{D - d}{2}$$

所以
$$\frac{r+b}{r}=\frac{L}{l}$$

即
$$r=\frac{bl}{L-l}$$

圆心角
$$\alpha=\frac{2\pi R-L}{R}(\mathrm{rad})=\frac{2\pi R-L}{R}\cdot\frac{180^\circ}{\pi}(^\circ)$$

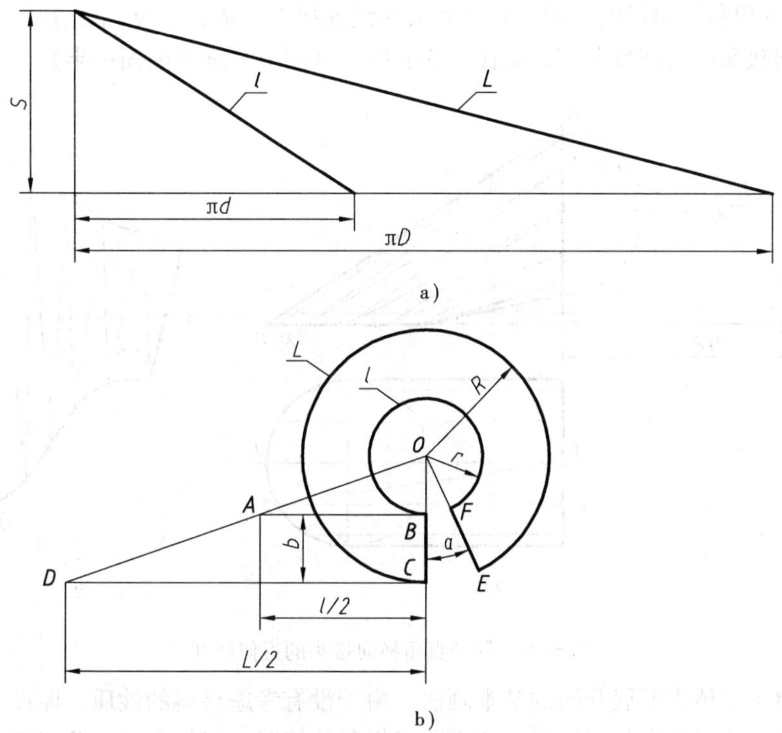

图 5-35 用简便作图法画圆柱正螺旋面的近似展开图

也可以不必进行计算，利用简单几何作图画出展开图，作图步骤如下：

1）作内外各一个导程螺旋线的展开图，如图 5-35a 所示。

2）如图 5-35b 所示，作一直角梯形 $ABCD$，使$\angle C=\angle B=90^\circ$，$AB=\frac{1}{2}l$，$BC=b=\frac{1}{2}(D-d)$，$DC=\frac{1}{2}L$。将 DA、CB 延长交于点 O。

3）以 O 为圆心，OC、OB 为半径画图，在外圆上截取$\overset{\frown}{CE}=L$，连接 OE 与内圆交于点 F，所得环形 $BCEF$ 即为一个导程圆柱正螺旋面的近似展开图。

在实际下料时，可以不剪出 α 角，只在 BC 处剪缝，直接绕卷成螺旋面。这样不但可以节约材料，又可使各节焊缝不在同一面，而沿圆周均匀分布。

3．等径直角换向接头的近似展开

图 5-36a 所示的等径直角换向接头，其表面是由一直母线沿两圆导线运动而成，运动中母线始终与正面平行，它是一种不可展的曲面。画展开图时，可用一系列四边形近似代替曲

面上相邻两素线所夹的小曲面，而每一四边形又可以分为两个三角形。这样，依次求出各三角形的实形，就成为等径直角换向接头的近似展开图。作图步骤如下：

1）把两个导线圆分成相同等分（图中为 12 等分），并把对应分点连成直线，如$Ⅰ Ⅰ_1$、$Ⅱ Ⅱ_1$、…，得到 12 个四边形。

2）连接每个四边形的对角线，例如四边形$Ⅰ Ⅰ_1 Ⅱ_1 Ⅱ$，连接其对角线$Ⅰ_1 Ⅱ$，得到$\triangle Ⅰ_1 Ⅰ Ⅱ$和$\triangle Ⅱ Ⅰ_1 Ⅱ_1$，求出三角形各边的实长，如图 5-36a。

3）依次画出各三角形的实形，并用光滑曲线连接$Ⅰ$、$Ⅱ$、…及$Ⅰ_1$、$Ⅱ_1$、…各点，即得等径直角换向接头的近似展开图，如图 5-36b 所示（图中只画出前面一半）。

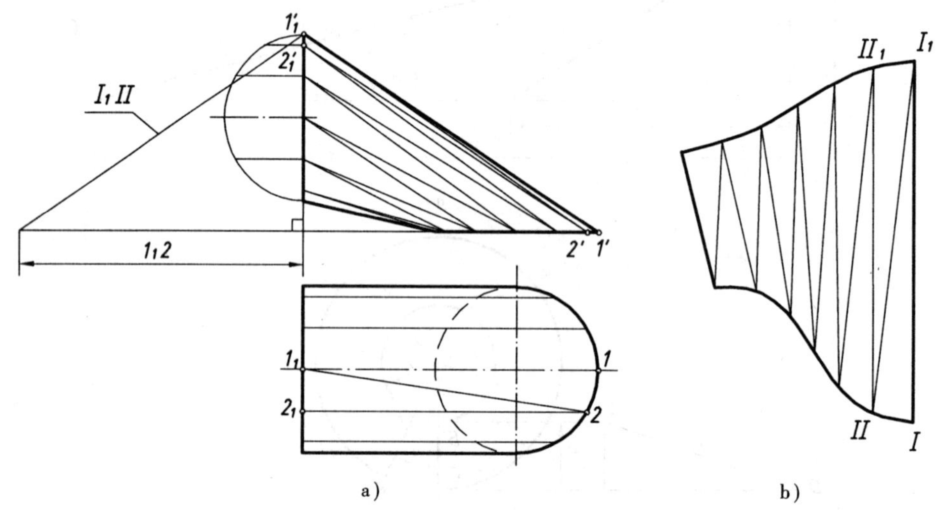

图 5-36　等径直角换向接头的近似展开

以上介绍了立体表面展开图的基本画法。由于没有考虑材料的性质、厚度、接口型式及其他工艺问题，所以在实际应用时，还需要根据具体情况，仔细考虑这些问题，并加以妥善解决。

第2篇　投影制图

第6章　制图基础知识及工具

机械工程图样是交流传播工程技术信息的重要工具，掌握识别和绘制机械图样的基础知识和基本技能是进行产品设计等技术工作的必要基础。本章主要介绍国家标准中有关制图的规定，手工作图工具的使用和几何作图的基本方法。

6.1　国家标准《技术制图》和《机械制图》的一般规定

由于机械工程图样表达的信息往往是在众多的行业间传播，因此需要公认的规则使图样及其表达的信息确切、清晰、规范。国际标准化组织（ISO）和各国政府都为此制定了相应的制图标准来规范工程图样的绘制。我国政府制定发布了《技术制图》和《机械制图》两类基础技术标准，前者汇集了机械、建筑、电气、土木、水利等行业的相关共性内容，后者则主要针对机械行业。我国的“国标”是在符合国情的基础上，尽可能考虑了与国际标准（ISO）的一致后制定的。标准发布实施后，一般3~5年要复审一次，以便适应科学技术和经济建设发展的需要。本节所介绍的“国标”内容基本源自最新的“国标”版本。应该强调指出的是，绘制工程图样必须遵守国家标准的有关规定，因此，熟悉并掌握有关的国家标准内容是必要的。

国家标准的注写形式由编号和名称两部分组成，如：

GB/T 14691—1993　技术制图　字体

GB/T 4458.1—2002　机械制图　图样画法　视图

其中，“GB”是国家标准的简称“国标”二字的汉语拼音字头，“T”是“推”字的汉语拼音字头，表示该标准为推荐性标准，“GB/T”表示“国标”的属性；14691、4458.1为标准顺序号，1993、2002是标准发布的年号。

6.1.1　图纸幅面及格式

1. 图纸幅面尺寸

图纸幅面是指由图纸宽度（B）和长度（L）组成的图面。“国标”规定的图纸幅面尺寸见表6-1~表6-3。表6-1规定了基本幅面的尺寸，绘图时应优先采用。表6-2、表6-3规定了加长幅面，其尺寸是由基本幅面的短边成整数倍增加后得出的，必要时也允许选用；表6-2为第二选择，表6-3为第三选择。

表 6-1　基本幅面尺寸　　（单位：mm）

幅面代号	A0	A1	A2	A3	A4
尺寸 $B \times L$	841×1189	594×841	420×594	297×420	210×297
c	10			5	
a	25				
e	20		10		

表 6-2　加长幅面尺寸（1）　　（单位：mm）

幅面代号	A3×3	A3×4	A4×3	A4×4	A4×5
尺寸 $B \times L$	420×891	420×1189	297×630	297×841	297×1051

表 6-3　加长幅面尺寸（2）　　（单位：mm）

幅面代号	尺寸 $B \times L$	幅面代号	尺寸 $B \times L$	幅面代号	尺寸 $B \times L$
A0×2	1189×1682	A2×4	594×1682	A4×6	297×1261
A0×3	1189×2523	A2×5	594×2102	A4×7	297×1471
A1×3	841×1783	A3×5	420×1486	A4×8	297×1682
A1×4	841×2378	A3×6	420×1783	A4×9	297×1892
A2×3	594×1261	A3×7	420×2080		

基本幅面与加长幅面间的关系由图 6-1 给出。图中，粗实线所示为基本幅面，细实线所示为表 6-2 规定的加长幅面，虚线所示为表 6-3 规定的加长幅面。

2. 图框格式

图框是指图纸上限定绘图区域的线框。

绘图时，在图纸上必须用粗实线画出图框，其格式分为留装订边（图 6-2a、b）和不留装订边（图 6-2c、d）两种。图中的周边尺寸 a、c、e 由表 6-1 规定。同一产品的图样只能采用一种图框格式。

对于加长幅面，其周边尺寸应采用比所选用的基本幅面大一号的尺寸，如 A2×3 的加长幅面，应采用 A1 的周边尺寸，即 e 为 20（或 c 为 10）；而 A3×4 的加长幅面，应采用 A2 的周边尺寸，即 e 为 10（或 c 为 10）。

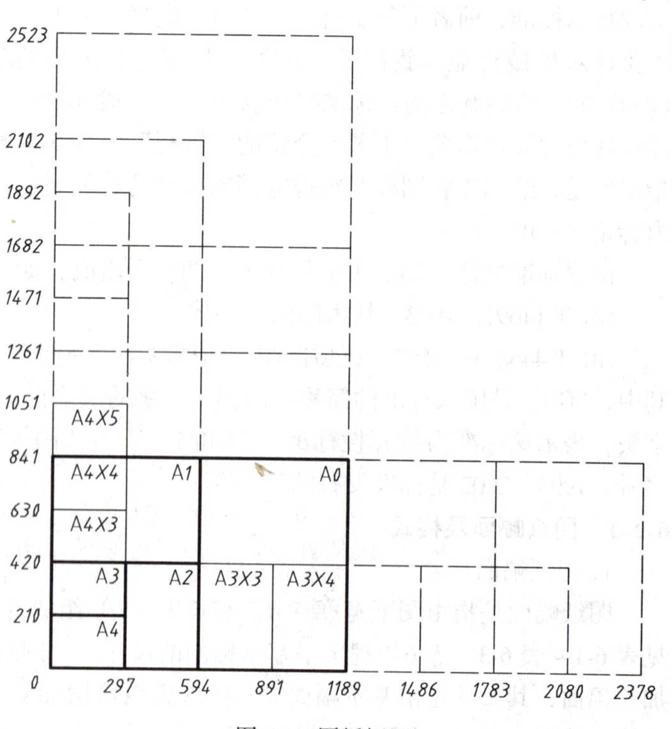

图 6-1　图纸幅面

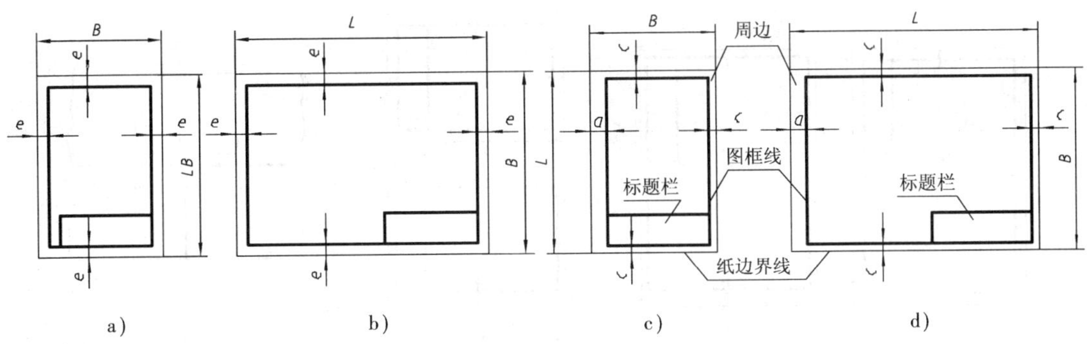

图 6-2 图框格式

3. 标题栏及其方位

标题栏是指由名称及代号区、签字区、更改区和其他区组成的栏目。

1）每张图纸上都应画出标题栏。标题栏的格式和尺寸按国家标准的规定绘制（图 6-3），其位置应放在图纸的右下角，如图 6-2 所示。

						(材料标记)		(单位名称)
						4×6.5(=26)	12 / 12	
标记	处数	分区	更改文件号	签名	年、月、日			(图样名称)
设计	(签名)	(年月日)	标准化	(签名)	(年月日)	阶段标记	重量 / 比例	
							6.5	(图样代号)
审核								
工艺			批准			共 张 第 张		

尺寸：总长 180；上部列宽 10、10、16、16、12、16；下部列宽 12、12、16、12、12、16、50；高 8×7(=56)，行高 7；右侧 20、18；10、9。

图 6-3 标题栏

2）标题栏的长边置于水平方向，且与图纸的长边平行时，构成 X 型图纸，如图 6-2 中 b、d；标题栏的长边与图纸的长边垂直时，构成 Y 型图纸，如图 6-2 中 a、c，此时，看图的方向一般与看标题栏的方向一致。

3）为了利用预先印制的图纸（一般应有图框、标题栏和对中符号），允许将 X 型图纸的短边水平放置使用，如图 6-4a，或将 Y 型图纸的长边水平放置使用，如图 6-4b。

4）学生作业可采用图 6-5 所示标题栏格式。在装配图中使用时应将其全部内容画出，而在零件图中只需画出粗线框（120×28）内的部分。

4. 附加符号

(1) 对中符号　是一种通常作为缩微摄影和复制的定位基准标记，表 6-1 和表 6-2 所列的各号图纸均应在图纸各边长的中点处画出。对中符号用粗实线绘制，从纸边界开始画入图框内约 5mm 长，线宽不少于 0.5mm，位置误差应不大于 0.5mm，如图 6-4a、b 所示。当对中符号处在标题栏范围内时，伸入标题栏部分省略不画（图 6-4b）。

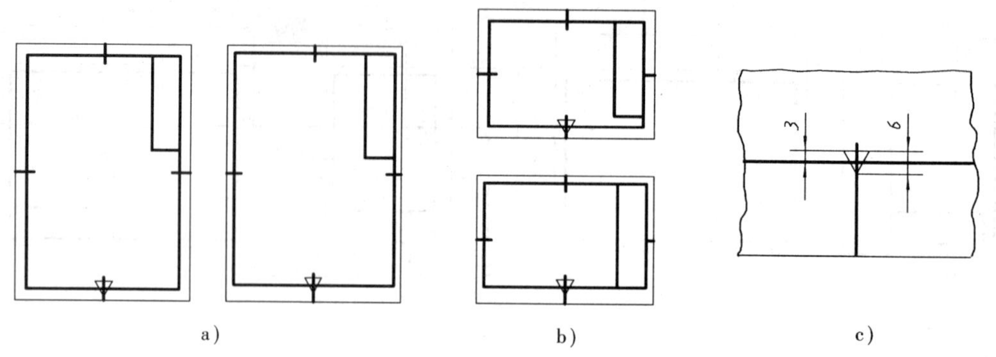

图 6-4　预印制图纸的使用及附加符号

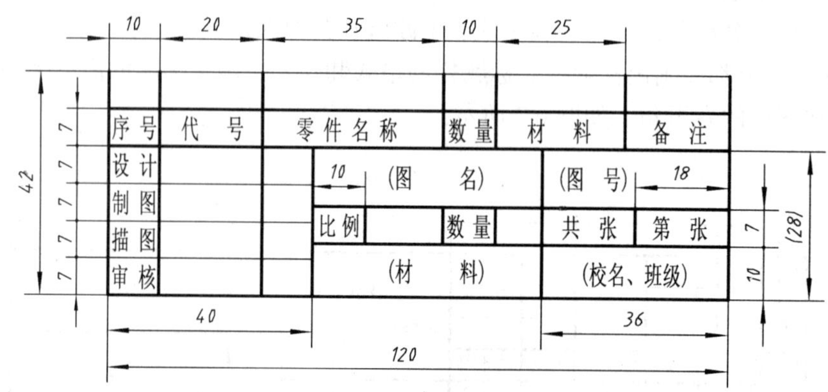

图 6-5　学生作业用标题栏

（2）方向符号　使用按图 6-4 配置的预先印制的图纸时，允许看图方向与看标题栏方向不同。为了明确绘图和看图时的图纸方向，应在图纸下边对中符号处画出方向符号（图 6-4a、b）。方向符号是用细实线绘制的等边三角形，其大小和所处位置见图 6-4c。

5. 图幅分区

必要时，可用细实线在图纸周边内画出分区，如图 6-6 所示。

（1）分区的数目和长度　图幅分区数目按图样的复杂程度确定，但须取偶数。每一分区的长度应在 25 ~ 75mm 之间选择。

（2）分区编号　根据看图方向确定图纸的上下和左右后，沿上下方向用直体大写拉丁字母从上到下顺序编写分区的编号，沿左右方向用直体阿拉伯数字从左至右顺序编写分区的编号，编号位置应尽量靠近图框线。当分区数超过拉丁字母的总数时，超过的区可用双重字母依次写分区编号，如 AA、BB、CC 等。

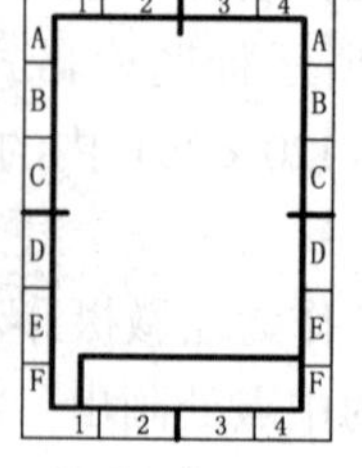

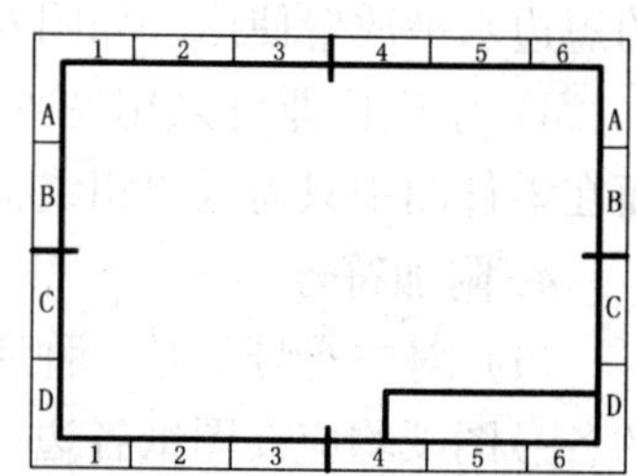

图 6-6　图幅分区

（3）分区代号　在图样中标注分区代号时，分区代号由拉丁字母和阿拉伯数字组成，字母在前数字在后并排书写，如 B3、C5 等。当分区代号与图形名称同时标注时，分区代号写在图形名称的后边，中间空出一个字母的宽度，例如 E—E　A7，$\frac{D}{2:1}$　C5 等。

6.1.2　比例

图样中，图形与其实物相应要素的线性尺寸之比称为比例。比例符号应以“:”表示，比例的表示方法为 1:1、20:1 等。

比值为 1 的比例称为原值比例，即 1:1；比值大于 1 的比例称为放大比例，如 2:1 等；比值小于 1 的比例称为缩小比例，如 1:2 等。绘图时最好选用原值比例，便于画图和读图。如需用放大或缩小比例绘制图样，应选用表 6-4 所示的标准比例（表中“n”为正整数）。

表 6-4　标准比例

种　类	比　例							
	优先选取			允许选取				
原值比例	1:1							
放大比例	5:1 $5\times10^n:1$	2:1 $2\times10^n:1$	$1\times10^n:1$		4:1 $4\times10^n:1$		2.5:1 $2.5\times10^n:1$	
缩小比例	1:2 $1:2\times10^n$	1:5 $1:5\times10^n$	1:10 $1:1\times10^n$	1:1.5 $1:1.5\times10^n$	1:2.5 $1:2.5\times10^n$	1:3 $1:3\times10^n$	1:4 $1:4\times10^n$	1:6 $1:6\times10^n$

比例一般标注在标题栏的“比例”栏内，表示绘制全图所采用的统一比例。如果较小或较复杂的结构需要采用不同的比例绘制，可在视图名称的下方标注比例，如图 6-7 所示。

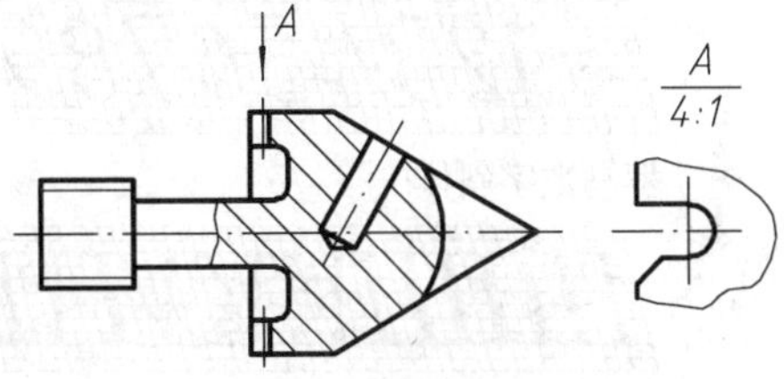

图 6-7　比例的标注方式

6.1.3　字体

字体是指图中文字、字母、数字的书写形式。

1. 基本要求

1）在图样上书写字体必须做到：字体工整，笔画清楚，间隔均匀，排列整齐。

2）国家标准规定的字体高度（用 h 表示）公称尺寸系列为：1.8，2.5，3.5，5，7，10，14，20mm。

若要书写更大的字，其高度应按$\sqrt{2}$的比率递增。字体的号数即为字体的高度，如 3.5 号字的高度就是 3.5mm。

3）汉字应写成长仿宋体，并应采用国家正式公布推行的简化字。汉字的高度不应小于 3.5mm，字宽一般为 $h/\sqrt{2}$。长仿宋体字的示例如下：

10号字

字体工整笔画清楚间隔均匀排列整齐

7号字

横平竖直注意起落结构匀称填满方格

5号字

技术制图机械电子汽车航空船舶土木建筑矿山井坑港口纺织服装

3.5号字

螺纹齿轮端子接线飞行指导驾驶舱位挖填施工引水通风闸阀坝棉麻化纤

4）字母和数字分为 A 型和 B 型。A 型字体的笔画宽度为字高 h 的 1/14，B 型字体的笔画宽度为字高 h 的 1/10。两种字体的书写格式可查阅 GB/T 14691—1993。在同一图样上，只允许采用一种型式的字体。字母和数字可写成斜体和直体。斜体字的字头应向右倾斜，与水平线成 75°。A 型字体的示例如下：

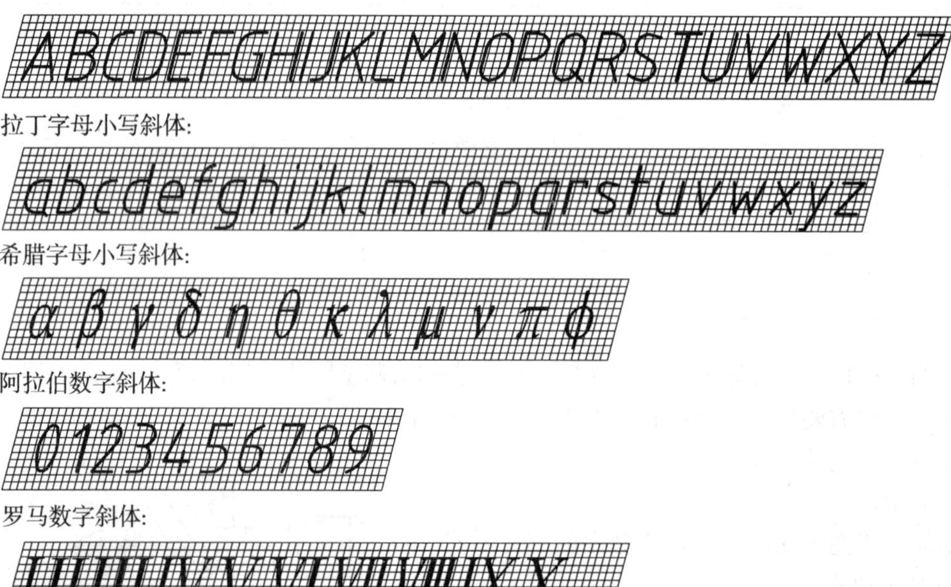

拉丁字母大写直体:

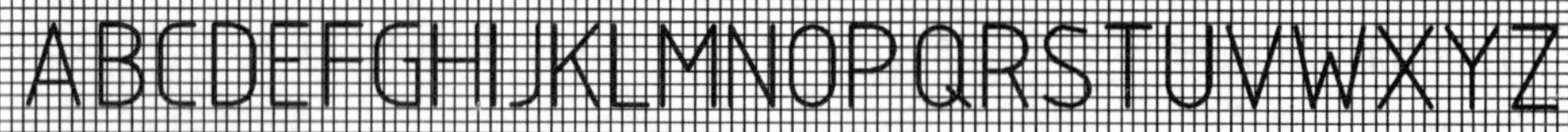

拉丁字母小写直体:

abcdefghijklmnopqrstuvwxyz

5）汉字、拉丁字母、希腊字母、阿拉伯数字和罗马数字等组合书写时，其排列格式和间距应符合 GB/T 14691—1993 的规定。

2. 综合应用规定

1）用作指数、分数、极限偏差、注脚等的字母及数字，一般采用小一号字体，如：

$$10^3 \quad D_1 \quad T_d \quad \phi 20^{+0.010}_{-0.023} \quad 7^{\circ}{}^{+1^{\circ}}_{-2^{\circ}} \quad \frac{3}{5}$$

2）图样中的数学符号、物理量符号、计量单位符号及其他符号、代号，应分别符合国家标准及有关法令的规定。通常，表示量的符号和数字用斜体书写，如下例中的 *l*、*m*、460 等；表示单位的符号用直体书写，如下例中的 mm、kg、min 等。如：

l/mm　*m*/kg　*460*r/min　*380*kPa

3）其他应用示例如下：

10JS5(±0.003)　M24-6h

$\phi 25\frac{H6}{m5}$　$\frac{II}{2:1}$　$\frac{A\frown}{5:1}$　6.3

6.1.4　图线

1. 基本规定

1）图线是起点和终点间以任意方式连接的一种几何图形，形状可以是直线或曲线，连续线或不连续线（起点和终点可以重合，如一条图线形成圆的情况）。

2）机械图样中常用的图线线型见表 6-5。

表 6-5　图线线型及应用

代码 No.	线　型	一　般　应　用	
01.1	细实线	过渡线，尺寸线，尺寸界线，重合断面的轮廓线，剖面线	
		指引线和基准线，短中心线，螺纹牙底线，辅助线，网格线	
		尺寸线的起止线，表示平面的对角线，零件成形前的弯折线	
		范围线及分界线，重复要素表示线（例如齿轮的齿根线）	
		叠片结构位置线（例如变压器叠钢片），不连续同一表面连线	
		锥形结构的基面位置线，成规律分布的相同要素连线，投影线	
	波浪线	断裂处边界线，视图与剖视图的分界线	注：在一张图样上一般采用一种线型，即采用波浪线或双折线
	双折线	断裂处边界线，视图与剖视图的分界线	
01.2	粗实线	可见棱边线，可见轮廓线，螺纹长度终止线，螺纹牙顶线	
		表格图、流程图中的主要表示线，相贯线，齿顶圆（线）	
		系统结构线（金属结构工程），剖切符号用线，分型线	
02.1	细虚线	不可见棱边线，不可见轮廓线	
02.2	粗虚线	允许表面处理的表示线	
04.1	细点画线	轴线，对称中心线，分度圆（线），剖切线	
		孔系分布的中心线	

（续）

代码 No.	线型	一般应用
04.2	粗点画线	限定范围表示线
05.1	细双点画线	相邻辅助零件的轮廓线，可动零件极限位置的轮廓线
		成形前轮廓线，剖切面前的结构轮廓线，重心线，轨迹线
		毛坯图中制成品的轮廓线，延伸公差带表示线，中断线
		特定区域线，工艺用结构的轮廓线

表中，01 为实线代码，02 为虚线代码，04 为点画线代码，05 为双点画线代码。

3）所有线型的图线宽度（d），应按图样的类型和尺寸在下列国家标准规定的数系中选择：

0.13，0.18，0.25，0.35，0.5，0.7，1，1.4，2。（单位：mm）
在同一图样中，同类图线的宽度应一致。

4）机械图样中只采用粗、细两种图线宽度，它们之间的比例为 2:1。表 6-6 给出了图线的宽度和组别，绘图时应根据图样的类型、尺寸和比例等要求选用。其中，0.5 和 0.7 为优先采用的图线组别。

表 6-6　图线宽度和组别　（单位：mm）

线型组别		0.25	0.35	0.5	0.7	1	1.4	2
线型宽度	粗实线，粗虚线，粗点画线	0.25	0.35	0.5	0.7	1	1.4	2
	细实线，细虚线，细点画线，细双点画线	0.13	0.18	0.25	0.35	0.5	0.7	1

5）图线长度小于或等于图线宽度一半则称为点。手工绘图时，线素的长度应符合表 6-7 的规定（表中 d 为图线宽度）。

表 6-7　图线的构成

线素	线型	长度
点	点画线，双点画线	$\leqslant 0.5d$
短间隔	虚线，点画线，双点画线	$3d$
画	虚线	$12d$
长画	点画线，双点画线	$24d$

2. 图线的画法

1）除非另有规定，两条平行线之间的最小间隙不得小于 0.7mm。

2）手工绘图时，虚线、点画线、双点画线相交或与实线相交时，应恰当地交于线段处（图 6-8）。

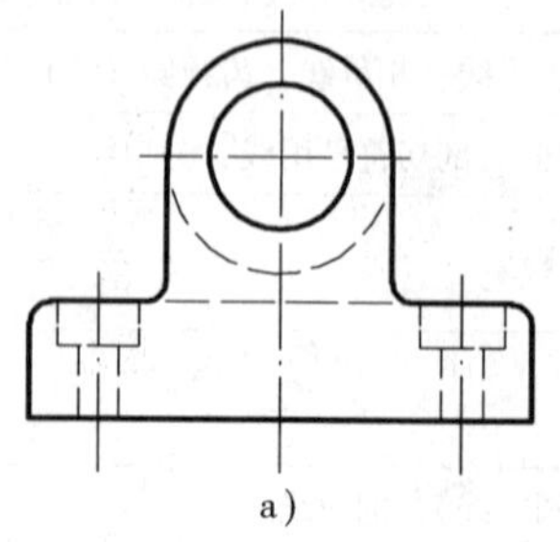
a)

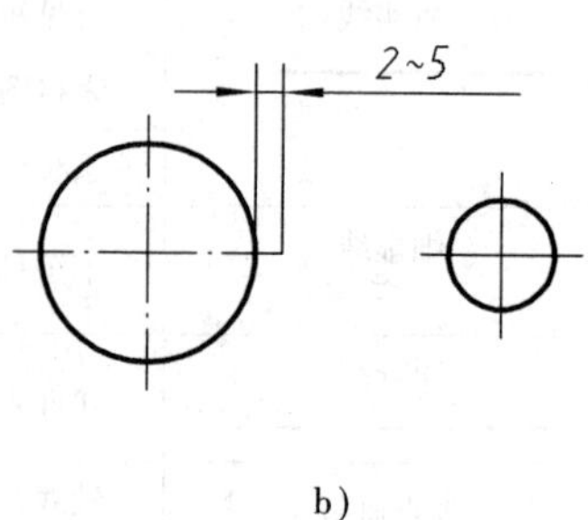

b)

图 6-8　图线的画法

3）线型不同的图线互相重叠时，一般按实线、虚线、点画线的顺序，只画出排序在前的图线。

4）点画线和双点画线的起止两端一般为画线（即线段）而不是点。习惯上，点画线要超出图形轮廓线 2 ~ 5mm。

5）当图形较小时，可用细实线代替点画线（图 6-8b）。

6）当虚线与粗实线相连，且在粗实线的延长线方向上画出时，习惯上在两种图线的分界处应留出间隙，如图 6-8a 所示。

6.1.5 尺寸标注的一般规定

尺寸是用特定长度或角度单位表示的数值，并在技术图样上用图线、符号和技术要求表示出来。在机械图样中，图形仅表达了机件的结构形状，尺寸才能反映出机件的真实大小。

尺寸标注应做到正确、完整、清晰、合理。其中，正确是指尺寸标注应符合国家标准的规定；完整是指尺寸应标注齐全，需要的尺寸不遗漏，且不重复标注；清晰是指尺寸布局要整齐简洁，便于读图；合理是指所标注的尺寸要满足设计要求，且便于加工、测量和装配。

本节主要针对尺寸标注的正确性要求，介绍国家标准中有关尺寸注写的基本规定，尺寸标注的其他要求将在后续章节中陆续介绍。

1. 基本规则

1）机件的真实大小应以图样上所标注的尺寸数值为依据，与图形的大小及绘图的准确程度无关。

2）机械图样中（包括技术要求和其他说明）的尺寸通常以毫米（mm）为单位，一般无需标注计量单位的代号或名称。但若采用其他单位标注尺寸时，则必须注明相应计量单位的代号或名称。

3）图样中标注的尺寸是其所表示机件的最后完工尺寸，否则应另加说明。

4）机件的每个尺寸一般只标注一次，并应标注在反映该结构最清晰的图形上。

5）标注尺寸时应尽可能使用符号和缩写词。表 6-8 列出了常用的符号和缩写词。

表 6-8 常用尺寸符号及缩写词

名称	符号或缩写词	名称	符号或缩写词
直　径	ϕ	45°倒角	C
半　径	R	深　度	↧
球直径	$S\phi$	沉孔或锪平	⌴
球半径	SR	埋头孔	⌵
厚　度	t	均　布	EQS
正方形	□		

2. 尺寸的组成

一个完整的尺寸由尺寸界线、尺寸线和尺寸数字组成。

(1) 尺寸界线　尺寸界线用细实线绘制，并由图形的轮廓线、轴线或对称中心线处引出。也可利用轮廓线、轴线或对称中心线作尺寸界线（图 6-9）。

1）尺寸界线一般应与尺寸线垂直，必要时才允许倾斜，如图 6-10。

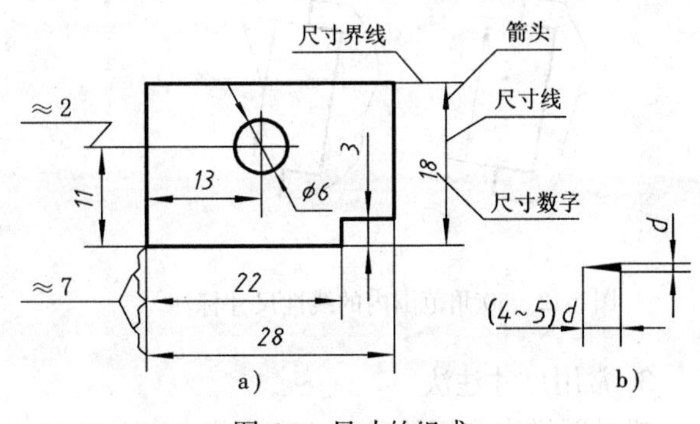

图 6-9 尺寸的组成

2）在光滑过渡处标注尺寸时，必须用细实线将轮廓线延长，从它们的交点处引出尺寸界线（图 6-10）。

3）习惯上，画尺寸界线时要超出尺寸线约 2mm。

（2）尺寸线　尺寸线用细实线绘制，其终端常采用箭头的形式，且与尺寸界线相接触（图 6-9）。（尺寸线终端还可采用斜线形式，请参阅相关的国家标准）

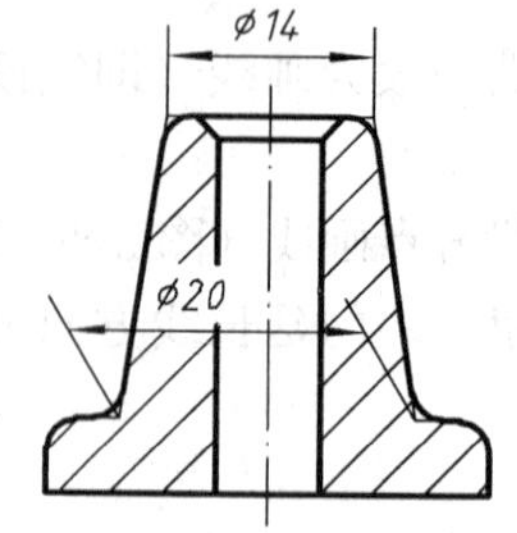

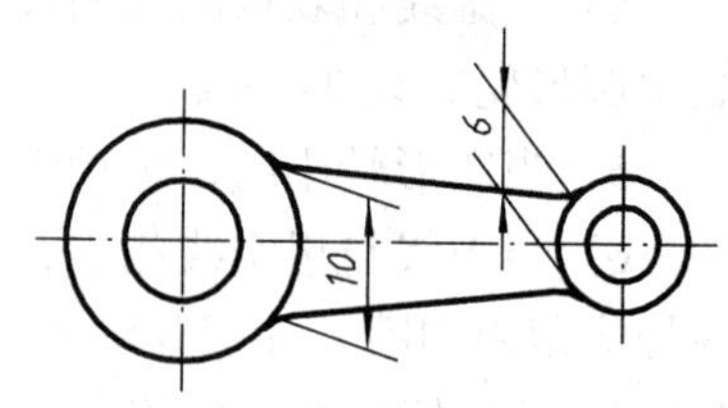

图 6-10　光滑过渡处的尺寸标注

1）尺寸线不能用其他图线代替，一般也不得与其他图线重合或画在其延长线上。

2）标注线性尺寸时，尺寸线必须与所标注的线段平行。

3）尺寸线终端的箭头形状和尺寸如图 6-9b 所示，其中“d”为图形中粗实线的宽度。同一图样中的尺寸箭头大小应基本相同。

4）当没有足够位置画箭头时，可在尺寸线与尺寸界线的相交处画出圆点来代替。圆点的直径可取与粗实线宽度相等（参见表 6-9 中的小间隔尺寸标注）。

5）习惯上，两平行尺寸线或尺寸线与平行轮廓线的间隔取为 7mm 左右。

（3）尺寸数字　尺寸数字包括阿拉伯数字、符号和缩写词。

1）线性尺寸的尺寸数字一般应注写在尺寸线上方，也允许注写在尺寸线的中断处。若没有足够的位置，还可引出标注（参见表 6-9 中的小间隔尺寸标注）。

2）线性尺寸数字的方向一般采用图 6-11 所示的方法注写，即水平方向时字头朝上，垂直方向时字头朝左，倾斜方向时字头趋于向上。在图示 30°范围内应尽可能避免标注尺寸，当无法避免时可按图 6-12 所示方法标注。

3）尺寸数字不可被任何图线穿过，否则必须将图线断开（图 6-13）。

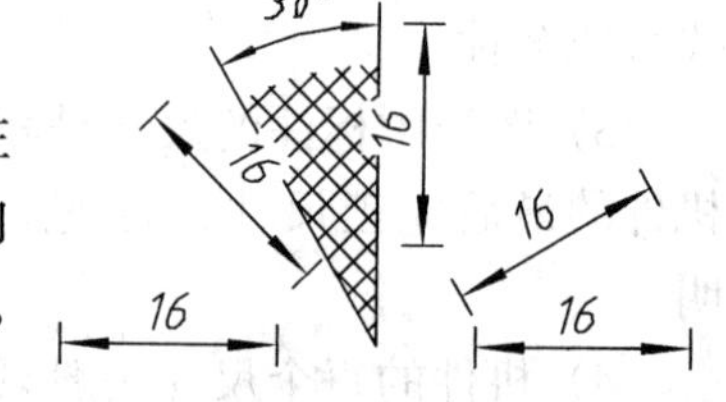

图 6-11　线性尺寸数字的注写

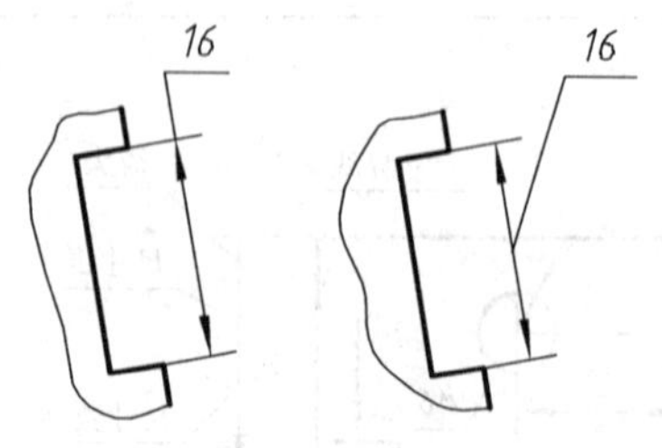

图 6-12　30°角范围内的线性尺寸标注

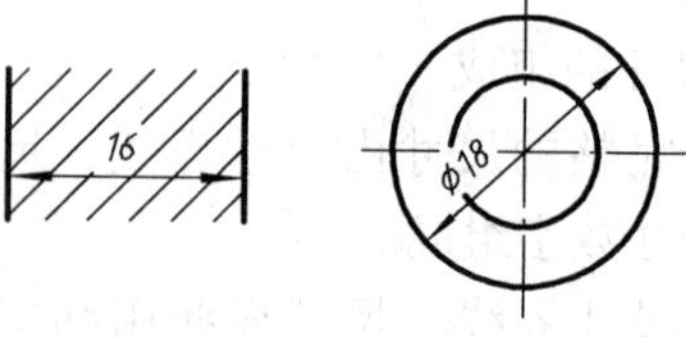

图 6-13　图线穿过尺寸数字时的画法

3. 常用尺寸注法

机械图样中常用的尺寸注法在表 6-9 中列出。

表 6-9 常用尺寸注法

内容	示例	说明
角度		角度的尺寸界线应沿径向引出；尺寸线应画成圆弧，其圆心是该角的顶点；尺寸数字一般应注写在尺寸线的中断处，并一律水平书写，必要时也可写在尺寸线的上方或外面，或引出标注
直径和半径		标注直径或半径时，应在尺寸数字前分别加注“ϕ”或“R”。对于球面，则应在“ϕ”或“R”前再加注“S”。对于螺钉头部、手柄或轴的端部等，在不致引起误解时也可省略“S”，如例中 R8。 当圆弧的半径过大，或在图纸范围内无法标注或无需表示其圆心位置时，可采用示意性的标注形式
小间隔、小圆和小圆弧		没有足够位置画箭头或注写尺寸数字时，可按示例中的形式标注
弦长和弧长		标注弦长尺寸时，尺寸界线应平行于该弦的垂直平分线。标注弧长尺寸时，尺寸线用圆弧，尺寸数字左方应加注“⌒”，当弧度较大时，尺寸界线可沿径向引出
对称机件和薄板零件的厚度		对称机件的图形只画出一半或略大于一半时，尺寸线应略超过对称中心线或断裂线，且只在有尺寸界线的一端画出箭头 板状零件的厚度可用引线注出，并在尺寸数字前加注符号“t”
正方形结构		标注剖面为正方形结构的尺寸时，可在正方形边长尺寸数字前加注符号“□”或注“B×B”，B 为正方形边长

6.2 手工绘图的工具及其用法

正确熟练地使用绘图工具是提高手工绘图质量和速度的重要保证。本节对手工绘图的常用工具及使用方法进行简要介绍。

6.2.1 图板

图板用于铺放图纸。板面要平整，左侧的工作边应平直。绘图时，应该用胶带纸将图纸固定在图板的适当位置上。当图纸较小时，常铺放在图板的左下部，如图6-14所示。

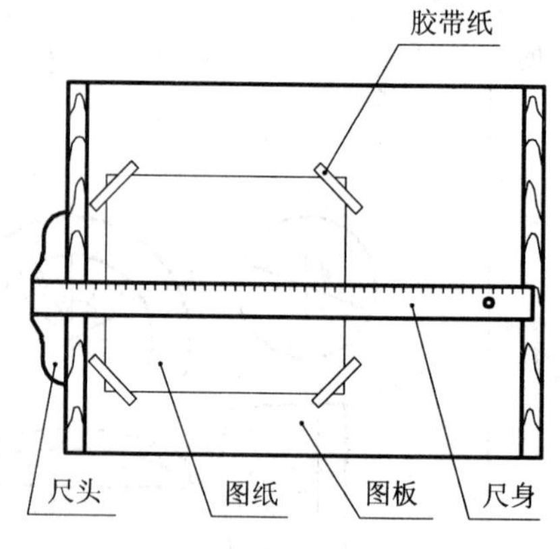

图6-14 图板与丁字尺

6.2.2 丁字尺

丁字尺由尺头和尺身组成。尺身的工作边一侧有刻度，便于画线时的度量。使用时，将尺头贴紧靠着图板的工作边，上下移动丁字尺并利用尺身工作边画出水平线（图6-15）。

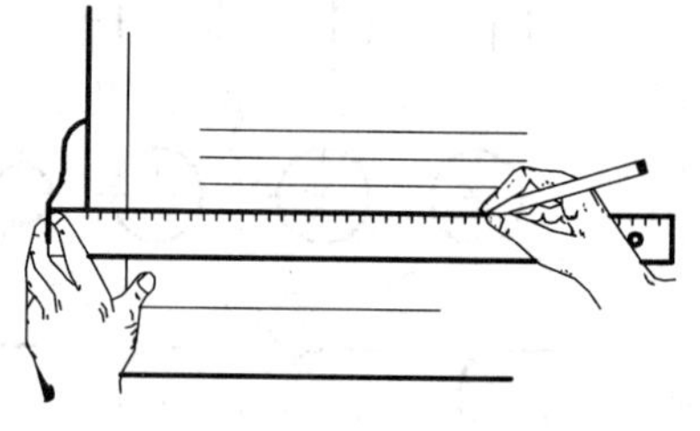

图6-15 丁字尺的使用

6.2.3 三角板

一副三角板由45°等腰直角三角形板和30°直角三角形板各一块组成。三角板与丁字尺配合使用，可画出垂直线（应自下而上画出）和与水平方向成15°整倍数的斜线（图6-16）。两块三角板配合使用，可画出已知直线的平行线或垂直线（图6-17）。

6.2.4 绘图铅笔

绘图铅笔的铅芯有软硬之分，通常在笔端标记字母代号H、HB或B和数字来加以区分，如2B、5H等。其中，与H组合的数字越大表明铅芯越硬，所画图线也越浅；与B组合的数字越大表明铅芯越软，所画图线也越黑；HB表示铅芯为中等软硬程度。

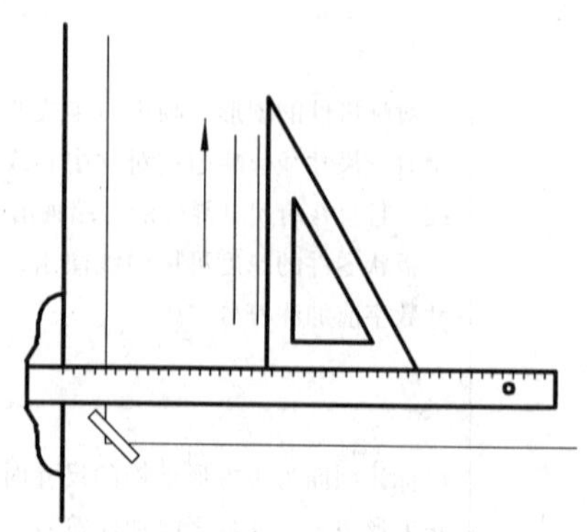

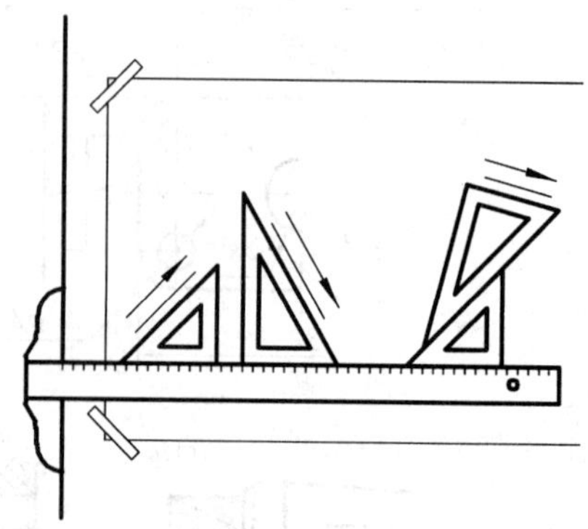

图6-16 三角板与丁字尺的配合使用

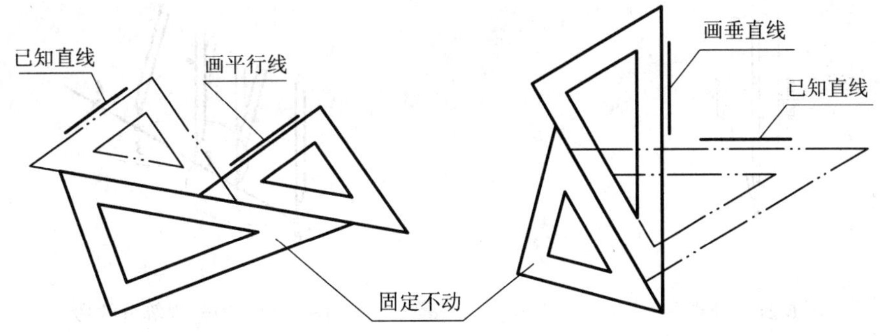

图 6-17　两块三角板的配合使用

画图时，应根据需要选用不同软硬程度的铅芯，并磨削成适当形状。图 6-18 显示的是常见的圆锥形和矩形两种铅芯磨削形状（图中“d”为粗实线的宽度）。一般地，绘制底稿图线时，用铅芯磨削成尖圆锥形的 2H 铅笔；描深各类细线及书写 7 号以下长仿宋字时，用铅芯磨削成尖圆锥形的 H 铅笔；书写数字及字母时，用铅芯磨削成钝圆锥形的 HB 或 B 铅笔；描粗实线时，用铅芯磨削成矩形的 B 或 2B 铅笔。

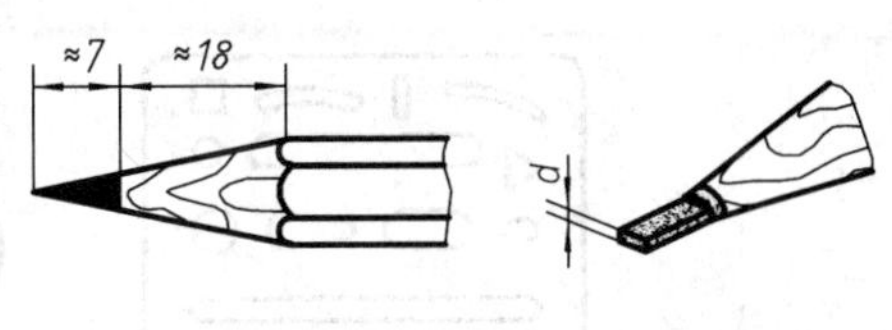

图 6-18　铅芯的磨削

6.2.5　圆规

圆规是最常用的绘图仪器之一，用来画圆或圆弧。圆规有两条腿，在各自端部分别装卡钢针和铅芯。钢针两端的结构不同，画图时应用带台肩的一端插在图板上，同时将铅芯调整为比钢针稍短些（图 6-19）。

用圆规画圆或圆弧时，应尽量使钢针和铅芯同时与图面垂直，按顺时针方向一次画成（图 6-20），要注意用力均匀。若需画很大的圆或圆弧时，可在圆规的腿上再接装附加长杆；若需画小圆时可用弹性圆规。如果将圆规的两腿都装卡钢针，且将锥尖一端朝外，则可作分规使用。

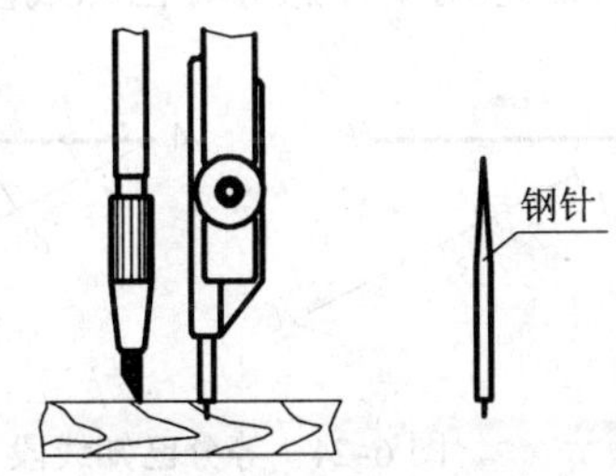

图 6-19　圆规钢针和铅芯的安装

图 6-20　圆规的使用

6.2.6　分规

分规用于量取尺寸或等分线段。分规也有两条腿，端部均装卡钢针。当两腿合拢时，两钢针尖应平齐，如图 6-21 所示。用分规等分线段的方法见图 6-22。

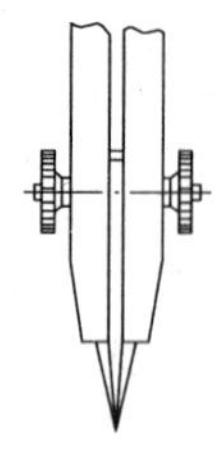

图 6-21　分规

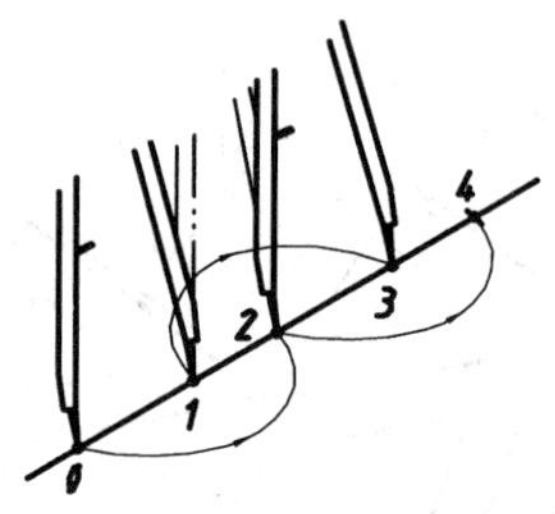

图 6-22　用分规等分线段

6.2.7　其他辅助工具

绘图时可以选用图 6-23 所示的擦图片、磨铅板、毛刷等工具以及绘图模板等辅助工具，以便提高绘图质量和绘图速度。

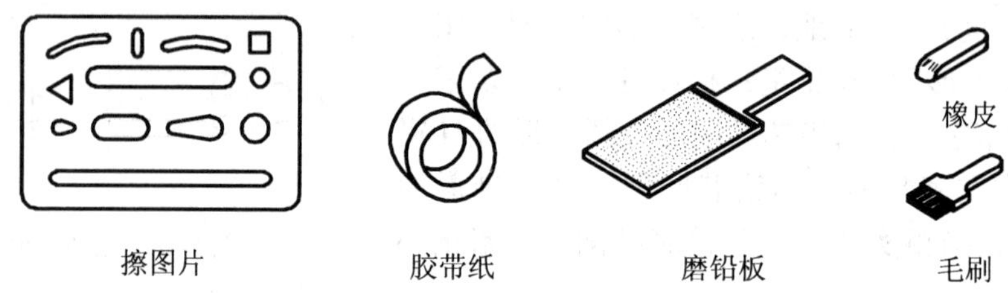

图 6-23　其他辅助工具

6.3　几何作图

掌握常见几何图形的正确画法，对于提高手工绘图的效率和准确性很有帮助。本节简要介绍几种常见几何图形的作图方法。

6.3.1　等分已知线段

图 6-24 给出了三等分已知线段的示例，该作图方法适用于任意等分已知线段。

三等分已知线段的作图步骤：

1）过点 A 任作直线 AC；

2）从 A 点开始，用分规以任意长度在 AC 上截取三等份得 1、2、3 点；

3）连接 $3B$，并过 1、2 两点分别作 $3B$ 的平行线交 AB 于 1′、2′，即得三等分点。

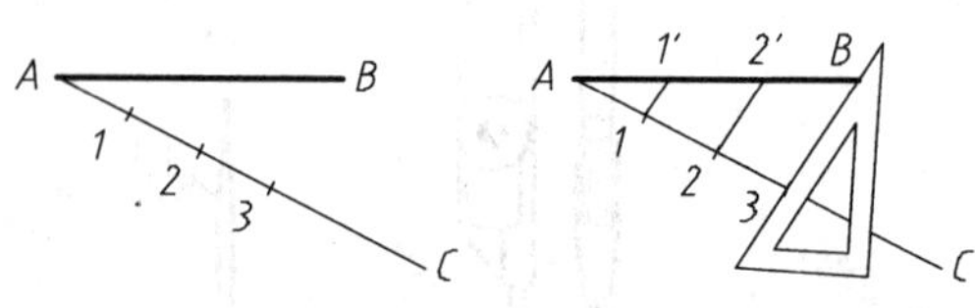

图 6-24　等分已知线段

6.3.2　正多边形的画法

1. 画正六边形

（1）已知对角线长度作正六边形　有两种作图方法：

1）首先以对角线长度 D 为直径作圆，然后用该圆的半径等分圆周得等分点，最后连接各等分点即可作出正六边形（图 6-25）。

2）以对角线长度 D 为直径作圆，再用 30°直角三角板与丁字尺配合使用，则可作出正六边形（图 6-26）。

（2）已知对边距离作正六边形　作图方法是：以对边距离 S 为直径作圆，然后用 30°直角三角板与丁字尺配合，即可作出正六边形，如图 6-27 所示。

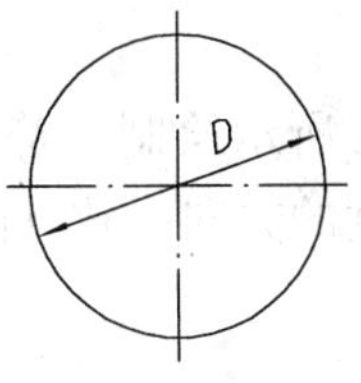

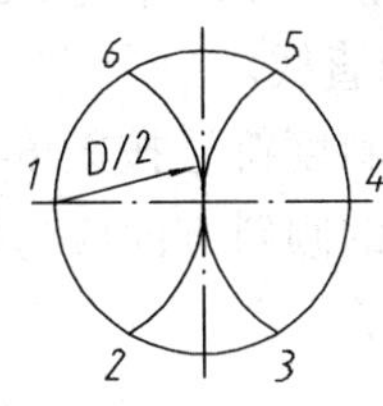

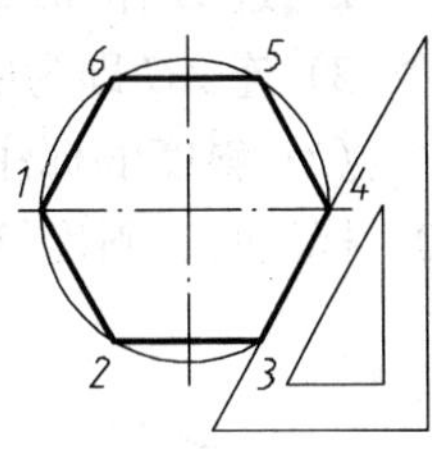

图 6-25　正六边形作图（1）

2. 画正五边形

已知正五边形外接圆直径，画正五边形的作图过程为（图 6-28）：

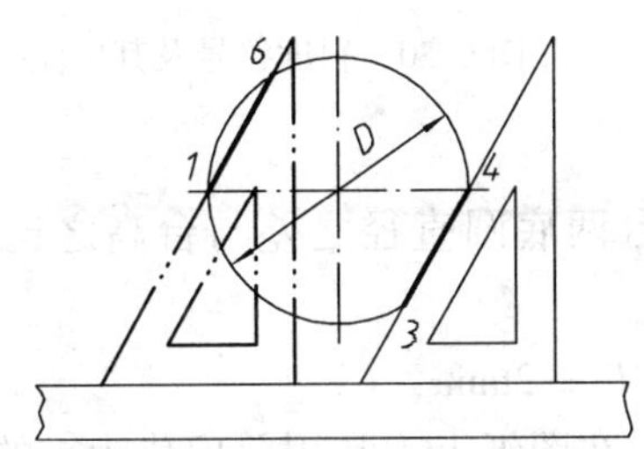

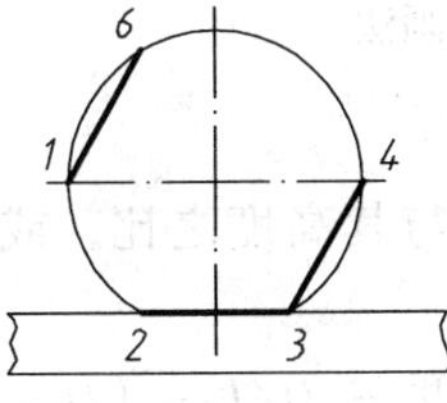

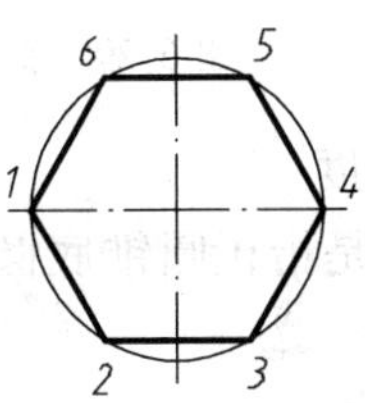

图 6-26　正六边形作图（2）

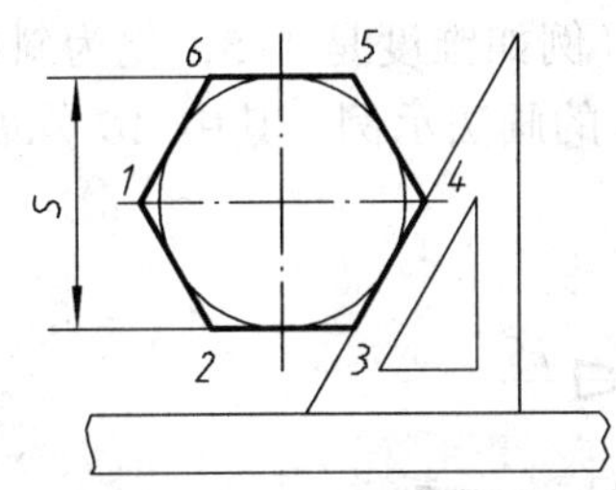

图 6-27　正六边形作图（3）

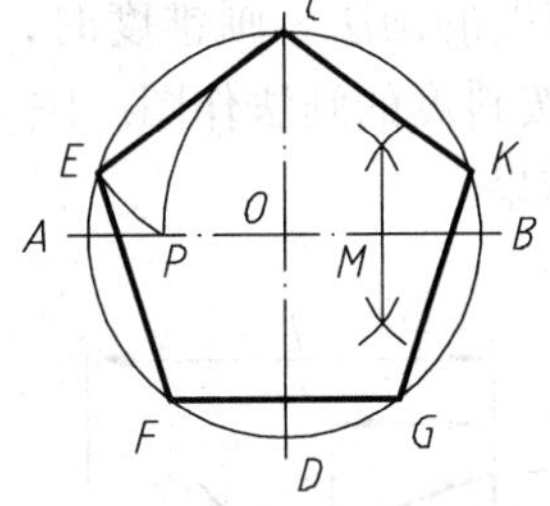

图 6-28　正五边形作图

1）作出正五边形的外接圆，并画对称中心线，得 O、A、B、C、D 点；

2）二等分 OB 得 M 点；

3）以 M 点为圆心，MC 为半径作弧，交 AB 于 P 点；

4）以 CP 为边长，从 C 点开始等分圆周，得出等分点 E、F、G、K；

5）依次连接各等分点即可得到正五边形。

显然，作正多边形的方法可用于等分圆周。

6.3.3　斜度与锥度

1. 斜度

斜度是指一直线或平面对另一直线或平面的倾斜程度，一般用两直线或平面间夹角的正切来表示（图 6-29a），在图纸上常写成前项化为 1 的比值，即

$$斜度 = \tan\alpha = H/L = 1 : L/H = 1 : n$$

（1）斜度的画法　若直线 AC 对另一已知直线 AB 的斜度为 1:6，求直线 AC 的作图步骤是（图 6-29b）：

1）将已知线段 AB 分为六等分；

2）过 B 作 AB 的垂线 BC，并使 $BC = AB/6$；

3）连 AC 即为所求直线。

（2）斜度的标注　斜度符号按图 6-30a 所示绘制，符号的线宽为尺寸数字高度 h 的 1/10。标注时，斜度符号的倾斜方向应与斜度的方向一致（图 6-30b）。

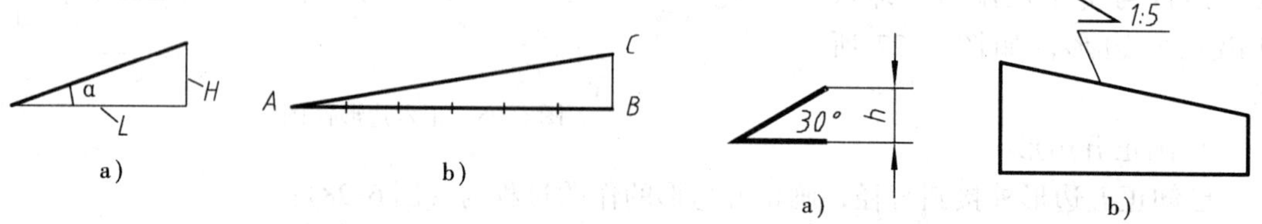

图 6-29　斜度及其画法　　　图 6-30　斜度符号及其标注

2. 锥度

锥度是指正圆锥底圆直径与其高度之比，或圆台两底圆直径之差与台高之比（图 6-31），即

$$锥度 = D/L = (D-d)/l = 2\tan\alpha$$

其中，α 为半锥角，D、d 分别是圆台两底圆的直径。在图纸上，常用前项化为 1 的比值来表示锥度的大小，如 1∶n。

（1）锥度的画法　画锥度时，可将锥度化为斜度（例如锥度是 1∶5，化为斜度则是 1∶10），然后按斜度的画法作图。图 6-32a 给出锥度为 1∶5 的画法示例，其中 $AB /\!/ ab$，粗实线即为所求结果。

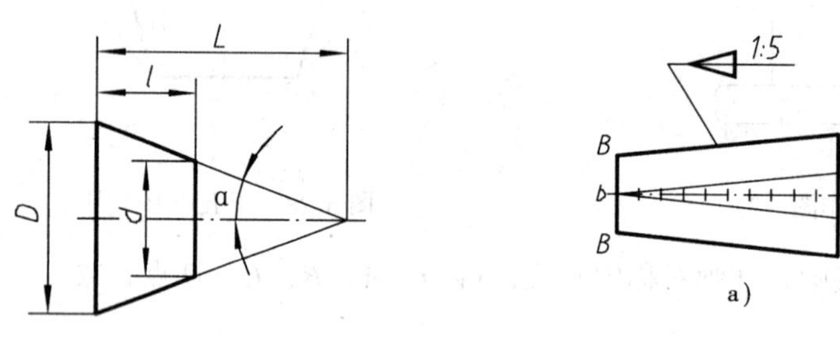

图 6-31　锥度　　　图 6-32　锥度画法及标注

（2）锥度的标注　锥度符号按图 6-32b 所示绘制，符号的线宽为尺寸数字高度 h 的 1/10。标注锥度时，符号的方向应与锥度的方向一致（图 6-32a）。

6.3.4　圆弧连接

圆弧连接是用已知半径的圆弧光滑地连接直线或圆弧的一种作图方法（图 6-33），该已知半径圆弧称为连接弧。光滑连接是指圆弧与直线或圆弧与圆弧的连接方式为相切，连接点即为切点。因此，圆弧连接的作图关键是：求出连接弧的圆心，确定连接点的位置。

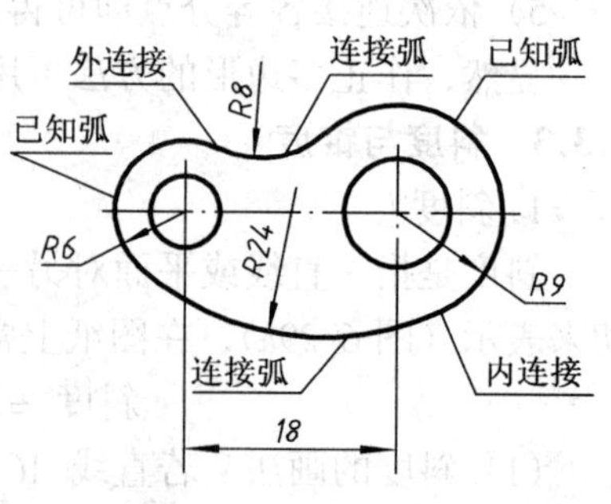

图 6-33　圆弧连接

圆弧连接的基本作图原理：

(1) 连接弧与已知直线光滑连接（图 6-34） 用半径为 R 的连接弧连接已知直线Ⅰ时，连接弧的圆心 O 位于与直线Ⅰ平行且距离为 R 的直线Ⅱ上，连接点（切点）K 是过 O 点向直线Ⅰ作垂线所得的垂足。

(2) 连接弧与已知圆弧光滑连接（图 6-35） 用半径为 R 的连接弧连接半径为 R_1 的已知圆弧时，连接弧圆心 O 的轨迹是已知圆弧的同心圆。当两圆弧外切连接时，该同心圆的半径为 $R_2 = R_1 + R$；当两圆弧内切连接时，该同心圆的半径是 $R_2 = |R_1 - R|$。无论外切连接还是内切连接，连接点（切点）K 均为连心线 OO_1（或其延长线）与已知圆弧的交点。

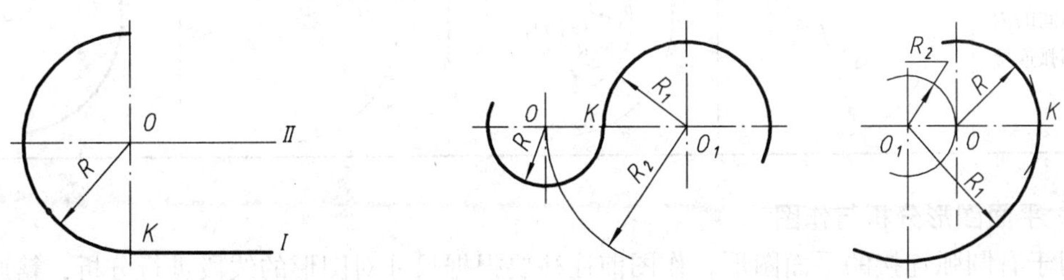

图 6-34 圆弧与直线连接　　图 6-35 圆弧与圆弧连接

根据圆弧连接的基本作图原理，表 6-10 给出了几种常用的圆弧连接作图方法。

表 6-10 常用的圆弧连接作图方法

连接方式	已知条件	求圆心位置	求切点	连接并描粗
直线与直线间的圆弧连接				
直线与圆弧间的圆弧连接				
两圆弧间的外切圆弧连接				

（续）

连接方式	已知条件	求圆心位置	求切点	连接并描粗
两圆弧间的内切圆弧连接				
两圆弧间的内外切圆弧连接				

6.3.5 平面图形分析与作图

对于有圆弧连接的平面图形，作图前往往要根据尺寸对图形的线段进行分析，籍此确定作图步骤。

1. 平面图形的尺寸

平面图形中的尺寸根据其作用可分为两类（以图 6-36 所示手柄为例）：

（1）定形尺寸　确定平面图形中几何元素大小的尺寸为定形尺寸，包括线段的长度（如图中的线性尺寸 15）、圆的直径（如图中的 $\phi5$）和圆弧的半径（如图中的 $R15$）等。

（2）定位尺寸　确定几何元素相对位置的尺寸为定位尺寸，包括圆心、线段相对于坐标系或尺寸基准的位置等，如图中的尺寸 8、75 等。

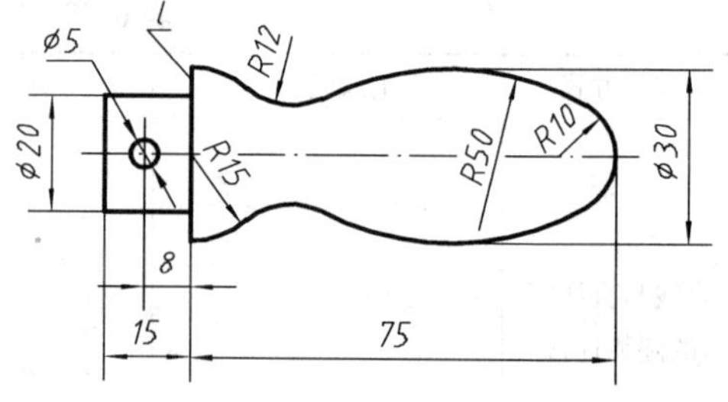

图 6-36　手柄

尺寸基准是与机件的设计制造密切相关的几何元素，用来确定尺寸的标注位置。对于平面图形来说，有上下（相当于 Y 方向）和左右（相当于 X 方向）两个方向的尺寸基准。一般常取图形中的对称线、较大圆的中心线或较长的直线段等作尺寸基准。在图 6-36 中，直线段 l 和水平轴线分别作为 X、Y 方向的尺寸基准，$\phi5$ 孔在 X 方向的定位尺寸 8，就是从该方向的尺寸基准标出的。

2. 平面图形的线段分析

根据所注尺寸，平面图形中的线段（包括直线段和圆弧）可以分为已知线段、中间线段和连接线段。现以图 6-36 为例，对图中的圆弧线段进行分析。

（1）已知弧　半径及圆心的两个定位尺寸均已知的圆弧称为已知弧，无需借助与其他线段的连接关系即可直接画出，如图中半径为 $R15$、$R10$ 的圆弧。

（2）中间弧　半径及圆心的一个定位尺寸为已知的圆弧称为中间弧，需借助其与一端相邻线段的连接关系才能画出。如图中半径为 $R50$ 的圆弧，由于圆心的 X 方向定位尺寸未知，因此需利用与 $R10$ 圆弧的内切关系，才能确定其圆心位置。

(3) 连接弧　只知半径尺寸的圆弧称为连接弧，需借助其与两端相邻线段的连接关系才能画出。如图中半径为 $R12$ 的圆弧，由于圆心的两个定位尺寸均未知，因此必须利用与相邻的 $R50$ 和 $R15$ 两段圆弧的外切关系，才能最终确定其圆心位置。

如果图形中有若干线段均为光滑连接（相切关系）时，判断线段性质的方法为：在两个已知线段之间可有任意个中间线段，但只能有，也必须有一个连接线段。

3. 平面图形的作图步骤

对平面图形进行线段分析之后，即可根据各线段的已知条件将他们依次画出。例如，绘制图 6-36 所示手柄图形的作图步骤为（图 6-37）：

1）画出基准线 A、B，并在线 B 上确定点 O（图 6-37a）；

2）画出已知弧 $R10$、$R15$ 和圆 $\phi5$，以及左端部的矩形（图 6-37b）；

3）求作中间弧 $R50$。首先在基准线 B 的两侧顺序画出与线 B 平行的Ⅱ、Ⅲ和Ⅰ、Ⅳ四条直线，其中，Ⅱ、Ⅲ分别与线 B 相距 15，Ⅰ、Ⅲ两线间距等于Ⅱ、Ⅳ两线间距，均为 50；然后根据圆弧 $R50$ 与圆弧 $R10$ 内切的连接关系，分别求出两段中间弧 $R50$ 的圆心 O_1、O_2；最后，分别在 OO_1、OO_2 连线的延长线上求出切点 T_1 和 T_2 并画出中间弧 $R50$（图 6-37c）；

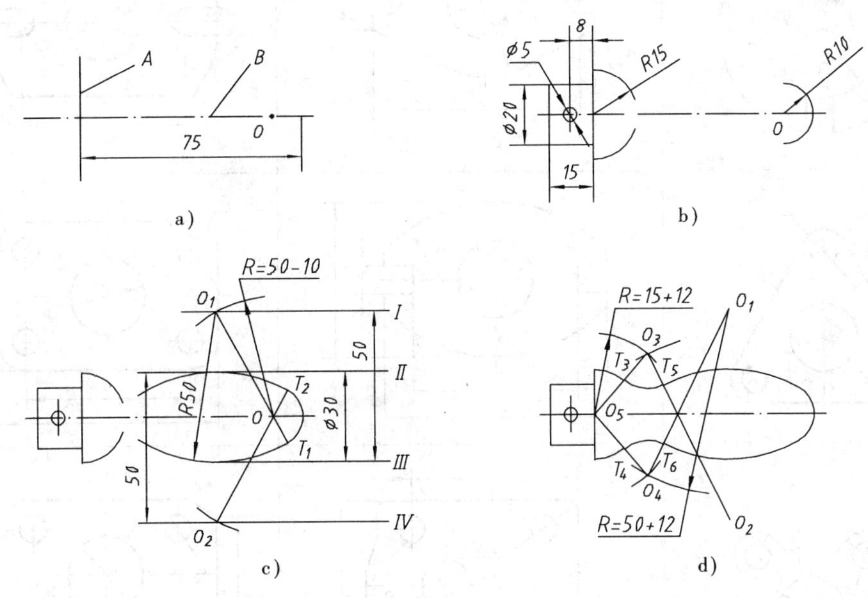

图 6-37　手柄作图步骤

4）求作连接弧 $R12$。先根据圆弧 $R12$ 分别与圆弧 $R15$ 和圆弧 $R50$ 外切的连接关系，求出两段连接弧 $R12$ 的圆心 O_3 和 O_4，然后分别在 O_5O_3、O_5O_4、O_2O_3、O_1O_4 的连线上求得切点 T_3、T_4、T_5 和 T_6，并画出连接弧 $R12$（图 6-37d）；

5）整理图线，标注尺寸；

6）校核，描粗图线，完成全图如图 6-36。

4. 平面图形的尺寸标注

平面图形的尺寸标注应遵守国家标准的规定和尺寸标注的基本要求，其一般步骤为：

1）分析图形中各线段的关系，确定已知线段、中间线段和连接线段，确定尺寸基准；

2）标注已知线段的定形尺寸和 X、Y 两个方向的定位尺寸；

3）标注中间线段的定形尺寸和 X、Y 两方向之一的定位尺寸；

4）标注连接线段的定形尺寸。

常见平面图形的尺寸标注示例在表 6-11 中列出。

表 6-11　常见平面图形的尺寸标注

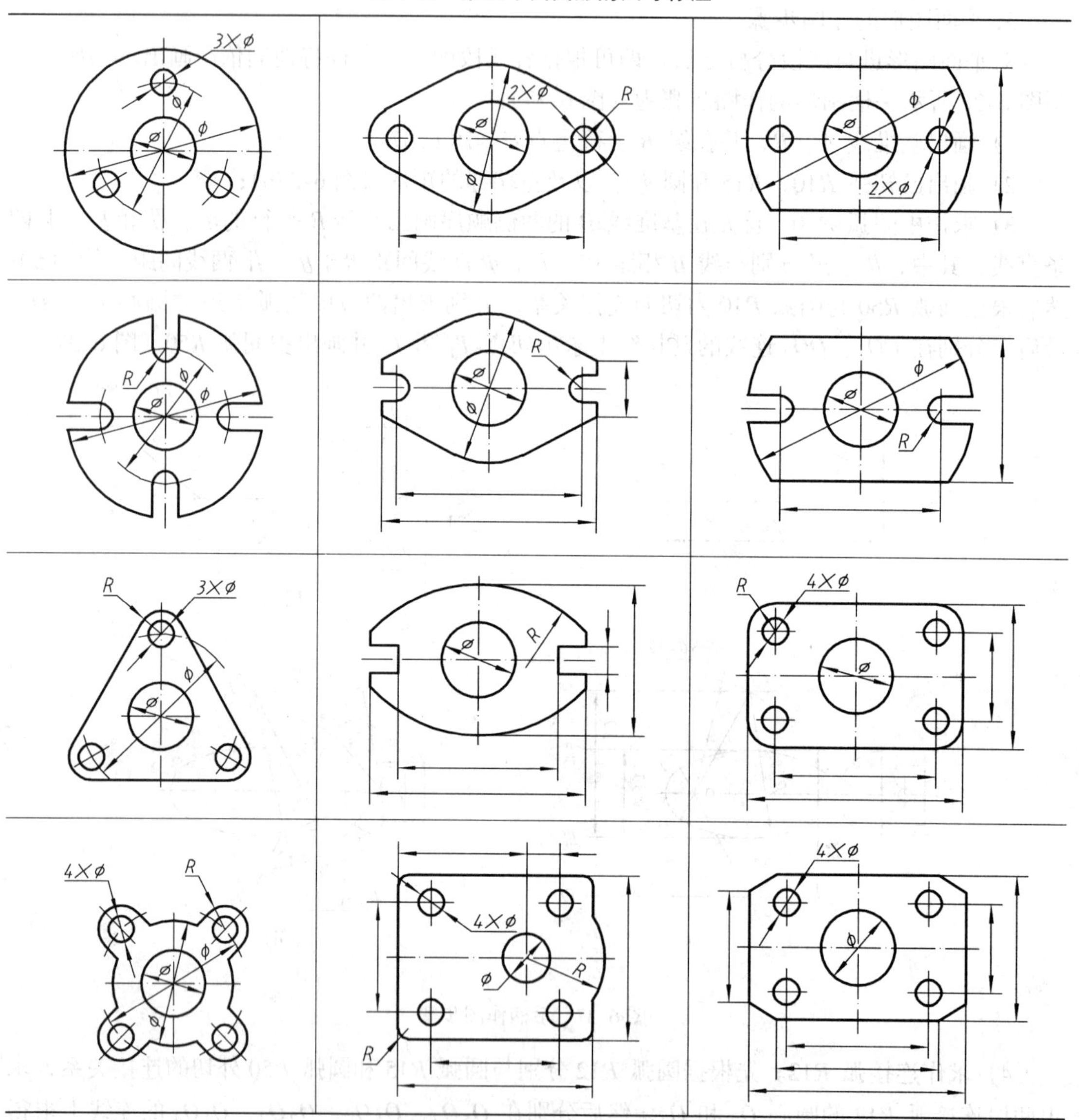

6.4　绘图的技能

手工绘图通常有两种方式，一种是利用绘图工具（包括丁字尺、三角板及绘图仪器等），根据设计尺寸较精确地绘图，这种图习惯上称为仪器图；另一种是不用或部分使用绘图工具，以目测估计图形与实物的比例，按一定画法绘图，这种图叫草图。工程技术人员不仅要会使用绘图软件在计算机上绘图，而且还应掌握手工绘图的基本技能，以便更好地适应实际工作的需要。

6.4.1 绘制仪器图

1. 准备工作

1）应将图板和绘图工具准备齐全并擦拭干净，选择并磨削好铅笔和铅芯。

2）根据机件的大小和复杂程度，确定视图数目、绘图比例和图纸幅面。

3）判别图纸正反面，用胶带纸把图纸固定在图板的适当位置上。

2. 画底稿

一般用 H 或 2H 铅笔画底稿，将图线画得细而浅。

1）先画图幅边线、图框及标题栏，然后确定各图形的位置，画出主要基准线，如对称线、中心线以及轴线等。图形布局要合理匀称。

2）根据投影规律，先画出各图形的主要轮廓，然后再画细节。

3）校核各图的投影，擦去多余图线，完成全图底稿。

3. 加深图线

一般按先粗后细的原则，用 B 或 HB 铅笔以及 2B 或 B 的铅芯（圆规用），分别加深粗细图线。对于宽度相同的图线，可按以下顺序加深：圆及圆弧，水平线（先上后下），铅垂线（先左后右），倾斜线。

4. 注写和标注

标注尺寸，注意尺寸箭头及尺寸数字的大小应全图一致；填写标题栏，注写其他文字。图样中的汉字、字母和数字要按规定书写工整，清晰美观。

5. 整理图纸

全面校核后，将图纸从图板上取下，沿图幅边线裁边。然后根据需要将图纸折叠收好。

6.4.2 草图绘制简介

草图绘制是很实用的基本绘图技能，一般在设计构思或现场测绘等情况下经常使用。绘制草图时，既不要求按尺寸作图，也无需设定绘图比例，只是要求所绘图样的各部分比例应协调。画草图时，通常使用铅芯磨削成圆锥形的 HB 铅笔，应该作到图线分明，字体清晰，比例匀称，图面整洁。

要画好草图，掌握徒手绘制各种线段的手法和技巧是基本条件。下面简单介绍几种线段的徒手绘制方法。

1. 画直线

画直线时，执笔要稳，眼睛要注意线段的终点。

1）画较短线时只运动手腕，画长线时要运动手臂。

2）画水平线时，可将图纸稍向左下方转斜，从左向右画；画铅垂线时自上而下运笔；画斜线时可转动图纸，使其成为水平位置来画，如图 6-38 所示。

3）为便于控制视图间的投影对应关系及直线的方向，常用方格纸来画草图。

2. 画圆及圆弧

1）画圆时，应先确定圆心的位置，并过圆心画出中心线。

2）画小圆时，先根据半径的大小在中心线上目测确定与圆心等距的四个点，然后过这四点画圆，如图 6-39a 所示。

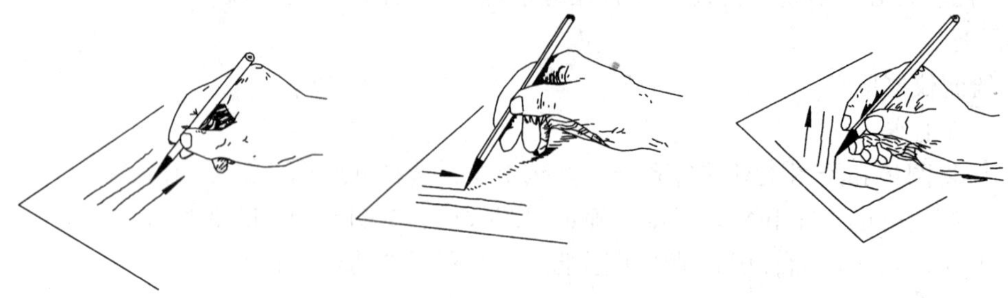

图 6-38　徒手画直线

3）画较大圆时，除在中心线上目测确定四点之外，还可再增画两条过圆心的 45°斜线，在斜线上再确定与圆心等距的四点，然后过这八个点画圆，如图 6-39b 所示。

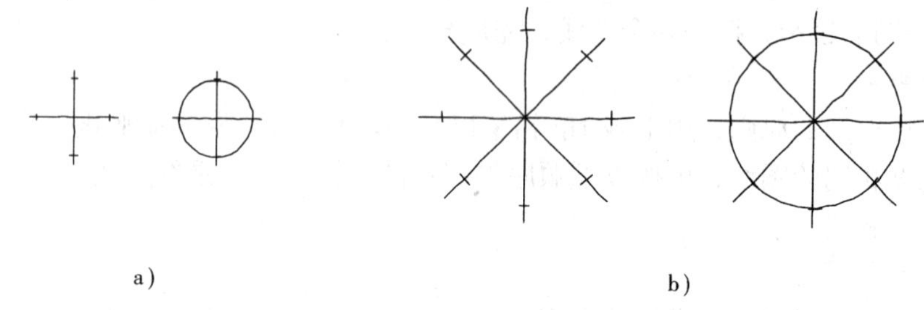

a）　　b）

图 6-39　徒手画圆

4）画圆弧、椭圆等平面曲线时，同样先目测确定出曲线上的若干点，然后将它们光滑连接即可。图 6-40 给出了几种作图方法的示例。

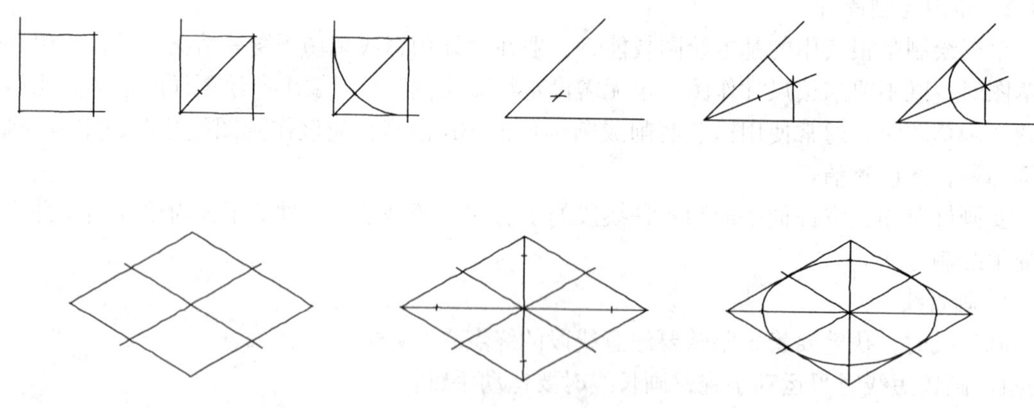

图 6-40　徒手画圆角及椭圆

第7章　组　合　体

7.1　组合体及其组合方式

7.1.1　组合体的三面投影图

物体的形状是多种多样的，但从形体角度来看，都可以认为由若干基本立体（如棱柱、棱锥、圆柱、圆锥、圆球、圆环）组成。由基本立体组合而成的形体称为组合体。图7-1所示为一个组合体的三面投影。

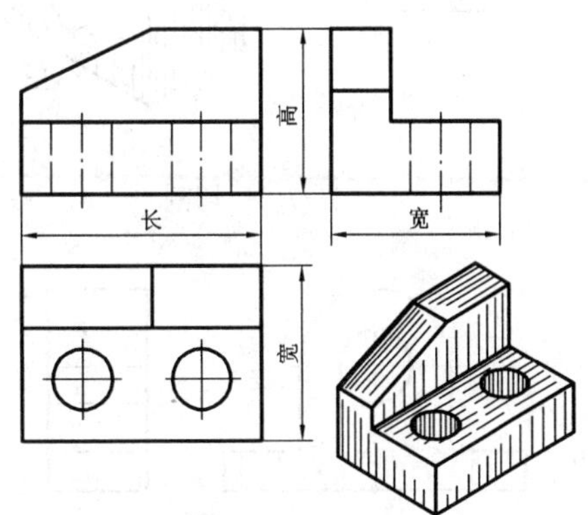

图7-1　组合体的三面投影

从图7-1中看出：正面投影反映了物体的上下、左右的位置关系，显示了物体的高度和长度；水平投影反映了物体的左右、前后的位置关系，显示了物体的长度和宽度；侧面投影反映了物体的前后、上下的位置关系，显示了物体的宽度和高度。

三面投影之间的投影规律为：

正面投影与水平投影—长对正；

正面投影与侧面投影—高平齐；

水平投影与侧面投影—宽相等。

需要注意的是，在量取“宽相等”时，一定要分清物体的前后方向，即水平投影与侧面投影中远离正面投影的方向表示物体的前面。

7.1.2　组合体的组合方式

组合体的组合方式大致可分为堆积、切割、相贯三种方式，较复杂者常是几种方式的综合。

图7-2所示的组合体由圆锥台、棱柱和圆柱堆积而成，画图时可按形体逐一画出各投影，最后得到组合体完整的投影。

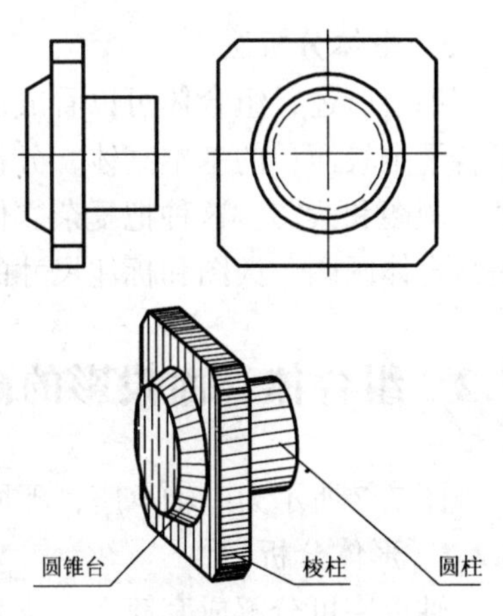

图7-2　堆积

图7-3所示的组合体是由四棱柱切角、开槽、钻孔而成。对于这种由切割而成的组合体，应先画出其切割前的完整形体，然后，逐步画出被切去各部分之后的形体。

图7-4所示的组合体是由圆柱和圆锥台相贯而成。对于相贯而成的组合体，在画出各形体的同时，正确画出它们的相贯线。

当相邻两立体的表面处于平齐位置时，它们之间不存在分界线，如图7-5所示。

当组成组合体的两立体表面相切时，相切处是光滑过渡，没有交线，投影中不应画出，如图 7-6 所示。

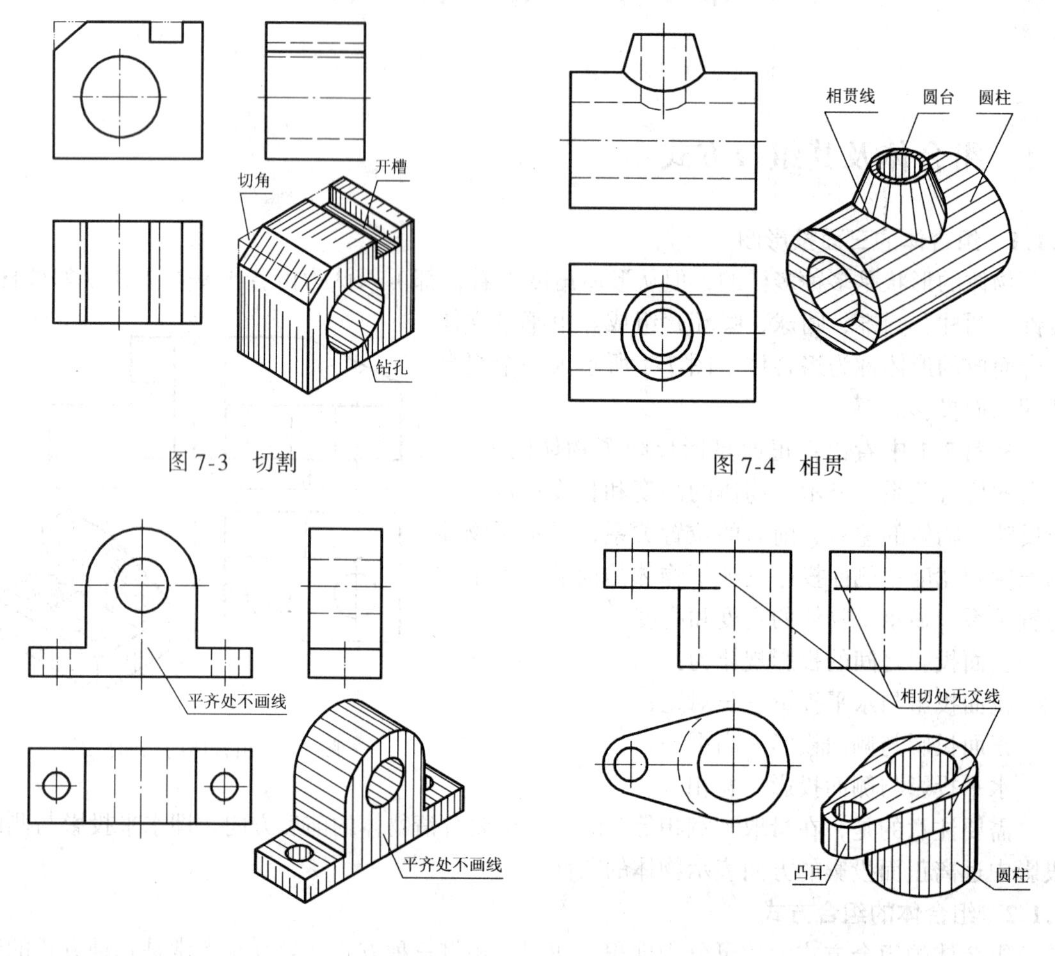

图 7-3　切割

图 7-4　相贯

图 7-5　平齐处不画线

图 7-6　相切处不画线

7.1.3　形体分析法

如上所述，组合体可以看成由若干基本立体组成。因此，可以假想将复杂的组合体分解成若干个较简单的基本立体，分析各基本立体的形状、组合方式和相对位置，然后有步骤地进行画图和读图。这种把复杂立体分解为若干简单立体的方法称为形体分析法。形体分析法是组合体画图、读图和标注尺寸的主要方法。

7.2　组合体三面投影的画法

图 7-7 所示为一轴承座，下面以该轴承座为例，说明画组合体投影的方法和步骤。

7.2.1　形体分析

轴承座可分解成套筒*I*、支板*II*、肋板*III*、底板*IV*四个简单立体，如图 7-7b 所示。*I*为空心圆柱，*II*、*III*、*IV*均为棱柱。支板*II*、肋板*III*、底板*IV*之间的组合方式为堆积，其中支板*II* 的两侧面和套筒*I* 外表面相切，肋板*III* 和套筒*I* 相交。从图 7-7a 中看出轴承座前后对称。

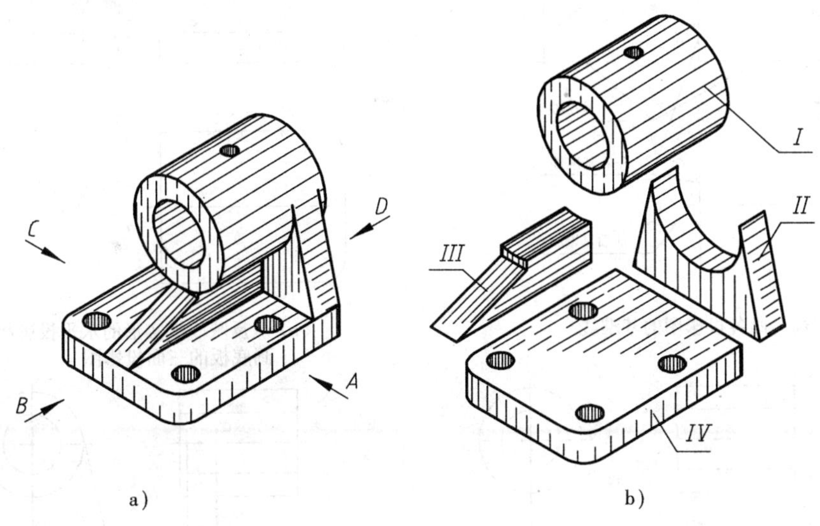

图 7-7　轴承座

7.2.2　选择正面投影

正面投影是各投影中的主要投影。选择正面投影时必须考虑两个问题，即物体的安放位置和正面投影的投射方向。

组合体的安放位置一般选择为物体安放平稳时的位置，如图 7-7a 所示。轴承座的底板位于下方且水平放置。正面投影的投射方向，一般选择最能反映物体各组成部分的形状特征和相互位置的方向。另外，还应考虑到使其他投影虚线较少和图纸幅面的合理利用。比较图 7-7a 中 *A*、*B*、*C*、*D* 四个方向，以 *A* 作为正面投影的投射方向为好。

正面投影确定之后，另外两个投影也就相应地确定了。水平投影主要反映底板的形状和底板上四个小圆孔的位置，侧面投影主要反映支板的形状以及支板与套筒相切的情况。

7.2.3　画图步骤

1）选比例、定图幅。根据物体实际大小和复杂程度，选定作图比例和图幅大小。比例尽可能选用 1∶1，图幅则根据绘图面积选择标准图幅。

2）布局、画底稿，如图 7-8a、b、c、d、e 所示。画底稿时，应根据形体分析法逐个画形体，一般应从反映形体实形的投影画起，各投影对应画。画图过程中应考虑各形体的组合方式和相对位置，注意图线的变化，同时要画出截交线、相贯线。

3）校核，按线型描深三面投影，如图 7-8f 所示。

下面再以图 7-9 所示支架为例，画它的三面投影。

支架可分解为左底板*I* 、右底板*II* 、肋板*III* 、直立圆筒*IV* 四个部分。左底板*I* 上开有 U 形槽，右底板*II* 上有两个小圆孔，直立圆筒*IV* 前面开方槽、后面钻圆孔。左底板*I* 、肋板*III* 与直立圆筒*IV* 相交，右底板*II* 与直立圆筒*IV* 相切，左底板*I* 与肋板*III* 堆积。该支架作图步骤如图 7-10 所示。

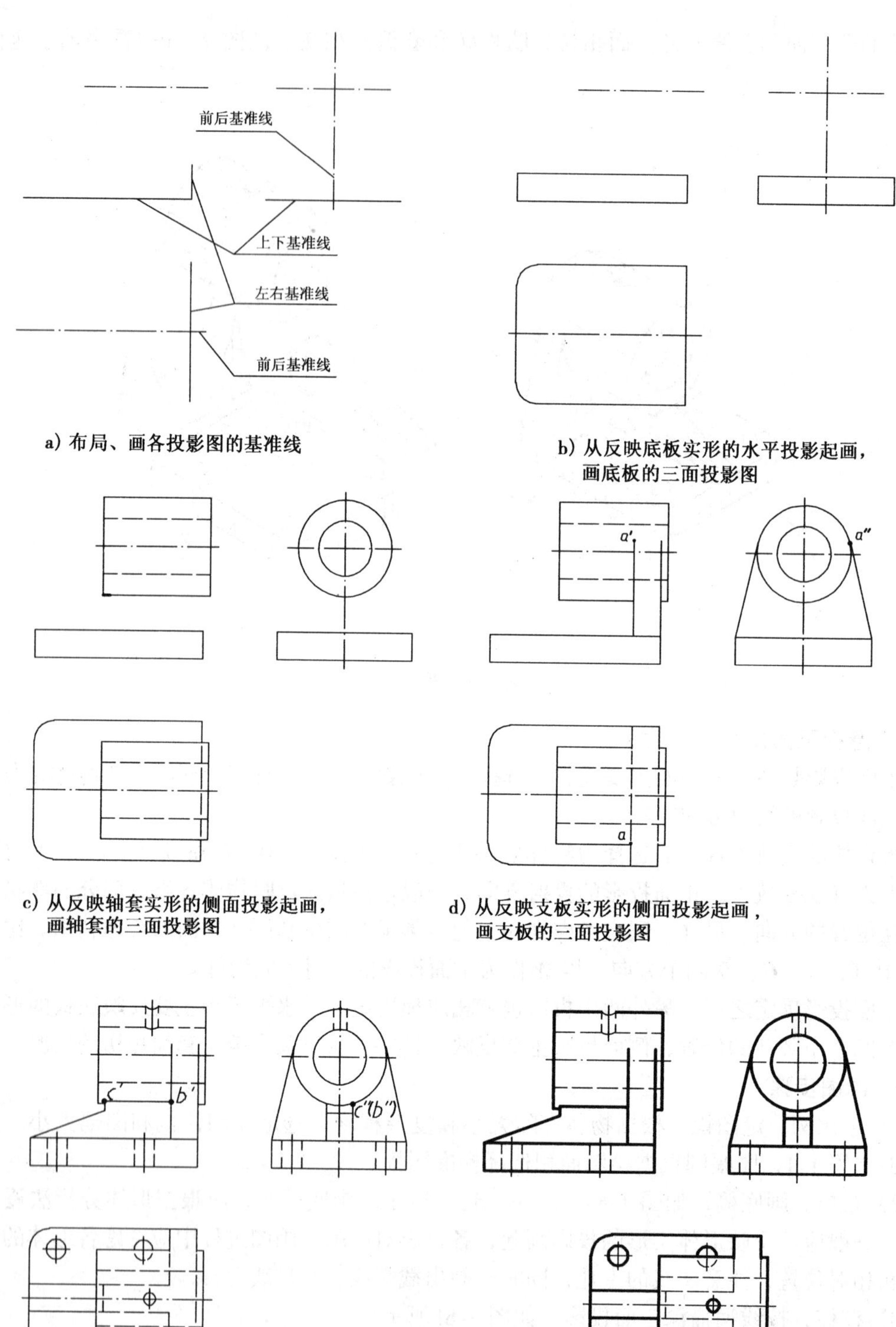

a) 布局、画各投影图的基准线

b) 从反映底板实形的水平投影起画，画底板的三面投影图

c) 从反映轴套实形的侧面投影起画，画轴套的三面投影图

d) 从反映支板实形的侧面投影起画，画支板的三面投影图

e) 画肋板三面投影，注意画出肋板与套筒的截交线；画套筒上小孔，注意画出肋板与套筒的相贯线；画底板上孔。

f) 校核投影，加深三面投影图

图 7-8　轴承座画图步骤

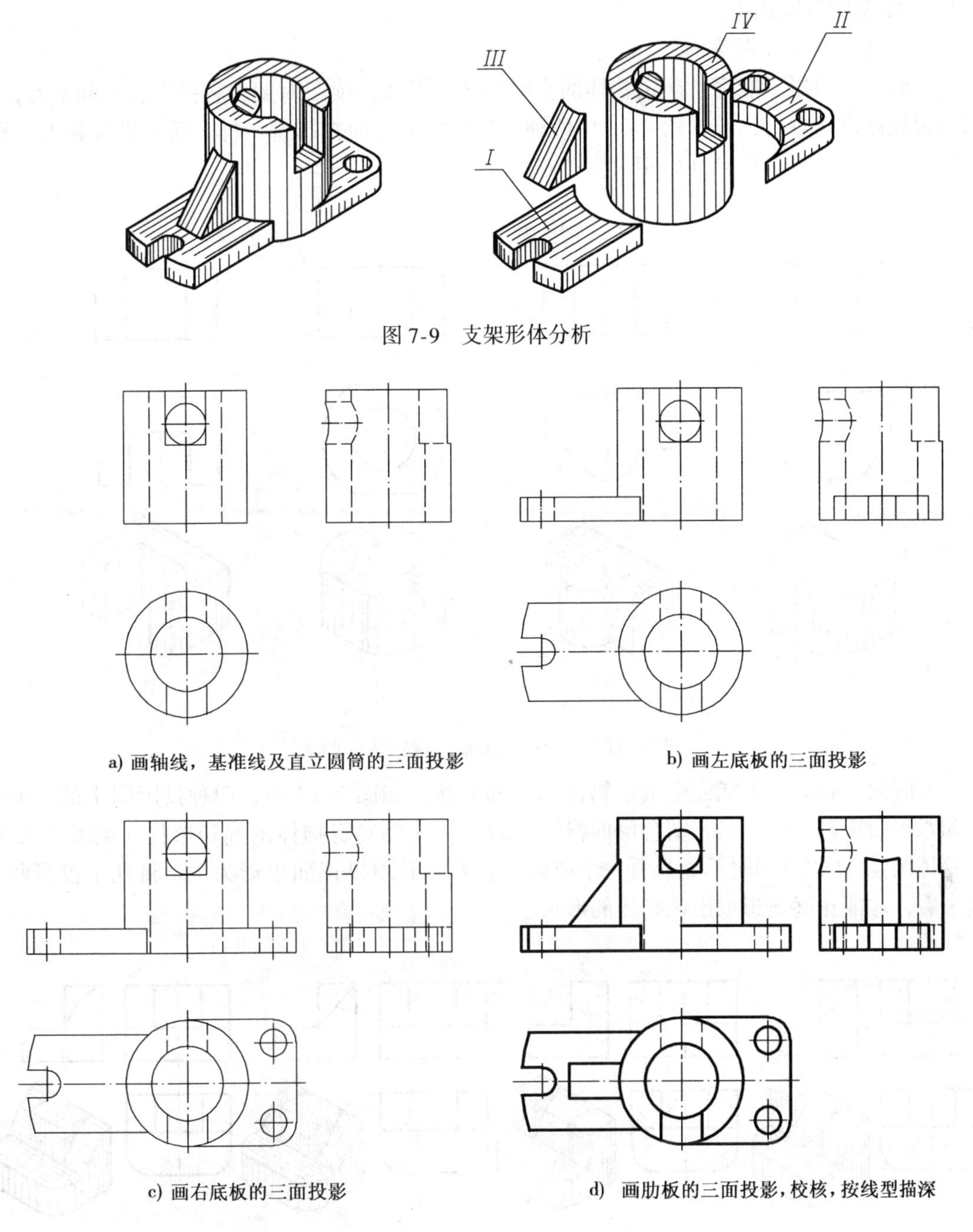

图 7-9　支架形体分析

a) 画轴线，基准线及直立圆筒的三面投影

b) 画左底板的三面投影

c) 画右底板的三面投影

d) 画肋板的三面投影，校核，按线型描深

图 7-10　支架的画图步骤

7.3　读组合体三面投影的方法

读图是根据物体的投影想象出空间物体的形状。读组合体的投影图主要是应用形体分析法。对组合体中那些不易看懂的局部结构可应用线面分析法。为了能正确、迅速地读懂投影，必须掌握读图的基本知识和正确的读图方法，并要反复实践、练习。

7.3.1　读图的基本知识

1. 各个投影联系起来看

一般一个投影不能完全确定物体的空间形状。因此，读图时要将各投影联系起来看，根据投影规律进行分析比较，图 7-11 中四种投影图中的正面投影都一样，而水平投影不一样，反映的物体形状也不相同（见相应立体图）。

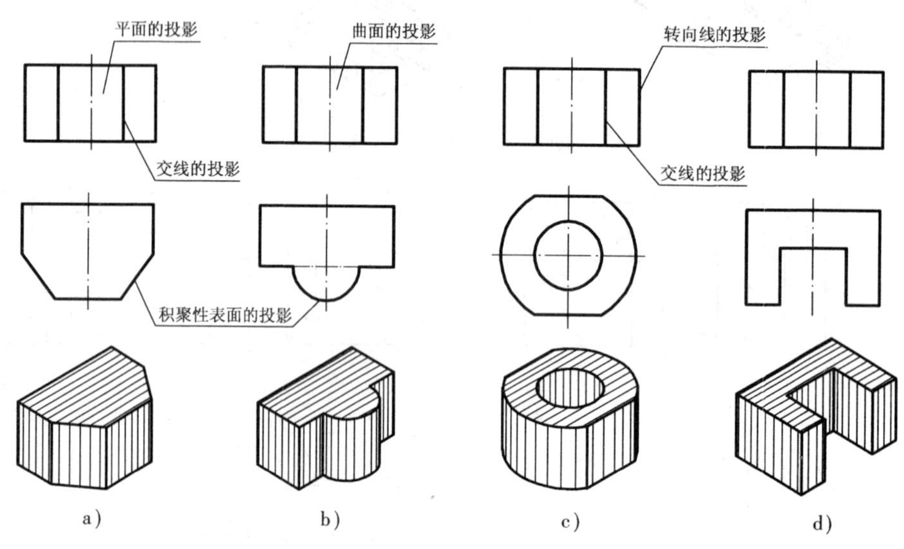

图 7-11　一个投影不能确定物体的形状

有时两个投影也不能完全确定物体的空间形状。如图 7-12 中，四种投影图中的正面投影和水平投影都一样，只有结合侧面投影一起看，才能确定物体的确切形状（见图 7-12 中的立体图）。所以读图时不能只看一个或两个投影，必须以正面投影为主，将几个投影联系起来看，才能正确地想象出该物体的形状。

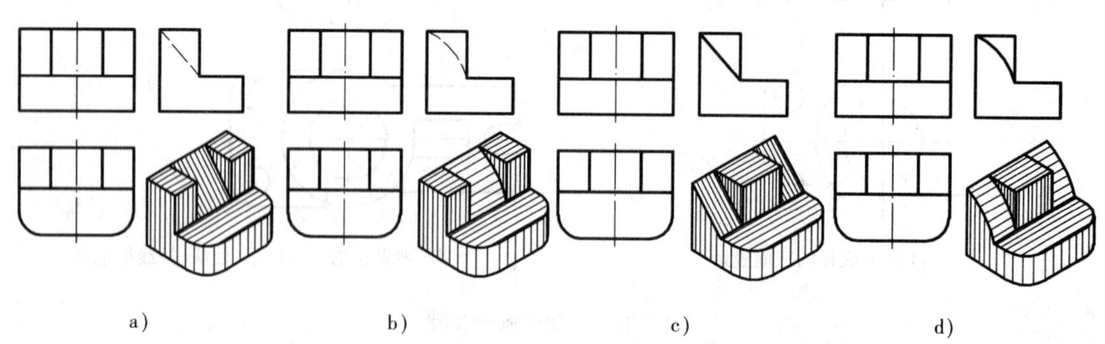

图 7-12　两个投影不能确定物体的形状

2. 投影中线条、线框的意义

投影中的线条有直线和曲线，它们有如下含义。

1）具有积聚性表面的投影。平面的积聚投影为直线，如图 7-11a 所示。曲柱面的积聚投影为曲线，如图 7-11b 所示。

2）表面和表面交线的投影。如棱线、截交线、相贯线等，如图 7-11a、c 所示。

3）曲面转向线的投影。如图 7-11c 所示。

投影图中的线框可以表示平面、曲面的投影，如图 7-11a、b 所示。也可以表示空间封闭曲线（如相贯线）的投影。

7.3.2 读图的方法

1. 形体分析法

形体分析法是读图的主要方法。一般从反映物体特征的正面投影开始，将其可见部分分成若干个代表简单立体的封闭线框，并按照投影规律找出每一线框在其他投影中所对应的投影；由此想象出各简单立体的形状及其在整体中所处的位置；然后把各形体按相互位置组合在一起，想象出整个物体的形状。

下面以图 7-13 所示的阀盖的三面投影为例，介绍其读图的步骤。

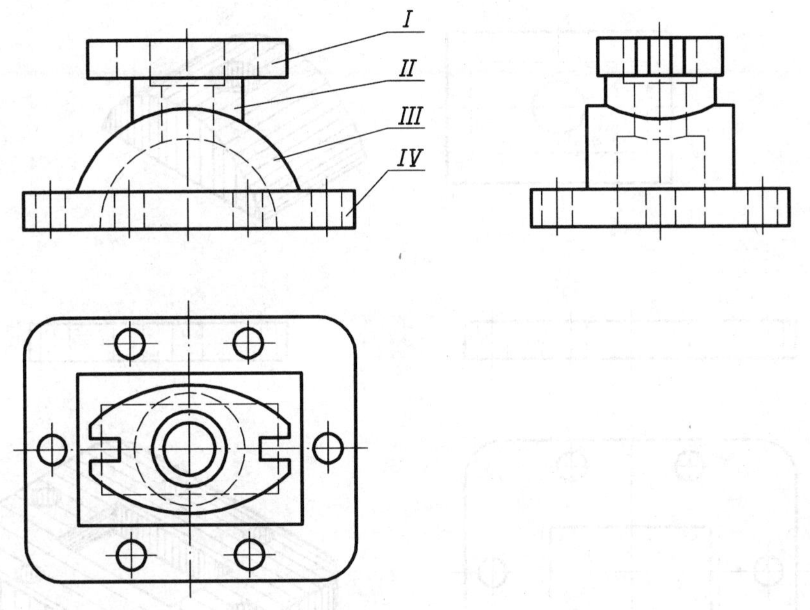

图 7-13　阀盖的三面投影

1）分线框、对投影。把图 7-13 中的正面投影分解成Ⅰ、Ⅱ、Ⅲ、Ⅳ四个线框。根据“长对正、高平齐、宽相等”的投影规律，分别找出各线框在水平投影和侧面投影中的对应投影，得到各形体的三面投影，如图 7-14 中 a、b、c、d 所示。

2）想形状、定位置。根据各形体的三面投影，确定各形体的形状。形体Ⅰ是一薄板，它的前后为对称的圆柱面，左右两边开有长方形槽，中间穿通一圆柱孔，如图 7-14a 中立体图所示。形体Ⅱ是一直立圆柱筒，中间有两个直径不等的圆柱孔，下端与形体Ⅲ相贯，如图 7-14b 中立体图所示。形体Ⅲ是轴线为正垂线的部分空心圆柱，其上部正中有一竖立小圆孔，该小圆孔和形体Ⅱ的小圆孔同轴、等径，如图 7-14c 中立体图所示。形体Ⅳ是一个具有四个圆角的中空矩形底板，中空部分是一个左右为圆柱面的长方孔，板上分布有六个圆柱孔，如图 7-14d 立体图所示。从图 7-13 的三面投影中，还可以确定各形体之间的相对位置和组合方式。即形体Ⅰ在最上面，Ⅱ、Ⅲ、Ⅳ依次在其下方。整个物体前后、左右对称。各

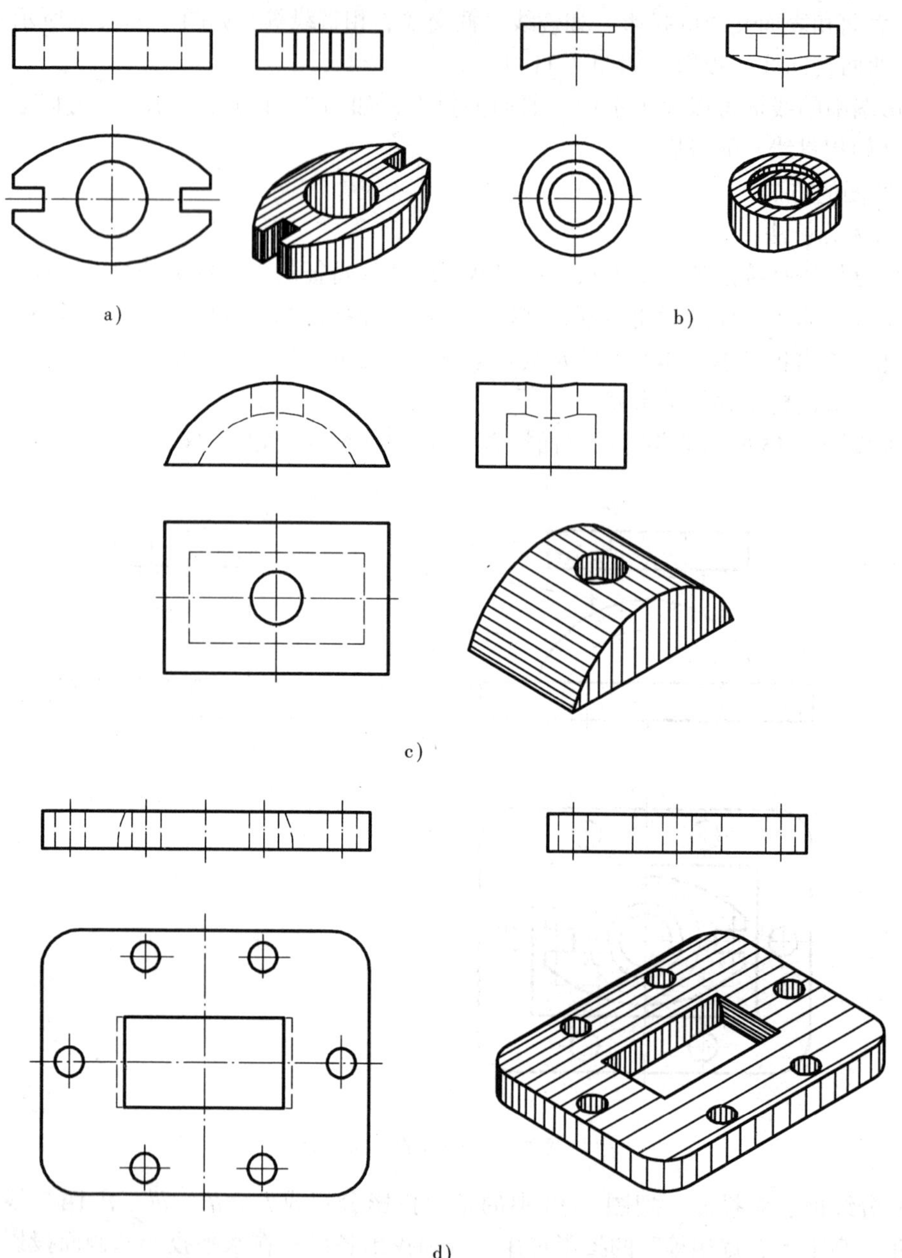

图 7-14　阀盖各部分的形状

形体之间的组合方式为：*I* 与*II* 、*III* 与*IV* 是堆积，*II* 与*III* 是相贯。

3）综合起来想整体。经过以上的分析，按照各形体的形状、相互位置和组合方式，综合起来想象出整个物体的空间形状，如图 7-15 所示。

2. 线面分析法

当组合体中有较复杂的形体时，仅用形体分析法难以确定其形状，可借助于线面分析法确定其形状。线面分析法，就是利用线、面的投影特点分析投影中的线条和线框的含义，判断形体上各交线和表面的形状和位置，从而确定形体形状的方法。

下面以图 7-16 所示的支座为例说明线面分析法的方法和步骤。

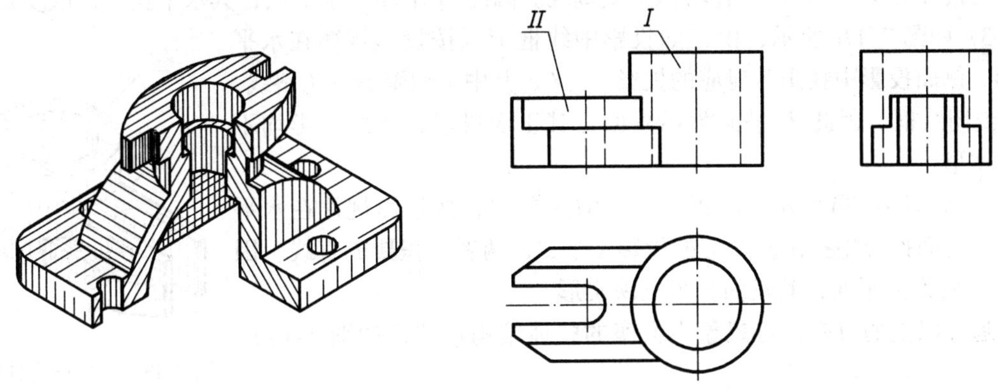

图 7-15　阀盖的立体图

图 7-16　支座的三面投影图

支座可以看成由空心圆筒Ⅰ和底板Ⅱ两个形体组成。空心圆筒Ⅰ简单易懂，而底板Ⅱ由于被几个平面切割，形体显得比较复杂，可应用线面分析法帮助读图。

1）如图 7-17a 所示，由正面投影中线框 p'，按投影规律在水平投影、侧面投影中找出其对应的投影 p 、p''，两者均积聚成直线。因此 P 平面为正平面，其正面投影反映实形。

a）平面 P 为正平面

b）平面 Q 为水平面

c）平面 R 为铅垂面

d）平面 S 为正平面

图 7-17　支座的线面分析

2）如图 7-17b 所示，由水平投影中线框 q，按投影规律在正面投影、侧面投影中找出其对应的投影 q'、q''，两者均积聚成直线。因此 Q 平面为水平面，其水平投影反映实形。

3）如图 7-17c 所示，由正面投影中线框 r'，按投影规律在水平投影、侧面投影中找出其对应的投影 r、r''，其中 r 积聚成一条斜线，r''为封闭线框。因此 R 平面为铅垂面，其正面投影、侧面投影均不反映实形。

4）如图 7-17d 所示，由正面投影中线框 s'，按投影规律在水平投影、侧面投影中找出其对应的投影 s、s''，两者均积聚成直线。因此 S 平面为正平面，其正面投影反映实形。

通过以上的分析，可想象出支座的整体结构形状，如图 7-18 所示。

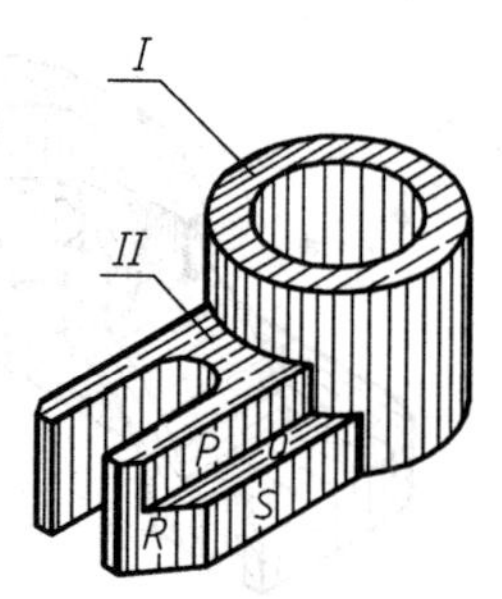

图 7-18　支座的立体图

7.3.3　读图的一般步骤

上面介绍了读图的基本方法——形体分析法和线面分析法。为了提高读图能力，有条不紊地看懂投影，读图的一般步骤如下。

1）初步了解。首先从正面投影着手了解各投影之间的位置关系，物体的大概形状和大小，并分析由哪几个主要部分组成。

2）深入分析。初步了解之后，应用形体分析法，对较复杂的部分结合线面分析法逐个分析，根据各部分的投影特点，判断物体的基本形体和表面形状。

3）通过形体分析和线面分析，根据各基本形体在空间所处的位置和相互间的组合关系想象出物体的形状。

7.4　组合体的尺寸注法

一组投影只能表示物体的形状，而物体的大小则必须通过标注尺寸加以确定，它与图形绘制时所用的比例无关。投影图中的尺寸是加工制造机件的重要依据。因此注写尺寸必须认真、细致地进行。

标注尺寸的基本要求是：

1）正确——尺寸标注要符合国家标准中有关规定；

2）完整——尺寸必须注写齐全，既不遗漏，也不重复；

3）清晰——尺寸布置要恰当，尽量注写在明显的地方，以便于读图；

4）合理——所注尺寸应符合设计和制造工艺等要求，使加工、测量、检验方便。

关于合理标注尺寸的问题将在零件图中介绍。本节主要介绍尺寸标注的完整和清晰问题。

7.4.1　基本立体的尺寸注法

基本立体一般只需注出长、宽、高三个方向的尺寸。

标注平面立体如棱柱、棱锥的尺寸时，应注出底面（或底面、顶面）的形状和高度尺寸，如图 7-19 所示。

图 7-19a、b 是棱柱，其长、宽尺寸注在水平投影中，高度尺寸注在反映棱柱高度的正面投影中。图 7-19b 中正六棱柱的水平投影为正六边形，其对角距离可不注出，若要作为参

考尺寸，则尺寸数字应加括号。图 7-19c 是三棱锥，除了注出长、宽、高三个尺寸外，还应注出锥顶的位置尺寸。图 7-19d、e 是棱台，标注尺寸时要注出顶面和底面尺寸及高度尺寸。图 7-19e 中尺寸“$a \times a$”、“$b \times b$”中的 a、b 是正方形的边长。

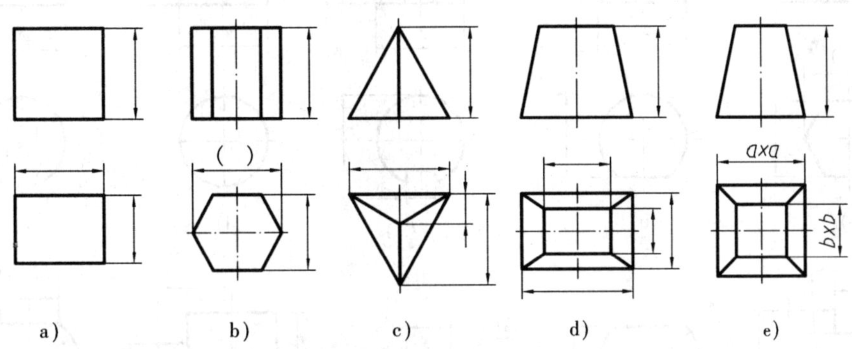

图 7-19　平面立体的尺寸注法

回转体的尺寸注法如图 7-20 所示。

标注圆柱和圆锥（台）的尺寸时，需要注出底圆的直径尺寸和高度尺寸，一般把这些尺寸集中注在非圆投影上，并在直径数字前加注符号 ϕ，如图 7-20a、b 所示。球体尺寸应在 ϕ 或 R 前加注字母 S，如图 7-20d 所示。圆环的尺寸应注出母线圆和中心圆的直径，如图 7-20c 所示。对于图 7-20e 所示的回转体，还应标注出确定其母线形状的尺寸。

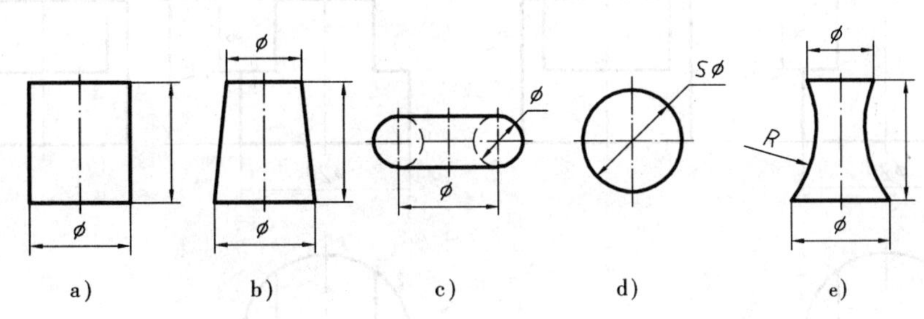

图 7-20　回转体的尺寸注法

7.4.2　切割和相贯立体的尺寸注法

标注被平面截断或带有切口的立体的尺寸时，除了注出基本立体的尺寸外，还应注出确定截平面位置的尺寸。标注两个相贯立体的尺寸时，应注出确定两相贯立体大小的尺寸和确定两相贯立体之间相对位置的尺寸。常见切割立体和相贯立体的尺寸注法如图 7-21 所示。

应当注意，当立体大小和截切平面位置确定后，截交线也就确定了，因此，不应标注截交线的尺寸。图 7-22a 中的尺寸注法是正确的，而图 7-22b 中注出了截交线尺寸 15，却没有标注截平面的位置尺寸 12，是错误的。

同样，当两相贯立体的大小和位置确定后，相贯线也就相应确定了，因此，也不应标注相贯线的尺寸。图 7-23a 中的尺寸注法是正确的，而图 7-23b 中注出相贯线尺寸 $R10$ 是错误的，该图中 8 和 4 也是错误的。

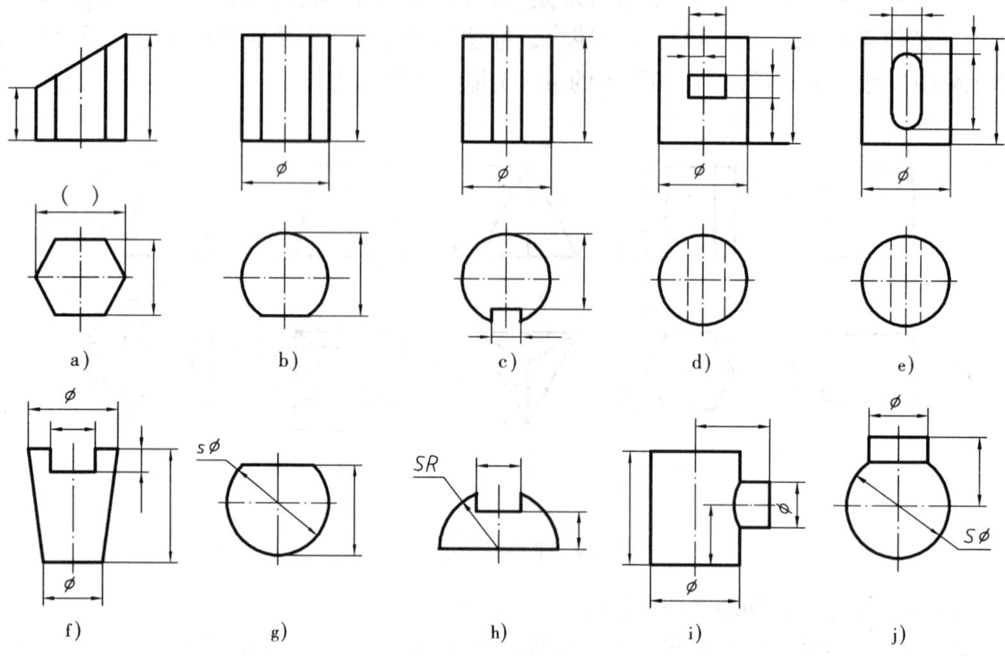

图 7-21　切割和相贯体的尺寸注法

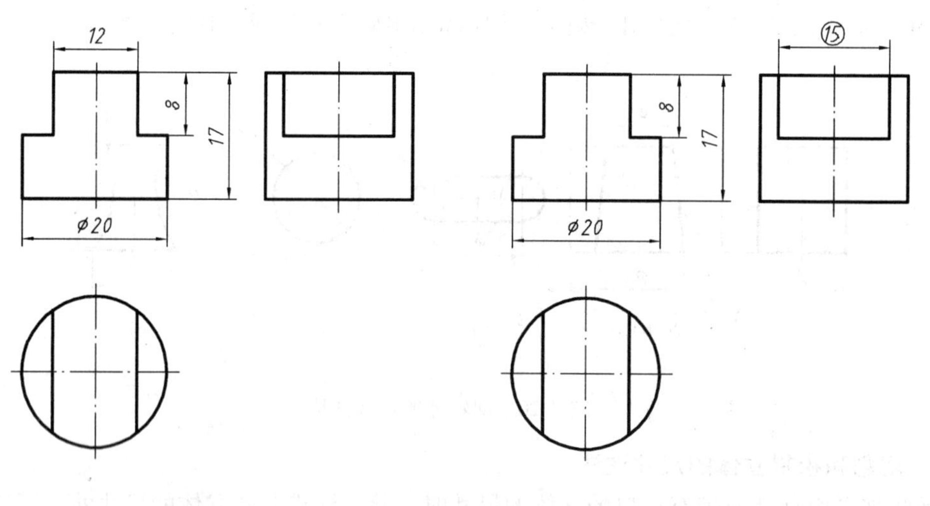

图 7-22　切割体尺寸注法的正误对比

7.4.3　组合体的尺寸注法

1. 组合体的尺寸种类及注法

组合体由基本立体组合而成。因此，在标注尺寸时也应采用形体分析法，标注出各基本立体的定形尺寸、定位尺寸及组合体的总体尺寸。

下面主要以图 7-24 中的轴承座为例进行分析说明。

1）定形尺寸，即确定组合体上基本立体大小的尺寸。轴承座由套筒、支板、肋板和底

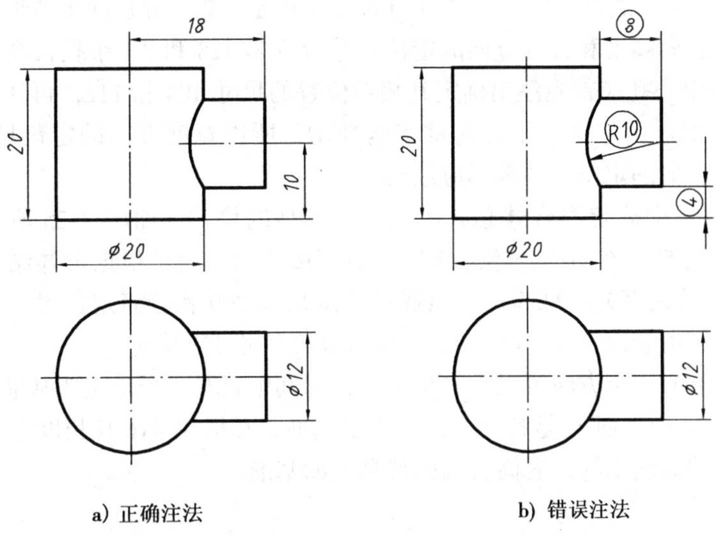

图 7-23　相贯立体尺寸注法的正误对比

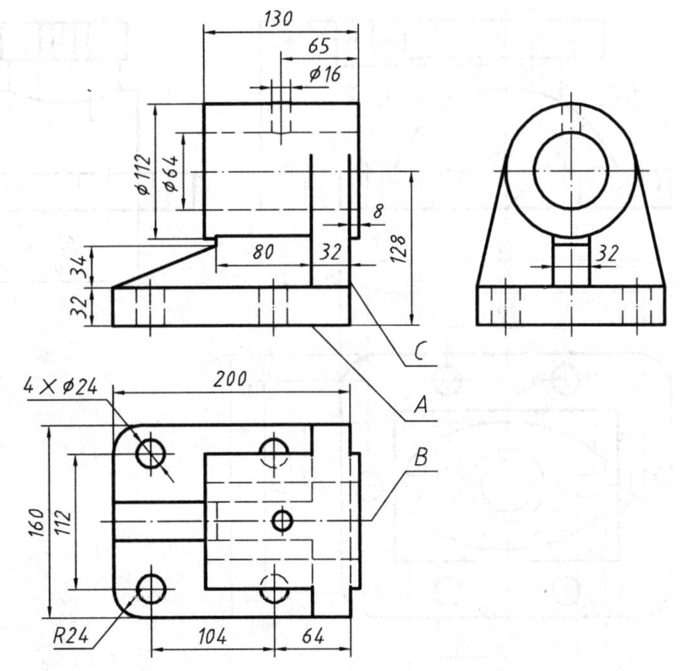

图 7-24　轴承座的尺寸注法

板四部分组成，应逐个注出各部分的定形尺寸。套筒的定形尺寸为 φ64、φ112、130 和 φ16。支板前后两表面与套筒相切，其定形尺寸只有 32。肋板的定形尺寸为 80、32 和 34。底板的定形尺寸为 200、160、32、*R*24 和 4×φ24。

2）定位尺寸，即确定组合体上基本立体位置的尺寸。标注各基本立体之间的定位尺寸时，首先要确定标注定位尺寸的基准。一个组合体应有长、宽、高三个方向的尺寸基准。常用的尺寸基准是平面和轴线。图 7-24 中，选择底板平面 *A*、前后对称平面 *B* 和底板右侧面

C 分别作为高度方向、宽度方向和长度方向的尺寸基准。然后分别注出各形体相对于这些基准的定位尺寸。套筒高度和长度方向的定位尺寸分别是 128 和 8。小孔长度方向的定位尺寸为 65，底板上四个小孔应首先注出确定其相对位置的尺寸 104 和 112，再注出这一组孔长度方向的定位尺寸 64。由于这一组孔对称于基准 B，所以宽度方向的定位尺寸不注。同样，各基本立体宽度方向的定位尺寸都不应注出。

3）总体尺寸，即确定组合体总长、总宽、总高的尺寸。如图 7-25 所示的阀盖，总长 90、总宽 70、总高 50。有的组合体总体尺寸不直接注出，而是根据形体结构间接得出。如图 7-24 中轴承座的长度方向总体尺寸由底板长度尺寸 200 和套筒定位尺寸 8 相加得出。高度方向总体尺寸则由套筒直径 ϕ112 和套筒轴线高度尺寸 128 确定。

需要说明，有时一个方向可以有多个基准，但其中只有一个是主要基准，其余基准为辅助基准，如图 7-24 中平面 C 是长度方向的主要基准，在标注 ϕ16 孔长度方向的定位尺寸 65 时，是从套筒右端面注出的，套筒右端面就是辅助基准。

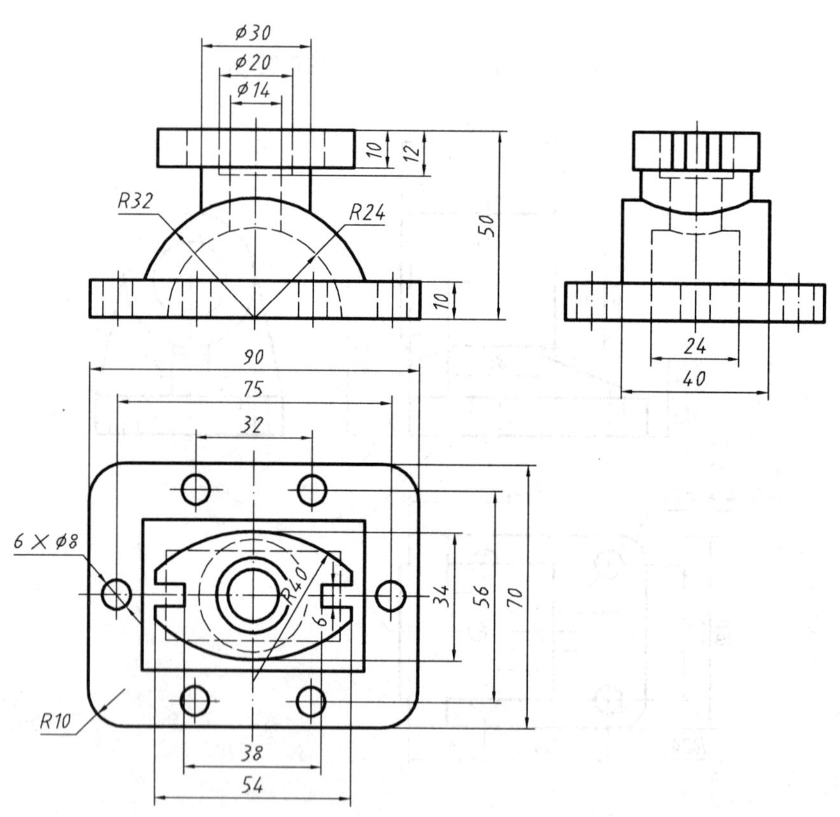

图 7-25　阀盖的尺寸注法

还应当注意，组合体一端结构为回转面时，则该方向的总体尺寸一般不直接注出。

2. 标注尺寸的注意事项

1）组合体各组成部分的尺寸应尽量集中标注在反映各部分形状特征的投影图上，如图 7-24 所示，肋板的尺寸尽量注在正面投影上，底板的尺寸尽量注在水平投影上。

2）表示同一形体的定形尺寸和定位尺寸应尽量注在同一投影上。如图 7-24 中套筒的定

形尺寸 ϕ112、ϕ64、130 及高度方向定位尺寸 128、长度方向定位尺寸 8 都注在正面投影中；底板上四个小孔的定形、定位尺寸则注在水平投影中。

3）回转体的直径尺寸最好注在其非圆投影上。如图 7-24 中套筒的直径尺寸 ϕ112、ϕ64。

4）对称结构尺寸应合起来标注，不应分开标注，更不能只注一半。图 7-26 所示的组合体前后、左右对称，图 7-26a 的尺寸注法是正确的，图 7-26b 底板尺寸只注一半，是错误的。

5）半径尺寸必须注在反映圆弧实形的投影上。如图 7-24 中底板的圆角半径 $R24$ 只能注在水平投影中，而不能注在正面投影或侧面投影中。若有几个相同的圆角，只在其中的一个圆角上标注尺寸，且不注数量。

6）机件上不同结构的尺寸要分别注出，不能互相代替。如图 7-26 中，底板厚度 6 与下方 ϕ10 孔的深度 6 虽然数值相同，却是两个不同结构的尺寸，应该分别注出。

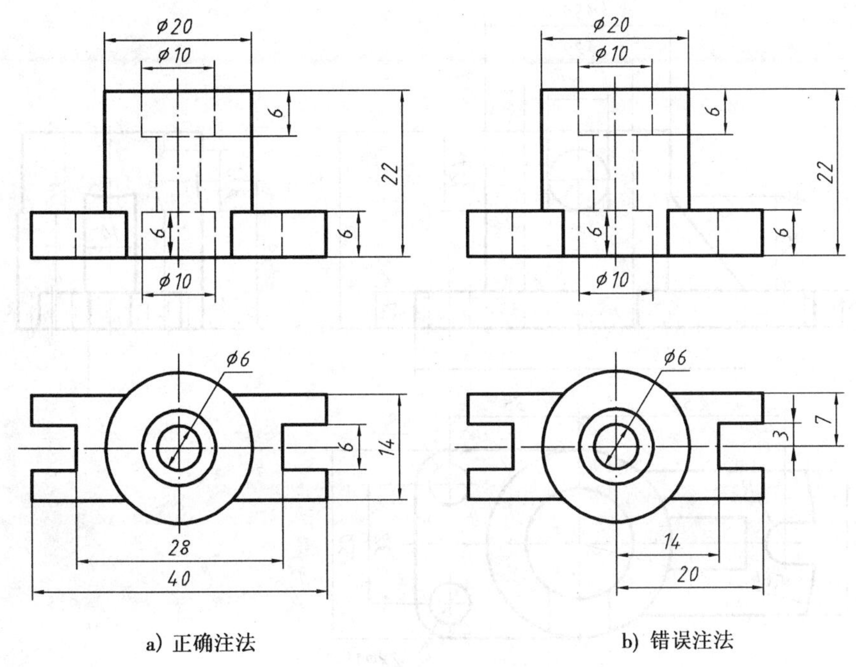

a）正确注法　　b）错误注法

图 7-26　对称尺寸的注法

7）尺寸应尽量注在投影外部，并布置在与它有关的两投影之间，若所引的尺寸界线过长或多次与图线交叉，可注在投影内靠近所标注部位的适当空白处。如图 7-24 中肋板的定形尺寸 80。

8）标注互相平行并列的尺寸时，应使小尺寸靠近投影，大尺寸远离投影，以避免尺寸线、尺寸界线相交，如图 7-25 所示。

9）应避免标注封闭尺寸，如图 7-27a 中的长度方向尺寸 L_1、L_2、L_3，应只注其中两个尺寸。若三个尺寸全注出则形成封闭尺寸。图 7-27b 中，尺寸 28 不应注出。

在标注尺寸过程中，难以兼顾以上各点，应该在保证正确、完整、清晰的前提下，根据具体情况统筹考虑，合理安排。

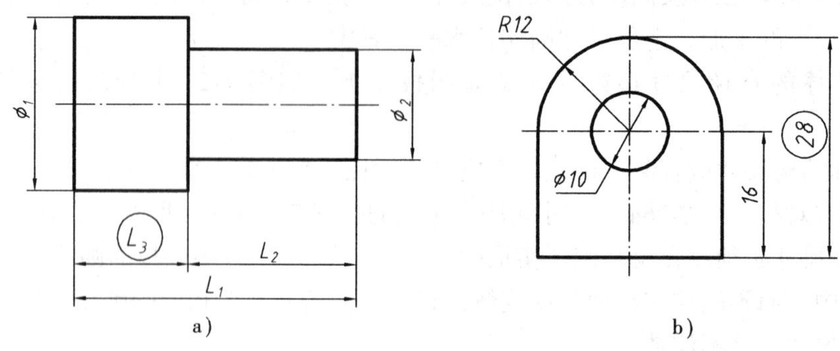

图 7-27 尺寸不能注成封闭形式

图 7-28 是支架的尺寸标注，供读者参考。

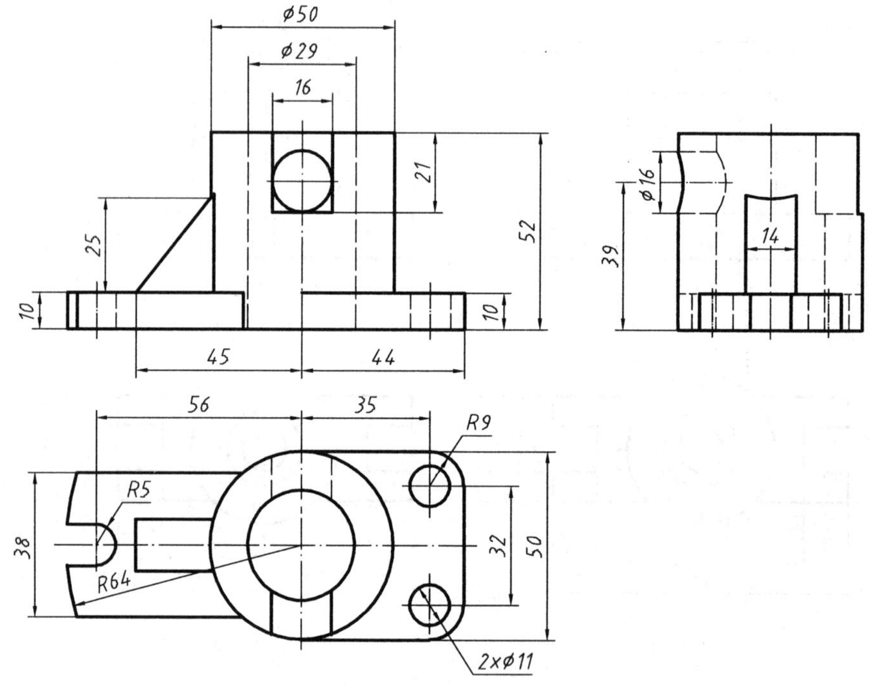

图 7-28 支架的尺寸注法

第 8 章　机件的表达方法

各行各业中使用的机器、设备、仪表、工具种类繁多，形状各异，大小悬殊。要用工程图样准确清楚地描述它们，三面投影图就显出很大的局限性。对于结构复杂的机件，仅用三个投影图难以将其表达清楚；而对于结构简单的机件，画三个投影图又显得重复。为了满足各种不同的要求，需要有更加灵活多样的表达方式。为此，国家标准规定了包括视图、剖视图、断面图等在内的图样表达方法，适用于正投影法绘制的工程图。

采用第一角画法（第一角投影）绘制工程图样，应遵守国家标准的有关规定，同时还要满足下述基本要求：应根据机件的结构特征，选用符合国家标准规定的适当表示方法；要首先考虑读图方便；在能够完整、清晰地表达机件的前提下，避免使用不必要的视图等表达方式，力求作图简便。

8.1　视图

视图是根据有关标准和规定，用正投影法绘制出的机件的图形，表达的是机件的外部结构和形状。在能够明确表达机件的前提下，一般只画出机件在投射方向上的可见部分，尽量避免用虚线表示机件不可见的轮廓及棱线，避免不必要的细节重复。

视图的种类一般包括基本视图、向视图、局部视图和斜视图。

8.1.1　基本视图

机件向基本投影面投射得到的视图，称为基本视图。

国家标准规定，正六面体的六个面为基本投影面。相应于前面介绍过的三投影面体系，可认为该六面体是在三个投影面的基础上，分别对应再增加三个投影面而构成的。将机件置于正六面体内，分别向基本投影面投射，即可得到六个基本视图（图 8-1）。其中，由前向后投射得到的是主视图，由上向下投射得到的是俯视图，由左向右投射得到的是左视图，由下向上投射得到的是仰视图，由右向左投射得到的是右视图，由后向前投射得到的是后视图。

为了把六个基本视图放置在同一个平面上，将正六面体按照“国标”规定的方法展开，即主视图所在的投影面不动，其他各投影面分别绕相应的投影轴转动，展平到主视图所在的平面上（图 8-2）。正六面体展开后，各基本视图的配置关系如图 8-3 所示。

基本视图按照图 8-3 所示形式配置在同一张图纸上时，不标注视图名称。各视图之间依然保持着“长对正，高平齐，宽相等”的基本投影规律，即主、俯、仰视图应该“长对正”，主、左、右、后视图应“高平齐”，俯、左、仰、右视图保持“宽相等”，后视图与主视图应该长度相等(图 8-4)。

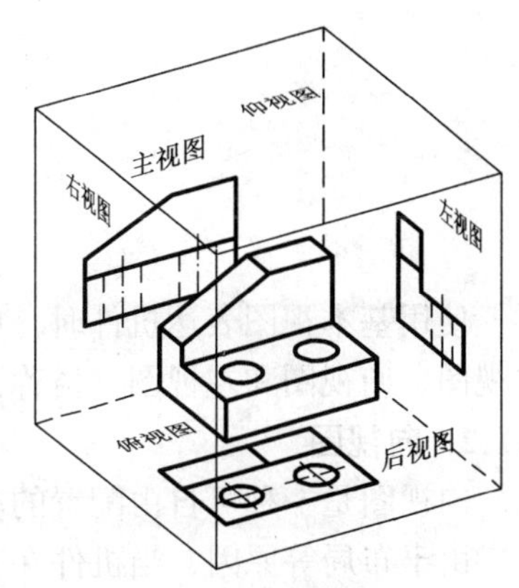

图 8-1　基本视图的形成

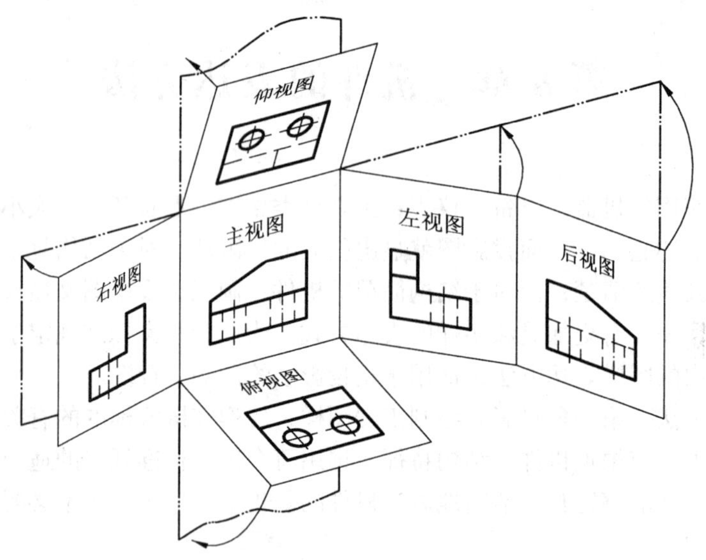

图 8-2　基本投影面展开

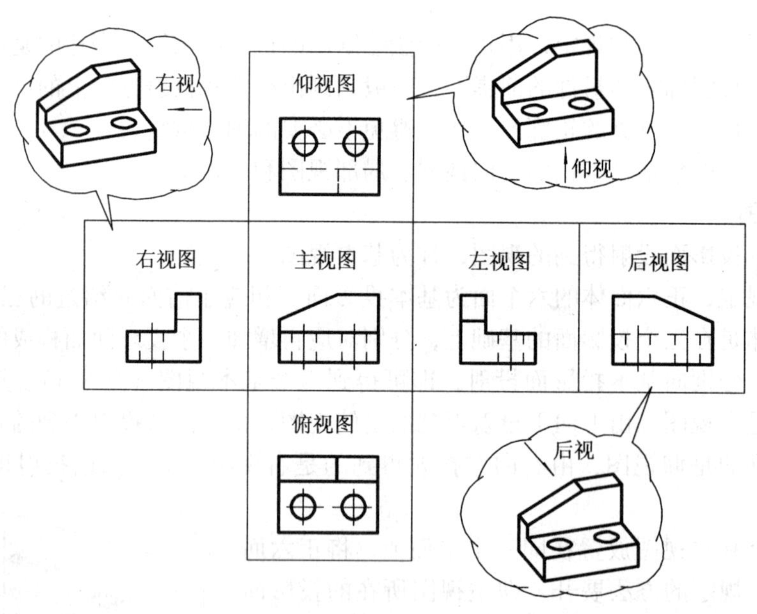

图 8-3　基本视图的配置

使用基本视图表达机件时，应根据机件外形的复杂程度决定所需的视图个数，一般多以主视图、俯视图和左视图（俗称三视图）为常用。

8.1.2　向视图

向视图是一种可自由配置的基本视图。

由于布局等原因，当机件在基本投影面上的投影不能按照基本视图的配置形式（图 8-3）配置时，可以根据需要配置在其他适当位置上，这种视图即为向视图（图 8-5）。

向视图必须有标注，即要有图名，要指明形成向视图时机件的投射方向。在机械、电气等工程图样中（不含建筑及土木工程等图样），向视图的图名用大写拉丁字母写在图形的上方，形式为“*X*”；同时，在相应视图附近用箭头指明投射方向，并在箭头旁标注与图名相同的字母；大写字母的书写方向应与正常读图方向一致（图 8-5）。通常，表示投射方向的箭头应尽量配置在主视图上。当后视图按向视图方式配置时，表示投射方向的箭头则以配置在左视图或右视图上为宜，以便保持视图的获得方式与基本视图一致（图 8-5）。

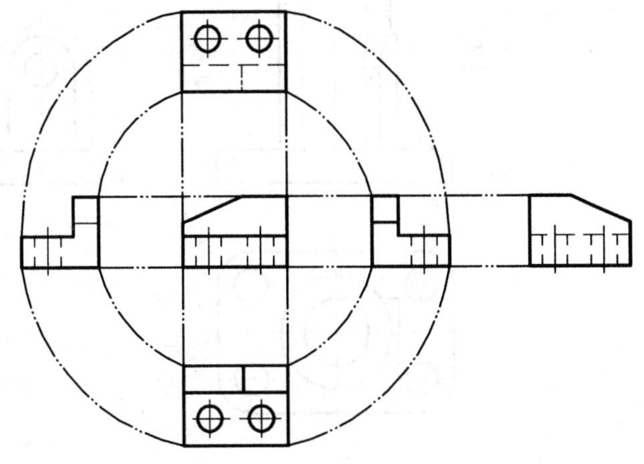

图 8-4　基本视图

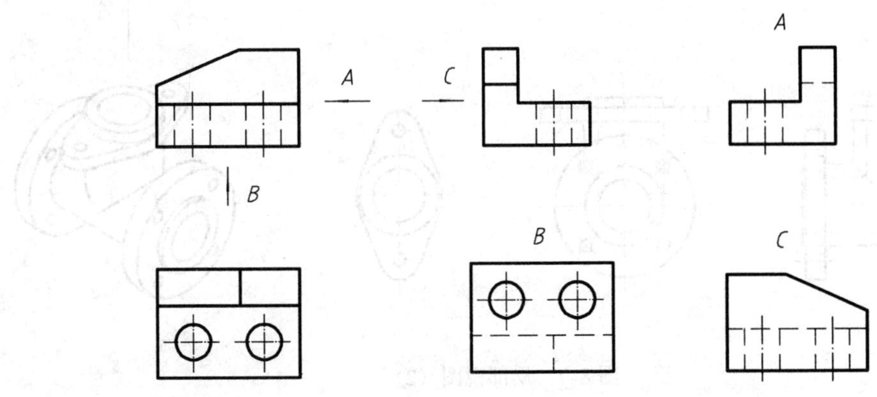

图 8-5　向视图

8.1.3　局部视图

将机件的某一部分向基本投影面投射，所得视图称为局部视图（图 8-6）。

局部视图是一种灵活的表达方式。当机件在某个投射方向上，只需表达清楚部分结构，而无需画出整体形状时，可采用局部视图。如图 8-6 中，主、俯视图均未能反映出机件左侧拱形结构的实际形状，而又没必要再画出机件其他部分的左视图；因此，采用局部视图来表达拱形结构的实形，既能将机件外形进一步表达清楚，又使得图样整体显得简洁清晰，避免了不必要的重复。

1. 画法

1）局部视图的范围一般用波浪线圈定（图 8-6）。波浪线代表机件实体的断裂边界，无实体的部位，如通孔、通槽及机件实体范围之外，均不应画出波浪线。

2）当局部视图所表达的局部结构相对完整，结构的外轮廓为封闭时，则不必画出其断裂边界线，即波浪线可省略不画（图 8-7）。

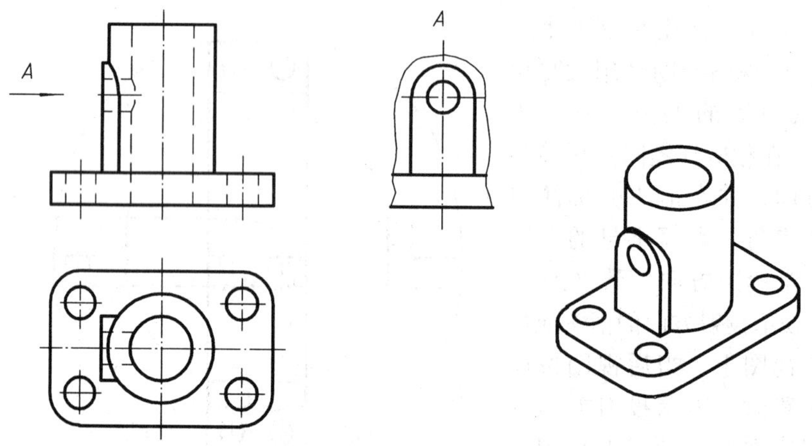

图 8-6　局部视图（1）

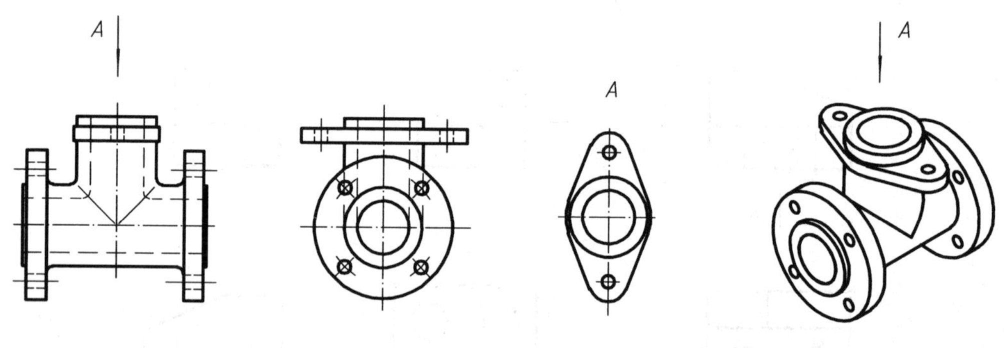

图 8-7　局部视图（2）

3）为了节省绘图时间和图幅，对称机件的视图可只画一半或四分之一，并在对称中心线的两端分别画出两条与其垂直的平行细实线作为标记，见图 8-8。

2. 配置与标注

（1）配置　局部视图的配置比较灵活，可选用几种方式：

1）按基本视图的配置形式配置，如图 8-6 中的左视图；

2）按向视图的配置形式配置，如图 8-7；

3）按第三角投影（参见 8.5 节）配置在视图上所需表示的机件局部结构的附近，并在原视图和局部视图上均画出相应的细点画线（图 8-9、图 8-58）。

（2）标注　局部视图按向视图的配置形式配置时，必须按照向视图的标注规则进行标注，如图 8-7。局部视图按基本视图的配置形式配置，中间又没有其他图形隔开时，则不必标注，如图 8-10 中的俯视图。局部视图按第三角画法配置在视图上所需表示机件局部结构的附近时，不必标注（图 8-9）。

8.1.4　斜视图

将机件向不平行于基本投影面的平面投射，所得视图称为斜视图（图 8-10）。

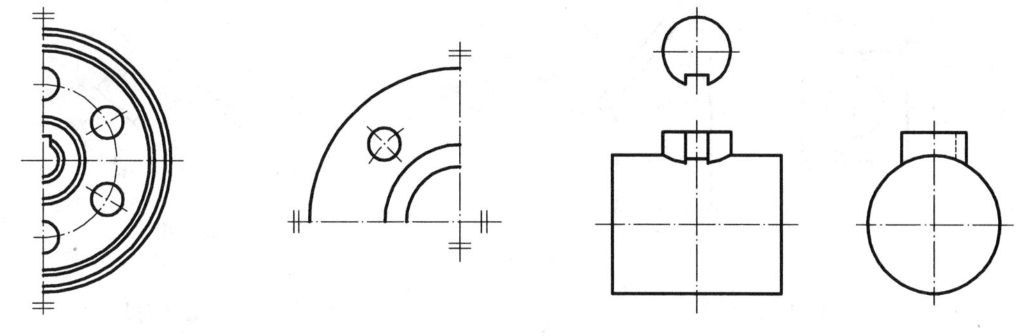

图 8-8　局部视图（3）　　　　图 8-9　局部视图（4）

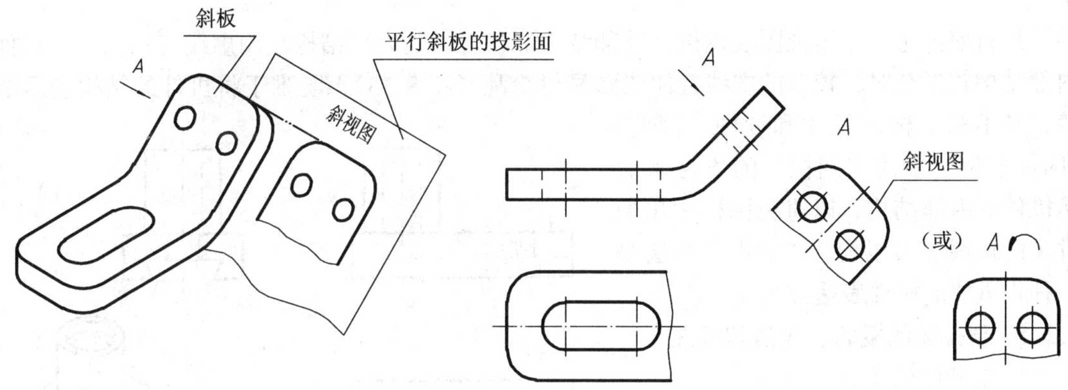

图 8-10　斜视图（1）

1. 画法（以图 8-10 为例）

如果机件上存在倾斜结构，无论机件如何摆放，都不能在基本投影面上反映其实际形状，则应采用辅助投影（变换投影面）的方法，建立一个与该倾斜结构表面平行的辅助投影面，将倾斜结构向辅助投影面投射，即可得到能反映该倾斜结构实形的斜视图。所设定的辅助投影面也要展平到主视图所在平面上。

由于斜视图的作用是表达机件上倾斜结构的实形，因此机件上其余部分的投影一般在斜视图中不必画出，即斜视图通常采用局部视图的形式。

2. 配置与标注

斜视图一般按投影关系配置在投射方向上，也可以按向视图的配置形式放在其他适当位置上。在不致引起误解的情况下可以将斜视图旋转配置，使图形的主要轮廓线或中心线处于水平或铅垂位置（图 8-10）。旋转方向取顺、逆时针均可，旋转角度一般不大于 90°。

斜视图通常按向视图的标注规则进行标注。对于旋转配置的斜视图，应加注表示图形旋转方向的旋转符号，同时将图名注在旋转符号的箭头旁；也允许将旋转角度标注在图名字母之后（图 8-11）。无论斜视图是否旋转配置，表示图名的大写字母总是水平书写。

斜视图的旋转符号应按图 8-12 所示的规定画法画出。其中，h 为字体高度，$R = h$，符号笔画宽度为 $h/10$ 或 $h/14$。

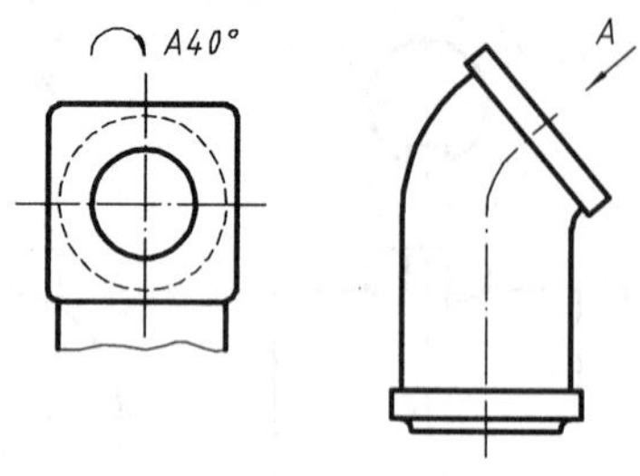

图 8-11　斜视图（2）

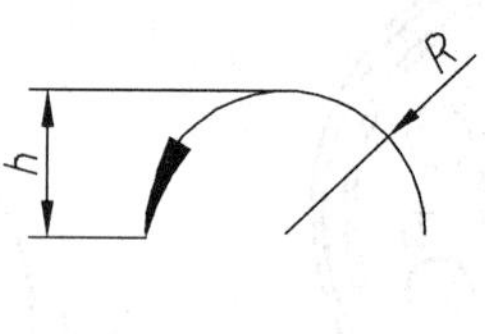

图 8-12　旋转符号

8.2　剖视图

到目前为止，在用视图表达机件外部结构形状时，其内部结构是用虚线表示的。当机件内部结构较复杂时，较多的虚线会使图面显得纷乱（图 8-13），既难于将机件的结构表示清楚，又不利于标注尺寸和读图。因此，“国标”规定采用“剖视”的方法来表达机件的内部结构，以避免图样中出现过多的虚线。可以说，“剖视”画法是一种很重要的机件表达方式。

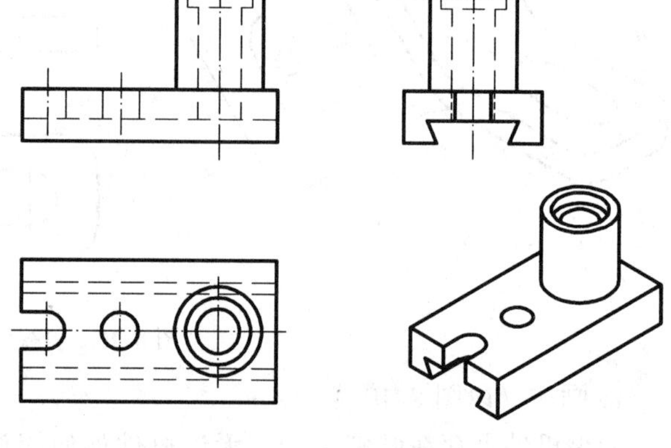

图 8-13　视图中的虚线

8.2.1　剖视图的概念、画法和标注

1. 剖视图的概念

(1) 剖视图　假想用剖切面剖开机件，将剖切面与观察者之间的部分移去，把剩下的部分向投影面投射，所得到的图形称为剖视图，简称剖视（图 8-14）。

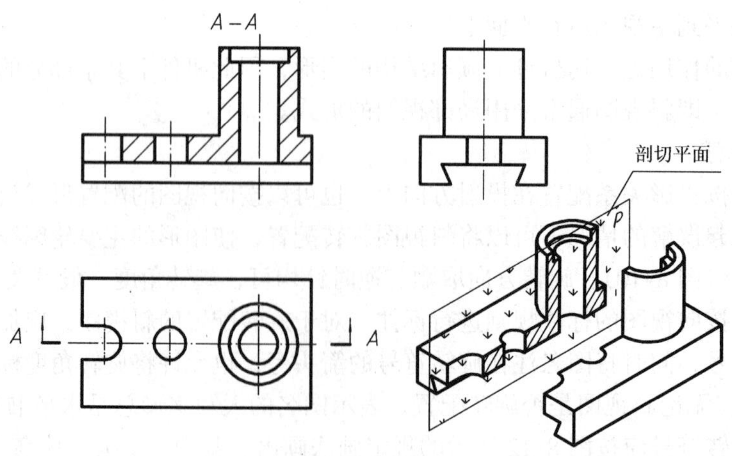

图 8-14　剖视图

(2) 剖切面　剖切被表达机件的假想平面或曲面称为剖切面。剖切面通常为假想平面，且应通过机件的对称面或被剖切结构的轴线。剖切平面一般平行于基本投影面，必要时也可与基本投影面不平行，但应垂直于某一基本投影面。剖切平面通常有单一平面、相交平面或平行平面等几种。

(3) 剖面区域　假想用剖切面剖开机件时，剖切面与机件的接触部分叫剖面区域。剖面区域是假想剖切时被切到的机件实体部分，一般以通用剖面线或特定剖面符号来表示，以便与机件上其他未被剖切到的部分区别开来。

(4) 通用剖面线　通用剖面线是以适当角度绘制的细实线，当不需要在剖面区域中表示材料的类别时采用。通用剖面线最好与机件的主要轮廓或剖面区域的对称线成45°。

(5) 特定剖面符号　特定剖面符号是由相应标准确定的几何图案，必要时也可在图样上用图例的方式说明，当需要在剖面区域中表示材料的类别时采用。剖面符号仅表示材料的类别，材料的名称及代号须另行注明。图8-15是特定剖面符号的分类示例。

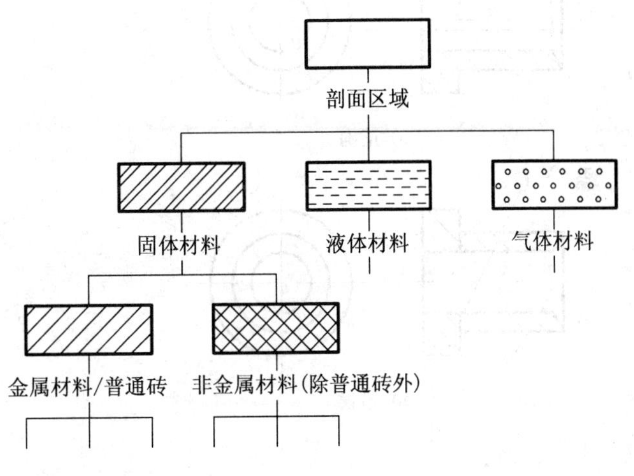

图8-15　特定剖面符号分类示例

2. 剖视图的画法

1) 由于剖切是假想进行的，它只是表达机件内部结构在某个投射方向上的情形，并不影响机件的其他投影。因此，机件在其他方向上的投影仍应按各自采用的表达方式画出，如图8-14中，主视图采用了剖视图，俯视图和左视图采用的视图仍应完整画出。

2) 已由剖视图表达清楚的机件内部结构，一般不必在其他视图中再用虚线表示。如图8-14中，主视图采用剖视画法表达清楚的内部结构，在俯视图和左视图中就不必用虚线再表示。

3) 已被假想移去部分的投影，在剖视图中不应再画出。如图8-16b剖面区域中的粗实线 l，就是不应再画出的多余线段。

4) 不要漏画剖切后剩余部分的投影，包括已假想可见结构的投影。例如，图8-16b漏画了 A 点所在的圆柱面与圆锥面交线的投影；图8-17b漏画了点 A 和点 B 所在平面（孔的端面）的积聚性投影。图8-16a和图8-17a为正确画法。

5) 同一机件各个剖面区域中的剖面线画法应一致，即应画成间隔相等、方向相同的平行线。当图形中主要轮廓线与水平成45°时，该图形的剖面线应画成与水平成30°或60°的平行线。

6) 在满足5）的要求，且保证最小间隔不小于0.7mm的前提下，剖面线间隔应按剖面区域的大小选择。

3. 剖视图的配置和标注

1) 剖视图的配置与基本视图的配置遵循同样的规定。此外，剖视图可按投射关系配置

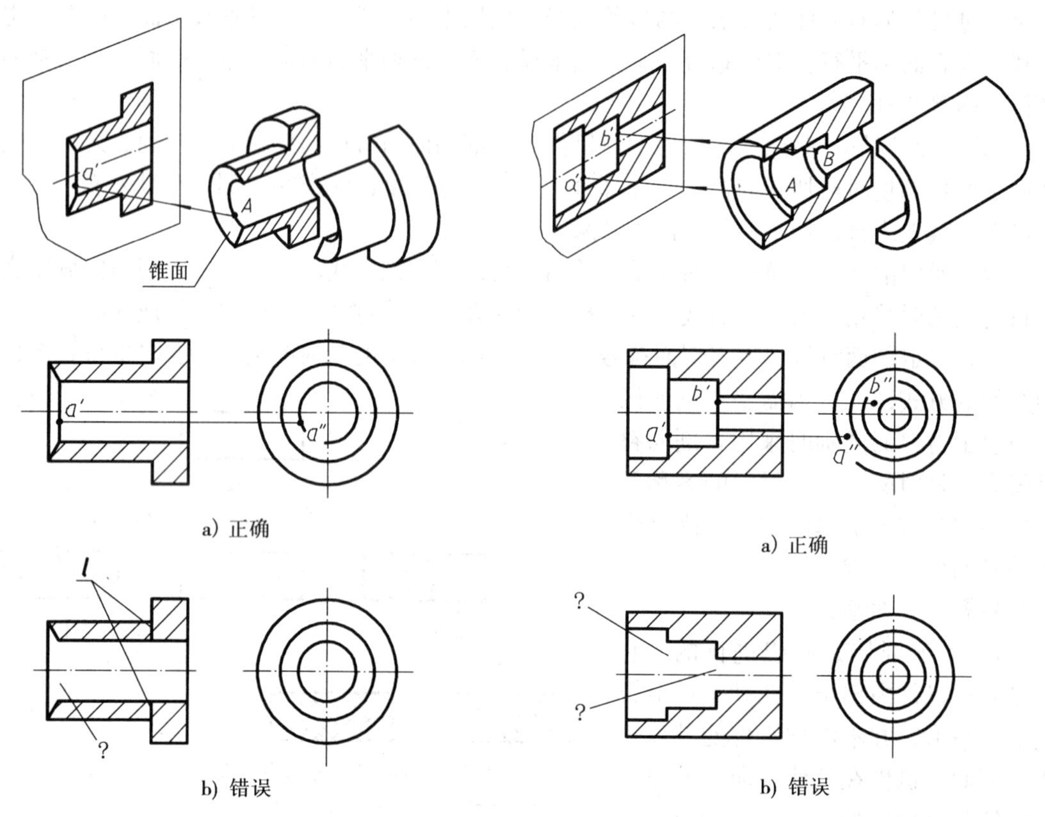

图 8-16 剖视图画法（1）

图 8-17 剖视图画法（2）

在投射方向上；必要时也允许配置在其他适当位置。例如，图 8-18 中，剖视图 *B—B* 配置在左视图位置上，剖视图 *A—A* 配置在其投射方向上。

2）剖视图一般应标注。剖视图标注的基本规则为：

在剖视图的上方，用大写拉丁字母标出剖视图的名称“×—×”；同时在相应的视图上，用剖切符号和剖切线表示剖切位置和投射方向，并标注与剖视图名称相同的大写字母。其中，剖切符号是指示剖切面起、迄和转折位置（用粗短画表示）及投射方向（用带细实线的箭头或粗短画表示）的符号（参见图 8-18）；剖切线是指示剖切面位置的点画线。剖切符号应在适当位置画出，尽可能不与图形的轮廓线相交；剖切线一般省略不画。

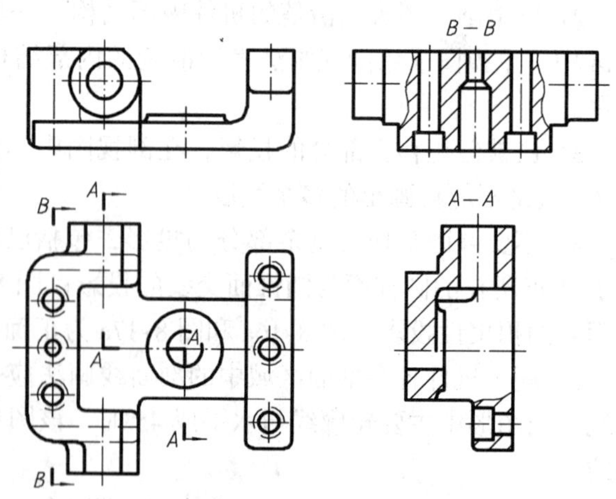

图 8-18 剖视图的配置与标注

3）当剖视图的配置及剖切方法符合下述条件时，允许简化标注：

① 当剖视图按投影关系配置，中间又没有其他图形隔开时，可省略箭头（图 8-19）。

② 当单一剖切平面通过机件的对称平面或基本对称平面，且满足条件 1）时，不必标注。例如，图 8-14 中的剖视图即可不标注。

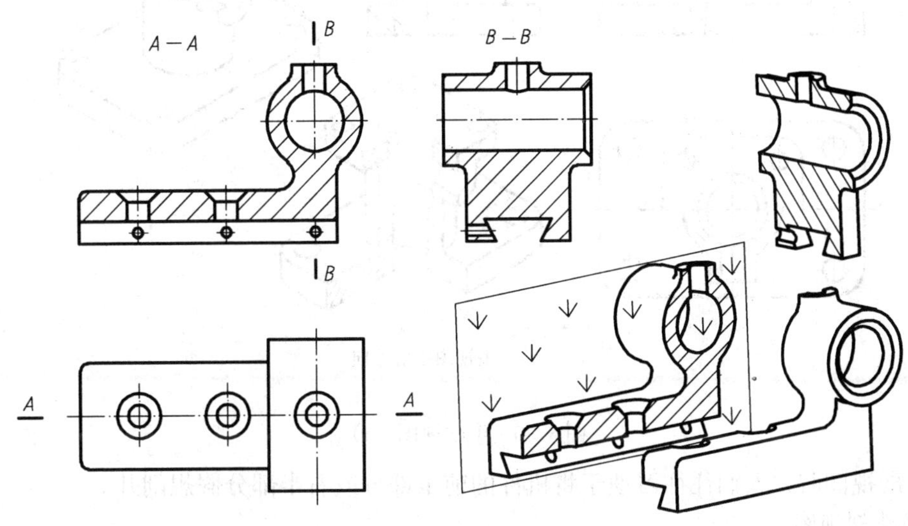

图 8-19　全剖视图

8.2.2　剖视图分类

根据国家标准规定，剖视图分为全剖视图、半剖视图和局部剖视图。

1. 全剖视图

用剖切面将机件完全剖开所得到的剖视图称为全剖视图，如图 8-19 中的 *A*—*A* 和 *B*—*B*。全剖视图主要表达机件的内部结构，常用于外形较简单，内部结构较复杂且不对称的机件。有些外形简单且具有对称平面的机件，如由回转体构成的机件，为了布局简洁、尺寸标注方便、以及图形清晰等方面的原因，也采用了全剖视图，如图 8-16，图 8-17。

2. 半剖视图

将具有对称平面的机件向垂直于该对称平面的投影面投射，所得的图形可以对称中心线（对称平面的积聚投影）为界，一半画成剖视图，另一半画成视图。这种图形即为半剖视图（图 8-20）。

半剖视图能够在一个图形中同时表达机件的内部结构和外形，适用于内、外结构均需表达的对称机件。如果机件的结构基本对称，且不对称部分已另有图形表达清楚时，也可以画成半剖视图，如图 8-21。需要指出的是：

1）这里所说的“对称”，是指在得到半剖视图的投射方向上，机件的内外结构应该对称或基本对称。

2）半剖视图是假想将机件上处于剖切面与观察者之间的部分只移走一半而得到的，其标注仍然要遵循剖视图标注的基本规则。

3）在半剖视图中，已经剖开的内部结构不再用虚线在视图部分画出。剖视与视图两部分之间必须用代表对称中心线的点画线分界，不能使用实线或其他图线。

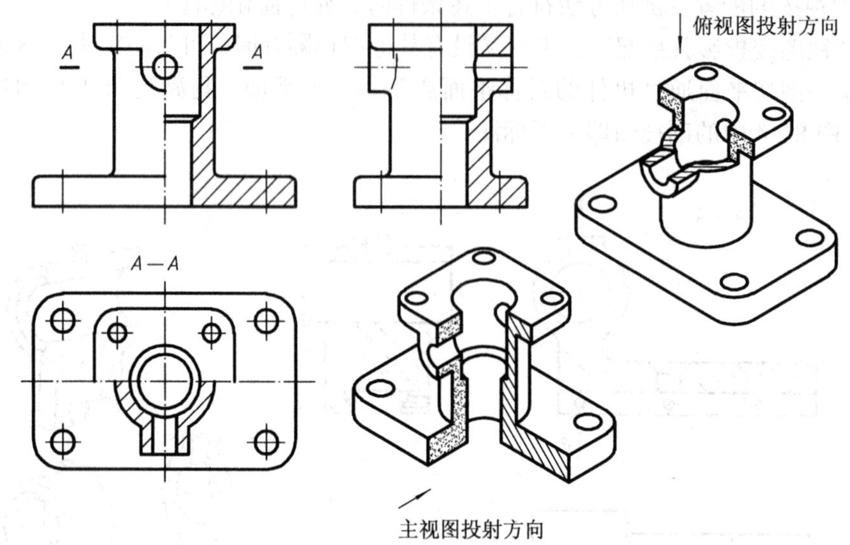

图 8-20 半剖视图（1）

画半剖视图时，人们往往习惯于将机件的前半部分或右半部分假想剖开。

3. 局部剖视图

用剖切面局部地剖开机件所得的剖视图，称为局部剖视图（图 8-22）。

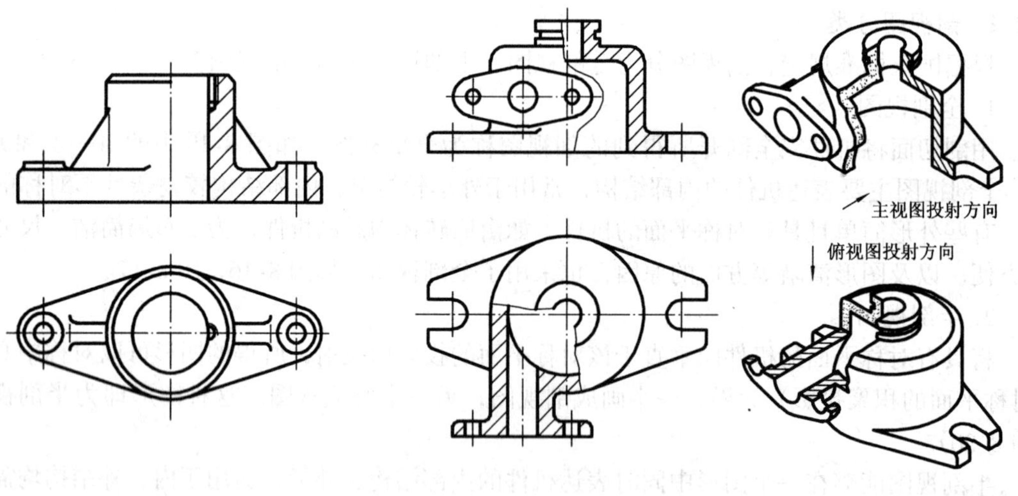

图 8-21 半剖视图（2）

图 8-22 局部剖视图（1）

1）局部剖视图可用于内外结构均需表达的机件，既不受机件结构是否对称的限制，又可根据实际需要确定要剖切的范围，可以只剖开机件上一个小的局部，也可以将机件的大部分剖开而只留一小部分外形。因此，局部剖视图是一种灵活地表达机件内部结构的方法，运用得当能使图样既表达清晰，又简洁合理。例如在图 8-20 中，机件上下底板上小孔的结构尚未表达；如果在主视图中采用两个局部剖视图分别予以表达，如图 8-23 所示，则可在没有增加图形个数的前提下，将机件的内外结构全都表示清楚了。这是局部剖视图运用得当的典型例子。但是应该注意，若在同一张图样中过多地使用局部剖视图，会使图面显得凌乱，影响表达的完整性，反而增加读图困难。

2）在视图中画局部剖视图时，其与视图的分界线依然用代表机件断裂边界的波浪线表示（参见局部视图的有关概念）。需要强调的是，不能以轮廓线或棱线代替波浪线，即波浪线不能与图形轮廓线等其他图线重合，也不能画在通孔、通槽或图形轮廓线以外等无机件实体投影的地方，如图 8-24 所示。

3）在局部剖视图的应用中，

① 如果被剖切结构为回转体时，允许将该结构的轴线作为局部剖视与视图的分界线（图 8-25）。

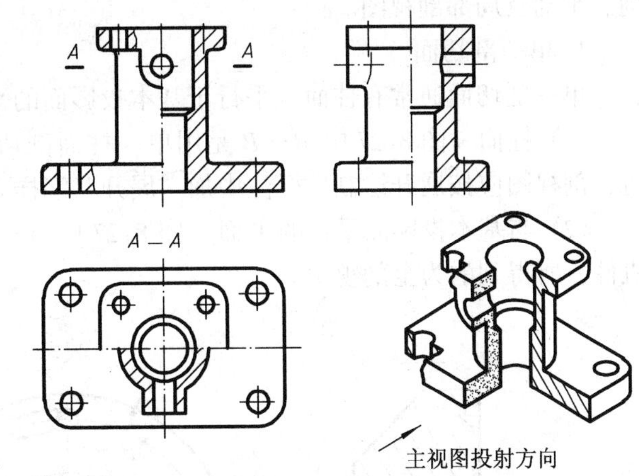

图 8-23　局部剖视图（2）

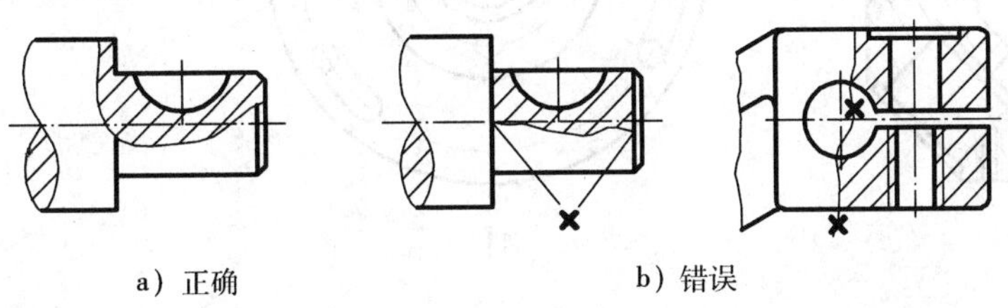

a）正确　　b）错误

图 8-24　局部剖视图（3）

② 如果在对称机件的对称平面内恰好含有轮廓线时，则不宜采取半剖视的表达方式，而应使用局部剖视，如图 8-26 所示。

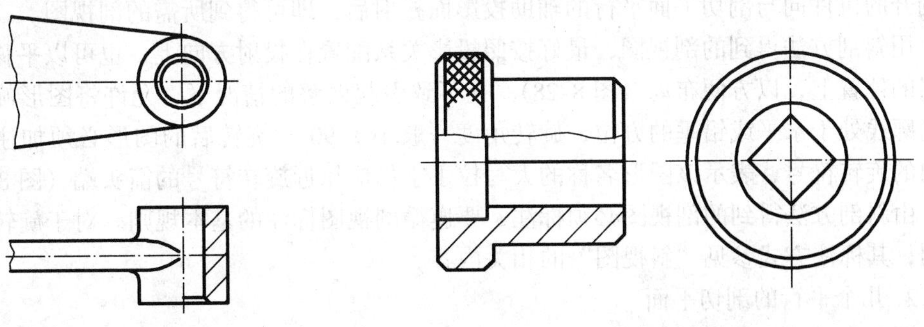

图 8-25　局部剖视图（4）　　图 8-26　局部剖视图（5）

4）局部剖视图的标注遵照剖视图标注的基本规则。在采用单一剖切平面且剖切位置明确的情况下，局部剖视图不必标注，如图 8-22 中，单一剖切平面显然是通过机件主要结构的轴线，因此不必标注。

8.2.3　剖切面的种类及剖切方式

由于各类机件内部结构的复杂程度不同，国家标准规定了用不同剖切面剖切机件的方法。应该注意，剖切面的不同意味着剖切方式的不同，而不管用哪种剖切方式，均可得到全剖、半剖及局部剖视图。

1. 单一剖切面

单一剖切面通常有柱面、平行于基本投影面的平面以及不平行于基本投影面的平面。

（1）柱面　图 8-27 中 *B*—*B* 是用单一柱面剖切机件得到的局部视图。用柱面剖切机件时，剖视图应按展开绘制，标注中加“展开”字样。

（2）与基本投影面平行的平面　图 8-27 中 *A*—*A* 即为用与基本投影面平行的平面剖切机件，所得到的为全剖视图。

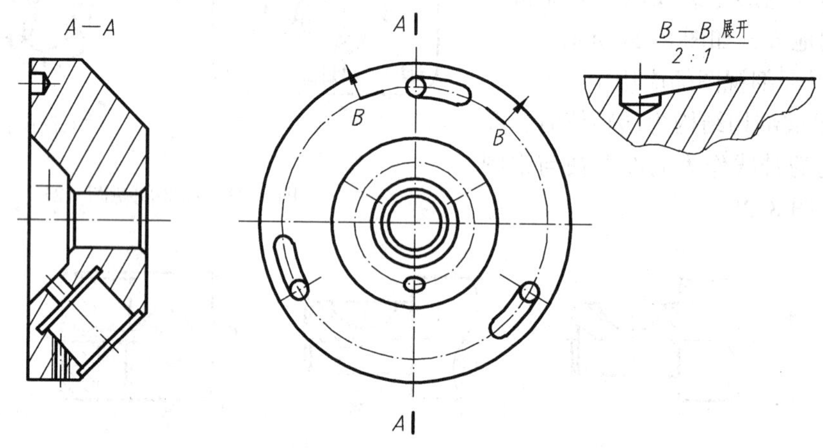

图 8-27　单一剖切面

（3）与基本投影面不平行的平面　图 8-28 中 *A*—*A* 是用一个与任一基本投影面都不平行的平面剖切机件所得到的全剖视图。这种剖切方法称为斜剖，其目的是要表达被剖切结构的实际形状；因此所用的剖切平面应与该倾斜结构平行，且一般垂直于某个基本投影面。将被剖开的机件向与剖切平面平行的辅助投影面投射后，即可得到所需的剖视图。

用斜剖方法得到的剖视图，最好按照投影关系配置在投射方向上；也可以平移放在其他适当的位置上，以方便布局（图 8-28）。在不致引起误解的情况下，允许将图形旋转，使主要轮廓线处于水平或铅垂的方位，旋转角度一般小于 90°。旋转后的图形必须加注表示旋转方向的旋转符号，表示该图形名称的大写拉丁字母应靠近旋转符号的箭头端（图 8-29）。

由斜剖方法得到的剖视图必须标注，要遵循剖视图标注的基本规则。对于旋转放置的剖视图，其标注方式参见“斜视图”的相关内容。

2. 几个平行的剖切平面

用几个平行的剖切平面剖开机件的方法，一般用于表达机件在同一个投射方向上的几个互不重叠的内部结构，这些结构不能被一个剖切平面同时剖到。如在图 8-30 中，机件上部的小孔和下部的大孔均可在同一个投射方向上表达其内部结构，但又不能被一个平面同时剖到，则可假想用两个平行的平面将它们分别剖开，移去剖切平面与观察者之间的部分后，将剩下部分一起向与剖切平面平行的投影面投射，于是得到可同时表达各孔内部结构的全剖视图。沿着投射方向看，这两个剖切平面既不重叠也不分离，是“相接”的。

采用这种方法得到的剖视图必须标注，标注方式要遵循剖视图标注的基本规则。对于平

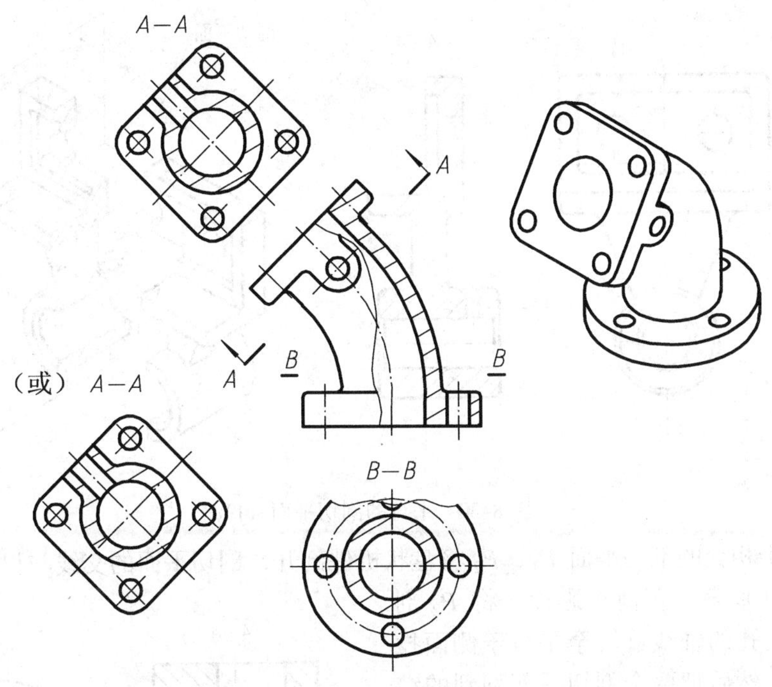

图 8-28 单一斜剖切平面（1）

行剖切平面的“相接”处，要用成直角且对齐的粗短画注明，并应避免与机件轮廓线重合。如果这些“相接”处在图上的空间较小，且又不致引起误解时，允许省略字母（图 8-31）。

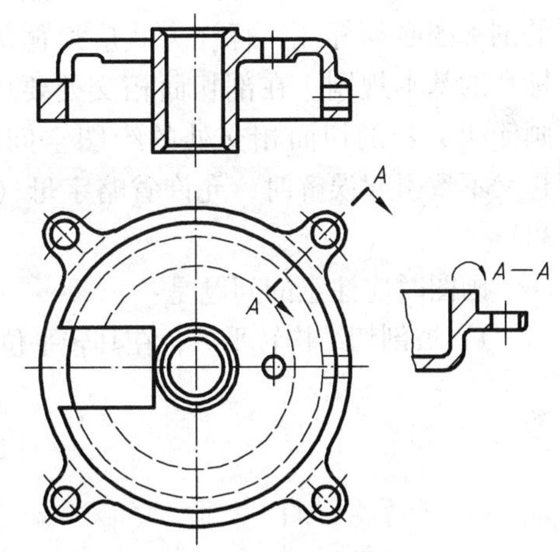

图 8-29 单一斜剖切平面（2）

画图时还应该注意：

1）由于剖切是假想的，因此在剖视图中的各剖切平面相接处不能画出投影轮廓线。

2）剖切平面不能相互重叠，以免造成投影的重叠。

3）在图形内不应出现不完整的要素，仅当两个要素在图形上具有公共对称中心线或轴线时，才可以对称中心线或轴线为界各画一半，如图 8-31 所示。

3. 几个相交的剖切面

用相交剖切面剖切机件的方法，一般适用于具有明显回转轴的盘状机件；这类机件上的孔、槽等结构的轴线或中心线通常不在同一平面上，而是绕回转轴成放射状分布。采用这种方法，是要把几个相交的剖切平面剖到的结构，旋转到一个平面上来获得剖视图。用两个相交的剖切平面（交线垂直于某基本投影面）剖切机件是较为常用的方法（图 8-32）。

使用这种方法的基本思路是，先假想按剖切位置剖开机件，然后将被剖切面剖开的结构及其有关部分绕剖切面的交线旋转，转到与选定的投影面平行的位置上再进行投射。如在图

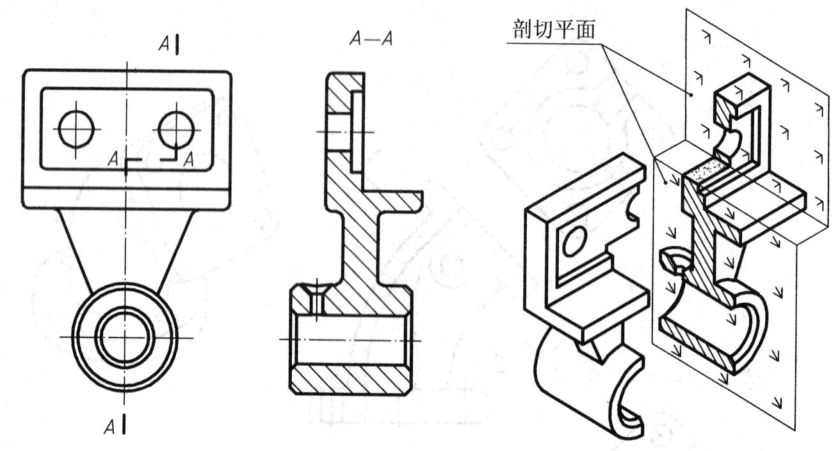

图 8-30 平行的剖切平面（1）

8-32 中，两个相交的剖切平面 P_1、P_2 将盘状机件剖开，剖切平面的交线与机件中部大孔的轴线重合，且垂直于正面投影面。将 P_2 剖切的结构绕大孔的轴线旋转至平行于侧面投影面的位置，然后把两个剖切平面剖到的结构同时向侧面投影面投射，即得到 A—A 剖视图。

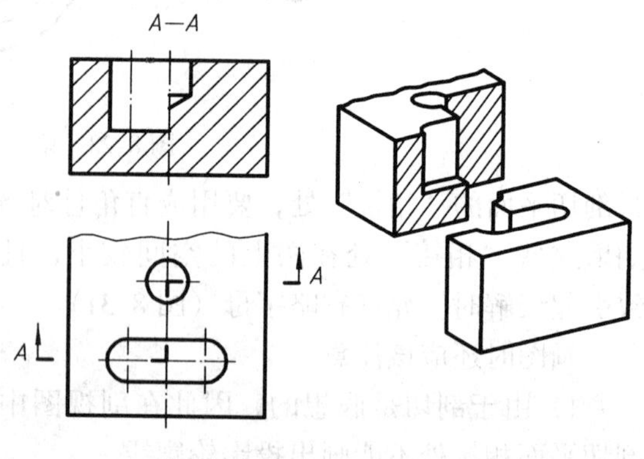

图 8-31 平行的剖切平面（2）

采用相交剖切面剖切机件的方法，得到的剖视图必须标注，标注方式应遵循剖视图标注的基本规则。在剖切面相交处要用粗短画标明。若剖切面相交处的绘图空间较小，且又不致引起误解时，允许省略字母（图 8-33）。

画图时应注意的问题是：

1）被剖切结构转平后，在其转平位置上的原有结构不再画出，如图 8-32 中机件下部中间

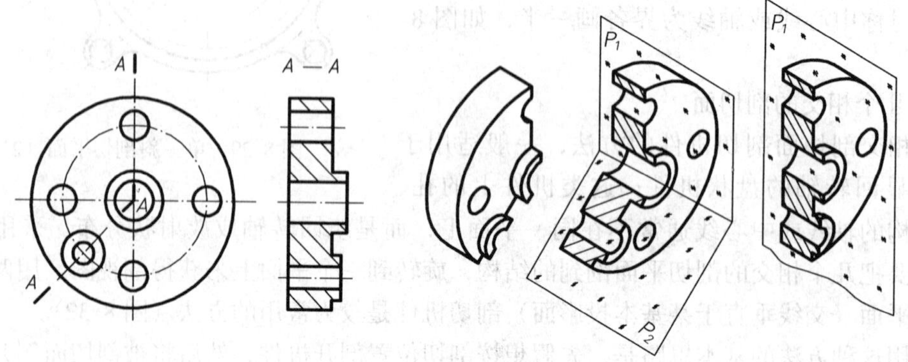

图 8-32 相交的剖切面（1）

的孔；而位于剖切平面后的其他结构，一般仍按原来位置投射，如图 8-33 中机件中部轴孔壁上的径向小孔。

2）当剖切后产生不完整要素时，应将此部分按不剖绘制，如图 8-34 机件中部的横臂，由于剖切后产生不完整要素，因此按不剖绘制。

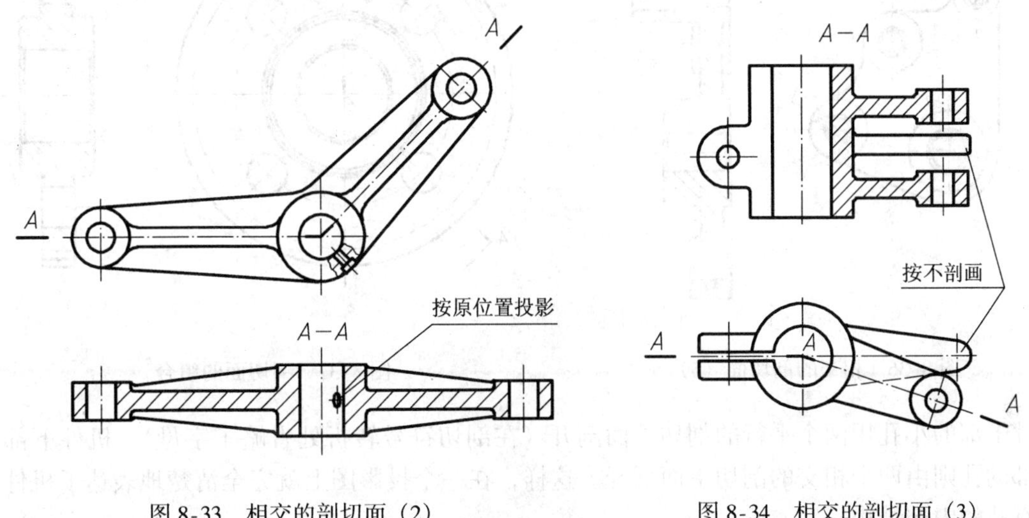

图 8-33　相交的剖切面（2）　　图 8-34　相交的剖切面（3）

3）剖切平面的交线一般应与机件上的回转轴线重合，这里所说的回转轴线包括机件整体的回转轴线和局部结构（例如孔）的回转轴线。

使用这种方法时，相交的剖切面可以是平面，也可以是柱面，如图 8-35 所示。

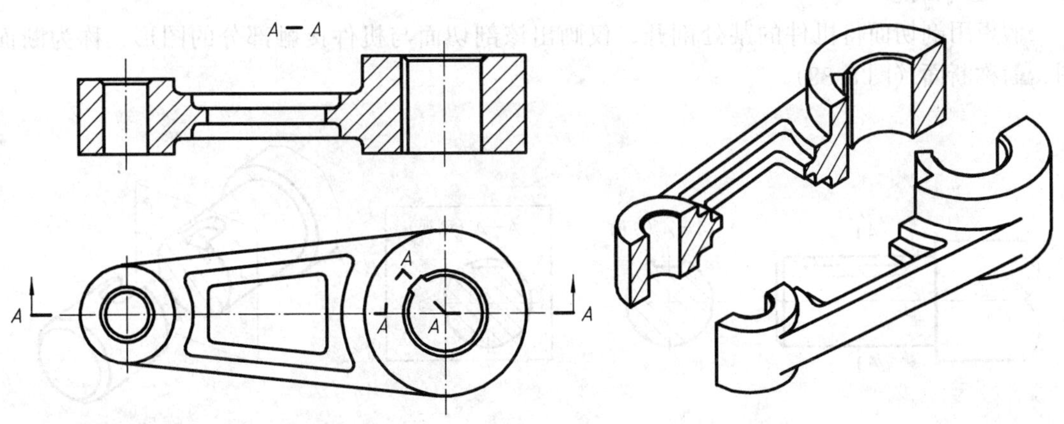

图 8-35　相交的剖切面（4）

用几组相交的剖切平面剖切得到的剖视图，可采用展开画法，且同时应在剖视图上方标注“×—×展开”字样。例如在图 8-36 中，连续使用了几组相交的剖切平面，并以展开画法画出机件的全剖视图 *A—A*。

4. 剖切面的组合

如果单独使用平行的剖切平面或相交的剖切平面，仍不能清楚地表达机件的内部结构，则可将几种剖切方法结合使用，即采用组合的剖切面来剖开机件。在图 8-37 所示的例子中，

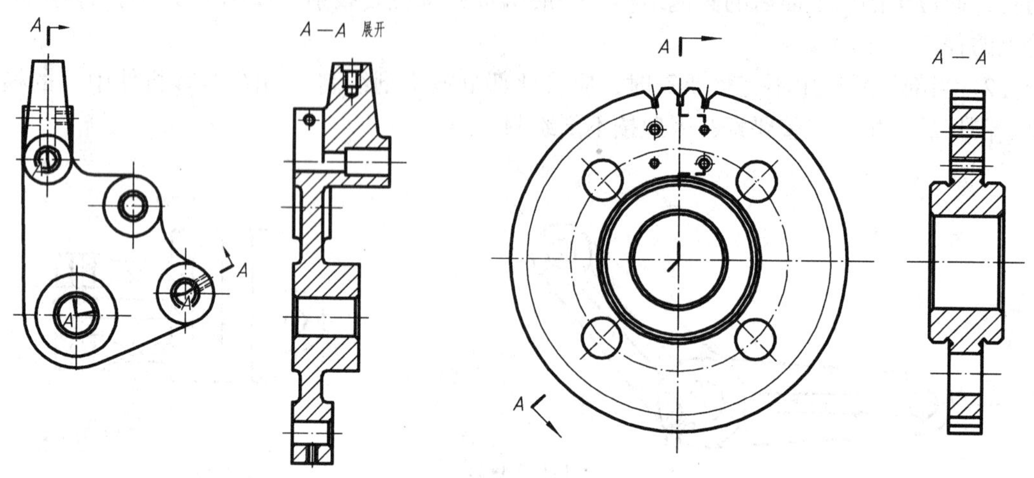

图 8-36　相交的剖切面（5）

图 8-37　剖切面的组合

机件上部的小孔用两个平行的剖切平面剖开（在剖切符号转折处省略了字母），机件下部和中部的孔则由两个相交的剖切平面剖开。这样，在一个投影图上就完全清楚地表达了机件上所有孔的内部结构。

8.3　断面图

8.3.1　基本概念

假想用剖切面将机件的某处剖开，仅画出该剖切面与机件接触部分的图形，称为断面图，简称断面（图 8-38）。

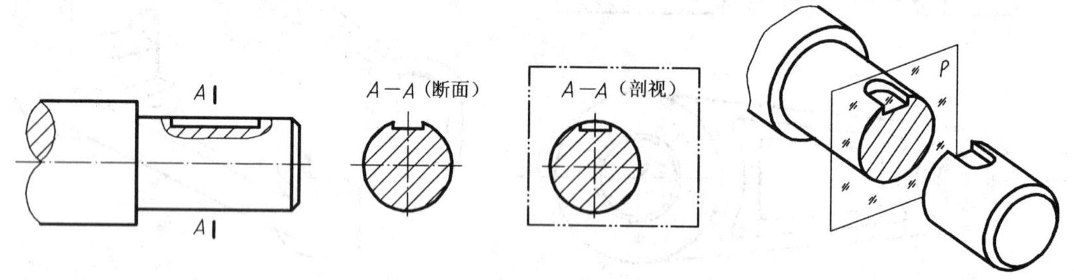

图 8-38　断面图

断面图也是描述机件内部结构的表达方式之一，但其表达的仅是机件结构在某一个截面上的形状，并不描述该截面以外的其他部分。断面图常用来表达肋板、轮幅以及轴、杆类机件上的孔和槽等结构。

采用断面图时，剖切平面一般应与被剖切结构的轴线或对称中心线垂直，或处于机件轮廓线的法线方向上，以便能够表达该截面的实际形状。

断面图分为移出断面图与重合断面图两种。

8.3.2 移出断面图

将剖开机件后所得的截面形状画在视图之外的断面图是移出断面图（图 8-39）。

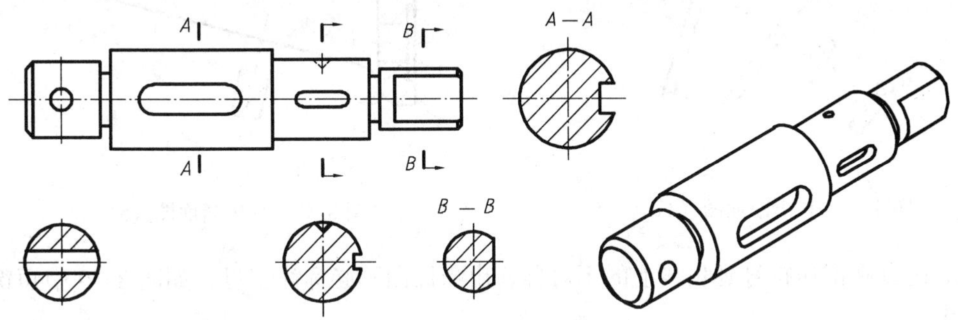

图 8-39 移出断面图（1）

1. 画法

移出断面图的轮廓线用粗实线绘制。

1）当剖切平面通过由回转面形成的孔或凹坑的轴线时，这些结构按剖视图要求绘制（图 8-40）。

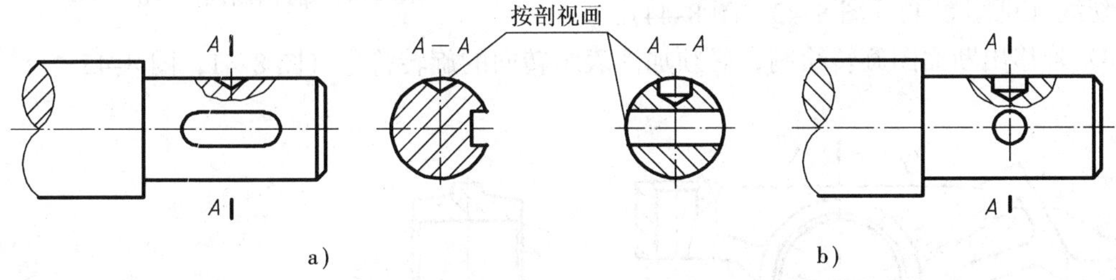

图 8-40 移出断面图（2）

2）当剖切平面通过非圆孔，会导致出现完全分离的断面时，则这些结构应按剖视图要求绘制（图 8-41）。

3）由两个或多个相交的剖切平面剖切得出的移出断面图，中间一般应断开（图 8-42）。

4）在不致引起误解时，允许将图形旋转，即将倾斜的断面图转至放正的位置，如图 8-41、图 8-45。

2. 配置

移出断面图通常配置在剖切符号或剖切线的延长线上，如图 8-42、图 8-43 以及图 8-39 所示；必要时可配置在其他适当的位置。当移出断面的图形对称时，也可画在视图的中断处（图 8-44）。

3. 标注

移出断面图标注的基本规则与剖视图标注的基本规则相同，此外还有一些具体规定：

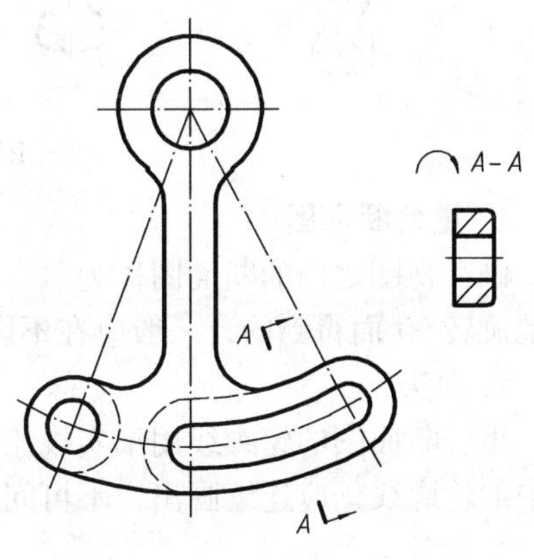

图 8-41 移出断面图（3）

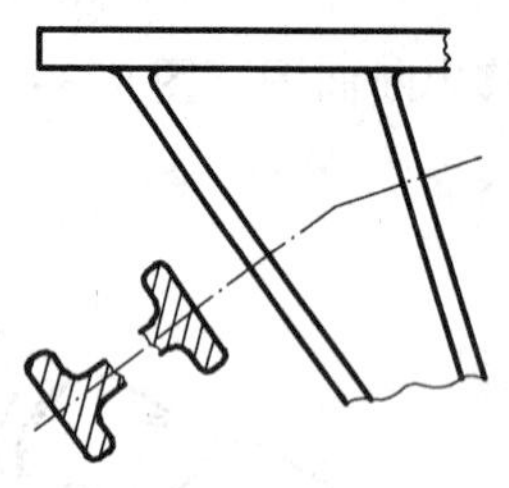

图 8-42　移出断面图（4）

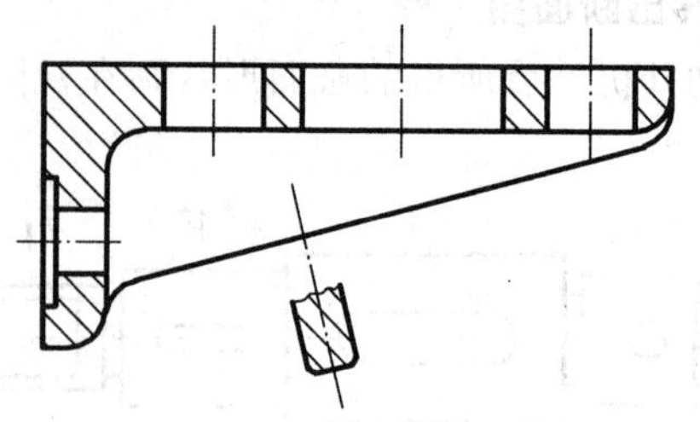

图 8-43　移出断面图（5）

1）配置在剖切符号延长线上的不对称移出断面图不必标注字母，如图 8-39 中短键槽的断面图。

2）不配置在剖切符号延长线上的对称移出断面图，以及按投影关系配置的移出断面图，一般不必标注箭头（见图 8-40 及图 8-39 中的 A—A）。

3）配置在剖切线延长线上或视图中断处的对称移出断面图不必标注，但一般应画出剖切线（见图 8-42，图 8-43，图 8-44）。

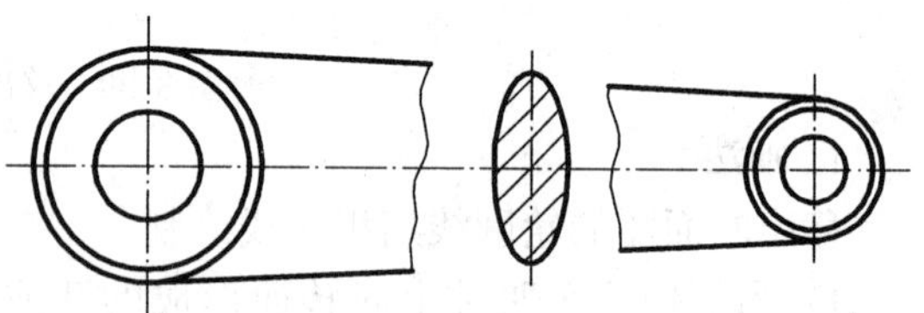

图 8-44　移出断面图（6）

4）若移出断面图旋转绘制，必须加注表示转向的旋转符号（图 8-41，图 8-45）。

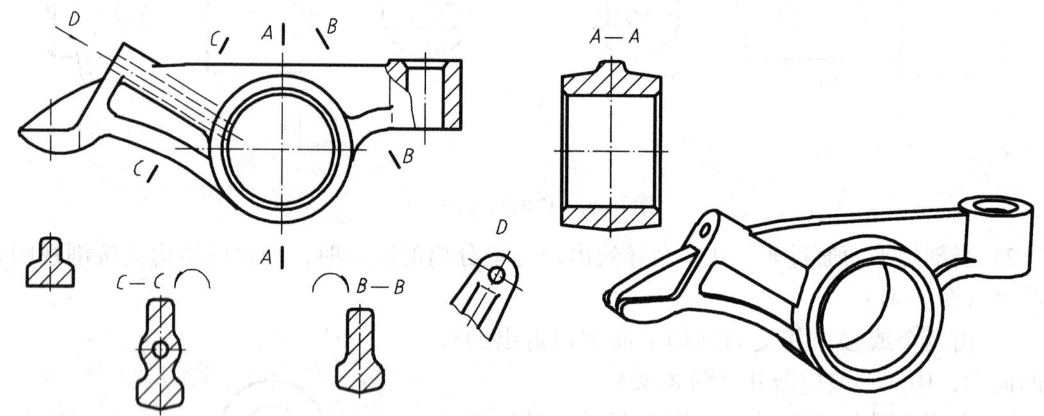

图 8-45　移出断面图（7）

8.3.3　重合断面图

画在视图之内的断面图称为重合断面图（图 8-46）。这种断面图可认为是将被剖切截面就地旋转 90°而得到的，一般应在不影响图形清晰的情况下使用。

1. 画法

重合断面图的轮廓线用细实线绘制。当视图中的轮廓线与重合断面图的图形重叠时，视图中的轮廓线仍应连续画出，不可间断（图 8-46b、c）。

2. 标注

不对称的重合断面图可省略标注，对称的重合断面图不必标注（图 8-46）。

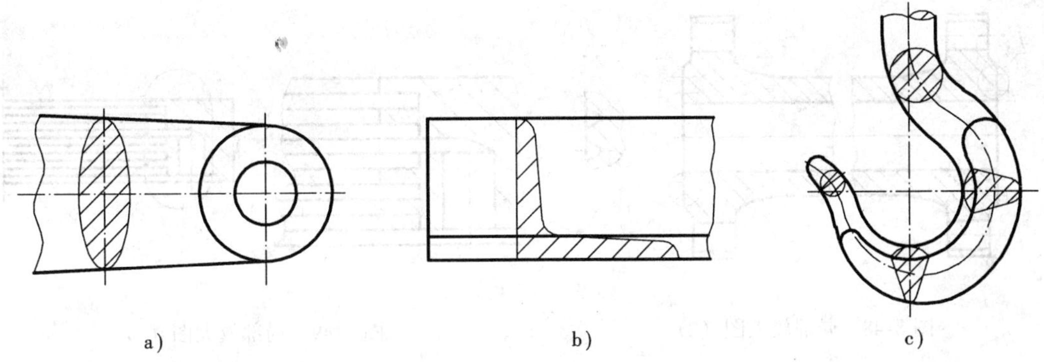

图 8-46　重合断面图

8.4　局部放大图和简化画法

除上述图样画法外，国家标准还规定了包括局部放大图、简化画法在内的其他表达方法。

8.4.1　局部放大图

将机件上的部分结构，用大于原图形所采用的比例画出，所得图形称为局部放大图，如图 8-47 中Ⅰ、Ⅱ两个图形。

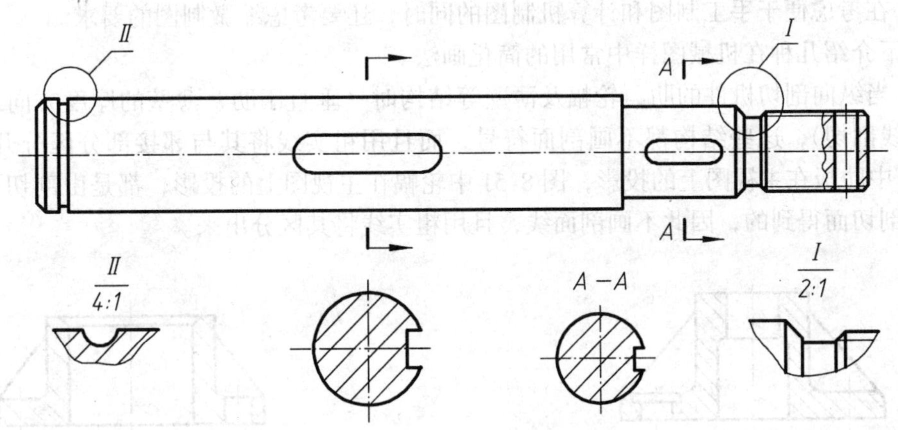

图 8-47　局部放大图（1）

1. 画法

1）画局部放大图的目的是要将细小结构表达清楚，它所采取的表达方式与被放大部位的原表达形式无关，可以画成视图，也可以画成剖视图或断面图。如在图 8-47 中，局部放大图Ⅱ是剖视图，而被放大部位的原表达方式为视图。

2）绘制局部放大图时，除螺纹牙型、齿轮和链轮的齿形外，应在原图上用细实线圈出被放大的部位，如图 8-47、图 8-48 和图 8-49 所示。

3）同一机件上不同部位的局部放大图，当图形相同或对称时，只需画出一个（图 8-48）。

4）在局部放大图表达完整的前提下，允许在原视图中简化被放大部位的图形（图 8-48）。

2. 配置与标注

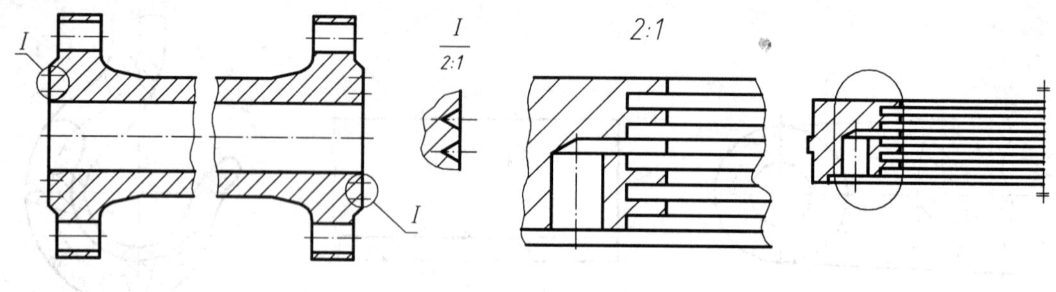

图 8-48　局部放大图（2）　　图 8-49　局部放大图（3）

1）局部放大图应尽量配置在被放大部位的附近。

2）当机件上仅有一处被放大时，在局部放大图的上方只需注明所采用的比例（图 8-49）。

3）当同一机件上有几处被放大时，应该用罗马数字依次标明被放大的部位，并在局部放大图的上方标注出相应的罗马数字和所采用的比例，标注形式如图 8-47 所示。

8.4.2　简化画法

简化画法是由国家标准规定的，包括省略画法、规定画法和示意画法等在内的图示方法。简化的原则是：

1）必须保证不致引起误解，不会产生理解的多意性。在此前提下，应力求制图简便。

2）便于读图和画图，注重简化的综合效果。

3）在考虑便于手工制图和计算机制图的同时，还要考虑缩微制图的要求。

以下介绍几种在机械图样中常用的简化画法。

1）当纵向剖切机件的肋、轮幅及薄壁等结构时（垂直于肋、薄壁的厚度方向或通过轮幅的轴线剖切），这些结构都不画剖面符号，而且用粗实线将其与邻接部分区分开。例如，图 8-50 中肋板在主视图上的投影，图 8-51 中轮幅在主视图上的投影，都是由剖切平面沿结构纵向剖切而得到的，因此不画剖面线，且用粗实线将其区分出来。

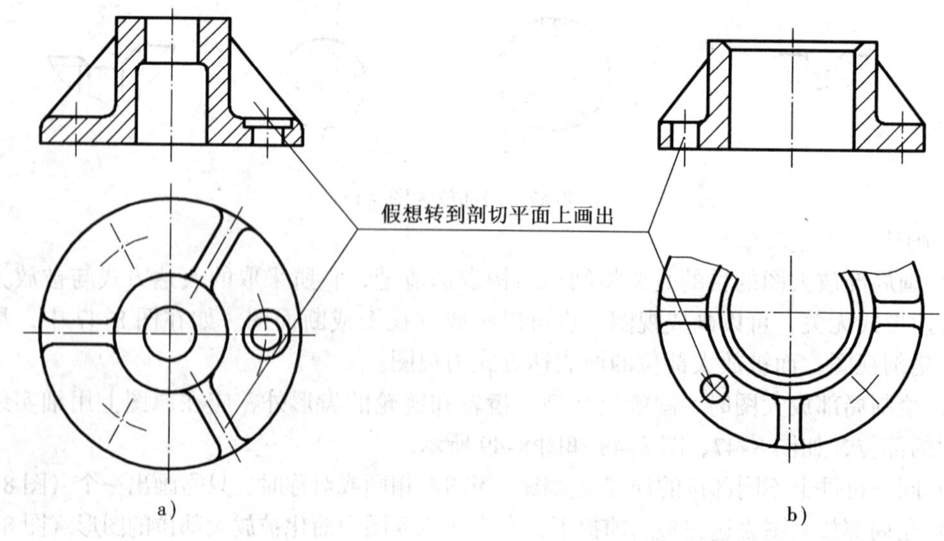

图 8-50　简化画法（1）

2）带有规则分布结构要素（如孔、肋、轮幅等）的回转零件，若这些结构要素不处在剖切平面上时，可以将其假想旋转到剖切平面上绘制。例如在图 8-50 中，图 a 右前部的肋，图 b 左前部的孔，图 8-51 中前上部的轮幅都是被假想转到剖切平面上，然后再投影画出的。

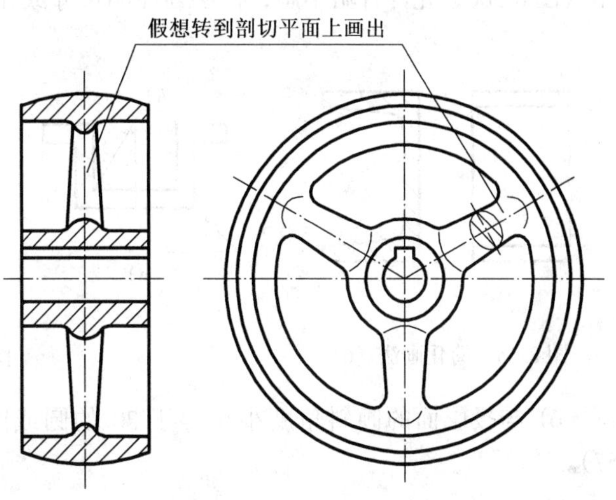

图 8-51　简化画法（2）

3）零件中成规律分布的重复结构，允许只绘制出其中一个或几个完整的结构，并反映其分布情况。对称的重复结构，用细点画线表示各对称结构要素的位置（图 8-52）；不对称的重复结构，则用相连的细实线代替（图 8-53）。标注时，可仅在一个结构上注出尺寸，同时必须注明重复结构的总数。

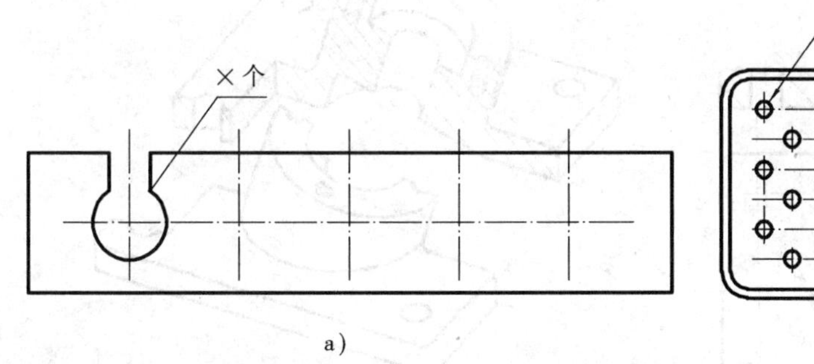

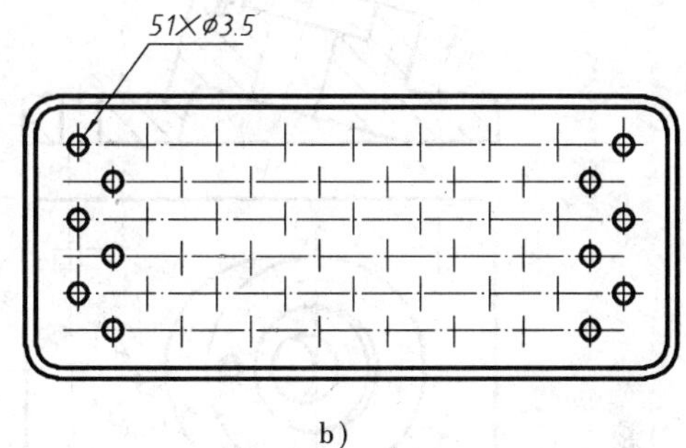

图 8-52　简化画法（3）

4）当机件上较小的结构已在一个图形中表达清楚时，其他图形应当简化或省略，如图 8-54 中的轴端结构。对于斜度和锥度较小的结构，如在一个图形中已表达清楚时，则其他图形可按该结构的小端画出（图 8-55）。

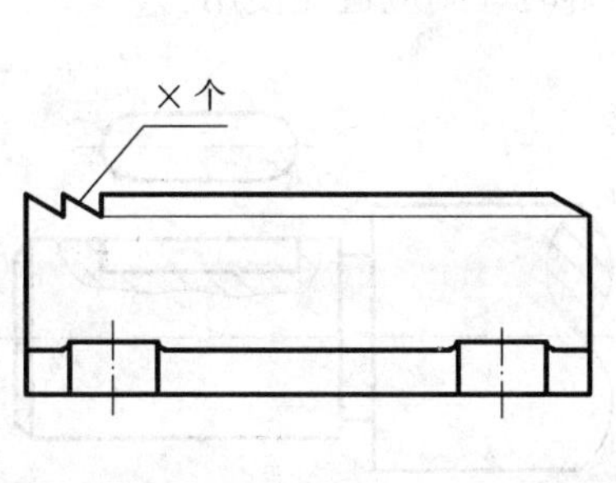

图 8-53　简化画法（4）

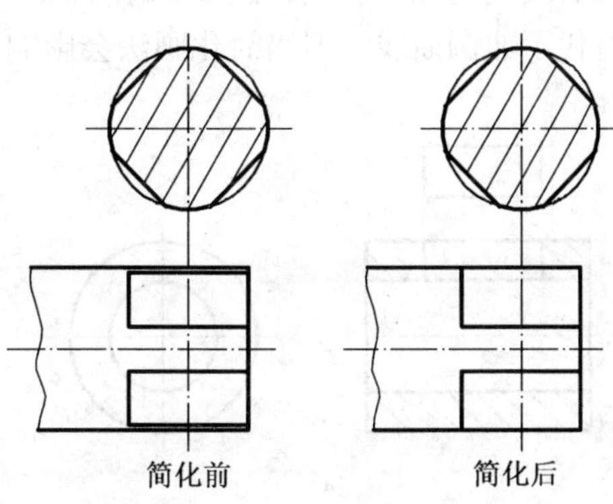

图 8-54　简化画法（5）

5）在不致引起误解时，零件图中的小圆角（图 8-56a）、小倒圆（图 8-56b）或 45°小倒角（图 8-56c）允许省略不画，但必须注明尺寸或在技术要求中加以说明。

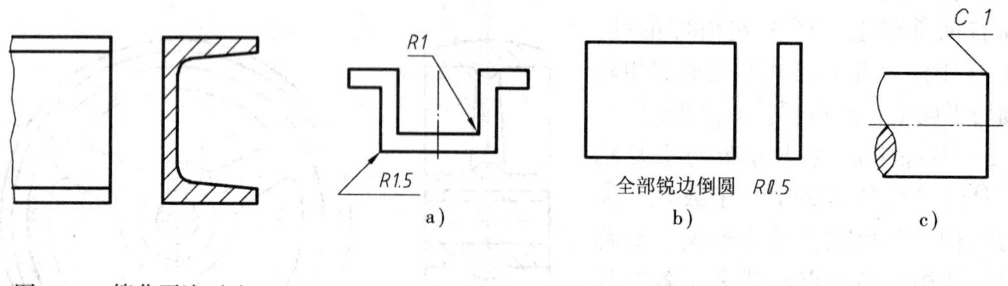

图 8-55　简化画法（6）　　图 8-56　简化画法（7）

6）与投影面的倾斜角度小于等于 30°的圆或圆弧，其投影可用圆或圆弧代替（图 8-57）。

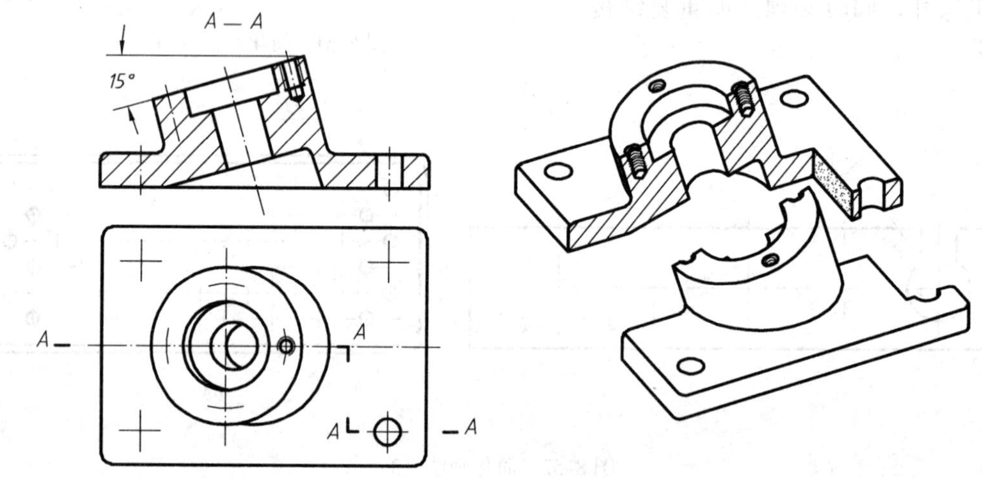

图 8-57　简化画法（8）

7）在不致引起误解时，图形中的相贯线、过渡线可以简化。图 8-58 和图 8-59 主视图中的相贯线均简化成直线，图 8-59 俯视图中的相贯线简化为圆；而图 8-60 中的过渡线是用圆弧替代了非圆曲线。但当简化画法会影响对图形的理解时，则应避免使用。

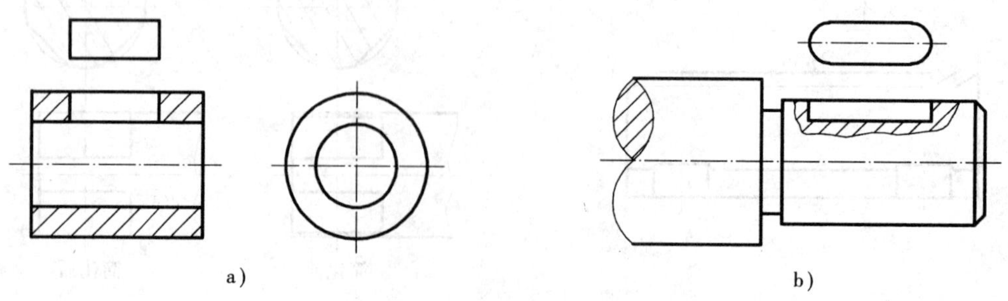

图 8-58　简化画法（9）

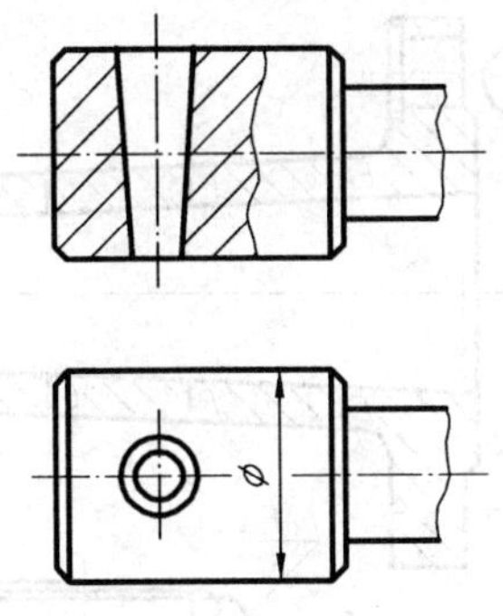

图 8-59 简化画法（10）

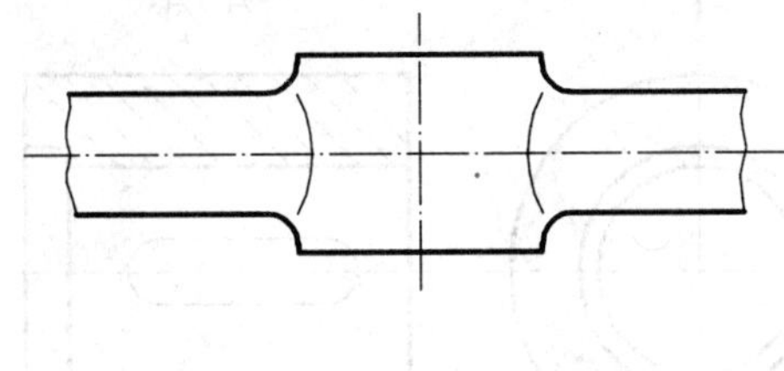

图 8-60 简化画法（11）

8）较长的机件（轴、杆、型材、连杆等）沿长度方向的形状一致（图 8-61a），或按一定规律变化时（图 8-61b），可断开绘制，其断裂边界用波浪线表示。

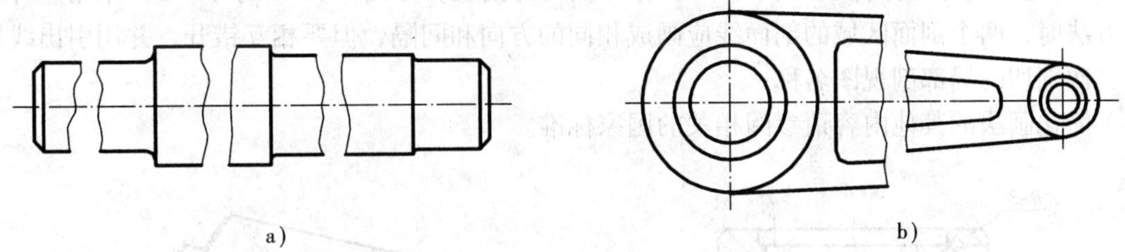

a）　　b）

图 8-61 简化画法（12）

9）圆柱形法兰和类似零件上均匀分布的孔，可按图 8-62 所示的方法绘制（该图是按第三角画法配置的）。

10）为避免增加视图或剖视图，可用细实线绘出对角线表示平面（图 8-63）。

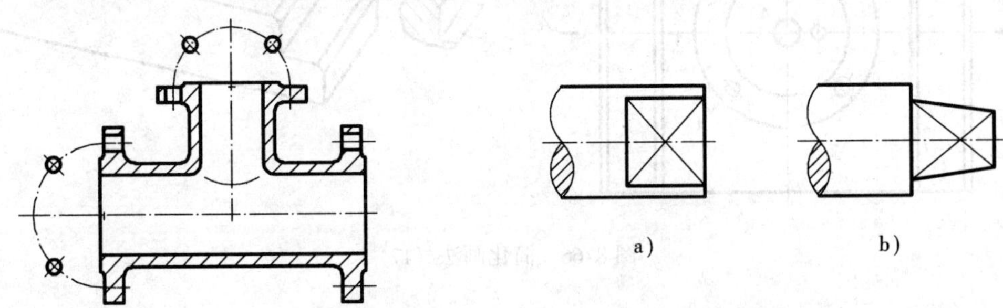

图 8-62 简化画法（13）

a）　　b）

图 8-63 简化画法（14）

11）在需要表示位于剖切平面前面的结构时，这些结构按假想投影的轮廓线用双点画线绘制（图 8-64）。

12）用一系列断面表示机件上较复杂的曲面时，可只画出断面轮廓，并可配置在同一个位置上（图 8-65）。

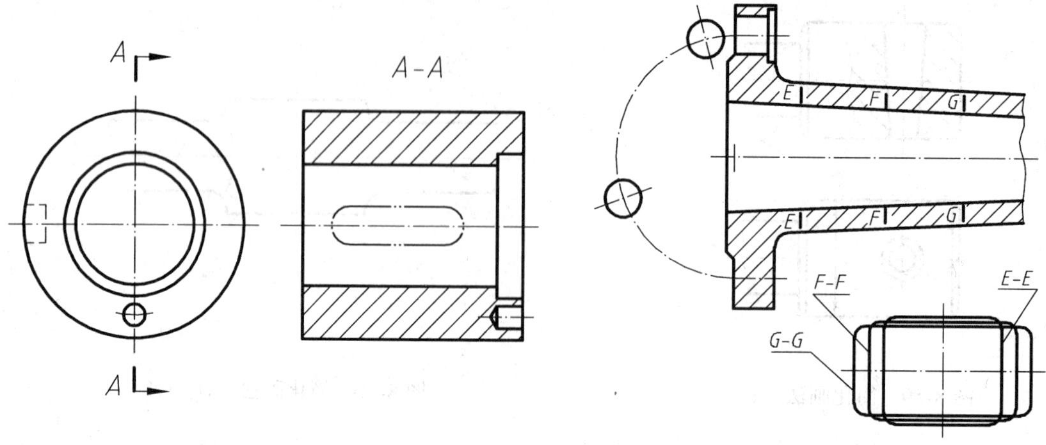

图 8-64　简化画法（15）　　　　图 8-65　简化画法（16）

13）在剖视图的剖面区域中，可再作一次局部剖视，如图 8-66 中的 *B*—*B*。采用这种表达方法时，两个剖面区域的剖面线应画成相同的方向和间隔，但要相互错开，并用引出线标注二次剖切的局部剖视图名称。

简化画法的其他内容请参阅相关的国家标准。

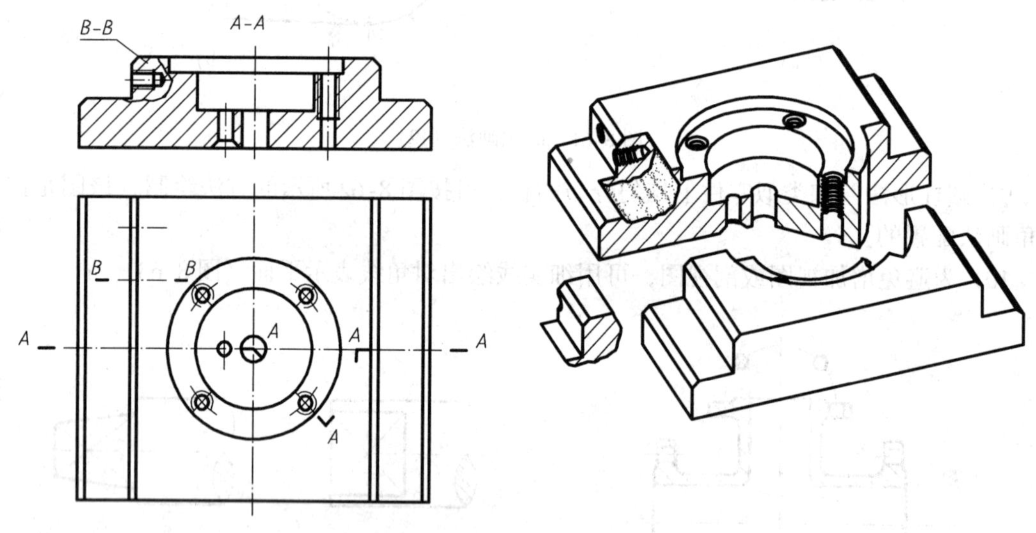

图 8-66　简化画法（17）

8.5　第三角投影（第三角画法）简介

8.5.1　基本概念

将机件置于第三分角内，并使投影面处于观察者与机件之间而得到多面正投影的方法，称为第三角投影。

第三角投影的方法，相当于将机件放置在一个透明的正六面体中，观察者位于六面体之外，按照观察者（光源）、投影面、机件这样顺序的位置关系，将机件分别投射到正六面体的六个表面（即基本投影面）上，得到的投影图与观察者的平行视线所见图形一致，即为机件的第三角投影（图 8-67）。

第三角投影的六个基本视图分别是：

由前向后投射，在六面体的前表面上所得视图为主视图；

由上向下投射，在六面体的上表面上所得视图为俯视图；

由左向右投射，在六面体的左侧表面上所得视图为左视图；

由右向左投射，在六面体的右侧表面上所得视图为右视图；

由下向上投射，在六面体的下表面上所得视图为仰视图；

由后向前投射，在六面体的后表面上所得视图为后视图。

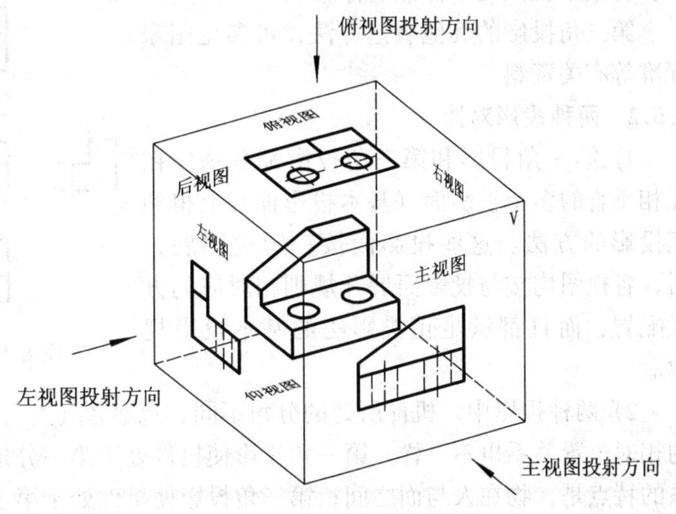

图 8-67　第三角投影

为将各视图摆放在同一个平面上，需将正六面体展开。展开方法是，主视图所在平面（V 面）固定不动，俯、仰、左、右四个视图所在平面分别绕各自与 V 面的交线，沿趋近观察者的方向旋转，直至与 V 面共面；后视图所在平面除随右视图所在平面一块转动外，还绕着其与右视图所在平面的交线沿相同方向旋转，也转到与 V 面共面为止（图 8-68）。

在第三角投影中，六个基本视图的配置方式为：

以主视图为基准，俯视图配置在主视图的上方，左视图配置在主视图的左方，右视图配置在主视图的右方，仰视图配置在主视图的下方，后视图配置在右视图的右方（图 8-69）。

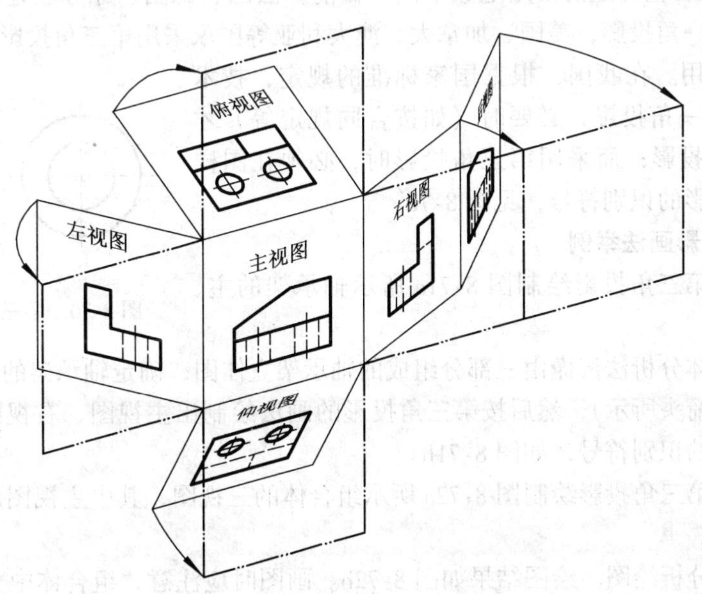

图 8-68　第三角画法投影面的展开

六个视图之间仍然满足“长对正、高平齐、宽相等”的基本投影规律，且在这种配置方式下，各基本视图均不标注名称。

第三角投影的其他表达方法，可参见国家标准等有关资料。

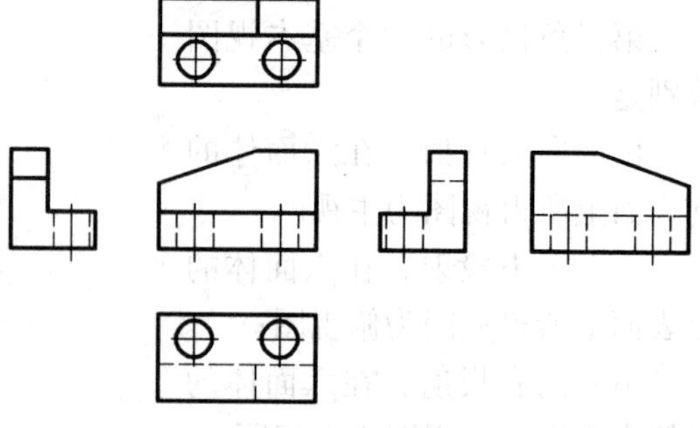

图 8-69　第三角投影基本视图的配置

8.5.2　两种投影对比

1）第一角投影和第三角投影都是物体在互相垂直的多个投影面（基本投影面）上得到正投影的方法。这些投影面按一定规则展开后，各视图均按与投影面展开规则相对应的方式配置，而且都满足正投影法的基本投影规律。

2）两种投影中，机件所处的分角不同，观察者（人）、机件（物）和投影面（面）之间的相对位置关系也不一样。第一角投影使机件处于第一分角，人、物、面三者间相对位置关系的特点是，物在人与面之间；第三角投影使机件处于第三分角，人、物、面三者间相对位置关系的特点是，面在人与物之间。

3）两种投影中，在基本投影面所构成的正六面体展开过程中，主视图所在的平面均为固定不动，但其他基本投影面的展开方向不同。第一角投影的投影面展开时，运动趋向是远离观察者的，而第三角投影的投影面展开时，运动趋向是趋近观察者的。

4）两种投影中，沿相同投射方向得到的基本视图的名称相同，但基本视图的配置方式不同。以三视图为例，第一角投影中，俯视图配置在主视图下方，左视图配置在主视图右方；而第三角投影中，俯视图配置在主视图上方，左视图配置在主视图左方。因此，在第一角投影中，俯视图和左视图靠近主视图的一侧是机件的后面，而第三角投影中，俯视图和左视图靠近主视图的一侧是机件的前面。

5）两种投影在世界上的使用地域不同。目前，法国、德国、原苏联地区国家以及部分东欧国家采用第一角投影，美国、加拿大、澳大利亚等国家采用第三角投影，日本、英国等国家两种投影并用。在我国，根据国家标准的规定，技术制图优先采用第一角投影，必要时（如按合同规定等）才允许使用第三角投影；而采用第三角投影时，必须在图样中画出第三角投影的识别符号，见图 8-70。

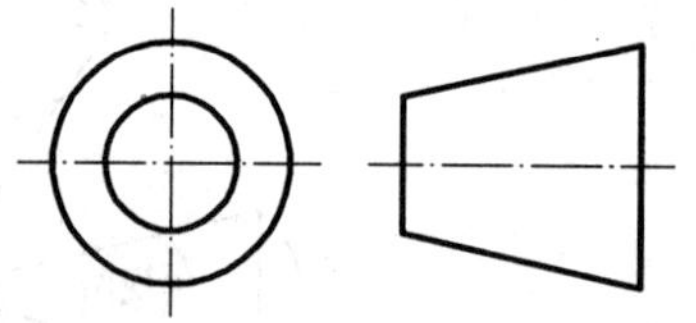

图 8-70　第三角投影的标识

8.5.3　第三角投影画法举例

例题一，用第三角投影绘制图 8-71a 所示轴承架的主、俯、右三视图。

首先，用形体分析法读懂由三部分组成的轴承架立体图，确定轴承架的摆放及主视图的投射方向（图中箭头所示），然后按第三角投影的画法绘制出主视图、右视图及俯视图，并画出第三角投影的识别符号，如图 8-71b。

例题二，用第三角投影绘制图 8-72a 所示组合体的三视图，其中主视图画半剖视图，右视图画全剖视图。

请读者自行分析绘图。绘图结果如图 8-72b。画图时应注意，组合体中立筒的前面圆孔与后面方槽的位置不要混淆。

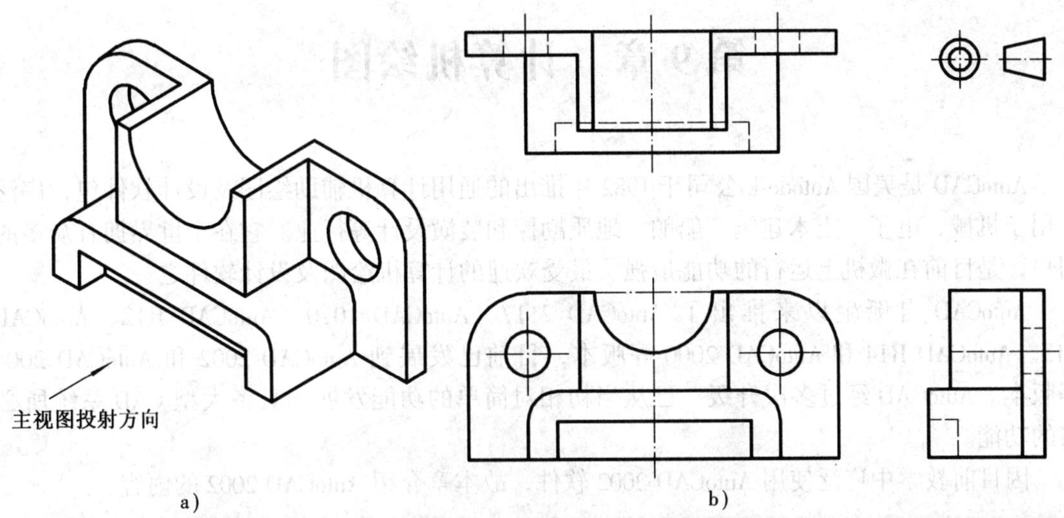

图 8-71　轴承架的第三角画法

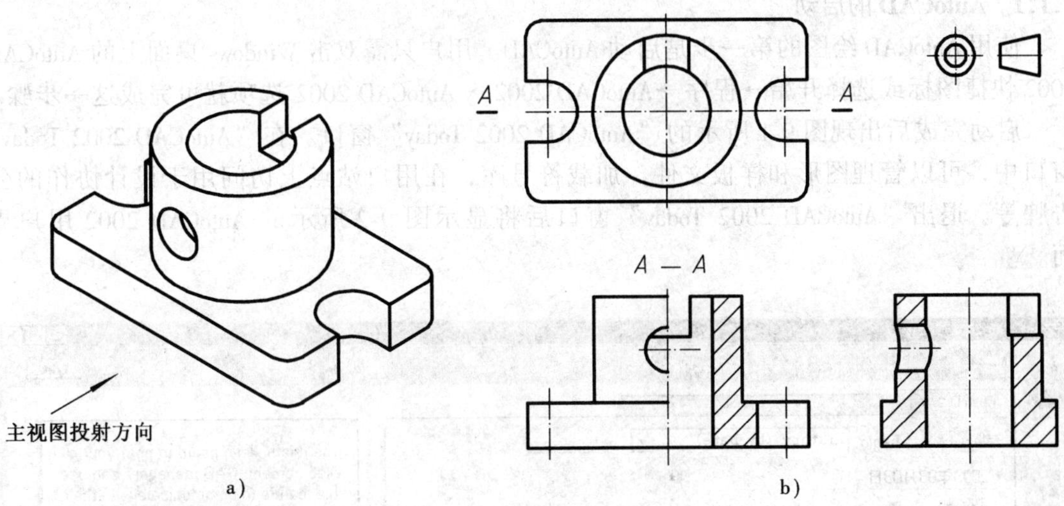

图 8-72　组合体的第三角画法

第 9 章　计算机绘图

AutoCAD 是美国 Autodesk 公司于 1982 年推出的通用计算机辅助绘图及设计软件包，广泛应用于机械、电子、土木建筑、船舶、地质勘探和装潢设计等行业。它在全世界拥有众多的用户，是目前在微机上运行的功能最强、最受欢迎的计算机绘图及设计软件之一。

AutoCAD 自诞生以来推出了 AutoCAD 2.17、AutoCAD 10.0、AutoCAD R12、AutoCAD R13、AutoCAD R14 和 AutoCAD 2000 等版本，目前已发展到 AutoCAD 2002 和 AutoCAD 2004 等版本。AutoCAD 经过多次升级，已从当初相对简单的功能发展到具备大型 CAD 系统所必需的功能。

因目前教学中广泛使用 AutoCAD 2002 软件，故本章介绍 AutoCAD 2002 的内容。

9.1　概述

9.1.1　AutoCAD 的启动

使用 AutoCAD 绘图的第一步是启动 AutoCAD。用户只需双击 Windows 桌面上的 AutoCAD 2002 快捷图标或选择开始→程序→AutoCAD 2002→ AutoCAD 2002 选项就可完成这一步骤。

启动完成后出现图 9-1 所示的“AutoCAD 2002 Today”窗口。在“AutoCAD 2002 Today”窗口中，可以管理图形和样板文件，加载符号库，在用户站点上访问用于设计协作的公告牌等。退出“AutoCAD 2002 Today”窗口后将显示图 9-2 所示的 AutoCAD 2002 用户界面。

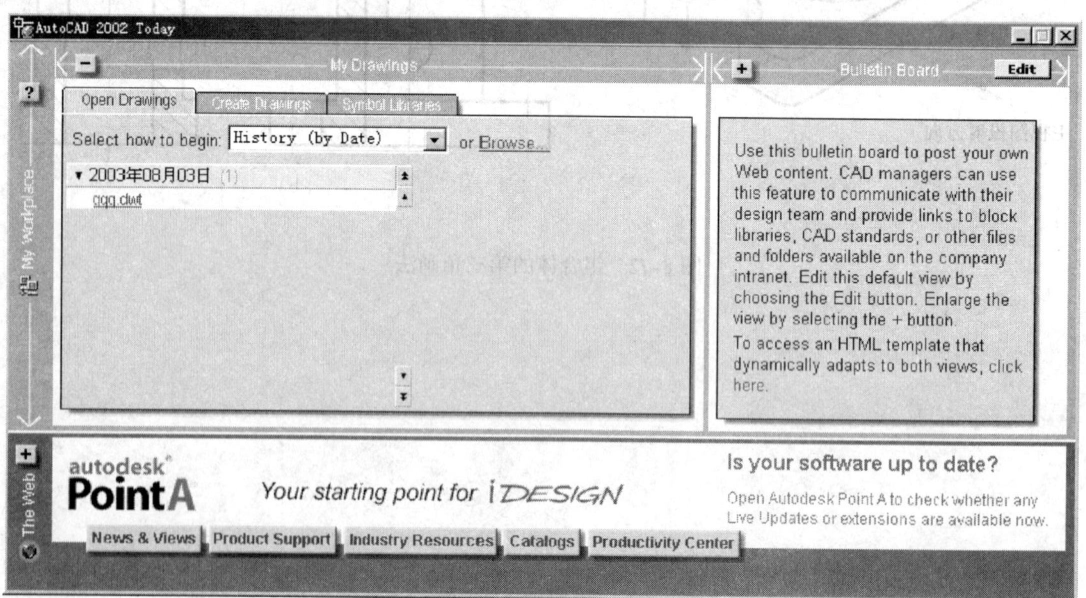

图 9-1　“AutoCAD 2002 Today”窗口

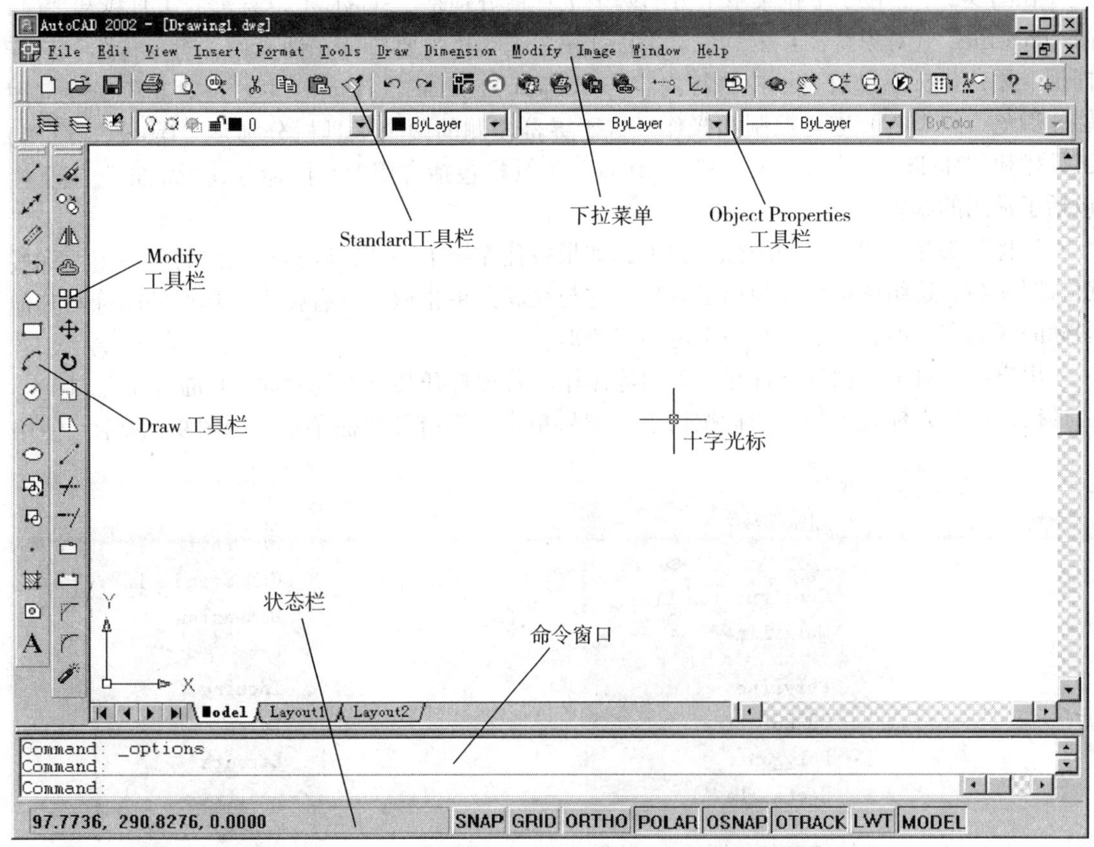

图 9-2　AutoCAD 2002 用户界面

9.1.2　AutoCAD 用户界面

AutoCAD 2002 用户界面主要由下拉菜单、工具栏、绘图窗口、命令窗口和状态栏等组成。

1. 下拉菜单

AutoCAD 通常包括 11 个菜单项，单击菜单中的某一标题，便可打开一个下拉菜单。下拉菜单中的大多数菜单项都代表相应的 AutoCAD 命令。图 9-3 是“Draw”（绘图）下拉菜单。在下拉菜单上移动光标，单击某一个菜单项，便可执行该菜单项所提供的命令。

在下拉菜单中，某些菜单项的右侧有一黑色箭头（如 Draw→Circle），它表明这些菜单项还拥有自己的下属菜单即级联菜单。级联菜单提供某些 AutoCAD 命令更详尽的选项。若某菜单项的右侧带有省略号“...”，则表示此选项的执行将弹出一个对话框，以提供更进一步的选择和设置。

当某菜单项的颜色为灰色时，表示此选项所对应的 AutoCAD 命令此时不可执行。用户可以按“Esc”键或在菜单的空白处单击鼠标左键来不执行任何命令就关闭下拉菜单。

2. 工具栏

在下拉菜单下面的图标按钮，或位于 AutoCAD 图形屏幕其他位置（如左侧或右侧）的图标按钮构成了工具栏。AutoCAD 提供了众多的工具栏，利用工具栏中的图标按钮可以方便地执行各种命令操作。

在图 9-2 中，位于下拉菜单下方的两个工具栏分别是“Standard”（标准）工具栏和“Object Properties”（对象特性）工具栏。“Standard”工具栏主要包含文件操作、对象传递、目标捕捉、用户坐标系以及显示控制等内容。“Object Properties”工具栏主要是对对象属性（图层、颜色、线型等）进行控制和操作。位于屏幕左侧的两个工具栏分别是“Draw”（绘图）工具栏和“Modify”（修改）工具栏。“Draw”工具栏包括常用的绘图命令；“Modify”工具栏包括了常用的编辑命令。

当将箭头光标置于某些图标按钮上，如果按住左键不松开，则会显示出另外一组图标按钮（图 9-4）。这组图标称为弹出工具栏，它与级联菜单相似。具有弹出工具栏的图标与其他图标的区别在于前者右下角有一黑色小三角形。

用户可以对工具栏进行打开、关闭等操作。若想打开某一工具栏如“Dimension”（标注）工具栏，可将光标置于某一图标按钮上，然后单击右键打开快捷菜单，如图 9-5 所示。使用

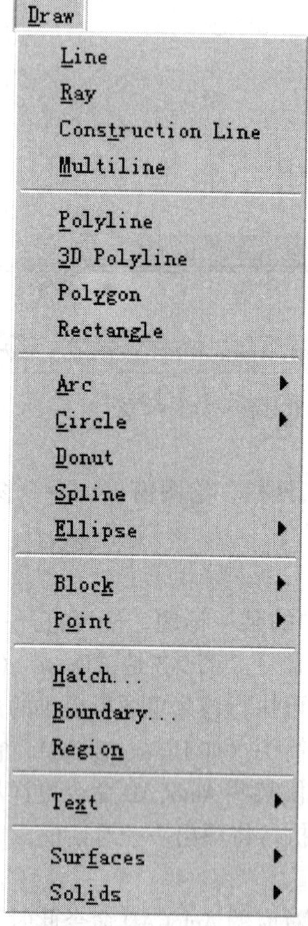

图 9-3 “Draw”下拉菜单

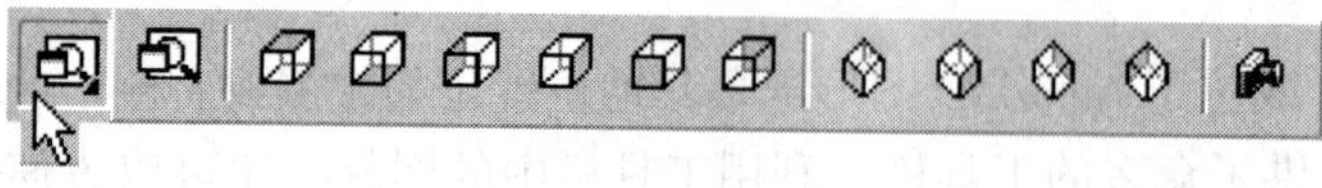

图 9-4 弹出工具栏

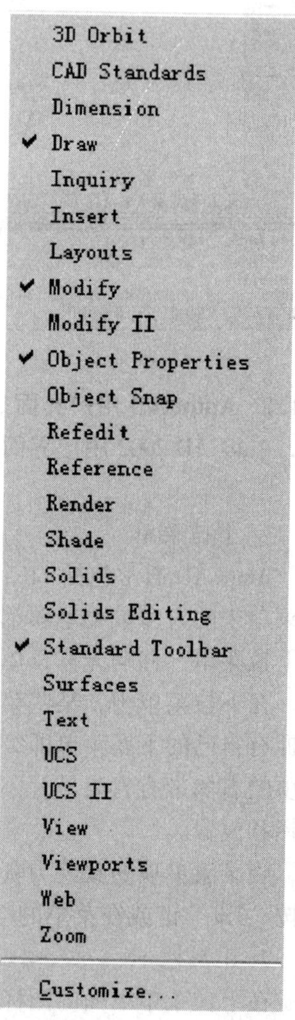

图 9-5 快捷菜单

快捷菜单可快速选择 AutoCAD 选项或执行 AutoCAD 命令。如在快捷菜单上选取“Dimension”，则打开“Dimension”工具栏。

要移动工具栏，应将箭头光标指向工具栏上非按钮处，然后按住左键移动鼠标，拖曳工具栏到预定位置时松开左键。如果想关闭某一工具条，可首先将其从图形屏幕的上部、底部、左端或右端移至屏幕的中间。此时，该工具条变为浮动工具条，它的顶部显示此工具条的名称。用户单击其右上角的关闭按钮就可使其关闭。

3. 绘图窗口

绘图窗口是用户绘制及编辑图形的区域。它占据了屏幕中央大部分区域。绘图窗口内显示的绘图区域的大小用绘图单位度量，绘图单位由用户设定。用户可以随时改变绘图窗口内绘图区域的大小。

绘图窗口内有一十字线，其交点指示出当前点的位置，故称为十字光标。十字光标上的小方框是选择框，用于选择要操作的对象。

在绘图窗口的下方和右方，分别为水平和垂直滚动条，利用它们可使绘图窗口的整个画面沿水平或垂直方向移动。位于绘图窗口左下角的图形是坐标系图标，用于表示当前绘图所使用的坐标系。

4. 命令窗口

命令窗口一般位于绘图窗口下方。在命令窗口，用户可以输入 AutoCAD 命令并可看到 AutoCAD 对用户输入的响应及提示信息。命令窗口的最下面一行是命令行。当命令行显示“Command:”（命令）时，表示 AutoCAD 正在等待输入命令。缺省的命令窗口可显示三行，当需要显示较多信息时，可按“F2”键切换到文本窗口。

5. 状态栏

状态栏处于 AutoCAD 用户界面的最底部。状态栏用于显示与当前绘图相关的一些信息，如当前绘图光标的坐标位置、SNAP（捕捉）、GRID（栅格）、ORTHO（正交）、POLAR（极轴）以及 AutoCAD 的 MODEL（模型）空间等是否打开。用户若想打开某种模式或状态，只需单击该模式或状态的名称按钮即可。当模式或状态为打开时，其名称按钮为按下状态；否则，其名称按钮为弹起状态。

9.2 AutoCAD 的基本操作

9.2.1 输入命令

当命令提示行出现“Command:”提示时，用户可通过键盘、下拉菜单、快捷菜单或工具栏等方式输入 AutoCAD 命令。

1. 键盘

AutoCAD 命令都可以通过键盘输入方式来执行。此外，键盘输入也是输入文本字符的基本方法。用键盘输入命令时，字符的大小写没有区别，输入结束时要按回车键。例如：

Command: LINE↙

就是将画直线命令输入计算机中并执行。本书用“↙”表示回车键，圆括弧内的内容为有关解释。

2. 下拉菜单、快捷菜单或工具栏

鼠标用于控制光标位置、选择对象及执行命令等。将鼠标指针移到下拉菜单、快捷菜单或工具栏的相应位置，单击左键即执行相应命令。如用户要选用下拉菜单输入“Open”（打开）文件命令时，首先单击下拉菜单中包含此命令的标题“File”（文件），然后在弹出的下拉菜单中将光标移至启动此命令的菜单项“Open...”并单击之，系统就将执行“Open”文件命令，如图 9-6 所示。

File
New... Ctrl+N
Open... Ctrl+O
Close
Partial Load
Save Ctrl+S
Save As...
eTransmit...
Publish to Web...
Export...
Page Setup...
Plotter Manager...
Plot Style Manager...
Plot Preview
Plot... Ctrl+P
Drawing Utilities
Send...
Drawing Properties...
1 E:\ACAD2002\Template\qqq
Exit

图 9-6　在下拉菜单中输入“Open”文件命令

3. 快捷键

AutoCAD 允许用户使用快捷键来执行命令。常用快捷键及功能如下：

F1——执行帮助命令；

F2——打开或关闭文本窗口；

F3——打开或关闭对象捕捉方式；

F8——打开或关闭正交模式。

4. 命令的重复输入

如果要将某个 AutoCAD 命令重复执行，可通过按回车键或空格键实现，而不必重新输入该命令。通过按鼠标右键，然后选取快捷菜单的第一项也可重复执行上一命令。

5. 命令别名

AutoCAD 允许从键盘输入某些命令的第一个或某几个字符来启动相关命令，这样的字符称为命令别名。例如，“LINE”命令的别名是 L。当在“Command:”提示符下输入“L”，AutoCAD 就会向命令输入缓冲区提供完整的“LINE”输入，因而“LINE”命令就可以正常执行了。

6. 提示或选项

执行 AutoCAD 命令后，系统往往会提供一些选项或提示由用户进行选择或输入。在提示或选项中，“/”表示命令选项的分隔符，选项中的大写字母表示选项的缩写形式。“< >”符号内的文字或数值为缺省选项或缺省值或当前值。

9.2.2　输入数据

当启动一个 AutoCAD 命令后，用户还需提供执行此命令所需要的信息。这些信息包括点坐标、数值、角度、位移等。

1. AutoCAD 的坐标系

AutoCAD 采用笛卡儿直角坐标系，点的坐标用（x，y，z）表示。通用坐标系（WCS）是 AutoCAD 定义的缺省坐标系。它以绘图窗口为 XY 平面，X 轴水平向右，Y 轴垂直向上，坐标原点在绘图窗口的左下角点，Z 轴指向操作者。

当前坐标系的 XY 平面或平行于 XY 平面的平面称为构造平面。当前构造平面在当前坐标系中有一个高度，这个高度就是 z 坐标，也称为当前高度。在 AutoCAD 中绘制二维图形时一般都在当前构造平面上进行。这时用户只需输入（x，y）坐标，AutoCAD 自动将当前高度作为 z 坐标。

2. 点的输入

点是 AutoCAD 中最基本的图素之一。它既可用键盘输入，又可借助鼠标等形式输入。无论采用何种方式输入点，本质都是输入点的坐标值。

(1) 键盘输入

用键盘输入坐标值有两种形式。

1) 绝对坐标形式。绝对坐标是指相对于坐标系原点的坐标。如果用户已知点的绝对坐标，或已知它们从原点出发的距离和角度，可以从键盘上以直角坐标形式或极坐标形式来输入。

点的绝对直角坐标输入形式为“x，y，z”，x、y、z 分别代表点在 X、Y、Z 坐标轴上的坐标。对于二维图形，其上的点可仅输入 x、y 坐标值，而无需考虑 z 坐标值。

二维点的绝对极坐标形式为“距离 < 角度”。极坐标形式中的角度以 X 轴的正向为 0°，逆时针方向为正值，顺时针方向为负值。

2) 相对坐标形式。相对坐标是指当前点相对上一次所选点的坐标或距离和角度。在 AutoCAD 中，为了区别绝对坐标和相对坐标，在相对坐标前应添加一个“@”号。相对坐标点的输入形式为“@x，y，z”或“@距离 < 角度”。

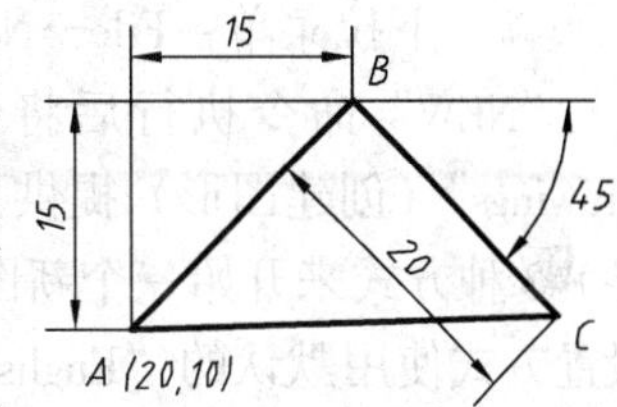

图 9-7 点的输入

【例 9-1】 使用绝对坐标和相对坐标确定点，画出图 9-7 所示三角形 *ABC*。

Command: LINE↙ （启动画直线命令）

Specify first point:（指定第一点） 20,10↙ （输入 A 点绝对坐标值）

Specify next point or [Undo]:（指定下一点或［放弃(U)］） @15,15↙

（输入 B 点相对坐标值）

Specify next point or [Undo]:（指定下一点或［放弃(U)］） @20 < -45↙

（输入 C 点相对极坐标值）

Specify next point or [Close/Undo]:（指定下一点或［闭合(C)/放弃(U)］） C↙

（使用 Close 选项，封闭三角形以完成绘图）

(2) 鼠标输入

绘图时，用户可通过移动鼠标来输入点。当移动鼠标时，AutoCAD 图形窗口上的绘图光标也随之移动。在光标移到所需位置后，按鼠标左键则此点便被输入。

除上述方式外，点的输入还可借助 AutoCAD 的对象捕捉方式来进行（见 9.3.3 节）。

3. 数值的输入

在使用 AutoCAD 绘图时，许多提示要求输入数值，如高度、半径、距离等。这些数值可由键盘直接输入，如 Specify Heigh:（指定高度） 10↙

某些数值也可通过输入两点来确定。此时，应先输入一点作为基点，然后在提示“Specify second point:”（指定第二点）下再输入第二点。其后，AutoCAD 自动将这两点间的距离作为输入数值。例如画圆时，在给出圆心后会询问半径，这时可输入半径值，也可输入一点。如输入一点，就通过该点画圆，半径就是该点与圆心间的距离。

9.2.3 纠正错误

用户绘图时，可能会键入或输入不正确的命令和数据。纠正这类错误可采用以下方法：

1）修正：用户在按回车键前，如果键入了一个错误字符，则可用 Backspace（退格键）删除不正确的部分，然后再键入正确字符。

2）终止：当选错命令时，可按 Esc 键来终止或取消命令，使命令提示行恢复“Command:”提示符。

9.2.4 文件操作

AutoCAD 的图形是以扩展名为“.DWG”的文件存储的。AutoCAD 提供了以下几种方法来建立、打开和保存图形。

1. 开始新图

使用 AutoCAD 绘图时，开始新图要用到“NEW”（新建）命令，输入方式如下：

键盘输入：NEW

图标按钮：“Standard”工具栏→ 

下拉菜单：File→New...

“NEW”命令执行后将弹出图 9-8 所示“AutoCAD 2002 Today”窗口。窗口中“Create Drawings”（创建图形）提供了 Template（样板）、Start from Scratch（默认设置）和 Wizards（向导）3 种方式来开始一个新图形的绘制。样板方式使用已有图形样板文件来绘制新图。默认设置方式使用默认的“English”（英制）或“Metric”（公制）设置建立新图形。通常使用默认的“Metric”设置进行绘图。

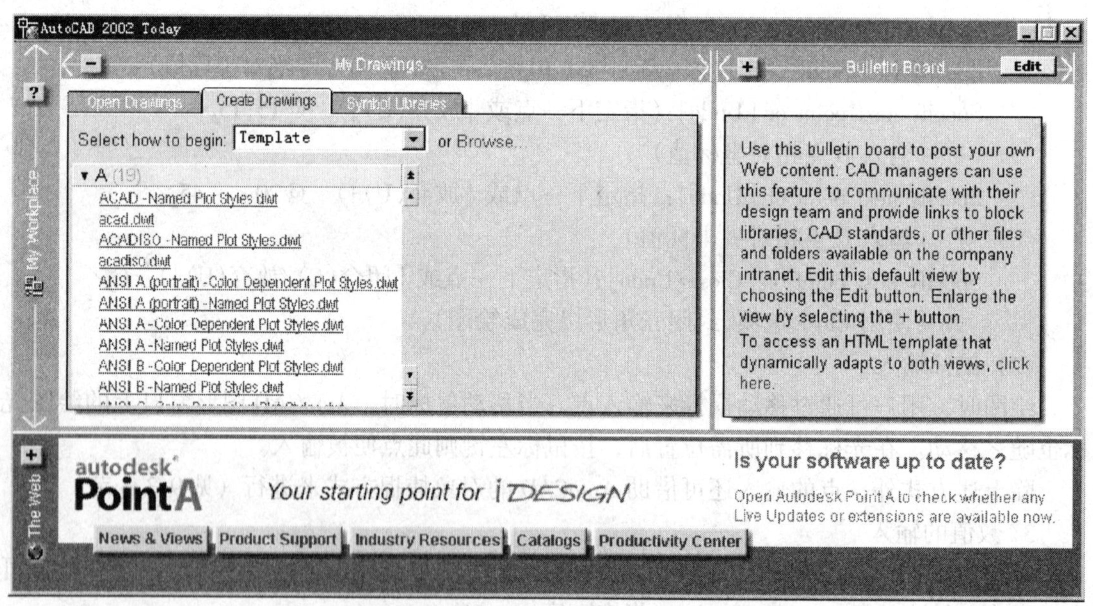

图 9-8 “AutoCAD 2002 Today”窗口

2. 打开已有的图形文件

要加载或打开一幅已存在的图形，应使用“OPEN”（打开）命令。该命令的执行方法如下：

键盘输入：OPEN

图标按钮：“Standard”工具栏→ 

下拉菜单：File→Open...

“OPEN”命令执行后弹出图 9-9“Select File”(选择文件)对话框。

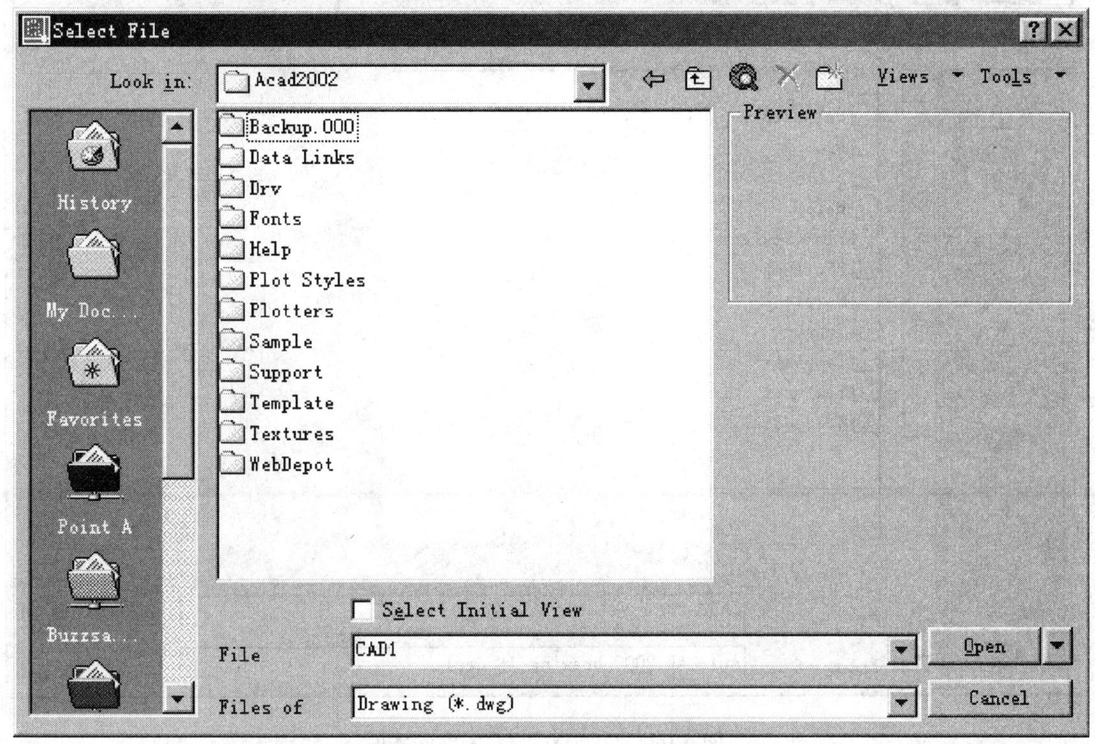

图 9-9 “Select File”对话框

在对话框中,“Look in”(搜索)下拉列表由用户查找打开文件所在的驱动器盘符和文件夹。“File”(文件名)编辑框由用户输入要打开的文件名,如“CAD1”,或从文件列表框中选择一个文件名。“Files of”(文件类型)下拉列表中有下列四项:

Drawing (*.dwg) (图形文件)

Standard (*.dws) (标准文件)

DXF (*.dxf) (DXF 图形文件)

Drawing Template File (*.dwt) (样板图文件)

用户可由此选择要打开文件的类型。

从“Look in”下拉列表中寻找相应文件夹,直至找到要打开的图形文件。单击要打开的图形文件名,就会在“Preview”(预览)区显示对应的图形。此时如果要打开图形文件,可通过按下“Open”按钮或双击文件名进行。

3. 保存图形

“SAVE”(保存)命令将当前图形存储在一图形文件中,以便永久保存。该命令的输入方式如下:

键盘输入:SAVE 或 QSAVE

图标按钮:“Standard”工具栏→ 

下拉菜单:File→Save...

执行“SAVE”命令后将显示“Save Drawing As”(图形另存为)对话框,如图 9-10 所示。

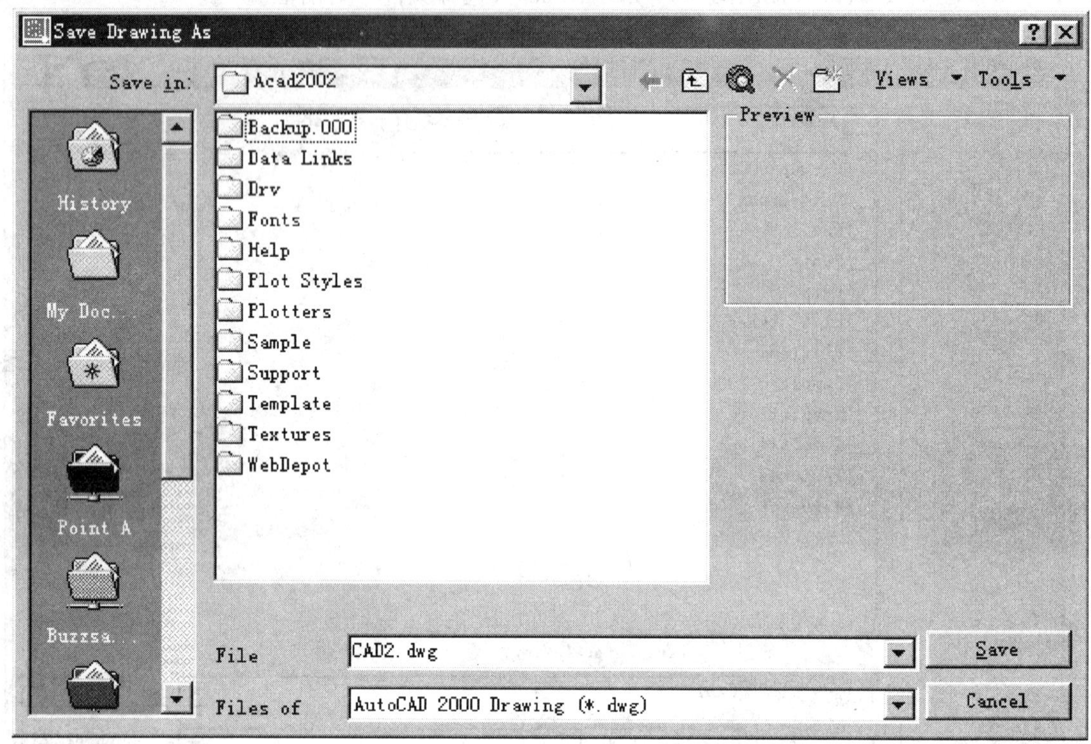

图 9-10 "Save Drawing As"对话框

在对话框中，"Save in"（保存于）下拉列表由用户查找保存文件的驱动器盘符和文件夹。"File"（文件名）编辑框由用户输入要保存文件的文件名，如 CAD2，或者从文件名列表框中选择一个文件名。"Files of"（文件类型）下拉列表中主要有 AutoCAD 2000Drawing（AutoCAD 2000 图形）（*.dwg）、AutoCAD R14/LT98/LT97 Drawing（AutoCAD R14/LT98/LT97 图形）（*.dwg）和 AutoCAD R13/LT95 Drawing（AutoCAD R13/LT95 图形）（*.dwg）等文件类型。

用户可由此选择一种要保存文件的类型。"Save"（保存）按钮执行存图操作。"Cancel"（取消）按钮不进行存图而关闭对话框。

9.2.5 退出 AutoCAD

结束 AutoCAD 绘图必须退出 AutoCAD。用户只需双击 AutoCAD 用户界面左上角的 AutoCAD 图标或单击右上角的关闭按钮或点取下拉菜单"File"中"Exit"（退出）项就可完成这一步骤。

退出 AutoCAD 时，如果当前图形已存储，则直接退出 AutoCAD。如果当前图形已改变但未存图，用户将看到图 9-11 所示的"AutoCAD"对话框。这时按下"是(Y)"按钮便将图形存到 CAD2.dwg 文件中，而按下"否（N）"按钮则不存储图形，直接退出 AutoCAD。

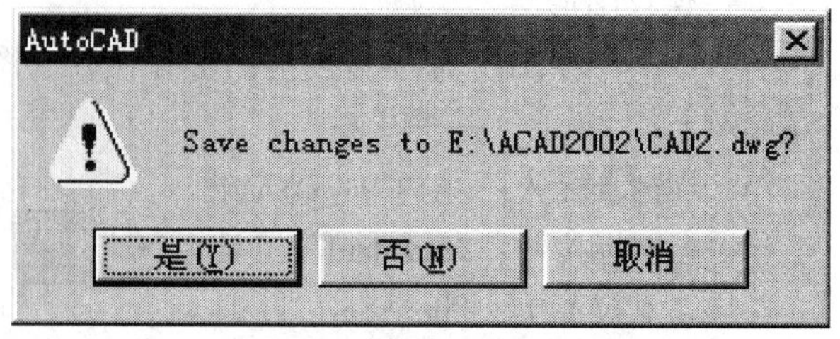

图 9-11 "AutoCAD"对话框

9.3 绘制图形

9.3.1 绘图环境设置

在绘制一幅图形之前，首先应设置绘图环境。绘图环境主要包括绘图区域确定、绘图图层设置、文本设置及线型设置等。

1. LIMITS（图形界限）命令

该命令用于确定绘图区域大小，即所用图纸大小。绘图区域或图形界限是用左下角点和右上角点来限定的矩形区域。绘图区域不等于绘图窗口，可能比绘图窗口大，也可能小。命令输入方式如下：

键盘输入：LIMITS

下拉菜单：Format→Drawing Limits

命令提示：

Specify lower left corner or [ON/OFF] <current value>：(指定左下角点或[开(ON)/关(OFF)] <当前值>)指定点、输入 ON 或 OFF，或按回车键接受当前值为左下角点。

Specify upper right corner <current value>：(指定右上角点 <当前值>)输入图形界限右上角点坐标。

选择项说明如下。

ON（开）——打开界限检查。当界限检查打开时，AutoCAD 拒绝输入图形界限外部的点。

OFF（关）——关闭界限检查功能。

使用“LIMITS”命令虽然改变了绘图区域的大小，但绘图窗口内显示的绘图区域并不改变，仍保持原来的显示状态。若要使改变后的绘图区域充满绘图窗口，必须使用下面介绍的“ZOOM”（缩放）命令来操作。

2. ZOOM（缩放）命令

该命令用于在绘图窗口内显示所绘制的全部或局部图形，输入方式如下：

键盘输入：ZOOM 或 Z

图标按钮：“Standard”工具栏→如图 9-12 所示

下拉菜单：View→Zoom

图 9-12 “ZOOM”图标按钮

命令提示：

Specify corner of window, enter a scale factor (nX or nXP), or [All/Center/Dynamic/ Extents/Previous/Scale/Window] <real time>（指定窗口角点，输入比例因子（nX 或 nXP），或[全部(A)/中心点(C)/动态(D)/范围(E)/上一个(P)/比例(S)/窗口(W)] <实时>)输入缩放倍数，或按回车键或输入选择项。常用选项说明如下。

All（全部）——全部缩放，图标按钮为[图标]。将绘制的全部图形显示在绘图窗口内。

Extents（范围）——范围缩放，图标按钮为[图标]。将图形所占有的区域充满绘图窗口。

Previous（上一个）——上一个缩放。图标按钮为。恢复前一幅显示的图形，最多可恢复此前的十个视图。

Window（窗口）——窗口缩放，图标按钮为。用矩形窗口的两个对角点确定要显示的范围。该选项常用于图形的局部放大显示。若选择了该项，则有下列提示：

Specify first corner:　　　　　输入矩形窗口的第一个角点

Specify opposite corner:　　　　输入矩形窗口的另一个角点

3. PAN（平移）命令

该命令用于移动全部图形，输入方式如下：

键盘输入：PAN 或 P

图标按钮："Standard"工具栏→ 

下拉菜单：View→Pan→Realtime

输入命令后屏幕上出现"手形"光标，此时可以拖动方式移动整个图形画面，按 ESC 键或回车键结束命令操作。

4. LAYER（图层）命令

（1）图层的概念

图层相当于没有厚度的透明纸。不同的线型分别画在不同的图层上，再把这些画着不同线型的图层重叠在一起，就构成一幅完整的图形。

用户可根据需要设置图层。为了便于记忆，应给每一个图层起一个有意义的名字并在图层上设置相应线型及颜色。一幅图的图层数目不受限制，每一层上的对象数也不限。图层有以下特征。

1）图层名由字母、数字、汉字等组成。层名中不能含有空格、逗号等字符，字母不分大、小写。"0"层由 AutoCAD 定义，称为初始层，建议用户绘图时不要使用。

2）每个图层仅设置一种线型、一种颜色。线型、颜色是指所绘对象的线型、颜色。

3）在"Object Properties"工具栏中显示的图层是当前层。由各种绘图命令所建立的对象均被绘制在当前层上。

4）图层有下列状态：

① ON（开），图层是打开的即图层上的对象可见；

② OFF（关），图层是关闭的即图层上的对象不可见；

③ Freeze（冻结），图层被冻结，图层上的对象不可见，且不随"ZOOM"命令的操作而变化；

④ Thaw（解冻），使冻结的图层解冻，且对冻结期间所作的"ZOOM"命令操作作重新生成计算，使解冻的对象与未被冻结的对象一致；

⑤ Lock（锁定），锁定图层，使图层上的对象不能修改，但可添加对象；

⑥ Unlock（解锁），给锁定图层解锁。

用户新建的图层和"0"层的初始状态都是 ON、Thaw 和 Unlock。

5）图层上图线的宽度即可设置为标准值又可设置为任意值。

（2）图层设置

利用图 9-13 所示的"Layer Properties Manager"（图层特性管理器）对话框可建立和设置图

层，输入方式如下：

键盘输入：LAYER

图标按钮：“Object Properties”工具栏→

下拉菜单：Format→Layer...

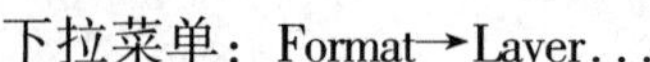

Layer Properties Manager

Named layer filters | Show all layers | Invert filter. | Apply to Object Properties t

New | Delete | Current | Show details | Save state... | Restore state...

Current Layer: 0

Name	On	Free...	L...	Color	Linetype	Lineweight	Plot ...	P...
0				White	Continuous	—— Default	Color_7	

1 Total layers 1 Layers displayed

OK | Cancel | Help

图 9-13 “Layer Properties Manager”对话框

对话框常用选项说明如下：

1）图层列表框。“Layer Properties Manager”对话框中间的矩形区域为图层列表框。图层列表框中显示图层的名称、特性与状态。列表框中各选项从左至右含义如下：

① Name（名称），显示各图层的名称。

② On（开），用于控制图层的打开或关闭，所对应的列是“灯泡”图标。点取“灯泡”图标可在黄颜色（打开图层）与蓝灰颜色（关闭图层）之间切换。

③ Free...（在所有视口冻结），用于在所有视口中冻结或解冻选定的图层。“太阳”图标表示图层处于解冻状态，“雪花”图标表示图层处于冻结状态。

④ Lock（锁定），用于锁定和解锁图层，所对应的列是“锁头”图标。点取该图标可在打开的锁（图层解锁）与关闭的锁（图层锁定）之间切换。

⑤ Color（颜色），用于设置与选定图层相关联的颜色。单击颜色名可以显示如图 9-14 所示的“Select Color”（选择颜色）对话框。

⑥ Linetype（线型），用于设置与选定图层相关联的线型。单击线型名称可以显示如图 9-15 所示的“Select Linetype”（选择线型）对话框。

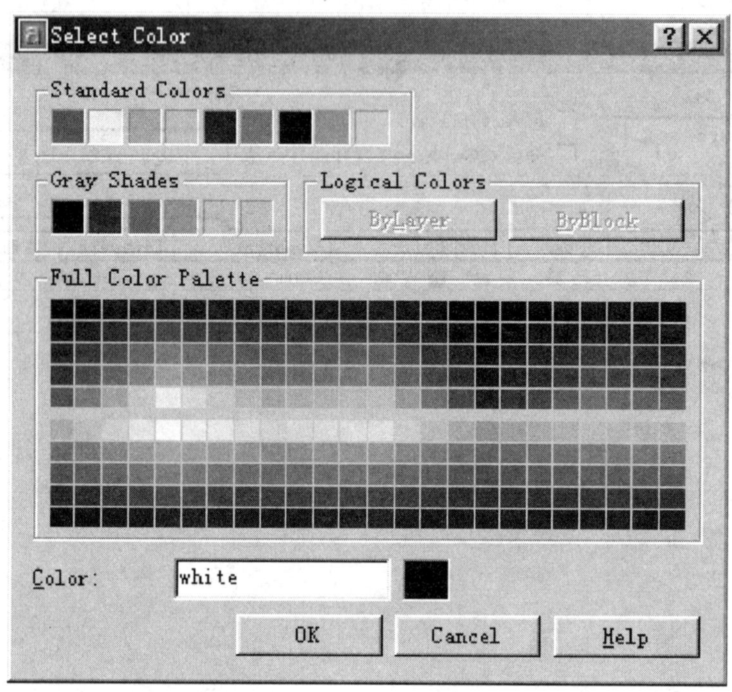

图 9-14 “Select Color”对话框

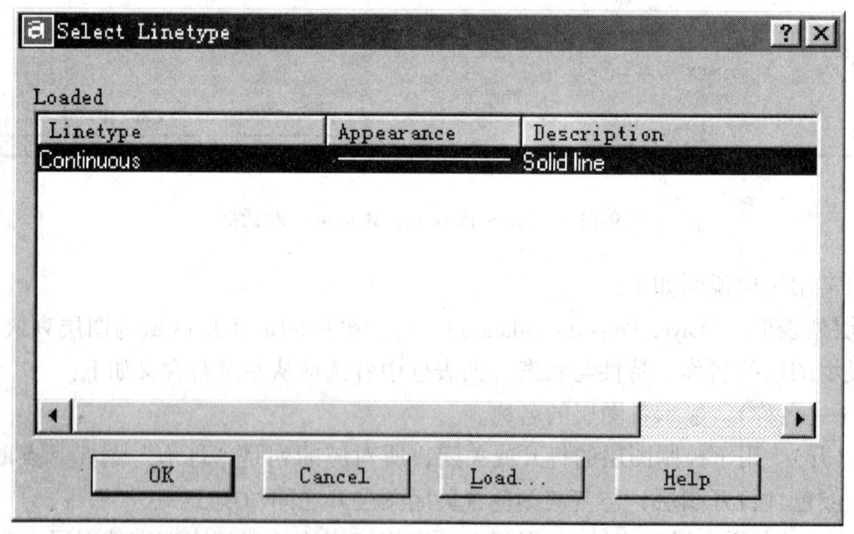

图 9-15 “Select Linetype”对话框

⑦ Lineweight（线宽），用于设置与选定图层相关联的线宽。

⑧ Plot...（打印样式），用于设置与选定图层相关联的打印样式。

⑨ P...（打印），用于控制是否打印选定图层的对象。

图层列表框中“0”层是 AutoCAD 自动建立的，其颜色为白色，线型为 Continuous（实线），线宽为默认线宽。要改变某图层的某一特性或状态，移动光标到该层的某状态图标上，单击左键即可。要快速选择所有图层，请单击右键，使用快捷菜单。

2）Current（当前）。此按钮设置图层列表框中所选定的图层为当前层。当前图层名显示在其左边。

3）Delete（删除）。此按钮删除图层列表框中所选定的图层。不含任何对象的图层才能被删除。

4）New（新建）。创建新图层。单击此按钮一次，在层名列表框中增加一个名为“图层X”的新层。新层上的特性继承选定图层上的特性（颜色、开/关状态等）。

5）“Select Color”（选择颜色）对话框。用户可以从对话框的调色板中选择一种颜色（建议选择 Standard Colors），颜色名显示在底部。然后按“OK”（确定）按钮，颜色选择成功。

6）“Select Linetype”（选择线型）对话框。对话框显示了缺省和已加载线型的 Linetype（线型名）、Appearance（外观）和 Description（说明）。单击已加载的线型列表框中的一种线型，再按“OK”按钮，线型设置完成。如果列表框中未列出这种线型，就要用“Load...”（加载）按钮从线型文件中装入该线型到列表框中。按下“Load...”按钮将弹出图 9-16 所示的“Load or Reload Linetypes”（加载或重载线型）对话框。单击对话框中的“File...”按钮用于选择线型文件，如 acad.lin 或 acadiso.lin。在“Available Linetypes”（可用线型）列表框中选择所要加载的一种或几种线型，如 Continuous(实线)、ACAD _ ISO02W100(虚线）及 ACAD_ISO04W100（点画线），再单击“OK”按钮，线型即被装入。

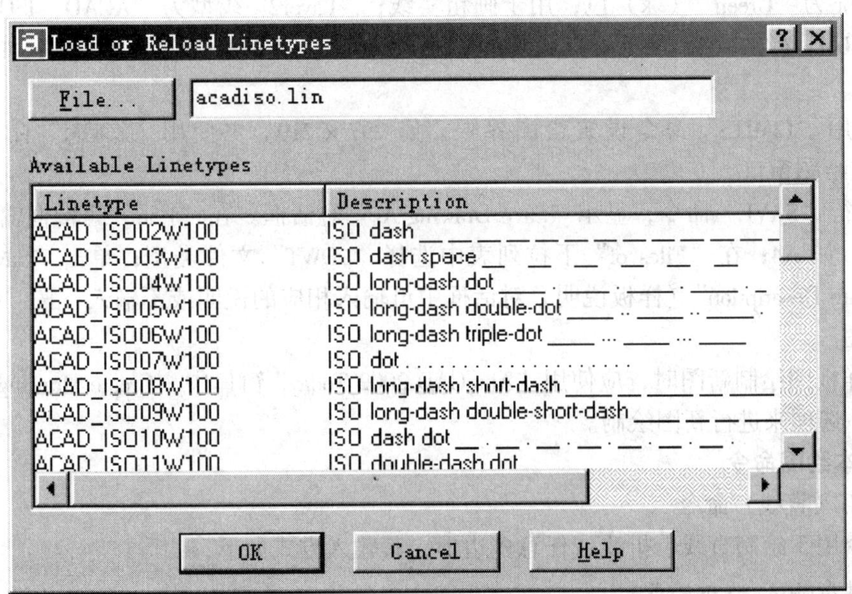

图 9-16 “Load or Reload Linetypes”对话框

（3）图层控制列表框

“Object Properties”（对象特性）工具栏的“Layer Control”（图层控制）列表框（图 9-17）可方便地将图层设置为当前层、打开或关闭等。单击列表框中右侧箭头，将打开下拉列表，显示已定义的各图层的特性和状态。单击某一图层名称，即可将该层设置为当前层；单击灯泡图标，即可打开或关闭该图层。

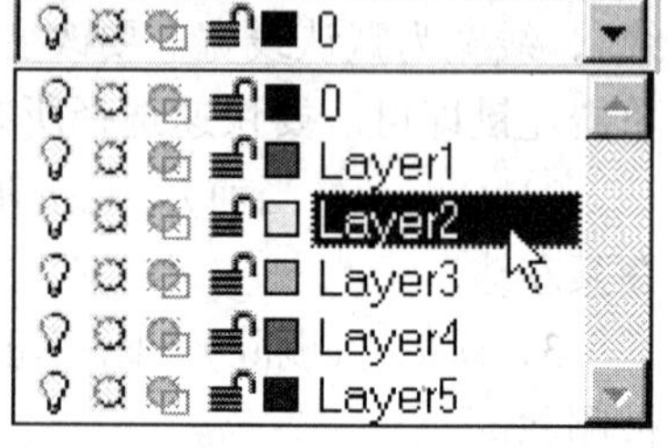

图 9-17 “Layer Control”下拉列表

5. 线型比例设置

机械制图国家标准规定虚线、点画线等的长画、短画及间隔的长度应与图线宽度构成倍数关系。由于在 AutoCAD 的线型文件中按一固定线宽定义了长画、短画及间隔的长度，因此，绘图时应将线型比例设置为所用图线的宽度，如 0.25。设置线型比例的操作如下：

Command: LTSCALE↙

Enter new linetype scale factor <1.0000>:（输入新线型比例因子<1.0000>） 0.25↙

设置线型比例也可通过下拉菜单“Format”（格式）的选项“Linetype...”（线型）来进行。

6. 建立样板图

样板图是一种“.DWT”格式的文件，通过 AutoCAD 提供的标准样板图文件和用户自定义的样板图文件，可以避免重复设置绘图环境的操作。样板图中存放的各项设置及图形（如标题栏、图框等）都会自动传递到新图中。

建立用户样板图的步骤如下：

1）选择“AutoCAD 2002 Today”窗口中“Create Drawings”标签的“Start from Scratch”选项，并点取“Metric”；

2）使用“LAYER”命令设置图层、线型及颜色等，如设置“Layer1” Linetype 为“Continuous”，Color 为“Green”（绿）色，用于画粗实线；“Layer2”线型为“ACAD _ ISO04W100”，Color 为“Red”（红）色，用于画点画线。使用“LTSCALE”命令设置线型比例，如比例因子为 0.25。

3）使用“LIMITS”命令设置绘图界限，如 297 × 210。再使用“ZOOM”命令的选项“All”缩放绘图窗口。

4）执行“SAVE”命令，显示“Save Drawing As”对话框。在“File”编辑框输入要保存的文件名，如 A4；在“Files of”下拉列表中选择“.DWT”文件类型；单击“Save”按钮。在“Template Description”（样板说明）对话框中可输入相应的说明或不输入，按“OK”按钮保存样板图。

利用样板图绘制新图时，应使用“AutoCAD 2002 Today”窗口中“Create Drawing”标签的“Template”选项来进行新图绘制。

9.3.2 基本绘图命令

1. LINE（直线）命令

该命令用于绘制直线、折线或任意多边形，其输入方式如下：

键盘输入：LINE 或 L

图标按钮：“绘图”工具栏→ 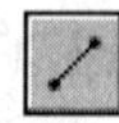

下拉菜单：绘图（D）→直线（L）

命令提示：

Specify first point:（指定第一点） 输入点或按回车键从上一条线或圆弧终点继续绘制。

Specify next point or [Undo]:（指定下一点或[放弃]） 输入点或U。

Specify next point or [Close/Undo]:（指定下一点或[闭合/放弃]） 输入点或C或U或按回车键结束命令。

选择项说明如下：

Close（闭合）——连接起点和终点成封闭多边形。

Undo（放弃）——取消前一段直线。

2. XLINE（构造线）命令

该命令用于绘制构造线。构造线是指无限长的直线（即参照线）。命令输入方式如下：

键盘输入：XLINE或XL

图标按钮："Draw"工具栏→

下拉菜单：Draw→Construction Line

命令提示：

Specify a point or [Hor/Ver/Ang/Bisect/Offset]:（指定点或[水平/垂直/角度/二等分/偏移]） 指定构造线要经过的点或按回车键结束命令。

Specify through point:（指定通过点） 输入点，或选项。

选择项说明如下：

Specify a point——使用两个点指定构造线的位置。

Hor——通过一点画水平构造线。

Ver——通过一点画垂直构造线。

Ang——以指定的角度画构造线。其后续提示为：

Enter angle of xline (0) or [Reference]:（输入参照线角度或[参照]） 输入一个角度值或输入R。若输入R，则表示需指定与选定参照线之间的夹角。此角度从参照线开始按逆时针方向测量。在提示"Select a line object:"（选择直线对象）下选择参照线。

Bisect——画一条经过选定的角顶点，并且将选定的两条线之间的夹角平分的构造线，其后续提示为：

Specify angle vertex point: 指定角的顶点。

Specify angle start point: 指定角的起点。

Specify angle end point:（指定角的端点） 指定点或按回车键结束命令。

3. 圆（CIRCLE）命令

该命令使用多种方法来绘制圆，例如过三点或两点画圆；已知圆心、半径或直径画圆；画与两个或三个对象相切的圆等，如图9-18所示。命令输入方式如下：

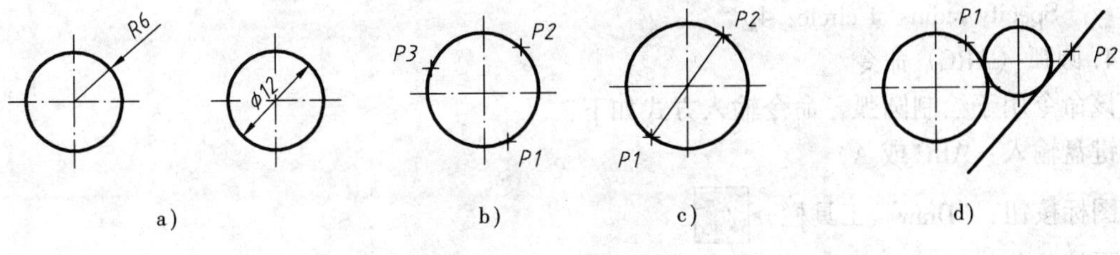

图9-18 画圆的方法

键盘输入：CIRCLE 或 C

图标按钮："Draw" 工具栏→

下拉菜单：Draw→Circle

命令提示：

Specify center point for circle or [3P/2P/Ttr(tan tan radius)]：（指定圆的圆心或［三点/两点)/相切、相切、半径]） 输入点或选择项。

选择项说明如下：

1）Specify center point for circle——此选项以圆心和直径（或半径）绘制圆（图 9-18a），其后续提示为：

Specify radius of circle or [Diameter]：（指定圆的半径或[直径]） 输入点或半径值、输入 D 或按回车键接受当前值。

如果输入 D，则有提示：

Specify diameter of circle：（指定圆的直径） 输入直径值或按回车键接受当前值。

2）3P——此选项以圆上的三点来画圆（图 9-18b），其后续提示为：

Specify first point on circle：指定圆上的第一个点 P1。

Specify second point on circle：指定圆上的第二个点 P2。

Specify third point on circle：指定圆上的第三个点 P3。

3）2P——此选项以两点间距离为直径画圆（图 9-18c），其后续提示为：

Specify first end point of circle's diameter：指定圆直径的第一个端点 P1。

Specify second end point of circle's diameter：指定圆直径的第二个端点 P2。

4）Ttr（tan tan radius）——此选项用已知半径画圆与两对象相切，对象可为直线、圆或圆弧。其后续提示为：

Specify point on object for first tangent of circle：（指定对象与圆的第一个切点） 选择圆、圆弧或直线。

Specify point on object for second tangent of circle：（指定对象与圆的第二个切点） 选择圆、圆弧或直线。

Specify radius of circle：指定圆的半径值。

【例 9-2】 作半径为 4 的圆，使其与已知圆和直线都相切，如图 9-18d 所示。

Command：CIRCLE↙

Specify center point for circle or [3P/2P/Ttr(tan tan radius)]：T↙

Specify point on object for first tangent of circle：单击 P1 点

Specify point on object for second tangent of circle：单击 P2 点

Specify radius of circle：4↙

4. 圆弧（ARC）命令

该命令用于绘制圆弧，命令输入方式如下：

键盘输入：ARC 或 A

图标按钮："Draw" 工具栏→

下拉菜单：Draw→Arc

AutoCAD 提供了多种画圆弧的方法，如下拉菜单“Draw”提供了 11 种方法，这里不详细列举各种画圆弧的方法，仅举例说明几种常用的方法。

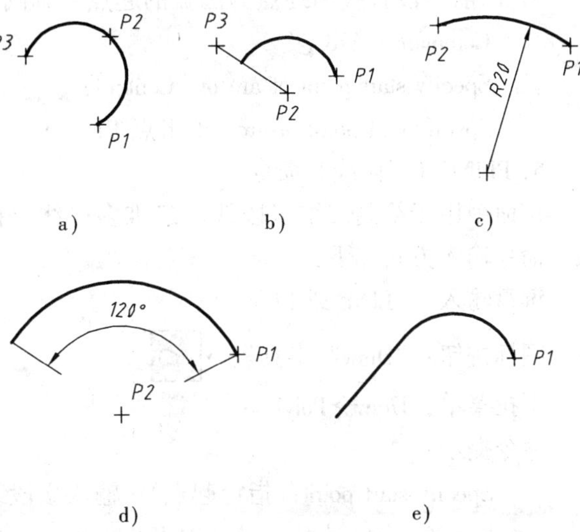

图 9-19　画圆弧的方法

1）已知三点画圆弧，如图 9-19a 所示。

Command：ARC↙

Specify start point of arc or [Center]：(指定圆弧的起点或[圆心])　单击点 P1

Specify second point of arc or [Center/End]：(指定圆弧的第二个点或[圆心/端点])　单击点 P2

Specify end point of arc：(指定圆弧的端点)　单击点 P3

2）已知起点、圆心、终点画圆弧，如图 9-19b 所示。终点可以不在圆弧上。

Command：ARC↙

Specify start point of arc or [Center]：单击点 P1

Specify second point of arc or [Center/End]：C↙

Specify center point of arc：(指定圆弧的圆心)　单击点 P2

Specify end point of arc or [Angle/chord Length]：(指定圆弧的端点或[角度/弦长])　单击点 P3

注意：圆弧是按逆时针方向绘制的。

3）已知起点、终点、半径画圆弧，如图 9-19c 所示。

Command：ARC↙

Specify start point of arc or [Center]：单击点 P1

Specify second point of arc or [Center/End]：E↙

Specify end point of arc：单击点 P2

Specify center point of arc or [Angle/Direction/Radius]：(指定圆弧的圆心或[角度/方向/半径])　R↙

Specify radius of arc：(指定圆弧的半径)　20↙

注意：圆弧是按逆时针方向绘制的。

4）已知起点、圆心、圆心角画圆弧，如图 9-19d 所示。

Command：ARC↙

Specify start point of arc or [Center]：单击点 P1

Specify second point of arc or [Center/End]：C↙

Specify center point of arc：单击点 P2

Specify end point of arc or [Angle/chord Length]：A↙

Specify included angle：(指定包含角)　120↙

注意：角度为正时，按逆时针方向画弧；角度为负时，按顺时针方向画弧。

5）以前一段直线的终点为圆弧的起点，画圆弧与其相切，如图 9-19e 所示。

Command：ARC↙

Specify start point of arc or [Center]：↙

Specify end point of arc：单击点 P1

5．PLINE（多段线）命令

该命令用于绘制二维多段线。二维多段线是由可变宽度的直线段与圆弧组成的一个对象。命令输入方式如下：

键盘输入：PLINE 或 PL

图标按钮：“Draw”工具栏→

下拉菜单：Draw→Polyline

命令提示：

Specify start point:(指定起点) 输入多段线起点。

Specify next point or [Arc/Halfwidth/Length/Undo/Width]:(指定下一个点或 [圆弧)/半宽/长度/放弃)/宽度]) 输入点,或选项。

Specify next point or [Arc/Close/Halfwidth/Length/Undo/Width]:(下一点或 [圆弧/闭合/半宽/长度/放弃/宽度]) 输入点、选项或按回车键结束命令。

选择项说明如下：

1）Specify next point——输入直线的另一端点。AutoCAD 将重复上一个提示。

2）Arc——转换为画圆弧方式。后续提示如下：

Specify endpoint of arc or [Angle/CEnter/CLose/Direction/Halfwidth/Line/Radius/Second pt/ Undo/ Width]：(指定圆弧的端点或[角度/圆心/闭合/方向/半宽/直线/半径/第二个点/放弃/宽度]) 输入点，或选项。

3）Line——转换为画直线方式。

4）Close——绘制一条直线段（从当前位置到多段线起点）以形成封闭图形。

5）Halfwidth——指定多段线线段的中心到其一边的宽度。后续提示为：

Specify starting half-width：(指定起点半宽) 输入起点半线宽度数值或按回车键使用当前值。

Specify ending half-width：(指定端点半宽) 输入终点半线宽度数值或按回车键使用当前值。

6）Length——以前一线段的方向继续绘制指定长度的直线段。如果前一线段是圆弧，则绘制与该圆弧相切的线段。

7）Undo——取消最近一次所画线段。

8）Width——指定下一线段的宽度。“0”将以最细的线条显示多段线。

图 9-20 多段线图形

【例 9-3】 用多段线命令绘制图 9-20 所示图形。

Command：PLINE↙

Specify start point：50,20↙

Current line-width is 0.0000（当前线宽为 0.0000）

Specify next point or [Arc/Halfwidth/Length/Undo/Width]：@0,5↙

Specify next point or [Arc/Close/Halfwidth/Length/Undo/Width]：W↙

Specify starting width <0.0000>：0.5↙

Specify ending width <0.0000>：0↙

Specify next point or [Arc/Close/Halfwidth/Length/Undo/Width]：@0,5↙

Specify next point or [Arc/Close/Halfwidth/Length/Undo/Width]：A↙

Specify endpoint of arc or [Angle/CEnter/CLose/Direction/Halfwidth/Line/Radius/Second pt/ Undo/ Width]：@ －12,0↙

Specify endpoint of arc or [Angle/CEnter/CLose/Direction/Halfwidth/Line/Radius/Second pt/ Undo/ Width]：L↙

Specify next point or [Arc/Close/Halfwidth/Length/Undo/Width]：H↙

Specify starting width <0.0000>：0.3↙

Specify ending width <0.3000>：↙

Specify next point or [Arc/Close/Halfwidth/Length/Undo/Width]：@0，－10↙

Specify next point or [Arc/Close/Halfwidth/Length/Undo/Width]：W↙

Specify starting width <0.0000>：0↙

Specify ending width <0.0000>：↙

Specify next point or [Arc/Close/Halfwidth/Length/Undo/Width]：C↙

6. POLYGON（正多边形）命令

该命令用于绘制正多边形。正多边形是一种多段线对象，其宽度为零。命令输入方式如下：

键盘输入：POLYGON 或 POL

图标按钮："Draw" 工具栏→

下拉菜单：Draw→Polygon

命令提示：

Enter number of sides：(输入边的数目） 输入 3 到 1024 之间的值或回车。

Specify center of polygon or [Edge]：(指定正多边形的中心点或[边]） 输入一点或 E。选择项说明如下。

1）如输入点，则有如下提示：

Enter an option [Inscribed in circle/Circumscribed about circle] <I>：(输入选项 [内接于圆/外切于圆]） 输入 I 或 C，或按回车键使用当前值。

Specify radius of circle：(指定圆的半径） 指定外接圆或内切圆的半径。

Inscribed in circle(内接于圆)——指定外接圆方式，正多边形的所有顶点都在此圆上。

Circumscribed about circle(外切于圆)——指定正多边形内切圆方式。

2）Edge，通过指定第一条边的端点来定义正多边形。其后续提示为：

Specify first endpoint of edge：指定边的第一个端点。

Specify second endpoint of edge：指定边的第二个端点。

【例 9-4】 用内切圆方式绘制正六边形，如图 9-21 所示。

命令：POLYGON↙

Enter number of sides <4>：6↙

Specify center of polygon or [Edge]：50,50↙

Enter an option [Inscribed in circle/Circumscribed about circle] <I>：C↙

Specify radius of circle：5↙

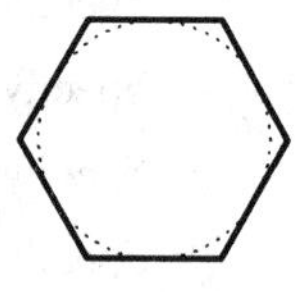

图 9-21 正六边形

9.3.3 辅助绘图工具

1. ORTHO（正交）模式

所谓正交模式，就是用光标定点来画水平线或垂直线，不能画倾斜直线。例如在画直线时，先给出了第一点，再移动光标，第一点到光标之间显示一条平行于某一光标线的橡皮筋线，指示出正交线的长度和走向。

“ORTHO”命令用于打开或关闭正交模式。该模式也可用 F8 键或单击状态条中“ORTHO”按钮来切换。

2. 对象捕捉

“对象捕捉”是指捕捉可见对象上的某些特殊点，如直线或圆弧的端点、中点，圆或圆弧的圆心或者它们的交点等。由于受图形大小、屏幕分辨率和十字光标移动最小步长的影响，用光标拾取这样的点难免会有些误差。若用键盘输入坐标值，有时又不知道确切的数据且输入麻烦。用对象捕捉功能则可迅速、准确、方便地找到这些特殊点。

（1）常用对象捕捉方式

1）END（端点）：捕捉对象上距十字光标最近的端点。对象指直线、圆弧等。

2）MID（中点）：捕捉直线或圆弧等的中点。

3）CEN（圆心）：捕捉圆或圆弧等的圆心。

4）QUA（象限点）：捕捉距十字光标最近的象限点。象限点是圆或圆弧上 0°、90°、180°、270°处的点。

5）INT（交点）：捕捉两个对象的交点。

6）PER（垂足）：捕捉垂足，即在直线、圆或圆弧上寻找一点，使该点与前一点的连线与该对象垂直。

7）TAN（切点）：捕捉切点，即捕捉与圆或圆弧等相切的点。

8）NEA（最近点）：捕捉对象上距离十字光标最近的点。

（2）OSNAP（对象捕捉设置）命令

OSNAP 命令利用图 9-22 所示的“Drafting Settings”（草图设置）对话框中“Object Snap”（对象捕捉）标签设置对象捕捉方式，并进入对象捕捉状态。命令输入方式如下：

键盘输入：OSNAP 或 OS

图标按钮：“Object Snap”工具栏→

下拉菜单：Tool→Drafting Settings...

在连续捕捉状态下，当十字光标靠近某个对象的某个特殊点时，即显示这个点的黄色标记，稍停还会显示这个点的名称。单击左键，该点才被输入。用户可以使用快捷键“F3”或

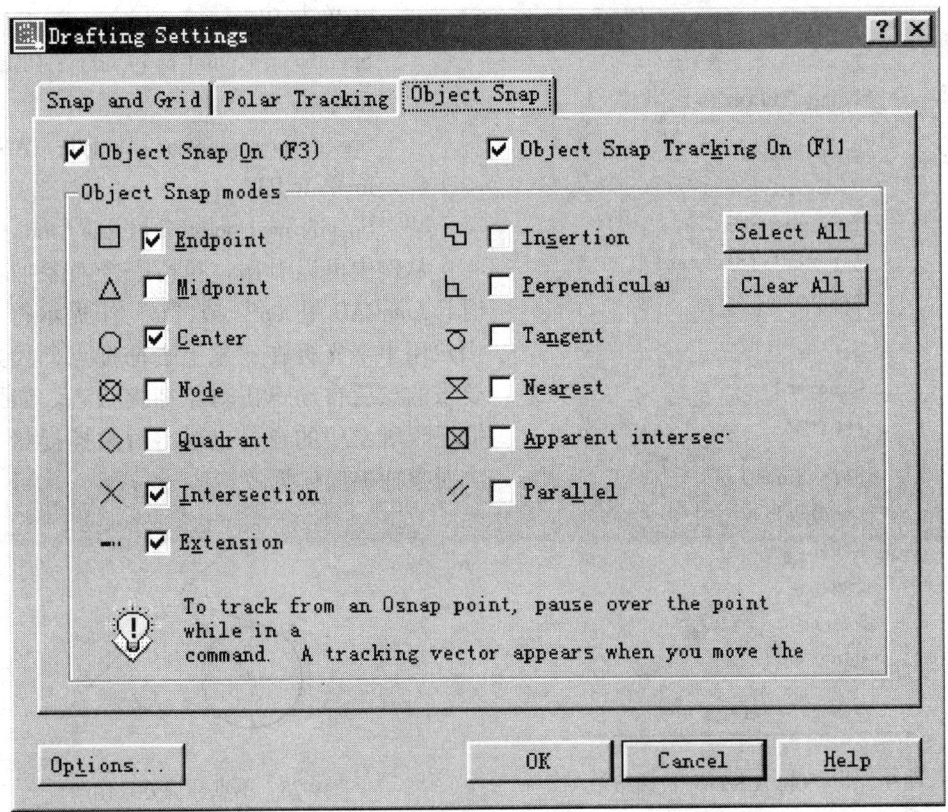

图 9-22 “Drafting Settings”对话框

单击“OSNAP”按钮打开或关闭对象捕捉方式。

(3) 单点捕捉方式

单点捕捉是指所设定的对象捕捉模式只对当前点的一次输入有效，其优先于 OSNAP 命令而实现对象捕捉功能。当 AutoCAD 提示要求输入点时，直接输入一个或几个对象捕捉方式，就能实现对对象的捕捉。为实现单点捕捉可以使用下述方法之一：

1）从键盘输入目标捕捉方式的前三个字母；

2）使用图 9-23 所示的“Object Snap”（对象捕捉）工具栏中的图标按钮；

图 9-23 “Object Snap”工具栏

3）使用 SHIFT 键加右键将弹出图 9-24 所示的“Object Snap”快捷菜单，选择其中一项对象捕捉方式后菜单自动关闭。

【例 9-5】 过圆心向已知直线作垂线，再由垂足作圆的切线（图 9-25）。

作图过程如下：

Command：LINE↙

Specify first point：CEN↙

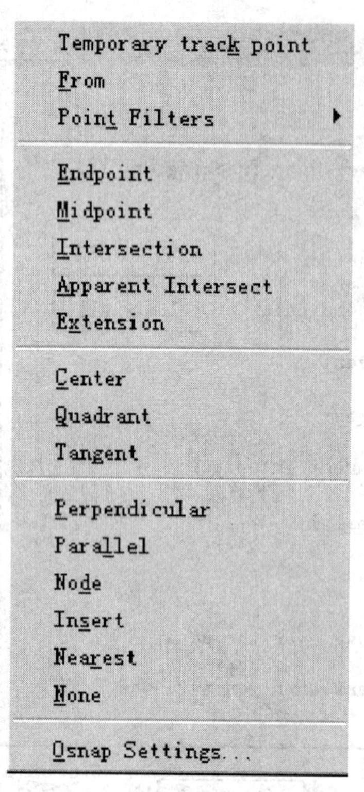

图 9-24 “Object Snap”快捷菜单

of 单击 P1

Specify next point or [Undo]: PER↙

to 单击 P2

Specify next point or [Undo]: TAN↙

to 单击 P3

Specify next point or [Close/Undo]: ↙

从例中可以看出，执行一个对象捕捉方式时，AutoCAD 用“of”或“to”作提示符，提示用户用十字光标在对象上去捕捉点，找到符合要求的点后自动退出对象捕捉状态。如果没有捕捉到所希望的点，也退出对象捕捉状态，此次对象捕捉操作无效。

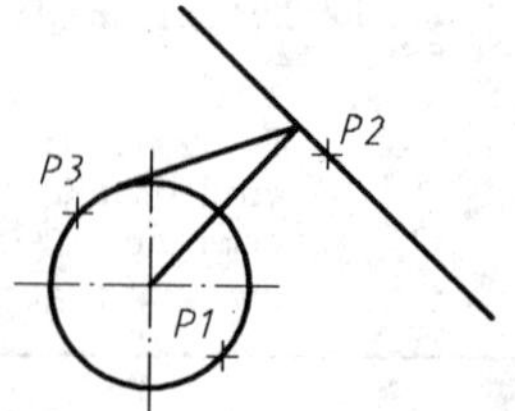

图 9-25 单点捕捉方式作图

9.4 图形编辑

9.4.1 对象选择

图形由各种对象构成，对图形作编辑操作是针对某一个或一组对象进行处理。被选择的对象的集合称为选择集。用户可以通过交互方式将对象加入到选择集中或从选择集中删除。当执行某个 AutoCAD 命令需要选择集时，便显示提示“Select objects:”（选择对象）。此时屏幕上的光标变为一个小方框，此小方框称为对象选择框。在“Select objects:”提示符下输入空格或回车，则退出对象选择状态。在一个命令下选中的所有对象构成一个选择集。对象选择的方式主要有以下 7 种。

1. 单选（SI）

移动选择框到欲选择的对象上，然后按左键或拾取键，则该对象被选中并“醒目”显示，如图 9-26 中的虚线所示。这种方式每次只能选中一个对象。

2. 窗口（W）选择

这种方式是以一个矩形区域（由两点定义的窗口）来选择对象。在窗口内的所有对象均被选中，但与窗口相交的对象不包括在内，如图 9-27 所示。这种方式的提示如下：

Select objects: W↙

Specify first corner: 指定第一个角点。

Specify opposite corner: 指定对角点。

拾取第一个角点后，移动鼠标时，AutoCAD将动态显示一个实线方框。该框随鼠标的移动可改变大小，帮助用户确定窗口的范围。定好范围后，按下左键或拾取键，窗口方式操作结束，选中的对象“醒目”显示。

3. 窗交（C）选择

在“Select objects:”提示下输入“C”，则表示使用窗交方式来选择对象。选择此方式后的操作与窗口选择方式完全相同，只是窗口显示的方框用虚线表示，选中的对象不仅包括窗口内的全部对象，而且还包括与窗口边界相交的对象，如图9-28所示。

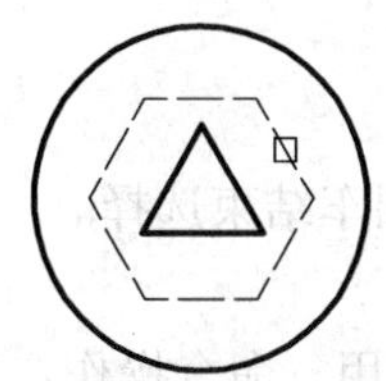
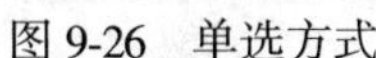

图9-26 单选方式

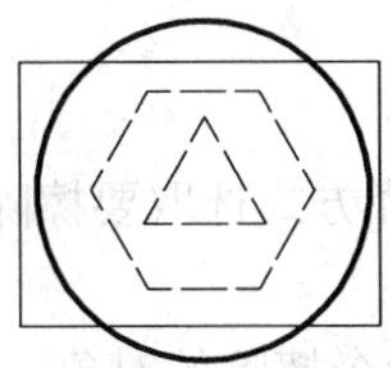

图9-27 窗口方式

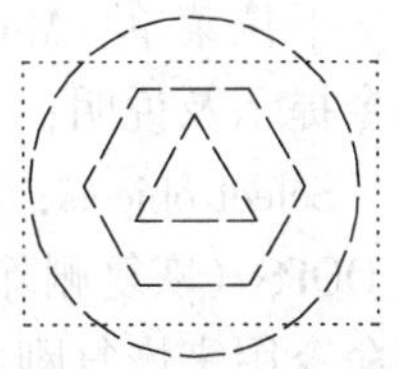

图9-28 窗交方式

4. 自动选择

这是一种自动方式。操作方式是移动对象选择框到图形的某一点处，按左键或拾取键。如有对象与选择框相交，则对象被选中；如此点处无对象，则该点就成为窗口的第一角点，同时显示提示“Specify opposite corner:”，要求输入窗口对角的另一点。若对角点在第一点的右侧，则形成窗口选择方式，窗口显示的方框为实线；若对角点在第一点的左侧，则形成窗交选择方式，显示的方框为虚线。

5. 全部（ALL）选择

在“Select objects:”提示下输入“ALL”，则表示选择解冻图层上的所有对象。

6. 最近（L）选择

在“Select objects:”提示下输入“L”，则表示选择最近一次创建的可见对象。

7. 放弃（U）选择

在“Select objects:”提示下输入“U”，则表示放弃选择最近加到选择集中的对象。

9.4.2 基本编辑命令

1. U（放弃）命令

该命令为撤消最近一次执行过的命令，并取消执行命令的结果。“U”命令还可以连续执行，按相反的命令执行顺序取消一个个已执行过的命令，直至一幅图的开始。命令输入方式如下：

键盘输入：U

图标按钮：“Standard”工具栏→

下拉菜单：Edit→Undo

2. REDO（重做）命令

该命令恢复被最近一次U命令撤消的命令，同时显示出被取消的图形，就像重画一样。“REDO”命令必须紧跟“U”命令来执行，否则无效。命令输入方式如下：

键盘输入：REDO

图标按钮："Standard"工具栏→

下拉菜单：Edit→Redo

3. ERASE（删除）命令

该命令用于删除绘图窗口内指定的对象。命令输入方式如下：

键盘输入：ERASE 或 E

图标按钮："Modify"工具栏→

下拉菜单：Modify→Erase

命令提示及说明：

Select objects：用各种对象选择方式选取要擦除的对象或者回车结束选择。

4. OOPS（恢复删除）命令

该命令用来恢复刚由"ERASE"命令擦除的对象，它不能连续使用。命令操作：

Command：OOPS↙

5. COPY（复制）命令

该命令用来对对象作一次或多次复制，并复制到指定位置。命令输入方式如下：

键盘输入：COPY、CO 或 CP

图标按钮："Modify"工具栏→

下拉菜单：Modify→Copy

命令提示：

Select objects：选择要复制的对象或按回车键结束选择。

Specify base point or displacement, or [Multiple]：(指定基点或位移，或者[重复]) 输入点或 M。

选择项说明如下。

1) Specify base point——输入基点，则显示提示：

Specify second point of displacement or < use first point as displacement >：(指定位移的第二点或 < 用第一点作位移 >) 输入复制后图形的基准点或默认用第一点的坐标作为从新图到原图间的相对位移量。

2) 输入 M，则为多重复制方式。选择该方式后提示：

Specify base point：输入基准点。

Specify second point of displacement or < use first point as displacement >：输入位移的第二点，即将原图从基准点复制到该点处。因作多次复制，此提示将重复显示，最后按回车键结束。

【例 9-6】 将原图从 P1 点复制到 P2 点，如图 9-29 所示。

Command：COPY↙

Select objects：W↙

Specify first corner：单击 P3 点

Specify opposite corner：单击 P4 点

3 found

Select objects: ↙

Specify base point or displacement, or [Multiple]: 单击 P1 点

Specify second point of displacement or < use first point as displacement > : 单击 P2 点

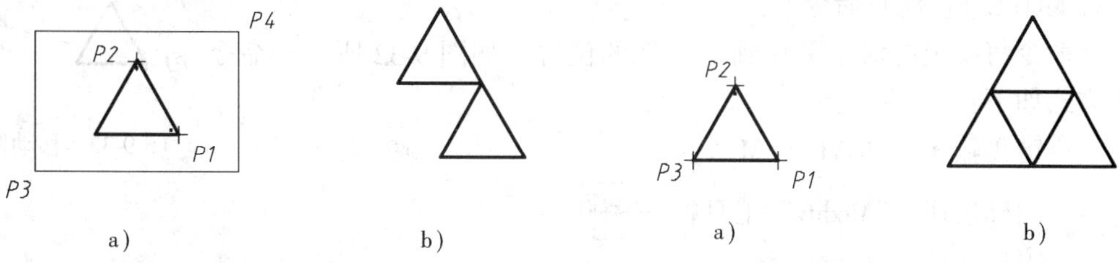

图 9-29　复制图形　　　　图 9-30　多重复制

【例 9-7】　在例 9-6 中，如要作二次复制，结果见图 9-30。选择对象后的操作如下：

Specify base point or displacement, or [Multiple]: M↙

Specify base point: 单击 P1 点

Specify second point of displacement or < use first point as displacement > : 单击 P2 点

Specify second point of displacement or < use first point as displacement > : 单击 P3 点

Specify second point of displacement or < use first point as displacement > : ↙

6. MIRROR（镜像）命令

该命令按给定的镜像线产生指定对象的镜像图形，如图 9-31 所示。原图形既可保留，也可删除。命令输入方式如下：

键盘输入：MIRROR 或 MI

图标按钮："Modify" 工具栏→

下拉菜单：Modify→Mirror

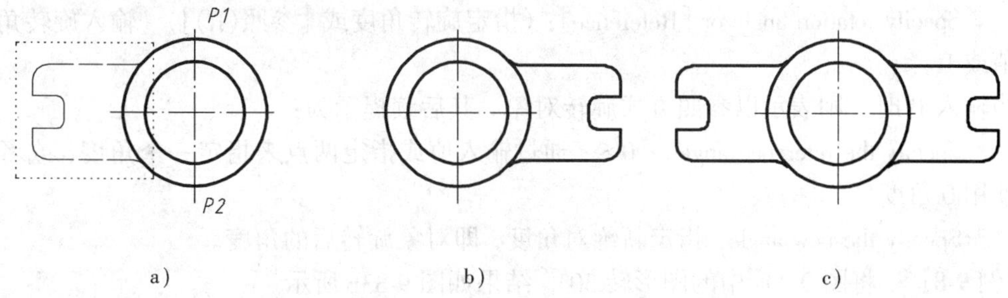

图 9-31　镜像图形

命令提示：

Select objects: 选择要镜像的图形，或者按回车键结束选择。

Specify first point of mirror line: 输入镜像线上第一点，如 P1 点。

Specify second point of mirror line: 输入镜像线上第二点，如 P2 点。

Delete source objects? [Yes/No] < N > : （是否删除源对象？[是/否]）< 否 >）　输入 Y 或 N 或按回车键。

选择项说明如下：

若输入 Y，则删除原对象，如图 9-31b 所示，若输入 N 或按回车键，则保留原对象，如图 9-31c 所示。

7. MOVE（移动）命令

该命令将指定的对象平移到一个新的位置，如图 9-32 所示。命令输入方式如下：

图 9-32　移动图形

键盘输入：MOVE 或 M

图标按钮："Modify" 工具栏→

下拉菜单：Modify→Move

命令提示及选择项说明：

Select objects：选择要移动对象或按回车键结束选择。

Specify base point or displacement：输入移动的基准点或位移量，如 P1 点。

Specify second point of displacement or < use first point as displacement >：输入移动的第二点，如 P2 点。

8. ROTATE（旋转）命令

该命令将选定的对象绕指定的基点旋转某一角度。当角度大于零时，按逆时针方向旋转；角度小于零时，按顺时针方向旋转。命令输入方式如下：

键盘输入：ROTATE 或 RO

图标按钮："Modify" 工具栏→

下拉菜单：Modify→Rotate

命令提示及选择项说明：

Select objects：选择要旋转的对象，或者按回车键结束选择。

Specify base point：输入旋转时的基准点。

Specify rotation angle or [Reference]：(指定旋转角度或 [参照(R)]）　输入旋转角度数值或 R。

当输入 R 时，则表示以参照方式旋转对象。其后续提示为：

Specify the reference angle <0>：通过输入值或指定两点来指定一个角度，或者回车使用 0 角度。

Specify the new angle：指定新绝对角度，即对象旋转后的角度。

【例 9-8】　将图 9-33a 中的图形转 30°，结果如图 9-33b 所示。

Command：ROTATE↙

Select objects：W↙

Specify first corner：单击 P1 点

Specify opposite corner：单击 P2 点

3 found

Select objects：↙

Specify base point：单击 P3 点

Specify rotation angle or [Reference]：30↙

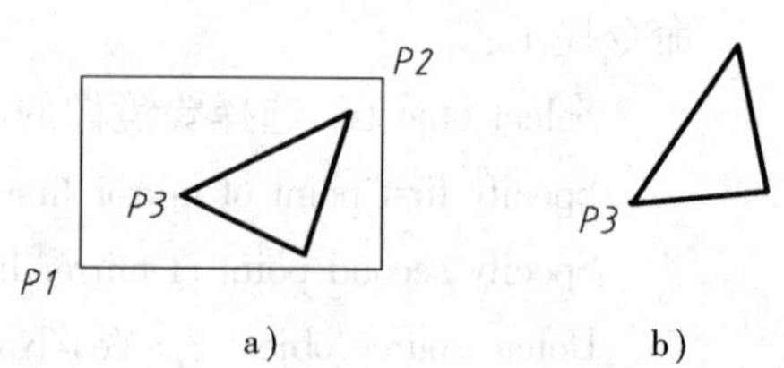

图 9-33　旋转图形

9. OFFSET（偏移）命令

该命令用于构造同心圆、平行线和平行曲线。命令输入方式如下：

键盘输入：OFFSET

图标按钮："Modify" 工具栏→

下拉菜单：Modify→Offset

命令提示：

Specify offset distance or [Through]:（指定偏移距离或[通过]） 输入数值或按回车键使用当前值,或输入 T。

选择项说明如下：

1）输入数值或按回车键使用当前值，则表示在距现有对象指定的距离处创建对象，其后续提示：

Select object to offset or <exit>:（选择要偏移的对象或<退出>） 选择对象或按回车键结束命令。

Specify point on side to offset：用点指明在原对象的哪一侧画同心圆或平行线。

2）输入 T，则表示创建通过指定点的对象，其后续提示：

Select object to offset or <exit>：选择对象或按回车键结束命令。

Specify through point：指定偏移对象要通过的点。

说明：对一个对象画同心圆或平行线后，还可对新画的对象再画另一个同心圆或平行线。在一种偏移方式下，可以连续作多次偏移复制，最后按回车键结束。

10. ARRAY（阵列）命令

该命令用于对选定图形按矩形或环形阵列复制图形，命令输入方式如下：

键盘输入：ARRAY 或 AR

图标按钮："Modify" 工具栏→

下拉菜单：Modify→Array...

执行 "Array" 命令后，将弹出图 9-34 所示的 "Array"（阵列）对话框。对话框右上角的 "Select objects" 按钮用于选择要阵列的图形。"Rectangular Array"（矩形阵列）选项创建由行和列数所定义的阵列，如图 9-34a 所示。其需输入或在屏幕上确定 Rows（行数）、Columns（列数）、Row offset（行偏移、行间距）和 Column offset（列偏移、列间距）等数值。"Polar Array"（环形阵列）选项通过围绕圆心复制选定图形来创建阵列，如图 9-34b 所示。其需输入或在屏幕上确定阵列 Center point（中心点）坐标数值、Total number of items（项目总数、阵列总数）和 Angle to fill（填充角度、阵列角度）等。

11. TRIM（修剪）命令

该命令可以用指定对象定义的剪切边修剪对象。该命令要求先选择作为剪切边的对象，再指定要剪去的部分。命令输入方式如下：

键盘输入：TRIM

图标按钮："Modify" 工具栏→

下拉菜单：Modify→Trim

命令提示：

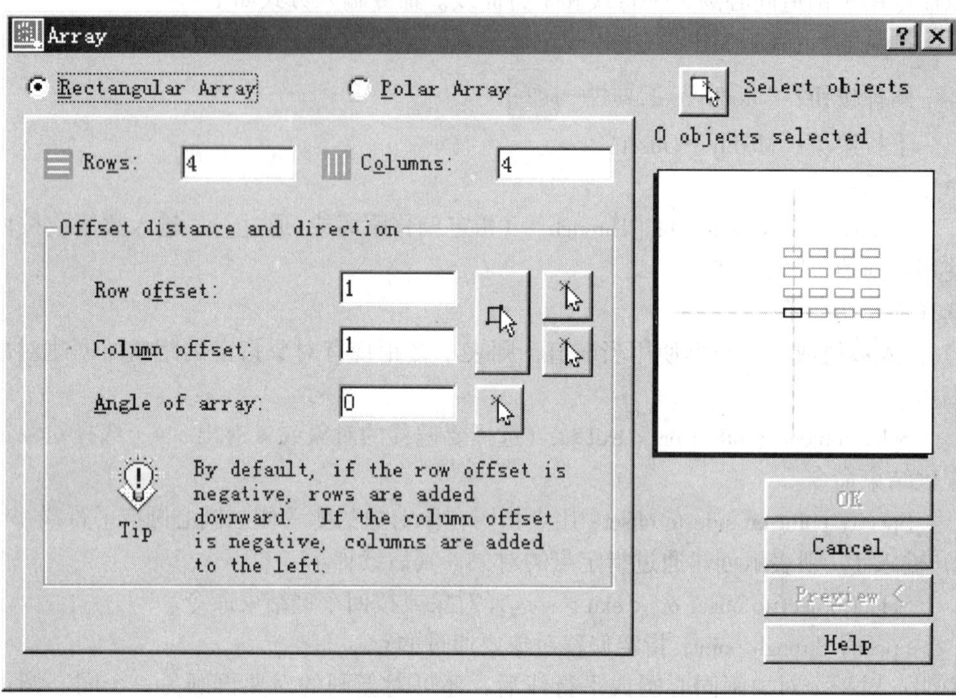

a)

Array
Rectangular Array
Polar Array
Select objects
0 objects selected
Center point: X: 38 Y: 47
Method and values
Method:
Total number of items & Angle to fill
Total number of items: 4
Angle to fill: 360
Angle between items: 90
Tip
For angle to fill, a positive value specifies counterclockwise rotation. A negative value specifies clockwise rotation.
Rotate items as copied
More
OK
Cancel
Preview
Help

b)

图 9-34 “Array”对话框

Current settings: Projection = UCS, Edge = None（当前投影模式为当前用户坐标系,剪切边模式是不延长）

Select cutting edges ...（选择剪切边）

Select objects：选择剪切边或按回车键结束选择。若直接按回车键，则选择所有对象作为剪切边。

Select object to trim or shift-select to extend or [Project/Edge/Undo]:（选择要修剪的对象,按住 Shift 键选择要延伸的对象,或[投影/边/放弃]） 直接点取要修剪的对象或输入选择项,或按回车键结束命令。

选择项说明如下：

1）Select object to trim——选择要修剪的对象，则 AutoCAD 重复显示选择要修剪对象的提示，所以可以修剪多个对象。剪切边也可作为修剪的对象，修剪后不再“醒目”显示，但仍是剪切边。修剪对象一般用点取方式选取，且选择点落在修剪对象的哪一侧，则此部分被修剪掉。图 9-35 表示修剪命令的执行过程，图 9-35a 为初始图形，图 9-35b 为选择剪切边的操作，图 9-35c 中“×”表示选择修剪对象的位置，图 9-35d 为完成的图形。

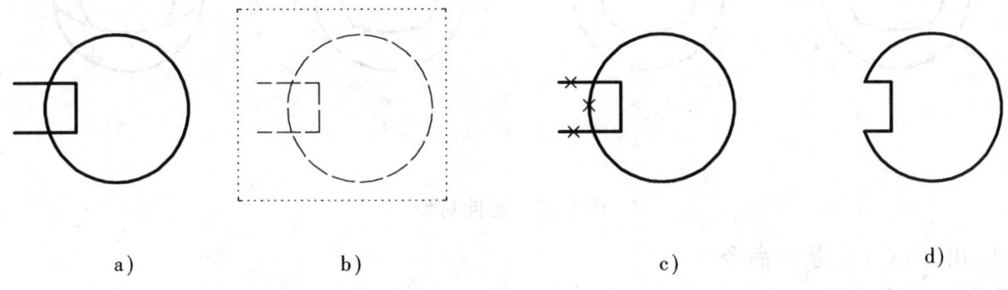

图 9-35 修剪对象

2）输入 P，则进入设置投影模式，用于修剪三维图形。

3）输入 E 用于设置剪切边模式。其后续提示：

Enter an implied edge extension mode [Extend/No extend] <No extend>:（输入隐含边延伸模式 [延伸/不延伸] <当前模式>） 输入选项或按回车键。

Extend——剪切边为延长模式。即使剪切边不与对象相交，但经延长后能与对象相交时，对象也能被修剪，如图 9-36 所示。

No extend——剪切边为不延长模式。对象必须与剪切边相交时才能被修剪。

4）输入 U，取消最近一次修剪操作。

12. EXTEND（延伸）命令

该命令延长指定的对象，使其到达图中所选定的边界。命令输入方式如下：

键盘输入：EXTEND

图标按钮：“Modify”工具栏→

下拉菜单：Modify→Extend

命令提示：

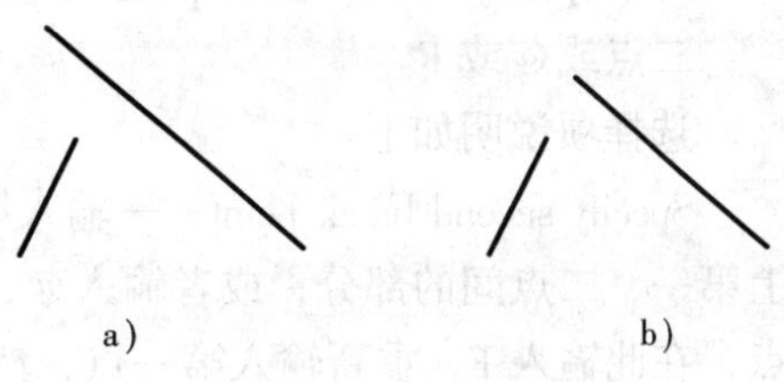

图 9-36 延伸修剪

Current settings：Projection = UCS，Edge = None （当前投影模式为当前用户坐标系，边界模式为不延伸）

Select boundary edges ... （选择边界的边）

Select objects：指定边界或按回车键结束选择。

Select object to extend or shift-select to trim or [Project/Edge/Undo]：（选择要延伸的对象，按住 Shift 键选择要修剪的对象，或 [投影/边/放弃]） 指定要延长的对象，或输入选择项，或按回车键结束命令。

选择项说明如下：

1）Project、Edge、Undo 选择项与“TRIM”命令相近。

2）延伸对象总是从距离对象选择点最近的那个端点开始，延伸到最近的一条边界。图 9-37 表示延伸命令的执行过程，图 9-37a 为初始图形，图 9-37b 中带选择框的边为延伸边界，图 9-37c 中“×”的对象为延伸边，图 9-37d 为完成的图形。

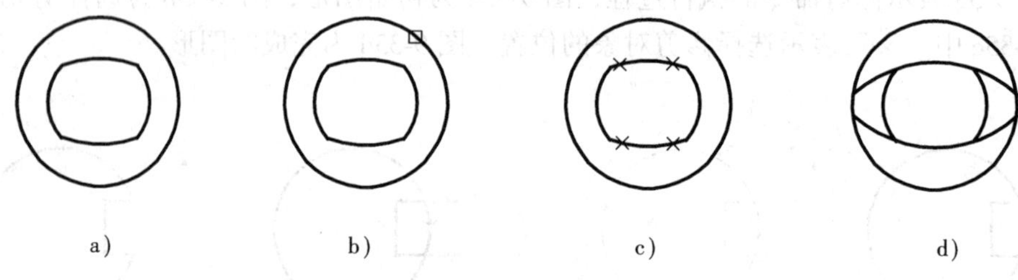

图 9-37　延伸对象

13. BREAK（打断）命令

该命令擦除直线、圆弧或圆等对象上两个指定点间的部分，或者将它们从某一点处切断为两个对象，如图 9-38 所示。图中双点画线表示被擦除的部分。圆不能从某一点处切断。命令输入方式如下。

键盘输入：BREAK

图标按钮：“Modify”工具栏→

下拉菜单：Modify→Break

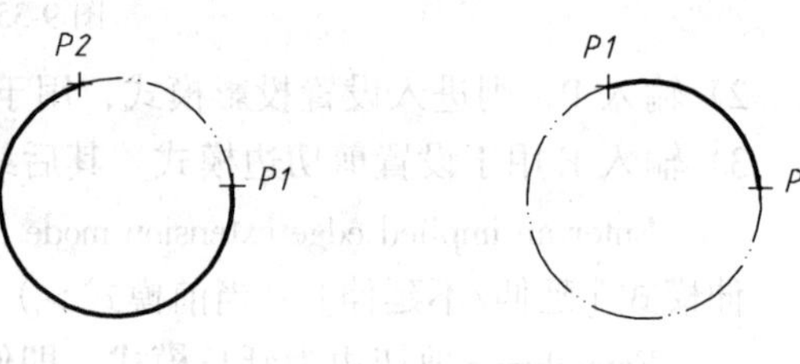

图 9-38　打断对象

命令提示：

Select object：指定要打断的对象或指定对象上的第一个断点。

Specify second break point or [First point]：（指定第二个打断点或[第一点]） 输入第二点或@或 F。

选择项说明如下：

Specify second break point——输入第二点，以目标选择点为第一点，即可擦除指定对象上第一、二点间的部分；或者输入@，将从第一点处切断对象；或者不以对象选择点为第一点，在此输入 F，重新输入第一点，然后输入第二点。其提示如下：

Specify first break point：指定第一个打断点，如 P1 点。

Specify second break point：指定第二个打断点，如 P2 点或输入@。

说明：执行“BREAK”命令时，输入的第二点可以不在打断对象上。若打断对象为圆，则按逆时针方向擦除两点之间的弧。

14. CHAMFER（倒角）命令

该命令可以将两条不平行的直线切出倒角。执行该命令时首先应设置两个倒角距离或一个倒角距离和一个角度，然后再选择两条线进行倒角操作。命令输入方式如下：

键盘输入：CHAMFER 或 CHA

图标按钮：“Modify”工具栏→

下拉菜单：Modify→Chamfer

命令提示：

(TRIM mode) Current chamfer Dist1 = 10.0000, Dist2 = 10.0000 ((“修剪”模式)当前倒角距离 1 = 10.0000,距离 2 = 10.0000)

Select first line or [Polyline/Distance/Angle/Trim/Method]：(选择第一条直线或[多段线/距离/角度/修剪/方法]) 选择倒角的第一条直线,或者输入选择项。

选择项说明如下：

1) Select first line——选择倒角的第一条直线，则按定义的倒角距离对两直线进行倒角。其后续提示为：

Select second line：(选择第二条直线)

当两个倒角距离不相等时，应注意使选取直线的顺序与定义的倒角距离一致。

2) 输入 P，则对整个二维多段线进行倒角。多段线的各段应是直线，如果多段线包含的线段过短即其长度小于倒角距离，则不对这些线段倒角。其后续提示为：

Select 2D polyline：(选择二维多段线)

3) 输入 D，则设置倒角至选定边端点的距离即倒角距离。其后续提示为：

Specify first chamfer distance < 10.0000 >：输入第一个倒角距离或按回车键使用当前值。

Specify second chamfer distance < 10.0000 >：输入第二个倒角距离或按回车键使用当前值。

如果将两个距离都设置为零，AutoCAD 将延伸或修剪相应的两条线以使二者终止于同一点。

4) 输入 A，则通过第一条线的倒角距离和与第一条线的角度设置倒角距离。其后续提示为：

Specify chamfer length on the first line < 10.0000 >：输入第一个倒角距离或按回车键使用当前值。

Specify chamfer angle from the first line < 0 >：输入斜线与第一条直线为始边所夹的角度，或按回车键使用当前值。

5) 输入 T，则控制是否将选定边修剪为倒角线端点。其后续提示为：

Enter Trim mode option [Trim/No trim] < Trim >：(输入修剪模式选项 [修剪/不修剪] < 当前值 >) 输入 T 为修剪模式，输入 N 为不修剪模式，或者按回车键接受当前模式。

6）输入 M，则设置修剪方式即控制使用两个距离还是一个距离和一个角度来创建倒角。其后续提示为：

Enter trim method [Distance/Angle] < Angle > :（输入修剪方式[距离/角度] < 当前值 >） 输入 D 是用两个距离作倒角处理，输入 A 是用一个倒角距离和一个角度来作倒角处理，或者按回车键使用当前方式。

15. FILLET（圆角）命令

该命令利用给定半径的圆弧分别与两指定对象相切。命令输入方式如下：

键盘输入：FILLET

图标按钮："Modify"工具栏→

下拉菜单：Modify→Fillet

命令提示：

Current settings: Mode = TRIM, Radius = 10.0000（当前模式:模式 = 修剪模式,半径 = 10.0000）

Select first object or [Polyline/Radius/Trim]:（选择第一个对象或[多段线/半径/修剪]） 指定对象或输入选择项。

选择项说明如下：

1）Select first object——选择对象，按定义的半径值进行倒圆角操作。其后续提示为：

Select second object:（选择第二个对象）

2）输入 R，则设置圆角半径。其后续提示为：

Specify fillet radius < 10.0000 > : 输入圆角半径或按回车键使用当前值。

Polyline 和 Trim 选项与"CHAMFER"命令相似，不再叙述。

【例 9-9】 用半径为 15 的圆弧连接两直线，如图 9-39 所示。

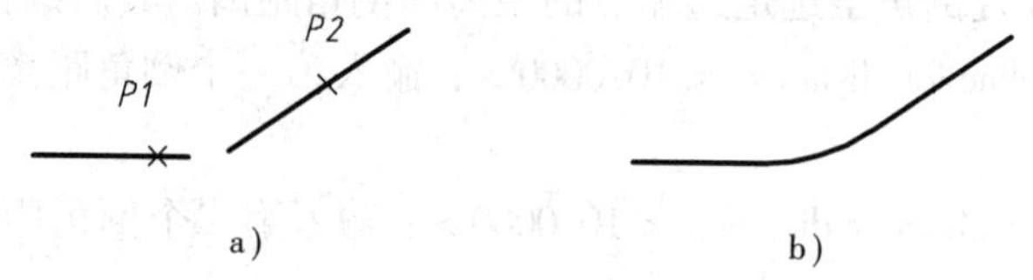

图 9-39 圆角操作

Command: FILLET↙

Current settings: Mode = TRIM, Radius = 10.0000

Select first object or [Polyline/Radius/Trim]: R↙

Specify fillet radius < 10.0000 > : 15↙

Select first object or [Polyline/Radius/Trim]: 单击 P1 点

Select second object: 单击 P2 点

16. SCALE（比例缩放）命令

该命令可将对象按指定的比例因子相对基点进行缩放变换。大于 1 的比例因子使对象放大。介于 0 和 1 之间的比例因子使对象缩小。命令输入方式如下：

键盘输入：SCALE 或 SC

图标按钮："Modify" 工具栏→

下拉菜单：Modify→Scale

命令提示及选择项说明：

Select objects：选择要缩放的对象，或者按回车键结束选择。

Specify base point：输入缩放对象的基准点。放大对象时基准点尽量在图形范围内选择，以免对象放大后跑到绘图窗口以外。

Specify scale factor or [Reference]：(指定比例因子或[参照]) 输入比例因子数值或 R。

当输入 R 时，则表示以参照方式缩放对象。其后续提示为：

Specify reference length <1>：输入参照长度或回车使用缺省值 1。

Specify new length：输入缩放后的长度。

说明：在绘制放大或缩小的图形时，一般先按 1:1 绘制，再用 "SCALE" 命令放大或缩小图形。

17. PROPERTIES（特性）命令

"PROPERTIES" 命令用图 9-40 所示的 "Properties" 对话框显示选定对象的所有特性或属性，这些特性包括 Color（颜色）、Layer（所在图层）、Linetype（线型）和数据等。用户可以通过 "Properties" 对话框修改选定对象的特性。命令输入方式如下：

键盘输入：PROPERTIES 或 CH

图标按钮："Standard" 工具栏→

下拉菜单：Modify→Properties 或 Tools→Properties

要使用 "Properties" 对话框修改特性，请选择需要修改特性的对象，并使用以下几种方法之一进行修改。

1）输入新值。

2）从列表中选择值。

3）在对话框中修改特性值。

4）使用 "拾取点" 按钮修改坐标值。

说明：特性值 "ByLayer"（随层）表示此特性与对象所在图层的特性相同。"Properties" 对话框根据不同的选定对象显示出相应特性。例如，图 9-40a 显示出直线的特性，图 9-40b 显示圆的特性。

18. MATCHPROP（特性匹配）命令

该命令将选定对象（源对象）的特性（颜色、图层、线型等）应用到其他对象（目标对象）上。命令输入方式如下：

键盘输入：MATCHPROP

图标按钮："Standard" 工具栏→

下拉菜单：Modify→Match Properties

命令提示及选择项说明：

Select source object：选择要复制其特性的源对象。

Select destination object(s) or [Settings]：(选择目标对象或[设置]) 选择一个或多个要向其复制特性的对象或输入 S 或按回车键结束命令。

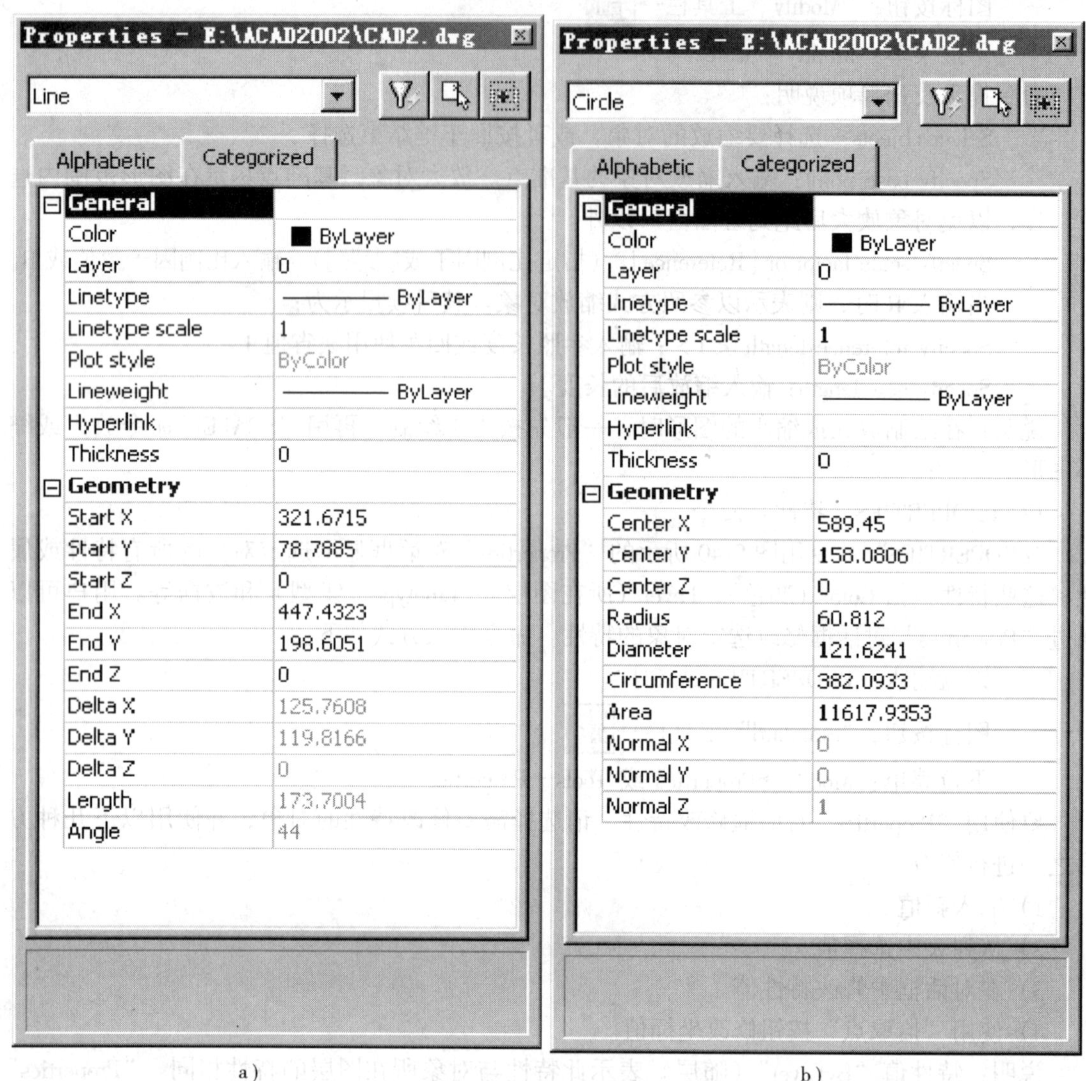

图 9-40 “Properties”对话框

当输入 S 时，则显示图 9-41 所示的“Property Settings”对话框，可在其中控制某些特性匹配到目标对象。

9.4.3 绘图举例

前面已经介绍了创建用户样板图的方法、基本绘图命令和基本编辑命令。现在利用这些知识以图 9-42 所示手柄为例，说明绘制几何图形的步骤和方法。

1）首先装入用户样板图，这里选择“A4”，开始绘图。

2）在状态栏单击“ORTHO”按钮打开正交模式。

3）将“Layer1”层置为当前层。用鼠标单击“Object Properties”工具栏的“Layer”框右侧箭头，打开“Layer”下拉列表，选择层名“Layer1”，则层“Layer1”被置为当前层。

4）画基准线，操作如下：

Command：LINE↙

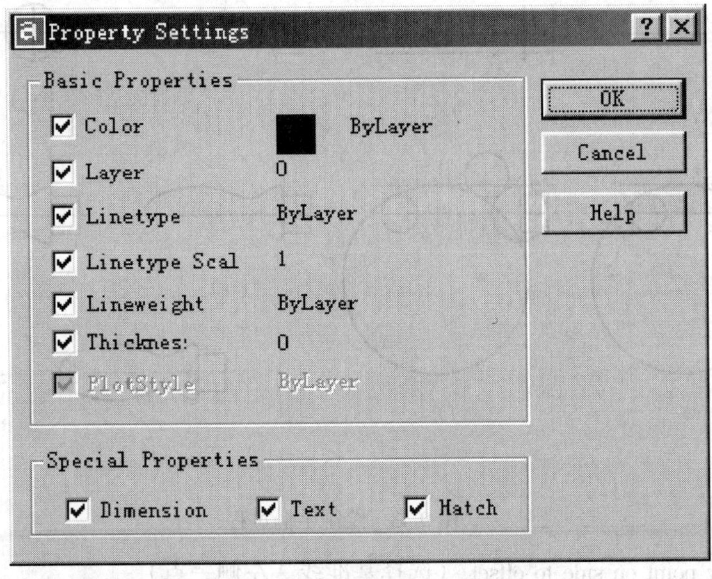

图 9-41 “Property Settings”对话框

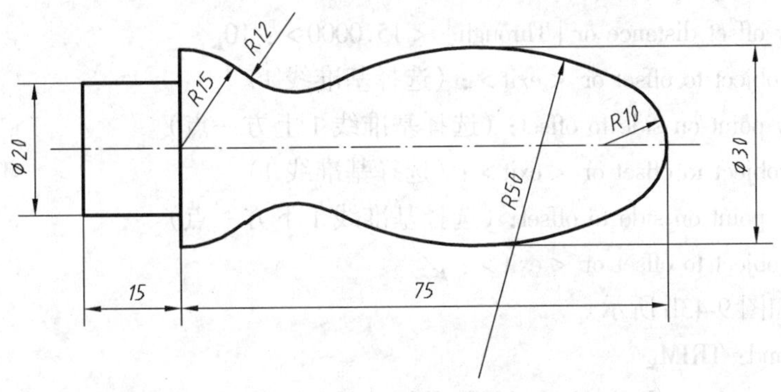

图 9-42 手柄

Specify first point: 80, 120↙
Specify next point or [Undo]: @100, 0↙
Specify next point or [Undo]: ↙ (基准线 1)
Command: ↙
Specify first point: 100, 105↙
Specify next point or [Undo]: @0, 30↙
Specify next point or [Undo]: ↙ (基准线 2)

作图结果如图 9-43a 所示。

5）画矩形部分，操作如下：

Command: OFFSET↙
Specify offset distance or [Through] <10.0000>: 15↙
Select object to offset or <exit>: (选择基准线 2)

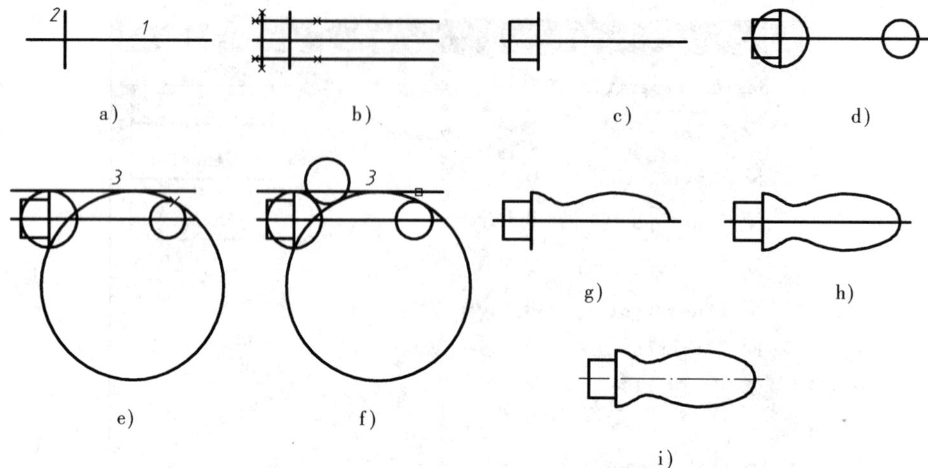

图 9-43　绘制手柄过程

Specify point on side to offset:（选择基准线 2 左侧一点）

Select object to offset or < exit > : ↙

Command: ↙

Specify offset distance or [Through] <15.0000> : 10↙

Select object to offset or < exit > :（选择基准线 1）

Specify point on side to offset:（选择基准线 1 上方一点）

Select object to offset or < exit > :（选择基准线 1）

Specify point on side to offset:（选择基准线 1 下方一点）

Select object to offset or < exit > : ↙

作图结果如图 9-43b 所示。

Command: TRIM↙

Current settings: Projection = UCS, Edge = None

Select cutting edges ...

Select objects: ↙

Select object to trim or shift-select to extend or [Project/Edge/Undo]: 单击有“×”标记的部位。

Select object to trim or shift-select to extend or [Project/Edge/Undo]:↙

修剪的结果如图 9-43c 所示。

6）画已知圆弧部分，操作如下：

Command: CIRCLE↙

Specify center point for circle or [3P/2P/Ttr (tan tan radius)]: INT↙

of（选择两条基准线的交点）

Specify radius of circle or [Diameter] <10.0000> : 15↙

Command: ↙

Specify center point for circle or [3P/2P/Ttr (tan tan radius)]: @65, 0↙

Specify radius of circle or [Diameter] < 15.0000 > : 10↙

作图结果如图 9-43d 所示。

7）画中间圆弧部分，操作如下：

Command: OFFSET↙

Specify offset distance or [Through] < 10.0000 > : 15↙

Select object to offset or < exit > :（选择基准线 1）

Specify point on side to offset:（选择基准线 1 上方一点）

Select object to offset or < exit > : ↙

Command: CIRCLE↙

Specify center point for circle or [3P/2P/Ttr (tan tan radius)]: T↙

Specify point on object for first tangent of circle:（选择直线 3）

Specify point on object for second tangent of circle:（选择有“×”标记的部位）

Specify radius of circle < 10.0000 > : 50↙

作图结果如图 9-43e 所示。

8）画连接圆弧部分，操作如下：

Command: CIRCLE↙

Specify center point for circle or [3P/2P/Ttr (tan tan radius)]: T↙

Specify point on object for first tangent of circle:（选择 R50 的圆）

Specify point on object for second tangent of circle:（选择 R15 的圆）

Specify radius of circle < 50.0000 > : 12↙

作图结果如图 9-43f 所示。

9）整理图形，操作如下：

Command: ERASE↙

Select objects:（选择标有“□”标记的图线）

Select objects: ↙

使用“TRIM”命令整理图形，结果如图 9-43g 所示。

10）镜像复制图形，操作如下：

Command: MIRROR↙

Select objects:（选择所有的圆弧）

Select objects: ↙

Specify first point of mirror line:（选择基准线 1 的左端点）

Specify second point of mirror line:（选择基准线 1 的右端点）

Delete source objects? [Yes/No] < N > : ↙

结果如图 9-43h 所示。

11）将基准线 1 改变为用点画线表示，操作如下：

Command: PROPERTIES↙

Select objects:（选择基准线 1）

单击“Properties”窗口的“Layer”项右侧，在列表中选择“Layer2”，然后关闭“Properties”窗口，并按“ESC”键。最后，所绘图形如图 9-43i 所示。

12）以“手柄”为名，用“SAVE”命令将图形保存。

9.5 图案填充

图案填充也称为阴影线绘制，是在某些区域填入各种图案。在机械工程图样中，称为绘制剖面符号。

9.5.1 BHATCH（图案填充）命令

“BHATCH”命令是在封闭边界内绘制选定的图案。该命令能在指定点周围自动寻找封闭边界，也可由用户指定边界。命令输入方式如下：

键盘输入：BHTACH 或 H

图标按钮：“Draw”工具栏→

下拉菜单：Draw→Hatch...

执行“BHATCH”命令后，将弹出图 9-44 所示的“Boundary Hatch”对话框，其用于定义边界、图案类型、图案特性和填充对象属性。使用“Quick”（快速）选项卡处理填充图案并快速创建填充图案。使用“Advanced”（高级）选项卡自定义 AutoCAD 创建及填充边界的方式。

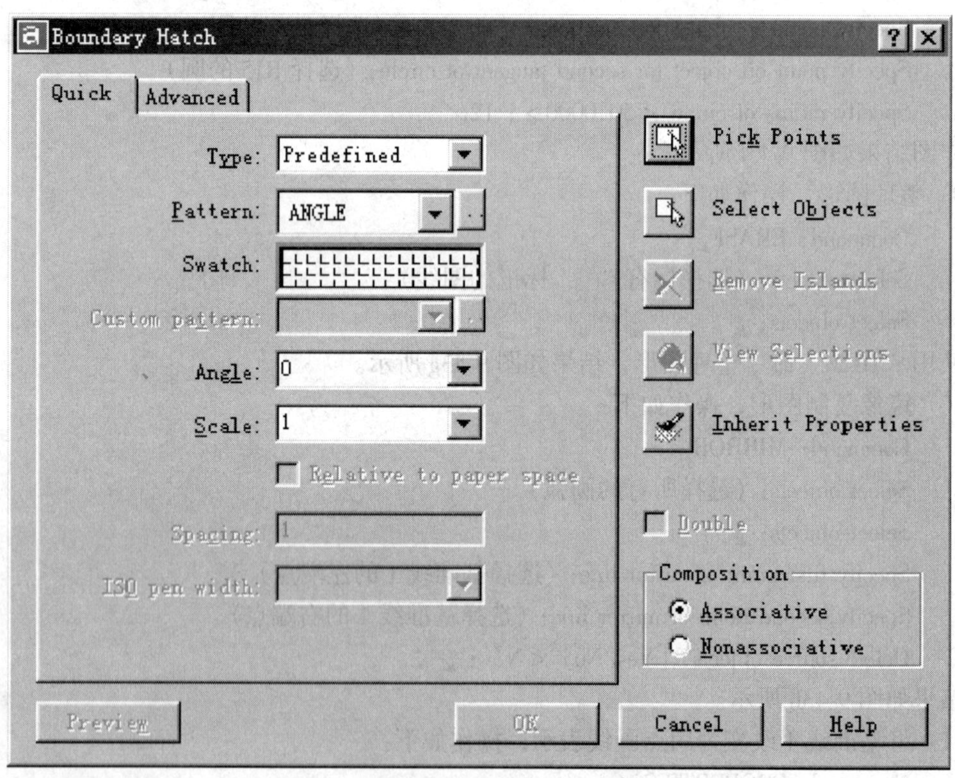

图 9-44 “Boundary Hatch”对话框

1. 选择填充图案

“Type”（类型）下拉列表用于选择填充图案类型。该下拉列表中有三个选项：“Predefined”（预定义）选项使用 AutoCAD 预先定义图案；“User defined”（用户定义）选项使用一组间隔相等的平行直线；“Custom”（自定义）选项使用用户事先定义好的图案。

当选择“Predefined”选项时，“Pattern”（图案）选项才可用。从“Pattern”下拉列表中可以根据图案名称进行选择，也可单击右侧“...”按钮从图 9-45 所示的“Hatch Pattern Palette”对话框选择。

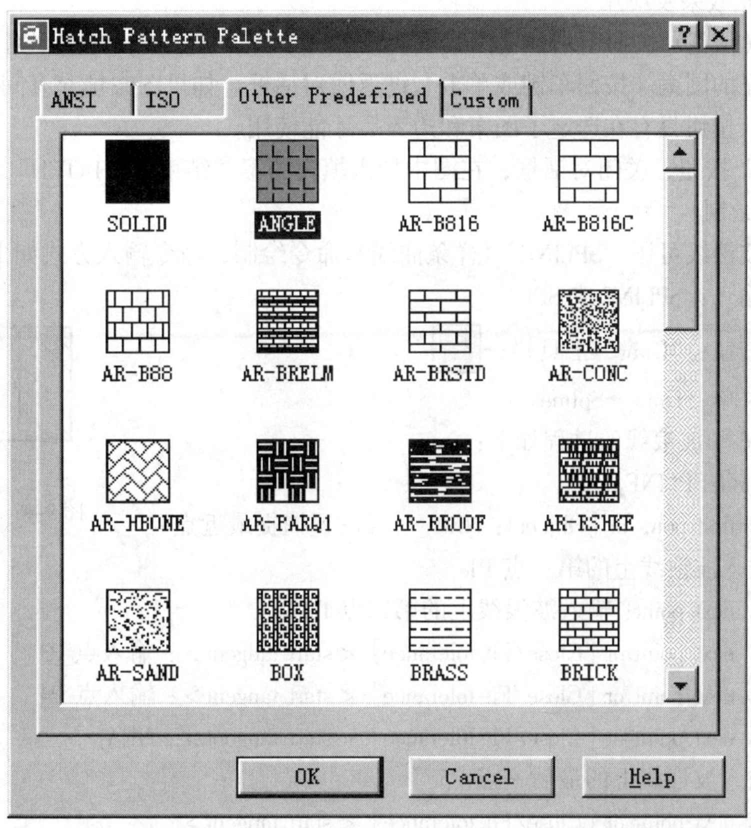

图 9-45 “Hatch Pattern Palette”对话框

在机械图样中的剖面线既可使用预定义图案“ANSI31”，又可利用“User defined”选项来绘制。使用“User defined”选项时，应在“Angle”（角度）右侧的编辑框中输入剖面线的角度，如 45；在“Scale”（间距）右侧的编辑框中输入剖面线的间距，如 3。

当使用预定义图案时，“Angle”右侧编辑框中数值表示填充图案的旋转角度；“Scale”右侧的编辑框的数值表示图案填充时的比例值。

2. 选择填充边界

图案填充边界的选择可利用“Pick Points”（拾取点）或“Select Objects”按钮来进行。

1）单击“Pick Points”按钮后，将临时关闭对话框并提示：

Select internal point：选择填充边界内部的一个点。

用户在填充边界内部指定一点，AutoCAD 自动寻找该点周围的边界，并以虚线显示。如果显示的虚线边界不对，说明需要的边界不封闭。如果没有显示，则弹出“Boundary Definition Error”（边界定义错误）对话框，根据错误提示再适当操作。用户可以连续指定多个封闭区域。输入 U 可取消前一个选择。最后按回车键结束，并返回对话框。

2）“Select Objects”按钮由用户指定填充边界。单击该按钮，将临时关闭对话框并提示：

Select objects：

用户可使用各种对象选择方式指定填充边界。用这种方法指定的边界最好是首尾相连，否则结果无法预料。最后按回车键结束选择，并返回对话框。

3. 预览填充效果及应用

“Preview”（预览）按钮用来预览图案填充效果。单击该按钮，暂时关闭对话框，在图上显示出将要填充的图案。按回车键或单击右键返回对话框。如果图案填充有问题，还可以进行相应修改。该按钮只有在选定了图案和边界后才能使用。

单击“OK”按钮，关闭对话框，在图中加入填充图案，结束“BHATCH”命令。

9.5.2 波浪线绘制

图形中的波浪线可用“SPLINE”（样条曲线）命令绘制，命令输入方式如下：

键盘输入：SPLINE 或 SPL

图标按钮：“Draw”工具栏→

下拉菜单：Draw→Spline

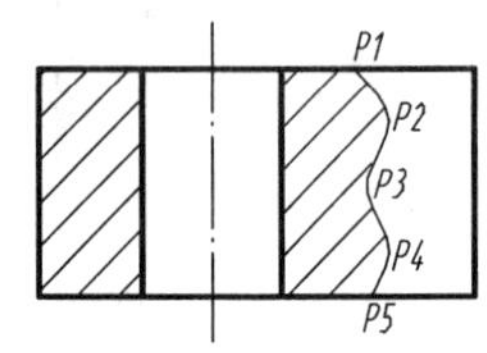

图 9-46 波浪线的绘制

绘制图 9-46 中波浪线的过程如下：

Command：SPLINE↙

Specify first point or [Object]：NEA↙ （设置捕捉最近点）

to 输入波浪线上的第一点 P1

Specify next point：输入波浪线上的第二点 P2

Specify next point or [Close/Fit tolerance] <start tangent>：输入点 P3

Specify next point or [Close/Fit tolerance] <start tangent>：输入点 P4

Specify next point or [Close/Fit tolerance] <start tangent>：NEA↙

to 输入波浪线上的最后一点 P5

Specify next point or [Close/Fit tolerance] <start tangent>：↙

Specify start tangent：↙

Specify end tangent：↙

9.6 文字书写

书写文字是工程图样上的一项重要内容。图样上的文字主要有数字、字母和汉字等。数字和字母是一类，汉字则是另一类。在 AutoCAD 中要用“STYLE”（文字样式）命令分别定义这两种文字。

9.6.1 STYLE（文字样式）命令

该命令用于定义和修改书写文字时使用的样式。命令输入方式如下：

键盘输入：STYLE 或 ST

图标按钮：“Text”工具栏→

下拉菜单：Format→Text Style...

执行“STYLE”命令后，将弹出图 9-47 所示“Text Style”（文字样式）对话框。对话框中各选项含义如下：

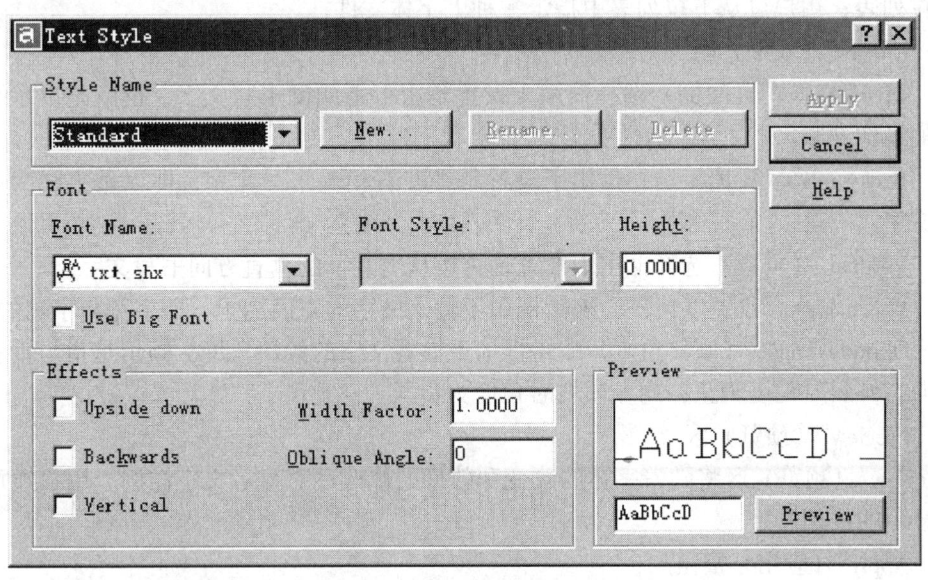

图 9-47 “Text Style”对话框

1．“Style Name”（样式名）区

1）“Style Name”下拉列表显示当前文字样式名，它列出所有已定义好的文字样式名。用户要改变当前文字样式，应单击下拉列表中的一种。

2）“New...”按钮建立新文字样式。单击该按钮，弹出图 9-48 所示“New Text Style”（新建文字样式）对话框。输入新样式名后按“OK”按钮，返回“Text Style”对话框。新的文字样式名显示在“Style Name”列表中，并且成为当前样式。

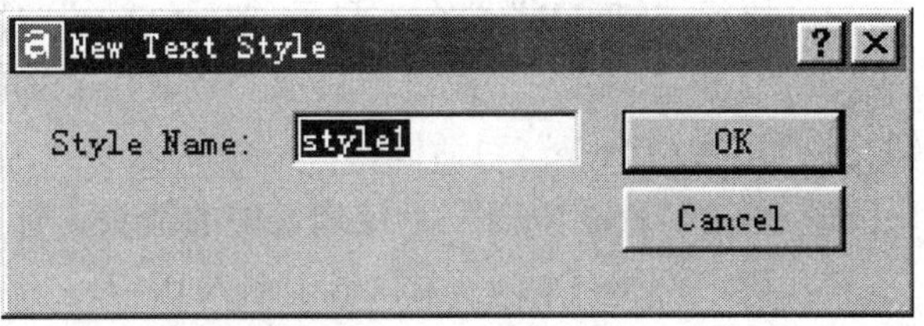

图 9-48 “New Text Style”对话框

3）“Rename”（重命名）按钮对已存在的文字样式重新命名。

4）“Delete”（删除）按钮用于删除当前文字样式。

2．“Font”（字体）区

1）“Font Name”（字体名）下拉列表显示文字字体名。用户可从下拉列表中指定一种字体文件。

2）“Font Style”（字体样式）下拉列表显示字体样式。字体样式有三种：Regular（常规）、Italic（斜体）和 Bold（粗体）。

3）“Height”（高度）编辑框用于指定文字高度。如果高度值为 0，则在书写文字时会提示用户输入字高，否则将不提示用户输入字高。如果不要求用户输入字高，则表明书写的文字只有一种高度，就是在这里指定的字高，并且不能改变。

4）“Use Big Font”（使用大字体）选择框用于设置是否使用大字体文件。只有在“Font

Name”中指定 SHX 文件，才可以使用“大字体”。当使用大字体时，“Font Name”下拉列表将变为“SHX Font”（SHX 字体）下拉列表，“Font Style”下拉列表将变为“Big Font”（大字体）下拉列表；用户可从下拉列表中指定一种大字体文件。

3．“Effects”（效果）区

1）“Upside down”（颠倒）选择框用于设置是否上下颠倒来写文字，也就是以水平线为镜像线的镜像文字。

2）“Backwards”（反向）选择框用于设置是否左右相反来写文字，即以垂直线为镜像线的镜像文字。

3）“Vertical”（垂直）选择框用于设置是否按从上到下的垂直方向书写文字。

4）“Width Factor”（宽度比例）编辑框用于输入文字的宽度因子，即字宽与字高的比。

5）“Oblique Angle”（倾斜角度）编辑框用于设置文字的倾斜角度。倾角是指与垂直线的夹角。向右倾斜时角度为正；向左倾斜时角度为负。

4．“Preview”（预览）区

“Preview”（预览）区将随着字体的改变和效果的修改动态显示文字样例。用户还可重新指定要显示的样例文字。

5．“Apply”（应用）按钮

“Apply”（应用）按钮将对话框中所作的样式修改应用于图形中当前样式的文字。

【例 9-10】 设置 FS 和 GB 两种文字样式。

FS 字体是用来写汉字的仿宋体。GB 字体用来写字母、数字、符号等，是《技术制图》国家标准要求的文字样式。设置两种文字样式的操作步骤如下：

1）执行“STYLE”命令，显示“Text Style”对话框；

2）单击“New...”按钮，显示“New Text Style”对话框，输入 FS 样式名后按“OK”按钮，返回“Text Style”对话框；

3）单击“Font Name”下拉列表中的箭头，查找“仿宋_ GB2312”并选择它；

4）在“Width Factor”编辑框中输入 0.67；

5）单击“Apply”按钮，FS 文字样式设置完成；

6）单击“New...”按钮，输入 GB 样式名后，按“OK”按钮；

7）单击“Font Name”下拉列表，选择“isocp.shx”；

8）在“Oblique Angle”编辑框中输入 15；

9）单击“Apply”按钮，完成 GB 文字样式设置。

9.6.2 MTEXT（多行文字）命令

该命令使用“Multiline Text Editor”（多行文字编辑器）对话框（图 9-49）书写文字、编辑文字和设置文字的特性。命令输入方式如下：

键盘输入：MTEXT 或 T

图标按钮：“Draw”工具栏→ A

下拉菜单：Draw→Text→Multiline Text...

命令提示：

Specify first corner：指定一点作为书写文字区域的第一个角点。

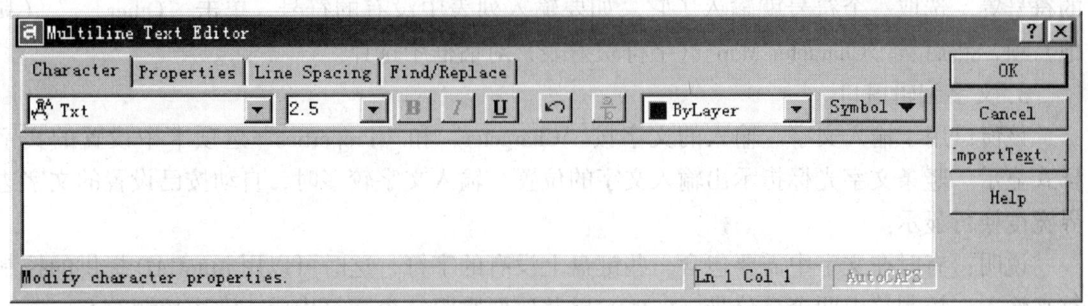

图 9-49 “Multiline Text Editor”对话框

Specify opposite corner or [Height/Justify/Line spacing/Rotation/Style/Width]（指定对角点或[高度/对正/行距/旋转/样式/宽度]） 指定另一角点或输入选择项。

选择项说明如下：

1）Height，用于指定多行文字字符的文字高度。

2）Justify，确定文字的对正方式。这里所讲的对正方式都是相对于文字边界而言。其后续提示为：

Enter justification [TL/TC/TR/ML/MC/MR/BL/BC/BR] <TL>：（输入对正方式[左上/中上/右上/左中/正中/右中/左下/中下/右下] <左上>）

各选项含义如图 9-50 所示。缺省的对正方式是左上角对齐。

3）Line spacing，设置多行文字对象的行距。

4）Rotation，设置文字边界的旋转角度。

5）Style，指定用于多行文字对象的文字样式。

6）Width，设置文字边界的宽度。

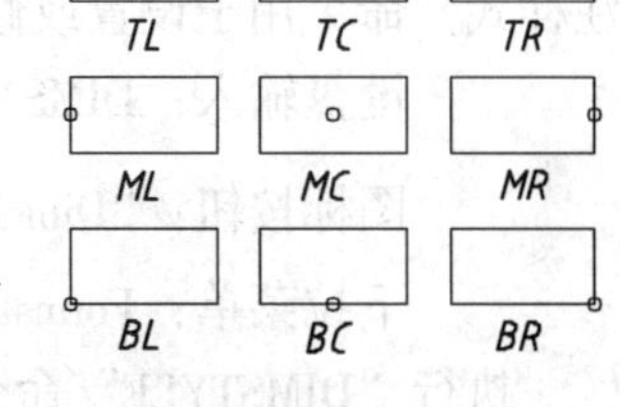

图 9-50 对正方式

指定文字边界的对角点后立即显示“Multiline Text Editor”对话框（图 9-49）。

1．“Properties”（特性）选项卡

该选项卡可以选择或输入文字样式、对正方式、文字边界的宽度和文字边界的旋转角度。

2．“Character”（字符）选项卡

该选项卡用于设置文字的格式。选项卡中从左至右各选项的含义如下：

1）“Font”（字体）下拉列表框显示和设置当前使用的字体文件。

2）“Font height”（字体高度）下拉列表框用于输入或选择字体高度。

3）“B”和“I”按钮使新输入的文字或已选择的文字变为粗体或斜体。这两个按钮只适用于 TrueType 字体的文字。

4）“U”按钮控制输入的文字或已选择的文字是否加下画线。

5）“放弃”按钮用于取消刚输入的文本或刚作的修改操作。

6）“a/b”（堆叠）按钮为选定的文字打开或关闭堆叠（分数）格式。要创建分数格式，则应在要输入的字符间使用插入符号“/”等。这个字符左边的文字将被堆叠到右边文字的上面。

7）“Text color”（颜色）下拉列表框用于设置文字的颜色。

8）“Symbol”（符号）按钮用来输入特殊字符。在下拉列表中列出一组常用符号，如度

的符号等。选取一个符号就输入了它。如要输入列表中没有的符号，单击“Other...”（其他）项，然后从“Character Map”（字符映射表）对话框中选择。

3. 文字编辑窗口

该窗口用于输入文字。输入的文字按“Character”和“Properties”选项卡中设置的文字样式显示。竖条文字光标指示出输入文字的位置，输入文字较多时，自动按已设置的文字边界宽度换行显示。

说明：有时在文字中需要包含一些键盘上没有的字符，这时可以用 AutoCAD 提供的控制符来输入。控制符由两个百分号（%%）以及后面紧跟一个字符构成，常用控制符有：

%%d 表示度符号“°”；

%%c 表示直径符号“ϕ”；

%%p 表示正负公差符号“±”；

%%nnn 表示 ASCII 码为“nnn”的字符。

9.7 尺寸标注

9.7.1 尺寸标注样式

标注尺寸时，应按不同类型的尺寸分别设置不同的尺寸标注样式。尺寸标注样式是指组成尺寸的各部分——尺寸界线、尺寸线、箭头、尺寸文字的颜色、大小、位置等。在同一尺寸标注样式下，标注的尺寸将随尺寸标注样式中有关变量的变动而变化。“DIMSTYLE”（标注样式）命令用于设置或修改尺寸标注样式，其输入方式如下：

键盘输入：DIMSTYLE 或 D

图标按钮：“Dimension”工具栏→

下拉菜单：Format→Dimension Style... 或 Dimension→Style...

执行“DIMSTYLE”命令后，将显示图 9-51 所示的“Dimension Style Manager”（标注样式管理器）对话框。

对话框主要选项的含义如下。

1）“Current Dimstyle”（当前标注样式）用于显示当前标注样式名称，如 ISO - 25。

2）“Styles”（样式）框显示图形中已建立的标注样式名称。

3）“Preview”框显示“Styles”框中选择的标注样式的效果示意图。

4）“Set Current”（置为当前）按钮将“Styles”框中选择的尺寸标注样式设置为当前样式。

5）“New...”按钮用于创建新的标注样式。按下该按钮后，将显示图 9-52 所示的“Create New Dimension Style”（创建新标注样式）对话框。在该对话框中可以设置新标注样式名称、选择新标注样式的基础样式。对于新样式，用户仅需修改那些与基础样式不同的特性。在对话框中还可指定新样式的应用范围，并创建一种仅适用于特定标注类型的样式设置，如“角度标注”。设置完新样式名，按下“Continue”（继续）按钮将显示图 9-53 所示的“New Dimension Style”（新建标注样式）对话框。该对话框包含“Lines and Arrows”（直线和箭头）、“Text”（文字）、“Fit”（调整）、“Primary Units”（主单位）、“Alternate Units”（换算单位）和“Tolerances”（公差）6 个选项卡。

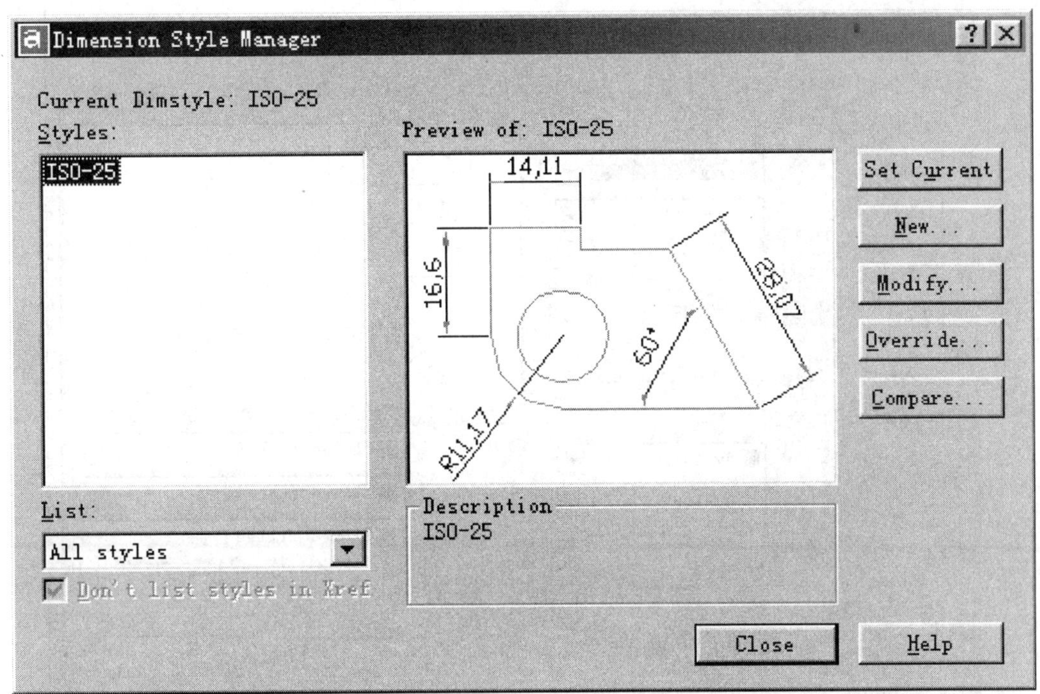

图 9-51 “Dimension Style Manager”对话框

1．“Lines and Arrows”选项卡

该选项卡设置尺寸线、尺寸界线、箭头和圆心标记的格式。

1）“Dimension Lines”（尺寸线）区设置尺寸线的颜色、线宽等属性。其中，“Baseline spacing”（基线间距）编辑框确定基线尺寸中两相邻平行尺寸线间的距离，一般设为 7；“Suppress”（隐藏）选项控制尺寸线的显示，当选择“Dim Line 1”（尺寸线 1）选择框则表示不画第一条尺寸线，选择“Dim Line 2”（尺寸线 2）则不画第二条尺寸线。

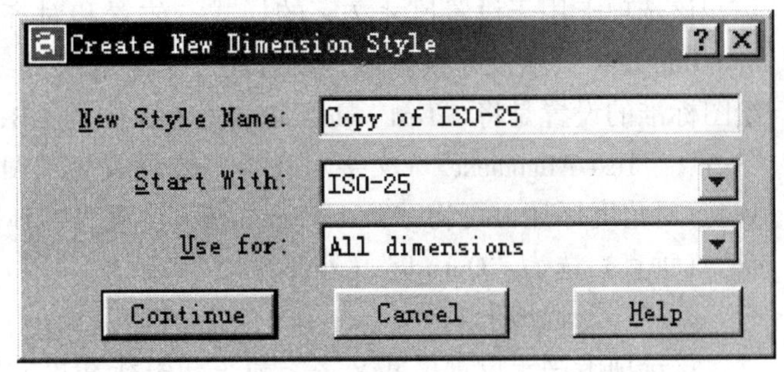

图 9-52 “Create New Dimension Style”对话框

2）“Extension Lines”（尺寸界线）区设置尺寸界线的格式与属性。其中，“Extend beyond ticks”（超出尺寸线）编辑框用于指定尺寸界线末端超出尺寸线的长度，一般设为 2；“Offset from origin”（起点偏移量）编辑框设置尺寸界线的起点偏移距离，通常取为 0；“Suppress”选项控制是否画尺寸界线。

3）“Arrowheads”（箭头）区设置尺寸箭头的样式。其中，“1st”（第一个）和“2nd”（第二个）用于设置第一和第二个尺寸线箭头的样式，一般设置为“Closed filled”（实心闭合）；“Arrow size”（箭头大小）确定箭头的长度大小，一般设为 3。

4）预览窗口显示当前尺寸标注设置的效果。

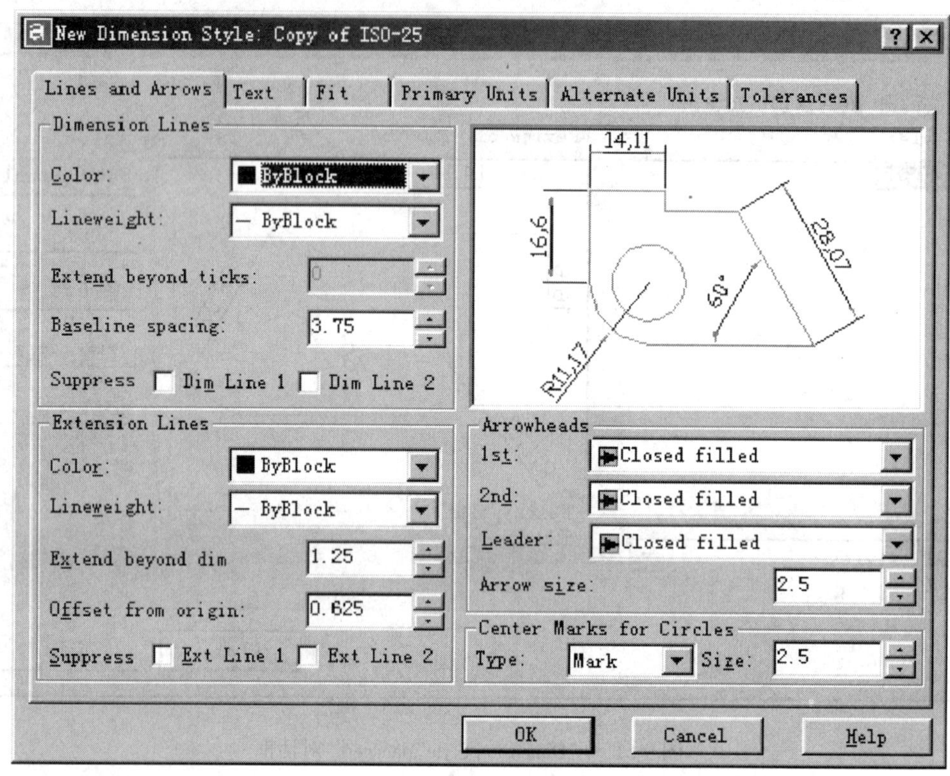

图 9-53 “New Dimension Style”对话框

2．“Text”选项卡

该选项卡用于设置尺寸文字的样式、放置和对齐方式，如图 9-54 所示。其中，“Offset from dim line”（从尺寸线偏移）设置尺寸文字与尺寸线之间的距离，一般取为 1；符合我国绘图标准的设置是将“Text style”取为 9.6.1 中的 GB；“Text height”（文字高度）一般取为“3.5”；“Text Alignment”（文字对齐）一般设置为“Aligned with dimension line”（与尺寸线对齐）。对角度标注，可将“Text Alignment”设置为“Horizontal”（水平），文字位置中“Vertical”（垂直）选为“Outside”（外部）。

3．“Fit”选项卡

该选项卡用于设置尺寸文字、箭头、引线和尺寸线的放置位置，如图 9-55 所示。可将“Fit options”（调整选项）设置为“Arrows”（箭头）；“Fine Tuning”（调整）设置为“Always draw dim line between text lines”（始终在尺寸界线之间绘制尺寸线）。

4．“Primary Units”选项卡

该选项卡用于设置主尺寸文字单位的格式与精度，并设置尺寸文字的前缀和后缀等，如图9-56 所示。其中，“Decimal”（小数分隔符）设置十进制格式的分隔符，一般取为句点“.”；“Precision”（精度）设为“0”。

5．“Tolerances”选项卡

该选项卡用于控制尺寸文字中公差的显示与格式，如图 9-57 所示。

6．“Modify...”按钮

该按钮用于修改已有的标注样式。按下该按钮后显示 Modify Dimension Style”（修改标注

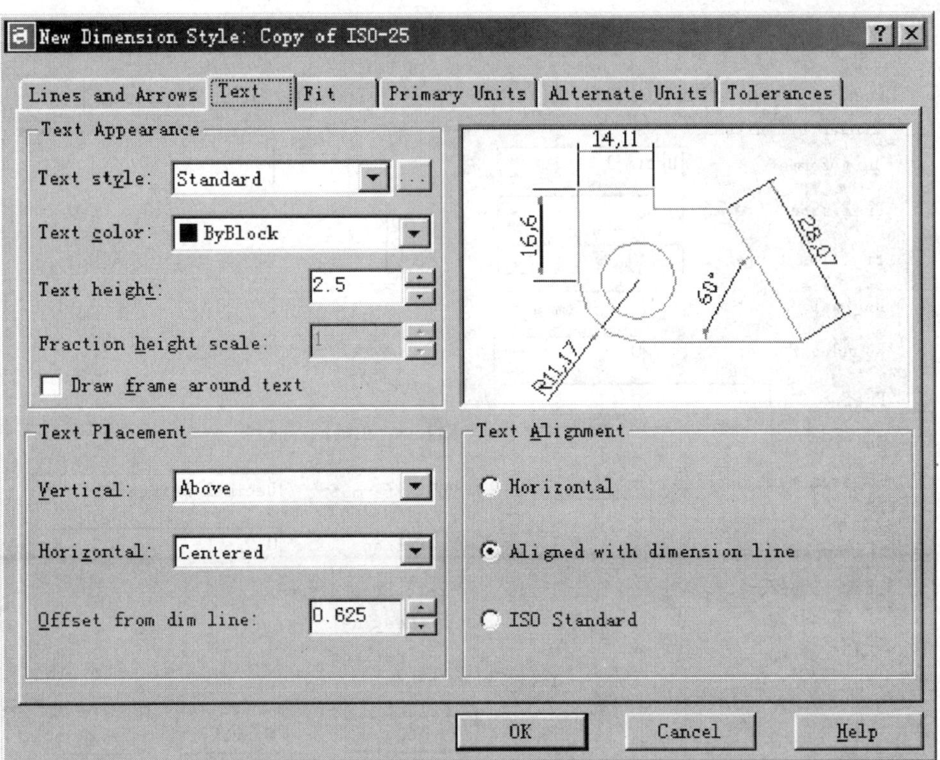

图 9-54 "Text"选项卡

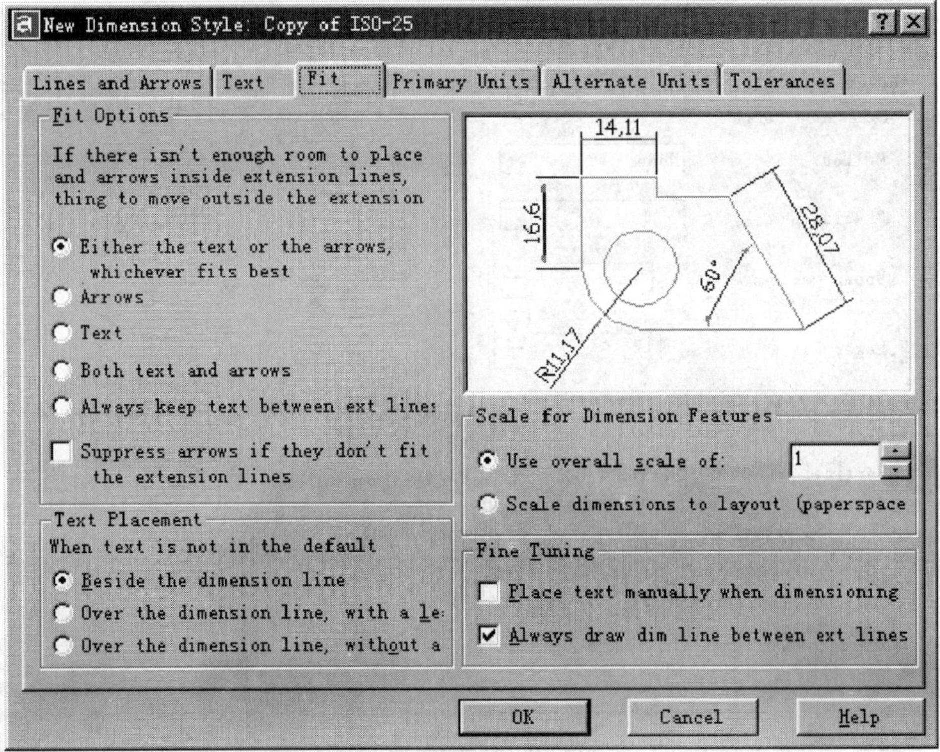

图 9-55 "Fit"选项卡

图 9-56 “Primary Units”选项卡

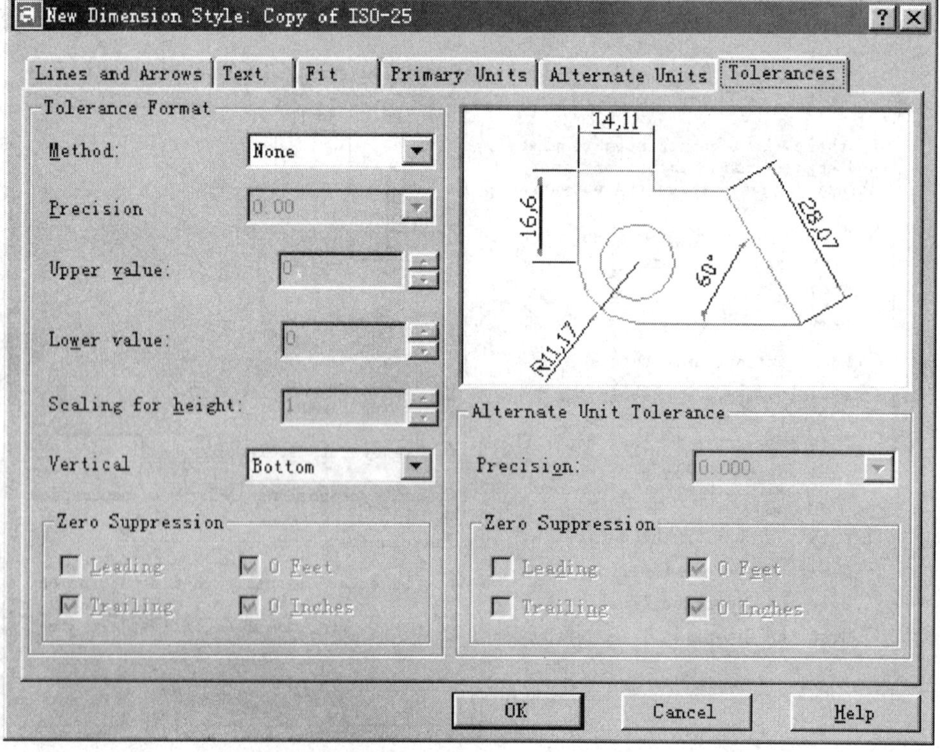

图 9-57 “Tolerances”选项卡

样式）对话框。“Modify Dimension Style”和“New Dimension Style”对话框中的选项相同，此处不再赘述。

9.7.2 尺寸标注命令

不同类型的尺寸应使用不同的尺寸标注命令，注出的尺寸按当前尺寸样式设置的形式显示。

1. 线性尺寸

“DIMLINEAR”（线性）命令可以标注尺寸线水平、尺寸线垂直或尺寸线倾斜一定角度的尺寸，如图 9-58 所示。命令输入方式如下：

键盘输入：DIMLINEAR 或 DLI

图标按钮：“Dimension”工具栏→

下拉菜单：Dimension→Linear

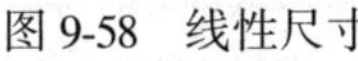

图 9-58 线性尺寸

命令提示：

Specify first extension line origin or < select object > :（指定第一条尺寸界线原点或<选择对象>） 指定一点或按回车键选择要标注的对象。

选择项说明如下：

指定第一条尺寸界线原点后，有提示：

Specify second extension line origin:（指定第二条尺寸界线原点）

Specify dimension line location or[Mtext/Text/Angle/Horizontal/Vertical/Rotated]:（指定尺寸线位置或［多行文字/文字/角度/水平/垂直/旋转］） 指定尺寸线通过的点完成标注，或输入选择项。

各选项说明如下：

1）输入 M，则显示“Multiline Text Editor”，可用它来编辑尺寸文字。

2）输入 T，表示在命令行中输入尺寸文字。其后续提示为：

Enter dimension text <15.00> : 输入尺寸文字或按回车键接受当前值。

3）输入 A，表示修改尺寸文字的角度。其后续提示为：

Specify angle of dimension text:（指定标注文字的角度）

4）输入 H，表示标注尺寸线水平的尺寸。其后续提示为：

Specify dimension line location or [Mtext/Text/Angle]:（指定尺寸线位置或[多行文字/文字/角度]）

5）输入 V，表示标注尺寸线垂直的尺寸。其后续提示为：

Specify dimension line location or [Mtext/Text/Angle]:

6）输入 R，表示标注尺寸线有一定倾角的尺寸。其后续提示为：

Specify angle of dimension line <0> : 指定角度或按回车键接受当前值。

按回车键后，则有提示：

Select object to dimension:（选择标注对象）

选择对象后，自动确定第一条和第二条尺寸界线的原点。后续提示与（1）相同。

说明：指定两尺寸界线起点时应使用目标捕捉，以使尺寸数字准确。

2. 对齐尺寸

“DIMALIGNED”（对齐）命令标注出尺寸线与所选对象平行的尺寸，或者说尺寸线与两尺寸界线起点连线平行，如图 9-59 所示。该命令输入方式如下：

键盘输入：DIMALIGNED 或 DAL

图标按钮：“Dimension”工具栏→

下拉菜单：Dimension→Aligned

命令提示及选择项与“DIMLINEAR”命令基本相同，此处不在赘述。

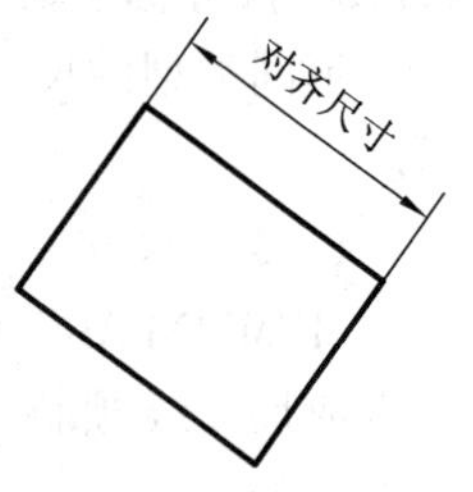

图 9-59　对齐尺寸

3. 基线尺寸

“DIMBASELINE”（基线）命令标注与前一个尺寸有共同的第一条尺寸界线且尺寸线相互平行的尺寸，如图 9-60 所示。命令输入方式如下。

键盘输入：DIMBASELINE 或 DBA

图标按钮：“Dimension”工具栏→

下拉菜单：Dimension→Baseline

命令提示及选择项说明：

Specify a second extension line origin or [Undo/Select] <Select>:

(指定第二条尺寸界线原点或[放弃/选择] <选择>）　指定第二条尺寸界线的起点,或者输入 U 撤消刚标注的一个基线尺寸,或者按回车键去选择共基线的前一个尺寸。

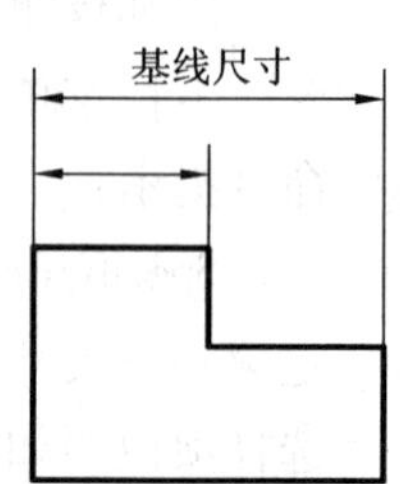

图 9-60　基线尺寸

若按回车键，则有提示：

Select base dimension：选取作为基线的尺寸（一般应选作为基准线的尺寸界线）。

说明：该命令可连续标注若干个基线尺寸，最后用“ESC”键或按两次回车键结束。

4. 连续尺寸

连续尺寸是以前一个尺寸的第二条尺寸界线作为自己的第一条尺寸界线，并且两尺寸线位于同一直线上，如图 9-61 所示。命令输入方式如下：

键盘输入：DIMCONTINUE 或 DCO

图标按钮：“Dimension”工具栏→

下拉菜单：Dimension→Continue

命令提示及选择项说明：

Specify a second extension line origin or [Undo/Select] <Select>:

(指定第二条尺寸界线原点或[放弃/选择]<选择>）　指定第二条尺寸界线的起点，或者输入 U 撤消刚注出的连续尺寸，或按回车键去选择前一个尺寸，或按“ESC”键结束命令。

图 9-61　连续尺寸

若按回车键，则提示：

Select continued dimension：指定要标注连续尺寸的前一个尺寸。

5. 直径和半径尺寸

"DIMDIAMETER"（直径）命令和"DIMRADIUS"（半径）命令用于标注圆或圆弧的直径、半径尺寸。它们的命令提示及选择项完全相同。命令输入方式如下：

键盘输入：DIMDIAMETER 或 DDI； DIMRADIUS 或 DRA

图标按钮："Dimension"工具栏→ ； "Dimension"工具栏→

下拉菜单：Dimension→Diameter； Dimension→Radius

命令提示及选择项说明：

Select arc or circle：指定要标注尺寸的圆弧或圆。

Specify dimension line location or [Mtext/Text/Angle]：（指定尺寸线位置或[多行文字/文字/角度]） 指定点或输入选项。

用光标确定尺寸线的位置时，光标移动，尺寸线跟着光标绕圆心转，同时尺寸文字也跟随光标移动。因此，光标既能确定尺寸线的位置，又能确定尺寸文字是放在圆内还是放在圆外。Mtext、Text、Angle 选项与"DIMLINEAR"命令中的说明相同。

6. 角度尺寸

"DIMANGULAR"（角度）命令用于标注两直线间的夹角、圆弧的圆心角等的角度尺寸。命令输入方式如下：

键盘输入：DIMANGULAR 或 DAN

图标按钮："Dimension"工具栏→

下拉菜单：Dimension→角度（A）

命令提示：

Select arc, circle, line, or < specify vertex > :（选择圆弧、圆、直线，或 < 指定顶点 >）输入选择项。

选择项说明如下：

1）如果选择圆弧，自动确定圆弧的端点为角度尺寸的两尺寸界线起点，圆弧的圆心是角度的顶点。

2）如果选择圆，则圆心为角度顶点，对象选择点为第一条尺寸界线起点。后续提示为：

Specify second angle endpoint：指定一点作为角度尺寸的第二条尺寸界线的起点。

3）如果选择直线，将标注两直线间的夹角。后续提示为：

Select second line：（选择第二条直线）

4）如果按回车键，则用三点来确定一个角度。后续提示为：

Specify angle vertex：指定角的顶点。

Specify first angle endpoint：指定第一条边的终点。

Specify second angle endpoint：指定第二条边的终点。

定义要标注的角度后，将显示以下提示：

Specify dimension arc line location or [Mtext/Text/Angle]：（指定标注弧线的位置或[多行文字/文字/角度]） 指定一点来确定尺寸弧线的位置，同时也确定标注角度尺寸的区域。多行文字（M）、文字（T）、角度（A）选项与"DIMLINEAR"命令中的说明相同。

9.8 表面粗糙度标注

块是定义好的并赋予名称的一组对象，这些对象可以是绘制在几个图层上的若干对象。一组对象一旦被定义为图块，AutoCAD 就把它当作一个对象来处理。在绘图过程中，使用块可以提高绘图速度、便于建立图形库及修改，并缩短文件长度。零件图中表面粗糙度的标注可以利用“块”的功能来实现。

9.8.1 块的建立

1. BLOCK（创建）命令

“BLOCK”命令用于定义选定对象为块。命令输入方式如下：

键盘输入：BLOCK 或 B

图标按钮：“Draw”工具栏→

下拉菜单：Draw→Block→Make...

执行“BLOCK”命令后，将显示图 9-62 所示的“Block Definition”对话框。对话框主要选项含义如下：

1）“Name”（名称）文本框用于设置块的名称。块名最长可达 255 个字符，可以包括字母、数字、空格等。

2）“Base point”（基点）选项用于指定块的插入基点。用户可以单击“Pick”（拾取点）按钮，在绘图窗口上选择一点，或者在下面的“X”、“Y”、“Z”文本框中输入基点的坐标。

3）“Objects”（对象）选项用于指定新块中要包含的对象，以及块创建后选定的对象的特性。“Select”（选择对象）按钮用于选择构成块的对象。单击该按钮，对话框暂时消失，在图上选择对象，按回车键后重显对话框。“Retain”（保留）单选按钮确定创建块后保留构成块的对象。“Convert to bl”（转换为块）单选按钮将创建块的对象保留下来并将其转换为块。“Delete”（删除）单选按钮确定创建块后删除构成块的对象。

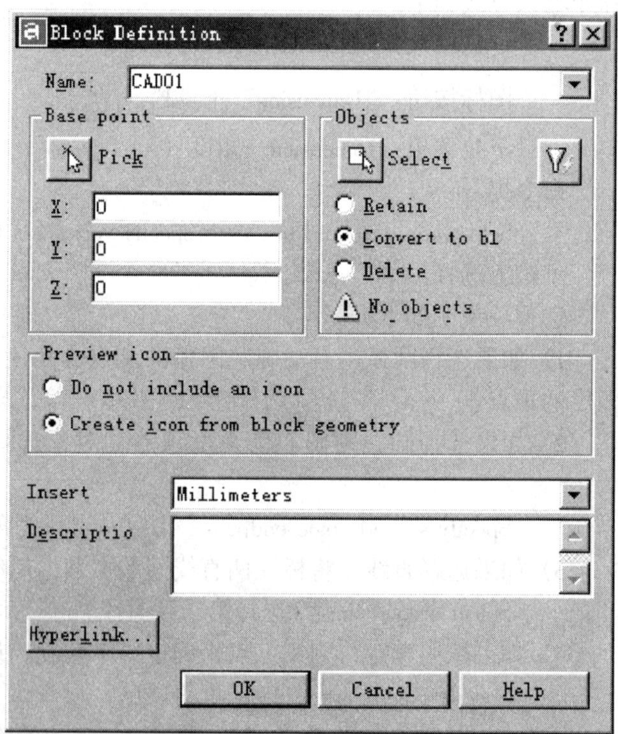

图 9-62 “Block Definition”对话框

定义完块名、选择完对象等，单击“OK”按钮，则块创建成功。

2. WBLOCK（写块）命令

“BLOCK”命令定义的块只能在当前图形中使用。如果需要在其他图形中使用当前图形的块，则必须将块以图形文件保存下来。“WBLOCK”命令可将对象或块保存到文件中，命令输入方式如下：

键盘输入：WBLOCK 或 W

执行“WBLOCK”命令后，显示图 9-63 所示的“Write Block”（写块）对话框。对话框选项含义如下：

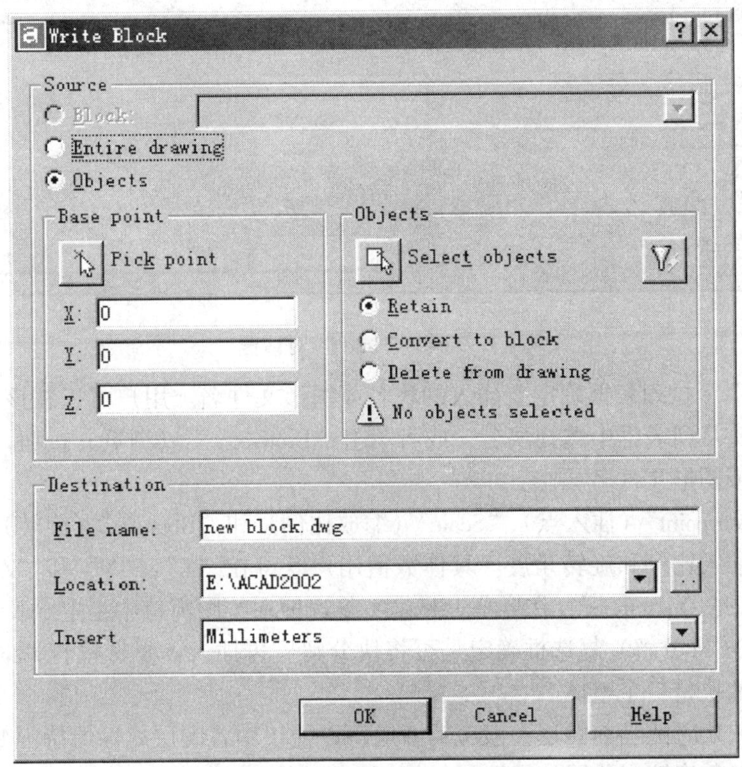

图 9-63 “Write Block”对话框

1）“Source”（源）选项用于指定块和对象，将其保存为文件并指定插入点。“Block”（块）单选按钮用于将已有块保存到文件，用户可以从下拉列表中选择当前图形的块。“Entire drawing”（整个图形）单选按钮用于将整个图形作为块保存到文件。“Objects”单选按钮用于将选择的对象保存到文件。其他选项含义见“BLOCK”命令。

2）“Destination”选项用于确定新文件的名称、文件所在目录位置以及插入块时所用的单位。

9.8.2 块的插入

“INSERT”（插入）命令使用“Insert”（插入）对话框（图 9-64）插入块或图形文件。命令输入方式如下：

键盘输入：INSERT 或 I

图标按钮：“draw”工具栏→ 或“Insert”工具栏→

下拉菜单：Insert→Block...

对话框选项含义如下：

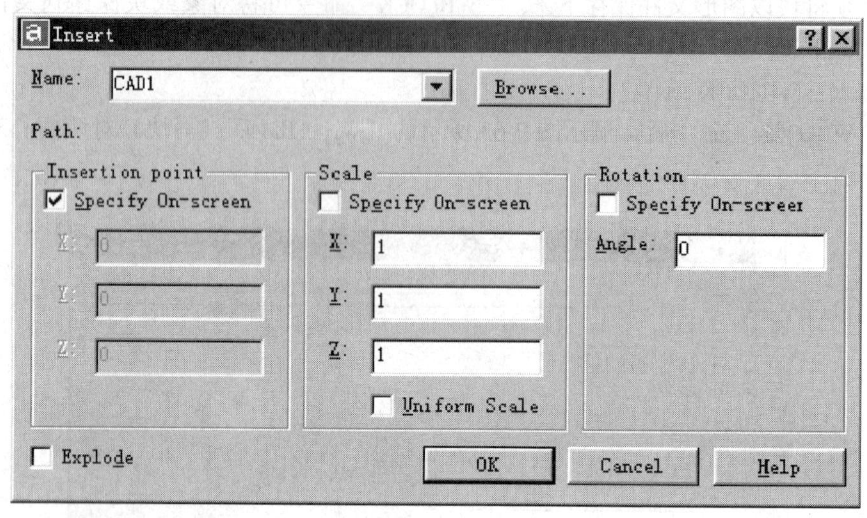

图 9-64 "Insert"对话框

1)"Name"下拉列表框确定要插入的块名或图形文件名。用户可以在该框中输入块名，或单击下拉箭头从列表框中选择块名，或者单击"Browse..."(浏览)按钮，从弹出的对话框中查找块名或图形文件名。

2)"Insertion point"(插入点)、"Scale"(缩放比例)和"Rotation"(旋转)选项确定块的插入点、块的插入比例和旋转角度。具体数值用户既可在"X"、"Y"和"Z"编辑框输入，又可利用"Specify On-screen"(在屏幕上指定)复选框在绘图窗口中指定。

3)"Explode"(分解)复选框确定是否将块分解后再插入。复选框打开时将插入分解的块，否则插入的块是一个整体。

说明：插入块时的当前图层一般应为0层，以便块中各图层属性保持不变。否则，插入块中0层上的对象将按当前层的属性(如线型、颜色等)绘制。

9.8.3 块的分解

"EXPLODE"(分解)命令将合成对象分解成它的部件对象。合成对象包含多个AutoCAD对象。例如，块就是一个合成对象。命令输入方式如下：

键盘输入：EXPLODE 或 X

图标按钮："Modify"工具栏→

下拉菜单：Modify→Explode

命令提示及选择项说明：

Select objects：用各种方式选择对象或回车结束选择。

图块分解为定义图块前的图形。多段线分解成直线和圆弧，并失去宽度和与切线相关联的信息。

9.8.4 块的属性

属性是对图形或图块的文字说明，与图块或图形一起存储。"ATTDEF"(定义属性)命令利用图9-65所示的"Attribute Definition"(属性定义)对话框建立属性定义。"ATTDEF"命令输入方式如下：

图 9-65 “Attribute Definition”对话框

键盘输入：ATTDEF 或 ATT

下拉菜单：绘图（D）→块（K）→定义属性（D）...

对话框选项含义如下：

1. Mode（模式）区

1）Invisible（不可见），控制插入块时是否显示属性值，选择此项时不显示。

2）Constant（固定），控制插入块时是否赋予属性固定值，选择此项时赋予属性固定值。

3）Verify（验证），在插入块时提示验证属性值是否正确。

4）Preset（预置），插入包含预置属性值的块时，是否将属性设置为默认值。选择此项则将属性设置为默认值。

2. Attribute（属性）区

1）Tag（标记），输入属性标记，用于识别图形中每次出现的属性。可使用任何字符组合（空格除外）输入属性标记。AutoCAD 将小写字符更改为大写字符。

2）Prompt（提示），指定在插入包含该属性定义的块时显示的提示。如果不输入提示，属性标记将用作提示。如果在“Mode”区域选择“Constant”模式，此选项将不可用。

3）Value（值），指定默认属性值。

3. Insertion Point（插入）区

指定属性位置。输入坐标值或者选择“Pick Point <”按钮在图上指定属性的位置。

4. Text Options（文字选项）区

设置属性文字的 Justification（对正）方式、Text Style（文字样式）、Height（文字高度）和 Rotation（旋转角）。

对一个图块来讲，属性定义只作一次，可同时定义多个属性。属性值是在插入带属性的图块时按提示输入的。每插入一个图块就要输入一次属性值。因而几个插入图块的属性值可以不相同。

9.8.5 表面粗糙度代号标注

为便于标注表面粗糙度符号可采用图 9-66 所示图形的坐标进行绘图。使用“ATTDEF”命令建立属性定义，并在“Attribute Definition”对话框输入属性标记为“NUM”，属性值为“3.2”，高度为“1.4”。将图形和属性定义为块，基点定义在（0，0）。表面粗糙度符号也可用直线、偏移、修剪等命令绘出。

用“INSERT”命令插入该块时，采用对象捕捉方式确定插入点及旋转角度，用尺寸数字高度作为块的插入比例，并在“Enter Attribute”（输入属性）对话框中输入表面粗糙度的具体数值，即可在指定位置得到符合国家标准规定的表面粗糙度代号。

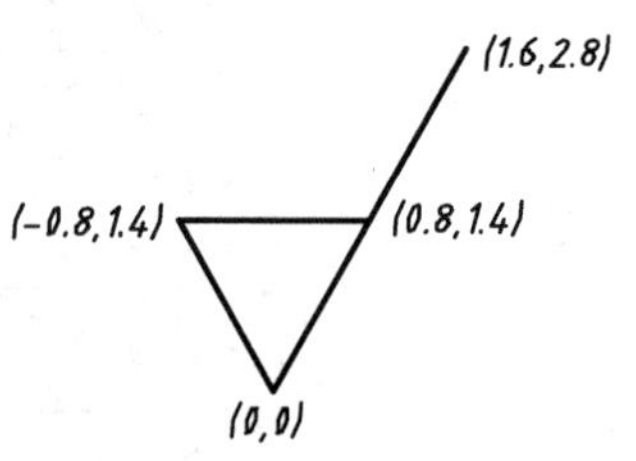

图 9-66 表面粗糙度符号

9.9 机械图绘制

9.9.1 零件图绘制

使用 AutoCAD 绘制零件图的一般步骤如下：

1. 设置绘图环境

1）用“LIMITS”（图形界限）命令和“ZOOM”（缩放）命令设置绘图边界。

2）用“LAYER”（图层）命令设置图层、颜色和线型。如设置：“粗实线”层为 Green（绿色），Continuous（实线），画粗实线用；“细实线”层为 White（白色），Continuous（实线），画细实线用；“点画线”层为 Red（红色），ACAD _ ISO04W100（点画线），画轴线和中心线用；“虚线”层为 Yellow（黄色），ACAD _ ISO02W100（虚线），画虚线用；“剖面线”层为 Blue（蓝色），Continuous（实线），画剖面线用；“尺寸”层为 Cyan（青色），Continuous（实线），注尺寸、表面粗糙度用；“文字”层为 Magenta（紫色），Continuous（实线），填写标题栏和技术要求用。用“LTSCALE”（线型比例）命令设置线型比例为 0.25。

3）用“STYLE”（文字样式）命令设置字型，具体见 9.6.1。

4）用“DIMSTYLE”（标注样式）命令设置尺寸样式，具体见 9.7.1。在零件图中，往往需要标注半线尺寸或带极限偏差的尺寸等，这可通过设置新的尺寸样式来实现。

对半线尺寸，可通过在“Lines and Arrows”（直线和箭头）选项卡中隐藏“Dim line 1”（尺寸线 1）和“Ext line 1”（尺寸界线 1）或“Dim line 2”（尺寸线 2）和“Ext line 2”（尺寸界线 2）来建立新的尺寸样式。

对带极限偏差的尺寸，可通过在“Tolerances”（公差）选项卡中选择“Method”（方式）为“Limits”（极限偏差），“Precision”（精度）为“0.000”，“Scaling for height”（高度比例）为“0.67”，“Vertical”（垂直位置）为“Bottom”（下），并输入相应的上、下偏差来建立新的尺寸样式。“Lower value”（下偏差）数值自带负号，如想得到正的下偏差值，需在数值前加上负号。“Scaling for heigh”是指极限偏差数值字高与基本尺寸数值字高的比值。

将上述设置保存为样板图，以备画其他零件图时使用。如果已有所要求的样板图，上述步骤可省去。

2. 绘图

在“粗实线”、“点画线”、“虚线”层上用绘图及编辑命令绘制图形。通常无论零件大小，应按“原大”画图，然后再用“SCALE”（比例缩放）命令放大或缩小图形。如果零件太大，在选定的图纸范围内按1：1画不下所有视图，则要改变绘图界限。画完图后再缩小图形，并改回原选定的图纸范围。有时图形可能不在图纸范围内，再将图形平移进来。

3. 绘制剖面线

在“剖面线”层上用“BHATCH”（图案填充）命令画出剖面线。

4. 标注尺寸

在“尺寸”层上用各种尺寸标注命令标注出所需尺寸。

5. 标注表面粗糙度

表面粗糙度即可用绘图命令在图中直接画出，又可采用块方式进行标注。

6. 图框、标题栏和技术要求

图框和标题栏即可用绘图命令在图中直接画出，又可预先定义为块，再将其插入图中。图框和标题栏还可在样板图中建立。将定义的仿宋体字体样式为当前字样，在“文字”层上用“MTEXT”（多行文字）命令填写标题栏和书写技术要求及其他内容。

7. 保存图形

最后还要对图中的各项内容进行认真仔细审核，并用“MOVE”（移动）等命令将视图进行合理布局（注意保持两视图的投影对应关系），满意无误后用“SAVE”（保存）命令存储图形。

9.9.2 装配图绘制

绘制装配图有两种方法，一种方法是使用二维绘图和编辑的命令，将每个零件在装配图中的相应视图画出；另一种方法是由零件图拼画装配图。完成零件图之后，由于装配图上许多零件的投影与零件图的视图基本相同，所以可将这些零件的视图拼到一起，再加以适当修改就成了装配图的视图。这种绘制装配图的方法称为拼画装配图。本节主要介绍由零件图拼画装配图的方法和步骤。

1. 建立零件视图块

在拼画装配图之前，首先要对零件图进行处理，将拼画装配图所需要的视图作成图块保存起来，以便拼画装配图时使用。

1）根据装配图的需要，确定各零件的视图，可以保持视图不变，也可以将某个视图修改或重画。一个视图建立一个图块。

2）擦去零件图中的尺寸、文字、表面粗糙度等标注内容，或关闭尺寸、文字、表面粗糙度等所在图层。

3）确定图块的插入基点。这个基点必须是该视图在装配图中的定位点。

4）使用“WBLOCK”（写块）命令将需要的视图制成图块；各图块的命名要有规律，便于查找。

2. 加载样板图

样板图中应包含相应的绘图环境设置、标题栏、明细栏和技术要求等，以利装配图的绘制。

3. 插入图块

按装配关系将图块分别插入装配图中，首先插入主要零件，再插入与主要零件相连的其他零件。插入图块时要注意几点：

1）装配图绘图环境的设置，如图层、颜色、线型等应尽量与各图块的设置一致。若各图块的绘图比例不一致，插块时应予以统一。

2）为使各图块定位方便，要注意插块的先后顺序。

3）为使各图块准确定位，插入点应用目标捕捉功能准确选定。

4. 编辑修改

图块插入后，许多应该被挡住的图线依然存在，螺纹联接处的画法、剖面线的间隔和方向等都可能会有错误，需要用编辑命令进行修改。

1）修剪被遮挡的投影。要修剪（TRIM）多余的投影，先要将输入的图块用“EXPLODE”（分解）命令将其分解。注意随时放大要修剪部分的图形，以利于操作。从插入第二个图块起，最好每插入一个图块即作修剪处理。

2）当内外螺纹重叠时，应注意修剪掉内螺纹小径线上的重叠部分。要选择重叠或相距很近的对象可使用循环选择方式，即按 Ctrl 键选择对象。

3）用“PROPERTIES”（特性）命令修改的剖面线方向和间隔。

4）添加投影轮廓简单的零件和标准件的投影，并整理点画线等图线。

5. 绘制和填写其他内容

1）标注装配尺寸、绘制序号。序号引线起点的小黑点可用半径为 0.5 的圆代替，引线由圆心画出。

2）绘制或编辑明细栏。明细栏及其内文字可用“ARRAY ”（阵列）命令来绘制。

3）用“MTEXT”（多行文字）命令或“PROPERTIES”（特性）命令填写、编辑标题栏、明细栏。

4）用“SAVE”（保存）命令保存图形。

第3篇　机械工程图

第10章　标准件与弹簧、齿轮及轴承

各种机器和装置通常都由若干零件装配而成，图10-1所示齿轮泵即由19种零件组成。在这些零件中，螺栓、螺母、垫圈、销、齿轮和弹簧等应用十分广泛，而且需求量大。为了适应市场的需要，人们对经常使用的零件实行了系列化和标准化，统一了他们的结构形状和规格尺寸，并以“国家标准”的形式加以确定，极大地方便了这类零件的生产和使用。对于结构及参数全部标准化的零件，一般称为标准件，通常由专门的制造厂商生产销售。这类零件的表达方式通常由图形（规定画法）、尺寸和规定的标记方法所构成，绘图时一定要注意遵守国家标准的有关规定。本章主要介绍紧固件、轴承、弹簧及齿轮等零件的规定画法及标注方法。

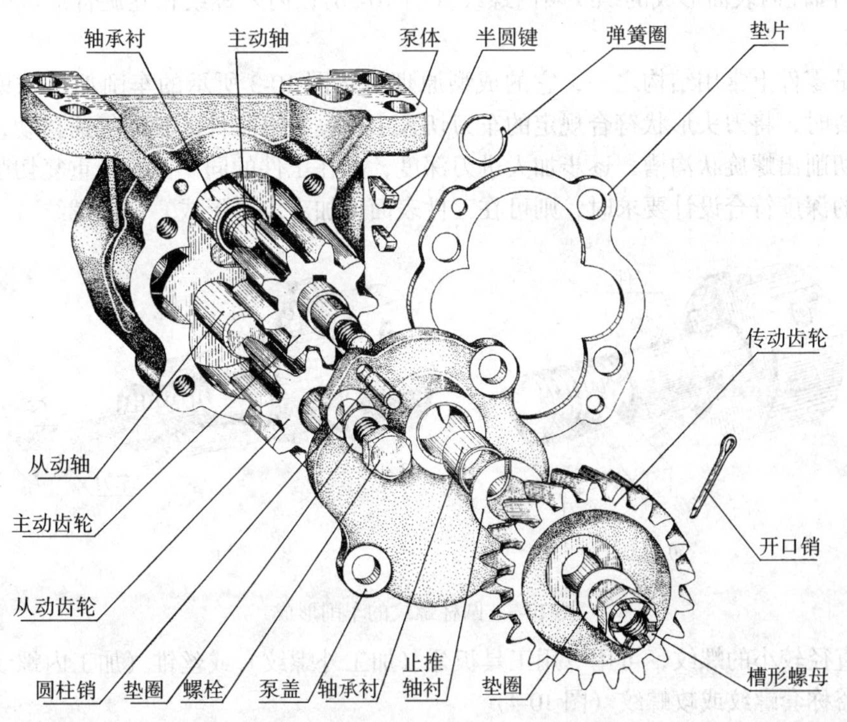

图10-1　齿轮泵

10.1 螺纹

10.1.1 基本概念

1. 螺纹及其形成

在圆柱或圆锥表面上，沿着螺旋线所形成的具有相同断面的连续凸起叫螺纹（图 10-2）。这里，凸起是指实体部分，也称螺纹的牙；螺旋线是点在圆柱或圆锥表面上运动所形成的轨迹，该点沿圆柱或圆锥轴线方向的位移与绕轴线旋转的相应角位移成正比。

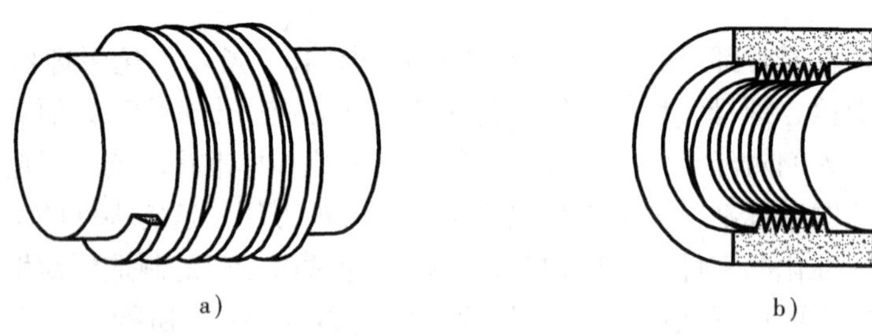

图 10-2 圆柱螺纹

在圆柱或圆锥表面上形成的螺纹，分别称为圆柱螺纹或圆锥螺纹。本节介绍圆柱螺纹。

根据圆柱表面的不同，圆柱螺纹分成两种：在圆柱外表面形成的螺纹称为外螺纹（图 10-2a），在圆柱内表面形成的螺纹叫内螺纹（图 10-2b）；内外螺纹相互旋合形成的联接称为螺纹副。

螺纹是零件上常用结构之一，它的成型原理可用图 10-3 所示的车削加工来说明。在工件等速旋转时，将刀头形状符合规定的车刀切入工件，并沿工件的轴向等速移动，即可在工件表面上切削出螺旋状沟槽；逐步加大进刀深度，并在工件的同一区段上重复切削；当车刀切入工件的深度符合设计要求时，则可在工件表面上加工出（形成）一段螺纹。

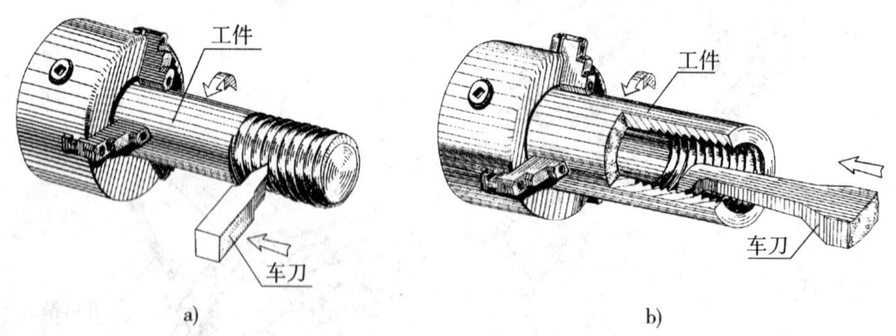

图 10-3 圆柱螺纹的车削形成

加工直径较小的螺纹，可用专用工具板牙（加工外螺纹）或丝锥（加工内螺纹）等，在制造业中俗称套螺纹或攻螺纹（图 10-4）。

2. 螺纹要素

(1) 牙型　螺纹牙型是指在通过螺纹轴线的断面上，螺纹的轮廓形状。常见的螺纹牙型有三角形、梯形和矩形等（图 10-5）。

在螺纹牙的顶部，连接相邻两个牙侧的螺纹表面叫牙顶；在螺纹沟槽的底部，连接相邻两个牙侧的螺纹表面叫牙底；在通过螺纹轴线的断面上，牙顶和牙底之间的螺纹表面叫牙侧；在螺纹牙型上，两相邻牙侧间的夹角叫牙型角。牙顶和牙底均是完整形状的螺纹为完整螺纹，牙底完整而牙顶不完整的螺纹为不完整螺纹，由完整螺纹和不完整螺纹组成的螺纹为有效螺纹，图样中标出的螺纹长度即是有效螺纹长度。

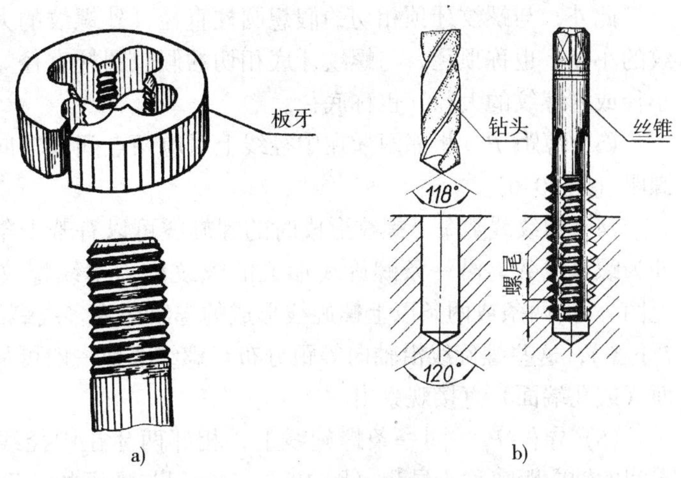

图 10-4　较小螺纹的加工

(2) 直径　螺纹直径有三个：

大径——与外螺纹牙顶或内螺纹牙底相切的假想圆柱的直径称为螺纹的大径，一般外螺纹用 d 表示，内螺纹用 D 表示(图 10-6)。

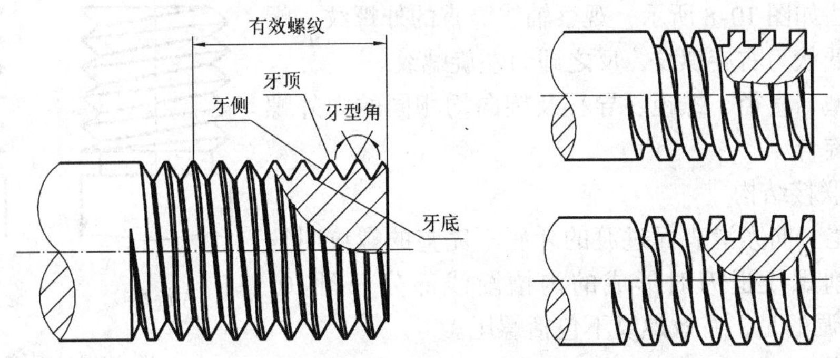

图 10-5　螺纹的牙型

小径——与外螺纹牙底或内螺纹牙顶相切的假想圆柱的直径称为螺纹的小径，一般外螺纹用 d_1 表示，内螺纹用 D_1 表示。

中径——母线通过牙型上沟槽和凸起宽度相等处的假想圆柱称为中径圆柱，其直径即为螺纹的中径，一般外螺纹用 d_2 表示，内螺纹用 D_2 表示。中径圆柱的轴线即为螺纹轴线，其母线称为中径线。

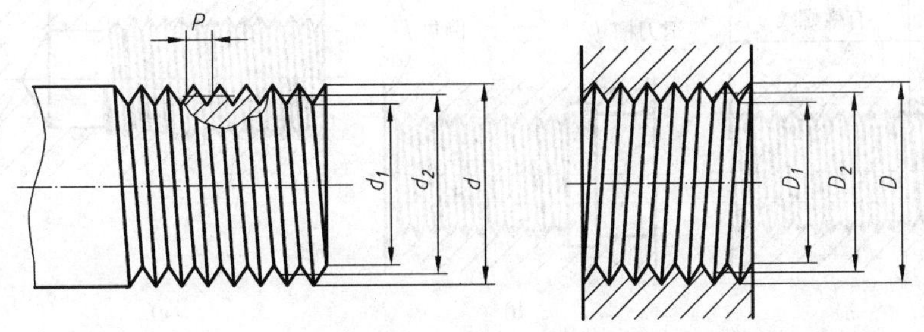

图 10-6　螺纹的直径和螺距

代表螺纹尺寸的直径称为公称直径。除管螺纹外，公称直径是指螺纹的大径。

此外，与螺纹牙顶相切的假想圆柱直径（外螺纹的大径或内螺纹的小径）也称顶径，与螺纹牙底相切的假想圆柱直径（外螺纹的小径或内螺纹的大径）也称底径。

（3）螺距 P　相邻两牙在中径线上对应两点间的轴向距离称为螺距（图 10-6）。

（4）螺纹线数 n　螺纹形成时的螺旋线可以有若干条，其数目即为螺纹线数。沿一条螺旋线形成的螺纹称为单线螺纹（图 10-7 上图），沿两条或两条以上螺旋线形成的螺纹称为多线螺纹（图 10-7 下图），这些螺旋线沿轴向等距分布。螺纹线数一般可从螺纹轴端面（或孔端面）直接观察出。

（5）导程 P_h　同一条螺旋线上，相邻两牙在中径线上对应两点间的轴向距离称为导程（图 10-7），导程与螺距的关系是：$P_h = nP$。

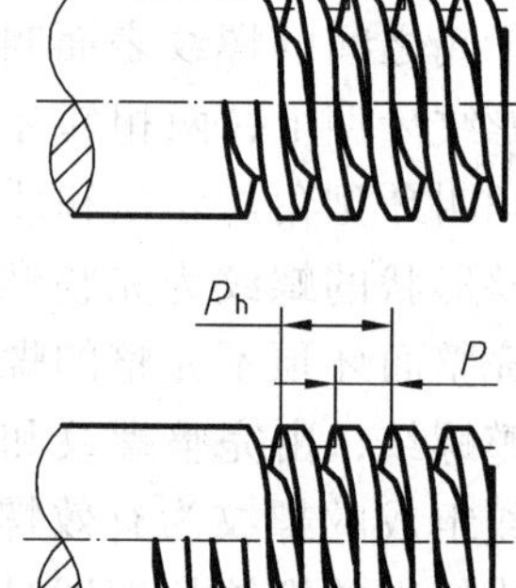

图 10-7　螺纹的线数和导程

（6）螺纹旋向　螺纹旋向分为左右两种。沿螺纹轴线观察，顺时针旋转时向前旋入的为右旋螺纹，逆时针旋转时向前旋入的为左旋螺纹。一个简单的判别方法如图 10-8 所示，观察轴线竖直的外螺纹，螺纹呈右高左低状为右旋螺纹，反之即为左旋螺纹。

只有牙型、直径、螺距、导程及旋向均相同的内外螺纹才能相互旋合。

左旋螺纹　　右旋螺纹

图 10-8　螺纹旋向

3. 螺纹联接结构

（1）螺尾　向光滑表面过渡的牙底不完整的螺纹叫螺尾，是在车削螺纹退刀时形成的沟槽渐浅部分（图 10-9a）。需要强调的是，有效螺纹不包括螺尾。

（2）螺纹退刀槽　为避免产生螺尾，在加工螺纹之前预先作出的供退刀用的槽，称为螺纹退刀槽（图 10-9b）。这种结构可使零件表面留存的螺纹均为有效螺纹。

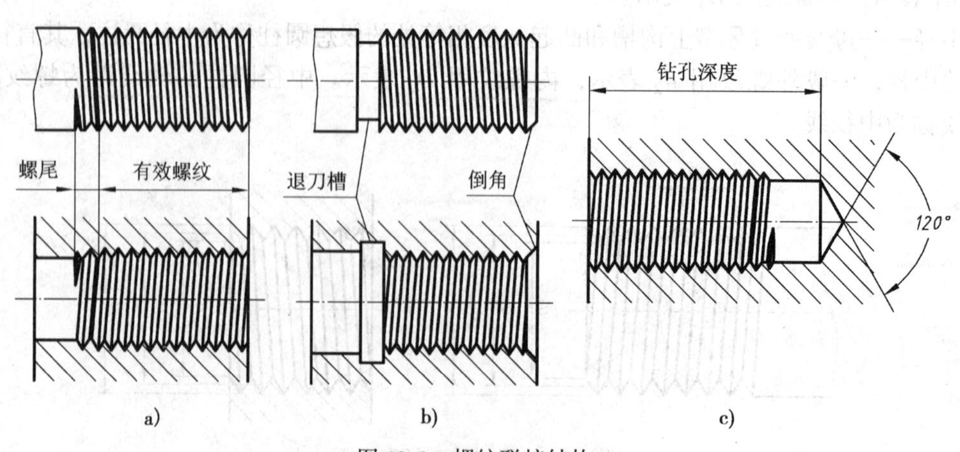

图 10-9　螺纹联接结构

(3) 螺纹倒角　为便于内外螺纹的旋合，在具有螺纹的轴或孔的端部，一般加工出一小段圆台，称为倒角（图 10-9b）。

以上三种结构均有相应的国家标准，设计时应参照执行。它们的尺寸标注方法请参见“零件图”一章中的相关内容。

(4) 不穿通螺孔　不穿通螺孔是在不穿通的光孔表面上加工出内螺纹而形成的。不穿通的光孔由钻头加工，孔底呈圆锥状，绘图时要画成锥顶角为 120°的圆锥形投影。由于加工工具的限制，内螺纹不能加工到钻孔的底部，如图 10-9c 所示。钻孔的结构和尺寸标注等内容，可参见“零件图”一章。

4. 螺纹的种类

由于螺纹的应用极为广泛，因此螺纹的分类方法也有许多种，这里只作简单介绍。

根据用途分类，通常可将螺纹分为传动螺纹和联接螺纹两大类。联接螺纹的牙型为三角形，传动螺纹的牙型有梯形、锯齿形等。

根据螺纹要素的标准化程度区分，牙型、直径和螺距（也称螺纹三要素）均符合国家标准的螺纹为标准螺纹，牙型不符合国家标准的螺纹为非标准螺纹。

在标准螺纹中，牙型为等边三角形，牙型角 60°的螺纹称为普通螺纹；牙型为等腰梯形，牙型角 30°的螺纹称为梯形螺纹；牙型为等腰三角形，牙型角 55°的螺纹称为管螺纹。

在普通螺纹中，公称直径相同的螺纹可具有几个不同的螺距，其中螺距最大的称为粗牙普通螺纹，其余皆为细牙普通螺纹。

不同种类螺纹的标记方式不一样，绘图时要注意区分。

10.1.2　螺纹的规定画法

用正投影法表达螺纹结构时，绘图繁琐，也没有必要。为方便绘图和读图，国家标准确定了螺纹的规定画法。

1. 内、外螺纹的画法

“国标”规定，用直线或圆来表示螺纹的牙顶和牙底。图 10-10 给出了外螺纹的画法，图 10-11 给出了内螺纹的画法。

1）表示牙顶的直线（牙顶线）或圆（牙顶圆）用粗实线绘制，表示牙底的直线（牙底线）或圆（牙底圆）用细实线绘制，表示螺纹长度的螺纹终止线用粗实线绘制。牙底圆直径与牙顶圆直径之比可取为 0.85 左右。

2）在与螺纹轴线垂直的投影面上，牙底圆只画约 3/4 圈，且螺纹倒角的投影不应画出（图 10-10a、d，图 10-11a）。

3）在螺纹的剖视图中，剖面线画在粗实线之间，或粗实线与波浪线之间时必须画至粗实线或波浪线（图 10-10c、d，图 10-11a，图 10-12）。

4）表示不可见螺纹的所有图线均用细虚线绘制（图 10-11b）。

5）螺尾一般不画。若需表示螺尾时，该部分用与轴线成 30°的细实线画出（图 10-10b）。

绘制螺纹时应该注意：

1）外螺纹一般用视图表示，此时螺纹终止线在牙顶线之间完整画出（图 10-10a、b）。若需在与螺纹轴线平行的投影面上画外螺纹的剖视图时，螺纹终止线的画法与在视图中不同，只在牙顶线与牙底线之间的螺纹牙部分画出两小段（图 10-10c、d）。

2）在与螺纹轴线平行的投影面上，内螺纹一般用剖视图表示。当螺纹孔与光孔，或螺

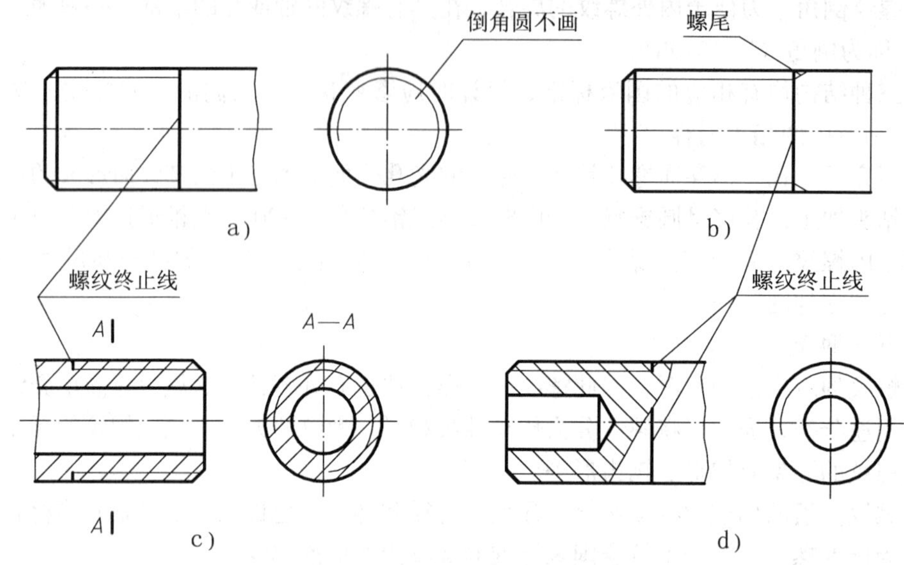

图 10-10　外螺纹的画法

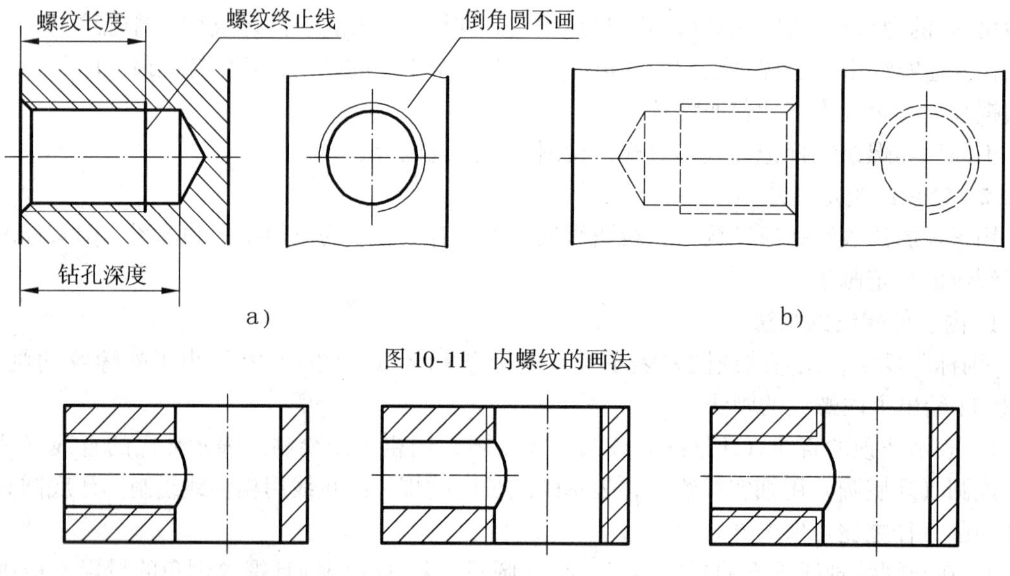

图 10-11　内螺纹的画法

图 10-12　螺孔相贯的画法

纹孔与螺纹孔相贯时，画法如图 10-12 所示。

3）在与螺纹轴线垂直的投影面中表达部分螺纹时，表示牙底圆的细实线圆弧应画得有足够空隙，以便表达明确（图 10-13）。

4）绘制不穿通螺孔时，一般应将钻孔深度与螺纹长度分别表示（图 10-11a）。

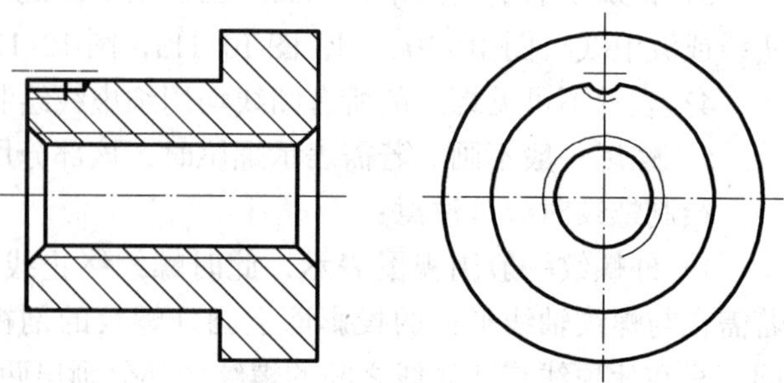

图 10-13　表达部分螺纹的画法

5）需要表示螺纹牙型时，可参照图 10-14 的表达方法绘制。一般来说，符合国家标准的螺纹不必再表示牙型。

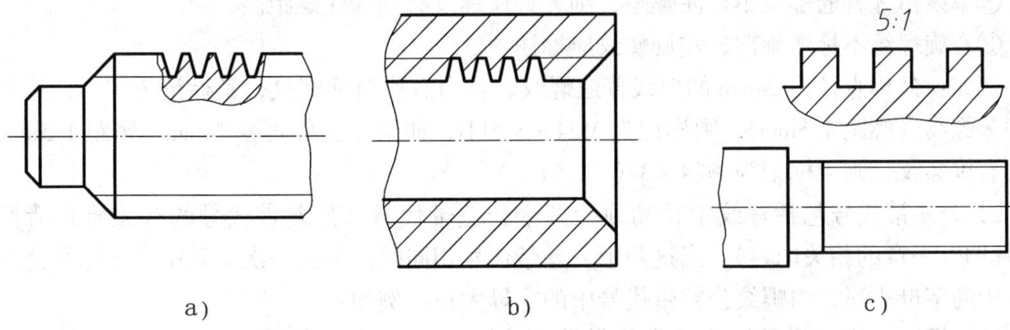

图 10-14　螺纹牙型的画法

2. 内外螺纹联接的画法

内外螺纹联接常以剖视图来表达。画图时，内外螺纹的旋合部分应按外螺纹的画法绘制，其余部分仍按各自的画法表示，如图 10-15 所示。应该注意，内外螺纹联接的表达应符合“螺纹要素一致的内外螺纹才能旋合”的要求。

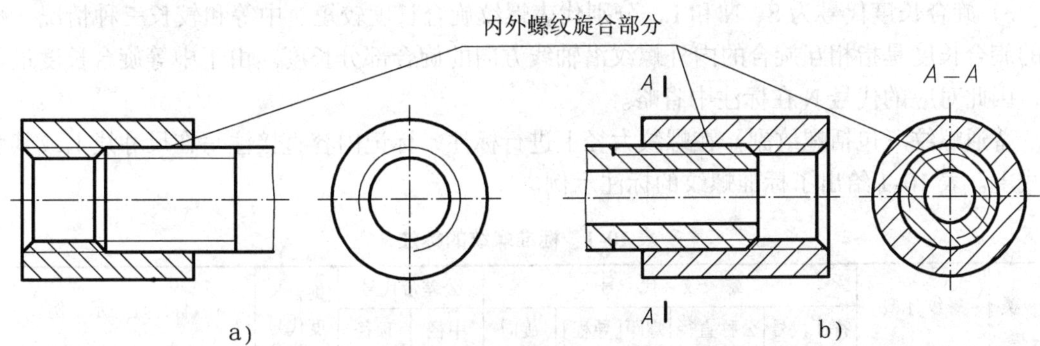

图 10-15　螺纹联接的画法

10.1.3　螺纹的标注

采用规定画法之后，从图样上不能区分螺纹的种类，还须进行必要的标注才能将螺纹完全表达清楚。下面介绍常用的普通螺纹、梯形螺纹和管螺纹三种标准螺纹以及非标准螺纹的标注方法。

1. 普通螺纹

普通螺纹的标记由螺纹代号、公差带代号和旋合长度代号三部分组成，中间以“—”连接，即：

螺纹代号—公差带代号—旋合长度代号

1）螺纹代号包括螺纹特征代号、公称直径、螺距、导程及旋向等内容。对于单线普通螺纹，其标记形式为：

螺纹特征代号　　公称直径×螺距　　旋向

对于多线普通螺纹，其标记形式为：

螺纹特征代号　　公称直径×导程（*P* 螺距）　　旋向

其中，

①普通螺纹的螺纹特征代号为 M。

②单线粗牙普通螺纹不标注螺距，细牙普通螺纹必须标注螺距。

③右旋螺纹不标注旋向，左旋螺纹应标注“LH”。

例如：公称直径为 24mm 的单线普通螺纹，若为右旋粗牙螺纹，其标记为 M24；若为左旋细牙螺纹（螺距 1.5mm），则标记为 M24×1.5LH；如果是公称直径 24mm，螺距 1.5mm 的双线右旋螺纹，则应标记为 M24×3（*P*1.5）。

2）公差带代号包括螺纹中径和顶径两个公差带代号（公差带代号的有关概念请参见“零件图”一章的相关内容），当这两个公差带代号相同时，只注一次。其中，外螺纹公差带代号中的字母小写，内螺纹公差带代号中的字母大写。例如：

①外螺纹中径、顶径的公差带代号分别为 5g、6g 时，该外螺纹的公差带代号标记为 5g6g；若中径、顶径的公差带代号相等，均为 6g 时，则该外螺纹的公差带代号标记为 6g。

②内螺纹中径、顶径的公差带代号分别为 4H、5H 时，该内螺纹的公差带代号标记为 4H5H。

③内外螺纹联接时，该螺纹副的公差带代号标记形式为 6H/6g、6H/5g6g 等。

内外螺纹常用的公差带代号分别是 6H 与 6g。

3）旋合长度代号为 S、N 和 L，分别代表螺纹旋合长度较短、中等和较长三种情况。螺纹的旋合长度是指相互旋合的内外螺纹沿轴线方向的旋合部分长度。由于中等旋合长度最常用，因此对应的代号 N 在标注中省略。

普通螺纹（包括螺纹副）在螺纹大径上进行标注，标记内容直接注写在尺寸线上或其引出线上。表 10-1 给出了标准螺纹的标注示例。

表 10-1 标准螺纹的标注

种类		螺纹牙型	螺纹代号				公差带代号		旋合长度代号	标注示例
			特征代号	公称直径	螺距[导程]	旋向	中径	顶径		
普通螺纹	粗牙螺纹	60°	M	20	2.5	右	6g	6g	N	M20-6g
	细牙螺纹			20	2	左	6H	6H	S	M20X2LH-6H-S
梯形螺纹		30°	Tr	30	6	左	7e		L	Tr30X6LH-7e-L
				30	6［12］	右	7H		N	Tr30X12(P6)-7H

（续）

种类		螺纹牙型	螺纹代号				公差带代号		旋合长度代号	标注示例
			特征代号	公称直径	螺距[导程]	旋向	中径	顶径		
管螺纹	非密封管螺纹	55°	G	尺寸代号 ¾	1.814	右	公差等级代号 A			G¾A
	密封管螺纹		Rp Rc R_1 R_2	1½	2.309	左				Rp 1½ LH

根据螺纹标记可判别出螺纹的规格，需要时还可查出螺纹的中径、小径和螺距等尺寸。例如，由螺纹标记M12—6H，可判定该螺纹是粗牙普通内螺纹；通过查表（附录），还可得到其螺距（1.75mm）、中径（10.863mm）和小径（10.106mm）等尺寸数据。

2. 梯形螺纹

梯形螺纹的标记形式和标注位置与普通螺纹相同。在标记的具体内容上，梯形螺纹与普通螺纹有所区别。

(1) 螺纹代号　梯形螺纹的螺纹特征代号是Tr；其没有粗、细牙之分，螺距均应标注；当为左旋螺纹时，要标注“LH”。梯形螺纹的其余标记规定与普通螺纹相同。例如：公称直径24mm、螺距3 mm的梯形螺纹，若为单线左旋时，螺纹代号标记为Tr24×3LH；若为双线右旋时，则螺纹代号标记为Tr24×6（P3）。

(2) 公差带代号　梯形螺纹只标注螺纹中径的公差带代号。最常用的公差带代号是7H和7h、7e。梯形螺纹副的公差带代号标记形式与普通螺纹副相同。

(3) 旋合长度代号　梯形螺纹的旋合长度分为正常组与加长组，分别以N和L表示。当旋合长度为加长组时，标注旋合长度代号“L”；当旋合长度为正常组时，不标注旋合长度代号。

3. 管螺纹

管螺纹多用于输水管、输气管和输油管等管路中的管子、阀门、管接头及其管路附件上，分为非密封管螺纹和密封管螺纹两种。管螺纹的标记形式为：

螺纹特征代号　尺寸代号　公差等级代号—旋向

(1) 非密封管螺纹　非密封管螺纹是一种圆柱管螺纹，螺纹副本身不具有密封性。非密封管螺纹的螺纹特征代号为“G”；尺寸代号是一组数字，如1/16、1/8、3/4、1、…等，表示的是管子内径，单位为in；公差等级代号的标注对于内、外螺纹是不同的，外螺纹分A、B两级标注，而内螺纹不标注（因为内螺纹只有一种公差等级）；当螺纹为左旋时，标注“LH”，右旋螺纹不标注旋向。

标记示例：

1) 尺寸代号为1/2的内螺纹，右旋螺纹标记为：G1/2，左旋螺纹标记为：G1/2LH；

2）尺寸代号为 2，公差等级为 A 级的外螺纹，若为右旋螺纹，则标记为：G2A，若为左旋螺纹，则标记为：G2A—LH。

表示螺纹副时，仅需标注外螺纹的标记代号。

（2）密封管螺纹　密封管螺纹有两种联接形式，一种是圆柱内螺纹与圆锥外螺纹联接，另一种是圆锥内螺纹与圆锥外螺纹联接。圆柱内螺纹的特征代号是 Rp，与之配合的圆锥外螺纹的特征代号为 R_1；圆锥内螺纹的特征代号是 Rc，与之配合的圆锥外螺纹的特征代号为 R_2。密封管螺纹只有一种公差等级，因此不标记；此外，右旋螺纹不标记，左旋螺纹则标记“LH”。

标记示例：

1）尺寸代号为 3/4 的右旋圆柱内螺纹，标记为：Rp 3/4；

2）尺寸代号为 3 的与圆锥内螺纹配合的右旋圆锥外螺纹，标记为：R_2 3；

3）尺寸代号为 3/4 的左旋圆柱内螺纹，标记为：Rp 3/4LH；

4）尺寸代号为 3 的右旋圆柱内螺纹与圆锥外螺纹联接的螺纹副，标记为：Rp/R_1 3。

管螺纹（包括螺纹副）的标记一律注在引出线上，引出线应由螺纹大径处引出。必须注意，这种标注方式与普通螺纹和梯形螺纹的标注方式是完全不同的。

“国标”中还规定了一种牙型角为 60°的密封管螺纹，需要时可查阅有关资料。

4. 非标准螺纹

在图样中，非标准螺纹应画出牙型，并标注出所需要的尺寸及有关要求（图 10-16）。

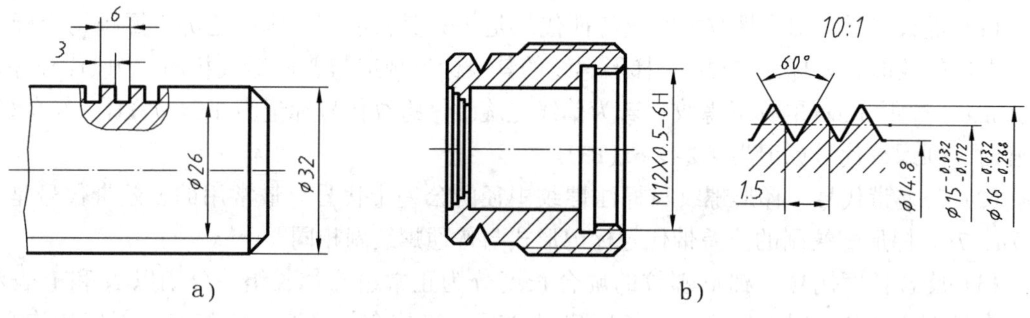

图 10-16　非标准螺纹的标注方法

10.1.4　螺纹测量

为获得成品零件上螺纹的尺寸规格，有时需要对螺纹进行实际测量。测量螺纹常用的工具有螺纹样板和游标卡尺等。螺纹样板是一种专用工具，有许多具有标准牙型齿的测量片，每片对应着一种螺距。选择不同的测量片与螺纹对比，当测量片上的齿与螺纹的牙完全吻合时，就可得到该螺纹的螺距和牙型角（图 10-17a）。游标卡尺是通用的测量工具，可测量长度和直径尺寸。

测量外螺纹时，可用螺纹规测牙型和螺距，用游标卡尺测量螺纹大径，而螺纹线数和旋向则可直接观察确定。有时也可采用压印法来测量螺距（图 10-17b）。对于内螺纹，一般通过测量与其联接的外螺纹来获取数据较为方便。

测量过程中要尽量减少测量误差，测量数据得出后应与有关标准值进行比较，以判断该螺纹是否为标准螺纹。

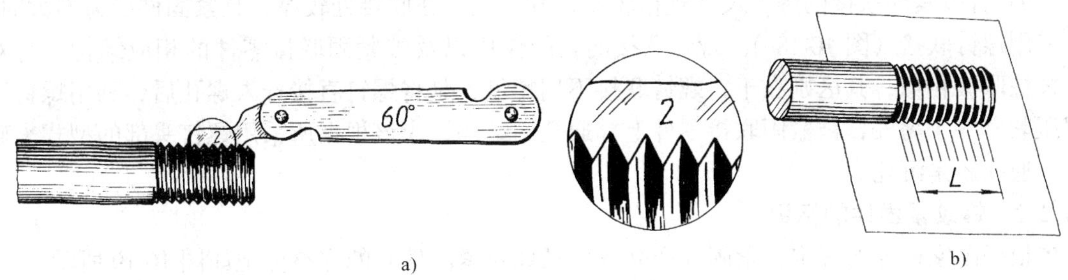

图 10-17　螺纹测量

10.2　螺纹紧固件

螺纹紧固件是标准件，在设计中不需画出零件图，而是根据设计要求选用相应的标准。在装配图中，往往需要表达螺纹紧固件的装配形式，同时要对所用标准件进行正确地标注。

10.2.1　螺纹紧固件的种类及联接型式

螺纹紧固件的种类很多，每种一般还有若干型式。在工程中常用的有螺栓、双头螺柱、螺钉、螺母和垫圈等。这些零件组合使用，起到紧固联接的作用。

对应于不同的零件，螺纹紧固件通常有螺栓联接，双头螺柱联接和螺钉联接三种联接型式（图 10-18）。

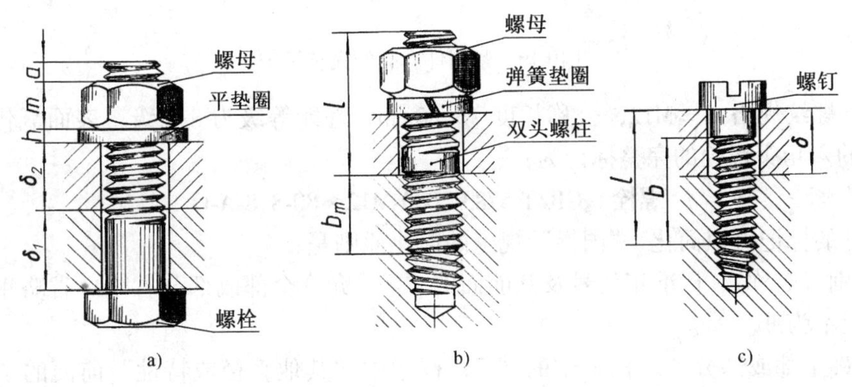

图 10-18　螺纹紧固件的联接型式

1）当被紧固联接的零件在联接处的厚度较小时，通常采用螺栓联接（图 10-18a）。螺栓联接一般由螺栓、螺母和垫圈组成，在被联接零件上要加工出能穿过螺栓的通孔，使螺栓穿过被联接零件后与螺母旋合拧紧。

2）被紧固联接的零件中，如果其中一个在联接处较厚或不能被穿通时，通常采用双头螺柱联接（图 10-18b）。双头螺柱联接一般由双头螺柱、螺母和垫圈组成，在较薄的被联接件上要加工出能穿过双头螺柱的通孔，在较厚的被联接件上要加工出能与双头螺柱联接的不穿通螺孔。将双头螺柱的一端（称为旋入端）拧紧在螺孔中，另一端穿过通孔后与螺母旋合拧紧。

3）若被紧固联接的零件尺寸规格较小，其中之一在联接处较厚，且紧固件受力不大时，常采用螺钉联接（图 10-18c）。螺钉联接的紧固作用以及被紧固联接零件的相应结构，与双头螺柱联接相似；其区别在于，螺钉联接不用螺母，是将螺钉直接拧入螺孔后，利用螺钉头部压紧零件。另外，被紧固联接零件上穿通孔的结构，应该根据所采用螺钉头部的型式来确定是通孔还是沉孔。

10.2.2 螺纹紧固件的标记

根据国家标准的规定，紧固件产品（包括螺纹紧固件）的完整标记如图 10-19 所示。

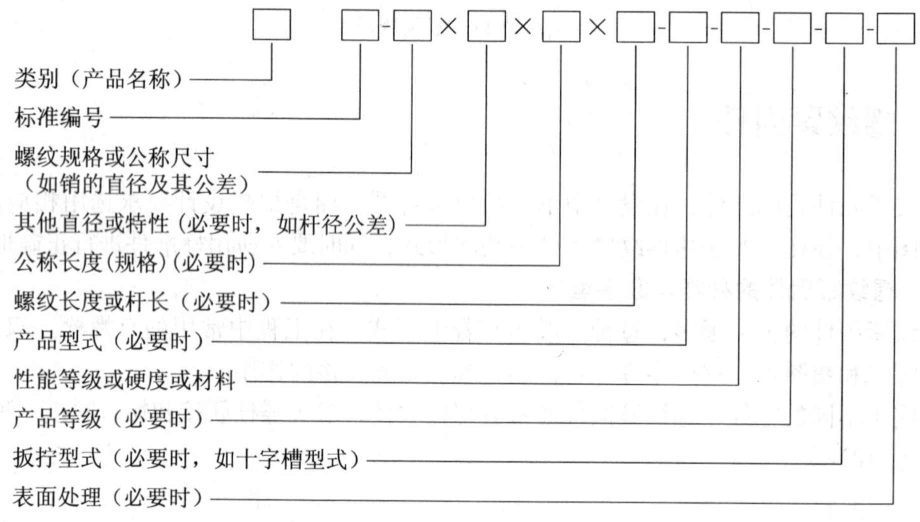

图 10-19　紧固件产品的完整标记

例如：螺纹规格 d = M12，公称长度 l = 80mm，性能等级为 8.8 级，表面氧化，产品等级为 A 级的六角头螺栓的完整标记为：

螺栓　GB/T 5783-2000-M12 × 80-8.8-A-O

紧固件的标记可以简化，“国标”规定的简化原则是：

1）类别（名称）、标准年代号及其前面的“-”，允许全部或部分省略。省略年代号的标准以现行版本为准。

2）允许全部或部分省略标记中的“-”；标记中“其他直径或特性”前面的“×”允许省略。但省略后不应导致对标记的误解，一般以空格代替。

3）当产品标准中只规定一种产品型式、性能等级或硬度或材料、产品等级、扳拧型式及表面处理时，允许全部或部分省略。

4）当产品标准中规定两种及其以上的产品型式、性能等级或硬度或材料、产品等级、扳拧型式及表面处理时，应规定可以省略其中的一种，并在产品标准的标记示例中给出省略后的简化标记。

根据标记的简化原则，上述螺栓可简化标记为：

螺栓　GB/T5783　M12 × 80

一般情况下，螺纹紧固件采用简化标记方法。表 10-2 给出了几种螺纹紧固件的简化标记示例。

表 10-2 螺纹紧固件的简化标记示例

种类	结构形式与规格尺寸	简化标记示例及说明
六角头螺栓	d, l	螺栓 GB/T 5782 M6×30 螺纹规格为 M6，l = 30mm（若螺杆为全螺纹时，应选用 GB/T 5783）
双头螺柱	A 型 d, (bm), l	螺柱 GB/T 897 AM8×30 两端螺纹规格均为 M8，l = 30mm，按 A 型制造（若为 B 型则省略标记“B”）
开槽圆柱头螺钉	d, l	螺钉 GB/T 65 M6×45 螺纹规格为 M6，l = 45mm（l < 45mm 时为全螺纹）
开槽沉头螺钉	d, l	螺钉 GB/T 68 M6×45 螺纹规格为 M6，l = 45mm（l < 45mm 时为全螺纹）
开槽锥端紧定螺钉	d, l	螺钉 GB/T 71 M6×20 螺纹规格为 M6，l = 20mm
1 型六角螺母	D	螺母 GB/T 6170 M8 螺纹规格为 M8
平垫圈	d	垫圈 GB/T 97.1 8 标准系列，公称规格 8mm，性能等级 200HV，与螺纹规格 M8 的螺栓、螺钉等配用
标准型弹簧垫圈	d	垫圈 GB/T 93 8 规格为 8mm，与螺纹规格 M8 的螺栓、螺钉等配用

10.2.3 螺纹紧固件的装配画法

在装配图中绘制螺纹紧固件时，应先用“查表法”或“比例法”确定零件的相关结构尺寸，然后根据联接方式的不同特点画图。其中，“查表法”是指从“国标”中查出所用紧固件的结构尺寸的方法；“比例法”则是一种以螺纹大径为基数，取紧固件主要尺寸均与其成一定比例，从而确定紧固件结构尺寸的方法。显然，“比例法”比“查表法”更为方便快捷。

在螺纹紧固件的装配画法中，无论何种联接型式都应遵循装配图画法的有关规定。比如，对于两个相邻的零件，接触表面应画成一条线，不接触的相邻表面要画成两条线；剖切时，相邻零件的剖面线倾斜方向不能相同，或同方向但间隔应不等；当剖切平面通过螺纹紧固件的轴线时，这些零件均要按未被剖切绘制等；详细内容请参阅第 12 章第 2 节“装配图的表达方法”等。另外，在装配图中，螺纹紧固件一般采用简化画法，倒角、倒圆和支承面结构等结构细节均可省略不画。

1. 螺栓联接

选用螺纹规格为 M10 的六角头螺栓，钢制 1 型六角螺母和平垫圈，将两块厚度分别为 $\delta_1 = 10$mm 和 $\delta_2 = 18$mm 的板型零件紧固在一起。下面分析说明这组螺纹紧固件装配图的绘制过程。

（1）确定各零件的结构尺寸　采用“查表法”和“比例法”两种方法确定。

1）采用“查表法”时，先由相应标准查出螺母和垫圈的尺寸（可参见附录），即：

螺母　GB/T 6170　M10，螺母六边形的对边尺寸 $s = 16$mm，厚度 $m = 8.4$mm；

垫圈　GB/T 97.1　10，外径 $d_2 = 20$mm，厚度 $h = 2$mm。

然后初算螺栓的公称长度 l'，其应大于被紧固零件、螺母以及垫圈三者厚度的总和，并使螺栓末端在螺母外伸出一段长度 a（图 10-18a），通常取为螺纹公称直径 d 的 0.3 ~ 0.5；即初算的螺栓公称长度为：

$$l' = \delta_1 + \delta_2 + m + h + a = 41.4 \sim 43.4$$

据此在“国标”规定的六角头螺栓长度系列中选取适当值 $l = 45$mm，并最终确定螺栓的规格尺寸为：

螺栓 GB/T 5782　M10 × 45，螺栓头六边形的对边尺寸 $s = 16$mm，螺栓头部厚度 $k = 6.4$mm，螺纹长度 $b = 26$mm。

最后，确定被紧固零件上螺栓过孔的尺寸。选取中等装配时，由相应的标准查出通孔直径为 $\phi = 11$mm。

至此，绘制螺栓联接所需的零件结构尺寸均已确定（图 10-20）。

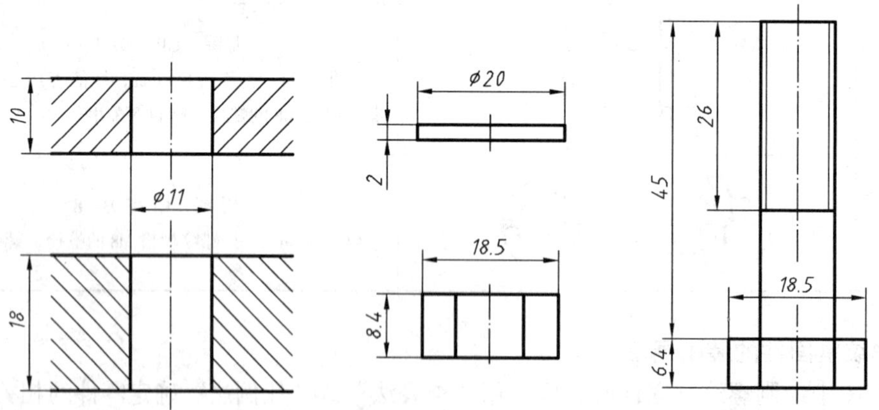

图 10-20　“查表法”确定螺栓联接的零件尺寸

2）采用“比例法”确定螺栓联接各零件的结构尺寸时，以螺纹大径 $d = 10$mm 为基数，用不同的比例系数与之相乘，即可确定螺栓、螺母、垫圈及螺栓过孔等结构的尺寸，如图 10-21a 所示。如果需要画出螺栓头部或螺母上的外形曲线，可参考图 10-21b 所示的画法，其中“R”由作图确定。

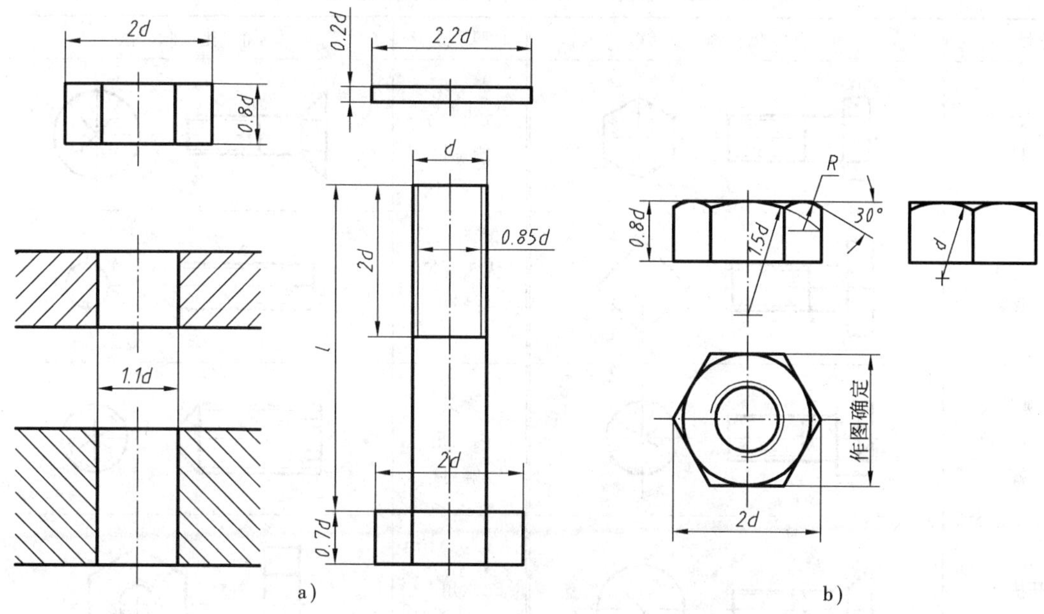

图 10-21　“比例法”确定螺栓联接的零件尺寸

应该注意，采用“比例法”确定零件尺寸时，螺栓公称长度 l 是一个例外，该参数仍须按照“查表法”中介绍的方法，经过初步估算后查标准选取确定。

(2) 在装配图中的画法　根据“国标”规定，在装配图中，常用螺栓、螺钉的头部及螺母等可采用简化画法。表 10-3 列举了部分简化画法。

按照装配图画法的有关规定，螺栓联接的装配画法如图 10-22 所示。其中，图 10-22a 由“查表法”确定各零件的结构尺寸，图 10-22b 由“比例法”确定各零件的结构尺寸。画图应该注意：在通孔内的螺栓杆上，应画出牙底线和螺纹终止线，表示拧紧螺母时有足够的螺纹长度。另外，未被螺栓挡住的两零件接触面的投影要画全。

2. 双头螺柱联接

(1) 确定零件的结构尺寸　采用“查表法”确定双头螺柱联接中各零件的结构尺寸，可参照螺栓联接中介绍的方法和过程进行。采用“比例法”时，基本思路与螺栓联接中所介绍的一致，具体作法参见图 10-23a。与螺栓联接所不同的是，双头螺柱旋入端 b_m 的长度与需要加工螺孔的零件的材料有关。若该零件的材料为钢或青铜时，取 $b_m = d$；若为铸铁时，取 $b_m = 1.25d$ 或 $b_m = 1.5d$；若为铝材时，则取 $b_m = 2d$。对于相应的螺孔尺寸，一般取螺纹深度为（$b_m + 0.5d$），钻孔深度比螺纹再深 $0.5d$，即（$b_m + d$）。

(2) 在装配图中的画法　双头螺柱联接的装配图画法如图 10-23b 所示。应该注意：

1) 为表示旋入端应完全旋入螺孔，旋入端的螺纹终止线应与螺孔端面平齐，即其投影画成一条线。

2) 根据“国标”规定，在装配图中，不穿通螺孔的钻孔深度可按螺纹深度画出，如图 10-24b 所示。

3) 由装配图画法的有关规定，弹簧垫圈的开口可用宽度为图形中粗实线两倍的粗线画出。

表 10-3　螺栓、螺钉头部和螺母的简化画法

型　式	简　化　画　法	型　式	简　化　画　法
六角头螺栓		沉头十字槽螺钉	
方头螺栓		无头开槽螺钉	
圆柱头内六角螺钉		无头内六角螺钉	
开槽沉头螺钉		六角螺母	
圆柱头开槽螺钉		方头螺母	

a)　　　　b)

图 10-22　螺栓联接的装配画法

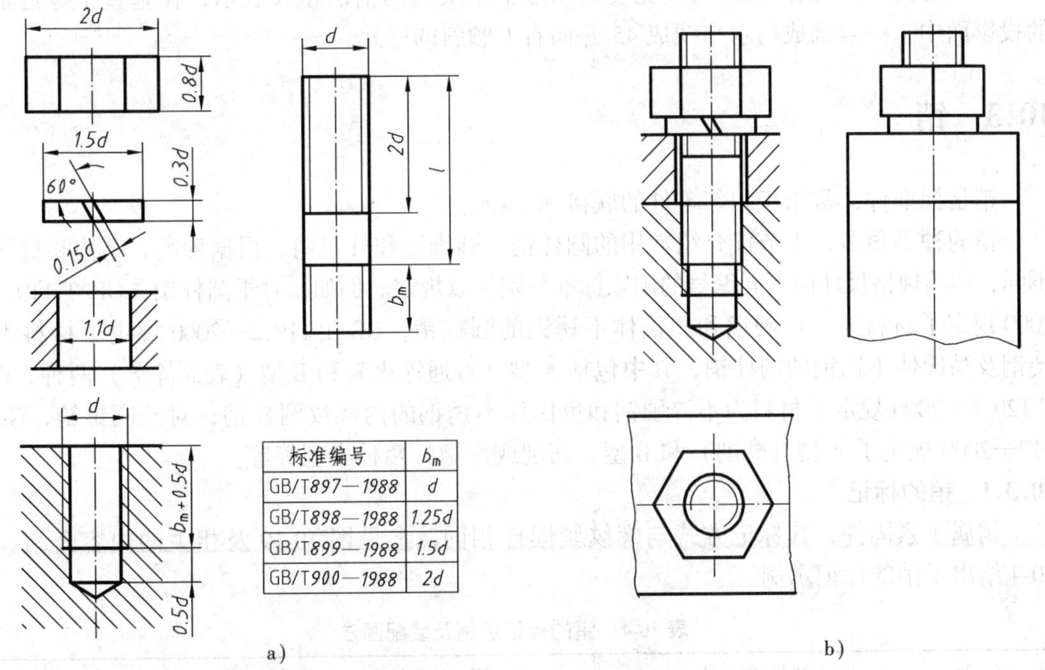

标准编号	b_m
GB/T897—1988	d
GB/T898—1988	1.25d
GB/T899—1988	1.5d
GB/T900—1988	2d

图 10-23 双头螺柱联接

3. 螺钉联接

(1) 确定零件的结构尺寸 螺钉联接中各零件的结构尺寸可用“查表法”确定（包括被紧固零件上沉孔的结构），也可用“比例法”获得（图 10-24a）。螺钉联接中螺孔尺寸的确定方法与双头螺栓联接相同。螺钉的公称长度 l 与螺纹长度 b 应满足关系 $l-b<\delta$（参见图 10-18c），以表示螺钉拧紧时有足够的螺纹长度。

(2) 在装配图中的画法 螺钉联接的装配画法如图 10-24b 所示。画图时要注意：

1) 螺钉的螺纹终止线应画在螺孔端面以外（或者画成全螺纹的形式），表示有足够的螺纹长度使螺钉头部能够压紧被紧固零件。

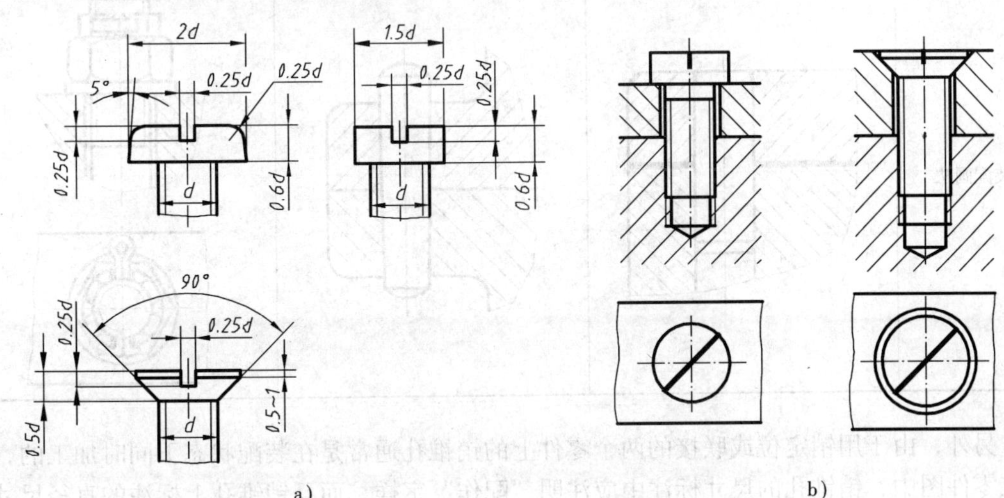

图 10-24 螺钉联接

2）螺钉头部开槽的投影可用宽度为图形中粗实线两倍的粗线表示，在垂直于螺钉轴线的投影面中，一般画成与水平线成45°并向右上倾斜的样式。

10.3 销

销是标准件，常用于相邻零件的联接和定位。

销的种类很多，本节仅介绍常用的圆柱销、圆锥销和开口销。根据种类、结构和材料的不同，销的规格尺寸由不同编号的国家标准分别予以规定。例如，对于圆柱销，GB/T 119.1—2000 规定了材料为不淬硬钢和奥氏体不锈钢的圆柱销，GB/T 119.2—2000 规定了材料为淬硬钢及马氏体不锈钢的圆柱销，其中包括 A 型（普通淬火）和 B 型（表面淬火）两种，GB/T 120.1—2000 规定了材料为不淬硬钢和奥氏体不锈钢的内螺纹圆柱销；对于圆锥销，GB/T 117—2000 规定了 A 型（磨削）和 B 型（切削或冷镦）两种类型等等。

10.3.1 销的标记

销属于紧固件，其标记方式与螺纹紧固件相同，参见图 10-19 及相关的内容介绍。表 10-4 给出了销的标记示例。

表 10-4 销的标记示例及装配画法

名　称	圆　柱　销	圆　锥　销	开　口　销
结构形式与规格尺寸	l　d	l　d	l　D
简化标记示例及说明	销　GB/T 119.2　5×20 公称直径 $d=5$mm，公称长度 $l=20$mm，公差为 m6，材料为钢，普通淬火（A 型），表面氧化处理	销　GB/T 117　6×24 公称直径 $d=6$mm，公称长度 $l=24$mm，材料为 35 钢，热处理硬度 28～38HRC，表面氧化处理，A 型	销　GB/T 91　5×28 公称规格 $D=5$mm，公称长度 $l=28$mm，材料为 Q215 或 Q235，不经表面处理
装配画法			

另外，由于用销定位或联接的两个零件上的销锥孔通常是在装配状态下同时加工的，因此在零件图中，销锥孔的尺寸标注中应注明“配作”字样，而且销锥孔上标注的直径尺寸应为圆锥销的公称直径（即小端直径）。

10.3.2 销在装配图中的画法

销不必画零件图，通常需要在装配图中进行表达。销在装配图中的画法应遵循装配图画法的有关规定，例如：当剖切平面通过销的轴线时，销按未剖切绘制。销在装配图中的画法见表 10-4。

10.4 键与花键

10.4.1 键

键是用来联结轴与装在轴上的齿轮、链轮或带轮的标准件，其主要作用是传递转矩等。键有多种类型，其中普通平键和半圆键最为常用。采用键联结需在轴与轮上分别加工出键槽。装配时，一般先将键嵌入轴上的键槽内，然后把轴插入轮的轴孔中，同时使键穿进轮上的键槽内（图 10-25）。这样，轴与轮便可通过键联结一起运动。结构简单紧凑，使用可靠，装拆方便及成本低廉是键联结的主要优点。

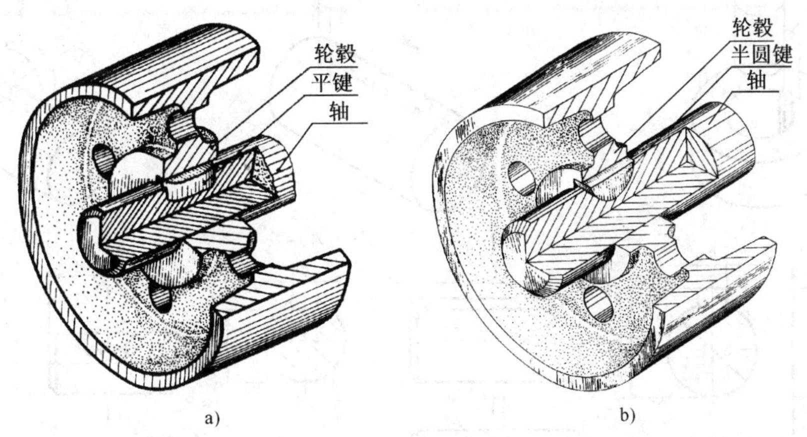

图 10-25 键联结

1. 键的结构型式及标记

由于键是标准件，“国标”中已规定了它的结构型式及尺寸，因此不需画零件图，一般在装配图中根据需要进行表达，并作出正确的标记。

键的标记形式为： 名称 类型与规格 标准编号

表 10-5 给出了普通平键和半圆键的结构型式及标记示例。表中，L 为键的长度，b 为键的宽度，h 为键的高度；标记示例中标准编号省略了年代号，表图中省略了倒角。

2. 键的选取及键槽尺寸的确定

在工程中，键的类型与规格是根据设计要求及轴径尺寸按标准选取的，有关尺寸可参见附录。

键槽是轴（轮）类零件上的一种结构，通常在插床（轮上的键槽）或铣床（轴上的键槽）上加工而成。键槽的尺寸在“国标”中也作了规定，因此选定键之后，相应的键槽尺寸须由标准中查出。键槽要在轴或轮的零件图中画出并标注尺寸。键槽的尺寸标注方法与其加工方式有关，图 10-26 给出了键槽加工的示意图及其尺寸标注方法，其中，图 10-26a 表示用插床加工轮毂上的键槽，图 10-26b 和图 10-26c 分别表示用铣床加工轴上的平键和半圆键键槽。

表 10-5 键的结构形式与标记示例

名 称	普通平键			半圆键
	A 型	B 型	C 型	
结构形式与规格尺寸	h, L, b	h, L, b	h, L, b	b, d_1, h
标记示例及说 明	键 5×20 GB/T 1096 圆头普通平键 $b = 5$mm，$L = 20$mm 标记中省略“A”	键 B5×20 GB/T 1096 平头普通平键 $b = 5$mm，$L = 20$mm	键 C5×20 GB/T 1096 单圆头普通平键 $b = 5$mm，$L = 20$mm	键 6×20 GB/T 1099 半圆键 $b = 6$mm，$d_1 = 25$mm

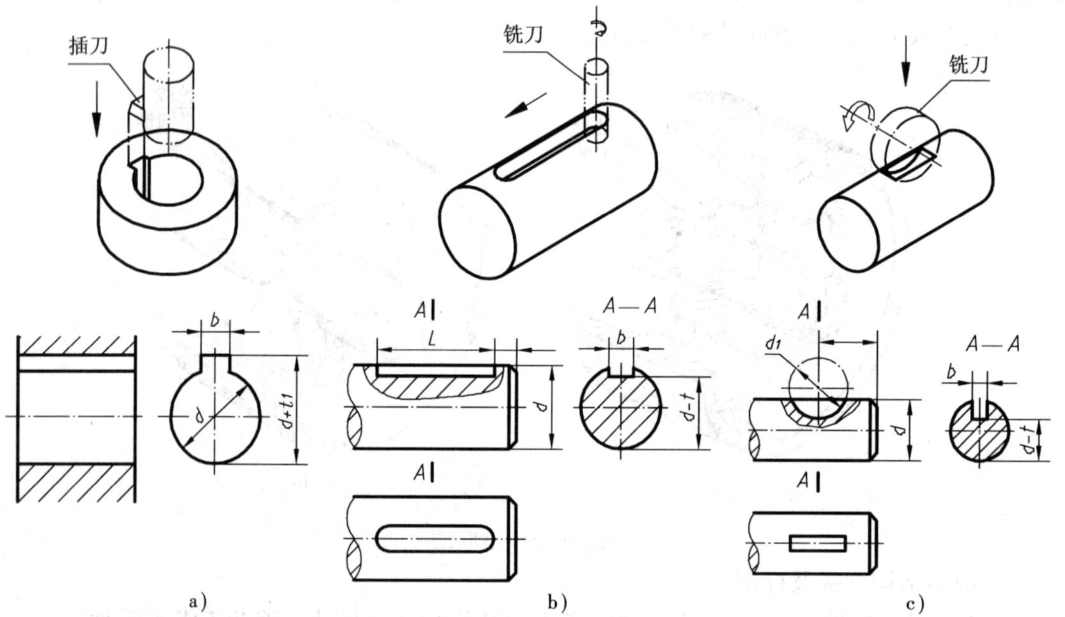

图 10-26 键槽的加工和尺寸标注

3. 键联结的装配画法

键联结的装配画法如图 10-27 所示，其中：

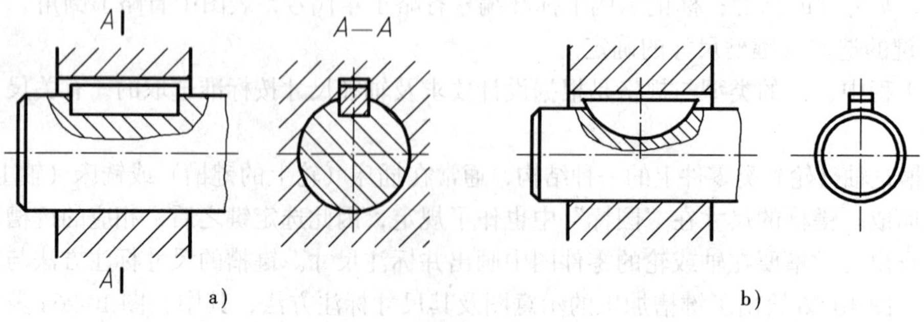

图 10-27 键联结的装配画法

1）为表达键的安装情况，在轴（实心零件）上采用了局部剖视图；

2）沿键长方向剖切时，当剖切平面通过键的纵向对称面，键按不剖绘制（图 a、图 b 的主视图）；

3）轮毂上键槽的底面与键一般不接触，应该画出间隙（画成两条线）；而键的其他表面与轴或轮毂上键槽的表面均接触，画成一条线。

10.4.2 花键

花键是将键直接做在圆柱表面上的一种结构。键齿（用于联结的凸起部分）在外圆柱（或外圆锥）表面上的是外花键，也称花键轴（图 10-28a）；键齿在内圆柱（或内圆锥）表面上的是内花键，也称花键孔（图 10-28b）。花键联结（把花键轴装入花键孔内）能传递较大的转矩，并使零件联接更准确可靠。花键的齿形有矩形和渐开线等，其结构和尺寸已在“国标”中作了规定，本节仅简单介绍应用较广的矩形花键的画法、尺寸标注及标记。

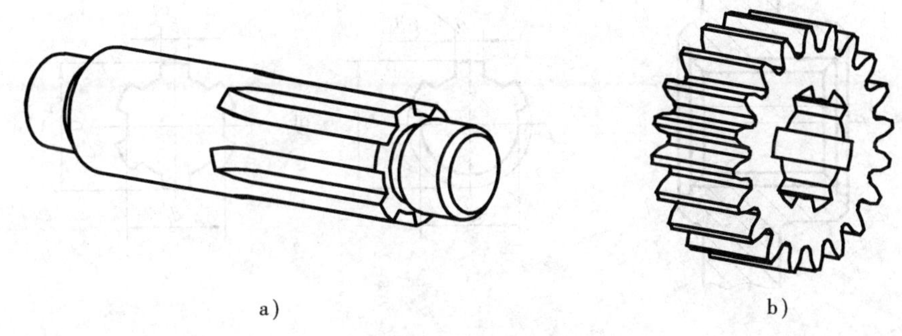

图 10-28 矩形花键

1. 矩形花键的画法

国家标准 GB/T 4459.3—2000 对矩形花键的画法作了规定。

（1）外花键的规定画法　用视图表达外花键时，其大径用粗实线绘制，小径用细实线绘制；同时，用断面图画出外花键的部分或全部齿形，如图 10-29 所示。图中，D 表示大径，d 表示小径，b 为键宽，L 为外花键的工作长度。外花键工作长度的终止端和尾部长度的末端均用细实线绘制，并与轴线垂直；尾部画成斜线，其倾斜角度一般与轴线成 30°（图 10-29、图 10-30），必要时可按实际情况画出。外花键局部剖视的画法如图 10-30 所示。

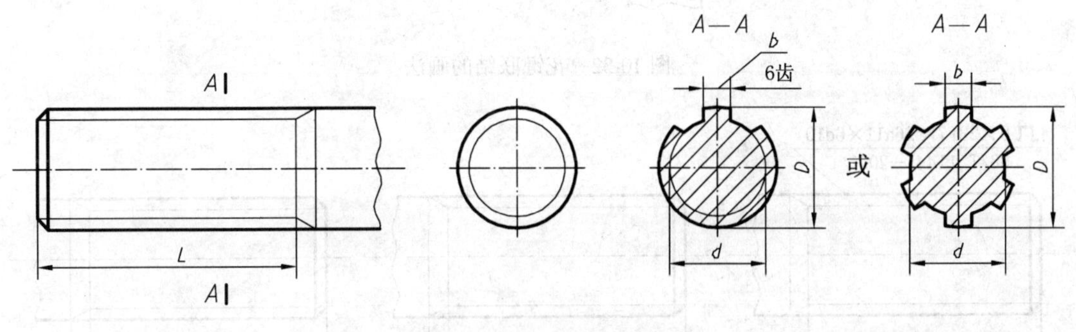

图 10-29 外花键的画法和尺寸标注

（2）内花键的规定画法　在平行于花键轴线的投影面的剖视图中，内花键的大径和小径均用粗实线绘制，并用局部视图表达部分或全部齿形（图 10-31）。

（3）花键联结的规定画法　在装配图中，花键联结用剖视图表示时，其联接部分按外花键绘制，如图 10-32 所示。

2. 矩形花键的尺寸标注

按一般尺寸标注方法进行标注时，应标出矩形花键的大径、小径、键宽及花键长度尺寸，如图 10-29、图 10-31 所示。其中，花键长度的标注可在三种形式中任选：

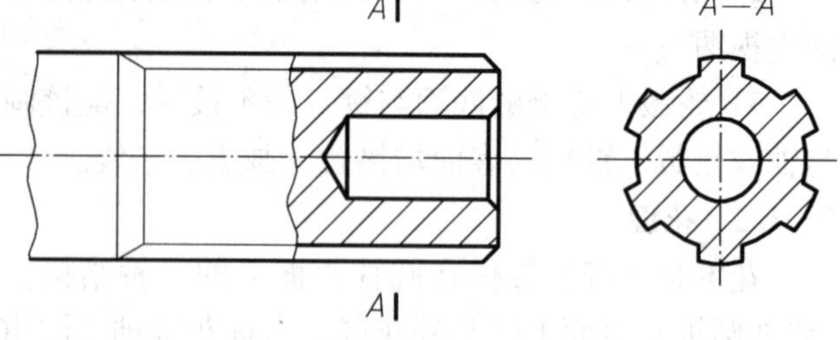

图 10-30　外花键局部剖视的画法

1）标注工作长度 L，如图 10-33a；

2）标注工作长度 L 及尾部长度，如图 10-33b；

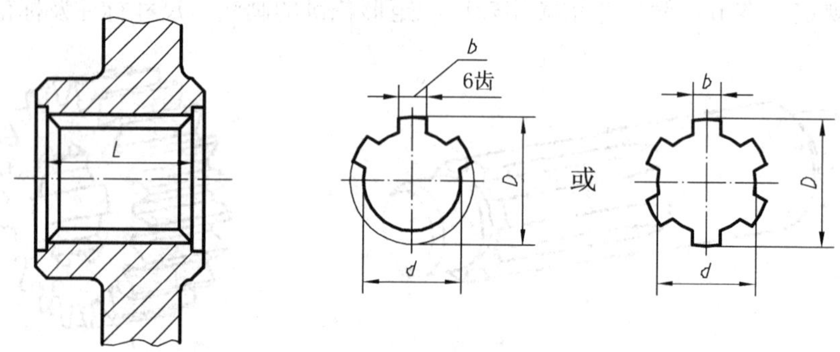

图 10-31　内花键的画法和尺寸标注

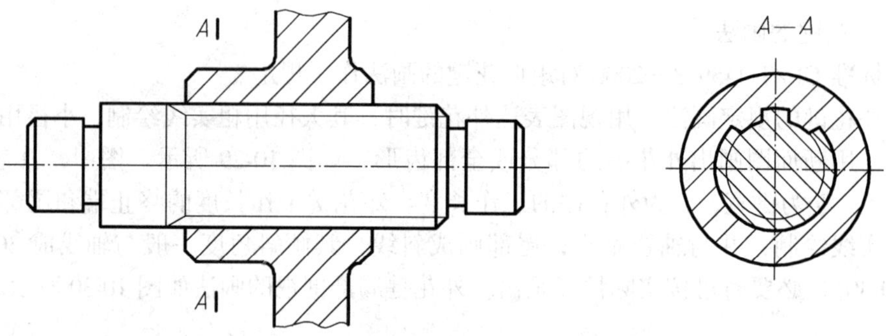

图 10-32　花键联结的画法

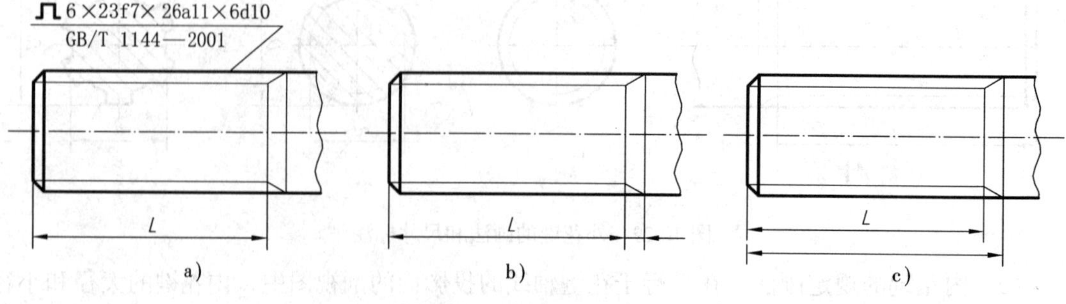

图 10-33　花键长度的标注

3）标注工作长度 L 及全长，如图 10-33c；

3. 矩形花键的标记

花键的标记由表示类型的图形符号和表示规格及其公差带代号的数字与字母组成。

1）表示矩形花键的图形符号如图 10-33 中的标记所示，为一近似于“n”形的图标，其大小应与图样中其他尺寸及符号协调一致。

2）矩形花键的规格标记为：

$$N \times d \times D \times B$$

其中，N 为键数，d、D 分别为小径和大径，B 为键宽。标记时，d、D 及 B 后均应标注相应的公差带代号或配合代号。例如：当花键的规格为 6×23×26×6 时，

标记内花键：6×23H7×26H10×6H11　GB/T1144—2001

标记外花键：6×23f7×26a11×6d10　GB/T1144—2001

标记花键副：6×23H7/ f7×26H10/ a11×6H11/ d10　GB1144—2001

花键标记中的数字和大写字母应与相应图样上字体的型式、宽度和高度相一致。

3）在图样中，花键的标记由大径引出标注（图 10-33）。

10.5　滚动轴承

滚动轴承用于支承旋转轴并承受载荷，具有结构紧凑、摩擦阻力小、旋转精度高等优点，应用很广泛。

滚动轴承是标准部件，在设计中不必画零件图，而是根据设计要求在相应的标准中选用。在装配图中表达滚动轴承时，一般按规定的画法绘制，并进行正确的标记。

10.5.1　滚动轴承的结构和分类

滚动轴承的种类很多，但主要结构基本类似，一般由外圈、内圈、滚动体和保持架四部分组成，如图 10-34 所示。根据受力情况，滚动轴承可以分为：主要承受径向力的向心轴承（图 10-34a），只承受轴向力的推力轴承（图 10-34b）和径向力与轴向力均可承受的向心推力轴承（图 10-34c）。

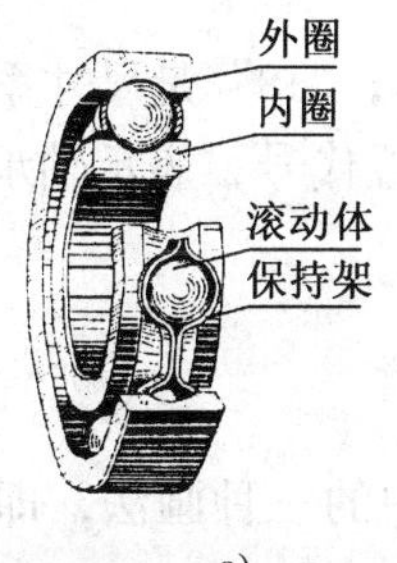

a)

b)

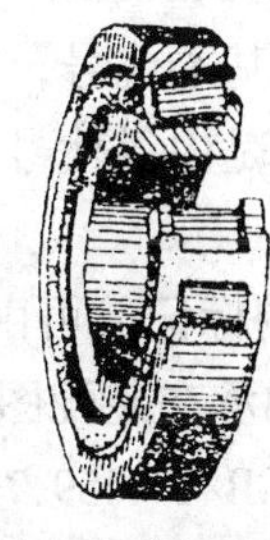

c)

图 10-34　滚动轴承

10.5.2　滚动轴承的标记与轴承代号

滚动轴承的标记形式为：

名称　轴承代号　标准编号

滚动轴承代号是一种由字母和数字组成的产品符号，用来表示滚动轴承的结构、尺寸、公差等级和技术性能等特性，其基本构成和排列顺序为：

前置代号　基本代号　后置代号

（1）基本代号　基本代号表示轴承的基本类型、结构和尺寸，是轴承代号的基础。基本代号由轴承类型代号、尺寸系列代号和内径代号组成，注写时按以上顺序由左至右排列。其中，

1）类型代号用数字或字母表示，如“5”代表推力球轴承，“6”代表深沟球轴承，“N”代表圆柱滚子轴承等。

2）尺寸系列代号用数字表示，是由轴承的宽（高）度系列代号和直径系列代号各一位数字组合而成。例如：若向心轴承的宽度系列代号为2，直径系列代号也为2时，其尺寸系列代号就是“22”。

3）内径代号也用数字表示，它代表滚动轴承的内圈孔径（内圈孔径是轴承公称内径）。

需要指出，类型代号和尺寸系列代号还有若干注写规则，具体应用时请查阅有关标准及手册。

（2）前置代号与后置代号　当轴承在结构形状、尺寸、公差及技术要求等方面有所变化时，在基本代号左右添加的补充代号即为前置代号和后置代号。前置代号用字母表示，后置代号用字母或字母与数字的组合表示。这两种代号的种类较多，请在使用时查阅有关标准手册。

（3）滚动轴承的标记　滚动轴承的标记与其类型相对应，较为复杂，这里仅列举几个简单的例子：

1）滚动轴承 6208　GB/T 276—1994

其中：6208 为基本代号，“6”是类型代号，代表深沟球轴承；“2”是尺寸系列代号，表示 02 系列（0 省略）；“08”是内径代号，表示公称内径是 40mm。

2）滚动轴承 N2210　GB/T 283—1994

其中：N2210 为基本代号，“N”是类型代号，代表圆柱滚子轴承；“22”是尺寸系列代号，表示 22 系列；“10”是内径代号，表示公称内径是 50mm。

3）滚动轴承 61812N　GB/T 276—1994

其中：61812 为基本代号，“6”是类型代号，代表深沟球轴承；“18”是尺寸系列代号，表示 18 系列；“12”是内径代号，表示公称内径是 60mm；N 为后置代号，表示轴承外圈有止动槽结构。

根据轴承的标记，可由相关标准查出其外形尺寸。

10.5.3　滚动轴承在装配图中的画法

国家标准 GB/T 4459.7—1998 规定了滚动轴承在装配图中的三种画法，即通用画法、特征画法和规定画法，其中前两种为简化画法。

1. 基本规定

1）在三种画法中，表示滚动轴承的各种符号、矩形线框和轮廓线均用粗实线绘制。

2）绘制滚动轴承时，其矩形线框或外形轮廓的大小应与滚动轴承的外形尺寸一致，并与所属图样采用同一比例。

3）在剖视图中用简化画法绘制滚动轴承时，一律不画剖面线。采用规定画法绘制时，

轴承的滚动体不画剖面线，各套圈等可画方向和间隔相同的剖面线（图 10-35a），在不致引起误解时，也允许省略不画。若轴承带有其他零件或附件（偏心套、挡圈等）时，其剖面线应与套圈的剖面线呈不同方向或不同间隔（图 10-35b，其中 1 为圆柱滚子轴承，2 为斜挡圈），在不致引起误解时，也允许省略不画。

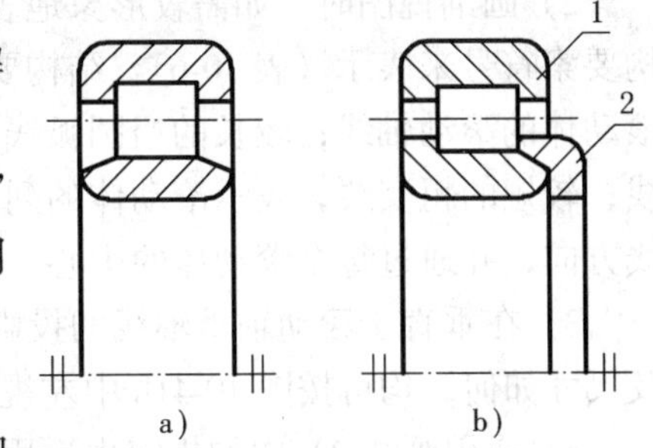

图 10-35　滚动轴承剖面线画法

4）用简化画法绘制滚动轴承时，应采用“国标”规定的通用画法或特征画法，在同一图样中一般只采用其中一种画法。

2. 通用画法

1）绘制剖视图时，若不需要确切表示滚动轴承的外形轮廓、载荷特性和结构特征时，可用矩形线框及位于线框中央正立的十字形符号表示（图 10-36a）。若需要确切表示滚动轴承的外形，则应画出其剖面轮廓，并在轮廓中央画出正立的十字形符号（图 10-36b）。这两种画法中，十字形符号均不应与矩形线框或剖面轮廓线接触。

2）当需要表示滚动轴承的防尘盖和密封圈时，可按图 10-37 所示的方法绘制，图 a 为带防尘盖的画法，图 b 为两面带密封圈的画法；当需要表示滚动轴承内圈或外圈有、无挡边时，可在十字形符号上附加一短画表示内圈或外圈无挡边的方向，如图 10-38 所示，其中图 a 表示外圈无挡边，图 b 表示内圈有单挡边；当滚动轴承带有附件或零件时，这些附件或零件也可只画出外形轮廓，如图 10-39 所示，其中 1 为外球面球轴承，2 为紧定套。为了表达滚动轴承的安装方法，还可较详细地画出相关的零件，如图 10-40 所示。

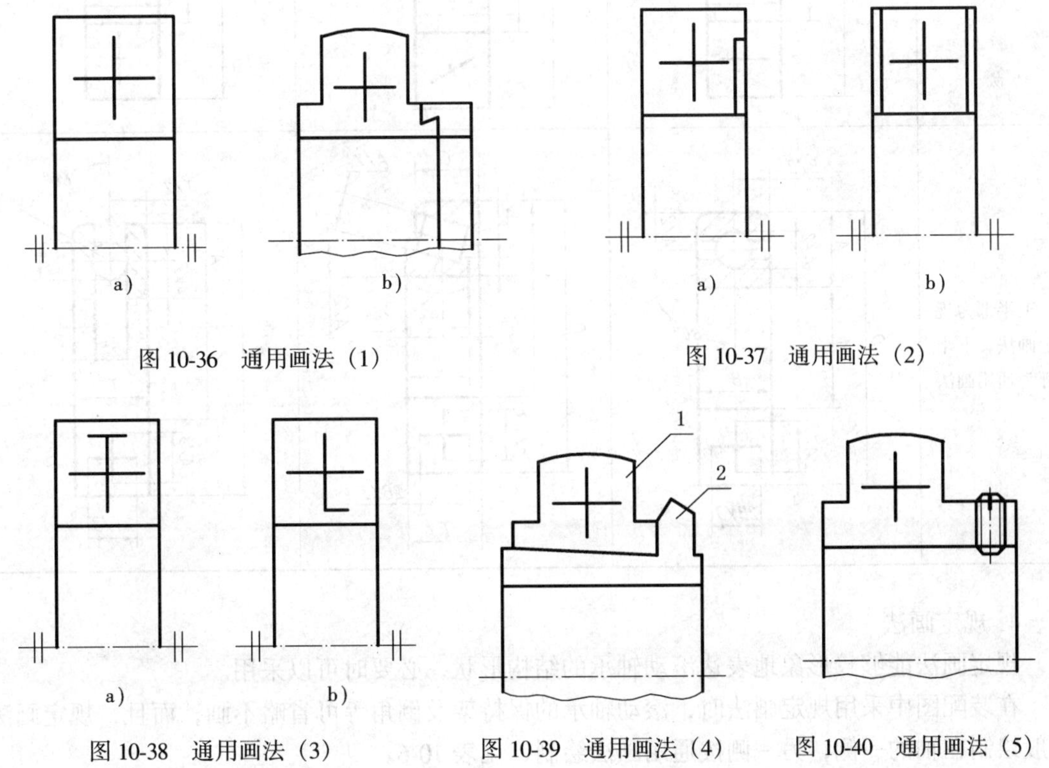

图 10-36　通用画法（1）

图 10-37　通用画法（2）

图 10-38　通用画法（3）

图 10-39　通用画法（4）

图 10-40　通用画法（5）

3. 特征画法

1）特征画法应绘制在轴的两侧（表 10-6）。

2）画剖视图时，如需较形象地表达滚动轴承的结构特征时，可在矩形线框内画出其结构要素符号来表示（表 10-6）。结构要素符号主要有：较长的粗实线，表示不可调心轴承的滚动体的滚动轴线；较长的粗圆弧线，表示可调心轴承的调心表面或滚动体滚动轴线的包络线；较短的粗实线，表示滚动体的列数和位置，应画成与前二者或相交成 90°角或相交于法线方向，并通过每个滚动体的中心。

3）在垂直于滚动轴承轴线的投影面的视图中，无论滚动体的形状（球状、柱状或针状）及尺寸如何，均可按图 10-41b 中左视图（仅表示轴承）的方法绘制。

4）通用画法 2）中的规定也适用于特征画法。

表 10-6 列举了常用滚动轴承的特征画法及尺寸比例。

表 10-6　常用滚动轴承的画法

种　类	深沟球轴承	圆锥滚子轴承	推力球轴承
已知条件	D、d、B	D、d、B、T、C	D、d、T
特征画法			
上半部为规定画法，下半部为通用画法			

4. 规定画法

规定画法能够较形象地表达滚动轴承的结构形状，必要时可以采用。

在装配图中采用规定画法时，滚动轴承的保持架及倒角等可省略不画；而且，规定画法一般绘制在轴的一侧，另一侧按通用画法绘制，见表 10-6。

表 10-6 给出了常用滚动轴承的规定画法及尺寸比例。

在装配图中，滚动轴承根据需要采用上述方法绘制。图 10-41 是圆锥滚子轴承在装配图中的画法示例，其中图 10-41a 为规定画法和通用画法，图 10-41b 为特征画法。

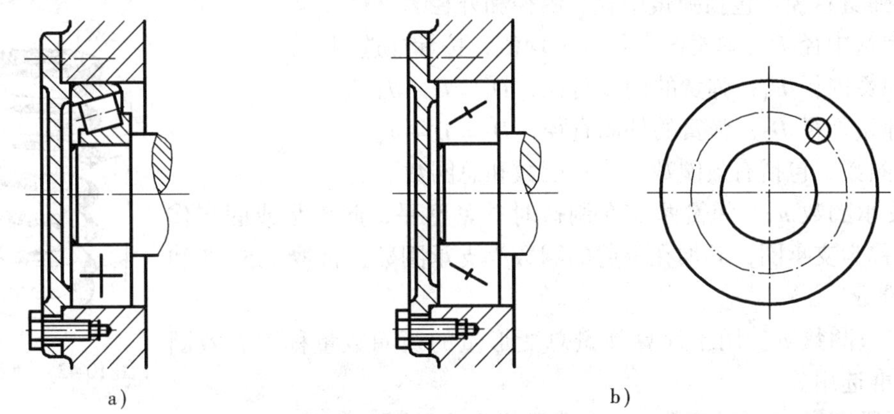

图 10-41　滚动轴承在装配图中的画法

10.6　弹簧

弹簧是一种利用材料的弹性和结构特点，通过变形和储存能量工作的机械零件，主要用于减振、储能或测力等。弹簧的种类很多，常见的有螺旋弹簧（包括压缩弹簧（图 10-42a）、拉伸弹簧（图 10-42b）以及扭转弹簧（图 10-42c））和涡卷弹簧（图 10-42d）等。

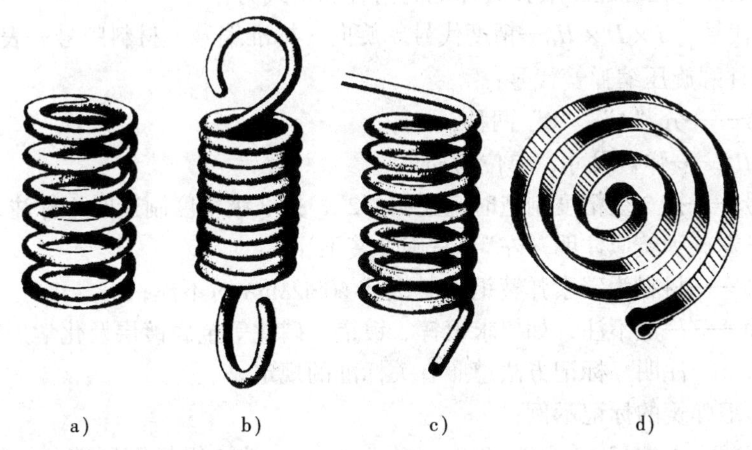

图 10-42　常用弹簧

虽然弹簧也有相应的国家标准，但由于其用途十分广泛，使用情况非常复杂，标准弹簧不一定能适合实际需要，加之弹簧的制造相对简单，因此在工程中经常需要设计弹簧，并绘制零件图来指导加工。本节介绍最为常用的圆柱螺旋压缩弹簧，内容包括“国标”规定的标记方法、画法以及所涉及到的弹簧参数。

10.6.1　圆柱螺旋压缩弹簧的参数和标记

圆柱螺旋压缩弹簧是承受压力的圆柱形螺旋弹簧。

1. 弹簧的参数

弹簧的参数在相关标准中已有规定，下面只介绍绘制零件图时涉及到的参数（图 10-43）。

（1）簧丝直径(线径)d　用于缠绕弹簧的钢丝直径，按标准选用。

（2）弹簧直径　包括弹簧中径、内径和外径。

1）弹簧中径 D：弹簧内外径的平均值，按标准选用；

2）弹簧内径 D_1：弹簧的内圈直径，$D_1 = D - d$；

3）弹簧外径 D_2：弹簧的外圈直径，$D_2 = D + d$。

（3）圈数　包括有效圈数、支承圈数和总圈数。

1）支承圈数 n_z　弹簧两端在制造时并紧磨平，起支承或固定作用的部分称为支承圈，其加在一起的圈数为支承圈数，常取 1.5、2 和 2.5 三种圈数。

2）有效圈数 n　用于计算弹簧总变形量的簧圈数量称为有效圈数，按标准选用。

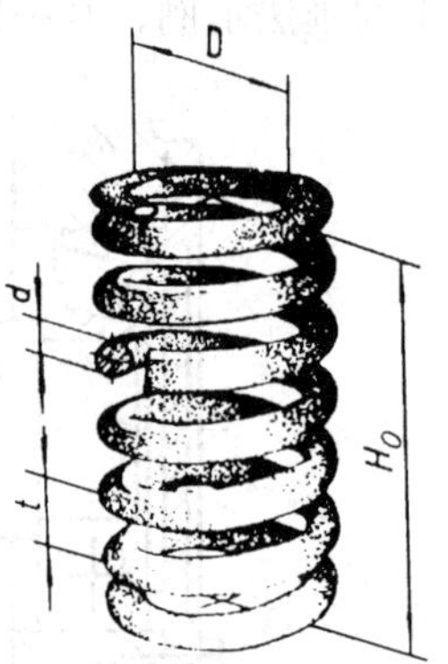

图 10-43　弹簧参数

3）总圈数 n_1　支承圈数与有效圈数之和为总圈数，即 $n_1 = n + n_z$。

（4）节距 t　两相邻有效圈截面中心线的轴向距离，按标准选用。

（5）自由高度 H_0　弹簧无负荷作用时的轴向高度，计算后在标准中选取近似值。

（6）展开长度 L　弹簧展开后的簧丝长度。

（7）旋向　弹簧有左旋和右旋两种旋向。从螺旋弹簧的一端沿轴向观察，以顺时针方向旋转形成的为右旋弹簧，以逆时针方向旋转形成的为左旋弹簧。

2. 弹簧的标记

“国标”规定的圆柱螺旋压缩弹簧标记的内容和格式为：

Y　型式代号　$d \times D \times H_0$—精度代号　旋向　标准编号　材料牌号—表面处理

其中，Y——圆柱螺旋压缩弹簧代号；

型式代号——分“A”、“B”两种；

$d \times D \times H_0$——弹簧尺寸，单位为 mm;

精度代号——按 2 级精度制造时应注明“2”，按 3 级精度制造时不标注；

旋向——左旋弹簧应注明“左”，右旋弹簧不注；

材料牌号——材料为碳素弹簧钢丝 C 级或 60Si2MnA 时不注；

表面处理——一般不注，如要求镀锌、镀镉、磷化等金属镀层及化学处理时，应标记注明。标记方法遵照有关标准的规定。

圆柱螺旋压缩弹簧的标记示例：

1）YA 型弹簧，$d = 1.2$mm，$D = 8$mm，$H_0 = 40$mm，按 2 级精度制造，材料为碳素弹簧钢丝 B 级，表面镀锌处理的左旋弹簧，应标记为：

YA　1.2×8×40—2　左　GB/T 2089—1994　B 级—D-Zn

2）YB 型弹簧，$d = 30$mm，$D = 150$mm，$H_0 = 320$mm，按 3 级精度制造，材料为 60Si2MnA，表面涂漆处理的右旋弹簧，标记为：

YB　30×150×320　GB/T 2089—1994

10.6.2　圆柱螺旋压缩弹簧的规定画法

（1）单个弹簧的画法　用视图或剖视图表达单个弹簧的画法如图 10-44 所示。根据“国标”规定：

1）在平行于螺旋弹簧轴线的投影面的视图中，弹簧各圈的轮廓应画成直线。

2）螺旋弹簧均可画成右旋，但左旋弹簧不论画成左旋还是右旋，一律要注出“左”字来表示旋向。

3）若要求螺旋压缩弹簧两端并紧磨平时，不论支承圈数多少和末端贴紧情况如何，均按图 10-44 所示绘制。必要时也可按支承圈的实际结构绘制。

4）有效圈数在四圈以上的螺旋弹簧，中间部分可省略不画，并允许适当缩短图形的长度。

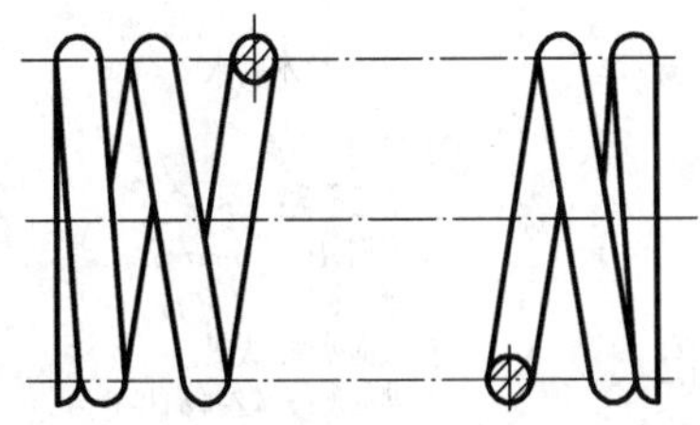

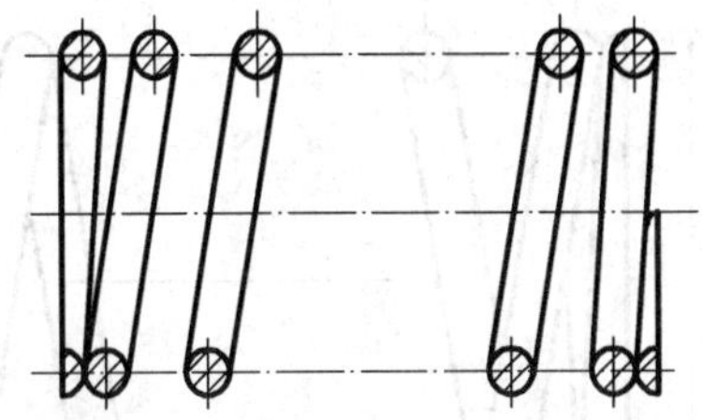

图 10-44　圆柱螺旋压缩弹簧的规定画法

图 10-45 给出了绘制单个弹簧的具体画图步骤，其中参数 d、D、H_0 和 t 应为已知。根据图示，首先应由 H_0 和 D 画出矩形 $ABCD$（图 10-45a），其次根据 d 画出支承圈部分（图 10-45b），然后再根据 t 在簧丝中心连线上依次求出 1、2、3、4、5 各点，画出簧丝的断面圆（图 10-45c），最后按右旋方向作出相应圆的切线，画剖面线，加深并完成全图（图 10-45d）。

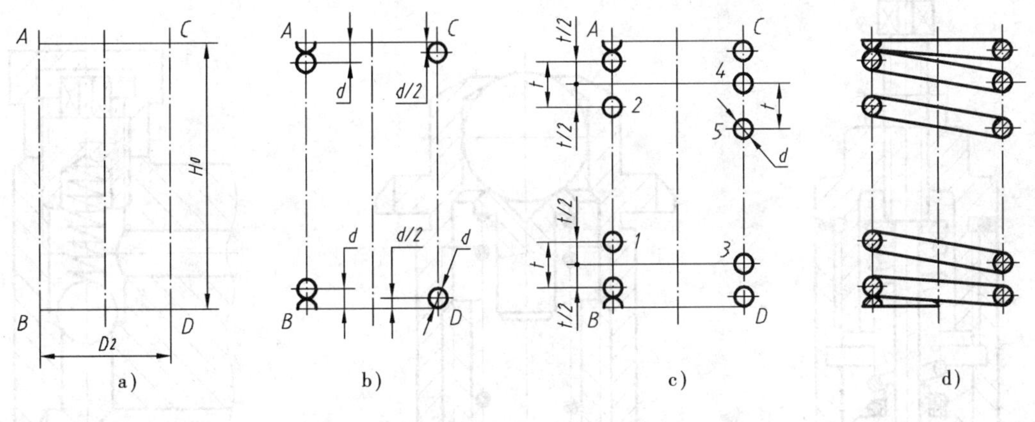

a)　　b)　　c)　　d)

图 10-45　圆柱螺旋压缩弹簧的画图步骤

(2) 弹簧的零件图　图 10-46 是弹簧零件图的参考图例。其中：

1）弹簧的参数应直接标注在图形上，若有困难也可在“技术要求”中说明。

2）图样上部用粗实线绘制的线图是圆柱螺旋压缩弹簧的力学性能曲线，用来表明弹簧负荷与变形间的关系。线图中，P_1 为弹簧的预加负荷，P_2 为弹簧的最大工作负荷，P_j 为弹簧的工作极限负荷；F_1、F_2 和 F_j 为在相应负荷下弹簧的工作变形量。

3）当只需给定弹簧的刚度要求时，允许不画力学性能曲线图，而在“技术要求”中说明刚度要求。

(3) 弹簧在装配图中的画法　在装配图中，弹簧作为不透明体处理。图 10-47 列举了弹簧在装配图中的几种画法。

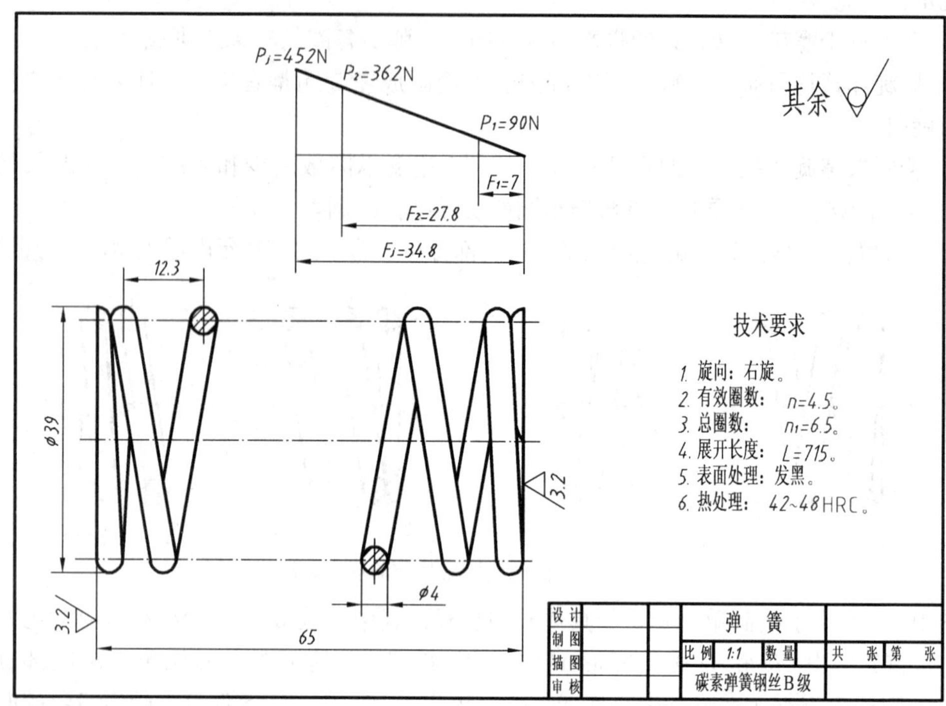

图 10-46　圆柱螺旋压缩弹簧零件图

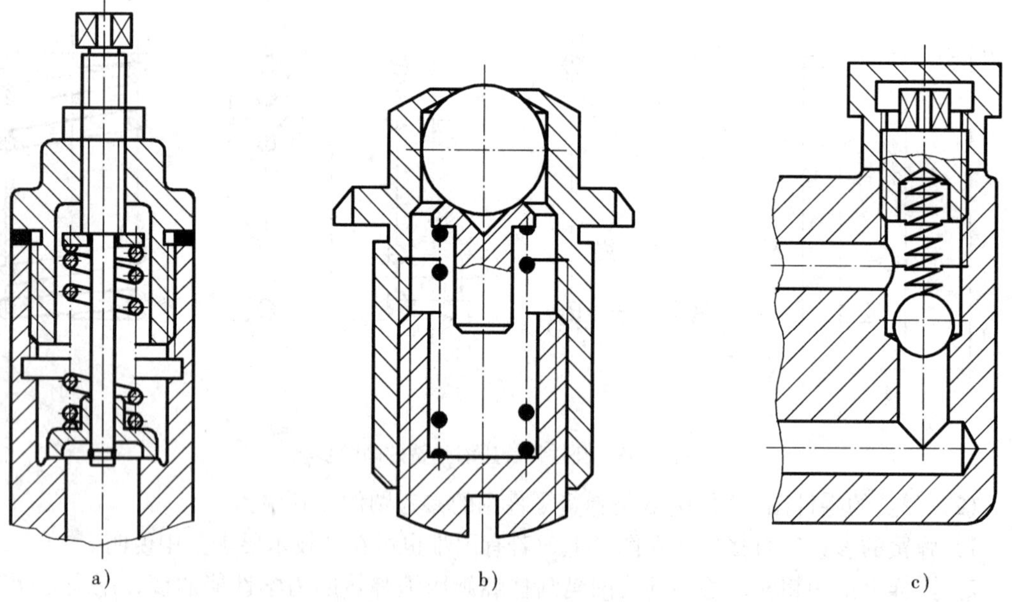

图 10-47　弹簧在装配图中的画法

1）被弹簧挡住的结构一般不画出，未挡住的可见部分应从弹簧的外轮廓线或簧丝断面的中心线画起（图 10-47a、图 10-47b）。

2）弹簧被剖切时，若簧丝断面的直径在图形上等于小于 2mm 时，断面可涂黑表示，而且不画弹簧各圈的轮廓线（图 10-47b）。

3）簧丝直径在图形中等于小于 2mm 时，允许采用示意画法绘制弹簧（图 10-47c）。

10.7 齿轮

齿轮是用来传递空间任意两轴间的运动和动力的常用零件。齿轮的种类很多，应用非常广泛。常见的传动方式有三种：圆柱齿轮传动是传递空间平行轴之间的运动（图 10-48a），锥齿轮传动是传递空间相交轴之间的运动（图 10-48b），蜗杆传动是传递空间交叉轴之间的运动（图 10-48c）。

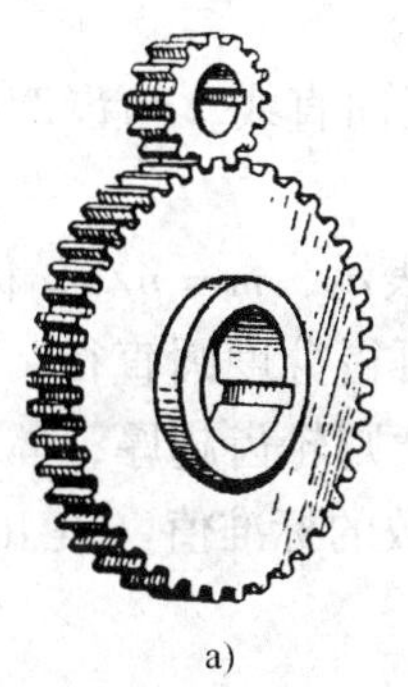

a)

b)

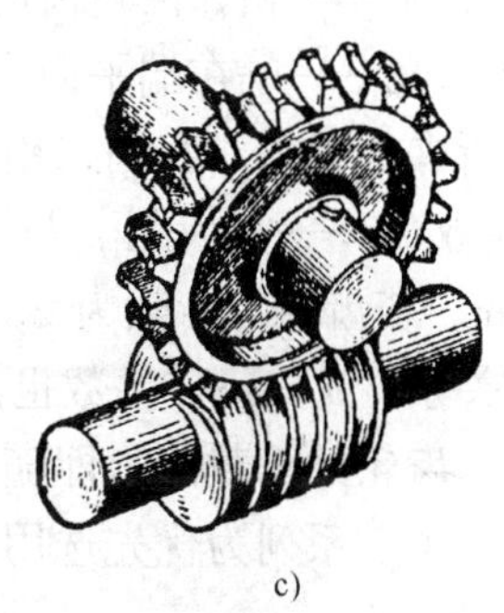

c)

图 10-48 常见的齿轮传动

为便于画图和读图，“国标”规定了齿轮的一般画法，本节将予以介绍；同时，对绘制齿轮时涉及到的齿轮基本知识也作些简单的解释。

10.7.1 圆柱齿轮

圆柱齿轮的齿排列在圆柱面上。根据轮齿的方向及其参数是否符合标准规定，圆柱齿轮有若干类型，本节介绍轮齿方向与圆柱轴线平行，且参数符合标准规定的标准直齿圆柱齿轮。

1. 标准直齿圆柱齿轮的几何要素及尺寸关系

常用的直齿圆柱齿轮，轮齿的齿廓上参与啮合的部分是一段渐开线，因此称为渐开线直齿圆柱齿轮。图 10-49a 显示了齿轮各部分的名称。

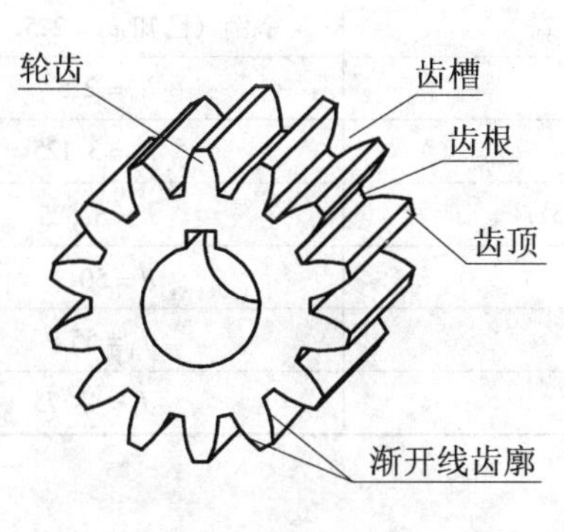

a)

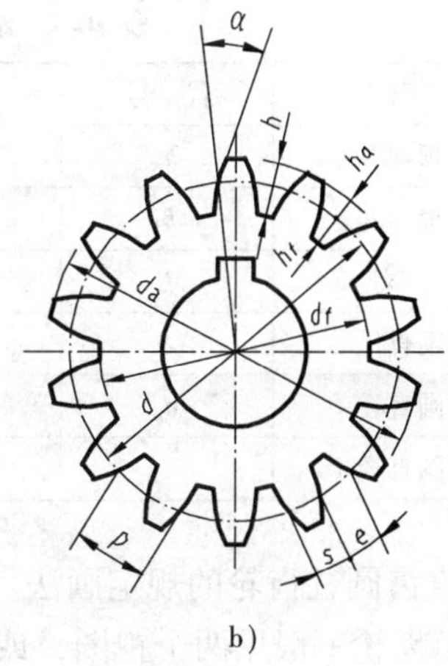

b)

图 10-49 直齿圆柱齿轮

(1) 几何要素

1) 齿顶圆——过齿顶的圆柱面与垂直于轴线的齿轮端平面的交线，直径为 d_a。

2) 齿根圆——过齿根的圆柱面与齿轮端平面的交线，直径为 d_f。

3) 分度圆——过齿厚 s 与齿槽宽 e（图 10-49b）相等处的圆柱面与齿轮端平面的交线，直径为 d。分度圆是齿轮计算中的主要参数之一。

4) 齿高 h——齿顶圆与齿根圆之间的径向距离。

5) 齿顶高 h_a——齿顶圆与分度圆之间的径向距离。

6) 齿根高 h_f——齿根圆与分度圆之间的径向距离。

7) 齿距 p——相邻两轮齿同侧齿廓之间沿分度圆度量的弧长。

8) 齿形角 α——在端平面内，过齿廓与分度圆交点所作的径向直线，与齿廓曲线在该点的切线所夹的锐角，我国采用的齿形角为 $\alpha=20°$。

9) 模数 m——将齿距 p 与 π 的比值规定为有理数，并用 m 表示，$m=p/\pi$，称为模数，单位是 mm。若齿轮的齿数为 z，分度圆周长即为 $\pi d=pz$，于是可得分度圆直径、模数与齿数之间的关系：$d=mz$。模数也是齿轮的重要参数之一，模数越大则轮齿越厚，体积一般也相应增大，齿轮的承载能力即随之提高。国家标准规定了齿轮模数的标准值（表 10-7）供设计时选用，第一系列为优先选用，括号内的数值尽可能不用。

表 10-7　渐开线圆柱齿轮的标准模数　　（单位：mm）

第一系列	0.1	0.12	0.15	0.2	0.25	0.3	0.4	0.5	0.6	0.8	1
	1.25	1.5	2	2.5	3	4	5	6	8	10	12
	16	20	25	32	40	50					
第二系列	0.35	0.7	0.9	1.75	2.25	2.75	(3.25)	3.5	(3.75)	4.5	5.5
	(6.5)	7	9	(11)	14	18	22	28	36	45	

(2) 尺寸关系　在齿轮的设计计算中，模数、齿数和齿形角是三个基本参数，齿轮的很多结构参数都是由这三个基本参数确定的。表 10-8 给出了渐开线标准直齿圆柱齿轮部分结构尺寸的计算公式。

表 10-8　渐开线直齿圆柱齿轮的计算公式及举例

名　称	代　号	计　算　公　式	举例（已知 $m=2.5$，$z=20$）
齿顶高	h_a	$h_a=m$	$h_a=2.5$
齿根高	h_f	$h_f=1.25m$	$h_f=3.125$
齿　高	h	$h=h_a+h_f=2.25m$	$h=5.625$
分度圆直径	d	$d=mz$	$d=50$
齿顶圆直径	d_a	$d_a=m(z+2)$	$d_a=55$
齿根圆直径	d_f	$d_f=m(z-2.5)$	$d_f=43.75$

2. 直齿圆柱齿轮的规定画法

表示齿轮一般用两个视图，或者用一个视图（剖视图）和一个局部视图，如图 10-50 所示。

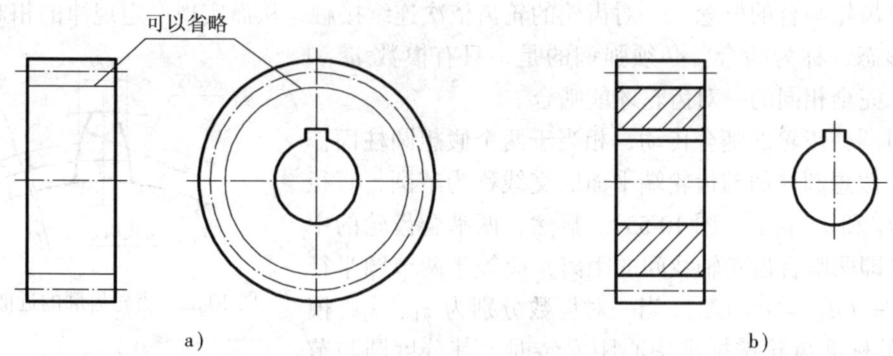

图 10-50 直齿圆柱齿轮的规定画法

用视图表达齿轮时，齿顶圆和齿顶线（齿顶圆柱面在与轴线平行的投影面中的轮廓线）用粗实线绘制；齿根圆和齿根线用细实线绘制，也可省略不画；分度圆和分度线用点画线绘制（图 10-50a）。

用剖视图表达齿轮时，齿根线用粗实线绘制。当剖切平面通过齿轮的轴线时，轮齿一律按不剖处理（图 10-50b）。

在齿轮零件图中（图 10-51），一般将齿轮的参数以表格形式给出，放置在图样的右上方，同时将“技术要求”置于图样的（右）下方。如需绘制齿形轮廓，可参考图 10-52 给出的近似画法。

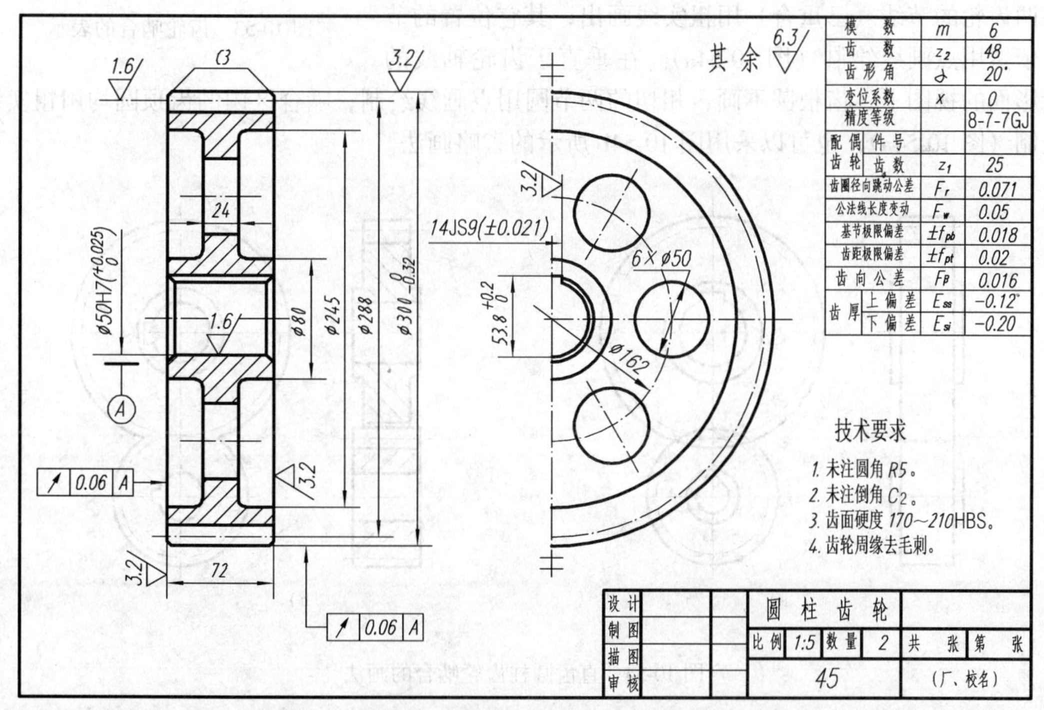

模数		m	6
齿数		z_2	48
齿形角		α	20°
变位系数		x	0
精度等级			8-7-7GJ
配偶齿轮	件号		
	齿数	z_1	25
齿圈径向跳动公差		F_r	0.071
公法线长度变动		F_w	0.05
基节极限偏差		$\pm f_{pb}$	0.018
齿距极限偏差		$\pm f_{pt}$	0.02
齿向公差		F_β	0.016
齿厚	上偏差	E_{ss}	-0.12
	下偏差	E_{si}	-0.20

图 10-51 直齿圆柱齿轮的零件图

3. 直齿圆柱齿轮啮合的画法

（1）齿轮啮合的概念　一对齿轮的轮齿依次连续接触，从而实现一定规律的相对运动的过程和形态，称为啮合。必须强调的是，只有模数 m 和齿形角 α 完全相同的一对齿轮才能啮合。

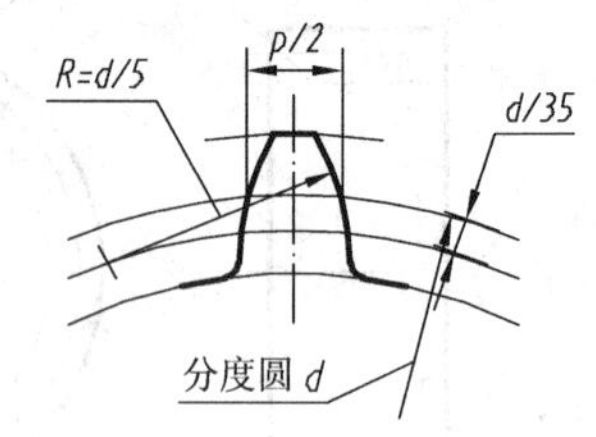

图 10-52　齿轮齿廓的近似画法

一对圆柱齿轮的啮合传动，相当于两个假想圆柱面作纯滚动。假想圆柱面与齿轮端平面的交线称为节圆，直径分别用 d_1' 和 d_2' 表示（图 10-53）。显然，两啮合齿轮的中心距 a（即两啮合齿轮轴线间的距离）应等于两节圆半径之和，$a = (d_1' + d_2')/2$。当一对齿数分别为 z_1、z_2，模数为 m 的标准齿轮按标准中心距安装时，其分度圆与节圆重合，即中心距应为 $a = (d_1 + d_2)/2 = m(z_1 + z_2)/2$。注意，只有在两齿轮啮合时，节圆才存在。

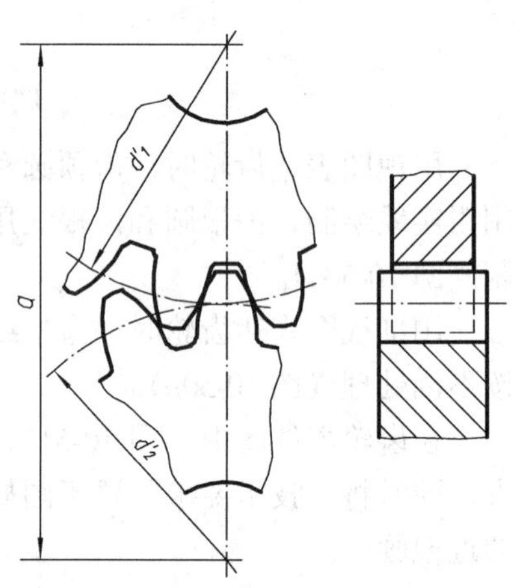

图 10-53　齿轮啮合的表示

当齿轮啮合时，主动齿轮与从动齿轮的角速度之比称为传动比，用 i 表示。若主、从动齿轮的齿数分别为 z_1 和 z_2，角速度分别以每分钟转数 n_1 和 n_2 表示，则该齿轮传动的传动比为 $i = n_1/n_2 = z_2/z_1$。

（2）齿轮啮合的规定画法　一对齿轮啮合时的规定画法可分两种情况：

1）齿轮未被剖切时，在平行于齿轮轴线的投影面的视图上，齿根线一般不画；在啮合区中，不画齿顶线，而将两齿轮的节线（已重合）用粗实线画出；其它位置的节线依然用点画线绘制（图 10-54a）。在垂直于齿轮轴线的投影面的视图上，齿根圆不画，相切的两节圆用点画线绘制；啮合区内的齿顶圆均用粗实线绘制（图 10-54a），也可以采用图 10-54b 所示的省略画法。

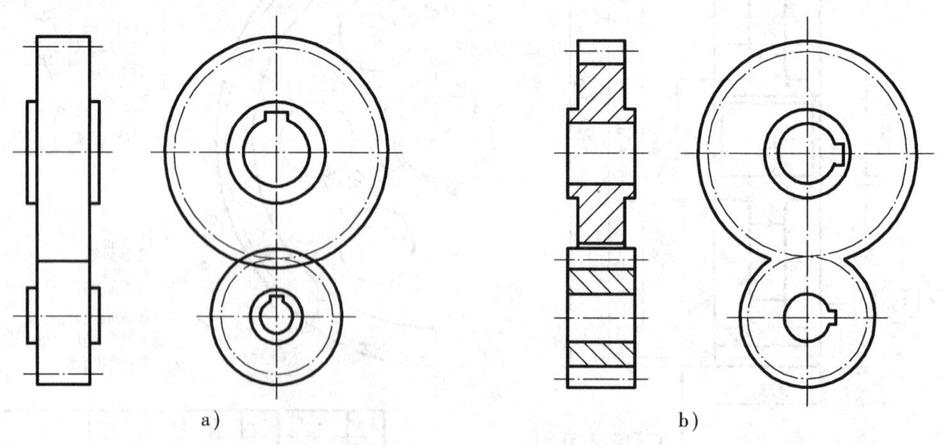

图 10-54　直齿圆柱齿轮啮合的画法

2）齿轮被剖切时，当剖切平面通过两啮合齿轮的轴线时，在啮合区内用粗实线画出一个齿轮的轮齿，另一个齿轮轮齿被挡住的部分用虚线绘制（图 10-53），也可不画出（图 10-54b）。当剖切平面不通过两啮合齿轮的轴线时，齿轮一律按不剖绘制。

4. 齿轮齿条啮合的画法

当齿轮的齿数无穷多时，其圆心将位于无穷远处；此时，齿轮的齿顶圆、齿根圆和分度圆等均变为直线，齿廓曲线也成为直线。齿条就是齿数无穷多齿轮上的一部分。

在齿轮齿条啮合传动中，齿轮为旋转运动，齿条作直线运动，齿轮的节圆与齿条的节线相切。齿轮齿条啮合的画法与直齿圆柱齿轮啮合的画法基本相同，如图 10-55 所示。

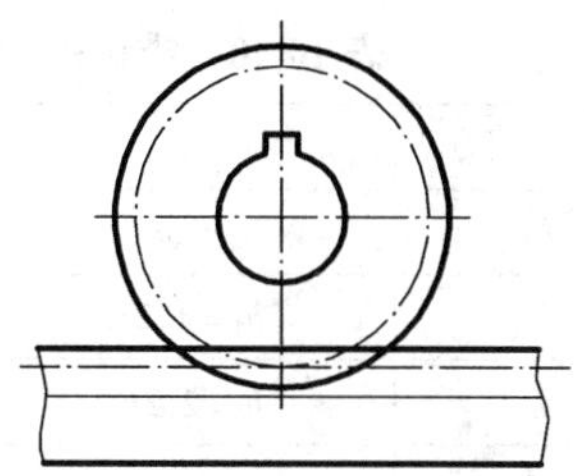
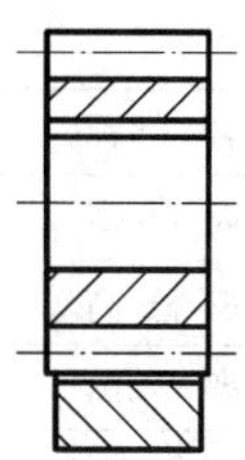

图 10-55　齿轮齿条啮合的画法

10.7.2　锥齿轮

锥齿轮的轮齿位于圆锥面上，有直齿、斜齿等类型。本节介绍应用最为广泛的直齿锥齿轮。

1. 结构要素和尺寸关系

由于锥齿轮轮齿的载体是圆锥面，因此，圆柱齿轮中的齿顶圆柱面、齿根圆柱面和分度圆柱面在锥齿轮中分别变为齿顶圆锥面、齿根圆锥面和分度圆锥面，轮齿的形状一端大，一端小，齿厚和齿槽宽也由大到小逐渐变化。轮齿的大小两端分别处于垂直于分度圆锥素线，称为背锥和前锥的两个锥面上（图 10-56）。

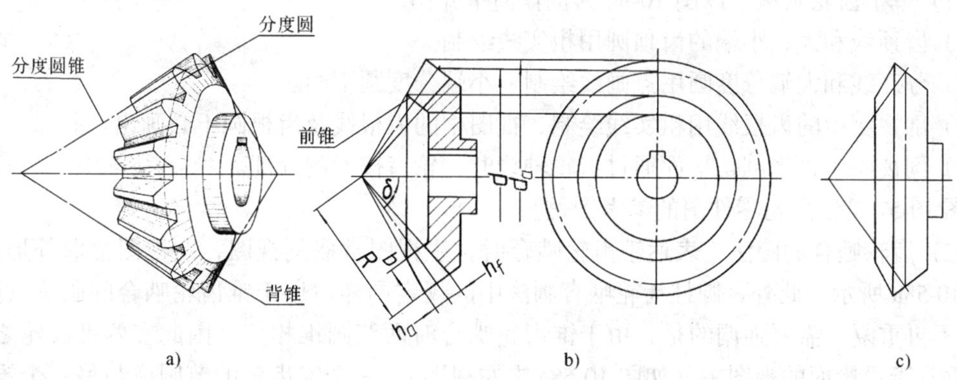

图 10-56　直齿锥齿轮

“国标”规定锥齿轮大端的端面模数为标准模数（表 10-9）。设计计算锥齿轮的几何尺寸时，以齿轮大端为基准，锥齿轮的齿顶圆直径 d_a、齿根圆直径 d_f、分度圆直径 d 以及齿顶高 h_a、齿根高 h_f 和齿高 h 均在大端度量。表 10-10 给出了轴线垂直相交的直齿锥齿轮部分尺寸参数的计算公式。其中，外锥距 R 是从锥顶点沿分度圆锥面素线至背锥面的距离，分锥角 δ 是分度圆锥面素线与齿轮轴线间的夹角。

表 10-9 锥齿轮的标准模数 （单位：mm）

0.1	0.12	0.15	0.2	0.25	0.3	0.35	0.4	0.5	0.6	0.7	0.8	0.9
1	1.125	1.25	1.375	1.5	1.75	2	2.25	2.5	2.75	3	3.25	3.5
3.75	4	4.5	5	5.5	6	6.5	7	8	9	10	11	12
14	16	18	20	22	25	28	30	32	36	40	45	50

表 10-10 锥齿轮的计算公式及举例

名　称	代　号	计　算　公　式	举例（已知 $m=3$，$z=25$，$\delta=45°$）
齿顶高	h_a	$h_a=m$	$h_a=3$
齿根高	h_f	$h_f=1.2m$	$h_f=3.6$
齿　高	h	$h=2.2m$	$h=6.6$
分度圆直径	d	$d=mz$	$d=75$
齿顶圆直径	d_a	$d_a=m(z+2\cos\delta)$	$d_a=79.24$
齿根圆直径	d_f	$d_f=m(z-2.4\cos\delta)$	$d_f=69.31$
外锥距	R	$R=mz/2\sin\delta$	$R=53.03$
分锥角	δ	$\tan\delta_1=z_1/z_2$，$\tan\delta_2=z_2-z_1$	
齿　宽	b	$b\leqslant R/3$	

锥齿轮的模数 m、齿数 z、齿形角 α 和分锥角 δ 是决定齿轮其他尺寸的基本参数。只有 m 和 α（一般为 20°）均相等，且分锥角之和等于两轴线间夹角的一对直齿锥齿轮才能正确啮合。

2. 直齿锥齿轮的规定画法

（1）单个齿轮画法　以图 10-56 为例作简单介绍。

1）齿顶线和大、小端的齿顶圆用粗实线绘制。

2）分度线和大端分度圆用点画线绘制，小端分度圆不画。

3）剖视图中的齿根线用粗实线绘制，视图中的齿根线及齿根圆不必画出。

4）剖视图中，当剖切平面通过齿轮轴线时，轮齿按不剖处理。

图 10-57 是锥齿轮零件图的参考图例。

（2）齿轮啮合的画法　表达锥齿轮啮合时，主视图常取剖视图，左视图常取外形视图，如图 10-58a 所示。此外，圆柱齿轮啮合画法中的规定同样适用于锥齿轮啮合的画法（图 10-58），不再重复。需要强调的是，由于锥齿轮啮合时两节圆锥相切，因此在两锥齿轮之一的轴线垂直于投影面的视图中（如图 10-58a 中左视图），一个锥齿轮的节圆应与另一个锥齿轮的节线相切。

10.7.3 蜗轮蜗杆

当圆柱齿轮的轮齿与轴线不平行而倾斜排列时，就形成斜齿圆柱齿轮。蜗杆实际上就是分度圆较小，轴向长度较长，轮齿倾斜程度大，以至于在圆柱表面能形成完整螺旋线的斜齿圆柱齿轮。与蜗杆相啮合，轮齿倾斜程度较小的斜齿圆柱齿轮即为蜗轮。通常，将蜗轮的齿顶和齿根加工成圆环面，以便增加其与蜗杆啮合时的接触面积，改善啮合状况，延长工作寿命（图 10-59，图中代号的含义可参见表 10-13）。

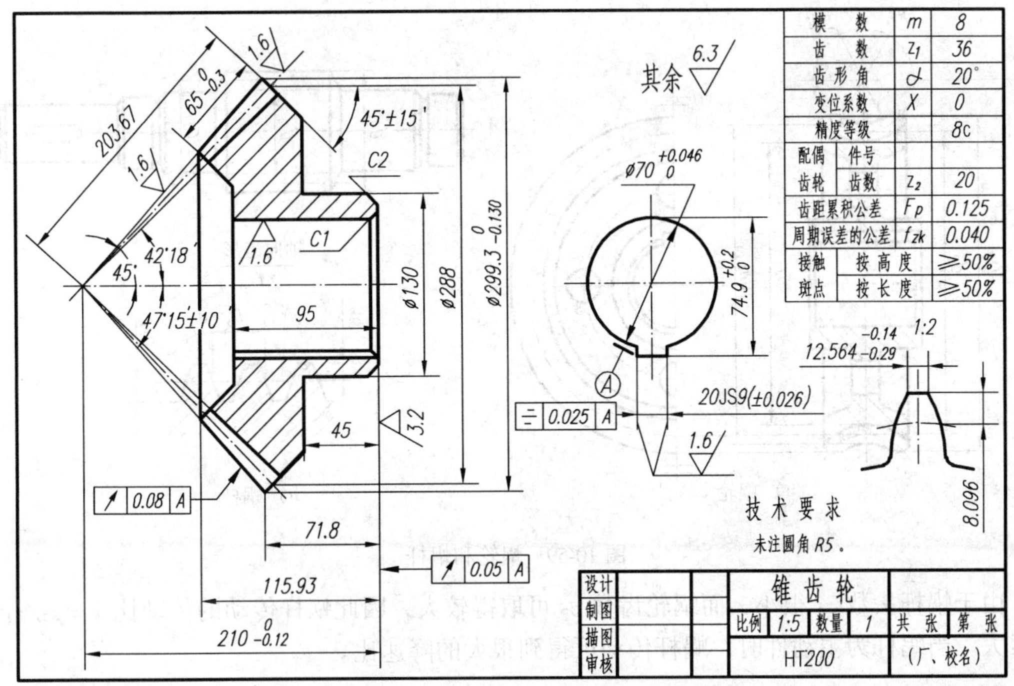

图 10-57 直齿锥齿轮的零件图

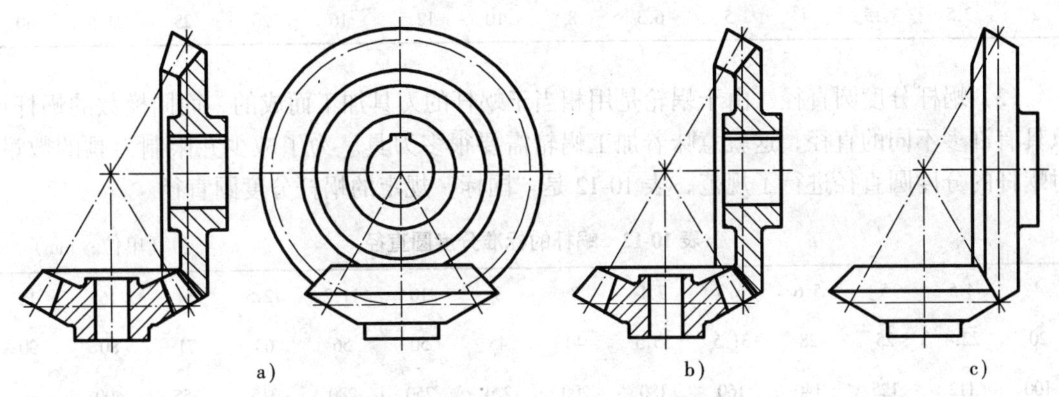

a) b) c)

图 10-58 直齿圆锥齿轮啮合的画法

普通圆柱蜗杆根据齿廓形状的不同分为若干种，应用较广泛的是阿基米德蜗杆。这种蜗杆在过其轴线的剖面中齿形为直线，在垂直于轴线的端面上齿形为阿基米德螺线；而蜗轮的齿形主要取决于蜗杆的齿形。

1. 基本参数和尺寸关系

（1）模数 过蜗杆轴线且垂直于蜗轮轴线的平面是蜗杆传动的主截面。在主截面内度量的模数分别称为蜗杆轴向模数与蜗轮端面模数，均为标准模数（表 10-11）。

（2）齿数 蜗杆的齿数就是圆柱面上螺旋线的数目，也称为头数。通常，蜗杆的头数可取为 1、2、4 或 6，一般多采用单头蜗杆传动。

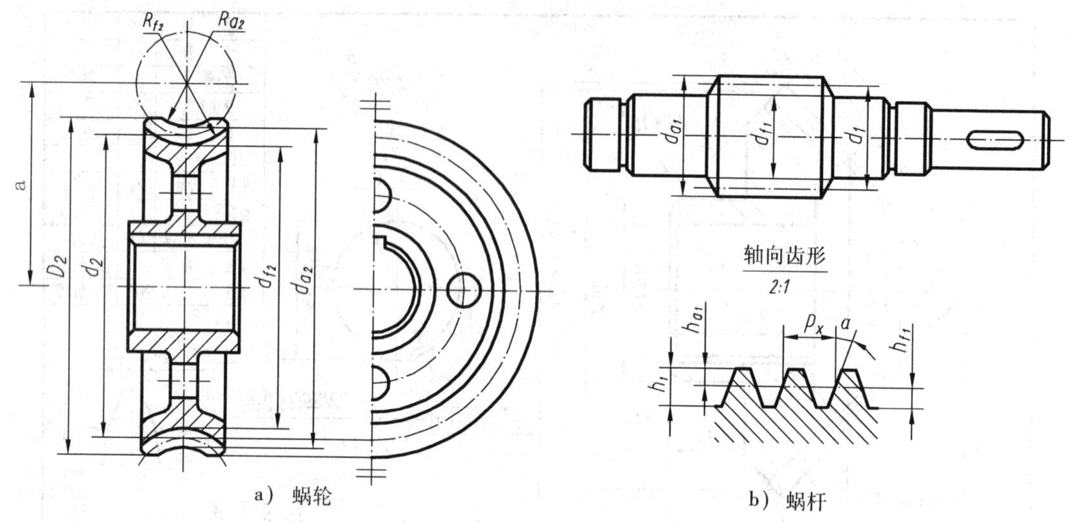

a）蜗轮　　b）蜗杆

图 10-59　蜗轮和蜗杆

由于蜗杆头数 z_1 很小，而蜗轮齿数 z_2 可取得较大，因此蜗杆传动的传动比 $i = z_2/z_1$ 可以很大。当蜗杆为主动件时，蜗杆传动可得到很大的降速比。

表 10-11　蜗杆的标准模数　（单位：mm）

0.1	0.12	0.16	0.2	0.25	0.3	0.4	0.5	0.6	0.8	1	1.25	1.6
2	2.5	3.15	4	5	6.3	8	10	12.5	16	20	25	31.5	40

（3）蜗杆分度圆直径　由于蜗轮是用相当于蜗杆的刀具加工而成的，而同模数的蜗杆可以具有许多不同的直径，这就意味着加工蜗轮需要很多刀具。为了减少并限制刀具的数量，对蜗杆的分度圆直径进行了规范，表 10-12 是“国标”规定的蜗杆分度圆直径。

表 10-12　蜗杆的标准分度圆直径　（单位：mm）

4	4.5	5	5.6	6.3	7.1	8	9	10	11.2	12.5	14	16	18
20	22.4	25	28	31.5	35.5	40	45	50	56	63	71	80	90
100	112	125	140	160	180	200	224	250	280	315	355	400	

除上述蜗杆传动的基本参数之外，进行设计时还应考虑：

1）蜗杆的旋向有左旋和右旋之分，一般无特殊要求时，均应采用右旋蜗杆。

2）在主截面内，蜗轮蜗杆啮合相当于齿轮齿条啮合。因此，只有当蜗轮的端面模数与蜗杆的轴向模数相等，且在主截面内蜗杆与蜗轮的齿形角 α 也相同时（阿基米德蜗杆的齿形角 $\alpha = 20°$），一对轴线垂直交叉的蜗轮蜗杆才能正确啮合。

3）一般情况下，圆柱蜗杆传动减速装置的中心距和传动比也都应该按照“国标”规定的数值选用。

在蜗杆传动设计中，当基本参数选定之后，便可根据相应的计算公式（表 10-13）算出蜗轮和蜗杆的其他结构尺寸。

表 10-13 蜗杆、蜗轮部分尺寸的计算公式

名　称	蜗杆 代号	蜗杆 计算公式	蜗轮 代号	蜗轮 计算公式
齿顶高	h_{a1}	$h_{a1}=m$	h_{a2}	$h_{a2}=m$
齿根高	h_{f1}	$h_{f1}=1.2m$	h_{f2}	$h_{f2}=1.2m$
齿　高	h_1	$h_1=2.2m$		
分度圆直径	d_1		d_2	$d_2=mz_2$
齿顶圆直径	d_{a1}	$d_{a1}=d_1+2m$	d_{a2}	$d_{a2}=d_2+2m$
齿根圆直径	d_{f1}	$d_{f1}=d_1-2.4m$	d_{f2}	$d_{f2}=d_2-2.4m$
外　径			D_2	$D_2\leqslant d_{a2}+2m$（$z_1=1$） $D_2\leqslant d_{a2}+1.5m$（$z_1=2-3$） $D_2\leqslant d_{a2}+m$（$z_1=4$）
齿顶圆弧半径			R_a	$R_a=d_1/2-m$
齿根圆弧半径			R_f	$R_f=d_1/2+1.2m$
轴向齿距	p_x	$p_x=\pi m$		
中心距			a	$a=(d_1+d_2)/2$
基本参数	轴向模数 m，蜗杆头数 z_1，d_1		端面模数 m，蜗轮齿数 z_2	

2. 蜗轮蜗杆的画法

（1）单个蜗轮、蜗杆的画法　在平行于蜗轮轴线的投影面中，通常用剖视图表达蜗轮，蜗轮在剖视图中的画法与圆柱齿轮相同。在垂直于蜗轮轴线的投影面中用视图表达蜗轮时，只画出分度圆 d_2 和外圆 D_2，齿顶圆和齿根圆不画（图 10-59a）。

蜗杆的画法与圆柱齿轮的画法相同，一般还要用局部剖视图来表达蜗杆的牙型（图 10-59b）。

（2）蜗轮蜗杆啮合的画法　蜗轮蜗杆啮合的画法如图 10-60 所示。圆柱齿轮啮合画法中

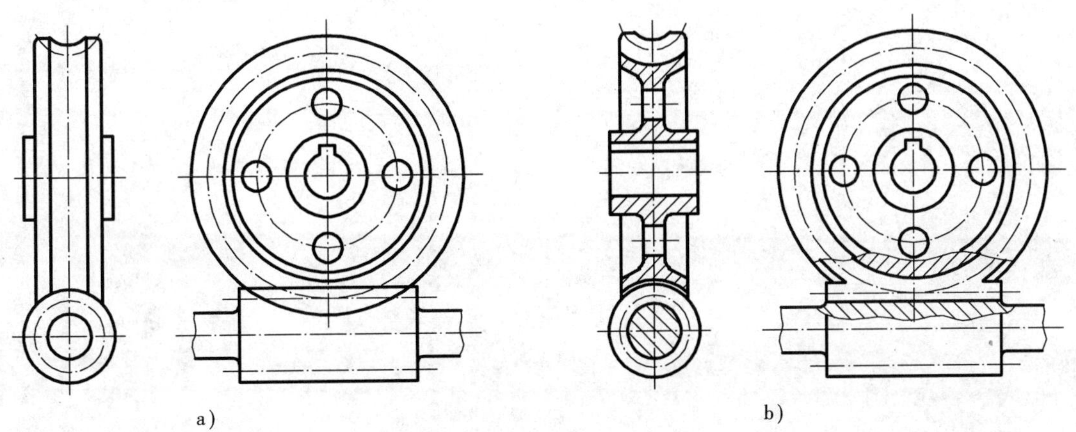

图 10-60　蜗轮蜗杆啮合的画法

的有关规定，同样适用于蜗轮蜗杆啮合的画法。此外还需要指出的是：

1）在与蜗轮轴线垂直的投影面的视图中，蜗轮的分度圆与蜗杆的分度线应相切；

2）在垂直于蜗杆轴线的投影面的视图中，啮合区中只画蜗杆而不画蜗轮（图 10-60a）；

3）在剖切平面通过蜗杆轴线且垂直于蜗轮轴线的剖视图中，啮合区内的蜗轮外圆、齿顶圆及蜗杆齿顶线可省略不画（图 10-60b）。

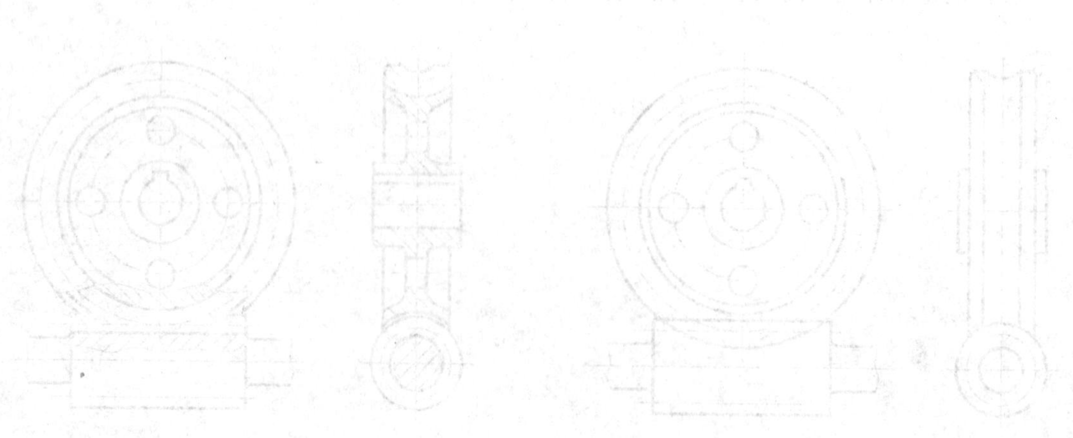

第 11 章　零　件　图

机器或部件都是由若干零件组成，制造机器时，必须先制造零件，然后，将零件装配成部件或机器。零件图是表示零件结构、大小及技术要求的图样，是制造零件的依据。本章主要介绍绘制和阅读零件图的方法，以及设计和制造零件的一些工艺知识。

11.1　零件图的内容

图 11-1 是齿轮泵主动轴的零件图。一张完整的零件图包括下列内容。

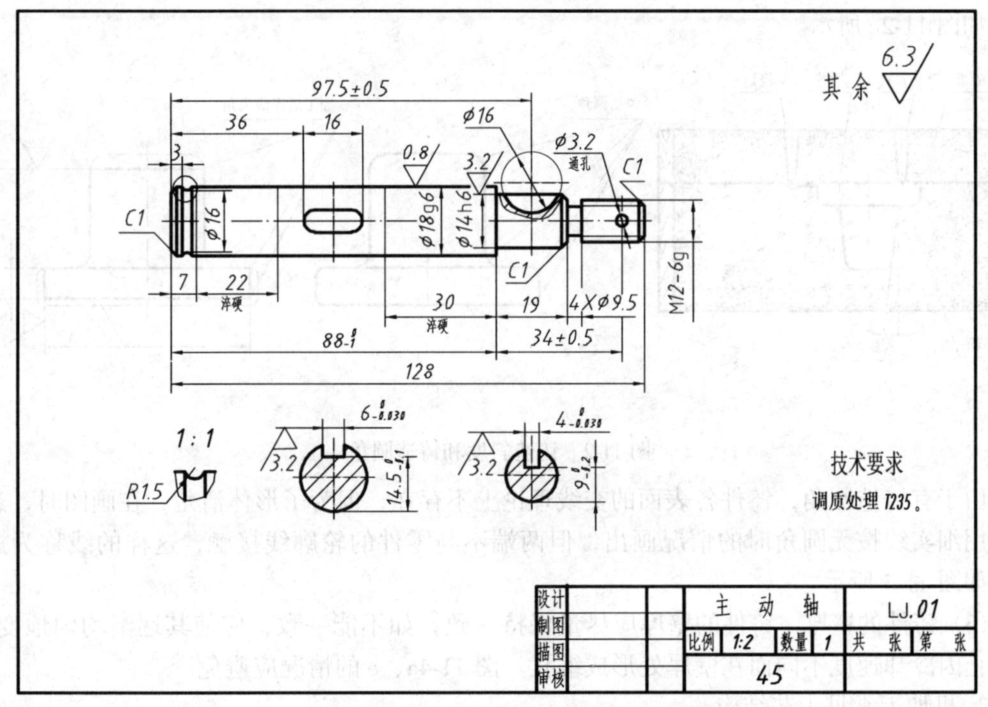

图 11-1　主动轴的零件图

（1）图形　用视图、剖视图、断面图等表达方法，完整、清晰地表达零件各部分的结构、形状。

（2）尺寸　标注出制造和检验零件时的全部尺寸。

（3）技术要求　用文字或符号表明零件在制造、检验及装配时应达到的一些要求，如表面粗糙度、尺寸公差、形状和位置公差、热处理等。

（4）标题栏　由名称及代号区、签字区、更改区和其他区组成的栏目（见第 6 章）。图 11-1 中是学校教学使用的标题栏。

11.2 零件结构的工艺性及尺寸注法

设计零件时，零件结构由零件的作用决定，此外还必须考虑零件制造时的一些工艺性结构。

1. 铸造结构

（1）起模斜度　铸件在造型时，为了便于取出型模，沿脱模方向表面做出 1:20 的斜度（约 3°），称为起模斜度。浇注后这一斜度留在铸件表面，如图 11-2a 所示。画图时起模斜度一般不画出。必要时可在技术要求中注明。

（2）铸造圆角　为了便于取模和防止浇注时金属溶液冲坏沙型以及冷却时转角处产生裂纹。铸件表面的相交处应制成过渡的圆弧面，因此，画图时这些相交处应画成圆角，如图 11-2b 所示。圆角半径在 2 ~ 5mm 之间，视图中一般不标注，而是集中注写在技术要求里，如“未注铸造圆角 $R3 \sim R5$”。两相交的铸造表面，如果有一个表面切削加工，则应画成尖角，如图 11-2c 所示。

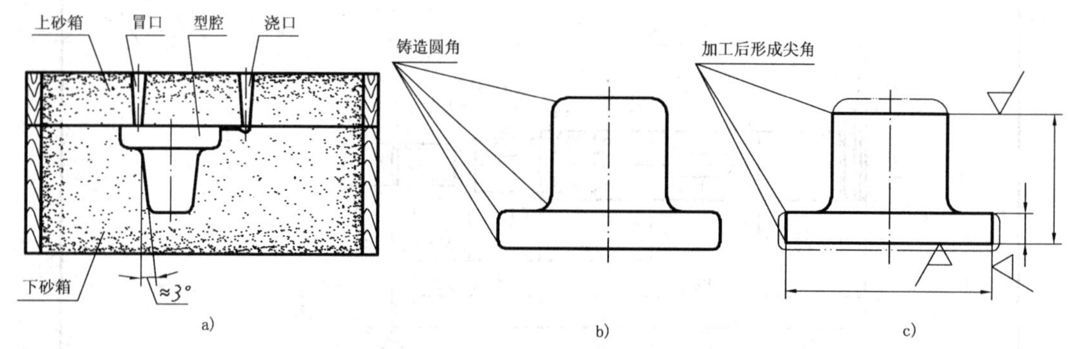

图 11-2　铸造斜度和铸造圆角

由于有铸造圆角，铸件各表面的交线理论上不存在，但为了形体清楚，在画图时，这些交线用细实线按无圆角时的情况画出，但两端不与零件的轮廓线接触，这样的线称为过渡线，如图 11-3 所示。

（3）铸件的壁厚　铸件的壁厚应尽量保持一致，如不能一致，应使其逐渐均匀地变化，以防止因冷却速度不同而在壁厚处形成缩孔。图 11-4a、e 的情况应避免。

2. 机加工常见工艺结构

（1）凸台与凹坑　零件上与其他零件接触或配合的表面一般应切削加工。为了减少加工面、保持良好的接触和配合，常在接触面处设计出凸台或凹坑。同一平面上的凸台，应尽量同高，以便于加工，如图 11-5 所示。

（2）倒角和倒圆　为了去除零件加工时产生的毛刺、锐边及便于装配，在轴端、孔口及零件的端部，常加工出倒角，倒角为 45°时，可采用简化注法；不是 45°时，应分开标注。为了增加强度，在阶梯轴的拐角处常加工成圆角过渡的形式，称为倒圆。倒角和倒圆的画法及尺寸注法如图 11-6 所示。

（3）退刀槽和砂轮越程槽　在车削螺纹时，为了便于退出刀具，常在待加工面末端先加工出退刀槽；为了便于加工并使相配的零件在装配时表面能良好接触，需要预先加工出砂轮

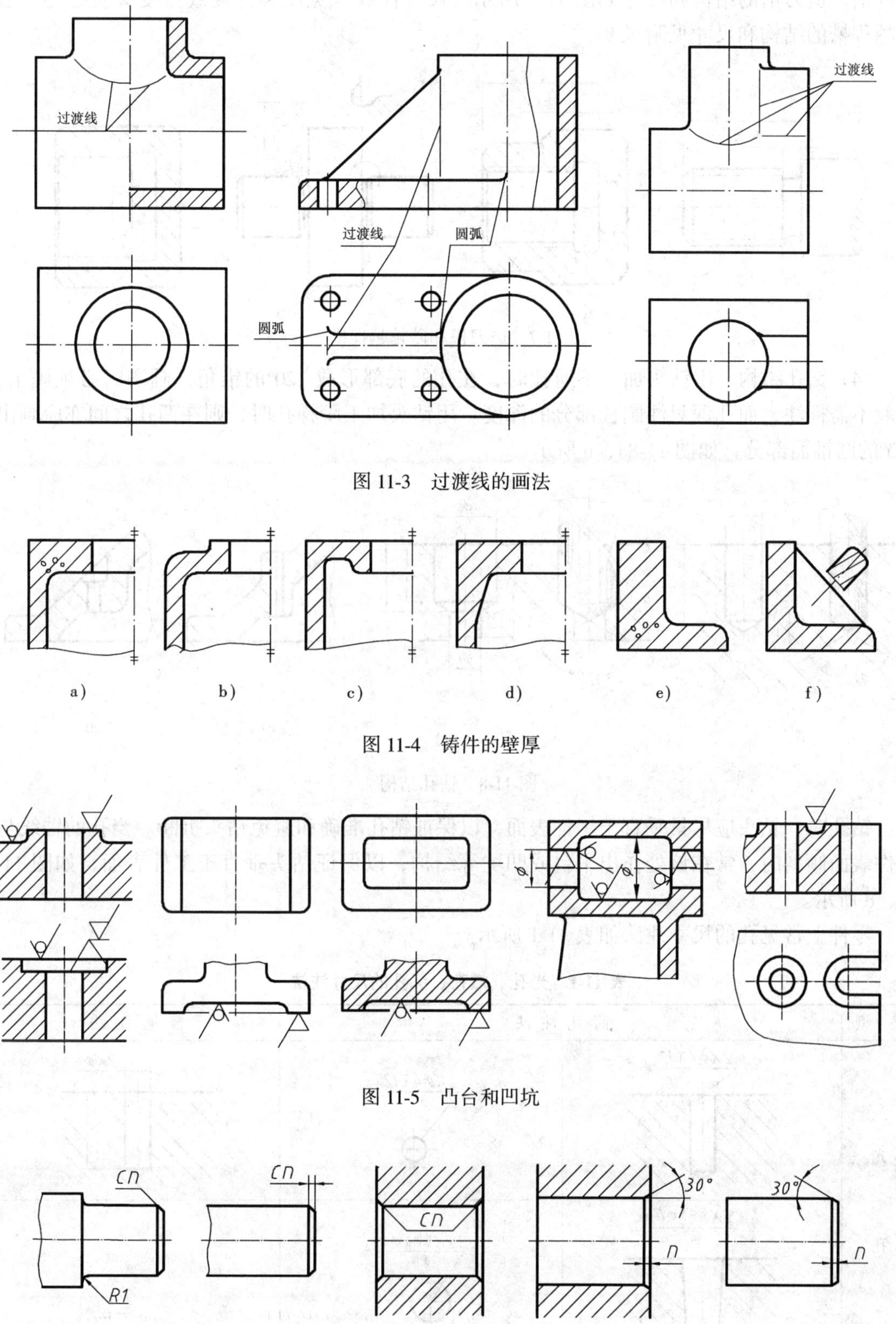

图 11-3　过渡线的画法

图 11-4　铸件的壁厚

图 11-5　凸台和凹坑

图 11-6　倒角和倒圆

越程槽，退刀槽的结构和尺寸如图 11-7 所示（尺寸注成“宽度×深度或宽度×直径”）。砂轮越程槽的结构和尺寸见附录 9。

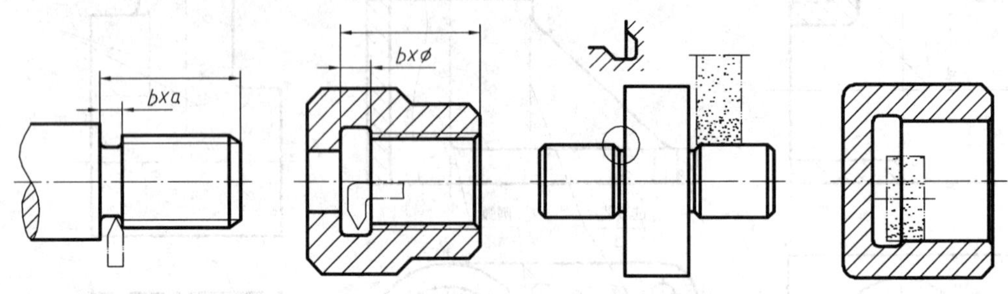

图 11-7　退刀槽和砂轮越程槽

（4）钻孔结构　用钻头加工不通孔时，在孔的底部形成 120°的锥角，画图时必须画出，一般不需标注，而孔深只注圆柱部分的深度。用钻头加工阶梯孔时，则在两孔之间亦应画出 120°的圆锥面部分，如图 11-8a、b 所示。

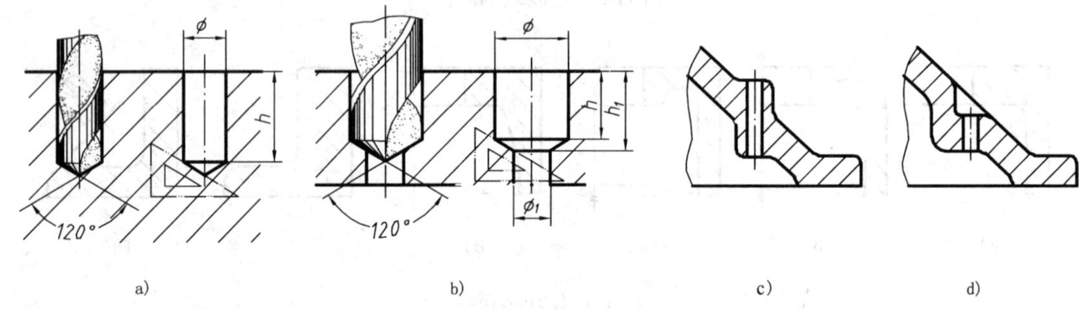

图 11-8　钻孔结构

钻孔时，钻头应尽量垂直于工件表面，以保证钻孔准确和避免钻头折断。当孔的轴线与工件表面倾斜时，常在该处作出平台或凹坑等结构，以保证钻头垂直于工件表面，如图 11-8c、d 所示。

零件上常见孔的尺寸注法如表 11-1 所示。

表 11-1　光孔、螺孔、沉孔的尺寸注法

类　型	简 化 注 法		普 通 注 法
光	2X⌀4↧12	2X⌀4↧12	2X⌀4 12
孔	2X锥销孔⌀4 配作	2X锥销孔⌀4 配作	

（续）

类型	简化注法		普通注法
螺孔	3×M6-7H↧10	3×M6-7H↧10	3×M6-7H 10
沉孔	4×φ7 ⌵φ13×90°	4×φ7 ⌵φ13×90°	90° φ13 4×φ7
	4×φ6.4 ⌴φ12↧4.5	4×φ6.4 ⌴φ12↧4.5	φ12 4.5 4×φ6.4
	4×φ9 ⌴φ20	4×φ9 ⌴φ20	φ20锪平 4×φ9

11.3 零件图的视图选择

零件图的一组视图应能正确、完整地表达零件的形状结构，同时应考虑图形清晰、便于读图和画图。

选择视图的一般步骤如下：

1）了解该零件在机器上的作用，安放位置和加工方法。

2）对零件进行形体分析和结构分析。

3）选择主视图。选择主视图时，首先要考虑零件的工作位置或加工位置，其次是选择反映零件的形状特征和零件各部分相互位置较明显的投射方向作为主视图的投射方向。

4）选择其他视图。在主视图中还没有表达清楚的部分，选择其他视图表达。所选视图应有其重点表达内容，并尽量避免重复。

机器零件的种类很多，根据零件的结构特点、制造方法等方面来看，常见的零件大致可分为四类，即轴、套类；轮、盘类；叉、杆类和箱体类。它们的视图选择都有一定的特点，下面分别进行介绍。

1. 轴、套类零件

轴、套类零件一般是由共轴线的回转体组成，这类零件主要是在车床或磨床上加工，如图 11-9 所示。为了便于加工时看图，轴、套类零件的主视图均按加工位置（即轴线水平）放置，如图 11-1、11-10 所示。轴、套类零件上常有键槽、销孔、退刀槽等结构。这些结构可采用断面图、局部剖视及局部放大图等表示，如图 11-1、图 11-10 所示。

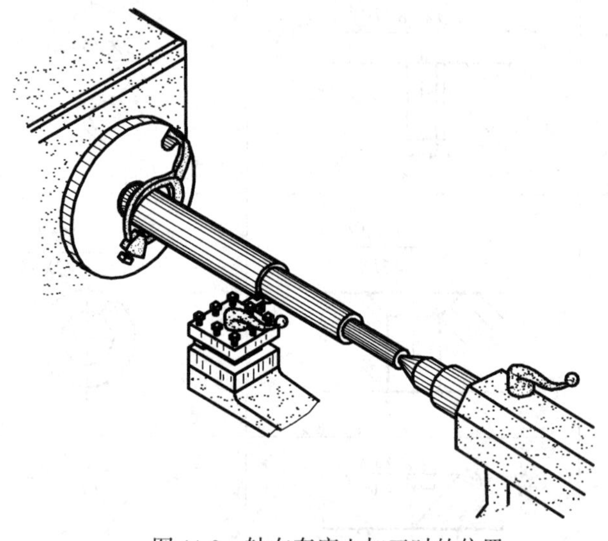

图 11-9　轴在车床上加工时的位置

2. 轮、盘类零件

轮、盘类零件主要包括各种手轮、带轮、法兰盘及端盖等。它们的主要部分一般也是由共轴线的回转体组成，但轴向长度较短，如图 11-11、图 11-12 所示。

轮、盘类零件的主要加工面也是在车床或磨床上加工，选择主视图时，按加工位置，将轴线放成水平，并取适当剖视，以表达某些结构，如图 11-11、图 11-12 的主视图。此外，这类零件常有沿圆周分布的孔、槽和轮幅等结构，因此需要用左（或右）视图表示这些结构的形状和分布情况，如图 11-11、图 11-12 的左视图。轮、盘类零件一般采用两个基本视图表示。

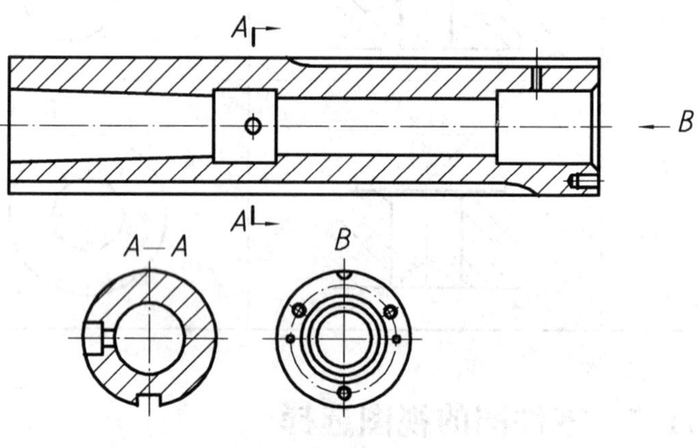

图 11-10　套筒的视图

3. 叉、杆类零件

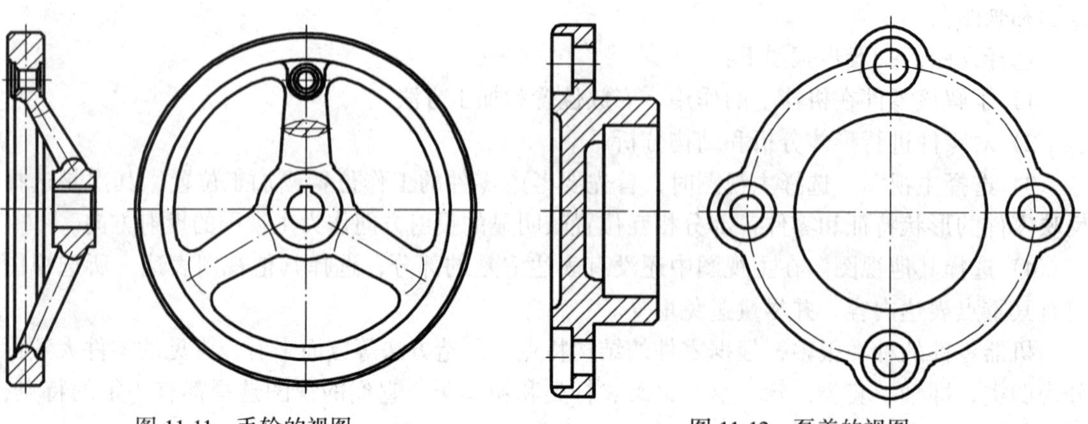

图 11-11　手轮的视图

图 11-12　泵盖的视图

叉、杆类零件包括杠杆、连杆、拨叉、支架等，图 11-13a 所示为压砖机上的杠杆。叉、杆类零件的结构形状有的比较复杂，还常有倾斜或弯曲的结构，工作位置往往不固定，加工工序较多，因此，一般选择反映其形状特征的视图作为主视图。

图 11-13b 为压砖机杠杆的一种视图表达方案。主视图反映组成杠杆的三轴孔及联接它们的两臂形状和相对位置。俯视图选取了局部剖视，将倾斜部分剖去，表达了水平臂内、外形体的真实形状；*A*—*A* 剖视图及移出断面图表明斜臂上部孔的深度、位置及肋板的形状。

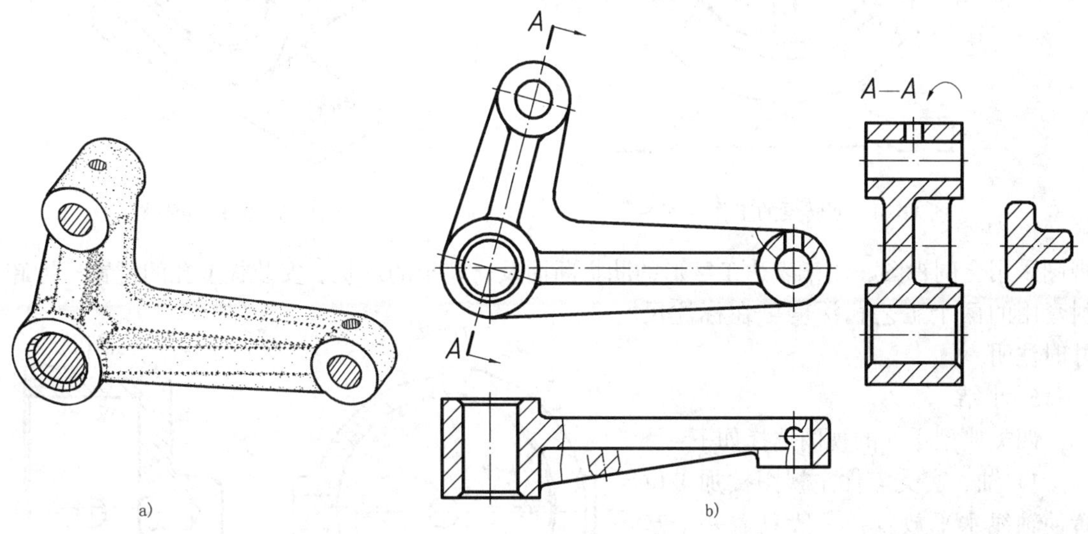

图 11-13　压砖机杠杆

4. 箱体类零件

箱体类零件包括机座、箱体和机壳等。此类零件的结构一般比较复杂，加工工序亦较多，其主视图一般按工作位置摆放，并且主视图应能较明显地反映其形状特征。

图 11-14 所示为一回转泵工作原理简图。轴上的鼓轮与内腔有 2.5mm 的偏心距，当轴带动鼓轮按顺时针方向旋转时，翼板在鼓轮的槽内沿径向甩出并靠紧衬套内壁滑动，使得左边翼板之间的空腔逐渐增大，形成部分真空，将油吸入。而右边翼板之间的空腔在鼓轮旋转时逐渐变小，油压增大，因此从右口排出高压油。

从图 11-15 可以看出，泵体可分为三部分。

（1）工作部分　泵体的上部包容并支承着轴、鼓轮及衬套等零件。轴承孔与内腔有一上下偏差 2.5mm 的偏心距，左、右进出油孔有管螺纹与油管相接，前端面有三个联接泵盖的螺钉孔，内腔轴承孔两侧的小孔为拆卸衬套用的工艺孔。

（2）安装部分　泵体下部为带有两个通孔的安装板，可用螺栓将其安装在机座上。安装板底部有一凹槽。

（3）联接部分　泵体的中间部分将以上两部分联接起来。

图 11-16 为泵体的视图。其主视图按泵体的工作位置放置，并以图 11-15 中的“*A*”所示方向作为主视图的投射方向。主视图画成半剖视图，反映了泵体内外形状特点，以及进出油口位置、轴孔的偏心、安装板上孔的深度等情况。左视图采用局部剖视图，表达了内腔和轴孔的深度以及出油孔、底板的前后位置等，下部保留部分外形，表达了肋板的前后位置。俯

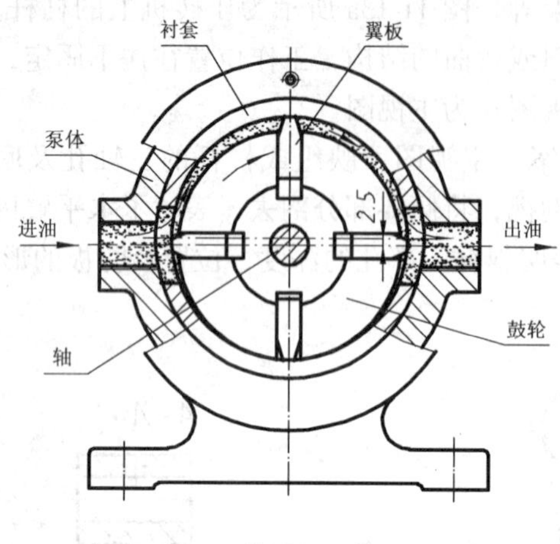

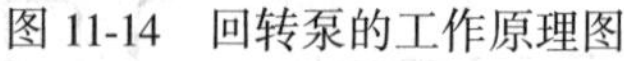
图 11-14　回转泵的工作原理图

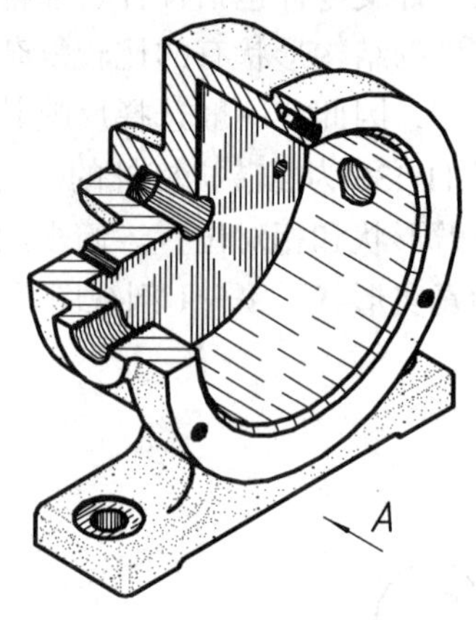

图 11-15　回转泵泵体

视图采用全剖视图，用来表达 T 字形的肋板断面及安装板的形状、安装板上孔的位置。拆卸衬套用的两个工艺孔深度可在标注尺寸时注明。

5. 小结

四类典型零件的视图选择如下：

1）轴、套类零件主视图按加工位置使轴线水平放置，一般只需一个基本视图，另加断面图及局部放大图等。

2）轮、盘类零件主视图也按加工位置使轴线水平放置，一般需要两个基本视图。

3）叉、杆类零件倾斜、弯曲的较多，一般以反映其形状特征较明显的视图作为主视图，常需两个或两个以上的基本视图。

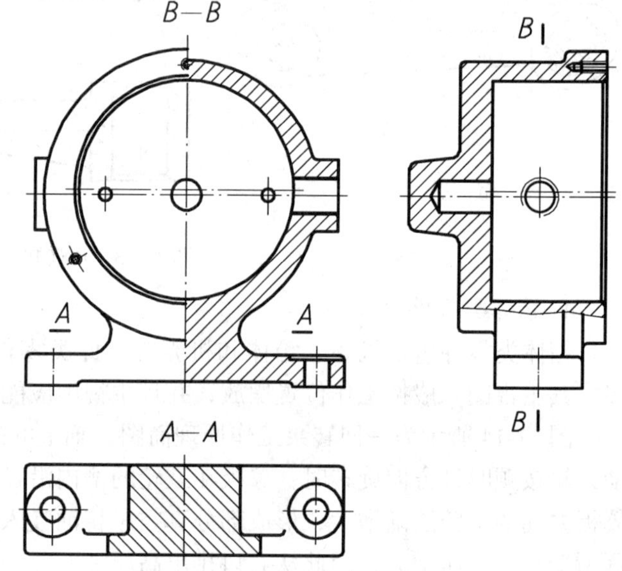

图 11-16　泵体的视图表达方案

4）箱体类零件较复杂，主视图的摆放要符合其在机器上的工作位置，并且应能较明显地反映其形状特征，一般需三个或更多的基本视图。

对于同一个零件，通常可有几种表达方案，且各有优缺点，需全面分析、比较。选择视图时，各视图要有明确的表达重点，所选择的视图既要表达得清楚、完整，又要便于看图。

以上将机器零件分成四类，分别介绍了他们的视图选择，其目的是为了便于掌握视图选择的一般规律。实际上机器零件是各种各样的，因此对某些结构特殊的零件，应做具体分析，灵活选用恰当的表达方法。

11.4　零件图的尺寸注法

零件图上的尺寸是零件加工和检验时的依据，因此，零件图上标注的尺寸，除应正确、完整、清晰外，还应做到合理，即所注尺寸满足设计要求和便于加工及测量。本节只作初步介绍，详细内容将在有关课程中作进一步讨论。

1. 尺寸基准

尺寸基准是确定尺寸位置的几何元素。一般分为设计基准（设计时用以确定零件结构的位置）和工艺基准（制造时用以定位、加工和检验）。零件上的底面、端面、对称面、轴线及圆心等都可以作为基准，如图 11-17 所示。

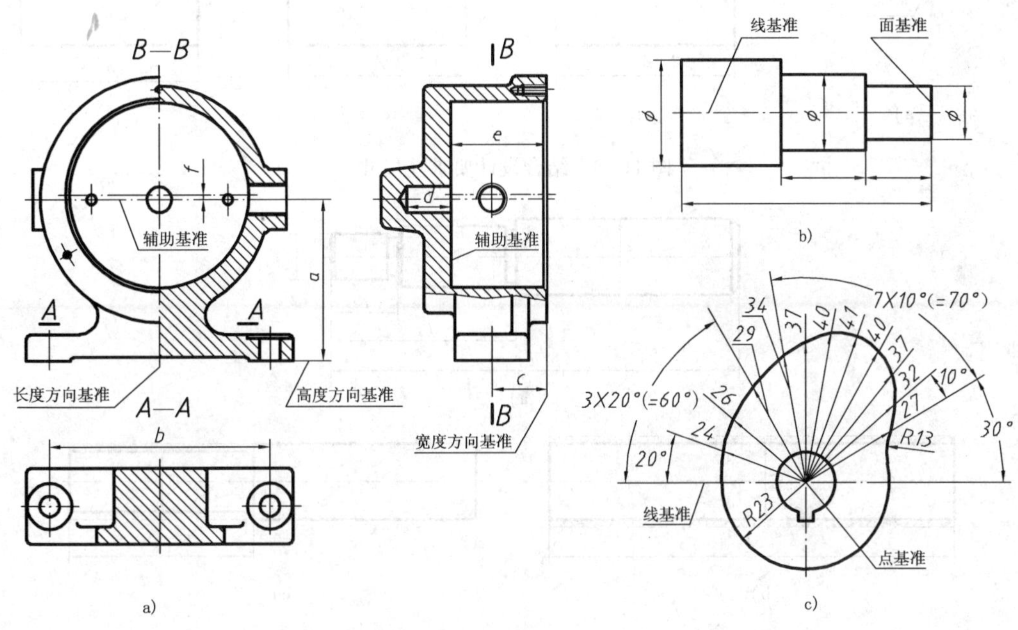

图 11-17　尺寸基准

尺寸基准通常又分为主要基准和辅助基准。一般在长、宽、高三个方向上各选一个设计基准为主要基准，他们往往确定零件的主要尺寸，这些尺寸影响零件在机器中的工作位置、装配精度，因此，主要尺寸要从主要基准直接注出，如图 11-17a 中的尺寸 a、b、c、e。为了便于加工和测量，通常还要附加一些基准，称为辅助基准。辅助基准与主要基准之间一定要有尺寸相联系。如图 11-17a 中的尺寸 d、f 就是从辅助基准注出的。

2. 标注尺寸的要点

(1) 标注尺寸要满足设计要求

如图 11-18 所示，图 a 表示 1、2 两零件装配在一起，设计时要求件 1 沿件 2 的导轨滑动时，左右不能松动、右侧面应对齐。图 b 中的尺寸 B 保证了两零件的配合，尺寸 C 则保证从同一基准出发，满足了设计要求。图 c 和图 d 则不能满足设计要求。

(2) 标注尺寸要符合工艺要求

图 11-19a 为一小轴的主要尺寸图，图 b、c、d、e 表示了小轴在车床上的加工顺序。因此，图 a 的注法符合加工顺序，便于加工时测量。

3. 四类典型零件的尺寸注法

(1) 轴、套类零件

这类零件一般要注出表示直径大小的径向尺寸和表示各段长度的轴向尺寸。径向尺寸以

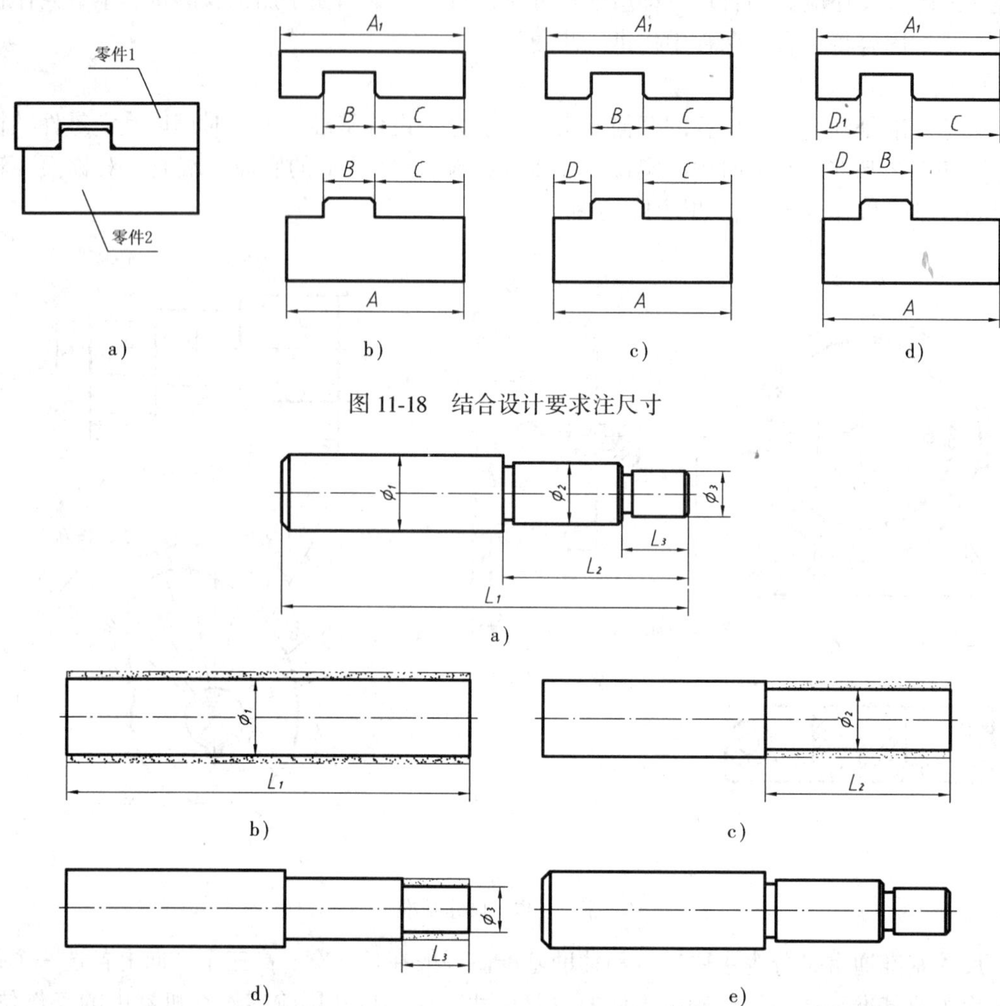

图 11-18　结合设计要求注尺寸

图 11-19　符合工艺需要注尺寸

轴线为基准，而轴向尺寸的基准则根据零件的作用和装配要求来确定。图 11-1 的主动轴，其径向尺寸基准是轴线，而轴向尺寸的主要基准是 ϕ14h6 左端的轴肩，键槽的轴向定位尺寸以左端面作为辅助基准注出。

（2）轮、盘类零件

此类零件径向尺寸的主要基准为主要孔的轴线；轴向尺寸的主要基准为端面。如图 11-20 所示的端盖，径向尺寸的主要基准为轴线。轴向尺寸的主要基准为 ϕ46h7 左端的结合面。

对于圆周分布的孔、槽、肋及轮幅等结构，其定形尺寸和定位尺寸应尽量注在反映分布情况的视图中，以便于读图，如端盖左视图中孔的尺寸。

（3）叉、杆类零件

叉、杆类零件常以主要孔的轴线作为主要基准。如图 11-21 所示的杠杆的左端孔 ϕ9H9 的轴线为长度和高度方向的主要基准；圆筒 ϕ16 的前端面为宽度方向的主要基准。

此类零件各孔的中心距和相对位置一般是主要尺寸，应从主要基准直接注出，如图中的 28、50、75°等尺寸。其他尺寸应按形体分别注出。

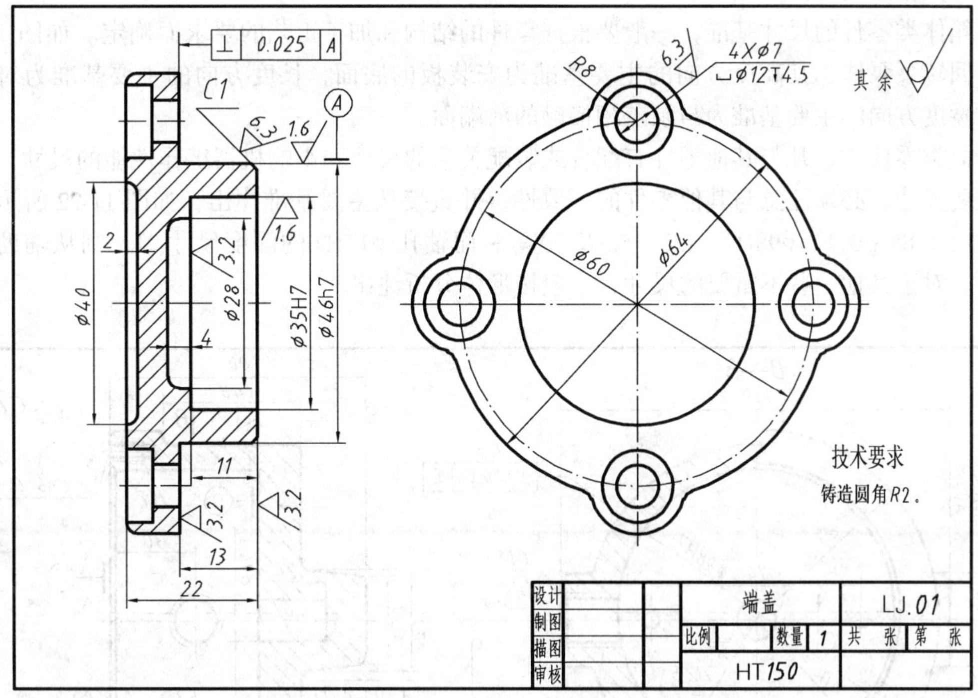

图 11-20　端盖的零件图

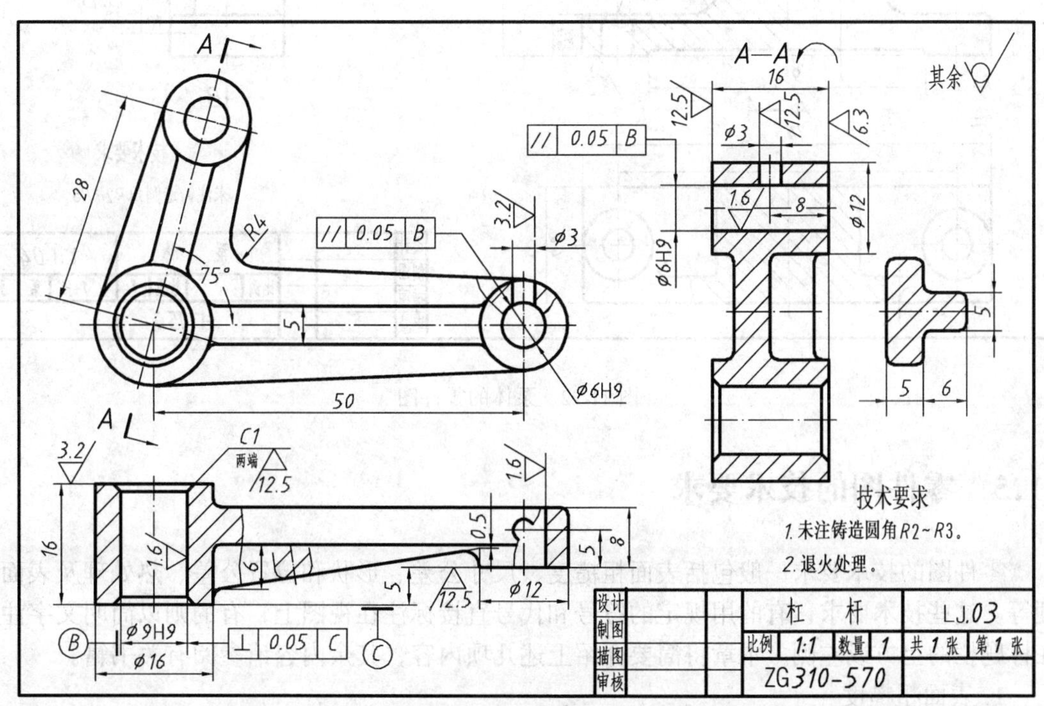

图 11-21　杠杆的零件图

(4) 箱体类零件

箱体类零件的尺寸基准，一般要根据零件的结构和加工工艺的要求而确定。如图 11-17a 所示回转泵泵体，其高度方向的主要基准为安装板的底面，长度方向的主要基准为对称平面，宽度方向的主要基准为与泵盖相接触的前端面。

此类零件中，凡与其他零件有配合或装配关系的尺寸和影响机器工作性能的尺寸，均属于主要尺寸，必须注意与其他零件的一致性，并直接从主要基准注出，如图 11-22 所示泵体中的尺寸 85±0.1、ϕ98H7、120、52 及 30 等；而轴孔 ϕ14H7 的深度尺寸 24，则从辅助基准注出。对于其他一些不重要的尺寸，一般按形体分析注出。

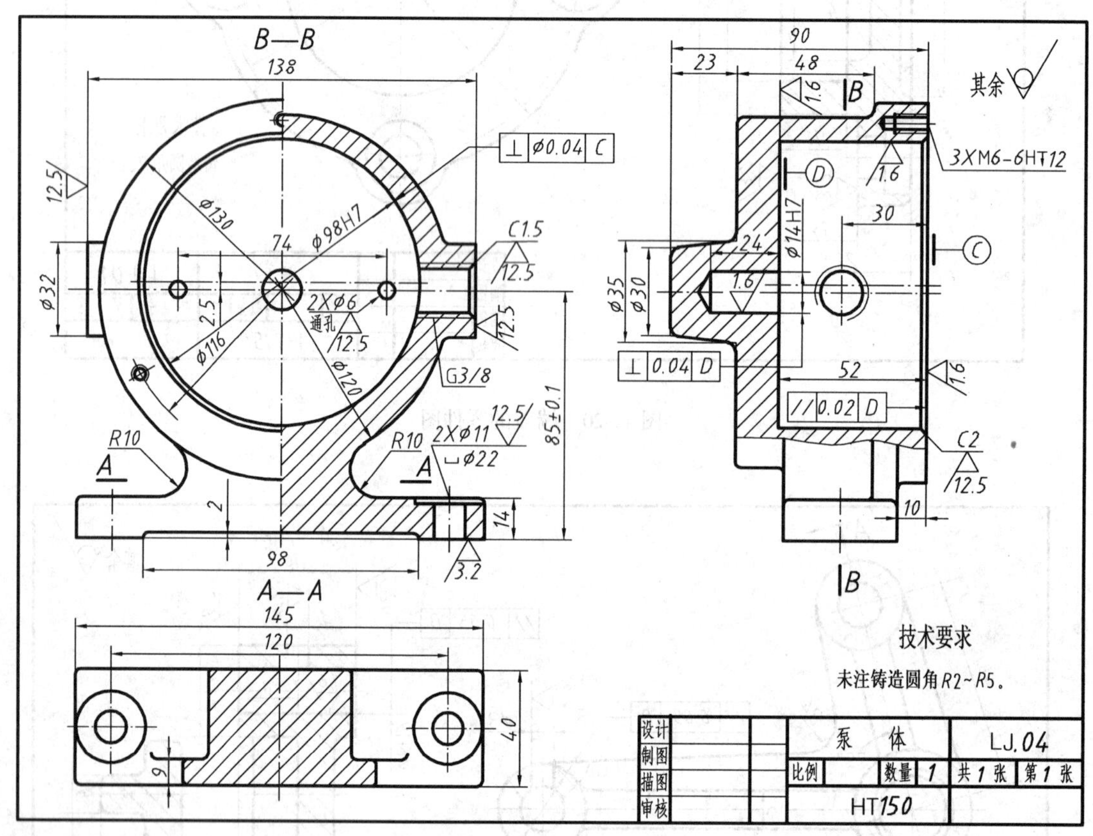

图 11-22　泵体的零件图

11.5　零件图的技术要求

零件图的技术要求一般包括表面粗糙度、尺寸公差、形状和位置公差、热处理及表面处理等。这些技术要求，有的用规定的符号和代号直接标注在视图上，有的则以简明文字注写在标题栏的上方或左侧。本章将简要介绍上述几项内容，其余内容请参阅有关书籍。

1. 表面粗糙度

零件在机器中的作用不同，对其表面的光滑程度要求也不同。零件的表面，无论多么光滑，经放大观察，都可以看到这些表面是凹凸不平的。因此把零件表面上所具有的较小间距和峰谷组成的微观几何形状特性称为表面粗糙度，它是评定零件表面质量的重要指标之一。表面粗糙度的大小对零件的使用寿命，零件间的配合及外观质量等都有一定的影响。因此，不同的零件应根据其不同的作用，恰当地选择表面粗糙度的参数及其数值。

评定表面粗糙度的参数中，最常用的参数为轮廓算术平均偏差 R_a，它是在取样长度 l 内，相对于基准线的轮廓偏距绝对值的算术平均值，如图 11-23 所示。

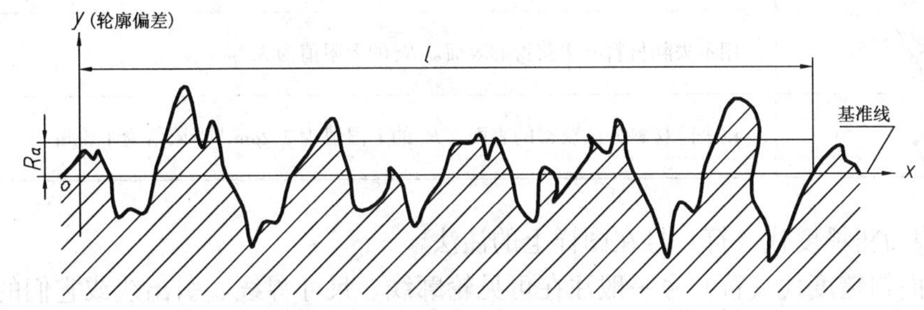

图 11-23　轮廓算术平均偏差

（1）表面粗糙度符号和代号

图样上给定的表面粗糙度代号和符号，是表示对表面完工后的要求。表面粗糙度代号包括表面粗糙度符号、参数值及其他有关规定。如果仅需加工，而对表面粗糙度的其他规定没有要求时，可只注表面粗糙度符号。其符号的含义见表 11-2。

表 11-2　表面粗糙度符号

符　号	意　　义
	基本符号，表示表面可用任何方法获得，单独使用该符号仅适用于简化代号标注
	基本符号上加一短画，表示表面是用去除材料的方法获得。例如车、铣、钻、磨、剪切、抛光、腐蚀、电火花加工等
	基本符号上加一小圆，表示表面是用不去除材料的方法获得。例如铸、锻、冲压、热轧、冷轧、粉末冶金等 或者用于保持原供应状况的表面（包括保持上道工序的状况）

表面粗糙度符号的画法如图 11-24 所示，其中线宽 $d' = h/10$，高度中 $H = 1.4h$（h 为字体高度）。

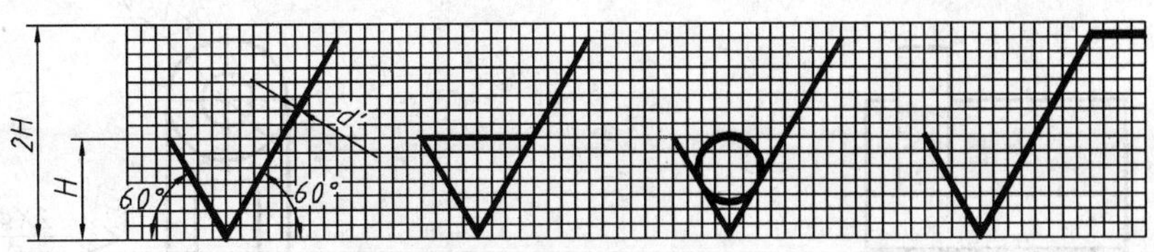

图 11-24　表面粗糙度符号的画法

表面粗糙度参数 R_a 的常用数值为：100、50、25、12.5、6.3、3.2、1.6、0.8、0.4……，单位为 μm。表面粗糙度代号的注写方法见表 11-3。

表 11-3　表面粗糙度代号

代　　号	意　　义
3.2	用任何方法获得的表面。R_a 的上限值为 3.2μm
3.2	用去除材料方法获得的表面。R_a 的上限值为 3.2μm
3.2	用不去除材料方法获得的表面。R_a 的上限值为 3.2μm
3.2 1.6	用去除材料方法获得的表面。R_a 的上限值为 3.2μm，下限值为 1.6μm

（2）表面粗糙度代（符）号在图样上的注法

1）表面粗糙度代（符）号一般注在可见轮廓线、尺寸界线、引出线或它们的延长线上。符号的尖端必须从材料外指向表面。在同一图样上，每一表面一般只标注一次，并尽可能靠近有关的尺寸线。如图 11-25 所示。代号中的数字，其字体的大小应与同一图样的尺寸数字一致，数字的方向与尺寸数字方向规定相同。如图 11-26 所示。

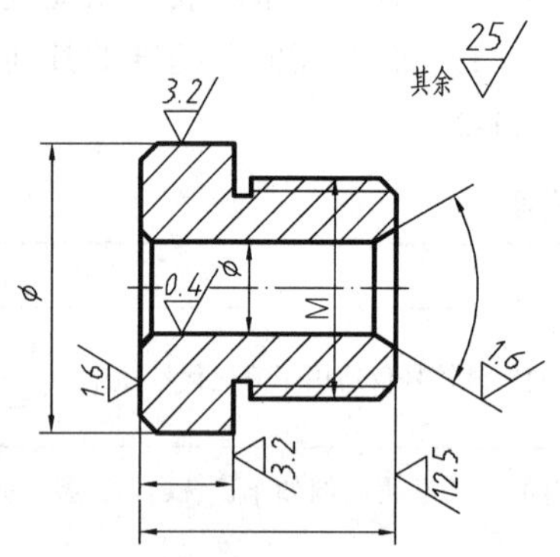

图 11-25　表面粗糙度代号的标注

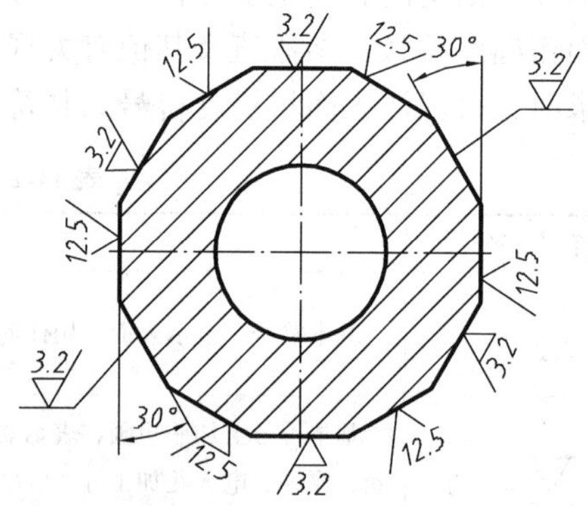

图 11-26　表面粗糙度不同方向的代号标注

2）当零件所有表面具有相同的表面粗糙度要求时，其代（符）号可在图样的右上角统一标注。其代号中的字体比视图中字体大一号，符号也相应加大，如图 11-27 所示。

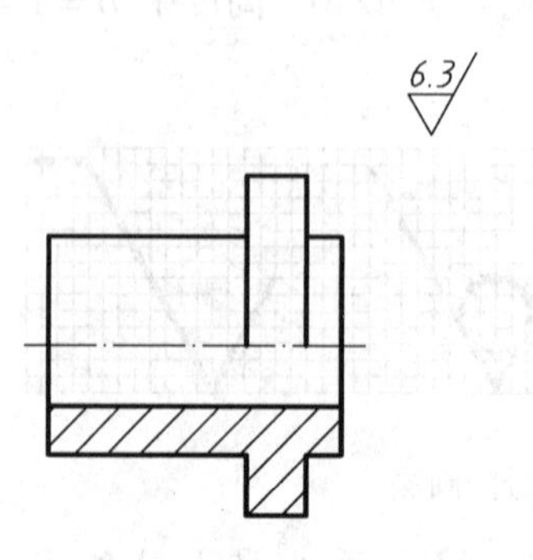

图 11-27　具有相同表面粗糙度的标注

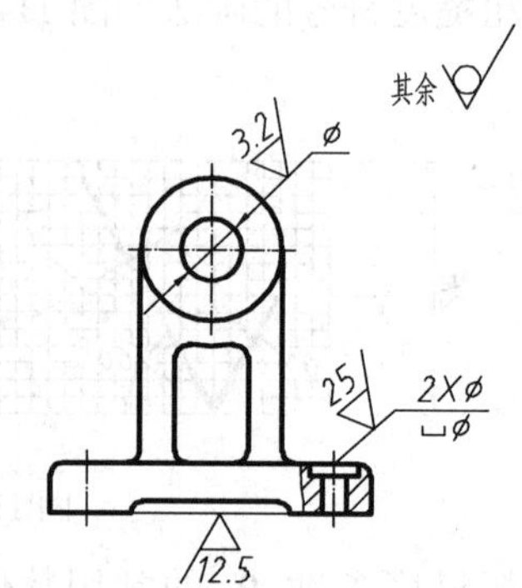

图 11-28　不连续的同一表面粗糙度的标注

3）当零件大部分表面具有相同的表面粗糙度要求时，其代（符）号可统一注在图样的右上角。并加注“其余”两字，其代号和文字的字体亦应比视图中的字体大一号，符号也相应加大。如图 11-25、图 11-28 所示。

4）零件上不连续的同一表面，可用细实线连接，其表面粗糙度只标注一次。如图 11-28 中的$\overset{12.5}{\bigtriangledown}$。

5）零件上的连续表面及重复要素（孔、槽、齿等）的表面，其表面粗糙度代（符）号只标注一次，如图 11-29、图 11-30 所示。

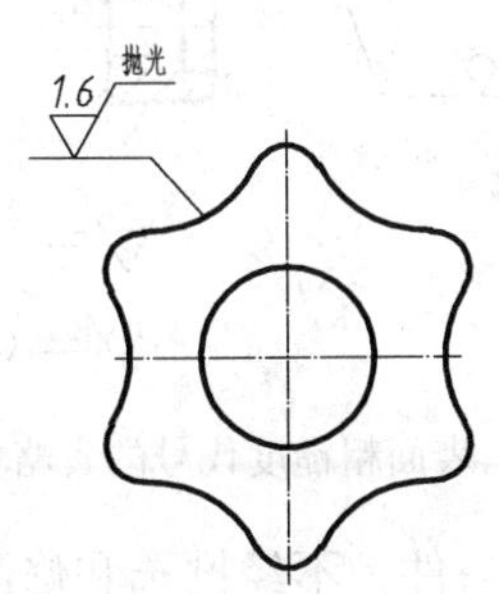

图 11-29　连续表面粗糙度的标注

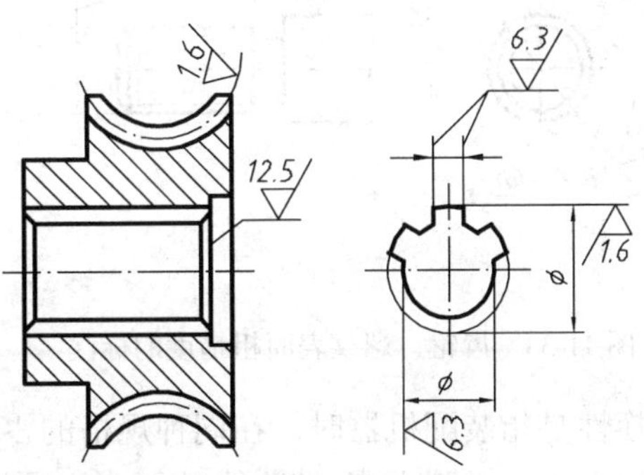

图 11-30　重复要素表面粗糙度的标注

6）同一表面有不同的表面粗糙度时，需用细实线画出其分界线，并注出相应的表面粗糙度代（符）号及尺寸，如图 11-31 所示。

7）键槽的工作面、倒角、倒圆的表面粗糙度代号，可简化标注，如图 11-32 所示。

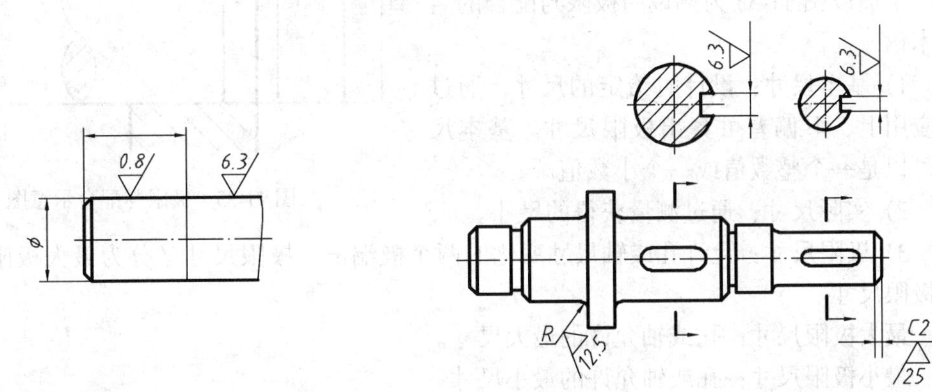

图 11-31　同一表面不同表面粗糙度代号的标注　　图 11-32　键槽、倒角等结构表面粗糙度的标注

8）齿轮、螺纹等工作表面没有画出齿（牙）形时，其表面粗糙度代号可按图 11-33 的方式标注。(即齿轮注在分度线上，螺纹注在尺寸线上）

9）若标注位置受到限制或为了简化标注，可用简化代号标注，但其详细内容须在标题栏附近加以说明，如图 11-34 所示。

2. 极限与配合

加工零件时，其尺寸应限定一个范围，即不能超过设定的最大极限值和最小极限值，以使配合的零件装在一起能满足所设计的松、紧程度和工作精度要求，并能保证互换性。

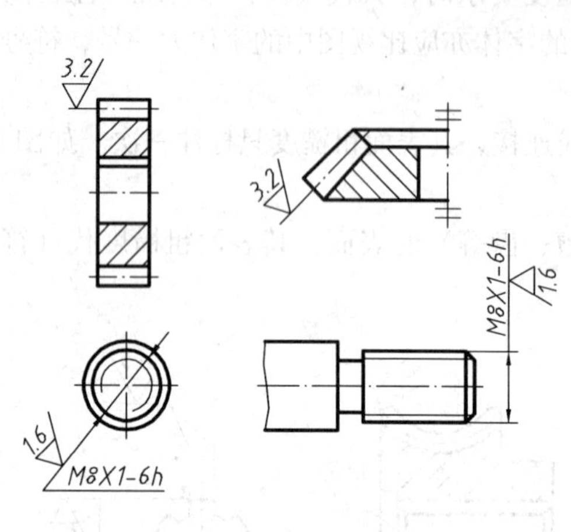

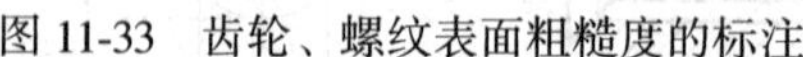
图 11-33　齿轮、螺纹表面粗糙度的标注

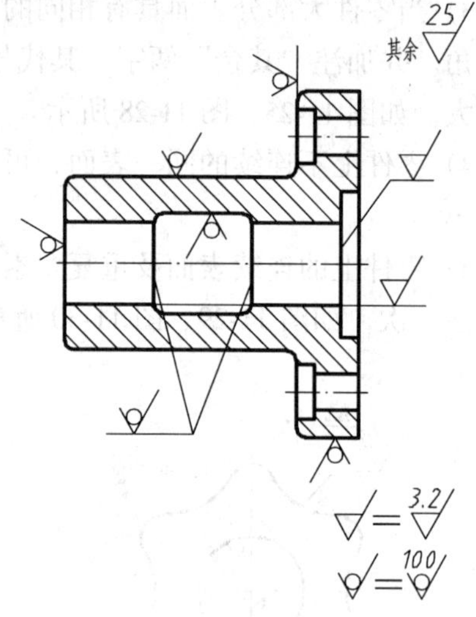

图 11-34　表面粗糙度代号的省略标注

互换性是指装配机器时，在同种规格的零件中，任取其中一件，不经挑选和修配，就能装到机器中去，并满足机器性能的要求。零件具有互换性，不仅能组织大规模的专业化生产，而且可以提高产品质量、降低成本和便于维修。

(1) 名词术语

下面以图 11-35 为例说明极限与配合的名词术语。

1) 基本尺寸：设计时给定的尺寸，通过它应用上、下偏差可算出极限尺寸。基本尺寸可以是一个整数值或一个小数值。

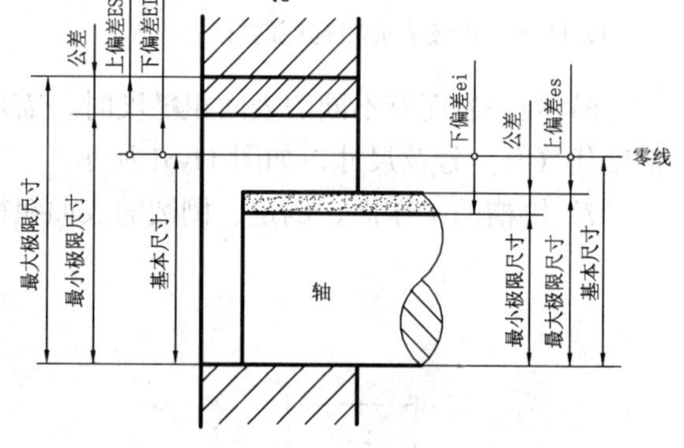

图 11-35　极限与配合示意图

2) 实际尺寸：通过测量获得的尺寸。

3) 极限尺寸：允许孔或轴尺寸变化的两个极端值。极限尺寸又分为最大极限尺寸和最小极限尺寸。

最大极限尺寸：孔或轴允许的最大尺寸。

最小极限尺寸：孔或轴允许的最小尺寸。

实际尺寸应在两个极限尺寸之间或等于极限尺寸。

4) 偏差：某一尺寸减其基本尺寸所得的代数差。最大极限尺寸减其基本尺寸所得的代数差称为上偏差。最小极限尺寸减其基本尺寸所得的代数差称为下偏差。上偏差和下偏差统称为极限偏差。偏差数值可以是正值、负值和零。

极限偏差代号规定如下：

孔的上偏差为 ES，下偏差为 EI；

轴的上偏差为 es，下偏差为 ei。

5) 尺寸公差（简称公差）：最大极限尺寸减最小极限尺寸之差，或上偏差减下偏差之差。它是允许尺寸的变动量，是一个没有符号的绝对值。

图 11-36 所示小轴直径的基本尺寸 = $\phi15$，最大极限尺寸 = $\phi14.984$，最小极限尺寸 = $\phi14.966$，上偏差 es = 14.984 − 15 = −0.016，下偏差为 ei = 14.966 − 15 = −0.034，公差 = 14.984 − 14.966 = −0.016 − （−0.034） = 0.018。

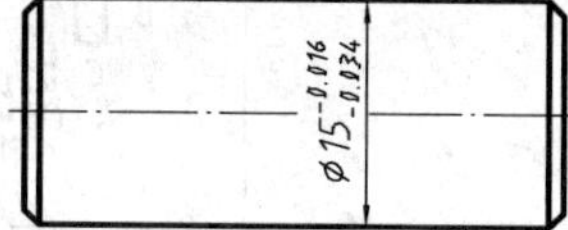

图 11-36 小轴的直径尺寸

（2）公差带和公差带图

公差带是代表上偏差和下偏差或最大极限尺寸和最小极限尺寸的两条直线所限定的一个区域。为了便于分析，一般将公差带与基本尺寸的关系画成简图，称为公差带图，如图 11-37 所示。图中零线是表示基本尺寸的一条直线，零线画成水平线，正偏差位于零线的上方，负偏差位于零线的下方。为了便于区分，孔的公差带框内填充斜线，轴的公差带框内填充点。

（3）标准公差与基本偏差

为了实现零件的互换性及满足各种配合的要求，国家标准规定了公差带的大小及其相对于零线的位置，这就是标准公差和基本偏差，如图 11-38 所示。

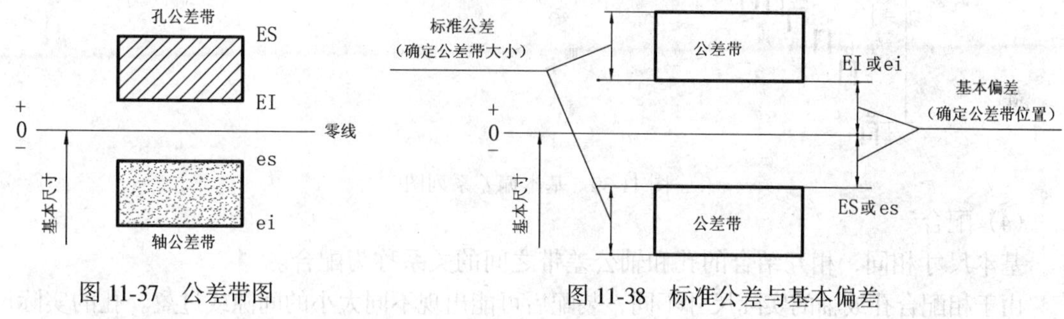

图 11-37 公差带图　　图 11-38 标准公差与基本偏差

1）标准公差。国家标准极限与配合制中，所规定的任一公差，称为标准公差。标准公差确定公差带的大小，用字母 IT 表示。

标准公差等级用来确定尺寸精确的程度，公差等级用阿拉伯数字表示。对≤500mm 的基本尺寸规定了 IT01、IT0、IT1、……IT18 共 20 个等级（IT01、IT0 在工业中很少用到），从 IT01 至 IT18 公差逐渐增大，尺寸精确程度依次降低。对所有基本尺寸，如果它们的公差等级相同，则认为具有同等精确程度。

2）基本偏差。国家标准极限与配合制中，确定公差带相对零线位置的那个极限偏差称为基本偏差。一般为靠近零线的那个偏差。当公差带在零线上方时，基本偏差为下偏差；当公差带在零线下方时，基本偏差为上偏差，如图 11-38 所示。

孔、轴各有 28 个基本偏差，它们用拉丁字母表示。图 11-39 是基本偏差系列图，图中孔的基本偏差用大写字母表示，轴的基本偏差用小写字母表示。孔的基本偏差，从 A 到 H 为下偏差，从 K 到 ZC 为上偏差，JS 为上偏差（$+\frac{IT}{2}$）或下偏差（$-\frac{IT}{2}$）。轴的基本偏差，从 a 到 h 为上偏差，从 k 到 zc 为下偏差，js 为上偏差（$+\frac{IT}{2}$）或下偏差（$-\frac{IT}{2}$）。除 JS（js）外，孔和轴的另一个偏差可从极限偏差数值表中查出，也可按下式计算：

孔 ES = EI + IT 或 EI = ES − IT

轴 es = ei + IT 或 ei = es − IT

3）公差带的表示。公差带用基本偏差的字母和公差等级数字表示，称为公差带代号，如 H8、f7 等。

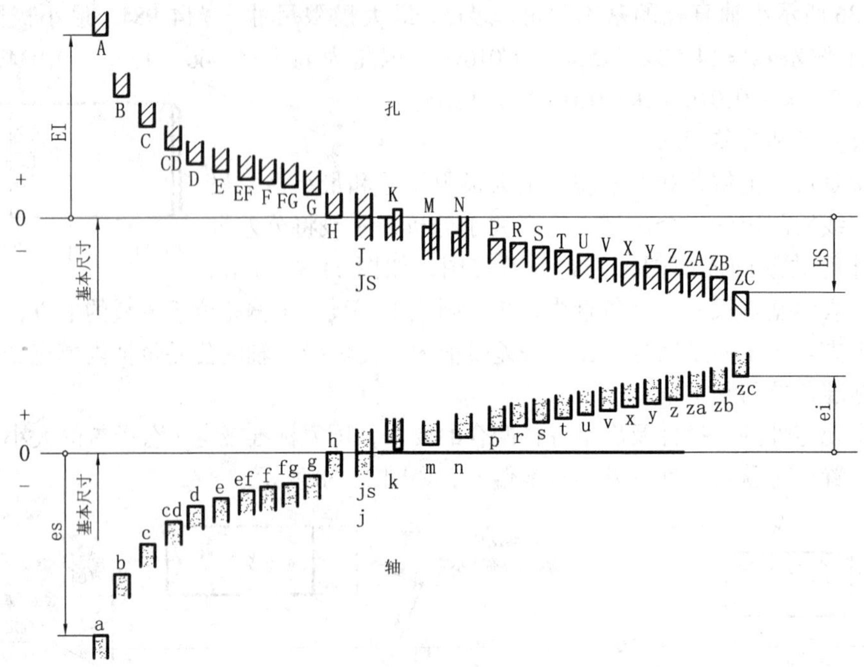

图 11-39 基本偏差系列图

(4) 配合

基本尺寸相同，相互结合的孔和轴公差带之间的关系称为配合。

由于相配合孔或轴的实际尺寸不同，装配后可能出现不同大小的间隙或过盈。孔的实际尺寸减去与之配合的轴的实际尺寸，取代数值为正时是间隙，为负时是过盈，如图 11-40 所示。

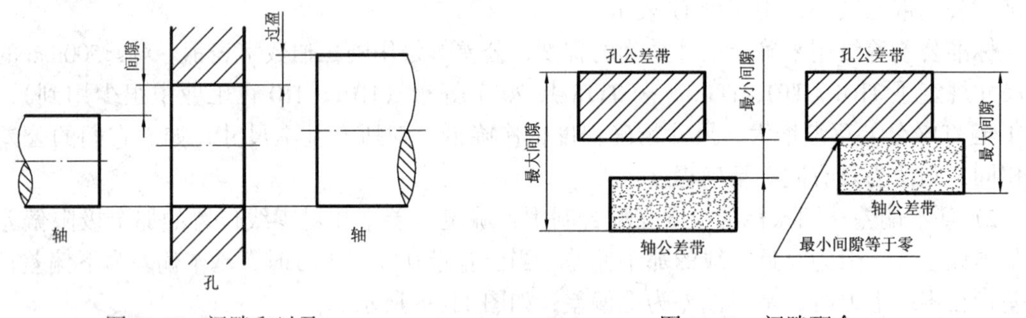

图 11-40 间隙和过盈　　图 11-41 间隙配合

根据零件使用要求的不同，国家标准将配合分为三类。

1) 间隙配合：保证具有间隙（包括最小间隙是零）的配合。此时孔的公差带在轴的公差带之上，如图 11-41 所示。间隙配合主要用于两配合表面间有相对运动的地方。

2) 过盈配合：保证具有过盈（包括最小过盈是零）的配合。此时孔的公差带在轴的公差带之下，如图 11-42 所示。过盈配合主要用于两配合表面要求紧固连接的场合。

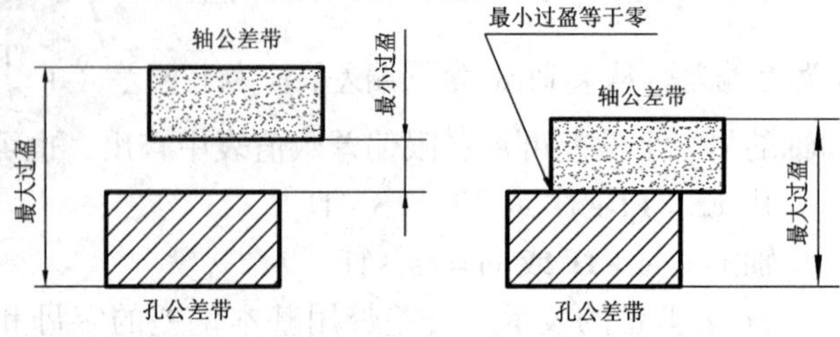

图 11-42 过盈配合

3）过渡配合：可能具有间隙或过盈的配合。此时孔的公差带和轴的公差带有重叠部分，如图 11-43 所示。过渡配合主要用于要求对中性较好的情况。

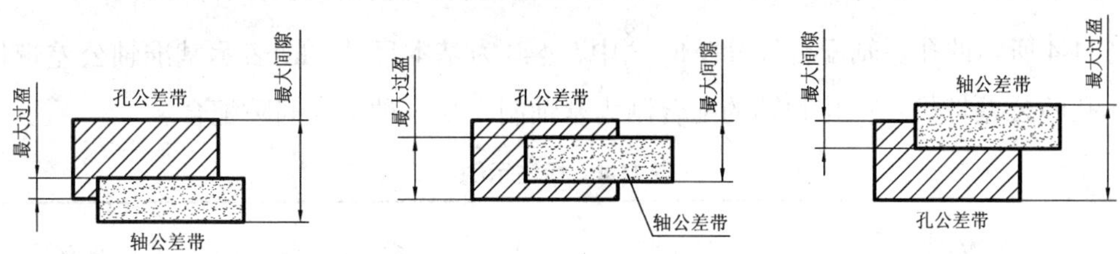

图 11-43　过渡配合

（5）配合制

根据生产实际的需要，国家标准规定了两种配合制，即基孔制配合和基轴制配合。

1）基孔制配合。基本偏差为一定的孔的公差带，与不同基本偏差的轴的公差带形成各种配合的制度，称为基孔制配合。如图 11-44 所示。

基孔制配合的孔为基准孔，基准孔的基本偏差为 H，其下偏差为零。

与基准孔相配合的轴，其基本偏差自 a ~ h 用于间隙配合，j ~ zc 用于过渡配合和过盈配合。

2）基轴制配合。基本偏差为一定的轴的公差带，与不同基本偏差的孔的公差带形成各种配合的制度，称为基轴制配合。如图 11-45 所示。

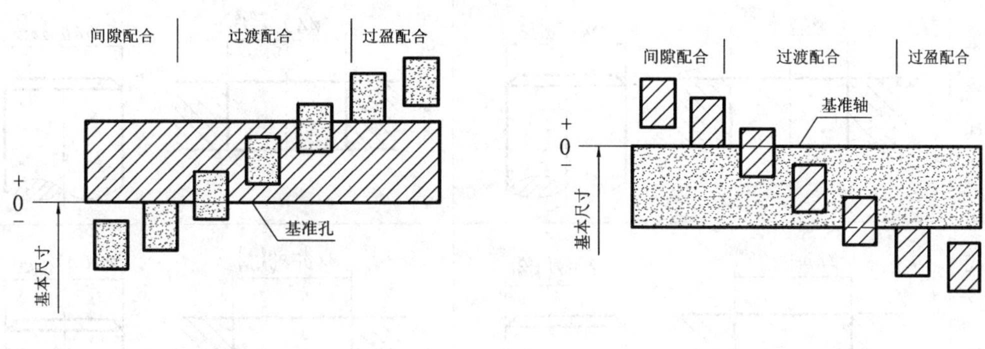

图 11-44　基孔制配合　　　　图 11-45　基轴制配合

基轴制配合的轴为基准轴，基准轴的基本偏差为 h，其上偏差为零。

与基准轴相配合的孔，其基本偏差自 A ~ H 用于间隙配合，J ~ ZC 用于过渡配合和过盈配合。

一般情况下，优先选用基孔制配合。

（6）极限与配合在图样中的标注

1）在装配图中标注时，应在基本尺寸的后面用分数形式注出孔、轴公差带代号。其形式为：

$$\text{基本尺寸}\ \frac{\text{孔公差带代号}}{\text{轴公差带代号}}\quad（\text{例如}\ \phi 40\,\frac{H7}{g6}）$$

或　　　基本尺寸　孔公差带代号/轴公差带代号（如 ϕ40H7/g6）

表 11-4 所示的孔、轴配合尺寸 $\phi40\ \frac{H8}{f7}$ 中，$\phi40$ 为基本尺寸，H8 表示基准孔公差带代号，f7 表示轴的公差带代号，孔和轴的配合制为基孔制，配合种类为间隙配合。

表 11-4 所示的孔、轴配合尺寸 $\phi40\ \frac{F8}{h7}$ 中，$\phi40$ 为基本尺寸，h7 表示基准轴公差带代号，F8 表示孔的公差带代号；孔和轴的配合制为基轴制，配合种类为间隙配合。

表 11-4　标注示例

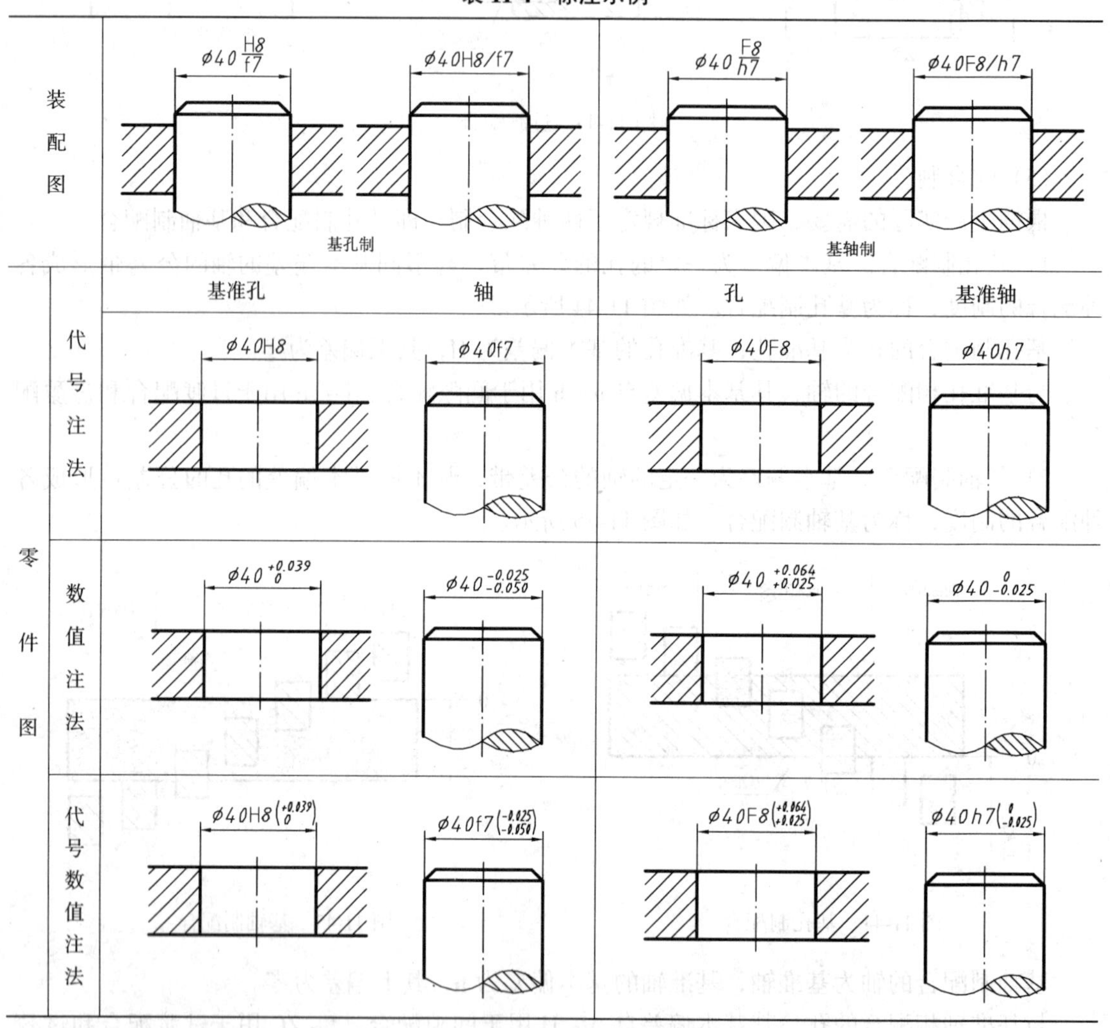

2）在零件图中的标注有三种形式，即在基本尺寸的右边注出公差带代号或极限偏差数值或两者同时注出。

极限与配合在装配图和零件图上的标注示例，见表 11-4。

3. 形状和位置公差

零件经加工后，不仅会产生表面微观不平整和尺寸误差，而且其形状和位置相对理想状态也会产生一定的误差。

图 11-46a 所示的小轴，加工后发生弯曲，如图 11-46b 所示，这种形状上的不准确，属于形状误差。

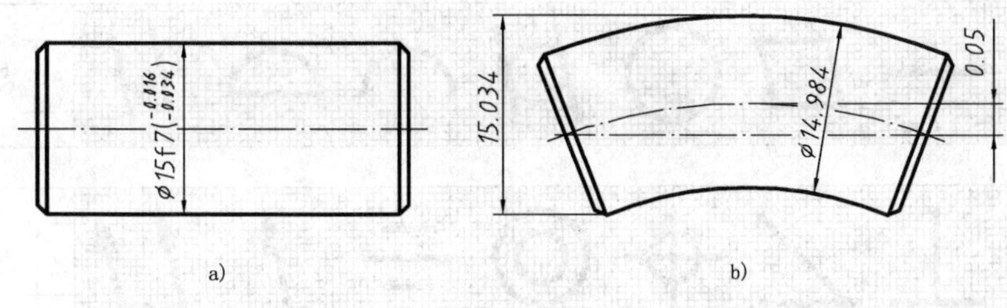

图 11-46 形状误差

图 11-47a 所示 ϕ20H8 和 ϕ15H8 两孔轴线要求在同一轴线上，加工后，两孔轴线出现了偏移，如图 11-47b 所示。这种两孔轴线在位置上的偏移，属于位置误差。

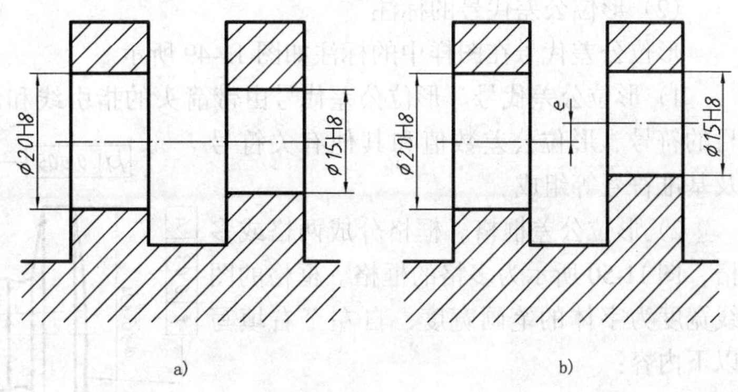

图 11-47 位置误差

对于较重要的零件，根据其使用要求，需要限制其形状和位置误差的允许值，称为形状和位置公差，简称形位公差。

(1) 形位公差的符号

形位公差共有 14 项，各项的表示符号见表 11-5。其符号的画法如图 11-48 所示，图中 h 为图样中尺寸数字的高度。各符号笔画的宽度为 $h/10$。

表 11-5 形位公差项目的名称及符号

分类	项目	符号	分类		项目	符号
形状公差	直线度	—	位置公差	定向	平行度	∥
	平面度	▱			垂直度	⊥
	圆度	○			倾斜度	∠
	圆柱度	⌭		定位	同轴度	◎
形状或位置公差	线轮廓度	⌒			对称度	⌯
	面轮廓度	⌓			位置度	⌖
				跳动	圆跳动	↗
					全跳动	⌰

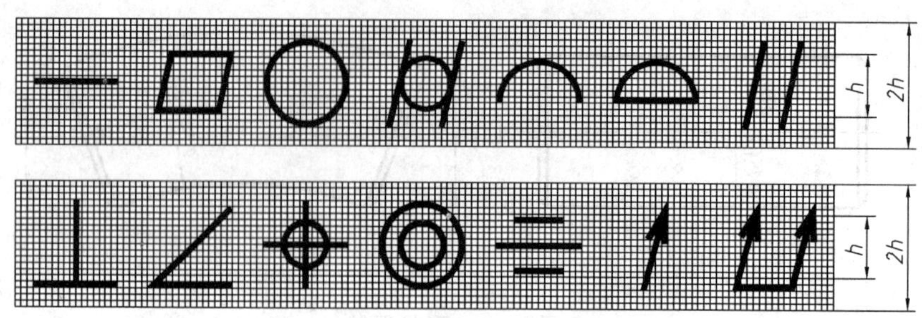

图 11-48　形位公差符号的画法

(2) 形位公差代号的标注

形位公差代号在图样中的标注如图 11-49 所示。

1) 形位公差代号。形位公差代号由带箭头的指引线和形位公差框格、形位公差有关项目的符号、形位公差数值和其他有关符号及基准符号等组成。

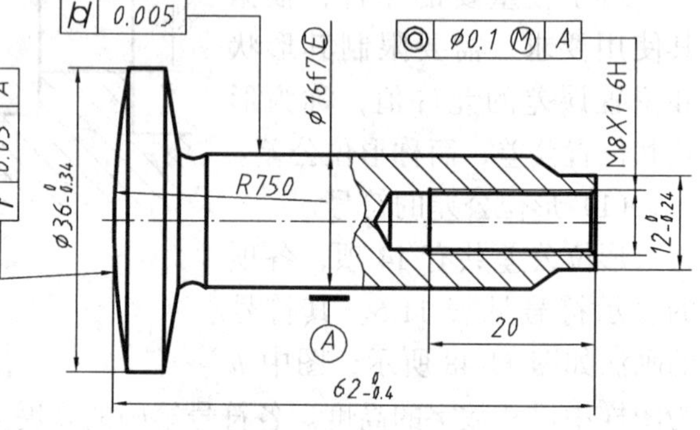

图 11-49　形位公差标注示例

2) 形位公差框格。框格分成两格或多格，图 11-50 所示为多格的框格。框格的图线宽度为字体的笔画宽度，自左至右填写以下内容：

第一格——形位公差项目的符号；

第二格——形位公差数值和有关符号；

第三格及以后各格——基准字母和有关符号。

其中　h 为尺寸数字的字高。公差框格应水平或垂直放置。

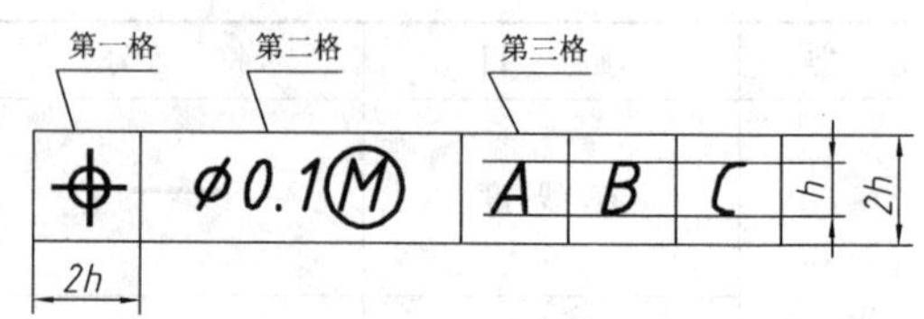

图 11-50　公差框格

3) 被测要素的标注方法。被测要素是给出形位公差要求的要素。标注时，用带箭头的指引线将被测要素与公差框格的一端相连。箭头应指向公差带的宽度方向或直径方向。当被测要素为直线或表面时，箭头指在该要素的轮廓线或延长线上，并明显地与尺寸线错开，如图 11-51 所示。如果被测要素为轴线、球心或中心平面时，指引线箭头应与该要素的尺寸线对齐，如图 11-52 所示。

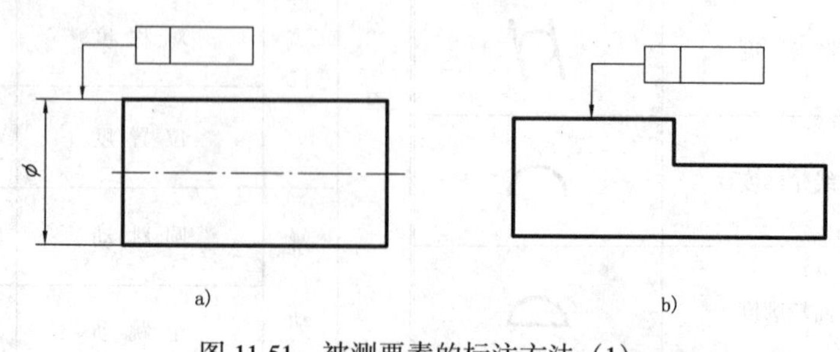

a)　　b)

图 11-51　被测要素的标注方法（1）

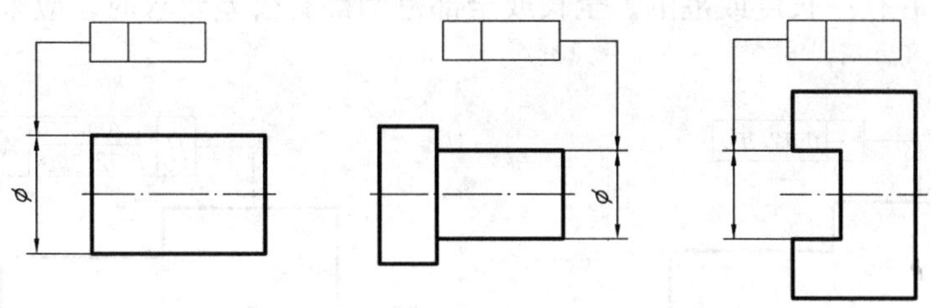

图 11-52　被测要素的标注方法（2）

4）基准要素的标注方法。基准要素是用来确定被测要素方向或位置的要素，其标注方法如下：

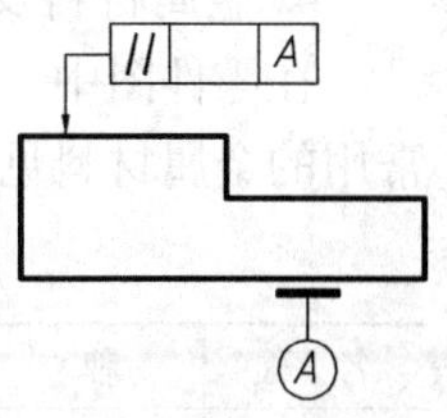

图 11-53　基准的标注

①基准符号用粗线段（宽度为粗实线宽度的 2 倍，长度 5 ~ 10mm）表示，并用细实线与框格的一端相连。当基准符号不便于直接与框格相连时，用基准代号表示，并在框格的第三格（或以后格）内，填写与基准代号相同的字母，如图 11-53 所示。图中的基准代号由基准符号、圆圈（细实线、直径与框格高度相同）、连线（细实线）和字母（大写的拉丁字母，水平书写，不采用 *E*、*I*、*J*、*M*、*O*、*P* 等）组成。

②当基准要素为素线或表面时，基准符号应靠近该要素的轮廓或延长线，并明显地与尺寸线错开，如图 11-54a 所示。当基准要素为轴线、球心或中心平面时，基准符号应与该要素尺寸对齐，如图 11-54b 所示。

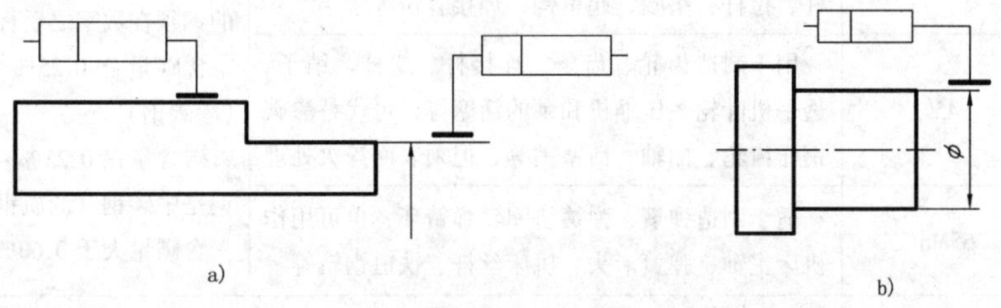

图 11-54　基准要素的标注

5）公差值的标注方法。

①公差框格中给出的公差值，一般是指在被测要素的全长或全表面范围内的公差值。图 11-55 表示顶面全长范围内直线度公差为 0.01mm。若被测要素仅为某一部分时，则需用细实线表示该范围，如图 11-56 所示。

图 11-55　形位公差数值标注方法（1）　　图 11-56　形位公差数值标注方法（2）

②如需标注被测要素任一长度或范围内的公差值时，其标注方法如图 11-57 所示。该图表示在全长的每 100mm 范围内，其直线度公差为 0.02mm。

③被测要素在任一长度或范围、全长或全部范围都有公差要求时，应采用图 11-58 所示的形式标注。

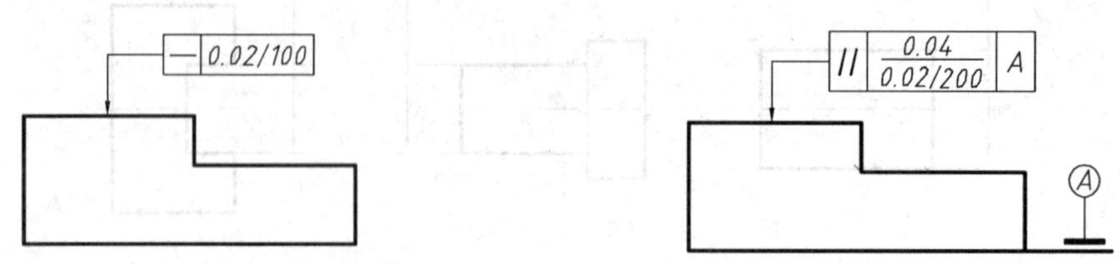

图 11-57　形位公差数值标注方法（3）　　图 11-58　形位公差数值标注方法（4）

4. 金属材料及热处理

在零件图中，需将零件材料的牌号填入标题栏中。零件的作用不同，使用材料也不同。常用的金属材料见表 11-6。

表 11-6　常用的金属材料

名　称	牌　号	应　用　举　例	说　明
碳素结构钢	Q235-A	吊钩、拉杆、车钩、套圈、气缸、齿轮、螺钉、螺母、连杆、轮轴、楔、盖及焊接件	其牌号由代表屈服强度的字母(Q)、屈服强度值、质量等级符号（A、B、C、D）表示
优质碳素结构钢	15	常用低碳渗碳钢，用作小轴、小模数齿轮、仿形样板、滚子、销子、摩擦片、套筒、螺钉、螺柱、拉杆、垫圈、起重钩、焊接容器等	优质碳素结构钢牌号数字表示平均含碳量（以万分之几计），含锰较高的钢须在数字之后标“Mn” 含碳量≤ 0.25% 的碳钢是低碳钢（渗碳钢） 碳含量在 0.25%～0.60%之间的碳钢是中碳钢（调质钢） 含碳量大于 0.60%的碳钢是高碳钢
	45	用于制造齿轮、齿条、连接杆、蜗杆、销子、透平机叶轮、压缩机和泵的活塞等，可代替渗碳钢作齿轮、曲轴、活塞销等，但须表面淬火处理	
	65Mn	适于制造弹簧、弹簧垫圈、弹簧环，也可用作机床主轴、弹簧卡头、机床丝杆、铁道钢轨等	
灰铸铁	HT150	用于制造端盖、齿轮泵体、轴承座、阀壳、管子及管路附件、手轮、一般机床底座、床身、滑座、工作台等	“HT”为“灰铁”二字汉语拼音的第一个字母，数字表示抗拉强度 如 HT150 表示灰铸铁的抗拉强度约为 150MPa
	HT200	用于制造气缸、齿轮、底架、机体、飞轮、齿条、衬筒、一般机床铸有导轨的床身及中等压力（8MPa 以下）的油缸、液压泵和阀的壳体等	
一般工程用铸钢	ZG270～500	用途广泛，可用作轧钢机机架、轴承座、连杆、箱体、曲拐、缸体等	“ZG”系“铸钢”二字汉语拼音的第一个字母，后面的一组数字代表屈服强度值，第二组数字代表抗拉强度值
5-5-5 锡青钢	ZCuSn5Pb5Zn5	在较高负荷、中等滑动速度下工作的耐磨、耐腐蚀零件，如轴瓦、衬套、缸套、活塞、离合器、泵体压盖以及蜗轮等	铸造非铁合金牌号的第一个字母“Z”为“铸”字汉语拼音第一个字母。基本金属元素符号及合金化元素符号，按其元素名义含量的递减次序排列在“Z”的后面，含量相等时，按元素符号在周期表中的顺序排列

热处理是用来改变金属性能的一种方法。零件需进行热处理时，应在技术要求中说明。常用的热处理方法及硬度测量方法见表 11-7。

表 11-7　常用热处理方法及硬度测量方法

名称	代号及标注示例	说　明	应　用
淬火	C C48 表示淬火回火至 45 ~ 50HRC	将钢件加热到临界温度以上，保温一段时间，然后在水、盐水或油中（个别材料在空气中）急速冷却，使其得到较高硬度	用来提高钢的硬度和强度极限。但淬火会引起内应力使钢变脆，所以淬火后必须回火
回火	回火	回火是将淬硬的钢件加热到临界点以下的温度，保温一段时间，然后在空气中或油中冷却	用来消除淬火后的脆性和内应力，提高钢的塑性和冲击韧性
调质	T T235 表示调质至 220 ~ 250HBS	淬火后在 450 ~ 650℃进行高温回火，称为调质	用来使钢获得高的韧性和足够的强度。重要的齿轮、轴及丝杠等零件进行调质处理
退火	Th Th185 表示退火至 170 ~ 220HBS	将钢件加热到临界温度以上 30 ~ 50℃，保温一段时间，然后缓慢冷却（一般在炉中冷却）	用来消除铸、锻、焊零件的内应力，降低硬度，便于切削加工，细化金属晶粒，改善组织，增加韧性
发蓝 发黑	发蓝或发黑	将金属零件放在很浓的碱和氧化剂溶液中加热氧化，使金属表面形成一层氧化铁所组成的保护性薄膜	防腐蚀，美观。用于一般连接的标准件和其他电子类零件
布氏硬度	HB	材料抵抗硬的物体压入其表面的能力称为“硬度”。根据测定的方法不同，可分布氏硬度、洛氏硬度和维氏硬度	用于退火、正火、调质的零件及铸件的硬度检验
洛氏硬度	HRC		用于经淬火、回火及表面渗碳、渗氮等处理的零件硬度检验
维氏硬度	HV		用于薄层硬化零件的硬度检验

11.6　读零件图

制造零件时，需要看懂零件图，想象出零件的结构和形状，了解各部分尺寸及技术要求等，以便加工出零件。设计零件时，经常需要参考同类机器零件的图样，这也需要会看零件图。

1. 读零件图的方法和步骤

（1）概括了解　从零件图的标题栏了解零件的名称、材料、绘图比例等。

（2）分析视图、读懂零件的结构和形状　分析零件图采用的表达方法，如选用的视图、剖视图、断面图、剖切面等，按照形体分析、线面分析方法，利用各视图的对应关系，想象出零件的结构和形状。

（3）分析尺寸、了解技术要求　确定尺寸基准，了解各部分结构的定形和定位尺寸；了解各配合表面的尺寸公差、有关的形位公差、各表面的粗糙度要求及其他要达到的指标等。

（4）综合想象　将看懂的零件的结构、形状、所注尺寸及技术要求等内容综合起来，想象出零件的形状。

2. 读图举例

以图 11-59 所示箱体为例说明读零件图的步骤。

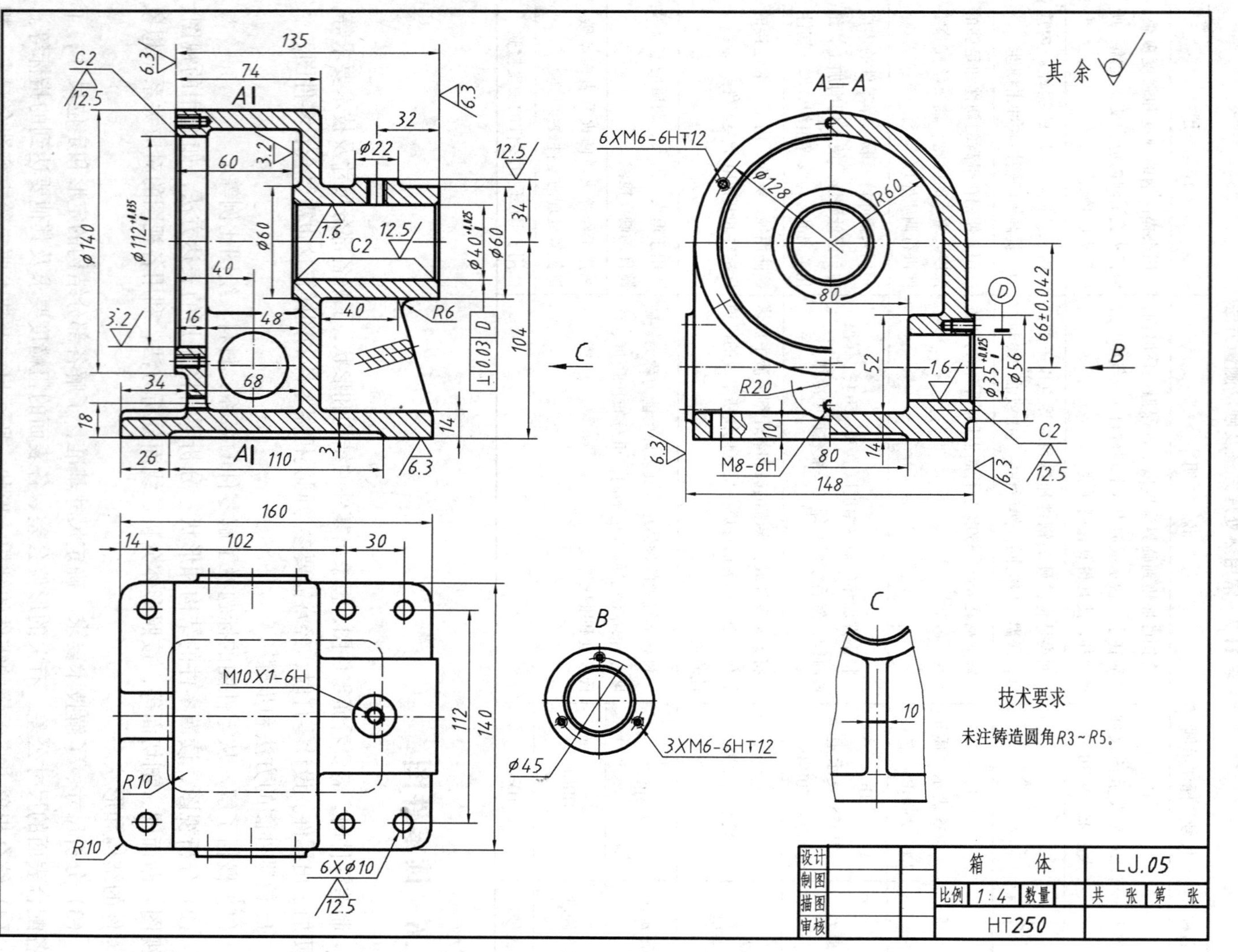

其余
A—A
B
C
D
技术要求
未注铸造圆角R3~R5。
6XM6-6HT12
3XM6-6HT12
M8-6H
M10X1-6H
6X⌀10
箱体
比例 1:4
数量
HT250
LJ.05
共 张 第 张
设计
制图
描图
审核

图11-59 箱体零件图

（1）概括了解　从标题栏中可知，该图是一箱体零件，材料为灰铸铁，比例为1:4。

（2）分析视图，读懂结构和形状　该箱体采用主视、俯视、左视图及两个局部视图来表示，其主视图采用单一剖切平面的全剖视图表达内部结构，左视图采用单一剖切平面的半剖视图表达轴孔和螺钉孔的深度，俯视图表达外形及底板形状，两个局部视图分别反映前边的圆台和右侧面的结构。从这些视图可以看出，该箱体是由壳体、圆筒、底板和肋板四部分组成的蜗轮减速箱箱体。

1）壳体：它是一个上部为半圆柱形、下部为方形的拱门状形体。内腔用以包容蜗轮，内腔与外形相似，其左端是有六个螺孔的圆柱形凸缘，下部蜗杆轴孔前后两端是有三个螺孔的圆柱形凸台，内腔蜗杆轴孔处是两个方形凸台。

2）圆筒：用以安装蜗轮轴，其上部有一圆柱台，中间螺孔用来安装油杯。

3）底板：为一带圆角的矩形板，上面有六个通孔，下面中部有一方形凹坑，左侧上面有一弧形凹槽。减速箱借助该底板安装在基座上。

4）肋板：它是一块梯形板，用以增加箱体的强度和刚度。

通过以上分析，想象出该箱体的整体形状如图11-60所示。

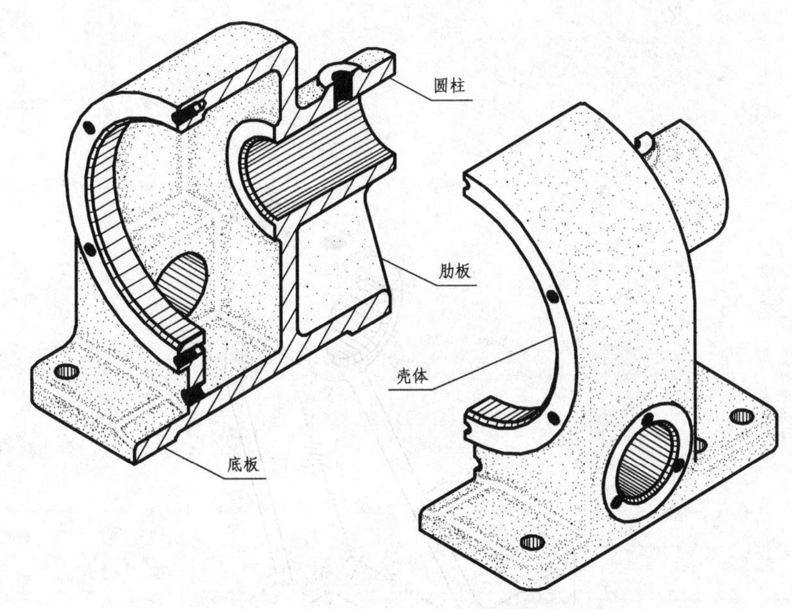

图11-60　箱体轴测图

（3）分析尺寸，了解技术要求　长、宽、高三个方向的主要基准分别为蜗杆轴孔的轴线、前后对称平面和底板的安装面。各主要尺寸（如长度尺寸40、宽度尺寸148、高度尺寸104等）分别从三个基准直接注出。壳体的左端面、圆筒的右端面、蜗轮轴孔的轴线等，分别是各方向的辅助基准。

图5-59中还注出了各表面粗糙度要求、相关尺寸公差、形位公差等。

（4）综合想象　把上述各项内容进行综合，就得到该箱体的总体情况。

11.7　零件的测绘

根据实际零件画出草图，测量出它的各部分尺寸，确定技术要求，再根据草图画出零件工作图，这一过程叫做零件测绘。为了积累技术资料或为了仿制机器或为了修配损坏的零件等，需要进行零件测绘。下面简要介绍零件测绘的方法和步骤。

(1) 分析、了解零件　了解零件的名称、材料、用途及各部分结构形状和加工方法及要求等。

(2) 确定表达方案　在上述分析的基础上选取主视图，根据零件的结构特征确定其他视图及表达方法。

(3) 画零件草图　零件草图是经目测估计图形与实物的比例后，徒手或部分使用绘图仪器画出。名义上为草图，但不能潦草，要做到视图表达完全，尺寸标注完整，要有相应的技术要求以及图框和标题栏等。

图 11-61 所示为一轴承架。图 11-62 所示为绘制其草图的简要步骤。

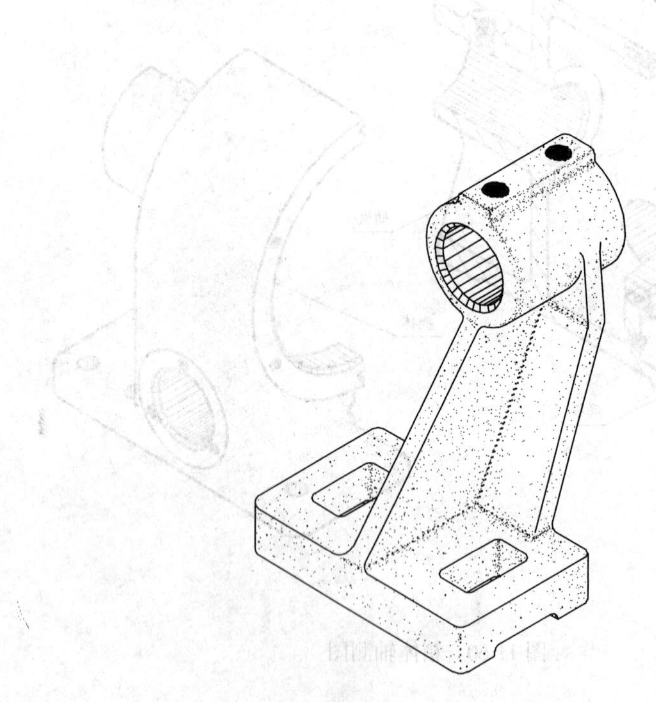

图 11-61　轴承架

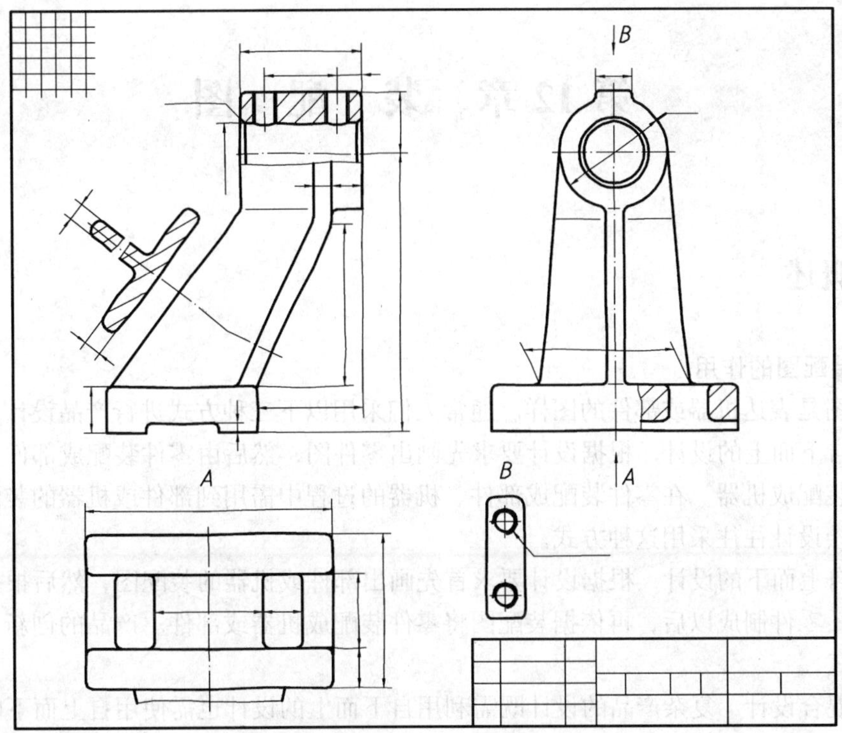

a）布局，画视图，画尺寸界线、尺寸线

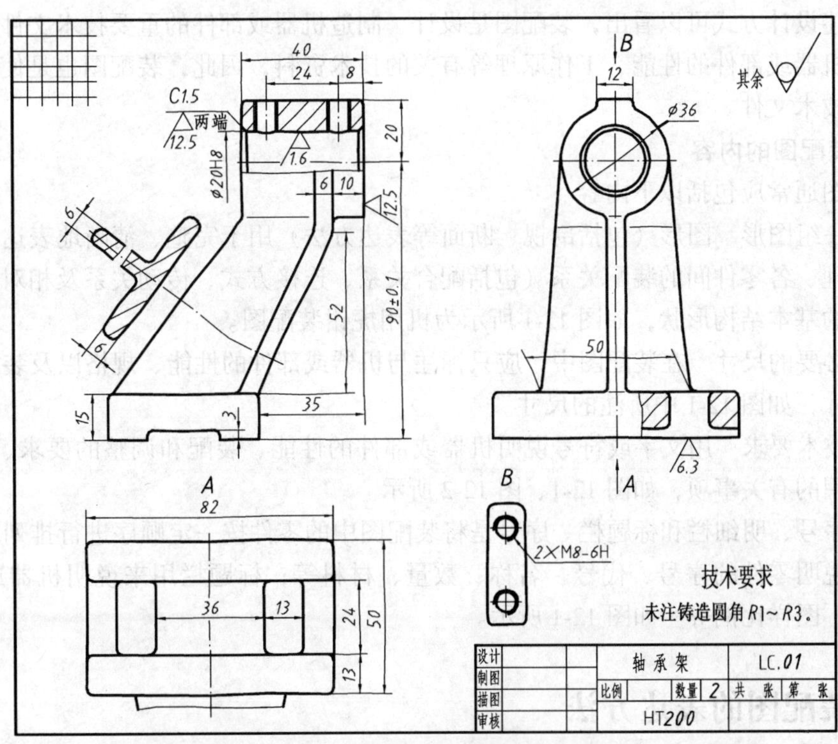

b）填写尺寸数字、技术要求及标题栏

图 11-62 绘制零件草图示例

第 12 章　装　配　图

12.1　概述

12.1.1　装配图的作用

装配图是表达机器或部件的图样。通常人们采用以下三种方式进行产品设计。

（1）自下而上的设计　根据设计要求先画出零件图，然后由零件装配成部件，最后用零件和部件装配成机器。在零件装配成部件、机器的过程中需用到部件或机器的装配图。现有产品的测绘设计往往采用这种方式。

（2）自上而下的设计　根据设计要求首先画出部件或机器的装配图，然后根据装配图画出零件图。零件制成以后，再依据装配图将零件装配成机器或部件。产品的创新设计一般采用这种方式。

（3）混合设计　复杂产品的设计既需利用自下而上的设计也需使用自上而下的设计。设计方案经过多次修改方可确定。

由上述设计方式可以看出，装配图是设计、制造机器或部件的重要技术文件之一。装配图提供了机器或部件的性能、工作原理等有关的技术资料，因此，装配图也是使用机器或部件的重要技术文件。

12.1.2　装配图的内容

装配图通常应包括以下内容。

（1）一组图形　图形（包括剖视、断面等表达方法）用于完整、清晰地表达机器或部件的工作原理、各零件间的装配关系（包括配合关系、连接方式、传动关系及相对位置）以及主要零件的基本结构形状，如图 12-1 所示为机用虎钳装配图。

（2）必要的尺寸　在装配图中，应只标注与机器或部件的性能、规格以及装配、安装等有关的尺寸，如图 12-1 中所注的尺寸。

（3）技术要求　用文字或符号说明机器或部件的性能、装配和调整的要求、验收条件、试验和使用的有关事项，如图 12-1、图 12-2 所示。

（4）序号、明细栏和标题栏　序号是将装配图中的零件按一定顺序进行排列的编号；明细栏用来说明零件的序号、代号、名称、数量、材料等；标题栏用来说明机器或部件的名称、图号、图样比例等。如图 12-1 所示。

12.2　装配图的表达方法

第 2 篇第 3 章介绍的视图、剖视、断面及简化画法等表达方法仍适用于装配图的表达。此外，根据装配图的特点，还有以下几种表达方法。

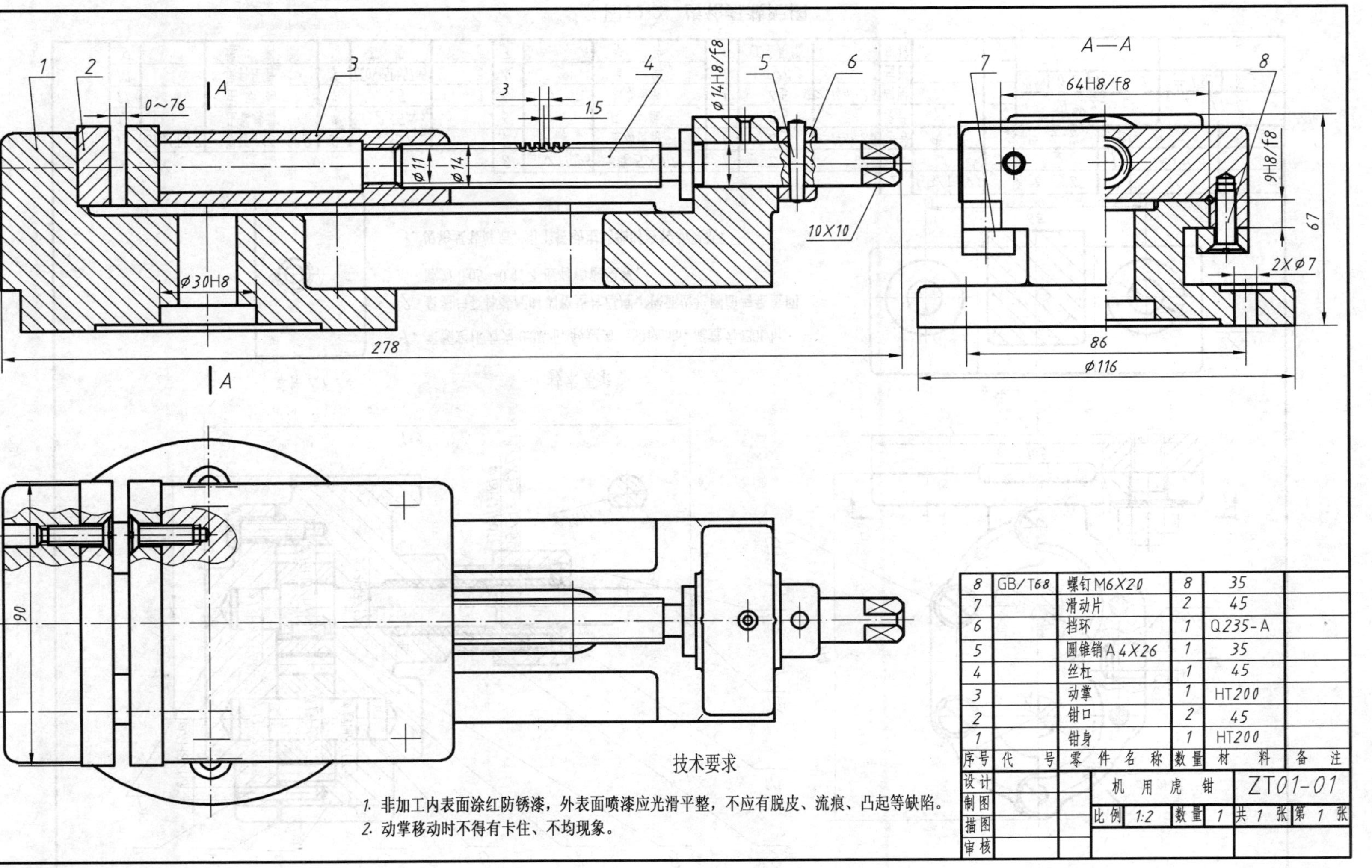

图12-1　机用虎钳装配图

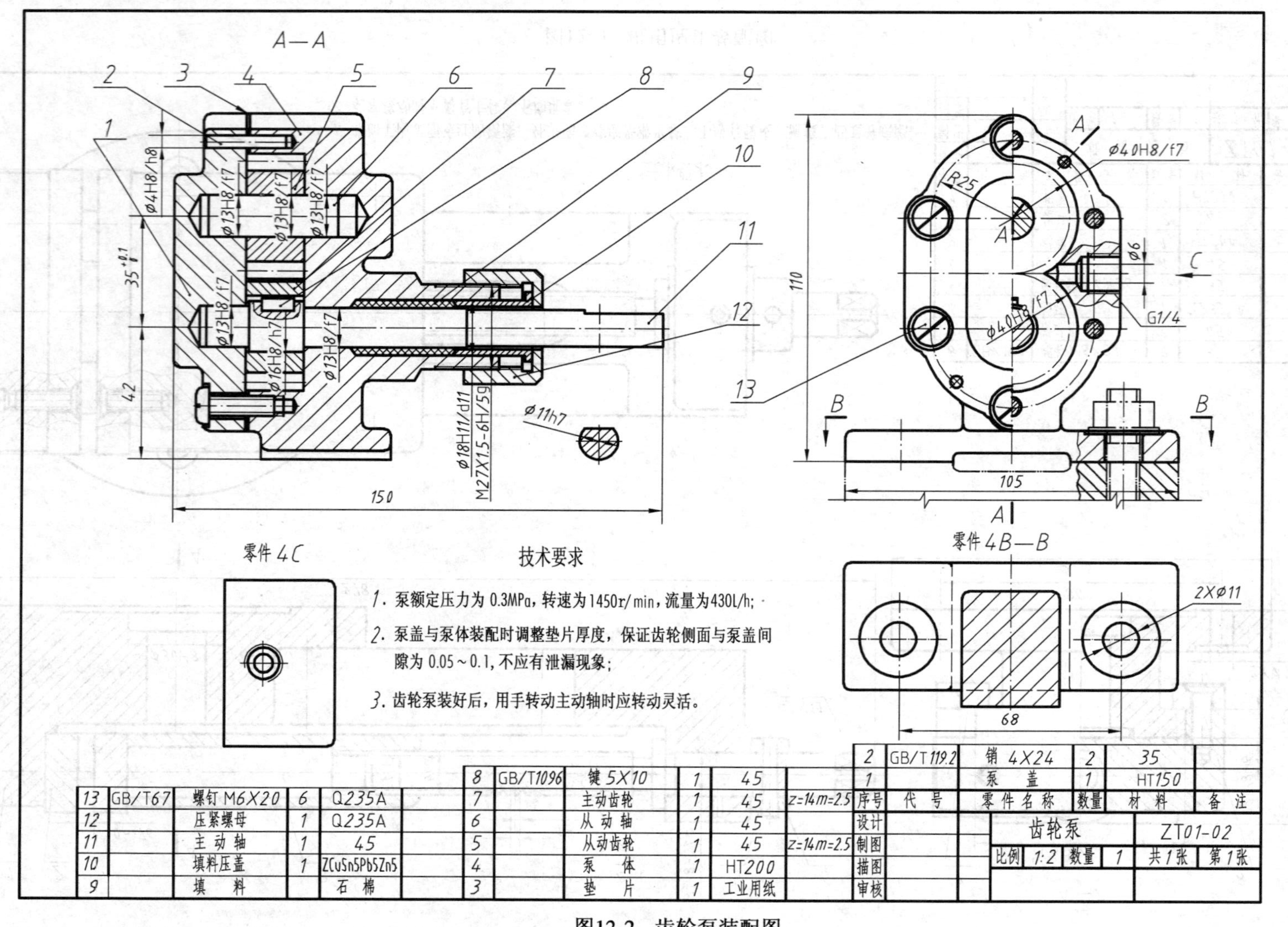

序号	代号	零件名称	数量	材料	备注
13	GB/T67	螺钉 M6X20	6	Q235A	
12		压紧螺母	1	Q235A	
11		主动轴	1	45	
10		填料压盖	1	ZCuSn5Pb5Zn5	
9		填料		石棉	
8	GB/T1096	键 5X10	1	45	
7		主动齿轮	1	45	z=14 m=2.5
6		从动轴	1	45	
5		从动齿轮	1	45	z=14 m=2.5
4		泵体	1	HT200	
3		垫片	1	工业用纸	
2	GB/T119.2	销 4X24	2	35	
1		泵盖	1	HT150	

图12-2 齿轮泵装配图

12.2.1 规定画法

1. 零件接触面和配合面的画法

在装配图中，两个零件的接触面和配合面只画一条线，而不接触面或非配合面应画成两条线。

2. 剖面线的画法

在装配图中，为了区分不同的零件，两个相邻零件的剖面线应画成倾斜方向相反或间隔不同，但同一零件的剖面线在各剖视图和断面图中，其方向和间隔均应一致。当两零件与第三个零件相接触时，则应改变零件的剖面线间距或剖面线相互错开。如图 12-2 中泵体 4 与主动齿轮 7 剖面线方向不同；泵体 4 与从动齿轮 5 剖面线相互错开。

12.2.2 简化画法

1. 紧固件及实心件的画法

在装配图中，对于紧固件、键、销及轴、连杆、球等实心零件，若按纵向剖切且剖切平面通过其轴线或对称平面时，这些零件均按不剖绘制，如图 12-1 中的丝杠和螺钉等。如需要特别表明零件的结构（如凹槽、键槽、销孔等)，则可采用局部剖视。如图 12-2 中，主视图采用了全剖视，主动轴 11 是按不剖画出的，但为了表示主动齿轮 7 与主动轴 11 用键 8 联结的关系，故采用了局部剖视。

2. 拆卸画法

当某个零件或某些零件在装配图某一视图中遮住了其他需要表达的部分时，可假想沿某些零件的结合面剖切或假想将某些零件拆卸后再绘制。需要说明时，可加标注“拆去 × × 等”。如图 12-3 中的俯视图，右半部分是沿轴承盖和轴承座结合面剖切，亦相当于拆去轴承盖、上轴瓦等零件后画出的。

又如图 12-2 中的左视图是沿泵盖和泵体结合面剖切（即拆去泵盖等零件）后画出的。

3. 单个零件的画法

某个零件需要表达的结构形状在装配图中尚未表达清楚时，允许单独画出该零件的某个视图，但必须在所画视图的上方注出该零件的视图名称，在相应视图的附近用箭头指明投影方向，并注上同样的大写字母。如图 12-2 中的“零件 4C”及“零件 4$B—B$”。

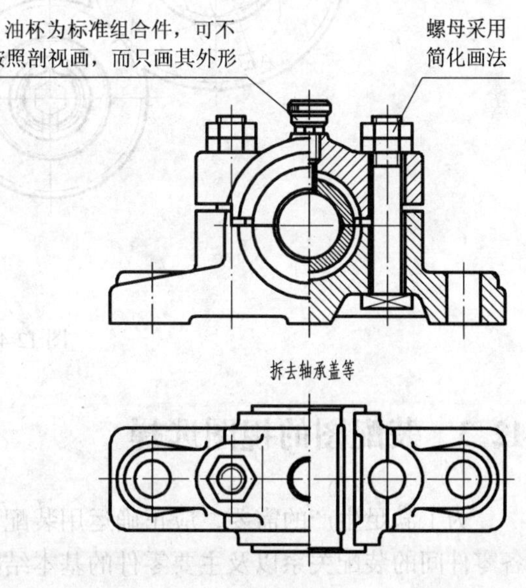

图 12-3 拆卸画法

4. 其他画法

1）对于装配图中若干相同的零件组（如螺纹紧固件等)，可仅详细地画出一组或几组，其余只需用点画线表示其装配位置即可，如图 12-18 中的螺纹紧固件。

2）零件的工艺结构如小圆角、倒角、退刀槽等，允许省略不画，如图 12-2 中的轴等。

3）当剖切平面通过某些部件（标准产品或已由其他图形表示清楚）的对称中心线或轴线时，该部件可按不剖绘制，如图 12-3 中的油杯。

12.2.3　夸大画法

对于小的间隙，薄的垫片和细丝弹簧等，为了清楚地表达它们，在装配图中可不按比例，适当地加大尺寸画出，如图 12-2 中垫片 3 的画法。

12.2.4　假想画法

对于有一定活动范围的运动件的另一个极限位置，不属于部件表达范围内的相邻结构，可用双点画线画出，如图 12-18 中俯视图手柄 11 的画法。

12.2.5　展开画法

为了表达传动机构中轴与轴之间的传动关系，可假想按传动顺序沿各轴线剖切后，依次展开，画出其剖视图，并标注“×—×展开”，如图 12-4 所示。

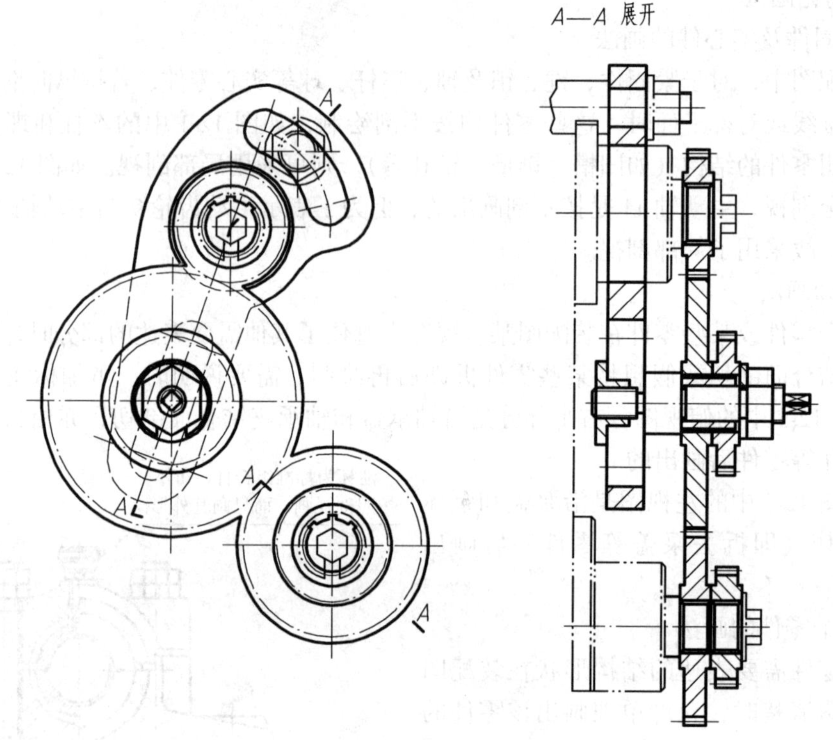

图 12-4　展开画法

12.3　装配图的视图选择

为了满足生产的需要，应正确运用装配图的各种表达方法，将机器和部件的工作原理、各零件间的装配关系以及主要零件的基本结构完整清晰地表达出来。视图表达方案应力求简明，便于读图。装配图的视图选择可按下列步骤进行。

1. 确定主视图

根据装配图的内容和要求，首先要选择主视图。选择主视图时应考虑以下原则。

(1) 工作位置原则

机器或部件工作时所处的位置称为工作位置。为了设计、装配工作比较方便，在选择主视图时，首先应考虑工作位置。图 12-1 所示的机用虎钳的工作位置是平放的；图 12-2 所示的齿轮泵安装在机座上，其安装板底面是向下的。所以，主视图按工作位置画出。某些通用部件（如滑动轴承、阀类等）工作时，可能处于各种不同的位置。因此，可将其常见或习惯的位置确定为工作位置。

（2）部件特征原则

一台机器或部件的结构特征简称为部件特征。它包括工作原理、装配关系以及主要零件的基本结构等。在确定主视图的投射方向时，应考虑能清楚地显示尽可能多的部件特征，特别是装配关系特征。通常，部件中各零件是沿一条或几条轴线装配起来的，这些轴线称为装配干线，它们反映了零件间的装配关系。

图 12-5 为齿轮泵工作原理简图。当齿轮按图中箭头方向旋转时，左侧吸油腔的轮齿逐渐分离，其容积逐渐增大，形成部分真空。此时，油箱中的油在外界大气压力的作用下，经吸油管进入吸油腔。吸入到齿间的油在密封的工作空间中随齿轮旋转带到右侧增压油腔，因右侧的轮齿逐渐啮合，工作空间的容积逐渐减小。从而使齿间的油被挤出，由压油腔输送到压力管路中去。

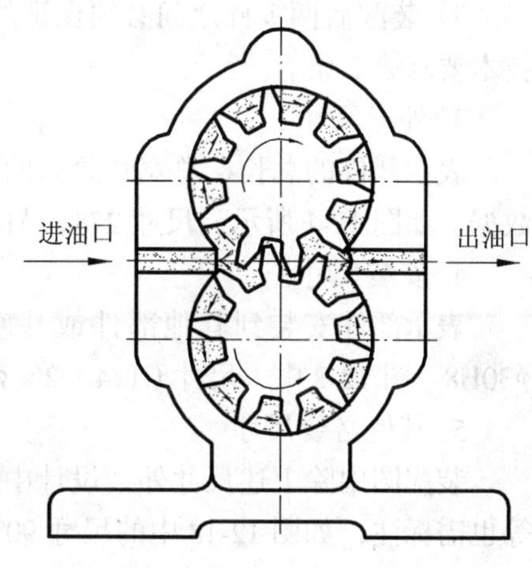

图 12-5　齿轮泵工作原理

图 12-2 的主视图表达了各零件在主要装配干线上的装配关系和主要结构，但其工作原理没有反映出来。而左视图表示了齿轮泵的工作原理。主视图和左视图相比较，主视图较左视图表达的内容多，故应确定为主视图。由此可见，机器或部件的工作原理和装配关系等不一定同时表示在同一个视图中。

2. 确定其他视图

主视图确定后，其他视图的选择应根据装配图的内容和要求，考虑还有哪些部分尚未表达清楚。此外，还要考虑图幅的合理使用。各视图应有其明确的表达目的。图 12-1 中左视图表明钳身 1 与动掌 3 的配合关系。图 12-2 中左视图既表达齿轮泵的工作原理，又表达泵体和泵盖的形状。*C* 局部视图和 *B*—*B* 剖视图则表达了泵体的局部结构和形状。

12.4　装配图的尺寸标注

由于装配图不直接用于制造零件，所以在装配图中只标注与装配、检验、安装、运输和使用等有关的尺寸。

1. 特性尺寸

特性尺寸是表示机器或部件规格、性能的尺寸，它是设计和使用部件的依据。图 12-1 中，尺寸 0 ~ 76 和 90 表示虎钳夹持工件的最大尺寸；图 12-2 中齿轮泵进、出油孔尺寸 $\phi6$ 与齿轮泵的流量有关。

2. 装配尺寸

它能保证部件的工作精度和性能，反映零件之间的装配关系和相互位置。装配尺寸是装配零件的主要依据。

（1）配合尺寸　表示零件间配合性质的尺寸，其一般由基本尺寸和配合代号组成。如图12-1中尺寸ϕ14H8/f8和64H8/f8。图12-2中主动轴11上的尺寸ϕ16H8/h7和ϕ13H8/f7等。

（2）联接尺寸　一般指两零件联接部分的尺寸，如图12-2中泵体与压紧螺母间螺纹联接部分的尺寸M27×1.5—6H/5g。对于标准件，其联接尺寸由明细栏中反映。

（3）相对位置尺寸　用于确定零件之间较为重要的相对位置。

1）主要轴线到安装基准面的距离，如图12-2中的尺寸42。

2）主要平行轴之间的距离。如图12-2所示，两齿轮的中心距$35^{+0.1}_{0}$。

3）装配后两零件之间必须保证的间隙，其一般注写在视图或技术要求中。如图12-2中技术要求第2条。

3. 外形尺寸

表示部件的总长、总宽和总高的尺寸。它是包装、运输、安装以及厂房设计时所需要的数据。如图12-1所示，尺寸278、ϕ116和67；图12-2中，尺寸150、105和110等。

4. 安装尺寸

表示部件安装到其他部件或基座上所需的尺寸。如图12-1所示，尺寸86、2×ϕ7和ϕ30H8。图12-2中，尺寸G1/4、2×ϕ11以及68等。

5. 其他必要尺寸

装配图中除上述尺寸外，设计中通过计算确定的重要尺寸及运动件活动范围的极限尺寸等也需标注，如图12-18中的尺寸90°表示手柄11的活动范围。

对于不同的装配图，上述各种尺寸不一定都具备，有的也不只限于这五种尺寸。因此，在标注尺寸时，应根据实际情况具体分析，合理地标注有关尺寸。

12.5　装配图中零件的序号和明细栏

零件的序号和与之相应的明细栏是装配图的一个组成部分。根据序号和明细栏能够很容易地找到各零件在装配图中的位置，并能了解各零件的名称、数量、材料等内容。

12.5.1　序号

1. 一般规定

1）装配图中，所有的零件、部件都必须编写序号。

2）装配图中，一种零件或部件一般编写一个序号；同一装配图中，形状、大小、材料及制造要求均相同的零件应编写相同的序号，且一般只标注一次。

3）装配图中，零件、部件的序号应与明细栏中的序号一致。

2. 序号的编注方法

1）装配图中编注零件、部件序号的通用表示方法，如图12-6所示。

序号注写在指引线的水平线（细实线）上或圆（细实线）内，序号的字高比该装配图中所注尺寸数字高度大一号或两号。

2）同一装配图中，编注序号的形式应一致。

3）指引线应自所指部分的可见轮廓内引出，并在末端画一圆点（其大小与粗实线相同）。若所指部分很薄或为涂黑的剖面不便画圆点时，可在指引线的末端画出箭头，并指向该部分的轮廓线。如图12-2中零件3的画法。

指引线相互不能相交，当通过有剖面的区域时，指引线不应与剖面线平行。指引线可以画成折线，但只可曲折一次。

一组紧固件以及装配关系清楚的零件组，可以采用公共指引线，如图 12-7 所示。

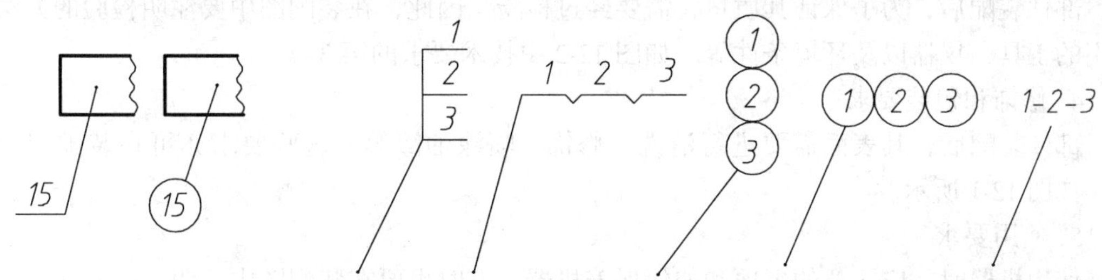

图 12-6 序号编注的形式　　图 12-7 公共指引线

4）序号应按水平或垂直方向排列整齐，并按顺时针或逆时针方向顺次排列。在整个图上无法连续时，可只在每个水平或垂直方向顺次排列。

12.5.2 明细栏

明细栏是说明装配图中零件的序号、代号、名称、数量和材料等内容组成的栏目。明细栏一般位于标题栏的上方并与其相连。填写时应配合序号，每一序号占明细栏一格并按自下而上的顺序进行。当自下而上延伸位置不够时，可紧靠在标题栏的左边自下而上延续，如图 12-8 所示。

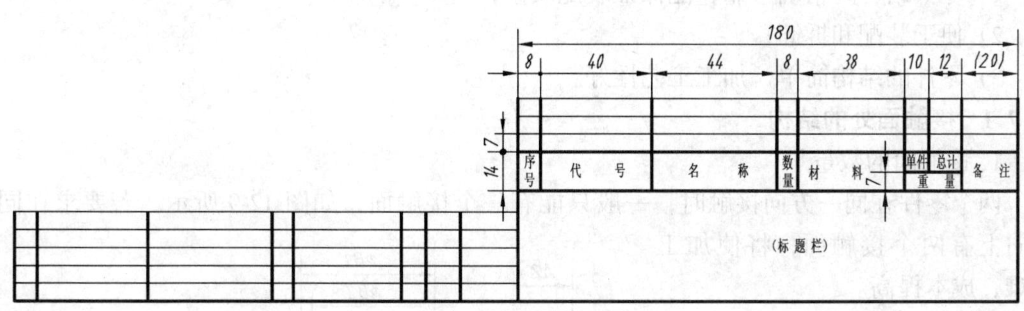

图 12-8 明细栏

12.6 装配图的技术要求

装配图中，一般应注写以下几方面的技术要求。

1. 装配要求

某些零件的加工需要在部件装配时进行。如图 12-2 所示齿轮泵，泵盖与泵体的定位销孔是装配调整之后加工，然后再装定位销 2。有些零件之间需要铆接或焊接，也常常在装配时进行。

部件装配时，某些零件需要进行清洗、加热、加压等处理，也应在技术要求中注明。

装配后，必须保证的准确度、接触面等也应加以说明。如图 12-2 中技术要求的第 2 项。

2. 性能要求

在设计时，对部件的性能、工作范围等要求是有具体指标的。在装配时，为了保证部件的性能要求，装配图中应注明这些指标。如图 12-2 中技术要求的第 1 项。

3. 检验要求

部件装配后，为了保证其质量，需要经过检验。因此，在装配图中要注明检验的方法和使用的工具、仪器以及环境条件等。如图 12-2 中技术要求的第 3 项。

4. 修饰和包装要求

部件装配后，其表面需要进行清洗、修饰、喷涂油漆等。这些要求亦可在装配图中注明，如图 12-1 所示。

5. 使用要求

使用机器时，应注意的事项和如何保养机器，有时也要在装配图中注明。

由于机器或部件是多种多样的，因此装配图中的技术要求也是多方面的。除上述要求外，有时还需注明试运转要求、安装要求、运输要求等。某些性能要求与检验要求合并注写。有时将一些复杂的详细说明，如使用要求、安装要求等写在产品说明书中。总之，在注写技术要求时，需要参考有关的图纸和资料。

12.7 常见的合理装配结构

画装配图时，必须了解零件、部件和机器的合理装配结构，对装配结构的基本要求是：

1）零件结合处精确可靠，能保证装配质量；

2）便于装配和拆卸；

3）零件的结构简单，加工工艺性好。

12.7.1 接触面处的结构

1. 接触面的数量

两个零件在同一方向接触时，一般只能有一个接触面，如图 12-9 所示。若要求在同一方向上有两个接触面，将使加工困难，成本提高。

2. 接触面拐角处的结构

两个零件同时在两个方向接触时，两接触面的拐角处应加工出倒角或沟槽，以保证其接触的可靠性，如图 12-10 所示。

3. 锥面接触

由于锥面配合同时确定了轴向和径向位置，因此，在装配时台肩、端面必须留有间隙，如图 12-11 所示。

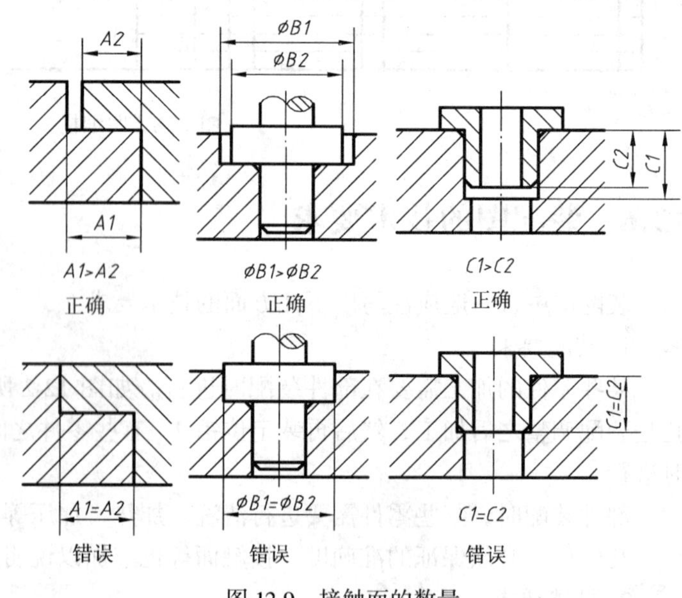

图 12-9 接触面的数量

12.7.2 常用的可拆联接结构

1. 退刀槽和倒角

如果要求将外螺纹全部旋入

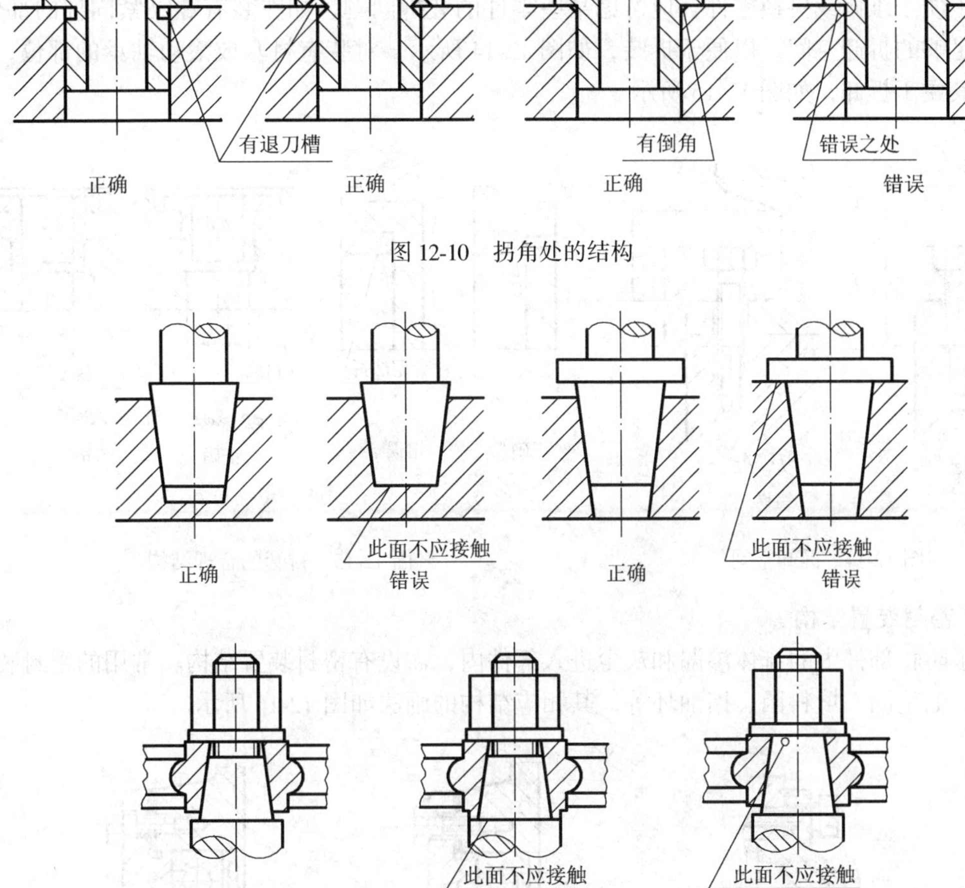

图 12-10　拐角处的结构

图 12-11　锥面接触

内螺纹中或保证端面接触可靠，可在外螺纹的螺尾部加工出退刀槽或在内螺纹起端处加工出倒角，如图 12-12 所示。

2. 轴端联接处的结构

轴端为联接螺纹时，为保证螺母可靠地压紧轴端部零件，应留一段螺纹不旋入螺孔中，如图 12-13 所示。

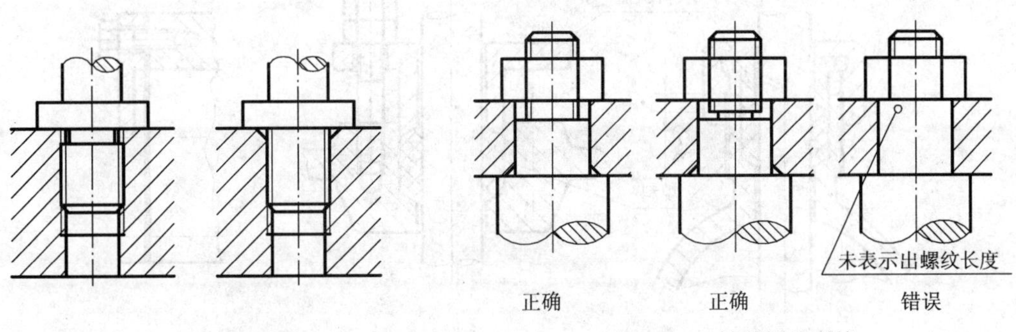

图 12-12　退刀槽和倒角

图 12-13　轴端螺纹联接

3. 装拆方便

为了便于维修或更换零件，应考虑某些零件的装拆问题，如在装有螺纹紧固件的部位，应留有足够的拆卸空间，以便于拆装，如图 12-14 所示。对装有衬套或滚动轴承的部位，应考虑使其便于拆卸，如图 12-15 所示。

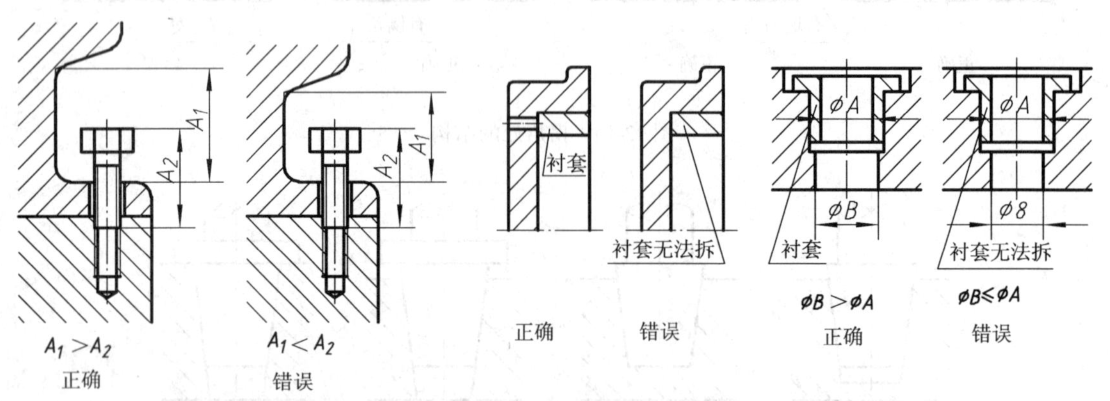

图 12-14　拆卸空间　　　图 12-15　衬套的合理结构

12.7.3　密封装置结构

为了防止部件内的流体渗漏和灰尘进入部件内，需设有密封装置结构。常用的密封装置有垫片、毛毡圈、填料函、挡油环等，其相应结构的画法如图 12-16 所示。

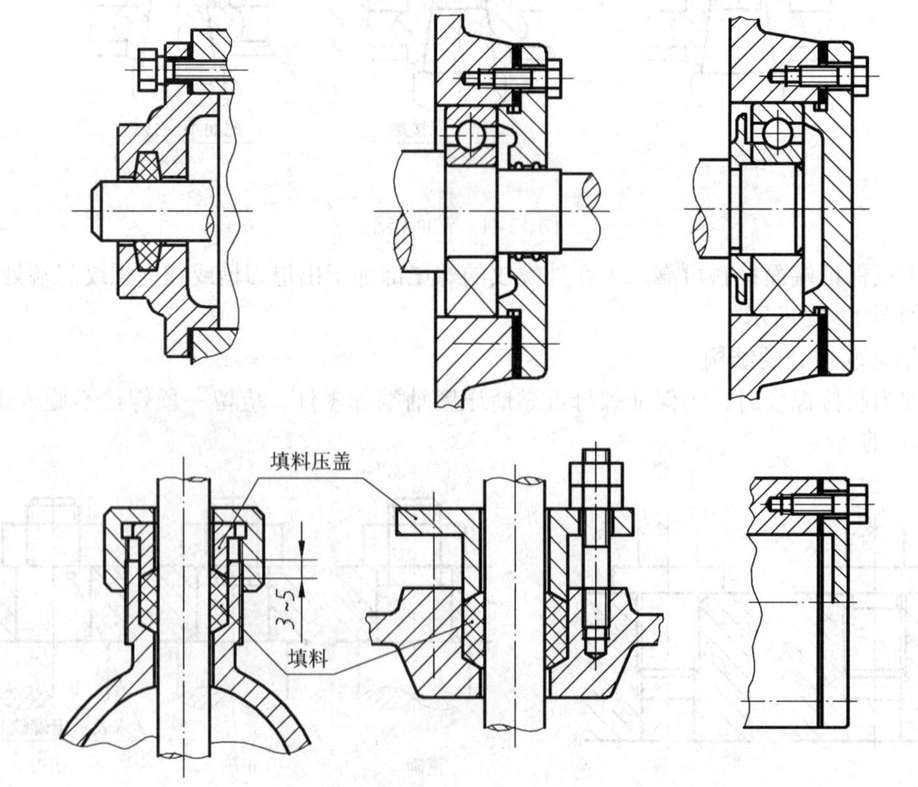

图 12-16　密封装置

12.8 装配图的画图步骤

画装配图时，根据装配图的内容，结合所画的部件或机器，按以下步骤进行画图。

1. 分析

（1）了解所绘部件　对所绘的部件首先弄清其用途、工作原理、零件间的装配关系、主要零件的基本结构和部件的安装等情况。

（2）确定视图表达方案　根据对所画部件的了解，按照装配图的视图选择步骤，选择一组图形，合理运用各种表达方法，将上述内容完整而清晰地表达出来。如图 12-2 所示的齿轮泵装配图。

2. 画图

（1）布局　根据视图表达方案所确定的视图数目、部件的尺寸大小及复杂程度，选择适当的画图比例和图纸幅面。布局时，既要考虑各视图所占的面积，还要留出标注尺寸、编排零件序号、明细栏、标题栏及填写技术要求的位置。首先画出图框、标题栏和明细栏的底稿线。然后，画出各基本视图的作图基准线（如对称线、主要轴线及主体件的基准面等），如图 12-17 所示。

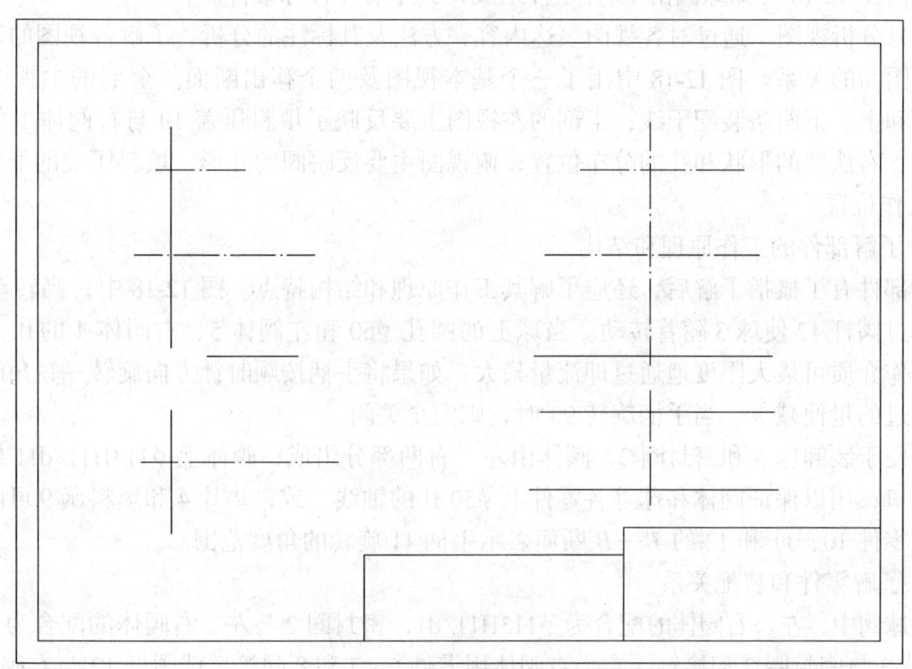

图 12-17　图形布局

（2）画装配图底稿　画图时，基本上按零件逐个完成。一般先画主要零件，然后根据各零件的装配关系从相邻零件开始，依次画出其他零件。要注意零件的装配关系，分清接触面和非接触面。各视图要一一对应着画，以保证投影关系的对应。

（3）完成全图及校核　画完各视图底稿后，根据装配图的要求，画剖面线、标注尺寸、编注零件序号。然后，进行校核。经修改后，将各类图线按规定描粗、加深。最后填写技术要求、明细栏、标题栏等。全图完成后应再全面、仔细地检查一遍。

12.9 读装配图和由装配图画零件图

在设计、制造、使用、维修和技术交流等过程中，将会遇到读装配图的问题。通过读装配图应了解以下基本内容：所表达的机器或部件的用途、性能、工作原理、结构特点以及组成该部件的全部零件的名称、数量、作用、基本结构及各零件的相对位置、装配关系等。现以图 12-18 所示球阀为例，说明读装配图的方法和步骤。

12.9.1 读装配图的方法和步骤

1. 概括了解

(1) 了解部件的用途、性能和规格　从标题栏中可知该部件名称；从图中所注尺寸、结合生产实际知识和产品说明书等有关资料，可了解该部件的用途、适用条件和规格。图 12-18 所示的球阀安装在管路上，用来控制流动介质的流量和启闭，尺寸 $\phi50$ 为其特性尺寸，决定了阀的最大流量。

(2) 了解部件的组成　由序号和明细栏，可了解组成该部件的零件名称、数量、规格及位置。由图 12-18 可知球阀由 13 种零件组成，其中有 4 种标准件。

(3) 分析视图　通过对各视图表达内容、方法及其标注的分析，了解各视图的表达重点及各视图间的关系。图 12-18 中用了三个基本视图及两个移出断面。全剖的主视图反映了左、右和上、下两条装配干线；半剖的左视图主要反映了填料压盖 10 与右阀体 1 的装配情况及左、右法兰的形状和孔的分布位置；俯视图主要反映阀的外形、填料压盖的形状及手柄 11 的工作位置。

2. 了解部件的工作原理和结构

对部件有了概括了解后，还应了解其工作原理和结构特点。图 12-18 中，当转动手柄 11 时，通过阀杆 12 使球 3 随着转动。当球上的圆孔 $\phi50$ 和左阀体 5、右阀体 1 的孔 $\phi50$ 对正时，工作介质可最大限度地通过即流量最大；如果将手柄按顺时针方向旋转一锐角时，工作介质通过的量便减少，当手柄旋转 90°时，则完全关闭。

为便于装卸球 3 和密封圈 2，阀体由左、右两部分组成；阀体上 $\phi113H11/d11$ 处的结构称为子口，用以保证阀体和球等各零件上 $\phi50$ 孔的轴线一致；垫片 4 和填料函 9 可防止流体外溢。零件 10、11 和 12 的 *B—B* 断面表示手柄 11 旋转的角度范围。

3. 了解零件和装配关系

在球阀中，左、右阀体的配合为 $\phi113H11/d1$，密封圈 2 与左、右阀体的配合为 $\phi72H11/d11$，球 3 与密封圈 2 相接触，左、右阀体用零件 6、7 和 8 联接，球阀杆 12 与右阀体 1、填料压盖 10 的配合为 $\phi23H11/d11$、$\phi20H11/d11$，填料压盖 10 与右阀体的配合为 $\phi32H11/d11$。

4. 分析零件的作用及结构形状

由于装配图所表达的是前述的几方面内容，因此，装配图往往不能把每个零件的结构完全表达清楚，有时因表达装配关系而重复表达了同一零件的同一结构，所以在读图时要分析零件的作用，并据此利用形体分析和构形分析（即对零件各部分形状的构成进行分析）等方法确定零件的结构和形状。

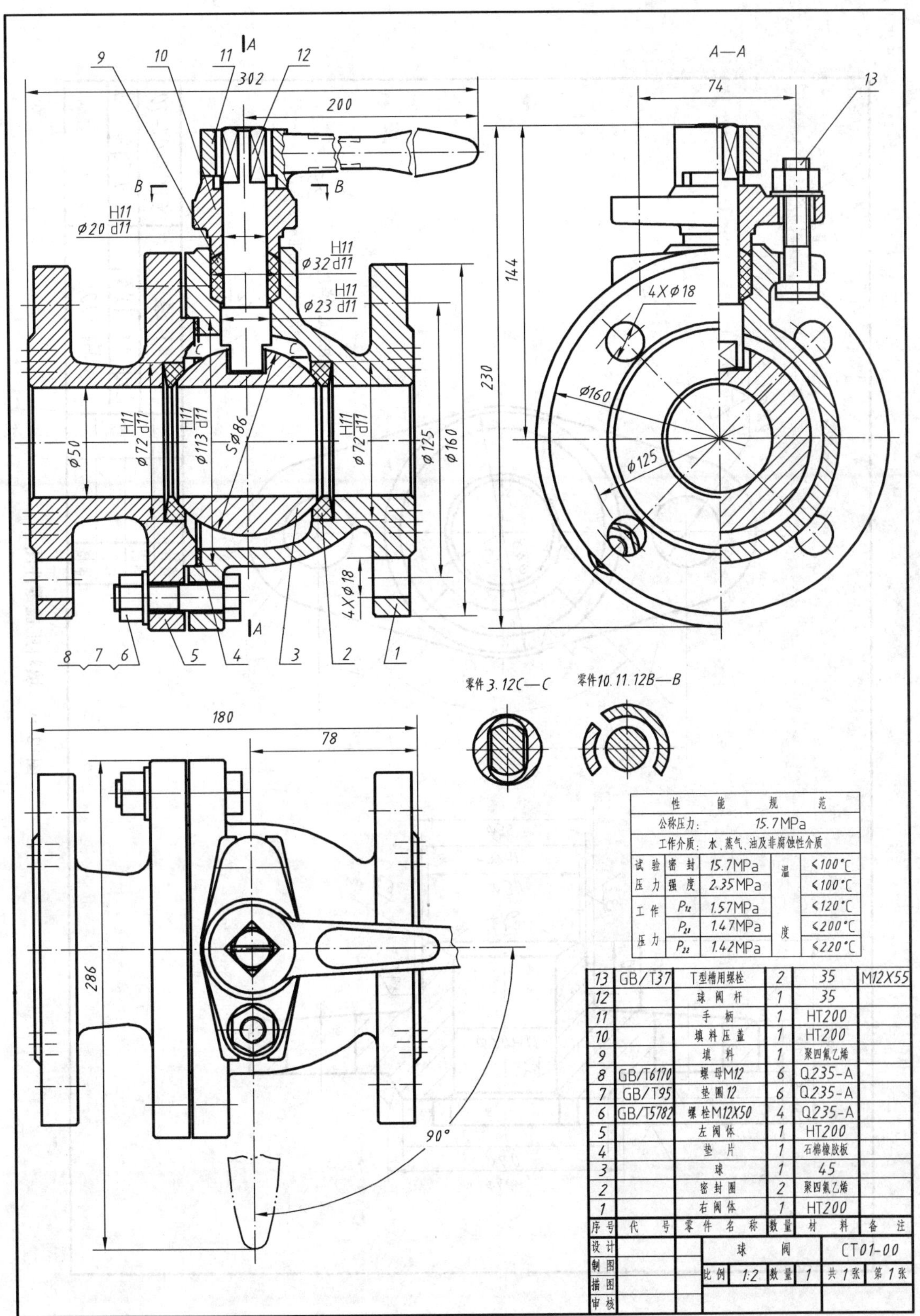

性能规范				
公称压力: 15.7MPa				
工作介质：水、蒸气、油及非腐蚀性介质				
试验压力	密封	15.7MPa	温度	≤100°C
	强度	2.35MPa		≤100°C
工作压力	P_{12}	1.57MPa		≤120°C
	P_{21}	1.47MPa		≤200°C
	P_{22}	1.42MPa		≤220°C

序号	代号	零件名称	数量	材料	备注
13	GB/T37	T型槽用螺栓	2	35	M12X55
12		球阀杆	1	35	
11		手柄	1	HT200	
10		填料压盖	1	HT200	
9		填料	1	聚四氟乙烯	
8	GB/T6170	螺母M12	6	Q235-A	
7	GB/T95	垫圈12	6	Q235-A	
6	GB/T5782	螺栓M12X50	4	Q235-A	
5		左阀体	1	HT200	
4		垫片	1	石棉橡胶板	
3		球	1	45	
2		密封圈	2	聚四氟乙烯	
1		右阀体	1	HT200	

设计		球阀				CT01-00	
制图		比例	1:2	数量	1	共1张	第1张
描图							
审核							

图12-18 球阀装配图

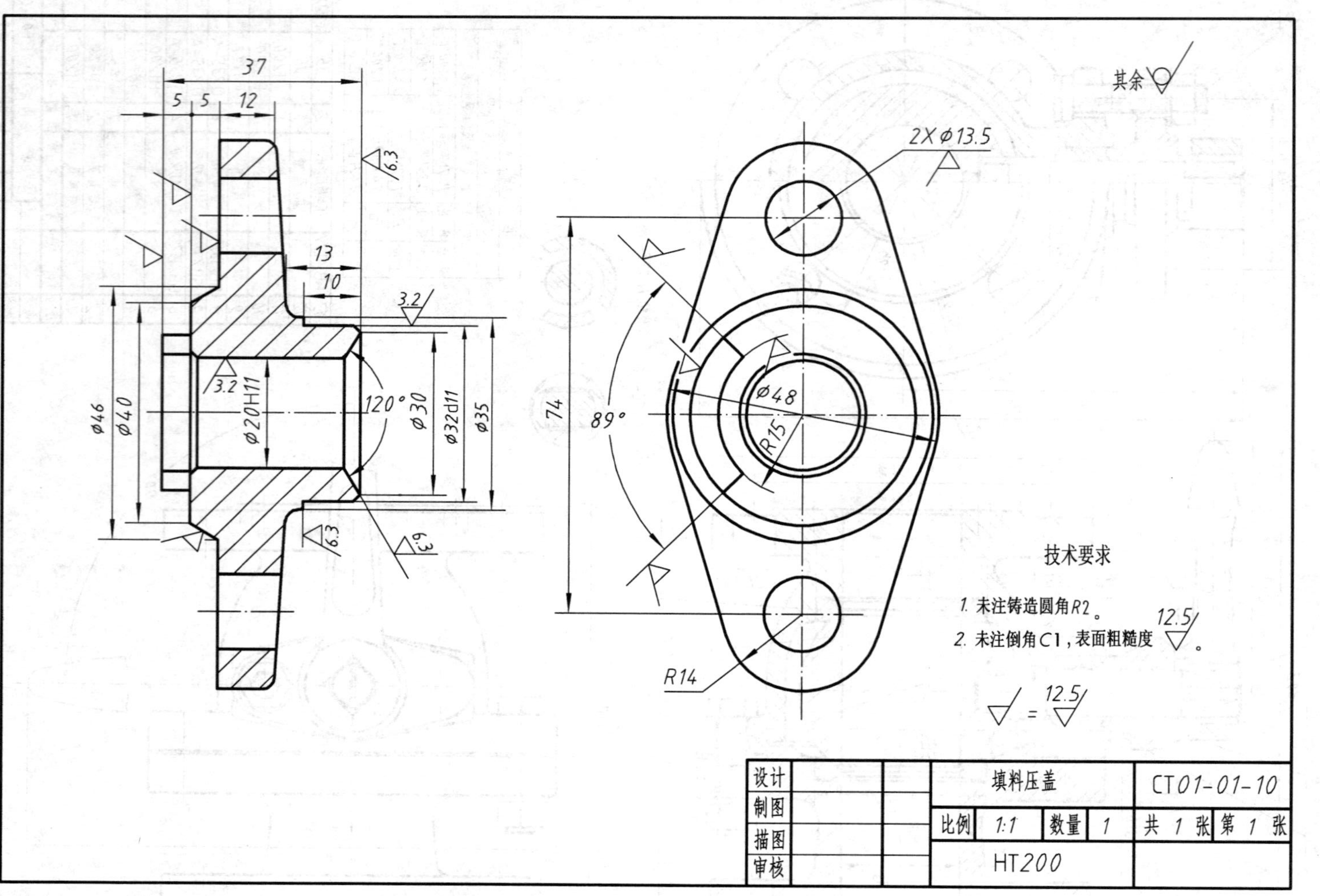

图12-19 填料压盖零件图

12.9.2 由装配图画零件图

在设计过程中，需要由装配图拆画零件图，简称拆图。拆图应在读懂装配图的基础上进行。关于零件图的内容和要求详见第 2 章。拆图时应注意下述各点。

1. 确定零件的形状和视图

由于装配图和零件图的作用不同，装配图往往不能将每个零件的结构形状完全表达清楚，有时因表达装配关系而重复表达了同一零件的同一结构。所以，在画零件图时，应根据零件的作用、工艺要求和装配关系，按装配图中所表达的零件形状（完全或不完全），再参考有关资料，将零件的形状确定下来，然后再确定其视图表达方案。至于需要哪些视图，要根据零件的具体形状来确定，不要机械地照抄装配图的视图表达方案。

前面已对球阀进行了初步分析，现可根据投影规律，结合结构分析和形体分析方法，分别确定各零件的形状，再根据零件图的视图选择原则确定该零件的表达方案。图 12-18 中，填料压盖 10 在装配图的三个基本视图和 *B*—*B* 断面中都有它的投影，但实际上此零件有两个视图就可以将其形状表达清楚，在主视图中，轴线水平放置，采用了与装配图不同的摆放位置，如图 12-19 所示。

对装配图因采用简化画法而未表明的零件工艺结构，如倒角、倒圆、退刀槽等，当画零件图时应将其表达清楚。如图 12-19 所示填料压盖上的倒角。

2. 确定零件的尺寸

装配图中注出的尺寸都是重要尺寸，在画零件图时，不得随意修改，应按原尺寸数值标注在零件图中。装配图中未注出的尺寸应根据该零件的作用和加工工艺要求，再在结构分析和形体分析的基础上，选择合理的基准将尺寸注出，其尺寸数值，可按装配图的比例在图中直接度量（一般应取整数）。

对于某些标准结构，如键槽宽度和深度、销孔、螺纹零件的结构要素等，应查阅有关标准确定尺寸。

3. 确定表面粗糙度和其他技术要求

根据零件各表面的作用、要求和加工方法来确定其表面粗糙度符号、参数及数值大小。具体确定时，可参考有关资料，如设计手册、同类产品图纸资料等。

其他技术要求的制订也关系到产品的质量和使用问题，需要有关方面的专业知识。制订时，必须参考同类产品的图纸资料和运用生产实践知识来拟订。

4. 校核

对零件图的各项内容进行全面校核，按零件图的要求完成全图。

第 13 章　三维实体造型及其表达
——Pro/ENGINEER 2001 简介

13.1　概述

制图是设计思想的一种表达手段，要真正掌握好制图，就必须引入设计的概念。按照人的认识规律，构思设计是从三维到二维的过程，随着计算机应用的发展，三维 CAD 技术的成熟和完善，把计算机辅助设计系统中的立体表达与造型方法引入制图，与之有机的结合，是必然的需要。Pro/ENGINEER 是美国 PTC 公司推出的 CAD/CAM 软件。该软件功能强大，应用广泛，它所采用的单一数据库、基于特征的造型及参数化设计等全新的设计理念改变了机械 CAD/CAM 的传统观念。它自 20 世纪 1988 年问世以来，已逐渐成为当今世界最普及的 CAD/CAM 3D 系统的标准软件，是目前专业设计人员使用最为广泛的 CAD 工具之一。为此，在本书中选择了 Pro/ ENGINEER 软件，将其中的零件设计、装配及其工程图制作等部分编入制图教材，作为 CAD 基础的学习内容。

13.1.1　Pro/ ENGINEER 用户界面

Pro/ENGINEER 根据不同功能的需要，具有多个工作模式（亦即工作类型），各个工作模式的用户界面基本上是一致的。系统启动后，将显示其最初的仅包含单一窗口的用户界面，用户必须建立或打开一个文件后，菜单与其他应用窗口才会显示。图 13-1 为 Pro/ENGINEER 2001 零件设计工作模式缺省状态 的用户界面。

1. 设计工作区（Working Area）

界面中央面积最大的区域为设计工作区，所有模型都显示在此区域。

2. 菜单栏（Menu Bar）

与其他视窗软件一样，Pro/ENGINEER 也提供了菜单栏，位于用户界面主视窗的最上方，系统将操作命令按性质分类放置于各个菜单中，其中包括：

1）File（文件）：文件处理。如建新文件、保存文件、删除文件、打印文件、不同文件格式的转换等；

2）Edit（编辑）：特征编辑。如特征排列、修改、设计变更、删除等；

3）View（视图）：模型显示设置及视图的控制；

4）Insert（插入）：设计时经常使用的命令；

5）Analysis（分析）：测量、模型物理性质、曲线和曲面的性质分析；

6）Info（信息）：实体模型的各种相关信息；

7）Applications（应用程序）：钣金、有限元分析等不同模块的应用；

8）Utilities（功能）：工作环境、颜色设置及其他功能；

9）Window（窗口）：窗口的相关操作；

10）Help（帮助）：在线帮助。

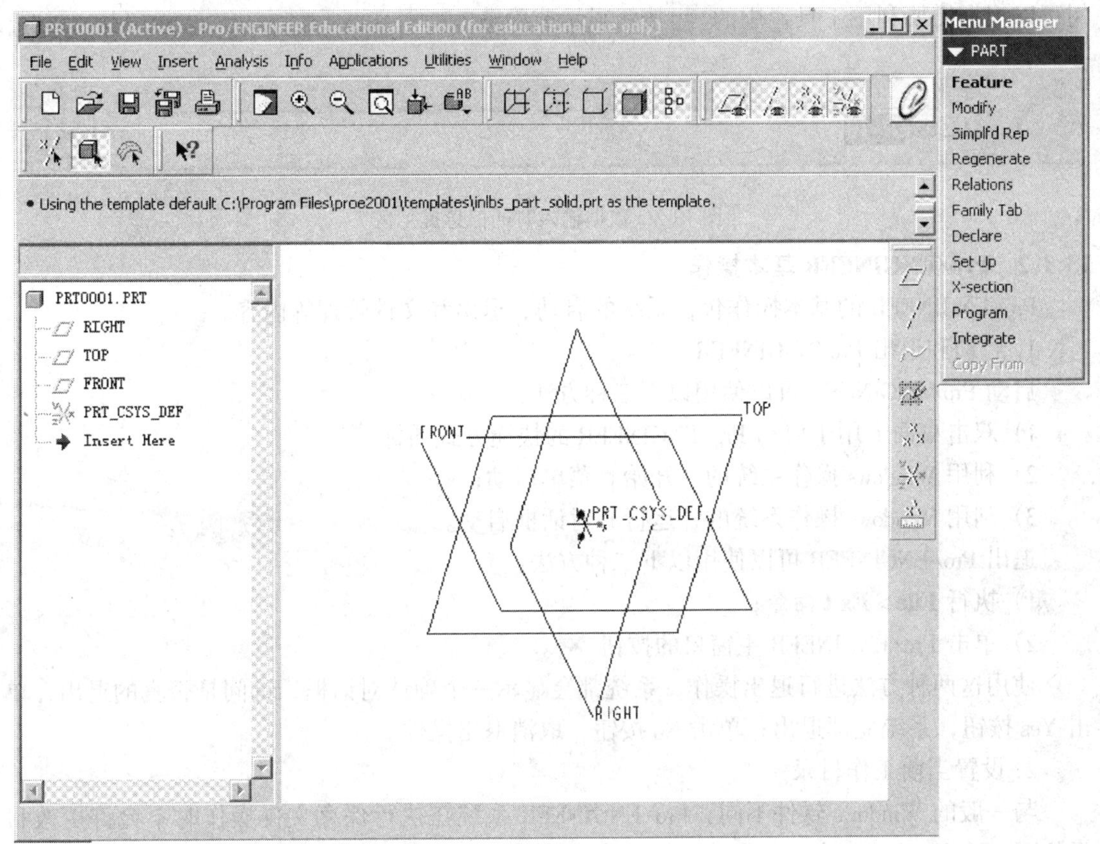

图 13-1　Pro/ENGINEER 2001 用户界面

本书中，在菜单栏中选取菜单命令用符号“ > ”表示其顺序，例如，选取打开文件命令为“File > Open”。

3. 工具栏（Main Toolbar）

工具栏位于菜单栏下方，它是菜单栏中命令的快速操作，即把使用频率较高的命令，如文件的管理、视图的操作等，以图标按钮的形式，放于工具栏中，以便快捷操作

4. 菜单管理器（Menu Manager）

菜单管理器位于用户界面主视窗的右上角，是菜单命令显示区域。它包含了所有的模型设计命令，以多级菜单的形式，随着执行命令的不同出现不同的菜单内容。本书中，在菜单管理器中以符号“→”表示选取不同菜单中的命令顺序，以符号“｜”表示选取同一菜单中命令的顺序。例如：

Feature→Create→Solid…Extrude｜Solid｜Done。

这里 Feature、Create 和 Solid 位于不同的菜单，而 Extrude、Solid、Done 位于同一菜单。

5. 信息提示区（Message Area）

信息提示区（或称信息窗口）位于工具栏下方。它是各种提示信息的显示区和数据输入区域。图 13-2 所示为数据输入时的信息提示区。

6. 模型树（Model Tree）

此区域位于设计工作区的左侧，它以树状结构显示所记录模型构造的每一个过程。模型

树可以根据需要利用工具栏中的 按钮显示或隐藏。

图 13-2　数据输入时的信息提示区

13.1.2　Pro/ENGINEER 基本操作

Pro/ENGINEER 的基本操作包含系统的启动、退出和文件管理等内容。

1. 启动和退出 Pro/ENGINEER

启动 Pro/ENGINEER 可以使用以下三种方法：

1）双击桌面上用于启动 Pro/ENGINEER 的快捷方式图标；

2）利用 Windows 操作系统的［开始］菜单启动；

3）利用 Windows 操作系统的［运行］对话框启动。

退出 Pro/ENGINEER 可以使用以下二种方法：

1）执行 **File > Exit** 命令；

2）单击 Pro/ENGINEER 主窗口的按钮 ×。

使用这两种方法进行退出操作，系统都会显示一个确认对话框，询问是否真的退出，单击 Yes 按钮，系统立即退出；单击 No 按钮，取消退出操作。

2. 设置当前工作目录

与一般的 Windows 软件不同，Pro/ENGINEER 系统在执行保存文件操作时不允许更改目录位置。因此，在进行实际工作前，最好先设置当前工作目录，以便使操作的文件能保存到指定的位置。要设置当前工作目录，执行 **File > Working Directory** 命令，然后在打开的 Select Working Directory 对话框选定目录，单击 OK 按钮，即可完成当前工作目录的设置。

3. 文件的管理操作

文件的管理是 Pro/ENGINEER 的一项最基本的操作，它是使用该软件进行设计工作的前提和保证，这里将简要介绍如何新建、打开、保存、关闭和删除文件。

（1）建新文件（New）

开始一项新工作时，首先要选择与新工作相对应的工作类型，然后再建立一个新文件名。为此，使用 **File > New** 命令或单击工具栏中的 打开，如图 13-3 所示的 New（新建）对话框。

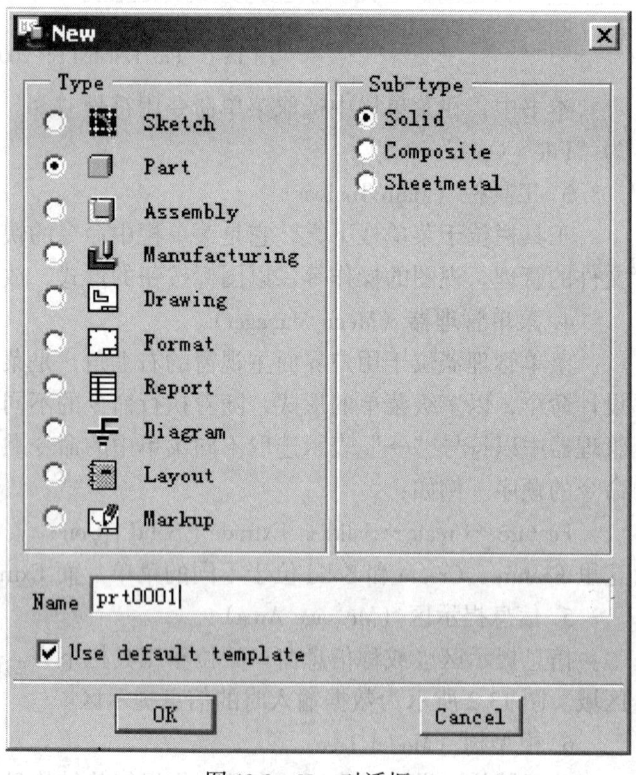

图 13-3　New 对话框

在对话框中，根据工作性质，选择相应的工作类型，再输入文件名，然后单击 OK 按钮即可新建一个文件，并进入相应类型的工作环境。其中文件名的后缀部分由系统根据工作类型自动添加。例如常用的文件类型有：Sketch（二维草图）扩展名为“**.sec**”，Part（三维零件）扩展名为“.prt”，Assembly（三维装配件）扩展名为“.asm”，Drawing（二维工程图）扩展名为“.drw”。在 New 对话框下方有一个利用勾选操作的选项“Use default template”，该选项用于是否使用缺省模板的选择。

（2）保存文件（Save）

保存文件时使用 **File > Save** 命令或单击工具栏中的 ，系统在信息窗口出现一个文件名输入框，显示缺省文件名，单击确认按钮 ✓ 保存文件。系统在每次执行 Save 命令保存文件时都会复制一个文件而累加一个文件，例如文件名原为 name.prt1，下一次保存为 name.prt2……，从而形成新旧版本（New 、Old Version）文件。

（3）保存副本（Save a Copy）

保存副本就是将文件进行备份。通常用一个新名保存文件或是将文件保存在不同的目录中。使用 **File > Save a Copy** 命令或单击工具栏中的 ，打开如图 13-4 所示的 Save as Copy 对话框。在对话框下方，有两个文件名输入框，分别用于显示原文件名及输入新文件名。要改变保存目录，可在 Look In 的下拉列表中选择其他目录，确定新文件名和保存目录后，单击 OK 按钮即可完成文件备份。

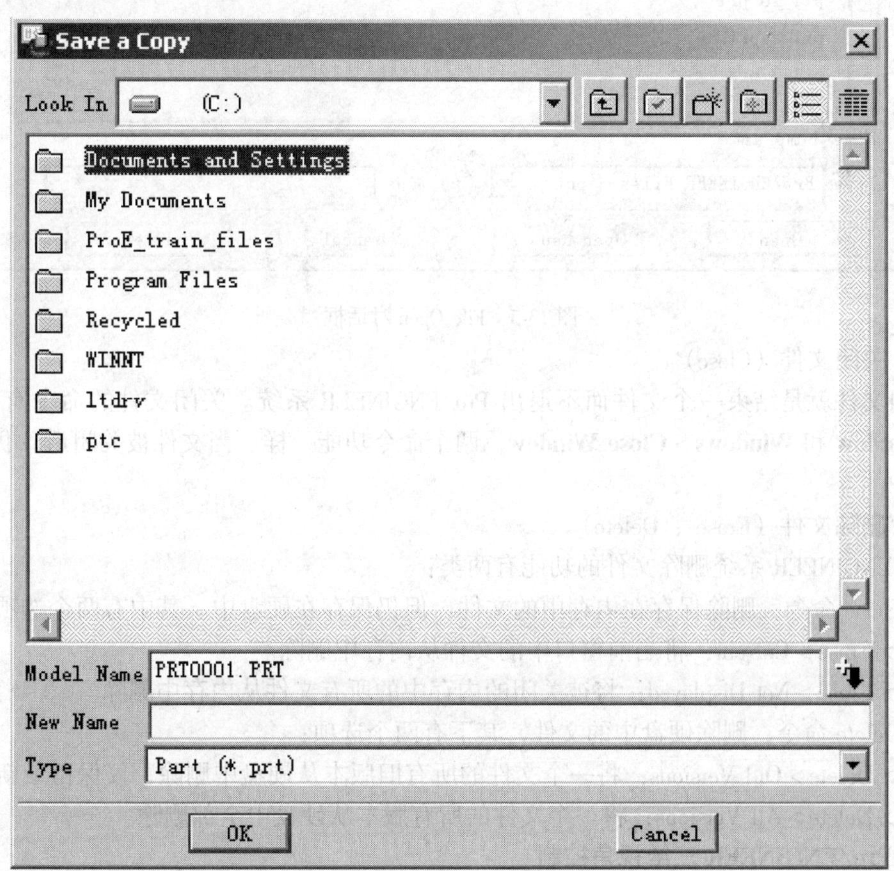

图 13-4　Save as Copy 对话框

（4）打开文件（Open）

打开一个已存的文件，使用 File > Open 命令或单击工具栏中的 。在弹出的如图 13-5 所示的 File Open 对话框中，指定目录和文件类型，选择文件名，单击 Open 按钮，即可打开选定的文件。其中若使用对话框中的 按钮可调用以前各版本的文件。File Open 对话框下方的“Preview > > >”按钮用于执行预览模型。

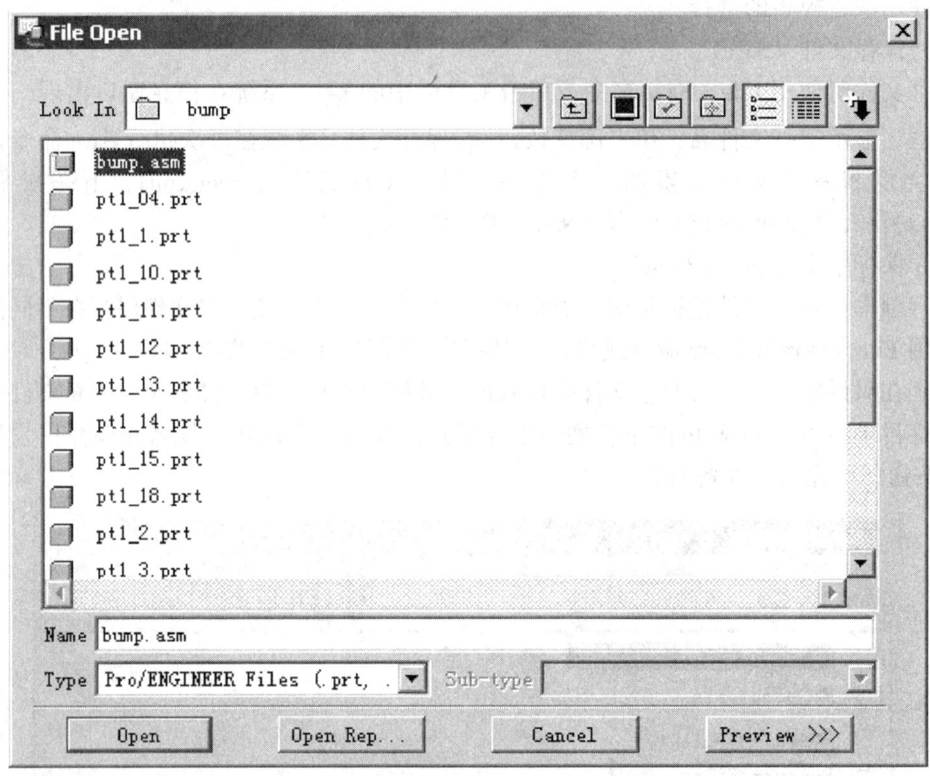

图 13-5　File Open 对话框

（5）关闭文件（Close）

关闭文件就是结束一个文件而不退出 Pro/ENGINEER 系统。关闭文件的命令有：**File > Close Window** 和 **Windows > Close Window**，两个命令功能一样。当文件被关闭后，仍被保存在内存中。

（6）删除文件（Erase 、Delete）

Pro/ENGINEER 系统删除文件的功能有两类：

1）Erase 命令：删除保存在内存中的文件，但仍保存在硬盘中。其中有两个选项：

File > Erase > Current：将当前窗口中的文件从内存中删除。

File > Erase > Not Displayed：将被关闭的内存中的所有文件从内存中删除。

2）Delete 命令：删除硬盘中的文件，其下有两个选项：

File > Delete > Old Versions：将一个文件的所有旧版本从硬盘中删除，仅保留最新版本。

File > Delete > All Versions：将一个文件的所有版本从硬盘中全部删除。

13.1.3　Pro/ENGINEER 三维视角控制

在三维实体模型的设计中，为了能方便地在计算机屏幕上以不同的视角和方式来观察实体，Pro/ENGINEER 提供了多种控制观察方式的功能，其中包括模型的显示方式、平移、旋转、缩放和视角等，使得模型如同实物般的真实存在，以帮助用户操作和了解设计内容。

1. 模型的显示方式

Pro/ENGINEER 系统提供了四种模型显示方式，可以利用工具栏中的按钮进行切换，这四种按钮从左到右依次为：

1）Wire frame：线框显示。

2）Hidden Line：隐藏线显示。

3）No Hidden：无隐藏线显示。

4）Shade：润饰显示。

2. 平移、缩放和旋转操作

平移、缩放和旋转实体模型可以通过两种方式实现：

(1) 菜单命令

利用工具栏中的按钮进行缩放操作；单击按钮，打开如图 13-6 所示的 Orientation（定位）对话框，将 Type（定位类型）设定为 Dynamic Orient（动态定向），拖动对话框中的各项滑块或输入相应的数值，进行平移、缩放和旋转操作。

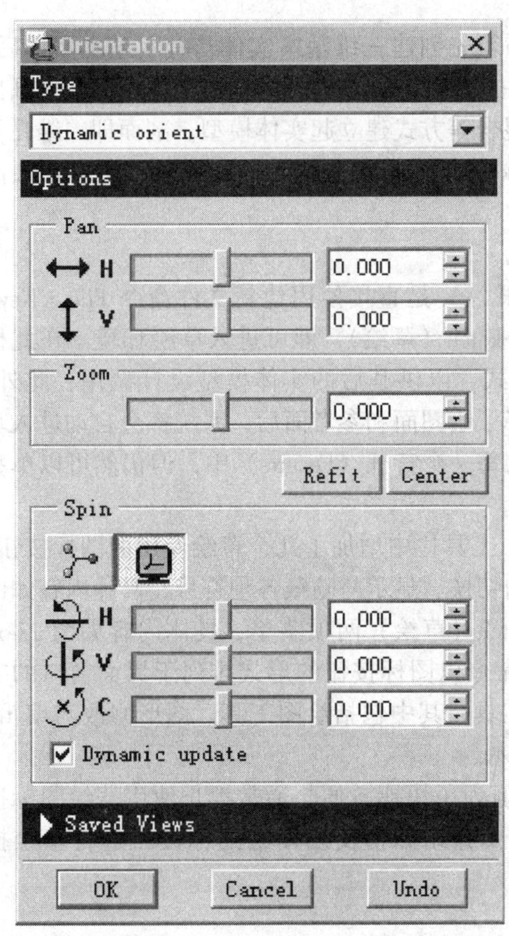

图 13-6　Orientation 对话框

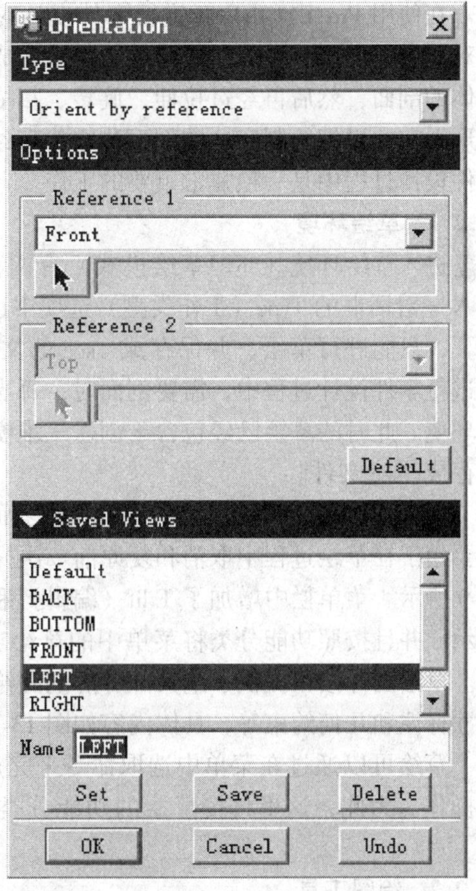

图 13-7　设置视角方向 Orientation 对话框

(2) 利用鼠标操作

为了更直观便利地进行操作，最好是使用三键鼠标。三键鼠标的使用方法如下：

1）利用 Ctrl 键 + 鼠标左键，移动鼠标可进行缩放操作；

2）利用 Ctrl 键 + 鼠标中键，移动鼠标可进行旋转操作；

3）利用 Ctrl 键 + 鼠标右键，移动鼠标可进行平移操作。

3. 设置视角方向

在进行零件设计、装配等操作时，常常需要得到其主视图、俯视图或侧视图等视图，以便可以从不同的视角观察操作对象。设置视角方向就是利用 Orientation（定位）对话框设置所需要的视图。具体作法是单击工具栏中的按钮，打开 Orientation 对话框，将 Type（定位类型）设定为 Orient by reference（根据参照物定位），如图 13-7 所示。分别在模型中选定 reference1 和 reference2 两个相互垂直的参考面来设定视图，然后在 Name 输入框中输入视图名称，单击 Save 按钮将该视图存储起来，即完成了视图的设置。需要时，可利用工具栏中的按钮调用所设置的视图。

13.2 草绘

在使用 Pro/ENGINEER 进行零件设计时，必须先创建三维基本实体，有了基本实体后，再对其进行切削、钻孔、倒角等操作以完成零件的设计。而创建三维基本实体，必须先画出实体的剖面，然后再经过拉伸、旋转、扫描和混合等方式建立起实体模型。剖面即二维几何图形，在这里把绘制实体的剖面称之为草绘（Sketch)。由此可见，草绘在 Pro/ENGINEER 的零件设计过程中是一项非常重要的工作。

13.2.1 草绘环境

进入草绘环境（亦即草绘模式）有两种方式。一是直接使用建新文件命令 File > New，在 New 对话框的 Type（工作类型）选项中选择 Sketch（草绘)，即可进入草绘环境。在此模式下，只能进行草绘，并保存成 .sec 的文件形式，以供其后的实体模型设计调用；此外，在进行零件设计过程中，需要剖面时，每当选择了绘图面和参考面后，系统都会自动进入草绘环境。此时的草绘已经包含于创建三维模型的每一个特征（Feature）中，但仍然可以单独保存成 .sec 文件。

图 13-8 所示为草绘环境，在此用户界面中，工具栏中增加了几个草绘专用的图标按钮，主要用于在草绘过程中取消和复原前一次操作的切换、显示与隐藏各种符号，具体内容如图 13-9 所示。菜单栏中增加了 Edit（编辑）和 Sketch（草绘）两项菜单，具体内容如图 13-10 所示。并且按照功能分类将菜单中的草绘功能命令以图标按钮的形式排列于界面窗口的右侧。草绘图标按钮提供了绝大部分的剖面绘制工具，其中包括绘图工具、图形修改与编辑、尺寸标注和几何约束等，具体内容如图 13-11 所示。

草绘可以通过在菜单中选取命令来完成，但为了快捷方便，通常都是使用草绘图标按钮操作。为此，这里将按草绘的功能分类，主要介绍如何使用草绘图标按钮进行草绘操作。

13.2.2 绘图工具

绘图工具用于绘制几何图形，包括点、线、圆弧等各种几何元素的绘制。绘图主要使用

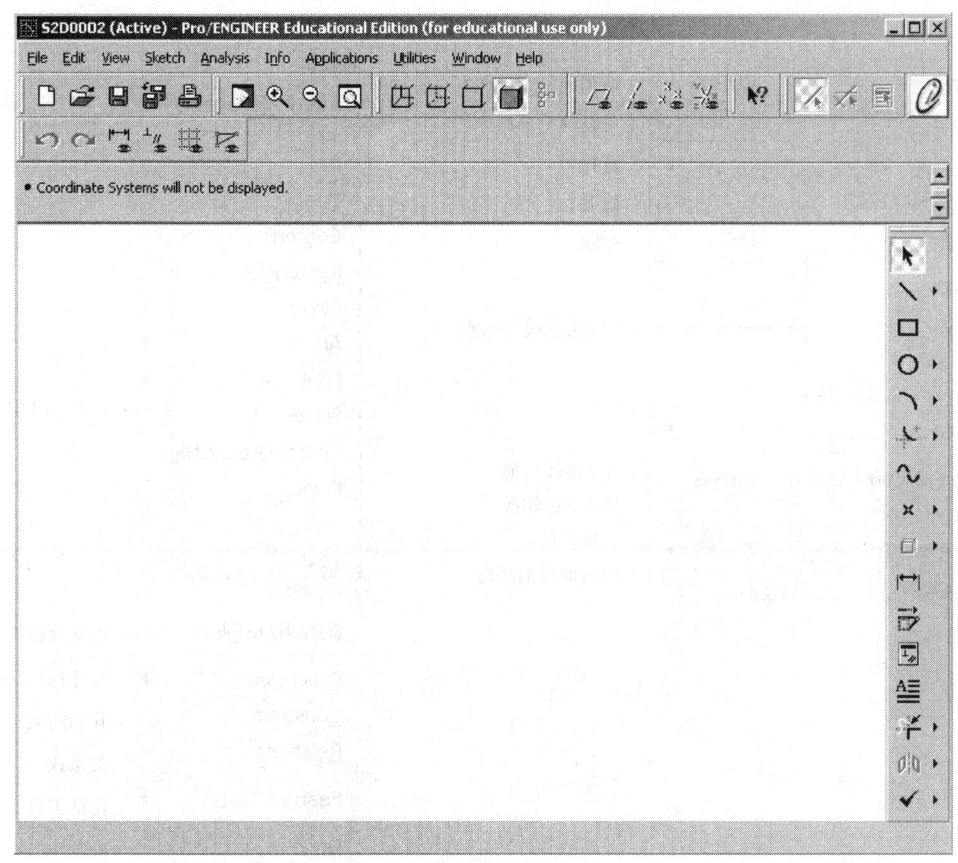

图 13-8 草绘环境

鼠标来操作。对于三键鼠标，通常鼠标左键为选取键，鼠标中键用于结束绘图命令，并且切换至 （选取）状态。绘图时，首先用鼠标左键单击图标按钮启动命令，然后按照相应的操作进行绘图。在下面的各图例中，以数字表示鼠标点击的顺序。

1. 直线（Line）

直线分两种形式：

1）直线段 ：以鼠标左键选取直线段的端点位置，鼠标中键用于完成、结束画线命令，如图 13-12 所示。

2）中心线 ：中心线是无限长且不形成实体边的直线，通常用作几何图形的镜像对称线、尺寸标注参考线和旋转特征的旋转轴线等。以鼠标左键选取两点、鼠标中键结束来画中心线，如图 13-12 所示。

取消前一个操作　重复前一个操作　尺寸显示控制　约束符号显示控制　网格显示控制　点显示控制

图 13-9 工具栏中草绘显示控制图标按钮

2. 矩形（Rectangle）

以鼠标左键选取矩形的两斜对角点生成一个矩形，如图 13-13 所示。

3. 圆（Circle）

圆有三种生成方式，其中包括绘制椭圆。

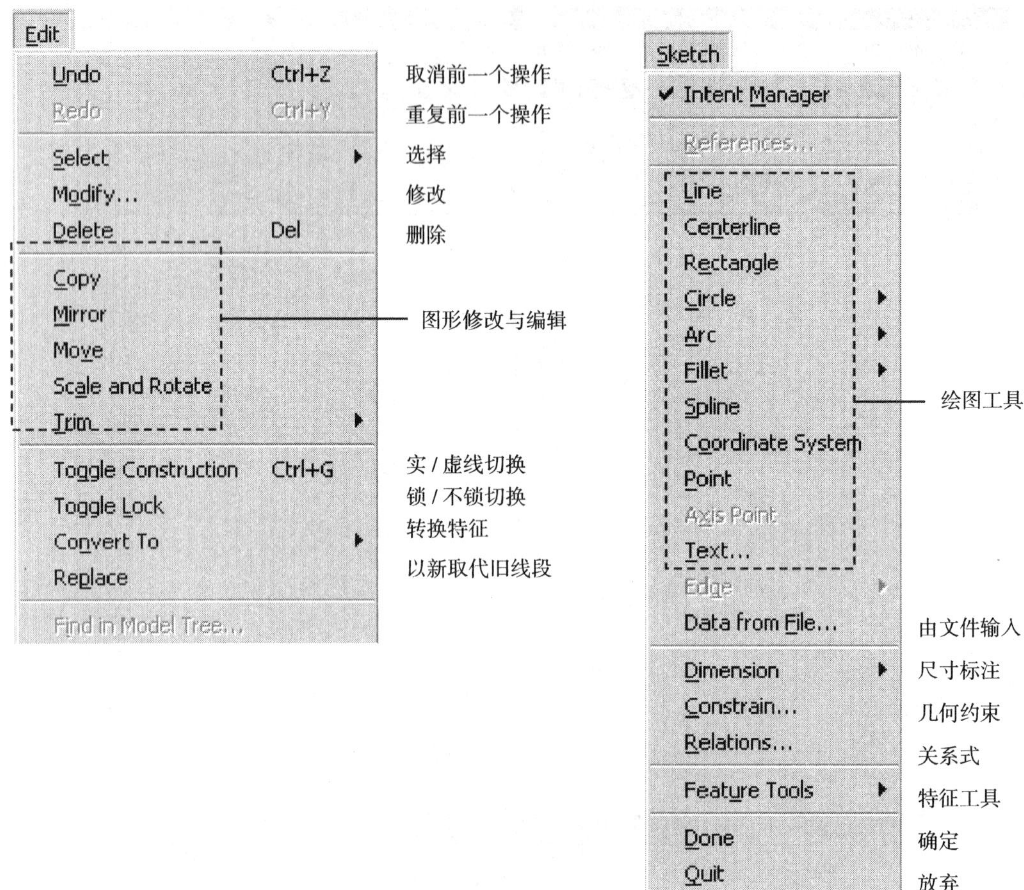

图 13-10 Edit 和 Sketch 菜单

1）圆心/点 ：以鼠标左键选取圆心，再移动鼠标选取一点确定圆的大小画圆，如图 13-14a 所示。

2）同心圆 ：产生同心圆。以鼠标左键选取欲与之同心的圆或弧，再移动鼠标选取一点确定圆的大小画圆，如图 13-14b 所示。此命令可连续画同心圆，鼠标中键结束命令。

3）椭圆 ：以鼠标左键选取圆心，再移动鼠标选取一点确定椭圆的大小画椭圆，如图 13-14c 所示。

4. 弧（Arc）

弧有四种生成方式，其中包括绘制圆锥曲线。

1）三点/端点相切 ：该命令有两种功能，一是选取三点，产生通过此三点的弧，前两点是起始点与终止点，第三点是弧长通过的位置，如图 13-15 所示；若起始点选取的是现有图形的端点，则可以产生与现有图形相切的弧，该弧由两点确定，如图 13-16 所示。

2）同心弧 ：产生同心弧。选取欲与之同心的圆或弧，移动鼠标选取弧半径大小，再用两点确定弧长，如图 13-17 所示。可连续画同心弧，鼠标中键结束命令。

3）中心/端点 ：先选取中心，再选取两个端点画弧，如图 13-18 所示。

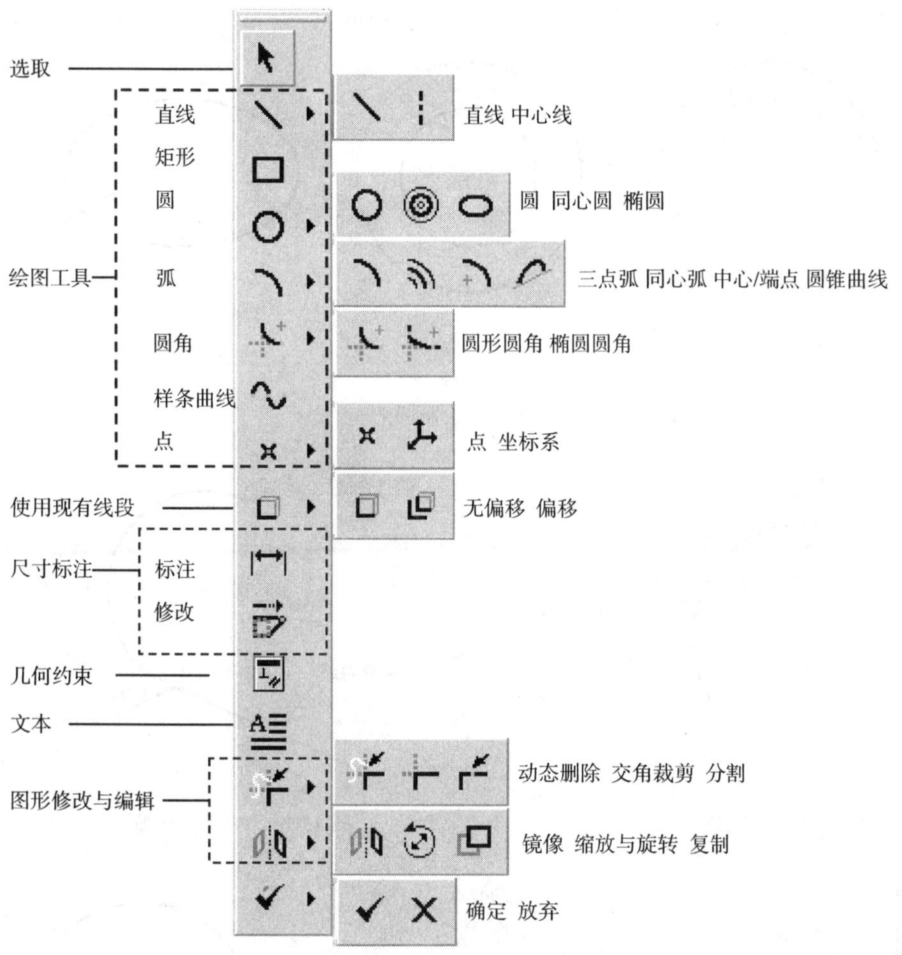

图 13-11 草绘图标按钮

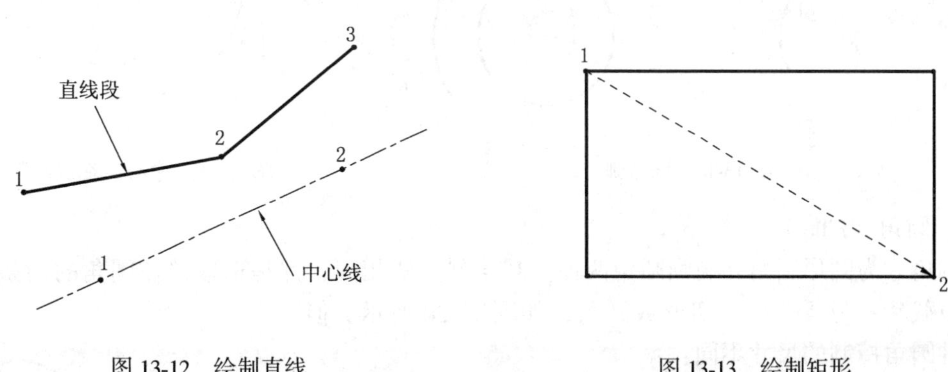

图 13-12 绘制直线

图 13-13 绘制矩形

4）圆锥曲线 ：圆锥曲线包括抛物线、双曲线和椭圆，它们由曲率半径值 rho 来区分，其中 rho = 0.5 为抛物线（该值为系统缺省值），rho < 0.5 为椭圆，roh > 0.5 为双曲线。

圆锥曲线由选取三个点来绘制。如图 13-19 所示，前两个点为曲线的两端点，第三点用来调整曲线形状。

a)圆心/点　　b)同心圆　　c)椭圆

图 13-14　绘制圆

图 13-15　三点弧

图 13-16　端点相切弧

图 13-17　同心弧

图 13-18　中心、端点画弧

5. 圆角（Fillet）

圆角分为圆形圆角和椭圆圆角两种。其绘制方法相同，都是选取欲作圆角的两条线段，线段被截断，与弧保持相切形成圆角，如图 13-20 所示。但是两种圆角控制的尺寸不同：

1）圆形圆角，仅由一个半径值尺寸控制；

2）椭圆形圆角，由两个半径值 Rx、Ry 控制。

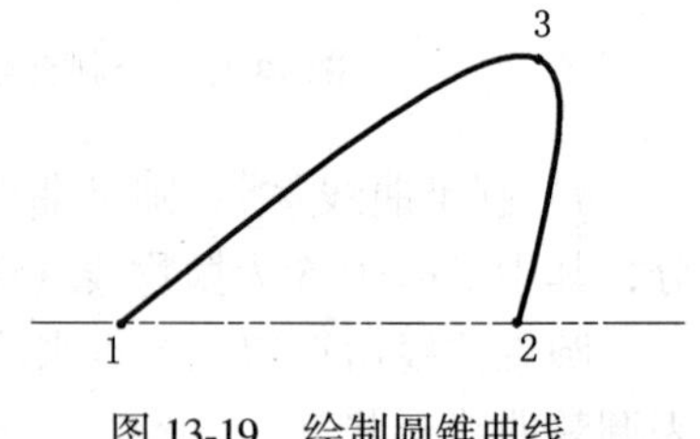

图 13-19　绘制圆锥曲线

6. 样条曲线（Spline）

样条曲线是通过若干点产生的平滑曲线，是三次或三次以上曲线。绘制方法为：可连续选取点，直到用鼠标中键结

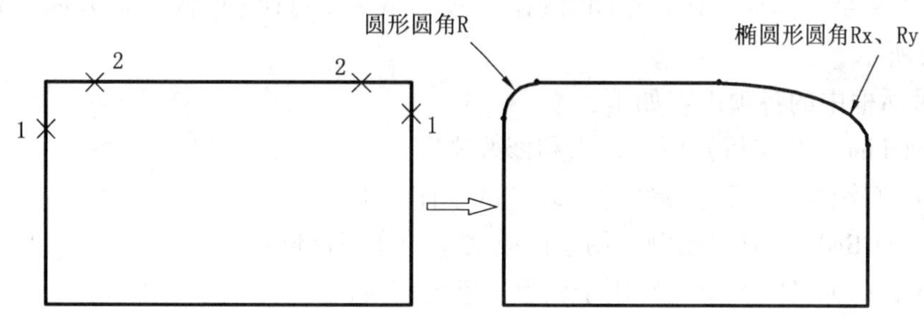

图 13-20　圆角

束命令。图 13-21 所示为选取了四个点形成的一条样条曲线。样条曲线的形状可以通过添加或删除顶点等方式进行调整。

7. 点（Point）、坐标系（Coordinate System）

点和坐标系一般都是作为参考基准用于定位的。其中坐标系的定位具有 X、Y 和 Z 轴的方向性，建立点和坐标系的方法相同，都是用鼠标左键点选其位置，并且可以连续点选，产生多个点和坐标系，鼠标中键结束命令。

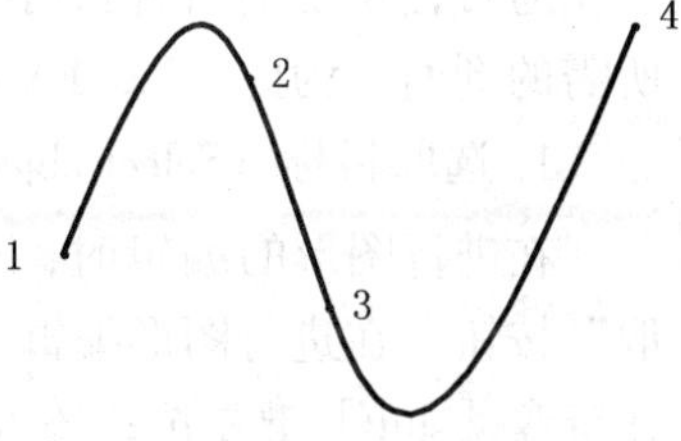

图 13-21　样条曲线

8. 使用现有线段

使用现有线段即取用现有特征上的线条作为当前的草绘图形。其中：

1）无偏移，直接选取现有特征上的线段；

2）偏移，选取现有特征上的线段后，再进行偏移，取用偏移后的线段。

9. 文本（Text）

文本命令用于在草绘中书写文字，该文字可作为草绘剖面。其操作方法为：

1）单击启动命令；

2）选取两个点绘制一条直线，直线的长短和方向决定文字的高度和书写方向（此时弹出如图 13-22 中所示的 Text 对话框）；

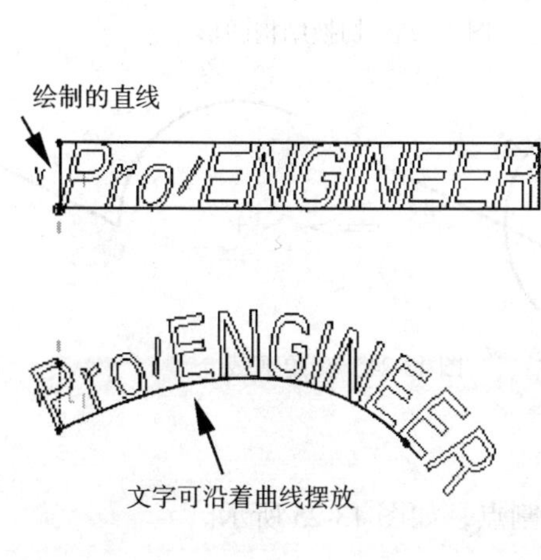

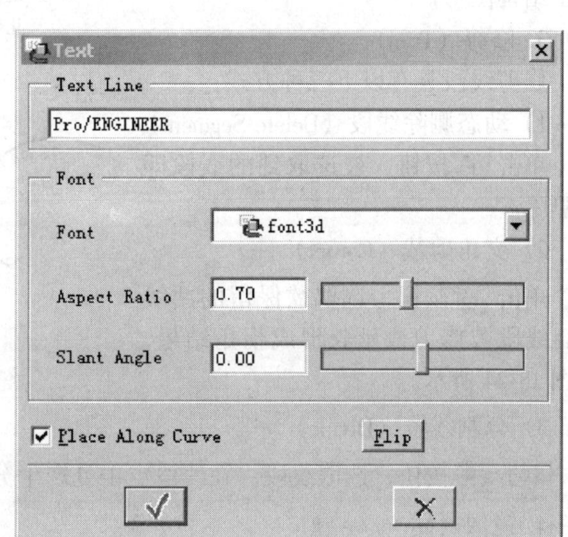

图 13-22　书写文本

3）输入文字，例如“Pro/ENGINEER”，文字按所画直线的高度和方向显示在屏幕上，如图 13-22 所示。

Text 对话框中的各项内容如下：

1）Text Line（文本行）用于输入和修改文字；

2）Font（字体）用于选择字体，缺省的字体是 font 3d；

3）Aspect Radio（方向比例）用于调整文字的宽高比例；

4）Slant Angle（倾斜角度）用于调整文字的斜度。

下方的选择功能“Place Along Curve”（沿曲线放置），勾选后文字可沿着曲线摆放，如图 13-22 所示。

13.2.3 图形的修改与编辑

通常，草绘剖面时利用绘图工具绘制出的几何图形，必须经过修改、编辑后，才能得到所需的剖面。为此，Pro/ENGINEER 提供了图形的修改与编辑功能。

1. 选取目标（Select object）

在进行图形的编辑时，一般首先要选取被编辑的目标，草绘图标按钮中的 为“选取”按钮。在进行图形编辑的操作时要先使用“选取”按钮选取目标。选取时，可单选；按住键盘［shift］键复选；还可拖拉出矩形框围选。

2. 切换结构（Toggle Construction）

结构图形是用双点画线表示的几何图形，它不能形成实体边，但在草绘中可用作图形定位、几何参考等，能起到重要的辅助作用。结构图形不能直接绘出，可以利用切换结构命令将几何图形切换成结构图形。如图 13-23 所示，选取圆和矩形，再选取菜单栏的切换结构命令 Edit > Toggle Construction，即将几何图形切换成了结构图形。

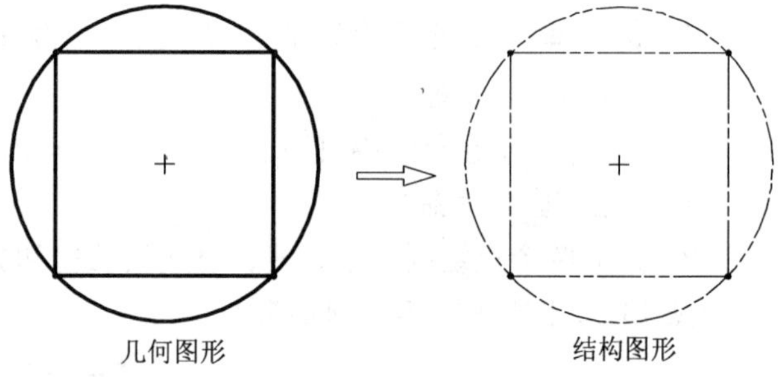

图 13-23 切换结构图形

3. 修剪（Trim）

修剪线段具有以下三种方式：

1）动态删除线段（Delete Segment）

单击 按钮，被选取到的线段即被删除。

2）交角剪裁（Corner）

单击 按钮，选取欲保留的两线段，线段被修剪或延长形成拐角结果，如图 13-24 所示。

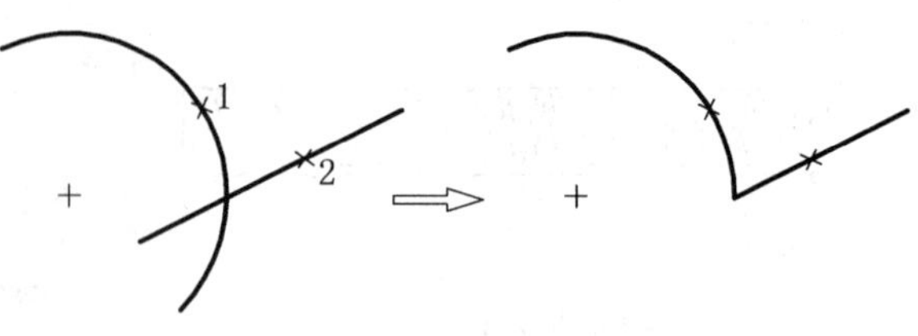

图 13-24 交角剪裁

3）分割线段（Divide）

单击 按钮，选取线段，在线段点击处产生分割点，如图 13-25 所示。

4. 镜像（Mirror）

镜像可以复制产生对称图形。如图 13-26 所示，选取图形后，单击 按钮，选取中心

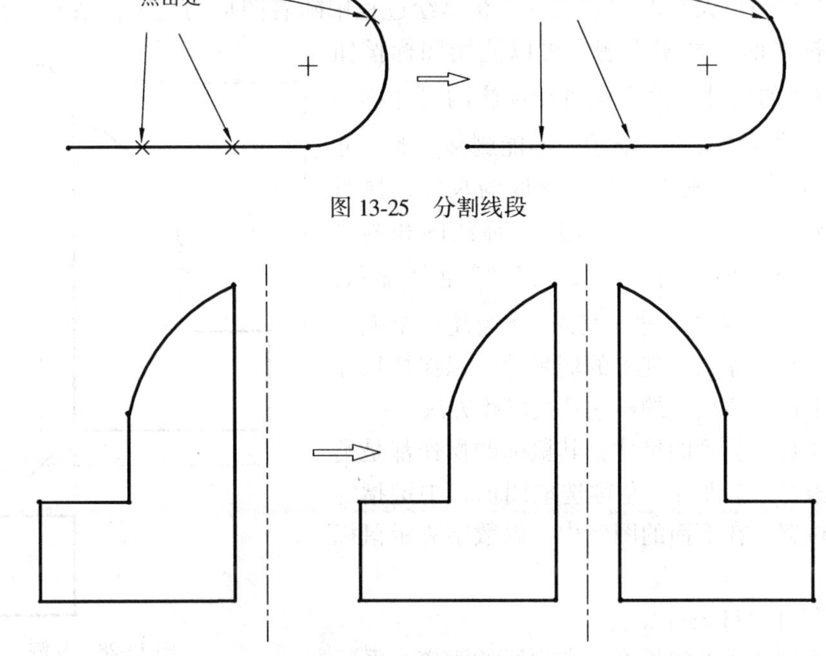

图 13-25　分割线段

图 13-26　镜像

线，即可产生以中心线为对称线的所选图形的对称图形。

5. 缩放与旋转（Scale and Rotate）

缩放与旋转能对图形进行放大缩小和旋转变换。如图 13-27 所示，选取图形后，单击按钮，此时弹出“Scale Rotate”对话框，并在所选图形处显示三种操作符号：平移、缩放和旋转。可拖动这些符号或在对话框中输入数值进行图形变换操作。

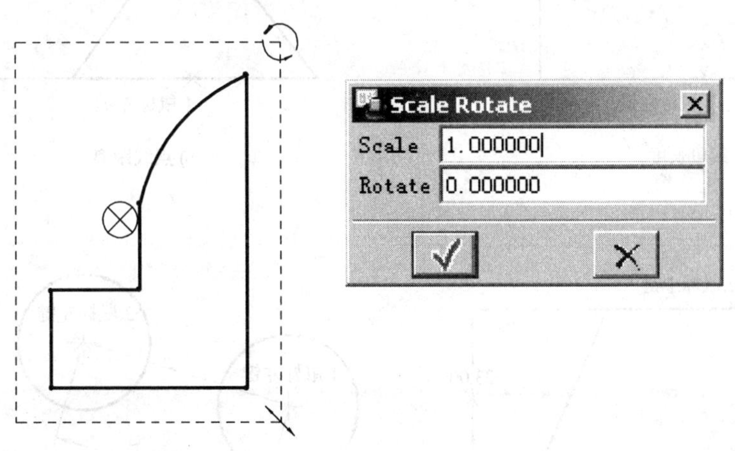

图 13-27　缩放与旋转

6. 复制（Copy）

复制是复制图形且进行缩放与旋转。如图 13-28 所示，选取图形后，单击按钮，接着进行上述缩放与旋转操作。

13.2.4 标注尺寸

尺寸是几何图形大小的约束条件，在草绘过程中随着图形的建立，系统会自动标注尺寸。若自动标注的尺寸不理想，可以使用图标按钮标注所需要的尺寸。由系统自动标注的尺寸称为弱尺寸。弱尺寸以“灰色”显示，不能删除。弱尺寸可以转换成强尺寸。其方法是：选取弱尺寸，执行 Edit > Convert to Strong 命令。利用标注的和利用修改的尺寸称为强尺寸。强尺寸以“黄色”显示，可以被删除并转换成弱尺寸。利用增注一个强尺寸，系统会自动删除一个现有的弱尺寸，以保持尺寸的完整性。下面介绍尺寸的标注及其修改方法。

无论标注什么类型的尺寸，其鼠标的操作都是类似的，即单击按钮后，左键选取图形，中键指定尺寸的摆放位置。在下面的图例中，以数字表示鼠标点击的顺序。

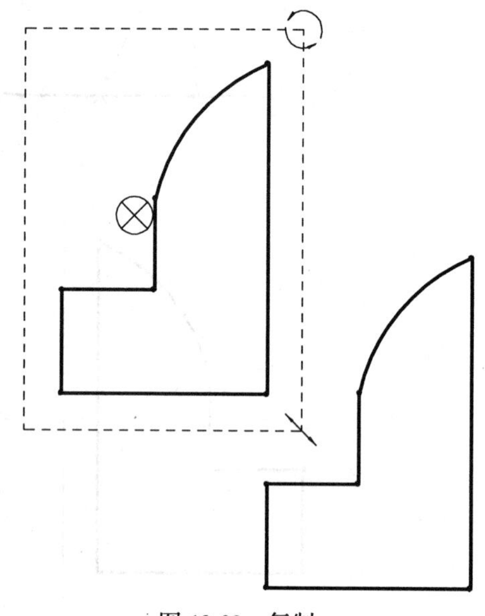

图 13-28 复制

1. 线性尺寸（Linear）

线性尺寸包括线段的长度、点到线的距离、平行线间的距离、两点间的距离，其标注方法如图 13-29 所示。其中对于两点间的距离标注，如果尺寸线的位置选在以两点间距离为斜边构成的直角三角形之内，则标注的尺寸如图 13-29d。

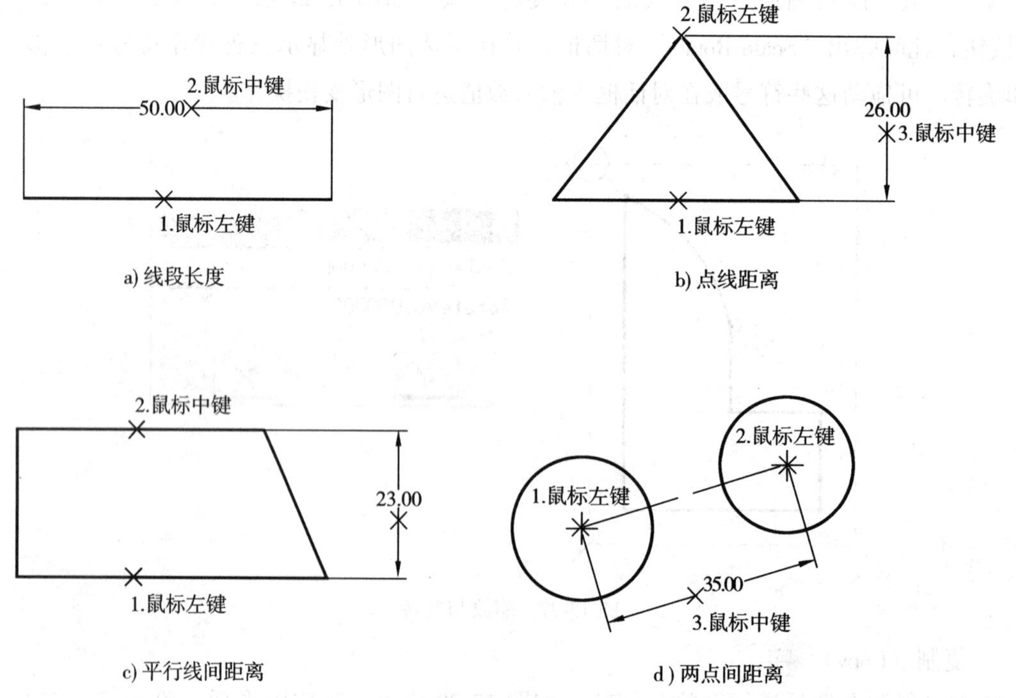

a) 线段长度　b) 点线距离　c) 平行线间距离　d) 两点间距离

图 13-29 线性尺寸

否则，若选在水平直角边的外侧，则标注两点间的水平方向尺寸，若选在垂直直角边外侧，则标注两点间的垂直方向尺寸，如图 13-30 所示。

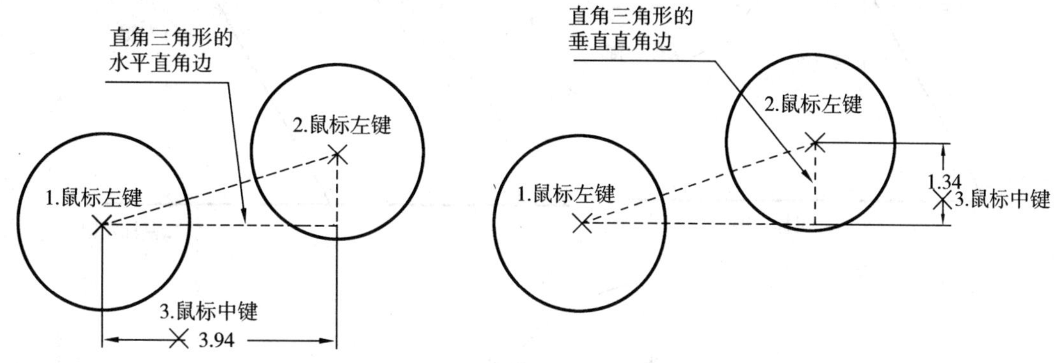

图 13-30　两点间的水平、垂直距离

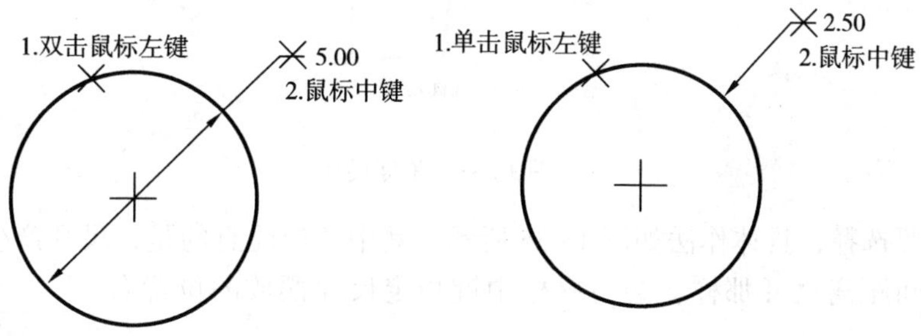

图 13-31　径向尺寸

2. 径向尺寸（Radial）

径向尺寸包括圆与弧的半径与直径尺寸。如图 13-31 所示，若单击鼠标左键选取圆或弧，则标注的是半径尺寸；若双击鼠标左键选取圆或弧，则标注的是直径尺寸。

3. 旋转剖面直径尺寸（Revolved）

建立旋转（Revolve）特征时，其剖面可标注旋转后的直径尺寸。标注方法为：以鼠标左键先选取旋转剖面的边线，再选取中心线（以其为旋转轴），然后再选取旋转剖面边线一次，最后再以鼠标中键指定尺寸摆放位置，如图 13-32 所示。

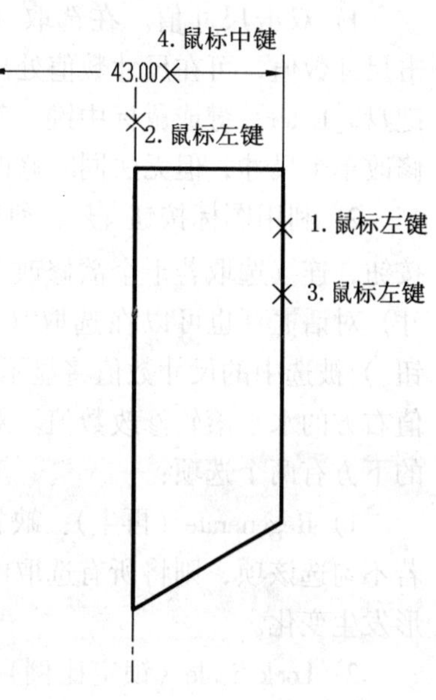

图 13-32　旋转剖面直径尺寸

4. 角度尺寸（Angular）

角度尺寸包括两直线的夹角和弧长的角度等，标注方法如图 13-33 所示。

5. 圆、弧与其他图形间的尺寸

当标注圆、弧与其他图形间的尺寸时，会弹出如图 13-34 所示的对话框，有 Center（中心）和 Tangent（相切）

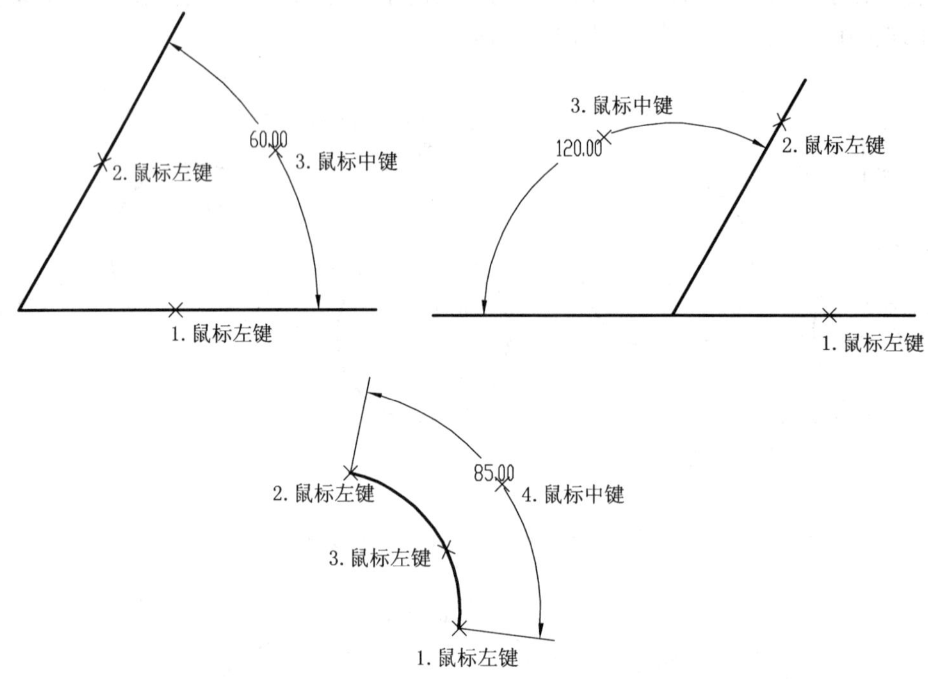

图 13-33 角度尺寸

两种方式需要选择，具体作法如图 13-35 所示。其中还应注意的是，尺寸产生的形式如前面所述的两点间距离尺寸那样，会与鼠标中键指定尺寸摆放的位置有关。

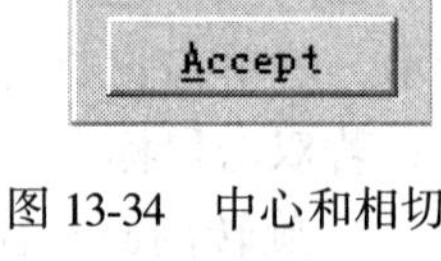

图 13-34 中心和相切选择对话框

6. 修改尺寸数值（Modify）

修改尺寸数值可以使用以下两种方法：

1）双击尺寸值。在选取（ ）状态下，利用鼠标左键直接双击尺寸数值，可在尺寸数值处出现的输入框中输入新的数值，然后按键盘［Enter］键或鼠标中键，新数值立即生效。此方法的特点是快速修改单个尺寸，但无法同时修改多个尺寸。

2）利用图标按钮 。利用 可同时修改多个尺寸。单击 按钮，连续选取若干个欲修改的尺寸，弹出如图 13-36 所示的“Modify Dimension”（修改尺寸）对话框（也可以在选取（ ）状态下，先选取欲修改的若干个尺寸，再单击 按钮。）被选中的尺寸数值将显示在对话框中，可逐个重新输入数值修改尺寸。也可以拖动数值右方的水平滚轮修改数值。对每个输入的新数值，都要按键盘［Enter］键确认。在对话框的下方有两个选项：

1）Regenerate（再生）：缺省为勾选，即每修改一个尺寸数值后立即生效驱动图形变化；若不勾选该项，则将所有选取的尺寸修改完数值、再按 确认后，才一起生效，使整个图形发生变化。

2）Lock Scale（锁定比例）：缺省为不勾选，即修改一个尺寸数值只是该尺寸变化而不影响其他尺寸；若勾选，修改了一个尺寸数值，所有被选取的尺寸都同时等比缩放。

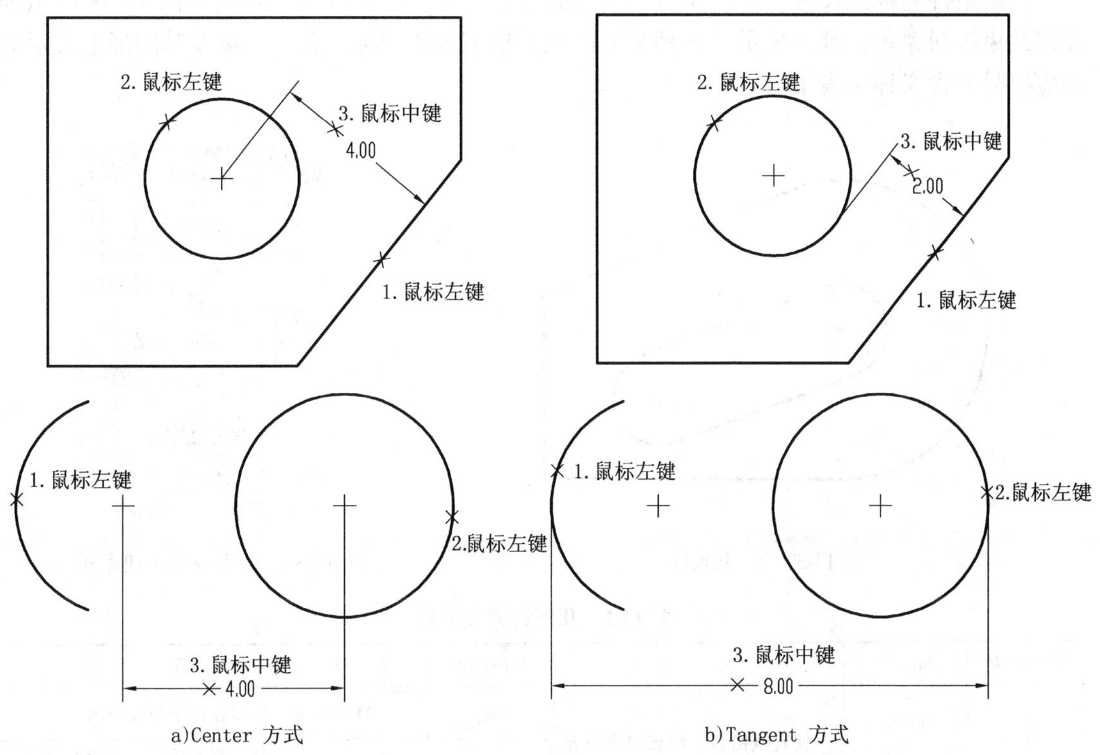

图 13-35　圆、弧与其他图形间的尺寸

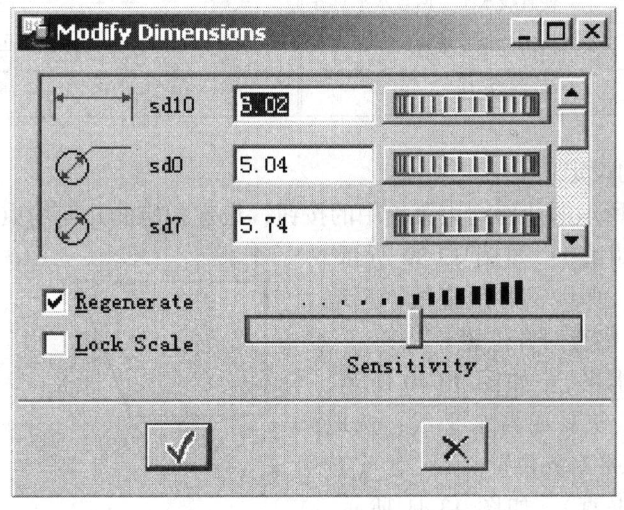

图 13-36　Modify Dimension 对话框

13.2.5　几何约束

在草绘过程中，随着图形的建立，系统不仅会自动标注尺寸并且还会自动设定几何约束(Constraint)，用符号表示在图形中，如图 13-37 所示。因此，一个剖面图形是由尺寸约束和几何约束相匹配控制的。

1. 几何约束及其符号

约束条件与标注尺寸一样，也可以人为地添加。单击 按钮，弹出如图 13-38 所示的几何约束按钮菜单，其上显示了各种类型的几何约束按钮图标。几何约束及其图形上表示的相应符号的含义详见表 13-1。

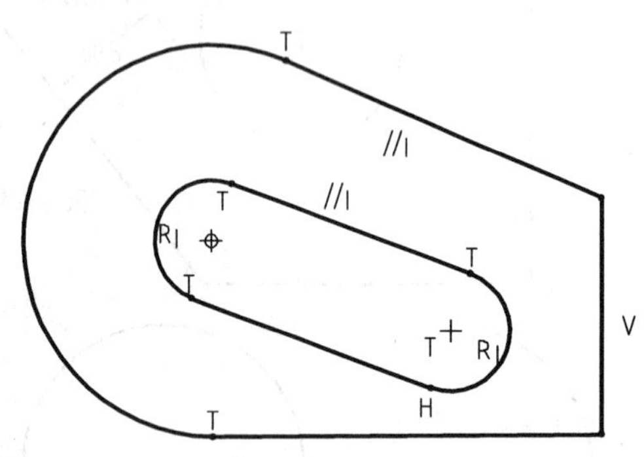

图 13-37　约束条件

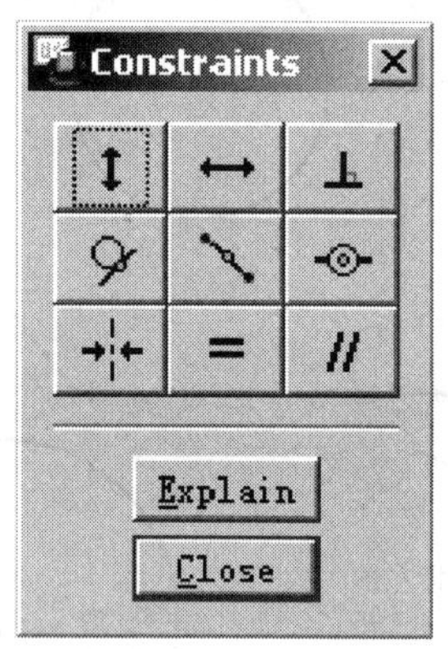

图 13-38　约束条件按钮菜单

表 13-1　几何约束及符号

几何约束	符　号	意　　义	几何约束	符　号	意　　义
	V、| |	使直线铅直、两点铅直对齐		M	使端点位于线段中间
				—⊙—	使两端点重合、点落在线上、两直线共线
	H、— —	使直线水平、两点水平对齐		→ ←	使两端点以中心线对称
	⊥	使两线相互垂直		L　R	使长度相等、半径相等
	T	使两线相切		//	使两线平行

2. 几何约束的设定

单击图 13-38 所示的几何约束菜单中的按钮，设定相应的几何约束。

1) （使铅直）：如图 13-39 所示，选取一条斜直线，使其成为铅直线；选取两端点，使其位于铅直对齐位置。

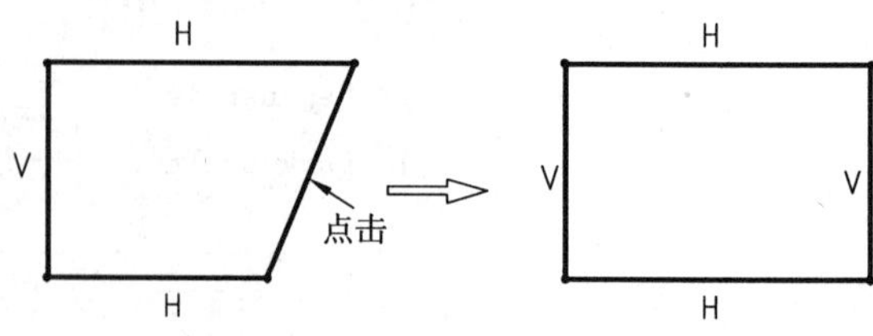

2) （使水平）：如图 13-40 所示，选取一条斜直线，使其成为水平线；选取两端，使其位于水平对齐位置。

3) （使垂直）：如图 13-41 所示，选取两线段，使其相互垂直。

4) （使相切）：如图 13-42 所示，选取两线段，使其相切。

5) （使对中）：如图 13-43 所示，选取一线段端点和一直线，使端点位于直线的中点。

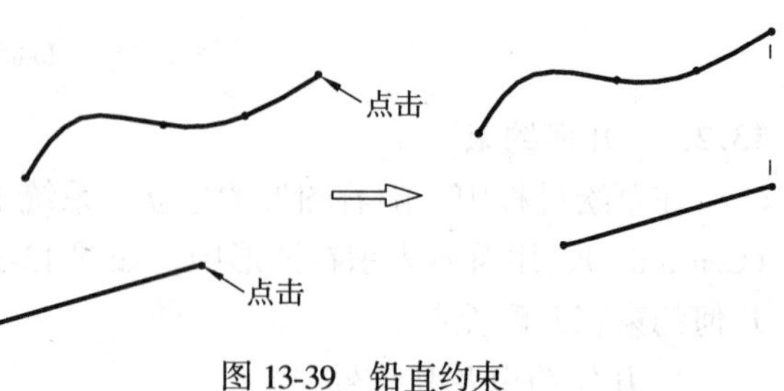

图 13-39　铅直约束

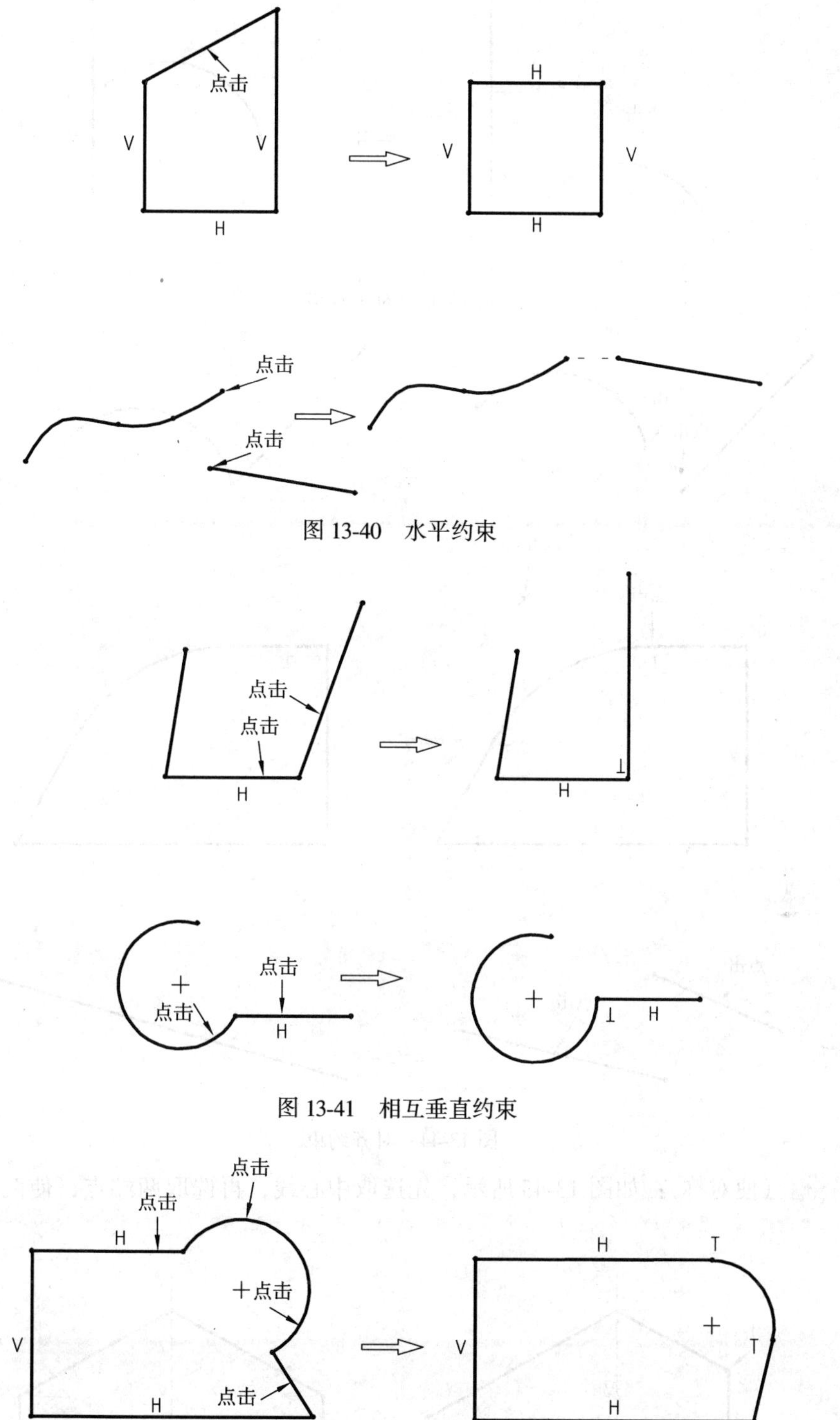

图 13-40　水平约束

图 13-41　相互垂直约束

图 13-42　相切约束

6）（使对齐）：如图 13-44 所示，选取两个端点，使其重合；选取一点与一直线，使点落在直线上；选取两直线，使两直线重合。

图 13-43　对中约束

图 13-44　对齐约束

7）（使对称）：如图 13-45 所示，先选取中心线，再选取两端点，使两个点以中心线对称。

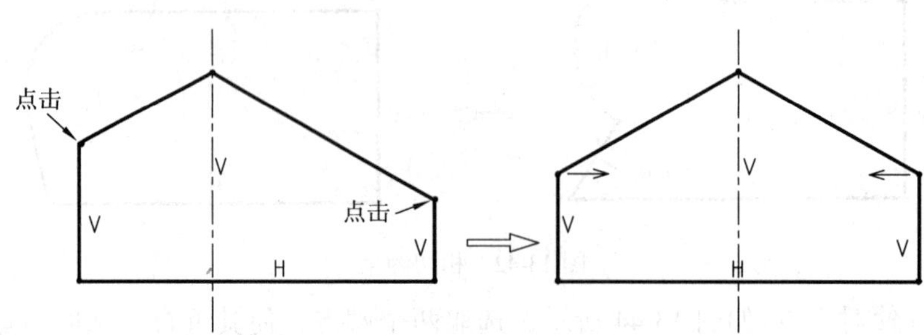

图 13-45　对称约束

8）= （使等长、等径）：如图 13-46 所示，选取两直线，使其等长；选取两圆，使其等径。

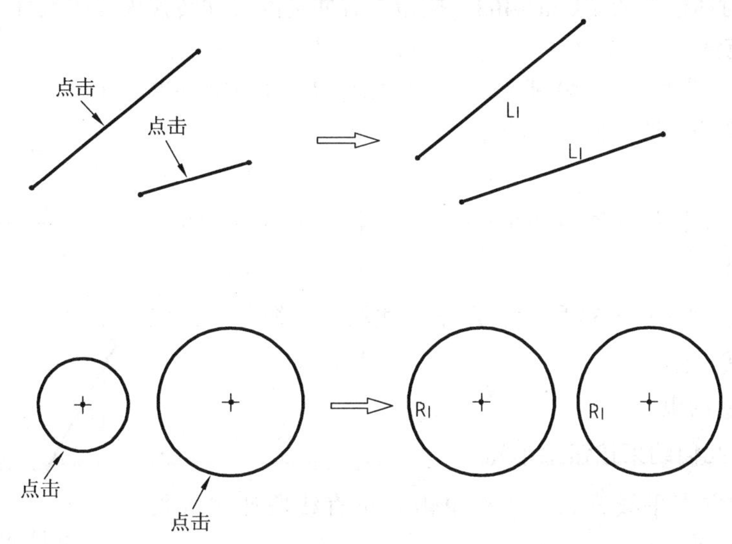

图 13-46　相等约束

9）// （使平行）：如图 13-47 所示，选取两直线，使其平行。

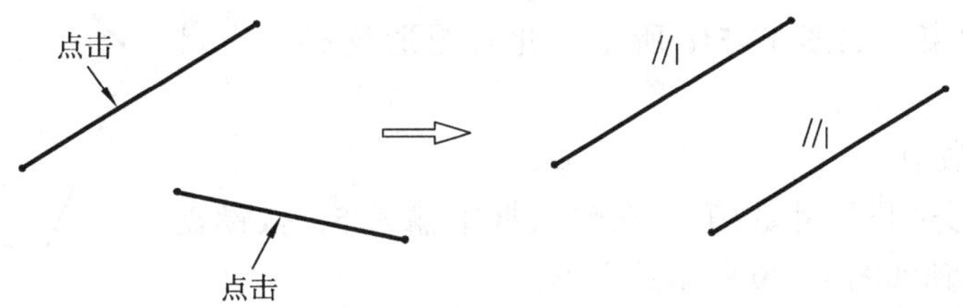

图 13-47　平行约束

3. 约束冲突（Conflict ）

几何约束可以被删除，其方法是，使用选取按钮 选取图形中的几何约束符号，按键盘［Delete］键。在一个剖面图形中，删除一个几何约束，会自动增加一个尺寸；而几何约束使用的越多，则尺寸标注的数量就会越少。如果添加的几何约束或尺寸与现有的几何约束或尺寸冲突时，就会弹出如图 13-48 所示的“Resolve Sketch”（解决草绘问题）对话框。对话框中列出了相冲突的尺寸和几何约束，同时在剖面图形中，以黄色框显示有冲突的尺寸或几何约束。对有冲突的尺寸或几何约束必须进

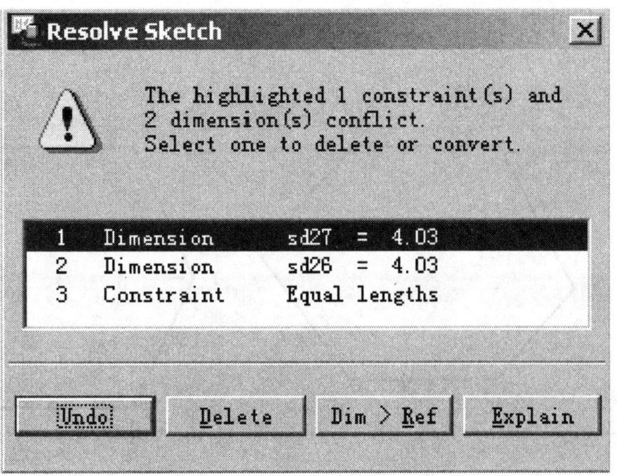

图 13-48　Resolve Sketch 对话框

行处理，才能使剖面图形有合理的尺寸及几何约束。单击对话框中的“Undo”按钮，取消添加的尺寸或几何约束，恢复原状；单击对话框中的“Delete”按钮，删除有冲突的尺寸或几何约束；单击对话框中的“Dim > Ref”按钮将有冲突的尺寸转换为参考尺寸。

13.2.6 草绘范例

【例 13-1】 草绘图 13-49 所示的正六边形。Pro/ENGINEER 没有草绘正多边形的命令，因此，正六边形按一般几何图形绘制。

1. 建新文件

→在 Type 栏位选择 Sketch→输入文件名：hexagon→OK。

2. 绘制图形

→随意画如图 13-50 所示的六条直线段，长短任意，但有两条为水平线（H）。

3. 设定几何约束

（打开几何约束按钮菜单）。

= →从上方水平线开始，依次单击六条直线段使之等长（L_1）如图 13-51a 所示。

图 13-49 正六边形

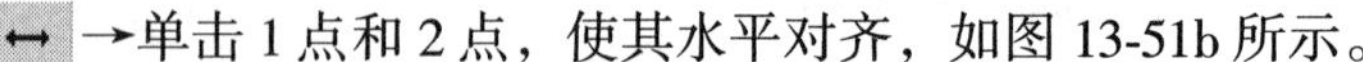

↔ →单击 1 点和 2 点，使其水平对齐，如图 13-51b 所示。

→通过 3 点和 4 点画斜中心线，则自动出现 2 与 5 点的对称（→ ←）约束，如图 13-51c 所示。此时图形仅有一个尺寸。

4. 修改尺寸数值

双击正六边形边长尺寸数值→ 在输入框中输入 5，按键盘［Enter］键，即得到如图 13-49 所示的图形。

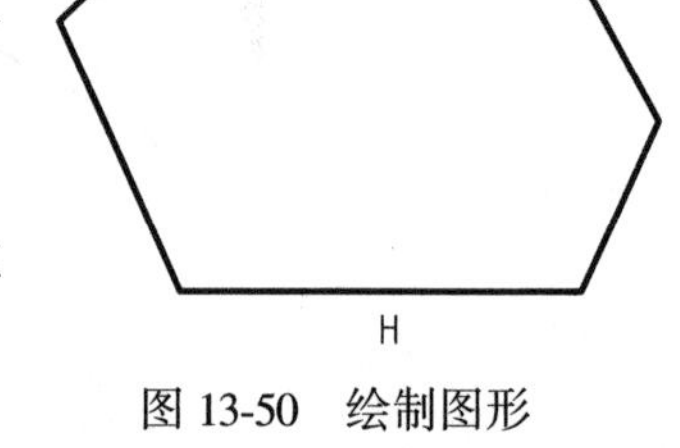

图 13-50 绘制图形

5. 保存

→单击 按钮，以缺省文件名：“hexagon”保存文件，该文件以名为“hexagon.sec”存储在当前工作目录中。

【例 13-2】 草绘图 13-52 所示的“手柄”几何图形。

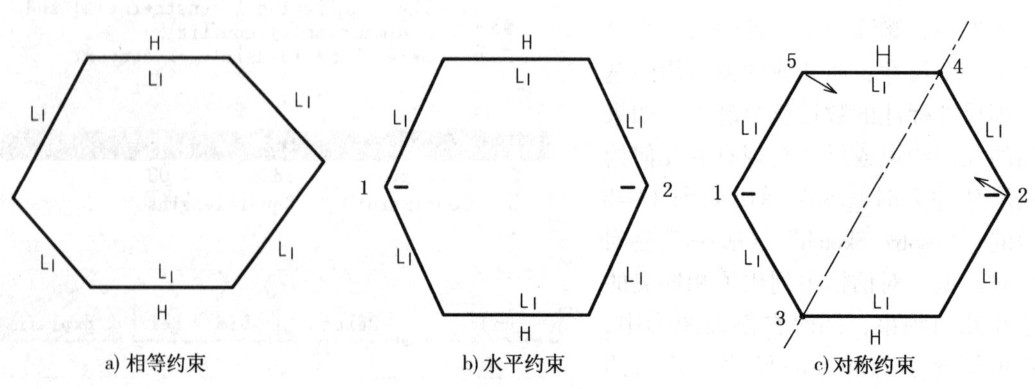

a) 相等约束　b) 水平约束　c) 对称约束

图 13-51 设定约束

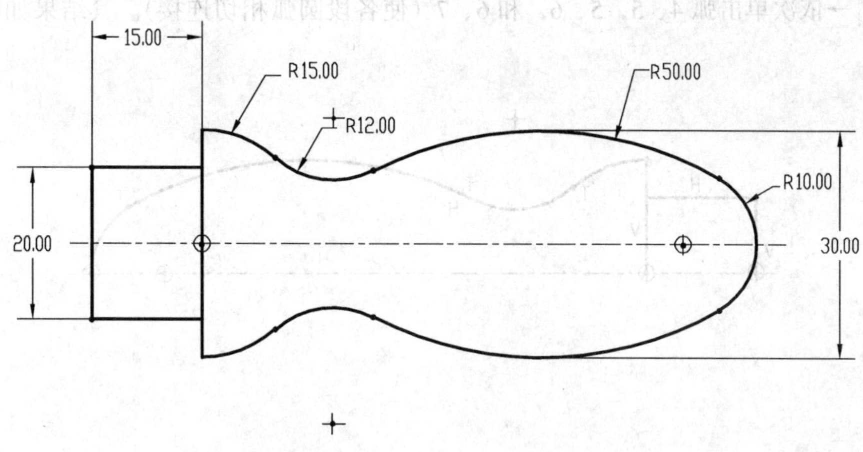

图 13-52 “手柄”几何图形

1. 建新文件

→在 Type 栏位选择 Sketch→输入文件名：handle→OK。

2. 绘制图形

（关闭尺寸显示）；

→画水平中心线；

→画 1、2、3 直线；

→由直线 3 的端点开始，依次选取弧线 4、5、6、7 的端点画 4 段圆弧。其结果如图 13-53 所示。

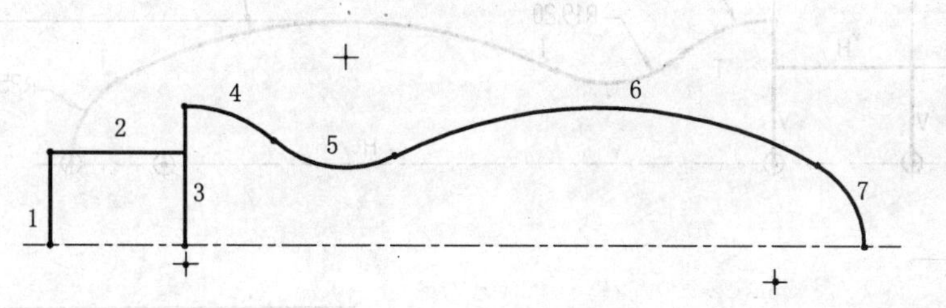

图 13-53 绘制图形

3. 设定几何约束

（打开几何约束按钮菜单）；

→单击弧 4 中心，再单击中心线，单击弧 4 中心，再单击直线 3（使弧 4 中心位于直线 3 与中心线的交点处）；单击弧 7 中心，再单击中心线（使弧 7 中心位于中心线上）；

→依次单击弧 4、5，5、6，和 6、7（使各段圆弧相切连接）。其结果如图 13-54 所示。

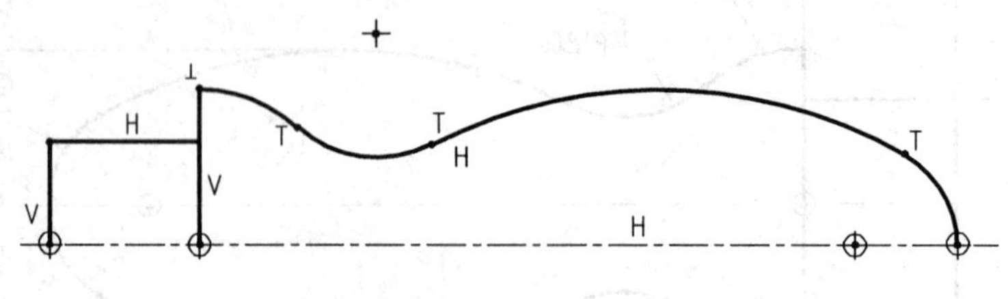

图 13-54　设定约束

4. 标注尺寸

（打开尺寸显示）；

→标注如图 13-55 所示的尺寸。

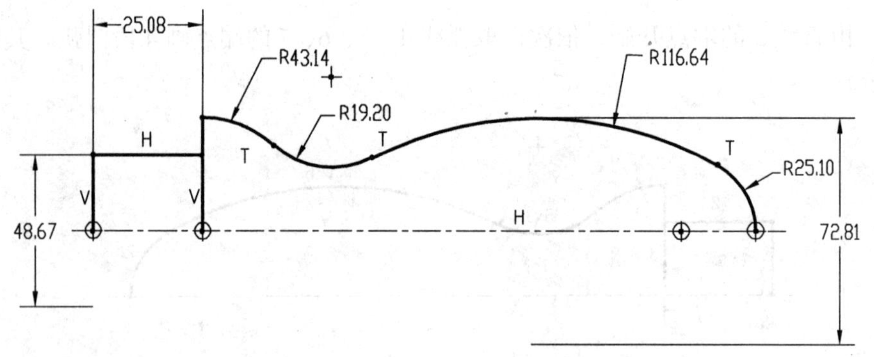

图 13-55　标注尺寸

5. 修改尺寸数值

→拖拉矩形选取全部尺寸，→取消 Regenerate 项的勾选；依次修改尺寸数值如图 13-56 所示；按确认修改尺寸操作。

6. 编辑图形

→选取全部图形，→单击中心线，其镜像复制结果如图 13-57 所示。

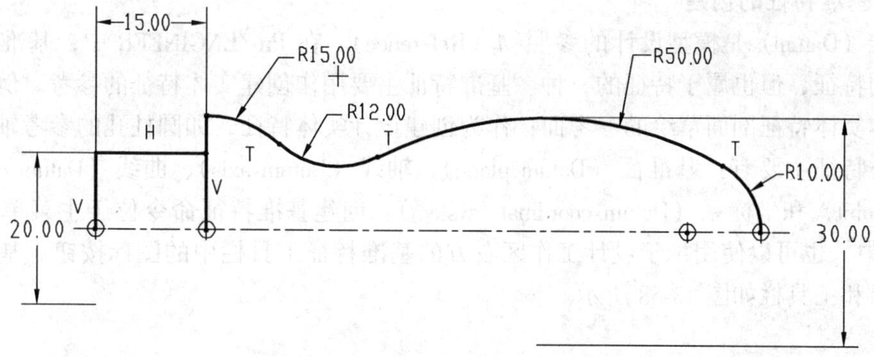

图 13-56 修改尺寸数值

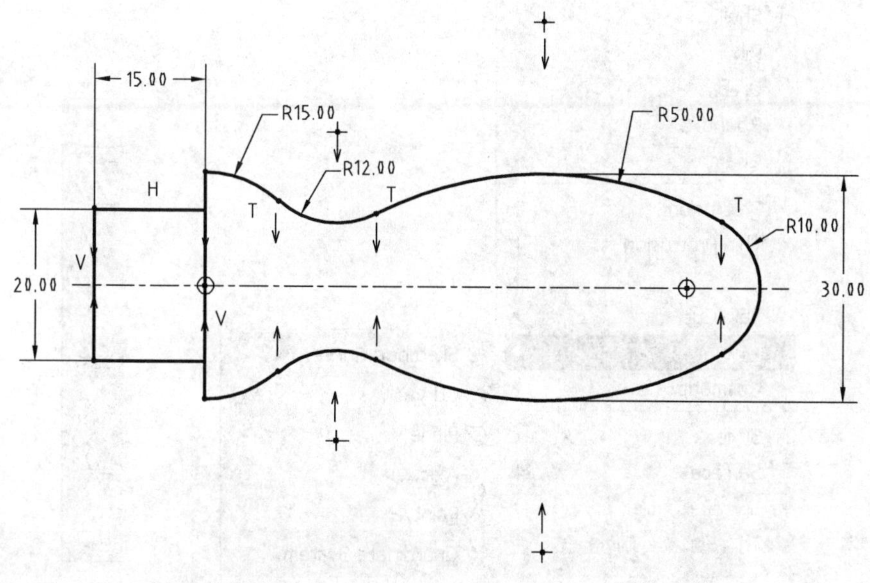

图 13-57 镜像复制

7. 保存

→单击 按钮，以缺省文件名“handle”保存文件，则该文件以名为“handle.sec”存储在当前工作目录中。

13.3 零件设计——特征造型

Pro/ENGINEER 是一个以特征（Feature）为基础的参数式设计系统。它以特征为最小的造型单位，所有的参数创建均是以完成某个特征为目的，所以一个完整的零件是由若干特征所构成的。因此，在零件设计过程中，进行创建（Create）、修改（Modify）和编辑（Edit）特征即可达到设计的目的。

进入零件设计工作环境（既零件设计模式），可通过建新文件（File > New 或 ）的方式，即在 New 对话框的 Type（工作类型）选项中选择 Part。在此工作模式下，保存的文件形式为“.prt”。

13.3.1 基准特征的创建

基准（Datum）是模型设计的参照物（Reference）。在 Pro/ENGINEER 中，基准虽然不算是实体的特征，但也属于特征的一种。基准特征主要用作创建实体特征的参考。例如，作为创建基本实体特征剖面草绘的参考面；作为创建设计实体特征，如圆柱孔的参考轴等。

基准特征主要有：基准面（Datum plane）、轴线（Datum axis）、曲线（Datum curve）、点（Datum point）和坐标系（Datum coordinate system）。创建基准特征命令位于主菜单“Insert > Datum”中，也可以使用位于设计工作区右方的基准特征工具栏中的图标按钮。基准特征的菜单命令和工具栏如图 13-58 所示。

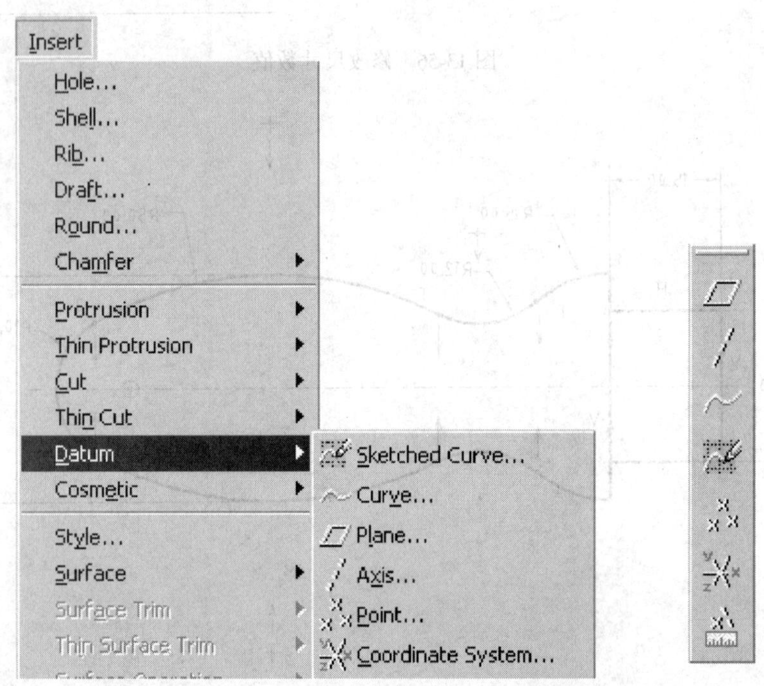

图 13-58　基准特征菜单命令和工具栏

1. 基准面

基准面（Datum plane）用矩形框表示，并注有基准面名称，如图 13-59 所示的 MID、TANGENT、OFFSET 和 ANGLE 四个基准面。基准面具有方向性，黄色一侧为正面，红色一侧为反面。

(1) 基准面的用途

1) 标注尺寸的基准；

2) 设定视图方向的参考平面；

3) 剖面草绘的绘图平面；

4) 制作剖视图的剖切平面；

5) 零件装配的配合参考面。

(2) 基准面的创建方式

基准面即空间平面，创建基准面的方式就是满足建

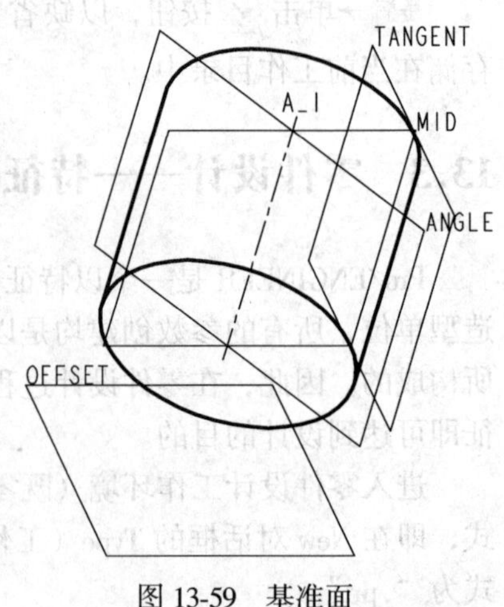

图 13-59　基准面

立空间平面的几何条件。图 13-60 所示的创建基准面方式的选项菜单中给出了创建基准面的各种几何条件。

1）Through：通过轴、平面的边、点或圆柱面创建基准面；

2）Normal：与轴、平面的边或平面垂直创建基准面；

3）Parallel：与平面平行创建基准面；

4）Offset：与平面或坐标系偏移创建基准面；

5）Angle：与平面成一夹角创建基准面；

6）Tangent：与圆弧或圆锥面相切创建基准面；

7）Blend Section：包含 Blend（混合）特征的任一剖面创建基准面。

在上述创建基准面方式的选项中，除了使用“Through”选择通过平面、轴线和圆柱面、使用 Offset 选择偏移平面，可以只指定一个选项的几何条件外，其它均需指定两项或两项以上的几何条件才能确定基准面位置。若指定的几何条件足够使平面确定时，则菜单中的选项就会完全处于不可选用的状态。

DATUM PLANE
Through
Normal
Parallel
Offset
Angle
Tangent
BlendSection
AxisEdgeCurv
Point/Vertex
Plane
Cylinder
Coord Sys
Done
Restart
Quit

图 13-60　创建基准面方式的选项菜单

(3) 创建基准面范例

创建如图 13-59 所示的四个基准面。

1）建新文件。

→输入文件名：“dtm-1”→取消“Use default template”勾选→OK→在 New File Options 对话框中选取“Empty”→OK。

2）创建一圆柱。

使用菜单管理器 Feature→Create→Solid→Protrusion→Extrude | Solid | Done（自动进入草绘模式）→绘制如图 13-61 所示的剖面→✓（退出草绘模式）→输入圆柱长度：10→OK，创建如图 13-62 所示的圆柱。

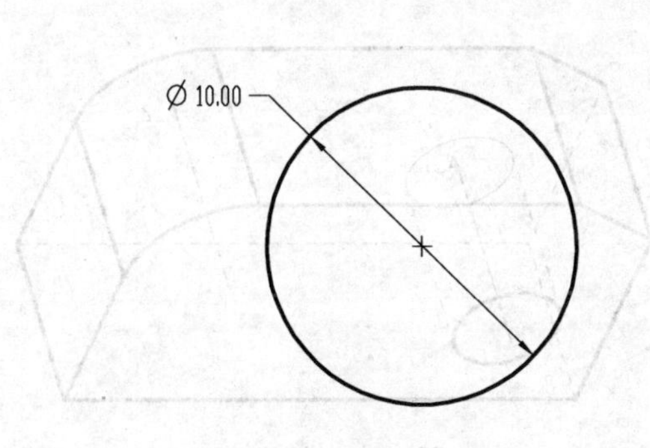

图 13-61　圆柱剖面

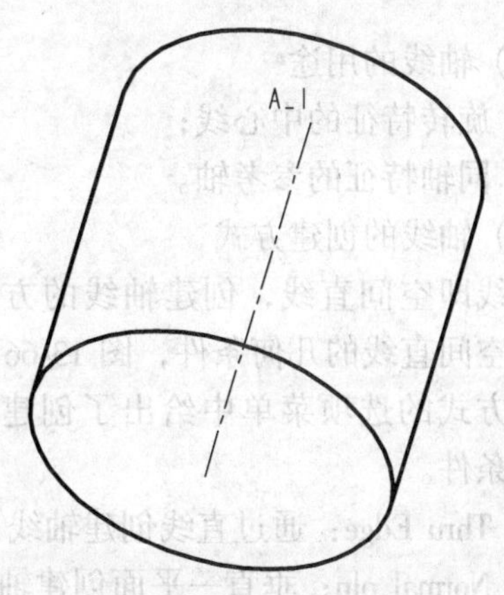

图 13-62　圆柱

3）创建四个基准面（参考图 13-63）。

→Through→选取轴 A-1→ Done，生成通过轴线的基准面 DTM1。

→Nomal→选取 DTM1→Tangent→选取圆柱面→Done，生成垂直 DTM1 与圆柱面相切的基准面 DTM2。

▱ →Offset→选取圆柱端面→Enter Value→输入 Offset 距离值：3 →Done，生成偏移圆柱端面距离为 3 的基准面 DTM3。

▱ →Angle→选取 DTM2（角度基准）→Through→轴线 A - 1→Done→Enter Vaule→输入角度值：30→ ✓，生成与 DTM2 成 30°角且通过轴线的基准面 DTM4。

4）修改基准面名称。

PART | Set Up→Name→选取 DTM1→输入新名：MID→ ✓，DTM1 更名为 MID。同样方法，分别将 DTM2 、DTM3 和 DTM4 更名为：TANGENT、OFFSET 和 ANGLE，如图 13-64 所示。

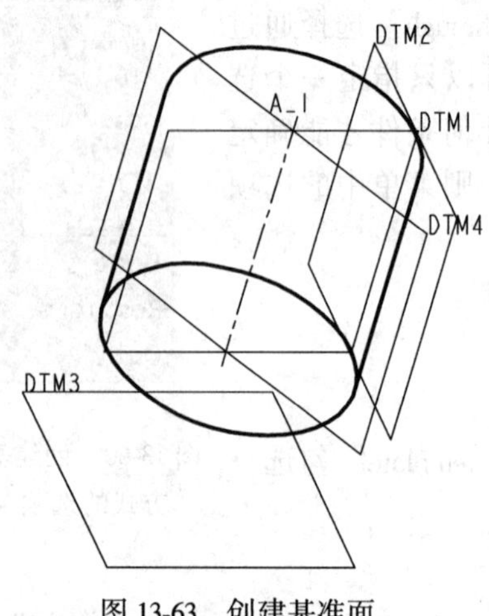

图 13-63　创建基准面

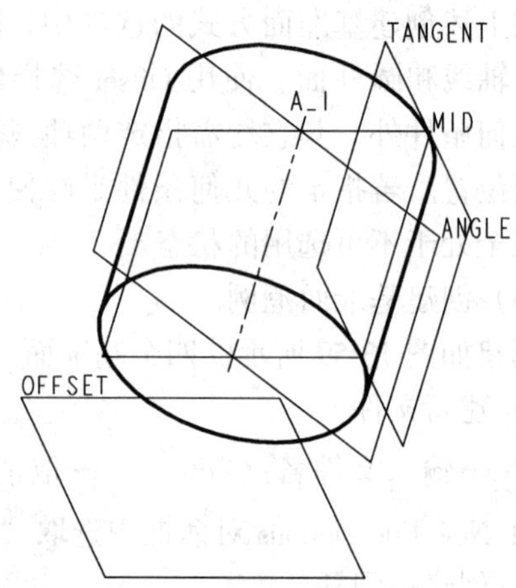

图 13-64　修改基准面名称

2. 轴线

轴线（Datum axis）用黄色中心线表示，并使用 A-1、A-2……注有编号，如图 13-65 所示。

（1）轴线的用途

1）旋转特征的中心线；

2）同轴特征的参考轴。

（2）轴线的创建方式

轴线即空间直线，创建轴线的方式就是满足建立空间直线的几何条件，图 13-66 所示的创建轴线方式的选项菜单中给出了创建轴线的各种几何条件。

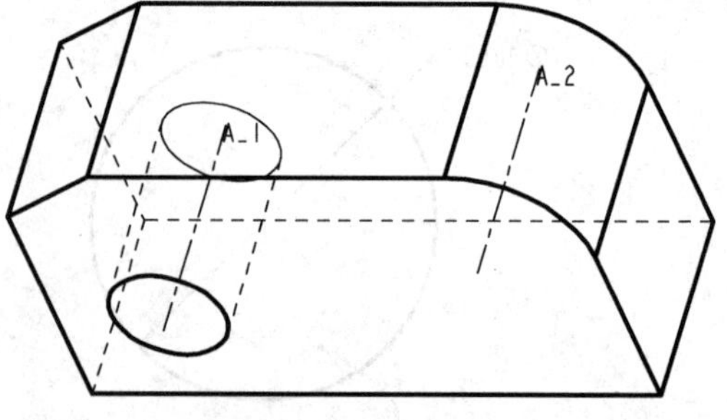

图 13-65　轴线

1）Thru Edge：通过直线创建轴线；

2）Normal pln：垂直一平面创建轴线；

3）Pnt Norm Pln ：通过一点且垂直一平面创建轴线；

4）Thru Cyl：以圆柱中心线为轴线；

5）Two Planes：以两平面的交线为轴线；

6）Two Pnt / Vtx：通过两点创建轴线；

7）Pnt on Surf：通过曲面上一点且垂直该曲面创建轴线；

8）Tan Curve：以曲线端点的切线为轴线。

（3）创建轴线范例

1）建新文件。

→输入文件名：“axis-1”→取消“Use default template”勾选→OK→“New File Options”对话框中选取“Empty”→OK。

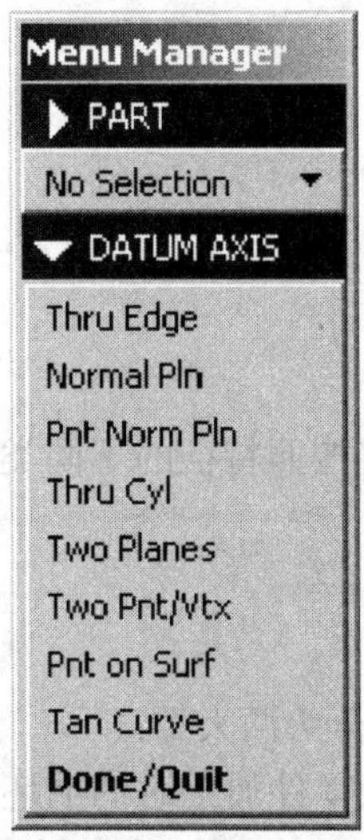

图 13-66　创建轴线方式的选项菜单

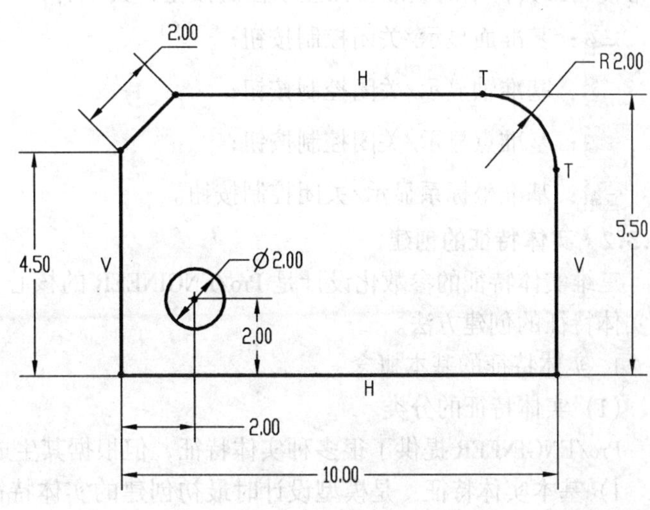

图 13-67　剖面

2）创建立体。

Feature→Create→Solid→Protrusion→Extrude｜Solid｜Done（自动进入草绘模式）→绘制如图 13-67 所示的剖面→（退出草绘模式）→输入立体厚度值：5→OK，创建如图 13-68 所示的立体。

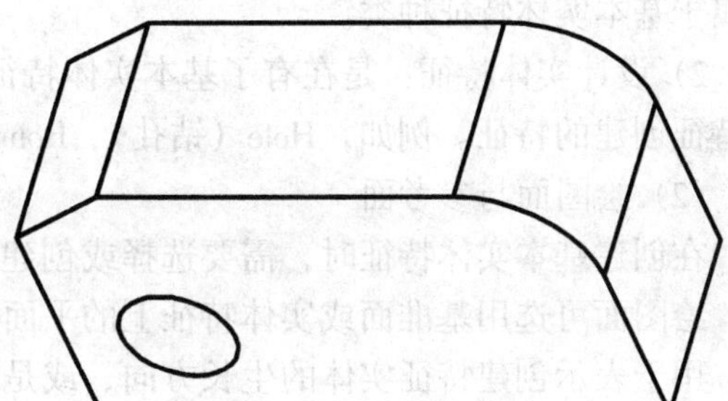

图 13-68　立体

3）创建轴线（参考图 13-69）。

以 Thru Edge 创建轴线：

→Thru Edge→选取立体棱线 1→创建轴线 A-3。

以 Normal pln 创建轴线：

→Normal pln→选取立体正面→选取边线 2→输入距离值：1→选取边线 3→输入距离值：2，创建轴线 A-4。

以 Thru Cyl 创建轴线：

→Thru Cyl→选圆柱面，创建轴线 A-2。

Two Pnt / Vtx 创建轴线：

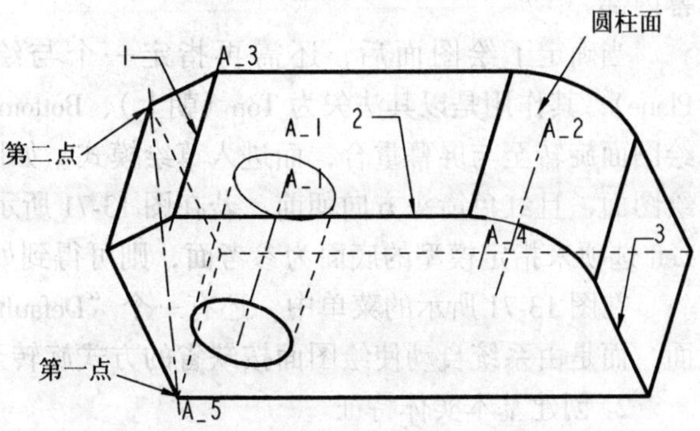

图 13-69　创建轴线

→Two Pnt / Vtx→选取第一点→选取第二点→Done，创建轴线 A-5。

3. 基准特征显示的控制

在三维模型设计时，由于基准特征是起参考作用的，因此当不需要时，尽量将其关闭不显示，以便使屏幕中的实体模型显示得更为清晰。当需要显示时，再将其打开。基准特征的显示控制可以使用菜单命令：View > Datum Display 或 Utilities > Environment。但为了操作方便，通常使用工具栏中的基准特征显示控制按钮，其中有：

：基准面显示/关闭控制按钮；

：基准轴显示/关闭控制按钮；

：基准点显示/关闭控制按钮；

：基准坐标系显示/关闭控制按钮。

13.3.2 实体特征的创建

三维实体特征的参数化设计是 Pro/ENGINEER 的核心，本节将按照特征的不同类别，介绍实体特征的创建方法。

1. 实体特征的基本概念

(1) 实体特征的分类

Pro/ENGINEER 提供了很多种实体特征，但根据其生成方式可分为两大类：

1) 基本实体特征：是模型设计时最初创建的实体特征。就像零件加工时的毛坯，它是利用 Protrusion（长出材料）方法创建所需要的初始实体特征。由于 Cut（切减材料）和 Slot（挖槽）与 Protrusion 特征构建的方式完全一样，只不过是增减材料的不同，因此，把它们同归属于基本实体特征种类。

2) 设计实体特征：是在有了基本实体特征之后，为达到设计的目的而依附于现有的实体特征创建的特征。例如，Hole（钻孔）、Round（圆角）、Chamfer（倒角）等实体特征。

(2) 绘图面与参考面

在创建基本实体特征时，需要选择或创建绘图面（Sketching Plane），用于草绘特征的剖面。绘图面可选用基准面或实体特征上的平面。当选择绘图面时，屏幕上会出现一个红色箭头，用于表示创建特征实体的生长方向、或是观察绘图面的方向。此时，可在菜单管理器中选择 Okay 确认此方向，或选择 Flip | Okay 采用与此相反的方向。若绘图面处于平行屏幕的位置时，则红色箭头转换成用圆圈表示，其中“◎”表示指向屏幕外部，“⊕”表示指向屏幕内部。

当确定了绘图面后，还需再指定一个与绘图面垂直的平面作为参考面（Reference Plane），其作用是以其法矢为 Top（朝上）、Bottom（朝下）、Right（朝右）、Left（朝左）控制绘图面旋转至与屏幕重合，而进入草绘模式。如图 13-70 所示的实体模型，选择其前表面为绘图面，且红色箭头方向朝前。若在图 13-71 所示的菜单中分别选取 Top 、Bottom 、Right 或 Left 选项来指定模型的底面为参考面，则可得到如图 13-72 所示的四种情况。

在图 13-71 所示的菜单中，还有一个“Default”（缺省）选项，选择此项，不用指定参考面，而是由系统自动使绘图面按缺省的方式旋转至与屏幕平行。

2. 创建基本实体特征

Pro/ENGINEER 中的实体特征很多，常用的有圆孔（Hole）、轴（Shaft）、圆角（Round）、

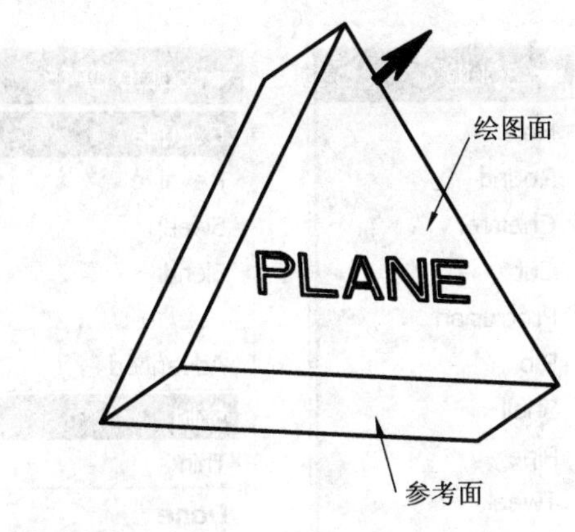

图 13-70 绘图平面和参考面

图 13-71 参考面法矢方向选项菜单

斜角（Chamfer）、沟槽（Slot）、切削（Cut）、凸起（Protrusion）、轴颈（Neck）、凸缘（Flange）、筋板（Rib）、薄壳（Shell）和管件（Pipe）等。创建实体特征的命令位于菜单管理器中的 Feature（特征）→Create（创建）→Solid（实体）分菜单中，如图 13-73 所示。其中，基本实体特征的创建类型有 Protrusion（加材料）、Cut（减材料）和 Slot（挖槽）。它们具有相同的四种实体特征构建方式：Extrude（拉伸）、Revolve（旋转）、Sweep（扫描）和 Blend（混合），均需通过草绘剖面创建特征。所不同的只是 Protrusion 是产生材料，而 Cut 和 Slot 是切减材料。为此，下面就以 Protrusion 为例，分别介绍这四种实体特征构建方式。

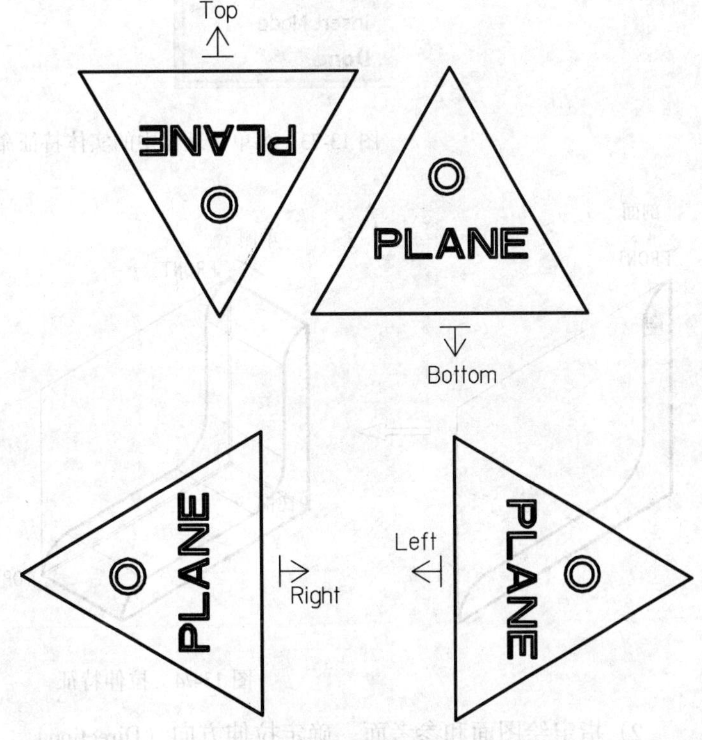

图 13-72 四种情况的绘图面

首先介绍 Extrude（拉伸）实体特征构建方式。

Extrude 是在完成剖面草绘后，沿着垂直剖面的方向单侧（One side）或双侧（Both sides）成长生成实体特征，如图 13-74 所示。

(1) 拉伸特征的操作步骤

1）选择命令确定拉伸属性（Attributes）。

Feature→Create→Solid→Protrusion→Extrude | Solid | Done→One side（或 Both sides）|Done。

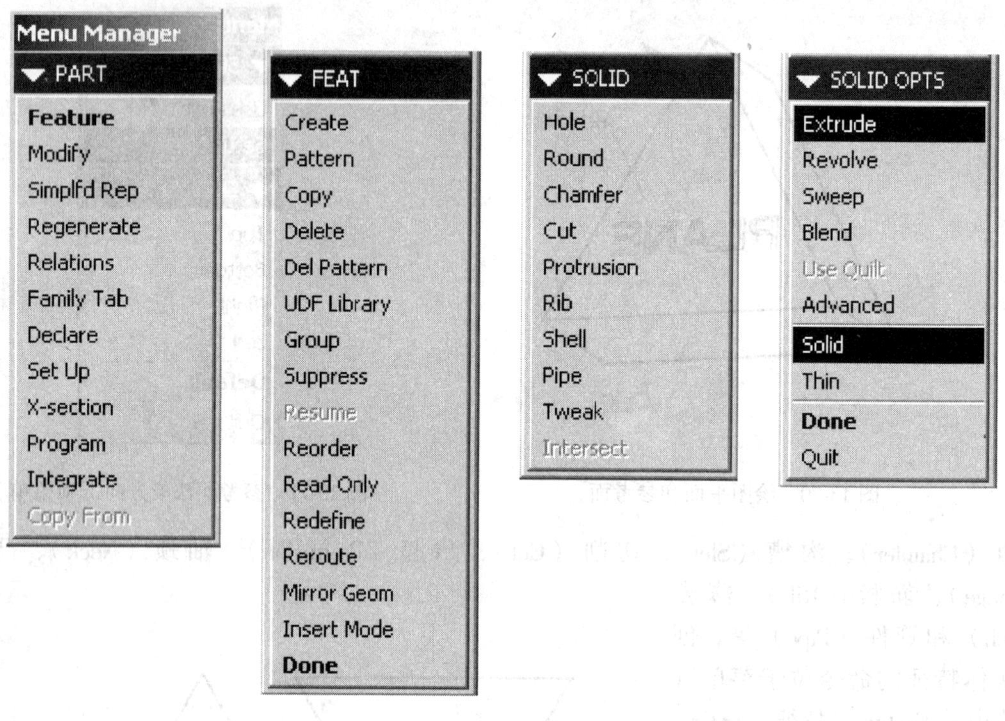

图 13-73　菜单管理器中的实体特征命令菜单

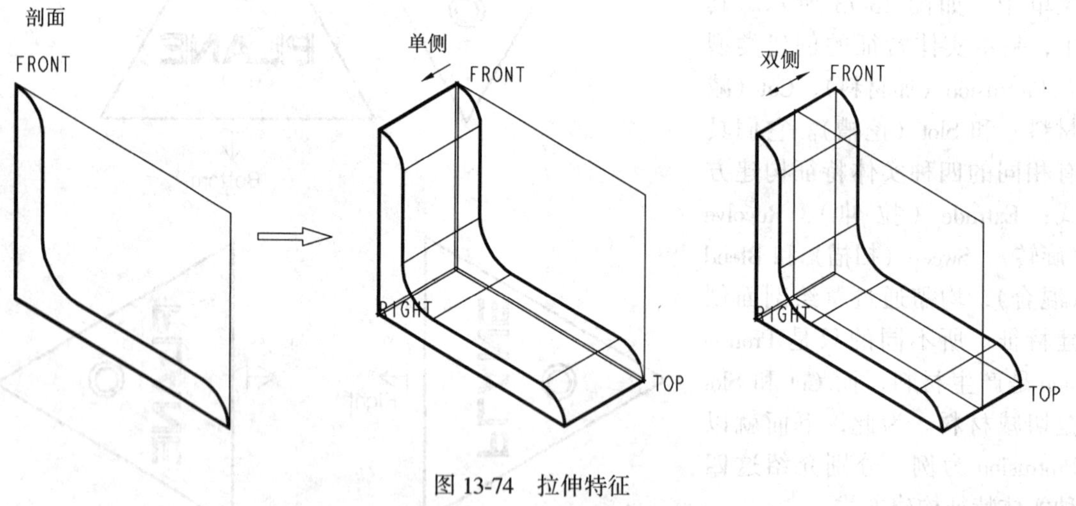

图 13-74　拉伸特征

2）指定绘图面和参考面、确定拉伸方向（Direction）。

注：若建新文件时，在 New 对话框中取消“Use default template”的勾选，并在 New File Options 对话框中选择“Empty”，则不需指定绘图面和参考面，系统将以平行屏幕的平面作为缺省绘图面，以朝向屏幕外为缺省拉伸方向而自动进入草绘模式。另外三种实体特征构建方式的绘图面也是如此，后面不再重复说明。

3）绘制剖面（Section）。

4）给定拉伸深度（Depth）。

注：拉伸特征深度有不同的形式可在菜单中选择使用。例如：Blind（盲孔，需输入深度值）、Thru Next（贯穿下一个）、Thru All（贯穿所有）、Thru Until（贯穿至）、Up To Surface（至曲面）等。

（2）拉伸特征范例

完成图 13-74 所示的实体模型。

1）建新文件。

→输入文件名："extrude-1"→OK。

2）选择 Extrude 创建 Protrusion 实体特征。

Feature→Create→Solid→Protrusion→Extrude | Solid | Done→One side | Done。

3）指定绘图面和参考面。

选取基准面 FRONT（绘图平面）→ Okay（确认缺省拉伸方向）→Top（选择参考面法矢朝上）→选取基准面 TOP（参考面）→（进入草绘模式）。

4）绘制剖面。

绘制如图 13-75 所示的剖面→（退出草绘模式）。

5）输入拉伸深度值。

Blind | Done→输入深度值：2→。

6）完成操作。

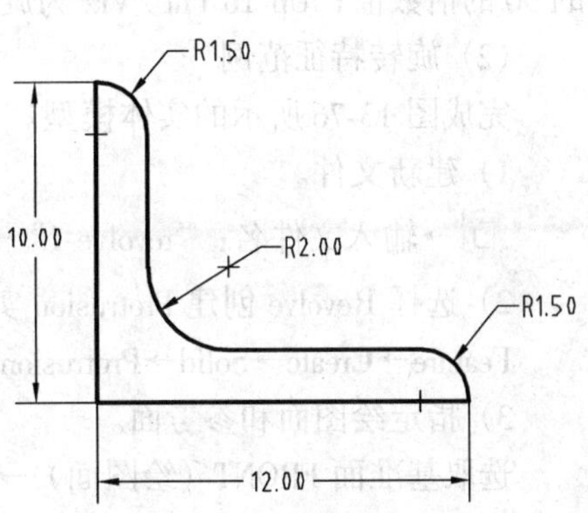

图 13-75　拉伸特征的剖面

单击"Protrusion：Extrude"对话框中的 OK 按钮确认 Extrude 操作。单击工具栏中→Default 调整视图显示得到如图 13-74 所示的单侧拉伸的实体模型。

其次介绍 Revolve（旋转）实体特征构建方式。

Revolve 是在完成剖面草绘后，将剖面绕着一中心线单侧（One side）或双侧（Both sides）旋转生成实体特征，如图 13-76 所示。

（1）旋转特征的操作步骤

1）选择命令，确定旋转属性（Attributes）。

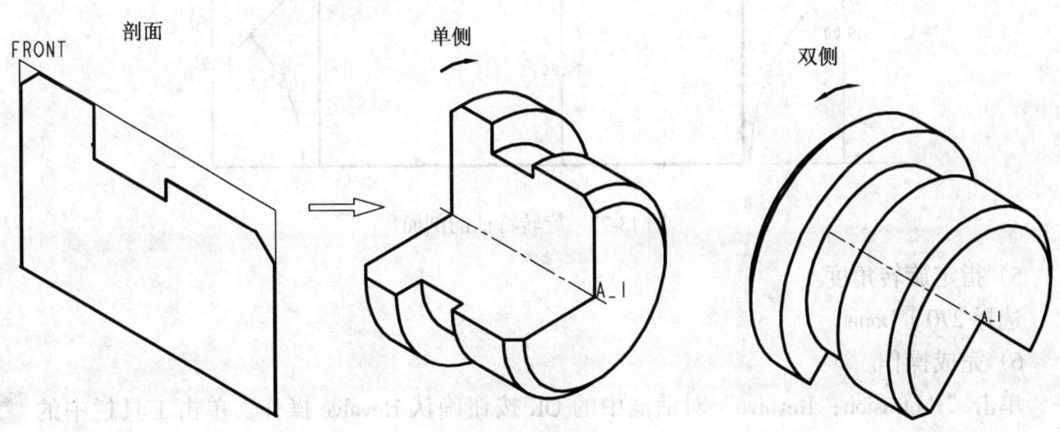

图 13-76　旋转特征

Feature→Create→Solid→Protrusion→Revolve Solid | Done→One side（或 Both sides） | Done。

2）指定绘图平面和参考面，确定旋转方向（Direction）。

3）绘制剖面（Section）。

注：绘制旋转特征的剖面，需有旋转轴（用中心线表示）。若剖面含有两条以上中心线，则以第一条中心线为旋转轴，否则需用命令 Sketch→Feature Tools→Axis of Revolution 指定某中心线为旋转轴；剖面必须是封闭的且必须在旋转轴的同侧。

4）指定旋转角度（Angle）。

注：旋转特征的角度有不同的形式，可在菜单中选择使用。

其中，Variable（可变值）为输入 0 ~ 360 之间的任意值；90、180、270 和 360 为可选用的 90 的倍数值；Up To Pnt /Vrx 为旋转至点或顶点；Up To Plane 为旋转至平面。

（2）旋转特征范例

完成图 13-76 所示的实体模型。

1）建新文件。

→输入文件名："revolve-1"→OK。

2）选择 Revolve 创建 Protrusion 实体特征。

Feature→Create→Solid→Protrusion→Revolve | Solid | Done→One side | Done。

3）指定绘图面和参考面。

选取基准面 FRONT（绘图面）→Okay（确认缺省旋转方向）→Top（选择参考面法矢朝上）→选取基准面 TOP（参考面）→（进入草绘模式）。

4）绘制剖面。

绘制如图 13-77 所示的剖面，（其中所画的水平中心线为旋转轴）→ ✔（退出草绘模式）。

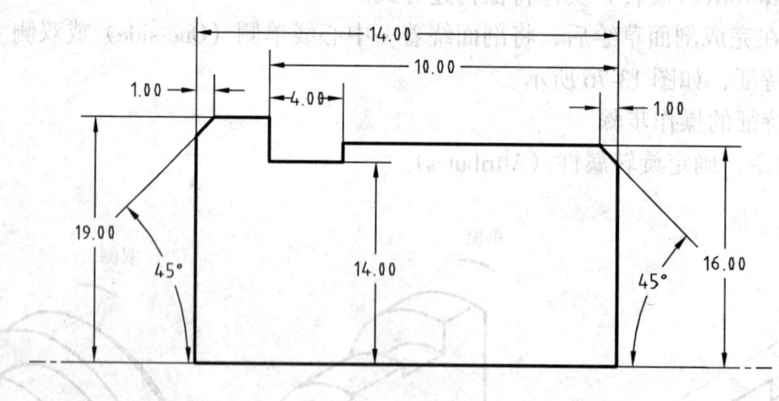

图 13-77 旋转特征的剖面

5）指定旋转角度。

选择 270 | Done。

6）完成操作。

单击"Protrusion：Revolve"对话框中的 OK 按钮确认 Revolve 操作。单击工具栏中的 →Default 调整视图显示，得到如图 13-76 所示的单侧旋转的实体模型。

下面介绍 Sweep（扫描）实体特征构建方式。

Sweep 是在完成剖面草绘后，将剖面沿一条轨迹（Trajectory）扫描生成实体特征，如图 13-78 所示。

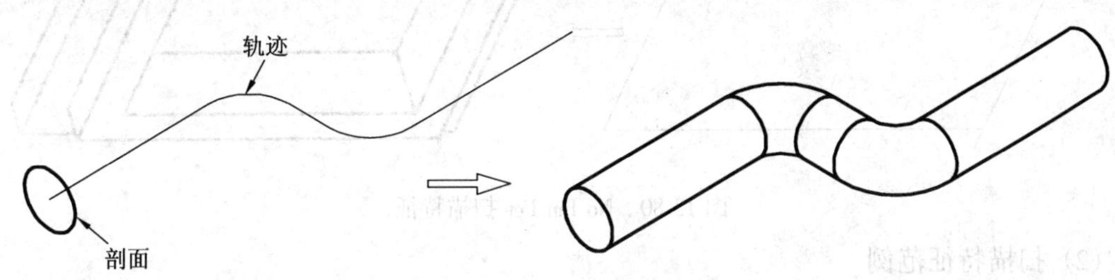

图 13-78　扫描特征

（1）扫描特征的操作步骤

1）选择命令，确定创建扫描轨迹方式。

Feature→Create→Solid→Protrusion→Sweep ｜Solid｜Done→Sketch Traj（或 Select Traj）。

注：建立扫描轨迹有以下两种方式：

Sketch Traj（草绘轨迹）：选择绘图面，在上面绘制轨迹（二维曲线）。

Select Traj（选取轨迹）：选择现有的曲线作为轨迹，该曲线可为空间三维曲线。

2）指定绘图面和参考面（或选取曲线作轨迹）。

3）绘制扫描轨迹，选择扫描属性（Attributes）。

注：扫描轨迹可以是封闭的（Close），也可以是开口的（Open）。封闭的扫描轨迹有两种扫描属性：

Add Inn Fcs（增加内部面）：将一开口剖面沿扫描轨迹所围成的内部自动补成实体，如图 13-79 所示。

No Inn Fcs（无内部面）：不做任何实体补偿，仅用于封闭剖面，如图 13-80 所示。

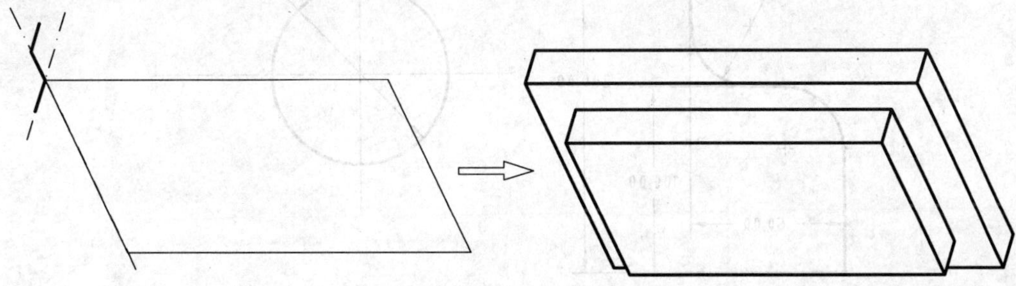

图 13-79　Add Inn Fcs 扫描特征

开口的扫描轨迹有两种扫描属性：

Merged Ends（合并端点）：扫描特征自动延伸接合已存在的实体；

Free Ends（自由端点）：扫描特征不与已存在的实体延伸接合。

4）绘制剖面。

扫描轨迹绘制完成后，系统会自动切换至与轨迹图形正交的平面上，以进行剖面的绘制。

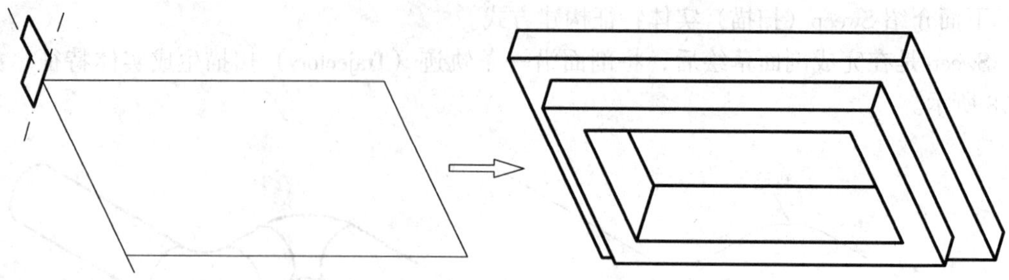

图 13-80　No Inn Fcs 扫描特征

(2) 扫描特征范例

完成图 13-78 所示的实体模型。

1）建新文件。

→输入文件名：Sweep-1→OK。

2）选择 Sweep 创建 Protrusion 实体特征。

Feature→Create→Solid→Protrusion→Sweep｜Solid｜Done→Sketch Traj。

3）指定绘图面与参考面。

选取基准面 TOP（绘图面）→Okay（确认缺省旋转方向）→Bottom（选择参考面法矢朝下）→选取基准面 FRONT（参考面）→（进入草绘模式）。

4）绘制扫描轨迹和剖面。

绘制如图 13-81a 所示的图形作为扫描轨迹→ →No Inn Fcs｜Done→绘制如图 13-81b 所示的剖面→ 。

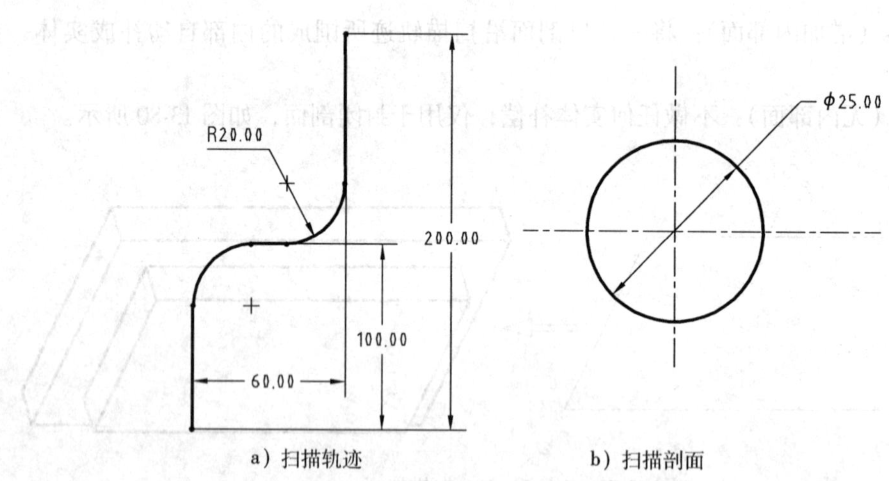

a）扫描轨迹　　b）扫描剖面

图 13-81　扫描特征的轨迹和剖面

5）完成操作。

单击 Sweep 创建对话框中的 OK 按钮确认 Sweep 操作。单击工具栏中的 →Default 调整视图显示，得到如图 13-78 所示的扫描实体模型。

最后介绍 Blend（混合）实体特征构建方式。

Blend 是连接两个或两个以上的剖面混合生成实体，如图 13-82 所示。

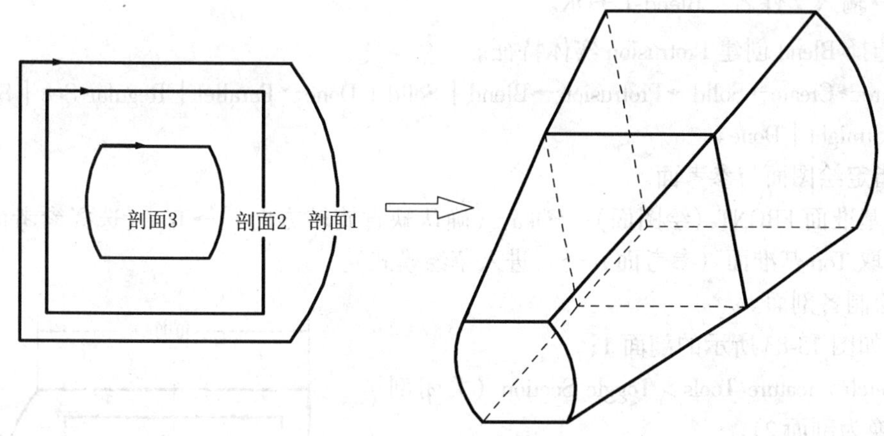

图 13-82　混合特征

(1) 混合特征的操作步骤

1) 选择命令。

Feature→Create→Solid→Protrusion→Blend ｜Solid｜Done。

2) 指定混合方式 Parallel、Rotation 或 General。

Parallel（平行混合）：剖面互相平行。

Rotation（旋转混合）：剖面间为以 Y 轴（建立的草绘坐标系的坐标轴）为轴不大于 120°的夹角。

General（一般混合）：剖面可处于任意方位。

由于篇幅所限，这里主要介绍平行混合。

3) 选择剖面类型 Regular Sec 和 Project Sec。

Regular Sec（规则剖面）：以在绘图面上绘制的（Sketch Sec）或选用已存在的图形（Select Sec）为剖面。

Project Sec（投影剖面）：以绘图面上绘制的（Sketch Sec）或选用已存在的图形（Select Sec）投影所得的图形为剖面。

4) 设定混合特征属性 Straight 或 Smooth。

Straight：剖面间以直线连接。

Smooth：剖面间平滑（以 Spline 曲线）连接。

5) 指定绘图面和参考面，绘制各剖面。

注：各剖面的线段数量必须相等；按剖面间连接顺序设定好各剖面的起点（Start Point）和方向。

Sketch > Feature Tools > Toggle Section 命令用于各剖面间的切换。

Sketch > Feature Tools > Start Point 命令用于重新设定各剖面的起点。

6) 给定剖面间的距离（Depth）（用于平行混合）。

(2) 混合特征范例

【例 13-3】　完成如图 13-82 所示的实体模型。

1) 建新文件。

□→输入文件名：Blend-1→OK。

2）选择 Blend 创建 Protrusion 实体特征。

Feature→Create→Solid→Protrusion→Blend | Solid | Done→Parallel | Regular Sec | Sketch Sec | Done→Straight | Done。

3）指定绘图面与参考面。

选取基准面 FRONT（绘图面）→Okay（确认缺省旋转方向）→Top（选择参考面法矢朝上）→选取 Top 基准面（参考面）→（进入草绘模式）。

4）绘制各剖面。

绘制如图 13-83 所示的剖面 1；

→Sketch > feature Tools > Toggle Section（关闭剖面 1，切换为剖面 2）；

→绘制如图 13-83 所示的剖面 2；

→Sketch > feature Tools > Toggle Section（关闭剖面 2，切换为剖面 3）；

→绘制如图 13-83 所示的剖面 3→ ✓ 。

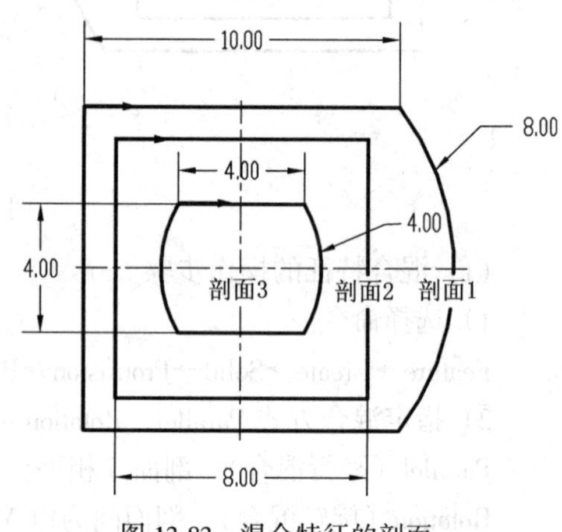

图 13-83　混合特征的剖面

5）输入剖面间深度。

Enter Depth for Section2：10→ ✓ 。

Enter Depth for Section3：15→ ✓ 。

6）完成操作。

单击混合特征创建对话框中的 OK 按钮，确认 Blend 操作。单击工具栏中的 →Default 调整视图显示，得到如图 13-82 所示的混合实体模型。

【例 13-4】　利用混合实体构建方式，创建圆锥实体模型。本例介绍用点作为剖面混合生成实体特征。

1）建新文件。

□→输入文件名：Blend-2，取消“Use default template”→勾选→OK→选取“Empty”→OK。

2）选择 Blend 创建 Protrusion 实体特征。

Feature→Create→Solid→Protrusion→Blend | Done→Parallel | Regular Sec | Sketch Sec | Done→Smooth | Done（进入草绘模式）。

3）绘制剖面。

绘制如图 13-84 所示剖面 1（$\phi50$ 的圆）；

Sketch > feature Tools > Toggle Section（关闭剖面 1，切换为剖面 2）→在中心线交点处绘制点作为剖面 2→ ✓ 。

4）输入圆锥高度。

Enter Depth for Section2：50→ ✓ 。

单击 Blend 创建对话框中的 OK 按钮，得到如图 13-85 所示的圆锥。

3. 创建设计实体特征

设计实体特征是依附于已有实体模型上的特征。在进行零件设计时，创建了初始特征后，即可开始进行各种设计特征，例如，钻孔、倒角、加强肋及抽壳等。设计实体特征命令位于如图 13-86 所示的 Feature→Create→Solid 分菜单中，常用的有：Hole（孔）、Round（倒圆）、Chamfer（倒角）、Rib（板筋）和 Shell（抽壳）等。

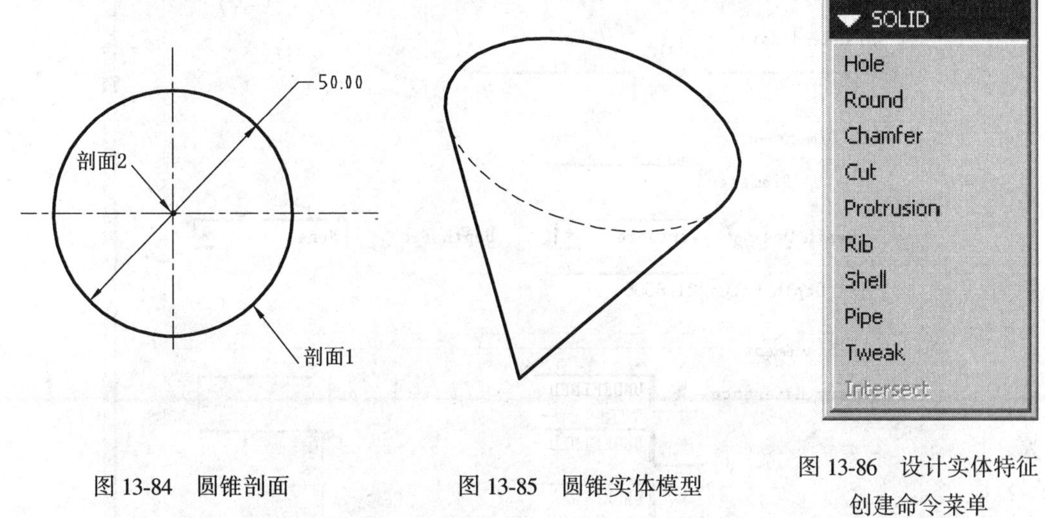

图 13-84　圆锥剖面　　图 13-85　圆锥实体模型　　图 13-86　设计实体特征创建命令菜单

（1）Hole（孔）

钻孔是零件设计中常用的结构，Pro/ENGINEER 提供了能够创建各种轴向剖面形状、并且可以不同尺寸基准定位的孔特征。

1）Hole 对话框。创建孔特征的操作都是通过如图 13-87 所示的 Hole 对话框而进行的。该对话框大致分成三个部分：

对话框上方的 Hole Type 栏位用于选择孔的类型，其中有三个单选选项：

① Straight Hole：直圆柱孔；

② Sketched：草绘剖面创建孔。选择该项，自动进入草绘模式。绘制孔的轴向剖面及作为轴的中心线，如图 13-88 所示的例子（创建钻孔绘制的轴向剖面）。系统将以 Revolve 特征构建方式，使剖面绕轴旋转形成孔。

③ Standard Hole：标准孔。如 Hole 对话框中的选项所示，选择 Standard Hole 选项可创建 ISO 等标准结构的螺纹孔（Tapped Hole）和光孔（Clearance），孔端可以选择锪平（Add Counterbore）结构或倒角（Add Countersink）结构，螺纹孔可以选择全螺纹（Thru thread ）或指定螺纹长度（Variable），选择通孔（Thru All）和指定孔深（Variale）而成为带锥底的孔。

对话框中部的 Hole Dimension 栏位用于设置孔大小的尺寸。其中包括孔的直径（Diameter）和深度（Depth Value）值的输入栏，选择项 Depth One 和 Depth Two 为设置孔深方式。对于 Sketched 类型的孔，其大小尺寸是在草绘剖面中标注的；对于 Standard Hole 类型的孔，当选择了该项后，Hole Dimension 栏位立即切换为如图 13-89 的内容，在该对话框中设定孔各部分结构的尺寸。

对话框下部的 Hole Placement 栏位用于设置孔定位的尺寸，其中的选项有：

① Primary Reference：用于选取创建孔的平面，如图 13-90 所示。

② Placement Type：用于选择孔轴线的定位方式，其中有以下四个选项：

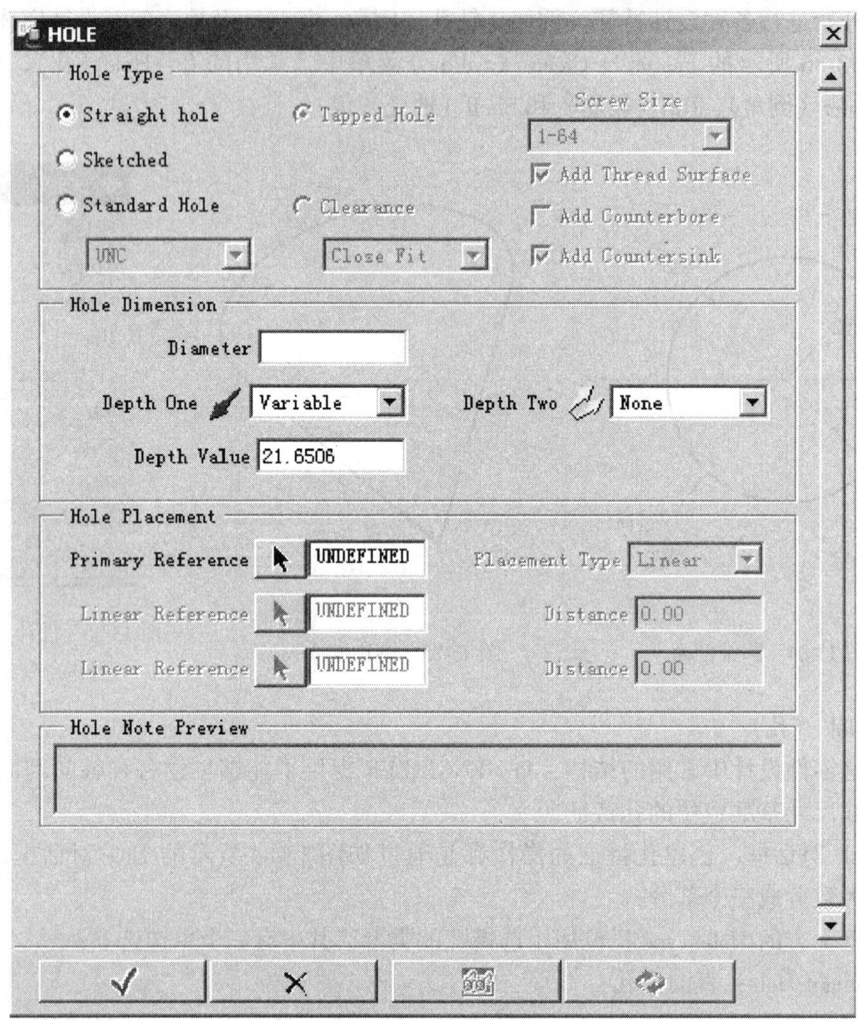

图 13-87　Hole 对话框

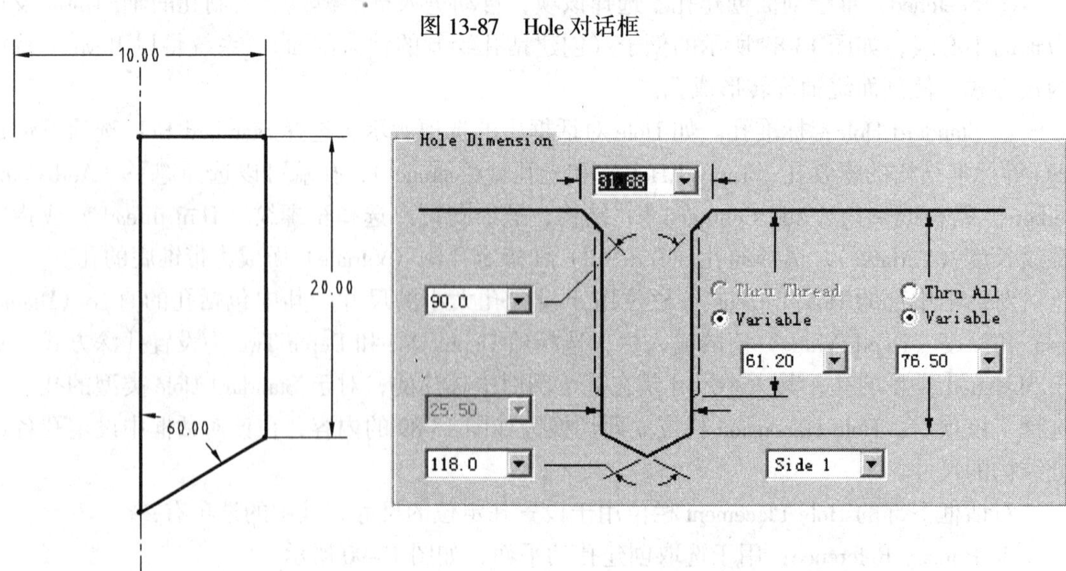

图 13-88　草绘孔的轴向剖面　　　　图 13-89　Standard Hole 结构尺寸的对话框

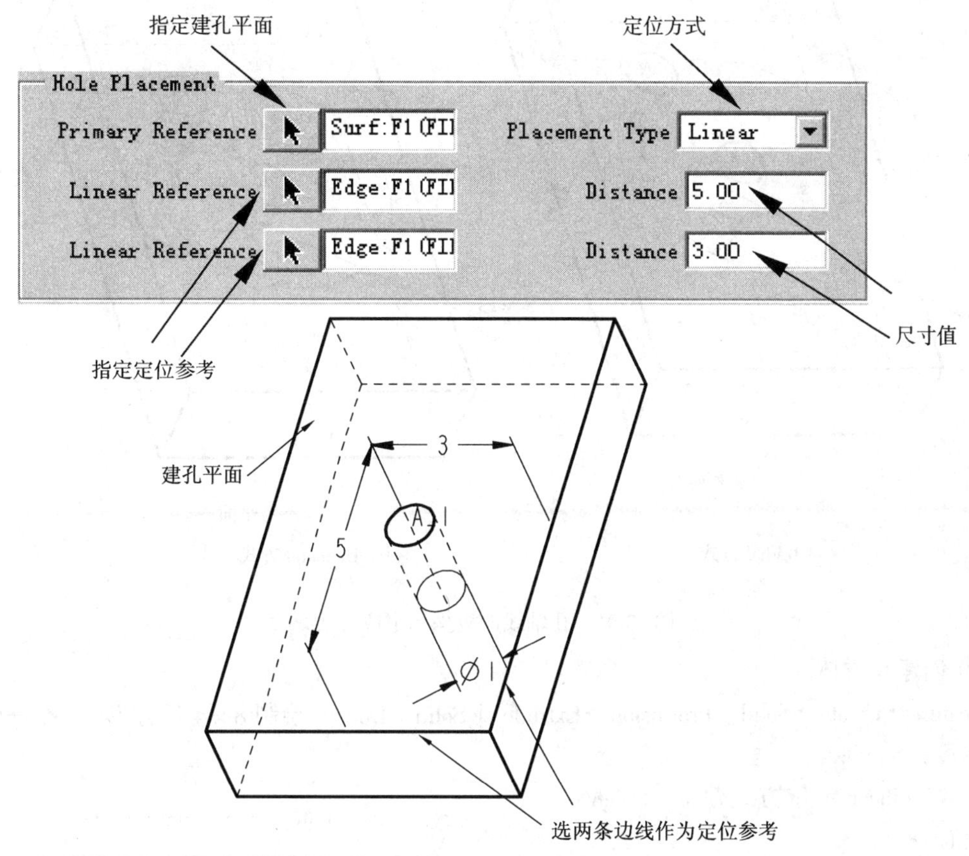

图 13-90　孔轴线的线性定位方式

Linear（线性定位）：选择两条边线或两个平面作为两个方向的线性定位参考来标注孔轴线位置的尺寸。分别在两个 Distance 输入框中输入线性尺寸值，如图 13-90 所示。

Radial（极坐标（半径）定位）：选择一轴和一平面作为极坐标定位参考来标注孔轴线位置的尺寸。其中选取的轴作为标注半径尺寸的参考，平面作为标注角度尺寸的参考。如图 13-91a 所示。此选项的尺寸值输入栏切换为 Distance 和 Angle，分别用于输入半径值和角度值。

Diameter（极坐标（直径）定位）：选择一轴和一平面作为极坐标定位参考来标注孔轴线位置的尺寸。其中选取的轴作为标注直径尺寸的参考，平面作为标注角度尺寸的参考，如图 13-91b 所示。此选项的尺寸值输入栏也为 Distance 和 Angle，分别用于输入直径值和角度值。

Coaxial（同轴定位）：选择一已存在的轴作为欲创建孔的轴线。该方式操作较为简单，选择创建孔的平面，选择一轴线，再给定孔大小的尺寸，即可完成孔的创建。

2）创建孔特征范例

① 建新文件。

→输入文件名：hole-1，取消“Use default template”→勾选→OK→在 New File Options 对话框中选择“Empty”→OK。

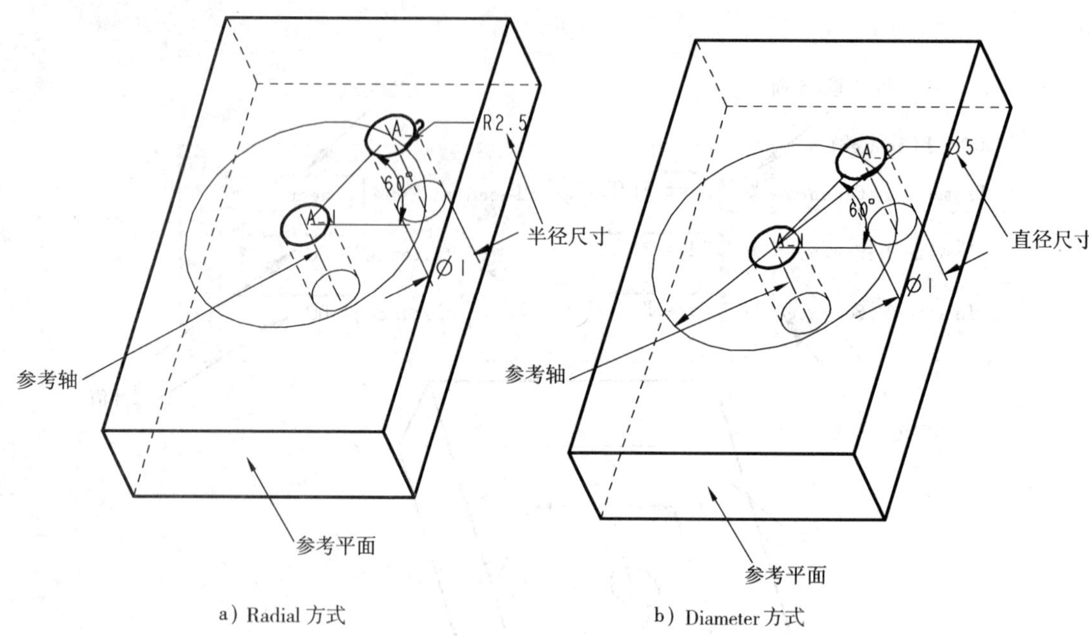

a）Radial 方式　　b）Diameter 方式

图 13-91　孔轴线的极坐标定位方式

② 创建长方体。

Feature→Create→Solid→Protrusion→Extrude ｜Solid｜Done→绘制 8×4 长方形→ ✓ →输入特征深度：5→OK。

③ 以 Linear 定位方式建立 Straight Hole 特征。

Create→Solid→Hole→（弹出 Hole 对话框），输入孔径（Diameter）：1，选择孔深度（Depth One）：Thru All（通孔）→选择建孔平面（Primary Reference）：长方体顶面→选择孔轴线的定位参考面（Linear Reference）：长方体的正面和右侧面，分别在相应的 Diameter 栏位输入定位尺寸值：2.5 和 4→ ✓ 。建立如图 13-93 所示的 Straight Hole 特征。

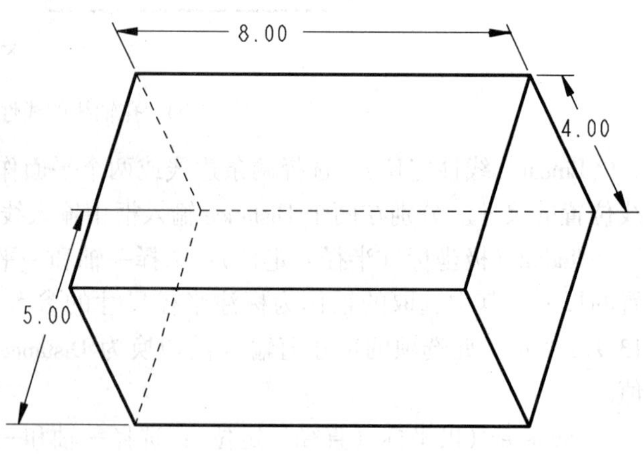

图 13-92　长方体

④ 以 Radial 定位方式建立 Sketched 孔特征。

Create →Solid→ Hole（弹出 Hole 对话框）。

选择孔类型：Sketched（自动进入草绘模式）绘制图 13-94 所示的剖面→ ✓ （返回 Hole 对话框）；选择建孔平面（Primary Reference）：长方体顶面（点击欲建孔的位置）→选择定位方式（Placement Type）：Radial→选择定位参考轴（Axial Reference）轴 A-1，输入定位尺寸值：2.5→选择角度参考面（Angular Reference）：长方体正面，输入角度值：45→ ✓ 建立如图 13-95 所示的 Straight Hole 特征。

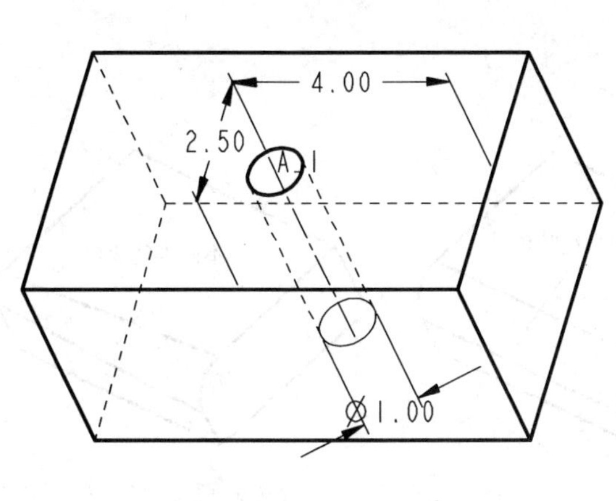

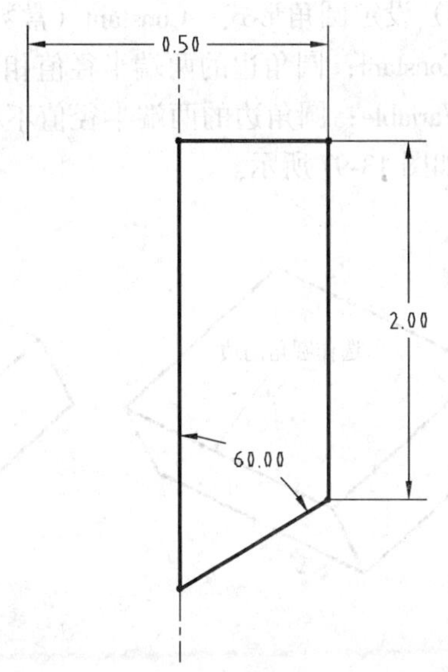

图 13-93　创建 Straight Hole 特征　　　图 13-94　孔的轴向剖面

⑤ 以 Coaxial 定位方式建立 Straight Hole 特征。

Create→Solid→Hole（弹出 Hole 对话框）；选择孔类型：Standard Hole，选择 ISO→选择螺纹孔：Tapped Hole，螺纹尺寸（Screw Size）：M45×4.5，孔端倒角：Add Counter Sink→在 Hole dimension 栏位中，输入螺纹长度（Variable）：2，输入光孔深度（Variable）：3，→选择建孔定位方式（Placement Type）：Coaxial→选择参考轴：轴 A-1→ ✓ 。建立如图 13-96 所示的 Standard Hole 特征（螺纹孔）。

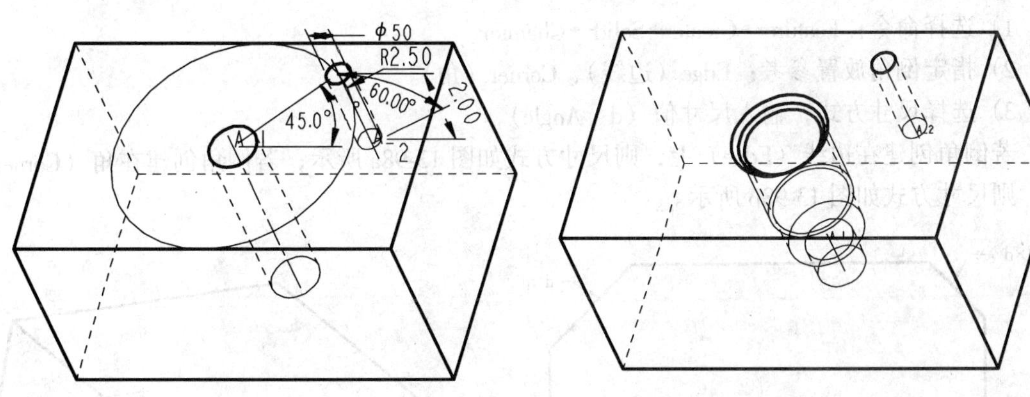

图 13-95　创建 Straight Hole 特征　　　图 13-96　创建 Standard Hole 特征

(2) 圆角（Round）

在零件设计中，圆角是常用的结构，Pro/ENGINEE 提供了圆角特征的创建方法，其操作步骤如下。

1）选取命令：Feature→Create→Solid→Round。

2）指定圆角类型：Simple（简单圆角）或 Advanced（高级圆角）。

3）设定圆角形式：Constant（常数）和 Variable（可变数）。

Constant：圆角边的两端半径值相同。

Variable：圆角边的两端半径值不相同。

如图 13-97 所示。

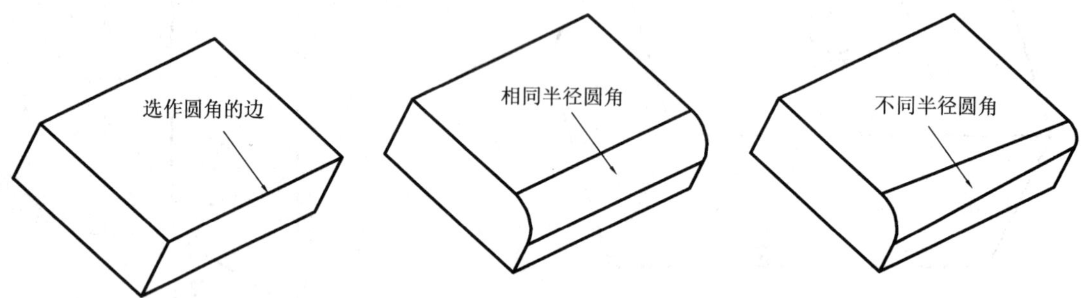

图 13-97　圆角特征

4）指定圆角放置参考：Edge Chain、Surf-Surf 或 Edge-Surf。

Edge Chain：对某个连续边创建圆角；

Surf-Surf：创建面到面的圆角；

Edge-Surf：创建边到面的圆角。

5）选取欲倒圆角的边或面，如图 13-97 所示。

6）输入圆角半径的值。

（3）倒角（Chamfer）

在零件设计中，轴端、孔端等部位常作成倒角结构，Pro/ENGINEE 提供了创建倒角特征的功能，其操作步骤如下：

1）选择命令：Feature→Create→Solid→Chamfer。

2）指定倒角放置参考：Edge（边线）、Corner（角）。

3）选择尺寸方式，输入尺寸值（d、Angle）。

若倒角创建在边线（Edge）上，则尺寸方式如图 13-98a 所示；若倒角创建在角（Corner）上，则尺寸方式如图 13-98b 所示。

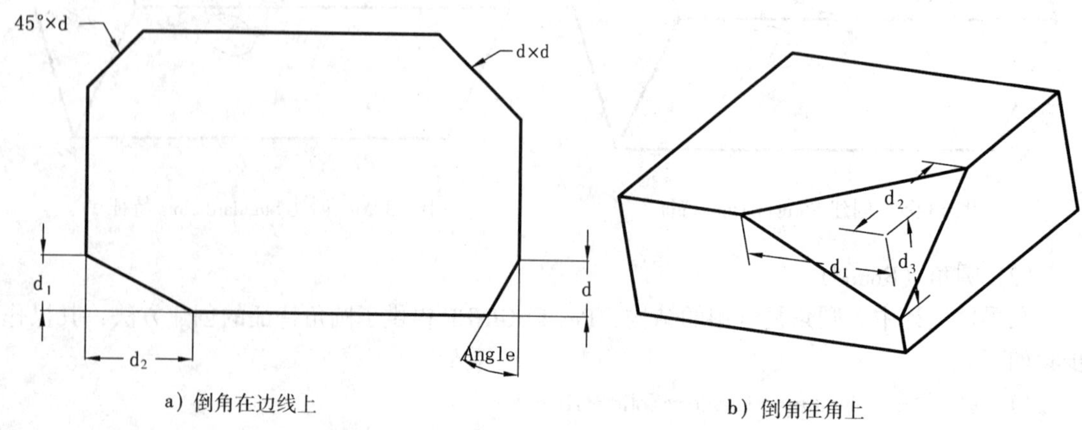

a）倒角在边线上　　b）倒角在角上

图 13-98　倒角特征

(4) 肋板（Rib）

在零件设计中。肋板通常作为加强肋使用，如图 13-99 所示。在 Pro/ENGINEE 中创建肋板的操作步骤如下：

1）选择命令：Feature→Create→Solid→Rib；

2）指定绘图面和参考面；

3）绘制剖面（Section）；

4）指定材料生长方向；

5）输入肋板厚度值（Rib thickness）。

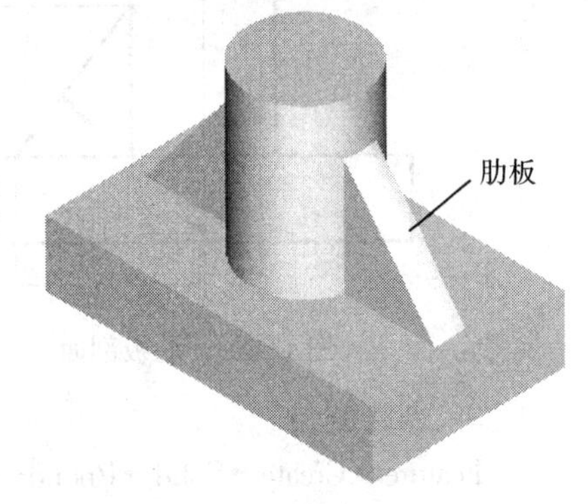

图 13-99　肋板特征

(5) 创建圆角、倒角和肋板特征的范例

1）建新文件。

→输入文件名："ro-ch-ri"→OK。

2）创建长方体。

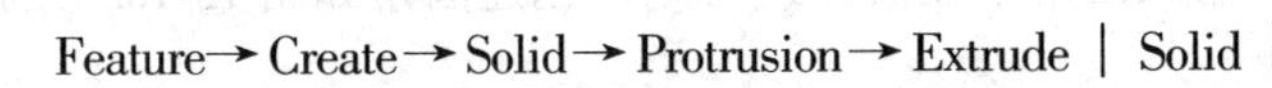
Feature→Create→Solid→Protrusion→Extrude | Solid | Done→One Side | Done；选取基准面 Top（绘图面）→Okay→Bottom→选取基准面 FRONT（参考面）→绘制 10×6 长方形剖面→ ✓ →输入长方体厚度：2→Done→OK→ →Default，创建如图 13-100 所示的长方体。

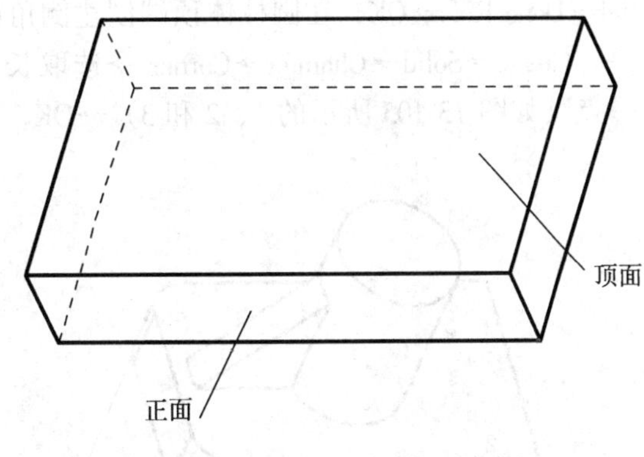

图 13-100　长方体

3）创建圆柱体。

Feature→Create→Solid→Protrusion→Extrude | Solid | Done→One Side | Done→选取长方体顶面（绘图面）→Okay→Bottom→选取长方体正面（参考面）→绘制如图 13-101 所示的剖面→ ✓ →Done→ 输入圆柱体的长度 5→OK，创建如图 13-102 所示的圆柱体与长方体组合的实体模型。

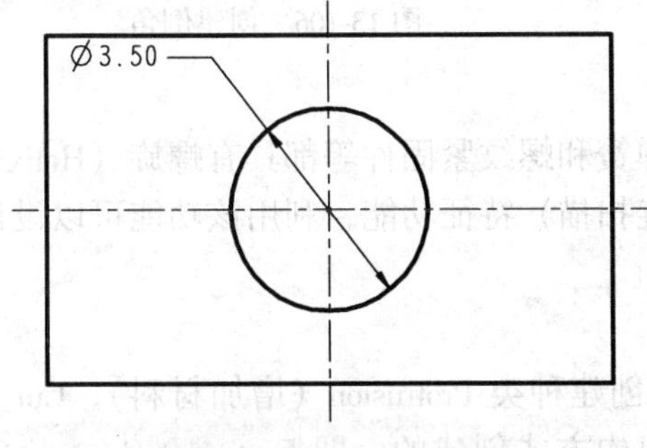

图 13-101　圆柱体剖面

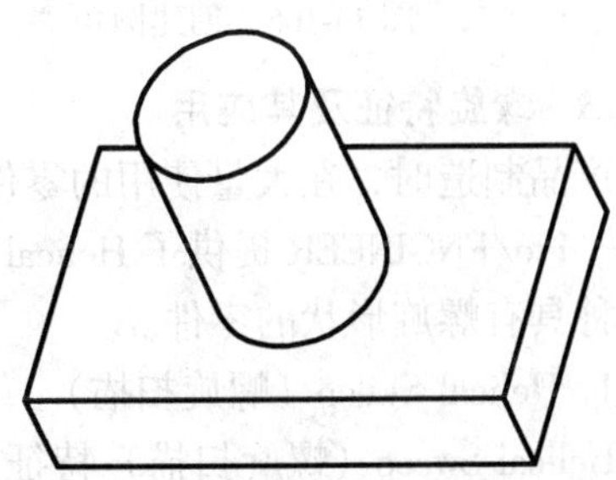

图 13-102　组和的实体模型

4）创建加强肋板。

Feature→Create→Solid→Rib→选取基准面 FRONT（绘图面）→Top→选取长方体顶面（参考面）→绘制如图 13-103 所示的剖面→Flip→Okay（选取材料生长方向）→ 输入肋板厚度：1→ ✓，创建肋板如图 13-104 所示。

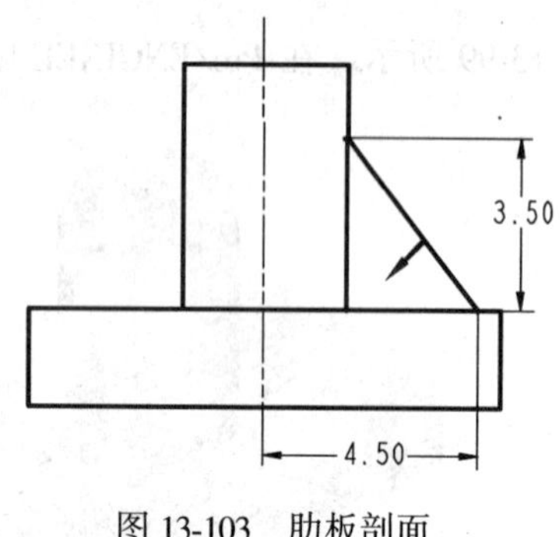

图 13-103　肋板剖面

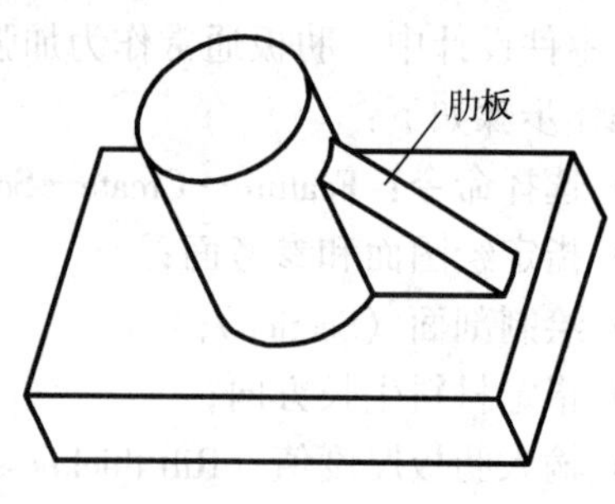

图 13-104　创建肋板

5）创建圆角。

Feature→Create→Solid→Round→Simple | Done→Constant | Edge Chain | Done→Tangnt Chain→选取长方体右边的两条棱→Done→输入圆角半径值：1→ ✓ ，创建圆角如图 13-105 所示。

6）创建倒角。

Feature→Create→Solid→Chamfer→Solid→45×d→输入 d 值：0.2→选取圆柱体顶圆→Done Sel→Done Refs→OK，在圆柱体顶端创建倒角如图 13-106 所示；

Create→Solid→Chamfer→Corner→选取长方体左前角→分别在过该角的三条棱上各选取一点（如图 13-105 所示的 1、2 和 3）→OK，在左前角处创建一斜角如图 13-106 所示。

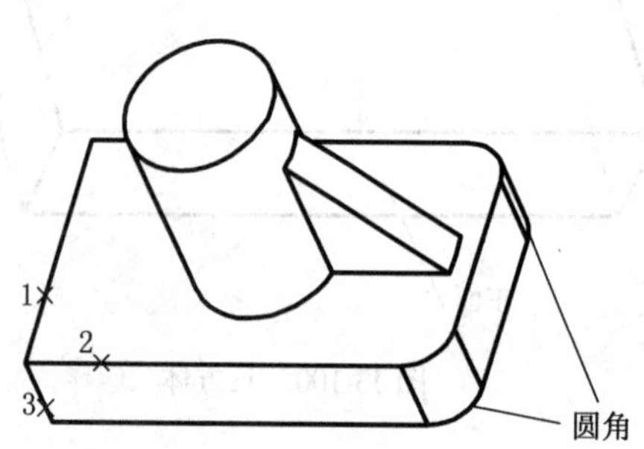

图 13-105　创建圆角

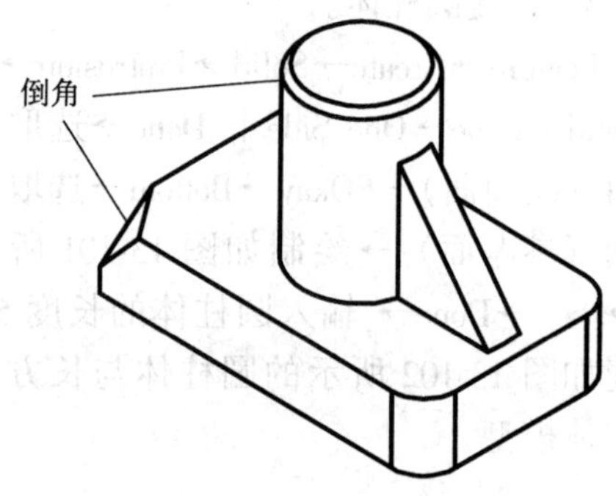

图 13-106　创建倒角

13.3.3　螺旋特征及其应用

产品制造时，在大量使用的零件中，诸如弹簧和螺纹紧固件等都具有螺旋（Helix）特征形状。Pro/ENGINEER 提供了 Helical Sweep（螺旋扫描）特征功能，利用该功能可以设计创建出各种具有螺旋形状的零件。

1. Helical Sweep（螺旋扫描）

Helical Sweep（螺旋扫描）特征是利用特征创建种类 Protrusion（增加材料）、Cut（切减材料）和 Slot（挖槽）中的 Advanced（高级）建构方式创建的，即 Feature→Create→Solid | Protrusion（或 Cut，或 Slot）→Advanced→Solid→ Done | Helical Swp | Done。尽管这三种类型创建出的螺旋扫描特征的表现形式不同（差别在于增加材料和切减材料），但是创建的过程都是一样的，都需要进行下列四项内容的操作。

（1）Attributes（属性）

螺旋扫描特征的属性包括：

1）螺距：可选择 Constant（常螺距）或 Variable（变螺距）；

2）截面的方位：可选择 Thru Axis（螺旋截面所在的平面通过旋转轴）或 Norm To Traj（螺旋截面垂直螺旋轨迹）；

3）旋向：可选择 Right Handed（右旋）或 Left Handed（左旋）。

（2）Swp Profile（扫描轮廓）

创建螺旋扫描特征需要草绘扫描轮廓，其中包括一条作为旋转轴的中心线和扫描轮廓线，如图 13-107 所示。扫描轮廓线绕旋转轴扫描出一个回转的假想轮廓面，螺旋实体特征将沿着该轮廓面生成。

草绘扫描轮廓时应注意：必须有一条中心线作为旋转轴；扫描轮廓线不允许是封闭的、不能与中心线垂直，并且它是有起点（start point）的；若需要在螺旋中部设置螺距值，则必须使用 在扫描轮廓线的该处作出断点。

（3）Pitch（螺距值）

螺距值分为 Constant（常数）与 Varialbe（可变数）两种，在设置螺旋特征属性时选择。若选择 Constant，只需输入一个螺距值，创建的螺旋实体特征全部都是等螺距的。若选择 Variable，至少需要输入头、尾两处螺距值。当输入了头、尾两处螺距值后，系统会显示如图 13-108 所示的 Graph（图形），其中 X 轴方向表示扫描轮廓线的范围，Y 轴方向表示所对应的螺距值。若需要在扫描轮廓线的中间部位设置螺距值，则可在如图 13-109 所示的菜单选项中，选择 Add Point（增加点）选项，可在扫描轮廓线上选取点（此点为在绘制扫描轮廓时，利用 在扫描轮廓线上做的断点）来设定螺距值；选择 Remove Point（删除点）选项，可删除不需要的设定螺距值的点；选择 Change Value（改变值）选项，可修改某点的螺距值。

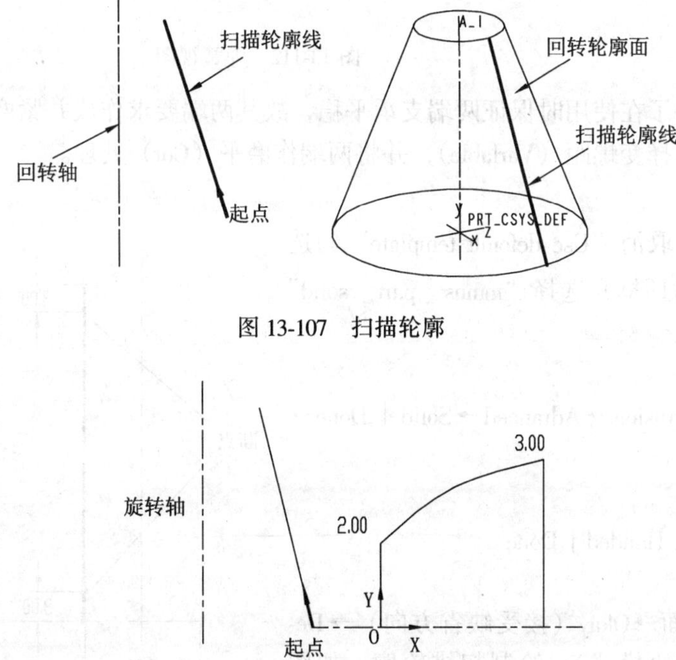

图 13-107　扫描轮廓

图 13-108　Graph（图形）

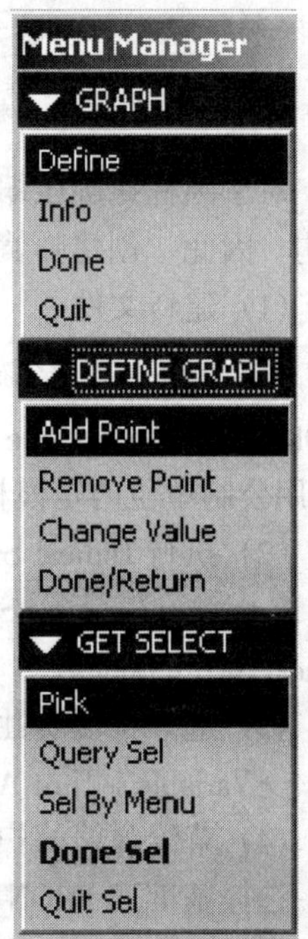

图 13-109　设定螺距值选项菜单

（4）绘制截面（Section）

完成扫描轮廓和螺距值的操作后，系统自动切换至适当的绘图面，并在扫描轮廓线的起点处显示两条正交的中心线作为绘图参考，以便绘制螺旋截面（与 Sweep 特征类似），如图 13-110 所示。

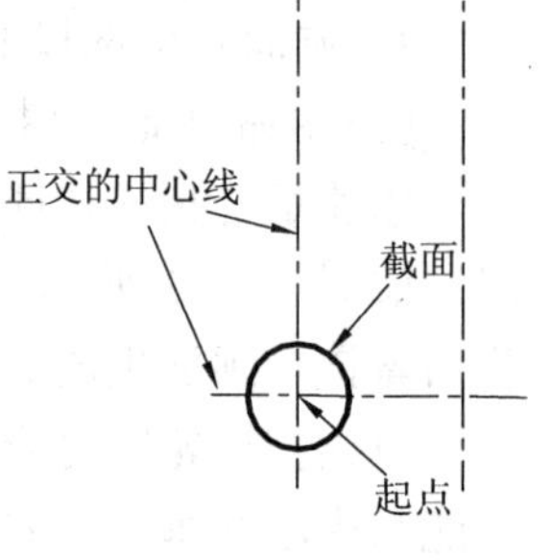

图 13-110　绘制截面

2. 弹簧（Spring）

弹簧（Spring）是零件中的常用件，它的种类很多，但是最常见的是螺旋弹簧。如图 13-111 所示螺旋弹簧的构形是螺旋体，因此，螺旋弹簧可以使用 Helical Sweep 特征功能创建。下面就以创建齿轮泵中用于控制安全阀的圆柱螺旋压缩弹簧为实例，介绍创建此类弹簧的方法步骤。

根据弹簧的视图（图 13-112）创建圆柱螺旋压缩弹簧。

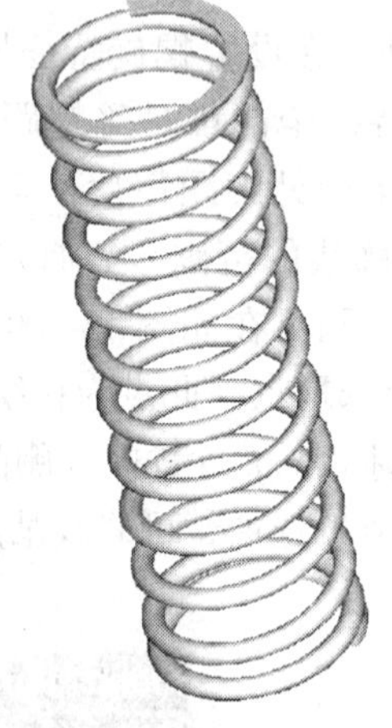
图 13-111　螺旋弹簧

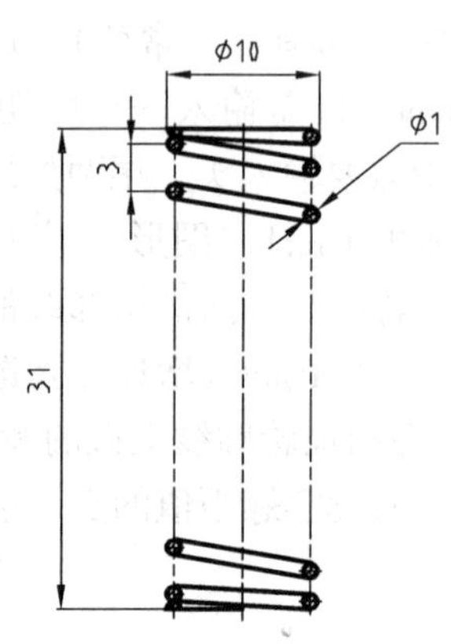

图 13-112　弹簧视图

对于圆柱螺旋压缩弹簧，为了在使用时保证两端支承平稳，故其两端要求作成并紧磨平结构。因此，创建弹簧时，需选择变螺距（Varlable），并将两端作磨平（Cut）处理。

（1）建新文件

□→输入文件名：spring→取消“Use defomlt template”勾选→OK→（进入 New file Options 对话框）选择“mmns _ part _ solid”（使用公制单位内定模板）→OK。

（2）执行 Helical Swp 功能

Feature→Create→Solid | Protrusion→Adranced→Solid | Done→Helical Swp | Done。

（3）选择特征属性

→Variable | Thru Axis | Right Handed | Done。

（4）草绘弹簧的扫描轮廓

选择基准面 FRONT 为绘图面→Okay（接受缺省方向）→Default（缺省参考面）→（进入草绘模式），绘制扫描轮廓，如图 13-113 所示（制作了两个断点用于变螺距）→✔。

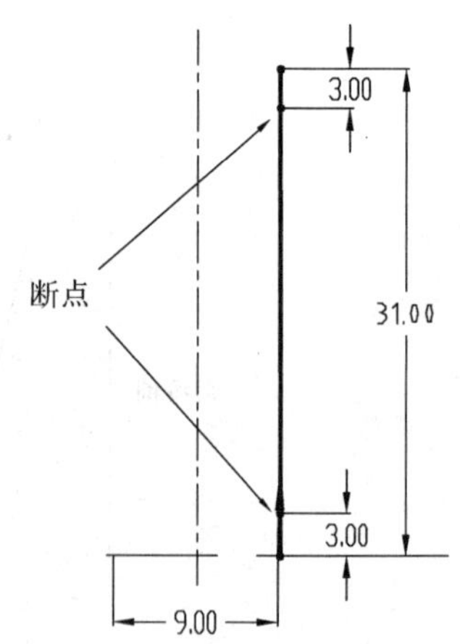

图 13-113　弹簧面扫描轮廓

（5）设置螺距值

输入螺旋轨迹起点处螺距值：3→ ✓；输入螺旋轨迹终点处螺距值：3→ ✓，此时显示 Graph（图形）。

使用缺省菜单选项：Add Point→在 Graph（图形）中选取断点→输入螺距值：3→ ✓；选取另一个断点→输入螺距值：3→ ✓；选取菜单选项：Change Valae→选取螺旋轨迹起点→输入螺距值：0→ ✓；选取螺旋轨迹终点→输入螺距值：0→ ✓→Done。

（6）绘制弹簧截面

系统自动切换至另一方位的绘图面，以两正交中心线的交点为心绘制弹簧的截面如图 13-114 所示。单击特征创建对话框中的 OK，调整视图显示后，得到创建的弹簧如图 13-115 所示。

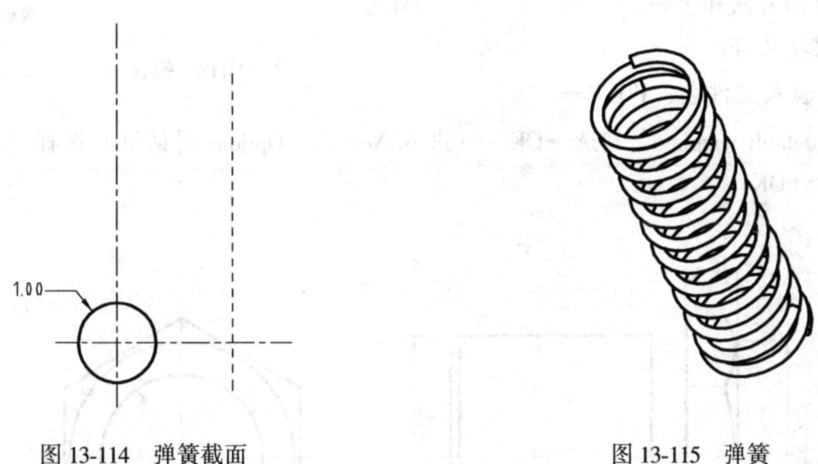

图 13-114　弹簧截面

图 13-115　弹簧

（7）弹簧两端磨平

利用 Cut 特征功能，将弹簧两端作成磨平结构。

Feature→Create→Cut→Extrude | solid | Done→Both Sides | Done→选取基准面 FRONT 为绘图面→Okay→Default（缺省参考面）→（进入草绘模式）草绘剖面如图 13-116 所示→ ✓→Okay（确认去除材料方向）→Thru All | Done→OK 创建弹簧如图 13-117 所示。

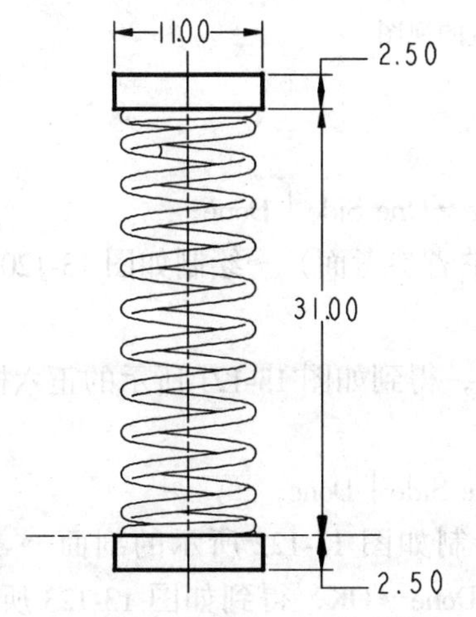

图 13-116　磨平弹簧两端面的草绘剖面图

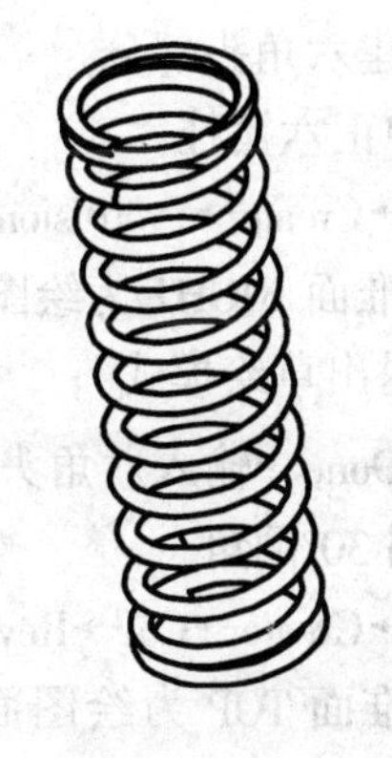

图 13-117　两端并紧磨平的弹簧

3. 螺纹（Thread）

螺纹（Thread）是零件上常见的结构。零件外表面上的螺纹称外螺纹，孔表面上的螺纹称为内螺纹。内、外螺纹都是在圆柱或圆锥表面上沿螺旋线形成的螺旋体，如图 13-118 所示。因此，螺纹可使用 Helical Swep 特征功能创建。下面以创建如图 13-119 所示的齿轮泵中的零件“填料压盖”为实例，介绍创建零件上螺纹的方法和步骤。

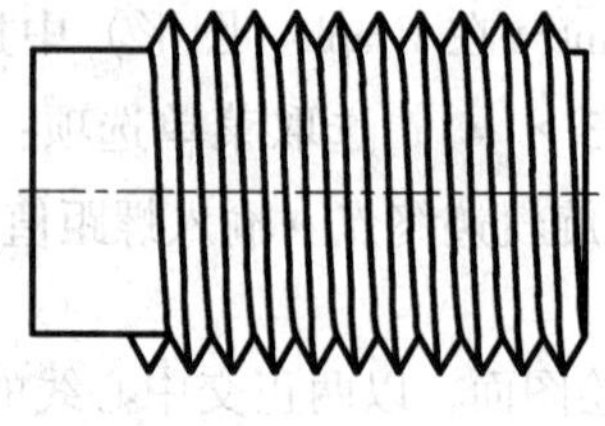

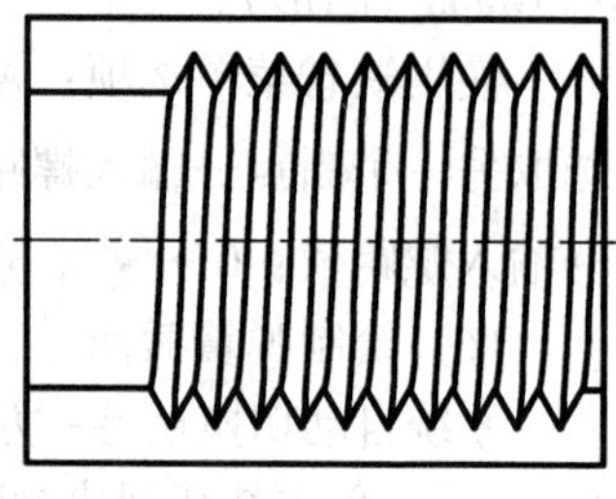

图 13-118　螺纹

（1）建新文件

→输入文件名：Pt1-7→取消“Use default template”勾选→OK→（进入 New File Options 对话框）选择“mmns _ Part _ Solid”选项→OK

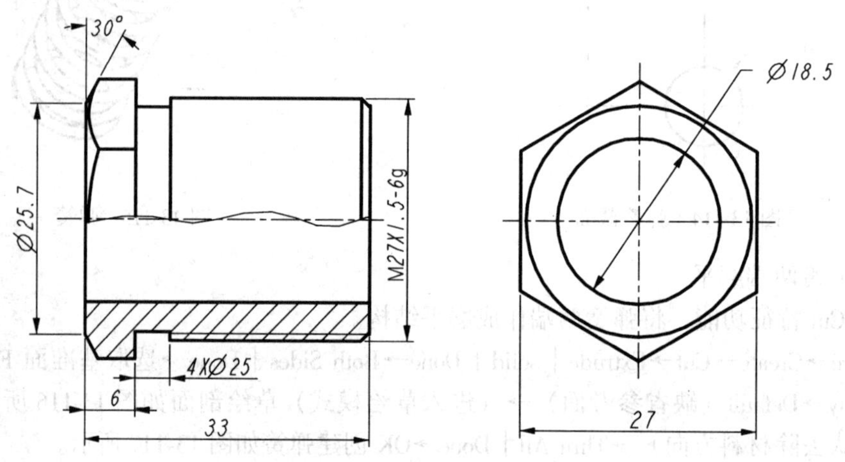

图 13-119　填料压盖的视图

（2）创建六角头部分

1）拉伸正六棱柱。

Feature→Create→Protrusion→Extrade｜Solid｜Done→One Side｜Done；

选取基准面 RIGHT 为绘图面→Okay→Default（缺省参考面）→绘制如图 13-120 所示的剖面→ ✓（退出草绘模式）；

Blind｜Done→输入六角头厚度值：6→ ✓ →OK，得到如图 13-121 所示的正六棱柱。

2）切削 30°倒角

Feature→Create→Cut→Revolve｜Solid｜Done→One Side｜Done；

选取基准面 TOP 为绘图面→Okay→Default→绘制如图 13-122 所示的剖面→ ✓ →Okay（缺省切除材料方向）→选取切削旋转角度：360｜Done→OK，得到如图 13-123 所示的六角头。

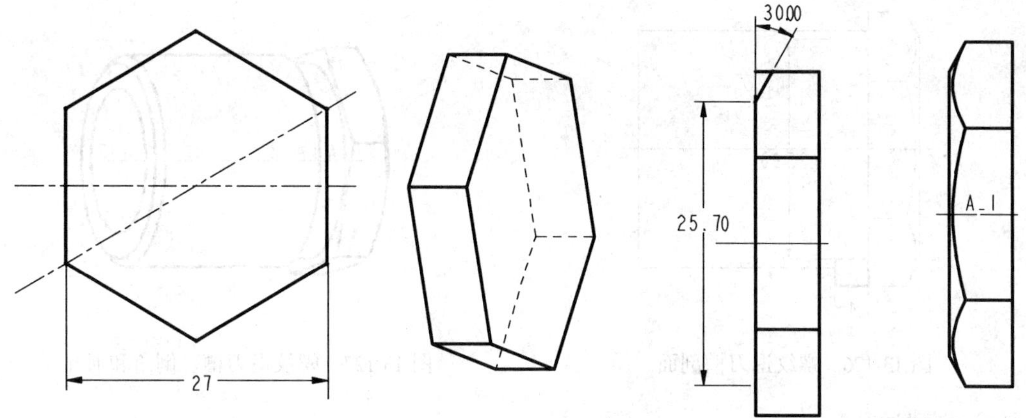

图 13-120　正六棱柱剖面　　图 13-121　正六棱柱　图 13-122　倒角的剖面　图 13-123　六角头

(3) 创建圆柱体部分

Feature→Create→Solid→Protrusion→Extrude | Solid | Done→One Side | Done→Make Datum (建立绘图面) →Offset→选取基准面 RIGHT→Enter Value→输入偏移值：33→ ✓ →Done→Flip | Okay (反方向拉伸) →Default (缺省参考面) →绘制如图 13-124 所示的圆柱剖面→ ✓ →Thru Until (拉伸至) | Done→选取六角头右端面→OK，调整视图显示后，得到如图 13-125 所示的六角头与圆柱的组合。

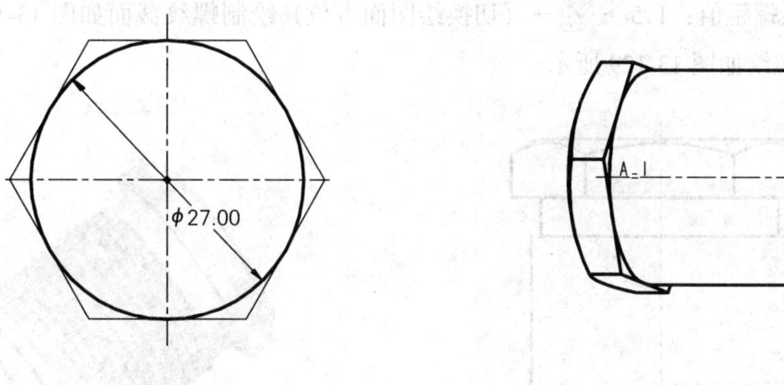

图 13-124　圆柱剖面　　　　图 13-125　六角头与圆柱的组合

(4) 创建螺纹退刀槽和倒角

1) 退刀槽。

Feature→Create→Solid→Cut→Revolve | Solid | Done→One Side | Done;

选择基准面 TOP 为绘图面→Okay→Default (缺省参考面) →绘制如图 13-126 所示的剖面→ ✓ →Okay (缺省切削材料方向) →选取切削旋转角度→360 | Done→OK，得到退刀槽如图 13-127 所示。

2) 倒角。

Feature→Create→Solid→Chamfer→Edge→45xd→输入 d 值：1→ ✓ →选取圆柱右端面边缘→Done Sel→Done Refs→OK，创建倒角如图 13-127 所示。

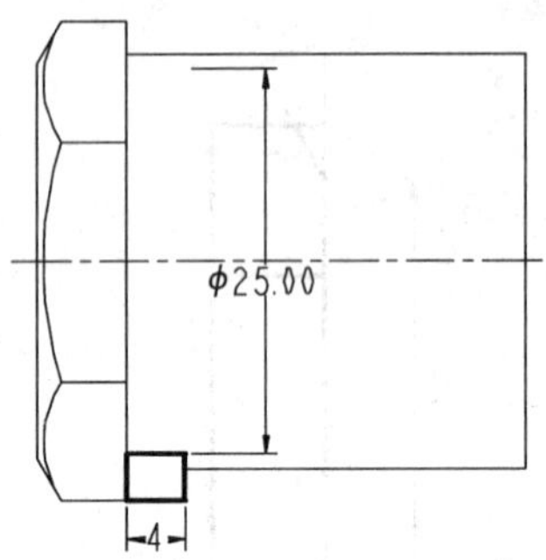

图 13-126　螺纹退刀槽剖面

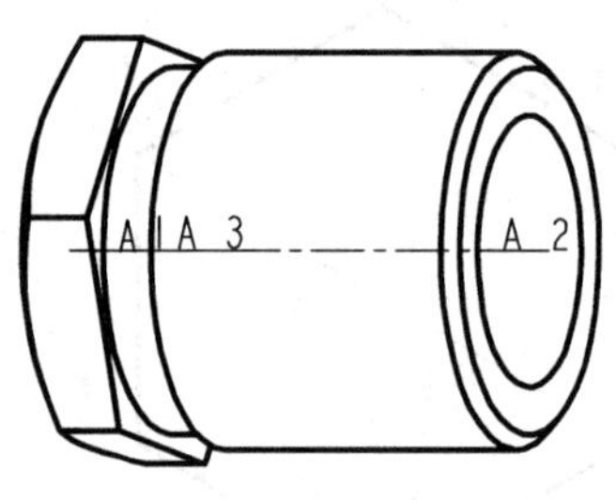

图 13-127　螺纹退刀槽、倒角和通孔

（5）创建通孔

Feature→Create→Hole→（显示 Hole 对话框）→输入 Diameter（直径）：18.5；选择 Depth one（孔深）：Thru All；选择 Primary Reference（建孔面）：圆柱的右端面；选择 Placement Type（孔定位方式）：Coaxial；选择 Axial Reference（参考轴）：圆柱的轴线→ ✓，创建通孔如图 13-127 所示。

（6）创建螺纹

Feature→Create→Protrusion→Advanced | Solid | Done→Helical Swp | Done→Constant | Thru Axis | Right Handed | Done；

选择基准面 TOP 为绘图面→Okay（缺省方向）→Default（缺省参考面）→绘制螺纹扫描轮廓→ ✓ →输入螺距值：1.5→ ✓ →（切换绘图面方位）绘制螺纹截面如图 13-128 所示→ ✓ →OK，创建螺纹如图 13-129 所示。

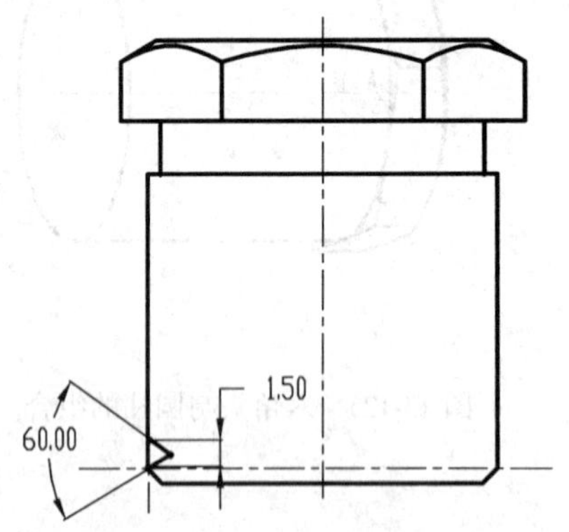

图 13-128　螺纹扫描轮廓和螺纹截面

图 13-129　螺纹特征

4．螺纹装饰特征（Cosmetic of Thread）

在机械图样中，螺纹一般不按其真实投影绘制，而是使用国标规定的方法来表示。螺纹的类型及其规格参数是利用标注来说明的。Pro/ENGINEER 所提供的螺纹装饰特征功能，在创建实体模型时，可得到同样的目的。螺纹装饰特征不在实体上创建螺纹，只是带有螺纹信息，以红色线条表示螺纹的直径及终止线，其在二维工程图中，可表现为螺纹的规定画法，符合制图的规定要求。这里以填料压盖上的螺纹为例，介绍创建螺纹装饰特征的方法。

首先创建尚未制作螺纹的填料压盖，圆柱的直径为螺纹大径的尺寸 $\phi27$，如图 13-130 所示。再在圆柱面上创建螺纹装饰特征，其方法步骤如下：

1）选择命令：Feature→Create→Cosmetric | Thread；

2）选择 Thread Surf（螺纹曲面）：选取圆柱面；

3）选择 Start Surf（起始曲面）：选择圆柱右端面；

4）选择 Direction（方向）：Okay（缺省方向）；

5）设定 Depth（螺纹长度）：Blind | Done；

6）输入螺纹长度值：23；

7）输入 Major Diam（主直径）：25.376；

8）选择 Note Params（标记参数）→Modparams（修改参数）弹出如图 13-131 所示的 Pro/TABLE 窗口，可在其中输入修改螺纹规格参数。

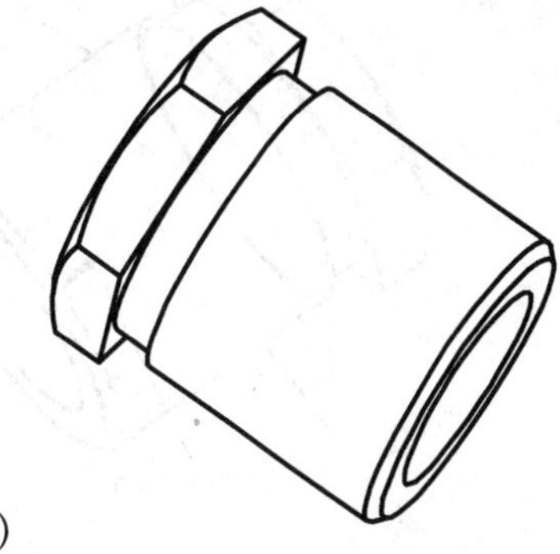

图 13-130　未作螺纹的填料压盖

9）完成螺纹装饰特征操作，Done→OK，得到如图 13-132 所示的螺纹装饰特征。

13.3.4　实体特征的修改及编辑

在零件设计过程中，常常需要对所创建的实体特征进行反复地修改和编辑，以便获得最佳的设计结果。Pro/ENGINEER 提供了强大的设计修改和编辑功能，本节将介绍其中最常用的一些基本的修改和编辑命令。

1. 删除特征（Delete）

在零件设计的修改过程中，有时需要删除已创建的实体特征，Pro/ENGINEER 提供的 Delete 命令用于删除特征。具体操作有以下几种方法：

（1）使用菜单管理器命令

选取 Feature→Delete，选取欲删除的特征，选取 Done sel→Done，所选取的特征立即被删除。

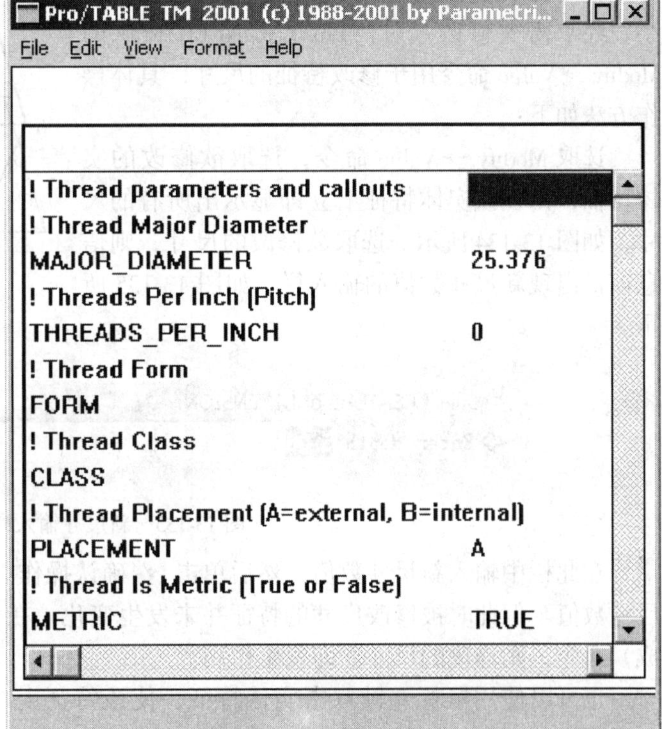

图 13-131　螺纹规格参数

（2）使用［Delete］键

用鼠标左键单击欲删除的特征，或在模型树中单击特征的名称代号，则被选取的特征以红色加亮显示。按键盘上的［Delete］键，在弹出的删除特征确认对话框中选取 OK 按钮，则该特征立即被删除。

（3）使用浮动菜单

在模型树中，使用鼠标右键点按欲删除特征的名称代号，则弹出如图 13-133 所示的浮动菜单，选取其中的 Delete 选项，在弹出的删除特征确认对话框中选取 OK 按钮，则该特征立即被删除。

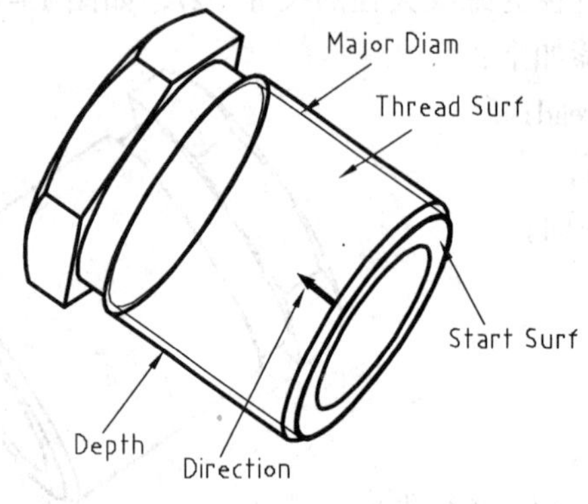

图 13-132 螺纹装饰特征

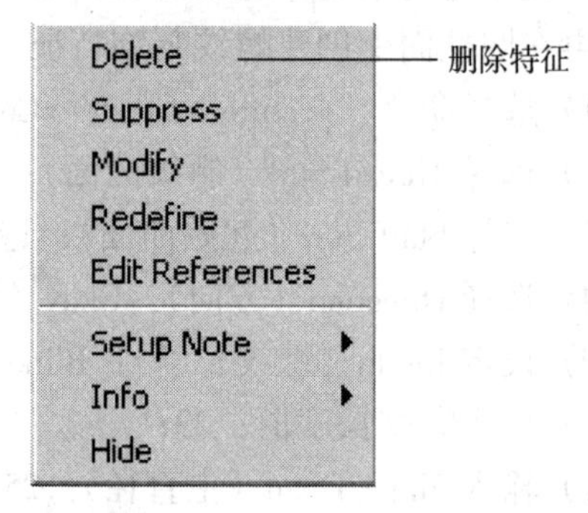

图 13-133 浮动菜单

这里应该注意：在零件设计模式中没有 Undo 功能，特征一经删除，将无法恢复。

2. 修改特征尺寸（Modify Value）

在零件设计过程中，为了改变实体特征的大小，经常需要修改尺寸。Pro/ENGINEER 提供的 Modify →Value 命令用于修改特征的尺寸，具体操作方法如下：

选取 Modify →Value 命令，选取欲修改的实体特征，则在该实体特征上立即显示出所有的尺寸，如图 13-134 所示。选取欲修改的尺寸，则信息窗口出现新尺寸数值的输入栏，如图 13-135 所示。

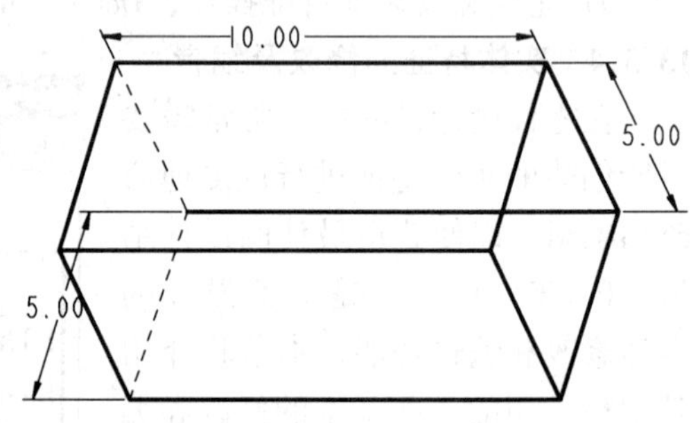

图 13-134 实体特征上显示尺寸

图 13-135 新尺寸输入栏

在此栏中输入新尺寸数值，然后单击 ✓ 确认操作。该尺寸变为白色，并显示修改后的尺寸数值。但此时被修改尺寸的特征并未发生变化。在菜单管理器中选取 Generate（重新生成）命令，则修改的尺寸立即发生作用。

也可以使用鼠标左键双击实体特征，使该特征上显示出尺寸，然后按照上述的方法修改尺寸数值。

还可以在模型树中使用鼠标右键点按特征的名称代号，调出如图 13-133 所示的浮动菜单，在菜单中选取 Modify 选项，此时该特征上显示出尺寸，然后按照前述的方法修改尺寸数值。

3. 重新定义特征（Redefine）

在创建实体特征时，会出现一个创建对话框。例如，图 13-136 所示的是一个创建拉伸（Extrude）特征

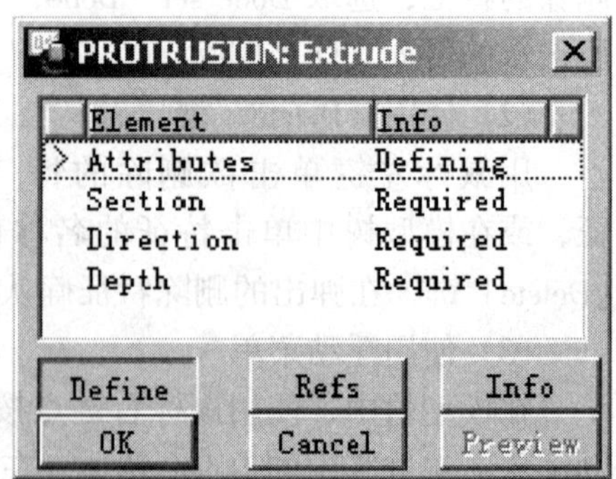

图 13-136 创建拉伸特征的对话框

的对话框。在对话框中，按照创建过程的步骤列出了所有的创建元素（Element）。Pro/ENGINEER 提供的 Redefine（重新定义）命令，可重新调出特征创建的对话框，然后可以逐一修改其各项创建元素，例如 Attribute（属性）、Section（草绘剖面）、Direction（拉伸方向）、Depth（拉伸长度）等等。使用 Redefine 命令的具体操作方法如下：

选取命令：Feature→Redefine，选取欲修改的实体特征，此时弹出特征创建对话框，在对话框中选取欲修改的创建元素进行修改。当完成了各项创建元素的修改后单击对话框中的 OK 按钮结束操作。

也可以使用前面所述的调用浮动菜单的方法选取 Redefine 命令，在如图 13-133 所示的浮动菜单中选取 Redefine 选项。

下面以修改如图 13-137 所示的长方体的草绘剖面为例，说明 Redefine 命令的操作方法。

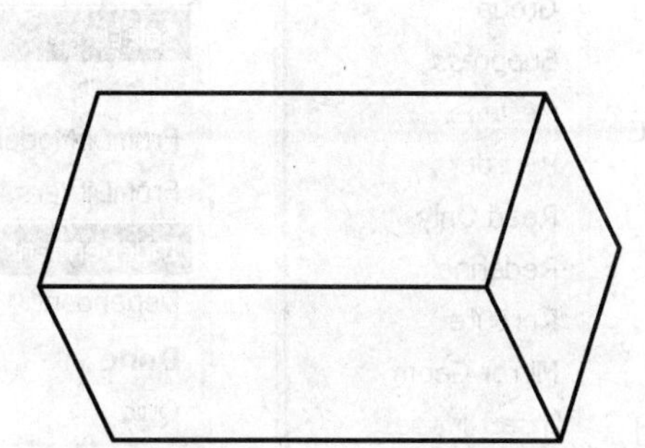

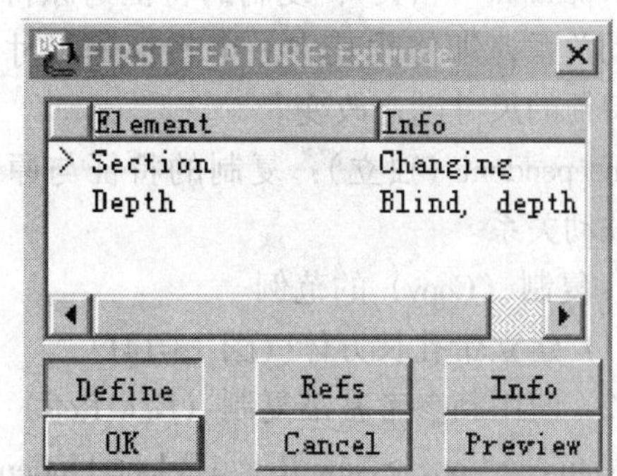

图 13-137　长方体及其创建对话框

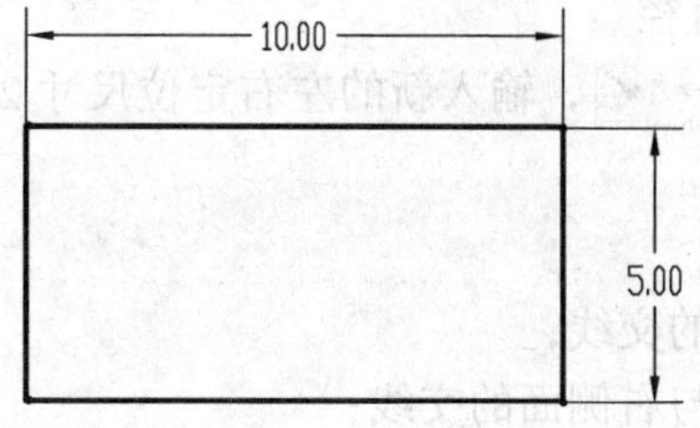

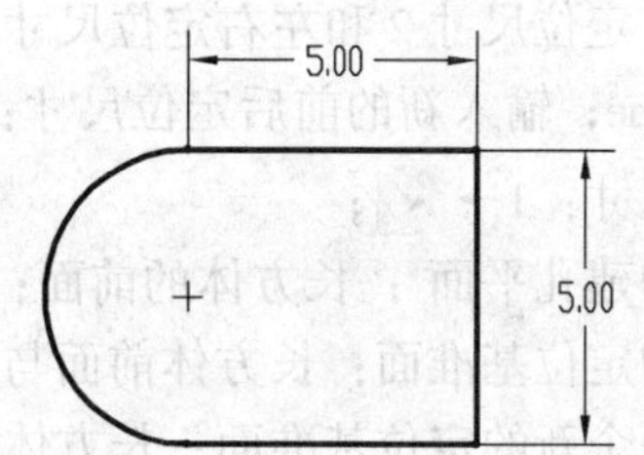

图 13-138　重新定义剖面

(1) 选取命令 Feature→Redefine；

(2) 选取长方体，弹出如图 13-137 所示的创建对话框；

(3) 在对话框中选取创建元素 Section，单击 Define 按钮→Sketch（进入草绘模式）→将剖面修改为如图 13-138 所示的图形→ ✔ ；

(4) 在创建对话框中单击 OK 按钮，完成重新定义操作。其修改的结果如图 13-139 所示。

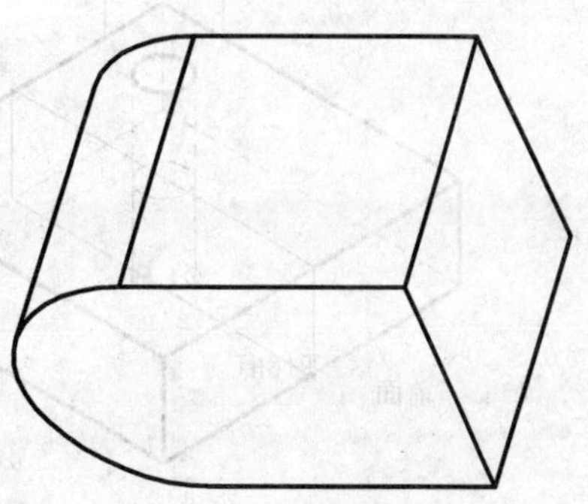

图 13-139　长方体修改后的结果

4. 复制（Copy）

Copy 命令用于复制特征。该命令由一个特征一次只能复制出一个特征，复制特征的尺寸大小是可以变化的，其命令选项菜单如图 13-140 所示。

Copy 命令有下列四种复制方式：

New Refs：使用与原特征不同的新的参考基准进行特征复制；

Same Refs：使用与原特征相同的参考基准进行特征复制；

Mirror：以镜像方式进行特征复制；

Move：以移动方式进行特征复制，其中分为：Translate（平移）和 Rotate（旋转）两项。

Copy 复制的特征有两种属性可选择：

Dependent（相关）：复制的特征与原特征有尺寸联动关系，即修改其中一个特征的尺寸，则另一个特征的尺寸随之改变。

Independent（独立）：复制的特征与原特征无尺寸联动关系。

5. 复制（Copy）的范例

（1）建立带孔长方体（图 13-141）

（2）使用新参考基准复制（New Refs）

Feature→Copy→New Refs | Select | Independent | Done；

选择圆孔→Done Sel | Done；

选择前后定位尺寸 2 和左右定位尺寸 2，直径尺寸 1.5→Done；输入新的前后定位尺寸：1.5→ ✓，输入新的左右定位尺寸 2.5→ ✓，输入新的直径尺寸：1→ ✓；

选择新的建孔平面 ：长方体的前面；

选择新的定位基准面：长方体前面与顶面的交线；

选择另一个新的定位基准面：长方体前面与右侧面的交线；

选择 Done，复制出前后通孔如图 13-142 所示。

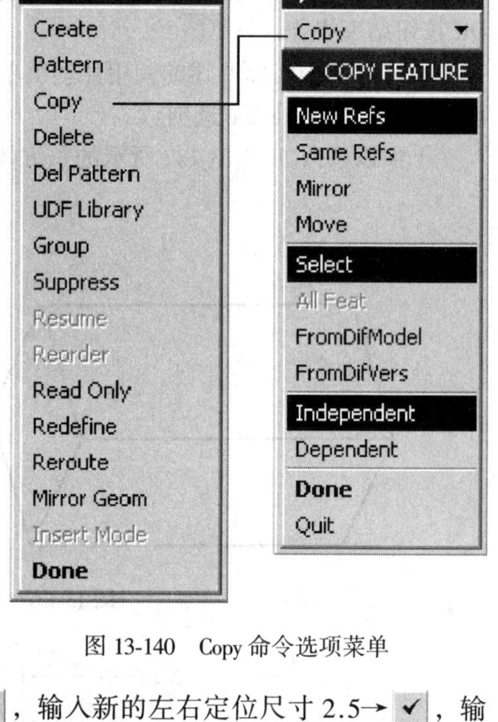

图 13-140　Copy 命令选项菜单

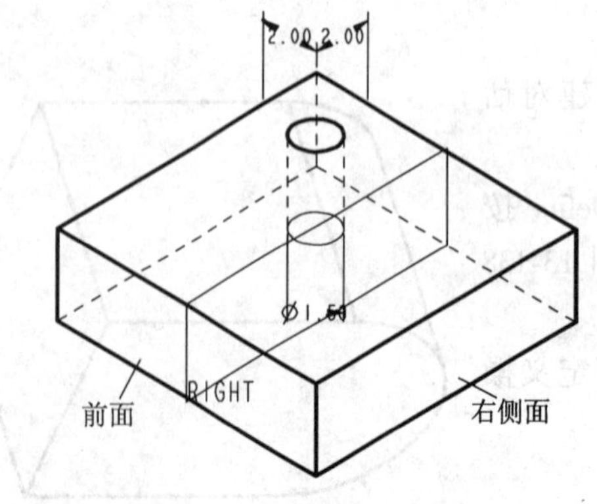

图 13-141　带孔长方体

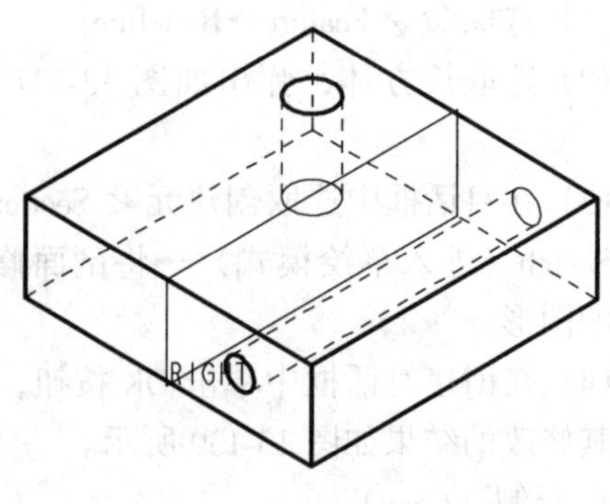

图 13-142　使用新的参考基准复制特征

(3) 镜像复制(Mirror)

Feature→Copy|Mirror|Select|Independent|Done;

选择长方体上的两个孔→Done Sel→Done;

选择基准面 RIGHT 为对称面,得到如图 13-143 所示的镜像复制结果。

(4) 移动复制(Move)

Feature→Copy|Move|Select|Independent|Done;

选择长方体左上角的孔→Done Sel→Done;

Done Move→选择前后定位尺寸 1.5→Done→输入新的前后定位尺寸:9→OK,得到如图 13-144 所示的移动复制结果。

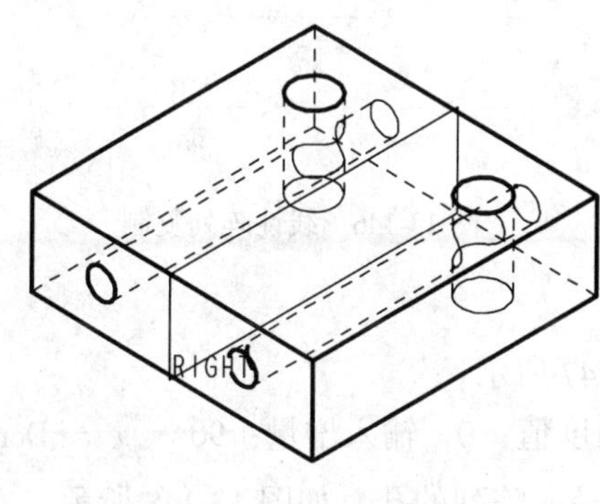

图 13-143 镜像复制

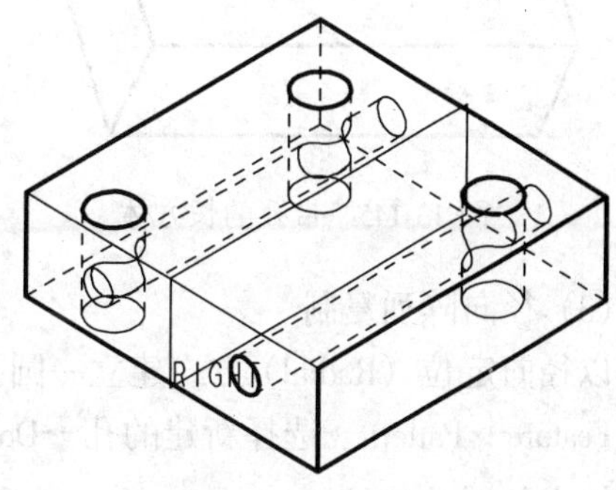

图 13-144 移动复制

6. 阵列复制(Pattern)

Pattern 命令可由一个特征一次复制出多个特征,称之为阵列复制。阵列复制的操作步骤如下:

1) 选择命令 Feature→Pattern,选择欲复制的特征;

2) 选择复制特征的类型 Identical(相同的)、Varying(变化的)或 General(一般的)。

Identical:复制的特征与原特征大小相同;

Varying:复制的特征与原特征的大小可不相同,但复制的特征不能相互重叠;

General:复制的特征与原特征的大小可不相同,但复制的特征也可相互重叠;

3) 在两个方向(First 和 Second Direction)上指定下面两项数据:

选择需变化的尺寸,并输入其增量(Dimension increment)→Done;

输入该方向复制的数量(Total number of instance)→Done。

4) 选取 Done 完成复制。

Pattern 复制的特征与原特征有连动关系,删除其中任一个特征,则所有的都会被删除。若仅要删除复制的特征,保留原特征,使用菜单管理器中的 Feature→Del Pattern 命令。

7. 阵列复制(Pattern)的范例

(1) 建立一个带孔长方体(图 13-145)

(2) 线性阵列复制

Feature→Pattern→选择孔→Done;

选择前后定位尺寸 2,输入 3→ ✓ ;

选择左右定位尺寸 2，输入 3→ ✔ ；

Done→输入复制的数量 3→Done，复制圆孔如图 13-146 所示。

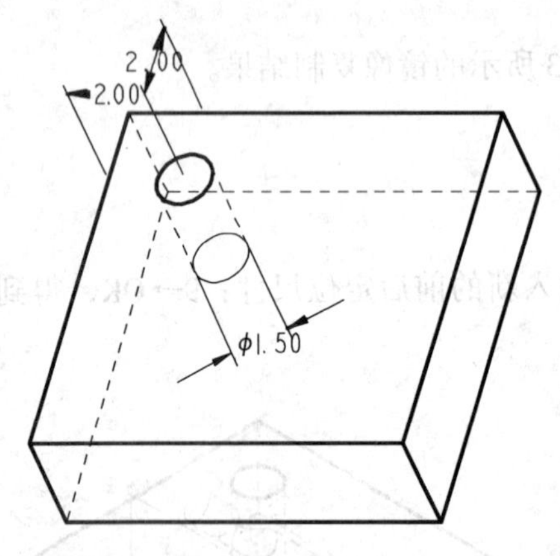

图 13-145　带孔的长方体

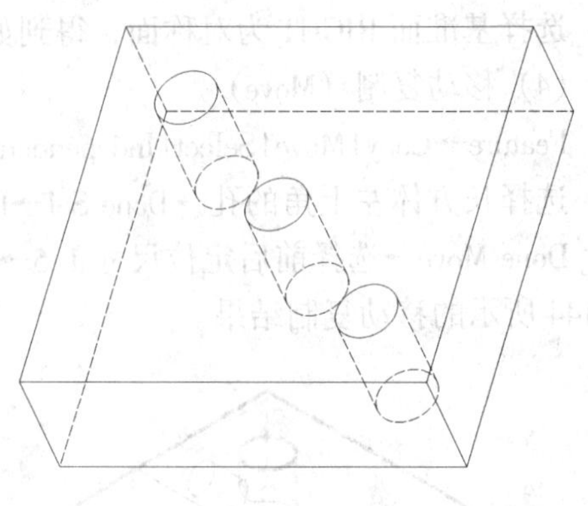

图 13-146　线性阵列复制

(3) 径向阵列复制

以径向定位（Radial）方式建立一圆孔如图 13-147 所示；

Feature→Pattern→选择新建的孔→Done；选择角度值：0，输入增量：90→ ✔ →Done；

输入复制的数量：4→ ✔ →Done，复制出三个径向阵列的孔，如图 13-148 所示。

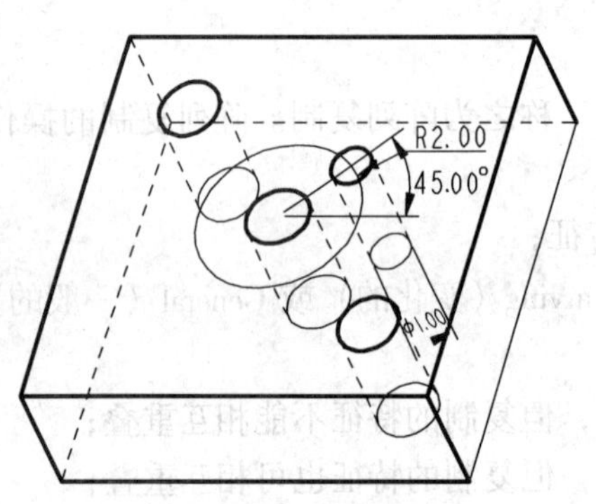

图 13-147　以径向定位方式建立圆孔

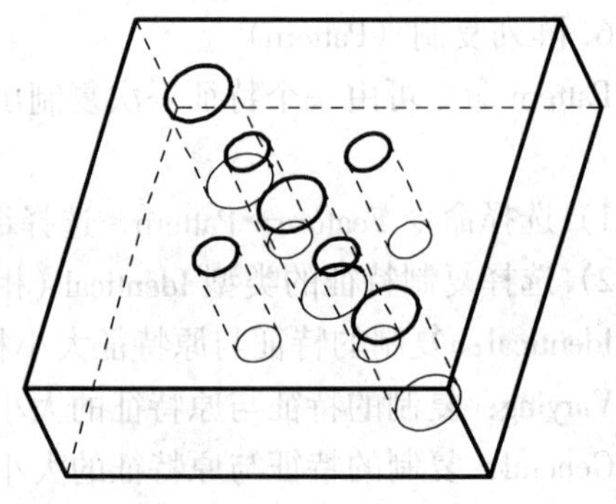

图 13-148　径向阵列复制

13.3.5　零件设计范例

根据图 13-149 所示的齿轮泵泵体的三视图，进行泵体的三维零件模型设计。泵体大致分为三个部分：位于上部包容支撑齿轮的工作部分；位于下部用于安装的安装底板部分；将工作部分和安装部分相联接的联接部分。泵体设计将按各部分逐步完成。

1. 建立新文件

□ →输入文件名：Pumpbody →取消“Use default template”勾选→OK；选取“mmns-part-solid”（公制单位实体零件设计模板）选项→OK，进入了零件设计工作环境，设计工作区显示基准坐标系 PRT-CSYS-DEF 和三个相互垂直的基准面 FRONT、TOP、RIGHT，如图 13-150 所示。

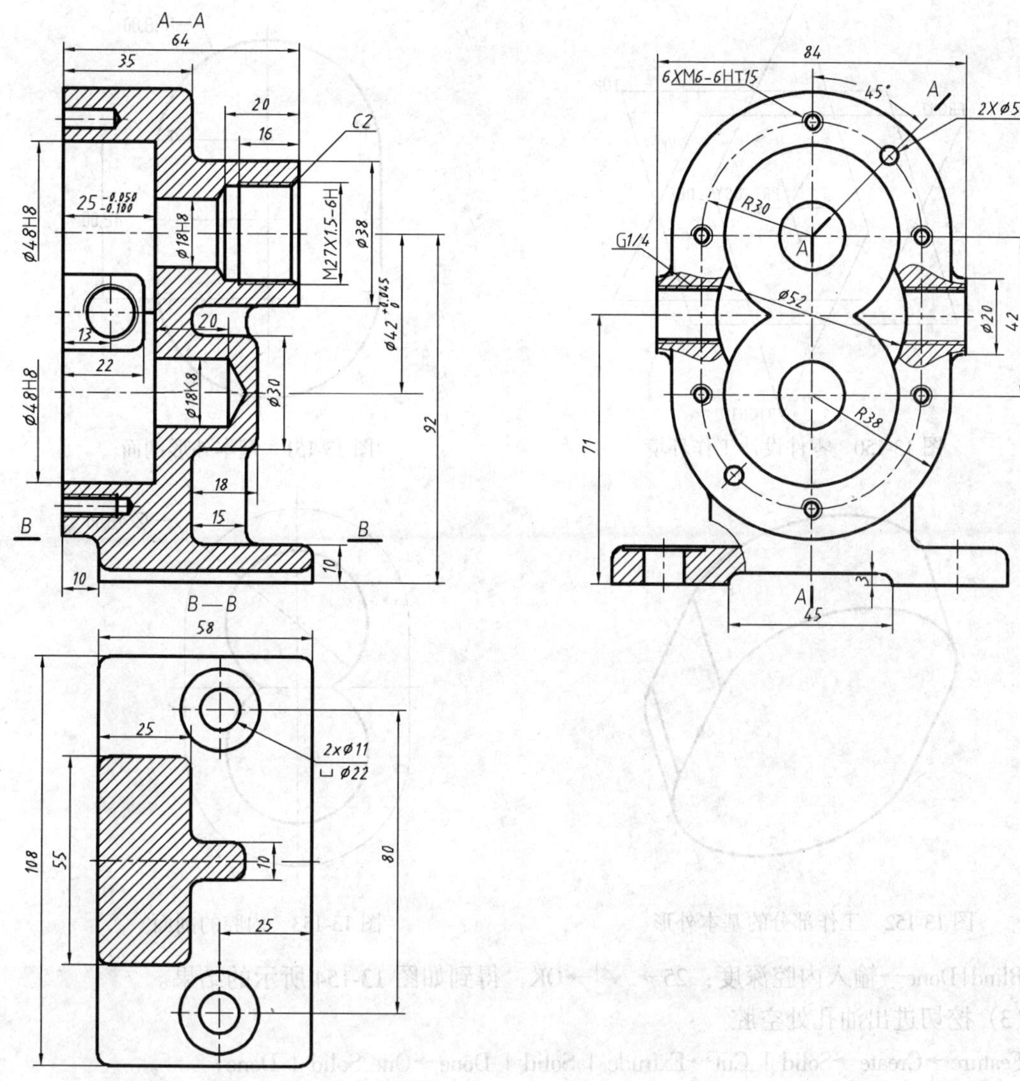

图 13-149　泵体的三视图

2. 创建工作部分

(1) 拉伸基本外形

Feature→Create→Solid | Protrusion→Extrude | Solid | Done→One Solid | Done;

选取基准面 FRONT 为绘图面→Okay（缺省方向）→Default（缺省参考面）→绘制如图 13-151 所示的剖面→ ✓ ;

Blind | Done→输入基本外形的厚度：35→ ✓ →OK，利用 →Defaut 调整视图显示，得到如图 13-152 所示的结果。

(2) 挖切包容齿轮的内腔

Feature→Create→Solid | Cut→Extrude | Solid | Done→One Solid | Done;

选择基本外形的前面为绘图面→Okay（缺省方向）→Default（缺省参考面）→绘制如图 13-153 所示的剖面→ ✓ ;

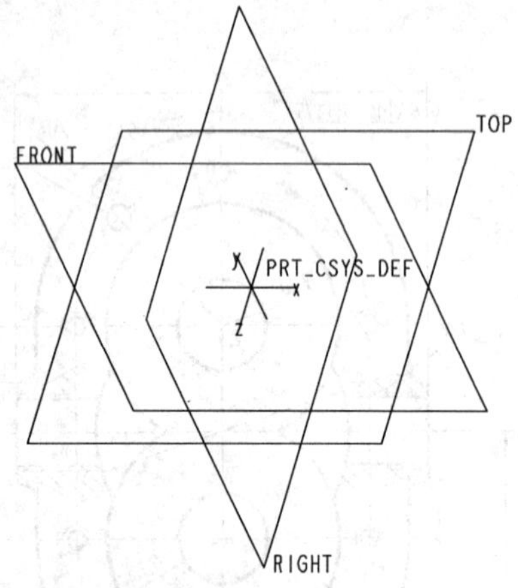

图 13-150　零件设计工作环境

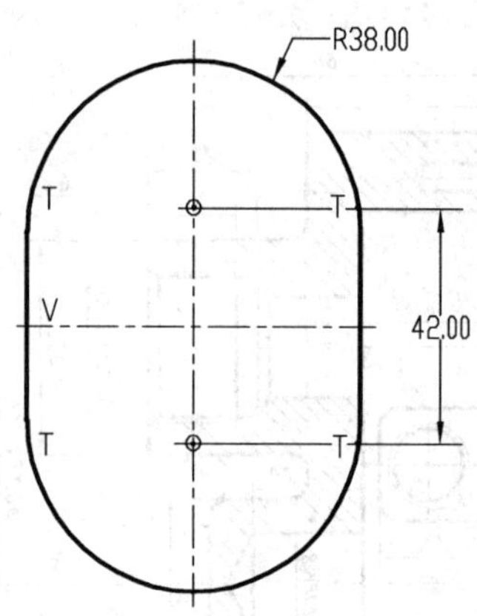

图 13-151　基本外形剖面

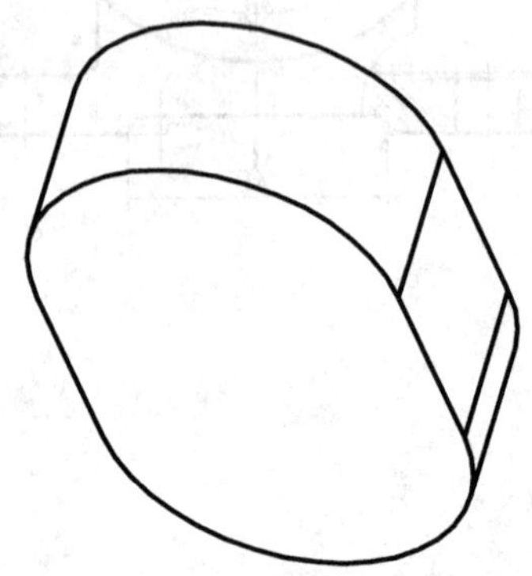

图 13-152　工作部分的基本外形

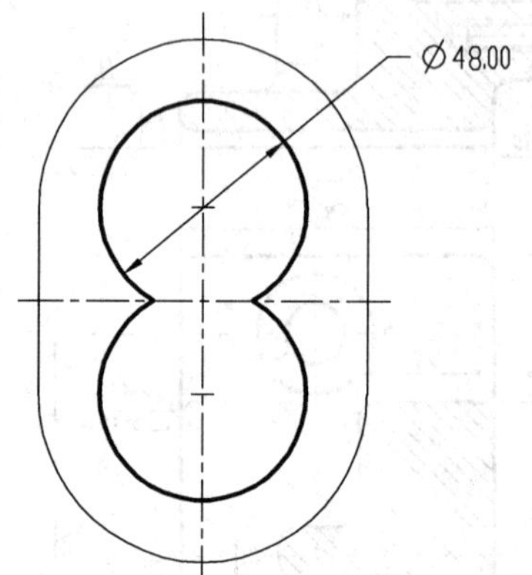

图 13-153　内腔的剖面

Blind | Done→输入内腔深度：25→ ✔ →OK，得到如图 13-154 所示的结果。

（3）挖切进出油孔处空腔

Feature→Create→Solid | Cut→Extrude | Solid | Done→One Solid | Done；

Use Prev（使用前绘图面）→Okay（缺省方向）→绘制如图 13-155 所示的剖面→ ✔ ；

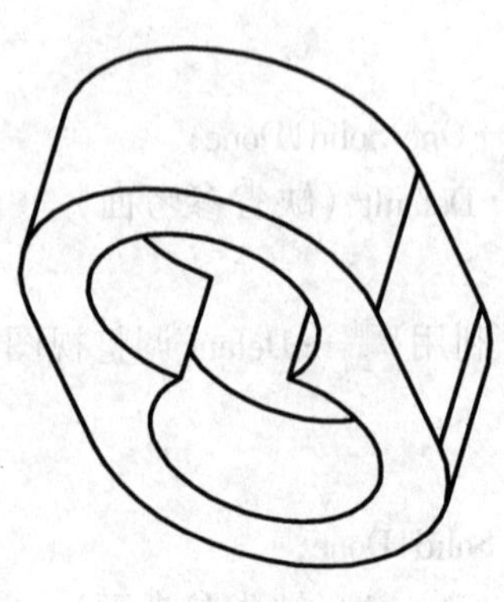

图 13-154　泵体内腔

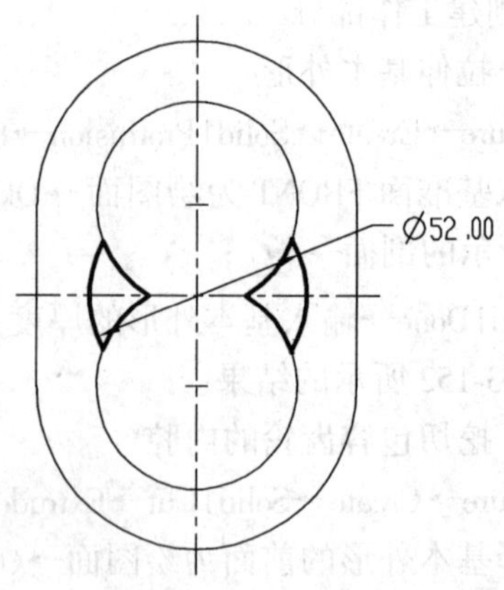

图 13-155　进出油孔处空腔的剖面

Okay（缺省方向）→Blind | Done→输入空腔深度：22→ ✓ →OK，得到如图 13-156 所示的结果。

3. 创建安装部分

（1）拉伸底板

Feature→Create→Solid | Protrusion→Extrude | Solid | Done→One Solid | Done；

Make Datum（创建绘图面）→Offset→选取基准面 FRONT 作为偏移基准面→Enter Value→输入偏移值：25→ ✓ →Done→Flip | Okay（取反方向拉伸）→Top→选取基准面 TOP 为参考面→绘制如图 13-157 所示的剖面→ ✓ ；

Blind | Done→输入底板宽度：58→ ✓ →OK，得到如图 13-158 所示的安装底板。

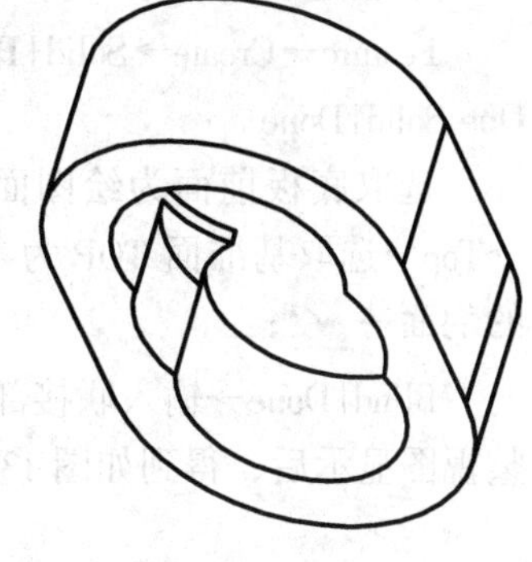

图 13-156　进出油孔处的空腔

（2）挖切安装沉孔

Feature→Create→Solid | Cut→Extrude | Solid | Done→One Solid | Done；

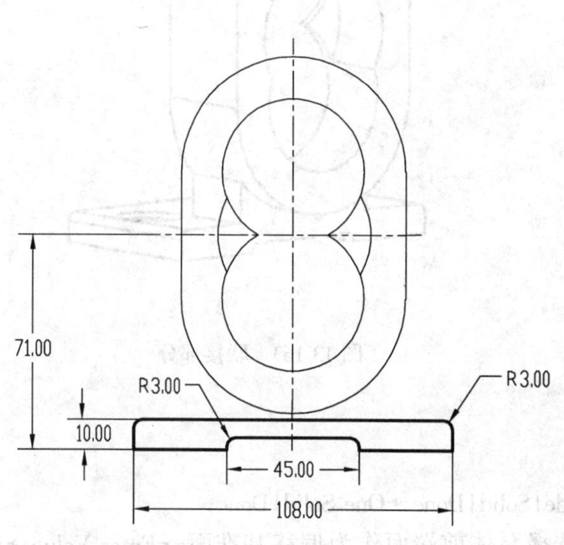

图 13-157　安装底板的剖面

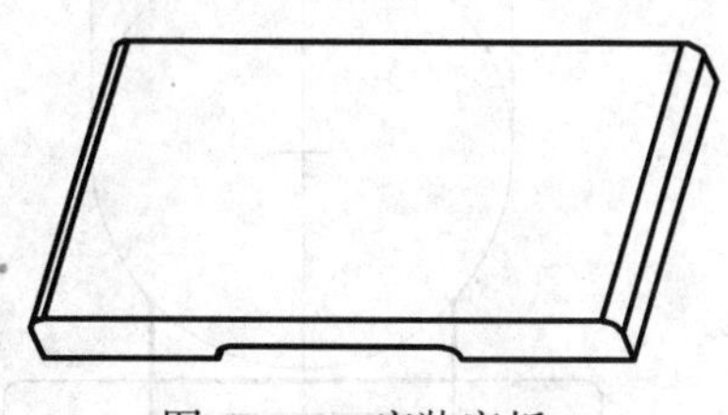

图 13-158　安装底板

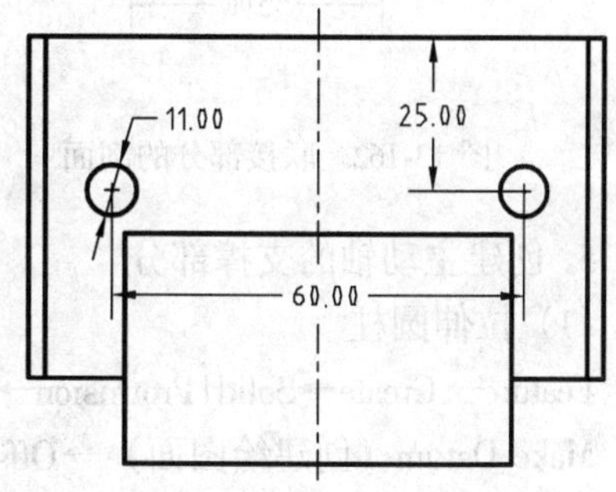

图 13-159　安装孔剖面

选取底板顶面为绘图面→Okay（缺省方向）→Default（缺省参考面）→绘制如图 13-159 所示的剖面→ ✓ ；

Okay（缺省方向）→Thru All（通孔）| Done→OK，创建两个通孔；

Feature→Create→Solid | Cut→Extrude | Solid | Done→One Solid | Done；

Use Prev（使用前绘图面）→Okay（缺省方向）→绘制如图 13-160 所示的剖面→ ✓ ；

Okay（缺省方向）→Blind | Done→输入沉孔的锪平深

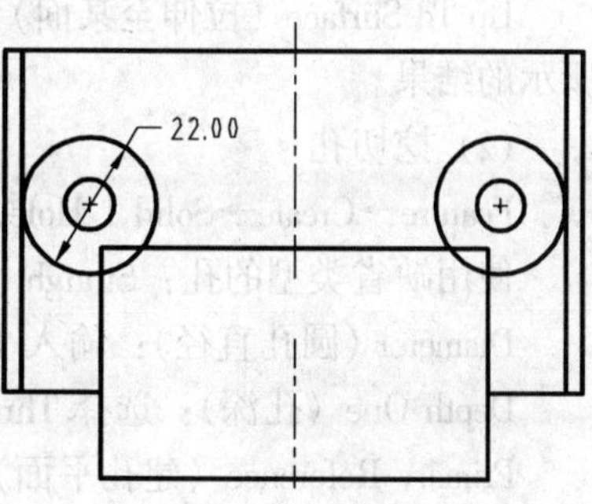

图 13-160　沉孔的剖面

度：2→ ✓ →OK，调整视图显示后，得到如图 13-161 所示的结果。

4. 创建联接部分

Feature→Create→Solid | Protrusion→Extrude | Solid | Done→One Solid | Done;

选取底板前面为绘图面→Flip | Okay（取反方向拉伸）→Top→选取基准面 TOP 为参考面→绘制如图 13-157 所示的剖面→ ✓ ；

Blind | Done→输入联接部分的厚度：25→ ✓ →OK，调整视图显示后，得到如图 13-163 所示的安装沉孔。

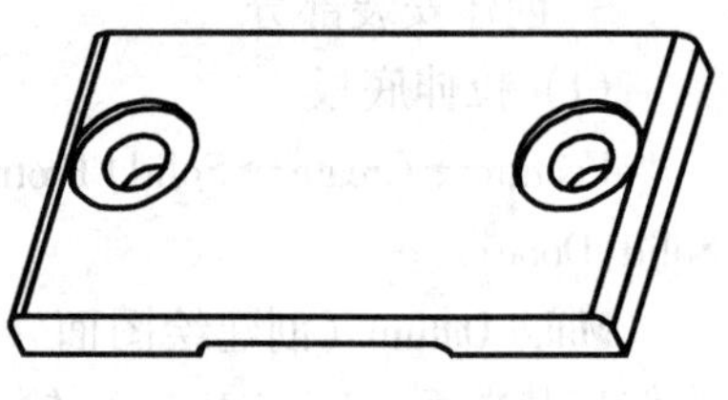

图 13-161　安装沉孔

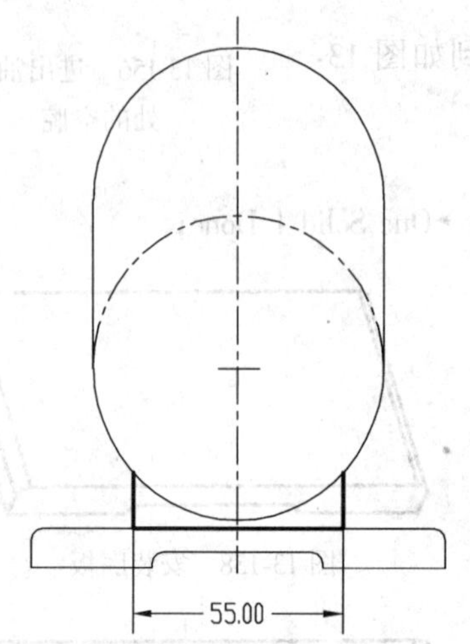

图 13-162　联接部分的剖面

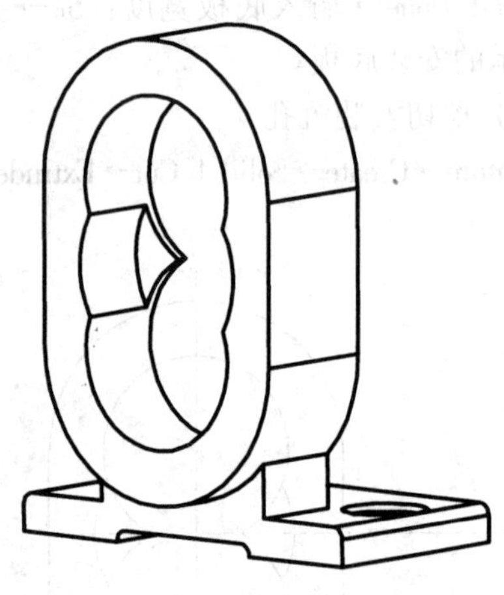

图 13-163　联接部分

5. 创建主动轴的支撑部分

(1) 拉伸圆柱

Feature→Create→Solid | Protrusion→Extrude | Solid | Done→One Solid | Done;

Make Datum（创建绘图面）→Offset→选择泵体前端面作为偏移基准面→Enter Value→输入偏移值：-64→ ✓ →Done→Okay（缺省方向）→Default（缺省参考面）→绘制如图 13-164 所示的剖面→ ✓ ；

Up To Surface（拉伸至某面）| Done→选择泵体工作部分的右端面→OK，得到如图 13-165 所示的结果。

(2) 挖切孔

Feature→Create→Solid | Hole，在弹出的“Hole”对话框中：

使用缺省类型的孔：Straight hole（直孔）；

Diameter（圆孔直径）：输入 18→［Enter］键；

Depth One（孔深）：选择 Thru all；

Primary Reference（建孔平面）：选取拉伸圆柱的右端面；

Placement Type（孔的定位方式）：选择 coaxial（同轴）；

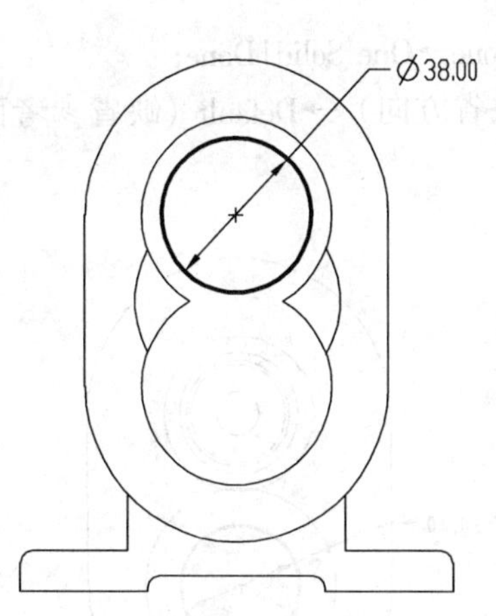

图 13-164 拉伸圆柱的剖面

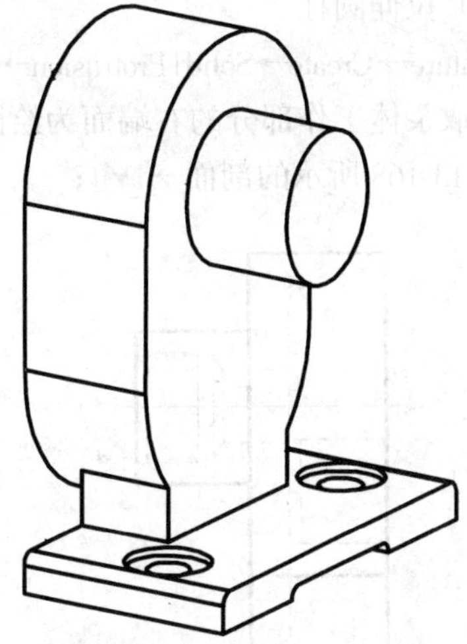

图 13-165 主动轴支撑部分

Axial Reference（参考轴）选择拉伸圆柱轴线，单击 ✓ 按钮确认操作，先建立了 ϕ18 的通孔；

Feature→Create→Solid | Hole，在弹出的“Hole”对话框中：选择孔的类型为 Standard Hold（标准孔），其各项参数如图 13-166 所示。

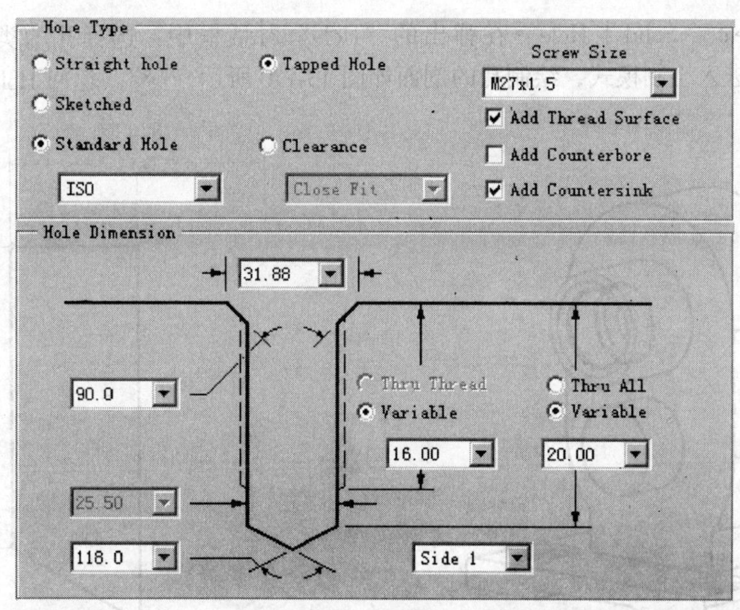

图 13-166 钻孔的各项参数

选择拉伸圆柱右端面为建孔平面（Primary Reference）；选取 coaxial（同轴）为孔的定位方式（Placement Type）；选取 ϕ18 孔的轴线为参考轴（Axial Reference）。单击 ✓ 按钮确认操作，调整视图显示后（RIGHT 视图），得到如图 13-167 所示的结果。

6. 创建从动轴的支撑部分

（1）拉伸圆柱

Feature→Create→Solid | Protrusion→Extrude | Solid | Done→One Solid | Done；

选取泵体工作部分的右端面为绘图面→Okay（缺省方向）→Default（缺省参考面）→绘制如图 13-168 所示的剖面→ ✓ ；

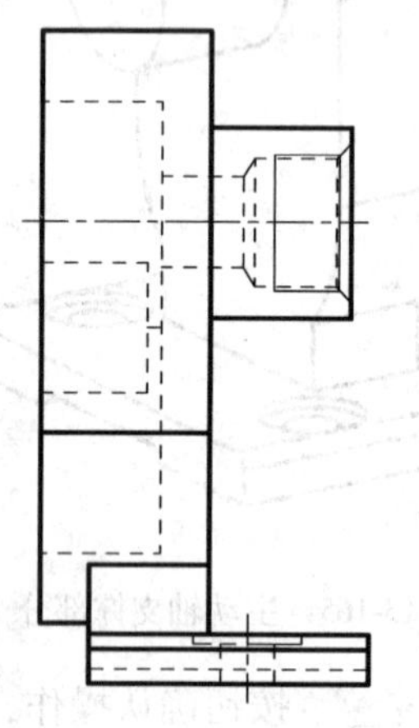

图 13-167　通孔及螺纹孔

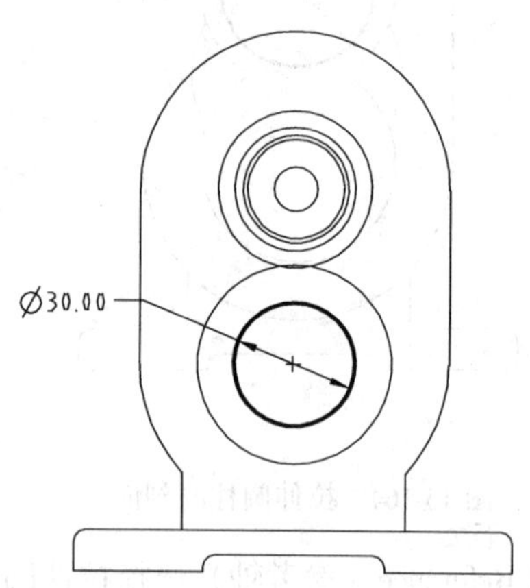

图 13-168　拉伸圆柱的剖面

Blind | Done→输入拉伸圆柱长度：18→ ✓ →OK，得到如图 13-169 所示的结果。

（2）挖切孔

Feature→Create→Solid | Hole→在弹出的"Hole"对话框中：选择孔的类型为 Sketched（绘制建孔）→进入绘制模式，绘制孔的剖面如图 13-170 所示→ ✓ （返回 Hold 对话框）。

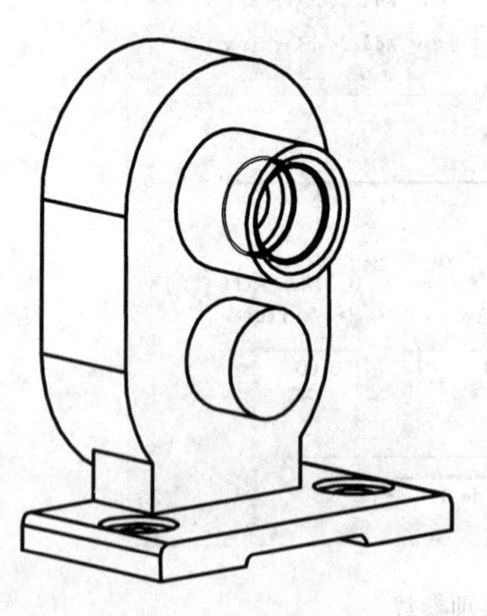

图 13-169　从动轴支撑部分

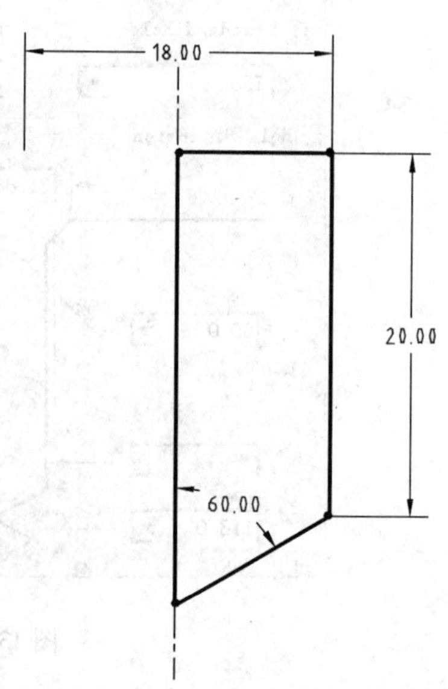

图 13-170　钻孔剖面

选择泵体内腔右端面为建孔平面（Primary Reference）；

选择 Coaxial（同轴）为孔的定位方式（Placement Type）；

选取拉伸圆柱的轴线为参考轴（Axial Reference），单击 ✓ 按钮确认操作，得到如图 13-171 所示的结果。

7. 创建进出油孔

（1）拉伸圆柱

Feature→Create→Solid | Protrusion→Extrude | Solid | Done→One Solid | Done;

Make Datum→Offset→选取基准面 RIGHT 作为偏移基准面→Enter Value→输入偏移值：84/2→ ✓ →Done→Flip | Okay→Default（缺省参考面）→绘制如图 13-172 所示的剖面→ ✓；

Up To Surface | Done→选择泵体前端面→OK，得到如图 13-173 所示的结果。

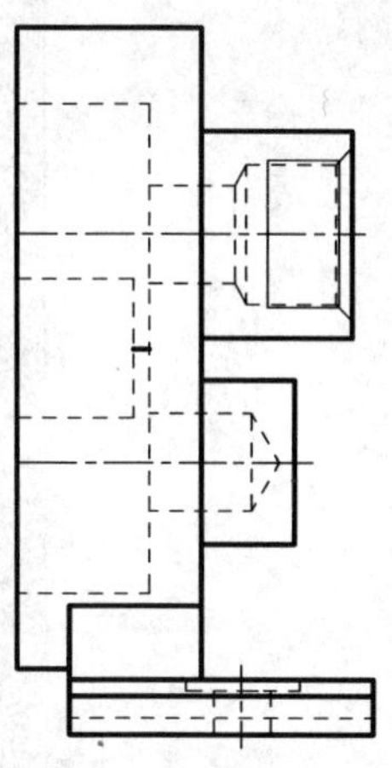

图 13-171　从动轴支撑部分

（2）镜像复制拉伸圆柱

Feature→Copy→Mirror | Independent | Done;

选取拉伸圆柱→Done→选取基准面 RIGHT 为镜像对称面，在泵体的后侧复制创建一个拉伸圆柱。

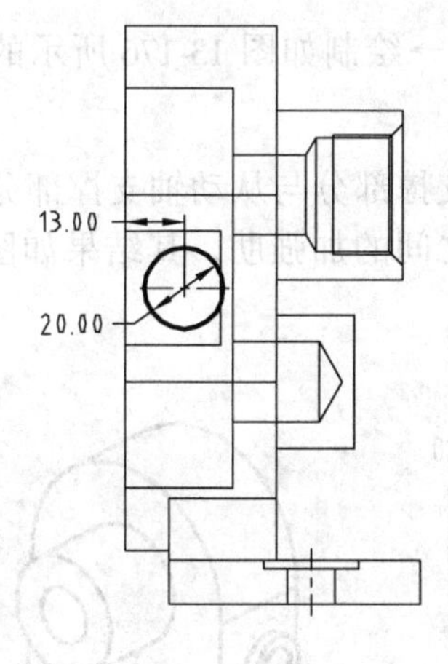

图 13-172　进出油口剖面

图 13-173　拉伸圆柱

（3）创建螺孔

Feature→Create→Solid | Hole;

在 Hole 对话框中，选择 Standard Hold（标准孔）建孔类型，螺纹规格（Screw Size）选择 M13×1（近似 1/4 管螺纹的大径），其他各项参数的设置如图 13-174 所示。

选择拉伸圆柱端面为建孔平面（Primary Reference），选择 Coaxial（同轴）为孔的定位方式（Placement Type），选取拉伸圆柱的轴线为参考轴（Axial Reference），单击 ✓ 按钮确认操作，在进出油孔处创建螺纹通孔，如图 13-175 所示。

8. 创建加强肋

创建主动轴支撑部分与从动轴支撑部分之间的加强肋。

Feature→Create→Solid | Rib;

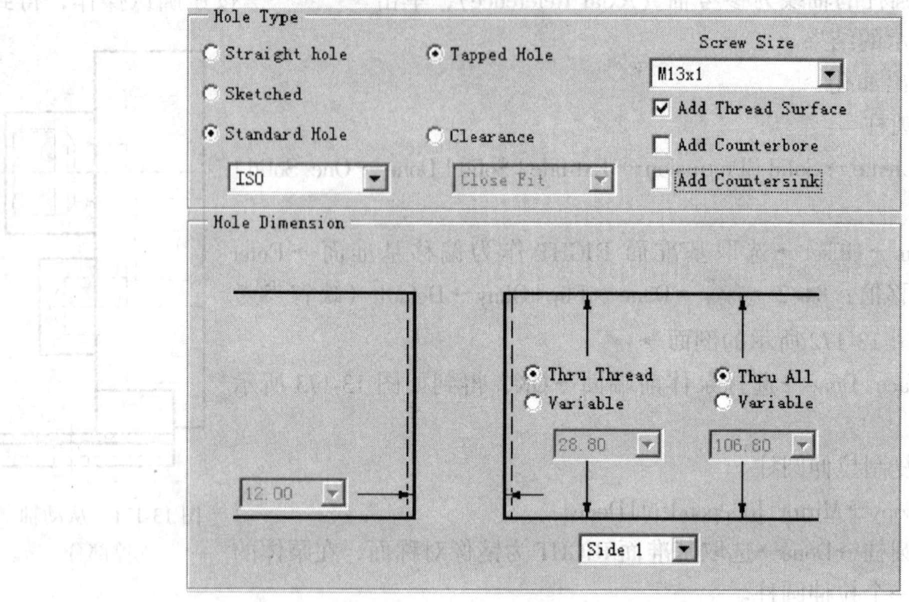

图 13-174 进出油口螺孔的各项参数

取基准面 RIGHT 作为绘图面→Default（缺省参考面）→绘制如图 13-176 所示的剖面→✓；

Flip | Okay→输入加强肋厚度：10→✓，创建主动轴支撑部分与从动轴支撑部分之间的加强肋。再利用同样的方法创建从动轴支撑部分与底板之间的加强肋，其结果如图 13-177 所示。

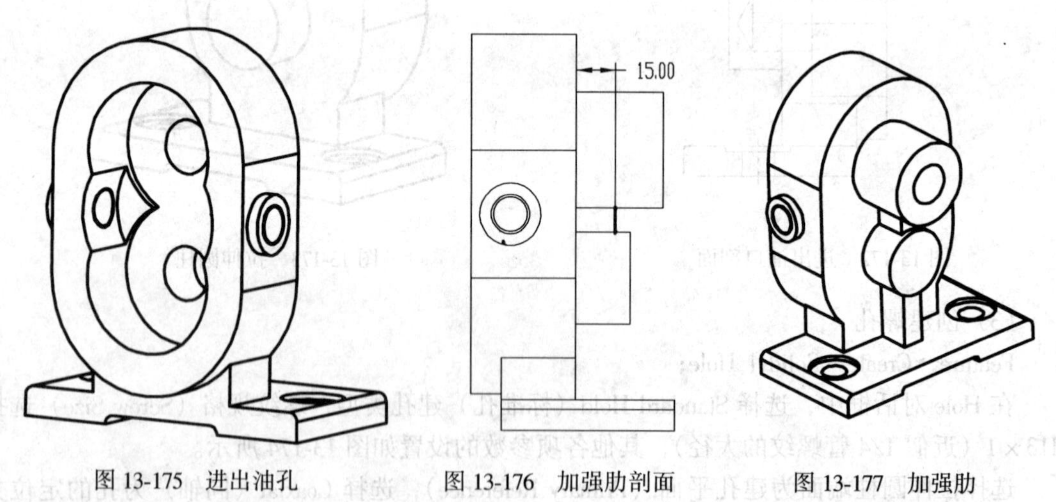

图 13-175 进出油孔　　图 13-176 加强肋剖面　　图 13-177 加强肋

9. 创建泵体前端面上的六个螺孔

（1）先创建一个螺孔

Feature→Create→Solid | Hole；

在 Hole 对话框中，选择 Standard Hole（标准孔）建孔类型，其他各项参数的设置如图 13-178 所示。

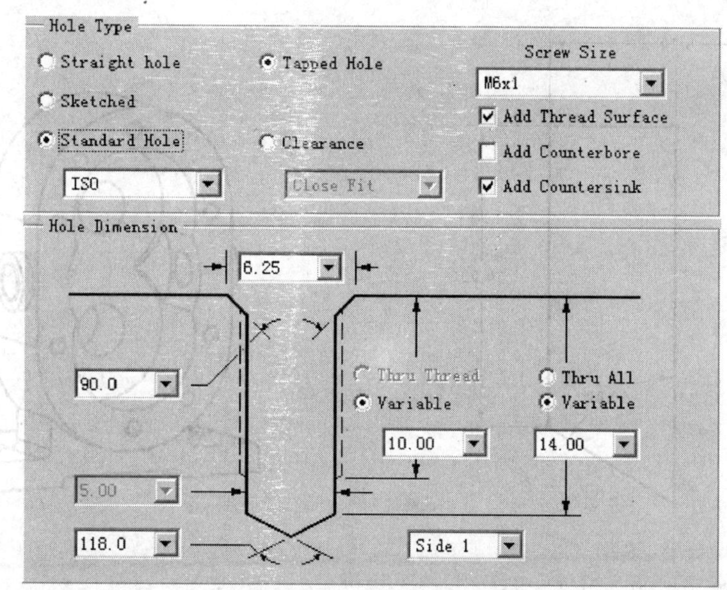

图 13-178 螺纹孔各项参数

建孔平面选择泵体左端面，建孔定位方式选择 Radial，选取主动轴孔的轴线为参考轴，半径值为 30，选取基准面 TOP 为角度参考面，角度值为 0。单击 ✓ 按钮确认操作，创建了位于泵体左端面前上方的螺孔。

(2) 阵列复制螺纹孔

Feature→Pattern→选取创建的螺孔；

选取角度尺寸值“0”→输入尺寸增量 90→ ✓ →Done；

输入复制螺孔的数量：3→ ✓ →Done，完成阵列复制，创建了泵体左端面上方的三个螺孔。

(3) 镜像复制螺孔

Feature→Copy→Mirror | Independent | Done；

选取三个螺孔中的任意一个，则三个即可全被选中→Done Sel→Done→选取基准面 TOP 作为镜像对称平面，完成镜像复制，其结果如图 13-179 所示。

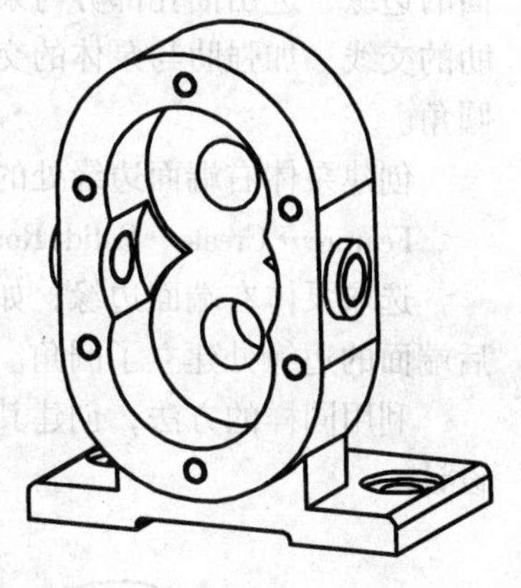

图 13-179 泵体左端面的六个螺孔

10. 创建泵体左端面上的两个销孔

Feature→Create→Solid | Hole；

在 Hole 对话框中：选择 Sketched（草绘建孔）建孔类型→（进入草绘模式）绘制如图 13-180 所示的销孔剖面→ ✓ （返回 Hole 对话框）。

选择泵体左端面为建孔平面；

选择建孔的定位方式为 Radial；

选取主动轴孔的轴线为参考轴，输入半径值：30；

选取基准面 TOP 为角度参考面，输入角度值：45，单击 ✓ 按钮确认操作，创建了位于泵体左端面前上方的销孔。再利用同样的方法创建泵体左端面后下方的另一个销孔，其结果如图 13-181 所示。

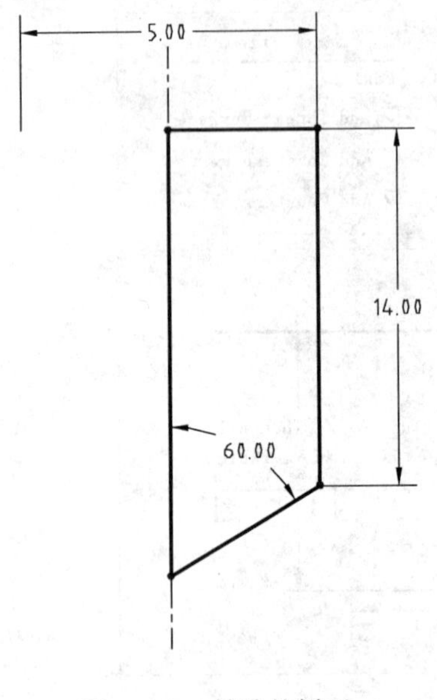

图 13-180 销孔的剖面

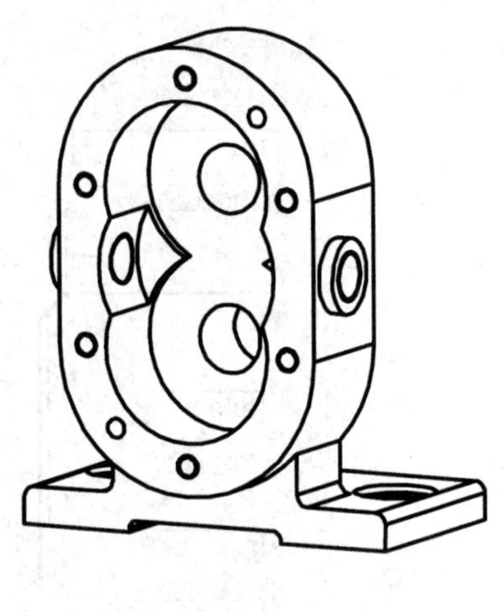

图 13-181 泵体左端面的销孔

11. 创建圆角

泵体零件为铸造件，在所有铸造面的拐角处，诸如，泵体右端面的边缘、安装底板上表面的边缘、进出油孔部分与泵体的交线、支承主动轴和从动轴部分与泵体的交线以及与加强肋的交线、加强肋与泵体的交线、加强肋的边缘，支承从动轴部分端面的边缘，都应为铸造圆角。

创建泵体右端面边缘处的圆角：

Feature→Create→Solid | Round Simple | Done→Constant | Edge Chain | Done→Tangnt Chain；

选取泵体右端面边缘，如图 13-182 所示→Done→输入圆角半径：3→ ✓ →OK，在泵体后端面的边缘处建立了圆角。

利用同样的方法，创建其他各部分的圆角，其结果如图 13-183 所示，完成泵体零件的设计。

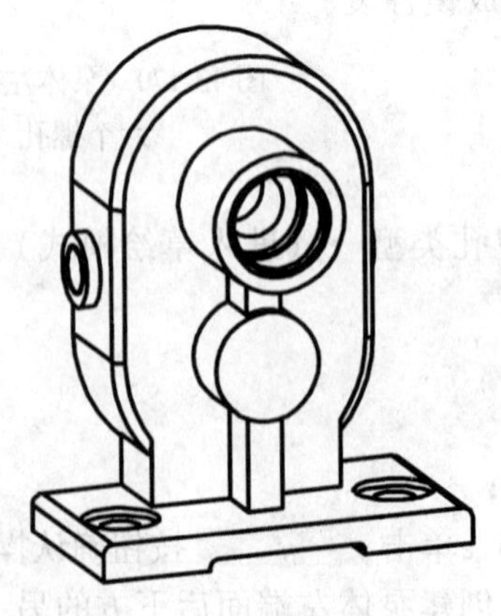

图 13-182 选取欲建圆角的边缘

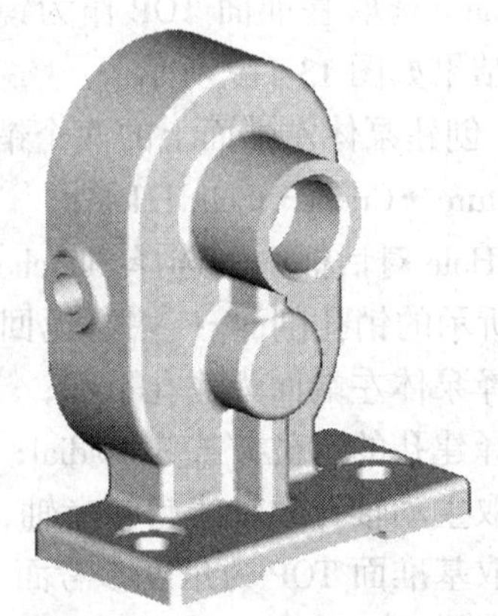

图 13-183 创建圆角，完成泵体设计

12. 保存

(1) 保存 (Save)

在工具栏中单击快捷按钮 ；在信息窗口的文件名输入栏中显示文件名：PUMP-BODY.PRT，单击按钮 ✓，将该文件保存在当前工作目录中。

(2) 保存副本 (Save a Copy)

在工具栏中单击快捷按钮 ；弹出 Save a Copy 对话框，选择保存文件的目录，在 New Name（新文件名）输入栏中输入与原文件名 pumpbody 不同的新文件名；单击 OK 按钮，将该文件以新文件名保存在指定的文件目录中。

13.4 零件装配

Pro/ENGINEER 提供的 Assembly 模块用于零件装配。在该工作环境中，可以把创建好的三维零件模型使用相应的约束方式组装成装配件，还可以把装配件进行分解（Explode），创建装配件的三维装配分解模型。

进入零件装配工作环境可通过建立新文件（File > new 或 ）的方式，在 New 对话框中的 Type（工作类型）选项中选择 **Assembly**。在此工作模式下，保存的装配文件格式为“**.asm**”。

13.4.1 零件装配的方法步骤

1. 建立新装配文件

选择菜单栏命令 File > New 或 ，弹出 New 对话框；

在 Type（工作类型）选项中选择 Assembly→输入文件名→OK，进入装配工作环境。

若取消“Use default template”勾选（不使用缺省模板），单击 OK 按钮后，会弹出一个 New File Options 对话框，可在其中选择模板文件。例如，Empty 选项是空模板；若需要三个装配基准面，可选用 mmns _ asm _ design（公制单位的零件装配设计模板）选项。单击 OK 按钮后，进入零件装配工作环境。

2. 进行装配操作

(1) 调入第一个零件

Component→Assembly→在弹出的 Open 对话框中选取欲调入零件的文件→Open，该零件被调入，显示在主窗口。

(2) 调入另一个零件

Component→Assembly→在弹出的 Open 对话框中选取欲调入的零件文件→Open，该零件被调

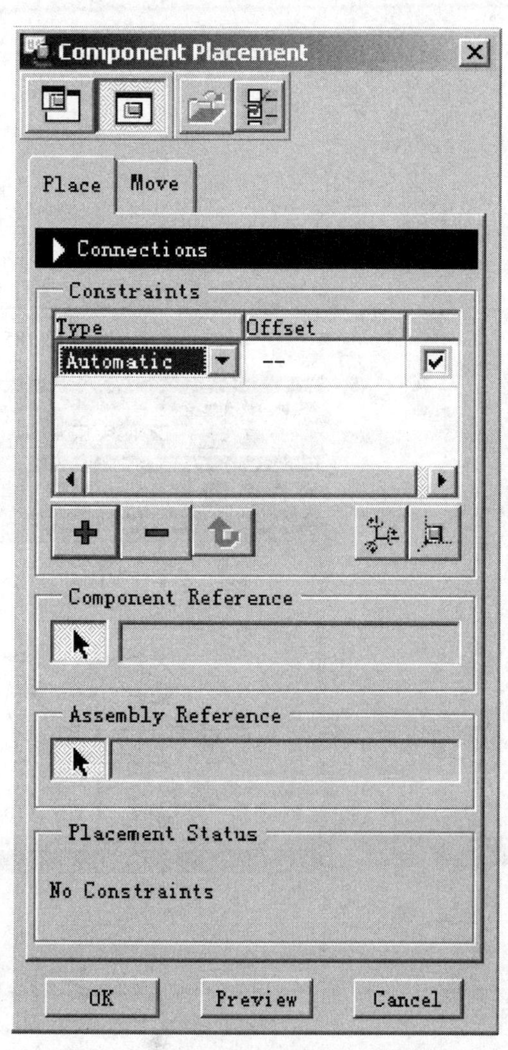

图 13-184 Component Placement 对话框

入。在弹出的如图 13-184 所示 Component Placement 对话框的最上方有两个控制调入零件显示方式的按钮，其中 （Assembly Window）将调入的零件显示在主窗口（缺省方式），如图 13-185 所示； （Separate Window）将调入的零件显示在子窗口，如图 13-186 所示。

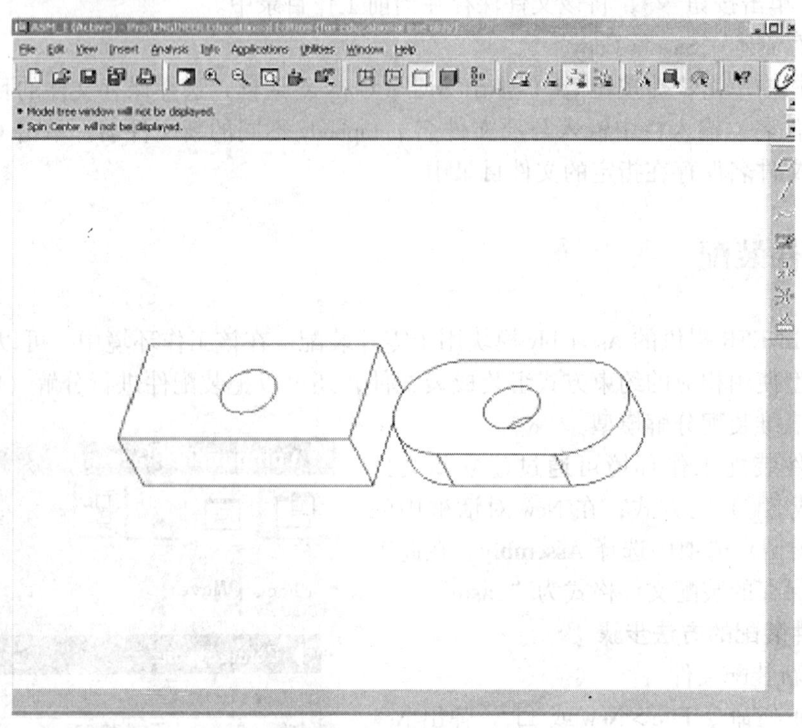

图 13-185　主窗口显示方式

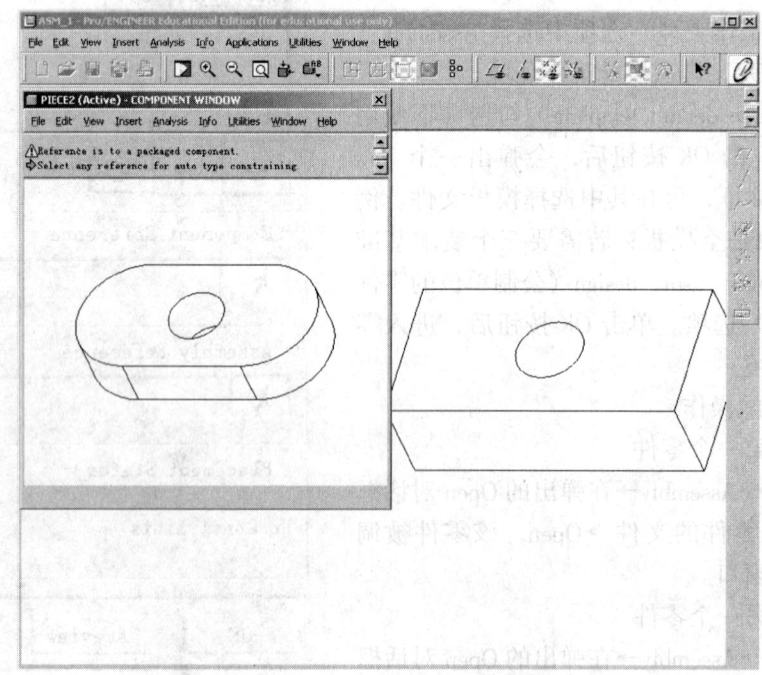

图 13-186　子窗口显示方式

（3）指定装配约束种类进行组装

在 Component Placement 对话框的 Constraints（约束）栏中选择装配约束种类，分别在两个零件上选取与约束相关的部位（一般两个零件间至少需要两个装配约束才能确定彼此之间的相对关系及位置），单击 OK 按钮，两个零件自动装配在一起，反复进行上述操作，可将多个零件组装成装配件。

3．分解装配件

使用菜单栏命令 **View > Explode**，可将装配件分解，创建装配件的分解模型。使用命令 **Modify > Mod Expld > Position**，可调节分解模型中零件间的距离。使用菜单栏命令 **View > Unexplode** 可将分解的装配件恢复为原始状态。

13.4.2 零件装配的约束种类

在如图 13-184 所示的 Component Placement 对话框中，Constraints Type 下拉列表是用于指定装配约束种类的。如图 13-187 所示，其中包含了九种装配约束。

1．**Automatic**（自动设置某种约束）

系统将根据在装配零件上所选取的部位，自动施加下面所介绍的某种约束。

2．**Mate**（配合）

两平面反向结合，其中包含着三种约束方式，可在如图 13-188 所示的下拉列表中选取。

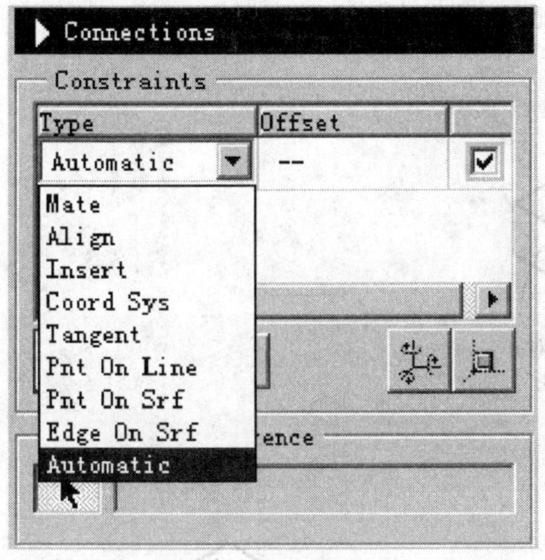

图 13-187　九种装配约束

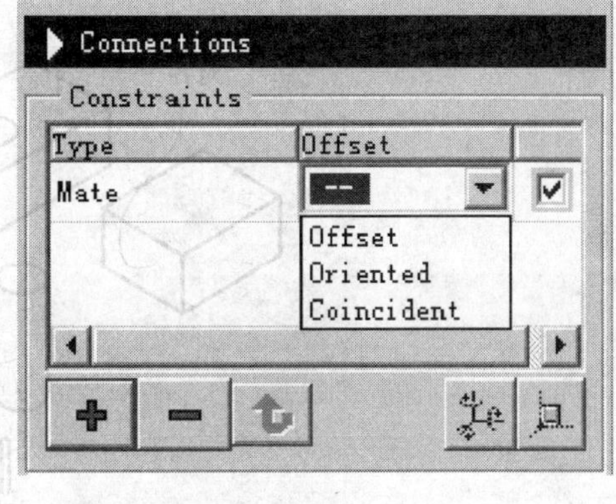

图 13-188　Mate 的三种约束方式

其中：

1）Offset（偏移）：两平面定距离反向平行，需输入距离值确定间隔大小；

2）Oriented（定向）：两平面平行、方向相反；

3）Coincident（重合）：两平面面对面贴合。

三种约束方式如图 13-189 所示。

3．**Align**（对齐）

两平面同向对齐或两中心线对齐共线。其中两平面同向对齐也包含着三种约束方式，如图 13-190 所示。

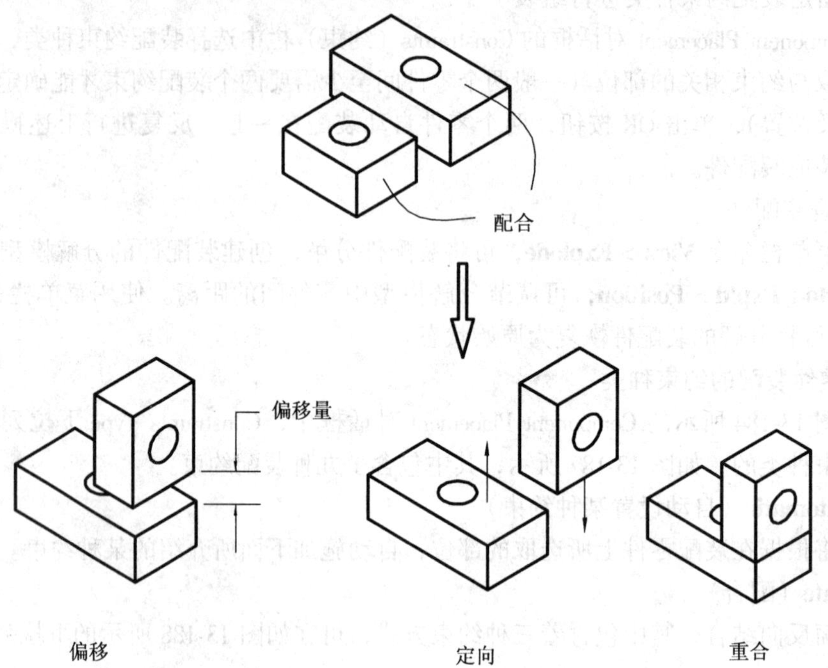

图 13-189　Mate（配合）装配约束

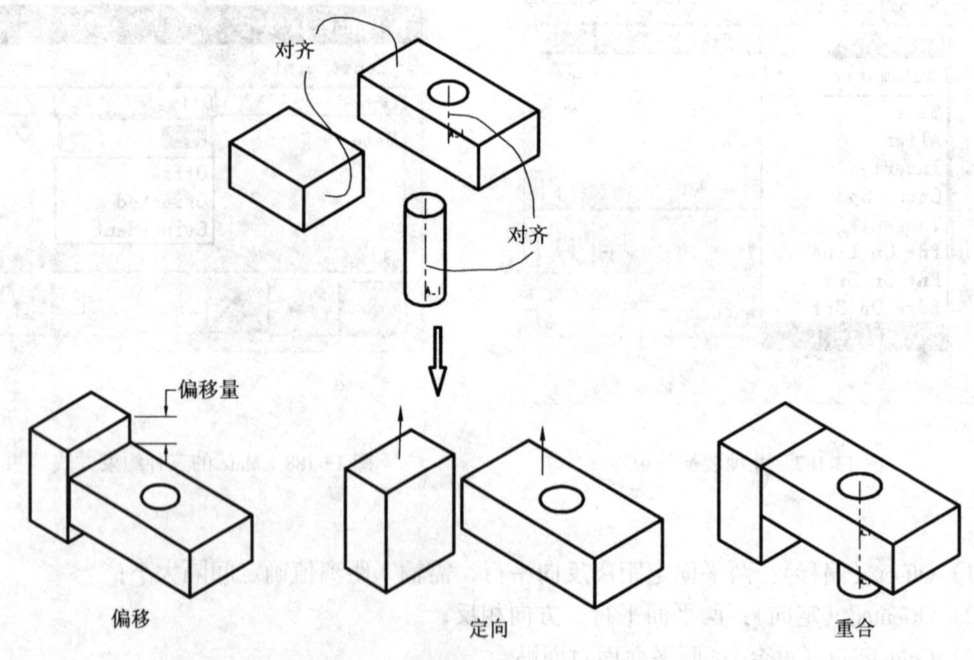

图 13-190　Align（对齐）装配约束

1）Offset（偏移）：两平面定距离同向平行，需输入距离值确定间隔大小；

2）Oriented（定向）：两平面同向平行；

3）Coincident（重合）：两平面同向对齐位于同一个平面；或两中心线合成共线。

4. **Insert**（插入）

轴与孔的配合。如图 13-191 所示，在选取轴和孔时要点选其圆柱面，而 Align（对齐）约束是选取轴或孔的轴线。

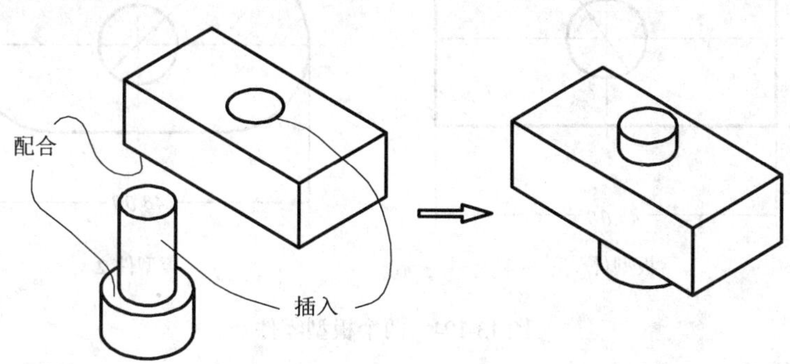

图 13-191　Insert（插入）装配约束

5. **Coord Sys**（坐标系）

利用坐标系为参数基准进行装配，如图 13-192 所示，注意 X、Y 轴的方向。

6. 以点、线、面相接的方式进行装配

1）Tangent：两曲面以相切的方式相接。

2）Pnt on Line：两线上的某一点相接。

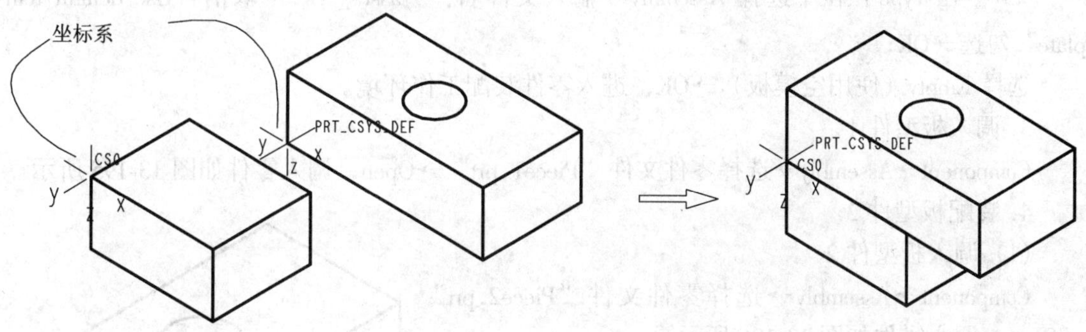

图 13-192　Coord Sys（坐标系）装配约束

3）Pnt on Srf：两曲面上的某一点相接。

4）Edge on Srf：两曲面上的某一边相接。

13.4.3　零件装配范例

本节以最常见的装配结构“螺栓联接”（图 13-193）为例，介绍装配件的模型设计。图 13-193 所示的螺栓联接由五个零件组成，其中包括：被联接的两个板型零件，其形状及尺寸如图 13-194 所示，以及螺栓（GB/T 5782—2000 M10 × 40）、螺母（GB/T 5782—2000 M10）和垫圈（GB/T 97.1—1985 10—140HV）。

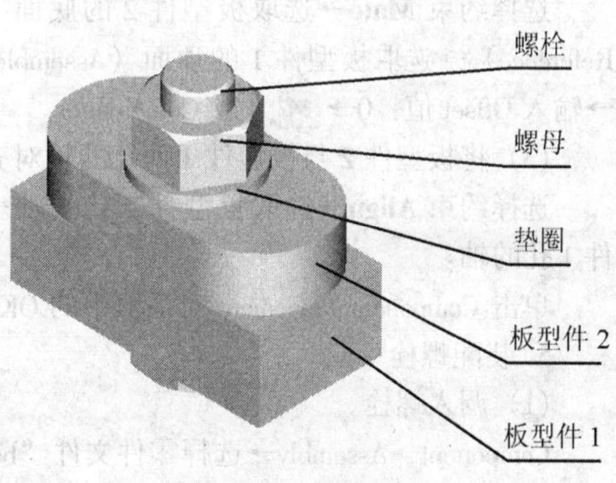

图 13-193　螺栓联接

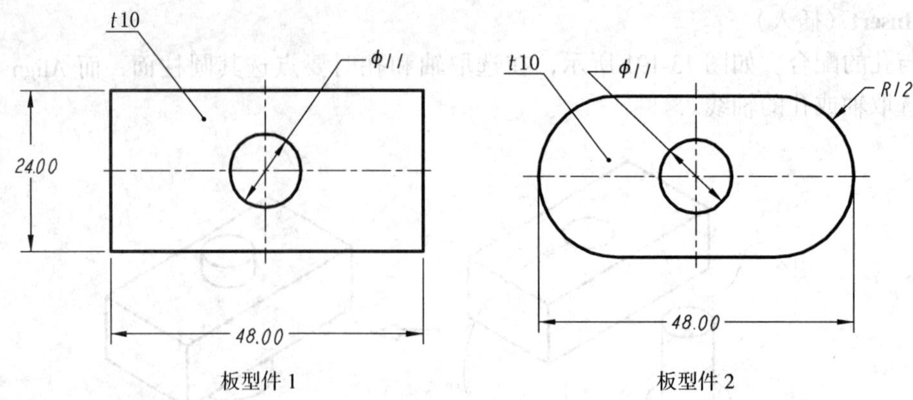

图 13-194　两个板型零件

1. 准备工作

1）利用查表法查得螺纹紧固件的各部分尺寸；

2）根据尺寸进行零件设计，并分别以 Piece.1（板型件 1）、Piece.2（板型件 2）、bolt（螺栓）、nut（螺母）和 washer（垫圈）为文件名将创建的零件存储到指定的文件目录中（螺栓和螺母上的螺纹创建为螺纹装饰特征）；

3）将存储文件的目录设置成当前工作目录，以便装配操作。

2. 建立新的装配文件

→在 Type 栏位中选择 Assembly→输入文件名："asse _ 1"→取消"Use default template"勾选→OK；

选择 Empty（使用空模板）→OK，进入零件装配工作环境。

3. 调入板型件 1

Component→Assembly→选择零件文件"Piece1.prt"→Open，调入零件如图 13-195 所示。

4. 装配板型件 2

（1）调入板型件 2

Component→Assembly→选择零件文件"Piece2.prt"→Open，调入零件如图 13-196 所示。

（2）将板型件 2 与板型件 1 贴合

选择约束 **Mate**→选取板型件 2 的底面（Component Reference）→选取板型件 1 的顶面（Assemble Reference）→输入 Offset 值：0→（或 Coincident）。

（3）将板型件 2 与板型件 1 两孔的轴对齐共线

选择约束 **Align**→选取板型件 2 孔的轴→选取板型件 1 孔的轴。

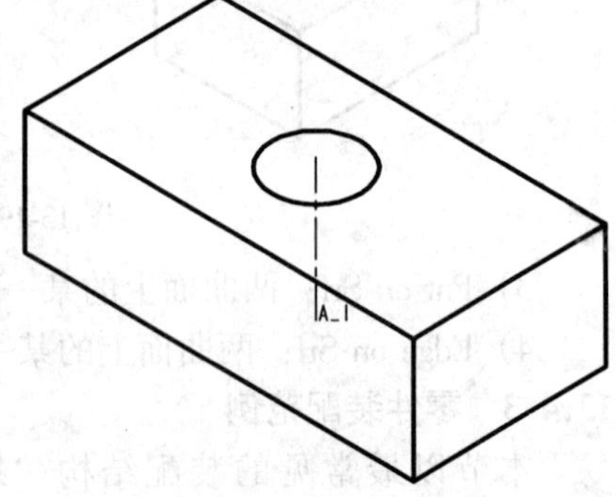

图 13-195　调入板型件 1

单击 Component Placement 对话框中的 OK 按钮，完成板型件 2 的装配如图 13-197 所示。

5. 装配螺栓

（1）调入螺栓

Component→Assembly→选择零件文件"bolt.prt"→Open，调入螺栓如图 13-198 所示。

（2）将螺栓六角头内端面与板型件 1 底面贴合

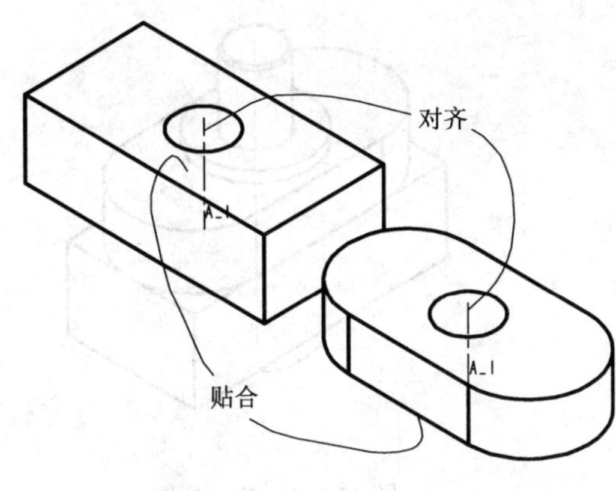

图 13-196　调入板型件 2

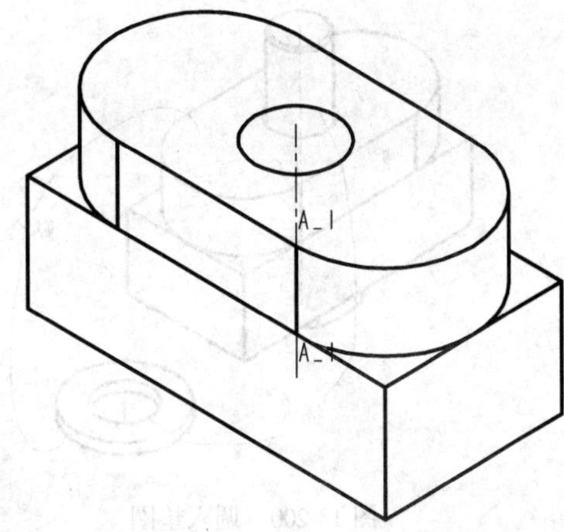

图 13-197　装配板型件 2

选择约束 **Mate**→选取螺栓六角头内端面（Component Reference）→选取板型件 1 的底面（Assemble Reference）→输入 Offset 值：0→ ✓（或 Coincident）。

（3）将螺栓轴线与两被联接板型件孔的轴线对齐共线

选择约束 **Align**→分别选取两板型件孔的轴线。

单击 Component Placement 对话框中的 OK 按钮，完成螺栓的装配如图 13-199 所示。

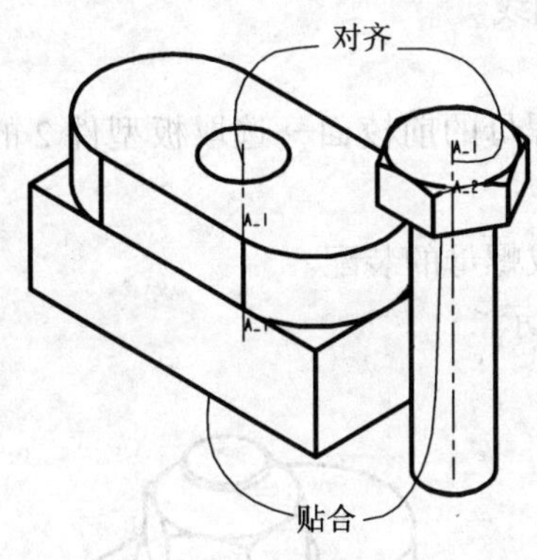

图 13-198　调入螺栓

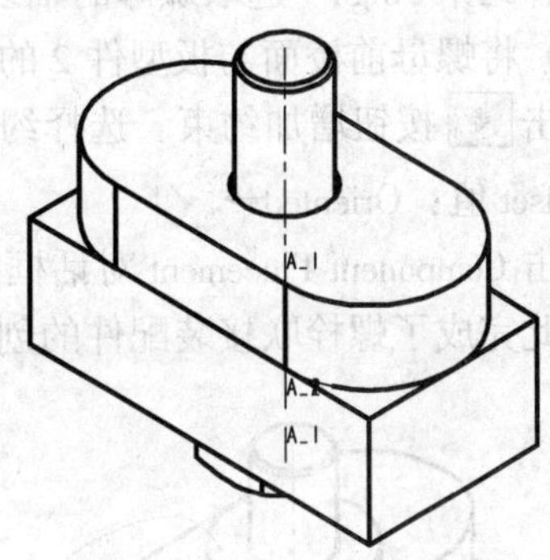

图 13-199　装配螺栓

6. 装配垫圈

（1）调入垫圈

Component→Assembly→选择零件文件"Washer.prt"→Open，调入零件如图 13-200 所示。

（2）将垫圈下端面与板型件 2 顶面贴合

选择约束 **Mate**→选取垫圈下端面→选取板型件 2 的顶面→输入 Offset 值：0→ ✓（或 Coincident）。

（3）将垫圈套入螺栓

选择约束单击 **Insert**→选取垫圈的孔→选取螺栓杆部。

单击 Component Placement 对话框中的 OK 按钮，完成垫圈的装配如图 13-201 所示。

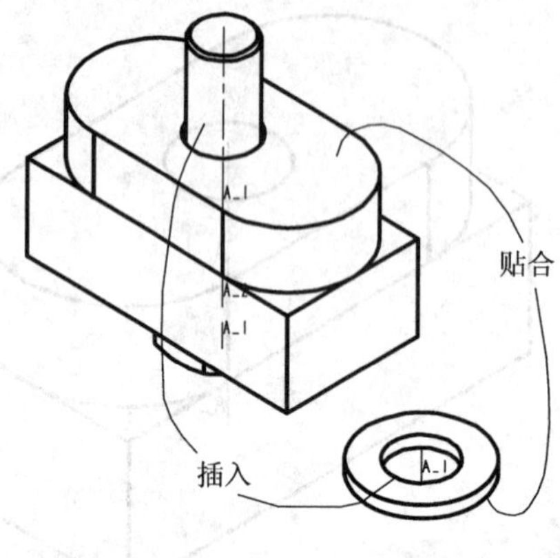

图 13-200　调入垫圈

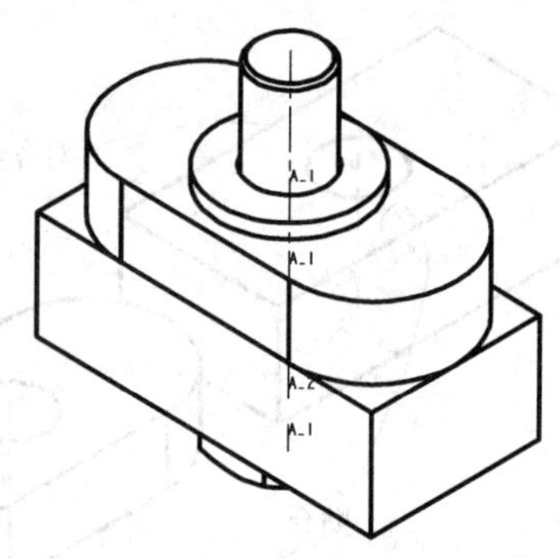
图 13-201　装配垫圈

7. 装配螺母

（1）调入螺母

Component→Assembly→选择零件文件“Nut.prt”→Open，调入零件如图 13-202 所示。

（2）将螺母下端面与垫圈上端面贴合

选择约束 **Mate**→选取螺母下端面→选择垫圈上端面→输入 Offset 值：0→ ✓ （或 Coincident)。

（3）将螺母轴线与螺栓轴线对齐共线

选择约束 Align→选取螺母的轴线→选取螺栓的轴线。

（4）将螺母前棱面与板型件 2 的前面对齐。

单击 ✚ 按钮增加约束。选择约束 **Align**→选取螺母的前棱面→选取板型件 2 的前面→输入 Offset 值：Oriented→ ✓ 。

单击 Component Placement 对话框中的 OK 按钮完成螺母的装配。

至此完成了螺栓联接装配件的创建如图 13-203 所示。

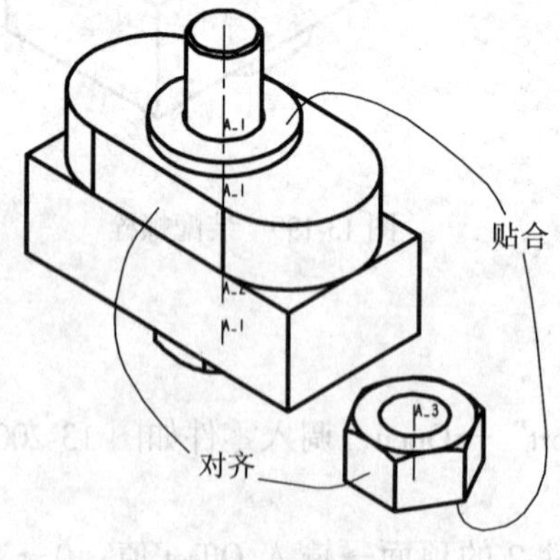

图 13-202　调入螺母

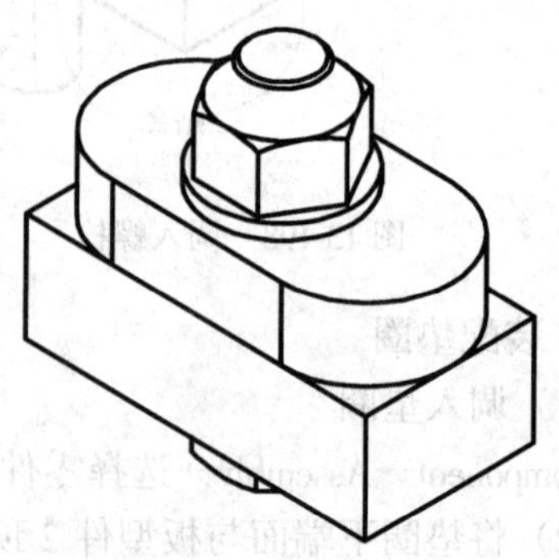
图 13-203　螺栓联接装配件

8. 创建装配件分解模型

（1）分解装配件

选择菜单栏命令 **View > Explode**，得到分解的装配件如图 13-204 所示。

(2) 修改零件间分解的距离

选择命令 **Modify→Mod Expld→Position**，弹出 Explode Position 对话框，在 Motion Type 中使用缺省选项 Translate，在 Motion Reference 中使用缺省选项 Entity/edge。选取板型件 1 的铅直棱作 Motion Reference（以便使零件沿铅直方向移动），拖动螺母、垫圈向上移动，拉大零件间的距离（若再选取板型件 1 的水平或前后方向的棱作为 Motion Reference，可拖动零件沿这些方向移动）。图 13-205 所示为改变了零件间距离后的结果。

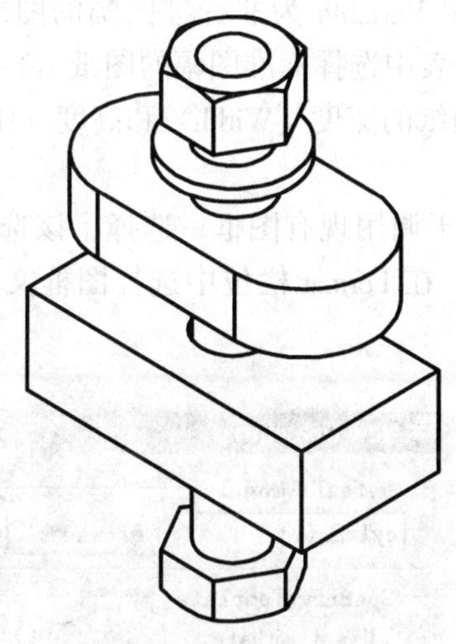

图 13-204 分解的装配件

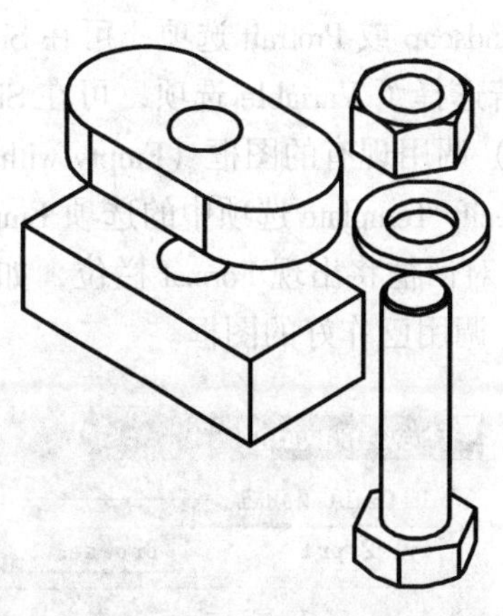

图 13-205 改变零件间的距离

(3) 恢复原始状态

选择命令 View→Unexplode，分解的装配件恢复为原始状态，即图 13-203 所示的状态。

9. 保存

→单击信息栏中的 按钮，将螺栓联接装配件以“asse _ 1.asm”为文件名保存在当前的工作目录中。

13.5 工程图制作简介

Pro/ENGINEER 可将创建好的三维零件或装配件制作成工程图。制作的工程图与零件或装配件之间相互关联，其中之一更改，另一个也自动更改。本节介绍如何利用三维零件模型创建其工程图的基本操作。

13.5.1 工程图制作环境设置

1. 建立绘图文件

选择 File > New 命令或 ，在 New 对话框的 Type（工作类型）选项中选择 Drawing（绘图），输入文件名，单击 OK 按钮，则进入工程图工作环境。在此模式下，保存的绘图文件格式为“.drw”。

若在 New 对话框中取消“Use default template”勾选（不使用缺省的绘图模板），单击 OK 按钮后将弹出如图 13-206 所示的 New Drawing 对话框。该对话框中的各项功能如下：

(1) 指定创建工程图的零件

若内存中有零件，则该零件的文件名显示在对话框上方的 Default Model 文本框中，作为创建工程图的缺省零件。也可利用文本框右方的 Browse 按钮选择欲创建工程图的零件。

若内存中没有零件，则此文本框显示 none ，此时，需利用 Browse 按钮选择欲创建工程图的零件。

(2) 选择空白 (Empty) 图纸

Specify Template 选项中的选项 Empty 用于选择绘图的图纸。其中在 Orientation 选项中，Landscap（横用）、Protrait（竖用）为标准图幅的图纸；Variable 为非标准图幅的图纸。若选择了 Landscap 或 Protrait 选项，可在 Size 栏位的下拉列表中选择标准图幅的图纸 A0 ~ A4 或 A ~ E；若选择了 Variable 选项，可在 Size 栏位中设置图纸的宽度（Width）和高度（Height）。

(3) 调用现有的图框（Empty with format）

Specify Template 选项中的选项 Empty with format 用于调用现有图框，选择了该选项，New Drawing 对话框将出现 Format 栏位，如图 13-207 所示。在 Format 栏位中选择图框文件（.frm 文件），调用已作好的图框。

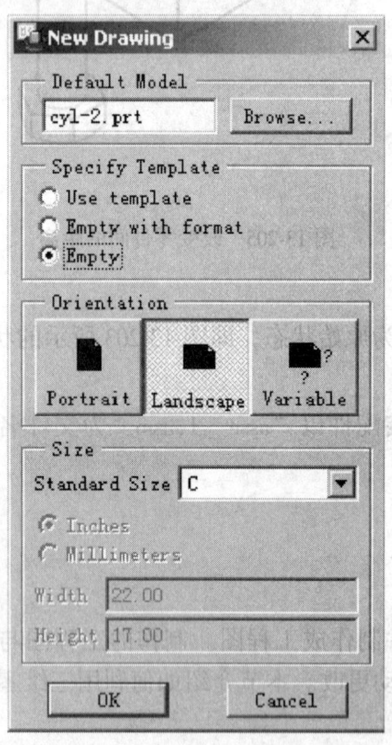

图 13-206 New Drawing 对话框

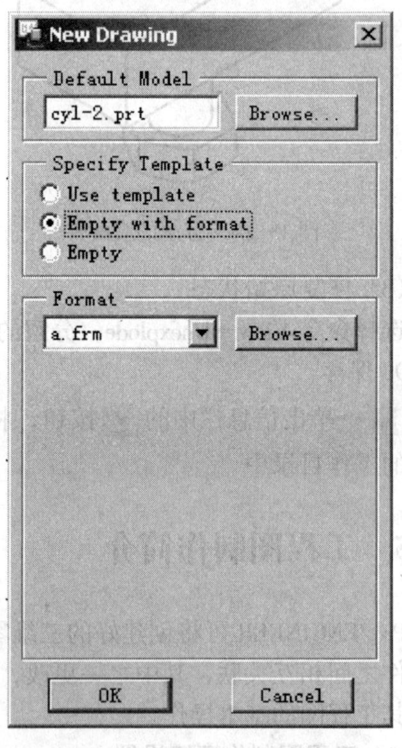

图 13-207 Empty With Format 选项

2. 创建图框文件

建立新的绘图文件时，可调用图框文件（.frm 文件），即使用现有的图框。这样可以避免重复工作，提高工作效率。创建图框文件的方法如下：

(1) 建立图框文件

→在 New 对话框的 Type 选项中选择 Format→输入文件名→OK；选择图纸的图幅→OK，进入 Format 工作环境。

（2）绘制图框或调用图框

使用绘图工具绘制图框；也可以使用 Insert > Data from File 命令导入 AutoCAD 文件（.dwg 或 .dxf 文件），即调用在 AutoCAD 中绘制的图框。

（3）保存文件

→以缺省文件名保存为 .frm 格式的图框文件，以备调用。

3. 绘图环境变量的设置

在工程图模式中 Pro/ENGINEER 提供了缺省值的绘图环境设置文件（.dtl 文件）。当其中的某些变量值不符合当前绘图标准的要求时，例如，文本的高度、箭头的长度、尺寸公差是否显示等，可以进行修改，其方法如下：

（1）选择命令

Advanced→Draw Setup，弹出如图 13-208 所示的 Options 对话框。

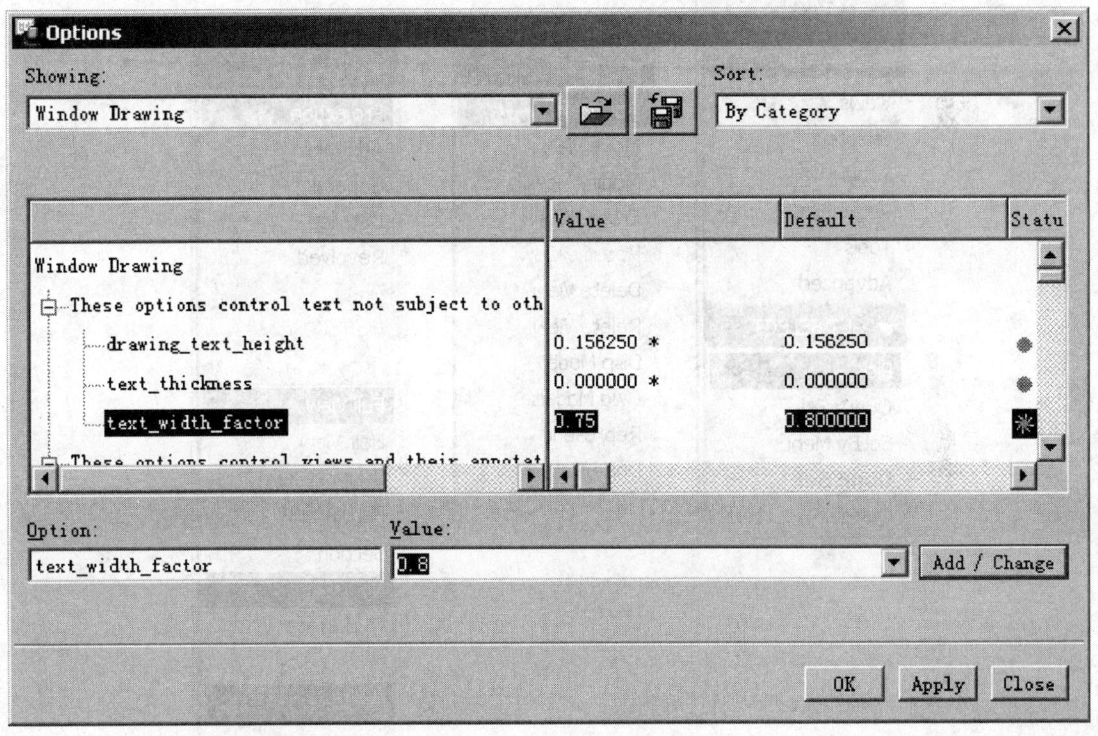

图 13-208 Options 对话框

（2）修改环境变量

在对话框的列表中选取欲修改的环境变量，则该环境变量显示在列表下方的 Option 文本框中。也可以在该文本框中直接输入欲修改的环境变量（一般只需输入前几个字母即可自动全部显示），然后在右方的 Value 文本框的下拉列表中选择（有些需输入）环境变量的值，再单击 **Add/Change** 按钮修改环境变量的值。例如：若采用一角投影法，选择环境变量 Projection _ type，其值设置为 first _ angle，单击 **Add/Change** 按钮；修改环境变量值后单击 Apply 按钮确认应用新值，最后单击 OK 按钮确认操作退出对话框。

（3）保存修改结果

在 Options 对话框中，单击 按钮，弹出 **Save as** 对话框。在该对话框中指定文件存储目录，输入文件名，单击 OK 按钮，将修改后的绘图环境变量文件（.dtl 文件）保存起来。使用时，可利用 Options 对话框中的 按钮打开该文件。

13.5.2 创建视图

在工程图中视图用于表达机件的结构和形状，图 13-209 所示的是创建视图的命令菜单，其中包含五种类型视图：

1）Projection 投影视图；

2）Auxiliary 辅助视图；

3）General 三维参考图；

4）Detailed 局部放大图；

5）Revolve 旋转剖面视图。

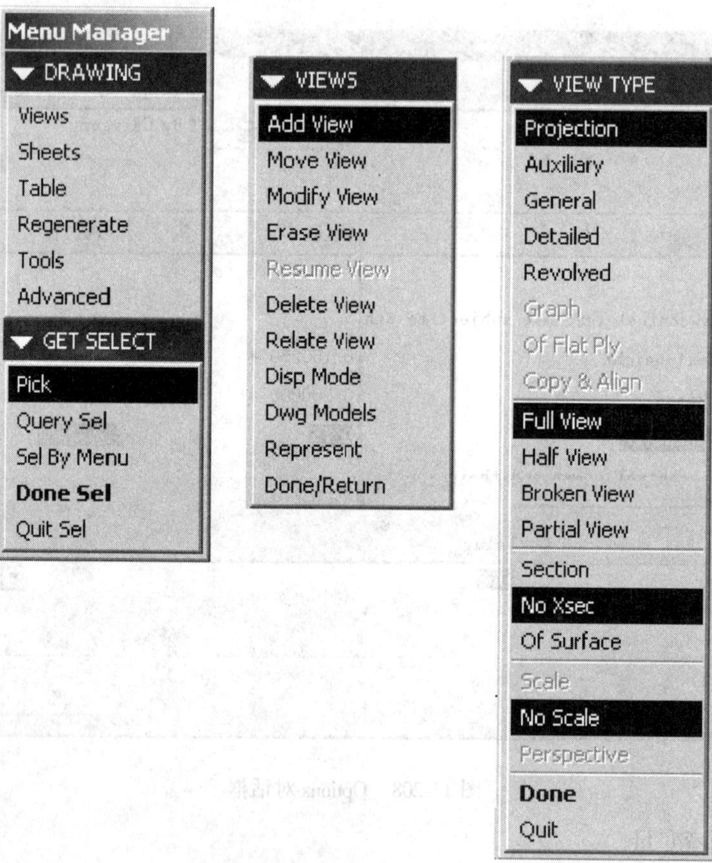

图 13-209 创建视图命令菜单

创建的视图方式有：

1）Full View（全视图）；

2）Half View（半视图）；

3）Broken View（断开视图）；

4）Partial View（局部视图）。

每类视图均可制作为 Section（剖面）或 No Xsec（非剖面）视图。下面介绍创建视图的操作方法。

1. 基本视图（No Xsec 视图）

创建图 13-210 所示组合体模型 1（model _ 1.prt）的基本视图。

（1）建立绘图文件

→在 Tpye 选项中选择 Drawing→输入文件名：“Draw _ 1”→取消“Use default template”勾选→OK；

在 New Drawing 对话框的 Default Model 文本框中调入“model _ 1.prt”零件文件→选择 A4 图幅→OK；

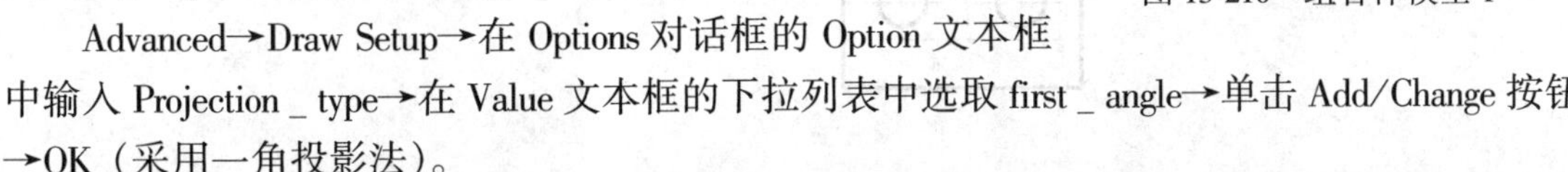

图 13-210　组合体模型 1

Advanced→Draw Setup→在 Options 对话框的 Option 文本框中输入 Projection _ type→在 Value 文本框的下拉列表中选取 first _ angle→单击 Add/Change 按钮→OK（采用一角投影法）。

（2）主视图

Views→Add View→General | Full View | No Xsec | No Scale | Done，在绘图面中部选取一点，此处显示三维参考图，并弹出 Orientation 对话框，如图 13-211 所示；

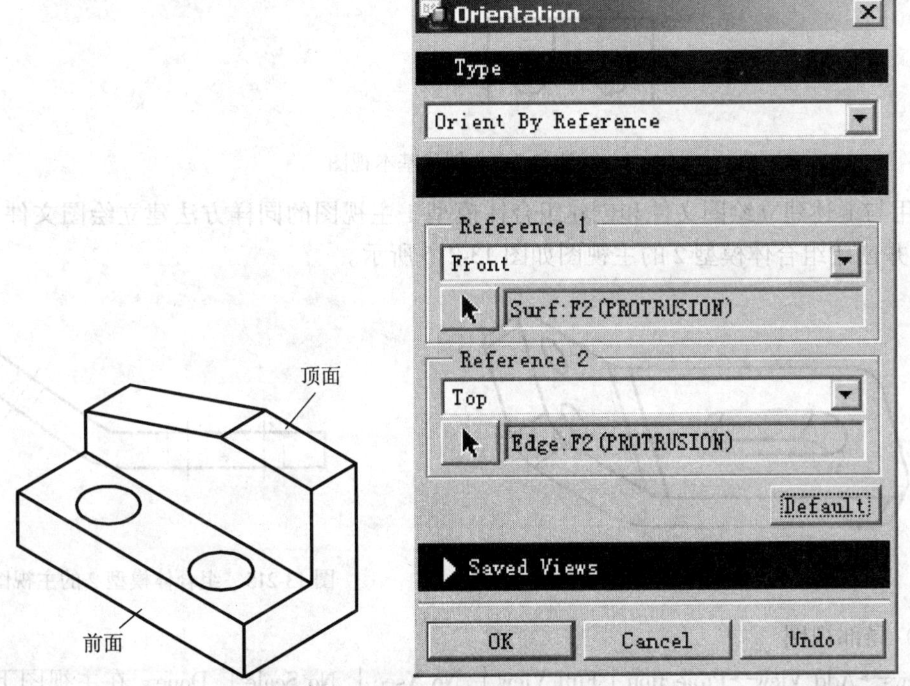

图 13-211　三维参考图

选择组合体前面为 Front（朝前）参考面（Reference1），选择组合体的顶面为 Top（朝上）参考面（Reference2），则得到组合体的主视图，如图 13-212 所示。单击 OK 按钮确认操作，退出对话框。

（3）其他基本视图

Views→Add View→Projection | Full View | No Xsec | No Scale | Done，在主视图的下方选取一点，出现组合体的俯视图。使用同样的命令在主视图的右方选取一点，出现左视图；在主视图的左方选取一点出现右视图；在主视图的上方选取一点出现仰视图；在左视图的右方选取一点出现后视图→Done/Return，创建组合体六个基本视图，如图 13-213 所示。

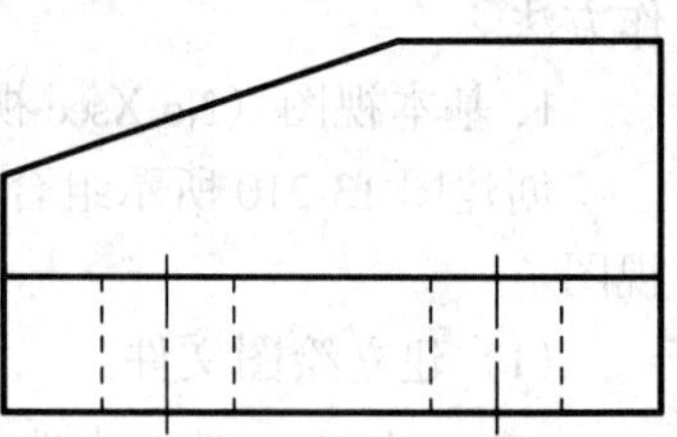

图 13-212　主视图

2. 辅助视图（No Xsec 视图）

创建如图 13-214 所示组合体模型（model _ 2.prt）局部视图和斜视图。

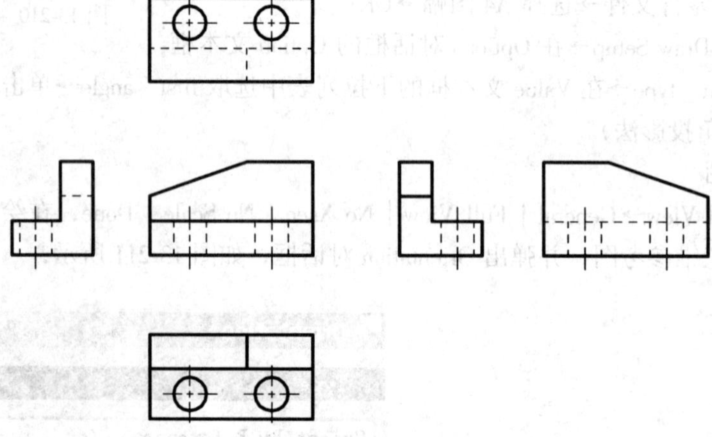

图 13-213　创建基本视图

使用与上述建立绘图文件和创建组合体模型 1 主视图的同样方法建立绘图文件（draw _ 2.drw）并创建组合体模型 2 的主视图如图 13-215 所示。

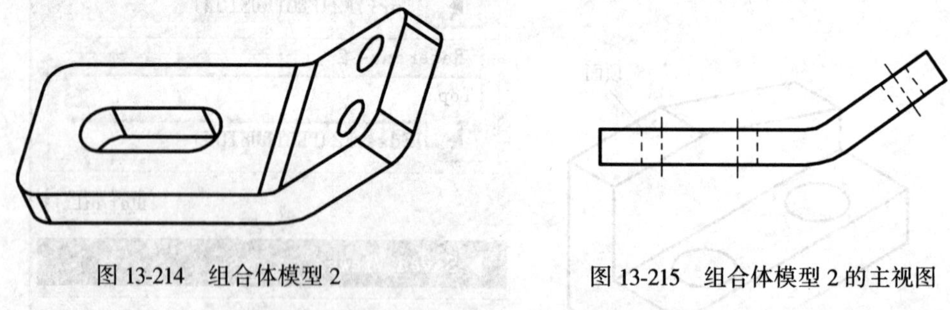

图 13-214　组合体模型 2　　　　图 13-215　组合体模型 2 的主视图

（1）局部视图

Views→Add View→Projection | Full View | No Xsec | No Scale | Done，在主视图下方选取一点，出现俯视图，如图 13-216 所示；在俯视图中选取一点作为局部视图边界中的一点，再使用鼠标左键圈画如图 13-216 所示的局部视图范围，按鼠标中键结束圈画，创建局部视图如图 13-217 所示。

（2）斜视图

Views→Add View→Auxiliary | Partial View | No Xsec | No Scale | Done，在主视图右下方选

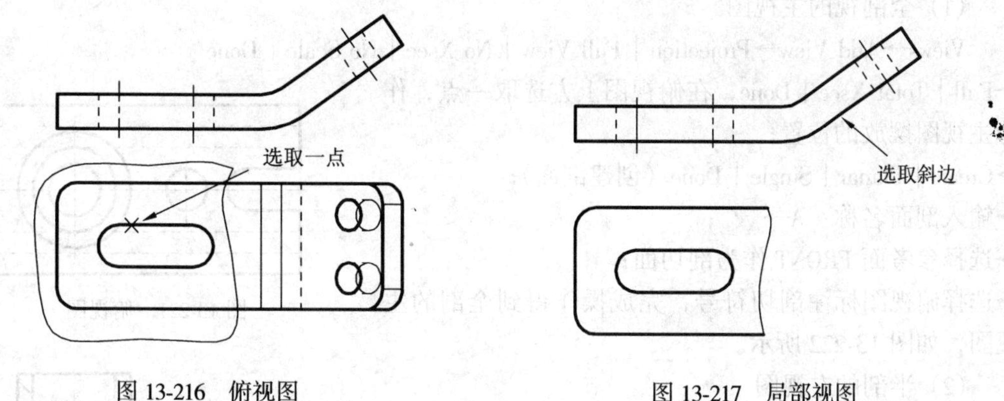

图 13-216　俯视图　　　　图 13-217　局部视图

取一点，作为局部斜视图摆放的位置；选择主视图中的斜边，定义斜视图投影方向；此时出现整体斜视图如图 13-218 所示。

在斜视图的边线上选取一点，作为选取斜视图范围中的一点，再使用鼠标左键圈画如图 13-218 所示的斜视图范围，按鼠标中键结束圈画，建立局部斜视图，如图 13-219 所示。

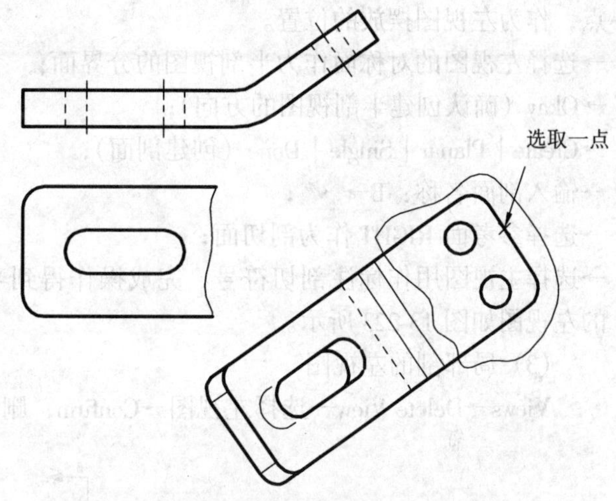

图 13-218　整体斜视图

3. 剖视图（Section 视图）

剖视图用于表达机件内部结构和形状，Pro/ENGINEER 创建的剖视图有 Full（全部视图）、Half（半剖视图）和 Local（局部剖视图）；剖视图类型有 Total Xsec（剖视）、Area Xsec（断面）和 Align Xsec（展开断面）等。

创建如图 13-220 所示组合体模型 3（model _ 3. prt）的剖视图。

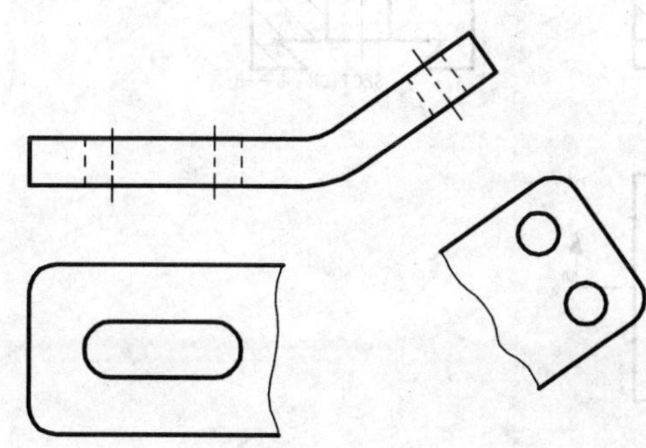

图 13-219　斜视图

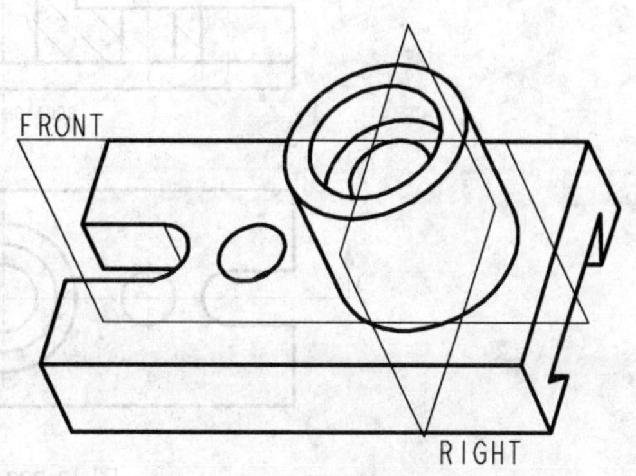

图 13-220　组合体模型 3

使用前面所述的方法，建立绘图文件（Draw _ 3. drw）并创建组合体模型 3 的俯视图，如图 13-221 所示。

（1）全剖视的主视图

Views→Add View→Projection | Full View | No Xsec | No Scale | Done →Full | Total Xsec | Done，在俯视图上方选取一点，作为主视图摆放的位置；

→Create | Planar | Single | Done（创建剖面）；

→输入剖面名称：A→ ✓；

→选择参考面 FRONT 作为剖切面；

→选择俯视图标注剖切符号，完成操作得到全剖的主视图，如图 13-222 所示。

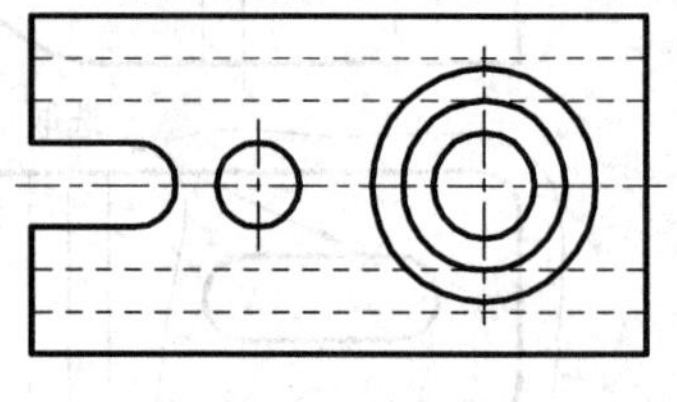

图 13-221 俯视图

（2）半剖的左视图

Views→Add View→选择 Section 及其他缺省选项 | Done→Half | Total Xsec | Done，在主视图右方选取一点，作为左视图摆放的位置。

→选择左视图的对称面作为半剖视图的分界面；

→Okay（确认创建半剖视图的方向）；

→Create | Planar | Single | Done（创建剖面）；

→输入剖面名称：B→ ✓；

→选择参考面 RIGHT 作为剖切面；

→选择主视图用作标注剖切符号，完成操作得到半剖的左视图如图 13-223 所示。

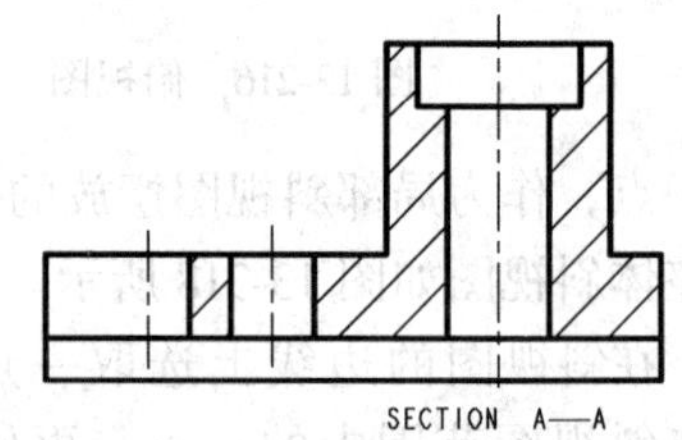

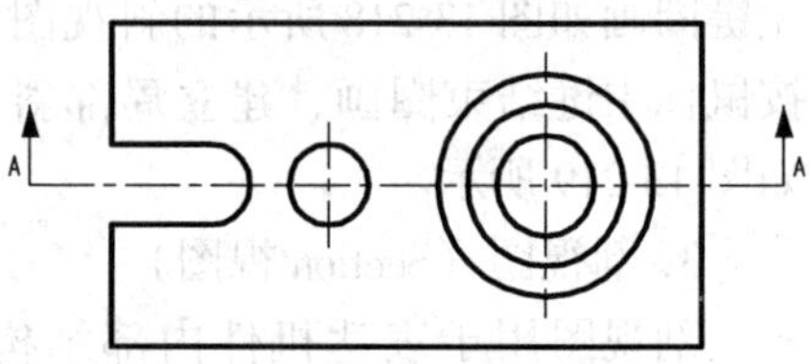

图 13-222 全剖的主视图

（3）局部剖的左视图

Views→Delete View→选择左视图→Confirm，删除左视图。

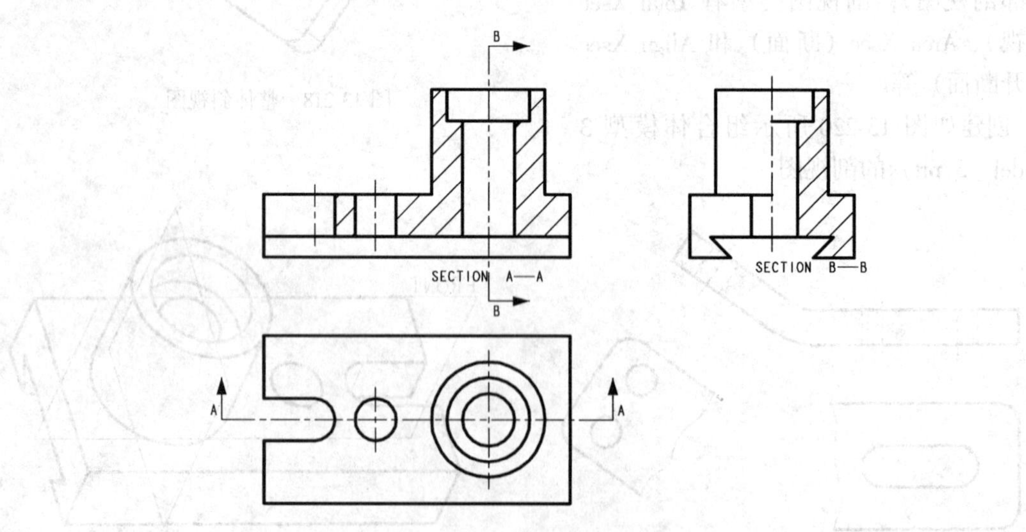

图 13-223 半剖的左视图

Views→Add View→选择 Section 及其他缺省选项 | Done→Local | Total Xsec | Done，在主视图右方选取一点，作为左视图摆放的位置，此时出现左视图，如图 13-224 所示。

→在菜单中选择剖面 B，再按鼠标中键（表示不标注剖切符号）；

→在欲制作局部剖的部位选取一点，再圈画局部剖范围，如图 13-224 所示；
→Done，创建局部剖的左视图如图 13-225 所示。

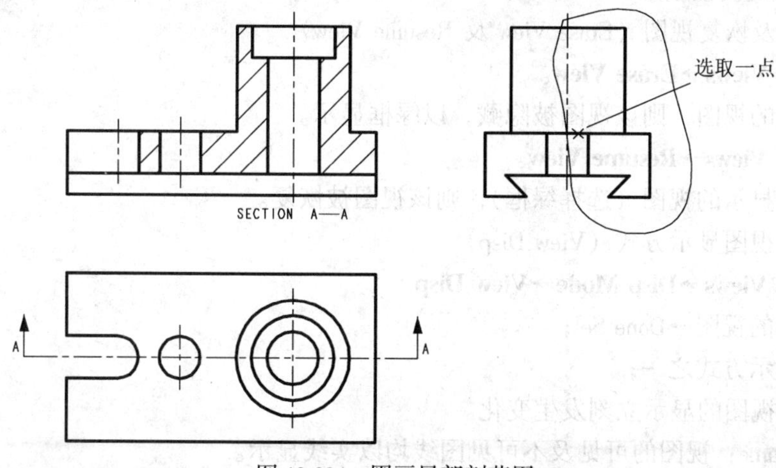

图 13-224　圈画局部剖范围

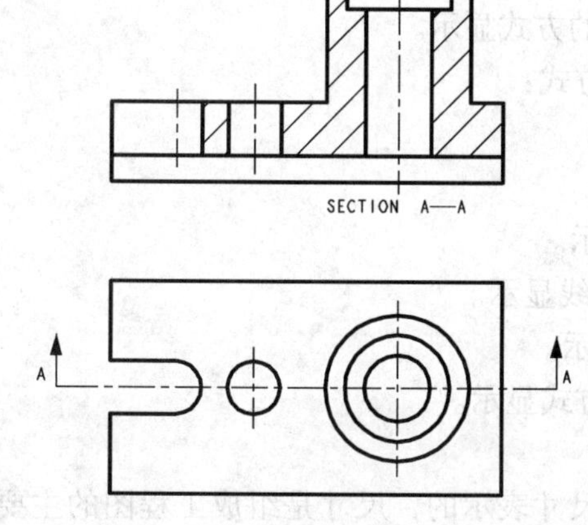

图 13-225　局部剖左视图

4. 编辑视图

建立好视图之后，为了使其布局合理、表达清晰，以便读图，常常要对视图作进一步修饰、整理。常用的视图操作如下：

（1）设置绘图比例（Scale）

选择菜单栏命令 **Edit > Value**。
→在绘图区的左下部单击 Scale 的值；
→信息提示区出现文本输入框显示 Scale 值，输入新的 Scale 值→ ✔，即可改变绘图比例。

（2）移动视图（Move View）

选择命令 **Views→Move View**。
→选择要移动的视图；
→选择视图新位置，则该视图被移至新的位置。

（3）删除视图（Delete View）

选择命令 **Views→Delete View**。

→选择要删除的视图；

→Confirm 则该视图被删除。

（4）隐藏及恢复视图（Erase View 及 Resume View）

选择命令 **Views→Erase View**。

→选择要隐藏的视图，则该视图被隐藏，以绿框显示。

选择命令 **Views→Resume View**。

→选择要恢复显示的视图（选择绿框），则该视图被恢复。

（5）设置视图显示方式（View Disp）

选择命令 **Views→Disp Mode→View Disp**。

→选择要修饰的视图→Done Sel；

→选择下列显示方式之一；

→Done，则该视图的显示立刻发生变化。

1）Wireframe：视图的可见及不可见图线均以实线显示。

2）Hidden Line：不可见的图线以虚线显示。

3）No Hidden：不可见的图线不显示。

4）Default：视图的图线以缺省的方式显示。

以下选项是视图中切线的显示方式：

1）Tan Solid：切线以实线显示。

2）No Disp Tan：切线不显示。

3）Tan Ctrln：切线以点画线显示。

4）Tan Phantom：切线以双点画线显示。

5）Tan Dimmed：切线以暗线显示。

6）Tan Default：切线以缺省的方式显示。

13.5.3 标注尺寸

在工程图中，机件的大小是用尺寸表示的，尺寸是组成工程图的主要内容之一。PRO/ENGINEER 工程图中的尺寸可由驱动尺寸和绘图尺寸两种类型构成。驱动尺寸是利用菜单栏命令 Views > Show and Erase 或 将三维零件模型上已存在的尺寸信息在工程图中显示出来的尺寸。该类尺寸的变化，可使工程图以及相应的三维零件模型随之变化，故此称为"驱动尺寸"。绘图尺寸是在工程图工作环境中，利用标注尺寸命令 Insert > Dimension > new References 在工程图中标注出来的尺寸，这类尺寸不具有驱动图形及三维零件模型的功能。绘图尺寸标注的操作方法与草绘中标注尺寸的操作方法相同（鼠标左键选取几何元素，鼠标中键选取尺寸的位置），此处不再赘述。

下面以如图 13-226 所示模型的三视图为例，介绍工程图尺寸的操作。

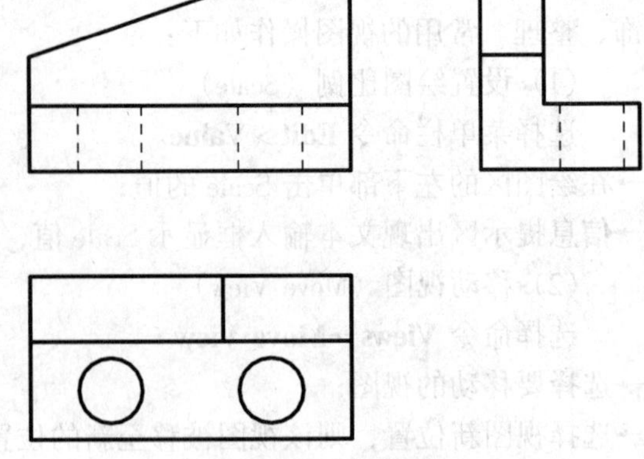

图 13-226 三视图

1. 显示驱动尺寸

（1）选择菜单栏命令

Views > Show and Erase 或，弹出如图 13-227 所示的 Show / Erase 对话框。

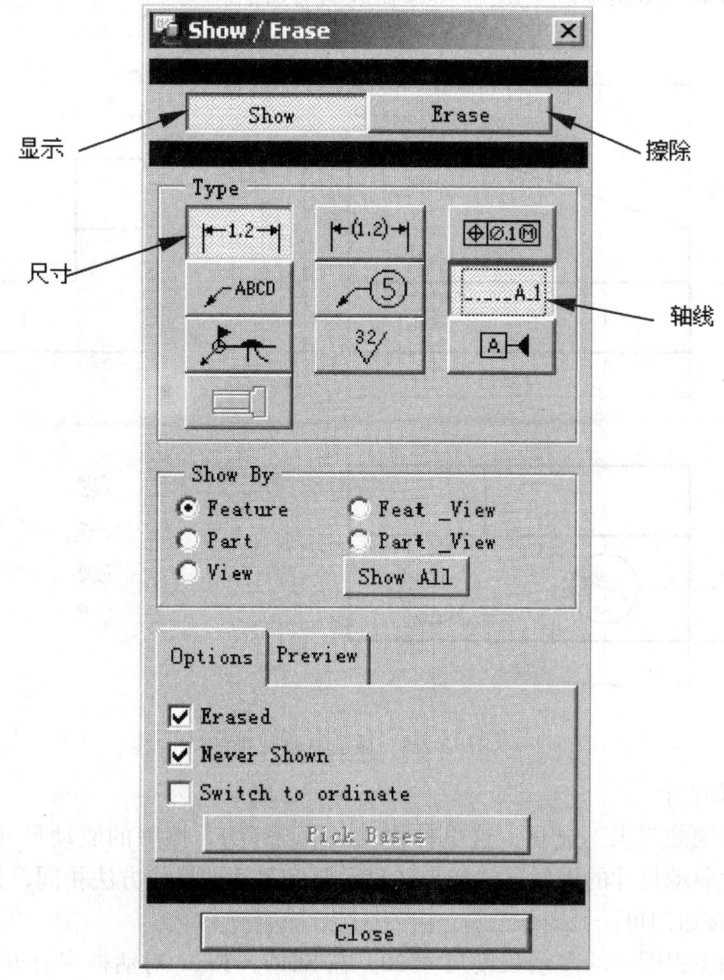

图 13-227　Show / Erase 对话框

（2）启动 Show（显示）功能

打开对话框上方的 Show 按钮（缺省选项），在 Type 栏中选择尺寸（Dimension）选项，此时 Show by 栏位的各选项均处于可选状态。各选项的意义如下：

1）Feature：选择某一特征显示尺寸；

2）Part：选择某一零件显示尺寸；

3）View：选择某一视图显示尺寸；

4）Feat _ View：将某一特征的尺寸显示于一个视图；

5）Part _ View：将某一零件的尺寸显示于一个视图；

6）Show All：在各视图显示所有的尺寸。

（3）显示尺寸操作

在 Show by 中选择 Feature→在俯视图中选择圆孔→按鼠标中键，显示出圆孔的尺寸；

在 Show by 中选择 View→选择主视图→按鼠标中键，显示出主视图的尺寸；

在 Show by 中选择 Show All→在弹出的 Confirm 对话框中单击 Yes→按鼠标中键，显示出全部尺寸，如图 13-228 所示。单击 Close 按钮关闭对话框。

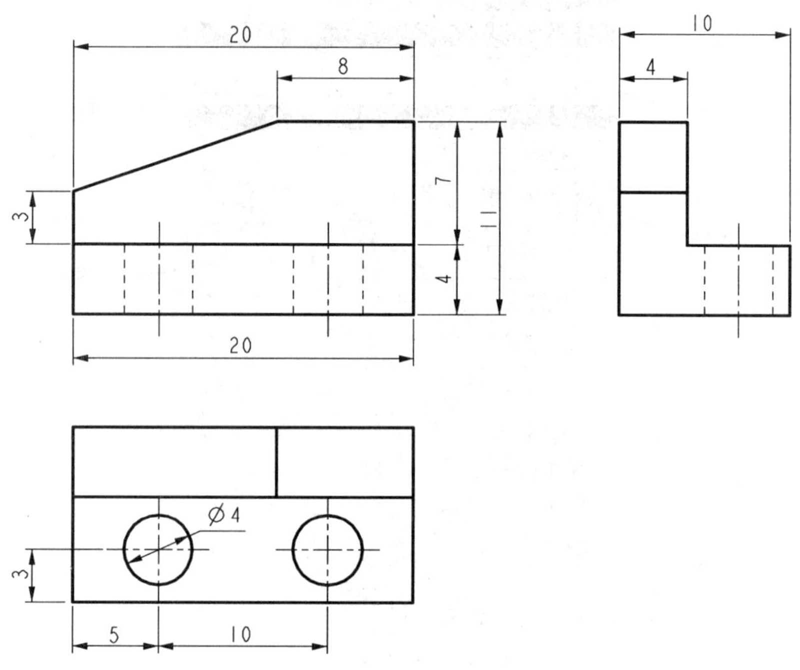

图 13-228　显示驱动尺寸

2. 擦除驱动尺寸

驱动尺寸可隐藏起来不显示，这里称作 Erase（擦除）。擦除的驱动尺寸还可利用 Show 重新显示。擦除驱动尺寸的操作方法与上述显示驱动尺寸的操作方法相同，只是在对话框的上方打开 Erase 按钮即可。

例如，擦除主视图中的多余长度尺寸 20。在 Show / Erase 对话框中打开 Erase 按钮，在 Erase by 中利用缺省选项 Selected Items，选取主视图中长度尺寸 20，按鼠标中键，该尺寸被擦除。若在 Erase by 中选择 Erase All 选项，则尺寸全部被擦除。

3. 显示轴线

在 Show / Erase 对话框中，Type 栏位中的轴线（Axis）选项用于工程图中显示或擦除三维零件模型中存在的轴线，其操作方法如下：

打开 Show 按钮→在 Type 中选择轴线（Axis）选项。

→单击 Show All 按钮→在弹出的 Confirm 对话框中选择 Yes；

→按鼠标中键，各视图中均显示出圆孔的轴线，如图 13-229 所示。

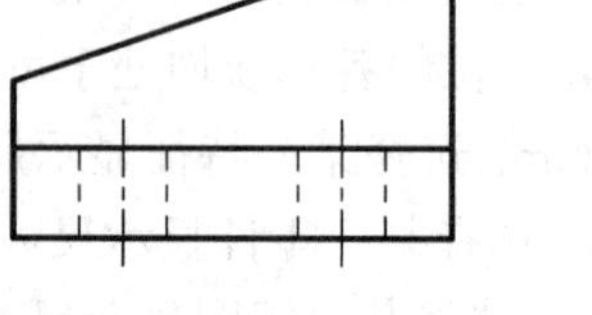

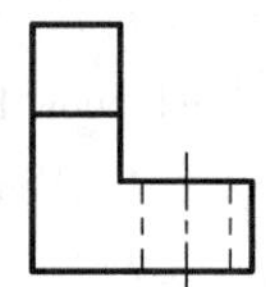

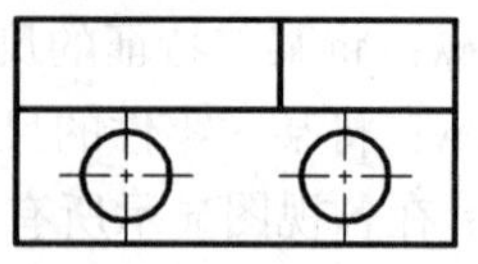

图 13-229　显示轴线

4. 标注绘图尺寸

选择菜单栏命令：**Insert > Dimension > New References...**

（1）在俯视图中标注长度尺寸

用鼠标左键选取俯视图的左边线→用鼠标左键选取俯视图的右边线→在俯视图上方按鼠标中键指定尺寸位置，标注出长度尺寸，如图 13-230 所示。

（2）在俯视图中标注圆孔直径尺寸

用鼠标左键双击俯视图中的圆→在俯视图右方按鼠标中键指定尺寸位置，标注出圆孔的直径尺寸，如图 13-230 所示。

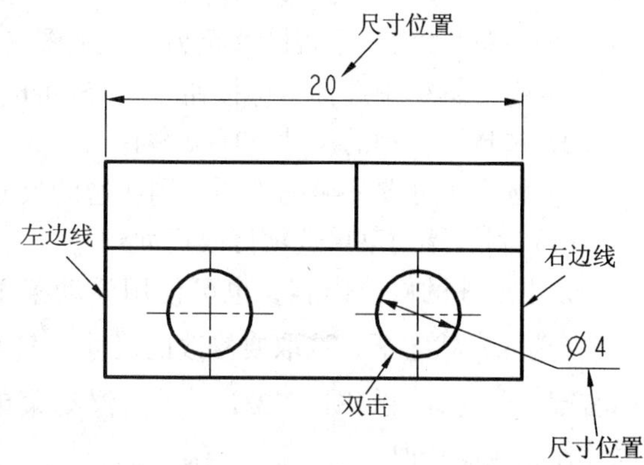

图 13-230　标注绘图尺寸

按鼠标中键，结束标注尺寸命令。

5. 修改尺寸

（1）修改尺寸数值（Nominal Val）

1）选择菜单栏命令：**Edit > Value**；

2）选取要修改的尺寸数值，信息提示区出现尺寸数值输入框显示原尺寸数值；

3）在尺寸数值输入框中输入新的尺寸数值；

4）在菜单管理器中选择 Regenerate →Model，新尺寸数值立刻在视图中发生作用，同时相应的三维模型也随之变化（只适用于驱动尺寸）。

（2）修改尺寸标注的位置（Move）

1）在 （选取）状态下，选取要移动的尺寸（选中的尺寸变为红色显示）；

2）单击尺寸数值部位（光标变为十字箭头光标）；

3）移动鼠标将尺寸放到新的位置时单击鼠标左键确定；

4）在图面空白处单击鼠标左键完成尺寸移动操作。

（3）反转尺寸箭头（Flip Arrows）

1）在 （选取）状态下，选取要修改的尺寸（选中的尺寸变为红色显示）；

2）单击尺寸数值部位（光标变为 + 字箭头光标）；

3）点按鼠标右键，尺寸箭头变为反箭头（再点按鼠标右键，尺寸箭头又恢复为正箭头，连续点按鼠标右键，则尺寸箭头会反复反转）；

4）单击鼠标左键，停止尺寸箭头反转，再在图面空白处单击鼠标左键结束尺寸箭头反转操作。

（4）删除绘图尺寸（Delete）

1）在工具栏中选择图标按钮 （Delete）；

2）选取要删除的绘图尺寸；

3）在菜单管理器中选择 Done Sel，则该尺寸被删除。

驱动尺寸不能被删除，只能使用前面所述的 Erase 将其隐藏。

（5）将串联尺寸排列整齐（Align）

1）在工具栏中选择图标按钮 ；

2）选取欲水平方向对齐或垂直方向对齐的若干个尺寸；

3）在菜单管理器中选择 Done Sel；

4）移动鼠标将尺寸放到适当的位置时单击鼠标左键确定，则在该位置所选尺寸的尺寸线排列成一条水平线位置或排列成一条垂直线位置。

（6）将尺寸由一个视图移至另一个视图（Switch View）

1）在工具栏中选择图标按钮 （Switch View）；

2）选择要移动的尺寸→Done Sel；

3）选择尺寸要移至的视图，则所选的尺寸移到了该视图中。

（7）利用浮动菜单选项修改尺寸

以上所述的修改内容，也可使用浮动菜单来完成。其做法是，在 （选取）状态下，选取要修改的尺寸，其变为红色显示时，点按鼠标右键，此时弹出如图 13-231 所示的浮动菜单，可选择其中的选项对尺寸作相应的修改。

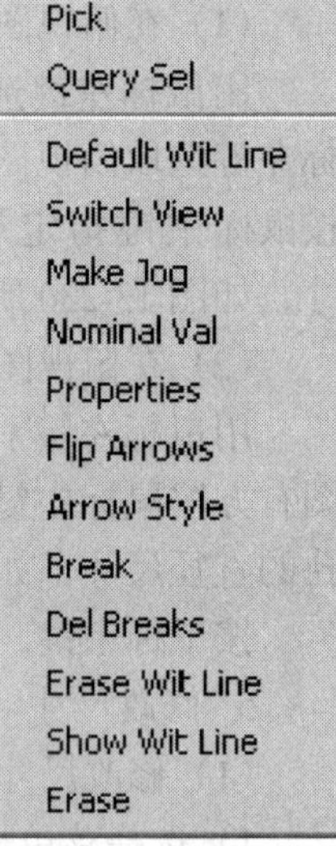

图 13-231　浮动菜单

13.5.4　创建技术要求

工程图中，不仅有视图和尺寸，还需要用文字或符号表明技术要求。本节主要介绍在工程图中创建技术要求的一些操作方法。

1. 文字注释（Note）

在工程图中，常需要一些文字注释，菜单栏命令 **Insert > Note...** 用于在工程图中进行文字注释。

（1）在工程图中书写文字“Technical Specifications（技术要求）”（图 13-232）

选择菜单栏命令：**Insert > Note...**

→使用菜单管理器中的各缺省选项；

→Make Note，在图中指定文字摆放的位置；

→在信息提示区的文字输入栏中输入：“Technical Specifications”→ ；

→ ，结束文字输入，文字显示在图中指定的位置，如图 13-232 所示。

图 13-232　文字注释

（2）在工程图中为圆孔标注文字注释（图 13-232）

选择菜单栏命令：**Insert > Note...**

→Iso Leader | Enter | Horizontal | Normal Ldr | Default；

→Make Note →选取圆孔→Done Sel；

→Arrow Head | Done，在图中指定文字注释的摆放位置；

→输入：“3 × ∅ 5H7 ↧ 17”→ （其中的 ∅ 和 ↧ 是从如图 13-233 所示的 Symbol Palette（符号表）中选取的）；

→ ，结束文字输入，创建的文字注释如图 13-232 所示。

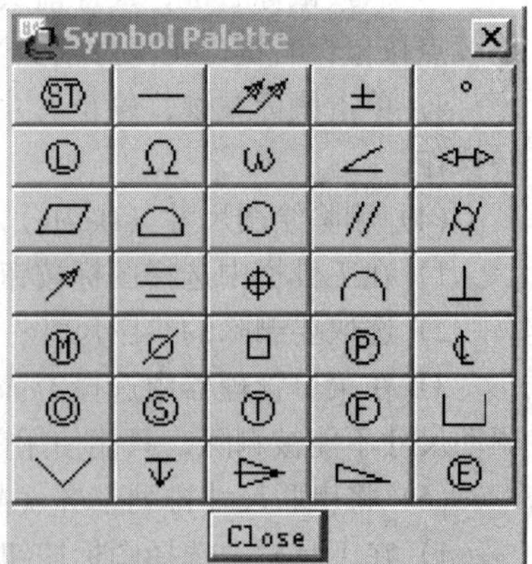

图 13-233　Symbol Palette

（3）修改文字注释

在 （选取）状态下，选取欲修改的文字注释，当其被选中即变为红色显示，此时，若按键盘［Delete］键，可删除该文字注释；将光标放在该文字注释上时，光标变为十字光标，可用鼠标左键拖动改变其位置；若点按鼠标右键，则弹出一浮动菜单，选择其中的 Properties（属性）选项，则弹出如图 13-234 所示的 Enter Text 对话框。该对话框具有 Text 和 Text Style 两个选项卡，分别用于修改文字注释的内容和文字注释的样式。例如，将图 13-232 所示的文字“Technical Specifications”修改为全部用大写字母表示的、使用 Filled 字型的斜体字。具体操作如下：

在 （选取）状态下，选取文字，点按鼠标右键，在弹出的浮动菜单中选择 Properties 选项，此时弹出如图 13-234 所示的 Enter Text 对话框，将对话框文本框中的文字“Technical Specifications”重新输入，用大写的字母替换。

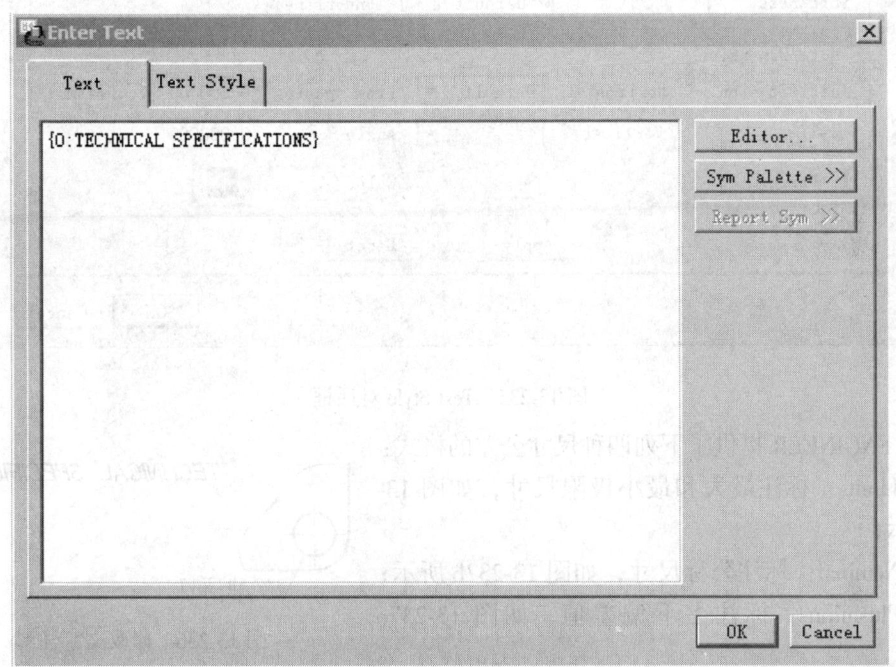

图 13-234　Enter Text 对话框

然后单击 Text Style 选项卡，对话框转换为如图 13-235 所示的内容。在 Font（字型）的下拉列表中选择 Filled 选项，将 Slant Angle（字体角度）值设置为 15，单击 OK 确认操作，其修改结果如图 13-236 所示。

2. 显示尺寸公差

在工程图中，有些尺寸需要标明公差。Pro/ENGINEER 模型中的每个尺寸均有公差，但是否显示是由环境变量控制的。尺寸公差具有不同的格式，采用哪一种作为缺省格式，也是由相应的环境变量来设置的。另外还可以利用修改尺寸属性（Properties）的方式修改公差格式及其值。

(1) 显示尺寸公差的环境变量

绘图环境变量设置文件中的环境变量 tol - display 用于控制尺寸公差的显示，该变量具有 Yes 和 No 两个值，Yes 为显示公差，No 为不显示公差。使用时，可利用前面所述的关于绘图环境变量设置的方法进行设置。

(2) 尺寸公差的格式及其缺省设置

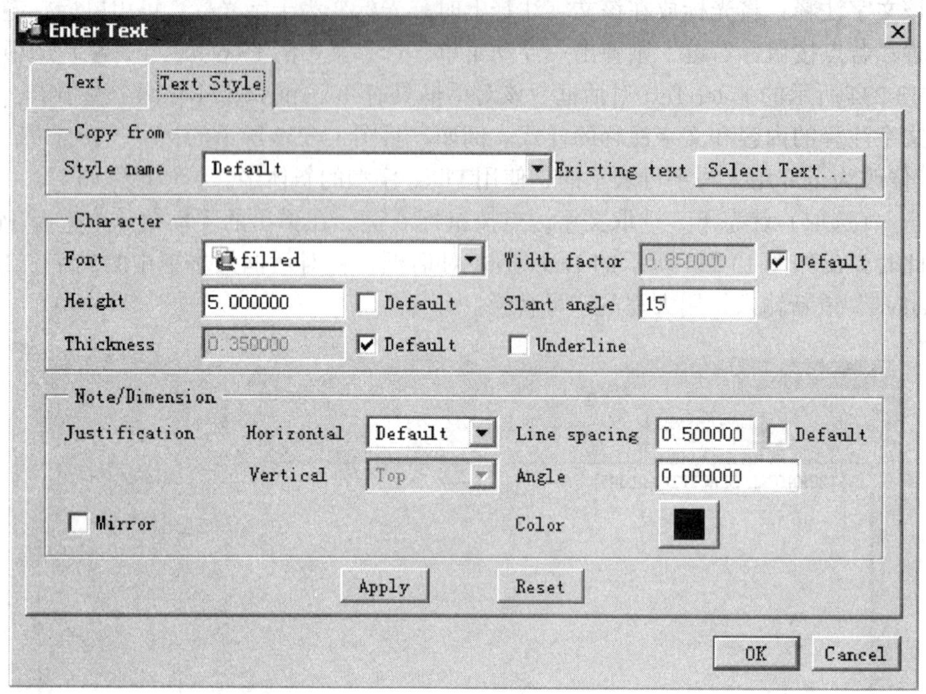

图 13-235　Text Style 对话框

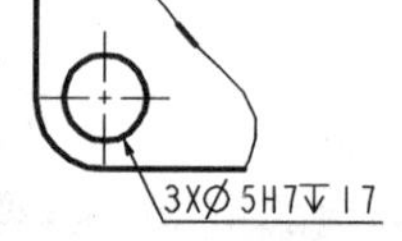

图 13-236　修改文字注释

Pro/ENGINEER 提供了下列四种尺寸公差的格式：

1）Limits：标注最大和最小极限尺寸，如图 13-237a 所示；

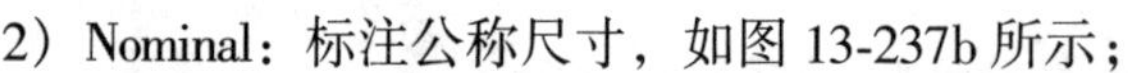

2）Nominal：标注公称尺寸，如图 13-237b 所示；

3）Plusminus：标注上下偏差值，如图 13-237c 所示；

4）Plusminussym：标注正负对称偏差值，如图 13-237d 所示。

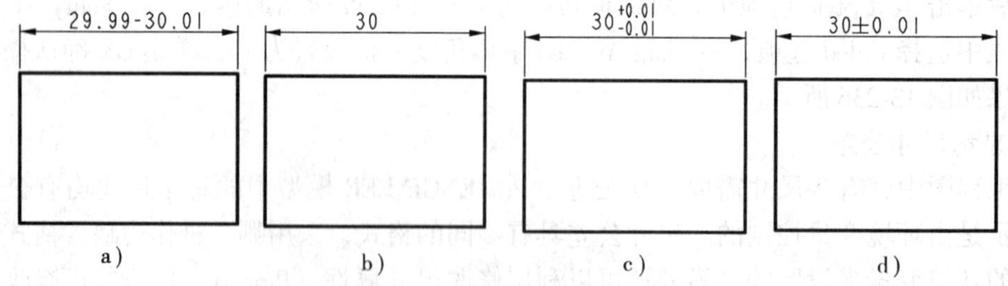

图 13-237　尺寸公差格式

显示尺寸公差的缺省格式可利用菜单栏命令：**Utilities > Options**，在弹出的 Options 对话框中通过环境变量 tol-mode 来设置。上述四种公差格式为该环境变量的值，可以选择其中一种作为缺省的尺寸公差格式，这里应注意，对于工程图中的驱动尺寸，只有在零件设计模块中进行模型设计时对 tol-mode 所作的设置，在制作工程图时才起作用。

(3) 修改尺寸公差格式及其值

由于缺省的环境变量设置对所有的尺寸都起作用，因此所有尺寸的公差格式都是一样的。若要改变某个尺寸的公差格式及其值，可利用修改尺寸属性的方式进行修改，其操作方法如下：

在 （选取）状态下，选取欲修改的尺寸，当其被选中变为红色显示时，点按鼠标右键，在弹出的浮动菜单中，选择 Properties（属性）选项，此时弹出如图 13-238 所示的 Dimension Properties 对话框。若环境变量 tol – displayed 的值设置为 Yes，则对话框中的 Value and tolerance（尺寸值与公差）栏位的各项是激活的，均可作修改操作。其中：Tolerance mode 选项的下拉列表中包含下列内容：

1）Nominal value 选项可用于修改公称尺寸；

2）Upper to tolerance 选项可用于修改上偏差；

3）Lower to tolerance 选项可用于修改下偏差；

4）Upper limit 选项可用于修改最大极限尺寸；

5）Lower limit 选项可用于修改最小极限尺寸。

由此，可以进行尺寸公差的格式及其尺寸数值的修改。

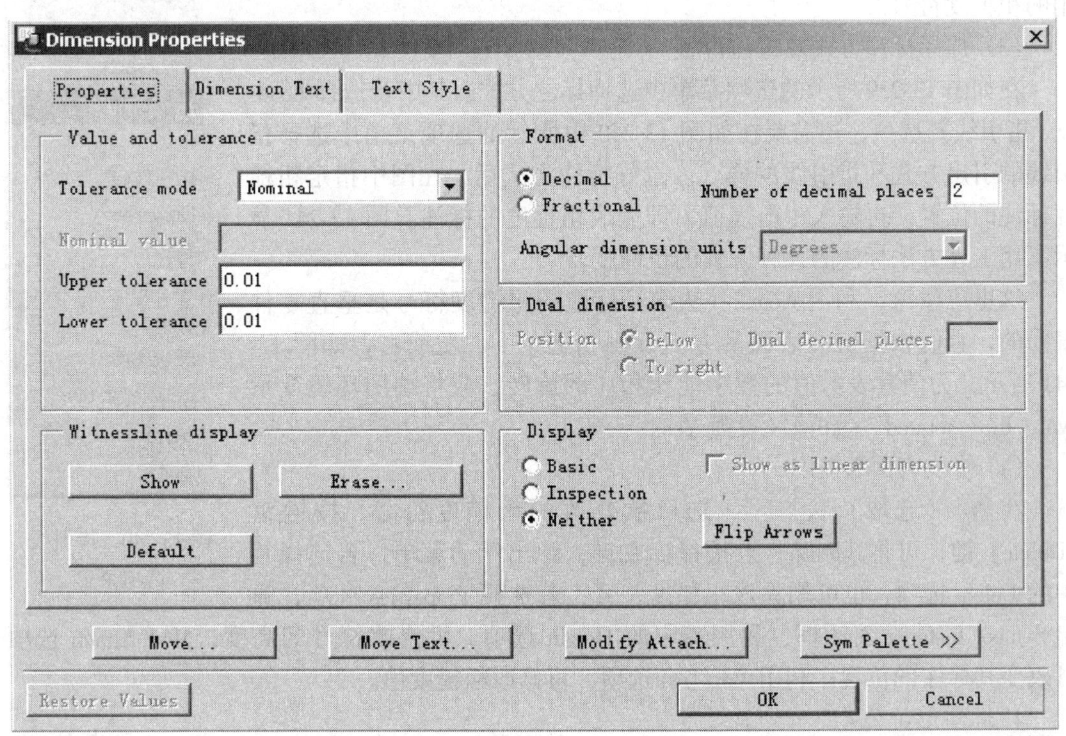

图 13-238 Dimension Properties 对话框

3. 标注表面粗糙度

零件的表面粗糙度可以在零件设计模块中的三维模型中进行标注，然后利用与显示模型尺寸和轴线的同样方法在工程图中显示表面粗糙度。这里主要介绍在工程图中标注表面粗糙度的方法。

在工程图中标注表面粗糙度是利用菜单栏命令：**Insert > Surface Finish...** 来进行的，其操作方法如下：

(1) 选择菜单栏命令

Insert > Surface Finish...

(2) 调用粗糙度符号

在菜单管理器中选择 Retrieve（检索），弹出调用粗糙度符号文件（*.sym）Open 对话框。对话框显示用户符号库（User Symo（*.sym））中的三个目录，它们分别存有三种类型的粗糙度符号：

1）Generic：基本粗糙度符号。其中有 Standard .sym 和 no-Value .sym 两个粗糙度符号文件；

2）Machined：去除材料粗糙度符号。其中有 Standard1.sym 和 no-Value1.sym 两个粗糙度符号文件；

3）Unmachined：不去除材料粗糙度符号。其中有 Standard2.sym 和 no-Value2.sym 两个粗糙度符号文件。

单击其中的一种粗糙度符号，单击 Open 按钮，将其加载为当前使用的粗糙度符号。

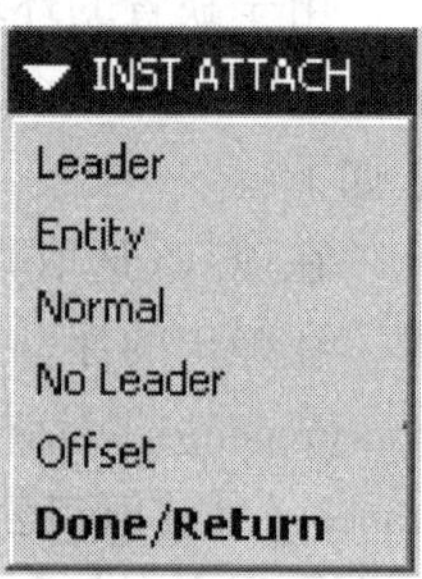

图 13-239 粗糙度标注方式选项菜单

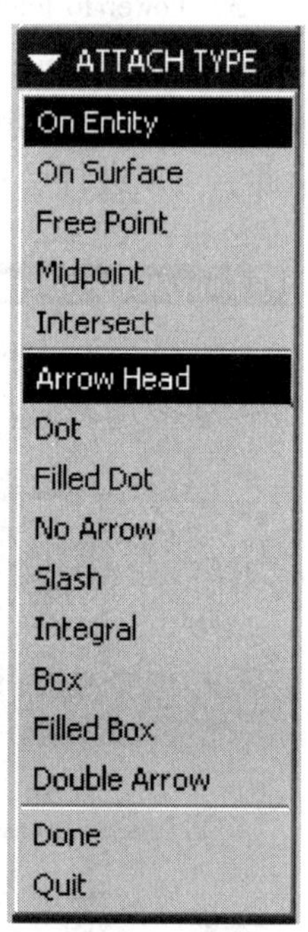

图 13-240 指引线选项菜单

(3) 选择标注方式及标注位置

在如图 13-239 所示的选项菜单中选择标注方式。其中若选择 Leader（指引线）选项，还需要在如图 13-240 中所示的选项菜单中选择指引线的引出方式和指引线的样式。选好标注方式后，在图中指定粗糙度标注的位置，再输入粗糙度值，即完成粗糙度的标注。图 13-241 显示了用上述方法标注的几种方式的粗糙度。

这里应注意，利用 Nomal（法向）标注的粗糙度符号是垂直零件表面的，它们根据所注表面的方向分别朝上、下、左或右，如图 13-241 所示。为使其表示值的数字能作相应的旋转，应将绘图环境变量 sym_flip_rotated_text 值设置为 Yes。

(4) 修改表面粗糙度

在 ↖（选取）状态下，选取欲修改的粗糙度符号，按键盘 [Delete] 键，可将其删除；点按鼠标右键，弹出浮动菜单，若选择其中的 Delete 选项，也可删除该粗糙度符号；若选择 Properties 选项，弹出 Symbol Instance 对话框，利用其中的 Height 选项，可修改符号的高度；Mod Attach 选项，可改变其标注的位置；利用 Var Text 选项，可修改粗糙度值。

4. 标注形位公差

零件的形位公差可以在零件设计模块中的三维模型中进行标注，然后利用与显示模型尺寸和轴线的同样方法在工程图中显示形位公差。这里主要介绍在工程图中标注形位公差的方法。

在工程图中标注形位公差是利用菜单栏命令：**Insert > Geometric Tolerance...**，通过如图 13-242 所示的 Geometric Tolerance 对话框进行的。

(1) Geometric Tolerance 对话框

如图 13-242 所示，对话框的左边列出了 14 种形位公差符号，可在其中选择用以指定形位公差的类型。对话框的右边有四个选项卡，各卡的功能如下：

1）Model Refs：模型参照选项卡。如图 13-242 所示，其中 Select Model 按钮用于选择欲标注形位公差的模型；Select Entity 按钮用于选择标注形位公差的被测要素，其中的 Reference Type 下拉列表用于选择被测要素的参照类型；Place Gtol 按钮用于选择形位公差的标注位置，其中的 Placement Type 下拉列表用于选择标注形位公差的放置类型。

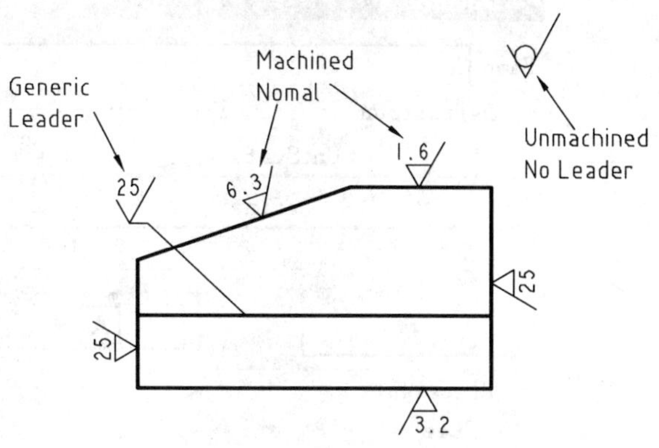

图 13-241　标注粗糙度

2）Datum Refs：基准参照选项卡。单击该卡，对话框切换为 Datum Refs 的内容，用于指定形位公差的基准要素及其材料状态。

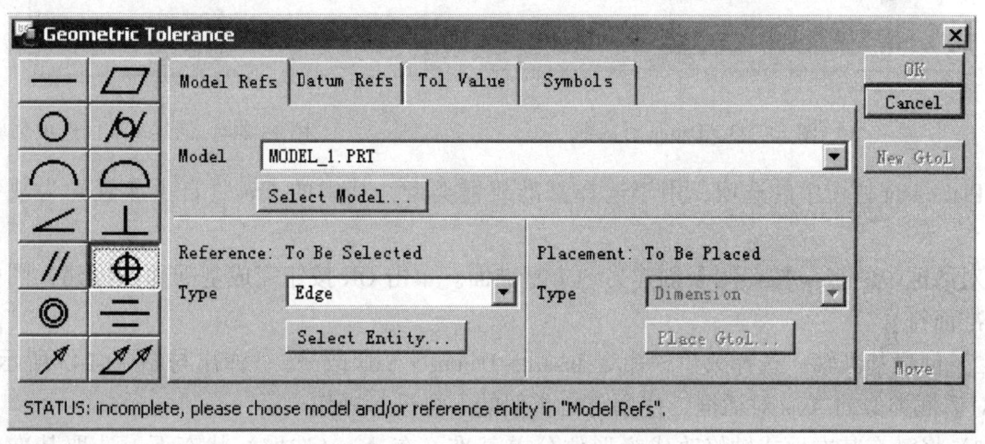

图 13-242　Geometric Tolerance 对话框

3）Tol Value：公差值选项卡。单击该卡，对话框切换为 Tol Value 的内容，用于指定公差值及其材料状态。

4）Symbols：附加符号选项卡。单击该卡，对话框切换为 Symbols 的内容，用于在形位公差中显示附加符号。

（2）设置形位公差的基准（Datum Refs）

形位公差的基准可以创建，也可将已有的基准面或轴修改成为形位公差的基准。

1）创建基准面。选择菜单栏命令 Insert > Datum > Plane 或 ，弹出如图 13-243 所示的 Datum 对话框。

在 Name 栏中输入基准面的名称，在 Type 栏位中选择 按钮选项。

在 Definition（定义基准面）栏位中，若使用 On Surface 按钮选项，在模型中直接选取某平面来创建基准面；若使用 Define 按钮选项，将弹出如图 13-244 所示的选项菜单，利用该菜单选项创建基准面。

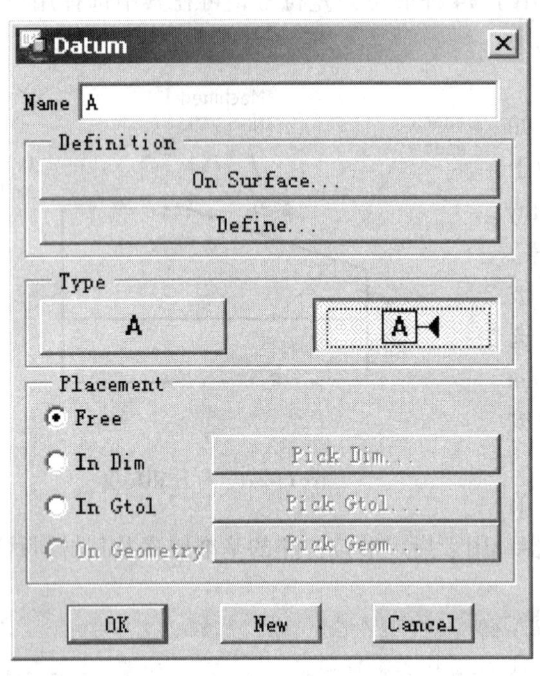

图 13-243　Datum 对话框

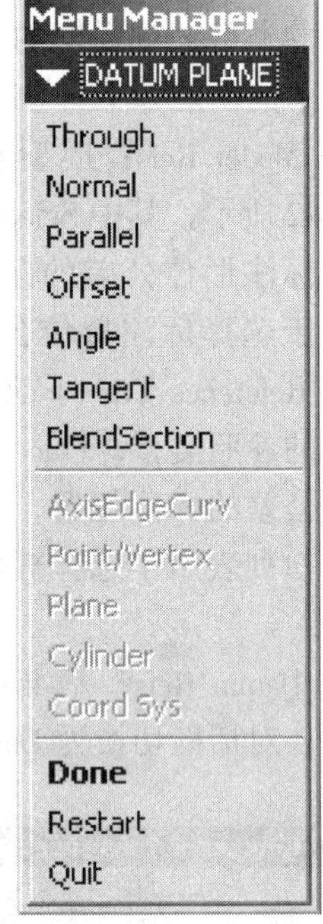

图 13-244　创建基准面选项菜单

Placement 栏位中的选项，用于选择基准放置类型，其中的 Free（自由放置）为缺省选项。

对话框中的 New 按钮用于创建另一个基准面。单击 OK 按钮完成基准面的创建，图中显示基准面符号。

2）创建基准轴。选择菜单栏命令 Insert > Datum > Axis 或 ，弹出与图 13-243 所示 Datum 对话框类似的 Axis 对话框，使用与之类似的方法进行操作。

3）将已有基准面或轴修改成为形位公差基准。在 （选取）状态下，选取基准面或轴，点按鼠标右键，在出现的浮动菜单中选择 Properties 选项，弹出如图 13-243 所示的对话框。将 Type 栏位中的 A 按钮选项改为 A 按钮选项，单击 OK 按钮完成操作。

（3）标注形位公差示例

如图 13-245 所示，以零件 prt-1.prt 的基准面 A 为基准，在其顶面上标注如图所示的平行度公差；在零件 prt-2.prt 的圆柱面上标注如图所示的同轴度公差。

1）设置平行度基准面 A。选择菜单栏命令 **Insert > Datum > Place** 或 ，弹出 Datum 对话框（参考图 13-243）；在 Name 栏中输入基准面名称 A；在 Type 栏位中选择 A ；单击 Definition 栏位中的 On Surface 按钮，然后选取零件 prt-1.prt，再选取其上的基准面 A；单击 OK 完成操作。基准面 A 上标注出基准面符号，如图 13-245 左图所示。

2）在零件 prt-1.prt 顶面上标注平行度公差。选择菜单栏命令 **Insert > Geometric Tolerance**，弹出 Geometric Tolerance 对话框；选择平行度符号 // ；在 Model 下拉列表中选择 prt-1.prt；在 Reference Type 下拉列表中选取 Surface，然后选取 prt-1.prt 的顶面；在 Placement 下

拉列表中选取 Normal Ldr，然后选取 prt-1.prt 的顶面作为指引线引出的位置，再指定平行度公差符号的放置位置；单击 Tol Value 选项卡，输入公差值 0.002；单击 Datum Refs 选项卡，然后从 Basic 下拉列表中选取 A 作为基准面。至此完成了平行度公差的标注，其结果如图 13-245 左图所示。

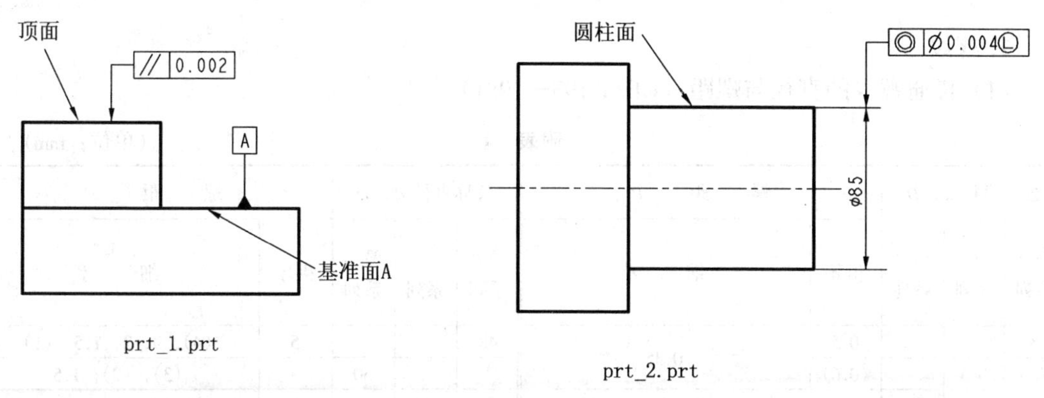

图 13-245　标注形位公差

3）在零件 prt-2.prt 圆柱面上标注同轴度公差。在对话框中单击 New Gtol 按钮，标注另一个形位公差；选择同轴度符号 ◎ ；在 Model 下拉列表中选择 prt-2.prt；单击 Select Entity 按钮，选取圆柱面；单击 Place Gtol 按钮，选取如图 13-245 右图所示的指引线引出的位置，再指定同轴度公差符号的放置位置；单击 Tol Value 选项卡，输入公差值 0.004，并在 Material Condition 下拉列表中选取 LMC（最小材料状态）；单击 Symbols 选项卡，勾选 ∅ Diameter Tolerance 选项。单击 OK 完成操作，其标注结果如图 13-245 右图所示。

（4）修改形位公差

在 ↖（选取）状态下，选取形位公差符号，可拖动其移动位置；若点按鼠标右键弹出浮动菜单，选择 Delete 选项，可将其删除；选择 Properties 选项，会弹出如图 13-242 所示的 Geometric Tolerance 对话框。利用该对话框可以修改形位公差符号、公差值等对话框中所包含的各项内容。

附　录

1. 螺纹

（1）普通螺纹的直径与螺距（GB/T 193—1981）

附表 1　　（单位：mm）

公称直径 d、D			螺　距　P		公称直径 d、D			螺　距　P	
第一系列	第二系列	第三系列	粗牙	细　牙	第一系列	第二系列	第三系列	粗牙	细　牙
3			0.5	0.35	48			5	(4)，3，2，1.5，(1)
	3.5		(0.6)				50		(3)，(2)，1.5
4			0.7	0.50		52		5	(4)，(3)，2，1.5，(1)
	4.5		(0.75)				55		(4)，(3)，2，1.5
5			0.8		56			5.5	4，3，2，1.5，(1)
		5.5					58		(4)，(3)，2，1.5
6		7	1	0.75，(0.5)		60		(5.5)	4，3，2，1.5，(1)
8			1.25	1，0.75，(0.5)			62		(4)，(3)，2，1.5
		9	(1.25)		64			6	4，3，2，1.5，(1)
10			1.5	1.25，1，0.75 (0.5)			65		(4)，(3)，2，1.5
		11	(1.5)	1，0.75，(0.5)			68	6	4，3，2，1.5，(1)
12			1.75	1.5，1.25，1，(0.75)，(0.5)			70		(6)，(4)，(3)，2，1.5
	14		2	1.5，(1.25)，1，(0.75)，(0.5)	72				6，4，3，2，1.5，(1)
		15		1.5，(1)			75		(4)，(3)，2，1.5
16			2	1.5，1，(0.75)，(0.5)		76			6，4，3，2，1.5，(1)
		17		1.5，(1)			78		2
20	18		2.5	2，1.5，1，(0.75)，(0.5)	80				6，4，3，2，1.5，(1)
	22						82		2
24			3	2，1.5，1，(0.75)	90	85			6，4，3，2，(1.5)
		25		2，1.5，(1)	100	95			
		26		1.5	110	105			
	27		3	2，1.5，1，(0.75)	125	115			
		28		2，1.5，1		120			
30			3.5	(3)，2，1.5，1，(0.75)		130	135		
		32		2，1.5	140	150	145		
	33		3.5	(3)，2，1.5，(1)，(0.75)			155		6，4，3，(2)
		35		(1.5)	160	170	165		
36			4	3，2，1.5，(1)	180		175		
		38		1.5		190	185		
	39		4	3，2，1.5，(1)	200		195		
		40		(3)，(2)，1.5			205		6，4，3
42	45		4.5	(4)，3，2，1.5，(1)		210	215		

注：1. 优先选用第一系列，其次是第二系列，第三系列尽可能不用；

2. M14×1.25 仅用于火花塞；M35×1.5 仅用于滚球轴承锁紧螺母；

3. 括号内尺寸尽可能不用。

(2) 普通螺纹的基本尺寸（GB/T 196—1981）

$$D_2 = D - 2 \times \frac{3}{8}H; \quad d_2 = d - 2 \times \frac{3}{8}H;$$

$$D_1 = D - 2 \times \frac{5}{8}H; \quad d_1 = d - 2 \times \frac{5}{8}H;$$

$$H = \frac{\sqrt{3}}{2}P = 0.866\,025\,404P$$

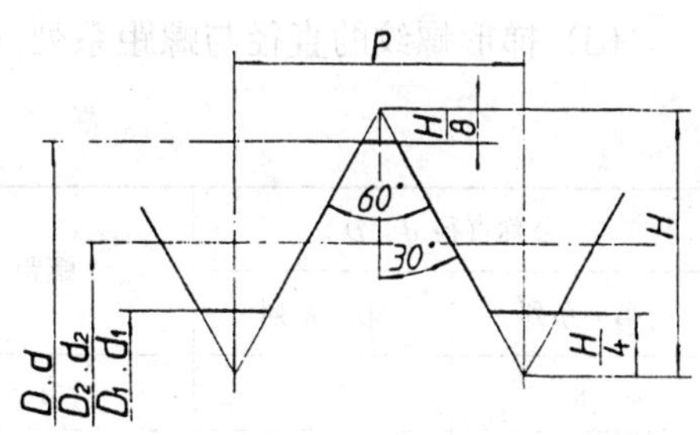

标记示例：

M16—6H（粗牙普通螺纹，大径 16mm，螺距 2mm，右旋的内螺纹，中径和顶径公差带均为 6H，中等旋合长度）

M16×1.5—5g6g（细牙普通螺纹，大径 16mm，螺距 1.5mm，右旋的外螺纹，中径公差带为 5g，顶径公差带为 6g，中等旋合长度）

附表 2 （单位：mm）

粗牙普通螺纹

公称直径 D、d	螺距 P	中径 D_2 或 d_2	小径 D_1 或 d_1	公称直径 D、d	螺距 P	中径 D_2 或 d_2	小径 D_1 或 d_1
3	0.5	2.675	2.459	22	2.5	20.376	19.294
3.5	0.6	3.110	2.850	24	3	22.051	20.752
4	0.7	3.545	3.242	27	3	25.051	23.752
4.5	0.75	4.013	3.688	30	3.5	27.727	26.211
5	0.8	4.480	4.134	33	3.5	30.727	29.211
6	1	5.350	4.917	36	4	33.402	31.670
7	1	6.350	5.917	39	4	36.402	34.670
8	1.25	7.188	6.647	42	4.5	39.077	37.129
9	1.25	8.188	7.647	45	4.5	42.077	40.129
10	1.5	9.026	8.376	48	5	44.752	42.587
11	1.5	10.026	9.376	52	5	48.752	46.587
12	1.75	10.863	10.106	56	5.5	52.428	50.04
14	2	12.701	11.835	60	5.5	56.428	54.046
16	2	14.701	13.835	64	6	60.103	57.505
18	2.5	16.376	15.294	68	6	64.103	61.505
20	2.5	18.376	17.294				

细牙普通螺纹

螺距 P	中径 D_2 或 d_2	小径 D_1 或 d_1	螺距 P	中径 D_2 或 d_2	小径 D_1 或 d_1
0.35	$D(d)-1+0.773$	$D(d)-1+0.621$	1.5	$D(d)-1+0.026$	$D(d)-2+0.376$
0.5	$D(d)-1+0.675$	$D(d)-1+0.459$	2	$D(d)-2+0.701$	$D(d)-3+0.835$
0.75	$D(d)-1+0.513$	$D(d)-1+0.188$	3	$D(d)-2+0.051$	$D(d)-4+0.752$
1	$D(d)-1+0.350$	$D(d)-2+0.917$	4	$D(d)-3+0.402$	$D(d)-5+0.670$
1.25	$D(d)-1+0.188$	$D(d)-2+0.647$	6	$D(d)-4+0.103$	$D(d)-7+0.505$

（3）梯形螺纹的直径与螺距系列（GB/T 5796.2—1986）

附表 3　（单位：mm）

公称直径 d、D		螺距 P	公称直径 d、D		螺距 P
第一系列	第二系列		第一系列	第二系列	
8		1.5	70		10，4，16
	9	2，1.5		75	10，4，16
10		2，1.5	80		10，4，16
	11	2，3		85	12，4，18
12		3，2	90		12，4，18
	14	3，2		95	12，4，18
16		4，2	100		12，4，20
	18	4，2		110	12，4，20
20		4，2	120		14，6，22
	22	5，3，8		130	14，6，22
24		5，3，8	140		14，6，24
	26	5，3，8		150	16，6，24
28		5，3，8	160		16，6，28
	30	6，3，10		170	16，6，28
32		6，3，10	180		18，8，28
	34	6，3，10		190	18，8，32
36		6，3，10	200		18，8，32
	38	7，3，10		210	20，8，36
40		7，3，10	220		20，8，36
	42	7，3，10		230	20，8，36
44		7，3，12	240		22，8，36
	46	8，3，12		250	22，12，40
48		8，3，12	260		22，12，40
	50	8，3，12		270	24，12，40
52		8，3，12	280		24，12，40
	55	9，3，14		290	24，12，44
60		9，3，14	300		24，12，44
	65	10，4，16			

注：1. 优先选用第一系列的直径；

2. 每一直径的螺距系列中第一个数为优先选用的螺距。

（4）梯形螺纹的基本尺寸（GB/T 5796.3—1986）

$H_1 = 0.5P; Z = 0.25P = H_1/2;$

$d_2 = D_2 = d - 2Z = d - 0.5P$

$h_3 = H_4 = H_1 + a_c = 0.5P + a_c$

$d_3 = d - 2h_3; D_4 = d + 2a_c$

$D_1 = d - 2H_1 = d - P$

$R_{1\max} = 0.5a_c; R_{2\max} = a_c$

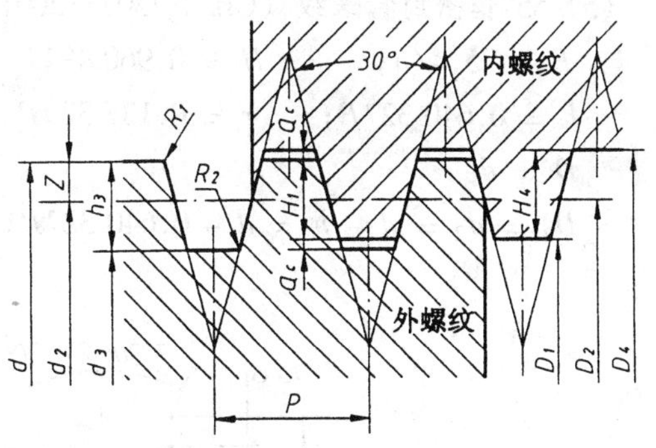

标记示例：

Tr40×3—7H　（梯形螺纹，公称直径 40mm，螺距 3mm，单线右旋内螺纹，中径公差带为 7H，旋合长度为正常组 N）

Tr40×6（P3）LH—7e—L　（梯形螺纹，公称直径 40mm，导程 6mm，螺距 3mm，双线左旋外螺纹，中径公差带为 7e，旋合长度为加长组 L）

附表 4

螺距	外螺纹		内、外螺纹	内螺纹		螺距	外螺纹		内、外螺纹	内螺纹	
	大径	小径	中径	大径	小径		大径	小径	中径	大径	小径
P	d	d_3	d_2、D_2	D_4	D_1	P	d	d_3	d_2、D_2	D_4	D_1
2	10	7.5	9	10.5	8	4	16	11.5	14	16.5	12
	12	9.5	11	12.5	10		18	13.5	16	18.5	14
	14	11.5	13	14.5	12		20	15.5	18	20.5	16
	16	13.5	15	16.5	14	5	22	16.5	19.5	22.5	17
	18	15.5	17	18.5	16		26	20.5	23.5	26.5	21
	20	17.5	19	20.5	18		28	22.5	25.5	28.5	23
3	12	8.5	10.5	12.5	9	6	30	23	27	31	24
	14	10.5	12.5	14.5	11		32	25	29	33	26
	22	18.5	20.5	22.5	19		36	29	33	37	30
	24	20.5	22.5	24.5	21	8	22	13	18	23	14
	26	22.5	24.5	26.5	23		26	17	22	27	18
	28	24.5	26.5	28.5	25		28	19	24	29	20
	32	28.5	30.5	32.5	29	10	32	21	27	33	22
	36	32.5	34.5	36.5	33		36	25	31	37	26
	40	36.5	38.5	40.5	37		40	29	35	41	30

注：1. 外螺纹大径为公称直径。

2. 公式中 a_c 为牙顶间隙。螺距 $P=1.5$ 时 $a_c=0.15$；$P=2\sim5$ 时 $a_c=0.25$；$P=6\sim12$ 时 $a_c=0.5$；$P=14\sim44$ 时 $a_c=1$。

（5）55°非密封管螺纹（GB/T 7307—2001）

$P = 25.4/n$；　　$H = 0.960\,491P$

$h = 0.640\,327P$；　　$r = 0.137\,329P$

$D = d$

$D_2 = d_2 = d - h = d - 0.640\,327P$；　$D_1 = d_1 = d - 2h = d - 1.280\,654P$

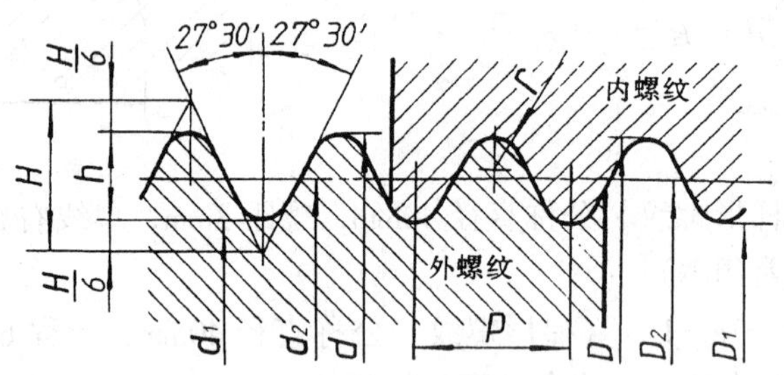

标记示例：

G3/4　（尺寸代号为 3/4 的非密封管螺纹，右旋圆柱内螺纹）

G3/4 LH　（尺寸代号为 3/4 的非密封管螺纹，左旋圆柱内螺纹）

G3/4A　（尺寸代号为 3/4 的非密封管螺纹，公差等级为 A 级的右旋圆柱外螺纹）

G3/4B—LH　（尺寸代号为 3/4 的非密封管螺纹，公差等级为 B 级的左旋圆柱外螺纹）

附表　5　　（单位：mm）

尺寸代号	每 25.4mm 内的牙数 n	螺距 P	大径 d、D	中径 d_2、D_2	小径 d_1、D_1	牙高 h
1/4	19	1.337	13.157	12.301	11.445	0.856
3/8	19	1.337	16.662	15.806	14.950	0.856
1/2	14	1.814	20.955	19.793	18.631	1.162
3/4	14	1.814	26.441	25.279	24.117	1.162
1	11	2.309	33.249	31.770	30.291	1.479
1¼	11	2.309	41.910	40.431	38.952	1.479
1½	11	2.309	47.803	46.324	44.845	1.479
2	11	2.309	59.614	58.135	56.656	1.479
2½	11	2.309	75.184	73.705	72.226	1.479
3	11	2.309	87.884	86.405	84.926	1.479

（6）55°密封管螺纹　第 1 部分：圆柱内螺纹与圆锥外螺纹（GB/T 7306.1—2000）

55°密封管螺纹　第 2 部分：圆锥内螺纹与圆锥外螺纹（GB/T 7306.2—2000）

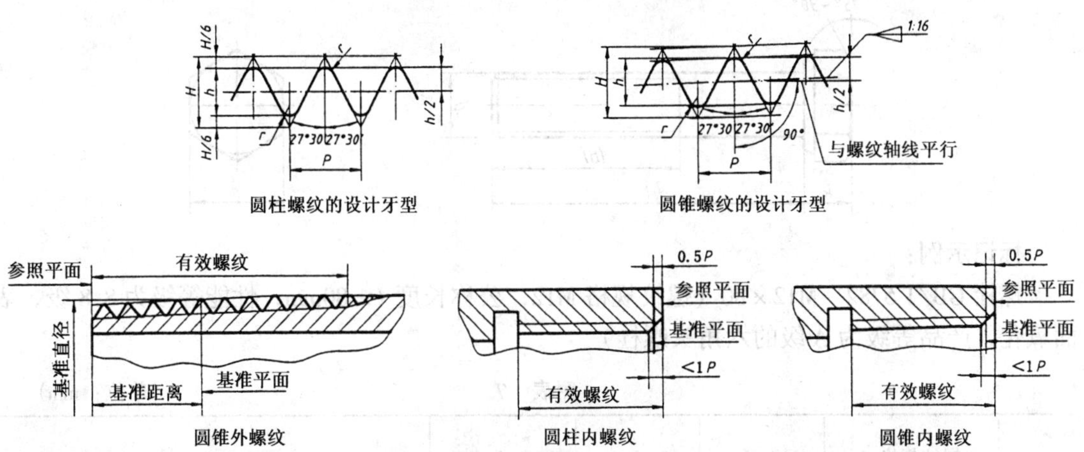

$P = 25.4/n$，$D_2 = d_2 = d - h = d - 0.640\,327P$，$D_1 = d_1 = d - 2h = d - 1.280\,654P$

圆柱螺纹：$H = 0.960\,491P$，$h = 0.640\,327P$，$r = 0.137\,329P$

圆锥螺纹：$H = 0.960\,237P$，$h = 0.640\,327P$，$r = 0.137\,278P$

标记示例：

Rp 3/4　（尺寸代号为 3/4 的右旋圆柱内螺纹）

R_1 3　（尺寸代号为 3，与圆柱内螺纹相配合的右旋圆锥外螺纹）

Rc 3/4　（尺寸代号为 3/4 的右旋圆锥内螺纹）

R_2 3　（尺寸代号为 3，与圆锥内螺纹相配合的右旋圆锥外螺纹）

附表　6　　（单位：mm）

尺寸代号	每 25.4mm 内所包含的牙数 n	螺距 P	牙高 h	基本平面内的基本直径			基准距离	有效螺纹长　度
				大径 $d = D$	中径 $d_2 = D_2$	小径 $d_1 = D_1$		
1/16	28	0.907	0.581	7.723	7.142	6.561	4	6.5
1/8	28	0.907	0.581	9.728	9.147	8.566	4	6.5
1/4	19	1.337	0.856	13.157	12.301	11.445	6	9.7
3/8	19	1.337	0.856	16.662	15.806	14.950	6.4	10.1
1/2	14	1.814	1.162	20.995	19.793	18.631	8.2	13.2
3/4	14	1.814	1.162	26.441	25.279	24.117	9.5	14.5
1	11	2.309	1.479	33.249	31.770	30.291	10.4	16.8
1¼	11	2.309	1.479	41.910	40.431	38.952	12.7	19.1
1½	11	2.309	1.479	47.803	46.324	44.845	12.7	19.1
2	11	2.309	1.479	59.614	58.135	56.656	15.9	23.4
2½	11	2.309	1.479	75.184	73.705	72.226	17.5	26.7
3	11	2.309	1.479	87.884	86.405	84.926	20.6	29.8

注：大径为基准直径。

2. 螺纹紧固件

（1）六角头螺栓（GB/T 5782—2000）

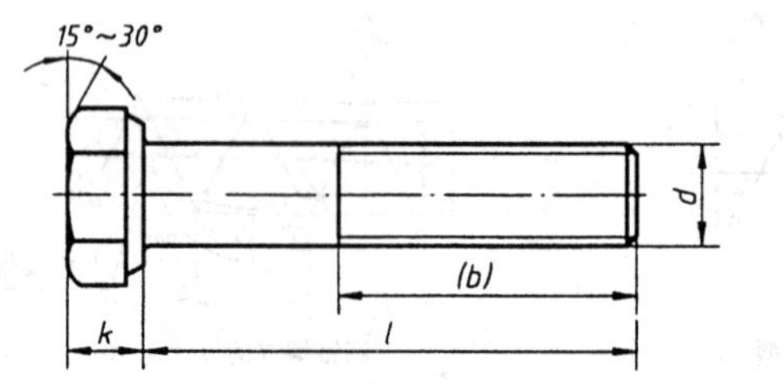

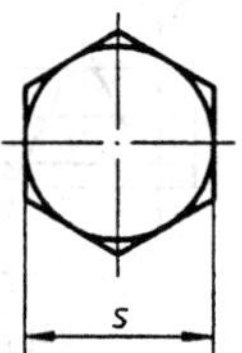

标记示例：

螺栓 GB/T 5782　M12×80（螺纹规格 M12，公称长度 $l=80$mm，性能等级为 8.8 级，表面氧化，产品等级为 A 级的六角头螺栓）

附表　7　（单位：mm）

	螺纹规格 d	s	k	l	$b_{参考}$		
					$l \leqslant 125$	$125 < l \leqslant 200$	$l > 200$
优选的螺纹规格	M1.6	3.2	1.1	12~16	9		
	M2	4	1.4	16~20	10		
	M2.5	5	1.7	16~25	11		
	M3	5.5	2	20~30	12		
	M4	7	2.8	25~40	14		
	M5	8	3.5	25~50	16		
	M6	10	4	30~60	18		
	M8	13	5.3	40~80	22		
	M10	16	6.4	45~100	26		
	M12	18	7.5	50~120	30		
	M16	24	10	65~160	38	44	
	M20	30	12.5	80~200	46	52	
	M24	36	15	90~240	54	60	73
	M30	46	18.7	110~300	66	72	85
	M36	55	22.5	140~360		84	97
	M42	65	26	160~440		96	109
	M48	75	30	180~480		108	121
	M56	85	35	220~500			137
	M64	95	40	260~500			153
非优选的螺纹规格	M3.5	6	2.4	20~35	13		
	M14	21	8.8	60~140	34	40	
	M18	27	11.5	70~180	42	48	
	M22	34	14	90~220	50	56	69
	M27	41	17	100~260	60	66	79
	M33	50	21	130~320		78	91
	M39	60	25	150~380		90	103
	M45	70	28	180~440		102	115
	M52	80	33	200~480		116	129
	M60	90	38	240~500			145

注：1. 长度系列：12、16、20、25、30、35、40、45、50、55、60、65、70、80、90、100、110、120、130、140、150、160、180、200、220、240、260、280、300、320、340、360、380、400、420、440、460、480、500。

2. A 级产品用于 $d=1.6\sim24$mm 且 $l \leqslant 10d$ 或 $l \leqslant 150$mm（按较小值），B 级产品用于 $d>24$mm 且 $l>10d$ 或 $l>150$mm（按较小值）。

（2）六角头螺栓　全螺纹（GB/T 5783—2000）

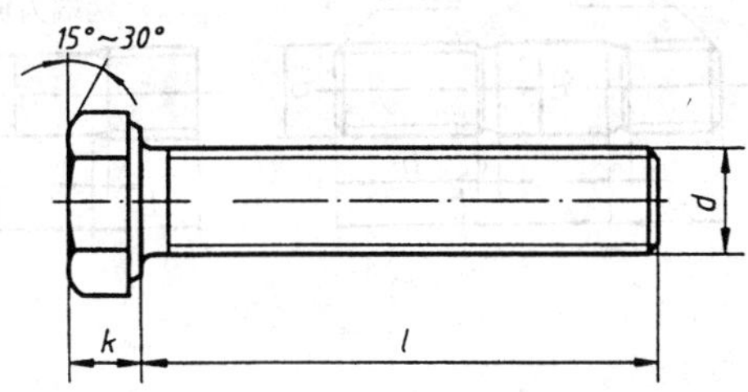

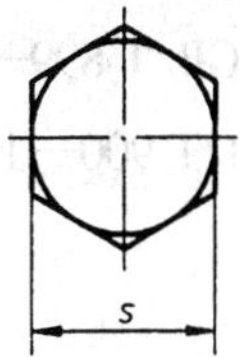

标记示例：

螺栓 GB/T 5783　M12×80（螺纹规格 M12，公称长度 $l=80$mm，性能等级为 8.8 级，表面氧化，全螺纹，产品等级为 A 级的六角头螺栓）

附表　8　（单位：mm）

	螺纹规格 d	s	k	l
优选的螺纹规格	M1.6	3.2	1.1	2~16
	M2	4	1.4	4~20
	M2.5	5	1.7	5~25
	M3	5.5	2	6~30
	M4	7	2.8	8~40
	M5	8	3.5	10~50
	M6	10	4	12~60
	M8	13	5.3	16~80
	M10	16	6.4	20~100
	M12	18	7.5	25~120
	M16	24	10	30~200
	M20	30	12.5	40~200
	M24	36	15	50~200
	M30	46	18.7	60~200
	M36	55	22.5	70~200
	M42	65	26	80~200
	M48	75	30	100~200
	M56	85	35	110~200
	M64	95	40	120~200
非优选的螺纹规格	M3.5	6	2.4	8~35
	M14	21	8.8	30~140
	M18	27	11.5	35~200
	M22	34	14	45~200
	M27	41	17	55~200
	M33	50	21	65~200
	M39	60	25	80~200
	M45	70	28	90~200
	M52	80	33	100~200
	M60	90	38	120~200

注：1. 长度系列：2、3、4、5、6、8、10、12、16、20、25、30、35、40、45、50、55、60、65、70、80、90、100、110、120、130、140、150、160、180、200。

2. A 级产品用于 $d=1.6\sim24$mm 且 $l\leqslant10d$ 或 $l\leqslant150$mm（按较小值），B 级产品用于 $d>24$mm 且 $l>10d$ 或 $l>150$mm（按较小值）。

(3) 双头螺柱

$b_m = 1d$（GB/T 897—1988）

$b_m = 1.25d$（GB/T 898—1988）

$b_m = 1.5d$（GB/T 899—1988）

$b_m = 2d$（GB/T 900—1988）

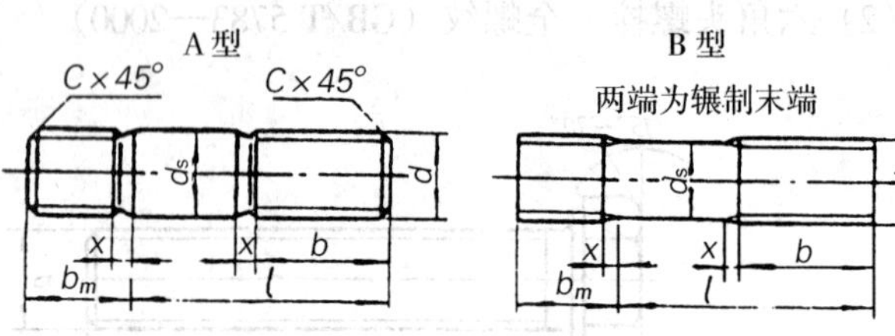

标记示例：

螺柱 GB/T 897—1988　M10×50（两端均为粗牙普通螺纹，$d = 10$mm，$l = 50$mm，性能等级为 4.8 级，不经表面处理，B 型，$b_m = 1d$ 的双头螺柱）

螺柱 GB/T 897—1988　AM10×M10×1×50（旋入机件一端为粗牙普通螺纹，旋入螺母一端为螺距 $P = 1$mm 的细牙普通螺纹，$d = 10$mm，$l = 50$mm，性能等级为 4.8 级，不经表面处理，A 型，$b_m = 1d$ 的双头螺柱）

附表 9　　　　（单位：mm）

<table>
<tr><th>螺纹规格 d</th><th>M5</th><th>M6</th><th>M8</th><th>M10</th><th>M12</th><th>M16</th><th>M20</th><th>M24</th><th>M30</th><th>M36</th><th>M42</th><th>M48</th></tr>
<tr><td>$b_m = 1d$</td><td>5</td><td>6</td><td>8</td><td>10</td><td>12</td><td>16</td><td>20</td><td>24</td><td>30</td><td>36</td><td>42</td><td>48</td></tr>
<tr><td>$b_m = 1.25d$</td><td>6</td><td>8</td><td>10</td><td>12</td><td>15</td><td>20</td><td>25</td><td>30</td><td>38</td><td>45</td><td>52</td><td>60</td></tr>
<tr><td>$b_m = 1.5d$</td><td>8</td><td>10</td><td>12</td><td>15</td><td>18</td><td>24</td><td>30</td><td>36</td><td>45</td><td>54</td><td>63</td><td>72</td></tr>
<tr><td>$b_m = 2d$</td><td>10</td><td>12</td><td>16</td><td>20</td><td>24</td><td>32</td><td>40</td><td>48</td><td>60</td><td>72</td><td>84</td><td>96</td></tr>
<tr><td>l</td><td colspan="12">b</td></tr>
<tr><td>16</td><td rowspan="4">10</td><td rowspan="2"></td><td rowspan="2"></td><td rowspan="4"></td><td rowspan="4"></td><td rowspan="6"></td><td rowspan="8"></td><td rowspan="11"></td><td rowspan="14"></td><td rowspan="15"></td><td rowspan="16"></td><td rowspan="18"></td></tr>
<tr><td>(18)</td></tr>
<tr><td>20</td><td rowspan="2">10</td><td rowspan="2">12</td></tr>
<tr><td>(22)</td></tr>
<tr><td>25</td><td rowspan="9">16</td><td rowspan="3">14</td><td rowspan="3">16</td><td rowspan="2">14</td><td rowspan="3">16</td></tr>
<tr><td>(28)</td></tr>
<tr><td>30</td><td rowspan="4">16</td><td rowspan="4">20</td></tr>
<tr><td>(32)</td><td rowspan="11">18</td><td rowspan="14">22</td><td rowspan="4">20</td></tr>
<tr><td>35</td><td rowspan="3">25</td></tr>
<tr><td>(38)</td></tr>
<tr><td>40</td><td rowspan="11">26</td><td rowspan="4">30</td></tr>
<tr><td>45</td><td rowspan="12">30</td><td rowspan="5">35</td><td rowspan="2">30</td></tr>
<tr><td>50</td></tr>
<tr><td>(55)</td><td rowspan="5"></td><td rowspan="5">45</td></tr>
<tr><td>60</td><td rowspan="9">38</td><td rowspan="3">40</td></tr>
<tr><td>(65)</td><td rowspan="3">45</td></tr>
<tr><td>70</td><td rowspan="7">46</td><td rowspan="3">50</td></tr>
<tr><td>(75)</td><td rowspan="4">50</td></tr>
<tr><td>80</td><td rowspan="5"></td><td rowspan="5"></td><td rowspan="5">54</td><td rowspan="5">60</td><td rowspan="3">60</td></tr>
<tr><td>(85)</td><td rowspan="4">70</td></tr>
<tr><td>90</td></tr>
<tr><td>(95)</td><td rowspan="2"></td><td rowspan="2"></td><td rowspan="2">66</td><td rowspan="2">80</td></tr>
<tr><td>100</td></tr>
</table>

(4) 开槽圆柱头螺钉(GB/T 65—2000)　　开槽盘头螺钉(GB/T 67—2000)

开槽沉头螺钉(GB/T 68—2000)

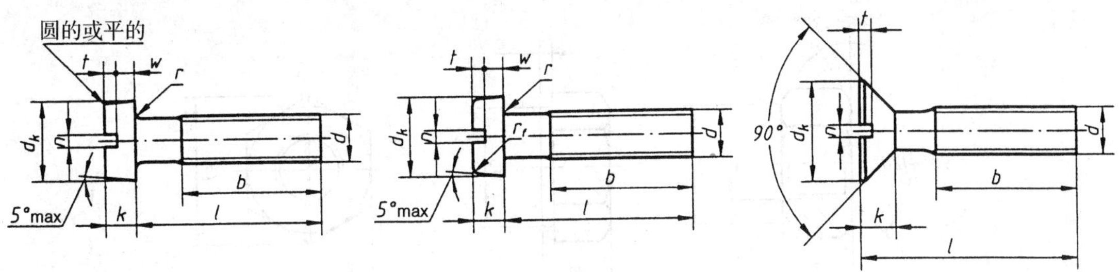

标记示例:

螺钉 GB/T 65　M5×20(螺纹规格 M5,公称长度 l=20mm,性能等级为4.8级,不经表面处理的 A 级开槽圆柱头螺钉)

附表 10　(GB/T 65—2000)　　(单位:mm)

螺纹规格	$d_{k\max}$	$k_{\max}$	$n_{公称}$	$t_{\min}$	l	b
M4	7	2.6	1.2	1.1	5~40	$l \leqslant 40$ 为全螺纹 $l>40$, $b_{\min}=38$
M5	8.5	3.3	1.2	1.3	6~50	
M6	10	3.9	1.6	1.6	8~60	
M8	13	5	2	2	10~80	
M10	16	6	2.5	2.4	12~80	

附表 11　(GB/T 67—2000)　　(单位:mm)

螺纹规格	$d_{k\max}$	$k_{\max}$	$n_{公称}$	$t_{\min}$	l	b
M4	8	2.4	1.2	1	5~40	$l \leqslant 40$ 为全螺纹 $l>40$, $b_{\min}=38$
M5	9.5	3	1.2	1.2	6~50	
M6	12	3.6	1.6	1.4	8~60	
M8	16	4.8	2	1.9	10~80	
M10	20	6	2.5	2.4	12~80	

附表 12　(GB/T 68—2000)　　(单位:mm)

螺纹规格	$d_{k\max}$	$k_{\max}$	$n_{公称}$	$t_{\min}$	l	b
M4	8.4	2.7	1.2	1	6~40	$l \leqslant 45$ 为全螺纹 $l>45$, $b_{\min}=38$
M5	9.3	2.7	1.2	1.1	8~50	
M6	11.3	3.3	1.6	1.2	8~60	
M8	15.8	4.65	2	1.8	10~80	
M10	18.3	5	2.5	2	12~80	

注:长度系列为:5、6、8、10、12、(14)、16、20、25、30、35、40、45、50、(55)、60、(65)、70、(75)、80(括号内的规格尽量不用)。

（5）1 型六角螺母（GB/T 6170—2000）

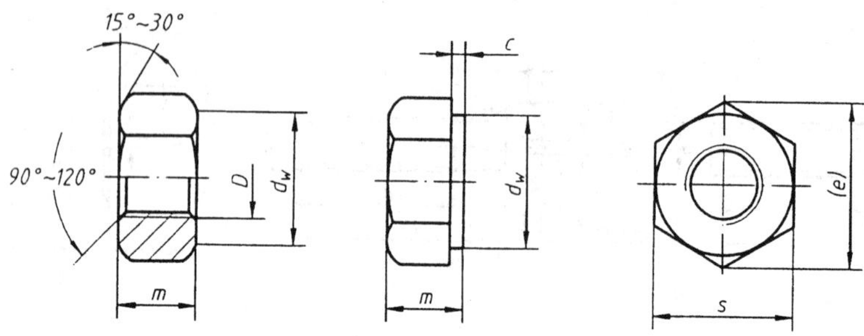

标记示例：

螺母 GB/T 6170　M12（螺纹规格 M12，性能等级为 8 级，不经表面处理，产品等级为 A 级的 1 型六角螺母）

附表　13　（单位：mm）

	螺纹规格 d	$s_{公称}$	e_{min}	m_{max}	$d_{w\ min}$	c_{max}
优选的螺纹规格	M1.6	3.2	3.41	1.3	2.4	0.2
	M2	4	4.32	1.6	3.1	0.2
	M2.5	5	5.45	2	4.1	0.3
	M3	5.5	6.01	2.4	4.6	0.4
	M4	7	7.66	3.2	5.9	0.4
	M5	8	8.79	4.7	6.9	0.5
	M6	10	11.05	5.2	8.9	0.5
	M8	13	14.38	6.8	11.6	0.6
	M10	16	17.77	8.4	14.6	0.6
	M12	18	20.03	10.8	16.6	0.6
	M16	24	26.75	14.8	22.5	0.8
	M20	30	32.95	18	27.7	0.8
	M24	36	39.55	21.5	33.3	0.8
	M30	46	50.85	25.6	42.8	0.8
	M36	55	60.79	31	51.1	0.8
	M42	65	71.3	34	60	1
	M48	75	82.6	38	69.5	1
	M56	85	93.56	45	78.7	1
	M64	95	104.86	51	88.2	1
非优选的螺纹规格	M3.5	6	6.58	2.8	5	0.4
	M14	21	23.36	12.8	19.6	0.6
	M18	27	29.56	15.8	24.9	0.8
	M22	34	37.29	19.4	31.4	0.8
	M27	41	45.2	23.8	38	0.8
	M33	50	55.37	28.7	46.6	0.8
	M39	60	66.44	33.4	55.9	1
	M45	70	76.95	36	64.7	1
	M52	80	88.25	42	74.2	1
	M60	90	99.21	48	83.4	1

注：A 级产品用于 $D \leqslant 16$mm，B 级产品用于 $D > 16$mm 的螺母。

(6) 垫圈

平垫圈　A 级（GB/T 97.1—2002）

小垫圈　A 级（GB/T 848—2002）

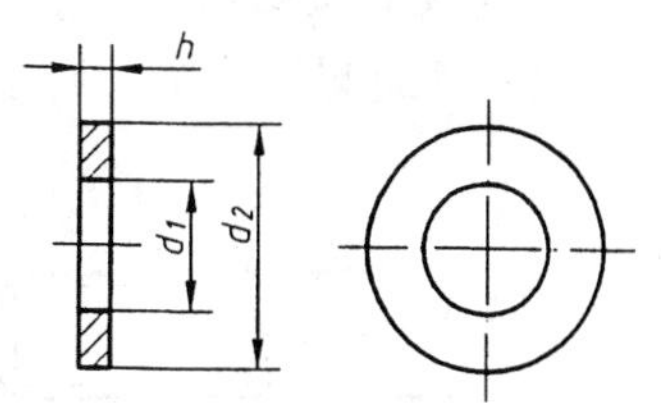

标记示例：

垫圈 GB/T 97.1　8（公称规格 8mm，由钢制造的硬度等级为 200HV 级，不经表面处理，产品等级为 A 级的平垫圈）

附表　14　　（单位：mm）

公称规格（螺纹大径 d）		优选尺寸												非优选尺寸				
		3	4	5	6	8	10	12	16	20	24	30	36	14	18	22	27	33
平垫圈	d_1	3.2	4.3	5.3	6.4	8.4	10.5	13	17	21	25	31	37	15	19	23	28	34
	d_2	7	9	10	12	16	20	24	30	37	44	56	66	28	34	39	50	60
	h	0.5	0.8	1	1.6	1.6	2	2.5	3	3	4	4	5	2.5	3	3	4	5
小垫圈	d_1	3.2	4.3	5.3	6.4	8.4	10.5	13	17	21	25	31	37	15	19	23	28	34
	d_2	6	8	9	11	15	18	20	28	34	39	50	60	24	30	37	44	56
	h	0.5	0.5	1	1.6	1.6	1.6	2	2.5	3	4	4	5	2.5	3	3	4	5

注：平垫圈适用于六角头螺栓、螺钉和六角螺母，小垫圈适用于圆柱头螺钉；硬度等级均为 200HV 和 300HV 级。

标准型弹簧垫圈（GB/T 93—1987）

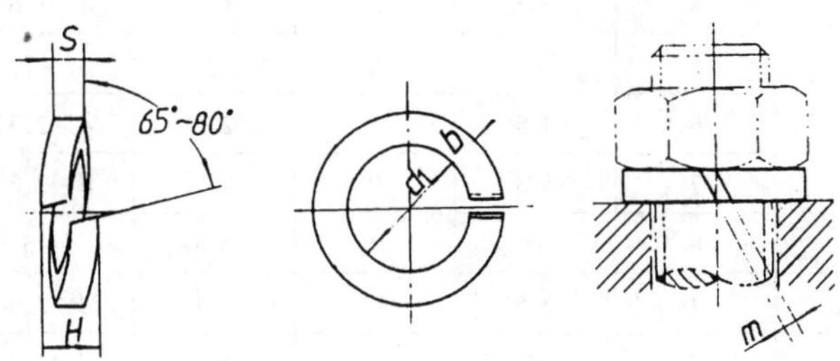

标记示例：

垫圈 GB/T 93—1987　16（公称直径为 16mm，材料为 65Mn，表面氧化的标准型弹簧垫圈）

附表　15　　（单位：mm）

公称尺寸	4	5	6	8	10	12	(14)	16	(18)	20	(22)	24	(27)	30	36	42	48
$d_{1\min}$	4.1	5.1	6.1	8.1	10.2	12.2	14.2	16.2	18.2	20.2	22.5	24.5	27.5	30.5	36.5	42.5	48.5
S（b）	1.1	1.3	1.6	2.1	2.6	3.1	3.6	4.1	4.5	5	5.5	6	6.8	7.5	9	10.5	12
$m\leqslant$	0.6	0.8	1	1.2	1.5	1.7	2	2	2.2	2.5	2.5	3	3	3.2	3.5	4	4.5
$H_{\min}$	2.2	2.6	3.2	4.2	5.2	6.2	7.2	8.2	9	10	11	12	13.6	15	18	21	24

注：括号内尺寸尽量不用。

3. 螺纹联接结构

（1）普通螺纹收尾、肩距、退刀槽和倒角（GB/T 3—1997）

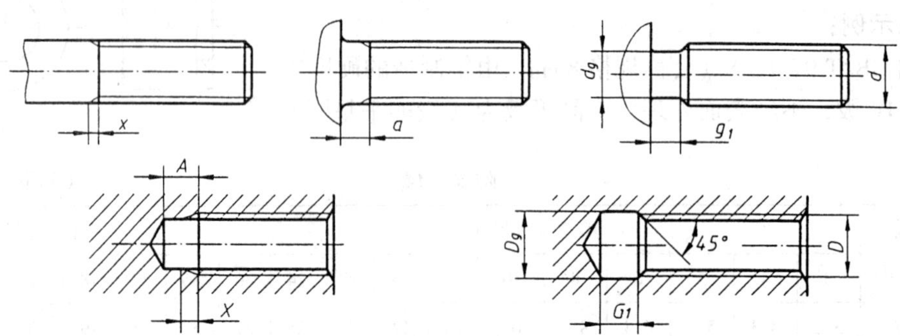

附表 16　（单位：mm）

螺　距	收　尾		肩　距		退刀槽			
P	x_{max}	x_{max}	a_{max}	A	g_{1min}	d_g	G_1	D_g
0.5	1.25	2	1.5	3	0.8	$d-0.8$	2	$D+0.3$
0.6	1.5	2.4	1.8	3.2	0.9	$d-1$	2.4	
0.7	1.75	2.8	2.1	3.5	1.1	$d-1.1$	2.8	
0.75	1.9	3	2.25	3.8	1.2	$d-1.2$	3	
0.8	2	3.2	2.4	4	1.3	$d-1.3$	3.2	
1	2.5	4	3	5	1.6	$d-1.6$	4	$D+0.5$
1.25	3.2	5	4	6	2	$d-2$	5	
1.5	3.8	6	4.5	7	2.5	$d-2.3$	6	
1.75	4.3	7	5.3	9	3	$d-2.6$	7	
2	5	8	6	10	3.4	$d-3$	8	
2.5	6.3	10	7.5	12	4.4	$d-3.6$	10	
3	7.5	12	9	14	5.2	$d-4.4$	12	
3.5	9	14	10.5	16	6.2	$d-5$	14	
4	10	16	12	18	7	$d-5.7$	16	
4.5	11	18	13.5	21	8	$d-6.4$	18	
5	12.5	20	15	23	9	$d-7$	20	
5.5	14	22	16.5	25	11	$d-7.7$	22	
6	15	24	18	28	11	$d-8.3$	24	
参考值	$\approx 2.5P$	$=4P$	$\approx 3P$	$\approx 6\sim5P$	—	—	$=4P$	—

注：1. D 和 d 分别为内、外螺纹的公称直径代号。

2. 收尾和肩距为优先选用值。

3. 外螺纹始端端面的倒角一般为 45°，也可取 60°或 30°；倒角深度应大于等于螺纹牙型高度。内螺纹入口端面的倒角一般为 120°，也可取 90°；端面倒角直径为（1.05～1）D。

（2）螺栓和螺钉用通孔（GB/T 5277—1985）　沉头用沉孔（GB/T 152.2—1988）

圆柱头用沉孔（GB/T 152.3—1988）

六角头螺栓和六角螺母用沉孔（GB/T 152.4—1988）

附表　17　　（单位：mm）

螺纹规格			M4	M5	M6	M8	M10	M12	M16	M20	M24	M30	M36
通孔	d_h	精装配	4.3	5.3	6.4	8.4	10.5	13	17	21	25	31	37
		中等装配	4.5	5.5	6.6	9	11	13.5	17.5	22	26	33	39
		粗装配	4.8	5.8	7	10	12	14.5	18.5	24	28	35	42
沉头用沉孔	d_2		9.6	10.6	12.8	17.6	20.3	24.4	32.4	40.4	—	—	—
圆柱头用沉孔	d_2		8	10	11	15	18	20	26	33	40	48	57
	d_3		—	—	—	—	—	16	20	24	28	36	42
	t	①	4.6	5.7	6.8	9	11	13	17.5	21.5	25.5	32	38
		②	3.2	4	4.7	6	7	8	10.5	—	—	—	—
六角头螺栓和六角螺母用沉孔	d_2		10	11	13	18	22	26	33	40	48	61	71
	d_3		—	—	—	—	—	16	20	24	28	36	42

注：1. t 值①用于内六角圆柱头螺钉；t 值②用于开槽圆柱头螺钉。

2. 图中 d_1 的尺寸均按中等装配的通孔确定。

3. 对于六角头螺栓和六角螺母用沉孔中尺寸 t，只要能制出与通孔轴线垂直的圆平面即可。

4. 销

（1）圆柱销　不淬硬钢和奥氏体不锈钢（GB/T 119.1—2000）

圆柱销　淬硬钢和马氏体不锈钢（GB/T 119.2—2000）

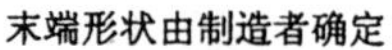

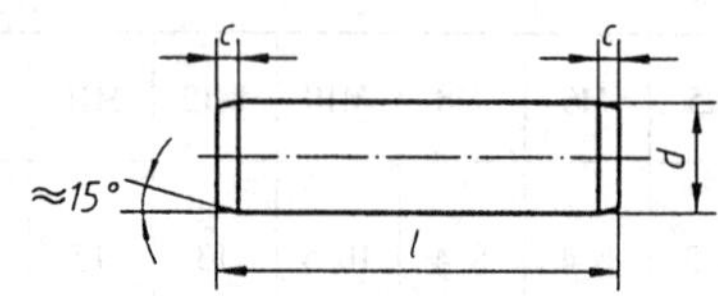

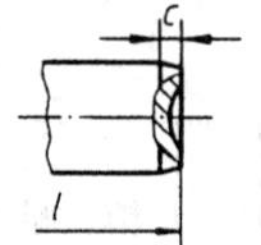

标记示例：

销 GB/T 119.1　6　m6×30　（公称直径 $d=6$mm、公差为 m6，公称长度 $l=30$mm，材料为钢，不经淬火、不经表面处理的圆柱销）

销 GB/T 119.2　6×30　（公称直径 $d=6$mm、公差为 m6，公称长度 $l=30$mm，材料为钢，普通淬火（A 型）、表面氧化处理的圆柱销）

附表　18　（单位：mm）

d		1	1.5	2	2.5	3	4	5	6	8	10	12	16	20
$c\approx$		0.2	0.3	0.35	0.4	0.5	0.63	0.8	1.2	1.6	2	2.5	3	3.5
l	1)	4～10	4～16	6～20	6～24	8～30	8～40	10～50	12～60	14～80	18～95	22～140	26～180	35～200
	2)	3～10	4～16	5～20	6～24	8～30	10～40	12～50	14～60	18～80	22～100	26～100	40～100	50～100

注：1. 长度系列：3、4、5、6、8、10、12、14、16、18、20、22、24、26、28、30、32、35、40、45、50、55、60、65、70、75、80、85、90、95、100，公称长度大于 100mm，按 20mm 递增。

2. 1）由 GB/T 119.1 规定，2）由 GB/T 119.2 规定。

3. GB/T 119.1 规定的圆柱销，公差为 m6 和 h8，GB/T 119.2 规定的圆柱销，公差为 m6；其他公差由供需双方协议。

（2）圆锥销（GB/T 117—2000）

A 型（磨削）：锥面表面粗糙度 $R_a=0.8\mu m$；

B 型（切削或冷镦）：锥面表面粗糙度 $R_a=3.2\mu m$。

$$r_2 \approx a/2 + d + (0.021)^2/(8a)$$

标记示例：

销 GB/T 117　6×30　（公称直径 $d=6$mm，公称长度 $l=30$mm，材料为 35 钢，热处理硬度 28～38HRC，表面氧化处理的 A 型圆锥销）

附表　19　（单位：mm）

d　h10	1	1.5	2	2.5	3	4	5	6	8	10	12	16	20
$a\approx$	0.12	0.2	0.25	0.3	0.4	0.5	0.63	0.8	1	1.2	1.6	2	2.5
l	6～16	8～24	10～35	10～35	12～45	14～55	18～60	22～90	22～120	26～160	32～180	40～200	45～200

注：1. 长度系列：6、8、10、12、14、16、18、20、22、24、26、28、30、32、35、40、45、50、55、60、65、70、75、80、85、90、95、100、120、140、160、180、200，公称长度大于 200mm，按 20mm 递增。

2. 其他公差，如 a11，c11 和 f8，由供需双方协议。

(3) 开口销 (GB/T 91—2000)

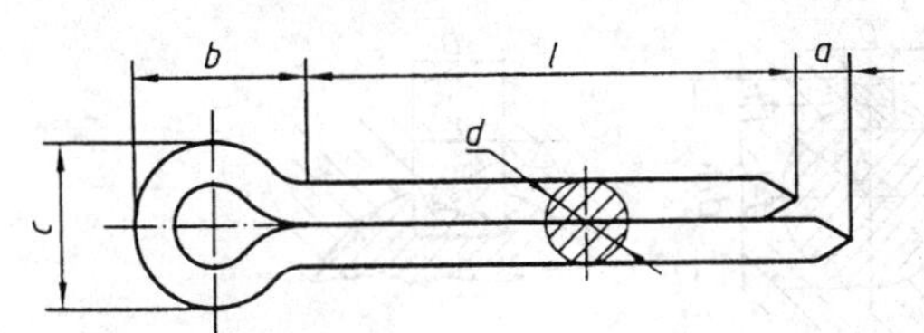

允许制造的型式

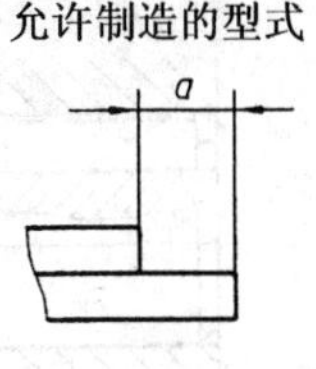

标记示例:

销 GB/T 91　5×50 (公称规格为 5mm, 公称长度 $l=50$mm, 材料为 Q215 或 Q235, 不经表面处理的开口销)

附表　20　　(单位: mm)

公称规格(销孔直径)	d_{max}	c_{max}	$b\approx$	a_{max}	l
0.6	0.5	1.0	2	1.6	4~12
0.8	0.7	1.4	2.4	1.6	5~16
1	0.9	1.8	3	1.6	6~20
1.2	1.0	2.0	3	2.5	8~25
1.6	1.4	2.8	3.2	2.5	8~32
2	1.8	3.6	4	2.5	10~40
2.5	2.3	4.6	5	2.5	12~50
3.2	2.9	5.8	6.4	3.2	14~63
4	3.7	7.4	8	4	18~80
5	4.6	9.2	10	4	22~100
6.3	5.9	11.8	12.6	4	32~125
8	7.5	15	16	4	40~160
10	9.5	19	20	6.3	45~200
13	12.4	24.8	26	6.3	71~250
16	15.4	30.8	32	6.3	112~280
20	19.3	38.5	40	6.3	160~280

注: 1. 长度系列: 4、5、6、8、10、12、14、16、18、20、22、25、28、32、36、40、45、50、56、63、71、80、90、100、112、125、140、160、180、200、224、250、280。

2. 根据供需双方协议, 允许采用公称规格为 3、6 和 12mm 的开口销。

5. 键（1990 年确认有效）

（1）平键和键槽的尺寸（GB/T 1095—1979）

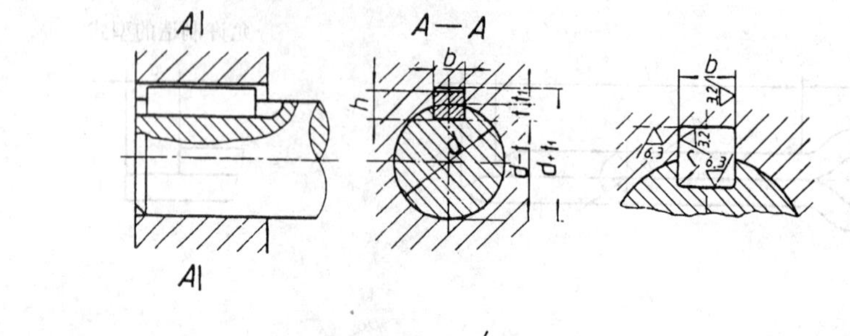

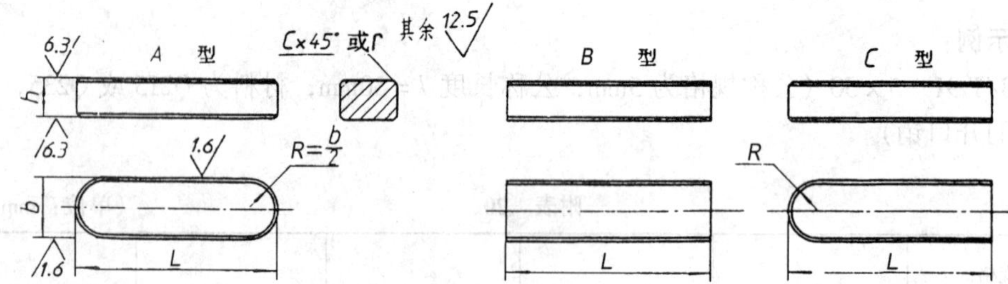

普通平键的型式与尺寸（GB/T 1096—1979）

标记示例：

键 16×60　　GB/T 1096（$b=16$mm，$h=10$mm，$L=60$mm，圆头普通平键）

键 B16×60　　GB/T 1096（$b=16$mm，$h=10$mm，$L=60$mm，平头普通平键）

键 C16×60　　GB/T 1096（$b=16$mm，$h=10$mm，$L=60$mm，单圆头普通平键）

附表 21　　（单位：mm）

轴	键			键槽深度			
公称直径	公称尺寸		L（h14）	轴 t		毂 t_1	
d	b（h9）	h（h11）		公称尺寸	极限偏差	公称尺寸	极限偏差
自 6～8	2	2	6～20	1.2	+0.1 0	1	+0.1 0
>8～10	3	3	6～36	1.8		1.4	
>10～12	4	4	8～45	2.5		1.8	
>12～17	5	5	10～56	3		2.3	
>17～22	6	6	14～70	3.5		2.8	
>22～30	8	7	18～90	4	+0.2 0	3.3	+0.2 0
>30～38	10	8	22～110	5		3.3	
>38～44	12	8	28～140	5		3.3	
>44～50	14	9	36～160	5.5		3.8	
>50～58	16	10	45～180	6		4.3	
>58～65	18	11	50～200	7		4.4	
>65～75	20	12	56～220	7.5		4.9	
>75～85	22	14	63～250	9		5.4	

注：1. L 的系列：6、8、10、12、14、18、20、22、25、28、32、36、40、45、50、56、63、70、80、90、100、110、125、140、160、180、200、250、280、320、360、400、450、500。

2. $(d-t)$ 和 $(d+t_1)$ 两组组合尺寸的极根偏差按相应的 t 和 t_1 的极限偏差选取，但 $(d-t)$ 的极限偏差中上偏差为零，下偏差取负值。

3. 键与键槽配合较松时，轴与毂的键槽宽度 b 的公差带代号分别为 H9 和 D10；当较紧时均为 P9；一般情况下分别为 N9 和 JS9。轴上键槽长度公差带代号为 H14。

(2) 半圆键和键槽的尺寸（GB/T 1098—1979）　型式与尺寸（GB/T 1099—1979）

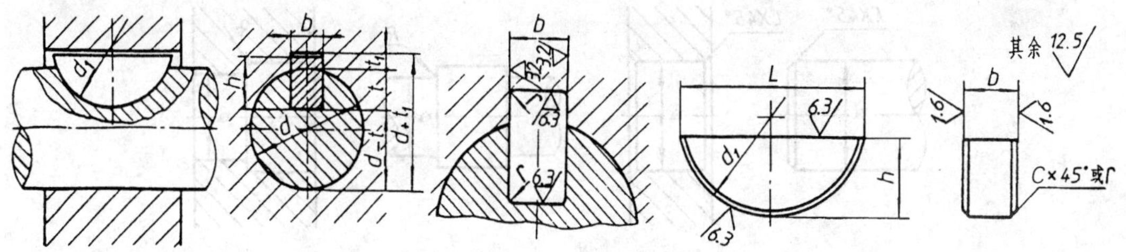

标记示例：

键 6×25　GB/T 1099　（$b=6$mm，$h=10$mm，$d_1=25$mm 的半圆键）

附表　22　　　（单位：mm）

轴		键			键槽深度			
公称直径 d		公称尺寸			轴 t		毂 t_1	
传递扭矩用	定位用	b（h9）	h（h11）	d_1（h12）	公称尺寸	极限偏差	公称尺寸	极限偏差
自3~4	自3~4	1	1.4	4	1		0.6	
>4~5	>4~6	1.5	2.6	7	2		0.8	
>5~6	>6~8	2	2.6	7	1.8	+0.1 0	1	
>6~7	>8~10	2	3.7	10	2.9		1	
>7~8	>10~12	2.5	3.7	10	2.7		1.2	
>8~10	>12~15	3	5	13	3.8		1.4	+0.1 0
>10~12	>15~18	3	6.5	16	5.3		1.4	
>12~14	>18~20	4	6.5	16	5		1.8	
>14~16	>20~22	4	7.5	19	6	+0.2 0	1.8	
>16~18	>22~25	5	6.5	16	4.5		2.3	
>18~20	>25~28	5	7.5	19	5.5		2.3	
>20~22	>28~32	5	9	22	7		2.3	
>22~25	>32~36	6	9	22	6.5		2.8	
>25~28	>36~40	6	10	25	7.5	+0.3 0	2.8	+0.2 0
>28~32	—	8	11	28	8		3.3	
>32~38	—	10	13	32	10		3.3	

注：1. 在工作图中，轴槽深用 t 或（$d-t$）标注，轮毂槽深用（$d+t_1$）标注。（$d-t$）和（$d+t_1$）两个组合尺寸的极限偏差按相应的 t 和 t_1 的极限偏差选取，但对于（$d-t$）的极限偏差应注意取负值。

2. 键与键槽配合较紧时，轴与毂的键槽宽度 b 的公差带代号均为 P9；一般情况下分别为 N9 和 JS9。

6. 倒角与倒圆

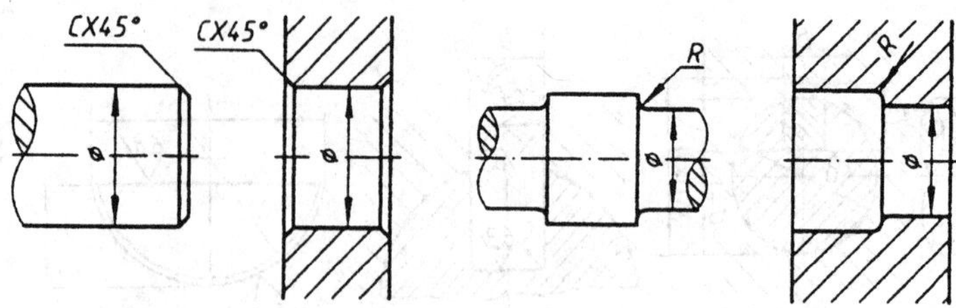

与直径 ϕ 相应的倒角宽度 C、倒圆半径 R 的推荐值（GB/T 6403.4—1986 参考件）如附表 23。

附表 23 （单位：mm）

ϕ	~3	>3~6	>6~10	>10~18	>18~30	>30~50	>50~80	>80~120	>120~180
C 或 R	0.2	0.4	0.6	0.8	1.0	1.6	2.0	2.5	3.0

7. 密封件

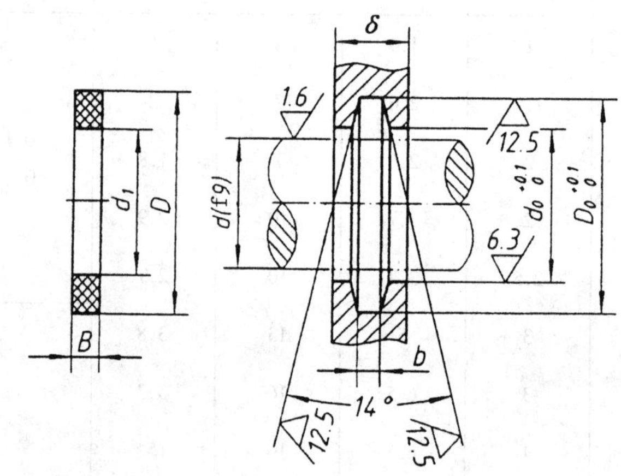

毡圈油封型式和尺寸（JB/ZQ 4604—85）如附表 24。

附表 24 （单位：mm）

轴径		d	15	20	25	30	35	40	45	50	55	60	65	70	75	80	85	90	95	100
毡封油圈		D	29	33	39	45	49	53	61	69	74	80	84	90	94	102	107	112	117	122
		d_1	14	19	24	29	34	39	44	49	53	58	63	68	73	78	83	88	93	98
		B	6		7				8							9			10	
槽		D_0	28	32	38	44	48	52	60	68	72	78	82	88	92	100	105	110	115	120
		d_0	16	21	26	31	36	41	46	51	56	61	66	71	77	82	87	92	97	102
		b	5		6				7							8				
	δ_{min}	钢	10		12											15				
		铸铁	12		15											18				

注：本标准适用于线速度 $v > 5$m/s。

8. 非金属材料

附表　25

标准	材料名称		牌　号	应用举例	说　明
JG 68—82	石棉制品	油浸石棉盘根	YS350 YS250	适用于回转轴、往复活塞或阀门杆上作密封材料，介质为蒸汽、空气、工业用水、重质石油产品	盘根形状分 F（方形）、Y（圆形）、N（扭制）三种，牌号中的数字为适用温度，按需选用
JG 67—82	石棉制品	橡胶石棉盘根	XS550 XS450 XS350 XS250	适用于蒸汽机，往复泵的活塞和阀门杆上作密封材料	只有 F 型（方形）牌号中的数字为适用温度
FJ 314—81	毛毡		T112－65	用作密封、防漏油、防震、缓冲衬垫等	牌号中"T"代表特品毡，第一位数字表示颜色，第二位数字表示原料，第三位数字表示品种规格，第四、五位数字表示密度。如 115－65 表示为白色、细毛、环形零件（油封），密度为 0.65g/cm^3

9. 砂轮越程槽（GB/T 6403.5—1986）

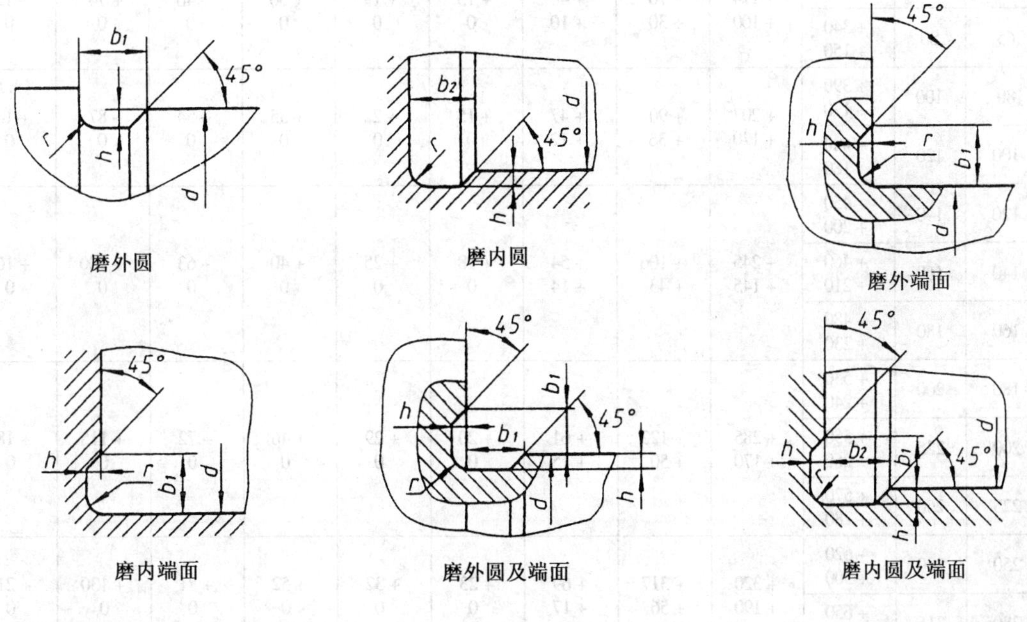

磨外圆　　磨内圆　　磨外端面

磨内端面　　磨外圆及端面　　磨内圆及端面

附表　26　　（单位：mm）

b_1	0.6	1.0	1.6	2.0	3.0	4.0	5.0	8.0	10
b_2	2.0	3.0		4.0		5.0		8.0	10
h	0.1	0.2		0.3	0.4		0.6	0.8	1.2
r	0.2	0.5		0.8	1.0		1.6	2.0	3.0
d	~10			>10~50		50~100		>100	

10. 极限与配合

标准公差等级和孔的极限偏差（GB/T 1800.4—1999）如附表 27。

附表 27 （单位：μm）

基本尺寸 /mm		公差带									
		C	D	F	G	H					
大于	至	11	9	8	7	5	6	7	8	9	10
—	3	+120 +60	+45 +20	+20 +6	+12 +2	+4 0	+6 0	+10 0	+14 0	+25 0	+40 0
3	6	+115 +70	+60 +30	+28 +10	+16 +4	+5 0	+8 0	+12 0	+18 0	+30 0	+48 0
6	10	+170 +80	+76 +40	+35 +13	+20 +5	+6 0	+9 0	+15 0	+22 0	+36 0	+58 0
10	14	+205 +95	+93 +50	+43 +16	+24 +6	+8 0	+11 0	+18 0	+27 0	+43 0	+70 0
14	18										
18	24	+240 +110	+117 +65	+53 +20	+28 +7	+9 0	+13 0	+21 0	+33 0	+52 0	+84 0
24	30										
30	40	+280 +120	+142 +80	+64 +25	+34 +9	+11 0	+16 0	+25 0	+39 0	+62 0	+100 0
40	50	+290 +130									
50	65	+330 +140	+174 +100	+76 +30	+40 +10	+13 0	+19 0	+30 0	+46 0	+74 0	+120 0
65	80	+340 +150									
80	100	+390 +170	+207 +120	+90 +36	+47 +12	+15 0	+22 0	+35 0	+54 0	+87 0	+140 0
100	120	+400 +180									
120	140	+450 +200	+245 +145	+106 +43	+54 +14	+18 0	+25 0	+40 0	+63 0	+100 0	+160 0
140	160	+460 +210									
160	180	+480 +230									
180	200	+530 +240	+285 +170	+122 +50	+61 +15	+20 0	+29 0	+46 0	+72 0	+115 0	+185 0
200	225	+550 +260									
225	250	+570 +280									
250	280	+620 +300	+320 +190	+317 +56	+69 +17	+23 0	+32 0	+52 0	+81 0	+130 0	+210 0
280	315	+650 +330									
315	355	+720 +360	+350 +210	+151 +62	+75 +18	+25 0	+36 0	+57 0	+89 0	+140 0	+230 0
355	400	+760 +400									
400	450	+840 +440	+385 +230	+165 +68	+83 +20	+27 0	+40 0	+63 0	+97 0	+155 0	+250 0
450	500	+880 +480									

(续)

基本尺寸 /mm		公差带							
		H			K	N	P	S	U
大于	至	11	12	13	7	9	7	7	7
—	3	+60 0	+100 0	+140 0	0 −10	−4 −29	−6 −16	−14 −24	−18 −28
3	6	+75 0	+120 0	+180 0	+3 −9	0 −30	−8 −20	−15 −27	−19 −31
6	10	+90 0	+150 0	+220 0	+5 −10	0 −36	−9 −24	−17 −32	−22 −37
10	14	+110 0	+180 0	+270 0	+6 −12	0 −43	−11 −29	−21 −39	−26 −44
14	18								
18	24	+130 0	+210 0	+330 0	+6 −15	0 −52	−14 −35	−27 −48	−53 −54
24	30								−40 −61
30	40	+160 0	+250 0	+390 0	+7 −18	0 −62	−17 −42	−34 −59	−51 −76
40	50								−61 −86
50	65	+190 0	+300 0	+460 0	+9 −21	0 −74	−21 −52	−42 −72	−76 −106
65	80							−48 −78	−91 −121
80	100	+220 0	+350 0	+540 0	+10 −25	0 −87	−24 −59	−58 −93	−111 −146
100	120							−66 −101	−131 −166
120	140	+250 0	+400 0	+630 0	+12 −28	0 −100	−28 −68	−77 −117	−155 −195
140	160							−85 −125	−175 −215
160	180							−93 −133	−195 −235
180	200	+290 0	+460 0	+720 0	+13 −33	0 −115	−33 −79	−105 −151	−219 −265
200	225							−113 −159	−241 −287
225	250							−123 −169	−267 −313
250	280	+320 0	+520 0	+810 0	+16 −36	0 −130	−36 −88	−138 −190	−295 −347
280	315							−150 −202	−330 −382
315	355	+360 0	+570 0	+890 0	+17 −40	0 −140	−41 −98	−169 −226	−369 −426
355	400							−187 −244	−414 −471
400	450	+400 0	+630 0	+970 0	+18 −45	0 −155	−45 −108	−209 −272	−467 −530
450	500							−229 −292	−517 −580

标准公差等级和轴的极限偏差（GB/T 1800.4—1999）如附表 28。

附表 28 （单位：μm）

基本尺寸/mm		公差带											
		e		f					g			h	
大于	至	8	9	5	6	7	8	9	5	6	7	5	6
—	3	-14 -28	-14 -39	-6 -10	-6 -12	-6 -16	-6 -20	-6 -31	-2 -6	-2 -8	-2 -12	0 -4	0 -6
3	6	-20 -38	-20 -50	-10 -15	-10 -18	-10 -22	-10 -28	-10 -40	-4 -9	-4 -12	-4 -16	0 -5	0 -8
6	10	-25 -47	-25 -61	-13 -19	-13 -22	-13 -28	-13 -25	-13 -49	-5 -11	-5 -14	-5 -20	0 -6	0 -9
10 14	14 18	-32 -59	-32 -75	-16 -24	-16 -27	-16 -34	-16 -43	-16 -59	-6 -14	-6 -17	-6 -24	0 -8	0 -11
18 24	24 30	-40 -73	-40 -92	-20 -29	-20 -33	-20 -41	-20 -53	-20 -72	-7 -16	-7 -20	-7 -28	0 -9	0 -13
30 40	40 50	-50 -89	-50 -112	-25 -36	-25 -41	-25 -50	-25 -64	-25 -87	-9 -20	-9 -25	-9 -34	0 -11	0 -16
50 65	65 80	-60 -106	-60 -134	-30 -43	-30 -49	-30 -60	-30 -76	-30 -104	-10 -23	-10 -29	-10 -40	0 -13	0 -19
80 100	100 120	-72 -126	-72 -159	-36 -51	-36 -58	-36 -71	-36 -90	-36 -123	-12 -27	-12 -34	-12 -47	0 -15	0 -22
120 140 160	140 160 180	-85 -148	-85 -185	-43 -61	-43 -68	-43 -83	-43 -106	-43 -143	-14 -32	-14 -39	-14 -54	0 -18	0 -25
180 200 225	200 225 250	-100 -172	-100 -215	-50 -70	-50 -79	-50 -96	-50 -122	-50 -165	-15 -35	-15 -44	-15 -61	0 -20	0 -29
250 280	280 315	-110 -191	-110 -240	-56 -79	-56 -88	-56 -108	-56 -137	-56 -186	-17 -40	-17 -49	-17 -69	0 -23	0 -32
315 355	355 400	-125 -214	-125 -265	-62 -87	-62 -98	-62 -119	-62 -151	-62 -202	-18 -43	-18 -54	-18 -75	0 -25	0 -36
400 450	450 500	-135 -232	-135 -290	-68 -95	-68 -108	-68 -131	-68 -165	-68 -223	-20 -47	-20 -60	-20 -83	0 -27	0 -40

（续）

基本尺寸/mm		公差带											
		h						js			k		
大于	至	7	8	9	10	11	12	5	6	7	5	6	7
—	3	0 −10	0 −14	0 −25	0 −40	0 −60	0 −100	±2	±3	±5	+4 0	+6 0	+10 0
3	6	0 −12	0 −18	0 −30	0 −48	0 −75	0 −120	±2.5	±4	±6	+6 +1	+9 +1	+13 +1
6	10	0 −15	0 −22	0 −36	0 −58	0 −90	0 −150	±3	±4.5	±7	+7 +1	+10 +1	+16 +1
10 14	14 18	0 −18	0 −27	0 −43	0 −70	0 −110	0 −180	±4	±5.5	±9	+9 +1	+12 +1	+19 +1
18 24	24 30	0 −21	0 −33	0 −52	0 −84	0 −130	0 −210	±4.5	±6.5	±10	+11 +2	+15 +2	+23 +2
30 40	40 50	0 −25	0 −39	0 −62	0 −100	0 −160	0 −250	±5.5	±8	±12	+13 +2	+18 +2	+27 +2
50 65	65 80	0 −30	0 −46	0 −74	0 −120	0 −190	0 −300	±6.5	±9.5	±15	+15 +2	+21 +2	+32 +2
80 100	100 120	0 −35	0 −54	0 −87	0 −140	0 −220	0 −350	±7.5	±11	±17	+18 +3	+25 +3	+38 +3
120 140 160	140 160 180	0 −40	0 −63	0 −100	0 −160	0 −250	0 −400	±9	±12.5	±20	+21 +3	+28 +3	+43 +3
180 200 225	200 225 250	0 −46	0 −72	0 −115	0 −185	0 −290	0 −460	±10	±14.5	±23	+24 +4	+33 +4	+50 +4
250 280	280 315	0 −52	0 −81	0 −130	0 −210	0 −320	0 −520	±11.5	±16	±26	+27 +4	+36 +4	+56 +4
315 355	355 400	0 −57	0 −89	0 −140	0 −230	0 −360	0 −570	±12.5	±18	±28	+29 +4	+40 +4	+61 +4
400 450	450 500	0 −63	0 −97	0 −155	0 −250	0 −400	0 −630	±13.5	±20	±31	+32 +5	+45 +5	+68 +5

基孔制优先常用配合（GB/T 1801—1999）如附表29。

附表 29

基准孔	轴																				
	a	b	c	d	e	f	g	h	js	k	m	n	p	r	s	t	u	v	x	y	z
	间隙配合								过渡配合			过盈配合									
H6						H6/f5	H6/g5	H6/h5	H6/js5	H6/k5	H6/m5	H6/n5	H6/p5	H6/r5	H6/s5	H6/t5					
H7						H7/f6	▶ H7/g6	▶ H7/h6	H7/js6	▶ H7/k6	H7/m6	▶ H7/n6	▶ H7/p6	H7/r6	▶ H7/s6	H7/t6	▶ H7/u6	H7/v6	H7/x6	H7/y6	H7/z6
H8					H8/e7	▶ H8/f7	H8/g7	▶ H8/h7	H8/js7	H8/k7	H8/m7	H8/n7	H8/p7	H8/r7	H8/s7	H8/t7	H8/u7				
				H8/d8	H8/e8	H8/f8		H8/h8													
H9			H9/c9	▶ H9/d9	H9/e9	H9/f9		▶ H9/h9													
H10			H10/c10	H10/d10				H10/h10													
H11	H11/a11	H11/b11	▶ H11/c11	H11/d11				▶ H11/h11													
H12		H12/b12						H12/h12													

注：1. $\frac{H6}{n5}$、$\frac{H7}{p6}$在基本尺寸小于或等于3mm和$\frac{H8}{r7}$在小于或等于100mm时，为过渡配合。

2. 标注▶的配合为优先配合。

基轴制优先常用配合（GB/T 1801—1999）如附表30。

附表 30

基准轴	孔																				
	A	B	C	D	E	F	G	H	JS	K	M	N	P	R	S	T	U	V	X	Y	Z
	间隙配合								过渡配合			过盈配合									
h5						F6/h5	G6/h5	H6/h5	JS6/h5	K6/h5	M6/h5	N6/h5	P6/h5	R6/h5	S6/h5	T6/h5					
h6						F7/h6	▶ G7/h6	▶ H7/h6	JS7/h6	▶ K7/h6	M7/h6	▶ N7/h6	▶ P7/h6	R7/h6	▶ S7/h6	T7/h6	▶ U7/h6				
h7					E8/h7	▶ F8/h7		▶ H8/h7	JS8/h7	K8/h7	M8/h7	N8/h7									
h8				D8/h8	E8/h8	F8/h8		H8/h8													
h9				▶ D9/h9	E9/h9	F9/h9		▶ H9/h9													
h10				D10/h10				H10/h10													
h11	A11/h11	B11/h11	▶ C11/h11	D11/h11				▶ H11/h11													
h12		B12/h12						H12/h12													

注：标注▶的配合为优先配合。

参考文献

1　徐宏文等．高教画法几何．天津：天津科学技术出版社，1987

2　徐宏文等．画法解析几何．天津：天津大学出版社，1993

3　陈东祥等．机械工程制图．天津：天津大学出版社，2000

4　刘朝儒等．机械制图．第4版．北京：高等教育出版社，2001

5　常明．画法几何及机械制图．武汉：华中科技大学出版社，2000

6　中华人民共和国国家标准 技术制图．北京：中国标准出版社，1999

7　中华人民共和国国家标准 机械制图．北京：中国标准出版社，2001

8　中华人民共和国国家标准 投影法．北京：中国标准出版社，1993

9　中华人民共和国国家标准 机械制图 图样画法 图线．北京：中国标准出版社，2003

10　中华人民共和国国家标准 机械制图 图样画法 视图．北京：中国标准出版社，2003

11　中华人民共和国国家标准 机械制图 图样画法 剖视图和断面图．北京：中国标准出版社，2003

12　紧固件国家标准汇编．北京：中国标准出版社，1998

13　中华人民共和国国家标准 紧固件标记方法．北京：中国标准出版社，2000

14　中华人民共和国国家标准 螺纹术语．北京：中国标准出版社，1994

15　中华人民共和国国家标准 普通螺纹收尾、肩距、退刀槽和倒角．北京：中国标准出版社，1997

16　中华人民共和国国家标准 55°非密封管螺纹．北京：中国标准出版社，2001

17　中华人民共和国国家标准 55°密封管螺纹．北京：中国标准出版社，2001

18　中华人民共和国国家标准 六角头螺栓．北京：中国标准出版社，2001

19　中华人民共和国国家标准 六角头螺栓 全螺纹．北京：中国标准出版社，2001

20　中华人民共和国国家标准 开槽圆柱头螺钉．北京：中国标准出版社，2001

21　中华人民共和国国家标准 开槽盘头螺钉．北京：中国标准出版社，2001

22　中华人民共和国国家标准 开槽沉头螺钉．北京：中国标准出版社，2001

23　中华人民共和国国家标准 1型六角螺母．北京：中国标准出版社，2001

24　中华人民共和国国家标准 平垫圈．北京：中国标准出版社，2003

25　中华人民共和国国家标准 圆柱销 不淬硬钢和奥氏体不锈钢．北京：中国标准出版社，2001

26　中华人民共和国国家标准 圆柱销 淬硬钢和马氏体不锈钢．北京：中国标准出版社，2001

27　中华人民共和国国家标准 圆锥销．北京：中国标准出版社，2001

28　中华人民共和国国家标准 开口销．北京：中国标准出版社，2001

29　中华人民共和国国家标准 极限与配合．北京：中国标准出版社，2000

30　中华人民共和国国家标准 弹簧术语．北京：中国标准出版社，2001

31　中华人民共和国国家标准 圆柱蜗杆．北京．中国标准出版社，1990

32　曾维川，王金敏．AutoCAD 2002 绘图基础．天津．天津大学出版社，2003

33　高贵生等．AutoCAD 2002 绘图技术教程．北京：电子工业出版社，2002

34　林清安．Pro/ENGINEER 200i^2 零件设计基础篇（上）．北京：清华大学出版社，2001

35　林清安．Pro/ENGINEER 200i^2 零件设计基础篇（下）．北京：清华大学出版社，2001

36　林清安．Pro/ENGINEER 200i^2 零件设计高级篇（上）．北京：清华大学出版社，2003

37　黄圣杰等．Pro/ENGINEER 2001 基础及应用教程．北京：电子工业出版社，2002

38　叶玉驹，简召全等．高等画法几何．北京：国防工业出版社，1990

39　朱辉等．高等画法几何．上海：上海科学技术出版社，1985

40 艾运钧 . 工程图学分析引论 . 北京：中国铁道出版社，1984
41 孟宪铎 . 解析画法几何 . 北京：机械工业出版社，1984
42 山东工学院制图教研室 . 轴测投影学 . 济南：山东科学技术出版社，1983
43 山东工学院等制图教研室 . 曲面制图 . 济南：山东科学技术出版社，1980
44 谢步瀛 . 工程图学 . 上海：上海科学技术出版社，2000
45 佟国治 . 现代工程设计图学 . 北京：机械工业出版社，2000
46 黄圣杰，张益三，洪立群 . Pro/ENGINEER 2001 高级开发实例 . 北京：电子工业出版社，2002
47 钟建琳 . Pro/ENGINEER 典型机械设计 . 北京：机械工业出版社，2002
48 黎广生 . 中文版 AutoCAD 2002 机械图形设计 . 北京：清华大学出版社，2001

教师信息反馈表

尊敬的老师：

您好！感谢您多年来对机械工业出版社的支持和厚爱！为了更好地满足您的需要，欢迎您对我社的教材多提宝贵建议。谢谢！

一、基本信息

姓名__________ 性别__________ 职称__________ 职务__________

邮编__________ 地址____

任教课程______________ 电话________—________（H）________（O）

电子邮件__________________________________ 手机______________

二、您对本书的建议和意见

（欢迎您指出本书的疏误之处）

三、您的希望

（1）选择一本书的理由：①内在质量____；②出版社____；③价格____

（2）您想要的书，买不到____

（3）您想出版一本书____

（4）____

（5）____

请与我们联系：

100037 机械工业出版社·高等教育分社·机械工程教材编辑部

刘小慧 收

Tel：010—88379715（O），68994030（Fax）

E-mail：lxh@mail.machineinfo.gov.cn